BAU UND BETRIEB
VON
DIESELMASCHINEN

EIN LEHRBUCH FÜR STUDIERENDE

VON

FRIEDRICH SASS

DR.-ING., O. PROFESSOR AN DER TECHNISCHEN UNIVERSITÄT
BERLIN - CHARLOTTENBURG

ZWEITE AUFLAGE VON
„KOMPRESSORLOSE DIESELMASCHINEN"

ERSTER BAND
GRUNDLAGEN UND MASCHINENELEMENTE

MIT 376 ABBILDUNGEN

SPRINGER-VERLAG BERLIN HEIDELBERG GMBH

ISBN 978-3-662-00420-3   ISBN 978-3-662-00419-7 (eBook)
DOI 10.1007/978-3-662-00419-7

Vorwort

Das vorliegende Werk ist die zweite Auflage des Buches „Kompressorlose Dieselmaschinen", das seit langem vergriffen ist. Die Ungunst der Zeit hinderte mich, ihre Bearbeitung früher fertigzustellen.

Der für die erste Auflage gewählte Titel erscheint nicht mehr berechtigt. Heute wird niemand mehr einen Dieselmotor mit Zerstäubung des Brennstoffes durch Druckluft bauen. Die Druckzerstäubung, von Sir James McKechnie, dem technischen Direktor der Firma Vickers Ltd., Barrow-in-Furness, erfunden und erstmalig in der britischen Patentschrift Nr. 27579 vom 26. November 1910 beschrieben, ist Allgemeingut geworden. Erstaunlich bleibt, daß McKechnie schon damals Einspritzdrücke von 6000 lb./sq. in. genannt hat, die man heute mit Erfolg verwendet.

Die Entwicklung der Druckzerstäubung hat sich im wesentlichen in den Jahren 1920 bis 1930 vollzogen. Den großen Anteil, den das Ausland hieran bis in die Gegenwart hinein gehabt hat, habe ich infolge der Abgeschnittenheit, in welche deutsche Autoren sich seit Jahren versetzt sahen, nur unvollständig berücksichtigen können. Forschungsergebnisse und Konstruktionen ausländischer Wissenschaftler und Firmen konnte ich nur erwähnen, soweit sie mir zugänglich waren.

Einen vorläufigen Abschluß der Entwicklung bedeuteten die ersten doppeltwirkenden kompressorlosen Zweitaktmaschinen, die 1928 auf den Motorschiffen „Leverkusen", „Duisburg" und „Kulmerland" der Hamburg-Amerika-Linie eingebaut wurden. Damit war auch die Doppelwirkung der kompressorlosen Betriebsweise erschlossen. Es hat damals nicht an warnenden Stimmen, selbst von seiten der ersten Fachleute, gefehlt*, welche die Ansicht vertraten, mein Anerbieten, jene großen Maschinen mit Druckeinspritzung zu bauen, werde mit einem Mißerfolg enden, der indessen ausblieb. Dankbar gedenke ich dabei der Unterstützung, die meine Arbeiten bei dem damaligen Direktor der AEG-Turbinenfabrik, Herrn K. Baßler, bei dem Leiter der Deutschen Werft, Herrn Dr. W. Scholz, und dem damaligen technischen Direktor der Hamburg-Amerika Linie, Herrn Dr.-Ing. E. h. E. Goos, gefunden haben. Auch mein langjähriger Mitarbeiter, Herr J. Radloff, hat an dem schließlichen Gelingen einen wesentlichen Anteil.

Die Erfahrungen, die inzwischen mit diesen ersten doppeltwirkenden kompressorlosen Zweitaktmotoren und ihren Nachfolgern gemacht worden sind, habe ich in der vorliegenden Auflage berücksichtigt. Die Zahl der Abbildungen wurde von 328 auf 376 vergrößert; von diesen sind 181 neu. Der Text konnte an manchen Stellen kürzer gefaßt werden, so daß sein Umfang nicht vermehrt zu werden brauchte. Es ist in Aussicht genommen, dem ersten Band einen zweiten folgen zu lassen, der die Maschinen und ihren Betrieb behandeln soll.

Allen Fachkollegen und Firmen, die mich bei der Abfassung des Buches durch Überlassung von Forschungsergebnissen und Konstruktionszeichnungen unterstützt haben, sage ich meinen aufrichtigen Dank. Ihre Namen sind jeweils bei dem behandelten Gegenstand genannt. Dem Springer-Verlag danke ich für die Mühe, die er auf die Herstellung des Buches verwendet hat.

Berlin, im Februar 1948

F. Sass

---

* Jahrb. Schiffbautechn. Ges. Bd. 36 (1935), S. 52.

Inhaltsverzeichnis

IV. Brennstoffpumpen und Regelung

Seite

V. Brennstoffleitungen und -filter. Vorgänge in den Brennstoffdruckleitungen

VI. Ausgewählte Bauteile

Verzeichnis der Zahlentafeln

I. Die Treiböle des Dieselmotors[1]

1. Herkunft der Treiböle

Die zum Betrieb von Dieselmotoren verwendeten flüssigen Brennstoffe sind in der Hauptsache Gemische chemischer Verbindungen von Kohlenstoff C und Wasserstoff H. Sie entstammen drei Hauptquellen: dem rohen Erdöl, der Steinkohle und der Braunkohle. Der Menge nach überwiegen die aus dem Erdöl hergestellten Dieseltreiböle gegenwärtig bei weitem die aus der Kohle gewonnenen, denn während von der Weltförderung an Rohöl, die im Jahr 1939 rd. 280 Millionen t betrug[2], etwa 10% auf Kraftstoffe für Dieselmotoren verarbeitet wurden, konnten die Länder, die bis dahin Anlagen zur synthetischen Herstellung motorischer Kraftstoffe errichtet hatten, in dem gleichen Zeitraum zusammen nur einige Millionen t Treiböle, Benzin und Gasöl zusammengerechnet, herstellen. Dieses Mengenverhältnis wird sich indessen voraussichtlich in einigen Jahrzehnten erheblich geändert haben, denn wenn auch die oft vorausgesagte Erschöpfung der Erdölquellen bis jetzt nicht nur nicht eingetreten ist, sondern durch neue Entdeckungen von Rohölvorkommen eher weiter hinausgeschoben erscheint, so ist doch kein Zweifel, daß mit einem Nachlassen der Erdölförderung etwa innerhalb eines Menschenalters gerechnet werden muß. Allem Anschein nach wird dann der Zeitpunkt kommen, wo die motorischen Kraftstoffe ausschließlich aus der Steinkohle und Braunkohle, vielleicht auch aus dem Ölschiefer, gewonnen werden müssen, weil die Erdölquellen versiegt sind. Die Schätzungen, wann dies eintreten wird, bewegen sich zwischen zehn und dreißig Jahren, sind aber unsicher.

Das rohe Erdöl ist in dem Zustand, in dem es aus der Erde quillt, für den Betrieb von Dieselmotoren nicht verwendbar; es muß zunächst von Wasser, Sand und sonstigen Verunreinigungen befreit werden. Die Bezeichnung „Rohöl" ist daher für Dieselmotorentreibstoffe irreführend. In

---

[1] Hier kann nur das Wichtigste über die Treiböle mitgeteilt werden, soweit es zum Verständnis des Folgenden erforderlich ist. Es sei aber darauf hingewiesen, daß eine genaue Kenntnis der Eigenschaften der Treiböle notwendig und nützlich ist, sind doch häufig Störungen bei Dieselmotoren nur auf die Verwendung ungeeigneten Treiböles zurückzuführen. — Lehrreich ist das Studium des Werkes von Spausta: Treibstoffe für Verbrennungsmotoren (Wien: Springer-Verlag 1939), ferner v. Philippovich: Die Betriebsstoffe für Verbrennungskraftmaschinen (Wien: Springer-Verlag 1939) in der Sammlung: Die Verbrennungskraftmaschine, herausgegeben von H. List.

[2] Hieran waren im Jahr 1939 beteiligt:

Die Vereinigten Staaten	mit rd. 170,0 Mill. t		Mexiko	mit rd.	5,2 Mill. t
Rußland	„ „ 30,0 „ „		Irak	„ „	4,2 „ „
Venezuela	„ „ 28,8 „ „		Columbien	„ „	3,1 „ „
Iran	„ „ 10,4 „ „		Trinidad	„ „	2,7 „ „
Niederländisch-Indien	„ „ 7,8 „ „		Argentinien	„ „	2,6 „ „
Rumänien	„ „ 6,2 „ „		Peru	„ „	1,8 „ „

Die Förderung der übrigen Erdölländer betrug etwa 1 Mill. t oder weniger.

Für das Jahr 1946 werden folgende Fördermengen angegeben:

Vereinigte Staaten	234,00 Mill. t	Rumänien	4,30 Mill. t
Venezuela	54,00 „ „	Columbien	3,30 „ „
Rußland	22,40 „ „	Argentinien	3,10 „ „
Iran	19,00 „ „	Trinidad	2,90 „ „
Saudi-Arabien	7,00 „ „	Peru	1,80 „ „
Mexiko	6,70 „ „	Niederländisch-Indien	1,30 „ „
Irak	4,47 „ „		

1 Sass, Dieselmaschinen Bd. I, 2. Aufl

gereinigtem Zustand wird es nur selten — gelegentlich am Ort der Erdölförderung selbst — zum
Betrieb von Dieselmotoren benutzt. Abgesehen von solchen Ausnahmen wird das Erdöl durch
die „fraktionierte Destillation" zunächst in verschieden hoch siedende Anteile zerlegt, indem es
durch Röhrenerhitzer geleitet wird, in denen es auf die Temperatur seiner höchstsiedenden Bestandteile erhitzt wird. Durch stufenweise erfolgende Kondensation erhält man aus den entstandenen
Dämpfen Benzin, Leuchtöl, Dieseltreiböle und als Rückstand Asphalt und Pech.

Der größere Teil aller Dieselkraftstoffe und rund die Hälfte der Weltproduktion an Benzin wird
gegenwärtig auf diesem Weg erzeugt. Die andere Hälfte der Benzinerzeugung entfällt auf das sog.
Krackverfahren, bei welchem die schweren Kohlenwasserstoffe des Erdöles durch thermische
Spaltung (bei etwa 450° C, bis zu 40 kg/cm² Druck und gegebenenfalls unter Anwendung von
Katalysatoren) in leichtsiedende Anteile umgewandelt werden. Dabei fallen als Nebenerzeugnis
auch Dieseltreiböle an, die aber mengenmäßig nicht dieselbe Rolle spielen wie die durch die
fraktionierte Destillation gewonnenen.

Ganz verschieden von diesem Herstellungsverfahren ist die Gewinnung von Dieselkraftstoffen
aus der Kohle. Hier können nur die wichtigsten dieser Verfahren erwähnt werden[1].

Das Hydrierverfahren, von Bergius 1913 angegeben und seit 1925 von Pier und der
I. G. Farbenindustrie zum Großverfahren entwickelt, benutzt als Ausgangsstoffe Steinkohle und
Braunkohle. Die wasserfrei getrocknete Kohle wird fein gemahlen, mit Schweröl gemischt und nach
Zusatz eines Kontaktstoffes in Breiform mittels einer Pumpe durch einen Wärmeaustauscher und
einen Vorerhitzer in den Hydrierofen gedrückt. Ein Verdichter führt gleichzeitig den zur Hydrierung erforderlichen Wasserstoff unter einem Druck von mehreren hundert kg/cm² der Breipaste vor
ihrem Eintritt in den Wärmeaustauscher zu. Bei diesem Druck und einer Temperatur von etwa
420° C vollzieht sich die Verbindung der Kohlenstoff- mit den Wasserstoffmolekülen zu Kohlenwasserstoffen, die zunächst in einen Heißabscheider geleitet werden. In diesem trennen sich die
schweren, flüssig gebliebenen Rückstände von den Gasen und leichten Ölen. Diese ziehen in Dampf-
form ab, werden in dem vorhin erwähnten Wärmeaustauscher und einem Kühler gekühlt und in
einem „Abstreifer" vom überschüssigen Wasserstoff getrennt, der gewaschen und nach Zumischung
von frischem Wasserstoff von neuem dem Kreislauf zugeführt wird. Das in diesem ersten Teil des
Prozesses, der „Sumpfphase", gewonnene Öl wird durch Destillation in Mittelöl und Benzin zerlegt.
Das Benzin ist nach Reinigung mit Schwefelsäure bereits ein Fertigprodukt; das Mittelöl dagegen
wird in einer zweiten Phase, der „Gasphase", abermals der Druckhydrierung unterworfen, wobei
es sich zum größten Teil in Benzin verwandelt. Der Gasölrückstand wird in den Kreislauf zurückgeführt.

Sollen Dieseltreibstoffe hergestellt werden, so kann auf die Gasphase verzichtet werden, da das
aus der Sumpfphase abdestillierte Mittelöl schon ein brauchbares Dieselöl ergibt.

Einen für die Hochdruckhydrierung besonders geeigneten Rohstoff liefert die Druckextraktion
der Steinkohle nach dem Verfahren von Pott und Broche. Hierbei wird die Kohle auf eine
Korngröße von 1 bis 2 mm gemahlen und in einem Mischer mit einem Lösungsmittel (Gemische
aus Tetralin, Naphthalin und Phenolen u. a.) versetzt. Der Brei wird während einer bestimmten
Zeit auf einer genau eingehaltenen Temperatur unter Druck behandelt, wobei die Kohlensubstanz
zum größten Teil in Lösung geht. Der nicht in Lösung gegangene Bestandteil, eine aschereiche
Kohle mit 25 bis 30% Aschegehalt, wird durch Filtrieren vom Extrakt getrennt, der Extrakt selbst
durch Destillation von dem Lösungsmittel befreit. Er bleibt als pechartige, glänzende Masse zurück,
die sich wegen ihres hohen Wasserstoffgehaltes von etwa 6% für die Hydrierung besonders eignet.

Ähnlich, jedoch mit anderen Lösungsmitteln, arbeitet das Druckextraktionsverfahren von Uhde.

Als weiteres wichtiges Verfahren zur Herstellung von Dieselkraftstoffen ist die Fischer-
Tropsch-Synthese zu nennen. Sie baut die Treibstoffe aus Kohlenoxyd und Wasserstoff auf,
die bei mäßiger Temperatur, etwa 190° C, und Atmosphärendruck über Kontaktstoffe geleitet
werden. Als Ausgangsstoff dienen Koks oder andere feste Brennstoffe, soweit sie sich zur Herstellung
von Wassergas eignen. Über den glühenden Koks wird Wasserdampf geleitet, wodurch Wassergas
entsteht, das etwa 40% CO, 50% H_2 sowie CO_2, N_2, O_2 und CH_4 enthält. Nach nahezu vollkommener

---

[1] Vgl. A. Thau: Die Kohlenveredlung zur Kraftstoffgewinnung. Z.V.d.I. Bd. 82 (1938), S. 129, und F. Spausta
(Fußnote 1, S. 1).

Entschwefelung wird das gereinigte Gas durch eine Kontaktanlage geleitet, deren Temperatur gleichbleibend auf etwa 190° C gehalten wird. Hier findet unter Bildung von Wasserdampf die Umsetzung zu verschiedenen Kohlenwasserstoffen statt. Von diesen werden die bei gewöhnlichem Druck dampfförmigen Kohlenwasserstoffe Propan und Butan, zusammenfassend auch „Gasol" genannt, in einen Sammelbehälter geleitet und bei niedrigem Druck verflüssigt. Die schwereren Kohlenwasserstoffe werden teils durch Destillation, teils in einer Krackanlage auf Leicht- und Schwerbenzin, Dieseltreiböl und Paraffinöl verarbeitet. Der Anteil des Dieseltreiböles an der Gesamtausbeute beträgt normal 20 bis 25%, kann aber durch besondere Leitung des Verfahrens weitgehend verschoben werden.

Das nach der Fischer-Tropsch-Synthese hergestellte Dieseltreiböl, auch „Kogasin II" genannt, ist zum Betrieb von Dieselmotoren gut geeignet, da es hervorragende Zünd- und Brenneigenschaften mit einem hohen Heizwert verbindet. In dieser Beziehung übertrifft es selbst die besten aus dem Erdöl gewonnenen Dieseltreiböle. Für den normalen langsam oder mittelschnell laufenden Dieselmotor sind Brennstoffe von so hoher Qualität zwar erwünscht, aber nicht erforderlich. Sie können dadurch für die Dieselmotorenindustrie von Nutzen werden, daß man sie weniger zündwilligen Brennstoffen beimischt, um deren Zündeigenschaften zu verbessern.

Zu den weniger zündwilligen Dieseltreibölen gehören die bei der Schwelung (Tieftemperaturverkokung, bis etwa 600° C) der Braunkohle und Steinkohle aus den dabei anfallenden Schwelteeren gewonnenen Kraftstoffe. Auch der bei der Hochtemperaturverkokung (1000° C) entstehende Steinkohlenteer liefert bei seiner Verarbeitung ein Teeröl, das jedoch wegen des vorwiegend aromatischen Aufbaues seiner Bestandteile schlechte Zündeigenschaften hat. Durch Zusatz von 25% (oder mehr) Kogasin oder nach A. W. Schmidt von 3% Peroxyden ist es jedoch möglich, auch dieses schwer zündende Treiböl zum Betrieb selbst von schnellaufenden Dieselmotoren geeignet zu machen.

Endlich ist als brauchbarer Dieselkraftstoff noch das Schieferöl zu erwähnen, das durch Schwelung des ölhaltigen Schiefers bei 400 bis 450° C und anschließende fraktionierte Kondensation gewonnen wird, wobei außer Dieseltreiböl auch Benzin, Leuchtöl und Heizöl gewonnen wird. Ölschieferlager kommen in zahlreichen Ländern vor, die weitaus größten in den Vereinigten Staaten, wo sie indessen wegen des Überflusses an Erdöl vorläufig nicht ausgebeutet werden[1]; ferner besitzen Estland, Schottland, Italien, Südafrika und die Mandschurei größere Ölschieferlager. Auch in Deutschland kommt der Ölschiefer an vielen Stellen vor; am bekanntesten ist die Grube Messel bei Darmstadt, deren Ölschiefer seit mehr als 50 Jahren ausgebeutet wird. Von den übrigen Vorkommen in Deutschland scheinen manche noch abbauwürdig zu sein.

2. Zusammensetzung der Treiböle

Die Treiböle sind sehr komplizierte Gemische von Kohlenwasserstoffen; ihre chemische Zusammensetzung ist trotz eifriger Forschungsarbeit noch nicht vollständig aufgeklärt. Von der Schwierigkeit dieser Arbeit erhält man eine Vorstellung, wenn man erfährt, daß im Erdöl, dem wichtigsten Ausgangsstoff zur Herstellung von Treibölen, bis jetzt etwa 3000 verschiedene Einzelstoffe nachgewiesen worden sind[2].

Das Erdöl und seine Destillate enthalten viele Vertreter verschiedener Kohlenwasserstoffgruppen, deren wichtigste sind:

1. Paraffine, auch aliphatische (von ἄλειφας, griech., Fett, da in die Klasse der Tier-[3] und Pflanzenfette gehörig) oder gesättigte Kohlenwasserstoffe genannt. Sie folgen der Formel CnH_{2n+2};

---

[1] The Oil-Shale Industry. Engg. Bd. 146, II (1938), S. 46.

[2] R. Heinze: Das Erdöl und die neueren Verfahren seiner Aufbereitung. Z.V.d.I. Bd. 82 (1938), S. 1005.

[3] Nach einer Theorie Englers sind die Erdöle aus den Leichnamen vorzeitlicher Meerestiere entstanden, die, wahrscheinlich durch das Eintrocknen der Meere, auf einen immer kleiner werdenden Raum zusammengedrängt wurden, bis sie verendeten, um schließlich im Verlauf sehr langer Zeiträume von Sand und Gestein bedeckt zu werden. Durch den Druck der Gesteinsschichten und die dabei entstehende Wärme zersetzten sich die Tierkörper in Kohlenwasserstoffe.

1*

ihre Kohlenstoffatome sind kettenförmig aneinander gebunden und verhältnismäßig leicht zu sprengen, d. h. die Paraffine sind sehr zündwillig und daher für den Betrieb von Dieselmotoren gut zu gebrauchen. Ihr Gehalt an Wasserstoff ist der größte mögliche.

Zahlentafel 1 gibt die ersten Glieder der Paraffinreihe an.

Als Beispiel für den Aufbau eines Paraffinmoleküls sei das Hexan C_6H_{14} hier angeführt:

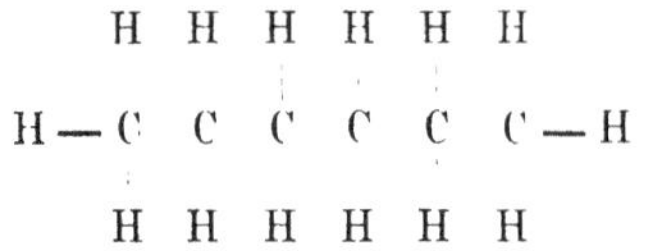

$$
\begin{array}{ccccccc}
H & H & H & H & H & H \\
| & | & | & | & | & | \\
H-C & C & C & C & C & C-H \\
| & | & | & | & | & | \\
H & H & H & H & H & H
\end{array}
$$

Von den natürlichen Erdölen ist das pennsylvanische ein Gemenge verschiedener Paraffine.

2. **Naphthene**, gesättigte ringförmig gebundene Kohlenwasserstoffe, auch Zykloparaffine genannt, von der Formel C_nH_{2n}. Sie bestehen aus drei oder mehr Methylengruppen CH_2 und heißen daher auch Polymethylene, z. B. Trimethylen (Trinaphthen) C_3H_6, Tetramethylen C_4H_8, Pentamethylen C_5H_{10} usw. Den Aufbau des Hexanaphthen (Hexamethylen, Zyklohexan) zeigt folgendes Schema:

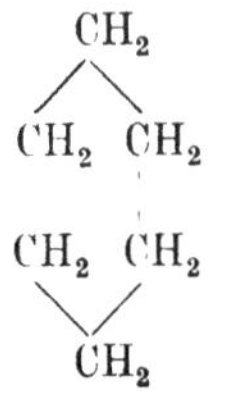

$$
\begin{array}{c}
CH_2 \\
/ \quad \backslash \\
CH_2 \quad CH_2 \\
| \qquad | \\
CH_2 \quad CH_2 \\
\backslash \quad / \\
CH_2
\end{array}
$$

Die Naphthene sind wasserstoffgesättigt. Ihre Zündneigung ist wegen der ringförmigen Bindung des Kohlenstoffes geringer als die der Paraffine, aber für den Betrieb von Dieselmotoren ausreichend. Die Naphthene kommen im kaukasischen und mexikanischen Erdöl sowie in den aus dem Braunkohlenteer und dem Ölschiefer erhaltenen Destillaten vor.

Zahlentafel 1. Anfangsglieder der Paraffinreihe.

Name	Formel	Siedepunkt °C	Aggregatzustand
Methan	$C H_4$	− 164	gasförmig
Aethan	$C_2 H_6$	− 93	
Propan	$C_3 H_8$	− 45	
Butan	$C_4 H_{10}$	+ 1	
Pentan	$C_5 H_{12}$	+ 36	flüssig
Hexan	$C_6 H_{14}$	+ 69	
Heptan	$C_7 H_{16}$	98	
Oktan	$C_8 H_{18}$	126	
Nonan	$C_9 H_{20}$	151	
Dekan	$C_{10} H_{22}$	173	
Undekan	$C_{11} H_{24}$	195	
Dodekan	$C_{12} H_{26}$	214	
Tridekan	$C_{13} H_{28}$	234	
Tetradekan	$C_{14} H_{30}$	253	fest
usw.			

3. **Aromaten** (nach ihrem charakteristischen scharfen Geruch), ringförmig gebundene Kohlenwasserstoffe von der Formel C_nH_{2n-6}. Der bekannteste aromatische Brennstoff ist das Benzol C_6H_6:

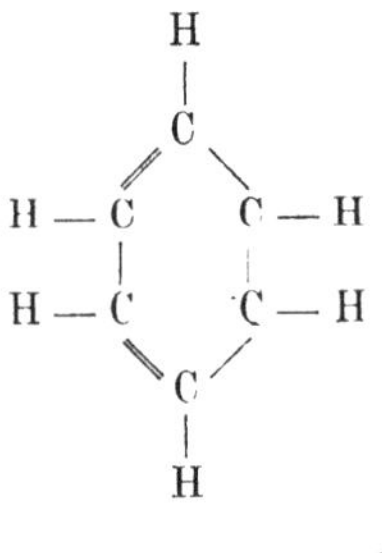

$$
\begin{array}{c}
H \\
| \\
C \\
/\!\!/ \quad \backslash \\
H-C \qquad C-H \\
| \qquad\quad | \\
H-C \qquad C-H \\
\backslash\!\!\backslash \quad / \\
C \\
| \\
H
\end{array}
$$

Die Kohlenstoffatome der Aromaten sind ringförmig gebunden, und zwar je zwei abwechselnd einfach und doppelt (s. Schema); sie sind nur teilweise wasserstoffgesättigt. Ihre Zündneigung ist gering; sie sind daher für den Betrieb von Dieselmotoren nicht geeignet, doch kann ihre Zündwilligkeit durch Beimischung aliphatischer Treiböle so weit verbessert werden, daß sie im Dieselmotor verbrannt werden können. Das Steinkohlenteeröl ist der typische Vertreter der aromatischen Treiböle für Dieselmotoren.

Im natürlichen Erdöl sind vorwiegend (zu etwa 85%) Kohlenwasserstoffe der ersten und zweiten Gruppe, also der Paraffine und Naphthene vorhanden, und zwar je nach dem Fundort in ganz verschiedenen Anteilen. Den Rest bilden Aromaten. Daneben kommen als unerwünschte Bestandteile sauerstoff- und stickstoffhaltige Verbindungen, schwefelhaltige Kohlenwasserstoffe und Phenole, d. h. Hydroxyl-(OH-)Gruppen enthaltende Kohlenwasserstoffe, vor.

Die synthetischen Kraftstoffe haben im allgemeinen die gleichen Bestandteile wie die aus dem Erdöl gewonnenen, jedoch in anderem Mischungsverhältnis.

3. Die wichtigsten Eigenschaften der Treiböle

Beim Abschluß des Kaufvertrages pflegen die Hersteller von Dieselmotoren die Forderung zu stellen, daß der für den Motor zu verwendende Kraftstoff bestimmte Eigenschaften besitzt. Das ist berechtigt, denn es kann nicht verlangt werden, daß der Motor mit jedem im Handel vorkommenden flüssigen Brennstoff betrieben werden kann, und Meinungsverschiedenheiten zwischen Hersteller und Käufer, die aus der Verwendung eines ungeeigneten Treiböles entstehen, sind nicht selten. So bildet die Festlegung der vom Treiböl zu fordernden Eigenschaften einen wichtigen Bestandteil der Betriebsvorschriften für den Motor.

Die Zahl der Prüfverfahren, nach denen man Treiböle untersucht, ist in den letzten Jahren recht groß geworden; z. B. zählt der Bericht des A.S.T.M. Committee D 2 über die „Kennzeichnung der Verfahren zur Prüfung von Erdölprodukten"[1] nicht weniger als 44 verschiedene Untersuchungen auf. So weit braucht man indessen in der Praxis des Dieselmaschinenbetriebes nicht zu gehen; es genügt im allgemeinen, wenn sich die Untersuchung auf folgende Feststellungen beschränkt:

Spezifisches Gewicht,

Gehalt an (C), H und S,

Gehalt an Hartasphalt, Wasser und Asche,

Flammpunkt (Brennpunkt), (Zündpunkt bzw.) Zündeigenschaften, Stockpunkt,

Viskosität,

Heizwert, Siedeverhalten, Verkokungsrückstand, Säurezahl.

Die in Klammern gesetzten Untersuchungen sind entbehrlich.

Einzeln geben die mit Laboratoriumsgeräten ermittelten Eigenschaften eines Treiböles keinen Anhaltspunkt für die Beurteilung seiner Brauchbarkeit in der Maschine; in ihrer Gesamtheit ermöglichen sie aber doch fast immer eine ziemlich sichere Aussage über die Eignung des Öles. Die Vereinbarung gewisser Eigenschaften, die das Öl haben soll, im Kaufvertrag ist auch deshalb zweckmäßig, weil die sicherste Prüfung eines Treiböles, die in der laufenden Maschine, meistens erst nachträglich möglich ist.

Das **spezifische Gewicht** der auf dem Markt erhältlichen, aus dem Erdöl hergestellten Treiböle schwankt in weiten Grenzen; es kann zwischen 0,83 und 0,95 kg/lit liegen. Im allgemeinen deutet ein niedriges spez. Gewicht bei einem Dieselöl auf hohen Gehalt an Wasserstoff, d. h. auf paraffinischen Ursprung, und ist daher häufig, aber nicht immer, ein Zeichen für gute Zündwilligkeit. Treiböle aus Niederländisch-Indien z. B. können ein spez. Gewicht bis 0,94 kg/lit haben und sind gleichwohl im Schiffsbetrieb gut verwendbar. Das Kogasin II von Fischer-Tropsch hat bei 20° C ein spez. Gewicht von etwa 0,77 kg/lit. Über den Zusammenhang zwischen spez. Gewicht und Zündwilligkeit s. S. 117.

Das spezifische Gewicht wird mit dem Aräometer bestimmt und gewöhnlich für 20° C angegeben. Mit steigender Temperatur nimmt es ab, da sich alle Kohlenwasserstoffe mit zunehmender Temperatur ausdehnen. Will man das bei einer anderen Temperatur bestimmte spez. Gewicht auf 20° C umrechnen, so genügt es, wenn für jeden Grad, um den die Versuchstemperatur unter oder über 20° C liegt, 0,0007 abgezogen bzw. hinzugezählt wird.

---

[1] The Significance of Tests of Petroleum Products, Am. Soc. for Testing Materials, Philadelphia, 1934.

Im Ausland werden die spez. Gewichte von Ölen häufig nach A.P.I.-Graden[1] (auch als Beaumé-Grade bezeichnet, obwohl A.P.I.- und Beaumé-Grade nicht genau übereinstimmen) angegeben. Zur Umrechnung dient Zahlentafel 2.

Das spez. Gewicht der aliphatischen Treiböle ist stets kleiner, das der Steinkohlenteeröle größer als 1. Beides muß bei der Anordnung der Entwässerungshähne an den Treibölbehältern beachtet werden.

Die **Elementaranalyse** stellt den Gehalt eines Treiböles an **Kohlenstoff, Wasserstoff** und **Schwefel** fest.

Der Gehalt an Kohlenstoff liegt bei den paraffinischen und naphthenischen Treibölen gewöhnlich bei 86 Gew.-%; bei den aromatischen beträgt er 89% oder mehr. Die genaue Bestimmung des C-Gehaltes ist entbehrlich.

Der Gehalt an Wasserstoff liegt bei den gebräuchlichen Treibölen meistens in der Nähe von 12 Gew.-%, doch kommen auch höhere oder niedrigere Werte vor. Im allgemeinen ist ein hoher Gehalt an Wasserstoff günstig, da der Heizwert mit zunehmendem Wasserstoffgehalt steigt und ein hoher Wasserstoffgehalt auf paraffinischen Ursprung des Treiböles, d. h. gute Zünd- und Brenneigenschaften, hindeutet. Ausschlaggebend für die Eignung eines Treiböles ist jedoch nicht sein Wasserstoffgehalt, sondern der Aufbau seiner Moleküle.

Zahlentafel 2. Umrechnung von A.P.I.-(Beaumé-) Graden in spezifisches Gewicht

A.P.I.-Grad	Spez. Gewicht kg/lit	A.P.I.-Grad	Spez. Gewicht kg/lit
10	1,000	32	0,864
12	0,986	34	0,854
14	0,972	36	0,843
16	0,959	38	0,833
18	0,946	40	0,824
20	0,933	42	0,814
22	0,921	44	0,805
24	0.909	46	0,795
26	0,897	48	0,787
28	0,886	50	0,778
30	0,875	52	0,769

Ein mäßiger Gehalt an Schwefel stört im Dieselmotor nicht, da er anstandslos zu SO_2 (nach J. J. Broeze vorwiegend zu SO_3) verbrennt. Gleichwohl ist empfehlenswert, den S-Gehalt auf 1 bis 2 Gew.-% zu begrenzen, da ein höherer Schwefelgehalt die Abnutzung der Zylinderlaufbuchsen beschleunigen kann. Broeze und Gravesteyn[2] haben gefunden, daß durch höheren Schwefelgehalt die Abnutzung der Laufbuchse und der Kolbenringe auf einen erheblich größeren Betrag ansteigen kann, als bei Treiböl mit 0,7 Gew.-% Schwefel gemessen wurde (Bild 1). Auch können die Auspuffgase stark schwefelhaltiger Brennstoffe zusammen mit dem stets in den Verbrennungsgasen enthaltenen Wasserdampf Korrosionen in der Auspuffleitung hervorrufen. Die Herstellerfirmen pflegen in ihren Treibölvorschriften zu verlangen, daß der Schwefelgehalt 1 bis 2 Gew.-% nicht überschreitet.

Wichtig ist ein niedriger Gehalt an **Hartasphalt.** Unter Asphaltstoffen versteht man im Erdöl gelöste bzw. suspendierte, bei gewöhnlicher Temperatur feste, sauerstoff- und schwefelhaltige, hochmolekulare Kohlenwasserstoffverbindungen. Die in Normalbenzin[3] unlöslichen, hochschmelzenden Stoffe werden als Hartasphalt, die weicheren, unter 100° C schmelzenden, in Alkohol-Äther unlöslichen Anteile als Weichasphalt bezeichnet. Dieser ist im Motor weniger schädlich, während der Hartasphalt ein sehr unerwünschter Bestandteil ist, da er zu Koksbildungen an der Düse Anlaß geben kann (Bild 2), was die Zerstäubung des Treiböles und damit die Gemischbildung beeinträchtigt. Die Hersteller von Dieselmotoren pflegen daher in ihren Treibölvorschriften zu fordern, daß der Gehalt an Hartasphalt einen bestimmten Betrag nicht überschreitet; es werden maximal 0,5 bis 0,7 Gew.-% zugelassen, doch gilt diese Grenze nur für langsamlaufende große Maschinen, in denen genügend Zeit für die Verbrennung

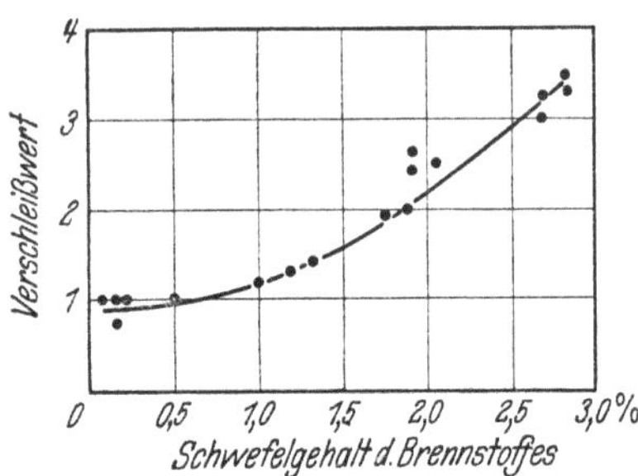

Bild 1. Einfluß des Schwefels auf den Zylinderverschleiß.

Verschleißwert = Verschleiß bei dem Versuchsbrennstoff : Verschleiß bei Brennstoff mit 0,7 Gew.-% Schwefel.

---

[1] A.P.I. = American Petroleum Institute. Spezifisches Gewicht und A.P.I.-Grade hängen durch die Definitions-Gleichung zusammen:

$$\text{Spez. Gew.} = \frac{141,5}{131,5 + \text{A.P.I.-Grade}}$$

Zunehmende A.P.I.-Grade entsprechen somit abnehmendem spez. Gew. und umgekehrt.

[2] Fuel and Wear in Diesel Engines. The Motor Ship September 1938.

[3] Normalbenzin hat ein spez. Gew. zwischen 0,695 und 0,705 und Siedegrenzen von 65° bis 95° C.

zur Verfügung steht. Schnelläufer vertragen nur wesentlich kleinere Prozentsätze (bis etwa 0,05 %).

Bei der Festlegung des zulässigen Gehaltes an Hartasphalt ist es wichtig, das Verfahren, nach dem der Hartasphalt bestimmt wird, genau festzulegen, da die im Ausland gebräuchlichen Verfahren z. T. andere Werte ergeben als die Normalbenzin-Methode[1].

Wasser. Der Wassergehalt soll natürlich so klein wie möglich sein, da er den Heizwert des Treiböles herabsetzt, nicht nur weil das Wasser selbst keinen Heizwert besitzt, sondern auch weil zu seiner Verdampfung Wärme gebraucht wird, was den Heizwert weiter vermindert. Im übrigen schadet ein mäßiger Wassergehalt ($<$ 1 %) nicht, besonders wenn das Wasser in feinverteiltem Zustand (emulgiert) im Öl enthalten ist. Kann es sich dagegen abscheiden und in größeren Mengen in die Brennstoffpumpe gelangen, so sind Betriebsstörungen die Folge.

Asche. Mit Asche bezeichnet man feste mineralische Beimengungen des Öles, deren Gehalt so gering wie möglich ($<$ 0,05 %) sein soll, da ein hoher Aschegehalt unzulässig raschen Zylinderverschleiß verursacht. Die der Brennstoffpumpe vorgeschalteten Filter müssen so gebaut sein, daß sie die Verunreinigungen sicher von der Pumpe fernhalten, sonst besteht die Gefahr, daß die Saugventile nicht dicht schließen, der Einspritzdruck sinkt und die Zerstäubung verschlechtert wird. Der Gehalt an Asche im Treiböl soll unter 0,05 Gew.-% liegen.

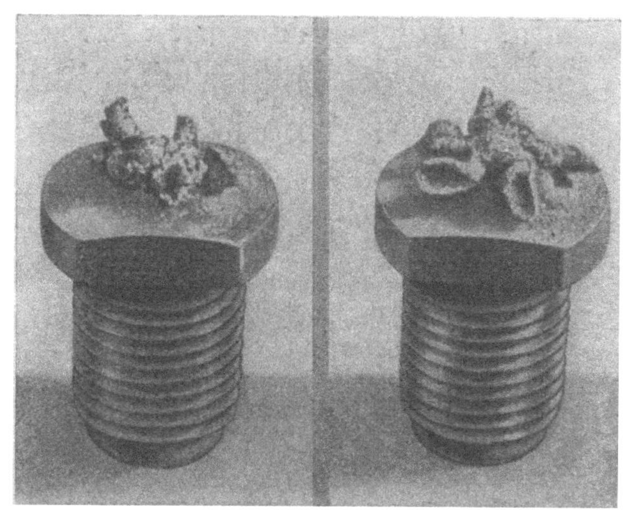

Bild 2. Durch hohen Hartasphaltgehalt verkokte Brennstoffdusen.

Der **Flammpunkt** ist die niedrigste Temperatur, bei der ein Treiböl bei vorübergehender Berührung mit einer offenen Flamme (auf einem Apparat bestimmter vereinbarter Abmessungen und Benutzungsweise) vorübergehend aufflammt. Er ist ein Maß für die Feuergefährlichkeit des Brennstoffes, da er angibt, bei welcher Temperatur sich explosive Gemische aus Brennstoffdämpfen und Luft bilden können. Je nach der Höhe des Flammpunktes unterscheiden die behördlichen Vorschriften drei Gefahrenklassen:

Gefahrenklasse 1, als K 1 bezeichnet, umfaßt die Flüssigkeiten mit einem Flammpunkt von höchstens 21° C,

Gefahrenklasse 2 (K 2) die Flüssigkeiten mit einem Flammpunkt über 21° bis 55° C einschl.,

Gefahrenklasse 3 (K 3) die Flüssigkeiten mit einem Flammpunkt über 55° bis 100° C einschl.

Für diese Gefahrenklassen bestehen besondere Vorschriften hinsichtlich Transport und Lagerung.

Für die Bestimmung des Flammpunktes ist in Deutschland der Flammpunktprüfer nach Pensky-Martens im Gebrauch; in diesem wird die zu untersuchende Ölprobe in einem geschlossenen Gefäß erwärmt. Verbreiteter ist das Gerät von Marcusson, das einen offenen (Porzellan-) Tiegel zur Erwärmung der Ölprobe hat. Da das zu untersuchende Öl bei der Erwärmung Dämpfe abgibt, die im offenen Tiegel entweichen können, so liefert der Marcusson-Apparat etwas höhere Flammpunkte als der geschlossene Flammpunktprüfer.

Die für den Betrieb von Dieselmotoren benutzten Kraftstoffe haben in der Regel einen höheren Flammpunkt als 55° C; meist liegt er bei 65° oder höher.

Auf den Betrieb von Dieselmotoren hat die Höhe des Flammpunktes keinen Einfluß, sofern dieser so hoch liegt, daß sich bei den vorkommenden Maschinenraumtemperaturen keine explosiven Brennstoffdampf-Luft-Gemische bilden können.

---

[1] P. N. Everett: Diesel Fuel, its Characteristics and Use in the Engine. Vortrag im V.d.I. vom 14.3.1934.

Der **Brennpunkt** ist die niedrigste Temperatur, bei der ein Treiböl bei vorübergehender Berührung mit einer offenen Flamme (in einem genau bemessenen Apparat) dauernd brennt. Der Brennpunkt kann nur im offenen Tiegel bestimmt werden, da die Dämpfe der Luftzufuhr bedürfen, um nach der Entzündung weiterbrennen zu können. Der Brennpunkt liegt immer (um 20 bis 60°) höher als der Flammpunkt. Er ist für den Motorenbauer im allgemeinen bedeutungslos.

Der **Zündpunkt** ist die niedrigste Temperatur, auf die ein Treiböl erwärmt werden muß, damit es ohne Flamme sich von selbst entzündet. Je nachdem ob der Zündpunkt in Luft, Sauerstoff oder Druckluft gemessen wird, ergeben sich ganz verschiedene Werte. Der Zündpunkt hat, nachdem man brauchbare Verfahren zur Prüfung der Zündwilligkeit eines Treiböles gefunden hat (vgl. S. 116 u. f.), nicht mehr die Bedeutung, die man ihm früher beilegte.

Der **Stockpunkt** (Erstarrungspunkt) eines Treiböles kann nicht, wie z. B. beim Wasser, als diejenige Temperatur definiert werden, bei der das Öl bei Abkühlung erstarrt, denn die gebräuchlichen Treiböle lassen bei der Abkühlung einen Erstarrungspunkt nicht deutlich erkennen. Während

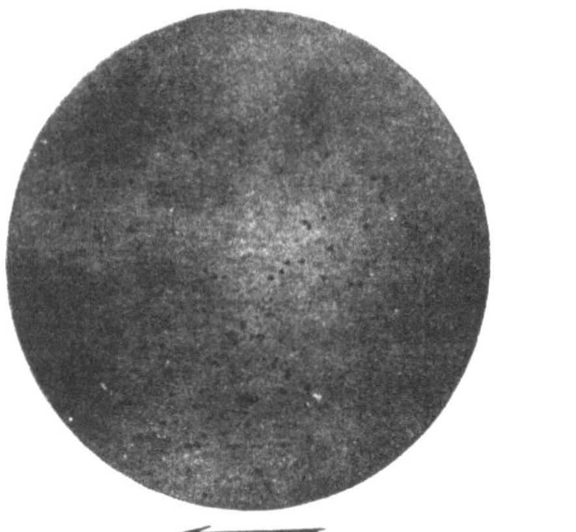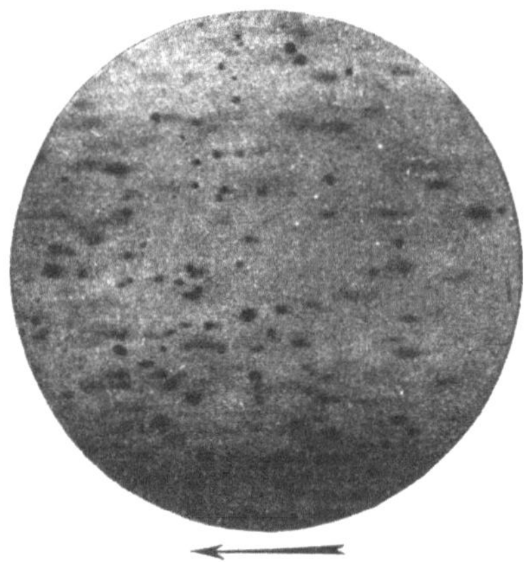

Bild 3 und 4. Im Flug in verdichteter Luft aufgenommene Brennstofftropfen.
Bildgeschwindigkeit 200 m/sek; ←— Flugrichtung.
Bild 3: Viskositat 1,78 Englergrade bei 20° C.   Bild 4: Viskositat 13,8 Englergrade bei 20° C.

paraffinfreie Öle beim Abkühlen keinen Unstetigkeitspunkt in der Konsistenz zeigen, sondern nur eine stetig wachsende Viskosität, scheiden paraffinhaltige Öle das Paraffin beim Abkühlen durch Auskristallisieren ab, aber unregelmäßig, wodurch die Viskosität unstetig zunimmt. Demnach muß der Stockpunkt von Treibölen als diejenige Temperatur definiert werden, bei welcher ein Öl während der Abkühlung sein Fließvermögen verliert oder feste Bestandteile auszuscheiden beginnt. Beides muß im Betrieb bei niedriger Außentemperatur vermieden werden, da sonst Störungen in der Brennstoffzuführung die Folge sind, und man verlangt daher einen möglichst tief liegenden Stockpunkt (unter 0 bis —5° C, in Sonderfällen noch tiefer). Im allgemeinen genügen einige Grad unter Null, da man ohnehin den Maschinenraum vor Frost zu schützen pflegt. Kraftstoffe für Motoren, die in besonders niedrigen Außentemperaturen arbeiten sollen, erfordern einen wesentlich niedrigeren Stockpunkt.

Die **Viskosität** oder Zähigkeit ist die Eigenschaft einer Flüssigkeit, der Verschiebung zweier benachbarten Schichten einen Widerstand entgegenzusetzen. Sie gehört zu den wichtigsten Eigenschaften des Treiböles, denn bei der heute ausschließlich verwendeten Druckzerstäubung wird die Tropfengröße durch die Viskosität des Treiböles stark beeinflußt[1]. Versuche des Verfassers mit zwei Treibölen sehr verschiedener Viskosität hatten die in Bild 3 und 4 dargestellten Ergebnisse. In einer Versuchseinrichtung wurden die Tröpfchen eines Brennstoffstrahles während ihres Fluges durch verdichtete Luft photographiert; die Luftdichte entsprach dabei den im Zylinder des Dieselmotors am Ende des Verdichtungshubes während der Einspritzung herrschenden Verhältnissen. Die Aufnahmen wurden in einer Entfernung von 225 mm von der Einspritzdüse gemacht, wo die

---

[1] Über den Einfluß der Oberflächenspannung des Treiböles auf die Tropfengröße vgl. S. 28.

Tropfen nach voraufgegangenen Versuchen noch eine Geschwindigkeit von 20 m/sek haben. Es konnte daher nur eine zehnfache Vergrößerung angewandt werden, die immerhin der großen Bildgeschwindigkeit von 200 m/sek entspricht, so daß die Belichtungszeit des elektrischen Funkens durch besondere Maßnahmen auf etwa ein zehnmilliontel Sekunde abgekürzt werden mußte, damit die Tropfenbilder auf der Platte scharf wurden. Das sehr lichtstarke Objektiv war so geformt, daß, obwohl durch eine Glasplatte von 60 mm Stärke photographiert werden mußte, von dem in der Aufnahmerichtung mehrere cm dicken Brennstoffstrahl nur eine Tropfenschicht von 0,2 mm Tiefe in der Achse des Strahles scharf erfaßt wurde. Die vor und hinter dieser Schicht befindlichen Tropfen erscheinen im Bild unscharf.

Bild 3 gilt für eine Viskosität von 1,78° E bei 20° C; die Feinheit der Zerstäubung entspricht normalen Verhältnissen. Bild 4 bezieht sich auf eine Viskosität von 13,8° E bei 20° C. Die Tröpfchen haben jetzt unter sonst gleichen Verhältnissen den zwei- bis dreifachen Durchmesser wie vorhin; ihre Masse ist also bei der rd. 8mal höheren Viskosität 8—27mal größer. Die Zerstäubung ist in diesem Fall für einen einwandfreien Betrieb zu schlecht. Sie müßte gegebenenfalls durch Vorwärmung des Treiböles und Erhöhung des Einspritzdruckes verbessert werden.

Zur zahlenmäßigen Beurteilung der Viskosität bedient man sich in Deutschland in der Praxis des Dieselmaschinenbetriebes gewöhnlich der Englergrade. Der Englergrad E ist eine dimensionslose Zahl[1], die sich aus dem Verhältnis der Ausflußzeit von 200 cm³ des betreffenden Öles bei einer bestimmten Temperatur zu der Ausflußzeit von 200 cm³ Wasser von 20° C ergibt. Er wird im Englerschen Viskosimeter ermittelt, dessen Abmessungen genormt sind; z. B. beträgt die Länge des Ausflußröhrchens 20 mm und sein lichter Durchmesser oben 2,9, unten 2,8 mm. Man mißt die Ausflußzeit des auf eine bestimmte Temperatur gebrachten Öles mit der Stoppuhr und teilt die gemessene Zeit durch die jedem Gerät beigegebene Eichkonstante, nämlich die Auslaufzeit von 200 cm³ Wasser bei 20° C (51 bis 52 sek). Der Quotient ist der Englergrad E. Trägt man diesen in Abhängigkeit von der Temperatur auf, so erhält man bei verschiedenen Treibölen verschiedene hyperbelartige Linien (Bild 5): die Zähigkeit nimmt mit steigender Temperatur mehr oder weniger stark ab. Von dieser Eigenschaft der Treiböle wird häufig Gebrauch gemacht, indem man heizbare Treibölvorwärmer der Brennstoffpumpe vorschaltet. Dadurch wird die Viskosität erniedrigt und die Zerstäubung feiner; gleichzeitig wird die Filtrierbarkeit verbessert.

Im Ausland sind ähnliche Viskosimeter, jedoch von anderen Abmessungen, im Gebrauch. Bei dem englischen von Redwood angegebenen Gerät (Modell I) beträgt die Ausflußmenge 50 cm³, die Länge des Ausflußröhrchens 10 mm und der mittlere Durchmesser 1,6 mm, während in dem in Amerika gebräuchlichen Gerät von Saybolt 60 cm³ durch ein Röhrchen von 14 mm Länge und 1,8 mm mittlerem Durchmesser ausfließen. Bei beiden Geräten wird die Zähigkeit des Öles unmittelbar durch Angabe der Ausflußzeit in Sekunden bezeichnet. Das Viskosimeter von Redwood wird in zwei Größen I und II angefertigt, deren Ausflußzeiten sich etwa wie 10 : 1 verhalten.

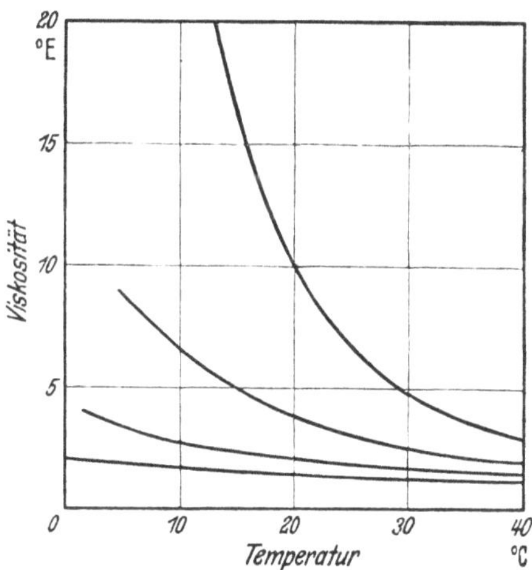

Bild 5. Abnahme der Zähigkeit von Treibölen mit zunehmender Temperatur nach P. N. Everett.

Den Zusammenhang zwischen Englergraden, Sekunden Redwood I und Sekunden Saybolt zeigt Zahlentafel 3. Überschläglich kann gesetzt werden: 1 Englergrad = 30 Sekunden Redwood I = 35 Sekunden Saybolt.

Englergrade, Redwoodsekunden und Sayboltsekunden sind willkürliche Maße, die auf den Abmessungen der Geräte beruhen, in denen sie bestimmt werden. Da die in Englergraden usw. ausgedrückten Viskositäten, insbesondere bei kleinen Zähigkeiten, der wahren Zähigkeit nicht ver-

---

[1] Die Dimension des Englergrades kann, da es sich um das Verhältnis zweier Zeiten handelt, auch als sek/sek angegeben werden.

hältnisgleich sind, so können sie nur als (allerdings sehr brauchbare) Vergleichszahlen für den praktischen Betrieb, nicht aber als Grundlage für physikalische Berechnungen (z. B. von Strömungsgeschwindigkeiten nach der Formel von Poiseuille) dienen. Hierzu muß die sog. absolute Zähigkeit ermittelt werden.

Wenn eine Flüssigkeitsschicht von der Fläche F über eine gleich große, im Abstand dx befindliche mit dem Geschwindigkeitsunterschied dv geschoben werden soll, so ist hierzu eine Kraft

$$k = \eta \cdot F \cdot \frac{dv}{dx} \; dyn$$

erforderlich, in welcher η eine für die betreffende Flüssigkeit charakteristische Konstante, die absolute Zähigkeit, ist. Die Kraft ist der Größe der Fläche und dem Geschwindigkeitsgefälle dv/dx in der zur Fläche senkrechten Richtung proportional[2]. Dieses Gesetz ist von Newton empirisch aufgestellt worden; es gilt nur unter der Voraussetzung, daß die Strömung laminar ist.

Als absolutes Maß der Zähigkeit einer Flüssigkeit dient die Kraft, die eine Flüssigkeitsschicht von 1 cm² Oberfläche über eine gleich große, 1 cm entfernte Schicht mit der Geschwindigkeit 1 cm/sek verschieben kann. Die so definierte absolute oder dynamische Zähigkeit hat die Dimension $dyn \cdot cm^{-2} \cdot sek$ oder $cm^{-1} \cdot gr\text{-}Masse \cdot sek^{-1}$ und wird nach Poiseuille als 1 Poise (P) bezeichnet. Ihr hundertster Teil heißt Centipoise (cP).

Wasser hat bei 0° C die absolute Zähigkeit 0,01792, bei 20,2° 0,01 P = 1 cP.

Zahlentafel 3. Umrechnung von Englergraden, Redwood I- und Saybolt-Sekunden in kinematische Zähigkeit[1].

Absolutes Maß	Technische Maße		
Kinematische Zähigkeit cm²/sek	Englergrade E	Redwood I-Sekunden R sek	Saybolt-Sekunden S sek
0,010	1,00	29,2	31,1
0,018	1,10	30,5	32,9
0,028	1,20	32,8	35,6
0,039	1,30	35,4	38,8
0,050	1,40	38,2	42,1
0,0625	1,50	41,4	46,0
0,0745	1,60	44,9	49,6
0,085	1,70	48,2	53,8
0,096	1,80	51,0	57,8
0,107	1,90	54,5	62,1
0,118	2,00	57,9	66,3
0,128	2,10	61,1	70,0
0,138	2,20	64,5	73,6
0,148	2,30	67,8	77,2
0,157	2,40	70,8	81,2
0,166	2,50	73,7	85,2
0,211	3,00	89,0	104
0,254	3,50	105	122
0,293	4,00	119	140
0,333	4,50	133	157
0,373	5,00	149	174
0,412	5,50	163	192
0,451	6,00	178	209
0,529	7,00	206	242

Als kinematische Zähigkeit wird der Quotient

$$\frac{\text{dynamische Zähigkeit}}{\text{Dichte der Flüssigkeit}}[3]$$

bezeichnet, wobei beide Werte auf die gleiche Temperatur bezogen sein müssen. Hierbei ist die dynamische Zähigkeit in gr-Masse/cm·sek, die Dichte in gr-Masse/cm³ einzusetzen, so daß sich als Dimension der kinematischen Zähigkeit cm²/sek ergibt. Ihre Einheit wird als 1 Stokes[4], deren hundertster Teil als 1 Centistokes (cSt) bezeichnet.

Die dynamische Zähigkeit kann in hierzu geeigneten Geräten, z. B. dem Kapillarviskosimeter nach Ubbelohde-Holde oder dem Vogel-Ossag-Viskosimeter, unmittelbar gemessen werden, nicht aber in den Viskosimetern von Engler, Redwood und Saybolt. Eine Umrechnung der Englergrade, Redwood-Sekunden und Saybolt-Sekunden in absolute Zähigkeit ist nur näherungsweise möglich[5].

---

[1] Nach DIN DVM 3655. Hierbei sei auf die Arbeiten des Deutschen Verbandes für die Materialprüfungen der Technik auf dem Gebiet der Normung flüssiger Kraftstoffe besonders hingewiesen.

[2] W. H. Westphal: Physik. 12. Aufl., S. 159. Berlin: Springer-Verlag 1947.

[3] Statt der Dichte im CGS-System darf auch das spez. Gewicht in gr/cm³ gesetzt werden, da die Maßzahlen für die Dichte eines Stoffes im CGS-System (in gr-Masse/cm³) und für sein spez. Gewicht im technischen Maßsystem (in gr-Gewicht/cm³) gleich sind.

[4] Nach dem englischen Physiker G. G. Stokes, der die Gesetze des Falles einer Kugel in einer zähen Flüssigkeit erforscht hat.

[5] Vgl. Berl-Lunge: Chemisch-technische Untersuchungsmethoden, Bd. 4, 8. Aufl., Berlin: Springer-Verlag 1933.

In den Treibölvorschriften der Dieselmotorenfirmen findet man folgende oberen Grenzwerte für die Viskosität (bez. auf 20° C):

Zahlentafel 4. Von Dieselfirmen zugelassene obere Grenzwerte für die Viskosität von Treibölen.

	Für Langsamläufer			Für Schnellläufer	
Englergrade (20° C)	3	4	5	höchst. 2	unter 2,5
Redwood I-Sekunden	89	119	149	höchst. 58	unter 74
Saybolt-Sekunden	104	140	174	,, 66	,, 85
Centipoisen	19,0	26,4	33,6	,, 10,6	,, 14,9
Centistokes*	21,1	29,3	37,3	,, 11,8	,, 16,6

* Für ein spez. Gew. des Treiböles von 0,9 gr/cm^3.

Man rechnet jetzt auch in der Technik in zunehmendem Umfang mit Centipoisen und Centistokes, weil diese Maßeinheiten die wahren Zähigkeiten, insbesondere bei kleinen Viskositäten, besser wiedergeben als die Englergrade, Redwood- und Saybolt-Sekunden. Daher ist auf diese Zusammenhänge hier ausführlicher eingegangen.

Der **Heizwert** eines Treiböles soll natürlich so hoch wie möglich sein, da man dann für einen bestimmten Preis und ein gegebenes Gewicht die höchstmögliche Leistung erhält. Meistens ist indessen der Heizwert der Gasöle von 10000 kcal/kg nicht sehr verschieden; in der Regel beträgt er 10000 bis 10200 kcal/kg, doch kommen auch höhere Werte vor. Das Kogasin II hat einen Heizwert von etwa 10500 bis 10600 kcal/kg. Der Heizwert der Steinkohlenteeröle liegt zwischen 8800 und 9300 kcal/kg, während Braunkohlenteeröle einen höheren Heizwert haben (9600 bis 9800 kcal/kg oder mehr). Der Heizwert des Schieferöles schwankt zwischen 9300 und 9800 kcal/kg.

Die Hersteller von Dieselmotoren pflegen den gewährleisteten Brennstoffverbrauch auf ein Treiböl von 10000 kcal/kg zu beziehen. Hat das verwendete Treiböl einen hiervon abweichenden Heizwert, so wird der gemessene Brennstoffverbrauch auf den garantierten im umgekehrten Verhältnis der Heizwertbeträge umgerechnet.

Bei den Brennstoffverbrauchsmessungen darf nur der untere Heizwert des Treiböles eingesetzt werden, den 1 kg des Treiböles entwickelt, wenn der als Verbrennungsprodukt entstehende Wasserdampf dampfförmig bleibt. Dies ist bei Verbrennungsmotoren stets der Fall, da das Verbrennungswasser mit den Auspuffgasen immer dampfförmig (und zwar überhitzt) entweicht. Das Verbrennungswasser kann also weder seine Verdampfungswärme noch seine Flüssigkeitswärme nutzbringend abgeben. Der in der kalorimetrischen Bombe ermittelte obere Heizwert, in den die Gesamtwärme des Verbrennungswassers eingeschlossen ist, darf daher nicht benutzt werden. Der obere Heizwert ist um die Gesamtwärme des bei der Verbrennung sich bildenden Wasserdampfes größer als der untere[1].

---

[1] Ist W das ursprünglich im Brennstoff enthaltene flüssige Wasser in Gewichts-%, H im gleichen Maß der elementaranalytisch ermittelte Wasserstoffgehalt, so ist, weil 1 kg Wasserstoff mit der 8fachen Gewichtsmenge Sauerstoff zu 9 kg Wasser verbrennt,

$$\left(\frac{W}{100} + \frac{9H}{100} \right) \text{kg}$$

das Gewicht des bei der Verbrennung von 1 kg Treiböl entstehenden Wassers. Da ferner die Gesamtwärme von 1 kg Wasser bei einer Ausgangstemperatur von 20° rd. 600 WE beträgt, so wird die Gesamtwärme des bei der Verbrennung von 1 kg Treiböl sich bildenden Verbrennungswassers

$$\left(\frac{W}{100} + \frac{9H}{100} \right) \cdot 600 \text{ WE.}$$

Um diesen Betrag ist der obere Heizwert H_o größer als der untere H_u. W ist meistens vernachlässigbar klein, H von 11,1 nicht sehr verschieden; dann nimmt der Klammerausdruck den Wert 1 an. Man findet daher häufig die Differenz $H_o - H_u = 600\ WE$ gesetzt, was indessen zuweilen nicht genau genug ist, da bei von 11,1% abweichendem H-Gehalt des Treiböles die Differenz $H_o - H_u$ von 600 wesentlich abweichen kann.

Bei der **Siedeanalyse** wird festgestellt, wieviel Raumteile eines flüssigen Brennstoffes jeweils nach Erreichung bestimmter Temperaturen verdampft sind. Durch Auftragen der Raumteile in Abhängigkeit von den zugehörigen Temperaturen erhält man die Siedekurve. Sie wird im Destillationsapparat von Engler-Ubbelohde aufgenommen, der im wesentlichen aus einem durch Bunsenbrenner heizbaren Glaskolben, einem geneigt angeordneten, gläsernen Kühlrohr und einem mit Meßskala versehenen Auffangzylinder von 100 cm³ Inhalt besteht. Die aus 100 cm³ des zu untersuchenden Öles bestehende Probe wird in dem Glaskolben erhitzt; als Siedebeginn gilt die Temperatur, bei welcher der erste Tropfen Destillat vom Kühlerende abfällt. Die Destillationsgeschwindigkeit soll etwa 2 Tropfen je Sekunde, entsprechend 4 bis 5 cm³ je Minute betragen. Das Ende der Destillation liegt vor, wenn die Temperatur ihren Höchstwert erreicht hat und die Quecksilbersäule als Zeichen der beginnenden Zersetzung wieder zu sinken beginnt.

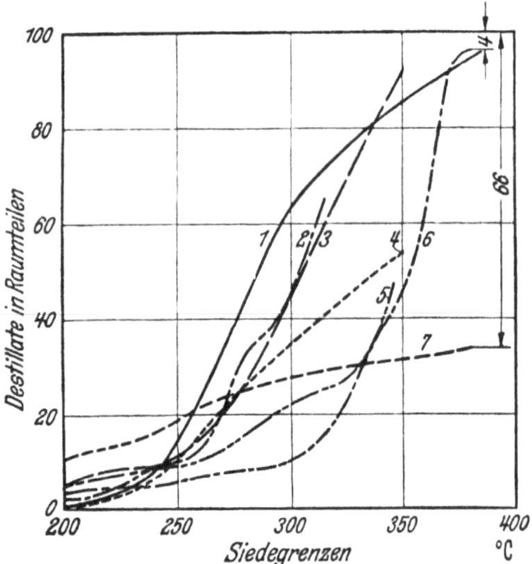

Bild 6. Siedekurven von Treibolen verschiedener Herkunft.

Nimmt man nach diesem Verfahren die Siedekurven von Treibölen verschiedener Herkunft auf, so kann man eine Linienschar erhalten, die trotz genau gleicher Versuchsbedingungen keinerlei Regelmäßigkeit zeigt (Bild 6). Beim Treiböl 1 z. B. sind bei 300° C schon 62, beim Öl 6 erst 10 Raumteile verdampft. Mit 350° C sind bei denselben Ölen 85 bzw. 46 Raumteile überdestilliert. Die Verdampfungsrückstände, gekennzeichnet durch den Abstand der Endpunkte der Siedekurven von der 100er Linie, liegen bei den 7 verschiedenen Ölen zwischen 4 und 66 Raumteilen, streuen also ganz erheblich. Es handelt sich hier ausschließlich um Treiböle, die auf dem Weltmarkt als „Diesel-Öl" gekauft wurden und deren Siedekurven den in Bild 6 gezeichneten Verlauf hatten.

Wie weit der Verlauf der Siedekurve einen Anhalt zur Beurteilung der Eignung eines Treiböles bietet, ist unsicher. Ein zu hoher Verdampfungsrückstand ist im allgemeinen unerwünscht, da er auf das Vorhandensein hochmolekularer Kohlenwasserstoffe hindeutet, die schwer verbrennlich sind, und oft ist ein großer Verdampfungsrückstand auch mit hoher Viskosität und großem Hartasphaltgehalt verbunden. Es gibt aber auch Treiböle, die trotz hohen Verdampfungsrückstandes keine Anstände im Betrieb zeigen. Nach Beobachtungen des Verfassers, die sich über mehrere Jahre erstreckten, haben Treiböle mit einer Siedekurve wie z. B. Nr. 1 in Bild 6 einen merklich geringeren Verschleiß von Kolben, Kolbenringen und Laufbuchsen zur Folge als Öle mit hohem Verdampfungsrückstand.

Dementsprechend schreiben die meisten Hersteller von Dieselmaschinen wenigstens einen Punkt der Siedekurve vor, indem sie fordern, daß bei einer bestimmten Temperatur ein angemessener Teil der Probe überdestilliert sein soll. Bei 350° C liegt dieser Anteil in der Regel bei 80 bis 85 Raumteilen, doch kommen auch höhere und niedrigere Werte, d. h. schärfere und weniger scharfe Anforderungen, vor. Der Siedebeginn liegt in der Regel in der Nähe von 200° C.

Über den Zusammenhang zwischen Siedeverhalten und Zündwilligkeit s. S. 117.

Verkokungsprobe. Während bei der Siedekurve ein eindeutiger Zusammenhang zwischen ihrem Verlauf und der in der Maschine zu erwartenden Rückstandsbildung nicht nachgewiesen ist, kommt die Verkokungsprobe nach Conradson den tatsächlichen Verhältnissen näher. Ein genau abgewogenes Gewicht (10 g) des zu untersuchenden Treiböles wird in einem glasierten Porzellanoder Quarztiegel, der in einem größeren Eisentiegel steht, so lange (etwa 10 min) erhitzt, bis die entweichenden Öldämpfe sich entzünden. Wenn alle Öldämpfe verbrannt sind und die Flamme erloschen ist, wird der Tiegel weitere 7 min auf Kirschrotglut (800 bis 900° C) erhitzt. Die gesamte

Erhitzungsdauer beträgt etwa 30 min. Nach dem Erkalten des Tiegels wird der verbleibende Koksrest gewogen. Die Werte streuen um etwa ± 10%[1].

Ähnlich arbeitet man bei dem Verfahren von Ramsbottom, bei dem die Erhitzung des Öles in einem auf genau 550° C gehaltenen Bad aus geschmolzenem Blei stattfindet. Durch die gleichmäßige Temperatur sollen die hauptsächlich durch Temperaturschwankungen verursachten Fehler des Conradson-Verfahrens ausgeschaltet werden.

Die 1912 von P. H. Conradson angegebene Verkokungsprobe scheint sich trotz mancher Widerstände allmählich durchzusetzen. In den Vereinigten Staaten ist sie von der Am. Soc. for Testing Materials vorgeschrieben; in England beginnt sie, das Ramsbottom-Verfahren zu verdrängen, das wegen der Verwendung von flüssigem Blei unbequem ist. Eine Rundfrage des Deutschen Verbandes für Materialprüfungen der Technik bei den Dieselfirmen ergab eine Mehrheit für die Übernahme der Conradson-Probe, während andere sie ablehnten. Für die Ablehnung wird geltend gemacht, daß die Verkokung des Treiböles im Conradson-Gerät bei Atmosphärendruck und unter (nicht völligem) Luftabschluß vor sich geht, also unter anderen Bedingungen, als es im Dieselmotor verbrennt, wo hoher Druck und großer Luftüberschuß vorhanden sind. Das ist zutreffend, aber die mangelhafte Übereinstimmung zwischen Laboratoriumsgerät und Maschine könnte man gegen die Mehrzahl der hier besprochenen Untersuchungen einwenden. Die Aufnahme der Conradson-Probe in die Untersuchungsverfahren für Treiböle ist zu empfehlen; sie wird aber erst dann ihren Wert zeigen, wenn genügend Erfahrungen vorliegen, die einen einwandfreien Schluß aus den Ergebnissen der Conradson-Probe auf die zu erwartende Rückstandsbildung in der Maschine zulassen.

Es sei noch darauf hingewiesen, daß der Conradson-Wert und der Gehalt an Hartasphalt nicht verhältnisgleich sind, wie aus folgender, von J. J. Broeze[2] mitgeteilten Zusammenstellung hervorgeht.

Die Vorschläge des Special Research Committee on Diesel-Fuel-Oil Specification wollen den Verkokungsrückstand nach Conradson auf höchstens 5 (Gew.-)% für Langsamläufer und 1% für Schnelläufer begrenzen. In den Treibölvorschriften europäischer Diesel-Firmen findet man als Grenzen 3% und 0,5%. Diese Zahlen scheinen den Anforderungen des Dieselmaschinenbetriebes besser zu entsprechen als die etwas hohen amerikanischen Werte.

Unter **Neutralisationszahl** versteht man die Anzahl mg Kaliumhydroxyd (KOH), die zur Neutralisation der in 1 g Treiböl enthaltenen freien Säuren erforderlich ist. Die freien Säuren sind in der Regel organische Säuren: Naphthensäuren, Phenole und Fettsäuren, weniger Mineralsäuren, die in Fertigprodukten der Erdölverarbeitung praktisch nicht vorkommen, aber auch, besonders

Zahlentafel 5. Vergleich zwischen Conradson-Wert und Gehalt an Hartasphalt nach J. J. Broeze

Brennstoff	Conradson-Wert Gew.-%	Hartasphaltgehalt Gew.-%
Treiböl auf asphaltischer Basis	3,9	2,6
Treiböl auf paraffinischer Basis	2,8	0,9
Treiböl auf paraffinischer Basis	2,3	0,8

in Schmierölen, nicht vorkommen dürfen, da sie die mit ihnen in Berührung kommenden Metallteile angreifen. Es scheinen vorwiegend die sauerstoffhaltigen, weniger die schwefelhaltigen Verbindungen zu sein, welche die Metallanfressungen verursachen. Insbesondere ist unlegierter Siemens-Martin-Stahl und noch mehr Kupfer und Bronze gegen Säuren empfindlich, wie Versuche des Verfassers zeigen, deren Ergebnisse in Bild 7 und 8 wiedergegeben sind.

Metallplatten von den Abmessungen $80 \times 40 \times 3,1$ mm (rd. 72 cm² Oberfläche) aus den in der Bildunterschrift angegebenen Werkstoffen wurden in ein auf 50° C (entsprechend der Betriebstemperatur in den Brennstoffpumpenleitungen) angewärmtes Teerölbad gehängt und in diesem ständig bewegt. Während der ersten 18 Tage (bei den Platten 1 und 2) bzw. 15 Tage (bei 3 bis 7) war das Teeröl wasserfrei; dann wurde 1% Wasser zugesetzt, weil im praktischen Betrieb damit

---

[1] Vgl. Holde: Kohlenwasserstofföle und Fette. 7. Aufl. Berlin: Springer-Verlag 1933.

[2] Some Remarks on Fuel Specifications for Compression-Ignition Engines. Beiträge des Delfter Laboratoriums zum Zweiten Welt-Petroleum-Kongreß in Paris 1937.

gerechnet werden muß, daß das Treiböl nie ganz wasserfrei ist. Bei jedem Werkstoff wurde innerhalb der ersten 24 Stunden eine sprunghafte Gewichtsabnahme bemerkt, deren Ursache nicht festzustellen war; vielleicht hat es sich um die Beseitigung einer oxydischen Oberflächenschicht gehandelt. In Zwischenräumen von einigen Tagen wurden sodann die Platten herausgenommen, mit reinem Benzol abgewaschen, getrocknet und gewogen und die Gewichtsänderung festgestellt.

Bei allen legierten Stählen blieb das Gewicht vom zweiten Tage an durchweg gleich; nach Zusatz von 1% H_2O nahm es sogar anfänglich wieder etwas zu, um dann praktisch konstant zu bleiben. Nur der unlegierte SM-Stahl zeigte eine Gewichtsabnahme, die sich nach Zusatz von 1% H_2O weiter vermehrte und bis zur Beendigung der Versuche (nach 32 Tagen) anhielt.

Kupfer und kupferhaltige Legierungen sind gegen den Angriff von säurehaltigen Brennstoffen wesentlich empfindlicher (Bild 8); besonders Kupfer wird stark angegriffen (man beachte den Maßstab). Die

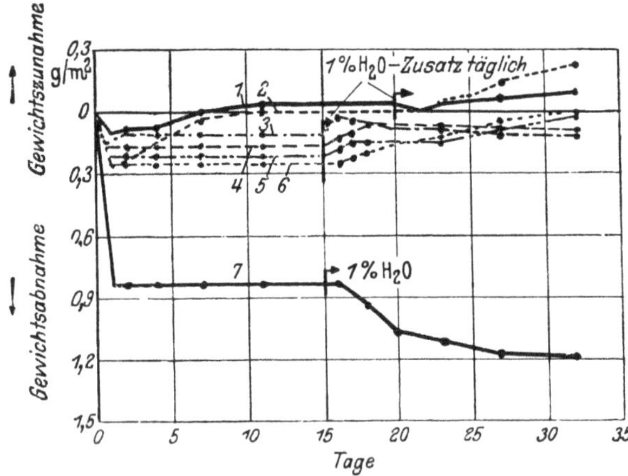

Bild 7. Korrosionsversuche mit Steinkohlenteerol.

1 = Chromnickelstahl,	*4* = Nickelmanganstahl (antimagnetisch),
2 = Silumin (13% Si),	*5* = Nichtrostender Stahl (13% Cr),
3 = Nickelstahl (5% Ni),	*6* = V2A-Stahl,
	7 = Unlegierter Siemens-Martin-Stahl.

Kurve des Gußeisens zeigt eigentümlicherweise nach der ersten sprunghaften Gewichtsabnahme eine Zunahme und nach Zusatz von täglich 1% H_2O eine Abnahme des Gewichtes der Versuchsplatte.

Kupferhaltige Werkstoffe sind daher in den Brennstoffleitungen zu vermeiden. Legierter Stahl ist unlegiertem vorzuziehen. Die Verwendung von Gußeisen, natürlich nur im Bereich niedriger Drücke (z. B. bei Filtergehäusen auf der Saugseite) ist erfahrungsgemäß unbedenklich. Zink wird durch säurehaltige Brennstoffe angegriffen, was bei der Lagerung von Brennstoff in verzinkten Eisenfässern zu beachten ist.

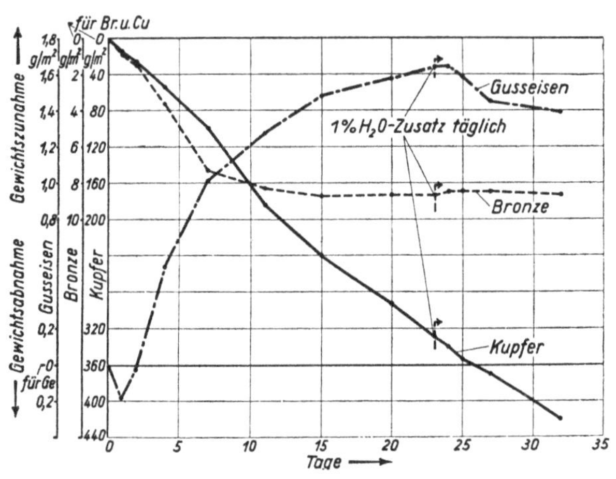

Bild 8. Angriff von Kupfer, Bronze und Gußeisen durch saurehaltigen Brennstoff.

Die Molekulargewichte der freien Säuren sind zum überwiegenden Teil nicht bekannt; man kann daher den Säuregehalt im Treiböl nicht in Gewichtsprozenten angeben und drückt ihn, wie erwähnt, in mg KOH aus. Der früher gebrauchte Ausdruck „Säurezahl" ist durch die Bezeichnung „Neutralisationszahl" (abgekürzt NZ) ersetzt worden, die sich auf den Gesamtgehalt an freien Säuren in Mineralölen bezieht, während die „Säurezahl" nur für das KOH-Äquivalent der Fettsäuren gelten soll[1].

die äquivalenten Gewichtsprozente SO_3 anzugeben, wofür die Beziehung: 1% SO_3 = NZ 14,02 gilt. In den Treibölvorschriften der Dieselfirmen findet man die Bezeichnung „Säurezahl" noch häufig verwendet und hierfür Höchstgrenzen von 0,04 bis 0,12% SO_3 angegeben, was Neutralisationszahlen von 0,56 bis 1,68 mg KOH/g Treiböl entspricht. Bei Einhaltung dieser Grenzen und Vermeidung kupferhaltiger Werkstoffe sind Korrosionen in den Brennstoffleitungen nicht zu befürchten.

Hagemann und Hammerich[2] haben ein Verfahren ausgearbeitet, bei welchem die Kraftstoffe 24 Stunden bei 50° C auf einen Streifen der zu untersuchenden Metallart einwirken. Der

[1] Berl-Lunge: Chemisch-technische Untersuchungsmethoden. Bd. 4. Berlin: Springer-Verlag 1933.
[2] Öl und Kohle. Bd. 12 (1936), S. 371 und 499.

gemessene Gewichtsverlust gilt als Maß der Korrosionswirkung des Kraftstoffes auf das betreffende Metall.

In Zahlentafel 6 sind die Ergebnisse der vorstehenden Betrachtungen zusammengestellt. Sie enthält die Treibölvorschriften verschiedener, mit A bis F bezeichneter in- und ausländischer Dieselfirmen, und zwar gelten die Spalten A bis D für Langsamläufer, E und F für Schnelläufer,

Zahlentafel 6. Treibölvorschriften verschiedener Dieselfirmen.

	Langsamläufer				Schnelläufer	
	A	B	C	D	E	F
1 Spez. Gewicht europ. u. amerik. Öle kg/lit	0,92	0,915	bis 0,88	0,85 bis 0,90	0,835 bis 0,89	0,84 bis 0,90
ostindische Öle kg/lit	0,94	0,94	—	—	—	—
2 Wasserstoff Gew.-%	11,75	mind. 11,8	—	mind. 12	mind. 12	—
3 Schwefel Gew.-%	bis 1,5	bis 1,5	unt. 1,0	bis 1,0	bis 1,0	bis 1,0
4 Hartasphalt Gew.-%	bis 0,5	bis 0,7	—	Spuren	bis 0,05	bis 0,2
5 Wasser Gew.-%	bis 1,0	bis 1,0	bis 0,5	bis 1,0	bis 0,5	0
6 Asche Gew.-%	bis 0,05	bis 0,02	unt. 0,05	bis 0,02	bis 0,05	bis 0,03
7 Flammpunkt nach Pensky-Mart. ° C	über 65	über 55	—	—	—	—
i. off. Tiegel ° C	—	über 65	über 65	über 65 bis 100	über 65	85 bis 110
8 Brennpunkt ° C	—	—	—	über 90 bis 120	—	—
9 Zündpunkt im Kruppschen Zündpunktprüfer ° C	260 bis 290	—	—	—	—	—
10 Stockpunkt ° C	unt. 0	unt. — 5	—	unt. — 5	unt. 0	—
11 Viskosität b. 20° C °E	unt. 4	unt. 4	unt. 3	unt. 2,5	unt. 3	höchst. 2,5
12 Unterer Heizwert kcal/kg	10 000	mind. 9900	10 000	9900	9900	mind. 9900
13 Siedeverhalten: Bei 350° C sollen überdestilliert sein Vol.-%	82 bis 84	mind. 60	mind. 80	mind. 90	mind. 80	—
14 Verkokungsrückstand nach Conradson Gew.-%	—	höchst. 1,8	unt. 3	unt. 0,5	—	höchst. 1,5
15 Neutralisationszahl mg KOH/g höchstens	0,56	1,7	—	—	—	0

bei denen man schärfere Anforderungen an das Treiböl stellen muß. Ein Strich deutet an, daß eine Vorschrift fehlt. Die Werte der Zahlentafel 6 können als Mittelwerte für die Anforderungen an gute Treiböle angesehen werden. Abweichungen nach oben und unten kommen vor.

Die wichtige Eigenschaft der **Zündwilligkeit** ist in Zahlentafel 6 nicht aufgenommen, weil es verschiedene Verfahren zur Messung der Zündwilligkeit gibt und weil über die Anforderungen, die man zahlenmäßig stellen soll, noch Meinungsverschiedenheiten bestehen. Das brauchbarste Maß für die Zündwilligkeit dürfte die Cetanzahl sein. Hierüber vgl. S. 119.

Von den weiteren Eigenschaften von Treibölen, die in Zukunft voraussichtlich von Bedeutung sein werden, ist die **Mischbarkeit** und hiermit zusammenhängend die Lagerfähigkeit zu erwähnen. Die Eigenschaft synthetischer Dieseltreiböle, große Zündwilligkeit zu besitzen, kann nach neueren

Versuchen vorteilhaft verwertet werden, um die geringe Zündneigung aromatischer Kraftstoffe (z. B. von Steinkohlenteeröl) oder schwerzündender Treiböle zu verbessern[1]. Wichtig für den Betrieb mit Mischdieseltreiböl ist, daß sich die Bestandteile auch nach längerer Zeit nicht wieder trennen und daß Ausscheidungen nicht in unzulässigem Maß auftreten.

Auch die Filtrierbarkeit eines flüssigen Kraftstoffes kann wichtig sein, z. B. wenn gefordert wird, daß das Treiböl auch bei niedrigen Temperaturen filtrierfähig bleibt. Hierzu haben Hagemann und Hammerich[2] ein Gerät angegeben, in welchem 100 cm³ des zu prüfenden Kraftstoffes, die zuvor auf die gewünschte niedrige Temperatur abgekühlt wurden, mittels Druckluft von 0,5 kg/cm² Überdruck durch ein Kupferdrahtfilter von 0,1 mm Maschenweite gedrückt werden. Der doppelte Wert der hierzu benötigten Fließzeit in Sekunden gilt als Maß der Filtrierfähigkeit des Öles bei der Meßtemperatur. Die Angabe der Filtrierfähigkeit kann als Ersatz für die Bestimmung des etwas unsicheren Stockpunktes dienen.

II. Gemischbildung, Zündung und Verbrennung

1. Gemischbildung

Aufgabe der Gemischbildung ist, eine möglichst feine Zerteilung des flüssigen Kraftstoffes und seine möglichst gleichmäßige Mischung mit der verdichteten heißen Luft des Brennraumes herzustellen. Je besser es gelingt, diese Forderungen zu erfüllen, um so höher ist die Leistung, die der Motor abzugeben vermag, um so sauberer die Verbrennung, um so größer die Lebensdauer der Maschine und um so befriedigender ihr Betrieb. Unsaubere, durch qualmenden Auspuff sich bemerkbar machende Verbrennung bedeutet Vergeudung des Brennstoffes, unnötig raschen Verschleiß von Laufbuchsen, Kolben und Kolbenringen infolge Bildung von Verbrennungsrückständen im Zylinder, zusätzliche Verminderung der Wirtschaftlichkeit durch unliebsame Unterbrechungen des Betriebes. Die beste Konstruktion der Maschine vermag den Nachteil einer schlechten Gemischbildung nicht auszugleichen.

Die Erfüllung der Aufgabe, ein völlig gleichmäßiges Brennstoff-Luft-Gemisch[3] herzustellen, gelingt im Dieselmotor immer nur unvollkommen und nicht so gut wie in der Vergasermaschine. Der Grund hierfür liegt im Dieselbrennstoff und im Dieselverfahren: die für den Dieselmotor verwendeten schwersiedenden Treiböle haben nicht, wie die niedrigsiedenden des Otto-Prozesses (Benzin, Benzol usw.), die Eigenschaft, im vorbeistreichenden Luftstrom rasch zu verdampfen; man muß sie daher durch mechanische Mittel, hohen Flüssigkeitsdruck und feine Einspritzöffnungen, möglichst fein zerteilen und den so erzeugten, aber selbst bei der feinsten praktisch erreichbaren Zerstäubung immer noch verhältnismäßig groben Brennstoffnebel über den Brennraum verteilen. Auch das Dieselverfahren selbst steht der Herstellung eines guten Gemisches hindernd entgegen: da der Brennstoff erst kurz vor dem oberen Totpunkt in den Brennraum gespritzt wird, so steht für die Gemischbildung nur eine sehr kurze Zeit zur Verfügung, die bei Langsamläufern nach hundertstel, bei Schnelläufern sogar nach tausendstel Sekunden zählt. In dieser kurzen Zeit gelingt die Gemischbildung nur unvollkommen; man muß daher versuchen, sie nachträglich zu verbessern, wenn die Verbrennung schon begonnen hat, indem man dafür sorgt, daß die vorher eingeleitete Luftbewegung auch während der Verbrennung andauert, oder indem man durch den sich abwärts bewegenden Kolben eine neue Luftbewegung hervorruft.

---

[1] Mischdieselkraftstoffe aus Steinkohlenteeröl. Z.V.d.I. Bd. 83 (1939), S. 1240.

[2] Vgl. Fußnote 2, S. 14.

[3] Hierbei muß die Einschränkung gemacht werden, daß, wenn es gelänge, vor der Zündung ein äußerst feines und gleichmäßiges Gemisch aus der ganzen Menge einer Einspritzung und der Brennraumluft herzustellen, dies für den Dieselmotorenbetrieb eher von Nachteil sein würde, da alsdann das ganze Gemisch unter heftiger Drucksteigerung sehr schnell verbrennen würde. Die Unzulänglichkeit der für die Gemischbildung praktisch zur Verfügung stehenden Mittel und der Umstand, daß ein Teil des Brennstoffes schon brennt, während der Rest noch eingespritzt wird, sorgen aber dafür, daß dieser Grenzfall nie erreicht wird.

Unter den Verfahren zur Gemischbildung, die heute im Dieselmotorenbau gebräuchlich sind, kann man zwei Gruppen unterscheiden:

das Verfahren der unmittelbaren Einspritzung und
das Vorkammer-Verfahren und seine Abarten.

(Bei der unmittelbaren Einspritzung wird der Brennstoff unter hohem Druck (300 bis 600 kg/cm², gelegentlich auch mehr) durch eine mit feinen Öffnungen versehene Düse direkt in den Brennraum eingespritzt, zerstäubt und unter Zuhilfenahme einer geeigneten Luftbewegung auf den Brennraum verteilt. Dieses Verfahren wird bei den Dieselmaschinen großer und mittlerer Leistung allgemein angewendet, doch kommen Ausnahmen vor, da man Maschinen von mehreren 1000 PS auch als Vorkammermaschinen bauen kann.

Das Vorkammerverfahren und die ihm verwandten Luftspeicher- und Wirbelkammerverfahren beherrschen das Gebiet der Kleinmotoren, insbesondere der Fahrzeugmotoren. Aber auch hier gibt es Ausnahmen.

Eine scharfe nach Zylindergröße oder Leistung gezogene Grenze, welche die unmittelbare Einspritzung vom Vorkammerverfahren trennt, gibt es somit nicht, zumal da auch Neigung und Firmenüberlieferung bei der Wahl des Gemischbildungsverfahrens eine Rolle spielen. Im allgemeinen ist die Druckeinspritzung für die Großdieselmaschine, das Vorkammerverfahren bei Kleinmotoren geeignet und vorherrschend.

A. Gemischbildung bei unmittelbarer Einspritzung

a) Räumliche Gemischbildung

Hier liegt die Aufgabe vor, den flüssigen Brennstoff in zweckmäßig gestalteten Brennräumen unter passender Anordnung der Brennstoffstrahlen auf die gewünschte Feinheit zu zerstäuben und ihn mittels richtig abgestimmter Durchschlagskraft der Strahlen unter Zuhilfenahme einer geeigneten Luftbewegung im Brennraum zu verteilen. Die hierin enthaltenen **vier Einzelaufgaben**, nämlich die **Gestaltung des Brennraumes und Anordnung der Brennstoffstrahlen**, die **Zerstäubung**, die **Bemessung der Durchschlagskraft der Brennstoffstrahlen** und die **Luftbewegung**, sind im folgenden einzeln behandelt.

α) **Form der Brennstoffstrahlen, Formgebung des Brennraumes und Anordnung der Strahlen**

Bei der klassischen Dieselmaschine, die mit Druckluftzerstäubung arbeitete, brauchte man auf die Form des Brennraumes kaum eine andere Rücksicht zu nehmen als die, daß seine Wände genügende Festigkeit hatten. Die große Elastizität des eingeblasenen Brennstoffluftgemisches, das zu etwa 97 Raumteilen aus Einblaseluft und zu nur 3 Raumteilen aus Brennstofftropfen bestand, glich etwa vorhandene Unterschiede zwischen der Form des Brennraumes und der des Strahlenbündels mühelos aus, indem die Strahlen von der Wand, die sie trafen, abprallten, wodurch der Brennstoff sich über den Brennraum hinreichend gleichmäßig verteilte.

Anders liegen die Verhältnisse bei der unmittelbaren Einspritzung des Brennstoffes ohne Zuhilfenahme von Einblaseluft. Hierbei ist man an die **Form der Brennstoffstrahlen** gebunden; man kann sie etwas, aber in nicht sehr weiten Grenzen, durch die Form der Düse beeinflussen. Die **Zahl der Strahlen** ist beschränkt durch die Rücksicht auf den Durchmesser der Düsenbohrungen, der wegen der Herstellbarkeit und der Gefahr der Verstopfung nicht zu klein werden darf. Form und Anordnung der Brennstoffstrahlen müssen zur Brennraumform passen, damit der Brennstoff möglichst gleichmäßig über den Brennraum verteilt wird.

Form der Brennstoffstrahlen. Über die äußere Gestalt der Brennstoffstrahlen liegen Versuchsergebnisse vor[1]. Bei runder Düsenbohrung haben die Brennstoffstrahlen die Form eines etwas

---

[1] Vgl. u. a. D. W. Lee: A Comparison of Fuel Sprays from several Types of Injection Nozzles. Report Nr. 520 des National Advisory Committee for Aeronautics (N.A.C.A.). Washington, 1935.

unregelmäßigen schlanken Kegels, der bei der am Ende des Verdichtungshubes herrschenden Luftdichte einen Spitzenwinkel von 16 bis 18° hat (Bild 9). Der Kopf des Strahles zeigt ähnliche Bildungen, wie sie als Luftschlieren bei fliegenden Geschossen auftreten. Nicht alle Teile des Strahles haben gleiche Geschwindigkeit; der aus gröberen Tropfen bestehende Kern bewegt sich voraus, und die den Mantel des Strahles bildenden feineren Tropfen bleiben zurück.

Verminderung des Gegendruckes, d. h. der Dichte der Luft, in die der Strahl gespritzt wird, ergibt spitzere Brennstoffstrahlen (Bild 10a und b gegenüber Bild 9); mit abnehmendem Gegendruck nimmt der Kegelwinkel des Strahles nach Bild 11 ab. Da

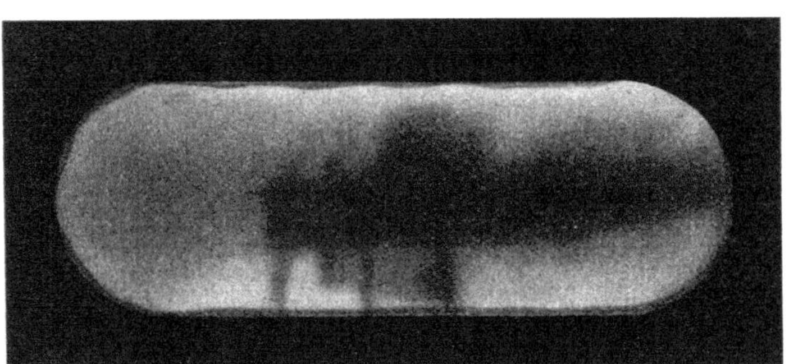

Bild 9. Gestalt eines Brennstoffstrahles bei runder Dusenbohrung und Luftdichte wie im Dieselmotor (Aufnahme des Verfassers).

Durchmesser d der Bohrung 0,57 mm,   Einspritzdruck 300 kg/cm², Länge l der Bohrung = 4 d,   Gegendruck 12,5 kg/cm², Belichtungsdauer rd. 10^{-6} sek.

Bild 10. Gestalt von Brennstoffstrahlen bei runder Dusenbohrung und atmosphärischem Gegendruck (Aufnahme von D. W. Lee).
Einspritzdruck 280 kg/cm²; Dusenbohrung 0,5 mm.
Bild 10a: Länge der Dusenbohrung : Durchmesser = 0,5,
Bild 10b: Länge der Dusenbohrung : Durchmesser = 5,0.

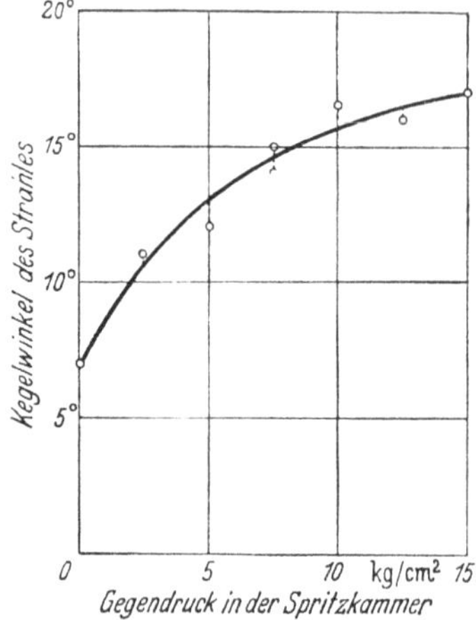

Bild 11. Kegelwinkel des Strahles in Abhängigkeit vom Gegendruck.
Einspritzdruck 280 kg/cm²;
Düsen-Dmr. 0,57 mm; Dusenlänge l = 4 d.

Bild 12. Vergrößerung des Strahlwinkels durch Drall (Aufnahme von E. G. Beardsley).
Einspritzdruck 560 kg/cm²; Gegendruck 14 kg/cm²; Dusenbohrung 0,56 mm; starker Drall vor der Duse.

indessen bei den heute gebräuchlichen Verdichtungsverhältnissen (etwa 1 : 12 bis 1 : 18) die Dichte der Luft am Ende des Verdichtungshubes in nicht weiten Grenzen schwankt (γ_c = rd. 13 bis 16 kg/m³) und das Verdichtungsverhältnis nach anderen Gesichtspunkten bestimmt wird, so bietet die Änderung der Luftdichte kein Mittel zur Beeinflussung der Strahlform.

Das Verhältnis Länge : Durchmesser der Düsenbohrung beeinflußt die Strahlform nur wenig. Mit zunehmendem l : d wird der Kegelwinkel des Strahles etwas kleiner (Bild 10b gegen 10a). Zweckmäßig ist, ein einmal erprobtes l : d beizubehalten. Ausgeführt wird l : d = 2 bis 4.

Erhält der Brennstoff vor seinem Durchtritt durch die Düsenbohrung einen Drall, so wird der Kegelwinkel des Strahles größer (Bild 12); gleichzeitig nimmt die Durchschlagskraft des Strahles ab. Bei kleinen Zylindern (Kraftwagenmotoren) kann dies vorteilhaft sein, da der breitere Strahl die bei der hohen Drehzahl ohnehin schwierige Gemischbildung unter Umständen verbessert und die verringerte Durchschlagskraft verhindert, daß der Strahl vorzeitig die kalte Zylinderwand berührt. Für große Zylinder eignen sich Dralldüsen nicht, da sie die Durchschlagskraft zu stark herabsetzen.

Die Brennstoffverteilung innerhalb eines durch Drall verbreiterten Strahles ist nicht so gleichmäßig, wie es nach Bild 12 scheinen könnte. Die vergrößerte Wiedergabe[1] (Bild 13) der Aufnahme eines Drallstrahles bei niedrigem Einspritzdruck und atmosphärischem Gegendruck zeigt die un-

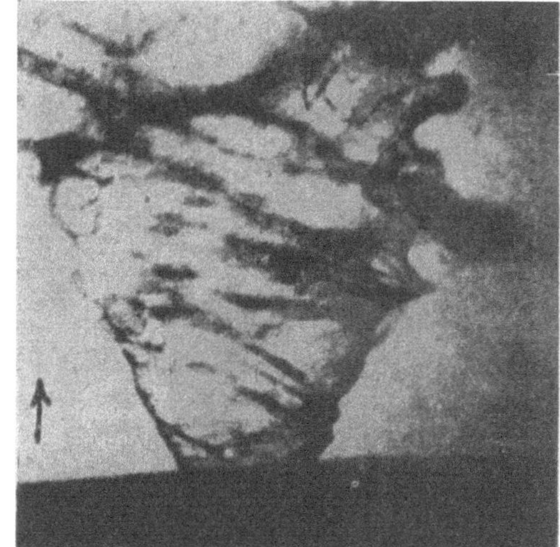

Bild 14. Teil des Brennstoffstrahles einer Schlitzdüse bei niedrigem Einspritzdruck, 10fach vergrößert, nach Lee und Spencer. Einspritzdruck 7 kg/cm²; Gegendruck atmospharisch.

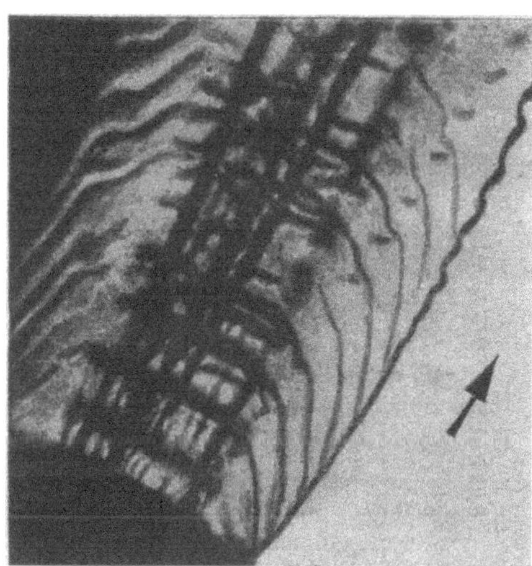

Bild 13. Brennstoffstrahl einer Drallduse bei niedrigem Einspritzdruck, 10fach vergrößert, nach Lee und Spencer. Einspritzdruck 7 kg/cm²; Gegendruck atmosphärisch.

gleichmäßige Verteilung des Brennstoffes in dem durch den Drall erweiterten Kegel.

Schlitzdüsen (Bild 170, S. 138), bei denen die Düsenmündung die Form eines schmalen Rechteckes hat, ergeben einen fächerförmigen Brennstoffstrahl von geringer Dicke, dessen Gestalt

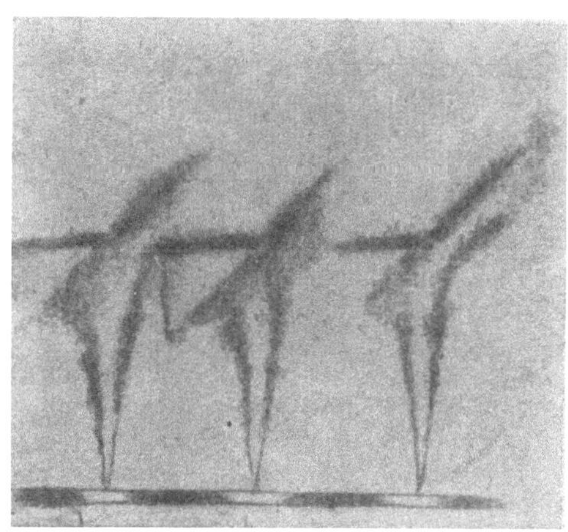

Bild 15. Umlenkung des Brennstoffstrahles bei schrägem Auftreffen auf eine Wand (Aufnahme von D. W. Lee). Einspritzdruck 280 kg/cm²; Gegendruck 14 kg/cm².

zunächst eine gute Gemischbildung zu versprechen scheint. Aber Schlitzdüsen sind schwierig herzustellen, denn die Schmalseite des Rechteckes wird sehr klein, und ganz geringe Abweichungen von dem Sollmaß haben eine ungleichmäßige Dicke des Brennstoffächers zur Folge (Bild 14), die durch ungleichmäßige Abnutzung des Schlitzes noch vergrößert werden kann. Man findet daher Schlitzdüsen nur in Sonderfällen angewendet.

Zapfendüsen (vgl. Bild 168, S. 137), bei denen die Ventilnadel eine kurze zylindrische (zuweilen auch schwach konische) Verlängerung trägt, die in die Düsenbohrung hineinragt, liefern

---

[1] D. W. Lee and R. C. Spencer: Photomicrographic Studies of Fuel Sprays. N.A.C.A. Report Nr. 454. Washington, 1933.

2*

einen ziemlich spitzen Brennstoffstrahl mit hohem Kern, da die Düsenöffnung ringförmig ist. Den Kegelwinkel des Strahles kann man durch die Form des Zapfens etwas beeinflussen. Äußerlich unterscheidet sich der Strahl (nach den Aufnahmen von Lee) nicht von dem aus einer glatten runden Düse austretenden.

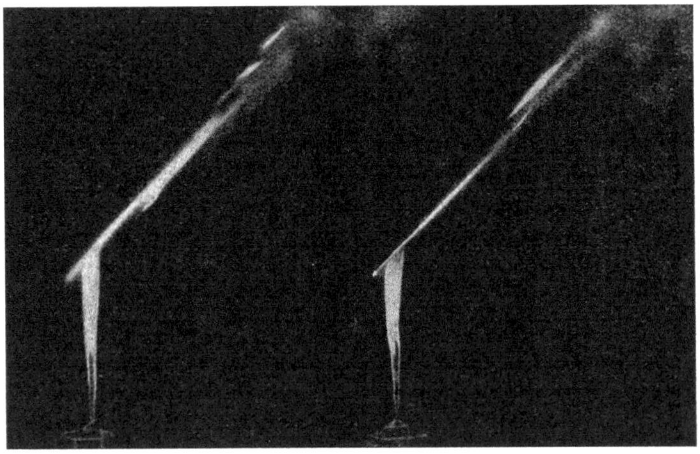

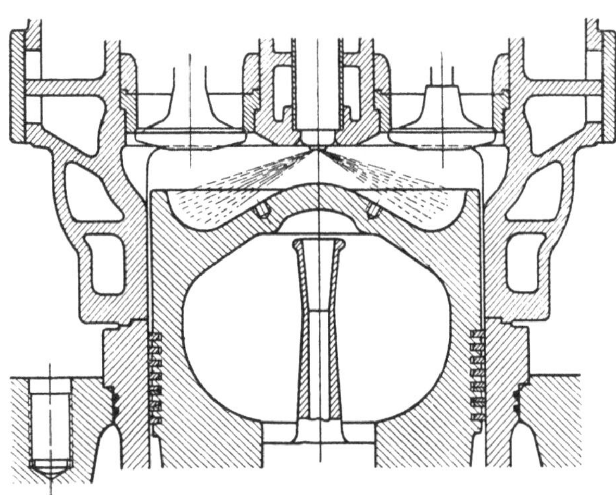

Bild 16. Aufprallen eines Brennstoffstrahles auf eine rotwarme Platte nach R. Matthews.
Düsen-Dmr. 0,305 mm;
Einspritzdruck: linker Strahl = 4000 lb./sq.in.; rechter Strahl = 6000 lb./sq.in.;
Gegendruck atmosphärisch.

Bei schrägem Aufprallen des Brennstoffstrahles auf eine Wand wird der Strahl in Richtung der Prallwand umgelenkt (Bild 15 und 16). Die Gemischbildung wird hierdurch im allgemeinen nicht verbessert, da der Strahl, wie beide Bilder zeigen, etwas plattgedrückt wird, besonders wenn er eine große Geschwindigkeit hat, also in dünner Luft (Bild 16, linke Hälfte) und bei hohem Einspritzdruck (rechte Hälfte). In Luft von der Dichte, wie sie am Ende des Verdichtungshubes im Dieselzylinder herrscht, plattet sich der Strahl weniger stark ab (Bild 15). Wichtig ist, daß die Tröpfchen an ihrer Oberfläche schon brennen, bevor sie mit der Prallwand in Berührung kommen, damit sie sich an dieser nicht niederschlagen.

Formgebung des Brennraumes und Anordnung der Strahlen. Die Zahl der Brennstoffstrahlen einer Zylinderseite wählt man unter Berücksichtigung der Zylinderleistung nach der Erfahrung; man findet alle Zahlen zwischen 1 (Bild 22) und 12 (Bild 29) ausgeführt, je nach der Größe des Brennraumes und der Strahlenanordnung. Hat man sich für die Zahl der Brennstoffstrahlen entschieden, so muß die Form des Brennraumes, dessen Größe man zuvor aus dem gewünschten Verdichtungsverhältnis berechnet hat, zu der Zahl und der räumlichen Anordnung der Strahlen passend gewählt werden. Dabei spielt die Luftbewegung, die den Brennstoffnebel im Brennraum zu verteilen hat, eine wichtige Rolle.

Die große Zahl verschiedener mit Erfolg ausgeführter Brennräume zeigt, daß die Aufgabe, die Form des Brennraumes und die Anordnung der Brennstoffstrahlen aufeinander abzustimmen, auf mannigfache Weise lösbar ist. Bild 17 bis 32 zeigen ausgeführte Beispiele.

Bild 17. Viertakt-Brennraumform von Hesselman.
(Zu einer einfachwirkenden Viertaktmaschine
der Machinefabriek Gebr. Stork & Co.; Zyl.-Dmr. 730 mm, Hub 1600 mm,
Leistung bei 8 Zylindern und 90 U/min mit Aufladung 3700 PSe.)

Die Lehre, daß die Druckeinspritzung eine Abstimmung zwischen Brennraumform, Strahlenform und Luftbewegung erfordert, hat Hesselman 1921 gegeben, als der Bau kompressorloser Dieselmaschinen noch im Versuchsstadium war. Hesselman gab eine Brennraumform an, bei welcher der Kolbenboden in der Mitte hochgezogen ist, so daß er die Gestalt eines Kegels mit abgerundeter Spitze erhält (Bild 17). Auf den äußeren Rand des Kolbenbodens ist ein Kragen gesetzt, dessen radiale Breite so bemessen wird, daß einerseits der Inhalt des Brennraumes unter Berücksichtigung

aller Nebenräume dem gewählten Verdichtungsverhältnis entspricht, andererseits das Profil des Brennraumes sich der Strahlenform möglichst gut anpaßt. So entsteht ein Brennraum, bei dem sich der größte Teil der Verbrennungsluft dort befindet, wo die Brennstoffstrahlen sich zu ihrer vollen Breite entwickelt haben, so daß dem Sauerstoff der Verbrennungsluft der Zutritt zu den einzelnen Brennstofftröpfchen erleichtert wird, während in der Mitte, wo die Strahlen noch wenig aufgelockert sind, sich wenig Luft befindet. Der Kragen schützt bei kleinen Zylinderdurchmessern die Brennstoffstrahlen vor der Berührung mit der gekühlten Wand der Laufbuchse; bei großen Brennraum-
abmessungen ermöglicht er eine Verminderung der erforderlichen Reichweite der Brennstoffstrahlen, weil diese
nur eine um die Kragenbreite verminderte Strecke
zurückzulegen brauchen. Bei großem Hubverhältnis
(= Hub : Zyl.-Dmr.), z. B. bei langhübigen Viertaktmotoren, ergeben sich Brennräume von verhältnismäßig
großer achsialer Höhe; man kann dann das Brennraumprofil nicht so formen, daß es von den spitzen Brennstoffstrahlen ganz ausgefüllt wird. In solchem Fall ist
es zweckmäßig, die Achse der Brennstoffstrahlen so zu
legen, daß die dem Kolbenboden zunächst liegende
Mantellinie eines Strahles parallel zum Kolbenboden
und in möglichst geringem Abstand von diesem verläuft, so daß die von den Brennstoffstrahlen nicht
durchsetzte Luft oberhalb der Brennstoffstrahlen,

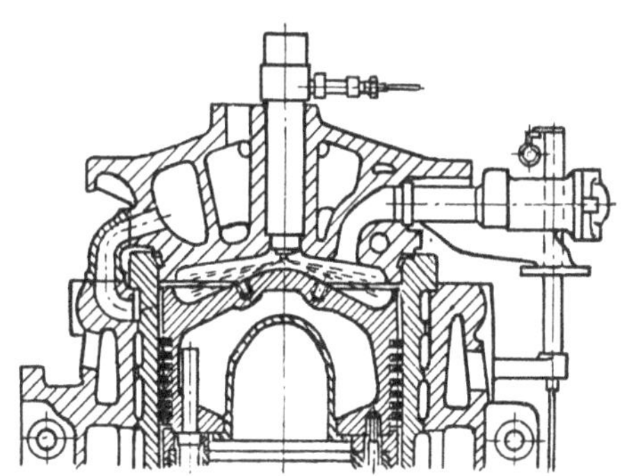

Bild 18. Hesselman-Brennraumform einer einfach-
wirkenden Zweitakt-Tauchkolbenmaschine der
Machinefabriek Gebr. Stork & Co.
Zyl.-Dmr. 540 mm, Hub 900 mm,
Leistung bei 6 Zylindern und 135 U/min 1500 PSe.

zwischen diesen und dem Deckel, liegt (Bild 17). Sie wird dann, wenn der Kolben seine Abwärts-
bewegung beginnt, sich durch die mit Brennstoff durchsetzte Zone bewegen, die als solche noch eine Zeitlang erhalten bleibt, da auch eine starke Luftbewegung die Brennstoffstrahlen nur wenig aus ihrer ursprünglichen Richtung abzulenken vermag[1], und dadurch an der Verbrennung teil-
nehmen. Wollte man dagegen die Strahlen dicht an den Boden des Zylinderdeckels statt an den Kolbenboden legen, so würde die zwischen den Brennstoffstrahlen und dem Kolbenboden ver-
bleibende Luft, die dem abwärtsgehenden Kolben folgen muß, wenig Brennstoff erhalten und nicht voll ausgenutzt werden, was, wie Versuche bestätigt haben, eine Verschlechterung des Brennstoffverbrauches zur Folge haben würde.

Bei Zweitaktmotoren wird der Brennraum in achsialer Richtung schmaler als bei Viertaktmaschinen, weil die Verdichtung erst beginnt, wenn die steuernde
Kante des Kolbens beim Aufwärtsgang die Oberkante der Auspuffschlitze abgedeckt hat, wodurch der wirksame Verdichtungshub beträchtlich kürzer als beim Viertakt ausfällt. Hier gelingt es zuweilen,
das Brennraumprofil so zu gestalten, daß es von den Brennstoffstrahlen
gerade ausgefüllt wird (Bild 18). Im Grundriß haben die Strahlen gleichen
Winkelabstand (Bild 19). Der Pfeil in Bild 19 deutet an, daß die Luft
eine drehende Bewegung durch die Strahlen ausführt, wodurch erreicht
wird, daß auch die zwischen den Strahlen liegende Luft mit Brennstoff
beaufschlagt wird (vgl. S. 52). Bei mittleren Zylinderdurchmessern genügen 5 bis 6 Strahlen; bei großen Zylindern findet man bis zu 10 (in
Sonderfällen — vgl. Bild 29 — noch mehr) Strahlen ausgeführt.

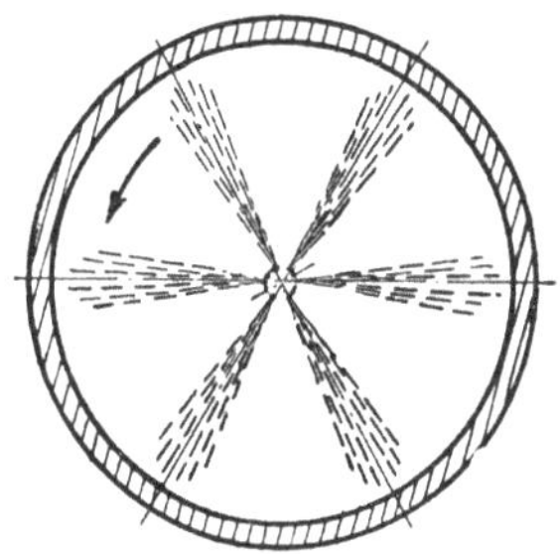

Bild 19. Anordnung der Brennstoffstrahlen im Grundriß bei Brennräumen nach Bild 17 und 18.

Auch auf der Unterseite doppeltwirkender Zweitaktmaschinen (doppeltwirkende Viertakt-Dieselmaschinen werden nicht mehr gebaut) können die von Hesselman gegebenen Regeln Anwendung finden. Die den unteren Brennraum durchdringende Kolbenstange gibt diesem ringförmige Gestalt (Bild 20), was zur Anordnung mehrerer Einspritzstellen (Bild 21) zwingt, da es nicht möglich ist, von einem Punkt aus den

---

[1] Wie Versuche von A. M. Rothrock und C. D. Waldron gezeigt haben (Fuel Spray and Flame Formation in a Compression-Ignition Engine employing Air Flow. N.A.C.A. Report Nr. 588. Washington, 1937). Vgl. auch Bild 77 und 78, S. 56.

Brennstoff in dem ringförmigen Raum gleichmäßig zu verteilen. Man führt daher zwei bis vier Einspritzstellen aus, die auf einem Kreis um die Kolbenstange angeordnet werden, und zwar zweckmäßigerweise so, daß man die Düsen möglichst dicht an die Stange heranrückt, um Raum für die Entwicklung der Brennstoffstrahlen zu schaffen. Bei tangentialer Stellung der Strahlen (Bild 21) läßt sich eine be-

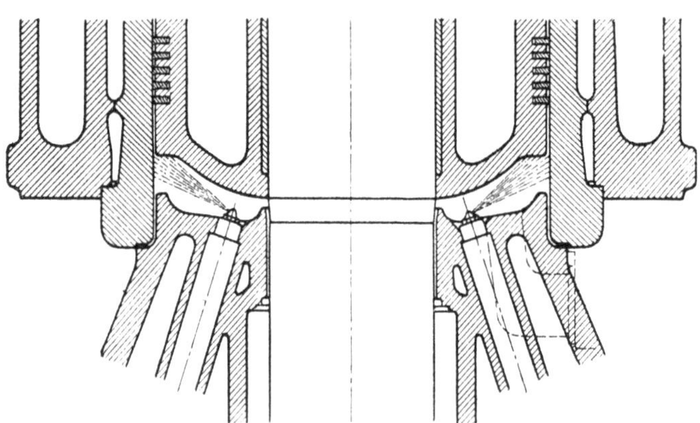

Bild 20. Hesselman-Brennraumform auf der Unterseite einer doppeltwirkenden Zweitaktmaschine der Machinefabriek Gebr. Stork & Co.
Zyl.-Dmr. 720 mm, Hub 1200 mm, Leistung bei 8 Zylindern und 115 U/min 8000 PSe.

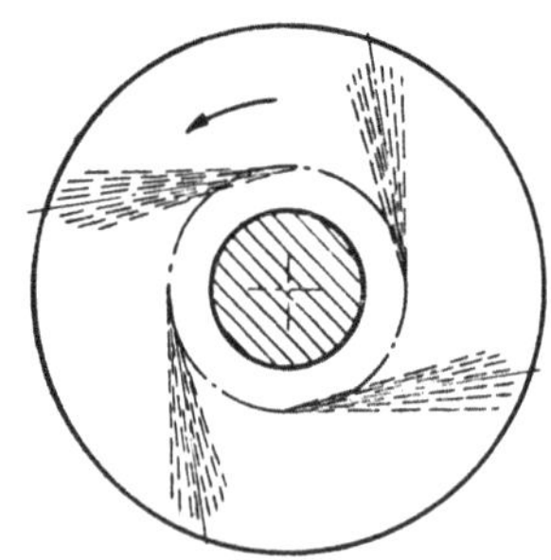

Bild 21. Anordnung der Brennstoffstrahlen im Grundriß bei Brennräumen nach Bild 20.

friedigende Verteilung des Brennstoffes im unteren Brennraum erreichen; diese Strahlrichtung hat ferner den Vorteil, daß die Flammen von der Kolbenstange weg gerichtet sind und die Stange auch dann nicht treffen können, wenn einmal ein Strahl durch Verstopfung einer Düse aus seiner Richtung abgelenkt wird. Die heißeste Zone des unteren Brennraumes liegt am Außenumfang, d. h. in der größten Entfernung von der Kolbenstange.

Im Aufriß der Unterseite (Bild 20) legt man die Brennstoffstrahlen entsprechend dem über die Oberseite Gesagten möglichst nahe an den Kolben, jedoch ohne daß sie diesen berühren. Das Profil des unteren Kolbenbodens formt man zweckmäßig so, daß der kürzeste Abstand zwischen Kolbenboden und Brennstoffstrahl auf der ganzen Länge des Strahles annähernd gleich groß ist, die Strahlen also dicht an den Kolben gelegt werden können.

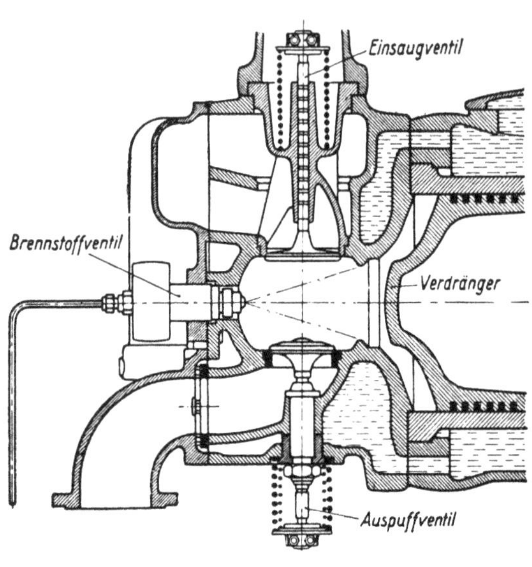

Bild 22.
Brennraum des Deutzer liegenden kompressorlosen Dieselmotors.

Über die Luftbewegung, die bei der Brennraumform nach Hesselman (wie bei allen Brennräumen) für die Gemischbildung unentbehrlich ist, s. S. 52.

Sehr frühzeitig ist die Regel, daß man bei der Druckeinspritzung den Brennstoffstrahlen Raum zur Entwicklung geben soll, bei der liegenden Verdrängermaschine der Motorenfabrik Deutz[1] verwirklicht worden (Bild 22). Durch die Anordnung des Einsaug- und Auspuffventiles, die mit gleicher Achse einander gegenüber und senkrecht zur Zylinderachse stehen, erhält der ungefähr zylindrische Brennraum eine gedrungene Form, die von dem einen gleichachsig mit der Zylinderachse liegenden Brennstoffstrahl verhältnismäßig gut ausgefüllt wird. Dafür, daß auch die nicht unmittelbar vom Brennstoffstrahl erfaßten Teile des Brennraumes mit Brennstoff beaufschlagt werden, sorgt ein Luftwirbel, der vom Verdrängeransatz des Kolbens erzeugt wird, wenn dieser sich seiner linken Totlage nähert, wobei die

---

[1] K. Schmidt: Der Deutzer liegende kompressorlose Dieselmotor. Z.V.d.I. Bd. 66 (1922), S. 1125.

zwischen äußerem Ringteil des Kolbenbodens und Zylinderdeckel verdichtete Luft mit großer Geschwindigkeit durch den vom Verdränger und der etwas größeren Ausdrehung im Zylinderdeckel gebildeten Ringspalt strömt und in Form eines Ringwirbels in den Brennraum eintritt. Die verhältnismäßig hohen mittleren wirksamen Kolbendrücke, die schon damals mit dieser Maschine erreicht wurden, sind ein Beweis für gute Gemischbildung.

Die Klöckner-Humboldt-Deutz AG höhlt den Kolbenboden so tief aus (Bild 23), wie es der durch den Verdichtungsdruck vorgeschriebene Brennrauminhalt zuläßt. Die Kolbenhöhlung ermöglicht, den von der zentral angeordneten Einspritzdüse ausgehenden Strahlen eine solche Länge zu geben, daß sie schon brennen, wenn sie auf den Kolbenboden treffen, so

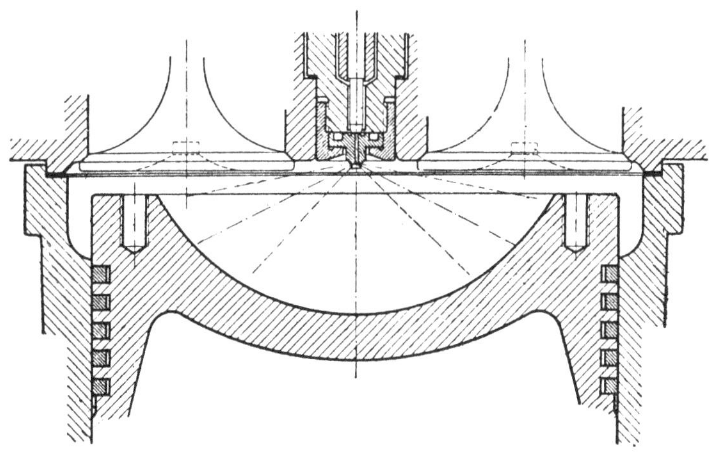

Bild 23. Hohlkolben der Klöckner-Humboldt-Deutz AG. (Nach Pischinger-Cordier: Gemischbildung und Verbrennung im Dieselmotor [Wien: Springer-Verlag 1939], in der Sammlung: Die Verbrennungskraftmaschine, herausgegeben von H. List.)

daß eine Berührung nicht schadet. Der hochgezogene Kolbenrand erzeugt beim Verdichtungshub durch seine Verdrängerwirkung eine starke radial einwärts gerichtete Luftbewegung, die sich beim Verbrennungshub umkehrt, so daß Brennstoff und Luft gut miteinander gemischt werden.

Bei der mit zwei gegenläufigen Kolben arbeitenden Doppelkolben-Zweitaktmaschine von Wm. Doxford & Sons ist jeder Kolben als Hohlkolben ausgebildet, wodurch ein annähernd kugelförmiger Brennraum entsteht (Bild 24), in den der Brennstoff durch zwei einander gegenüberliegende Düsen eingespritzt wird. In der inneren Totlage der Kolben schließen die Kolbenhöhlungen fast den ganzen Brennraum ein; die kühleren Zylinderwände sind fast vollständig abgedeckt. Die starken Kolbenböden aus hitzebeständigem Werkstoff ermöglichen die Aufrechterhaltung einer Temperatur der Brennraumoberfläche von 500 bis 600° C; die damit verbundenen Wärmedehnungen werden von der nachgiebigen Form der Kolbenkörper aufgenommen. Bei der hohen Temperatur, die sich infolgedessen bei der Verbrennung einstellt, können auch schwere, d.h. billige, Treiböle verbrannt werden. Eine durch tangentiale Stel-

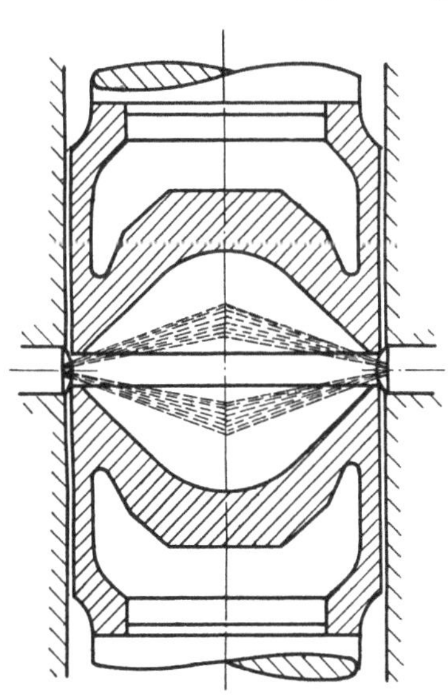

Bild 24. Brennraumform der Gegenkolbenmaschine von Wm. Doxford & Sons. (Nach J.J.Broeze: Economics and Technique of the Use of Heavy Fuels in Injection Engines. Beiträge des Delfter Laboratoriums zum Zweiten Welt-Petroleum-Kongreß in Paris 1937.)

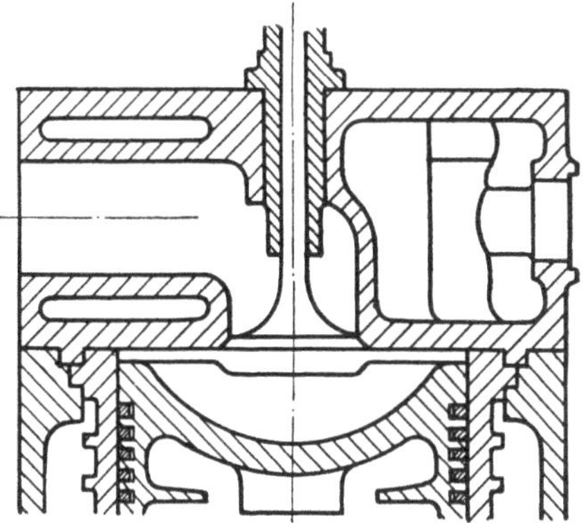

Bild 25. Hohlkolben der Fahrzeug- und Motorenwerke G. m. b. H. vorm. Maschinenbau Linke-Hofmann.

lung der Spülschlitze erzeugte Luftdrehung, die auch während der Verbrennung andauert, sorgt für gute Gemischbildung.

Zwischen dem kegelförmigen Kolbenboden von Hesselman und dem Hohlkolben von Deutz oder Doxford findet man bei neuzeitlichen Druckeinspritzmaschinen alle Zwischenformen ausgebildet. Die Fahrzeug- und Motorenwerke G. m. b. H. vorm. Maschinenbau Linke-Hofmann führen bei ihren Viertaktmaschinen den Hohlkolben mit tiefer Mulde aus (Bild 25), während die Germaniawerft und die Deutschen Werke Kiel zwar ebenfalls den Kolben mit einer Mulde versehen, diese aber flacher gestalten (Bild 26 und 27). Bei der einfachwirkenden Zweitakt-Tauchkolbenmaschine der MAN hat der Brennraum nahezu die Gestalt einer flachen Scheibe (Bild 28). Auch bei der von W. S. Burn entworfenen doppeltwirkenden Zweitaktmaschine von Richardsons, Westgarth & Co. haben der obere und untere Brennraum zylindrische Gestalt (Bild 29). Auf der Unterseite wird der Brennraum wegen der durchgehenden Kolbenstange ringförmig; die

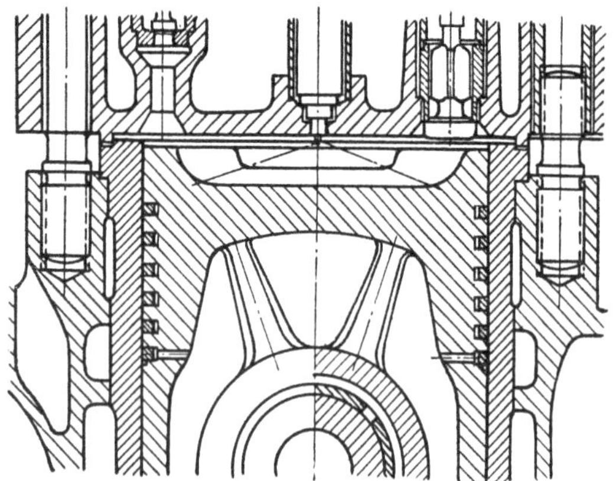

Bild 26. Muldenkolben für einen einfachwirkenden aufgeladenen Viertakt-Tauchkolbenmotor der Germaniawerft.
Zyl.-Dmr. 265 mm, Hub 330 mm,
Leistung bei 6 Zylindern und 600 U/min 525 PSe.

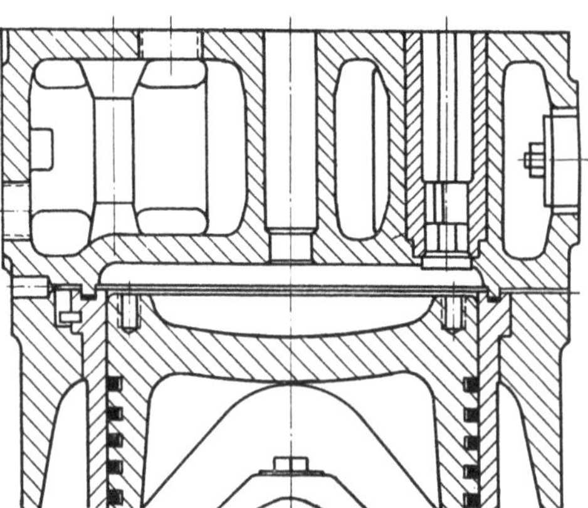

Bild 27. Muldenkolben für einen einfachwirkenden Viertakt-Tauchkolbenmotor der Deutsche Werke Kiel A.-G.
Zyl.-Dmr. 215 mm, Hub 360 mm,
Leistung bei 6 Zylindern und 500 U/min 240 PSe..

Ringform hat der Konstrukteur aber auch auf der Oberseite beibehalten, indem er die Kolbenstangenmutter in den Brennraum hineinragen läßt. Auf der Ober- und Unterseite sind je zwei Brennstoffventile vorgesehen, von denen je 6 Strahlen ausgehen, die so gelegt sind, daß sie die

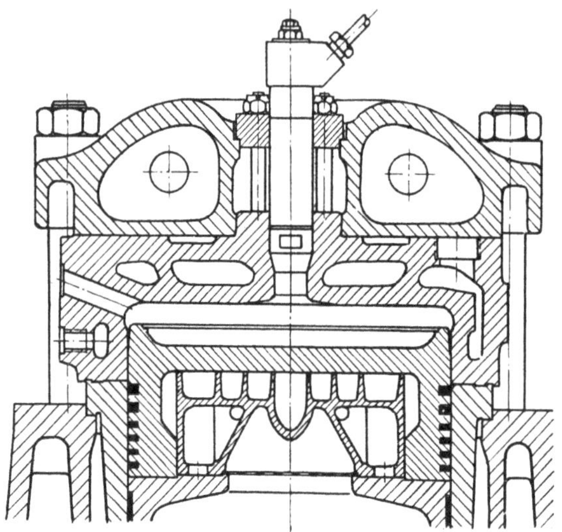

Bild 28. Flachkolben einer einfachwirkenden Zweitakt-Tauchkolbenmaschine der Maschinenfabrik Augsburg-Nürnberg A.-G.
Zyl.-Dmr. 520 mm, Hub 900 mm,
Leistung bei 9 Zylindern und 175 U/min 3000 PSe.

ringförmigen Brennräume möglichst gleichmäßig beaufschlagen. Diese Anordnung bringt auf der Oberseite die Unbequemlichkeit mit sich, daß die Kolbenstangenmutter gekühlt sein muß, damit sie nicht festbrennt, hat aber den Vorteil, daß man austauschbare Zylinderdeckel und Brennstoffventile erhält, die sowohl auf der Ober- wie Unterseite verwendet werden können, wodurch an Reserveteilen gespart wird.

Brennräume von rein zylindrischer Gestalt hat auch Ricardo[1] bei seinen Schnelläufern ausgeführt. Der (eine) Brennstoffstrahl ist jedoch nicht radial oder in Richtung einer Sehne, wie bei den oben beschriebenen Brennräumen, sondern parallel zur Achse des Brennraumzylinders an dessen Außenumfang gelegt. Bei Schiebermaschinen liegt der Brennraum im Zylinderdeckel (Bild 30), bei Ventilmaschinen im Kolben (Bild 31); im ersten Fall wird die zur Verteilung des Brennstoffes erforderliche Drehbewegung der Luft durch Schrägstellung der Lufteintrittskanäle, im zweiten durch tangentiale Anordnung des Einsaugkanales erzeugt. Die Luft erhält somit bei

[1] H. R. Ricardo: Some Notes and Observations on Petrol and Diesel Engines. Trans. Inst. Mar. Eng., London. Bd. 45 (1933), S. 173.

ihrem Eintritt in den Zylinder einen bestimmten Drall, der während der Verdichtung erhalten bleibt. Wenn die Luft in den kleineren zylindrischen Brennraum tritt, nimmt ihr Trägheitsmoment ab und ihre Winkelgeschwindigkeit entsprechend zu, da der Drehimpuls konstant bleibt. Die lebhaft

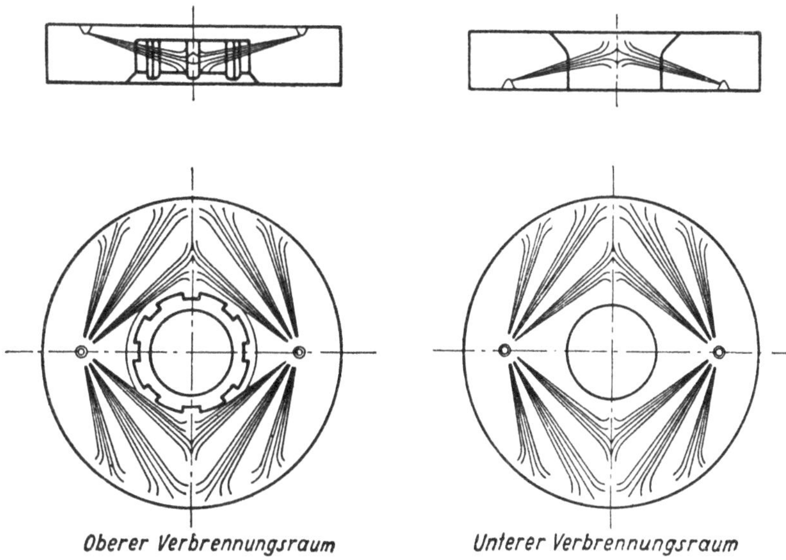

Bild 29. Brennraumform und Anordnung der Brennstoffstrahlen bei der doppeltwirkenden Zweitaktmaschine von Richardsons, Westgarth & Co.

rotierende Luft erzeugt eine gute Gemischbildung. Von den vielen möglichen Brennraumformen sei schließlich noch die Konstruktion von Gebr. Sulzer erwähnt (Bild 32). Die Stirnfläche des Kolbens ist eben, der Zylinderdeckel mit Rück-

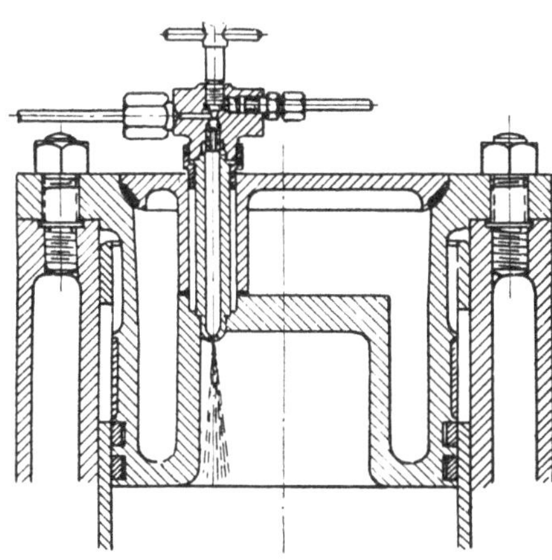

Bild 30. Zylindrischer Brennraum einer Schiebermaschine von H. R. Ricardo („Vortex"-Type).

Brennraum im Zylinderdeckel.

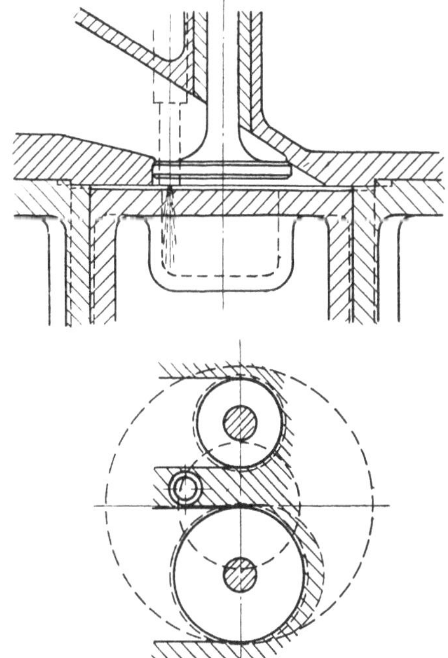

Bild 31. Zylindrischer Brennraum einer Ventilmaschine von H. R. Ricardo („Vortex"-Type).

Brennraum im Kolben.

sicht auf die Führung des unter dem Zylinderdeckel umkehrenden Spülluftstromes gewölbt, wodurch sich zugleich eine günstige Form in bezug auf Festigkeit und Wärmedehnung ergibt. Der Brennraum erhält dadurch die Form einer Kugelkalotte. Die Mehrlochdüse ist in der Zylinderachse angeordnet; die Brennstoffstrahlen berühren erst in größerer Entfernung den gekühlten Kolbenboden.

Die von der Spülung herrührende Verwirbelung der Luft sorgt für Verteilung des Brennstoffes über den Brennraum.

β) Zerstäubung

Die Mittel zur Erzielung einer hinreichend feinen Zerstäubung beherrscht man heute praktisch vollkommen; die Größe der Tropfen, in die der Brennstoff zerteilt werden muß, ist genügend genau bekannt; die physikalischen Vorgänge bei der Zerstäubung und der Einfluß der einzelnen Größen auf die Tropfenfeinheit sind zum Teil noch unaufgeklärt.

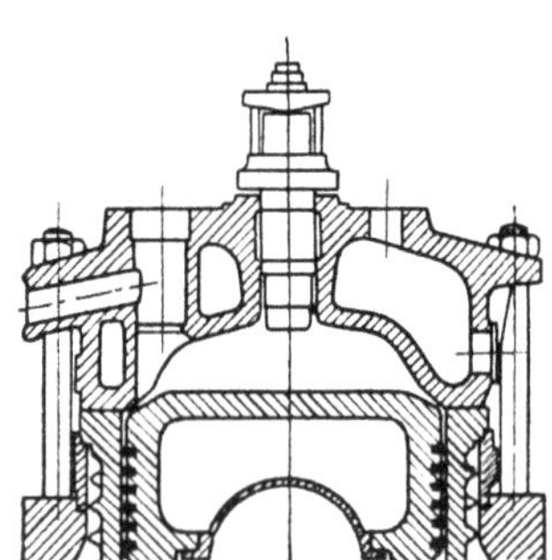

Bild 32. Brennraumform einer einfachwirkenden Zweitakt-Kreuzkopfmaschine von Gebr. Sulzer.

Zyl.-Dmr. 580 mm, Hub 840 mm, Leistung bei 10 Zylindern und 250 U/min 6250 PSe.

Die Notwendigkeit einer guten Zerstäubung erkennt man, wenn man die Zeit berechnet, die zur Verbrennung der je Arbeitshub eingespritzten Brennstoffmenge im Dieselmotor zur Verfügung steht; sie ist um so kürzer, je schneller die Maschine läuft. Die Verbrennung soll im oberen Totpunkt des Kolbens beginnen und in möglichst kurzer Zeit beendet sein. Wird z. B. gefordert, daß die Verbrennung sich über einen Kurbelwinkel von nicht mehr als 90° erstreckt, so bedeutet dies, daß bei einer Drehzahl von z. B. 600 U/min für die Verbrennung nur $^1/_{40}$ sek zur Verfügung steht. In dieser kurzen Zeit verbrennt das Treiböl nur dann restlos, wenn dem Sauerstoff der Verbrennungsluft Gelegenheit gegeben wird, mit den Kohlenwasserstoffen des Treiböles auf einer großen Oberfläche zu reagieren. Das Mittel zur Herstellung dieser Oberfläche ist die Zerstäubung.

Auf Grund von Versuchen des Verfassers hat P. H. Schweitzer[1] berechnet, daß eine Brennstoffmenge von 1,62 g Gewicht, die, als Würfel gedacht, eine Seitenlänge von 12,2 mm und eine Oberfläche von 9 cm² haben würde, in zerstäubtem Zustand als Brennstoffstrahl aus über einer halben Milliarde Tropfen von 0,005 bis 0,037 mm Durchmesser besteht, deren Oberfläche auf einen halben Quadratmeter, also den 550fachen Betrag, angewachsen ist. Die Zahlen dieses Beispiels gelten natürlich nur näherungsweise, zeigen aber das Wesentliche der Zerstäubung: die Herstellung einer großen Oberfläche für den Angriff des Sauerstoffes der Verbrennungsluft.

Das Mittel zur Erzielung einer guten Zerstäubung besteht bei den Maschinen, die mit reiner Druckzerstäubung arbeiten, nur in der Anwendung von hohem Flüssigkeitsdruck, mit dem das Treiböl durch eine oder mehrere feine Bohrungen gepreßt wird. Dieses Mittel ist zuerst von James McKechnie, dem technischen Direktor der Firma Vickers, im britischen Patent Nr. 27579 vom 26. Nov. 1910 angegeben worden, und zwar sollten nach dem Wortlaut der Patentschrift Einspritzdrücke von 2000 bis 6000 lb./sq. in., also rd. 140 bis 420 kg/cm², benutzt werden, deren obere Grenzwerte heute noch angewendet werden. McKechnie hat auch den Beweis für die praktische Brauchbarkeit des Hochdruckeinspritzverfahrens erbracht, das erstmalig bei den während des Krieges 1914—1918 gebauten englischen Unterseebootmaschinen zur Anwendung gelangte.

Berechnung der Tropfengröße. Die Vorgänge bei der Auflösung des aus der Düse unter hohem Druck austretenden Brennstoffstrahles in einzelne Tropfen sind wiederholt theoretisch untersucht worden, am eingehendsten von Triebnigg in seiner Studie „Der Einblase- und Einspritzvorgang bei Dieselmaschinen"[2]. Nach Triebnigg wird die Gestalt der in den Brennraum eingespritzten Treibölteilchen einerseits durch ihre Oberflächenspannung, andererseits durch die Reibung bedingt, welche die Teilchen infolge ihrer Relativgeschwindigkeit gegenüber der in Ruhe befindlichen verdichteten Luft erfahren. Unter der Einwirkung dieser beiden Kräfte dehnt sich der Brennstofftropfen zu einem annähernd zylindrischen Rotationskörper aus, dessen Stirnfläche eine Halbkugel mit dem Radius r_1 ist und dessen Achsenrichtung mit der Bewegungsrichtung des

---

[1] Pennsylvania State College Bulletin Nr. 12 vom 1. Nov. 1930.

[2] Wien: Springer-Verlag 1925. Vgl. ferner R. A. Castleman: Mechanism of the Atomization of Liquids, U. S. Department of Commerce, Washington, 1931; A. Haenlein: Über den Zerfall eines Flüssigkeitsstrahles, Diss. Dresden 1931; O. Holfelder: Zur Strahlzerstäubung bei Dieselmotoren, Diss. Dresden 1932; D. W. Lee: The Effect of Nozzle Design and Operating Conditions on the Atomization and Distribution of Fuel Sprays, N.A.C.A. Report Nr. 425, Washington, 1932; D. W. Lee und R. C. Spencer: Photomicrographic Studies of Fuel Sprays, N.A.C.A. Report Nr. 454, Washington, 1933; O. Klüsener: Zum Einspritzvorgang in der kompressorlosen Dieselmaschine, Z.V.d.I. Bd. 77 (1933), S. 171.

Brennstoffteilchens zusammenfällt. r_1 ist zugleich der größte Radius des Rotationskörpers. Dieser ist, wie die Physik lehrt, nur so lange stabil, wie seine Länge theoretisch das π-fache, praktisch das etwa Vierfache seines Durchmessers nicht überschreitet. Tritt dies ein, so zerreißt er in mehrere Teile, die, wenn ihre Geschwindigkeit Null geworden ist, unter der Einwirkung der Oberflächenspannung die Gestalt von Kugeln haben müssen.

Auf Grund verschiedener Annahmen, die notwendig sind, wenn das Problem überhaupt rechnerisch lösbar sein soll, leitet Triebnigg für den Tropfenhalbmesser r bei Druckzerstäubung die Formel

$$r = \frac{31,1}{p_{\ddot{u}} \cdot \gamma_l} \ \text{mm}$$

ab, wo $p_{\ddot{u}}$ den Überdruck des Treiböles über dem in der Einspritzkammer herrschenden Gegendruck und γ_l das spez. Gew. der Luft bedeutet, in die gespritzt wird. Hiernach müßte die Zerstäubung um so feiner sein, je höher der Druck ist, mit dem das Treiböl eingespritzt wird, und je dichter die Luft im Brennraum ist. Beides trifft zu, wie Bild 37 und 39 zeigen; insbesondere die Erhöhung des Einspritzdruckes (neben der Verminderung der Viskosität durch Vorwärmen des Treiböles) ist das wirksamste Mittel zur Verbesserung der Zerstäubung, während die Dichte der Luft im Brennraum, da das Verdichtungsverhältnis und damit die Verdichtungstemperatur feststehen, als Mittel zur Beeinflussung der Zerstäubung nicht herangezogen werden kann. Daß die Reibung zwischen den Tröpfchen und der Luft bei der Zerstäubung eine wichtige Rolle spielt, bestätigen Aufnahmen von Lee und Spencer (Bild 33): während der in das Vakuum (1 mm Q.-S. abs.) gespritzte Strahl ein geschlossener Faden bleibt (Bild 33a), rückt der Punkt, an welchem der Strahl infolge der Reibung an der Luft zu zerfallen beginnt, mit zunehmender Luftdichte immer näher an die Düse,

und der Strahl wird immer stärker aufgelockert. Insoweit decken sich die theoretischen Ableitungen Triebniggs mit den Versuchsergebnissen. Eine zahlenmäßig genaue Übereinstimmung mit den unter verschiedenen Bedingungen gemessenen Tropfengrößen ist bei der Schwierigkeit, die derartige Untersuchungen bieten, und der Notwendigkeit, Annahmen machen zu müssen, für die es an sicheren Unterlagen fehlt, nicht zu erwarten (vgl. Bild 45, S. 34).

Im Gegensatz zu Triebnigg vertritt R. A. Castleman[1] die Ansicht, daß der Brennstoffstrahl, solange seine Teile eine größere Relativgeschwindigkeit gegenüber der umgebenden Luft besitzen, mit wachsender Entfernung von der Düse in immer feiner werdende Tropfen aufgelöst wird. Auch nach Castleman besteht der Zerstäubungsvorgang darin, daß die

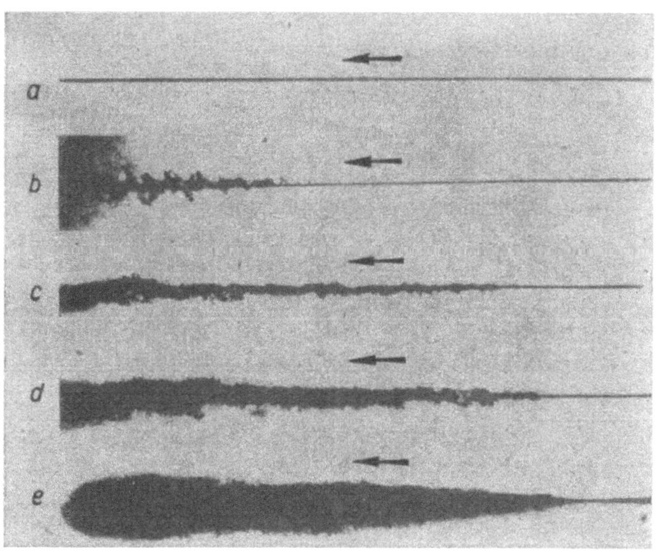

Bild 33. Zunehmende Auflösung eines Brennstoffstrahles mit wachsendem Gegendruck nach Lee und Spencer.
Einspritzdruck: 17,5 kg/cm² über dem jeweiligen Gegendruck;
Gegendruck: bei Versuch a 0,0013 kg/cm² abs.,
bei Versuch b 1,0 kg/cm² abs., bei Versuch d 7,8 kg/cm² abs.,
bei Versuch c 4,4 kg/cm² abs., bei Versuch e 14,5 kg/cm² abs..
Dusen-Dmr. 0,51 mm; Viskosität des Treiböles 2,3° E bei 22° C.

Flüssigkeit durch die Reibung an der Luft in Fäden auseinandergezogen wird, die, wenn ihr Durchmesser hinreichend klein geworden ist, zerreißen, worauf die Bruchstücke unter der Wirkung der Oberflächenspannung der Flüssigkeit Kugelgestalt annehmen. Aufnahmen aus dem Langley Memorial Aeronautical Laboratory von Lee und Spencer[1], von denen Bild 34 ein Beispiel wieder-

---

[1] S. Fußnote 2, S. 26.

gibt, bestätigen, daß mit zunehmender Strahllänge die Zerstäubung feiner wird, und beweisen die Richtigkeit der bei der Besprechung der Brennraumformen gegebenen Regel, daß es zweckmäßig ist, den Brennstoffstrahlen Raum zur Entwicklung zu geben.

Beim Ausziehen der Flüssigkeit zu Fäden muß auch ihre Viskosität eine Rolle spielen, weil sich dabei die Flüssigkeitsschichten gegeneinander verschieben müssen. Dies erklärt den Einfluß, den

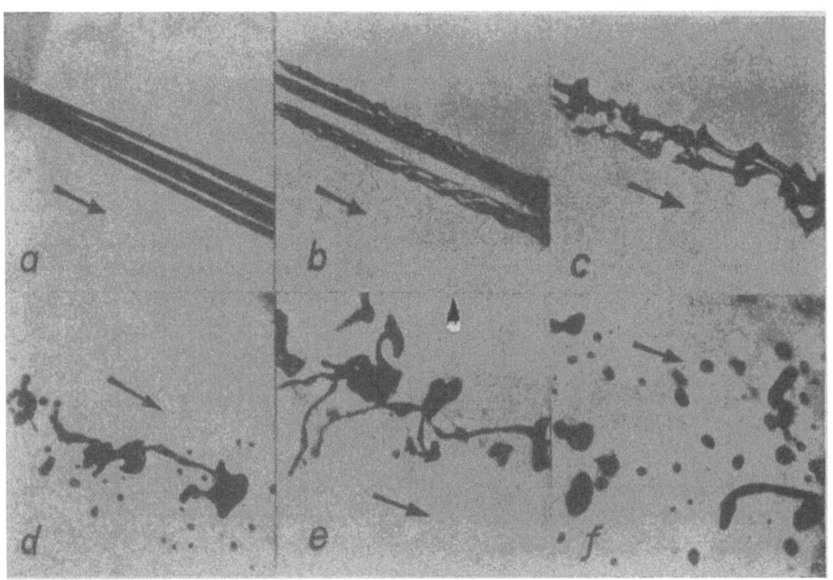

Bild 34.
Zunehmende Auflösung eines Brennstoffstrahles mit wachsender Entfernung von der Duse nach Lee und Spencer.
Einspritzdruck 7 kg/cm², Gegendruck 1 kg/cm² abs., Dusen-Dmr. 0,51 mm;

a = an der Duse,	c = 75 mm von der Düse,	e = 190 mm von der Düse,
b = 25 mm von der Duse,	d = 125 mm von der Duse,	f = 250 mm von der Duse.

die Viskosität nach Versuchen des Verfassers (Bild 3 und 4, S. 8) sowie nach Untersuchungen von De Juhasz, Zahn und Schweitzer[1] und anderen auf die Tropfengröße hat. Die bis jetzt bekannt gewordenen Theorien der Flüssigkeitszerstäubung berücksichtigen indessen nur die Oberflächenspannung, nicht die Viskosität[2]. Da diese auf die innere Reibung der Flüssigkeitsmoleküle zurückzuführen ist, eine strenge Theorie der inneren Reibung der Flüssigkeiten aber noch nicht existiert[3], so ist erklärlich, daß die bisher aufgestellten Theorien der Zerstäubung von Treibölen mit den beobachteten Erscheinungen nur unvollkommen übereinstimmen.

---

[1] K. J. De Juhasz, O. F. Zahn und P. H. Schweitzer: On the Formation and Dispersion of Oil Sprays. Pennsylvania State College Bulletin Nr. 40 vom 22. Aug. 1932.

[2] Der Anfänger möge die Begriffe „Oberflächenspannung" und „Viskosität" nicht verwechseln. Die Oberflächenspannung ist die Arbeit, die bei der Vergrößerung der Oberfläche für die Schaffung der Flächeneinheit neuer Oberfläche aufgewendet werden muß; sie wird im technischen Maßsystem in mkg/m² oder kg/m gemessen. Die Viskosität hingegen ist der Koeffizient der inneren Reibung einer Flüssigkeit und ein Maß für den Widerstand, den zwei parallele Flüssigkeitsschichten ihrer Relativverschiebung entgegensetzen; er hat die Dimension dyn·cm⁻²·sek (vgl. S. 10), seine Einheit ist die Poise. Oberflächenspannung und Viskosität sind einander nicht proportional, wie folgende Beispiele zeigen:

		Zahigkeit Poisen	Oberflächenspannung kg/m
Wasser	bei 20° C	0,01004	0,00742
Glyzerin	,, 18° C	10,2	0,0066
Dieseltreiböle	,, 20° C	0,13	0,0030
		(stark schwankend)	(ziemlich konstant)
Schmieröle	,, 20° C	rd. 3	0,0030 bis 0,00314

Die Oberflächenspannung der für den Betrieb von Dieselmotoren in Frage kommenden Treib- und Schmieröle ist ziemlich gleichmäßig 3 g/m, aber ihre Viskosität kann außerordentlich verschieden sein (Bild 5, S. 9).

[3] W. H. Westphal: Physik. 4. Aufl S. 157. Berlin: Springer-Verlag 1937.

Man könnte vermuten, daß auch elektrostatische Erscheinungen beim Zerstäubungsvorgang eine Rolle spielen, ähnlich der Wasserfallelektrizität[1] (Lenard-Effekt). Versuche[2], die im Pennsylvania State College unternommen wurden, um diese Frage zu klären, hatten ein negatives Ergebnis: eine in einem Gefäß isoliert aufgehängte, mit einem Elektroskop verbundene Metallplatte, gegen die ein Brennstoffstrahl gespritzt wurde, zeigte keine Spur von elektrostatischer Aufladung.

Messung der Tropfengröße durch den Versuch. Eine Zusammenstellung der in Betracht kommenden Verfahren hat Sauter[3] gegeben, der die Tropfengröße des Gemischnebels von Vergasermotoren dadurch ermittelt, daß er die Teilchen elektrisch lädt und die von ihnen beförderte Elektrizitätsmenge mißt. Auch die Messung der durch das Gemisch bewirkten Lichtabsorption mittels Photometers kann zur Bestimmung der Tropfengröße benutzt werden. Zur Messung der Tropfenfeinheit bei der Druckzerstäubung im Dieselmotor hat man ferner die von Häusser und Strobl[4] angegebene Auffangmethode benutzt.

Nach diesem Verfahren hat Kuehn[5] die Größe von Brennstofftropfen gemessen, die man bei Benutzung einer Zerstäuberdüse mit eingebautem Drallkörper erhält. Kuehn fing einen Teil der aus der Düse austretenden Tropfen, nachdem sie einen Schlitzverschluß passiert hatten, auf einer berußten Platte auf, stellte die Gewichtsvermehrung dieser Platte durch Wägung fest und zählte die Tropfen aus. Da es sich hierbei um Tropfenzahlen von mehreren Tausend handelt, deren Gesamtgewicht in der Größenordnung von $\frac{1}{2}$ mg liegt, während das Gewicht der Auffangplatte bei den Versuchen von Kuehn mit rd. 26 Gramm mehr als 50000mal größer war, so erscheint das Ergebnis der Kuehnschen Versuche, das man als kleine Differenz zweier sehr großer Zahlen erhält, unsicher.

Einfacher und brauchbarer ist das von Häusser und Strobl angewandte Verfahren, den Brennstoff auf einer kleinen Glasplatte aufzufangen, die in etwa 3 cm Entfernung von der Düse mittels Schwinghebels und Feder rasch durch den Brennstoffstrahl hindurchgeführt wird. Die Glasplatte ist mit einer einige Zehntelmillimeter dicken Schicht einer Auffangflüssigkeit versehen, wofür sich bei Treiböltropfen Glyzerin eignet. Die Tropfen bleiben in der Auffangflüssigkeit stecken und können, in der Flüssigkeitsschicht schwebend, unter dem Mikroskop gemessen und ausgezählt werden.

Die Versuche zeigen, daß ein zerstäubter Brennstoffstrahl aus Tropfen von sehr verschiedenen Durchmessern besteht, so daß man nicht nur etwas über die Feinheit, sondern auch über die Gleichmäßigkeit der Tropfengröße aussagen muß, wenn man den Grad der Zerstäubung beschreiben will. Beides wird mit für die Praxis genügender Genauigkeit durch die von Häusser und Strobl vorgeschlagenen „Häufigkeitskurven" (Bild 35)

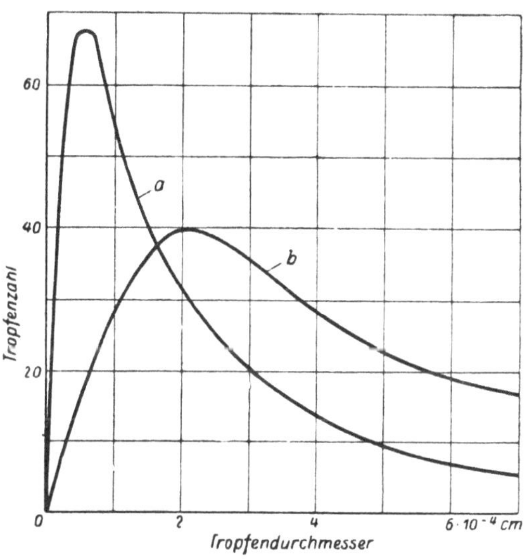

Bild 35. Häufigkeitskurven nach Häusser und Strobl.
Kurve *a* entspricht einer feineren und gleichmäßigeren Zerstäubung als Kurve *b*.

angegeben, bei denen als Abszissen die gruppenweise zusammengefaßten Durchmesser der Tropfen, als Ordinaten die Tropfenzahlen aufgetragen werden, die in einem begrenzten Gebiet, z. B. dem Gesichtsfeld des Mikroskops, gezählt werden. Die Zerstäubung ist um so feiner, je näher der Höchstwert dem Nullpunkt liegt und je größer er ist; sie ist um so gleichmäßiger, je steiler die

[1] R. W. Pohl: Elektrizitätslehre. 4. Aufl., S. 200. Berlin: Springer-Verlag 1935.

[2] S. Fußnote 1, S. 28.

[3] J. Sauter: Die Größenbestimmung der im Gemischnebel von Verbrennungskraftmaschinen vorhandenen Brennstoffteilchen. Forschungsarbeiten des V.d.I., H. 279. Auszugsweise in Z.V.d.I. Bd. 70 (1926), S. 1040.

[4] F. Häusser und G. Strobl: Die Messung der Tropfengröße bei zerstäubten Flüssigkeiten. Z. techn. Phys. Bd. 5 (1924), S. 154.

[5] Kuehn: Über die Zerstäubung flüssiger Brennstoffe. Motorwagen Bd. 27 (1924), H. 19 u. f. und Bd. 28 (1925), H. 2 u. 4.

Kurve zum Höchstwert ansteigt und von ihm abfällt. Bei völlig gleichmäßiger Zerstäubung schrumpft die Häufigkeitskurve zu einer Senkrechten zusammen.

Unsicher bleibt bei dem Meßverfahren von Häusser und Strobl[1], wie weit die Tropfengröße durch das Aufprallen auf den Schirm verändert wird, zumal da dieser in der Nähe der Düse vorbeigeführt wird, wo die Tropfengeschwindigkeit noch groß ist. Es ist möglich, daß die Brennstoff-

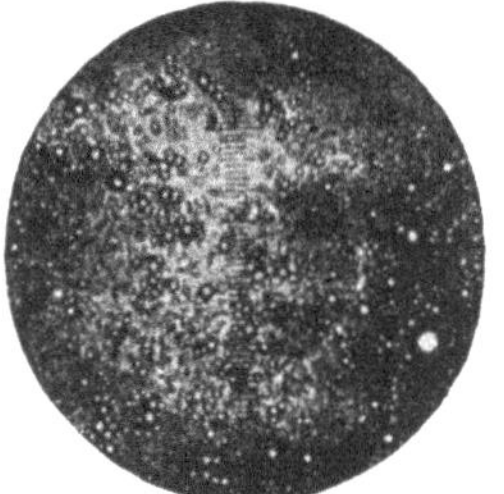

Bild 36. Vergrößerte Aufnahmen nach

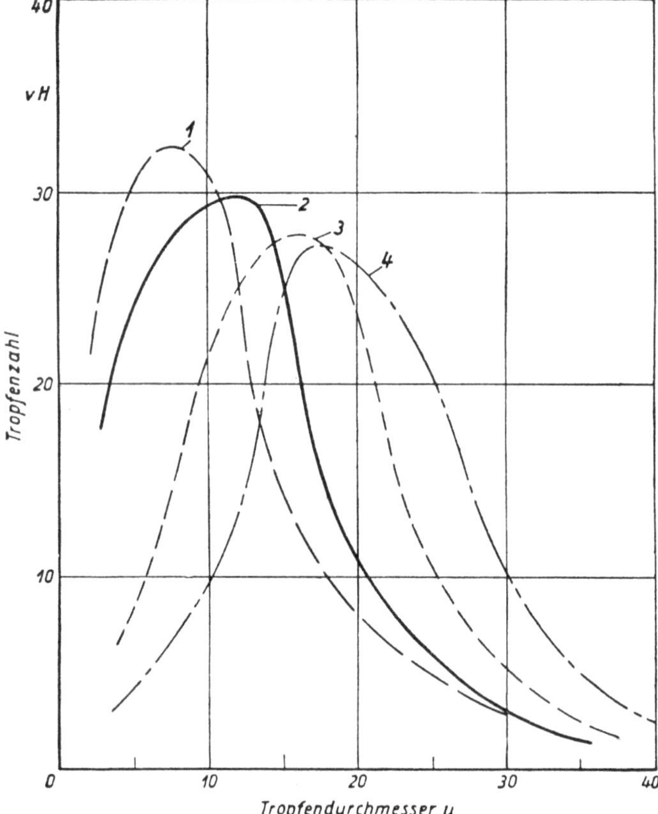

Bild 37. Häufigkeitskurven in Abhangigkeit vom Einspritzdruck.

Düsen-Dmr. 0,57 mm,
Gegendruck in der Spritzkammer 10 kg/cm²,
Uml. der Brennstoffpumpenwelle 90/min;

Einspritzdruck für Kurve *1* — — — — — = 350 kg/cm²,
Einspritzdruck für Kurve *2* ————————— = 280 kg/cm²,
Einspritzdruck fur Kurve *3* – – – – – – – = 220 kg/cm²,
Einspritzdruck fur Kurve *4* — · — · — · — = 150 kg/cm².

tropfen beim Aufprallen auf die Auffangfläche zersplittern, auch wenn diese aus der Oberfläche einer Flüssigkeit besteht, so daß man sich über die wirkliche Tropfengröße täuschen kann. Der bewegte Schirm verursacht außerdem Unbequemlichkeiten, wenn man die Messungen in Druckluft vornehmen will. Von diesem Nachteil ist das Verfahren von Wöltjen[2] frei, der die Brennstofftropfen in einem geschlossenen Gefäß auffing, das mit verdichteter Luft gefüllt werden konnte. Als Auffangflüssigkeit benutzte Wöltjen eine Mischung, die zu 70% aus destilliertem Wasser und zu 30% aus Queol, einem Gerbextrakt, bestand. Zwei von Wöltjen aufgenommene Tropfenbilder sind in Bild 36 wiedergegeben. Der Einspritzdruck betrug

Zu Kurve *1*   Zu Kurve *2*   Zu Kurve *3*   Zu Kurve *4*

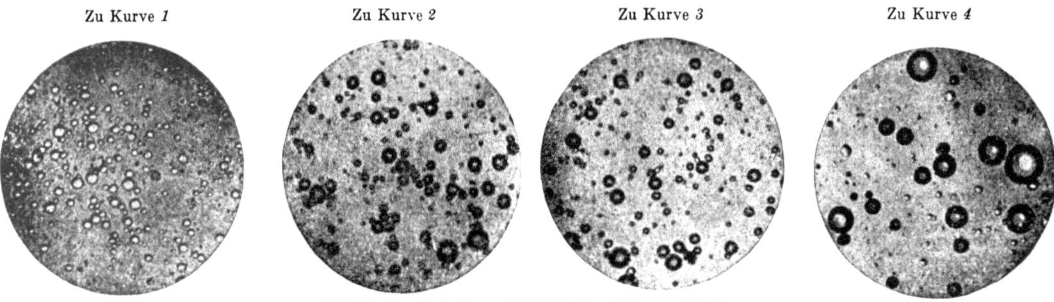

Bild 38. Tropfenbilder zu Bild 37. Vergrößerung 50fach.

---

[1] In einer Zuschrift an die Z. techn. Phys. (Bd. 5, 1924, S. 624) teilen J. J. Nolan und J. Enright mit, daß die Auffangmethode von ihnen schon vor Häusser und Strobl benutzt und in den Proc. Roy. Dublin Soc. Bd. 17, 1922, S. 1, beschrieben wurde.

[2] Wöltjen: Über die Feinheit der Brennstoffzerstäubung in Ölmaschinen. Diss. Darmstadt 1925.

bei dem linken Bild 300, bei dem rechten 250 kg/cm², während der Gegendruck der verdichteten Luft in beiden Fällen 30 kg/cm² war. Die Dichte der Luft war somit, da in Luft von Raumtemperatur gespritzt wurde, mehr als doppelt so hoch, wie sie im Brennraum am Ende der Verdichtung herrscht. Nach Wöltjen ergab sich bei 300 kg/cm² Einspritzdruck ein mittlerer Tropfendurchmesser von 4,37 μ ($\mu = {}^1/_{1000}$ mm), während der mittlere Durchmesser bei 250 kg/cm² Einspritz-

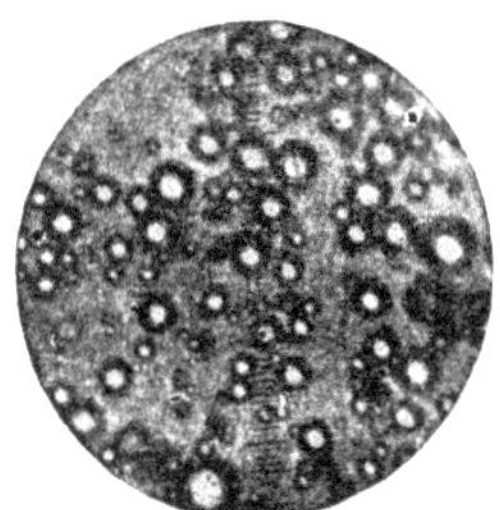

zerstäubter Brennstofftropfen
Wöltjen.

druck auf 13,75 μ anstieg. Unsicher ist auch hier, ob nicht durch das Aufprallen der Brennstofftropfen auf die in nur 18 mm Entfernung von der Düse befindliche Emulsionsschicht die Tropfen zum Teil zersplittert worden sind, wodurch die beobachtete Zerstäubung feiner erscheint, als sie in Wirklichkeit war. Jedenfalls ist die mit 4,37 μ Tropfendurchmesser von Wöltjen gemessene Zerstäubung wesentlich feiner, als vom Verfasser gemessen wurde.

Versuche des Verfassers. Um insbesondere den Einfluß verschiedener Betriebsbedingungen auf die Feinheit der Zerstäubung zu untersuchen, unternahm der Verfasser eine größere Zahl von Zerstäubungsversuchen, deren Ergebnisse Bild 37 bis 44 zeigen.

Die Versuchsanordnung war die gleiche, wie sie bei den weiter unten beschriebenen Strahldurchschlagsversuchen benutzt wurde (vgl. Bild 55, S. 42); die Hochspannungsanlage war abgeschaltet. Die Längsachse der Spritzkammer (a in Bild 55) wurde senkrecht gestellt, so daß

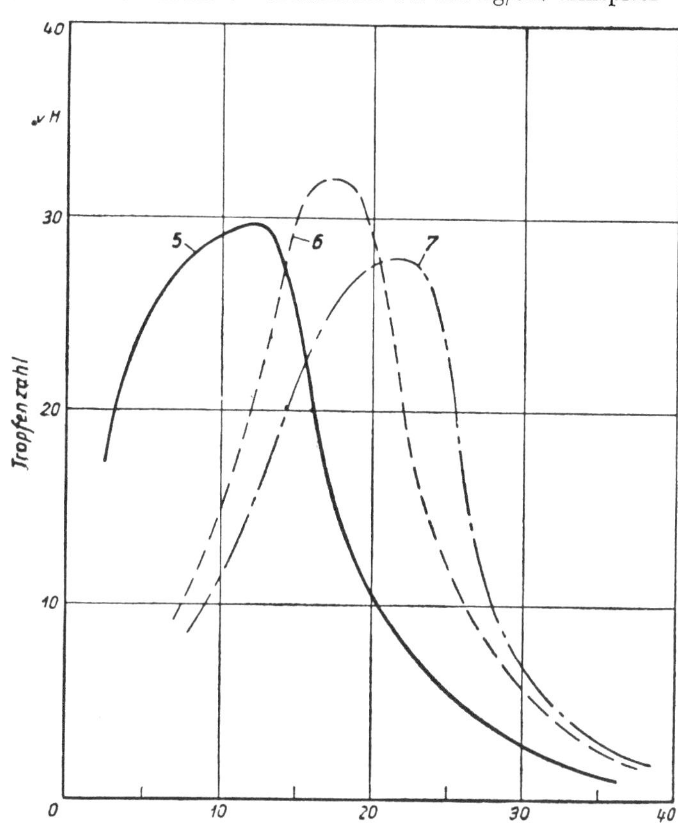

Bild 39.
Häufigkeitskurven in Abhängigkeit vom Gegendruck in der Spritzkammer.

Dusen-Dmr. 0,57 mm,
Einspritzdruck 280 kg/cm²,
Uml. der Brennstoffpumpenwelle 90/min;

Gegendruck für Kurve *5* ——————— = 10 kg/cm²,
Gegendruck für Kurve *6* — — — — — = 1 kg/cm²,
Gegendruck für Kurve *7* —·—·—·— = atmosphärisch.

Zu Kurve *5*   Zu Kurve *6*   Zu Kurve *7*

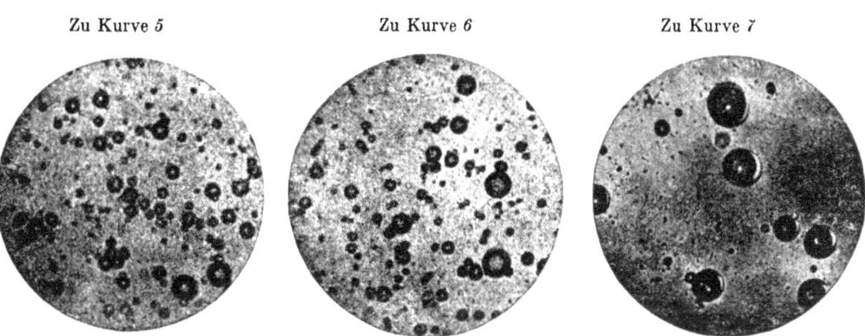

Bild 40. Tropfenbilder zu Bild 39. Vergrößerung 50fach.

man auf den schmalen Boden der Kammer eine mit Glyzerin gefüllte Schale setzen konnte, in die der Brennstoff senkrecht von oben gespritzt wurde. Das Brennstoffventil (b in Bild 55) und die Brennstoffpumpe (h in Bild 57) wurden ausgeführten Maschinen entnommen. Die Spritzkammer konnte mit Luft von verschiedener Dichte gefüllt werden. Die Entfernung zwischen der Einspritzdüse und der Oberfläche der Auffangflüssigkeit betrug bei allen Versuchen 200 mm. In dieser Entfernung hat die Strahlspitze ihre Geschwindigkeit schon so verlangsamt (vgl. Bild 63, S. 46), daß ein nennenswertes Zersplittern der Tropfen auf der Flüssigkeit nicht mehr eintreten kann. Es darf daher angenommen werden, daß die hier wiedergegebenen Bilder zerstäubte und nicht zersplitterte Tropfen darstellen.

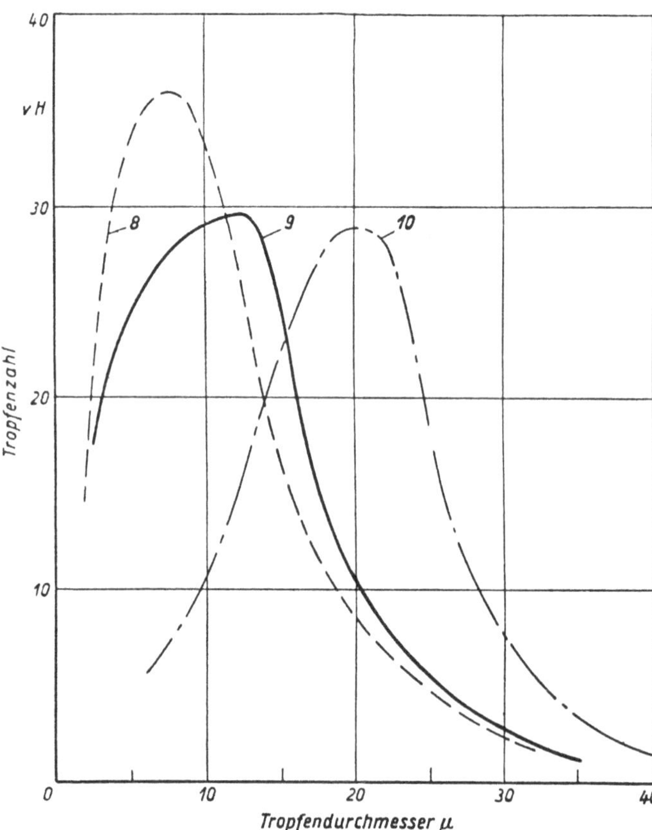

Bild 41. Häufigkeitskurven in Abhängigkeit vom Düsendurchmesser.

Einspritzdruck 280 kg/cm²,
Gegendruck in der Spritzkammer 10 kg/cm²,
Uml. der Brennstoffpumpenwelle 90/min;
Dusendurchmesser fur Kurve 8 — — — — — — = 4 × 0,40 mm,
Dusendurchmesser fur Kurve 9 ——————— = 2 × 0,57 mm,
Düsendurchmesser für Kurve 10 —·—·—·—·— = 1 × 0,80 mm.

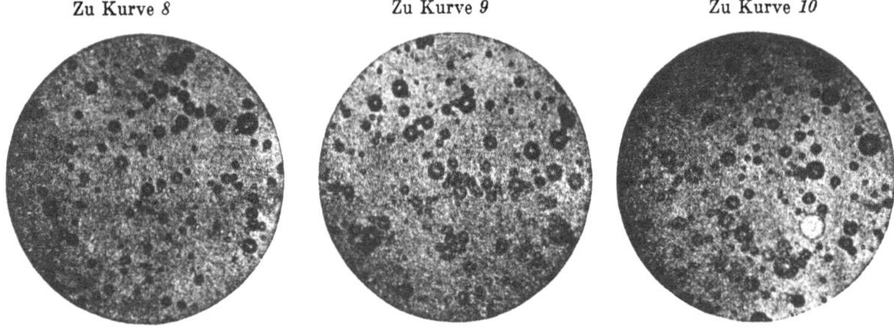

Bild 42. Tropfenbilder zu Bild 41. Vergrößerung 50fach.

Für die Zerstäubungsversuche wurde Gasöl von 0,87 kg/lit spez. Gew. benutzt. Das Verhältnis von Düsenlänge zu Durchmesser war in allen Fällen 4 : 1. Die Düsenbohrung war ein glattes zylindrisches Loch mit scharfer Kante am Austritt.

Es wurden vier Versuchsreihen durchgeführt, bei denen jeweils
der Einspritzdruck (Bild 37 u. 38),
der Gegendruck in der Spritzkammer (Bild 39 und 40),
der Düsendurchmesser (Bild 41 und 42) und
die Umlaufzahl der Brennstoffpumpenwelle, d. h. die Einspritzgeschwindigkeit (Bild 43 und 44) verändert wurde, während die übrigen Versuchsbedingungen unverändert blieben. Der Einfluß jeder einzelnen dieser vier Veränderlichen auf die Zerstäubung kommt dadurch klar zum Ausdruck.

Die Versuchsergebnisse sind in den Häufigkeitskurven Bild 37, 39, 41 und 43 wiedergegeben. Damit sich eine genügende Zahl von Punkten für die Aufstellung der Häufigkeitskurven ergab, wurden die gruppenweise zusammengefaßten Tropfendurchmesser unter einem Zeißschen Okular-Netzmikrometer mit 400facher Vergrößerung ausgezählt. Von der photographischen Aufnahme der Tropfenbilder wurde abgesehen, da sich diese als zu zeitraubend und nicht genau erwies. Die Bilder 37, 39, 41 und 43 enthalten die Tropfendurchmesser in μ als Abszissen, die im Blickfeld des Netzmikrometers im Durchschnitt

erscheinenden, verhältnismäßigen Tropfenzahlen als Ordinaten. Die Tropfenbilder 38, 40, 42 und 44 sind ausgewählte photographische Aufnahmen und für die Wiedergabe auf die Hälfte der Originale verkleinert; ihre Vergrößerung ist in der Abbildung 50fach.

Bild 37 zeigt den Einfluß des Einspritzdruckes auf die Gestalt der Häufigkeitskurve. Es wurden vier verschiedene Drücke: 350, 280, 220 und 150 kg/cm² angewandt. Mit abnehmendem Einspritzdruck nimmt das Maximum der Häufigkeitskurve ab und verschiebt sich zugleich mehr und mehr nach rechts in das Gebiet größerer Tropfendurchmesser; die Zerstäubung wird schlechter. In Bild 37 ist die Kurve 2 stärker ausgezogen; sie beschreibt nach den bisher vorliegenden Betriebserfahrungen etwa das Minimum der erforderlichen Zerstäubungsfeinheit. In den letzten Jahren hat man den Zerstäubungsdruck durchweg erhöht, um die Verbrennung zu verbessern, und geht mit den Einspritzdrücken nicht selten noch über den der Kurve 1 entsprechenden Einspritzdruck hinaus. Die Kurven 3 und 4 genügen in bezug auf die Feinheit der Zerstäubung den Anforderungen · des Betriebes nicht.

In Bild 39, das den Einfluß des Gegendruckes in der Spritzkammer (d. h. der Dichte der Luft, in die gespritzt wird) zeigt, ist die Minimalkurve 2 von Bild 37 übertragen und dort mit Kurve 5 bezeichnet. Sie gilt für einen Gegendruck von 10 kg/cm², der ungefähr der Luftdichte entspricht, die im Brennraum am Ende der Verdichtung auftritt. Man sieht aus Bild 39, daß mit abnehmender Luftdichte die Zerstäubung gröber wird, im allgemeinen in Übereinstimmung mit den Untersuchungen Triebniggs, nur entspricht die Abnahme der Feinheit der Zerstäubung zahlenmäßig nicht der von Triebnigg aufgestellten Formel (S. 27). Kurve 7 gilt für atmosphärischen Gegendruck; bei Kurve 6 liegt die Dichte der Luft zwischen Kurve 5 und 7. Daß das Maximum von 6 größer als von 5 und 7 ist, ist offenbar zufällig und dadurch erklärlich, daß bei der Auswahl der unter dem Okular-Netzmikrometer zu betrachtenden Ausschnitte aus den Tropfenfeldern eine Willkür nicht zu vermeiden ist. Auch der Düsendurchmesser hat Einfluß auf die Feinheit der Zerstäubung, wie Bild 41 zeigt. Von den drei Kurven 8, 9 und 10 ist Kurve 9 wieder identisch mit der Minimalkurve 2 in Bild 37 oder 5 in Bild 39. Mit abnehmendem Düsen-

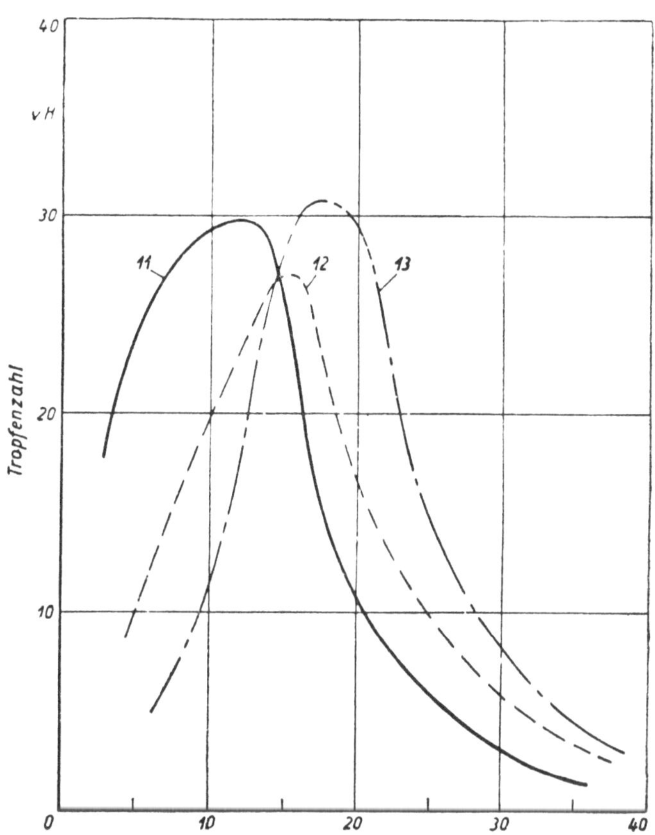

Bild 43. Häufigkeitskurven in Abhängigkeit von der Umlaufzahl der Brennstoffpumpenwelle.

Düsen-Dmr. 0,57 mm,
Einspritzdruck 280 kg/cm²,
Gegendruck in der Spritzkammer 10 kg/cm²;

Umläufe der Brennstoffpumpenwelle für Kurve *11* ——————— = 90/min,
Umläufe der Brennstoffpumpenwelle für Kurve *12* — — — — — — = 70/min,
Umläufe der Brennstoffpumpenwelle für Kurve *13* —·—·—·—·— = 45/min.

Zu Kurve *11*   Zu Kurve *12*   Zu Kurve *13*

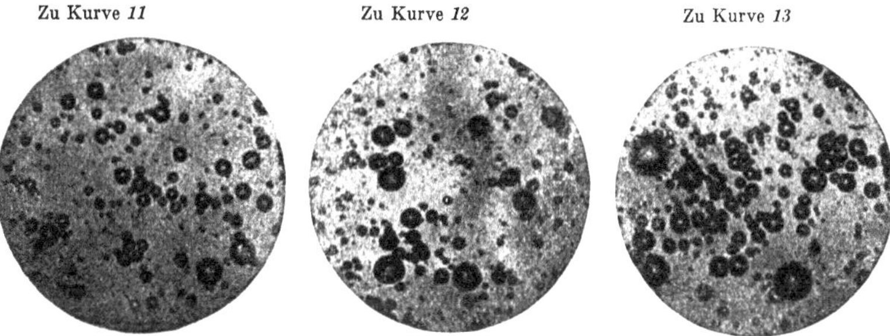

Bild 44. Tropfenbilder zu Bild 43. Vergrößerung 50fach.

durchmesser wird die Zerstäubung feiner (Kurve 8), mit zunehmendem gröber (Kurve 10); im zuletzt genannten Fall könnte man durch Erhöhung des Einspritzdruckes nach Bild 37 die Feinheit der Zerstäubung leicht auf das gewünschte Maß bringen. Der Umstand, daß kleinere Düsenbohrungen eine feinere Zerstäubung ergeben, kommt den Bedürfnissen der Praxis entgegen, da kleinere Düsenbohrungen auch kleineren, d. h. schneller laufenden Maschinen entsprechen, bei denen die für die Verbrennung zur Verfügung stehende Zeit kürzer ist, so daß feinere Zerstäubung verlangt werden muß. Umgekehrt verträgt der langsamer laufende größere Motor mit den größeren Düsenbohrungen auch eine gröbere Zerstäubung, weil mehr Zeit für die Verbrennung vorhanden ist. Bei den drei Kurven von Bild 41 ist die Summe der Düsenquerschnitte, d. h. die insgesamt ausgespritzte Brennstoffmenge, gleich groß, da Verstellungen der Brennstoffpumpenförderung vermieden werden mußten, und von den einzelnen Brennstoffstrahlen wurde jeweils nur ein Strahl in der Schale aufgefangen; die übrigen waren abgedeckt.

Ferner beeinflußt die Umlaufzahl des Nockens der Brennstoffpumpe, d. h. die Einspritzgeschwindigkeit, die Feinheit der Zerstäubung. Wie Bild 43 zeigt, wird diese mit abnehmender Drehzahl etwas gröber (Kurven 12 und 13 gegenüber Kurve 11), jedoch nicht so weit, daß die Verbrennung innerhalb der vorkommenden Drehzahlbereiche unzulässig verschlechtert würde. Bei der langsameren Drehzahl ist eine etwas gröbere Zerstäubung statthaft, da die für die Verbrennung verfügbare Zeit zunimmt. Daß die Kurve 12 ein niedrigeres Maximum als 11 und 13 hat, ist auf das unvermeidliche Streuen beim Auszählen der Blickfelder zurückzuführen.

Im Langley Memorial Aeronautical Laboratory hat Lee Zerstäubungsversuche ausgeführt, worüber er im N.A.C.A. Report Nr. 425 berichtet. Im allgemeinen kommt Lee zu denselben Ergebnissen wie der Verfasser. So findet auch Lee, daß die Zerstäubung durch Erhöhung des Einspritzdruckes feiner und gleichmäßiger wird sowie daß mit abnehmendem Düsendurchmesser die Tropfengröße abnimmt, während Lee einen Einfluß des Gegendruckes der Luft auf die Feinheit der Zerstäubung nicht beobachtet hat.

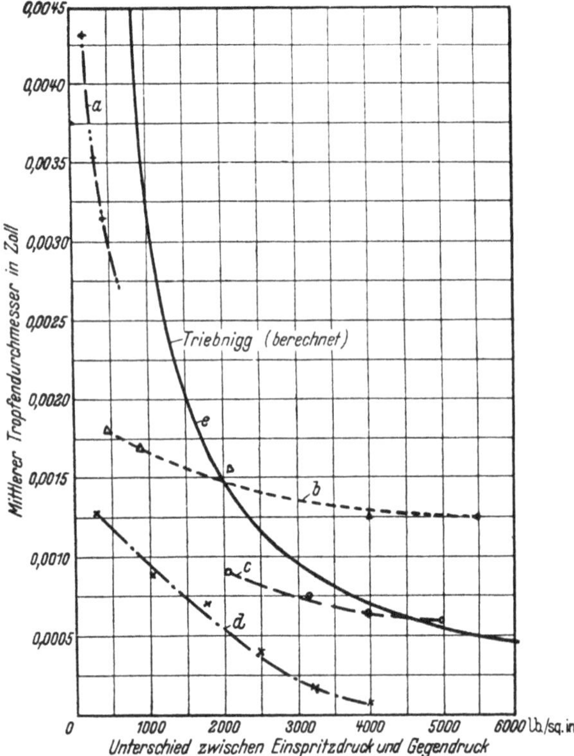

Bild 45. Vergleich der Ergebnisse verschiedener Untersuchungen uber den Einfluß des Einspritzdruckes auf die Tropfengröße.

a = Messungen von Kuehn,
b = Messungen des N.A.C.A.,
c = Messungen des Verfassers,
d = Messungen von Wöltjen,
e = von Triebnigg berechnete Kurve.

	Dusen-Dmr. mm	Spez. Gew. der Luft in der Spritzkammer kg/m³	Spez. Gew. des Treiboles kg/lit	Dusenlange zu Dusen-Dmr.
a	0,53	1,30	0,85	4
b	0,50	15,0	0,85	6
c	0,57	12,3	0,87	4
d	0,53	36,8	0,88	—

Im Report Nr. 425 bringt Lee eine graphische Zusammenstellung der Versuche von Kuehn, Wöltjen und dem Verfasser und vergleicht sie mit den Ergebnissen der N.A.C.A.-Versuche und den Rechnungsergebnissen Triebniggs (Bild 45). Die Versuchsergebnisse des Verfassers liegen zwischen denen des N.A.C.A. und Wöltjens, wobei jedoch zu beachten ist, daß die Dichte der Luft, in die gespritzt wurde, bei Wöltjen zweieinhalb- bis dreimal so hoch wie bei den Kurven b und c war. Die Kurve a nach Kuehn läuft zwar ungefähr äquidistant zu der von Triebnigg berechneten Kurve e, stimmt aber nicht mit dem Verlauf der Kurven b und d überein. Bemerkenswert ist, daß der Charakter der theoretischen Kurve Triebniggs bei Drücken über 2000 lb./sq.in. dem der Kurven c und d ähnlich ist; bei den höheren Zerstäubungsdrücken ist auch zahlenmäßig eine beachtenswerte Übereinstimmung mit Kurve c vorhanden.

Verteilung der Tropfengrößen innerhalb eines Brennstoffstrahles. Die wichtige Frage, wie sich die Brennstoffmenge auf den Querschnitt eines Brennstoffstrahles verteilt, ist von De Juhasz[1] und Schweitzer[2] im Pennsylvania State College sowie von Lee[3] im Langley Memorial Aeronautical Laboratory untersucht worden. De Juhasz und Schweitzer haben durch Versuch eine Verteilung der Tropfendichte innerhalb eines Strahles festgestellt, die schematisch in Bild 46 dargestellt ist. Als Maß für die Tropfendichte ist die auf den Einheitsraumwinkel (Steradian) entfallende Bennstoffmenge in Gramm gewählt (ein Steradian = dem 4πten Teil der Kugeloberfläche). Aus den Versuchen ergibt sich, daß der Kern des Brennstoffstrahles etwa 20mal dichter ist als der Außenumfang, da der Kern die groben Tropfen enthält, während die feinsten sich am Außenumfang befinden. Auch F. A. F. Schmidt[4] hat durch Mikroaufnahmen im Dunkelfeld festgestellt, daß der Kern des Strahles eine ziemlich geschlossene Brennstoffmasse enthält, die sich erst in einiger Entfernung von der Düse auflockert. Der Kern wird von einem starken Nebel feinerer Brennstofftropfen umgeben, was für die Einleitung der Zündung wichtig ist. Dagegen ist die Anhäufung von Brennstoff an der Strahlspitze nach Schmidt viel größer, als im Bild 46 zum Ausdruck kommt. Nach Mehlig[5] sind im Kern eines mit 60 kg/cm² bei 2,7 kg/cm² Gegendruck zerstäubten Brennstoffstrahles Tropfen von über 70 μ Dmr. enthalten, die nach dem Außenumfang des Strahles hin auf etwa 8 μ abnehmen. Die Verteilung des Brennstoffes innerhalb des Brennstoffstrahles ist somit sehr ungleichmäßig, was für die Gemischbildung ungünstig ist. Man hilft sich dadurch, daß man die Brennraumluft quer zu den Strahlen bewegt, wodurch, nachdem die am Mantel des Strahles befindlichen Tropfen abgebrannt sind, frischer Sauerstoff den Tropfen des Strahlkernes zugeführt wird, bis auch sie verbrannt sind.

γ) Durchschlagskraft der Brennstoffstrahlen

Wichtig für eine gute Gemischbildung ist, daß die Durchschlagskraft der Brennstoffstrahlen der Größe des Brennraumes angepaßt ist. Soll die im Verdichtungsraum eingeschlossene Luft voll ausgenutzt werden, so müssen die Brennstofftropfen auch in die am weitesten von der Düse ent-

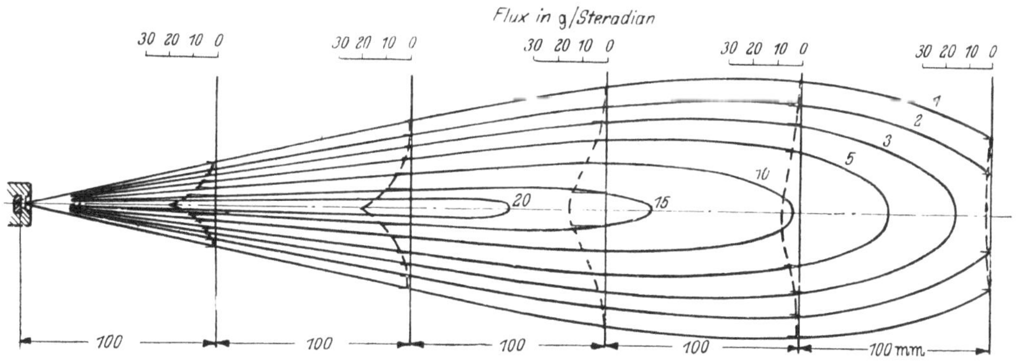

Bild 46. Tropfendichte im Brennstoffstrahl nach De Juhasz und Schweitzer.
Düsen-Dmr. 0,64 mm, Einspritzdruck 280 kg/cm², Gegendruck 14 kg/cm².

fernt liegenden Teile des Brennraumes gelangen, und für große Zylinderdurchmesser gilt daher die Forderung, daß die Brennstoffstrahlen eine hinreichend große Durchschlagskraft besitzen müssen. Ist der Durchmesser des Zylinders dagegen klein, so soll auch die Durchschlagskraft

---

[1] K. J. De Juhasz: Some Results of Oil-Spray Research. Trans. Am. Soc. Mech. Eng. 1929.

[2] P. H. Schweitzer: Factors in Diesel Spray-Nozzle Design in the Light of Recent Oil-Spray Research. Trans. Am. Soc. Mech. Eng. 1930.

[3] D. W. Lee: Measurements of Fuel Distribution within Sprays for Fuel-Injection Engines. N.A.C.A. Report Nr. 565. Washington, 1936.

[4] F. A. F. Schmidt: Verbrennungsmotoren. Berlin: Springer-Verlag 1939.

[5] H. Mehlig: Zur Physik der Brennstoffstrahlen in Dieselmaschinen. Diss. Hannover 1934.

geringer sein, damit die Tropfen nicht oder jedenfalls nicht, bevor sie gezündet und zu brennen begonnen haben, auf die gekühlte Wand des Brennraumes treffen. Es ist also für eine gute Verbrennung im Dieselmotor wichtig, daß die Durchschlagskraft der Brennstoffstrahlen und die Abmessungen des Brennraumes übereinstimmen.

Berechnung der Durchschlagskraft. Die Durchschlagskraft ganzer Brennstoffstrahlen kann man lediglich durch Rechnung nicht bestimmen; nur für einen einzelnen Tropfen vom bekannten Durchmesser d, der mit gegebener Anfangsgeschwindigkeit v_o in einen mit einem Medium vom spez. Gewicht γ_l erfüllten Raum geschleudert wird, kann man die Reichweite berechnen, wenn der Reibungskoeffizient ψ zwischen dem Tropfen und dem Medium bekannt ist. Man kann sich nach dem Prinzip von d'Alembert den mit der ungleichmäßigen Geschwindigkeit v durch den Raum fliegenden Tropfen von der Masse m im Ruhezustand denken, wenn man zu den an dem Tropfen angreifenden äußeren Kräften die Trägheitskraft hinzufügt. An äußeren Kräften greifen an dem Tropfen die zu vernachlässigende Schwerkraft und der Reibungswiderstand R der verdichteten Luft an. Die Gleichgewichtsbedingung erfordert, daß die Summe der angreifenden Kräfte gleich Null ist, also

$$m\,\frac{dv}{dt} + R = 0\,.$$

Von der Reibungskraft R kann angenommen werden, daß sie hinreichend genau dem Quadrat der Geschwindigkeit v, dem Tropfenquerschnitt F und der spezifischen Masse $\gamma_l : g$ des den Tropfen umgebenden Mediums (hier der Luft) proportional ist. Mit dem Reibungskoeffizienten ψ als Proportionalitätsfaktor ist also

$$R = \psi \cdot \frac{\gamma_l}{g} \cdot F \cdot v^2,$$

somit

$$m\,\frac{dv}{dt} = -\,\psi \cdot \frac{\gamma_l}{g} \cdot F \cdot v^2$$

oder mit d als Tropfendurchmesser und γ als spez. Gewicht des Tropfens

$$\frac{\pi\,d^3}{6} \cdot \frac{\gamma}{g} \cdot \frac{dv}{dt} = -\,\psi \cdot \frac{\gamma_l}{g} \cdot \frac{\pi\,d^2}{4} \cdot v^2$$

oder

$$\frac{dv}{dt} = -\,\frac{1{,}5 \cdot \psi \cdot \gamma_l}{\gamma \cdot d} \cdot v^2$$
$$= -\,k \cdot v^2,$$

wenn zur Abkürzung

$$\frac{1{,}5 \cdot \psi \cdot \gamma_l}{\gamma \cdot d} = k$$

gesetzt wird. Man erhält

$$\frac{dv}{v^2} = -\,k \cdot dt$$

und

$$\int_{v_o}^{v} \frac{dv}{v^2} = -\,k \int_{o}^{t} dt\,,$$

wobei sich die Integrationsgrenzen aus der Bedingung ergeben, daß im Anfang ($t = o$) die Geschwindigkeit den Wert v_o, zur Zeit t den Wert v hat. Es wird

$$\frac{1}{v} - \frac{1}{v_o} = kt$$

oder

$$v = \frac{v_o}{1 + v_o\,k\,t}\,.$$

Dies ist der Ausdruck für die mit der Zeit t veränderliche Geschwindigkeit v des Tropfens. Da $v = \dfrac{ds}{dt}$, so ergibt sich der Weg, den der Tropfen nach t Sekunden zurückgelegt hat, aus

$$ds = \frac{v_0 \cdot dt}{1 + v_0\,k\,t}$$

zu

$$s = \int\limits_0^t \frac{v_0 \cdot dt}{1 + v_0\,k\,t} = \frac{1}{k}\,ln\,(1 + v_0\,k\,t)\,.$$

Man kann die Rechnung zahlenmäßig durchführen, wenn der Tropfendurchmesser d und der Reibungskoeffizient ψ bekannt sind, da v_0, γ_l und γ leicht zu ermitteln sind. Der Tropfendurchmesser sei hier zu $^1/_{50}$ und $^1/_{100}$ mm als Grenzwerten angenommen. Die Größe des Reibungskoeffizienten ψ ist nicht bekannt. Riehm schätzt ihn zu 0,02; Triebnigg nimmt 0,04 an; Kuehn setzt ψ zu 0,24, Wöltjen zu 0,25, d. h. mehr als zwölfmal so hoch wie der niedrigste Wert. Wegen der Unkenntnis des Wertes von ψ wird die Berechnung des Tropfenweges unsicher, doch kann man die Rechnung wenigstens für die Grenzwerte von ψ durchführen, als welche hier 0,02 und 0,24 angenommen sind. Für eine Anfangsgeschwindigkeit v_0 von 240 m/ sek und ein spez. Gewicht des Treiböles $\gamma = 880$ kg/m³ ist das Berechnungsergebnis in Bild 47 wiedergegeben, wobei der Tropfendurchmesser einmal zu 0,01, ein zweites Mal zu 0,02 mm angenommen wurde. Man erkennt, daß der Tropfen vom doppelten Durchmesser etwa 1,8mal so weit fliegt, ehe er in der verdichteten Luft seine Geschwindigkeit verloren hat, und daß die Reichweite rechnungsmäßig 8—9mal größer wird, wenn man ψ statt zu 0,24 zu 0,02 annimmt.

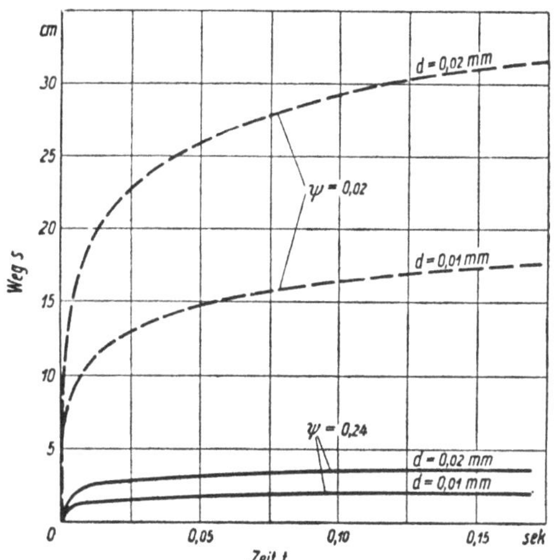

Bild 47. Berechnete Weg-Zeit-Kurven für einen einzelnen Brennstofftropfen in verdichteter Luft bei verschiedenem Tropfendurchmesser d und verschiedenem Reibungskoeffizienten ψ.

Als Reichweite ganzer Brennstoffstrahlen in verdichteter Luft hat man bei größeren Düsendurchmessern und guter Zerstäubung etwa 40 cm gemessen; es ist daher wahrscheinlich, daß der wirkliche Wert von ψ sich eher dem kleineren als dem größeren der beiden Grenzwerte nähert. Allerdings ist dabei zu beachten, daß die Reichweite ganzer Brennstoffstrahlen erheblich größer sein muß als die einzelner Tröpfchen, weil die zuerst von der Düse abgeschleuderten Tropfen die umgebende Luft in Bewegung setzen und dadurch die Reichweite der später folgenden Tropfen vermehren.

Einen Wert haben solche Rechnungen nur insofern, als sie den Einfluß der wirksamen Faktoren, in erster Linie der Tropfengröße und der bremsenden Wirkung der Luft, auf die Länge des Weges eines Tropfens zeigen. Die Reichweite ganzer Brennstoffstrahlen kann man daraus nicht ermitteln, doch muß die oben angegebene Rechnung wenigstens grundsätzlich richtig sein, da die beobachteten Weg-Zeit-Kurven von Brennstoffstrahlen (vgl. Bild 62 bis 66) denselben Charakter haben wie die berechneten Kurven in Bild 47.

Messung der Durchschlagskraft. Versuche zur experimentellen Ermittlung der Durchschlagskraft von Brennstoffstrahlen hat Riehm[1] zuerst unternommen, der Brennstoff unter konstantem Einspritzdruck in eine mit Luft von verschiedener Dichte gefüllte Bombe spritzte und mit Hilfe einer magnetelektrischen Einrichtung den Impuls $m \cdot v$ feststellte, den der Brennstoffstrahl auf eine im Innern der Bombe leicht pendelnd aufgehängte Stoßplatte ausübte. Bei bekannter sekundlicher Brennstoffmasse m konnte auf die Geschwindigkeit geschlossen werden, die der Strahl bei der

---

[1] W. Riehm: Untersuchungen über den Einspritzvorgang bei Dieselmaschinen. Z.V.d.I. Bd. 68 (1924), S. 641.

gewählten Entfernung der Stoßplatte von der Düse hatte; durch Veränderung dieser Entfernung ergab sich die Geschwindigkeit in Abhängigkeit von der Strahllänge. Durch graphische Integration kann man mit genügender Genauigkeit hieraus die Wege berechnen, die der Strahl nach verschiedenen Zeitintervallen zurückgelegt hat.

Riehm fand, daß die für ein und denselben Gegendruck aufgenommenen Kurven des dynamischen Druckes sich trotz ganz verschiedenen Einspritzdruckes (116, 60 und 25 kg/cm²) in einem Punkt schneiden. Dies würde bedeuten, daß die größte Reichweite der Strahlen unter sonst gleichen Verhältnissen vom Einspritzdruck unabhängig ist, was an sich erklärlich wäre, da der höhere Einspritzdruck die Zerstäubung verbessert, womit aber zugleich der Widerstand der Luft wächst. Beide Wirkungen würden sich somit gerade aufheben. Die unten mitgeteilten, von verschiedenen Forschern mit Hilfe der Strahlphotographie gemessenen Reichweiten widersprechen dieser Schlußfolgerung; sie ergeben wachsende Reichweiten mit zunehmendem Einspritzdruck auch bei den höchsten praktisch vorkommenden Drücken. Hierbei ist allerdings zu beachten, daß die Photographie nur Aufschluß über die größte Reichweite der Strahlspitze geben kann, aber weniger genau aussagt, wie sich der Kern des Strahles, der die Hauptmasse des Brennstoffstrahles enthält, bewegt.

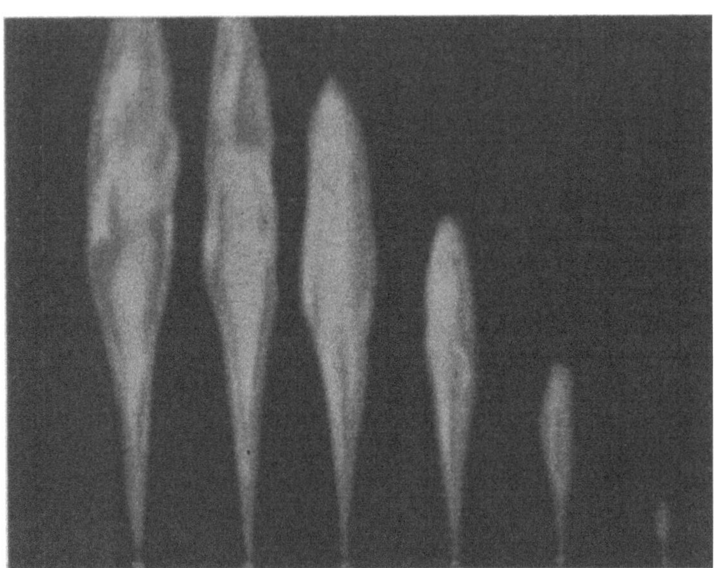

Bild 48. Aufnahme eines Ölstrahles nach Miller und Beardsley.
Dusen-Dmr. 0,38 mm, Einspritzdruck 210 kg/cm², Gegendruck atmospharisch.

Der Grund, weshalb Riehm gleiche Reichweiten für verschiedene Einspritzdrücke beobachtet hat, ist darin zu suchen, daß bei seiner Versuchsanordnung infolge des kontinuierlichen Strahles der Luftinhalt des Meßgefäßes mit in Bewegung versetzt wurde, so daß die Summe aus den Drücken des Flüssigkeitsstrahles und der Luft gemessen wurde. Diese Summe hat offenbar einen Höchstwert nicht überschreiten können, so daß sich in größerer Entfernung von der Düse stets der gleiche Gesamtdruck auf die Stoßwaage ergab[1].

Versuche von Miller und Beardsley[2]. Diese beiden Forscher waren die ersten, denen es gelang, Filmaufnahmen von einem einzelnen Brennstoffstrahl zu machen. Bei ihren Versuchen wurde der Brennstoffstrahl in eine mit starken Glaswänden versehene Kammer gespritzt, die mit Stickstoff von verschieden hohem Druck gefüllt wurde. Ein federbelastetes, von einem Nocken gesteuertes Nadelventil spritzte den Brennstoff ein, der durch eine Handpumpe mit Windkessel unter Druck gesetzt werden konnte. Die Welle der Nockenscheibe war mit einer Klauenkupplung versehen, durch die sie mit einem Elektromotor (900 U/min) so gekuppelt werden konnte, daß sie nur eine Umdrehung machte und sich darauf selbsttätig wieder auskuppelte, so daß nur eine Einspritzung erfolgte. Die zylindrische Düsenbohrung hatte 0,38 mm Durchmesser.

Der Brennstoffstrahl wurde durch den elektrischen Funken belichtet, wozu fünfzehn auf 30 kV geladene Leidener Flaschen rasch nacheinander durch einen schnell umlaufenden Schalter entladen wurden. Das Licht der überspringenden Funken wurde durch einen Parabolspiegel in die Spritzkammer geworfen. Der zeitliche Abstand je zweier Entladungen konnte durch Einstellung der Umlaufzahl des Schalters zwischen $^1/_{2000}$ und $^1/_{4000}$ sek verändert werden, je nach der längeren

---

[1] Über die Versuche von Schweitzer, welche die Ergebnisse von Riehm zu stützen scheinen, vgl. S. 51.
[2] H. E. Miller and E. G. Beardsley: Spray Penetration with a simple Fuel Injection Nozzle. N.A.C.A. Report Nr. 222. Washington, 1926.

oder kürzeren Dauer einer Einspritzung. Bei atmosphärischem Gegendruck in der Kammer war die Strahlgeschwindigkeit so groß, daß man den Schalter mit seiner höchsten Drehzahl laufen lassen mußte, um trotz der kurzen Strahldauer mehrere Aufnahmen desselben Strahles zu erhalten, während die Füllung der Kammer mit Stickstoff von hohem Druck (300 lb./sq. in. = 21 kg/cm²,

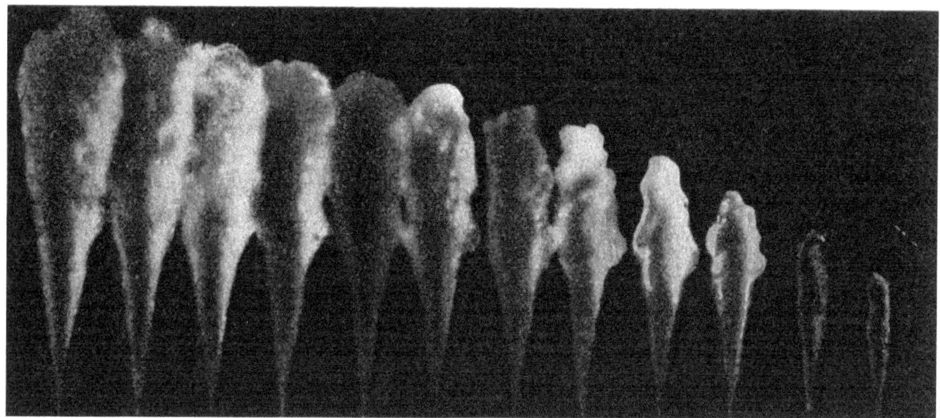

Bild 49. Aufnahme eines Ölstrahles nach Miller und Beardsley.
Düsen-Dmr. 0,38 mm, Einspritzdruck 560 kg/cm², Gegendruck 21 kg/cm².

entsprechend einer etwa doppelt so hohen Gasdichte wie im Brennraum des Dieselmotors) die Strahlgeschwindigkeit so verlangsamte, daß auch die Drehzahl des Schalters vermindert werden mußte.

Bild 48 und 49 zeigen zwei Strahlaufnahmen von Miller und Beardsley; Bild 48 wurde bei 3000 lb./sq.in. (210 kg/cm²) Einspritzdruck und atmosphärischem Gegendruck aufgenommen, Bild 49 bei 8000 lb./sq. in. (560 kg/cm²) und 300 lb./sq.in. (21 kg/cm²) Gegendruck. Die Photo-

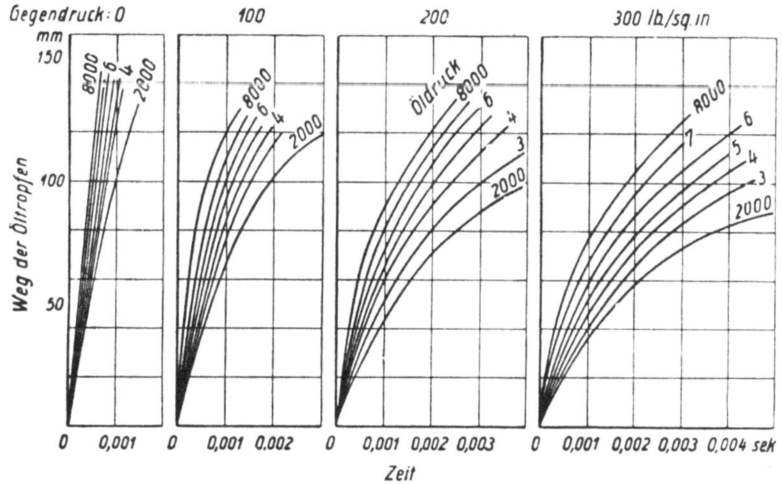

Bild 50. Reichweiten von Gasolstrahlen in verdichtetem Stickstoff bei verschiedenen Einspritz- und Gegendrücken nach Miller und Beardsley.

graphien sind nach Angabe der Autoren etwas retuschiert, wohl weil die Originale für die Wiedergabe zu schwach waren, und eine ganz so regelmäßige Gestalt wie in den Abbildungen werden die Strahlen in Wirklichkeit nicht gehabt haben. Immerhin stimmt der Kegelwinkel mit den von anderen Forschern gefundenen gut überein; er wächst mit zunehmender Gasdichte, wenn auch nicht erheblich. Die viel schnellere Entwicklung des Strahles zu seiner vollen Länge bei niedrigem Gegendruck erkennt man aus dem Vergleich von Bild 48 mit Bild 49, wenn man von rechts nach links die Zunahme der Strahllänge verfolgt, wobei zu beachten ist, daß in Bild 48 der Abstand zweier Strahlen der halben Zeit ($^1/_{4000}$ sek) entspricht wie in Bild 49 ($^1/_{2000}$ sek).

Verbindet man in Bild 48 und 49 die Spitzen der Brennstoffstrahlen durch eine Kurve, so erhält man Linien, deren Verlauf dem der in Bild 47 berechneten Kurven entspricht.

Mit einer Düse von 0,38 mm Dmr. haben Miller und Beardsley die Reichweite von Brennstoffstrahlen gemessen, die unter einem Flüssigkeitsdruck von 2000 bis 8000 lb./sq.in., abgestuft um je 1000 lb./sq.in., in Stickstoff von 0, 100, 200 und 300 lb./sq.in. Gegendruck gespritzt wurden. Die gemessenen Reichweiten sind in Abhängigkeit von der Zeit in Bild 50 aufgetragen. Die auf die Strahlspitze bezogene Durchschlagskraft wächst mit zunehmendem Einspritzdruck bis zu den höchsten verwendeten Drücken; eine Abnahme der Strahllänge mit zunehmendem Einspritzdruck, die durch die infolge des höheren Druckes feinere Zerstäubung und den dadurch vermehrten Widerstand der Gasfüllung verursacht werden könnte, ist nicht zu erkennen. Der im Brennraum eines Dieselmotors am Ende der Verdichtung vor der Zündung herrschenden Luftdichte würde etwa ein Stickstoffdruck von 150 lb./sq.in. bei Raumtemperatur entsprechen, und man könnte aus Bild 50 durch Interpolieren zwischen dem zweiten und dritten Kurvenbündel die Reichweite eines Brennstoffstrahles bestimmen, die dem bei Druckeinspritzmaschinen häufig gebrauchten Einspritzdruck von 300 kg/cm² (4250 lb./sq.in.) entspricht. Man findet, daß der Strahl nach 0,002 sek erst eine Länge von kaum 110 mm hat und daß diese nicht mehr erheblich zunimmt, weil die Weg-Zeit-Kurve sich schon ziemlich stark nach der Abszissenachse hin krümmt. Dies trifft jedoch nur bei den hier besprochenen Versuchen von Miller

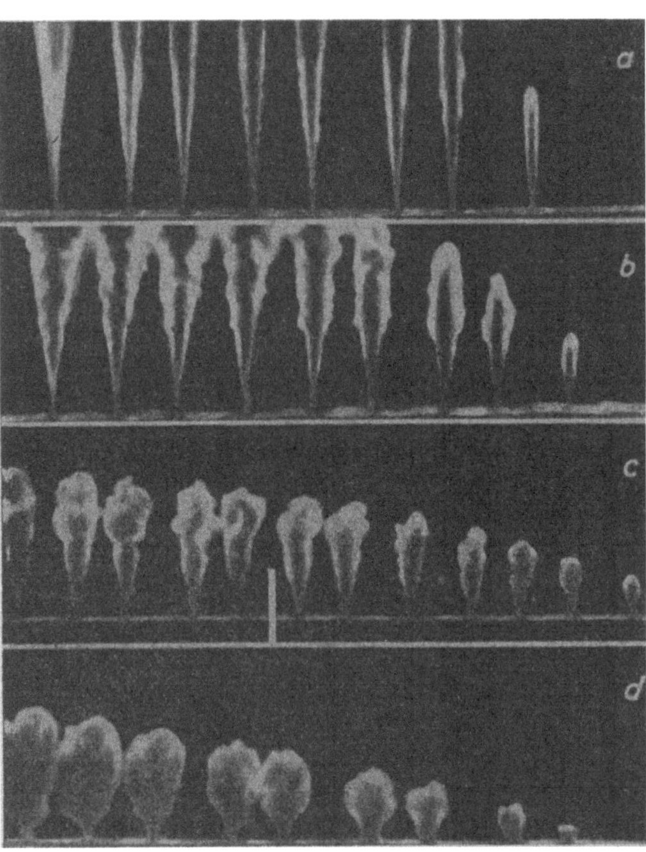

Bild 51. Strahlaufnahmen von E. G. Beardsley.
Einspritzdruck 8000 lb./sq.in.

Reihe *a*: Gegendruck atmosphärisch; kein Drall in der Duse.
Reihe *b*: Gegendruck 200 lb./sq.in.; kein Drall.
Reihe *c*: Gegendruck 200 lb./sq.in.; mäßiger Drall.
Reihe *d*: Gegendruck 200 lb./sq.in.; starker Drall.

und Beardsley (und den folgenden von E. G. Beardsley) zu, bei denen auffallend kleine Strahllängen gemessen worden sind, während andere Forscher viel größere Reichweiten beobachtet haben. Worauf zurückzuführen ist, daß die größte von Miller und Beardsley gemessene Strahllänge (bei normalen Einspritzverhältnissen) 15 cm kaum erreicht, ist unklar; vielleicht hängt dies mit der gewählten Art der Einspritzung und der Form des das Brennstoffventil betätigenden Nockens zusammen.

Die Versuche von E. G. Beardsley[1] sind die Fortsetzung der vorigen, wobei die Untersuchung insbesondere auf den Einfluß eines mehr oder weniger starken Dralles auf die Form und Reichweite von Brennstoffstrahlen ausgedehnt wurde; auch hat Beardsley den Einfluß der Gasdichte und des spezifischen Gewichtes des Treiböles auf die Reichweite untersucht. Bild 51 zeigt vier

---

[1] E. G. Beardsley: The Study of Oil Sprays for Fuel-Injection Engines by means of High-Speed Motion Pictures. Vortrag, gehalten vor der Am. Soc. of Mech. Engineers, 1927.

seiner Strahlphotographien, die bei dem gleichen Einspritzdruck von 8000 lb./sq.in. aufgenommen wurden und den Einfluß von Gegendruck und Drall auf die Form und Reichweite der Strahlen zeigen. Die obere Bildreihe a gilt für atmosphärischen Gegendruck und glatte Düsenbohrung ohne Drall; die Strahlen sind sehr spitz und durchschlagen die Bildstrecke schnell. In Reihe b zeigt sich ein langsameres Anwachsen der Strahllänge; auch ist der Kegelwinkel des Strahles größer geworden, beides eine Folge des höheren Gegendruckes (200 lb./sq.in.). In Reihe c und d ist der Gegendruck von 200 lb./sq.in. beibehalten, aber die Düse ist bei c mit mäßigem, bei d mit starkem Drall versehen. Der Drall bewirkt eine Zunahme des Kegelwinkels und eine erhebliche Abnahme der Reichweite. In Reihe c ist durch einen senkrechten Strich der Augenblick bezeichnet, in dem das Überströmventil der Brennstoffpumpe geöffnet und die Brennstofförderung unterbrochen wird. Der Strahl bleibt noch eine Weile schwebend in dem verdichteten Gas stehen und nimmt infolge des Dralles eine korkzieherähnliche Gestalt an.

Von den von Beardsley aufgenommenen Diagrammen sind drei (Bild 52 bis 54) hier wiedergegeben. In Bild 52 ist die Reichweite in Abhängigkeit vom spezifischen Gewicht des Gases aufgetragen, in das gespritzt wird. Es wurden Helium, Stickstoff und Kohlendioxyd, die beiden zuletzt genannten Gase unter verschiedenen Drücken, benutzt. Die gemessenen Strahllängen nehmen mit zunehmender Dichte stetig ab, gleichgültig, mit welchem Gas die Spritzkammer jeweils gefüllt ist; also ist die Dichte und nicht der Druck des Gases für die Bremswirkung auf die Strahlen maßgebend.

Die Reichweite der Strahlen hängt ferner, wenn auch nicht sehr erheblich, vom spezifischen Gewicht des Treiböles ab, wie Bild 53 zeigt, das mit Benzin, Petroleum, Gasöl und Kesselheizöl (spez. Gew. bzw. 0,705,

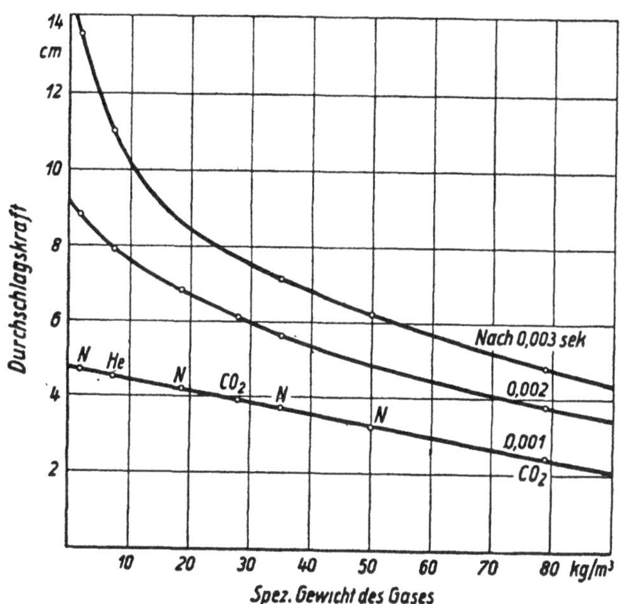

Bild 52. Einfluß der Gasdichte auf die Durchschlagskraft nach E. G. Beardsley.

Düsen-Dmr. 0,56 mm; spez. Gew. des Brennstoffes 0,85 kg/lit; Einspritzdruck 560 kg/cm²; Düse mit starkem Drall.

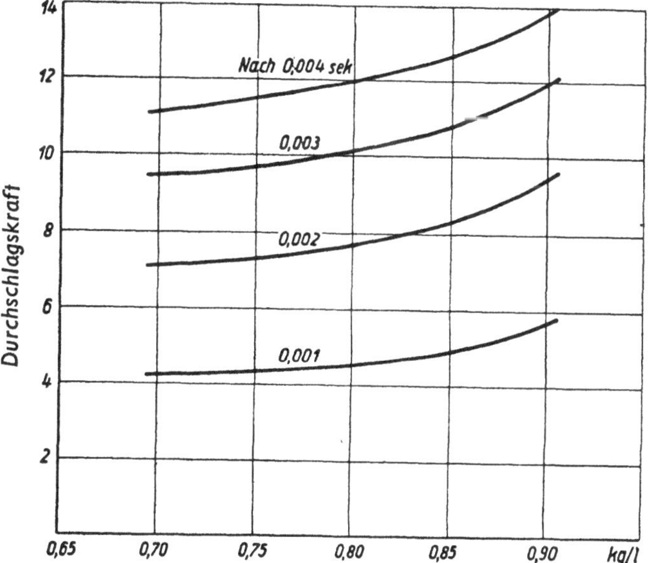

Bild 53. Einfluß des spezifischen Gewichtes des Brennstoffes auf die Durchschlagskraft nach E. G. Beardsley.

Düsen-Dmr. 0,56 mm; Einspritzdruck 560 kg/cm²; Gegendruck 14 kg/cm²; Düse mit starkem Drall.

0,799, 0,85 und 0,90) aufgenommen wurde. Der Einspritzdruck wurde wie in Bild 52 mit 8000 lb./sq.in. konstant gehalten; die Düsenbohrung (0,56 mm Dmr.) war mit starkem Drall versehen. Mit Zunahme des spez. Gewichtes des Brennstoffes z. B. von 0,85 auf 0,90 wächst die Reichweite des Strahles um rd. 10%, also schneller als das spez. Gewicht. Das ist darauf zurückzuführen, daß das schwere Öl durch den Drall weniger leicht abgelenkt wird als das leichte; der Kegelwinkel des Strahles bleibt beim schweren Öl spitzer, und die Reichweite wächst aus dem doppelten Grund des spitzeren Winkels und des größeren Strahlgewichtes.

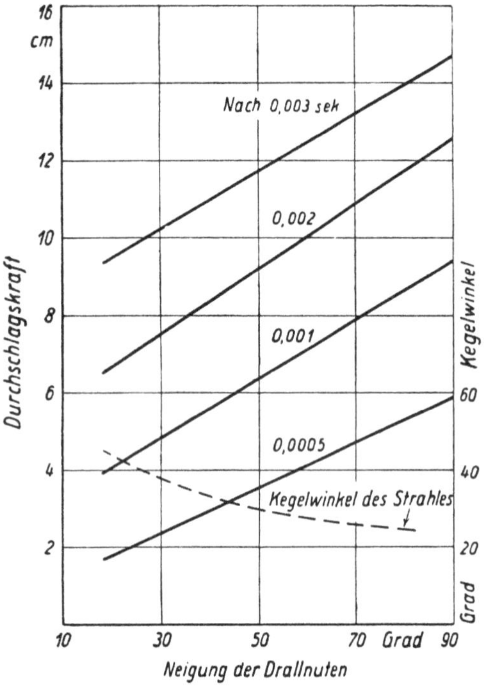

Beardsley hat ferner den Einfluß des Düsendralles auf die Reichweite untersucht und gleichzeitig die Zunahme des Kegelwinkels des Strahles mit zunehmendem Drall gemessen. In Bild 54 stellt die Abszisse den Winkel dar, den die Drallnuten mit einer zur Düsenachse senkrecht stehenden Ebene bilden; ein Drallwinkel von 90° entspricht einer Düse ohne Drall. Der stärkste verwendete Drall hatte 23° Drallwinkel. Nach Bild 54 nimmt die Reichweite linear mit zunehmendem Drallwinkel ab; bei der glatten Düse (90° = kein Drall) ist sie am größten. Zwischen 23° und 90° Drallwinkel macht der Unterschied in der Reichweite nach 0,003 sek nicht weniger als 60% aus. Der Kegelwinkel des Strahles nimmt mit zunehmendem Drall (abnehmendem Drallwinkel) zu; die glatte Düse ergibt den spitzesten Strahl, der bei 200 lb./sq.in. Gegendruck etwa 22° Kegelwinkel hat. Bei Verwendung der Düse mit dem stärksten Drall (23°) wächst der Kegelwinkel auf 42° an, aber auf Kosten der Reichweite. Durch den Einbau eines Drallkörpers in die Brennstoffdüse (eine Ausführungsform s. Bild 169, S. 138) kann man somit die Reichweite eines Brennstoffstrahles innerhalb ziemlich weiter Grenzen verändern und den Abmessungen des Brennraumes anpassen.

Versuche des Verfassers. Die Versuche von Miller und Beardsley und E. G. Beardsley haben erstmalig Unterlagen für die Beurteilung der Reichweite von Brennstoffstrahlen in verdichtetem Gas erbracht, aber sie beschränkten sich auf kleine Reichweiten von weniger als 15 cm, weil in erster Linie die Anwendung auf Flugmotoren mit kleinen Zylinderdurchmessern geplant war. Für größere Zylinderdurchmesser blieb die Frage der Durchschlagskraft der Brennstoffstrahlen in verdichteter Luft unsicher. Ohne ihre genauere Kenntnis wäre aber der Bau kompressorloser Großdieselmotoren ein zu großes Wagnis gewesen, daher unternahm der Verfasser die Fortführung der Versuche in wesentlich größerem Maßstab, um den Bau auch der größten Druckeinspritzmotoren auf eine möglichst sichere

Bild 54. Einfluß des Düsendralles auf die Durchschlagskraft und den Strahlkegelwinkel nach E. G. Beardsley. Dusen-Dmr. 0,56 mm; Einspritzdruck 560 kg/cm²; Gegendruck 14 kg/cm²; spez. Gew. des Brennstoffes 0,85 kg/lit. Neigung der Drallnuten: 23 Grad = starker Drall, 90 Grad = kein Drall.

Bild 55. Spritzkammer, Scheinwerferspiegel und Filmgerat zur Aufnahme von Brennstoffstrahlen.

a = Spritzkammer,   c = Sicherheitsventil,   f = Filmkamera,
b = Brennstoffventil,   d = Funkenstrecke,   g = Elektromotor.
           e = Parabolspiegel,

Unterlage zu stellen. Es wurde eine Versuchseinrichtung geschaffen, in der Brennstoffstrahlen bis zu 40 cm Länge kinematographisch aufgenommen werden konnten (Bild 55 bis 60).

Als Spritzkammer diente ein durch Rippen verstärktes Stahlgußgehäuse a (Bild 55), das an seinen Längsseiten mit zwei je 60 mm starken Platten aus optischem Glas versehen war. Brennstoffventile b verschiedener Größe und Bauart konnten so an der Spritzkammer befestigt werden, daß einer der aus der Düse austretenden Brennstoffstrahlen in die Längsachse der Kammer fiel, während (bei Verwendung von Mehrlochdüsen) die übrigen Strahlen abgeschirmt wurden, damit sie den zu photographierenden Strahl nicht störten. Ein Sicherheitsventil c schützte die Spritzkammer vor zu hohen Drücken für den Fall, daß beim Füllen der Kammer mit Druckluft aus irgendeinem nicht vorherzusehenden Grund der zulässige Grenzdruck von 30 kg/cm² überschritten werden sollte. Das Licht der zwischen den Elektroden d überspringenden Funken wurde durch einen Parabolspiegel e von 60 cm Dmr. durch die Glaswände der Spritzkammer und den aufzunehmenden Brennstoffstrahl in das Objektiv einer Filmkamera f geworfen, deren Trommel von einem kleinen Gleichstrommotor g, dessen Regelbarkeit durch ein dreistufiges

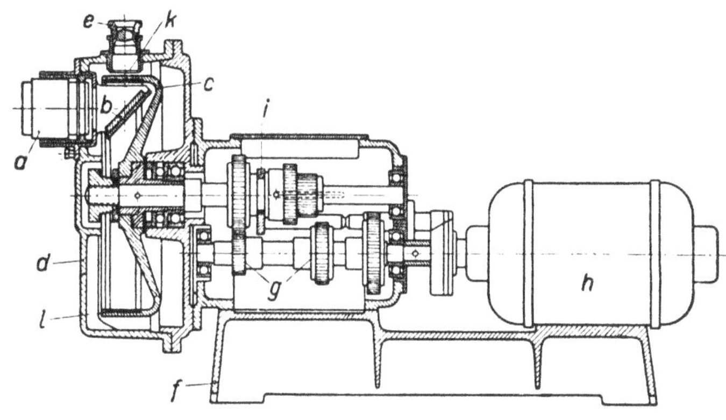

Bild 56. Schnitt durch das Filmgerät.

a = Objektiv,	e = Vergrößerungsglas zum	h = Elektromotor,
b = Spiegel,	Einstellen der Bildschärfe,	i = Schalthebel,
c = Umlaufende Trommel,	f = Grundplatte,	k = Mattscheibe,
d = Gehäusedeckel,	g = Dreistufiges Vorgelege,	l = Film.

Vorgelege vergrößert war, mit einer Drehzahl bis zu 6000 U/min angetrieben werden konnte. Spritzkammer, Spiegel und Filmgerät waren in einer Dunkelkammer untergebracht, in der die Filme sogleich nach der Aufnahme entwickelt wurden.

Bild 56 zeigt einen Schnitt durch das Filmgerät[1]. Das von der Spritzkammer kommende Bild des Brennstoffstrahles fällt durch das Objektiv a auf den unter 45° angeordneten, feststehenden Spiegel b, der es auf die Innenseite der aus Leichtmetall angefertigten umlaufenden Trommel c wirft, in die der Film l eingelegt ist. Diese Anordnung bewirkt, daß der Film sich bei umlaufender Trommel durch seine Fliehkraft fest und glatt gegen die mit einer der Filmbreite entsprechenden Eindrehung versehene Innenseite der Trommel legt. Zum Einstellen der Bildschärfe nimmt man den durch vier Klappschrauben am Gehäuse befestigten Deckel d ab, mit welchem Objektiv a und Spiegel b fest verbunden sind, entfernt die Trommel c und setzt den Deckel mit Objektiv und Spiegel wieder auf. Darauf wird das Vergrößerungsglas e mit der Mattscheibe k so weit gesenkt, wie ein an e vorgesehener Anschlag gestattet; dann liegt die Mattscheibe k genau an der Stelle, die später einen Teil der Filmoberfläche bildet. Das Objektiv a kann jetzt so eingestellt werden, daß ein Gegenstand, der in die Spritzkammer an derselben Stelle eingeführt wird,

Bild 57. Anordnung der Brennstoffpumpen zur Aufnahme von Brennstoffstrahlen.
h = Große Brennstoffpumpe,　　i = Kleine Brennstoffpumpe,
k = Selbsttätiger Schalter zum Einschalten der Brennstofförderung.

die der Brennstoffstrahl während der Aufnahme einnimmt, auf k scharf erscheint. Nunmehr wird e mit k gehoben und in dieser Stellung gesichert, worauf die Trommel c mit dem inzwischen eingelegten Film auf der Welle befestigt und der Deckel wieder aufgesetzt wird.

---

[1] Gebaut von den Askaniawerken A.-G.

Die Grundplatte f trägt das Trommelgehäuse, den das Vorgelege g enthaltenden Schaltkasten und den Gleichstrommotor h, dessen Normaldrehzahl 3000 durch das Vorgelege g im Verhältnis $2:1$, $1:1$ und $1:2$ auf die Trommelwelle übertragen werden kann. Zum Einstellen der Übersetzung dient der Schalthebel i. Da die Drehzahl des Motors h regelbar ist, kann die Drehzahl der Trommel c in weiten Grenzen verändert werden. Sie bestimmt den räumlichen Abstand der einzelnen Strahlbilder auf dem Film.

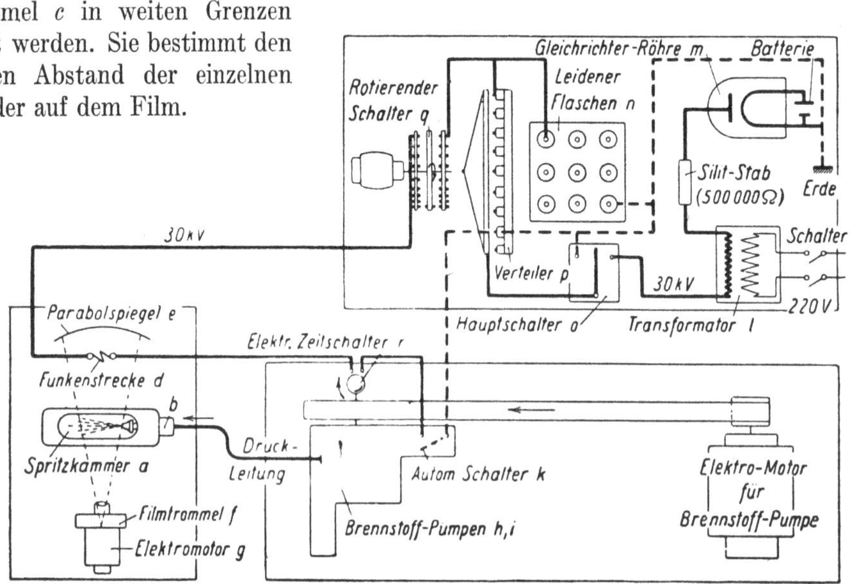

Bild 58. Schaltungsschema der Hochspannungsanlage zur Filmaufnahme von Brennstoffstrahlen.

In Bild 57 sind die Spritzkammer mit dem Brennstoffventil, der Scheinwerferspiegel und das Filmgerät im Hintergrund sichtbar; vor diesen steht eine Grundplatte, auf welcher Brennstoffpumpen verschiedener Größe aufgebaut werden konnten. Im Bild sind zwei verschiedene Brennstoffpumpen zu sehen, eine größere h für etwa 500 PSe Zylinderleistung, die für die eine Seite eines doppeltwirkenden Zweitaktzylinders von 1000 PSe Leistung bestimmt war, und eine kleinere i für 50 PSe. Die Nockenwelle der Brennstoffpumpe wurde mittels Riemens von einem Elektromotor angetrieben. Bei der Aufnahme der Brennstoffstrahlen wurden dieselben Nocken benutzt und die gleichen Drehzahlen eingestellt, wie sie später in den Maschinen verwendet werden sollten. Ein selbsttätiger Schalter k (s. auch Bild 58), dessen Hebel in Bild 57 sichtbar ist, schaltete die Förderung der vorher auf volle Drehzahl gebrachten Brennstoffpumpe durch Freigeben des Saugventiles im richtigen Augenblick ein; unmittelbar darauf folgte das Spritzen in der Kammer und die Aufnahme des Strahles. Es wurde somit bei normaler Drehzahl der Brennstoffpumpenwelle der erste und sogleich voll entwickelte Strahl photographiert, und man lief nicht Gefahr, eine Fälschung der Versuchsergebnisse dadurch zu erhalten, daß die in der Spritzkammer eingeschlossene verdichtete Luft durch eine Reihe vorhergehender Einspritzungen in Bewegung versetzt worden wäre.

Bild 59. Hochspannungsanlage zur Filmaufnahme von Brennstoffstrahlen.

l = Umformer, o = Hauptschalter, q = Umlaufender Schalter.
m = Gleichrichterröhre, p = Verteiler,

Das Schaltschema zur Erzeugung der Funken ist in Bild 58 dargestellt, je eine Ansicht der Hochspannungsanlage[1] in Bild 59 und 60 wiedergegeben. Der Netzstrom von 220 V wurde durch einen Transformator l auf 30 kV umgeformt und der Wechselstrom durch eine Gleichrichterröhre m in Gleichstrom umgewandelt. Die Spannung wurde später auf 50 kV erhöht, wodurch

Bild 60. Hochspannungsanlage zur Filmaufnahme von Brennstoffstrahlen. Ansicht von oben.

l = Umformer,
n = Leidener Flaschen,
o = Hauptschalter,
s = Kran
t = Gegengewicht
} für Heben und Senken der Verteilerschiene.

die Funken verstärkt und die Strahlaufnahmen schärfer wurden. Mit dieser Spannung wurden neun Leidener Flaschen geladen; hierzu wurde die Batterie zur Heizung der Glühkathode der Gleichrichterröhre eingeschaltet, die am Kran s aufgehängte Schiene (Bild 59 und 60; in Bild 58 sind die Aufhängedrähte in die Bildebene umgeklappt gezeichnet) auf die federnden Verteilerkontakte gesenkt und der Hauptschalter o nach rechts umgelegt (Bild 58). Der selbsttätige Schalter k war dabei verriegelt. Nachdem die Flaschen geladen waren, wurde die Verteilerschiene hochgezogen und der Hauptschalter in die linke Endstellung gelegt; sodann wurden die Brennstoffpumpe, die Filmtrommel und der den zeitlichen Abstand der Aufnahmen bestimmende umlaufende

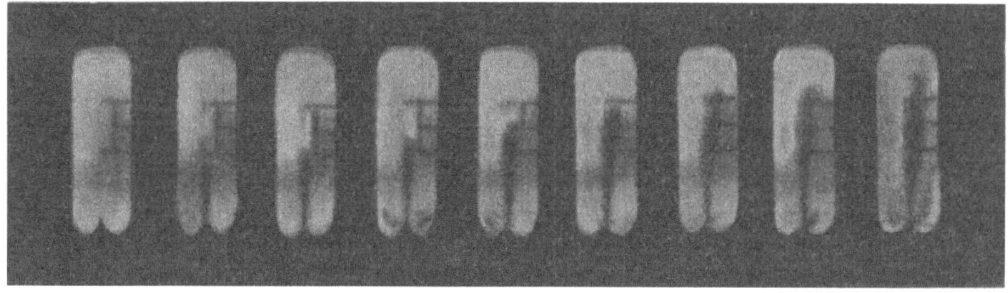

Bild 61. Filmaufnahme eines Ölstrahles in verdichteter Luft.
Einspritzdruck 300 kg/cm²; Gegendruck 15 kg/cm². Bildabstand 1,5tausendstel Sekunden.

Schalter q auf passende Drehzahlen gebracht, worauf die Anlage für die Aufnahme fertig war. Wenn nunmehr der das Saugventil der Brennstoffpumpe freigebende Schalter k eingelegt

---

[1] Die Hochspannungsanlage ist von Dr.-Ing. Rossmann, damals am Institut für technische Physik an der Technischen Hochschule Berlin tätig, ausgearbeitet worden.

wurde, spritzte die Pumpe einen Strahl in die ruhende Luft der Kammer *a*, und gleichzeitig mit dem sich entwickelnden Brennstoffstrahl entluden sich nacheinander, durch den umlaufenden Schalter *q* gesteuert, die neun Leidener Flaschen, wobei die Entladungsfunken neun Bilder auf dem Film erzeugten. Hierbei wurde der Beginn der Entladung durch den auf der Brennstoffpumpenwelle drehbar befestigten Zeitschalter *r* so gesteuert, daß die erste Entladung mit dem ersten Austritt des Brennstoffes aus der Düse zeitlich zusammenfiel. Die Drehzahl des umlaufenden Schalters wurde so gewählt, daß die neun aufzunehmenden Bilder sich gleichmäßig über die Zeit verteilten, die der Strahl braucht, um sich zu seiner vollen Länge zu entwickeln. Mit der Drehzahl des umlaufenden Schalters, die bei jedem Versuch genau gemessen wurde, ist auch der zeitliche Bildabstand, d. h. der Abszissenmaßstab der Schaubilder (Bild 62 bis 65), gegeben. Die Belichtungsdauer beträgt etwa 1 milliontel Sekunde.

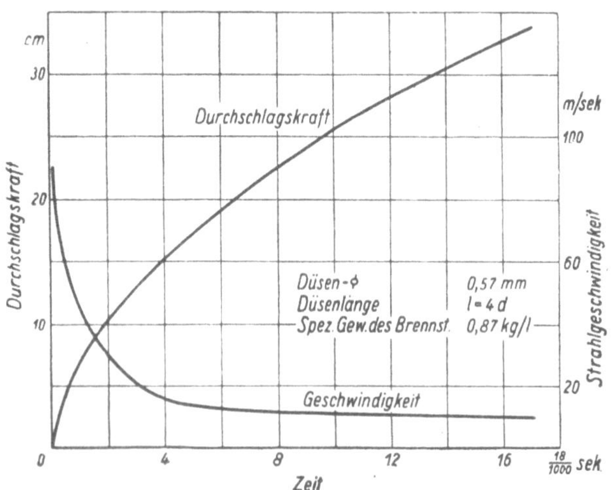

Bild 62. Durchschlagskraft und Geschwindigkeit des Strahles Bild 61 in Abhängigkeit von der Zeit.

Das Lichtbild eines bei 300 kg/cm² Einspritzdruck und 12,5 kg/cm² Gegendruck aufgenommenen Brennstoffstrahles wurde in Bild 9 (S. 18) gezeigt. Hinter dem Strahl sind undeutlich die beiden Messingdrähte zu erkennen, welche die Funkenstrecke tragen; in der Mitte steht eine Glasröhre mit ausgezogener Spitze, durch die während der Aufnahme Druckluft gegen die Funkenstrecke strömt, wodurch die Metalldämpfe entfernt und Nachentladungen verhindert werden. Da nicht alle Teile des Strahles gleiche Geschwindigkeit haben und die Brennstoffmasse im Strahl ungleichmäßig verteilt ist (vgl. S. 35), so gelten die Schaubilder (z. B. Bild 50, 62, 63 usw.), welche die Durchschlagskraft und Geschwindigkeit von Brennstoffstrahlen unter verschiedenen Betriebsbedingungen angeben, nur für die Strahlspitze. Reichweite und Geschwindigkeit des Strahlkernes, der den größten Teil der Brennstoffmasse enthält, sind kleiner.

Im ganzen wurden etwa 100 Filme von Brennstoffstrahlen unter verschiedenen Betriebsbedingungen aufgenommen. Bild 61 zeigt einen Film, der entsprechend der Zahl der Leidener Flaschen neun Einzelaufnahmen desselben Strahles enthält. Die Auswertung der Filme ist einfach; man berechnet aus der Drehzahl des umlaufenden Schalters den Zeitabstand und erhält dadurch den Abszissenmaßstab (Bild 62). Die Strahllängen, unter Berücksichtigung der Verkleinerung durch die photographische Aufnahme ausgemessen, ergeben die mit „Durchschlagskraft" bezeichneten Ordinaten. Die so erhaltene Kurve ist eine Weg-Zeit-Kurve; ihre Differentiation

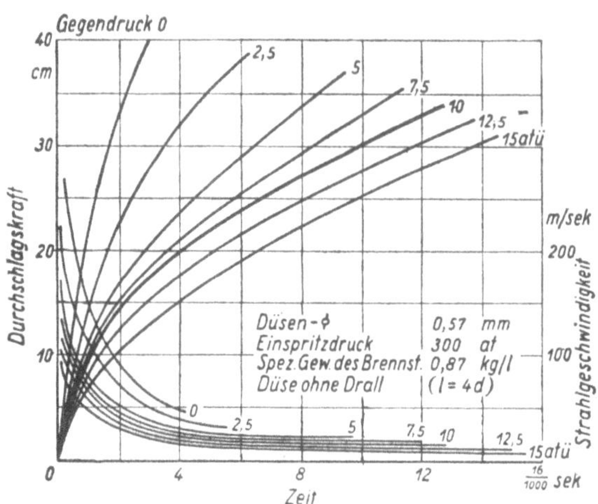

Bild 63. Einfluß des Gegendruckes auf die Durchschlagskraft von Brennstoffstrahlen.

liefert die Geschwindigkeit der Strahlspitze. Aus der Geschwindigkeitskurve erkennt man das **außerordentlich rasche Sinken der Strahlgeschwindigkeit**, die im ersten Augenblick der Einspritzung 150 bis 180 m/sek beträgt, aber schon nach Bruchteilen einer tausendstel Sekunde auf 70 bis 60 m/sek abgenommen hat. Nach 0,002 sek ist die Geschwindigkeit (bei dem ziemlich hohen Gegendruck von 15 kg/cm²) nur noch 30 m/sek und erst ein Weg von etwa 10 cm zurückgelegt.

Trotz dieser raschen Geschwindigkeitsabnahme können sich die Strahlen zu solcher Länge entwickeln, daß auch große Brennraumabmessungen beherrschbar werden. Beträgt z. B. die Drehzahl der Maschine 90 U/min und der Einspritzbogen 18 Kurbelgrade, so steht für die Einspritzung eine Zeit von $\frac{18}{6 \cdot 90} = \frac{1}{30}$ sek oder etwa 33 tausendstel Sekunden zur Verfügung. Man sieht aus Bild 62, daß die Strahlspitze schon in der Hälfte dieser Zeit einen Weg von 35 cm zurückgelegt hat und daß dieser nach der ganzen Einspritzzeit, wenigstens in der Versuchseinrichtung, noch erheblich größer werden kann. Im Brennraum der laufenden Maschine ändern sich die Verhältnisse, da die Tropfen alsbald zu brennen beginnen, wodurch sich ihre Masse verringert und die Durchschlagskraft abnimmt, aber die Erfahrung hat gelehrt, daß auch Zylinderdurchmesser von 700 bis 800 mm hinsichtlich der Durchschlagskraft keine Schwierigkeiten machen, und die Flammenspuren, die sich auf dem Kolbenboden abzeichnen (vgl. Bild 77, S. 56), beweisen, daß die in der Spritzbombe aufgenommenen

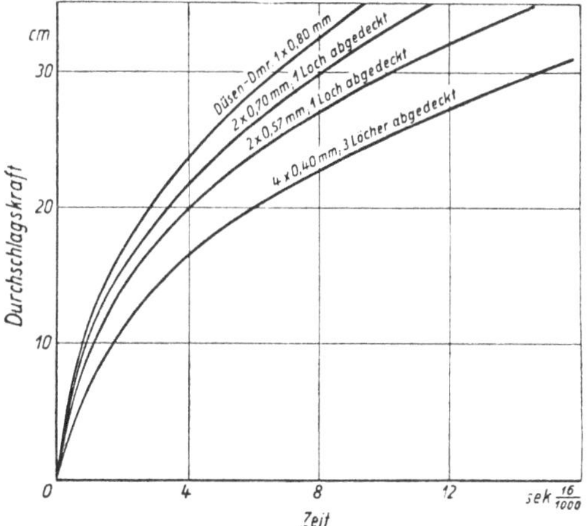

Bild 64. Einfluß des Düsendurchmessers auf die Durchschlagskraft von Brennstoffstrahlen.

Einspritzdruck 300 kg/cm²; Gegendruck 10 kg/cm²; Uml. der Brennstoffpumpenwelle 90/min.

Strahlbilder ziemlich sichere Rückschlüsse auf die Reichweite des Strahles in der Maschine zulassen.

Bei kleinen Zylinderdurchmessern ist infolge der höheren Drehzahl die Einspritzzeit kürzer, daher und wegen der kleineren Düsenbohrung (vgl. Bild 64) die Strahllänge geringer, so daß es nicht schwierig ist, diese den kleineren Zylinderabmessungen anzupassen.

Die Kurvenschar Bild 63 ist aus einer Versuchsreihe entstanden, bei der unter Beibehaltung sämtlicher übrigen Versuchsbedingungen nur der Gegendruck der Spritzkammer verändert wurde. Bei atmosphärischem Gegendruck ist die Durchschlagskraft so beträchtlich, daß selbst sehr große Wege in wenigen tausendstel Sekunden zurückgelegt werden. Mit zunehmendem Gegendruck wächst die Bremswirkung der Luft, und die Durchschlagskraft nimmt beträchtlich ab, ist aber auch bei 10 bis 12 kg/cm² Gegendruck, entsprechend der Dichte der Luft im Brennraum, noch so groß, daß die Druckeinspritzung auch für die größten Zylinderdurchmesser anwendbar ist.

Über den Einfluß des Düsendurchmessers gibt Bild 64 Aufschluß; es zeigt die Durchschlagskraft von vier Strahlen verschiedenen Durchmessers in Abhängigkeit von der Zeit. Man sieht, daß der Einfluß der Strahldicke nicht besonders groß ist, denn z. B. nach ¹⁰/₁₀₀₀ sek hat die Spitze des Strahles von 0,80 mm Dmr. einen Weg von 35 cm zurückgelegt, der Strahl von 0,40 mm Dmr. mit nur dem vierten Teil der Masse ist dagegen immerhin 25 cm weit vorgedrungen. Die Durchschlagskraft nimmt also erheblich langsamer als der Strahldurchmesser zu. Dies rührt daher, daß der dickere Strahl zwar aus gröberen

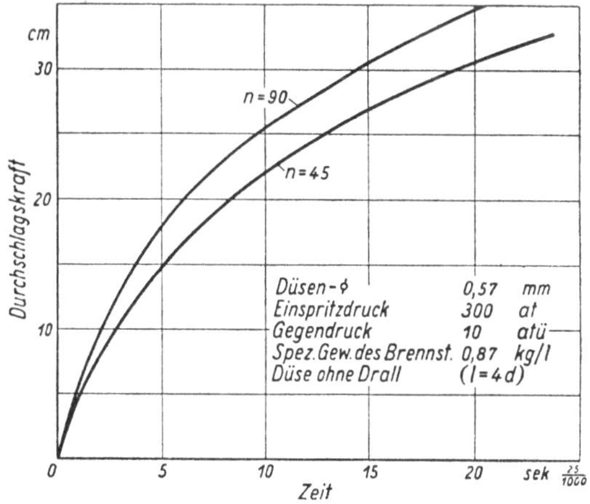

Bild 65. Einfluß der Einspritzgeschwindigkeit auf die Durchschlagskraft von Brennstoffstrahlen.

n = Umlaufzahl der Brennstoffpumpenwelle.

Tropfen besteht (vgl. Bild 41), daß aber der Unterschied in der Tropfengröße nicht erheblich ist.

Auch die Umlaufzahl der Brennstoffpumpenwelle, d. h. die Einspritzgeschwindigkeit, beeinflußt die Durchschlagskraft, aber in noch geringerem Maß als der Düsendurchmesser. Bild 65 läßt erkennen, daß unter den im Bild angegebenen Versuchsbedingungen bei Abnahme der minutlichen Drehzahl der Nockenwelle von 90 auf 45 die Durchschlagskraft nur um etwa 13% vermindert wird, was für den Teillastbetrieb von Schiffsmaschinen günstig ist.

Versuche von P. H. Schweitzer[1]. **Messung der Durchschlagskraft der Strahlspitze.** Auf anderem Wege, ohne das Hilfsmittel der Photographie, hat Schweitzer die Reichweite von Brennstoffstrahlen gemessen, indem er den Strahl gegen eine in einer Bombe leicht federnd aufgehängte dünne Platte spritzte. Diese schloß einen Kontakt, sobald sie sich unter der Wirkung des leichten Druckes der auftreffenden Strahlspitze um einen sehr kleinen Betrag aus ihrer Nullage bewegte; dadurch wurde eine Neonlampe zum Aufleuchten gebracht. Aus der zugleich gemessenen Zeit und der bekannten Entfernung des Kontaktes von der Düse, die durch eine Leitspindel verändert werden konnte, wurde die Durchschlagskraft in Abhängigkeit von der Zeit ermittelt. Als größten möglichen Fehler dieser Meßeinrichtung gibt Schweitzer eine Strecke an, die während $^1/_{5000}$ sek zurückgelegt wird, was für den vorliegenden Zweck durchaus genügt.

Mit dieser Einrichtung fand Schweitzer Strahllängen, die kleiner als die vom Verfasser ermittelten sind (Bild 66). Die Ursache hierfür glaubt Schweitzer darin zu sehen, daß bei den Versuchen des

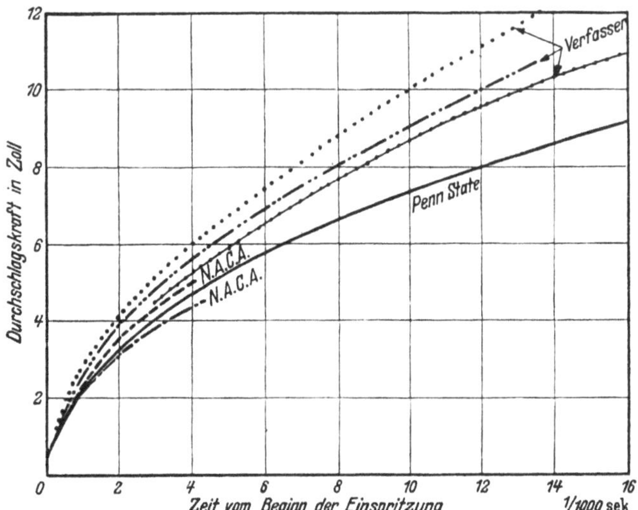

Bild 66. Vergleich der Ergebnisse verschiedener Strahldurchschlagsversuche.

		Einspritz-druck kg/cm²	Gegendruck kg/cm²	Dusen-Dmr. mm
———	Pennsylvania State Coll.	280	14	0,34
—·—·—}	N.A.C.A.	280	13,7	0,20
———}		280	14	0,38
·········}		300	15	0,57
—··—··}	Verfasser	300	10	0,57
—··—··}		300	10	0,57

Verfassers unmittelbar vor der Düse ein wesentlich höherer Druck geherrscht habe als der Öffnungsdruck des Brennstoffventiles, der in den Versuchen als „Einspritzdruck" angegeben ist. Dies trifft aber nicht zu, denn die Schließdruckverhältnisse (vgl. S. 147) der bei den Versuchen des Verfassers benutzten Brennstoffventile waren so abgestimmt, daß der Druck p_i' vor den Düsenbohrungen in keinem Zeitelement während der Einspritzung höher als der Öffnungsdruck p_o war (Bild 175, S. 148). Der Unterschied in den Meßergebnissen Schweitzers und des Verfassers wird vielmehr darin zu suchen sein, daß bei Schweitzer der Brennstoff unter dem konstanten Druck eines Akkumulators eingespritzt wurde, während der Verfasser mit einem veränderlichen Einspritzdruck arbeitete, der während der Einspritzung gemäß der wachsenden Stempelgeschwindigkeit zunahm (s. die p_i'-Kurve in Bild 175). Es ist anzunehmen, daß hierdurch eine zunehmende Beschleunigung der vom Strahl mitgerissenen Luft entstand, die den Brennstoffstrahl weiter trug, als es bei konstantem Einspritzdruck der Fall ist[2].

Nach einem Hinweis von E. S. Dennison[3] hat Schweitzer auf Grund von Versuchen und mathematischen Überlegungen gefunden, daß

die Reichweite s eines Brennstoffstrahles als Abhängige von dem Produkt Zeit × Wurzel aus Einspritzdruck,

---

[1] P. H. Schweitzer: Penetration of Oil Sprays. Pennsylvania State College Bulletin Nr. 46 vom 5. Juli 1937.

[2] Reichweiten von fast genau der gleichen Größe (auf gleiche Versuchsbedingungen bezogen) wie der Verfasser hat Holfelder gemessen; vgl. Z.V.d.I. Bd. 76 (1932), S. 1241.

[3] The Pennsylvania State College Bulletin. Techn. Bull. Nr. 20 (1934), S. 129.

das Verhältnis Reichweite : Düsendurchmesser als Abhängige von dem Verhältnis Zeit : Düsendurchmesser,

das Produkt Reichweite $\times$ (1 + Luftdichte) als Abhängige von dem Produkt Zeit $\times$ Luftdichte in Form je einer Kurve dargestellt werden kann, d. h. daß die Gleichungen:

$$s = f\left(t\sqrt{p}\right), \qquad \text{(a)}$$

$$\frac{s}{d} = f\left(\frac{t}{d}\right) \qquad \text{(b)}$$

und $\quad s\,(1 + \varrho_a) = f\,(t \cdot \varrho_a) \qquad \text{(c)}$

gelten, wobei s die Reichweite der Strahlspitze in Zoll, t die Zeit in tausendstel Sekunden, p der Unterschied zwischen Einspritzdruck und Gegendruck in der Spritzkammer in lb./sq.in., d der Düsendurchmesser in Zoll und ϱ_a die Dichte der Luft in der Spritzkammer als Vielfaches der Dichte atmosphärischer Luft ist. Das Funktionszeichen hat hier nur die Bedeutung, daß die durch die linken Seiten der Gleichungen (a), (b) und (c) dargestellten Punkte auf die gleiche Kurve fallen, wenn sie in Abhängigkeit von den unter dem Funktionszeichen stehenden Faktoren aufgetragen werden.

In Bild 67 bis 69 sind die Gleichungen (a) bis (c) graphisch dargestellt. Aus Bild 67 geht hervor, daß bei der gewählten Art der Auftragung die Punkte, welche die Reichweiten der Brennstoffstrahlen darstellen, trotz sehr verschiedener Einspritzdrücke ziemlich genau auf einer Kurve liegen. Wenn diese für einen gleichbleibenden Einspritzdruck und gegebene Verhältnisse (Gegendruck, Düsendurchmesser, Viskosität und spez. Gew. des Treiböles) aufgenommen ist, so kann für jeden anderen Einspritzdruck die Zeit t berechnet werden, die der Strahl braucht, um sich bis zur gleichen Länge zu entwickeln. Die Zeit ist umgekehrt proportional der Wurzel aus dem Einspritzüberdruck. Für einen anderen Gegendruck oder andere Düsenabmessungen und Brennstoffeigenschaften muß die Kurve $s = f\left(t\sqrt{p}\right)$ neu aufgenommen werden.

Aus Bild 68 kann man die Reichweite von Brennstoffstrahlen bei beliebigem Düsendurchmesser ermitteln, wenn die Kurve für einen bestimmten Düsendurchmesser aufgenommen ist, wobei die übrigen die Reichweite beeinflussenden Größen als unveränderlich vorausgesetzt sind. Ist d gegeben, so kann aus Bild 68 die Länge abgegriffen werden, die der Strahl nach t tausendstel sek erreicht hat. Ebenso ergibt sich die Zeit, die ein Strahl braucht, um bei gegebenem Düsendurchmesser eine bestimmte Länge zu erreichen.

Auch für eine veränderliche Dichte der Luft in der Spritzkammer erhält man eine einzige Kurve (Bild 69), wenn man die Reichweite des Strahles in der durch Gl. (c) gegebenen Form in Abhängig-

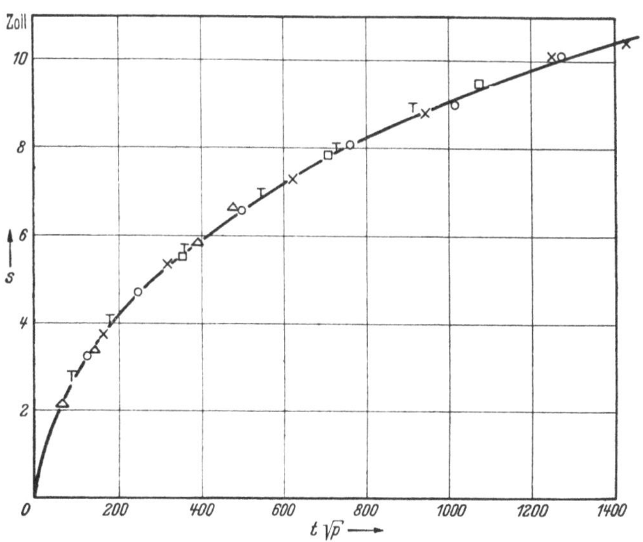

Bild 67. Reichweite von Brennstoffstrahlen in Abhängigkeit von $t\sqrt{p}$ nach Schweitzer.

Einspritzüberdruck: $\triangle$ = 1000 lb./sq.in. $\times$ = 6000 lb./sq.in.
$\top$ = 2000 lb./sq.in. $\square$ = 8000 lb./sq.in.
$\bigcirc$ = 4000 lb./sq.in.

Gegendruck in der Spritzkammer = 15 $\times$ Dichte der atmosph. Luft, Düsendurchmesser 0,34 mm, Düsenlänge 0,68 mm, spez. Gew. des Brennstoffes 0,868 kg/lit, Viskosität 6,0 Centistokes = 1,48°E.

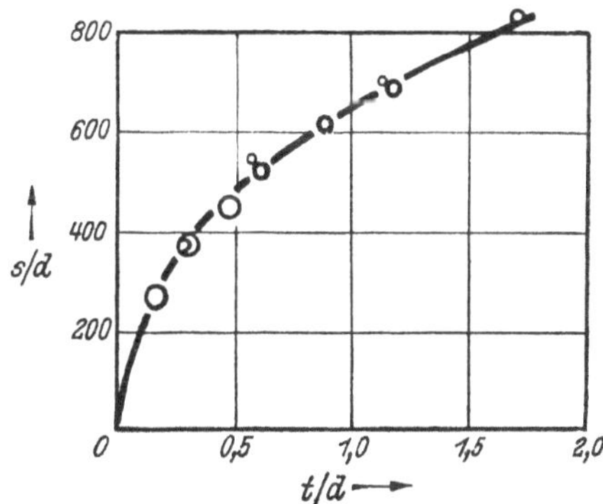

Bild 68. Reichweiten von Brennstoffstrahlen (bezogen auf den Düsendurchmesser d) in Abhängigkeit vom Verhältnis $t:d$ nach Schweitzer.

Einspritzdruck 280 kg/cm², Gegendruck = 15 $\times$ Dichte der atmosph. Luft, spez. Gew. des Brennstoffes 0,908 kg/lit, Viskosität 13,5 Centistokes = 2,17° E. Große Kreise = 0,64 mm Düsen-Dmr. Mittlere Kreise = 0,34 mm Düsen-Dmr. Kleine Kreise = 0,18 mm Düsen-Dmr.

keit vom Produkt $t \cdot \varrho_a$ aufträgt. Ist die Kurve (bei bekanntem Einspritzüberdruck, Düsendurchmesser und Brennstoff) für eine bestimmte Luftdichte aufgenommen, so kann die Reichweite für jede andere Luftdichte ermittelt werden.

Die durch die Gleichungen (a) bis (c) ausgedrückten Beziehungen hat Schweitzer in die Formel[1]

$$\frac{s}{d}\left(1 + \frac{\varrho_a}{\varrho_o}\right) = f\left(\frac{t}{d} \cdot \frac{\varrho_a}{\varrho_o}\sqrt{\frac{p}{\varrho_o}}\right) \tag{d}$$

zusammengezogen, wobei ϱ_o die Dichte des Treiböles ist. Da diese auf die Reichweite nur einen geringen Einfluß hat, so kann $\varrho_o = 1$ gesetzt werden, wodurch sich Gl. (d) in

$$\frac{s}{d}\left(1 + \varrho_a\right) = f\left(\frac{t}{d} \cdot \varrho_a \sqrt{p}\right) \tag{e}$$

vereinfacht. Gl. (e) ist zwar in bezug auf die Dimensionen der linken und rechten Seite nicht richtig, gibt aber nach Schweitzer eine für die Praxis brauchbare Beziehung zwischen der Reichweite s und den sie beeinflussenden Größen d, ϱ_a und p an.

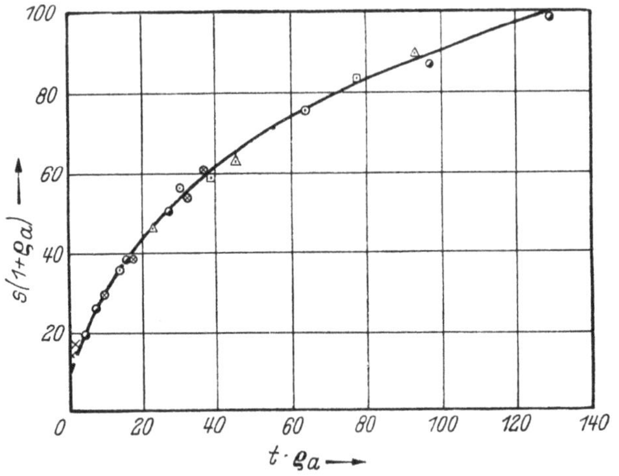

Als Beispiel bringt Schweitzer die Kurve Bild 70, die für ein spez. Gew. des Treiböles von 0,908 und eine Viskosität von 2,17° E gilt. Sie ermöglicht einen raschen Überblick über die Zusammenhänge zwischen den einzelnen veränderlichen Größen. Von diesen hat die Luftdichte zwar den größten Einfluß auf die Reichweite, doch hängt die Dichte vom Anfangsdruck und vom Verdichtungsverhältnis ab und ist in diesem Fall als unveränderlich anzusehen. In erster Linie kann die Reichweite durch den Einspritzdruck und den Düsendurchmesser beeinflußt werden, ferner in sehr erheblichem Maß durch den Einbau eines Drallkörpers, durch den sie allerdings nur vermindert werden kann (Bild 54, S. 42).

Messung der Durchschlagskraft des Strahlkernes. Wenn auch nach den Aufnahmen von F. A. F. Schmidt (vgl. S. 35) an der Strahlspitze größere Brennstoffmengen angehäuft sind, so ist doch für eine gute Gemischbildung wesentlich, daß auch der Kern des Strahles genügend weit in den Brennraum eindringt. Um hierüber Aufschluß zu erhalten, nahm Schweitzer[2] die von Riehm 1924 begonnenen Versuche wieder auf und suchte die Durchschlagskraft der ganzen Strahlmasse mit Hilfe des ballistischen Pendels, ähnlich wie Riehm, jedoch mit verbesserter Versuchseinrichtung, zu bestimmen. Den Einwand, daß Riehm mit kontinuierlichen Brennstoffstrahlen gearbeitet hatte, schaltete Schweitzer dadurch aus, daß er in der Versuchsbombe mehrere Einspritzungen von kurzer Dauer, und zwar mit konstantem Einspritzdruck aufeinander folgen ließ. Um auch den zweiten gegen die Riehmschen Versuche erhobenen Vorwurf zu entkräften, daß bei der Ermittlung der Durchschlagskraft die vom Strahl mitgerissene Luft nicht berücksichtigt worden war, bediente sich Schweitzer eines Kunstgriffes, der in Bild 71 schematisch angedeutet

Bild 69. Zusammenhang zwischen Reichweite s, Zeit t und Dichte ϱ_a der Luft in der Spritzkammer nach Schweitzer.

☐ = 18,5 fache Luftdichte atmosphärischer Luft,
⊙ = 15   fache Luftdichte atmosphärischer Luft,
△ = 11,5 fache Luftdichte atmosphärischer Luft,
◑ = 8   fache Luftdichte atmosphärischer Luft,
⊠ = 4,5 fache Luftdichte atmosphärischer Luft,
× = Atmosphärische Luft.

Einspritzüberdruck 280 kg/cm²,
Düsendurchmesser 0,34 mm, Düsenlänge 0,68 mm,
spez. Gew. des Brennstoffes 0,868 kg/lit,
Viskosität 6,0 Centistokes = 1,48° E.

<hr>

[1] Vgl. Engg. Bd. 145, I (1938), S. 688. (In der dort angegebenen Gl. 3 ist an Stelle des $+$-Zeichens zwischen den Klammern ein $=$-Zeichen zu setzen.)
[2] S. Fußnote 1, S. 48.

ist. Er ging von dem bekannten Versuch aus, bei welchem ein Kartenblatt, gegen dessen Fläche ein Luftstrom durch ein Rohr geblasen wird, bei passender Entfernung des Blattes von der Rohrmündung sich auf die Mündung zu bewegt, eine Erscheinung, die aus der Bernoullischen Gleichung leicht zu erklären ist. Die Versuchseinrichtung zeigt Bild 71. Der Brennstoffstrahl von der gesamten Masse m und der mittleren Geschwindigkeit c passiert, bevor er auf das ballistische Pendel P trifft, eine vor P angeordnete Scheibe S, die mit einer runden Öffnung von solcher Weite (hier 32 mm Dmr.) versehen ist, daß der Brennstoffstrahl gerade, ohne anzustreifen, hindurchgeht. Die Entfernung zwischen Scheibe S und Pendel P wird vor jedem Versuch so eingestellt, daß ein durch S gegen P geblasener Luftstrom keinen Druck auf P ausübt. Diese Entfernung, von Schweitzer „neutraler Abstand" genannt, muß während der Versuche genau eingehalten werden, da schon bei einer Veränderung um $^1/_{10}$ mm eine saugende oder drückende Wirkung auf P eintritt. Schweitzer glaubt, hierdurch den Einfluß der mitgerissenen Luft auf das Pendel ausgeschaltet zu haben.

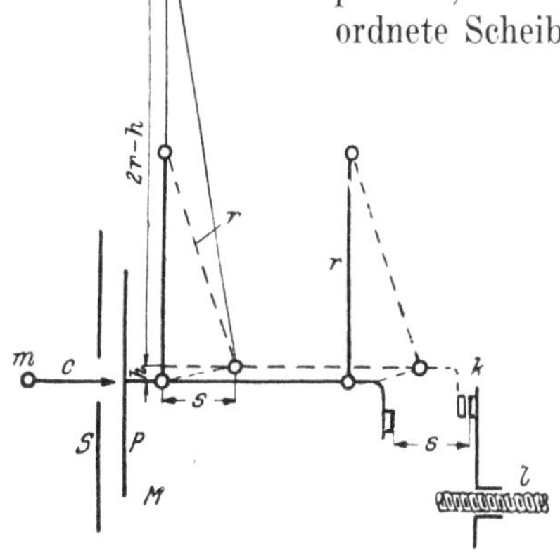

Bild 71. Abgeschirmtes ballistisches Pendel zur Messung der Durchschlagskraft von Brennstoffstrahlen nach Schweitzer.

m = Brennstoffstrahl, zugleich Masse des Strahles,
c = Mittlere Geschwindigkeit der Tropfen des Strahles,
S = Schirm,
P = Ballistisches Pendel,
M = Masse des ballistischen Pendels,
r = Länge des Pendels,
s = Ausschlag des Pendels,
k = Kontakt,
l = Stellschraube zum Einstellen des Kontaktes.

Trifft nunmehr nicht ein Luftstrom, sondern der Brennstoffstrahl auf das Pendel P, so macht dieses einen Ausschlag s, dessen Länge durch Schließen eines Kontaktes k und Aufleuchten einer Neonlampe gemessen werden kann. Gleichzeitig hebt sich das Pendel um einen kleinen Betrag h, der ein Maß für die Geschwindigkeit v ist, die das Pendel unter der Einwirkung des Brennstoffstoßes im ersten Augenblick annimmt, da $v = \sqrt{2gh}$ ist. Aus der Beziehung $h : s = s : (2r - h)$ und den bekannten Längen r und s kann h und damit v ermittelt werden. Aus der bekannten Strahlmasse m ergibt sich schließlich aus $m \cdot c = M \cdot v$ die mittlere Geschwindigkeit c des Brennstoffstrahles.

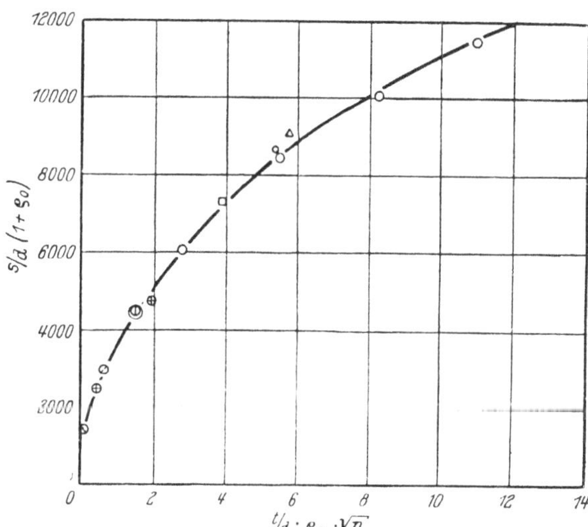

Bild 70. Zusammenhang zwischen den die Reichweite s beeinflussenden Großen d, ϱ_a, p und t nach Schweitzer.

	Düsendurchmesser Zoll	Einspritzüberdruck lb./sq.in.	Luftdichte bez. a. atmosph. Luft	
△ =	0,0135	1000	15	fach
◯ =	0,0135	4000	15	fach
◑ =	0,0135	4000	8	fach
⊕ =	0,0135	4000	4,5	fach
⊘ =	0,0135	4000	2,75	fach
◌ =	0,0135	4000	atmosph. Luft	
☐ =	0,0135	8000	15	fach
○ =	0,007	9000	15	fach
◯ =	0,025	9000	15	fach

Spez. Gew. des Brennstoffes 0,908 kg/lit,
Viskosität 13,5 Centistokes = 2,17° E.

Der Abstand des in der Bombe aufgehängten Pendels von der Brennstoffdüse konnte in den Grenzen zwischen 25 und 300 mm verändert werden. Der Einspritzdruck wurde zwischen 1000 und 8000 lb./sq.in., der Gegendruck zwischen dem 0,14fachen und 15fachen der Dichte der atmosphärischen Luft variiert.

Aus den Ergebnissen seiner Versuche, die er mit fünf verschiedenen Brennstoffen und drei Düsen verschiedener Bohrung anstellte, folgert Schweitzer, daß die Durchschlagskraft des Strahlkernes unabhängig vom Einspritzdruck und bei allen Einspritzdrücken praktisch gleich groß ist.

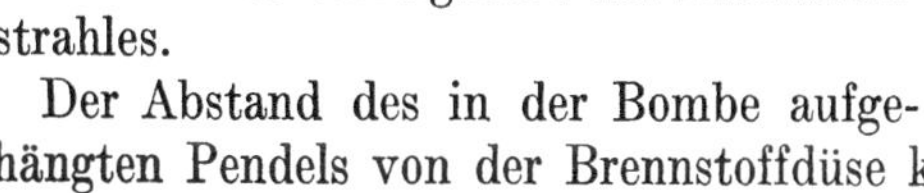

4*

Er glaubt festgestellt zu haben, daß die Durchschlagskraft des Strahlkernes das Maß von $2\frac{1}{2}$ Zoll nicht wesentlich überschreitet. Wenn dies zuträfe, dann würde es sehr schwierig sein, in den Brennräumen von Großdieselmaschinen eine gute Gemischbildung herzustellen, was der Erfahrung widerspricht. Es scheint vielmehr, daß Schweitzer bei diesen Versuchen von der Annahme ausgegangen ist, daß der Schirm S nur die Wirkung der vom Strahl mitgerissenen Luft ausgeschaltet habe. In Wirklichkeit hat der Schirm S auch die Luftströmung beeinflußt, die im freien Brennstoffstrahl durch die Brennstofftröpfchen ungehemmt in Bewegung gesetzt wird. Diese Hemmung ist im Brennraum nicht vorhanden, und die Versuchsergebnisse Schweitzers dürften daher auf die Brennraumverhältnisse nicht ohne weiteres übertragbar sein[1].

Bei allen Versuchen zur Ermittlung der Durchschlagskraft von Brennstoffstrahlen darf nicht außer acht bleiben, daß der Strahl sehr bald (nämlich nach Verstreichen des Zündverzuges) zu brennen beginnt, wodurch sich nicht nur die Querschnitte der Tropfen ändern, sondern auch ihre Masse sich verkleinert und das Widerstandsgesetz verändert wird. Die Erfahrung hat indessen gelehrt, daß die Durchschlagskraft der Strahlen auch für die größten Zylinder genügt, und wenn Schwierigkeiten bezüglich der Gemischbildung auftreten, dann sind diese gewöhnlich nicht durch die Durchschlagskraft oder die Zerstäubung, sondern durch die Verteilung des Brennstoffes im Brennraum bedingt, die im nächsten Abschnitt besprochen ist.

δ) Luftbewegung

Daß zur Verbrennung des Treiböles im Dieselzylinder in der kurzen zur Verfügung stehenden Zeit ein bestimmtes Maß von Luftwirbelung gehört, ist seit langem bekannt. Ein Beleg hierfür sind die Versuche von Dugald Clerk[2], der bei einer in Betrieb befindlichen Leuchtgasmaschine die Steuerung des Ein- und Auslaßventils sowie die Zündung plötzlich ausrückte, so daß die Ladung während einiger Umdrehungen verdichtet wurde und sich ausdehnte, ohne zu verbrennen. Dadurch starb der sonst durch das Einsaugen hervorgerufene Wirbel ab, und wenn dann die Zündung wieder eingerückt wurde, verbrannte die Ladung schleichend unter niedrigem Druck, und die Verbrennung dauerte rd. $2\frac{1}{2}$ mal länger als unter normalen Verhältnissen. Zu derselben Zeit wie Clerk hat Hopkinson[2] den Einfluß der Wirbelung auf die Verbrennung in einer Bombe untersucht und gefunden, daß die Zeit vom Augenblick der Zündung bis zur Erreichung des Höchstdruckes auf den sechsten bis vierten Teil verringert wurde, wenn man den Inhalt der Bombe durch einen Ventilator in mehr oder weniger lebhafte Bewegung versetzte. Ähnliche Versuche sind seither von manchen anderen Forschern angestellt worden[3].

Diese Art Wirbelung ist nun im Dieselmotor immer vorhanden, auch ohne daß man besondere Maßnahmen trifft. Das gilt für den Viertaktmotor wie für den Zweitaktmotor, denn bei jenem genügt die durch das Einsaugventil hervorgerufene Wirbelung, bei diesem die vom Spülen des Arbeitszylinders zurückbleibende Luftbewegung vollauf. Dagegen erfordert die Druckeinspritzung, bei welcher der Brennstoff in einzelnen kegeligen Strahlen in den Brennraum eintritt, eine zu der Anordnung der Brennstoffstrahlen passende Luftbewegung, damit die zwischen den Strahlen liegende Luft, die bei der Einspritzung nicht von den Strahlen erfaßt wird, an diese herangeführt wird und mit ihrem Sauerstoff an der Verbrennung teilnimmt. Dadurch wird auch der die Gemischbildung erschwerende Umstand, daß der Brennstoff im Strahlkern sehr viel dichter angehäuft ist als am Strahlrand, wenigstens teilweise unschädlich gemacht, indem auch dem Strahlkern Sauerstoff zugeführt wird, nachdem die zuerst am Strahlmantel gebildeten Verbrennungsprodukte vom Luftstrom fortgeblasen sind. Den Sauerstoff der Brennraumluft restlos auszunutzen ist freilich bis jetzt nicht gelungen; man muß vielmehr immer mit einem erheblichen Luftüberschuß rechnen, der bei Vollast 80 bis 100% der theoretisch erforderlichen Luftmenge beträgt.

---

[1] Dies nach mündlichen Mitteilungen Föttingers.

[2] The Working Fluid of Internal Combustion Engines. Engg. Bd. 96, II (1913), S. 28. Vgl. Alt: Die Probleme der Ölmaschine und ihre Entwicklung auf der Germaniawerft in Kiel. Jahrb. Schiffbautechn. Ges. 1920, S. 318. Berlin: Springer-Verlag, und Dubbel: Öl- und Gasmaschinen. Berlin: Springer-Verlag 1926. — Die Versuche von Hopkinson sind von Clerk an der gleichen Stelle beschrieben.

[3] Vgl. z. B. R. V. Wheeler: Gaseous Explosions within Closed Vessels. Trans. First World Power Conference, London Bd. 3 (1926), S. 71.

Die Notwendigkeit einer zusätzlichen Luftbewegung ist schon in den Anfängen des Ölmaschinenbaues erkannt worden. Akroyd, aus dessen Niederdruckölmaschine der heute noch vielfach verwendete Glühkopfmotor hervorgegangen ist, scheint der erste gewesen zu sein, der (1892) durch eine Einschnürung zwischen Hubraum und Brennraum einen während des Verdichtungshubes in den Brennraum gerichteten Luftstrom erzeugte, um die Gemischbildung zu verbessern. Die Dieselmaschine, die mit Einführung des Brennstoffes durch hochverdichtete Einblaseluft arbeitete, benötigte eine besondere Luftbewegung nicht, weil die Einblaseluft den Brennstoff genügend gleichmäßig verteilte. Erst als nach 1920 die Druckeinspritzung entwickelt wurde, ergab sich die Notwendigkeit, den Brennstoff durch eine planmäßige Luftbewegung im Brennraum zu verteilen.

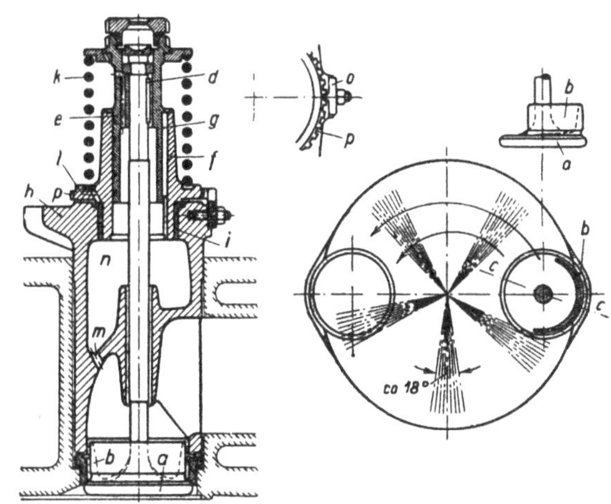

Bild 72. Einsaugventil mit Schirm nach Hesselman.

a = Ventilteller,	h = Ventilgehäuse,
b = Schirm,	i = Bronzebuchse,
c—c = Schirmachse,	k = Ventilfeder,
d = Federkeil zwischen	l = Schmierloch,
Ventilspindel und	m = Luftloch,
Hubstück,	n = Luftraum,
e = Hubstück,	q = Schloß,
f = Drehbare Buchse,	p = Verzahnung.
g = Federkeil zwischen	
Hubstück und Buchse,	

Für Viertaktmotoren hat Hesselman (1921) ein einfaches Mittel hierzu angegeben. Die Zahl der Brennstoffstrahlen ist durch die Ausführbarkeit der Düsenbohrungen begrenzt, und besonders bei kleinen und mittleren Zylindern kann man kaum mehr als fünf Strahlen ausführen, wenn man nicht zu feine Bohrungen erhalten will. Da der Kegelwinkel eines Strahles (wenn nicht Drallkörper angewendet werden), wie S. 18 erwähnt, nur etwa 18° beträgt, so bedecken die fünf Strahlen zusammen rd. ein Viertel der Projektion des kreisförmigen Brennraumquerschnittes (Bild 72). Um auch die zwischen den Strahlen liegende Luft mit diesen in Berührung zu bringen, erzeugt Hesselman eine Drehbewegung der Luft, indem er auf den Teller des Einsaugventiles a einen Schirm b setzt, der den Rand des Tellers zu einem Teil umfaßt und den Lufteinlaßquerschnitt einseitig abdeckt, wenn das Ventil öffnet. Dreht man die Ventilspindel so, daß die Schirmachse c—c einen Winkel mit dem durch die Schirmachse gehenden Zylinderradius bildet, so erhält die Luft beim Einströmen in den Zylinder eine Spiralbewegung, deren Tangentialkomponente um so größer ist, je mehr sich der Winkel 90° nähert. Nach Schluß des Einsaugventiles, beim Aufwärtsgang des Kolbens, behält die Luft einen Teil ihrer Drehbewegung bei; der andere Teil wird durch Reibung an der Zylinderwand, die mit der zunehmenden Verdichtung rasch wächst, aufgezehrt. In der oberen Totpunktlage, in welcher der Brennstoff eingespritzt wird, ist die Spiralbewegung der Luft in eine ebene drehende Bewegung übergegangen.

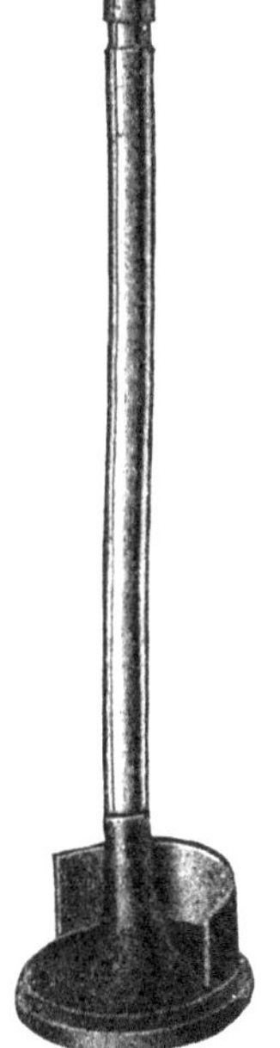

Bild 73. Schirmventil nach Hesselman. (Teller und Schirm aus einem Stück.)

Man kann den Schirm entweder mit dem Ventilteller aus einem Stück herstellen (Bild 73), indem man den Teller nach dem Schirmprofil abdreht und dann einen Teil des Schirmes wegfräst, oder den Schirm getrennt herstellen, wozu eine Buchse vom Profil des Schirmes angefertigt und in drei Teile von je 120° zerschnitten wird (Bild 74). Die erste Konstruktion ist gut, aber teuer; bei der zweiten muß der Schirm sorgfältig durch vernietete Versenkschrauben mit dem Teller verbunden werden, damit er sich im Betrieb nicht lockern kann.

Um die mit der Anordnung eines Schirmes unvermeidlich verbundene Drosselung der Luft während des Einsaughubes klein zu halten, beschränkt man die Länge des Schirmes in der Umfangsrichtung; 120° genügen (der Schirm in Bild 73 umfaßt 180°), doch kommt man auch mit 90° aus.

Hesselman[1] hat gefunden, daß die Größe der Drehgeschwindigkeit, welche die Brennraumluft während der Einspritzung hat, den Brennstoffverbrauch beeinflußt. Innerhalb eines gewissen Geschwindigkeitsbereiches ergibt sich ein günstigster Brennstoffverbrauch, der sich mit Zu- oder abnehmender Drehgeschwindigkeit verschlechtert. Hesselman erklärt dies dadurch, daß sich die günstigste Mischung dann ergibt, wenn die Winkelgeschwindigkeit der Luft so groß ist, daß während der Dauer der Einspritzung gerade ein zwischen zwei Strahlen liegender Sektor durchlaufen wird, denn dann gelangt jedes Luftteilchen einmal, aber auch nicht mehr als einmal, mit Brennstoff in Berührung. Genau kann dies natürlich nicht zutreffen, da sich die Luft nicht wie eine massive Scheibe, sondern mit von innen nach außen abnehmender Winkelgeschwindigkeit dreht, doch mit guter Annäherung wird die Angabe Hesselmans durch Messungen bestätigt.

Solche Messungen sind seither u. a. von Geiger[2] ausgeführt worden; Bild 75 zeigt einen Teil seiner Meßergebnisse. Die Kurve der Luftgeschwindigkeiten hat annähernd die Form einer Sinuslinie, deren unter- bzw. oberhalb der Nullinie liegender Teil sich auf eine Luftdrehung im einen oder anderen Sinn bezieht. Daß die Geschwindigkeitskurve nicht durch die Nullpunkte (0° bzw. 180° Schirmstellung) hindurchgeht, rührt daher, daß die Luft im waagerechten Teil des Einsaugkanales schon eine zusätzliche Tangentialkomponente erhalten hat. Die Linie des Brennstoffverbrauches verläuft über einen größeren Bereich der Schirmstellungen ziemlich flach; bei den Schirmstellungen 0° und 180° (bei denen die Luftgeschwindigkeit aber nicht null ist) hat sie je ein ausgeprägtes Maximum. Der höchste Brennstoffverbrauch beträgt 240, der niedrigste 168 g/PS$_e$h.

Da die dem günstigsten Brennstoffverbrauch entsprechende Schirmstellung nicht im voraus berechnet werden kann, so sieht man die Möglichkeit vor, den Ventilteller a (Bild 72) mit dem Schirm b während des Ganges der Maschine zu drehen. Hierzu ist das mit der Ventilspindel durch den Federkeil d verbundene Hubstück e in der drehbaren, axial unverschieblichen Buchse f so geführt, daß es bei einer Drehung von f mitgenommen wird, wozu zwischen Buchse und Hubstück ein zweiter Federkeil g angeordnet ist. Wird f gedreht, was während des Laufes der Maschine

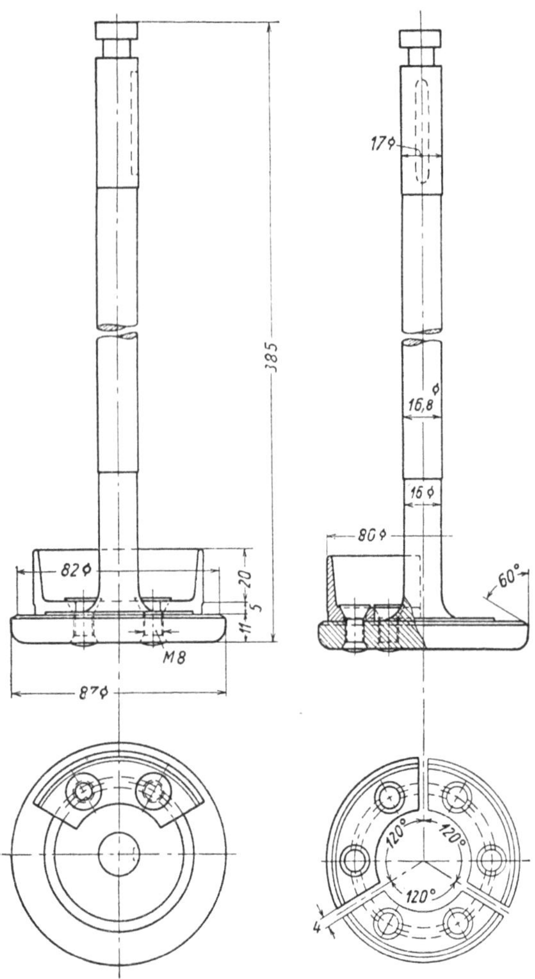

Bild 74. Schirmventil mit aufgenietetem Schirm.

geschehen kann, so folgt die Ventilspindel mit dem Schirm der Drehung. Damit die gußeiserne Buchse f nicht in dem ebenfalls aus Gußeisen hergestellten Ventilgehäuse h festrostet, ist dieses mit einer Bronzebuchse i versehen. Die Ventilfeder k drückt die Buchse f so gegen den oberen Rand von i, daß f sich nicht axial verschieben kann. Die Bohrung l dient zum Schmieren der Innenfläche der Bronzebuchse; m ist ein Luftloch, durch das sich der Luftdruck in dem allseitig geschlossenen, veränderlichen Raum n ausgleichen kann. Ist die durch den niedrigsten Brennstoffverbrauch gekennzeichnete günstigste Stellung der Schirmachse gefunden, so wird diese durch das Schloß o, das in die am Rand der Buchse f angebrachte Verzahnung p eingreift, in ihrer Stellung gesichert.

[1] Hesselman: HochdrucköImotor mit Einspritzung des Brennstoffes ohne Druckluft. Z.V.d.I. Bd. 67 (1923), S. 658.

[2] J. Geiger: Die Ermittlung des Brennstoffstoßdruckes bei Dieselmaschinen und seine Verteilung. Mitt. Forsch. Anst. GHH-Konzern Bd. 4 (1936), S. 239.

Es wurde schon gesagt, daß die Luft, wenn sie während des Einsaughubes den (meistens im Zylinderdeckel liegenden) waagerechten Teil des Einsaugkanales[1] durchströmt, hierbei eine Tangentialkomponente erhält, die unter Umständen genügt, um eine passende Drehbewegung der Luft während der Einspritzung hervorzurufen. In einem solchen Fall bedarf es keiner zusätzlichen konstruktiven Mittel zur Erzeugung des Luftdralles.

Verstärkt wird die drallerzeugende Wirkung der Einströmung, wenn man dem Einströmkanal nicht die vom klassischen Dieselmotor übernommene Form eines rechtwinklig gebogenen Knies gibt, sondern ihn mit gerader Achse ausführt (Bild 76) und diese so legt, daß der Kanal im Grundriß tangential in den Brennraum mündet. Dadurch kann auch ohne Wirbelschirm ein Drall erzeugt werden, der selbst für Schnelläufer von mehreren 1000 U/min genügt, wobei man zugleich eine gute Füllung des Zylinders mit Luft erhält, weil die Drosselwirkung des Schirmes, die bei den großen Luftgeschwindigkeiten stören würde, wegfällt.

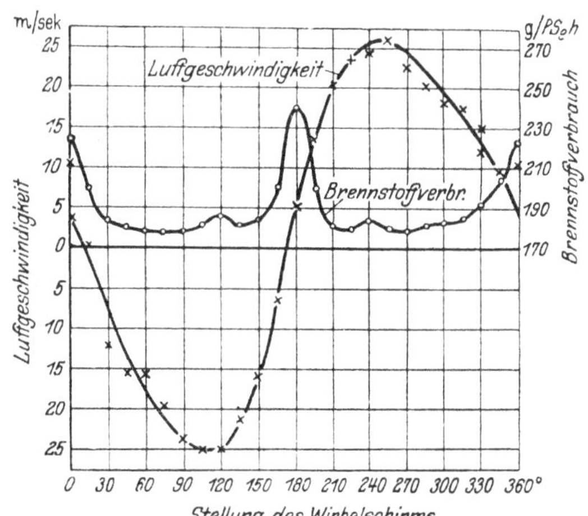

Bild 75. Luftgeschwindigkeit und Brennstoffverbrauch einer Viertaktmaschine mit Wirbelschirm, nach Geiger.

Luftgeschwindigkeit gemessen im Abstand 80 mm von der Zylinderachse; Vierlochdüse mit 0,45 mm Lochdurchmesser; 375 U/min.

Bei Zweitaktmaschinen ist es schwieriger als beim Viertakt, die Drehgeschwindigkeit der Luft einstellbar zu machen, weil Zweitaktmaschinen in der Mehrzahl mit vom Kolben gesteuerten Spülschlitzen gebaut werden und weil es zu verwickelten Bauarten führen würde, wenn man die Spülkanäle schwenkbar ausführen wollte. Man verzichtet daher in der Regel auf die Einstellbarkeit des Luftdralles und führt feststehende Spülkanäle aus, deren Mittellinien eine Neigung in tangentialer Richtung erhalten (Bild 90, S. 70). Die Auspuffschlitze werden ohne tangentiale Neigung ausgeführt.

Bei feststehenden Spülschlitzen und gegebener Eintrittsgeschwindigkeit der Spülluft, die durch den erforderlichen Spüldruck bestimmt wird, ist auch der Luftdrall gegeben; diesen kann man dann nicht mehr ändern, wohl aber kann man (freilich nicht in weiten Grenzen) die Zahl der Brennstoffstrahlen verschieden wählen und dadurch, nötigenfalls unter gleichzeitiger mäßiger Änderung des Spüldruckes, ein günstiges Mischungsverhältnis herstellen.

Übrigens kann man selbst dann, wenn die Spülschlitze ohne tangentiale Neigung, also symmetrisch zur Mittellinie des Spüllufteintrittes, ausgeführt werden, eine nicht unbeträchtliche Luftdrehung im Zylinder beobachten. Diese Erscheinung wirkt um so überraschender, als die Drehung bald in dem einen, bald im entgegengesetzten Drehsinn auftritt, ohne daß für die Änderung des Richtungssinnes ein Grund erkennbar wäre. Das erklärt sich[2] dadurch, daß eine völlige Symmetrie der Strömung nie zu erreichen ist; die geringe Unsymmetrie, die immer vorhanden ist, gibt der Luft einen Drall, den sie nicht wieder verliert. Unbedeutende Ablagerungen von Schmutz in den Spülkanälen können bald der einen, bald der anderen Hälfte des Spülstromes das Übergewicht geben, womit auch der Drehsinn wechselt.

Die Wirkung der Luftdrehung auf die Lage der Brennstoffstrahlen ist verhältnismäßig gering; die Strahlen

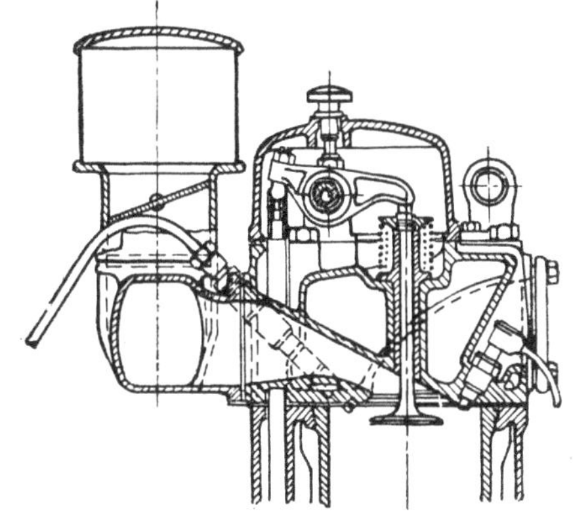

Bild 76. Einströmkanal des Hesselman-Niederdruckmotors.

behalten die Gestalt, die sie bei der Einspritzung annehmen, und ihre Lage im Brennraum noch eine Zeitlang nach der Beendigung der Einspritzung bei, ohne durch die senkrecht zu ihrer Achse

---

[1] Sofern die Achse des Kanales, was gewöhnlich zutrifft, die Zylinderachse nicht schneidet.
[2] Nach H. Föttinger.

gerichtete Luftströmung wesentlich abgelenkt zu werden. Das bestätigen die Spuren der Brennstoffstrahlen (Bild 77), die sich auf dem konischen Kolbenboden von Maschinen mit der Hesselman-Brennraumform (Bild 17 und 18, S. 20 und 21) abzeichnen; die Luftdrehung hat die Strahlen offenbar nur wenig aus ihrer durch die Düsenbohrung vorgezeichneten Richtung zu verdrängen vermocht. Eingehende Versuche über die Frage, wie weit die Luftbewegung einen Brennstoffstrahl aus seiner geraden Richtung ablenkt, haben Rothrock und Waldron[1] angestellt, die eine raschlaufende Zweitaktmaschine (5″ Zyl.-Dmr., 7″ Hub, 1500 U/min) benutzten, deren scheibenförmiger Brennraum mit Glasfenstern versehen war, durch die der Verbrennungsvorgang gefilmt werden konnte. Der Kolben trug einen Verdrängeraufsatz, der in verschiedenen Stellungen angebracht werden konnte und Luftwirbel verschiedener Art im Brennraum hervorrief. Mit Hilfe der Schlierenmethode gelang es, auch die Luftbewegung, jedoch nur im beweglichen Lichtbild, sichtbar zu machen. Die Geschwindigkeit der Luft betrug bis zu 130 m/sek; das Maximum der Geschwindigkeit lag bei 25 bis 33° Kurbelwinkel vor ob. Totpt., also vor der Kolbenstellung, in welcher der Brennstoffstrahl, dessen Einspritzbeginn bei 15 bis 20° vor ob. Totpt. lag, sich voll entwickelt hatte. Bei den Versuchen wurden Düsen verschiedener Bauart benutzt.

Die Versuche ergaben, daß selbst Luftgeschwindigkeiten bis zu 120 m/sek nicht imstande waren, den Kern des Brennstoffstrahles einer Einlochdüse von 0,5 mm Dmr. wesentlich aus seiner Richtung abzulenken oder gar ihn zu zerstreuen; erst bei höheren Luftgeschwindigkeiten erfuhr der Strahl eine stärkere Ablenkung (Bild 78). Bei schwächeren Brennstoffstrahlen (Teillast) war die Ablenkung ausgeprägter.

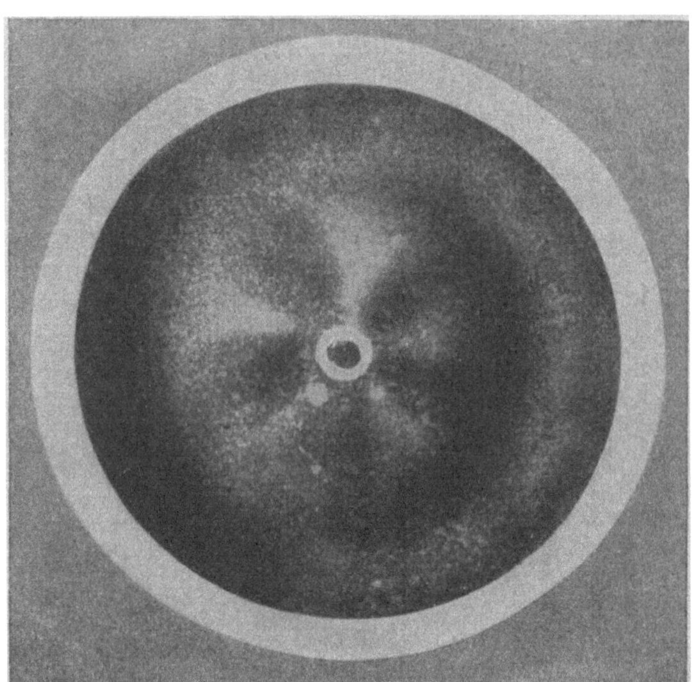

Bild 77. Spuren der Brennstoffstrahlen auf dem Kolbenboden eines Hesselman-Motors.

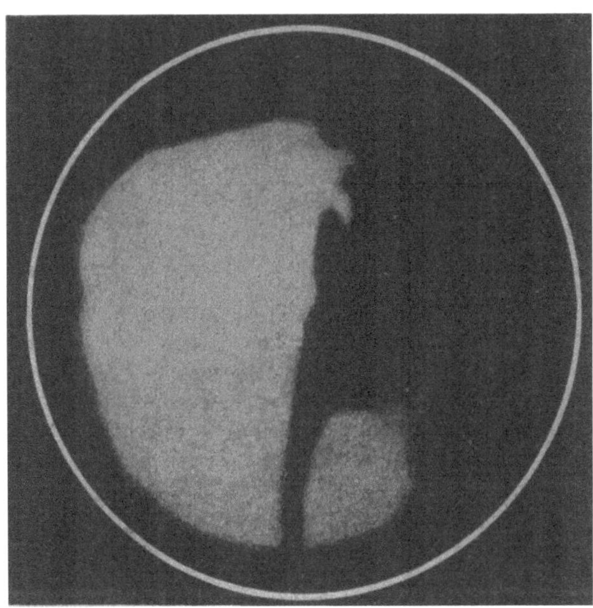

Bild 78. Ablenkung eines Brennstoffstrahles durch starke Querstromung der Brennraumluft.
(Nach Versuchen des N.A.C.A.)

[1] A. M. Rothrock und C. D. Waldron: Fuel Spray and Flame Formation in a Compression-Ignition Engine Employing Air Flow. N.A.C.A. Report Nr. 588. Washington, 1937.

Man wird sich demnach die gemischbildende Wirkung des Luftstromes so vorzustellen haben, daß die am Rand des Strahles zuerst auftretenden Verbrennungsprodukte vom Luftstrom fortgeblasen werden und darauf auch die dem Strahlkern näheren Tropfen frischen Sauerstoff erhalten, bis auch die Tropfen des Kernes verbrennen. Die weiter andauernde Luftbewegung verteilt die Flamme über den ganzen Brennraum, und die Verbrennung der größeren Tropfen nimmt noch einen beträchtlichen Teil des Ausdehnungshubes in Anspruch.

Zu der Luftdrehung, die durch die beschriebenen konstruktiven Mittel (Hesselman-Schirm, tangentialer Einsaugkanal, schräggestellte Spülschlitze) erzeugt wird, tritt noch eine weitere, radial (nach innen oder außen) gerichtete Luftströmung, die eine Folge der Verdrängerwirkung des Kolbens ist, im oberen Totpunkt null wird und dort ihre Richtung umkehrt. Wenn die in Richtung der Zylinderachse gemessene Höhe des Brennraumes von außen nach innen abnimmt, wie dies für Brennräume nach Bild 17, 18 und 20 zutrifft, dann drängt der konische Kolbenboden während des Verdichtungshubes die Luft von der Mitte nach außen; beim Ausdehnungshub muß sie in der entgegengesetzten Richtung strömen[1]. Beim Hohlkolben (vgl. z. B. Bild 23, 24, 25) liegen die Verhältnisse umgekehrt: bei der Aufwärtsbewegung tritt Radialströmung nach innen, bei Abwärtsgang nach außen auf. Für einen Flachkolben mit zylindrischer Vertiefung haben Pischinger und Cordier[2] die Strömung unter Annahme verschiedener Formen des Kolbenbodens untersucht; sie kommen zu dem Ergebnis, daß die Strömungsgeschwindigkeit um so größer wird, je kleiner das Verhältnis vom Durchmesser der Vertiefung zum Kolbendurchmesser, je kleiner das Hubverhältnis (Hub : Durchmesser) und je größer die Drehzahl ist. Die Verkleinerung des Abstandes zwischen Kolben und Zylinderdeckel im oberen Totpunkt wirkt im gleichen Sinn. Die Höchstgeschwindigkeit tritt bei etwa 10° vor bzw. nach oberem Totpunkt auf. Bei Schnelläufern mit kleiner und tiefer Mulde und kleinem Totpunktabstand des Kolbens können Radialströmungen erzeugt werden, deren Höchstwert die Größenordnung von 40 bis 50 m/sek erreicht. Bei Langsamläufern ist die Radialgeschwindigkeit kleiner; bei einem Brennraum, der oben und unten von ebenen Flächen begrenzt wird, ist sie null.

Spülung von Zweitaktmaschinen

Beim Zweitakt ist es weniger einfach als beim Viertakt, die für die Herstellung eines gleichmäßigen Brennstoffluftgemisches erforderliche Luftbewegung in der gewünschten Größe und Richtung herzustellen, weil dabei zugleich Rücksicht auf die Spülung des Arbeitszylinders genommen werden muß.

Während beim Viertaktverfahren eine volle Umdrehung für die Erneuerung der Luftladung zur Verfügung steht, muß diese beim Zweitaktmotor in wesentlich kürzerer Zeit bewirkt werden. Da beim Zweitakt sich an jeden Verbrennungshub sogleich die Verdichtung der neuen Luft für die nächste Verbrennung anschließt, muß die Entfernung der verbrannten Ladung und die Zuführung neuer Luft an das Ende des Verbrennungshubes und den Beginn des anschließenden Verdichtungshubes gelegt werden, also zu einer Zeit stattfinden, in welcher der Kolben durch den unteren Totpunkt geht. Erfahrungsgemäß beträgt die für den Gaswechsel erforderliche Zeit, in Kurbelgraden ausgedrückt, ungefähr 120°; es steht also beim Zweitakt für den ganzen Spülvorgang nur rd. ein Drittel der Zeit zur Verfügung, die der Viertakt hat. Bei einem langsamlaufenden Zweitaktmotor ($n =$ z. B. 120 U/min) muß die Spülung in etwa $^1/_6$ sek, bei einem Schnelläufer (z. B. 2000 U/min) in $^1/_{100}$ sek beendet sein. Die Kürze der Zeit erschwert die Lösung der Aufgabe beträchtlich.

Die Beschaffung der für die Spülung erforderlichen Frischluft bedingt einen gewissen Aufwand an Leistung, die vom Motor aufgebracht werden muß und seine Nutzleistung vermindert, daher so klein wie möglich gehalten wird. Das gilt auch für getrennt aufgestellte Gebläse, die für große Anlagen in Frage kommen und dann stets als Turbogebläse ausgeführt werden. In diesem Fall ist nicht der Leistungsbedarf des Gebläses an seiner Kupplung, sondern der gesamte zum Betrieb des Gebläses einschließlich der Übertragungsverluste aufgewendete Brennstoff als Mehrverbrauch

---

[1] Wenn der Hesselman-Kolben mit einem Kragen versehen ist (Bild 17 und 18), erzeugt dieser radiale Teilströmungen, die den vom konischen Teil des Kolbenbodens herrührenden jeweils entgegengerichtet sind.

[2] S. Unterschrift zu Bild 23, S. 23.

in Rechnung zu setzen. Der Leistungsbedarf des Gebläses hängt von der Spülluftmenge und dem Überdruck der Spülluft ab: beide sucht man daher möglichst klein zu halten. Der Überdruck der Spülluft braucht nicht größer zu sein, als zur Erzeugung der nötigen Geschwindigkeit der Spülluft in den Spülschlitzen und zur Überwindung des Widerstandes der Auspuffleitung erforderlich ist. Die Luftgeschwindigkeit soll nur gerade so groß sein, daß die Front der einzelnen Spülluftstrahlen in der für die Spülung zur Verfügung stehenden Zeit den durch die Richtung der Einlaßorgane und die Lage der Auslaßorgane vorgeschriebenen Weg im Zylinder gerade zurücklegt, damit ein Abströmen der Spülluft in die Auspuffleitung am Ende des Spülvorganges möglichst vermieden wird. Ein niedriger Spüldruck bedingt aber größere Einlaßquerschnitte für die Spülluft oder längeres Offenhalten der Einlaßquerschnitte; beides verursacht einen vermehrten Verlust an nutzbarem Kolbenhub, denn während des Spülvorganges leistet der Kolben keine nutzbare Arbeit. Zwischen den beiden sich widersprechenden Forderungen — große, lange offenstehende Querschnitte, damit ein niedriger Spüldruck genügt, kleine, kurzzeitig geöffnete Querschnitte, damit der Verlust an nutzbarem Kolbenhub gering wird — vermittelt die Erfahrung. Näheres über die Berechnung der Spül- und Auspuffquerschnitte s. S. 79.

Luftaufwand und Spülwirkungsgrad

Wenn es gelänge, mit einem einmaligen Fortschreiten der Spülluftfront auf ihrem Weg durch den Zylinder diesen vollständig von Abgasen zu reinigen, so müßte es möglich sein, mit einem Luftvolumen auszukommen, das gerade dem auszuspülenden Zylinderinhalt (Hubvolumen + Verdichtungsraum) entspricht. Das gelingt indessen nie; stets ist ein Überschuß an Spülluft erforderlich, den man möglichst klein zu halten sucht. Die Erfahrung hat gelehrt, daß die untere Grenze für den Aufwand an Spülluft, der bei zweckmäßiger Führung der Spülströme noch eine befriedigende Spülung gewährleistet, etwa das $1{,}35$—$1{,}4$fache des Hubvolumens V_h ist; auf dieses, nicht auf den ganzen auszuspülenden Raum, pflegt man der einfacheren Rechnung wegen den „Luftaufwand" l zu beziehen, der als das Verhältnis der aufgewendeten Spülluft V_o zum Hubraum V_h des Arbeitszylinders definiert wird[1]:

$$l = \frac{V_o}{V_h}.$$

Die meisten ausgeführten Zweitaktmaschinen arbeiten mit einem Luftaufwand, der in der Nähe von $1{,}4$ liegt. Größere Spülluftmengen verbessern die Spülung etwas, aber nicht erheblich, bedingen aber einen größeren Leistungsbedarf des Spülluftgebläses, der die Wirkung der verbesserten Spülung mindert oder aufhebt. Von $l > 1{,}6$ an wird der Luftaufwand unwirtschaftlich.

Am meisten interessiert die Frage, wie weit es gelingt, die Abgase aus dem Zylinder auszutreiben und diesen mit frischer Luft zu füllen. Als Maß hierfür hat P. Meyer den „Spülwirkungsgrad" eingeführt, den er mit η_s bezeichnet; dieser ist das Verhältnis des Rauminhaltes der bei Beginn der Verdichtung im Zylinder verbliebenen Spülluft L_1 zu dem gesamten Gasinhalt V_1 bei Beginn der Verdichtung. Ihn zu berechnen ist nicht möglich, da man nicht von vornherein weiß, wieviel von der Spülluft im Zylinder verbleibt und wie groß der durch die Auspuffschlitze verlorengehende Anteil ist. Dagegen könnte man η_s aus der Analyse des Zylinderinhaltes nach Beginn der Verdichtung und vor Eröffnung des Auspuffs ermitteln, wenn man die Sicherheit hätte, daß die dem Zylinder entnommenen Gasproben der mittleren Zusammensetzung des Gasinhaltes genau entsprechen. Das trifft zwar nicht zu, doch hat man derartige Untersuchungen wiederholt angestellt und dadurch wenigstens angenähert Aufschluß über die erreichbare Größe des Spülwirkungsgrades erhalten.

Bild 79 stellt schematisch die Änderungen dar, die der Inhalt des Arbeitszylinders zwischen dem Beginn der Verdichtung (Zustand „I") und dem Beginn des Auspuffs („II") erfährt. Im Beharrungszustand, der vorausgesetzt ist, wird dem Zylinder bei jedem Arbeitsspiel die von der Spülpumpe

---

[1] P. Meyer-Delft hat in einem Aufsatz „Grundlagen für die Untersuchung von Zweitaktmaschinen" (Z. V. d. I. Bd. 40 (1912), S. 1615) für die Einzelheiten des Spülvorganges Begriffe geprägt, die allgemein angenommen sind. Die nachstehenden Überlegungen stützen sich auf diese Abhandlung. Sie vereinfachen sich durch den Wegfall von Einblaseluft und Einspritzwasser.

gelieferte Spülluft L_0 zugeführt, von der ein unbekannter Teil L_3 unausgenutzt durch die Auspuffschlitze entweicht. In den Zylinder gelangt der größere Teil L_1; es wird angenommen, daß er aus trockenem Stickstoff und Sauerstoff besteht; der immer in L_0 vorhandene Wasserdampf wird vernachlässigt. Bevor die Verdichtung der im Zylinder bleibenden Spülluft beginnt, mischt sich ihr ein vom vorhergegangenen Arbeitsspiel übriggebliebener Gasrest R bei, der aus N, O, CO_2 und H_2O besteht, so daß bei I, wenn die Verdichtung beginnt, diese vier Gase im Zylinder enthalten sind.

Zwischen I und II ändert sich der Zylinderinhalt nur durch die Verbrennung des im oberen Totpunkt eingespritzten Brennstoffes vom Gewicht B, der in der Hauptsache aus Kohlenstoff und Wasserstoff besteht; die geringfügigen Beimengungen von S, O und N bleiben außer Betracht. Der Kohlenstoff absorbiert einen Teil des Sauerstoffes und verbrennt (bei vollständiger Verbrennung) zu CO_2, der Wasserstoff zu H_2O. Auf die Zwischenreaktionen (s. S. 120), die sich dabei abspielen, kommt es hier nicht an. Der Stickstoff bleibt gewichtsmäßig unverändert, aber sein verhältnismäßiger Raumanteil erscheint bei II verändert, weil nicht nur die Gaszusammensetzung bei II eine andere geworden ist, sondern auch das Volumen V_2, bezogen auf denselben Zustand (1 ata, 15° C), sich geändert hat, denn durch die Verbrennung des mit dem Brennstoff zugeführten Wasserstoffes ist eine doppelt so große Raummenge Wasserdampf (der hier gasförmig zu denken ist) entstanden, wie Sauerstoff dafür verbraucht ist. Die Verbrennung des Kohlenstoffes dagegen hat das Gasvolumen II absolut nicht geändert, da ebensoviele Raumteile Sauerstoff verschwunden wie Raumteile Kohlendioxyd entstanden sind. Im ganzen erscheinen also alle vier Gase bei II wieder, die bei I vorhanden waren, aber mit anderen Anteilen am Gesamtgemisch.

Um den Spülwirkungsgrad η_s zu bestimmen, entnimmt man dem Zylinder Gasproben bei I und II und analysiert sie, etwa im Orsat-Apparat. Die Gasanalyse habe ergeben:

bei I: p_1 Raum-% N, q_1 Raum-% O, r_1 Raum-% CO_2,
bei II: p_2 Raum-% N, q_2 Raum-% O, r_2 Raum-% CO_2.

Das Gesamtvolumen der Gasmischung bei I war mit V_1, das bei II mit V_2 bezeichnet. Aus dem Ergebnis der Gasanalyse darf aber nicht gefolgert werden, daß z. B. der N-Gehalt in V_1 gleich $p_1 \cdot V_1$ sei; dies wäre falsch, denn bei der Gasanalyse werden nur die Raumprozente O und CO_2 ermittelt, den von 100 Raum-% übrigbleibenden Rest sieht man als Stickstoff an, und der Wasserdampf tritt, obwohl er vorhanden ist, nicht in Erscheinung. Das liegt daran, daß die Gasanalyse nur die Raumprozente des trocken gedachten Gases ermittelt, denn wenn bei der Analyse einer der Bestandteile durch das Reaktionsmittel absorbiert wird, so schlägt sich, wenn das Gas bei der Analyse (wie dies meist zutrifft) mit Feuchtigkeit gesättigt ist, ein prozentual gleicher Teil des Wasserdampfes nieder und verschwindet. Daher ergibt die Analyse die Zusammensetzung der trockenen Gasmischung[1]. Der Rauminhalt des Wasserdampfes muß hinzugezählt werden; er läßt sich, soweit er aus der Verbrennung des H entstanden ist, aus der Brennstoffanalyse berechnen. Enthält der Brennstoff z. B. 85 Gew.-% C und 15 Gew.-% H, so ist das Raumverhältnis der bei der Verbrennung gebildeten Kohlensäure und des Wasserdampfes:

$$CO_2 : H_2O = \frac{85}{12} : \frac{15}{2} = 7{,}08 : 7{,}50 ;$$

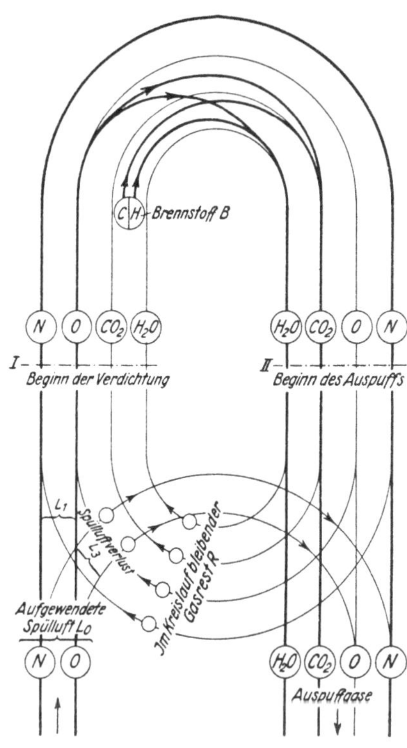

Bild 79. Schematische Darstellung der Änderung des Gasinhaltes eines Zweitaktzylinders nach P. Meyer.

---

[1] A. Gramberg: Technische Messungen bei Maschinenuntersuchungen und zur Betriebskontrolle. 6. Aufl. Berlin: Springer-Verlag 1933.

also $H_2O = 1{,}06\, CO_2$. Es entstehen bei der Verbrennung etwa gleich große Raumteile Kohlendioxyd und Wasserdampf. Der einfacheren Darstellung wegen ist der Wert 1,06 im folgenden beibehalten worden; bei anderer Brennstoffzusammensetzung ändert er sich.

Die wirkliche Zusammensetzung des Zylinderinhaltes wird somit

bei I: p_1 Raum % N, q_1 Raum-% O, r_1 Raum-% CO_2, $1{,}06\, r_1$ Raum-% H_2O,
bei II: p_2 Raum-% N, q_2 Raum-% O, r_2 Raum-% CO_2, $1{,}06\, r_2$ Raum-% H_2O.

Diese Raumprozente dürfen, wie erwähnt, nicht auf die wirklichen Volumina V_1 und V_2 bezogen werden, weil p_1, q_1, r_1 bzw. p_2, q_2, r_2 zusammen schon je 100% ausmachen, sondern man muß sie auf gedachte **kleinere** Volumina v_1 und v_2 beziehen, die sich ergeben, wenn man die wirklichen Volumina V_1 und V_2 durch die Summe der Analysen-Prozente einschließlich des Wasserdampfanteiles dividiert. Die Definitionsgleichungen für v_1 und v_2 sind also:

$$V_1 = v_1\,(p_1 + q_1 + r_1 + 1{,}06\, r_1),$$
$$V_2 = v_2\,(p_2 + q_2 + r_2 + 1{,}06\, r_2).$$

Die Klammerausdrücke werden größer als 1; sie sind das reziproke Maß für die Verkleinerung, die V_1 und V_2 erfahren müssen (auf v_1, v_2), damit die Produkte $v_1 p_1$, $v_1 q_1 \ldots v_2 p_2 \ldots$ die wirklichen Raumteile des betreffenden Gases in V_1 bzw. V_2 angeben. Die absolute Größe von V_1, V_2, v_1 und v_2 braucht man für die Ermittlung des Spülwirkungsgrades η_s nicht zu kennen; nur ihre Verhältniszahlen $V_1 : v_1$ und $V_2 : v_2$ müssen bestimmt werden.

Der Spülwirkungsgrad ist das Verhältnis des Rauminhaltes der bei Beginn der Verdichtung im Zylinder verbliebenen Spülluft L_1 zum Volumen V_1:

$$\eta_s = \frac{L_1}{V_1}.$$

Ferner ist $L_1 = V_1 - R$, wenn R der im Kreislauf bleibende Gasrest ist. Dieser kann aus der Überlegung gefunden werden, daß der in V_1 enthaltene Raumteil CO_2, $r_1 v_1$, ganz aus dem Gasrest stammen muß und daß die Bestandteile des Gasrestes in dem gleichen Verhältnis zueinander stehen wie die von V_2. Man erhält daher R, indem man V_2 im Verhältnis $r_1 v_1 : r_2 v_2$ verkleinert:

$$R = V_2 \cdot \frac{r_1 v_1}{r_2 v_2}.$$

Also wird

$$\eta_s = \frac{V_1 - V_2 \cdot \dfrac{r_1 v_1}{r_2 v_2}}{V_1}$$

$$= 1 - \frac{V_2}{V_1} \cdot \frac{r_1 v_1}{r_2 v_2}$$

$$= 1 - \frac{r_1\,(p_2 + q_2 + 2{,}06\, r_2)}{r_2\,(p_1 + q_1 + 2{,}06\, r_1)}.$$

Zur Bestimmung des Spülwirkungsgrades ist somit nur die Kenntnis der Bestandteile des Zylinderinhaltes bei I und II und der Zusammensetzung des Brennstoffes nötig.

Messungen des Spülwirkungsgrades sind von verschiedenen Forschern vorgenommen worden; sie haben übereinstimmend ergeben, daß ein Spülwirkungsgrad 1,0 auch bei sehr großem Luftaufwand nicht erreichbar ist. Immer bleibt ein mehr oder weniger großer Abgasrest vom vorhergehenden Arbeitsspiel im Zylinder und verschlechtert die Ladung. Wie groß dieser Rest ist, wie weit also der Spülwirkungsgrad bei den einzelnen Spülformen unter 1,0 sinkt, ist genau zu messen nicht möglich, weil nie die Gewähr gegeben ist, daß die dem Zylinder entnommenen Gasproben der wirklichen Zusammensetzung des Zylinderinhaltes entsprechen. Selbst wenn man eine größere Zahl von Entnahmestellen vorsieht und Mittelwerte aus den Einzelmessungen bildet, ist das Ergebnis unzuverlässig, weil die Entnahmestellen nur am Außenumfang angeordnet sein können und die entnommenen Gasproben keinen sicheren Schluß auf die Gaszusammensetzung im Zylinderinneren erlauben. Das an der Zylinderwand haftende Schmieröl, von dem stets ein Teil mit verbrennt, kann ebenfalls die Veranlassung zu einer Fälschung des Meßergebnisses sein. Die Nähe der verhältnismäßig kalten Zylinderwand kann den Ablauf der Verbrennung, die während des Abwärtsganges des Kolbens andauert, beeinflussen. Auch der Verlauf der Strömung, der bei den einzelnen Spülformen verschieden ist, kann eine Entmischung des Zylinderinhaltes in dem Sinn verursachen, daß die kühlere und darum schwerere Spülluft sich gegen die Zylinderwand legt, während die heißeren Abgase in die Nähe der Zylinderachse gedrängt werden. Dies gilt z. B. für die mit Luftdrehung arbeitende Gleichstromspülung (Bild 103), bei der K. Neumann an einer Junkers-Gegenkolbenmaschine von 8 PS und 1000 U/min Spülwirkungsgrade von 91 bis 95% gemessen hat[1]. List und Jendrassik haben darauf hingewiesen, daß diese Wirkungsgrade unwahrscheinlich hoch sind[2], wenn auch die Gleichstromspülung mit ihrer einfachen Luftführung zu den besten Spülformen zählt. Dasselbe gilt für die Umkehrspülung (Bild 97), bei welcher die aus frischer Spülluft bestehende Kernströmung (das sind die Stromfäden größter kinetischer Energie) in der Nähe der Zylinderwand verläuft, während in der Mitte eine Zone verbleibt, die sich der Messung entzieht. An einer Querspülung hat Lindner Spülwirkungsgrade von 90% gemessen[3], ebenfalls ein hoher Wert, den Lindner wegen der starken Streuung der an den einzelnen Stellen entnommenen Gasproben als nicht ganz zuverlässig bezeichnet. Niedriger liegen die η_s-Werte, die Lutz und Noeggerath an einer Querspülung der Germaniawerft (Bild 91) gefunden haben[4]; sie erreichen bei einem Luftaufwand von 1,4 bis 1,6 80%, streuen aber erheblich. Bei Zweitaktmaschinen mit Aufladung kann der Spülwirkungsgrad Werte über 90% erreichen, weil die Aufladeluft den Gasrest weiter verdünnt. Im ganzen ist der am Modell gemessene Spülwirkungsgrad kein ganz zuverlässiger Maßstab für die Güte einer Spülung.

Die Brauchbarkeit einer Spülform wird man daher in erster Linie nach dem Brennstoffverbrauch und der Leistung beurteilen, die mit der Spülung erreichbar sind. Freilich hängen beide nicht nur von dem Reinheitsgrad der Zylinderladung ab, sondern von einer Reihe weiterer Faktoren, insbesondere der Zerstäubung des Brennstoffes und seiner Mischung mit der Verbrennungsluft, aber auch von dem Zeitpunkt des Einspritzens, der Vermeidung des Nachtropfens und dem mechanischen Wirkungsgrad der Maschine, so daß es schwierig ist, in den im Prüffeld gemessenen Werten von Brennstoffverbrauch und Leistung den Einfluß der Spülung zu erkennen. Eine weitere Möglichkeit zur Beurteilung der Güte einer Spülung gibt die Beobachtung der Spülströmung im Zylinder, wofür in den letzten Jahren brauchbare Modellverfahren ausgearbeitet worden sind. Wenn das Strömungsbild, der Brennstoffverbrauch und die bei sauberem Auspuff erreichbare Leistung befriedigen, dann wird man annehmen dürfen, daß auch der Spülwirkungsgrad nicht mehr nennenswert verbessert werden kann.

Strömungsbilder von Spülformen[5]

Die Gestalt des Weges, den die Spülluft durch den Zylinder nimmt, hängt hauptsächlich von der Richtung ab, die sie durch die Einlaßorgane erhält, und von der Lage der Auslaßorgane relativ zu jenen. Der Weg kann ferner durch andere konstruktive Maßnahmen beeinflußt werden, wie Ablenkflächen am Kolben, Leitflächen in den Spülkanälen, Zusammenwirken mehrerer Teilströme zu einem Strom resultierender Richtung, Absaugeöffnungen und andere. Wie der Spülstrom unter den jeweils vorliegenden Bedingungen wirklich verläuft, ist nicht immer von vornherein erkennbar. Der Mangel an Kenntnissen auf dem Gebiet der Strömungslehre ist, wie die

[1] K. Neumann: Untersuchungen an der Dieselmaschine. Der Spül- und Ladevorgang bei Zweitaktmaschinen. VDI-Forschungsheft Nr. 334, 1930. Auszugsweise in Z.V.d.I. Bd. 74 (1930), S. 1109.

[2] Z.V.d.I. Bd. 74 (1930), S. 1724.

[3] W. Lindner: Untersuchungen über den Spülvorgang an Zweitaktmaschinen. VDI-Forschungsheft Nr. 363, 1933.

[4] O. Lutz und W. Noeggerath: Spülvorgang bei Zweitaktmaschinen. Deutsche Kraftfahrforschung Heft 23, Berlin 1939.

[5] Die meisten Strömungsbilder, die in diesem Abschnitt gebracht werden, insbesondere alle nach dem Metaldehyd-flocken-Verfahren aufgenommenen, sind im Institut für Technische Strömungsforschung an der Technischen Hochschule Berlin hergestellt worden. Dem Leiter des Instituts, Prof. H. Föttinger († 1945), mit dem der Verfasser schon früher manche Spülversuche gemeinsam durchführen konnte, und seinem Mitarbeiter, Prof. R. Wille, dankt der Verfasser auch an dieser Stelle für die Überlassung der Bilder und für viele wertvolle Mitteilungen, auf denen die Darstellungen dieses Abschnittes im wesentlichen beruhen.

Patentliteratur zeigt, schon wiederholt die Ursache gewesen, daß Strömungsbilder erfunden wurden, die sich nicht verwirklichen ließen. Ein Beispiel ist die „zentrale Umkehrspülung" (Bild 80), bei der die Auspuffschlitze A über den Spülschlitzen S angeordnet sind, beide den ganzen Zylinderumfang einnehmen und die Strömung den in Bild 80 angedeuteten Weg nehmen soll. Sie tut dies nicht, weil die Voraussetzung — mathematisch genaue Kreissymmetrie in der Zu- und Abströmung — nicht verwirklicht werden kann; die kleinste Abweichung, z. B. geringfügige Verschmutzung eines Schlitzes, veranlaßt den Strom, sich an irgendeiner Stelle gegen die Zylinderwand zu legen. Ein regelloser Strömungsverlauf ist die Folge.

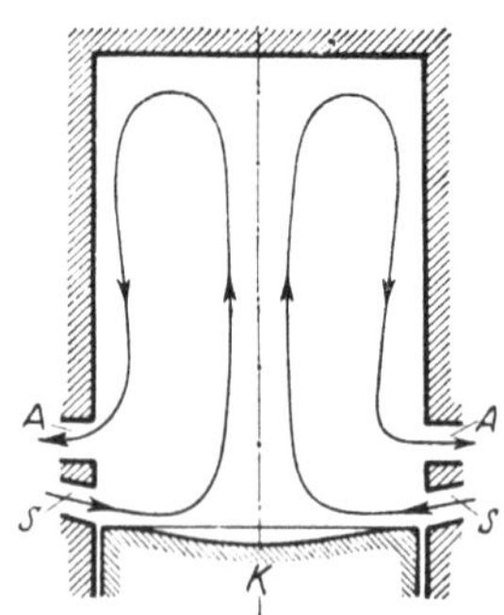

Bild 80. Schema der (nicht ausführbaren) zentralen Umkehrspülung.
S = Spülschlitze,
A = Auspuffschlitze,
K = Kolben.

Der Modellversuch zur Ermittlung des Strömungsbildes. Für die Sichtbarmachung des Spülstromes ist man auf den Modellversuch angewiesen, weil sich der Spülstrom in der laufenden Maschine der Beobachtung entzieht. In der Maschine kann man allenfalls durch am Brennraum angebrachte Quarzfenster die Ausbreitung der Flamme im Bild festhalten, nicht aber den Spülstrom, der hinter dem doppelwandigen Zylindermantel der Beobachtung unzugänglich ist. Will man den Spülstrom verfolgen, so muß man ein dem auszuführenden Zylinder ähnliches Modell bauen, in welchem die Strömung beobachtet und im Lichtbild festgehalten werden kann. Auf diesem Sondergebiet hat man in den letzten Jahren erhebliche Fortschritte gemacht und Mittel zur Erforschung der Spülströmung geschaffen, die dem Konstrukteur in der Entwicklungszeit des Dieselmotors nicht zur Verfügung standen. So ist die Aufklärung über den wirklichen Strömungsverlauf bei manchen Spülformen erst gekommen, nachdem diese schon jahrelang in der Praxis benutzt worden waren. Dadurch sind manche irrigen Anschauungen berichtigt worden, und die Sicherheit beim Entwurf der Spülung neuer Zweitaktbauarten hat zugenommen.

Bei den Modellversuchen ist von dem Reynoldsschen Ähnlichkeitsgesetz auszugehen, welches aussagt, daß am Modell und in der Wirklichkeit dann geometrisch ähnliche Strömungsformen auftreten, wenn in beiden Fällen die Reynoldssche Kennziffer $Re = \dfrac{v \cdot d}{v}$ gleich ist. In dieser Formel bedeutet v eine kennzeichnende Geschwindigkeit, z. B. die Geschwindigkeit der Spülluft in den Spülkanälen, d ein kennzeichnendes Längenmaß des durchströmten Körpers, z. B. den Zylinderdurchmesser, und v die kinematische Zähigkeit[1] des strömenden Mediums. Arbeitet man nur mit Luft von Raumtemperatur, was für Spülversuche das Gegebene ist, so kommt es für den Vergleich von Modell und Wirklichkeit nur auf das Produkt $v \cdot d$ an. Das ist für die Untersuchung der Strömung kleiner Maschinenzylinder günstig; man kann das Modell z. B. fünffach linear vergrößern und braucht dann nur mit $^1/_5$ der natürlichen Spülluftgeschwindigkeit und $^1/_5$ der Kolbengeschwindigkeit zu arbeiten, was die Verfolgung des Strömungsablaufes durch Filmaufnahmen erleichtert. Schwierig wird die Untersuchung der Strömung in großen Zylindern: bei gleichen Abmessungen von Zylinder und Modell muß auch die Strömungsgeschwindigkeit im Modell gleich der im Zylinder sein, also 80 bis 100 m/sek betragen, was die Lichtbildaufnahme erschwert. Auch die Beschaffung der erforderlichen Spülluftmenge wird schwierig. Man wird dann gezwungen sein, Abweichungen vom Ähnlichkeitsgesetz zuzulassen, die indessen die Übertragbarkeit der Ergebnisse des Modellversuches auf die Wirklichkeit noch nicht unzulässig beeinflussen[2].

Als strömendes Mittel ist Luft für den Modellversuch am besten geeignet, doch ist auch Wasser bei ebenen Spülströmungen, z. B. der Umkehrspülung, verwendbar, nur muß dann berücksichtigt werden, daß das Wasser eine kleinere kinematische Zähigkeit als Luft hat[3]. Bei 20° C ist die

---

[1] Vgl. S. 10.

[2] W. Maier und O. Lutz: Untersuchungen über die Spülung von Zweitaktmotoren. IV: Ebene dynamische Untersuchungen. Berichte aus dem Laboratorium für Verbrennungskraftmaschinen der Technischen Hochschule Stuttgart, Heft 2, 1933.

[3] Die kinematische Zähigkeit beträgt bei

	Luft	Wasser	
0° C	0,137	0,01792	cm²/sek,
20° C	0,161	0,01004	„ „

Die kinematische Zähigkeit der Luft wächst mit zunehmender Temperatur, während die des Wassers abnimmt.

kinematische Zähigkeit der Luft 16mal größer als die des Wassers, also müssen bei Verwendung von Wasser bei gleichen Längenabmessungen 16mal kleinere Geschwindigkeiten angewendet werden, wenn die Reynoldssche Kennziffer genau eingehalten werden soll. Im allgemeinen wird man es vorziehen, die Modellversuche mit Luft zu machen, die auch dreidimensionale Strömungen darzustellen erlaubt, was mit Wasser weit schwieriger zu erreichen und nach Wissen des Verfassers bis jetzt nicht versucht worden ist.

Die Bewegung des Kolbens muß in der Maschine und im Modell ähnlich verlaufen, wenigstens im unteren Teil des Kolbenhubes, soweit die Spül- und Auspuffschlitze reichen. Das Kurbelgetriebe ist nicht verwendbar, weil der hohe Verdichtungsdruck des wirklichen Zylinders im Glasmodell nicht herstellbar ist. Man hilft sich, indem man das den Kolben bewegende Getriebe so baut, daß die Bewegung vom unteren Totpunkt bis zum Überdecken der Auspuffschlitze ähnlich wird, der Kolben aber stillsteht, wenn er die Auspuffschlitze abgedeckt hat. Durch eine z. B. durch einen Elektromotor angetriebene Kurvenscheibe a (Bild 81), Winkelhebel b und Schubstange c ist dies leicht zu erreichen. Dasselbe leistet das von Kluge, von Sanden und Spannhake angegebene Rastgetriebe[1], das auch für hohe Drehzahlen verwendbar ist.

Die Spülströme werden im Modell dadurch sichtbar gemacht, daß man dem Luftstrom leichte Körper beimischt, deren Bahnen mit dem Auge verfolgt oder auf dem Film festgehalten werden können. Man hat viele verschiedene Körper probiert, ehe diese scheinbar einfache Aufgabe gelöst war: Rauch von Tabak oder schwelenden Stoffen, der indessen zerflattert und Einzelheiten der Strömung nicht erkennen läßt, auch die Glaswand von innen beschlägt, ferner Korkmehl, Sägespäne, Funken von Feuerwerkskörpern, Bärlappsamen und anderes. Kluge, von Sanden und Spannhake haben mit kleingeschrotetem Zellenleim Erfolge gehabt; Lindner hat mit feingemahlenem Magnesiumoxyd gearbeitet. Sehr Gutes leistet das von R. Wille angegebene Verfahren[2], das in der Verwendung von Metaldehydflocken besteht, einem sehr feinen künstlichen Schnee, der dem Spülstrom vor Eintritt in den Modellzylinder beigemischt wird und infolge seiner großen Oberfläche und des geringen spezifischen Gewichtes kleinste Abweichungen von den Luftbahnen ergibt. Läßt man das Licht von Bogenlampen durch einen schmalen Spalt in den Zylinderraum fallen, so wird nur ein dünner, ebener Schnitt beleuchtet, und der Ablauf des Spülvorganges kann im Normal- oder Zeitlupentempo gefilmt werden („Lichtschnittverfahren")[3].

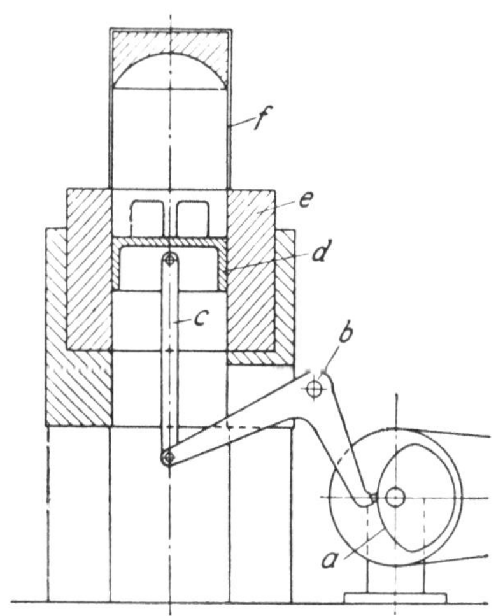

Bild 81.
Spülmodell mit beweglichem Kolben nach Föttinger.
a = Kurvenscheibe, d = Kolben,
b = Winkelhebel, e = Holzmodell mit Schlitzen,
c = Schubstange, f = Glaszylinder.

Eine Reihe[4] der im folgenden wiedergegebenen Strömungsbilder ist nach diesem Verfahren aufgenommen worden; Bild 82 zeigt die dabei benutzte Versuchsanordnung, die für Zylinder mit Kurbelkastenspülpumpe gebraucht wurde. Der Glaszylinder a mit dem die Spülkanäle enthaltenden auswechselbaren Unterteil b sitzt unmittelbar über dem als Spülpumpe dienenden Kurbelgehäuse c. Oberhalb des Zylinderdeckels ist ein Druckluftbehälter d angeordnet, aus dem während des Abwärtsganges des Kolbens e eine von einem Schieber gesteuerte Druckluftmenge in den Zylinder übertreten kann. Dadurch entsteht beim Öffnen der Auslaßschlitze eine Strömung, die der Auspuffströmung in der zündenden Maschine ungefähr entspricht. Zwei Bogenlampen f mit Kondensorlinsen werfen ihr Licht durch gegen-

---

[1] H. Kluge, K. von Sanden und W. Spannhake: Einrichtung für die Untersuchung des Spülvorganges in kleinen Zweitakt-Schnelläuferzylindern. Kraftfahrtechnische Forschungsarbeiten Heft 7, 1937.

[2] H. Föttinger: Über einige Forschungsarbeiten aus dem Gebiete der Strömungslehre und ihrer Anwendungen. Jahrb. Schiffbautechn. Ges. Bd. 39 (1938), S. 240.

[3] R. Wille: Neuere Untersuchungen über die Spülströmung bei schlitzgesteuerten Zweitaktverbrennungskraftmaschinen. Automobiltechn. Zeitschr. Bd. 44 (1941), S. 112.

[4] Bild 84, 86, 88, 93, 95 und 102.

überliegende Spalte in einem Lichttunnel in das Zylinderinnere, in dem sie die Mittelebene beleuchten. Senkrecht zu dieser ist die Filmkamera g angeordnet. Vor der Aufnahme werden der Spülluft die Metaldehydflocken durch den Flockenerzeuger h beigemischt. Der Elektromotor i treibt den Kolben mit der durch das Ähnlichkeitsgesetz vorgeschriebenen Drehzahl an.

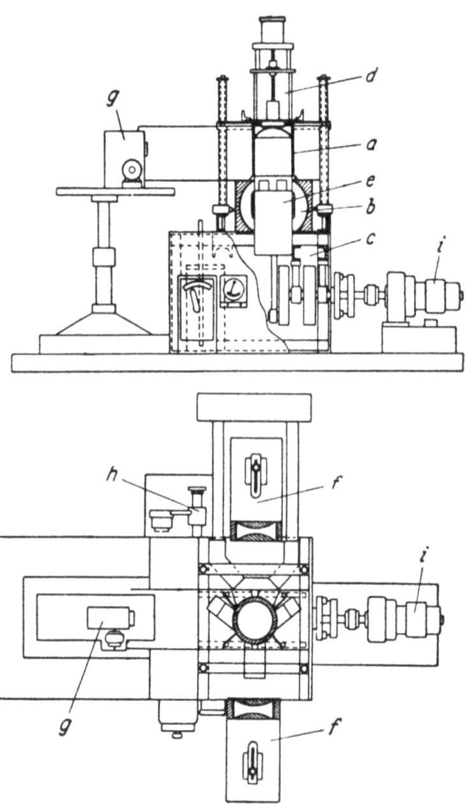

Bild 82. Versuchsanordnung zur Sichtbarmachung der Spülströmung im Modell nach Wille.

a = Glaszylinder,
b = Zylinderunterteil mit Spülkanälen,
c = Kurbelgehäuse,
d = Druckluftbehälter,
e = Kolben,
f = Bogenlampen,
g = Filmkamera,
h = Flockenerzeuger,
i = Antriebsmotor

Die wichtigsten Spülformen. Der Weg, den die Spülluft während des Spülvorganges durch den Zylinder nimmt, hängt in erster Linie von der Lage der Ein- und Auslaßorgane zueinander und von der Richtung ab, welche die Spülluft durch die Einlaßorgane erhält. Bei der baulichen Durchbildung der Spülung stehen dem Konstrukteur viele Möglichkeiten offen, und daher ist die Zahl der Zweitaktspülformen, die man im Lauf der Jahre ersonnen hat (von denen freilich nur ein kleiner Teil Erfolg gehabt hat), beträchtlich. Hier sind nur die wichtigsten Spülformen beschrieben, die gegenwärtig ausgeführt werden; dabei ist auch der eine oder andere Vorläufer erwähnt, soweit die Entwicklung durch ihn beeinflußt worden ist.

Als Steuerorgane für den Ein- und Auslaß kommen für den Dieselmotor in der Hauptsache zwei in Frage: das Ventil und der durch den Arbeitskolben gesteuerte Schlitz, nachdem man den dem Vorbild der Dampfmaschine entlehnten Schieber, den Lenoir (1860) bei seiner „Feuermaschine" benutzt hatte und der auch von Otto (1878) bei seiner ersten Viertakt-Gasmaschine verwendet worden war, wegen der Schwierigkeit, ein Dichthalten bei den hohen Temperaturen zu erreichen, wieder aufgegeben hat. Heute überwiegt die Schlitzsteuerung durch den Arbeitskolben (die auch eine Art Schiebersteuerung ist) wegen ihrer konstruktiven

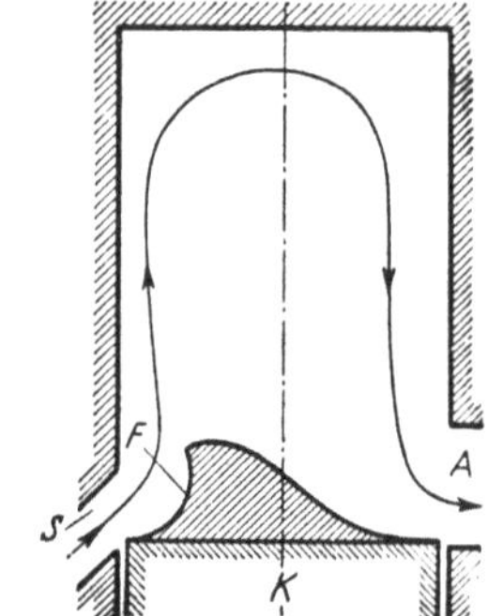

Bild 83. Schema der Querspulung mit Ablenker am Kolben.

S = Spulschlitze,
A = Auspuffschlitze,
K = Kolben,
F = Ablenkerfläche.

Einfachheit die Ventilsteuerungen. Andererseits hat das Ventil hinsichtlich seiner Bedeutung als Steuerorgan für Zweitaktdieselmaschinen eine beachtenswerte Wandlung durchgemacht: die ältesten, von Gebr. Sulzer und der Maschinenfabrik Augsburg-Nürnberg gebauten umsteuerbaren Schiffsdieselmaschinen (1905) hatten Spülventile und Auspuffschlitze[1]; auch die von der Fried. Krupp Germaniawerft früher gebauten Zweitakt-Unterseebootsmotoren waren mit Spülventilen im Zylinderdeckel versehen. Das ermöglichte zwar eine gute Spülung mit gleichgerichteter Strömung (Gleichstromspülung), ergab aber Schwierigkeiten mit den Zylinderdeckeln, deren zerklüftete Konstruktion den Wärmebeanspruchungen damals nicht gewachsen war. Dieselben Erfahrungen machte man bei den 1910 begonnenen, von der MAN und der Germaniawerft gebauten 12 000pferdigen doppeltwirkenden Zweitaktmaschinen[2]. So gab man das Spülventil wieder auf, und eine Zeitlang hat die Schlitzsteuerung durch den Arbeitskolben allein das Feld beherrscht. Neuerdings ist das Ventil wieder in Aufnahme gekommen, jetzt aber nicht mehr als Einlaß für die Spülluft, sondern als Auslaß

---

[1] Werft-Reederei-Hafen Bd. 22 (1941), S. 26.
[2] W. Laudahn: Die Entwicklung der Germania-Großölmaschine. Z.V.d.I. Bd. 68 (1924), S. 1171.

für den Auspuff. Das ist nur möglich geworden, nachdem man Werkstoffe gefunden hatte, welche die hohen Beanspruchungen durch die auftretenden Kräfte und Temperaturen aushalten, und gelernt hatte, die Zylinderdeckel so zu konstruieren, daß sie beiden Beanspruchungen gewachsen sind. Bei der einfachwirkenden Zweitaktmaschine von Burmeister & Wain (Bild 106) tritt die

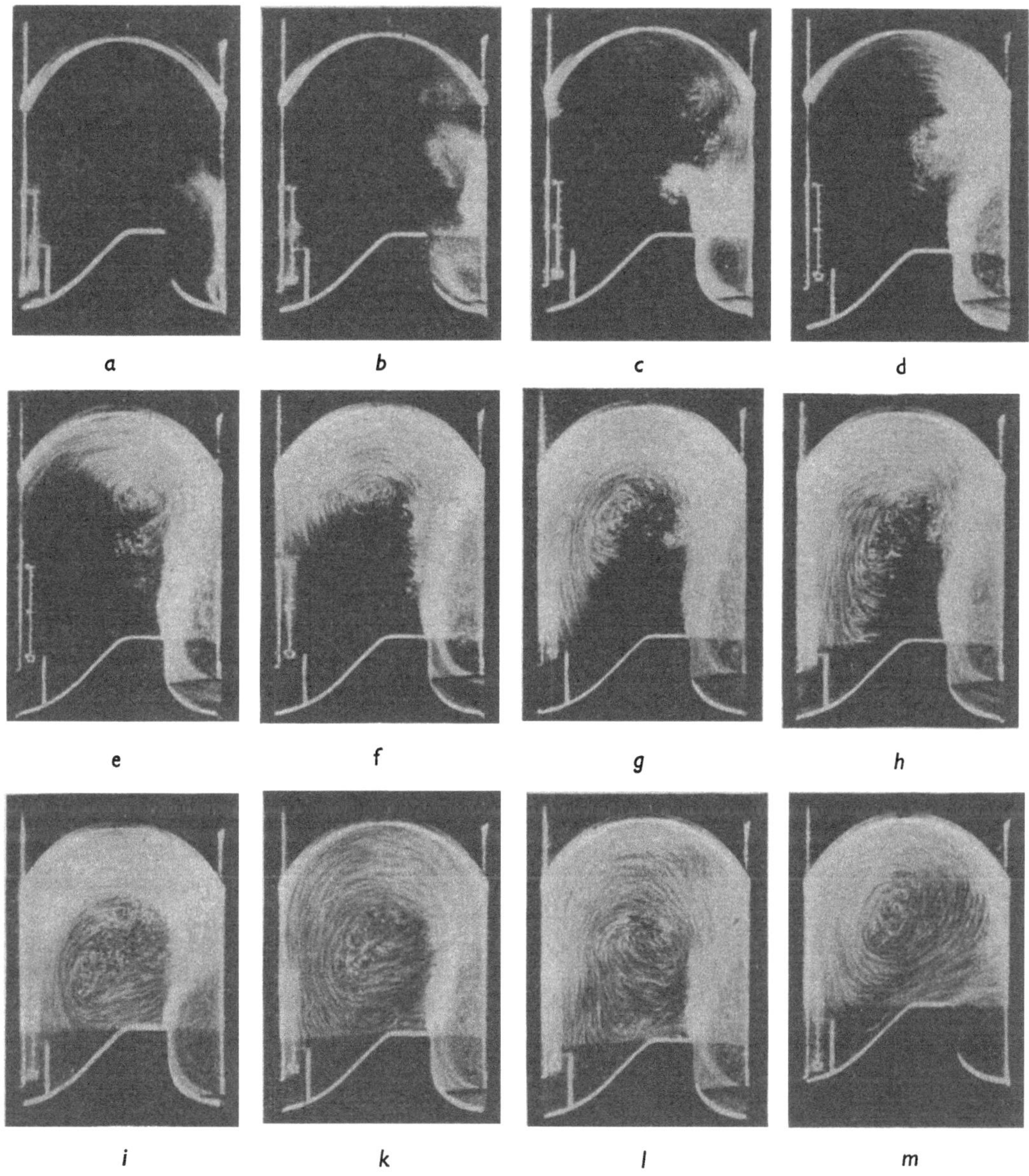

Bild 84. Querspülung mit Ablenkerfläche am Kolben.
Ebenes Zylindermodell; rechts Eintritt, links Austritt der Spülluft; bewegter Kolben. Aufnahme von R. Wille.

Spülluft durch eine den ganzen Zylinderumfang einnehmende, vom Kolben gesteuerte Schlitzreihe in den Zylinder und verläßt ihn durch ein im Zylinderdeckel untergebrachtes, mechanisch gesteuertes Auspuffventil. Das ergibt eine wirksame Gleichstromspülung und ermöglicht zugleich eine Nachladung, da die Steuerung so eingerichtet werden kann, daß die Spülschlitze noch kurze Zeit geöffnet bleiben, nachdem das Auspuffventil geschlossen hat. Auch andere Firmen verwenden neuerdings das Ventil als Auslaßorgan.

Unabhängig von der Art der Steuerung der Ein- und Auslaßöffnungen kann man unter den heute

gebräuchlichen Spülformen je nach dem Verlauf des Spülstromes drei Gruppen unterscheiden:
Querspülungen, Umkehrspülungen und Gleichstromspülungen.

Querspülungen. Bei diesen Spülungen, die mit Schlitzsteuerung durch den Kolben arbeiten,
nehmen die Spül- und Auspuffschlitze je etwa den halben Zylinderumfang ein und sind diametral
einander gegenüber angeordnet, so daß die Spülluft, sofern man nur den Anfang und das Ende
ihres Weges betrachtet, quer durch den Zylinder strömt. Daneben sollen die einzelnen Weg-
abschnitte so verlaufen, daß die Spülluft möglichst das ganze Zylinderinnere erfaßt. Das hat
man durch verschiedene konstruktive Mittel zu erreichen versucht.

Querspülung mit Ablenkerfläche am Kolben. Bei dieser ältesten Querspülung, die
schematisch in Bild 83 dargestellt ist, suchte man die „Bügelform" der Strömung durch eine
am Kolben angebrachte Ablenkerfläche F zu erzwingen, die der eintretenden Spülluft eine Richtung zum Zylinderdeckel erteilt. Die Spülung, die früher bei Glühkopfmaschinen viel verwendet
wurde, ist wiederholt untersucht worden, so von der Germaniawerft, die sie bei ihrer doppeltwirkenden 12 000 PS$_e$-Großölmaschine ursprünglich angewendet hat. Es zeigte sich, daß die Strömung
sehr empfindlich gegenüber der Ausbildung der Ablenkerfläche ist; schon geringfügige Änderungen
beeinflussen das Strömungsbild stark. R. Wille hat die durch Metaldehydflocken sichtbar gemachte

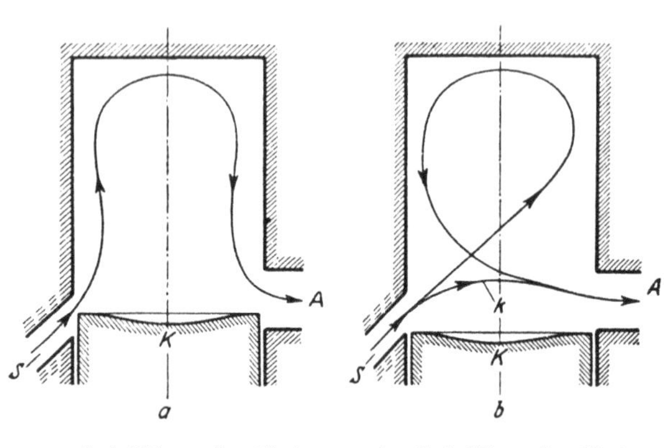

a = Spülschlitze wenig geöffnet.   b = Spülschlitze weit geöffnet.

Bild 85. Schema der Querspülung mit Flachkolben.
S = Spülschlitze,   K = Kolben,
A = Auspuffschlitze,   k = Kurzschlußbügel.

Strömung dieser Spülart im ebenen Zylindermodell bei bewegtem Arbeitskolben
aufgenommen [1]; Bild 84 zeigt das Ergebnis.
Der auf der linken Seite der Bilder mit
dem Kolben verbundene Zeiger gibt auf
einer feststehenden Skala die Stellung des
Kolbens an. In Bild 84a tritt die Spülluft
in den Zylinder; obwohl der Spülkanal
horizontal in den Zylinder einmündet, hat
die Spülluft im ersten Augenblick eine
Richtung steil nach oben. Die scharfe Kante
des Schlitzes in der Zylinderwand wird
umströmt, und die Luft hält sich zunächst
an der rechten Wand. Bei nur wenig weiter
geöffnetem Schlitz löst sich der Strahl von
der Wand, schlägt in die horizontale Richtung um und wird von der Wölbung des
Ablenkers senkrecht zum Zylinderdeckel

hochgeleitet (84b bis d). Dabei legt sich die Luft im unteren Teil der Strömung nicht mehr an die
rechte Zylinderwand an, sondern der Raum zwischen Strahl und Wand ist von einer Wirbelrollschicht
erfüllt (d und weitere Bilder). Durch die Rundung des Zylinderdeckels wird die Luft nach unten
umgeleitet (f), bis sie den Auspuffschlitz erreicht (h). Schließlich ist das Zylinderinnere vom Spülstrom einigermaßen gleichmäßig erfaßt bis auf die Mitte, in der ein Teil der Abgase vom Spülstrom eingewickelt erscheint. Der Charakter der Strömung als „Hochspülung", bei welcher der
Strom senkrecht auf- und absteigt, ohne daß ein Teil die Neigung zeigt, unmittelbar vom Eintritt
zum Austritt zu strömen („Kurzschlußbügel"), bleibt bis zum Ende der Spülung erhalten. Die
Bilder zeigen auch, daß eine Messung des Spülwirkungsgrades durch Entnahme von Proben an
der Zylinderwand kein richtiges Ergebnis liefern kann, da die in der Zylindermitte verbleibenden
Abgase sich der Messung entziehen.

Der Spülerfolg der mit Nasenkolben arbeitenden Querspülung ist befriedigend; daher hat sich
diese Spülung lange im Verbrennungskraftmaschinenbau behauptet. Im Dieselmotorenbau wird
sie heute nicht mehr angewendet, da die unsymmetrische Form des Kolbens, der auch die Deckel-
form angepaßt werden muß, Wärmespannungen verursacht, die schwer zu beherrschen sind. Auch
die Bearbeitung der unteren Fläche des Zylinderdeckels wird schwierig.

Querspülung mit Flachkolben. Mit der Bezeichnung „Flachkolben" ist hier nicht gemeint,
daß die obere Stirnfläche des Kolbens bei dieser Gruppe von Querspülungen eben sein muß; sie soll

[1] Fußnote 3, S. 63; ferner H. Föttinger, Jahrb. Schiffbautechn. Ges. Bd. 39 (1938), S. 257.

nur darauf hinweisen, daß eine Ablenkerfläche fehlt. Der Kolben kann eben oder mit der üblichen Mulde ausgeführt sein (Hohlkolben); auch kann die Stirnfläche des Kolbens ein Kegel mit abgerundeter Spitze sein (Hesselman-Kolben). Die eintretenden Spülströme sind bei diesen Quer-

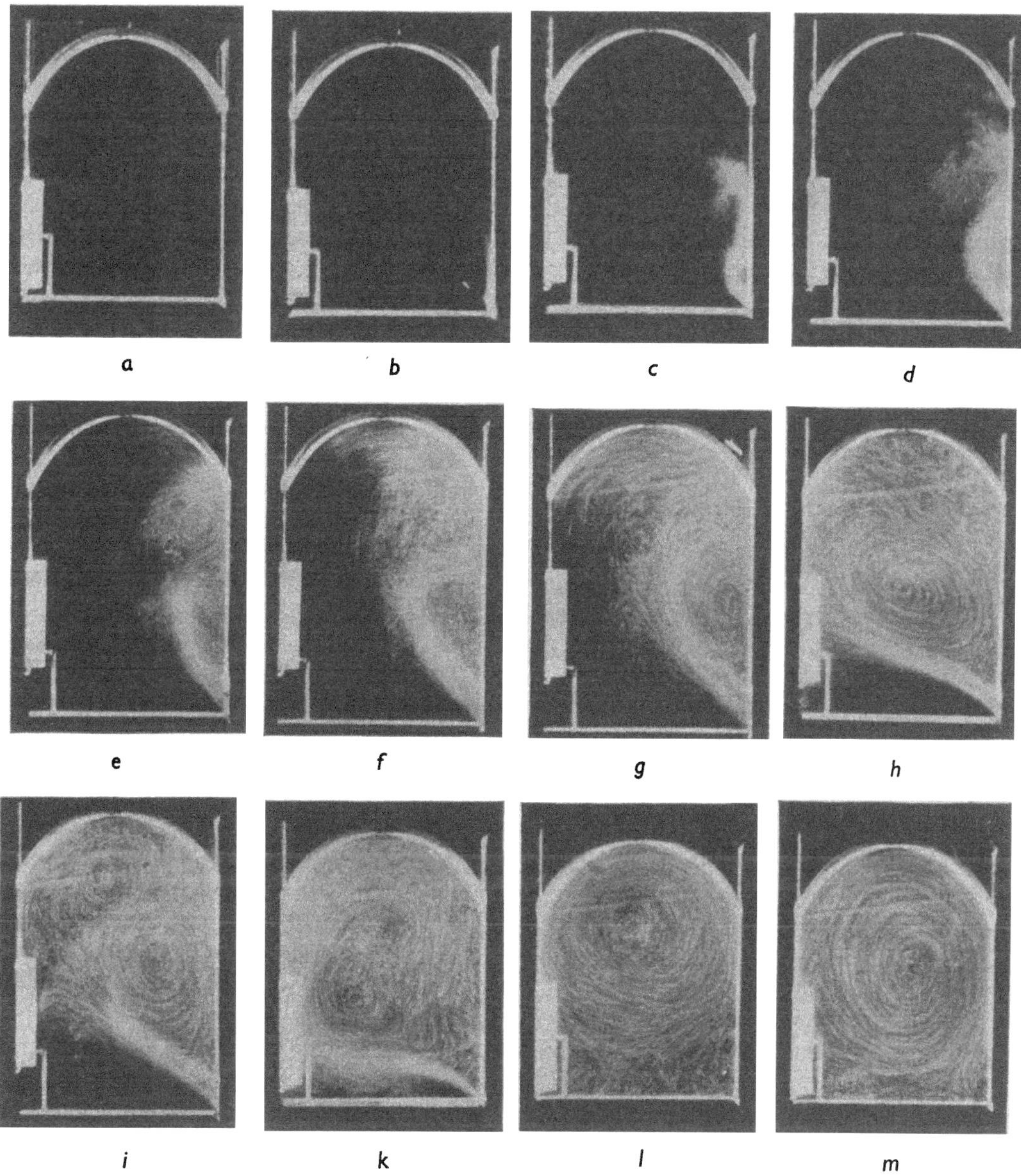

Bild 86. Querspülung mit Flachkolben.
Ebenes Zylindermodell; rechts Eintritt, links Austritt der Spülluft; Spülschlitze unter 45° zur Kolbenebene; bewegter Kolben.
Aufnahme von R. Wille.

spülungen immer so steil nach oben gerichtet, daß die Gestalt der oberen Kolbenfläche auf den Verlauf der Spülströmung keinen Einfluß hat.

Über den Verlauf der Spülströmung bei der Querspülung mit Flachkolben hat man sich in den ersten Jahrzehnten des Zweitaktmaschinenbaues vielfach keine richtigen Vorstellungen gemacht; in der älteren Literatur finden sich keine die Strömung richtig beschreibenden Angaben. Versuche, den Strömungsverlauf festzustellen, scheinen nur in geringer Zahl gemacht worden zu sein; wo sie Erfolg hatten, hielt man mit dem Ergebnis aus begreiflichen Gründen zurück. So wurde die Querspülung gewöhnlich nach dem Schema Bild 85a dargestellt, das nicht falsch, aber unvollständig ist: die Luft strömt in der dort gezeichneten Bügelform nur während des ersten Teiles des Spülvorganges, solange der Kolben die Spülschlitze nur wenig geöffnet hat. Bei weiterer Freigabe des Schlitzquerschnittes löst sich der Spülstrom von der Wand; der Hauptteil folgt der durch die Neigung der Spülschlitze vorgeschriebenen Richtung, trifft auf die gegenüberliegende Zylinderwand und erhält durch diese eine Strömungsrichtung, die unterhalb des Zylinderdeckels entgegen der ursprünglichen Richtung verläuft (Bild 85b); es tritt ein „Umschlag" ein. Ein Teil der Spülluft zweigt sich ab und strömt im „Kurzschlußbügel" k unmittelbar zu den Auspuffschlitzen, ohne sich an der Spülung des Zylinders wesentlich zu beteiligen. Wintterlin hat dies zuerst veröffentlicht[1]; nach ihm sind die Strömungsverhältnisse der Querspülung mehrfach untersucht worden.

Ein zuverlässiges Bild von dem wirklichen Verlauf der Strömung bei der Querspülung mit Flachkolben vermitteln die Aufnahmen von Wille (Bild 86). Der Zylinder ist durch ein ebenes, flaches Modell dargestellt; wie in Bild 84 liegen rechts die Spül-, links die Auspuffschlitze. Der mit dem Kolben sich bewegende, an einer Skala gleitende Zeiger deutet das Maß der Eröffnung der Spülschlitze an. In Bild 86a ist der Kolben noch geschlossen; in b beginnt er, den Spülschlitz freizugeben. Der Strahl schmiegt sich zunächst der rechten Zylinderwand an (c und d), aber hinter dem Bogen, den der Strahl macht, bildet sich an der Zylinderwand ein Wirbeltotraum aus, der mehr und mehr anwächst (d und e). Dadurch entsteht unmittelbar an der Wand eine Abwärtsströmung (f); der Wirbel wird immer kräftiger und zwingt schließlich die weiter eintretende Spülluft, schräg durch den Zylinder auf die gegenüberliegende Wand zu strömen (h). An dieser wird ein Teil der Spülluft nach oben umgelenkt, um dort eine Richtung entgegen der ursprünglichen einzuschlagen (Umschlag); ein anderer Teil schießt in flachem Bogen über den Kolben hinweg zum Auspuffschlitz (Kurzschlußbügel; Bild h bis k). Bei l hat der Kolben den Auspuff geschlossen; der Zylinderinhalt bleibt in drehender Bewegung mit waagerechter Drehachse (m).

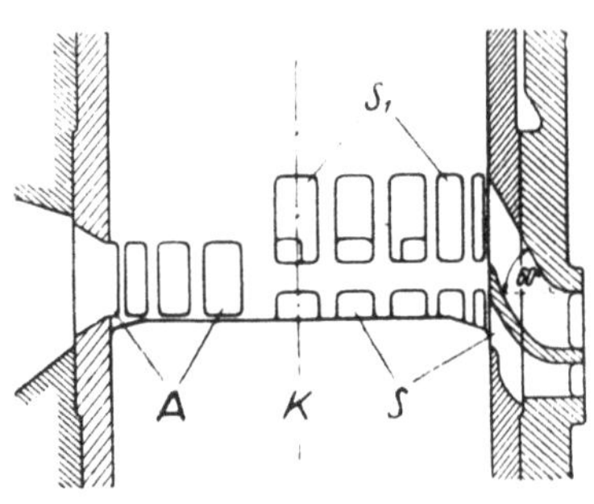

Bild 87.
Schlitzspülung von Gebr. Sulzer A.-G.
S = Spülschlitze, A = Auspuffschlitze,
S_1 = Aufladeschlitze. K = Kolben.

Die Form der Strömung, ob Hochspülung oder Flachspülung, hängt von der Form der Spülschlitze ab; durch richtige Formgebung der Schlitze kann erreicht werden, daß die erwünschte Hochspülung überwiegt und die mit unzulässigem Luftverlust verbundene Flachspülung sich nicht oder nur in geringfügigem Maß ausbildet. Lindner hat hierüber Untersuchungen angestellt[2]. Gebr. Sulzer, die über den Spülschlitzen ihrer Zweitaktmotoren Aufladeschlitze anordnen, haben die Spülschlitze so ausgebildet (Bild 87), daß während des Spülvorganges Hochspülung eintritt. Bei den Aufladeschlitzen, die nach Abschluß der Auspuffschlitze Luft in den Zylinder treten lassen, ist die Schlitzform weniger wichtig, da die Spülung in der Hauptsache beendet ist, wenn die Aufladeschlitze in Wirkung treten.

Untersucht man das Auftreten des Umschlages am Modell mit langsam bewegtem Kolben, so kann man feststellen, daß der Umschlag bei der Querspülung sowohl bei abwärtsgehendem wie bei aufwärtsgehendem Kolben eintritt; die Umschlagpunkte entsprechen jedoch verschiedenen Kolbenstellungen. In der laufenden Maschine scheint aber der zweite Umschlag (von der Flach- in die Hochspülung) nicht vorzukommen, weil die im Zylinder befindliche, in Drehung versetzte Luftmasse durch ihre Trägheit dies verhindert. Der zweite Umschlag kann nur bei herabgesetzter Drehzahl großer Langsamläufer auftreten.

Der Spülvorgang der Zweitaktmaschinen ist wegen der Kolbenbewegung eine nichtstationäre Strömung; der Modellversuch kann daher nur dann verwertbare Aufschlüsse geben, wenn der

---

[1] In seiner 1926 der Technischen Hochschule Stuttgart eingereichten, 1930 erschienenen Dissertation „Beiträge zur Erforschung der Ausspülung des Zylinders von Zweitaktmotoren mit Schlitzspülung". 1928 beobachtete der Verfasser die Erscheinung des Umschlages bei seinen Spülversuchen. Vgl. auch W. Lindner: Untersuchungen über den Spülvorgang bei Zweitaktmaschinen. VDI-Forschungsheft Nr. 363, 1933, sowie den Aufsatz von R. Balmer (Gebr. Sulzer, Winterthur) in The Motor Ship 1933, S. 172, und Sulzer Technical Review 1933, Nr. 4.

[2] VDI-Forschungsheft Nr. 363 (1933), S. 11.

Kolben während des Versuches eine der Wirklichkeit ähnliche Bewegung macht. Bei stillstehendem Kolben kann sich das Strömungsbild vollständig ändern, wie Bild 88 zeigt, das unter denselben Bedingungen wie Bild 86 aufgenommen ist, nur wurde der Kolben in seiner unteren Totlage festgehalten. Der Spülschlitz war also bei allen Teilbildern voll geöffnet. Die unter 45° eintretende

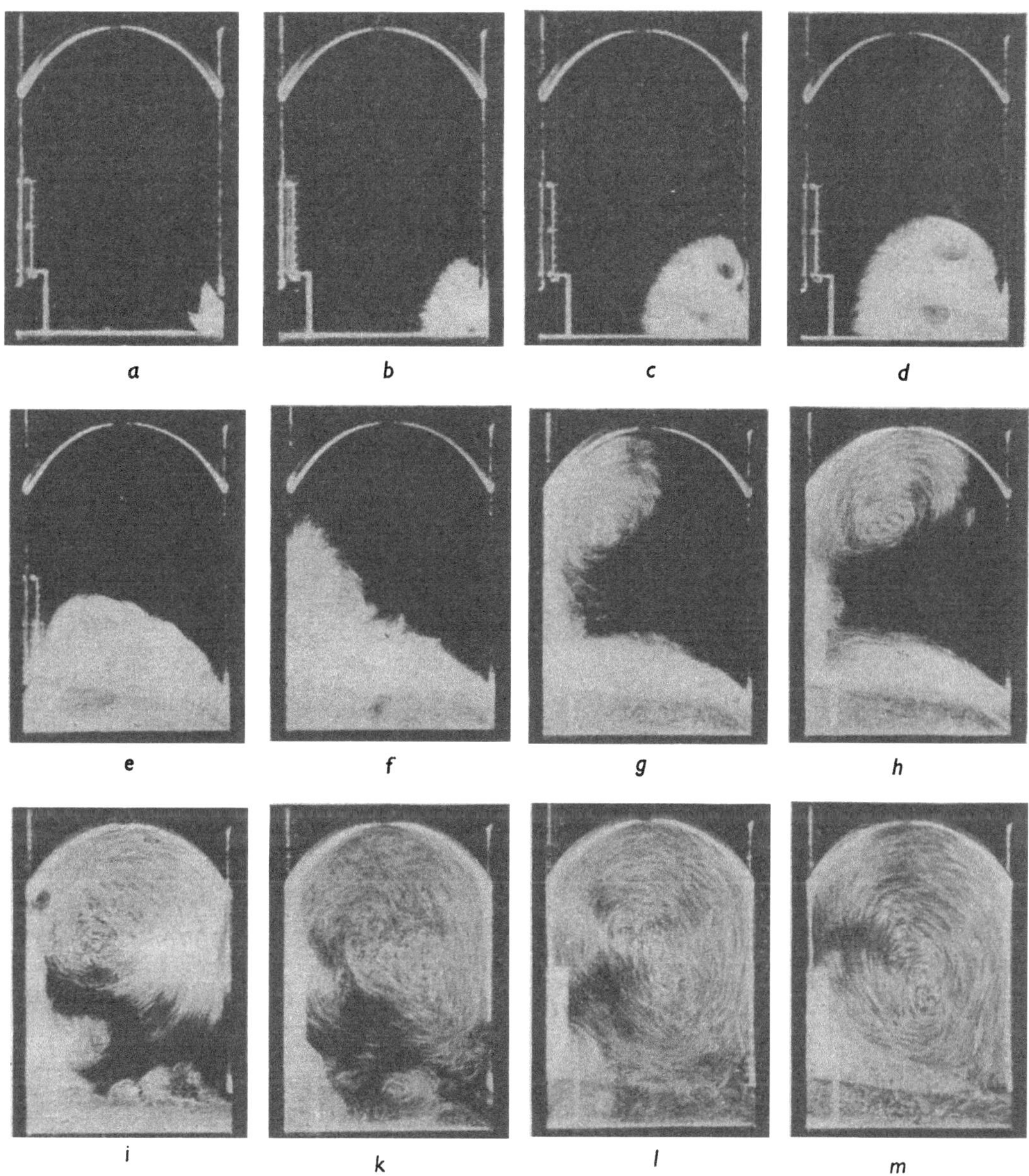

Bild 88. Querspülung mit Flachkolben.

Ebenes Zylindermodell; rechts Eintritt, links Austritt der Spülluft; Spülschlitz unter 45° zur Kolbenebene; stillstehender Kolben, Spulschlitz voll geöffnet. Aufnahme von R. Wille.

Spülluft behält diese Richtung nur kurze Zeit bei; schon im vierten Bild (d) biegt sie zum Auspuffschlitz um, und es entwickelt sich ein starker Kurzschlußbügel. Ein Teil der Luft entweicht durch den Auspuffschlitz; der Rest stößt auf die gegenüberliegende Wand und wird von dieser nach oben umgelenkt. Unter dem Zylinderdeckel bildet sich eine starke Luftwalze aus, welche die durch den Kurzschlußbügel vom Auspuffschlitz abgeschnittenen Abgase nur unvollkommen verdrängen kann. Auch die letzten Bilder (l, m) weisen noch ganz unausgespülte Teile auf. Die

Bilder *c* und *d* lassen die „Pilzwirbel" erkennen, die sich an den scharfen Kanten der Mündung des Spülschlitzes in den Zylinder gebildet haben. Sie verbreitern zwar die Strahlfront, sind aber unerwünscht, weil sie die seitlich neben dem Strahl liegenden Luftteile (in der laufenden Maschine: Abgasteile) einwickeln und der Ausspülung entziehen. Da aber Zweitaktzylinder stets mehrere, dicht nebeneinander liegende Spülschlitze erhalten, können sich die Pilzwirbel in der Maschine nicht wie bei der ebenen Modellströmung ausbilden. Sie schließen die Lücken zwischen je zwei Strahlen und tragen dadurch zur Ausbildung der geschlossenen Spülfront bei, die den auszuspülenden Zylinderinhalt vor sich her schiebt. So hatte man sich schon früher die Wirkung der Spülung vorgestellt und das Ausschieben der Abgase möglichst ohne Vermischung mit der Spülluft angestrebt. Die Aufnahmen zeigen, daß dies erreichbar ist.

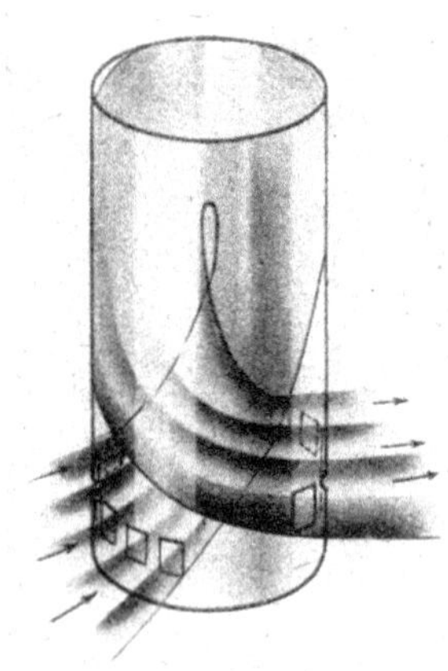

Bild 89. Schema der Schleifenspülung.

Die Untersuchung der Querspülung im Modell hat ferner ergeben, daß auch dann, wenn die Spül- und Auspuffschlitze symmetrisch zu einer vertikalen Mittelebene des Zylinders angeordnet sind, stets eine mehr oder weniger deutlich ausgeprägte Drehung der Spülluft eintritt, die bald rechts-, bald linksdrehend sein kann. Die Erklärung hierfür hat Föttinger gegeben: die Strömung der Luft bleibt nur dann rotationsfrei, wenn die Schlitze genau symmetrisch zur Mittelebene liegen, was nicht erreichbar ist. Geringfügige Abweichungen der Schlitzquerschnitte untereinander (die auch eine Folge von Ablagerungen in den Schlitzen sein können) bewirken ein Überwiegen der einen Spüllufthälfte über die andere und erzeugen eine Drehung der Luft. Diese ist bei der Druckzerstäubung an sich erwünscht, denn der Drall, den die Luft erhält, bleibt während des Verdichtungshubes in der Hauptsache erhalten (ein Teil geht infolge der Reibung an der Zylinderwand verloren), und der im oberen Totpunkt des Kolbens in einzelnen Strahlen eingespritzte Brennstoff kann sich verhältnismäßig gut mit der kreisenden Luft mischen. Unerwünscht ist aber, daß man das Maß der Drehung nicht beherrscht (auf den Drehsinn kommt es bei der Mischung nicht an), da die Drehung, wie S. 54 gezeigt wurde, eine bestimmte Winkelgeschwindigkeit haben soll. Diese Überlegungen führten auf die vom Verfasser angegebene

Schleifenspülung, deren Schema Bild 89 zeigt. Sie gehört in die Gruppe der Querspülungen, da die Spül- und Auspuffschlitze einander gegenüberliegen. Damit die eintretende Spülluft einen Drall erhält, werden die Spülschlitze so angeordnet, daß ihre Mittellinie mit dem zugehörigen Radius einen Winkel α einschließt (Bild 90), der nicht zu groß sein darf, da die Luft die Zylinderachse nur einmal umkreisen soll. Bei einem mehrmaligen Umkreisen der Achse

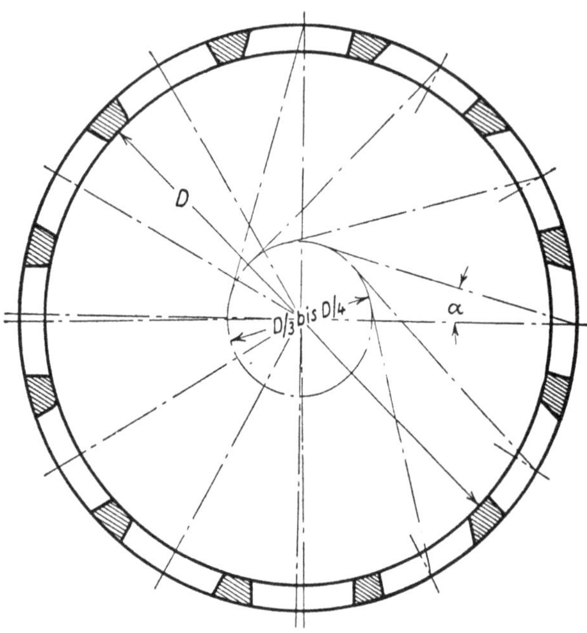

Bild 90. Grundriß-Anordnung der Spülschlitze bei der Schleifenspülung.

würden der auf- und der absteigende Strom sich gegenseitig stören, auch bei der Kürze der Zeit der Weg der Spülluft zu lang werden. Der Winkel, unter dem die Spülschlitze zur Horizontalebene geneigt sind, ist so gewählt, daß die Schleifenform den Hauptteil an der Spülung übernimmt; d. h. der Winkel ist weniger steil ausgeführt als bei Querspülungen, bei denen nur die Bügelform angestrebt wird; dabei treten nur geringe Verluste durch Kurzschlußströmung auf. Die Machinefabriek Gebr. Stork & Co. und die Busch-Sulzer Bros.-Diesel Engine Co. führen die Schleifenspülung bei ihren Zweitaktmaschinen aus.

In sinnreicher Weise wird bei der Querspülung der Fried. Krupp Germaniawerft die Bügelströmung dadurch erzwungen, daß oberhalb der Spülschlitze S (Bild 91) Absaugeschlitze S_1 angeordnet sind, die mit der Auspuffleitung in Verbindung stehen und in denen daher ein niedrigerer Druck als im Zylinder herrscht. Der Versuch zeigt, daß durch die Absaugeschlitze der Spülstrom senkrecht an der Zylinderwand hochströmt und der reinen Bügelform folgt. Die Erklärung[1] hierfür gibt die Grenzschichttheorie von Prandtl. Die Ursache für die Abspaltung der Stromlinien von der Längswand sind Wirbel, die sich aus der Reibungsschicht an der Wand, der sogenannten Grenzschicht (nach Föttinger besser „Wandreibschicht"), bilden. Die von den Spülschlitzen zunächst senkrecht nach oben fließende Strömung wird durch das Hindernis des Zylinderdeckels, an dem sie umgelenkt wird, gestaut; dadurch ergibt sich in der Richtung der Strömung ein Druckanstieg. Die in größerer Entfernung von der Wand liegenden Stromröhren verlaufen dabei noch glatt und wirbelfrei; sie können wegen ihrer ungeschwächten kinetischen Energie den Druckanstieg überwinden. Anders die durch Reibung an der festen Wand abgebremsten Stromteilchen: an der Oberfläche der Wand entwickelt sich eine dünne Schicht verlangsamt strömender Teilchen, deren Dicke in der Strömungsrichtung allmählich zunimmt. Die abgebremsten Teilchen werden wegen ihrer verminderten kinetischen Energie in die Zone kleineren Druckes,

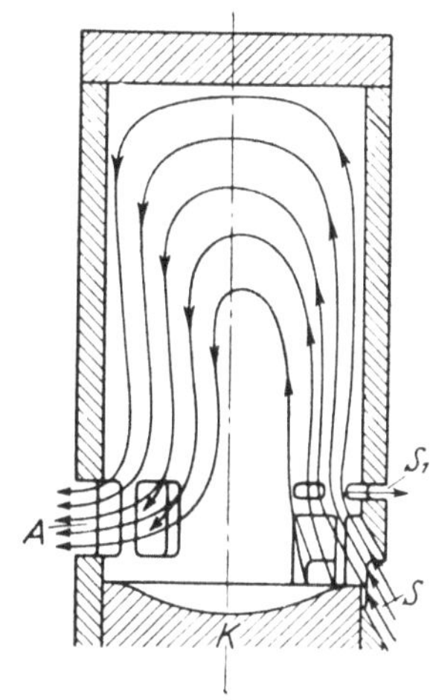

Bild 91.
Querspülung der Germaniawerft.

S = Spülschlitze,
S_1 = Absaugeschlitze,
A = Auspuffschlitze,
K = Kolben.

also entgegen der Strömungsrichtung, zurückgetrieben; sie bilden den Anfang eines „Totwassers", das der Strömung nicht folgen kann, sich keilartig staut und die gesunde Strömung von der Wand abdrängt. Der Spülstrom löst sich von der Wand, folgt nunmehr der ihm durch die Spülschlitze vorgeschriebenen Richtung und stößt auf die gegenüberliegende Zylinderwand, womit der Umschlag hergestellt ist.

Wird aber die Wandreibschicht schon im Entstehungszustand durch eine Hilfsvorrichtung — bei der Spülung der Germaniawerft die oberhalb der Spülschlitze angeordneten Absaugeschlitze S_1 — entfernt, so wird, wie der Versuch zeigt, mit der Beseitigung der Ursache auch die Totwasserbildung und die Wirbelablösung überhaupt verhindert. Die Hauptströmung folgt diesem „Steuereffekt" und bleibt an der Zylinderwand. Die Strömung verläuft daher rein bügelförmig (Bild 91); der Umschlag ist vermieden, und nur in der Nähe der Zylinderachse, wo sich der auf- und absteigende Spülstrom berühren, kann sich eine Wirbelzone geringer Ausdehnung bilden. Die Germaniawerft führt diese Spülung bei ihren Zweitaktmotoren aus.

Auf demselben Prinzip, der Entfernung der Wandreibschicht, beruht die von Föttinger und Wille angegebene Querspülung, doch wird hier ein konstruktiv anderes Mittel angewandt, um die Bügelform der Strömung während der ganzen Dauer der Spülung zu erzwingen. In die Spülschlitze S (Bild 92) sind Leitflächen L eingesetzt, die unter einem Anstellwinkel γ zur oberen Begrenzungsebene W des Spülkanals angeordnet sind und mit dieser je eine in der Strömungsrichtung sich verengende Düse bilden. Der durch die Düse strömende Teil der Spülluft erhält

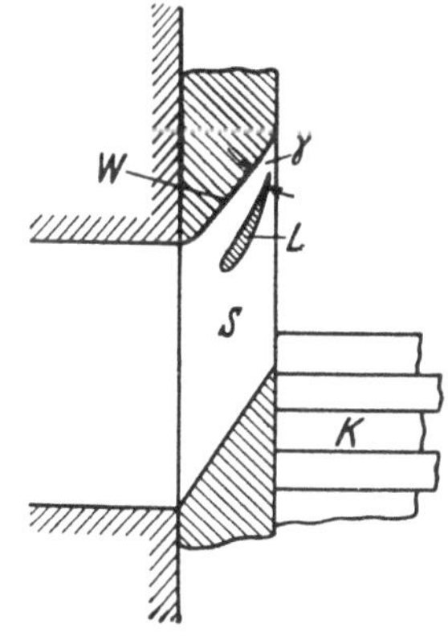

Bild 92. Spülschlitz mit Düse
nach Föttinger und Wille.

S = Spülschlitz,
L = Leitfläche,
W = Obere Kanalwand,
K = Kolben,
γ = Düsenwinkel.

dadurch eine zusätzliche Beschleunigung; es bildet sich ein Strahl höherer Geschwindigkeit aus, der das sich ansammelnde tote Grenzschichtmaterial wegbläst. Dadurch wird derselbe Steuereffekt wie bei der Absaugung der Wandreibschicht durch Schlitze erzielt: die Hauptströmung schmiegt sich der Zylinderwand an. Die Aufnahme nach dem Metaldehydflocken-Verfahren

---

[1] Nach H. Föttinger. Vgl. J. Ackeret: Grenzschichtabsaugung. Z.V.d.I. Bd. 70 (1926), S. 1153.

(Bild 93) bestätigt dies; die Strömung ist stabil, sie folgt der Wandung und zeigt keine Neigung, in die Flachspülung umzuschlagen. Selbst dort, wo sich während des Spülvorganges etwas totes Grenzschichtmaterial zwischen dem eintretenden Strahl und der Wand anzusammeln scheint (Bild 93e), legt sich der Strahl alsbald wieder gegen die Wand (Bild g, h usw.). Die in der Bild-

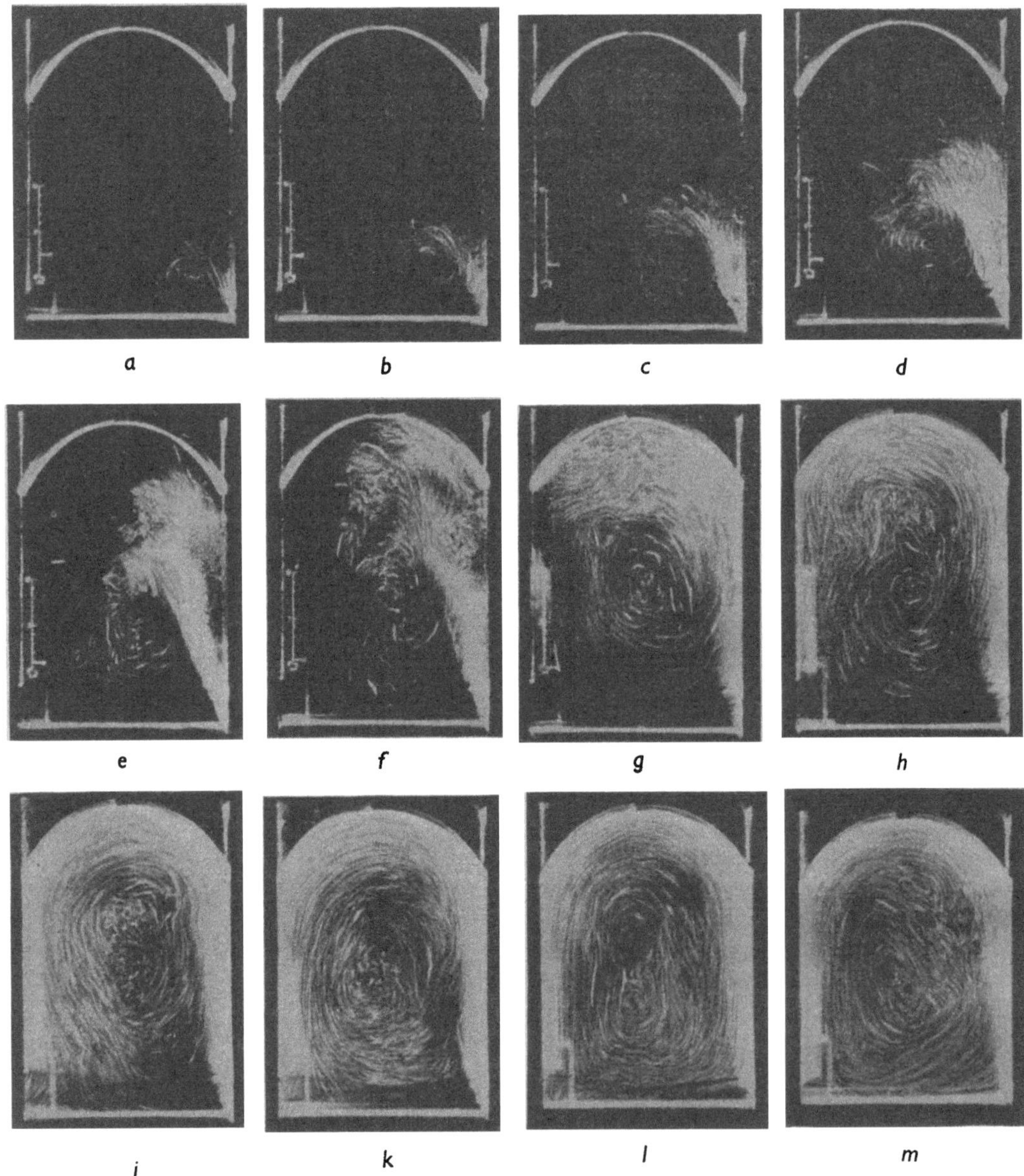

Bild 93. Düsen-Querspülung von Föttinger-Wille.

Ebenes Zylindermodell; rechts Eintritt, links Austritt der Spulluft; Spulschlitz unter 45° zur Kolbenebene; bewegter Kolben. Aufnahme von R. Wille.

ebene gemessene Breite, zu der sich der eintretende Spülstrom im Zylinder entwickelt, hat sich als abhängig von dem Neigungswinkel der oberen Kanalwand W und vom Düsenwinkel γ erwiesen; sie kann, ohne daß die Gefahr des Umschlagens in die Flachspülung besteht, so groß gemacht werden, daß auch der Kern des Zylinders von dem eintretenden Spülstrom erfaßt wird; der Strahl löst sich nicht von der senkrechten Wand. Der Kurzschlußbügel ist vermieden. Der Strömungswiderstand ist bei dieser Spülung gering; daher genügt ein niedriger Spüldruck.

Umkehrspülungen. Die Umkehrspülung, deren wichtigste Vertreter die ebene Umkehrspülung der MAN und die Umkehrspülung nach Schnürle sind, erscheint in der Literatur erstmalig im Jahr 1903; Despland und Dufour haben sie im brit. Pat. 17 362/1903 für die Spülung von Zweitakt-Vergasermaschinen vorgeschlagen, doch blieb die Anregung damals unbeachtet. Bedeutung erlangte die Umkehrspülung erst, als die MAN sie (im DRP 367 393 vom 22. 6. 1920) für Zweitaktdieselmaschinen in Vorschlag brachte und anwandte. Heute gehören die ebene Umkehrspülung der MAN und die Umkehrspülung von Schnürle zu den am weitesten verbreiteten Zweitaktspülungen.

Spülung von P. Kind. Diese Spülung, die im DRP 207 107 vom 29. 1. 1908 beschrieben ist, wird gewöhnlich zu den Querspülungen gerechnet und hat nach ihrem Strömungsverlauf auch mehr den Charakter einer solchen als den einer Umkehrspülung. Sie läßt aber bei näherer Betrachtung die ersten Ansätze zu einer Umkehrspülung erkennen und soll nur in diesem Zusammenhang hier erwähnt werden. Auch insofern bietet sie Interesse, als hier ein Erfinder erstmalig bemüht gewesen ist, die Mängel der Querspülung, die er richtig erkannte, insbesondere den Kurzschlußbügel, zu beseitigen und eine Spülung zu schaffen, deren Spülstromführung eine wirksame Ausspülung des Zylinders unter möglichster Vermeidung von Spülluftverlusten anstrebte. Das ist um so höher zu bewerten, als zur Zeit der Anmeldung des Patentes noch unklare Vorstellungen über den wirklichen Strömungsverlauf im Zylinder herrschten und brauchbare Mittel zur Sichtbarmachung und photographischen Aufnahme von Spülströmen erst mehr als zwanzig Jahre später geschaffen wurden.

Bild 94, der Patentschrift 207 107 entnommen und nur an der Stelle *d* ergänzt, deutet an, was der Erfinder erreichen wollte. Um zu verhindern, daß die durch die Spülschlitze *a* in den Zylinder eintretenden Spülströme im Kurzschlußbügel zu den Auspuffschlitzen *b* strömen, ordnet der Erfinder ein oder mehrere Paare Spülschlitze *c* so an, daß die durch sie eintretenden Teilströme eine von den Auspuffschlitzen *b* wegweisende Richtung erhalten. Trägt man den für diese Spülströme angestrebten Verlauf in den Aufriß ein (Linie *d*, die in der Patentschrift fehlt), so erkennt man den Ansatz zu einer Umkehrspülung. Um den ganzen Spülstrom in diese Richtung zu zwingen,

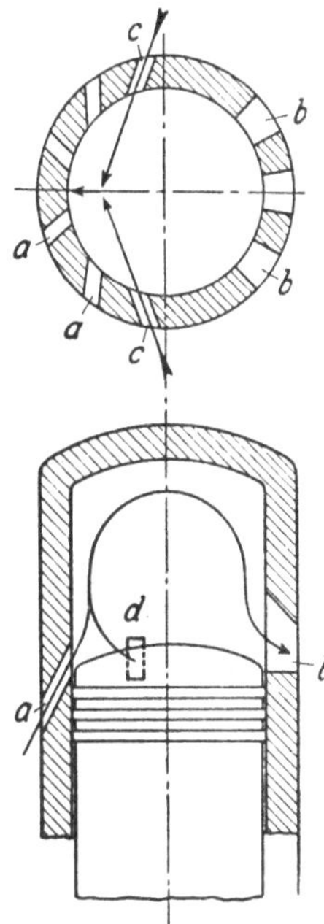

Bild 94. Spülung nach Kind.

a = Querstromspülschlitze,
b = Auspuffschlitze,
c = Umkehrspülschlitze,
d = Ansatz zur Umkehrspülung.

a   b   c

Bild 95. Spülstromverlauf bei der Kind-Spülung.
Räumliches Zylindermodell; rechts Eintritt, links Austritt der Spülluft; bewegter Kolben. Aufnahme von H. Föttinger.

hätte es freilich einer genauen experimentellen Untersuchung am Modell bedurft, wie die auf die Querstromschlitze *a* und die Umkehrschlitze *c* entfallenden Spülluftmengen aufeinander abzustimmen sind und welche Neigung die Achsen der Spülkanäle erhalten müssen, damit der angestrebte Zweck erreicht wird. An einem nach den Angaben der Patentschrift ausgeführten Modell hat Föttinger später die Kind-Spülung nach dem Metaldehydflocken-Verfahren untersucht und einen Strömungsverlauf nach Bild 95 gefunden. Die beiden von den Auspuffschlitzen weggerichteten

Spülströme c, welche die Querspülströme a aufrichten sollen, sind so steil nach oben gegen den Zylinderdeckel gerichtet, daß sie die in einem tiefer liegenden Punkt zusammenfließenden Querspülströme nicht gegen die Zylinderwand drängen können. Es wird daher nicht verhindert, daß ein beträchtlicher Teil der Spülluft im Kurzschlußbügel zu den Auspuffschlitzen hinüberströmt.

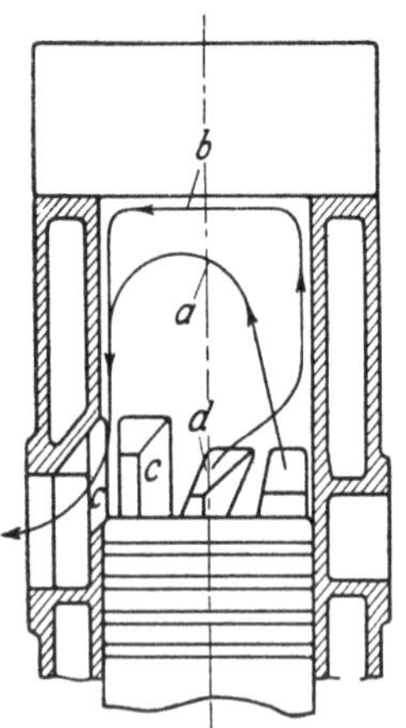

Bild 96. Verbindung von Quer- und Umkehrspülung nach von Schmidt.

a = Querspülstrom,
b = Umkehrspülströme,
c = Auspuffschlitze,
d = Umkehrspulschlitze.

Die Energie des Kurzschlußbügels ist sogar so groß, daß der in Bild 95 an der linken Zylinderwand abwärtsströmende Spülluftteil, der offenbar aus den Umkehrspülschlitzen c (Bild 94) gekommen ist, vom Kurzschlußbügel aufgehalten und abgelenkt wird.

Die Kind-Spülung ist, soweit dem Verfasser bekannt, nicht ausgeführt worden. Sie behält aber ihren geschichtlichen Wert, weil sie den Ansatz zu einem Gedanken enthält, dessen Verwirklichung zwanzig Jahre später zu großen Erfolgen geführt hat.

Kombinierte Quer- und Umkehrspülung nach von Schmidt. Von der Kind-Spülung ausgehend, hat A. von Schmidt im DRP 241 448 ein Spülverfahren angegeben, das zwar die Querspülung noch beibehält, diese aber nur zur Ausspülung eines Teiles des Zylinders benutzt, während der andere Teil durch eine Umkehrspülung gespült wird. Bild 96 (nach der Patentschrift) veranschaulicht dies. Durch den Linienzug a ist der Verlauf des Querspülstromes, durch b der der beiden Umkehrspülströme angedeutet. Diese treten durch die zu beiden Seiten der Auspuffschlitze c liegenden Umkehrspülschlitze d ein und haben die Aufgabe, diejenigen Teile des Zylinders zu spülen, die von dem Querspülstrom nicht erfaßt werden. Quer- und Umkehrspülströme sollen nach Möglichkeit getrennt voneinander verlaufen; hierzu haben die Umkehrspülströme eine solche Richtung, daß sie erst oberhalb der unter ihrem Vereinigungspunkt verlaufenden Querströme zusammenfließen. Von diesem Punkt ab verläuft der geschlossene Umkehrspülstrom nach der Linie b. Die Umkehrspülung ist hier erstmalig verwirklicht, wenn ihr auch nur eine Teilaufgabe zugewiesen ist. Die Schmidt-Spülung ist vor 1914 von der Firma Carels Frères in Gent (heute SEM

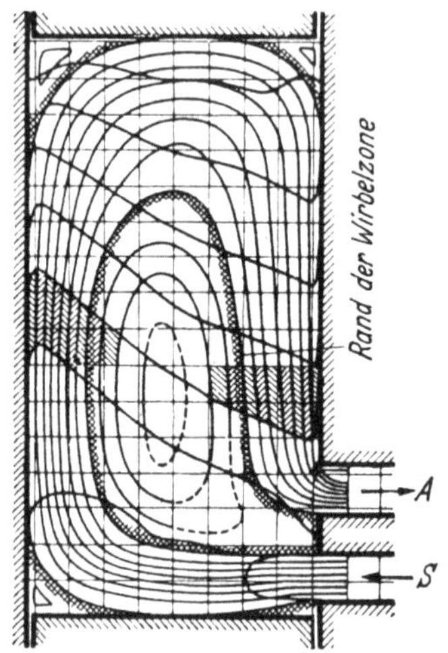

Bild 98. Verlauf der Stromlinien bei der ebenen Umkehrspulung nach Maier und Lutz.
S = Spulschlitze,
A = Auspuffschlitze.

Société d'Electricité et de Mécanique Procédés Thomson-Houston, Van den Kerchove & Carels, S. A.) mit gutem Erfolg ausgeführt worden.

Umkehrspülung der MAN. Bei dieser Spülung, deren Schema Bild 97 zeigt, liegen die Auspuffschlitze a über den Spülschlitzen S, und jede Schlitzreihe nimmt etwas mehr als den halben Zylinderumfang ein. Die durch die einzelnen Spülschlitze eintretenden Teilströme vereinigen sich zu einem geschlossenen Strom (wozu die Richtung der Spülschlitze im Grundriß konvergierend ausgeführt werden kann), der an der den Schlitzen gegenüberliegenden Wand hochsteigt, unter dem Zylinderdeckel umgelenkt wird und an der die Schlitze enthaltenden Wandseite

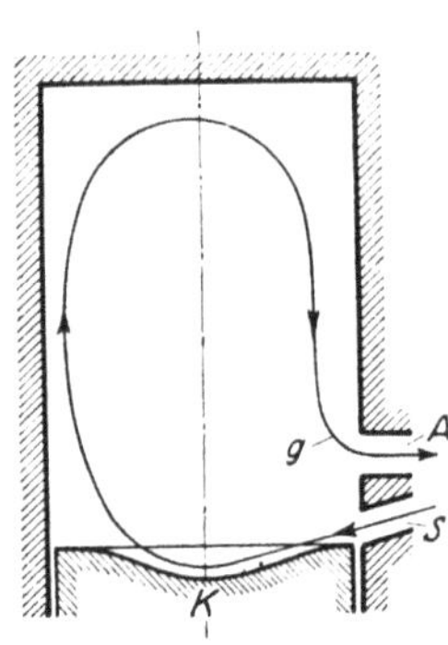

Bild 97. Schema der MAN-Umkehrspulung.

S = Spulschlitze,
A = Auspuffschlitze,
K = Kolben,
g = Stelle der Umlenkung des Auspuffstromes.

abwärts fließt. Eine Kreuzung der auf- und absteigenden Ströme findet nicht statt, und die Strömung wird fast auf ihrem ganzen Weg durch die Zylinderwandungen geführt. Nur an der Stelle g (Bild 97 und 99), wo der abwärts fließende Spülstrom zu den Auspuffschlitzen umbiegt, fehlt die Führung; dort ist nicht zu vermeiden, daß ein Teil der von der Spülluft verdrängten Auspuffgase auf den durch S eintretenden Spülstrom trifft. Nach Versuchen des Verfassers ist es möglich, bei der Umkehrspülung mit etwas kleinerem Luftaufwand auszukommen als bei einer

Querspülung, die den Kurzschlußbügel nicht ganz vermeidet; die Menge der vom eintretenden Spülstrom an der Stelle g mitgerissenen Auspuffgase kann daher nur gering sein.

Die Umkehrspülung ist als ebene Strömung der Erforschung besonders gut zugänglich; sie ist daher wiederholt untersucht worden, so von Maier und Lutz, deren Bericht[1] die Abbildungen 98 und 99 entnommen sind. Auch die Verwendung von Wasser als strömendes Medium ist bei dieser ebenen Strömung zulässig und ergibt dem wirklichen Strömungsverlauf ungefähr entsprechende Bilder (Bild 99). Allerdings wird nach Versuchen des Verfassers der „Wirbelsack“ (Bild 98) im Kern des Zylinders bei Versuchen mit Luft wesentlich schmaler; das dürfte damit zusammenhängen, daß bei den länger dauernden Versuchen mit Wasser mehr Zeit für die Ausbildung des Wirbelsackes zur Verfügung steht als bei Versuchen mit Luft, die mit einer der Wirklichkeit ähnlichen Kolbengeschwindigkeit vorgenommen werden.

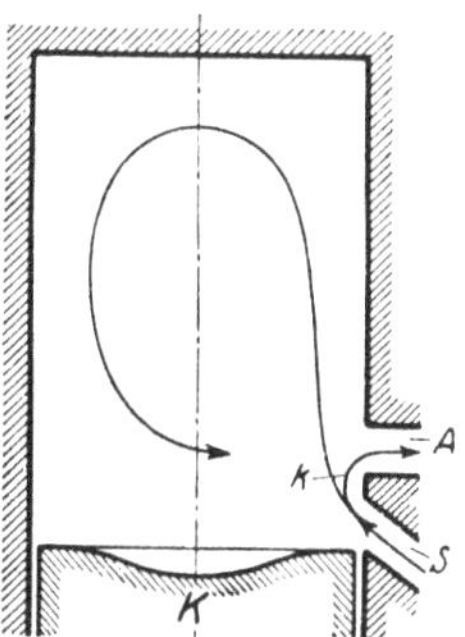

Bild 100. Bei aufwärts gerichteten Spülschlitzen tritt bei der ebenen Umkehrspülung die entgegengesetzte Strömungsrichtung auf.

Ganz läßt sich das Auftreten von Wirbeln dort, wo der auf- und absteigende Spülstrom sich berühren, nicht vermeiden.

Die Umkehrspülung zeichnet sich durch ihre Stabilität aus, die auf die Führung des Spülstromes durch die Wand zurückzuführen ist. Voraussetzung ist, daß die Spülschlitze horizontal, besser noch etwas abwärts geneigt und tangential zur Vertiefung des Kolbens, wie in Bild 97 gezeichnet, gerichtet sind. Wenn die Spülschlitze dagegen aufwärts gerichtet sind (Bild 100), dann macht sich die saugende Wirkung der über den Spülschlitzen liegenden Auspuffschlitze bemerkbar; die Wandreibschicht wird abgesaugt, und der eintretende Spülstrom legt sich gegen die die Schlitze enthaltende Zylinderwand, so daß eine Strömung entsteht, die sich

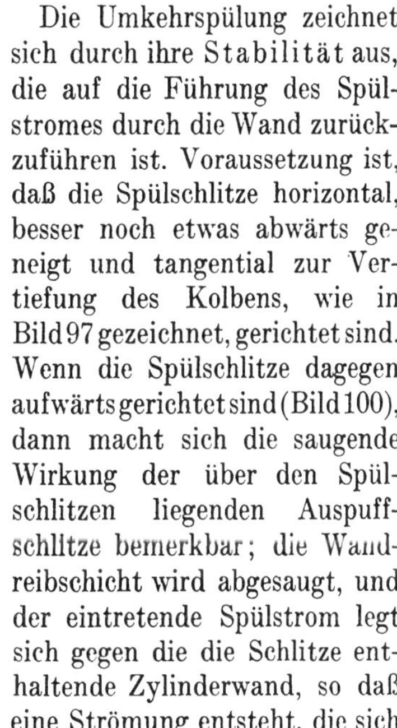

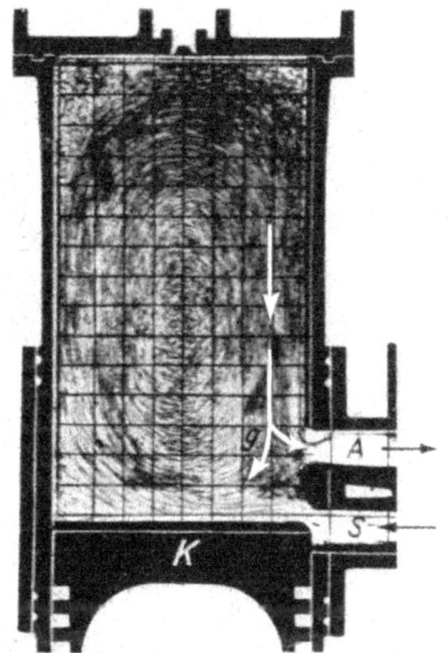

Bild 99. Modell zur Veranschaulichung der Strömung bei der ebenen Umkehrspülung durch Wasser.

aus einem Kurzschlußbügel und einer toten Zirkulation der mit den Abgasen vermischten Spülluft zusammensetzt. Bei abwärts gerichteten Spülschlitzen tritt diese Erscheinung nicht auf, und ein Kurzschlußbügel ist nicht wahrnehmbar.

Umkehrspülung von Schnürle. Ausgehend von der ebenen Umkehrspülung der MAN hat Schnürle (in den DRP 511 102 und 520 834) eine Spülung angegeben, bei der nicht, wie bei der MAN-Spülung, die während des Spülvorganges abwärts strömenden Auspuffgase auf den eintretenden Spülluftstrom, sondern auf den Kolbenboden treffen, an dem sie nach den Auspuffschlitzen hin umgelenkt werden. Hierzu ordnet Schnürle die Spülschlitze zu beiden Seiten der Auspuffschlitze an (Bild 101, nach der Patentschrift). Durch ein

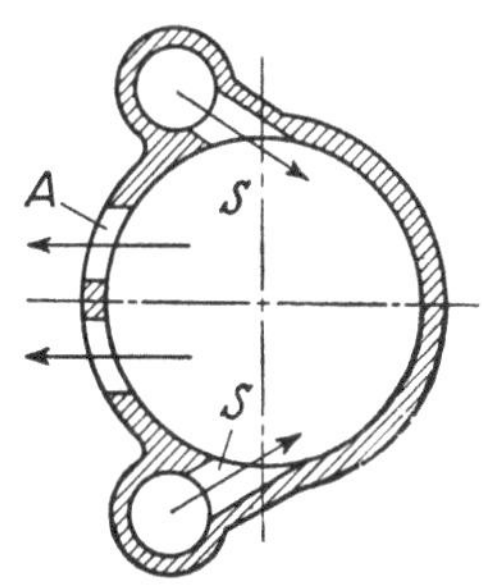

Bild 101. Schema der Umkehrspülung von Schnürle.
S = Spülschlitze,
A = Auspuffschlitze.

oder mehrere Spülschlitzpaare S treten die Spülströme in den Zylinder, vereinigen sich wie bei der MAN-Spülung an der gegenüberliegenden Wand, steigen an dieser hoch und werden unter dem Zylinderdeckel umgelenkt, um an der die Auspuffschlitze enthaltenden Wand abwärts zu strömen. Bei dieser Spülung können die Spülschlitze waagerecht oder schräg aufwärts gerichtet sein; die schräge Richtung

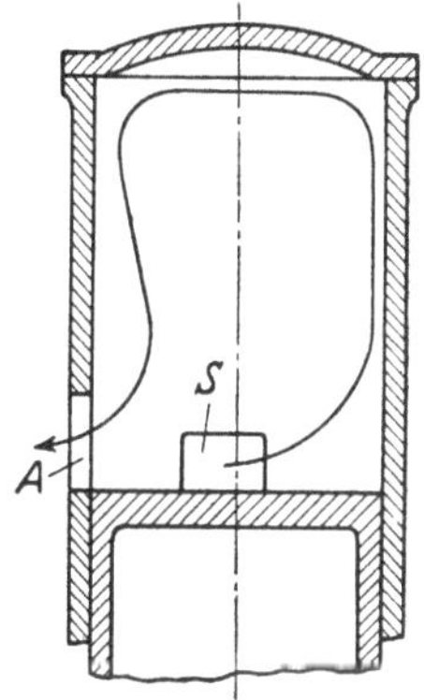

[1] Berichte aus dem Laboratorium für Verbrennungskraftmaschinen der Technischen Hochschule Stuttgart, Heft 2, 1933.

ist hier zulässig, weil eine Absaugung der Grenzschicht durch die Auspuffschlitze nicht stattfinden kann. Die Anordnung der Spülschlitze neben den Auspuffschlitzen hat weiter zur Folge, daß diese so weit nach unten gezogen werden können, daß sie bis zur steuernden Oberkante des Kolbens[1] reichen. Dadurch ergibt sich eine etwas tiefere Lage der Oberkante der Auspuffschlitze, deren Eröffnung durch den abwärtsgehenden Kolben den wirksamen Verbrennungshub beendet.

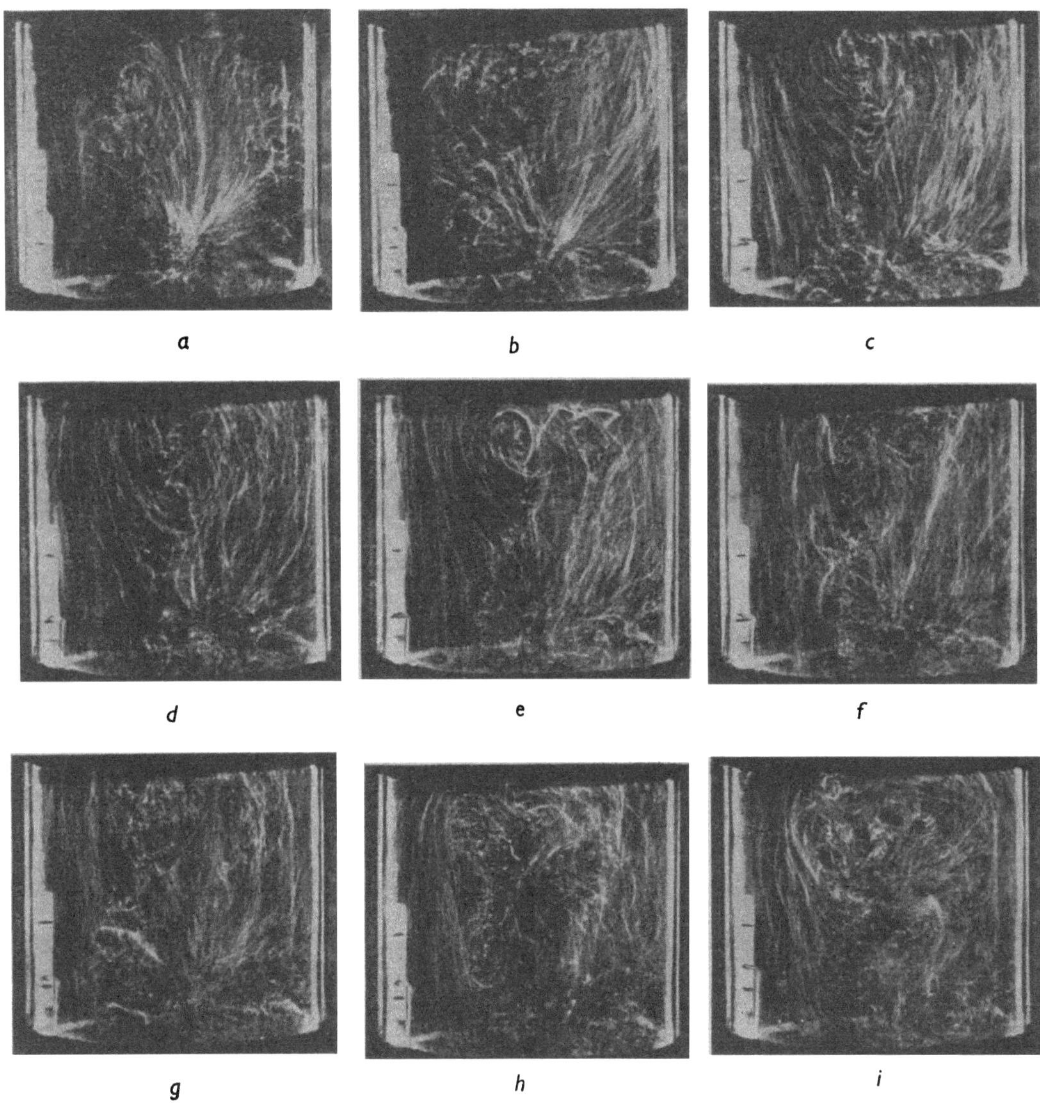

Bild 102. Umkehrspulung von Schnürle.
Räumliches Zylindermodell; rechts Eintritt, links Austritt der Spülluft, Eintrittsschlitze vor und hinter der Bildebene; bewegter Kolben.
Aufnahme von H. Föttinger und R. Wille.

Der Verlauf der Spülströme bei der Schnürle-Spülung ist von Föttinger und Wille photographisch aufgenommen worden[2] (Bild 102). Auf der linken Seite der Einzelbilder liegen jeweils

---

[1] Nicht der oberste Kolbenring steuert Eröffnung und Abschluß der Spül- und Auspuffschlitze, sondern die obere Kolbenkante. Der obere Kolbenteil muß zwar wegen der Wärmedehnungen mit einem Spiel gegen die Zylinderwand ausgeführt werden, das bei großen Durchmessern beträchtliche Werte annimmt (mehrere mm radial), aber der hierdurch entstehende, bis zum obersten Kolbenring reichende ringförmige Spalt setzt sich nach kurzer Zeit mit Ölkoks voll, der die dichtende Wirkung der Kolbenringe unterstützt. So erklärt sich die bekannte Erscheinung, daß bald nach dem ersten Anfahren einer neuen Maschine der Verdichtungsdruck meßbar steigt. Das ist nicht nur auf das Einlaufen der Kolbenringe (das länger dauert), sondern auch auf den angegebenen Vorgang zurückzuführen.

[2] Jahrb. Schiffbautechn. Ges. Bd. 39 (1938), S. 240; vgl. auch Automobiltechn. Zeitschr. Bd. 44 (1941), S. 112.

die beiden Auspuffschlitze, vor und hinter der Bildebene je ein Spülschlitz, dessen größere Hälfte sich links von der Zylinderachse befindet. In Bild 102a prallen die beiden aus den Spülschlitzen kómmenden Spülströme in der Mittelebene zusammen; es entwickelt sich ein nach oben gerichteter Spülstrom, der an der den Auspuffschlitzen gegenüberliegenden Wand hochsteigt. Dieser wird an dem in den Bildern nicht sichtbaren Zylinderdeckel umgelenkt und strömt an der anderen Wand abwärts und den Auspuffschlitzen zu. Eine Kurzschlußströmung unmittelbar von den Spül- zu den Auspuffschlitzen ist in einzelnen Teilbildern nur in schwachen Spuren erkennbar; der Kurzschlußbügel ist nahezu völlig unterdrückt. Das Zylinderinnere scheint ziemlich gleichmäßig vom Spülstrom erfaßt zu werden. Die Schnürle-Spülung wird von der Klöckner-Humboldt-Deutz AG bei ihren Zweitaktdieselmaschinen und der Auto-Union bei ihren Zweitakt-Otto-Motoren ausgeführt.

Gleichstromspülungen. Bei dieser Gruppe von Spülungen durchströmt die Spülluft den Zylinder in der Achsenrichtung, ohne Umkehr des Spülstromes, was eine sehr wirksame Reinigung des Zylinders von Abgasen ergibt, aber durch Bauarten erkauft werden muß, die weniger einfach sind, als wenn (wie bei den Quer- und Umkehrspülungen) ein Arbeitskolben die Spül- und Auspuffquerschnitte steuert.

Spülung bei Gegenkolbenmaschinen. Bild 103 zeigt schematisch den Spülstromverlauf bei der Gegenkolbenmaschine, die von Oechelhäuser für die Gasmaschine, von Junkers[1] für die Dieselmaschine angegeben ist. Im Zylinder gleiten mit gegenläufiger Bewegung zwei Kolben K, K_1, die in ihrer inneren Totlage den Brennraum einschließen und von denen in den äußeren Totlagen der eine Kolben die Spülschlitze, der andere die Auspuffschlitze steuert. Ob es der untere oder der obere Kolben ist, der die eine oder andere Gruppe von Schlitzen steuert, ist für die Spülung gleichgültig; im Schema Bild 103 steuert der obere Kolben die Spülschlitze, bei der Gegenkolbenmaschine von Wm. Doxford & Sons (Bild 104) ist es der untere. Bild 104 zeigt, daß der konstruktive Aufwand, den eine Spülung dieser Art bedingt, nicht gering ist, denn die Leistung des oberen Kolbens b muß durch ein Querhaupt und zwei lange seitliche Zugstangen mit Kreuzköpfen und Pleuelstangen auf die seitlichen Kurbeln übertragen werden;

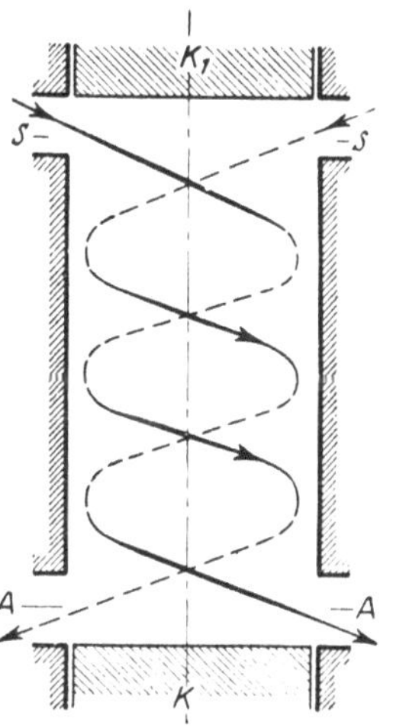

Bild 103. Schema der Gleichstromspulung bei Gegenkolbenmaschinen.

S = Spulschlitze,
A = Auspuffschlitze,
K = Unterer Kolben,
K_1 = Oberer Kolben.

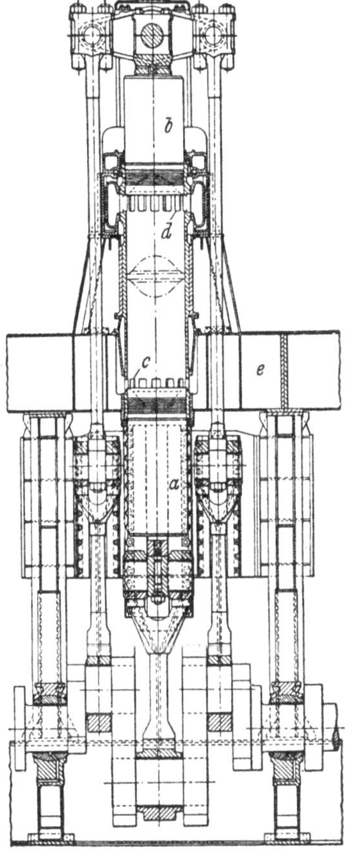

Bild 104. Einfachwirkender Zweitakt-Gegenkolbenmotor mit Gleichstromspulung von Wm. Doxford & Sons.

a = Unterer Kolben, c = Spulschlitze,
b = Oberer Kolben, d = Auspuffschlitze,
e = Spulluftaufnehmer.

zudem wird die Zahl der Kurbelkröpfungen verdreifacht, und auch der Raumbedarf in der Höhe wird beträchtlich. So würde der Vorteil der guten Spülung allein nicht genügen, um diese Bauart zu rechtfertigen; allein es kommen die weiteren Vorzüge hinzu, daß wegen des großen Hubverhältnisses der Brennstoffverbrauch niedrig und die Regelbarkeit auf niedrige Drehzahl gut wird; auch läßt sich ein fast vollkommener Massenausgleich herstellen. Die Spülschlitze c werden so angeordnet, daß ihre Mittellinien eine geringe Abweichung von der radialen Richtung erhalten; sie darf nicht zu groß sein, damit sich die Spülluft nicht gegen die Außenwand legt und den Kern des Zylinders unaus-

---

[1] H. Junkers: Studien und experimentelle Arbeiten zur Konstruktion meines Großölmotors. Jahrb. Schiffbautechn. Ges. Bd. 13 (1912), S. 264.

gespült läßt. Für eine gute Mischung der sich drehenden, verdichteten Luft mit den Brennstoffstrahlen genügt schon eine geringe Winkelgeschwindigkeit (vgl. S. 54).

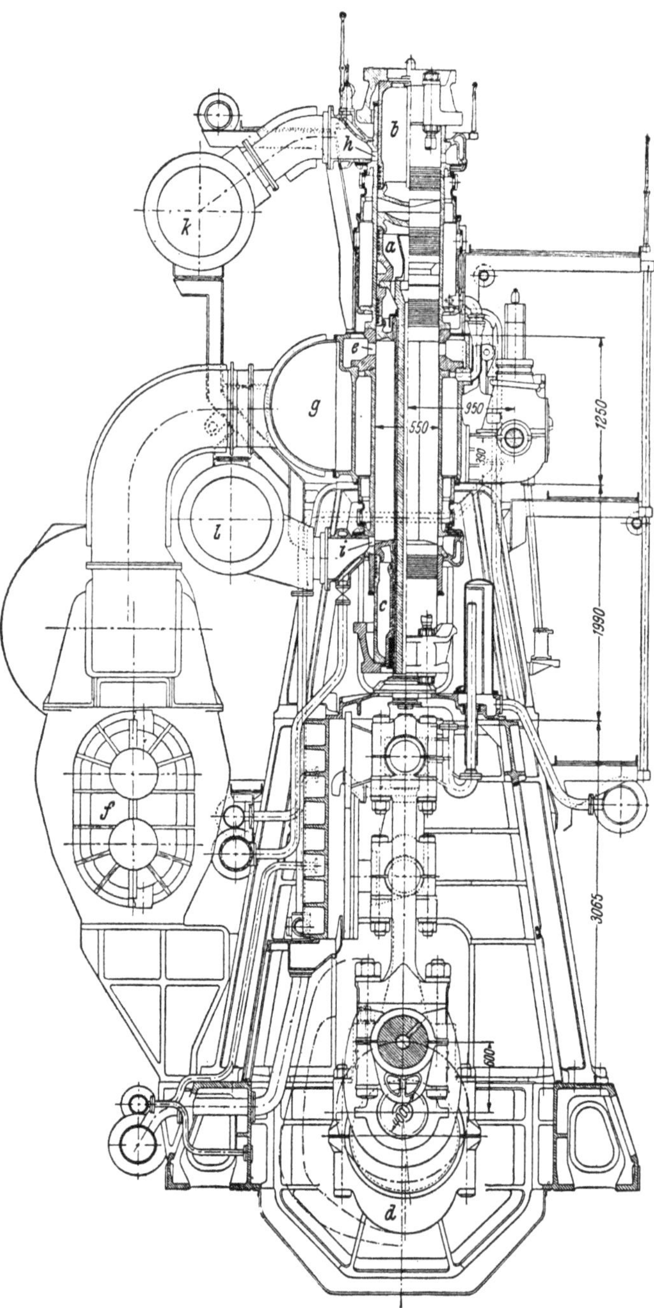

Bild 105. Doppeltwirkender Zweitaktmotor mit Gleichstromspülung
von Burmeister & Wain.

a = Arbeitskolben,
b = Oberer Kolbenschieber,
c = Unterer Kolbenschieber,
d = Exzenter zum Antrieb
    der Kolbenschieber, ·
e = Spülschlitze,
f = Kapselgebläse,
g = Spulluftaufnehmer,
h, i = Auspuffschlitze,
k, l = Auspuffleitungen.

Andere konstruktive Mittel wendet die Firma Burmeister & Wain bei ihren doppeltwirkenden Zweitaktmaschinen an, um den Zylinder im Gleichstrom zu spülen. Über dem Arbeitskolben a (Bild 105) ist ein oberer Kolbenschieber b, unter ihm ein unterer Kolbenschieber c angeordnet; beide Schieber haben denselben Durchmesser wie der Arbeitskolben. Der untere Kolbenschieber umgreift die mit einem Schutzrohr versehene Kolbenstange. Beide Kolbenschieber werden durch Exzenter d von der Kurbelwelle aus bewegt. Die Zylinderseiten werden (abwechselnd) von nur einer Spülschlitzreihe e aus versehen, die für die Spülung der unteren Kolbenseite vom Arbeitskolben freigegeben wird, wenn er in seiner höchsten Lage steht, für die Spülung der oberen, wenn er sich in der tiefsten Lage befindet. Das durch Ketten von der Kurbelwelle aus angetriebene Kapselgebläse f liefert die Spülluft in den Aufnehmer g. Die beiden Kolbenschieber b und c haben bei einem Hub des Arbeitskolbens von 1200 mm einen Hub von je 400 mm; sie bewegen sich so, daß die Auspuffschlitze h, i jeweils kurz vor der Öffnung der Spülschlitze freigegeben werden, damit zuerst die Entspannung des Arbeitszylinders und dann die Spülung erfolgen kann. Nach Beendigung der Spülung schließen zuerst die Auspuffschlitze, dann die Spülschlitze. Das ermöglicht eine Aufladung des Zylinders und eine Steigerung der Zylinderleistung, die den größeren, durch die Art der Spülung bedingten konstruktiven Aufwand ausgleicht.

Die Gleichstromspülung mit Kolbenschiebersteuerung ist auch bei einfachwirkenden Zweitaktmaschinen anwendbar; dann wird nur ein Kolbenschieber benötigt, der den Auspuff

steuert, während die Spülschlitze vom Arbeitskolben freigegeben und geschlossen werden. Burmeister & Wain haben ihre einfachwirkenden Zweitaktmaschinen mit dieser Spülung versehen, sind aber neuerdings dazu übergegangen, den Auspuff durch ein Ventil zu steuern (Bild 106). Der

Aufnehmer a, in den die Spülluft durch das Kapselgebläse b gefördert wird, umgibt den an seinem ganzen Umfang mit Spülschlitzen c versehenen unteren Te.l der Laufbuchse. Das ermöglicht, den Zylinder gleichmäßig mit Spülluft zu beaufschlagen, den Druckabfall in den Spülschlitzen klein zu halten und die für die Druckeinspritzung erwünschte Luftdrehung herzustellen. Den Auspuff steuert das zentral im Zylinderdeckel angeordnete, durch Hebel und Stoßstange von der Nockenwelle aus betätigte Ventil d. Dessen Teller und Sitz wird durch die nahezu mit Schallgeschwindigkeit durch den Ventilspalt strömenden Auspuffgase hoch beansprucht; diese Teile müssen daher aus hitzebeständigem Werkstoff hergestellt werden und dürfen nicht dazu neigen, sich in der Wärme zu verziehen. Stähle mit niedrigem Kohlenstoff- und hohem Chromgehalt sowie weiteren Legierungszusätzen sind hierfür geeignet.

Entsprechendes gilt auch für den aus legiertem Stahlguß angefertigten Zylinderdeckel. Erst die Fortschritte in der Werkstoffkunde haben diese Konstruktion ermöglicht, die sich durch gute Spülluftführung auszeichnet.

Berechnung der Spül- und Auspuffquerschnitte. Bis jetzt war nur von dem Weg die Rede, den die Spülluft bei den verschiedenen Spülformen durch den Zylinder nimmt. Nunmehr soll die Größe der Querschnitte berechnet werden, durch welche die Spülströme eintreten und die Auspuffgase abströmen.

Die Berechnung ist grundsätzlich gleich für Schlitz- und Ventilsteuerung. Die Richtung der Schlitze, die für den Weg der Spülluft mitbestimmend ist, tritt im allgemeinen in der Berechnung der Querschnitte nicht auf. Zu beachten ist, daß die Rechnung die Querschnitte senkrecht zur Strömungsrichtung liefert. Wenn die Spülschlitze, was häufig der Fall ist, zur Waagerechten geneigt angeordnet werden (vgl. z. B Bild 87), dann vergrößert sich die in Richtung der Zylinderachse gemessene Höhe der Spülschlitze umgekehrt mit dem cos des Neigungswinkels der Schlitze gegen die Horizontale. Auch in der Breitenrichtung darf nur das senkrecht zur Strömungsrichtung genommene Maß in die Rechnung eingeführt werden. Bei Spül- oder Auspuffventilen ist jeweils der engste Querschnitt zwischen Sitz und Teller zu nehmen. Im übrigen macht die Rechnung keinen Unterschied zwischen Schlitzen und Ventilen; es muß nur der durch die Steuerung vorgeschriebene Verlauf der zeitlichen Änderung der Querschnitte beachtet werden.

Bei der Berechnung[1] der Spül- und Auspuffquerschnitte pflegt man mehrere vereinfachende Annahmen

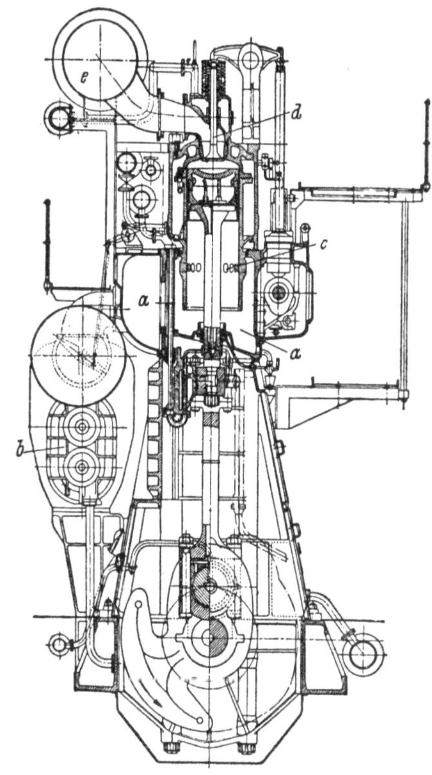

Bild 106. Einfachwirkender Zweitaktmotor mit Gleichstromspülung von Burmeister & Wain.

a = Spülluftaufnehmer, c = Spülschlitze,
b = Kapselgebläse, d = Auspuffventil,
e = Auspuffleitung.

zu machen, da eine genaue Lösung der Aufgabe ohnehin nicht möglich ist. Es wird vorausgesetzt, daß der Druck im Spülluftaufnehmer und der im Zylinder während des Spülvorganges konstant ist, was, wie die Indikatordiagramme zeigen, in Wirklichkeit nicht genau zutrifft; kleine Druckschwankungen treten immer auf. Zu Beginn des Spülvorganges muß die Spülluft beschleunigt werden; auch dies wird vernachlässigt und die Strömung aus dem Spülluftaufnehmer in den Zylinder als stationär angenommen. Weiter bleibt die Bewegung des Kolbens vom Beginn der Eröffnung der Auspuffschlitze an außer acht; es wird also angenommen, daß von diesem Augenblick an der Zylinderinhalt unverändert bleibt, daß die Auslaß- und Spülquerschnitte

---

[1] Vgl. A. Kreglewski: Die Spül- und Auspuffvorgänge bei Zweitakt-Verbrennungs-Kraftmaschinen, Dissertation Danzig 1913, und Der Ölmotor Bd. 2 (1913/14), S. 553; M. Ringwald: Der Auspuff- und Spülvorgang bei Zweitaktmaschinen, Z.V.d.I. Bd. 67 (1923), S. 1057; O. Föppl: Berechnung der Kanallängen von Zweitakt-Ölmaschinen mit Schlitzsteuerung, Z.V.d.I. Bd. 57 (1913), S. 1939; E. Gutmann: Untersuchungen zur rechnerischen Bestimmung der Lufteinlaßschlitze bei Zweitakt-Verbrennungsmaschinen, Z.V.d.I. Bd. 58 (1914), S. 785.

sich jedoch entsprechend der Bewegung des Kolbens (oder des Ventiles) ändern. Schließlich wird adiabatische Strömung aus dem Zylinder in die Auspuffleitung während der Entspannung und aus dem Spülluftaufnehmer in den Zylinder während der Spülung angenommen, eine Annahme, die zwar der Wirklichkeit ziemlich nahekommen wird, die aber nicht genau ist. Auch die Größe der Ausflußziffern, die in die Formeln für die Strömung während der Entspannung und der Spülung einzusetzen sind, ist nicht genau bekannt.

Trotz dieser Unsicherheiten liefert, wie die Erfahrung gezeigt hat, das im wesentlichen von Kreglewski und Ringwald angegebene Verfahren zur Berechnung der Spül- und Auspuffquerschnitte brauchbare Ergebnisse, zumal wenn es sich auf Erfahrungen stützen kann, die man an ausgeführten Zweitaktmaschinen gesammelt hat.

Berechnung der Spülquerschnitte. Wenn der Querschnitt f der Spülschlitze während der Zeit t, die der Spülvorgang in Anspruch nimmt, gleichbliebe, so würde das Luftvolumen

$$V = f \cdot w \cdot t$$

mit der Geschwindigkeit w durch die Spülschlitze strömen. In Wirklichkeit ändert sich der Spülquerschnitt f während des Spülvorganges stetig; er wächst von null zu einem Höchstwert an und nimmt wieder zu null ab. Für ein Zeitelement dt gilt

$$dV = w \cdot f \cdot dt$$

und für die ganze Dauer des Spülvorganges

$$V = w \int_{t_1}^{t_2} f \, dt \, .$$

Die Geschwindigkeit w ist, weil das Druckverhältnis als konstant angenommen ist, ebenfalls konstant.

Das Integral $\int f \, dt$ kann als Fläche in einem Diagramm dargestellt werden, auf dessen Abszisse die für die Spülung zur Verfügung stehende Zeit aufgetragen ist, während die Ordinaten den in jedem Zeitpunkt geöffneten Spülquerschnitt darstellen. Die Zeit kann statt in Sekunden auch in Kurbelgraden angegeben werden, da die Drehzahl bekannt sein muß; dann wird, wenn ψ der von der Kurbel durchlaufene Winkel in Bogengraden ist, wegen

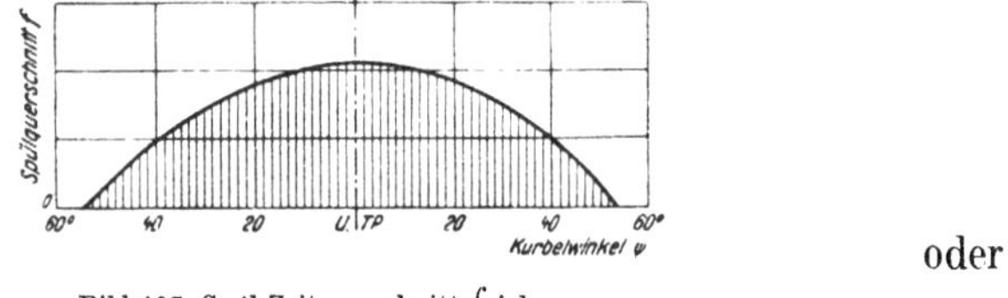

Bild 107. Spül-Zeitquerschnitt $\int f \, d\psi$.

$$t = \frac{\psi}{6 \, n}$$

$$V = \frac{w}{6 \, n} \int f \, d\psi$$

oder

$$w = \frac{6 \, n \, V}{Z} \, . \tag{1}$$

Den Ausdruck $Z = \int f d\psi$ nennt man Zeitquerschnitt (Bild 107). Er hat die Dimension m² · Grad, und da V in m³ einzusetzen ist, während $6\,n$ die Dimension Grad/sek hat, so erhält man w in m/sek.

In Gl. (1) ist V das für einen Spülvorgang aus dem Aufnehmer in den Zylinder adiabatisch expandierende Spülluftvolumen, bezogen auf den Zustand in den Schlitzen. Für die Berechnung der Spülschlitze und die Bemessung der Spülpumpen ist es erwünscht, das Spülluftvolumen auf atmosphärischen Zustand zu beziehen, da man die aufgewendete Spülluft $V_o = l \cdot V_h$ auf das Hubvolumen und atmosphärischen Zustand zu beziehen pflegt (vgl. S. 58). Bei adiabatischer Expansion der Luft aus dem Aufnehmer in den Arbeitszylinder gilt

$$V = V_s \left(\frac{p_s}{p} \right)^{\frac{1}{\varkappa}} ,$$

und da

$$V = V_o \cdot \frac{T_s}{T_o} \cdot \frac{p_o}{p_s}$$

ist (wobei sich der Zeiger s auf den Aufnehmer, o auf die Außenluft, die Zustandsgrößen ohne Zeiger auf den Zustand im Spülschlitz beziehen), so folgt:

$$V = V_o \cdot \frac{T_s}{T_o} \cdot \frac{p_o}{p_s} \left(\frac{p_s}{p}\right)^{\frac{1}{\varkappa}},$$

$$= V_o \cdot \Phi,$$

wenn zur Abkürzung

$$\frac{T_s}{T_o} \cdot \frac{p_o}{p_s} \left(\frac{p_s}{p}\right)^{\frac{1}{\varkappa}} = \Phi$$

gesetzt wird. Damit wird:

$$w = \frac{6\,n\,V_o}{Z} \cdot \Phi = \frac{6\,n\,l\,V_h}{Z} \cdot \Phi \tag{2}$$

mit V_h als Hubvolumen und l als Luftaufwand.

Eine hier einzuschaltende Überschlagsrechnung zeigt, daß Φ von 1 nicht sehr verschieden ist, wenn der Spüldruck, wie es immer der Fall ist, einige Zehntel kg/cm² nicht überschreitet. In Zahlentafel 7 ist Φ für verschiedene, von 1,1 auf 1,4 ata ansteigende Spüldrücke berechnet; dabei ist T_o zu 293° abs. und p_o zu 1,033 ata angenommen. T_s ist die abs. Endtemperatur bei adiabatischer Verdichtung von p_o auf p_s. Unbekannt ist der Druck p in den Spülschlitzen, der zwischen p_s und p_o liegen muß, weil ein gewisser Überdruck zur Überwindung des Widerstandes der Auspuffschlitze, der Auspuffleitung, des Schalldämpfers und etwa in der Auspuffleitung angeordneter Abwärmeverwerter erforderlich ist. Nach Ringwald werde angenommen, daß der Druckabfall Δp_1 in den Spülschlitzen 65% des verfügbaren Spülüberdruckes $\Delta p = p_s - p_o$ beträgt, daß also

$$\Delta p_1 = p_s - p = 0,65\,(p_s - p_o)$$

ist, während der Rest $\Delta p_2 = 0,35\,(p_s - p_o)$ zur Überwindung des Widerstandes der Auspuffleitung dient. Wenn das auch nicht immer zutreffen wird, so genügt doch diese Annahme für die überschlägliche Berechnung von Φ (Zahlentafel 7).

Man sieht, daß $\Phi = \dfrac{V}{V_o}$ bei den gebräuchlichen niedrigen Spüldrücken nur wenig kleiner als 1 ist, und darf daher näherungsweise $\Phi = 1$, d. h. $V = V_o$ setzen. Die Luft hat, bezogen auf den Zustand in den Spülschlitzen, fast dasselbe Volumen wie bei atmosphärischem Zustand.

Zahlentafel 7. $\Phi = \dfrac{T_s}{T_o} \cdot \dfrac{p_o}{p_s} \left(\dfrac{p_s}{p}\right)^{\frac{1}{\varkappa}}$ für verschiedene p_s.

p_s ata	1,10	1,15	1,20	1,25	1,30	1,35	1,40
T_s °abs.	298	302	306	310	313	316	320
p ata	1,0565	1,074	1,0915	1,109	1,1265	1,144	1,1615
Φ	0,985	0,974	0,963	0,952	0,941	0,931	0,922

Mit $\Phi = 1$ vereinfacht sich Gl. (2) in

$$w = \frac{6\,n\,l\,V_h}{Z}. \tag{3}$$

Hubvolumen V_h und Drehzahl n sind, wenn die Spülschlitze berechnet werden sollen, gegeben; der Luftaufwand l wird geschätzt; er ist von 1,4 meist nicht sehr verschieden. Die Geschwindigkeit w der Spülluft in den Spülschlitzen und damit der Hauptteil des von der Spülpumpe zu erzeugenden Spüldruckes hängt dann nur noch vom Zeitquerschnitt Z ab. Je größer Z ausgeführt werden kann, um so kleiner wird w, was anzustreben ist, da dann auch der Spüldruck und der Leistungsbedarf der Spülpumpe klein werden. Der Größe von Z ist aber nach oben dadurch eine Grenze gezogen, daß mit zunehmendem Z die Spülschlitze höher werden, und da die Auspuffschlitze noch höher als die Spülschlitze ausgeführt werden müssen, so würde bei hohen Drehzahlen ein zu großer Teil des Gesamthubes für die nutzbare Arbeit verlorengehen. Bei hohen Drehzahlen muß man daher höhere Spülgeschwindigkeiten w zulassen, wodurch freilich auch der Spüldruck und der Leistungsbedarf der Spülpumpe, der die Nutzleistung des Motors vermindert, steigen. Da aber im Zähler der rechten Seite der Gl. (3) alle Größen festliegen — ein zu kleines l zu wählen ist nicht ratsam —, so hat man kein anderes Mittel, um den Zeitquerschnitt in zulässigen Grenzen zu halten, als eine Vergrößerung der Spülluftgeschwindigkeit w.

Daß der Faktor Φ der Gl. (2) in Gl. (3) gleich 1 gesetzt wird, ist unbedenklich, da nach Zahlentafel 7 selbst bei dem schon ziemlich hohen Spüldruck von 2200 mm WS ($p_s = 1{,}25$ ata) der Fehler kaum 5% beträgt. Um diesen Betrag wird die wirkliche Spülluftgeschwindigkeit kleiner als der Wert, den Gl. (3) ergibt; man rechnet also, wenn man $\Phi = 1$ setzt, vorsichtig, da der Spüldruck, der zur Erzeugung von w erforderlich ist, sich an der ausgeführten Maschine eher etwas niedriger einstellen wird, als die Rechnung mit $\Phi = 1$ erwarten läßt.

Der Überdruck $\Delta p_1 = p_s - p$, der erforderlich ist, um die Spülluft mit der Geschwindigkeit w durch die Spülschlitze zu treiben, ergibt sich aus der Ausflußformel

$$w = 44{,}8\,\mu\ \sqrt{T_s\left[1 - \left(\frac{p}{p_s}\right)^{0,286}\right]}, \tag{4}$$

freilich zunächst nicht als Druckdifferenz $\Delta p_1 = p_s - p$, sondern als Druckverhältnis $p : p_s$. T_s ist wieder die absolute Temperatur der Luft im Aufnehmer, μ die Ausflußziffer, die man mit 0,9 verhältnismäßig hoch ansetzen darf, da die Spülkanäle auf der Eintrittsseite gut abgerundet werden.

Man nimmt verschiedene Werte für $p : p_s$ an und berechnet nach Gl. (4) die Geschwindigkeit w. Die Rechnung ist in Zahlentafel 8 für dieselben Werte von p_s, p und T_s durchgeführt, die in Zahlentafel 7 vorkommen.

Zahlentafel 8. Luftgeschwindigkeit in den Spülschlitzen in Abhängigkeit von $p : p_s$.

p_s ata	1,1	1,15	1,20	1,25	1,30	1,35	1,40
p ata	1,0565	1,074	1,0915	1,109	1,1265	1,144	1,1615
$p : p_s$	0,964	0,934	0,910	0,887	0,867	0,848	0,830
T_s °abs.	298	302	306	310	313	316	320
w m/sek	75	98	116	131	144	156	166

In Bild 108 ist die in Zahlentafel 8 nach Gl. (4) berechnete Geschwindigkeit w graphisch aufgetragen. Als Abszisse ist nicht das Druckverhältnis $p : p_s$, sondern die Druckdifferenz $\Delta p_1 = p_s - p$ gewählt, weil bei dieser Art der Darstellung leichter zu übersehen ist, für welchen gesamten Überdruck $\Delta p = \Delta p_1 + \Delta p_2 = p_s - p_0$ die Spülpumpe zu bauen ist. Für das nach Gl. (3) berechnete w entnimmt man Bild 108 das zugehörige $\Delta p_1 = p_s - p$ und fügt den zu erwartenden Widerstand Δp_2 der Auspuffleitung, den man nach ähnlichen Ausführungen schätzt, hinzu. Dabei ist zu beachten, daß w nach Gl. (4) von $p : p_s$, nicht von $p_s - p$ abhängt. Bei größerem Widerstand der Auspuffleitung, als bei der Berechnung der Zahlentafel 7 angenommen wurde, verschieben sich p und p_s nach oben; das Druckverhältnis bleibt wegen Gl. (4) dasselbe, aber die Druckdifferenz $p_s - p$ wird größer. Zu ein und demselben Wert von w können also verschiedene Kurven w gehören, wenn man w in Abhängigkeit von $p_1 - p$ aufträgt (Bild 108). Mit zunehmenden Spüldrücken verlaufen die w-Kurven niedriger, weil die Abszissen wachsen, während die Ordinaten dieselben bleiben. Der Unterschied ist aber bei den praktisch vorkommenden Spüldrücken nicht groß und liegt innerhalb der Genauigkeit der ganzen Rechnung, so daß zur Ermittlung von $\Delta p_1 = p_s - p$

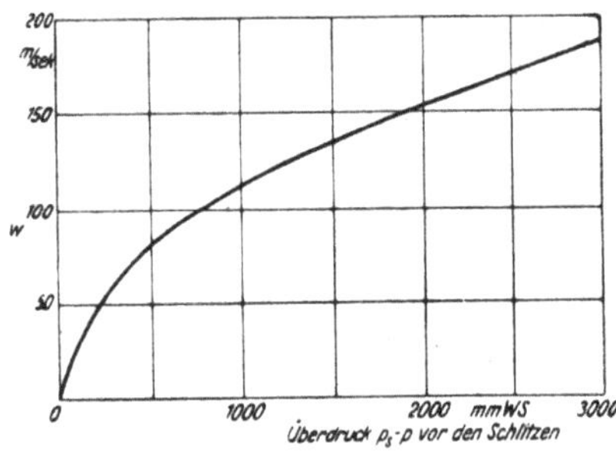

Bild 108. $w = f\,(p_s - p)$.

die in Bild 108 gezeichnete w-Kurve auch bei Werten von $p : p_s$ benutzt werden darf, die in anderen Druckgebieten liegen, als bei der Berechnung der Zahlentafeln 7 und 8 angenommen war.

Außer von $p : p_s$ ist w nach Gl. (4) auch von der absoluten Temperatur T_s der Luft im Spülluftaufnehmer abhängig. Da aber der in Gl. (4) unter dem Wurzelzeichen in eckigen Klammern stehende Ausdruck mit zunehmendem p_s viel stärker anwächst als T_s (mit den Werten der Zahlentafel 8 z. B. von 0,0115 bei $p_s = 1{,}1$ ata auf 0,0527 bei 1,40 ata), so wird die Geschwindigkeit der Spülluft in den Schlitzen fast ausschließlich vom Druckverhältnis $p : p_s$ bestimmt. Die Temperatur der Spülluft im Aufnehmer, die von dem Verdichtungsverhältnis $p_s : p_0$ abhängt, hat auf w nur geringen Einfluß.

Beim Entwurf einer neuen Maschine ist der Widerstand der Auspuffleitung meist nicht bekannt; besonders bei Schiffsmaschinen kennt man im voraus in der Regel weder die Länge noch die Form der Auspuffleitung, und häufig steht noch nicht fest, welche Abwärmeverwerter eingebaut werden sollen und wie groß ihr Widerstand ist. Der absolute Druck p_s der Spülluft im Aufnehmer ist daher beim Entwurf der Maschine nicht genau bekannt. Dies stört indessen nicht, da die Spülpumpe den Widerstand, den sie vorfindet, ohne weiteres, d. h. ohne merkliche Abnahme der geförderten Luftmenge, überwindet, sofern es sich um eine Kolbenpumpe, ein Drehkolbengebläse oder eine Drehschieberpumpe handelt. Nur wenn Turbogebläse mit konstanter Drehzahl verwendet werden (z. B. bei Antrieb durch Drehstrommotor), ist Vorsicht geboten, weil bei einem mit gleichbleibender Drehzahl umlaufenden Kreiselgebläse eine Druckzunahme gemäß der Charakteristik mit einer Abnahme der geförderten Luftmenge verbunden ist, die mit Rücksicht auf den Spülwirkungsgrad nicht zulässig ist. Bei einem Turbogebläse, dessen Drehzahl verändert werden kann, entfällt diese Rücksichtnahme; hier kann man sich durch Steigerung der Drehzahl helfen, wenn man den Widerstand der Auspuffleitung zu niedrig geschätzt haben sollte.

Was die Absolutwerte der Spülgeschwindigkeit betrifft, so findet man w bei großen langsamlaufenden Zweitaktmaschinen zu 70 bis 90 m/sek ausgeführt; bei höheren Drehzahlen geht man auf 100 bis 120 m/sek. Schnelläufer verlangen Spülgeschwindigkeiten von 150 m/sek und mehr.

Nachdem w unter Berücksichtigung · des aufzuwendenden Spüldruckes gewählt worden ist, handelt es sich darum, den aus Gl. (3) sich ergebenden Zeitquerschnitt Z konstruktiv auszuführen. Zunächst muß man sich für die auszuführende Spülform entscheiden, weil der Winkel zur Horizontalebene, unter dem die Spülluft in den Zylinder eintritt, mitbestimmend für die in Richtung der Zylinderachse gemessene Höhe der Spülschlitze ist. Die Zahl der Spülschlitze richtet sich nach der Zylindergröße sowie nach dem für die Unterbringung der Spülschlitze verfügbaren Teil des Zylinderumfanges. Bei den Querspülungen ist dies in der Regel etwa die Hälfte des Umfanges; bei den Umkehrspülungen können die Spülschlitze einen Bogen $> 180°$ einnehmen; bei den Gleichstromspülungen steht der ganze Umfang für die Spülschlitze zur Verfügung, die dadurch bei gleichem Zeitquerschnitt niedriger gehalten werden können als bei den anderen Spülformen. Die Spülschlitze dürfen in der Umfangsrichtung nicht zu breit ausgeführt werden, damit die Spülluft eine gute Führung und die beabsichtigte Richtung erhält. Die zwischen den Schlitzen stehenbleibenden Stege werden nur so breit gemacht, wie es die Rücksicht auf den Zylinderguß und auf die Führung der Kolbenringe verlangt, deren Schloß die Stege überschleift, wenn der Kolben durch den unteren Totpunkt geht. Die Kolbenringschlösser dürfen dabei nicht in den Spülschlitzen hängen bleiben. Man entwirft die Laufbuchse mit den Spülschlitzen und den die Buchse umgebenden Teil des Zylinderrahmens (vgl. z. B. Bild 87 und 90), mißt die unterzubringende lichte Breite der Schlitze aus und bestimmt für eine Anzahl von Kolbenstellungen den jeweils freigegebenen Teil der Schlitzhöhe. Unter Berücksichtigung des Neigungswinkels der Schlitze gegen die Horizontalebene ergibt sich f, und wenn man dieses über dem zugehörigen Kurbelwinkel aufträgt, so erhält man den Spül-Zeitquerschnitt (Bild 107), der mit dem berechneten Wert übereinstimmen muß. Ist dies nicht sogleich der Fall, so ändert man die Höhe der Schlitze ab, bis sich Übereinstimmung ergibt, was bei einiger Erfahrung keine Schwierigkeiten macht.

Berechnung der Auspuffquerschnitte. Bevor der Spülvorgang beginnen kann, muß der Zylinderinhalt so weit entspannt werden, daß der Druck im Zylinder auf den Spüldruck sinkt; andernfalls würden die Abgase in den Spülluftaufnehmer schlagen und die Spülluft verunreinigen. Das Auspufforgan (Schlitz oder Ventil) muß daher eine gewisse Zeit vor dem Spülorgan öffnen. Dieser Gesichtspunkt ist für die Bemessung der Auspuffquerschnitte maßgebend.

Die Entspannung ist ein verwickelter Strömungsvorgang, bei dem sich nicht nur der Querschnitt der Ausflußöffnung, sondern auch die Größe des Ausflußgefäßes, der in ihm herrschende Druck und die Temperatur in weiten Grenzen ändern. Die Ausflußgeschwindigkeit entspricht während des ersten, größeren Teiles des Auspuffvorganges der Schallgeschwindigkeit, weil das Verhältnis zwischen dem Druck im Zylinder und dem Auspuffgegendruck anfangs oberhalb des kritischen Druckverhältnisses liegt; später, wenn dieses durchlaufen ist und der Druck im Zylinder weiter sinkt, gelten andere Strömungsformeln. Die Berücksichtigung der Veränderlichkeit aller dieser Größen würde die Rechnung sehr komplizieren, ohne daß völlige Genauigkeit errreichbar wäre,

6*

schon weil die Temperatur der Gase unmittelbar vor Eröffnung der Auspuffquerschnitte nicht genau bekannt ist. Man macht daher wie bei der Berechnung der Spülquerschnitte eine Reihe von Annahmen, unter denen die wichtigsten sind, daß der Zylinderraum V_1 vom Zeitpunkt der Öffnung des Auspuffs an unverändert bleibt und die Strömungsgeschwindigkeit in den Schlitzen während der ganzen Dauer des Auspuffs bis zum Beginn der Öffnung der Spülschlitze gleich der Schallgeschwindigkeit gesetzt werden darf.[1]

Der Druck p_1, der im Zylinder zu Beginn der Entspannung herrscht, wird dem Indikatordiagramm entnommen; hierzu schätzt man nach ähnlichen, ausgeführten Maschinen die zu erwartende Höhe der Auspuffschlitze, die für die Lage des Punktes (A in Bild 109) der beginnenden Entspannung im Indikatordiagramm maßgebend ist. Dieser Druck liegt in der Regel bei 4 bis 5 ata, und da der Auspuffgegendruck p_a gewöhnlich nur wenige hundert mm WS über dem Atmosphärendruck liegt, so ist die Geschwindigkeit in den Auspuffschlitzen während des größten Teiles des Entspannungsvorganges

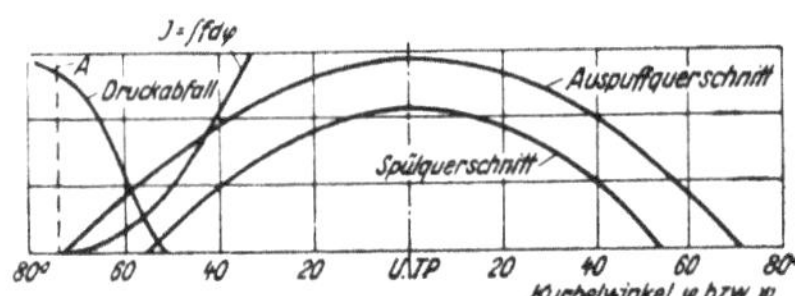

Bild 109. Auspuff-Zeitquerschnitt $\int f\, d\varphi$ und Druckabfall.

gleich der Schallgeschwindigkeit w_k, also gleich der Geschwindigkeit, die der Schall in Gasen von dem Zustand hat, wie er in den Auspuffschlitzen herrscht. Sie ist, da

$$w_k = \sqrt{2g\,\frac{\varkappa}{\varkappa+1}\cdot P\cdot v} = 3{,}38\,\sqrt{P\cdot v} = 3{,}38\,\sqrt{R\cdot T}$$

ist, nur abhängig von der (veränderlichen) absoluten Temperatur T, die während der Entspannung in jedem Augenblick im Zylinder vorhanden ist.

Bezeichnet man mit dem Index 1 den Zustand zu Beginn der Entspannung, mit k den in der Auspuffmündung, und gelten die Zustandsgrößen ohne Zeiger für einen beliebigen Augenblick während der Entspannung, so wird mit $R = 30$ und

$$T = T_1 \left(\frac{v_1}{v}\right)^{\varkappa-1}$$

$$w_k = 18{,}52\,\sqrt{T_1}\cdot\left(\frac{v_1}{v}\right)^{\frac{\varkappa-1}{2}} \tag{5}$$

und
$$v_k = v\left(\frac{p}{p_k}\right)^{\frac{1}{\varkappa}}. \tag{6}$$

Im Zeitelement dt fließt ein Gasvolumen

$$v_k \cdot dG' = \mu\cdot w_k\cdot f\,dt \tag{7}$$

aus, worin dG' das im Zeitelement dt durch die Auspuffschlitze strömende Gasgewicht ist. Dieses ist gleich der Abnahme dG des im Zylinder zu Beginn der Entspannung vorhandenen Gasgewichts G_1:

$$dG' = -\,dG.$$

Da der Rauminhalt während der Entspannung als unveränderlich gelten soll, so wird

$$V_1 = G_1\cdot v_1 = G\cdot v.$$

Die Änderung des im Zylinder befindlichen Gasgewichts wird:

$$dG' = -\,dG = G_1\cdot v_1\cdot\frac{dv}{v^2} = V_1\cdot\frac{dv}{v^2}. \tag{8}$$

---

[1] Ringwald (s. Fußnote 1, S. 79) hat gezeigt, daß diese Annahmen die Genauigkeit der Rechnung nicht wesentlich beeinträchtigen.

Setzt man die Werte aus Gl. (5), (6) und (8) in Gl. (7) ein, so wird

$$v \left(\frac{p}{p_k}\right)^{\frac{1}{\varkappa}} \cdot V_1 \cdot \frac{dv}{v^2} = \mu \cdot 18{,}52 \sqrt{T_1} \cdot \left(\frac{v_1}{v}\right)^{\frac{\varkappa-1}{2}} \cdot f\,dt$$

$$f\,dt = \frac{\left(\dfrac{p}{p_k}\right)^{\frac{1}{\varkappa}} \cdot V_1}{\mu \cdot 18{,}52 \cdot \sqrt{T_1} \cdot v_1^{\frac{\varkappa-1}{2}}}\, v^{\frac{\varkappa-3}{2}}\,dv.$$

Die Integration erstreckt sich von der Zeit t_1, dem Beginn der Entspannung, bis zu dem betrachteten Zeitpunkt t. In dieser Zeit ändert sich das spez. Volumen des Zylinderinhaltes von v_1 in v. Demnach wird:

$$\int_{t_1}^{t} f\,dt = \frac{\left(\dfrac{p}{p_k}\right)^{\frac{1}{\varkappa}} \cdot V_1}{\mu \cdot 18{,}52 \cdot \sqrt{T_1} \cdot v_1^{\frac{\varkappa-1}{2}}} \cdot \int_{v_1}^{v} v^{\frac{\varkappa-3}{2}}\,dv$$

$$= \frac{2 \left(\dfrac{p}{p_k}\right)^{\frac{1}{\varkappa}} \cdot V_1}{(\varkappa-1) \cdot \mu \cdot 18{,}52 \cdot \sqrt{T_1}} \left[\left(\frac{v}{v_1}\right)^{\frac{\varkappa-1}{2}} - 1\right].$$

Mit $\varkappa = 1{,}4$ und $\dfrac{p}{p_k} = 1{,}894$ wird

$$\int_{t_1}^{t} f\,dt = \frac{0{,}426 \cdot V_1}{\mu \cdot \sqrt{T_1}} \left[\left(\frac{v}{v_1}\right)^{\frac{\varkappa-1}{2}} - 1\right]$$

oder

$$= \frac{0{,}426 \cdot V_1}{\mu \cdot \sqrt{T_1}} \left[\left(\frac{p_1}{p}\right)^{\frac{\varkappa-1}{2\varkappa}} - 1\right]. \tag{9}$$

Der in der eckigen Klammer der Gl. (9) stehende Ausdruck ist nur vom Druckverhältnis $p_1 : p$ abhängig und kann für verschiedene Werte von $p_1 : p$ berechnet werden. Es wird

$$\text{für } \frac{p}{p_1} = 0{,}9 \qquad 0{,}8 \qquad 0{,}6 \qquad 0{,}4 \qquad 0{,}3$$

$$D = \left(\frac{p_1}{p}\right)^{0{,}143} - 1 = 0{,}015 \quad 0{,}0324 \quad 0{,}076 \quad 0{,}14 \quad 0{,}188.$$

Führt man statt der Zeit t den bei n U/min in der Zeit t durchlaufenen Kurbelwinkel φ im Gradmaß ein, so wird wegen

$$t = \frac{\varphi}{6\,n}\,, \qquad dt = \frac{d\varphi}{6\,n}$$

$$\frac{1}{n} \int_{\varphi_1}^{\varphi} f\,d\varphi = \frac{J}{n} = \frac{2{,}556 \cdot V_1}{\mu \cdot \sqrt{T_1}} \cdot D\,. \tag{10}$$

Gleichung (10) dient zur Verfolgung des Entspannungsvorganges mit zunehmendem Zeitquerschnitt J. Will man den Inhalt V_1 eines Zylinders von bekannten Abmessungen, in welchem unmittelbar vor Beginn des Auspuffes der Druck p_1 und die Temperatur T_1 herrschen, bei n U/min auf den Druck p entspannen, so ist hierzu der Zeitquerschnitt J, gemessen in $m^2 \cdot$ Grad Kurbelwinkel, erforderlich. In der Praxis geht man gewöhnlich den umgekehrten Weg: man entwirft nach ähnlichen bewährten Ausführungen die Auspuffschlitze, deren lichte Breite nach Wahl der Spülform sich aus konstruktiven Rücksichten (Breite der Stege zwischen den Schlitzen) ergibt, während die Höhe unter Beachtung der Drehzahl vorläufig geschätzt wird. Dann kann der Zeitquerschnitt $J = \int f\, d\,\varphi$ aufgezeichnet werden, indem man die bei den einzelnen Kurbelstellungen freigelegten Auspuffquerschnitte in Abhängigkeit vom Kurbelwinkel aufträgt (Bild 109). Hierbei interessiert meist nur der erste Teil des Auspuff-Zeitquerschnittes vom Beginn der Öffnung der Auspuffschlitze bis zur Öffnung der Spülschlitze, da es nur darauf ankommt, nachzuprüfen, ob in diesem Zeitintervall der Druck im Zylinder sich auf den Druck im Spülluftaufnehmer entspannt hat (Druckabfallinie in Bild 109).

In Gl. (10) muß die Temperatur T_1 des Zylinderinhaltes, die für den Beginn der Entspannung gilt, geschätzt werden. Ringwald nimmt sie zu 1000° abs. an, ein Wert, welcher der Wirklichkeit nahekommen dürfte und dessen Fehlschätzung die Genauigkeit der Rechnung nur wenig beeinflußt, da T_1 in Gl. (10) unter dem Wurzelzeichen steht. Die Ausflußziffer μ kann zu 0,85 bis 0,9 angenommen werden.

Der Zeitquerschnitt $J = \int f\, d\varphi$, der sich nach den angenommenen Abmessungen der Auspuffschlitze ergibt, kann als Kurve über den zugehörigen Kurbelwinkeln aufgetragen werden (Bild 109). Greift man aus dieser Kurve verschiedene Werte von J ab und setzt sie in Gl. (10) ein, so erhält man bei gegebenem n zu jedem J und der zugehörigen Kurbelstellung einen bestimmten Wert von D und hieraus das für den betrachteten Punkt gültige Druckverhältnis $p : p_1$. Der Anfangsdruck p_1 wird dem Indikatordiagramm entnommen (Punkt A): damit sind die verschiedenen Drücke p bekannt, auf die sich der Zylinderinhalt bei den betrachteten Kurbelstellungen entspannt hat. So wird die Entspannungslinie punktweise berechnet und in das Diagramm der Zeitquerschnitte eingetragen (Bild 109). Der letzte Teil der Entspannungslinie soll sich bis auf den Spüldruck gesenkt haben, wenn die Kurbelstellung erreicht ist, bei der die Spülschlitze öffnen: dann ist die Forderung, daß die Auspuffgase nicht in den Spülluftaufnehmer schlagen dürfen, erfüllt und die Höhe der Auspuffschlitze richtig gewählt. Andernfalls muß die Untersuchung mit anderen Auspuffschlitzhöhen wiederholt werden. Ein geringes Anschneiden der Spülzeitfläche durch die Entspannungslinie (wie in Bild 109 angedeutet) ist zulässig, da die immer im Überschuß vorhandene Spülluft die eingedrungenen Abgase alsbald wieder zurücktreibt und mit den übrigen noch im Zylinder befindlichen Gasen ausspült[1].

ε) Verdichtungsdruck

Für die hinreichend schnelle Entzündung des eingespritzten Brennstoffes ist mit in erster Linie die Temperatur der Brennraumluft maßgebend, die vom Verdichtungsverhältnis abhängt, da $T_2 : T_1 = (p_2 : p_1)^{\frac{\varkappa-1}{\varkappa}}$ ist. Man spricht in der Praxis des Dieselmaschinenbetriebes gleichwohl meist nur vom Verdichtungsdruck, den der Maschinist mit dem Indikator leicht messen kann, während ihm das Verdichtungsverhältnis oft nicht bekannt ist. Wo im folgenden vom Verdichtungsdruck gesprochen wird, ist stets der Enddruck gemeint, der sich bei atmosphärischem Anfangsdruck ($p_0 = 1{,}03$ ata) aus dem durch die Konstruktion festgelegten Verdichtungsverhältnis $\varepsilon = (V_h + V_c) : V_c$ mit V_h als Hubvolumen und V_c als Inhalt des Verdichtungsraumes ergibt. Hierbei ist zu beachten, daß, wenn auch der Motor Luft von atmosphärischer Spannung ansaugt, daraus nicht gefolgert werden darf, daß der Anfangsdruck der Verdichtung im Zylinder mit dem Druck der umgebenden Luft übereinstimmt. Schwingungen der Luftsäule in der Saugleitung oder unzweckmäßig gewählte Eröffnungszeiten des Einsaugventiles von Viertaktmaschinen, Schwingungen der Luft in der Spülleitung oder der Abgassäule in der Auspuffleitung von Zweitaktmaschinen können den Anfangsdruck im Zylinder merklich erniedrigen, andererseits geschickt gewählte Verhältnisse ihn auch selbst über den Atmosphärendruck erhöhen. Setzt man den Anfangsdruck $= 1$ ata, so rechnet man vorsichtig und täuscht sich weniger leicht hinsichtlich der erreichbaren Höhe des Enddruckes der Verdichtung sowie der Luftfüllung des Zylinders und damit der Leistung der Maschine.

Der Enddruck ergibt sich rechnungsmäßig aus der bekannten Beziehung $p \cdot v^{\varkappa} = $ const., die für den Anfangs- wie für den Endzustand gilt. $\varkappa$ ist der Exponent der polytropischen Verdichtung,

---

[1] Weitere nützliche Hinweise sind in den in Fußnote 1, S. 79, genannten Aufsätzen enthalten, besonders in der Arbeit von Ringwald.

der, wie aus manchen Untersuchungen bekannt ist, sich während der Verdichtung stark ändert. Man erkennt dies, wenn man die Verdichtungslinie des Indikatordiagrammes einer Dieselmaschine in das Entropiediagramm überträgt[1]: der gekrümmte Verlauf (Bild 110) zeigt an, daß die Verdichtung anfänglich infolge der Erwärmung der einströmenden Luft an den heißen Zylinderwandungen überadiabatisch verläuft ($\varkappa > 1,4$) und daß sie allmählich mit steigendem Verdichtungsdruck infolge des mit der wachsenden Luftdichte zunehmenden Wärmeüberganges sich der Isotherme nähert. Erfahrungsgemäß liegt der Endpunkt der Verdichtungslinie (im rechtwinkligen Entropiediagramm) etwas links von der durch den Anfangspunkt gezogenen Senkrechten: das bedeutet, daß der Exponent der Verdichtungspolytrope etwa den Mittelwert 1,35 bis 1,38 hat. Da es bei der Berechnung des Verdichtungsraumes V_c nur auf den Endzustand der Luft, nicht auf den Zwischenverlauf der Verdichtungslinie ankommt, so darf man $\varkappa$ für diese Berechnung als konstant annehmen.

Mit p_c als Enddruck der Verdichtung wird:

$$p_0 \, (V_h + V_c)^\varkappa = p_c \cdot V_c^\varkappa$$

und mit $(V_h + V_c) : V_c = \varepsilon$

$$p_c = p_0 \cdot \varepsilon^\varkappa$$

oder mit $p_0 = 1$ ata (s. oben)

$$p_c = \varepsilon^\varkappa .$$

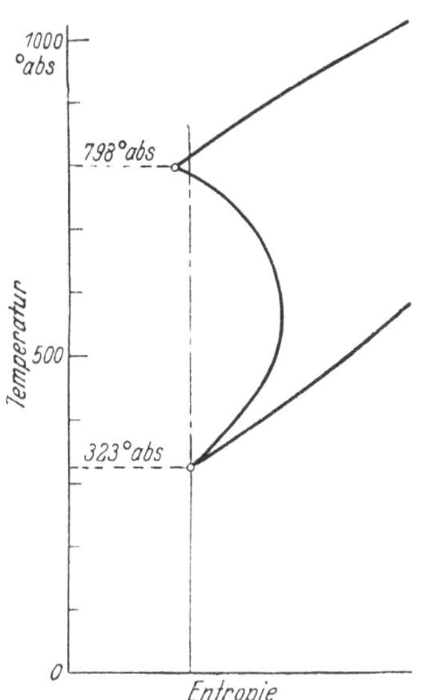

Bild 110. Verlauf der Verdichtungslinie im Entropiediagramm.

Nach Wahl von p_c ergibt sich das auszuführende Verdichtungsverhältnis ε mit der Unsicherheit, die durch den Mangel einer genauen Kenntnis von p_0 und $\varkappa$ bedingt ist. Nur durch die Erfahrung läßt sich diese Unsicherheit begrenzen. Hat man den gewünschten Verdichtungsdruck nicht genau getroffen, so setzt man den Kolben höher oder tiefer, wozu man die Möglichkeit, Beilagen (d in Bild 284, S. 271) unter den Pleuelstangenfuß zu legen, beim Entwurf der Pleuelstange vorsieht. Bei doppeltwirkenden Maschinen ist zu beachten, daß z. B. ein Tiefersetzen des Kolbens zwar den Verdichtungsdruck auf der oberen Seite herabsetzt, ihn aber gleichzeitig auf der unteren Seite erhöht. Bei einer doppeltwirkenden Maschine pflegt man daher nicht nur Beilagen unter dem Pleuelfuß, sondern auch solche in der Teilfuge des Kolbenkörpers vorzusehen, durch welche die Kolbenlänge verändert werden kann. Dann kann man die beiden Verdichtungsräume unabhängig voneinander einstellen.

Bei Zweitaktmaschinen mit Schlitzsteuerung ist zu beachten, daß man nicht das Hubvolumen V_h, sondern ein kleineres Volumen V_h' einzusetzen hat, das sich aus dem Überschleifen der oberen Kante der Auspuffschlitze durch die Steuerkante des Kolbens ergibt, denn erst dann, wenn die Auspuffschlitze abgedeckt sind, beginnt der Verdichtungshub. Dabei ist der obere Rand des Kolbens als steuernd anzunehmen (s. Fußnote 1, S. 76).

Bei den älteren Dieselmaschinen, die mit Druckluftzerstäubung arbeiteten, lag kein Bedürfnis vor, einen Verdichtungsdruck von 30 kg/cm² zu überschreiten, da dieser zur sicheren Zündung des Brennstoffes ausreichte und gute Indikatordiagramme mit einem Verbrennungsdruck von etwa 36 kg/cm² ergab. Nach der Einführung der Druckeinspritzung glaubte man anfangs, den Verdichtungsdruck auf 27 bis 28 kg/cm² herabsetzen zu können, da die abkühlende Wirkung der sich ausdehnenden Einblaseluft wegfiel und der Motor auch mit dem niedrigeren Druck sicher zündete. Heute zieht man einen höheren Verdichtungsdruck (bis 40 kg/cm², gelegentlich auch noch mehr) vor, nachdem man die Erfahrung gemacht hat, daß die im Totpunkt mit der Verbrennung eintretende Drucksteigerung bei höherem Verdichtungsdruck kleiner wird (vgl. Bild 138, S. 113), was der Ruhe des Ganges zugute kommt. Kleinmaschinen bedürfen eines größeren Verdichtungs-

---

[1] Beispiele hierfür in Zwerger: Das Wärmediagramm als Grundlage für die Untersuchung einer Ölmaschine. Forschungsarbeiten des V.D.I. Heft 216. Vgl. auch Dubbel: Öl- und Gasmaschinen, S. 55. Berlin: Springer-Verlag 1926, und Alt: Jahrb. Schiffbautechn. Ges. Bd. 21 (1920), S. 377 und 378. Berlin: Springer-Verlag.

verhältnisses, weil bei ihnen der Exponent der Verdichtung wegen der stärkeren Kühlung niedriger ist, denn mit abnehmenden Zylinderabmessungen nimmt das zu kühlende Luftvolumen mit der dritten, die kühlende Oberfläche nur mit der zweiten Potenz ab.

Bei ausgeführten Maschinen findet man folgende Verdichtungsverhältnisse:

Für Großmaschinen mit unmittelbarer Einspritzung $\varepsilon = 1:12$ bis $1:15$,
„ Kleinmaschinen „   „   „ $\varepsilon = 1:14$ „ $1:18$,
„ Vorkammer-, Wirbelkammer- und Luft-
speichermaschinen .... $\varepsilon = 1:15$ „ $1:20$.

b) Zeitliche Gemischbildung

Unter den Begriff „zeitliche Gemischbildung" fallen diejenigen Faktoren, die den zeitlichen Ablauf der Einspritzung beeinflussen, also der Zeitpunkt, in dem die Einspritzung beginnt (gemessen in Kurbelgraden vor ob. Totpt.), die Dauer der Einspritzung (in Kurbelgraden) und der zeitliche Verlauf der Einspritzung, der durch die Änderung der Einspritzgeschwindigkeit bedingt und von dem Antrieb der Brennstoffpumpe bestimmt wird. Für diesen wird überwiegend der Nocken benutzt, der eine größere Freiheit in der Wahl des zeitlichen Verlaufes der Einspritzung läßt als das Exzenter, das ebenfalls gelegentlich verwendet wird.

Der Zeitpunkt, in dem die Einspritzung beginnt, wird beim Einregeln der Maschine im Prüffeld so bestimmt, daß der mit der beginnenden Verbrennung einsetzende Druckanstieg in die Nähe des oberen Totpunktes fällt. Der Beginn der Einspritzung, d. h. das Eintreten der ersten Brennstofftröpfchen in den Brennraum, muß je nach dem Zündverzug (s. S. 112), der verschieden sein kann, mehrere Kurbelgrade früher erfolgen, und noch früher muß die Rolle der Brennstoffpumpenführung, die den Pumpenstempel betätigt, den Brennstoffnocken berühren: denn zwischen dem Augenblick, in dem die erste Berührung stattfindet, und dem Beginn der

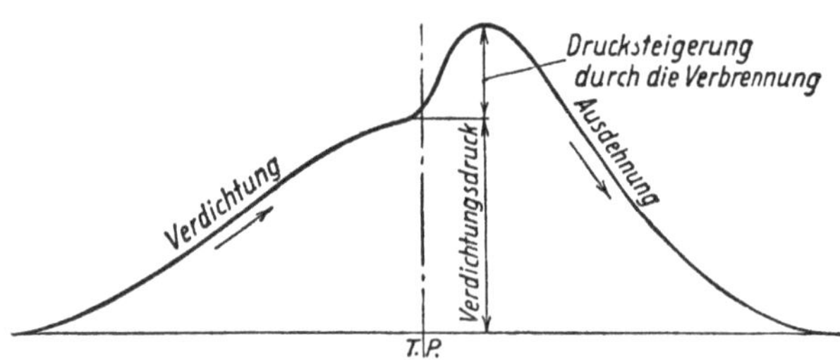

Bild 111. Um 90° versetztes Indikatordiagramm.

Einspritzung verstreicht eine Zeit, der Einspritzverzug, in welcher der Pumpenstempel einen gewissen Weg zurücklegen muß, um das Treiböl auf den zum Öffnen des Brennstoffventiles erforderlichen Druck zu verdichten. Der Zündverzug ist eine Zeit, die von der chemischen Zusammensetzung des Brennstoffes und dem Zustand (Temperatur und Druck) der Brennraumluft abhängt; sie kann bei den gebräuchlichen Brennstoffen und Verdichtungsverhältnissen zwischen etwa $1/100$ und $1/1000$ sek liegen und ist im Motor auch von der Drehzahl abhängig. Der Einspritzverzug dagegen wird von dem Volumen des zwischen dem Brennstoffpumpenstempel und dem Sitz des Einspritzventiles eingeschlossenen Treiböles sowie von dessen Zusammendrückbarkeit bestimmt: hier ist somit der Weg maßgebend, den der Pumpenstempel bis zur Erreichung des Einspritzdruckes zurücklegt, und die Zeit (in Kurbelgraden), die er hierzu braucht, kann je nach der Neigung des Nockenanlaufes verschieden sein. Bei gegebener Nockenform und bekanntem Treibölvolumen kann der Einspritzverzug auch in Kurbelgraden angegeben werden.

An der laufenden Maschine kann mit einfachen Mitteln nur die Summe aus Einspritzverzug und Zündverzug gemessen werden. Den Beginn des Einspritzverzuges bestimmt man, indem man ein dünnes Papier zwischen Rolle und Brennstoffnocken hält, die Kurbelwelle langsam dreht und auf der am Schwungradumfang angebrachten Gradeinteilung (Bild 323, S. 309) die Kurbelstellung abliest, bei der das Papier gerade festgeklemmt wird. Das Ende des Zündverzuges ergibt sich als Beginn des Druckanstieges aus dem um 90° versetzten Indikatordiagramm (Bild 111). Einspritzverzug und Zündverzug können zusammen einen Bogen von beträchtlicher Länge ausmachen, und zwar wird dieser um so größer, je flacher der Nockenanlauf ist und je schwerer der Brennstoff zündet. Da man ihn beim Entwurf der Maschine nicht kennt und auch mit Brennstoffen verschiedener Zündeigenschaften rechnen muß, so wird der Brennstoffnocken baulich so durchgebildet, daß er bei stillstehender Maschine um einen hinreichend großen Winkel vor- und zurückgeschoben werden kann (Bild 198, S. 175). Macht man hiervon beim Einregeln der Maschine Gebrauch, so treten dieselben Erscheinungen wie bei der älteren mit Druckluftzerstäubung arbeitenden Maschine auf: wird der Nocken so verschoben, daß die Einspritzung allmählich immer früher beginnt, so steigen die Verbrennungsdrücke mehr und mehr (Bild 112): das Diagramm wird spitzer, der Brennstoffverbrauch in Übereinstimmung mit der Theorie, die der „Verbrennung bei gleichbleibendem Volumen" den besseren thermischen Wirkungsgrad[1] zuschreibt, geringer, aber der Gang der Maschine wird härter, und die Triebwerksbeanspruchungen wachsen. Das Umgekehrte tritt ein, wenn man den Brennstoff allmählich immer später einspritzt: die Diagramme erhalten schließlich eine schöne „Gleichdruck"-Form, aber schon vorher hat der Brennstoffverbrauch sich unzulässig verschlechtert und der Auspuff zu rauchen begonnen. Der günstigste Einspritzzeitpunkt ist ein Kompromiß zwischen nicht zu hohem Verbrennungsdruck, gutem Brennstoffverbrauch, ruhigem Gang und praktisch sauberem Auspuff. Eine mehr oder weniger große Drucksteigerung zwischen Verdichtungsenddruck und Verbrennungshöchstdruck muß man dabei immer in Kauf nehmen; sie kann aber, wie S. 87 erwähnt, durch Wahl eines höheren Verdichtungsdruckes vermindert werden.

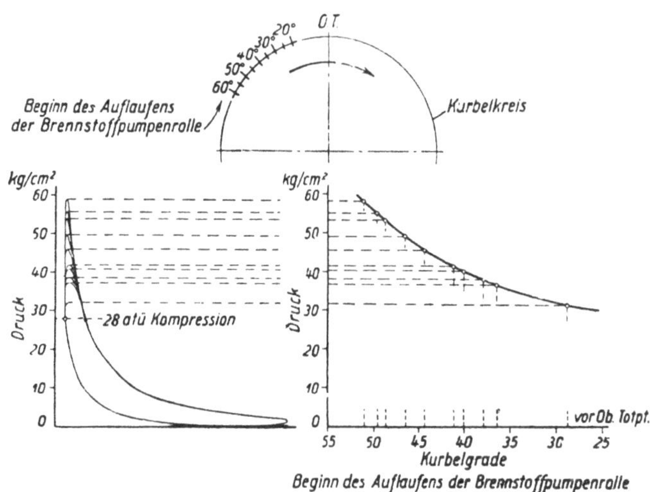

Bild 112. Einfluß des Einspritzzeitpunktes auf die Form des Indikatordiagrammes (schematisch).

Die Betrachtung von Bild 112 könnte Anlaß geben, vom „Gleichdruck"- bzw. „Verpuffungsverfahren" zu sprechen, Bezeichnungen, die man oft, aber immer unzutreffend, auf Dieselmaschinen angewendet hat. Man pflegt bei der Untersuchung der Energieumsetzung in Brennkraftmaschinen von einem theoretischen Indikatordiagramm auszugehen, von dem man zwei Grundformen, das „Gleichdruck"- und das „Verpuffungsdiagramm", unterscheidet, je nachdem man Verbrennung bei gleichbleibendem Volumen oder bei gleichbleibendem Druck voraussetzt. Der Vergleich der beiden Verfahren zeigt, daß das „Gleichdruckverfahren", gleiche Höchstdrücke vorausgesetzt, wärmetheoretisch etwas wirtschaftlicher ist und daß der Brennstoffverbrauch um so günstiger

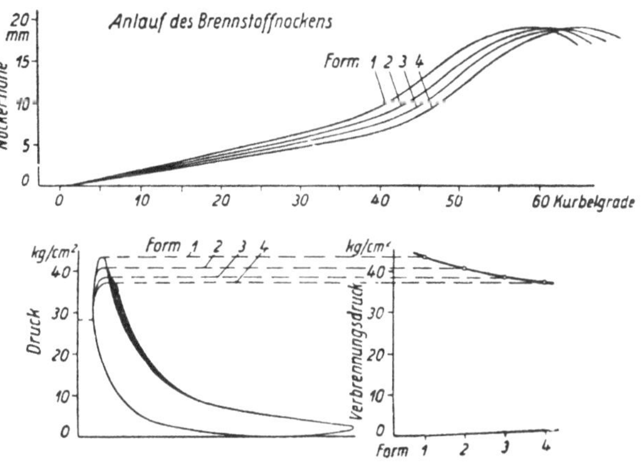

Bild 113. Einfluß des Anlaufes des Brennstoffnockens auf die Form des Indikatordiagrammes (schematisch).

wird, je mehr sich die Verbrennung in der Nähe des oberen Totpunktes abspielt. Viel weiter geht der Wert solcher theoretischen Untersuchungen nicht, denn in Wirklichkeit gibt es im Dieselmotor weder eine Verbrennung bei gleichbleibendem Volumen noch eine solche bei gleichbleibendem Druck, und die theoretischen Indikatordiagramme des „Gleichdruck"- bzw. „Verpuffungs"-Verfahrens lassen sich nie verwirklichen. Immer tritt während der Verbrennung eine Drucksteigerung ein, und gewöhnlich kann man in dem an der Maschine aufgenommenen Indikatordiagramm, be-

[1] Sofern auf den Höchstdruck keine Rücksicht genommen zu werden braucht.

sonders im versetzten Diagramm (Bild 111), eine kleine Strecke als Gleichdruckverbrennung bezeichnen, wobei der Gleichdruck so zu verstehen ist, daß er um die im Totpunkt eintretende Drucksteigerung über dem Verdichtungsdruck liegt. Die Bezeichnungen „Gleichdruckverfahren" und „Verpuffungsverfahren" sind daher, auf die Vorgänge im Brennraum des Dieselmotors angewandt, unzutreffend.

Die Dauer der Einspritzung beträgt etwa 18 bis 25 Kurbelgrade, je nachdem ob man einen steileren oder flacheren Nockenanlauf wählt, was Sache der Erfahrung ist. Der steilere Anlauf ergibt eine raschere Zunahme der Stempelgeschwindigkeit und demnach auch der Einspritzgeschwindigkeit, was eine vermehrte Drucksteigerung im oberen Totpunkt zur Folge hat. Schematisch ist dies in Bild 113 dargestellt: bei steilerem Anlauf erhält man höhere Verbrennungsdrücke und niedrigeren Brennstoffverbrauch. Durch Ausführung eines flacheren Anlaufes kann man den Höchstdruck ermäßigen, aber nur auf Kosten des Brennstoffverbrauches. Bei zu flachen Nocken können die Zündungen bei kleiner Belastung und im Leerlauf aussetzen (besonders wenn man gleichzeitig die Drehzahl erniedrigt), weil infolge der schleichenden Einspritzung Zerstäubung und Durchschlagskraft mangelhaft werden.

Der zeitliche Verlauf der Einspritzung ist durch die Nockenform bedingt, wenn man sich nicht etwa für den Exzenterantrieb des Brennstoffpumpenstempels entscheidet. Der Nocken läßt die größere Freiheit in der Gestaltung des Einspritzverlaufes zu, weil man zwischen dem Punkt, in dem der Pumpenstempel seine Bewegung beginnt, und dem Ende der Einspritzung verschiedene Nockenformen zeichnen kann, von denen die beste gesucht werden muß. Die allmählich zunehmende Einspritzgeschwindigkeit kommt der Forderung nach zweckmäßiger räumlicher Verteilung des Brennstoffes im Brennraum entgegen: die zuerst in den Brennraum eintretenden Tropfen sollen eine niedrige Geschwindigkeit haben, damit sie nicht vor ihrer Entzündung einen großen Weg zurücklegen, weil sonst die in der Nähe der Einspritzdüse befindliche Luft schlecht ausgenutzt wird. Die dann folgenden Tropfen müssen eine schon brennende Zone durchschlagen;

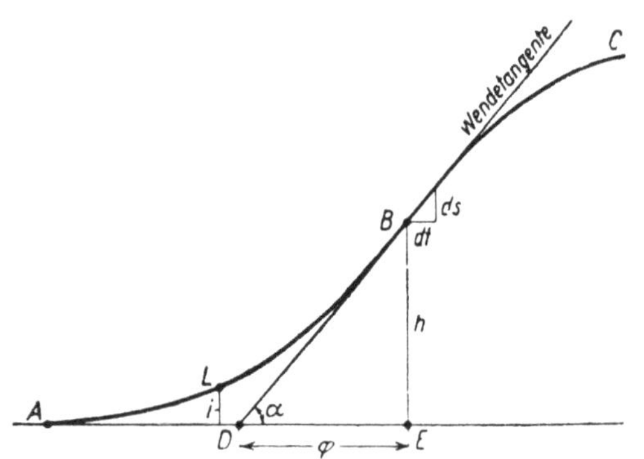

Bild 114. Berechnung der Anlaufform des Brennstoffnockens.

sie können dies, weil der Zündverzug sie vor dem sofortigen Eintritt der Zündung schützt, müssen aber eine größere Anfangsgeschwindigkeit als die ersten Tropfen haben. Entsprechendes gilt für die später und später eintretenden Tropfen; immer größer muß ihre Geschwindigkeit werden, damit sie möglichst erst, nachdem sie die schon brennenden Zonen passiert haben, zünden. Am größten muß die Geschwindigkeit der zuletzt eingespritzten Brennstoffteilmengen sein, die den weitesten Weg zurückzulegen haben. Wenn sich auch die wirklichen Vorgänge nicht genau in dieser Weise abspielen, so hat doch die Erfahrung gezeigt, daß bei zweckmäßig gewählter Nockenform gute Indikatordiagramme erzielt werden können.

Man kann die günstigste Nockenform nicht mit Sicherheit vorausberechnen, aber mit Hilfe des im folgenden beschriebenen Näherungsverfahrens ein Nockenprofil aufzeichnen, das dem auszuführenden nahekommt. Die endgültige Form findet man durch den Versuch.

Die Kurve ABC (Bild 114) stelle den abgewickelt gezeichneten Nockenanlauf (bzw. die Rollenmittelpunktkurve) dar: die Abszisse sei in Grad Kurbelwinkel eingeteilt. Die Ordinate h entspreche dem Vollasthub des Pumpenstempels; dann soll, wie oben erläutert, die Stempelgeschwindigkeit in B, dem Ende der Einspritzung, ein Maximum und somit das Nockenprofil in B eine Wendetangente haben. Diese schneide die Abszissenachse unter dem Winkel α in D; die Entfernung von D bis zum Fußpunkt E der Höhe h betrage φ Kurbelgrade. Der Pumpenstempel bewegt sich in Richtung der Ordinatenachse; man kann sich seine Bewegung dadurch entstanden denken, daß man sich die Rollenmittelpunktkurve ABC mit konstanter Geschwindigkeit nach links wandernd vorstellt. Die Geschwindigkeitskomponente des Punktes B in vertikaler Richtung ist dann:

$$c = \frac{ds}{dt} = \operatorname{tg}\alpha = \frac{h}{\varphi \text{ als Zeit}} = \frac{h}{\dfrac{\varphi \text{ in Kurbelgraden}}{6\,n}} = \frac{6\,n\,h}{\varphi^\circ},$$

wenn n die minutliche Drehzahl ist, weil ein Kurbelgrad in $\dfrac{1}{6\,n}$ sek zurückgelegt wird. Der Liefergrad (volumetrische Wirkungsgrad) der Brennstoffpumpe ist meistens von 1,0 nicht sehr verschieden, dann wird, wenn

F die Stirnfläche des Pumpenstempels in mm²,
b_e der Brennstoffverbrauch in g/PSeh,
N_e die effektive Leistung eines Zylinders in PSe und
γ das spezifische Gewicht des Brennstoffes in g/cm³

ist, für Viertaktmaschinen die Fördermenge für eine Einspritzung in mm³:

$$F \cdot h = \frac{b_e \cdot N_e \cdot 1000}{\gamma \cdot 60 \cdot \dfrac{n}{2}}$$

$$= \frac{200 \cdot b_e \cdot N_e}{6 \cdot \gamma \cdot n}\ \text{mm}^3.$$

Für Zweitaktmaschinen ist im Zähler 100 statt 200 zu setzen. Multipliziert man auf beiden Seiten mit $\dfrac{6\,n}{\varphi^\circ}$, so erhält man

oder wegen $c = \dfrac{6\,n\,h}{\varphi^\circ}$:

$$\frac{6\,F \cdot n \cdot h}{\varphi^\circ} = \frac{200 \cdot b_e \cdot N_e}{\gamma \cdot \varphi^\circ}$$

$$F^{\text{mm}^2} \cdot c^{\text{mm/sek}} = \frac{200 \cdot b_e \cdot N_e}{\gamma \cdot \varphi^\circ}$$

und

$$\frac{F^{\text{mm}^2} \cdot c^{\text{mm/sek}}}{N_e} = \frac{200 \cdot b_e}{\gamma \cdot \varphi^\circ}.$$

Die Strecke φ werde zu 25° gewählt; dann wird bei einem mittleren spez. Gewicht des Brennstoffes von 0,88 g/cm³ und einem für die Druckeinspritzung i. M. zutreffenden Brennstoffverbrauch von 170 g/PSeh:

$$\frac{F^{\text{mm}^2} \cdot c^{\text{mm/sek}}}{N_e} = \frac{200 \cdot 170}{0{,}88 \cdot 25}$$

$$= 1550\ \text{mm}^3/\text{sek} \cdot \text{PSe}.$$

Diese Zahl gilt für Viertaktmotoren; für Zweitaktmotoren ist sie durch 2 zu teilen. Sie stellt diejenige Brennstoffmenge in mm³ für je 1 PSe dar, die in den Brennraum eines Zylinders eingespritzt werden würde, wenn der Pumpenstempel seine Höchstgeschwindigkeit c, die er im Augenblick der Unterbrechung der Pumpenförderung hat, während 1 sek beibehielte. Der Ausdruck $\dfrac{F \cdot c}{N}$ ist ein (vergrößerter) Maßstab für die größte Brennstoffmenge für je 1 PSe, die im Zylinder erfahrungsgemäß bei einer Einspritzung verbrannt werden kann. Die Erfahrung kommt in den beiden Größen b_e und φ, die nur empirisch bestimmt werden können, zum Ausdruck.

Bei gegebener Zylinderleistung N_e hat somit das Produkt $F \cdot c$ mm³/sek einen bestimmten Wert, und man darf nur einen der beiden Faktoren wählen. Wählt man die Höchstgeschwindigkeit des Pumpenstempels, die man zulassen will, so ergibt sich die Querschnittsfläche F des Stempels, und da

$$F \cdot h = \frac{200 \cdot b_e \cdot N_e}{6 \cdot \gamma \cdot n}\ \text{bzw.}\ \frac{100 \cdot b_e \cdot N_e}{6 \cdot \gamma \cdot n}$$

ist, so ist auch der Stempelhub h (gültig für Vollast) bekannt. Man kann nunmehr das Dreieck BDE (Bild 114) mit $\varphi = $ rd. 25 Kurbelgraden zeichnen und hat damit die Lage der Wendetangente.

Der Teil BC des Nockens nimmt an der Brennstofförderung nicht mehr teil: er dient nur zur Verminderung der Stempelgeschwindigkeit auf den Wert Null und erhält eine solche Krümmung, daß die Feder der Rollenführung keine zu große Verzögerungskraft aufbringen muß. Für die Formgebung des Nockenanlaufes AB hat man als weiteren Anhalt die Forderung, daß die Ordinate i des Punktes L, welcher der Leerlaufleistung der Maschine entspricht, etwa $^1/_6$ bis $^1/_7$ des Überlasthubes h betragen soll, entsprechend dem Verhältnis der Brennstoffmengen bei Überlast und Leerlauf.

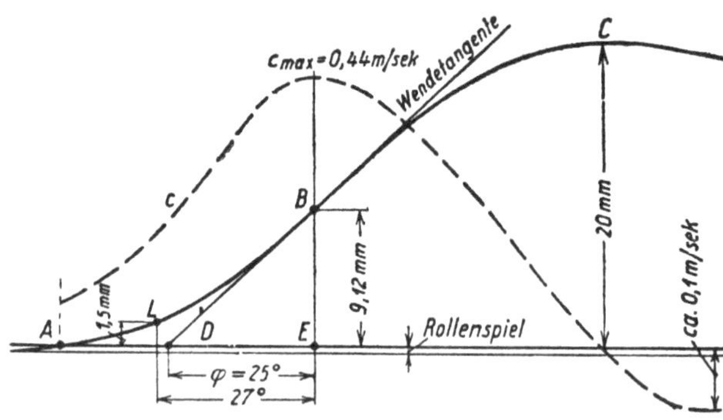

Bild 115. Entwurf des Brennstoffnockens eines einfachwirkenden Zweitaktzylinders, 100 PSe, 200 U/min.

Ferner weiß man aus der Erfahrung, daß i gewöhnlich etwas vor dem Fußpunkt D der Wendetangente liegt. Für den Entwurf der Anlaufform des Nockens ist somit die Lage von zwei Punkten, B und L, gegeben, und außerdem ist die Richtung des Nockenelementes bei B durch die Wendetangente bekannt. Hiermit kann man nach Schätzung das Nockenprofil $C—B—L—A$ zeichnen, wobei man das letzte Stück $L—A$ schlank in den Grundkreis übergehen läßt. Das Rollenspiel ist mit etwa $^1/_2$ bis 1 mm, je nach der Größe der Brennstoffpumpe, hinzuzufügen.

Zahlenbeispiel: Es sind der Durchmesser des Brennstoffpumpenstempels und der Anlauf des Brennstoffnockens für einen einfachwirkenden Zweitaktzylinder von 100 PSe Höchstleistung bei 200 U/min zu berechnen.

Für Zweitaktzylinder gilt nach den obigen Ausführungen:

$$\frac{F \text{mm}^2 \cdot c \text{mm/sek}}{N_e} = 1550 : 2 = 775 \text{ mm}^3/\text{sek} \cdot \text{PSe};$$

folglich wird hier:

$$F \cdot c = 775 \cdot 100 = 77\,500 \text{ mm}^3/\text{sek}.$$

Die Höchstgeschwindigkeit c des Stempels (gültig für Punkt B in Bild 114 und 115) werde zu 440 mm/sek gewählt: dann wird die Fläche des Pumpenstempels

$$F = \frac{77\,500 \text{ mm}^3/\text{sek}}{440 \text{ mm/sek}} = 176 \text{ mm}^2.$$

Ausgeführt wird ein Pumpenstempel von 15 mm Dmr.; $F = 176,7$ mm². Die Brennstoffmenge wird für eine Einspritzung (Liefergrad $\eta_l = 1$):

$$F \cdot h = \frac{100 \cdot b_e \cdot N_e}{6 \cdot \gamma \cdot n} \text{ mm}^3$$

$$= \frac{100 \cdot 170 \cdot 100}{6 \cdot 0,88 \cdot 200} = 1610 \text{ mm}^3;$$

somit

$$h = \frac{1610 \text{ mm}^3}{176,7 \text{ mm}^2} = 9,12 \text{ mm (Bild 115)}.$$

Mit $\varphi = 25$ Kurbelgraden kann nach Wahl des Abszissenmaßstabes das Dreieck BDE gezeichnet werden, womit die Lage der Wendetangente bestimmt ist. Die gesamte Nockenhöhe werde zu 20 mm gewählt; damit kann der Bogen BC freihändig gezeichnet werden, vorbehaltlich einer Nachprüfung der Verzögerungen, die durch die Krümmung von BC bedingt sind. Der Leerlaufpunkt L liege 27° vor dem Vollasthub BE; der Leerlaufhub betrage 1,5 mm. Die Kurve BLA wird nunmehr ebenfalls freihändig gezeichnet und schließlich das Rollenspiel mit 0,4 mm zur Nockenhöhe hinzugefügt. Vor A geht das Nockenprofil schlank in den abgewickelten unteren Grundkreis über.

Die Lage des oberen Kolbentotpunktes relativ zum Nockenprofil interessiert beim Entwurf des Nockenprofiles nicht. Erst bei der Konstruktion des Nockens hat man durch genügende Verstellmöglichkeit des Nockenkörpers in tangentialer Richtung dafür zu sorgen, daß der Vollasthub *BE* in eine passende Lage zum Kolbentotpunkt gebracht werden kann. Bei Langsamläufern liegt *BE* meist einige Grad na ch dem oberen Totpunkt, bei Schnelläufern um so mehr vo r dem Totpunkt, je höher die Drehzahl ist.

Ob die Länge der Strecke *BE* nach Ausführung der Maschine genau dem Vollasthub entspricht. ist belanglos. Fällt der volumetrische Wirkungsgrad der Brennstoffpumpe kleiner als 1,0 aus, so verschiebt man *B* beim Einregeln im Prüffeld auf dem Nocken nach rechts; das geschieht durch Verstellen der Druckschraube (*e* in Bild 181, S. 157), die das Saug- bzw. Überströmventil der Brennstoffpumpe öffnet. Entsprechendes gilt für die Überlast, nur daß hier der Regler die Unterbrechung der Brennstofförderung übernimmt.

Schließlich prüft man durch graphische Differentiation die Geschwindigkeiten und Beschleunigungen des Stempels mit seiner Rollenführung. Für den Vollasthub *BE* muß sich die dem Entwurf zugrunde gelegte Höchstgeschwindigkeit ergeben, die hier zu 0,44 m/sek vorgeschrieben war; im höchsten Punkt *C* des Nockens wird *c* = 0. Jenseits von *C* fällt der Nocken langsam ab: die Stempel-

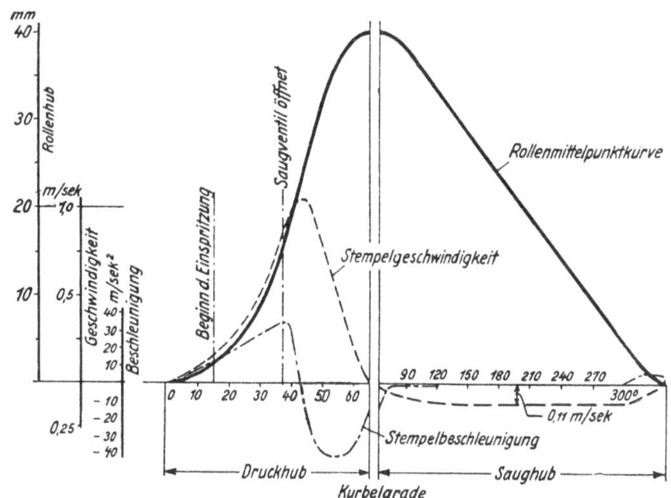

Bild 116. Untersuchung des Brennstoffnockens eines doppeltwirkenden Zweitakt- zylinders, 1000 PSe, 90 U/min, auf Geschwindigkeit und Beschleunigung des Pumpenstempels.

geschwindigkeit wählt man hier zu etwa 0,1 m/sek (Saughub). Sie kann fast für den ganzen Saug- hub konstant angenommen werden, bis der Nocken wieder in den Grundkreis übergeht. Ebenso werden die Beschleunigungen graphisch nachgerechnet (Bild 116); sie können 20 bis 40 m/sek² betragen. Besonders interessiert die Größe der (negativen) Beschleunigung auf der Strecke *BC*

(Bild 115), weil hier bei zu großer Be- schleunigung oder zu schwacher Rück- führungsfeder die Rolle vom Nocken abspringen kann. Auch auf dem Anlauf *AB* soll die Beschleunigung nicht zu groß sein, damit die Massendrücke auf den Nocken innerhalb zulässiger Grenzen blei- ben. Auf dem Saughubteil des Nockens dagegen sind die Geschwindigkeiten und Beschleunigungen ohnehin stets gering.

Die Untersuchungen bezogen sich bis jetzt auf die Rollenmittelpunkt- kurve, weil ihre Ordinaten für die Wege des Pumpenstempels maßgebend sind. Aus der gestreckten Rollenmittelpunkt- kurve erhält man in bekannter Weise das Nockenprofil, indem man sie auf einem Kreisbogen aufwickelt, dessen

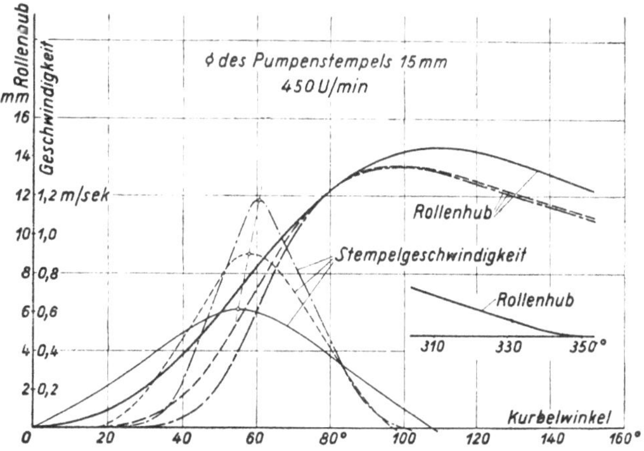

Bild 117. Verschiedene Anlaufformen des Brennstoffnockens eines sechszylindrigen Viertaktmotors; 265 mm Zyl.-Dmr., 380 mm Hub, 310 PSe bei 450 U/min.

Radius gleich der Entfernung des Rollenmittelpunktes von der Achse der Nockenwelle ist, aus den Punkten der so gewonnenen Kurve mit dem Halbmesser der Rolle Kreisbögen schlägt und die Umhüllende zeichnet.

Mit einem Brennstoffnocken, der nach dem beschriebenen Näherungsverfahren aufgezeichnet und ausgeführt ist, wird man bei einer neu entworfenen Maschine nicht immer sogleich die günstigste

Form getroffen haben, die durch ruhigen Gang der Maschine, niedrigen Brennstoffverbrauch, rauchlosen Auspuff und gute Form der Indikatordiagramme gekennzeichnet ist. Um die Erprobung der Maschine im Prüffeld nicht aufzuhalten, kann es daher zweckmäßig sein, mehrere Nocken mit verschieden steilem Anlauf bereit zu halten, die man rasch nacheinander in der Maschine erproben

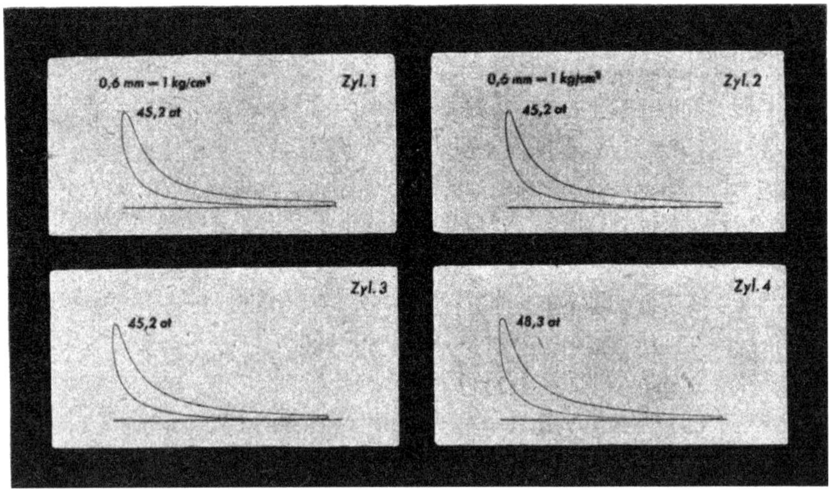

Bild 118. Indikatordiagramme bei günstigster Anlaufform des Brennstoffnockens.

kann. In Bild 117 sind z. B. drei abgewickelte Rollenmittelpunktkurven mit verschieden steilem Anlauf und den Höchstgeschwindigkeiten des Stempels von 0,6, 0,9 und 1,17 m/sek gezeichnet. Die drei Nocken wurden ausgeführt und in der Maschine erprobt. Der Nocken mit dem mittelsteilen Anlauf erwies sich als der beste und ergab günstige Indikatordiagramme in den vier Zylindern der Viertaktmaschine (Bild 118).

B. Gemischbildung
in Vorkammer-, Luftspeicher- und Wirbelkammermotoren

Gemeinsam ist diesen drei Arten von Dieselmaschinen, daß der Brennraum unterteilt ist: außer dem unmittelbar über dem Kolben liegenden Hauptbrennraum, in dem sich bei allen drei Motorarten der zweite Teil des Verbrennungsvorganges abspielt, ist ein durch eine Einschnürung oder enge Bohrungen mit dem Hauptbrennraum in Verbindung stehender Nebenraum (Vorkammer, Luftspeicher, Wirbelkammer) vorgesehen, in welchem eine Teilverbrennung stattfindet. Sie haben ferner das Merkmal, daß die Verbrennung selbst zur Erzeugung der für die Gemischbildung im Hauptbrennraum erforderlichen Luftbewegung benutzt wird. Diese ist durchweg erheblich stärker als bei den Maschinen mit unmittelbarer Einspritzung und nicht unterteiltem Brennraum: die Gemischbildung wird durch sie unterstützt, so daß die Vorkammer-, Wirbelkammer- und Luftspeichermotoren mit wesentlich niedrigeren Einspritzdrücken (80 bis 150 kg/cm²) arbeiten können als jene. Dies und der Umstand, daß bei den bis jetzt entwickelten Vorkammer-, Luftspeicher- und Wirbelkammermotoren durchweg ein Brennstoffventil mit einer Einlochdüse von verhältnismäßig großer Bohrung genügt, macht diese Maschinen besonders für kleine Zylinderleistungen geeignet: sie sind daher bei den schnellaufenden Wagenmotoren und ähnlichen Anlagen vorherrschend geworden.

Neben den gemeinsamen Kennzeichen bestehen Unterschiede in der Wirkungsweise, die in der Namengebung zum Ausdruck kommen und eine getrennte Betrachtung rechtfertigen.

Die **Vorkammermaschine** ist die älteste der drei hier zu besprechenden Arten von Dieselmaschinen. Das ihr zugrunde liegende Prinzip ist von P. L'Orange angegeben worden und im D.R.P. 230 517 vom 14. März 1909 der Firma **Benz & Cie.** (heute **Motoren-Werke Mannheim**) beschrieben. Sein Ziel war, ein Einspritzverfahren zu schaffen, das den Einblaseluftverdichter entbehrlich machte, denn dieser hatte sich als das Haupthindernis für die Entwicklung des Kleindieselmotors erwiesen, weil er mit abnehmender Maschinengröße zu klein wurde. Die Veranlassung zur Schaffung der Vorkammermaschine ist somit dieselbe gewesen, die zur Entwicklung des von **McKechnie** (S. 26) angegebenen Hochdruckeinspritzverfahrens geführt hat. **L'Orange** strebte an, die Luftbewegung, die zur Zerstäubung und Verteilung des von einer Pumpe eingespritzten Brennstoffes erforderlich war, im Arbeitszylinder selbst zu erzeugen. Nach manchen Fehlschlägen, die dem technischen Pionier selten erspart bleiben, gelang es ihm, den richtigen Gedanken zu finden, der in der genannten Patentschrift niedergelegt ist. Der flüssige Brennstoff soll „durch eine heiße Kammer (*a* in Bild 119) gespritzt werden, wobei er teilweise vollkommen verbrennt, teilweise sich zersetzt und teilweise verdampft und durch diese Umsetzungen auf dem Wege durch die Kammer den Druck in derselben über den Druck im Arbeitsraum des Zylinders erhöht, wodurch mit dem Brennstoff zugleich während der ganzen Durchtrittsdauer Gase und Dämpfe in den Zylinder strömen und dabei den Brennstoff zerstäuben". Diese Beschreibung schildert das Verfahren, nach dem die Vorkammermaschine arbeitet, durchaus zutreffend. Sie ist aber erst etwa zehn Jahre nach der Anmeldung des Patentes in den Werkstätten der **Svenska Maskinverken** in Södertälje durch **H. Leissner** so weit entwickelt worden, daß sie marktreif war, während der deutsche Erfinder durch den Weltkrieg verhindert war, an seiner Erfindung zu arbeiten. Sein Patent war von 1915 ab sechs Jahre gelöscht und wurde erst 1921 wieder in Kraft gesetzt. So gebührt das Verdienst, die Vorkammermaschine geschaffen zu haben, **L'Orange** und **Leissner** gemeinsam.

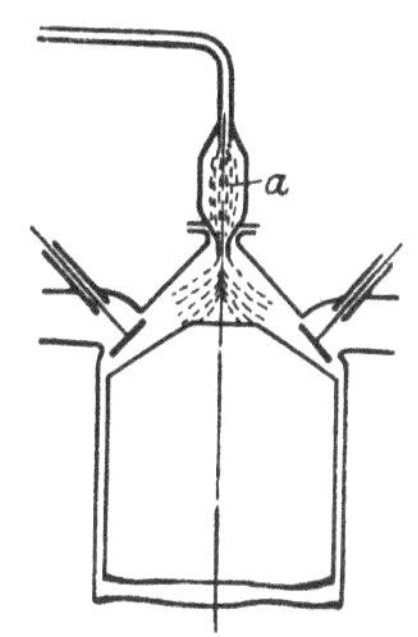

Bild 119.
Prinzip der Vorkammer nach DRP 230 517 (1909) von **Benz & Cie.** (L'Orange).

a = Vorkammer.

Schwierigkeiten bereitete zunächst bei der Maschine von **Leissner** der in den Vorkammerraum hineinragende Teil *a* (Bild 120) des aus Stahl hergestellten Einsatzes, der infolge der hohen Temperaturen der Vorkammer verzunderte. Er sollte den Vorkammerraum in zwei Teile zerlegen, die innere Vorkammer *b*, die von dem von *a* umschlossenen Hohlraum gebildet wurde, und den äußeren Ringraum *c*, der als Hilfskammer diente. Der Brennstoff wurde durch die Düse *d* in den inneren Hohlraum *b* gespritzt; dort trat nach Maßgabe des vorhandenen Sauerstoffes durch eine Teilverbrennung eine Drucksteigerung ein, so daß ein Teil des übriggebliebenen Brennstoffes durch die Bohrungen *e* in den Hauptbrennraum *f*, ein anderer durch die Bohrungen *g* in die Hilfskammer *c* geschleudert wurde. Die dadurch in *c* hervorgerufene weitere Drucksteigerung trieb den etwa in *b* verbliebenen Brennstoff durch die Bohrungen *e* ebenfalls in den Hauptbrennraum. Es kann dahingestellt bleiben, ob sich die Vorgänge in Wirklichkeit so abgespielt haben, aber die Maschinen arbeiteten gut[1], und es stellte sich nur als störend heraus, daß der in die Vorkammer ragende Teil *a*, der ungekühlt dauernd hohen Temperaturen ausgesetzt war, diesen nicht lange standhielt. **L'Orange**[2], der eine solche Maschine untersuchte, stellte fest, daß sie unverändert arbeitete, wenn der Einsatz *a* bis auf wenige Zacken abgebrannt war. Er war somit entbehrlich, und nur der untere Teil des Einsatzes, auf den der Brennstoff gespritzt wurde, mußte gekühlt werden. Hieraus entstand der gekühlte Vorkammereinsatz etwa in der Form, wie sie heute vorherrschend geworden ist.

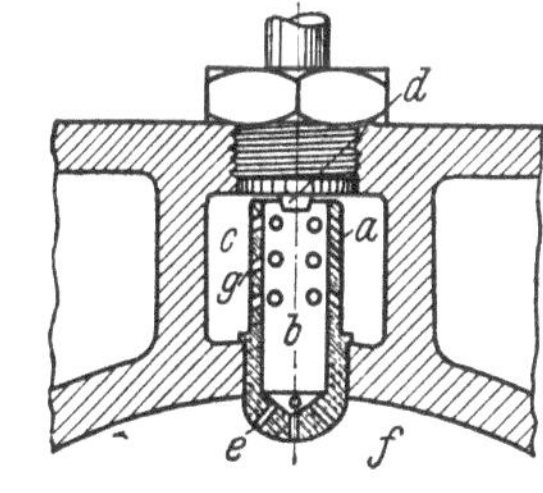

Bild 120. Prinzip der Vorkammer nach DRP 302 239 (1917) der **Ljusne-Woxna A. B.** (Leissner).

a = Vorkammereinsatz,
b = Innere Vorkammer,
c = Hilfskammer,
d = Düse des Brennstoffventiles,
e = Bohrungen im Boden des Einsatzes,
f = Hauptbrennraum,
g = Hilfsbohrungen.

Das Wesentliche des von den **Motoren-Werken Mannheim** ausgeführten Einsatzes (Bild 121) besteht darin, daß seine Kühlung durch geringfügige Änderungen den Eigenschaften des Brennstoffes angepaßt werden kann. Der in seinem oberen Teil trichterförmig erweiterte Einsatz *a* legt sich mit seinem Kragen *b* gegen die

---

[1] Wovon der Verfasser sich auf dem Prüffeld der Herstellerfirma überzeugen konnte.

[2] P. **L'Orange**: Ein Beitrag zur Entwicklung der kompressorlosen Dieselmaschine. Berlin: Richard Carl Schmidt & Co. 1934.

gekühlte gußeiserne Wand der Vorkammer und wird dadurch gekühlt. Auch in dem unteren Teil des Einsatzes, wo dieser mit Gewinde in den Boden des Zylinderdeckels eingeschraubt ist, findet ein Wärmeabfluß statt. Der mittlere, konische Teil dagegen ist in seinem Außenumfang von dem abgeschlossenen Ringraum c umgeben, der wärmeisolierend wirkt. Je nach der Breite des Kragens b, mit der sich dieser gegen den Zylinderdeckel legt, und der entsprechend kleineren oder größeren Höhe des Isolierraumes c hat man es in der Hand, den Vorkammereinsatz mehr oder weniger stark zu kühlen. Er soll in seinem oberen, vom Brennstoffstrahl getroffenen Teil so heiß sein, daß der Brennstoff sicher zündet, aber nicht so heiß, daß der Brennstoff verkokt oder der Werkstoff zundert; er darf aber andererseits nicht so kühl sein, daß sich Brennstoff an ihm niederschlägt oder daß im Leerlauf, insbesondere bei kleiner Drehzahl, die Zündung versagt. Mit dieser abgestimmten Kühlung des Vorkammereinsatzes waren die Schwierigkeiten, den Einsatz auf der richtigen Temperatur zu halten, im wesentlichen überwunden.

In Bild 121 bis 125 sind die Brennräume einiger bekannten Vorkammermotoren wiedergegeben; davon beziehen sich Bild 122 bis 125 auf Fahrzeug-Motoren. Die Größe des Vorkammerinhaltes wird nach der Erfahrung bestimmt; man findet Inhalte von etwa $^1/_{48}$ bis $^1/_{62}$ des Hubvolumens ausgeführt. Bei Fahrzeugmotoren pflegt man, um Platz für die Ventile (besonders für das oft mit größerem Durchmesser ausgeführte Einsaugventil) zu schaffen, die Vorkammer am Außenumfang des Brennraumes anzuordnen (Bild 122 bis 125); dadurch wird sie zugleich gut zugänglich. Bei schrägstehender Achse der Vorkammer (Bild 123 und 125) kann die Bohrung zentral im Boden des Einsatzes angebracht sein; bei senkrechter Achse setzt man sie so, daß die aus den Bohrungen austretenden brennenden Strahlen den Hauptbrennraum möglichst gleichmäßig beaufschlagen (Bild 122 und 124). Bezüglich des Auftreffens der Brennstoffstrahlen auf den Kolbenboden liegen die Verhältnisse bei der Vorkammermaschine ähnlich wie bei der Dieselmaschine mit Lufteinblasung: die bei Austritt aus den Bohrungen des Vorkammereinsatzes brennenden Strahlen verhalten sich wie ein mit

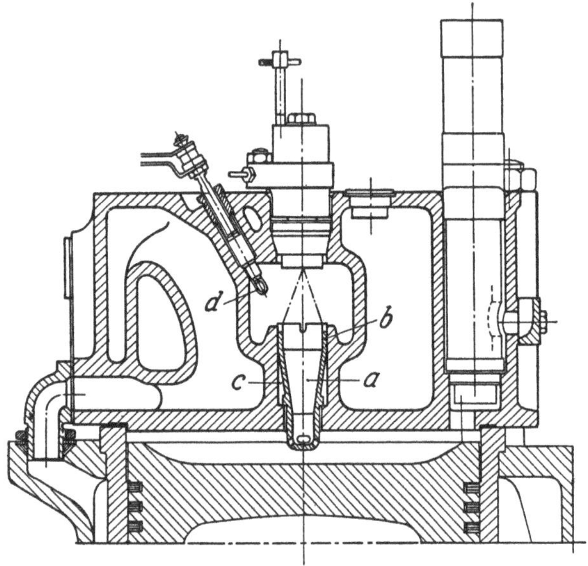

Bild 121. Vorkammer-Brennraum der Motoren-Werke Mannheim A.-G. mit gekühltem Einsatz.

a = Vorkammereinsatz, c = Isolierraum,
b = Kragen, d = Glühspirale.

Brennstofftropfen gemischter Luftstrahl; sie prallen an den Auftreffstellen ab oder werden an ihnen umgelenkt, was die Gemischbildung begünstigt. Der Einsatz ist bei allen hier abgebildeten Brennräumen gekühlt, teils direkt durch das Kühlwasser (Bild 124), teils indirekt dadurch, daß die Wand des Einsatzes sich dicht an gekühlte Wände des Zylinderdeckels legt (Bild 122, 123, 125). Innerhalb der Vorkammer werden die vom Brennstoffstrahl unmittelbar getroffenen Stellen durch Vergrößerung der Wandstärke des Einsatzes (Bild 122 und 125) oder zugleich des Bodens (Bild 125) oder durch eine mäßige Werkstoffanhäufung (Bild 124 im unteren Teil des Einsatzes) so heiß gehalten, wie es die Sicherheit des Zündens erfordert. Dasselbe wird in verstärktem Maß bei dem Einsatz der Daimler-Benz A.-G. durch einen mit dem Boden des Einsatzes aus einem Stück hergestellten massiven Kern erreicht (Bild 123).

Diese Maßnahmen sichern den Vorkammermaschinen die bei Fahrzeugmaschinen wichtige Eigenschaft, auch bei langsamem Leerlauf in der Kälte sicher zu zünden, da immer hinreichend heiße Stellen vorhanden sind. Die Aufrechterhaltung einer trotz wechselnder Belastung gleichbleibenden Temperatur des Einsatzes wird dadurch begünstigt, daß in dem kleinen Vorkammerraum auch bei Leerlauf immer soviel Brennstoff an der Vorverbrennung teilnimmt, wie nötig ist, damit der

Einsatz heiß bleibt. Seine mittlere Temperatur, die während eines Arbeitsspieles nur wenig schwankt, kann man auf 550° schätzen.

Neben den guten Leerlaufeigenschaften ist ein Vorteil der Vorkammermaschinen, daß die in zwei Stufen vor sich gehende Verbrennung niedrigere Verbrennungsdrücke im Hauptbrennraum ergibt, als im allgemeinen bei direkter Einspritzung (bei kleinen Zylinderdurchmessern) erreichbar sind. Bei den hohen Drehzahlen der Kraftwagenmotoren ist bei unmittelbarer Einspritzung schon ein großer Teil der Brennstoffmenge in den Zylinder gelangt, bevor (wegen des Zündverzuges; s. S. 112) der Brennstoff zündet; das ergibt unvermeidlich hohe Verbrennungsdrücke und vermehrte

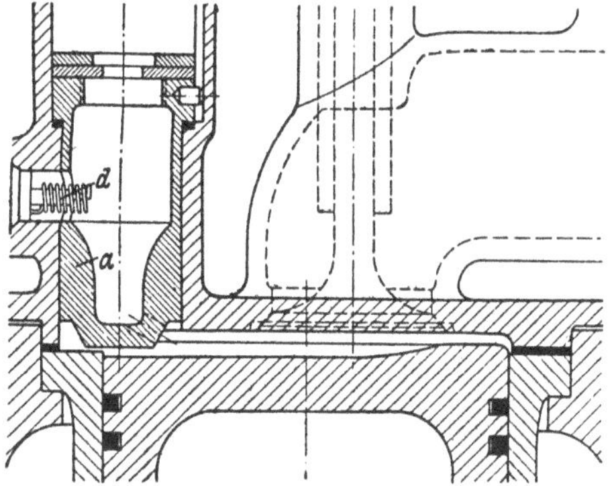

Bild 122. Vorkammer-Brennraum der Klockner-Humboldt-Deutz AG (nach Pischinger-Cordier, s. Unterschrift zu Bild 23, S. 23).

a = Vorkammereinsatz, d = Gluhspirale.

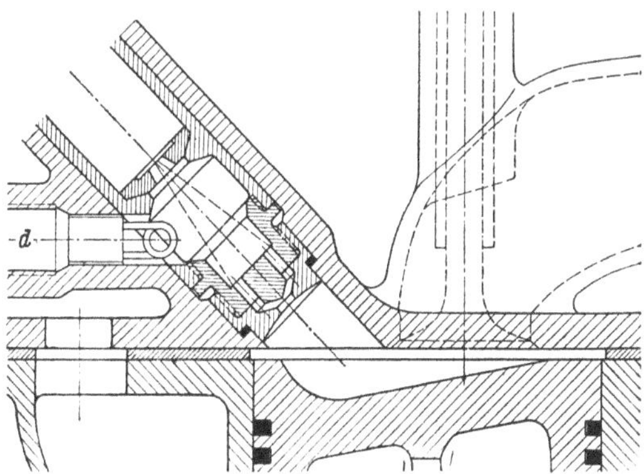

Bild 123. Vorkammer-Brennraum der Daimler-Benz A.-G.

d = Gluhspirale.

Triebwerkbeanspruchung. Bei den Vorkammermaschinen dagegen kann sich der Einfluß des Zündverzuges nur in der Vorkammer bemerkbar machen, wo ohnehin ein höherer Druck als im Hauptbrennraum angestrebt wird; in den Hauptbrennraum aber pflanzt sich der Drucküberschuß nicht fort, da er in den engen Bohrungen des Vorkammerbodens in kinetische Energie umgesetzt wird. Der gesamte Verbrennungsvorgang wird dadurch, daß er in zwei Teile zerlegt wird, verlangsamt, was den Verbrennungsdruck im Hauptbrennraum erniedrigt, freilich auch einen etwas höheren Brennstoffverbrauch zur Folge hat.

Als weiterer Vorteil der Vorkammermaschinen ist der niedrigere Zerstäubungsdruck zu nennen, der im Gegensatz zur direkten Einspritzung mäßig (auf 80 bis 120 bis höchstens 150 kg/cm²) gehalten werden kann. Die erste Zerstäubung des Brennstoffes in der Vorkammer wird damit zwar verhältnismäßig grob (vgl. Bild 37, S. 30), da aber infolge des in der Vorkammer entstehenden Überdruckes eine zweite Zerstäubung in den Hauptbrennraum hinein folgt, so ist die gröbere erste Zerstäubung nicht nachteilig.

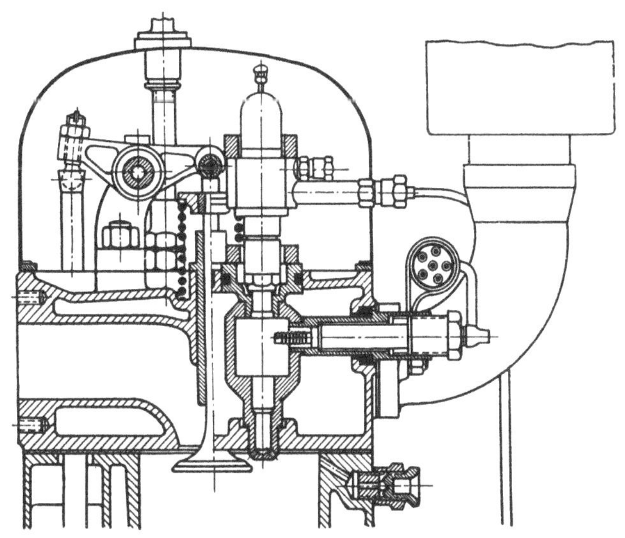

Bild 124. Vorkammer-Brennraum der Bussing-NAG A.-G.

Bei der Zerstäubung in der Vorkammer (wie bei jedem zerstäubten Brennstoffstrahl und nicht zu hoher Viskosität des Brennstoffes) entsteht auch bei dem niedrigen Einspritzdruck eine genügende Zahl feiner Brennstofftropfen am Strahlmantel, die zuerst zünden; hiermit hängt zusammen, daß der aus der Zerstäuberdüse austretende Brennstoffstrahl gerade nur so spitz sein soll, daß die den Strahlmantel bildenden feinen Tropfen noch sicher auf den heißesten Teil des Einsatzes treffen (vgl. z. B. Bild 121 und 123). Vergrößert man versuchsweise den Strahlkegel, so daß der Strahlmantel auf gekühlte Teile der Vorkammerwandung fällt, so werden die Zündungen unregelmäßig; die heißen Teile des Einsatzes werden jetzt von den gröberen Tropfen getroffen, die den Einsatz an der Aufschlagstelle so weit abkühlen, daß die Zündung nicht mehr sicher eintritt.

Bei der Inbetriebsetzung der Vorkammermaschine ist der Einsatz kalt; die Verdichtungswärme allein genügt dann nicht, die ersten Zündungen herbeizuführen, da die in die Vorkammer einströmende Luft wegen ihrer hohen Geschwindigkeit sich an den kalten Wandungen zu sehr abkühlt. Für das Anlassen sieht man daher meistens eine Glühspirale vor (d in Bild 121 bis 123), die ihren Strom von einer Batterie erhält, die bei Fahrzeugmotoren ohnehin für das Anwerfen des Motors erforderlich ist. Es ist nicht nötig, daß der Brennstoffstrahl die Glühspirale streift (vgl. Bild 121 und 123), denn die Wirkung der glühenden Spirale (die eine bis zwei Minuten vor dem Anlassen — bei niedriger Außentemperatur auch länger — eingeschaltet wird) beruht hauptsächlich auf der Erwärmung der Vorkammerluft, die eine wirksame Erhöhung der Verdichtungstemperatur zur Folge hat.

Die Vorkammermaschine von Ganz & Co. (Bild 125) vermeidet die Glühspirale durch eine von G. Jendrassik angegebene Einrichtung, die auf der Erscheinung beruht, daß Gase, die unter Drucksteigerung in ein Gefäß einströmen, sich erwärmen. Während des Anfahrens wird die Steuerung so verstellt, daß sich das Einsaugventil erst gegen Ende des Saughubes öffnet. Dadurch erzeugt der abwärtsgehende Kolben im Zylinder einen hohen Unterdruck, und wenn jetzt das Saugventil öffnet, wird die Energie der einströmenden Luft durch Wirbelung vernichtet und in Wärme umgesetzt. Die Temperaturzunahme der eingesaugten Luft hängt vom Vakuum, also vom Zeitpunkt der Öffnung des Einsaugventiles ab; sie ist um so größer, je später das Ventil öffnet, und kann in der Größenordnung von 100° C liegen. Der Motor wird bei aufgehobener Verdichtung in der üblichen Weise durch eine elektrische Anlaßvorrichtung angeworfen und 1 bis 2 Minuten im Leerlauf in Betrieb gehalten, wobei die Vakuum-Einrichtung eingeschaltet ist; alsdann hat sich der Zylinder so erwärmt, daß die Steuerung der Einsaugventile auf die normalen

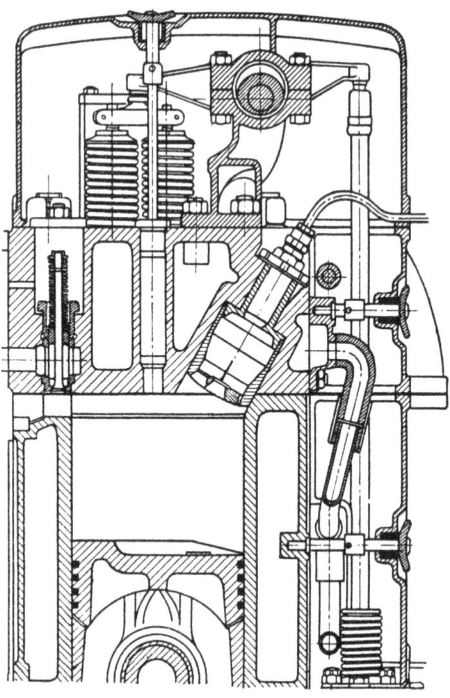

Bild 125. Vorkammer-Brennraum von Ganz & Co.

Öffnungszeiten verstellt werden kann. Die für die Erzeugung des Vakuums aufzuwendende Arbeit muß vom Motor aufgebracht werden; das geschieht durch die ersten Zündungen, die nicht in der noch kalten Vorkammer, sondern im Hauptbrennraum zwischen Zylinderdeckel und Kolben stattfinden. Erst nach dem Verschieben der Steuerwelle in die Normalstellung tritt die Vorkammer in Wirkung.

Die wissenschaftliche Untersuchung der Vorkammermaschine ist, was für das ganze Gebiet des Dieselmaschinenbaues gilt, der Schaffung der marktfähigen Maschine erst später gefolgt; sie hat inzwischen die Vorgänge in der Vorkammer so weit aufgeklärt, wie es dem Bedürfnis des wissenschaftlich gerichteten Ingenieurs entspricht. Über den Verlauf der Drücke in der Vorkammer und im Hauptbrennraum liegen neuere Messungen von F. A. F. Schmidt[1] vor; danach treten bei Schnelläufern Druckunterschiede von 20 kg/cm² und mehr zwischen Vorkammer und Hauptbrennraum auf, je nach der Drehzahl und der Weite der Bohrungen im Boden des Vorkammereinsatzes. Bei langsamer laufenden Vorkammermaschinen mittlerer Größe (Schiffsmaschinen) genügt ein geringerer Druckunterschied (etwa 5 kg/cm²). Der Druck im Hauptbrennraum liegt etwa zwischen 45 und 55 kg/cm², wobei die obere Grenze für Schnelläufer gilt. Der Temperatur-

---

[1] F. A. F. Schmidt: Verbrennungsmotoren. Berlin: Springer-Verlag 1939.

verlauf während eines Arbeitsspieles ist ebenfalls gemessen worden[1]; es werden Verdichtungs-temperaturen in der Vorkammer von 500 bis 700° C, Höchsttemperaturen von 1600 bis 1650° C erreicht, doch sind diese Messungen, die mit Thermoelement gemacht wurden, wegen der unvermeidlichen Trägheit des Elementes nicht ganz zuverlässig. Bei bekanntem arbeitendem Gasgewicht kann das spez. Volumen der Luft bzw. des Gasgemisches für die einzelnen Kolbenstellungen mit genügender Genauigkeit berechnet werden[2]. Es ergeben sich beim Verdichtungshub die beträchtlichen Geschwindigkeiten von 200 bis 300 m/sek und mehr in den Vorkammerbohrungen während des Einströmens der Luft in die Vorkammer, und mit noch wesentlich höherer Geschwindigkeit (bis 500 m/sek) strömen die brennenden Gase in den Hauptbrennraum. Die Ausströmgeschwindigkeit ist fast doppelt so hoch wie die Austrittsgeschwindigkeit aus dem Zerstäuber bei Dieselmaschinen mit Druckluftzerstäubung; das wirkt günstig auf die Gemischbildung im Haupt-

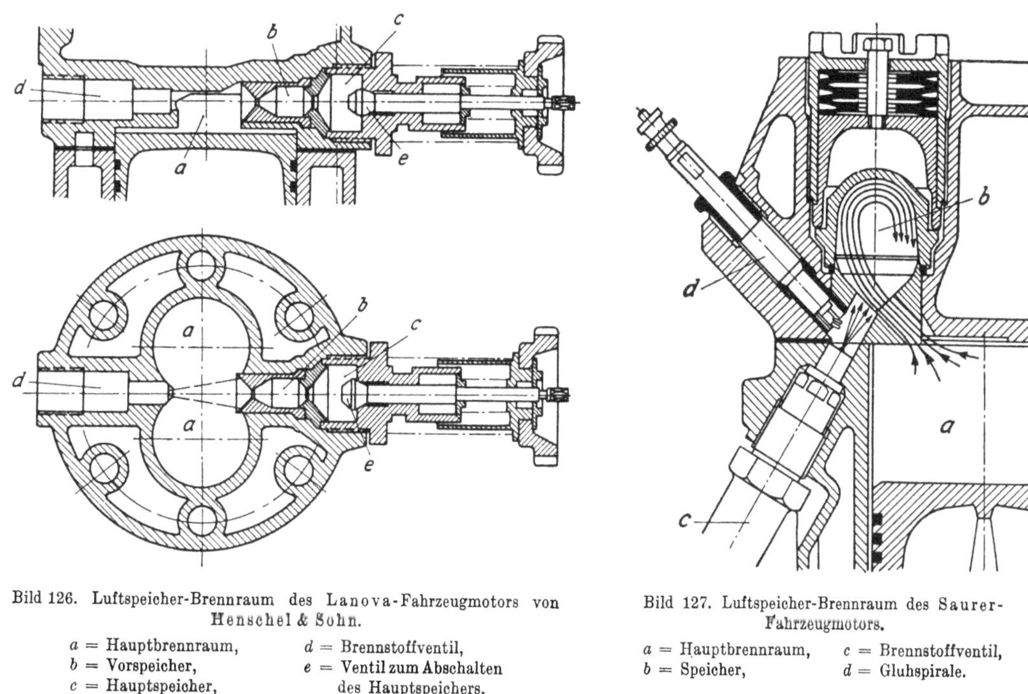

<table>
<tr><td>Bild 126. Luftspeicher-Brennraum des Lanova-Fahrzeugmotors von
Henschel & Sohn.</td><td>Bild 127. Luftspeicher-Brennraum des Saurer-
Fahrzeugmotors.</td></tr>
</table>

a = Hauptbrennraum,	d = Brennstoffventil,	a = Hauptbrennraum,	c = Brennstoffventil,
b = Vorspeicher,	e = Ventil zum Abschalten	b = Speicher,	d = Gluhspirale.
c = Hauptspeicher,	des Hauptspeichers.		

brennraum. Aber auch in der Vorkammer selbst muß die Gemischbildung trotz des niedrigen Zerstäubungsdruckes gut sein, da in ihr die Verbrennung, wie Neumann[3] gezeigt hat, mit dem kleinen Luftüberschuß von 1,3 bis 1,4 vor sich geht, während die Dieselmaschine mit unmittelbarer Einspritzung einen wesentlich größeren Luftüberschuß braucht.

Die **Luftspeichermaschine** verdankt ihre Entstehung in der Hauptsache den Arbeiten F. Langs, wenn sie auch den einen oder anderen Vorläufer in der Patentliteratur[4] hat, der den dem Luftspeicherverfahren zugrunde liegenden Gedanken richtig beschreibt. Im Gegensatz zur Vorkammermaschine wird der Brennstoff nicht durch eine Kammer, sondern gegen die Mündung einer Kammer (des Luftspeichers) gespritzt, die im Kolben oder im Zylinderdeckel oder seitlich am Zylinder angeordnet sein kann. Nach dem ursprünglichen Erfindungsgedanken sollte die Zündung im Hauptbrennraum einsetzen, etwa an der Stelle der Einmündung des Speichers in diesen; in den Speicher sollte möglichst kein Brennstoff eintreten. Die beim Verdichtungshub in den Speicher gedrückte Luft sollte während des Arbeitshubes des Kolbens ausströmen und die Verbrennung im

---

[1] Vgl. u. a. E. Schmidt: Beiträge zur Kenntnis der Vorgänge in der Vorkammer-Dieselmaschine. Diss. Dresden 1930. Berlin: VDI-Verlag.

[2] Vgl. Pischinger-Cordier (Unterschrift zu Bild 23, S. 23.)

[3] K. Neumann: Untersuchungen an der Dieselmaschine. VDI-Forschungsheft Nr. 309, 1928.

[4] Vgl. B. Klaften: Die Luftspeicher-Dieselmaschine. Berlin: Carl Heymanns Verlag. 1932.

Hauptbrennraum unterstützen. Das Ziel war die Vermeidung hoher Verbrennungsdrücke und ruhiger Gang.

Neuere Untersuchungen[1] haben gezeigt, daß auch bei den Luftspeichermaschinen ein erheblicher Teil des Brennstoffes während der Einspritzung in den Speicher gelangt und hier eine Teilver-

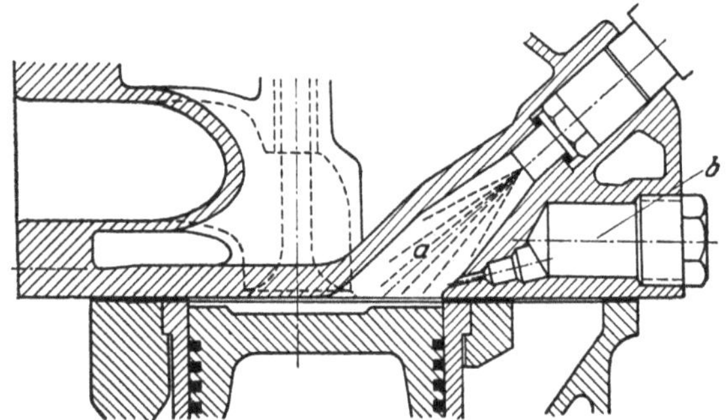

Bild 128. Brennraum mit Nachkammer des MAN-Fahrzeugmotors.

a = Hauptbrennraum,   *b* = Nachkammer (Luftspeicher).

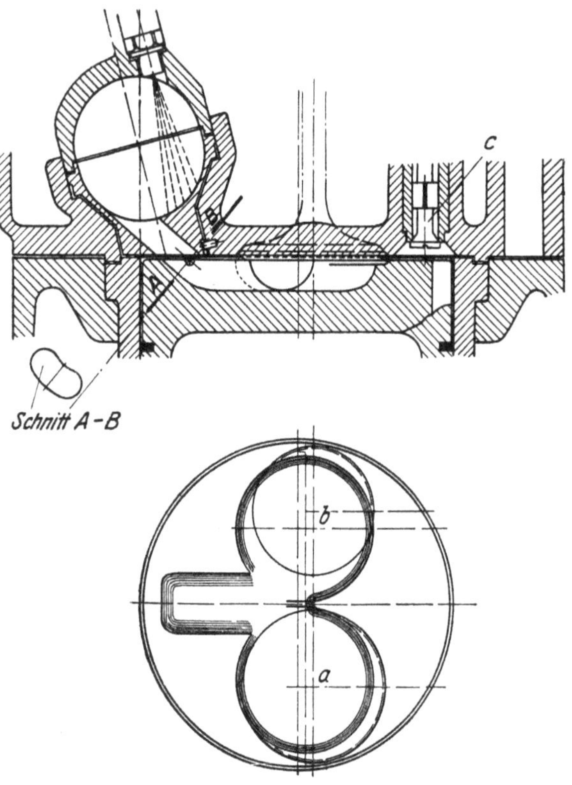

Bild 129. Brennraum des Wirbelkammermotors Bauart Stork-Ricardo.
(G. Wieberdink. Eenige bijzonderheden over de nieuwere door de Firma Stork gebouwde Dieselmotoren. Schip en Werf, Bd. 7 [1940], S. 87.)

a = Einlaßventil, *b* = Auslaßventil, *c* = Anlaßventil.

brennung hervorruft. Die damit verbundene Drucksteigerung kann sehr beträchlich sein und 30 bis 40 kg/cm² betragen, so daß der Speicherinhalt mit hoher Geschwindigkeit (nach F. A. F. Schmidt kurzzeitig bis zu 700 m/sek) in den Hauptbrennraum ausströmt, was in diesem eine heftige Wirbelung erzeugt. Die Wirkung ist somit grundsätzlich dieselbe wie bei den Vorkammermaschinen.

Beispiele von Luftspeicher-Brennräumen sind in Bild 126 bis 128 gezeigt. Bild 126 stellt den Brennraum des von Henschel & Sohn gebauten Lanova-Fahrzeugmotors dar, bei dem der in zwei Räume *b* und *c* unterteilte Speicher seitlich vom Hauptbrennraum *a* und gegenüber dem Brennstoffventil *d* angeordnet ist. Der Brennstoff wird eingespritzt, bevor der Kolben den oberen Totpunkt erreicht hat, also während die Luft noch in die Speicherräume strömt; dadurch wird er von der Luft mitgenommen und gelangt nacheinander in die beiden Speicherräume, in denen Teilverbrennungen unter erheblicher Drucksteigerung stattfinden. Dreyhaupt hat Überdrücke im Speicher *c* gegenüber dem Hauptbrennraum *a* von 42 kg/cm² gefunden. Die hohen Überdrücke treiben den Speicherinhalt mit großer Geschwindigkeit in den Hauptbrennraum zurück, dessen Form (Bild 126, Grundriß) zwei Ringwirbel hervorruft, was die Gemischbildung unterstützt. Der Speicher *c* wird beim Anlassen des kalten Motors durch ein Ventil von Hand abgeschaltet; dadurch wird der Verdichtungsdruck erhöht. Eine Glühspirale ist entbehrlich.

Während beim Henschel-Lanova-Motor der Brennstoff in Richtung des in die Speicherräume eintretenden Luftstromes gespritzt wird, steht beim Saurer-Fahrzeugmotor (Bild 127) die Achse des Brennstoffstrahles ungefähr senkrecht zur Richtung des Luftstromes. Beim Aufwärtsgang des Kolbens strömt die Luft im Sinn der Pfeillinien in den Speicher *b*, hier eine kräftige Wirbelung hervorrufend; dabei wird der durch das Ventil *c* eingespritzte Brennstoff mit in den Speicher gerissen, wo er unter starker Drucksteigerung verbrennt. Die Entleerung des Speicherinhaltes in den Hauptbrennraum *a* geschieht in der

---

[1] F. Dreyhaupt: Wirkung des Luftspeichers auf die Verbrennung in Luftspeicher-Dieselmotoren. Z.V.d.I. Bd. 83 (1939), S. 183; ferner F. A. F. Schmidt (s. Fußnote 1, S. 98).

umgekehrten Richtung unter hoher Geschwindigkeit. d ist die Glühspirale für das Anlassen des kalten Motors.

Von den auf dem Markt befindlichen Luftspeichermaschinen sei hier noch der „Nachkammer"-Motor der MAN (Bild 128) erwähnt, der zu der Gruppe der Luftspeichermaschinen gerechnet werden kann, wenn er auch zwischen diesen und den Maschinen mit direkter Einspritzung steht. Der Brennstoff wird unmittelbar in den schlank kegelförmig gestalteten Hauptbrennraum a eingespritzt, und zwar so früh, daß ein Teil während des Verdichtungshubes in die Nachkammer b gerissen wird, wo er etwa gleichzeitig mit dem Brennstoff im Hauptbrennraum zündet und wie beim Luftspeichermotor eine Drucksteigerung bewirkt. Diese treibt den Speicherinhalt in den Hauptbrennraum durch Bohrungen, die so angeordnet sind, daß das ausströmende Gemisch die Wirbelung im Hauptbrennraum vermehrt. Da der Brennstoffstrahl im Hauptbrennraum nicht auf kalte Wandungen trifft, zündet er auch beim Anlassen sicher, so daß der Motor keine Glühspirale braucht.

Die **Wirbelkammermaschinen,** deren Form von H. R. Ricardo angegeben ist, haben als gemeinsames Kennzeichen den kugel- oder scheibenförmigen Brennraum (Bild 129 und 130)[1], der durch einen tangential einmündenden engen Hals mit dem Zylinderraum in Verbindung steht und nahezu den ganzen Verdichtungsraum bildet. Während des Verdichtungshubes schiebt der Kolben die Luft mit großer Geschwindigkeit (bis 100 m/sek) in die Wirbelkammer, in der sie in rasche Umdrehung versetzt wird. Die Drehzahl der umlaufenden Luft ist beträchtlich höher als bei den Maschinen mit direkter Einspritzung. Alcock[2], der die Luftwirbelung in den „Comet"-Motoren untersucht hat, gibt für eine bestimmte Maschine die günstigste Umlaufzahl der Luftmasse in der Wirbelkammer zu etwa dem 14fachen der Maschinendrehzahl an; bei dieser Wirbelung hat die Brennstoffverbrauchskurve ein ausgesprochenes Minimum[3]. In die umlaufende Luft wird der Brennstoff so eingespritzt, daß er auf den unteren, ungekühlten Teil der Wirbelkammer trifft, der sich im Betrieb auf Rotglut erwärmt, so daß auch schwere Brennstoffe sicher zünden. Das Auf-

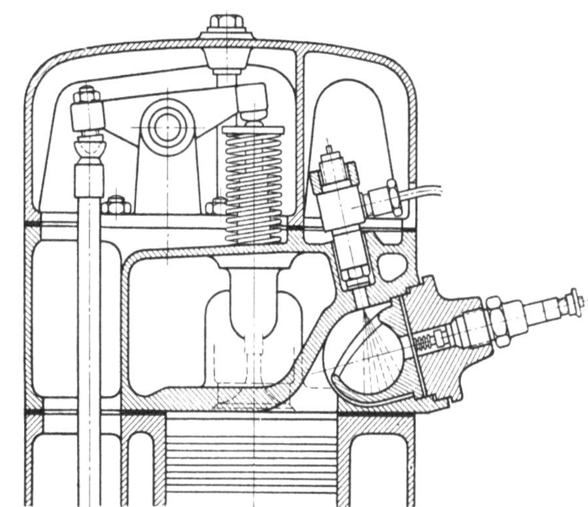

Bild 130. Brennraum des Fahrzeug-Wirbelkammermotors von Oberhänsli.

spritzen auf den heißen Teil der Wirbelkammer ist für die Verbrennung nicht nachteilig, da die Berührung der Brennstofftropfen wegen der großen Luftgeschwindigkeit nur eine äußerst kurze Zeit dauert. Die hohe Temperatur der unteren Wirbelkammerhälfte verkürzt den Zündverzug; das trägt zur Ruhe des Ganges der Maschine bei, weil verhindert wird, daß sich größere Mengen Brennstoff vor der Zündung in der Wirbelkammer ansammeln. Zum Ingangsetzen des kalten Motors ist eine Glühspirale erforderlich.

Die Wirbelkammer von Oberhänsli (Bild 130) ist ähnlich gebaut; ihr unterer Teil ist als Schale ausgebildet, auf die der Brennstoff gespritzt wird. Sie nimmt im Betrieb ähnliche Temperaturen an wie der Einsatz des „Comet"-Motors von Ricardo, so daß die Betriebseigenschaften beider Bauarten sich gleichen.

---

[1] Weitere Formen von Wirbelkammern s. F. A. F. Schmidt (Fußnote 1, S. 98) und Pischinger-Cordier (Unterschrift zu Bild 23, S. 23).

[2] J. F. Alcock: Air Swirl in Oil Engines. Vortrag, gehalten vor der Institution of Mechanical Engineers, London, Dezember 1934.

[3] Wenn die Dauer der Einspritzung bei der Versuchsmaschine Alcocks 25 Kurbelgrade betragen hat, dann hat die Luft in der Wirbelkammer während der Einspritzung gerade eine Umdrehung gemacht, denn $25° \times 14 = $ rd. $360°$. Dann ist der Brennstoff während der Einspritzung ständig mit frischer Luft in Berührung gekommen. Dem entspricht nach Hesselman ein Minimum des Brennstoffverbrauches (vgl. S. 54). Die Beobachtung Alcocks bestätigt die Richtigkeit des von Hesselman aufgestellten Satzes, daß der Brennstoffverbrauch von der Drehgeschwindigkeit der Luft beeinflußt wird.

2. Zündung

a) Zündpunkt und Zündung

Zündpunkt. Damit Treiböltropfen in sauerstoffhaltiger Umgebung von selbst zünden, müssen sie auf eine bestimmte Mindesttemperatur, den Zündpunkt, erhitzt werden. Dieser wurde schon S. 8 als die niedrigste Temperatur definiert, bei der ein Körper sich ohne Zuhilfenahme einer fremden Zündquelle entzündet. Für den Dieselmotorenbau von Bedeutung ist die Kenntnis des Zündpunktes in Druckluft und unter möglichst denselben Verhältnissen, wie sie im Brennraum während der Einspritzung vorliegen. Messungen unter solchen Bedingungen (in der Bombe) haben Tausz und Schulte[1] ausgeführt: Bild 131 gibt einige der von ihnen aufgenommenen Kurven

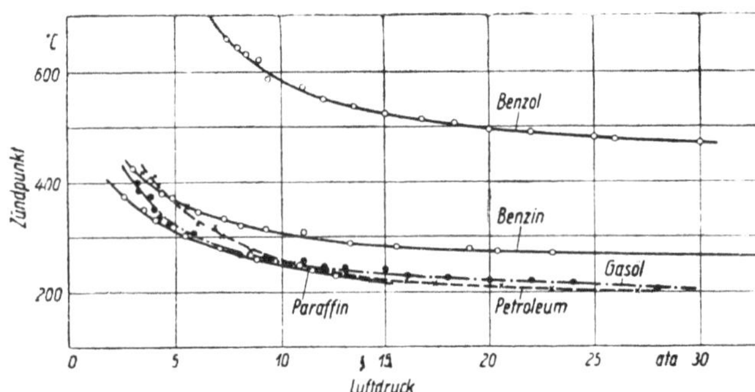

Bild 131. Zündpunkte von Treibölen in Abhängigkeit vom Luftdruck nach Tausz und Schulte.

wieder. Mit steigendem Luftdruck sinkt die Selbstentzündungstemperatur; das im Dieselmotor meist verwendete Gasöl zündet bei den früher üblichen Verdichtungsdrücken von 30 bis 35 kg/cm² bei etwa 200°C; ähnlich verhält sich das Petroleum. Höher liegt der Zündpunkt des Benzins, weil mit abnehmendem Molekulargewicht die Zündwilligkeit der Kohlenwasserstoffe abnimmt, und wesentlich höher der des Benzols, was auf die ringförmige Bindung seiner Kohlenstoffatome (S. 4) zurückzuführen ist.

Bei den aus dem Erdöl stammenden Treibölen scheint eine Erniedrigung des Zündpunktes mit steigendem Luftdruck immer einzutreten, jedoch können Mischungen von Treibölen sich anders verhalten. Nach Tausz und Schulte fällt z. B. die Zündtemperatur eines Gemisches aus Steinkohlenteer und 10 bis 20% Schieferöl oder Braunkohlenteer mit zunehmendem Druck bis 5 ata rasch, darüber langsam und steigt bei 10 ata wieder an. Da man neuerdings auch Gemische von Treibölen verwendet, so gewinnt die Kenntnis dieser Zusammenhänge an Bedeutung.

Zahlentafel 9. Zündpunkte einiger aliphatischer Brennstoffe in Luft und Sauerstoff bei 1 ata und in Druckluft nach Tausz und Schulte.

| | Zündpunkte bei 1 ata | | Zündpunkte in Druckluft | |
	in Luft °C	in Sauerstoff °C	°C	bei ata
Gasöl	336	270	205	27
Petroleum	290 bis 435	250 bis 265	200	26
Schieferöl	354 ,, 435	272 ,, 290	200	23
Paraffin	388 ,, 414	243 ,, 258	228	11,5

Einige von Tausz und Schulte gemessene Zündpunkte von aliphatischen Brennstoffen in Luft, in Sauerstoff von Atmosphärendruck und in Druckluft sind in Zahlentafel 9 zusammengestellt.

Man pflegte früher, solange keine anderen Verfahren zur Bestimmung der Zündeigenschaften der Treiböle bekannt waren, den Zündpunkt im Zündpunktprüfer zu messen, den Moore angegeben und Krupp verbessert hat. Der Zündpunktprüfer von Krupp besteht aus einem elektrisch heizbaren Block aus V2A-Stahl, in den ein Tropfen des zu untersuchenden Öles unter gleichmäßiger Zufuhr eines vorgewärmten Sauerstoffstromes eingebracht wird. Der Block wird langsam angeheizt und die Temperatur beobachtet, bei welcher der Tropfen mit leichtem Knall zündet. In diesem Gerät erhält man also den Zündpunkt des Treiböles im Sauerstoffstrom bei Atmosphärendruck, der wesentlich höher liegt als der Zünddruck in Druckluft von der Spannung, die am Ende des Verdichtungshubes im Brennraum herrscht. Die mit dem Gerät von Krupp gemessenen Zünd-

---

[1] J. Tausz und F. Schulte: Über Zündpunkte und Verbrennungsvorgänge im Dieselmotor. Halle: Wilh. Knapp 1924. Auszugsweise in Z.V.d.I. Bd. 68 (1924), S. 574.

punkte können daher nur als Näherungswerte für die Beurteilung der Zündwilligkeit eines Treiböles gelten, zumal da sie über den wichtigen Zündverzug (s. S. 112) keine Auskunft geben.

Mehr als der Zündpunktprüfer von Krupp leistet der Zündwertprüfer von Jentzsch[1]. Er besteht wie der Kruppsche Zündpunktprüfer aus einem elektrisch geheizten Block aus V2A-Stahl, der vier Bohrungen besitzt, von denen eine das Thermometer aufnimmt, während die drei anderen, die durch Kanäle verbunden sind, als Zündkammern dienen. Jentzsch hat gefunden, daß die Lage des Zündpunktes von der Sauerstoffdichte beeinflußt wird; er benutzt eine Vorrichtung, die mittels einer geeichten Düse die in der Minute zugeführten Sauerstoffblasen zählt. Durch einen Trockner wird der Sauerstoff den Zündkammern zugeleitet, auf die er sich verteilt; in eine der Kammern wird ein Tropfen des zu untersuchenden Kraftstoffes eingebracht; die niedrigste Temperatur, die bei einer bestimmten Blasenzahl noch eine Zündung ergibt, wird beobachtet. Verändert man Temperatur und Blasenzahl, so erhält man eine Kurve von eigentümlicher Gestalt (Bild 132), die für aliphatische Treiböle anders als für aromatische verläuft

und die, wenn hinreichende Erfahrungen über den Zusammenhang zwischen dem Verlauf der Selbstzündungskurve und dem Verhalten des Brennstoffes in der Maschine vorliegen, Schlüsse auf seine motorische Eignung zulassen. Eine genügende Sicherheit in der Beurteilung flüssiger Kraftstoffe hinsichtlich ihres zu erwartenden Verhaltens im Motor ist noch nicht erreicht[2] (s. auch S. 117).

Vorgänge vor der Zündung. Die Vorgänge, die sich im Brennraum des Dieselmotors unmittelbar nach dem Beginn der Einspritzung, aber vor der Zündung abspielen, sind in den letzten Jahren der Gegenstand eines lebhaften Meinungsstreites gewesen, dem gelegentlich größere Wichtigkeit beigemessen wurde, als er für den Dieselmaschinenbau hat[3]. Es handelt sich um die Frage, ob das Treiböl, um zünden zu können, vorher verdampft oder vergast sein muß oder nicht. Diesel ist der Meinung gewesen, daß eine Vergasung des flüssigen Brennstoffes vor der Zündung notwendig sei; er bezeichnet in seinem Buch[4] als eines der „grundlegenden Gesetze des Dieselmotorenbaues" die

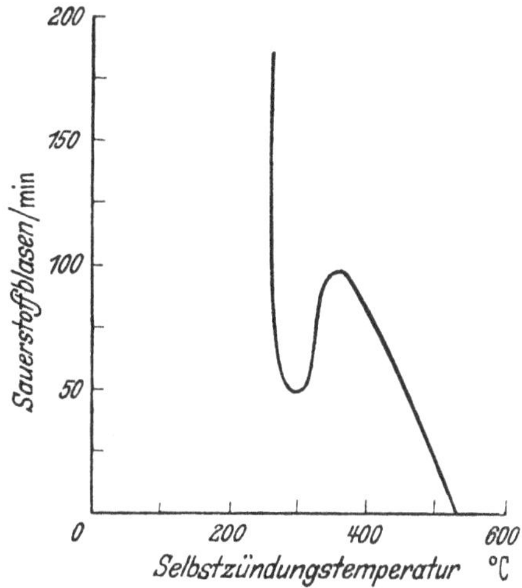

Bild 132. Selbstzündungskurve eines aliphatischen Treiböles (vom Verfasser mit dem Zündwertprüfer von Jentzsch aufgenommen).

„Einblasung des Brennstoffes mit hochgespannter, aber gekühlter[5] und gereinigter Luft, nicht nur wegen der innigen Mischung, sondern besonders auch zum Zweck der Vergasung, die dadurch entsteht, daß zahlreiche Brennstoffpartikel in der ganzen Masse der Verbrennungsluft zuerst vergasen, dann in Brand geraten und dadurch die zur Vergasung des Brennstoffes nötige Wärme entwickeln, zu welcher die Kompressionswärme allein nicht ausreicht."

Schon vorher hatte Rieppel in seiner 1907/08 erschienenen Arbeit[6] nach einer Erklärung dafür gesucht, daß die aliphatischen und aromatischen Treiböle sich in der Dieselmaschine ganz ver-

---

[1] D. Schäfer: Neuere Anschauungen über motorische Entzündungs- und Verbrennungsvorgänge. Jahrb. Schiffbautechn. Ges. Bd. 33 (1932), S. 181. Berlin: Deutsche Verlagswerke Strauss, Vetter & Co. Vgl. auch H. Jentzsch: Über Selbstentzündung von Oelen und Brennstoffen. Z.V.d.I. Bd. 68 (1924), S. 1150, und: Selbstentzündung von Ölen. Z.V.d.I. Bd. 69 (1925), S. 1353.

[2] Vgl. die Zwanglosen Mitteilungen des Deutschen Verbandes für die Materialprüfungen der Technik Nr. 31 (1939), S. 473, und Z.V.d.I. Bd. 83 (1939), S. 288. Auch Boerlage und Broeze haben eine befriedigende Übereinstimmung zwischen den mit dem Jentzschen Zündwertprüfer bestimmten Zündwerten und den im Motor gemessenen Cetenzahlen nicht feststellen können (VDI-Forschungsheft Nr. 366, 1934).

[3] Die Wichtigkeit ist deshalb begrenzt, weil die Natur schon dafür sorgt, daß die Zünd- und Verbrennungsvorgänge „richtig" verlaufen, auch wenn wir sie nicht richtig deuten; wir dürfen den Ablauf nur nicht durch falsche konstruktive Maßnahmen stören. Zu diesen zählen die „Schwerölvergaser" und die vielfachen (älteren) Bemühungen, durch Einbau von Verdampferschlangen und ähnliche Vorrichtungen die Verdampfung und „Vergasung" des Treiböles vor der Zündung zu fördern.

[4] R. Diesel: Die Entstehung des Dieselmotors. Berlin: Springer-Verlag 1913.

[5] Daß die gekühlte Einblaseluft den Zweck haben soll, den Brennstoff zu vergasen, ist ein eigentümlicher Widerspruch, den Diesel übersehen hat

[6] P. Rieppel: Versuche über die Verwendung von Teerölen zum Betrieb des Dieselmotors. VDI-Forschungsheft Nr. 55. Berlin: Springer-Verlag 1908. Auszugsweise in Z.V.d.I. Bd. 51 (1907), S. 613.

schieden verhalten. Er glaubte sie auf Grund von Beobachtungen an der laufenden Maschine, die er mit Gasölen und Steinkohlenteerölen sowie mit Mischungen beider betrieb, und von Bombenversuchen darin zu finden, daß die verwendbaren Öle schon bei geringer Wärmezufuhr Ölgas bilden sollten, während die schwerer zu verbrennenden Öle größerer Wärmezufuhr oder längerer Zeit zur Ölgasbildung bedürften. Wie das Ölgas zusammengesetzt sein sollte, konnte Rieppel nicht angeben; er vermutete, daß es hauptsächlich aus Wasserstoff und einfachen Kohlenwasserstoffen bestehe. Besonders sei es der Wasserstoff, der sich bei den brauchbaren Ölen bereits nach verhältnismäßig geringer Wärmezufuhr abspalte und infolge seines niedrigen Zündpunktes (den Rieppel zu 500° C angab) die Selbstzündung der übrigen Moleküle einleite. Den überragenden Einfluß der molekularen Struktur eines Treiböles — ob es aus kettenförmig oder ringförmig gebundenen Molekülen besteht — auf seine Verbrennbarkeit im Dieselmotor hat Rieppel schon damals richtig erkannt.

Löffler hat in seinem Lehrbuch[1] die Rieppelsche Theorie der Ölgasbildung weiter ausgeführt; er unterscheidet zwischen Treibölen, die zur Ölgasbildung neigen — das sollten die leicht verbrennlichen sein — und solchen, die nur oder vorwiegend „Zünddämpfe" bilden, die schwer zu verbrennen seien. Vor der Zündung müsse eine Zersetzung der Ölgase bzw. der einzelnen Dampfteilchen in die Elemente C und H stattfinden, die dann schließlich mit dem Sauerstoff der beigemischten Luft verbrennen. Seine Ausführungen, auf die im einzelnen hier nicht eingegangen werden kann, enthalten neben manchem Richtigen vieles, was rein spekulativen Charakter hat und der Nachprüfung heute — wo freilich die Ergebnisse umfangreicher Versuche vorliegen — nicht standhält.

Im Schlußwort zu dem genannten Lehrbuch (dort S. 507) bekräftigt Riedler die Theorie Löfflers mit den Worten „Kein Brennstoff brennt, sondern nur das Vergaste". Das trifft nicht zu, denn reiner Kohlenstoff z. B. verdampft erst bei 3900° C (ohne flüssig zu werden), zündet und brennt aber schon bei niedrigeren Temperaturen. Daß die Zündung und Verbrennung alle diejenigen Vorgänge umfassen, die den Brennstoff, sofern er nicht von vornherein gasförmig ist, aus dem festen oder flüssigen Zustand in den gasförmigen überführen, ist selbstverständlich. Die Frage ist aber, ob ein Brennstoff, um zünden zu können, vorher in den gasförmigen Zustand gebracht werden muß. Nach den oben angeführten Äußerungen Diesels ist dies seine Meinung gewesen, und auch Löffler hat sich entschieden auf diesen Standpunkt gestellt.

Offenbar ist es die Autorität Diesels und Riedlers gewesen, die in der ersten Hälfte der zwanziger Jahre zahlreiche Erfinder veranlaßte, sich mit dem „Schwerölvergaser" zu beschäftigen. Nicht wenige von ihnen suchten den Verfasser auf, um ihm ihre Erfindung zur Verwertung anzubieten, wobei sie sich auf die Notwendigkeit einer Vergasung des Treiböles beriefen. Allen diesen Bemühungen ist der Erfolg versagt geblieben.

Zweifel an der Notwendigkeit einer Ölgasbildung vor der Zündung hat Alt[2] zuerst geäußert, wenigstens soweit die Teeröle in Frage kommen; er meinte, daß „bei den niederen Temperaturen der gewöhnlichen Kompression (500 bis 650°) und der kurzen zur Verfügung stehenden Zeit eine nennenswerte pyrogene Zersetzung vor der Entzündung nur bei den Gasölen, Braunkohlen- und Urteerölen, bei den Teerölen überhaupt nicht" stattfinde. Alt veranlaßte das chemische Laboratorium von Krupp in Essen, zu untersuchen, wie der Entzündungs- und Verbrennungsprozeß im Motor verläuft und wie weit man aus den im Laboratorium festgestellten physikalischen und chemischen Eigenschaften eines Brennstoffes im voraus die Verwendbarkeit des Treiböles im Dieselmotor beurteilen kann. Die Untersuchung wurde von Wollers und Ehmcke[3] durchgeführt; sie fanden, daß bei länger dauernder, nach Minuten zählender Erhitzung auf 400° C und mehr eine pyrogene Zersetzung stattfindet. Die Zersetzungsprodukte waren im wesentlichen Wasserstoff, Methan, Äthan, Propan, Äthylen, Azetylen und Kohlenoxyd. Ihre im Kruppschen Zündpunktprüfer im Sauerstoffstrom bei Atmosphärendruck gemessenen Zündpunkte lagen wesentlich höher

---

[1] St. Löffler und A. Riedler: Ölmaschinen. Berlin: Springer-Verlag 1916.

[2] O. Alt: Die Probleme der Ölmaschine und ihre Entwicklung auf der Germaniawerft in Kiel. Jahrb. Schiffbautechn. Ges. Bd. 21 (1920), S. 318. Berlin: Springer-Verlag.

[3] G. Wollers und V. Ehmcke: Der Vergasungsvorgang der Treibmittel, die Ölgasbildung und das Verhalten der Öldämpfe und Ölgase bei der Verbrennung im Dieselmotor. Kruppsche Monatshefte Bd. 2 (1921), S. 1.

als die der Ausgangstreiböle, und es ist — so mußte gefolgert werden — nicht zu erkennen, warum die Natur bei dem Zündungsvorgang den Umweg über die schwerer entzündlichen Ölgase nehmen soll. Außerdem zeigten gerade die schwer verbrennlichen aromatischen Treiböle eine größere Neigung zur Ölgasbildung als die aliphatischen.

Gegen die damals herrschenden Ansichten wandte sich auch von Wartenberg[1]. Riedler stelle sich den Verbrennungsvorgang so vor, daß die Brennstofftröpfchen zunächst erhitzt werden, dann verdampfen, darauf unabhängig von der Anwesenheit von Sauerstoff in sich eine pyrogene Zersetzung erleiden, bis sie sich schließlich als Gas mit der Luft bzw. ihrem Sauerstoff mischen und verbrennen. Demgegenüber müsse betont werden, daß für die Diffusion des vergasten Brennstoffes in die Luft im Motor keine Zeit vorhanden sei; die Verbrennung könne vielmehr nur unmittelbar in der Oberfläche bzw. der Dampfhülle der Tröpfchen vor sich gehen. Diesen Vorgang habe man sich so vorzustellen: ein Tropfen, der in einen mit Luft von 30 bis 40 kg/cm² und 500° Ç gefüllten Raum eintrete, könne in seinem Innern noch kalt sein, während seine Oberfläche schon zu verdampfen beginnt. Die Dampfhülle ist aber auf 30 bis 40 kg/cm² verdichtet, und daher findet ein eigentliches Sieden nach Analogie von z. B. Wasser erst bei einer Temperatur statt, die um 100 bis 200° höher liegt als bei Atmosphärendruck. Es könne also nur die auf den relativ kalten Tröpfchen ruhende Dampfschicht verbrennen, und eine pyrogene Zersetzung des flüssigen Treiböles vor der Zündung komme nicht in Frage.

Einige Jahre später veröffentlichten Tausz und Schulte ihre S. 102 erwähnten Versuche, nach denen die aliphatischen Treiböle bei 200 bis 205° C in der verdichteten Luft des Brennraumes zünden. Nun liegt der Siedebeginn der gebräuchlichen Treiböle bei atmosphärischem Druck bei 150 bis 200° und darüber; bei dem Druck, der am Ende des Verdichtungshubes im Brennraum herrscht, kann daher nach v. Wartenberg der Siedebeginn nicht wesentlich niedriger als bei etwa 300° liegen. Wenn trotzdem der Brennstoff schon bei 200° zündet, dann muß hieraus geschlossen werden, daß die Zündung nicht notwendig in der Dampfphase eintreten muß, sondern auch in der (durch die Erwärmung aufgelockerten) äußeren Flüssigkeitsschicht des Brennstofftröpfchens eintreten kann.

Die Ausführungen v. Wartenbergs, die Versuche von Tausz und Schulte und eigene Beobachtungen an der Maschine veranlaßten die Arbeit des Verfassers „Neuere Anschauungen über Zünd- und Verbrennungsvorgänge in Dieselmotoren"[2]. Es wird darin nicht bezweifelt, daß während des Verbrennungsvorganges eine Verdampfung und Vergasung des Brennstoffes stattfindet, denn die Verbrennung bezweckt ja gerade eine Umwandlung des flüssigen Kraftstoffes in gasförmige Produkte; es sollte nur gezeigt werden, daß Verdampfung und Vergasung nicht die unerläßliche Voraussetzung für das Zustandekommen der Zündung sind.

Schäfer[3] vertritt diesen Standpunkt. Aus Versuchen mit dem Zündwertprüfer von Jentzsch glaubt er folgern zu müssen, daß in keinem Fall eine Selbstzündung unterhalb des Siedebeginnes eintrete. Es müsse stets erst die Siedebeginn-Temperatur durchlaufen und überschritten werden, ehe es zur Zündung oder Verbrennung kommen könne. Die Zündung gehe nachweisbar stets von den leichtflüchtigen Bestandteilen aus[4]; niemals könne die Flüssigkeit selbst zünden und brennen, sondern nur ihre Dämpfe und Gase.

Dem steht entgegen, daß auch feste Körper (Kohlenstoff) zünden und brennen können, ohne vorher verdampft oder vergast zu sein. Zu der Ansicht Schäfers, daß die Zündung nachweisbar stets von den leichtflüchtigen Bestandteilen ausgehe, stehen die (weiter unten besprochenen) Versuche von Hetzel und von Heinze und Schneider im Widerspruch. Schäfer hat nicht beachtet, daß zwar bei Atmosphärendruck der Siedebeginn niedriger liegt als der Zündpunkt, daß sich aber im Brennraum die Verhältnisse umkehren: der Zündpunkt wird erniedrigt, die Temperatur des Siedebeginnes steigt, und daher können die Beobachtungen am Zündwertprüfer von Jentzsch nicht auf die Brennraumverhältnisse übertragen werden.

---

[1] In einem am 8. Nov. 1921 im Westpreußischen Bez.-Ver. Deutscher Ingenieure in Danzig gehaltenen Vortrag. Vgl. Z.V.d.I. Bd. 68 (1924), S. 153.

[2] Z.V.d.I. Bd. 71 (1927), S. 1287.

[3] Vgl. Fußnote 1, S. 103.

[4] Vgl. hierzu besonders die Versuche von Hetzel (S. 107).

Berechnung der vor der Zündung verdampften Treibölmenge. Rechnerisch ist der Verdampfungsvorgang zuerst von Neumann[1], später von Wentzel[2] untersucht worden. Neumann nahm als Wärmeübergangszahl zwischen verdichteter Luft und Treiböltropfen Werte von einigen hundert kcal/m²h° C an und kam zu dem Ergebnis, daß während des Zündverzuges, d. h. der Zeit, die für eine Verdampfung vor der Zündung zur Verfügung steht, nur ein Bruchteil eines Prozentes des Brennstoffes verdampft sein kann. Er zog daraus den Schluß, daß zur Einleitung der Zündung eine vorherige Verdampfung des Brennstoffes nicht notwendig ist. Wentzel hingegen legt seinen Berechnungen mehr als hundertmal so große Wärmeleitzahlen (50000 kcal/m²h° C) zugrunde und findet unter dieser (sehr unsicheren) Annahme natürlich wesentlich kürzere Verdampfungszeiten. Nach Wentzel ist ein Tropfen von 0,01 mm Durchmesser bei einer Verdichtungstemperatur von 550° C nach 0,00058 sek, bei 400° nach 0,00106 sek völlig verdampft; das sind Zeiten, die erheblich kürzer sind, als der Zündverzug im Motor im Durchschnitt dauert. Den bei einer Aufheizung des Tropfens auf 200° (die Temperatur, bei der er im Brennraum zündet) verdampften Anteil berechnet Wentzel zu 2,5% des Tropfengewichtes bei 550° Verdichtungstemperatur und 34 ata Verdichtungsdruck. Er schließt daraus, es sei viel wahrscheinlicher, daß die Zündung in der Dampfhülle des Tropfens einsetze als in der Tropfenoberfläche selbst.

Wentzel geht von einer „normalen" Siedekurve für Gasöl aus, deren Siedebeginn unter 200° C liegt. Die Erhöhung der Siedetemperatur durch den Verdichtungsdruck hat er nicht berücksichtigt. Hätte er seiner Rechnung eine Siedekurve mit einem Siedebeginn bei z. B. 280° zugrunde gelegt. d. h. die Siedekurve einer Fraktion von besonders großer Zündwilligkeit (vgl. Zahlentafel 10, S. 107), so hätte er gefunden, daß bei einer Aufheizung des Brennstofftropfens auf 200°, d. h. auf die Zündtemperatur, noch kein Brennstoff verdampft ist. Der Schluß, den Wentzel bezüglich des Einsetzens der Zündung in der Dampfhülle des Tropfens zieht, ist nicht stichhaltig.

Wenn der eingespritzte Brennstoff wirklich mit der von Wentzel berechneten außerordentlich großen Geschwindigkeit verdampfte — nach 0,0005 sek sollen bereits nahezu 80% der eingespritzten Brennstoffmenge verdampft sein —, dann würde die Durchschlagskraft der Brennstoffstrahlen sehr gering sein, und die Anwendung der Druckeinspritzung auf große Zylinder hätte ganz andere konstruktive Mittel erfordert, als man heute mit Erfolg benutzt.

Beobachtung der Verdampfung in Versuchseinrichtungen. Rothrock und Waldron[3] haben den Brennstoffstrahl im Motor photographiert und bei Aussetzen der Zündung ein kurzzeitiges Verschwinden des Strahles beobachtet, das nur auf Verdampfung zurückgeführt werden konnte. Beim Rückgang des Kolbens und sinkender Temperatur erschien der Strahl wieder, da die Dämpfe kondensierten. Rothrock und Waldron folgern hieraus, daß der eingespritzte Brennstoff während der für die Einspritzung und Verbrennung zur Verfügung stehenden Zeit in erheblichem Umfang verdampft, was zwar für diese längere Zeit zutreffen mag, aber nicht die Frage entscheidet, ob die Verdampfung für die Einleitung der Zündung erforderlich ist.

Ähnliche Versuche hat Holfelder[4] gemacht. Er nahm mit Hilfe einer Zeitlupenphotographie Brennstoffstrahlen auf, die in eine mit erhitzter Luft gefüllte Bombe gespritzt wurden, wobei die Verhältnisse der motorischen Einspritzung möglichst genau nachgeahmt wurden. Bei vielen Aufnahmen mit großem Zündverzug, aber auch bei solchen mit kurzem Zündverzug wurde der Strahl an seinen äußeren Rändern für die Durchleuchtung durchsichtiger. Holfelder zieht daraus den Schluß, daß eine völlige oder sehr weitgehende Verdampfung des Brennstoffes vor der Zündung bei den im Motor vorkommenden Zündverzugszeiten kaum anzunehmen ist, da die Zündung schon bei einer Erwärmung des Tropfens auf 200° einsetzt, während er erst bei einer Aufheizung auf etwa 400° völlig verdampft ist.

Auch Nägel[5] berichtet über Verdampfungsversuche, die in der von Holfelder benutzten Versuchseinrichtung gemacht worden sind. Bei der sehr kleinen Brennstoffmenge von 50 mg, der

---

[1] K. Neumann: Untersuchungen über die Selbstzündung flüssiger Brennstoffe. Z.V.d.I. Bd. 70 (1926), S. 1071.

[2] W. Wentzel: Zum Zündvorgang im Dieselmotor. Forschung a. d. Gebiet d. Ingenieurwesens Bd. 6 (1935), S. 105.

[3] A. M. Rothrock und C. Waldron: Fuel Vaporization and its Effect on Combustion in a High-Speed Compression-Ignition Engine. N.A.C.A. Report Nr. 435. Washington, 1932.

[4] O. Holfelder: Zündung und Flammenbildung bei der Diesel-Brennstoff-Einspritzung. VDI-Forschungsheft Nr. 374, 1935.

[5] A. Nägel: Neuere Versuche über die Entstehung und den Ablauf der dieselmotorischen Verbrennung. Tagung der Deutschen Akademie der Luftfahrtforschung. Berlin 1939.

niedrigen Temperatur von 380° C und dementsprechend großem Zündverzug ($^1/_{100}$ sek) war bis zur Zündung fast der gesamte Kraftstoff verdampft. Mit zunehmender Temperatur wächst zwar die Verdampfungsgeschwindigkeit, aber langsamer, als der Zündverzug abnimmt; daher trat bei Erhöhung der Lufttemperatur die Verdampfung vor der Zündung nur am Strahlrand ein, während ein unverdampfter Kern übrigblieb. Mit zunehmender Einspritzmenge und Einspritzgeschwindigkeit nahm das Verhältnis der bis zur Zündung verdampften zur unverdampften Menge weiter ab.

Aus den Rechnungen von Neumann und Wentzel (so wenig sie übereinstimmen) und den Versuchen, über die hier berichtet wurde, bleibt der Schluß zulässig, daß eine wenn auch geringe Verdampfung für das Einleiten der Zündung erforderlich ist. Neuere Versuche von Hetzel und von Heinze und Schneider stehen auch dem entgegen.

Messung der Zündwilligkeit verschieden hoch siedender Fraktionen von Treibölen. Hetzel[1] prüfte zwei Dieseltreiböle, ein Gasöl aus Texas und ein pennsylvanisches Gasöl, auf die Zündwilligkeit sowohl der unzerlegten Öle wie auch nach ihrer Zerlegung in eine Anzahl von Fraktionen mit steigenden Siedegrenzen. Das Texasöl hatte im

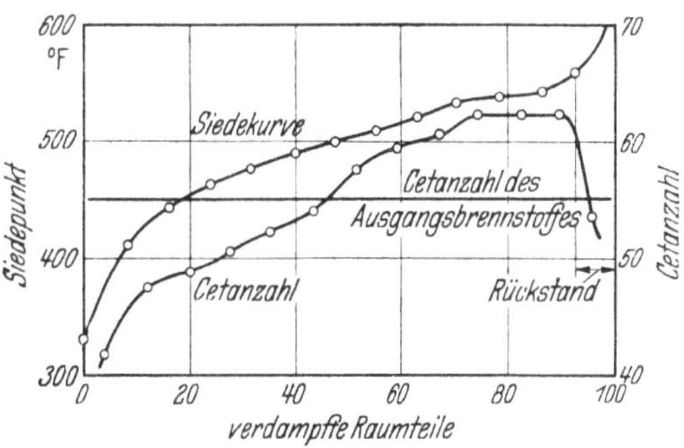

Bild 133. Zunahme der Cetanzahl mit steigenden Siedegrenzen nach Hetzel.

ursprünglichen Zustand eine Cetanzahl[2] 55 und Siedegrenzen zwischen 194 und 324 ° C. Es wurde in zwölf Fraktionen von je ungefähr gleichen Raumteilen der Ausgangsprobe zerlegt, die Siedegrenzen wurden bestimmt und die Cetanzahl jeder Fraktion gemessen. Das Ergebnis zeigen Zahlentafel 10 und Bild 133. Mit steigenden Siedegrenzen nimmt die Cetanzahl, d. h. die Zündwilligkeit, ständig zu bis zu einem Höchstwert von 62,4. Die leichtflüchtigen Bestandteile (von denen nach Schäfer die Zündung stets ausgehen sollte) zünden am schlechtesten, die hochsiedenden Fraktionen Nr. 11 und 12 am besten. Ihre Siedegrenzen liegen so hoch, daß im Motor, wo die Zündung schon bei rd. 200° C eintritt, vor der Zündung noch nichts verdampft sein kann. Nur der Rückstand, bei dem wahrscheinlich ein Kracken, also eine Aufspaltung der Moleküle eingetreten ist, zeigt ein Abfallen[3] der Cetanzahl. Die Cetanzahl des Ausgangsöles ist fast genau gleich dem Mittelwert der Cetanzahlen der einzelnen Fraktionen.

Das zweite von Hetzel untersuchte Treiböl (pennsylvanischer Herkunft) hatte einen Siedebereich von 210 bis 374°C und eine Cetanzahl 66; es wurde in dreizehn Fraktionen mit steigenden Siedebereichen zerlegt. Die niedrigsiedende Fraktion (132

Zahlentafel 10. Zunahme der Cetanzahl der Fraktionen eines Texas-Gasöles mit steigenden Siedegrenzen nach Hetzel.

Fraktion Nr.	Verdampfte Raumteile %	Siedegrenzen ° C	Cetanzahl
Ursprungs-brennstoff		194—324	55,0
1	8,48	166—211	41,9
2	7,90	211—229	47,6
3	7,65	229—240	48,9
4	7,81	240—246	50,6
5	7,81	246—254	52,2
6	7,76	254—260	54,0
7	7,81	260—265	57,5
8	7,90	265—271	59,5
9	7,81	271—278	60,5
10	7,61	278—282	62,3
11	7,98	282—284	62,4
12	6,15	284—294	62,4
Rückstand	5,90	über 294	53,4

bis 224°) ergab eine Cetanzahl von nur 49, die nächsthöhere (224 bis 238°) schon 62. Im Siedebereich von 266 bis 292°, der in vier Fraktionen geteilt wurde, war die Cetanzahl gleichbleibend 69. Bei den noch höher siedenden Anteilen stieg sie weiter auf 71, selbst bei dem 17 Raumteile enthaltenden Rückstand (Siedepunkt über 324°) stieg die Cetanzahl noch auf 71,5. Eine Abnahme der Zündwilligkeit infolge Krackens trat bei diesem Treiböl nicht ein.

---

[1] T. B. Hetzel: The Development of Diesel Fuel Testing. Pennsylvania State College Bulletin Nr. 45 vom 12. Sept. 1936.
[2] Wegen der Definition der die Zündwilligkeit kennzeichnenden Cetanzahl s. S. 119.
[3] Was zugleich beweist, daß die Ölgase schlechter als das unzersetzte Treiböl zünden.

Bei der Untersuchung der Frage, wie die Aufarbeitung des Braunkohlenschwelteeres geleitet werden muß, damit man möglichst brauchbare, d. h. zündwillige Dieselkraftstoffe erhält, haben Heinze und Schneider[1] für Treiböle aus Braunkohlenschwelteer dieselben Zusammenhänge zwischen Siedepunkt und Zündneigung gefunden wie Hetzel für Erdölprodukte. Bild 134, das der Arbeit von Heinze und Schneider entnommen ist[2], zeigt die Abhängigkeit der Zündwilligkeit (Cetenzahl[3]) von der Siedekennziffer[4]. Die Kurve zeigt einen ähnlichen Verlauf wie die der Cetanzahlen in Bild 133: mit steigender Siedekennziffer, also abnehmender Verdampfbarkeit, nimmt die Cetenzahl zu bis zu einem Höchstwert, der bei einer Siedekennziffer von etwa 325 liegt; darüber sinkt sie wieder, liegt aber selbst bei der Kennziffer 350 noch um etwa 10 Einheiten über der zu der Kennziffer 250 gehörenden Cetenzahl. Die Abnahme der Zündwilligkeit am rechten Ende der Kurve erklären Heinze und Schneider damit, daß die an sich vorhandene ausgezeichnete Zündwilligkeit wegen der immer geringer werdenden Verdampfbarkeit der sehr großen Moleküle nicht mehr zum Ausdruck kommt. Richtiger dürfte die Erklärung sein, daß die mit wachsender Siedekennziffer zunehmende Viskosität die Zerstäubung so verschlechtert, daß bei der Einspritzung nicht mehr hinreichend feine Tropfen entstehen, wodurch die Erwärmung der Tropfen verlangsamt und der Eintritt der Zündung verzögert wird. Für die praktische Verwendung empfehlen Heinze und Schneider die Fraktion zwischen 280° und 330°, weil die über 330° siedenden Fraktionen infolge ihres hohen Paraffingehaltes zu große Viskosität und zu hohen Stockpunkt haben.

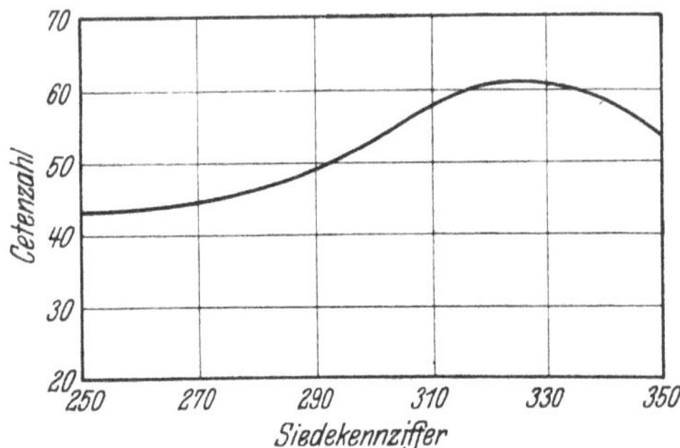

Bild 134. Zusammenhang zwischen Cetenzahl und Siedekennziffer von Braunkohlen-Dieselkraftstoffen nach Heinze und Schneider.

Aus allen hier mitgeteilten Betrachtungen muß der Schluß gezogen werden, daß eine Verdampfung des eingespritzten Treiböles vor der Zündung nicht die Voraussetzung für das Zustandekommen der Zündung ist. Treiböle (kettenförmiger Bindung), deren Siedebeginn bei 300° liegt, sind zündwilliger als solche, die bei 200° und darunter zu sieden anfangen, und zünden in der Maschine bei einer Temperatur, die tief unter dem Siedebeginn liegt. Damit ist nicht gesagt, daß während des Einspritz- und Verbrennungsvorganges keine Verdampfung eintritt; dem würden die Versuche von Rothrock und Waldron, Holfelder und Nägel widersprechen. Von den eingespritzten Treiböltropfen findet zunächst nur ein kleiner Teil, nämlich die am Strahlrand liegenden[5], die für die Zündung notwendige Sauerstoffkonzentration vor; diese können schon weit unterhalb ihres Siedebeginnes zünden. Für die Mehrzahl der Tropfen gilt dies nicht; sie erwärmen sich, zunächst an ihrer Oberfläche, auf eine höhere Temperatur und zünden später in der Dampfhülle, wenn die Luftbewegung die erforderliche Sauerstoffkonzentration hergestellt hat.

Daß die Zündung in der durch die erhöhte Temperatur aufgelockerten Oberfläche des noch flüssigen Brennstofftropfens eintritt, widerspricht nicht den Lehren der Molekularphysik. Die Anziehungskraft der Kohlenwasserstoffmoleküle untereinander ist gering, so daß sie leicht aufeinandergleiten können (worauf die Schmierfähigkeit der Schmieröle beruht). Bei Erwärmung vergrößert sich der Abstand der Moleküle; die Kräfte, die sie aufeinander ausüben, werden weiter verringert, und da diese außerdem infolge der Wärmebewegung dauernd nach Größe und Richtung schwanken,

---

[1] R. Heinze und K. Schneider: Einfluß der Destillationsbedingungen auf die Zündwilligkeit von Dieselkraftstoffen aus Braunkohlenschwelteeren. Deutsche Kraftfahrtforschung Heft 17. Berlin: VDI-Verlag 1938.

[2] Nur wurden die Koordinaten vertauscht, wodurch die Abhängigkeit der Cetenzahl von der Siedekennziffer deutlicher wird.

[3] Wegen der Cetenzahl s. S. 119.

[4] Die Siedekennziffer (n. W. Ostwald) ist ein Maß für die Flüchtigkeit des flüssigen Kraftstoffes. Man destilliert 100 cm³ des Kraftstoffes im Gerät von Engler-Ubbelohde und mißt die Temperaturen, bei denen 5, 15, 25 usw. bis 95 Raumteile überdestilliert sind. Die Summe der so erhaltenen Temperaturen, dividiert durch 10, bezeichnet man als Siedekennziffer. Diese ist also auch gleich der in Richtung der Abszissenachse gemessenen mittleren Höhe der von der Siedekurve und der Ordinatenachse begrenzten Fläche (vgl. Bild 6, S. 12).

[5] Wie die Versuche von E. C. Buckley und C. D. Waldron (A Preliminary Motion-Picture Study of Combustion in a Compression-Ignition Engine; N.A.C.A. Technical Note Nr. 496, 1934) und A. Nägel (s. Fußnote 5, S. 106) gezeigt haben.

so können sie keine einseitige Wirkung ausüben, so daß das Molekül sich wie kräftefrei zwischen den anderen Molekülen bewegen kann (Lenard). Es ist daher imstande, die Schwingungen auszuführen, die seiner Temperatur entsprechen und deren mittlere Energie seiner absoluten Temperatur proportional ist. Bei Erreichung des Zündpunktes ist das Kohlenwasserstoffmolekül so weit „aktiviert", d. h. seine Schwingungen sind so intensiv geworden, daß es mit einem durch die erhöhte Temperatur ebenfalls aktivierten **Sauerstoffmolekül** (oder mit mehreren Molekülen) reagieren kann, d. h. zündet. Wie diese Reaktion im einzelnen verläuft, ist nicht bekannt.

Vergasung vor der Zündung. Unter „Vergasung" kann hier nur die Spaltung (Kracken) der größeren Kohlenwasserstoffmoleküle in kleinere Stücke, die „pyrogene Zersetzung" (vgl. S. 105), verstanden werden. Nach Engler liegt die Temperatur, bei der die Zersetzung der Kohlenwasserstoffe beginnt, bei etwa 200°C, während andere Forscher bei Temperaturen bis etwa 325°C keine Zersetzung beobachteten[1]. Bei genügend (Stunden oder Tage) lange dauernder Erhitzung scheint das Kracken schon bei etwa 250°C zu beginnen, aber eine so lange Zeitdauer kommt hier natürlich nicht in Frage. Zwar zerfällt ein Kohlenwasserstoffmolekül unter der Einwirkung der Hitze um so leichter, je größer es ist, aber dieser Zerfall tritt auch bei den höhermolekularen Kohlenwasserstoffen erst bei einer Temperatur (300 bis 400° und mehr), die oberhalb des Zündpunktes liegt, und nach längerer Zeit ein. Da das Treiböl im Motor schon bei 200° zündet und für eine pyrogene Zersetzung vor der Zündung nur sehr kleine Bruchteile einer Sekunde zur Verfügung stehen, so ist nicht anzunehmen, daß bei dieser Temperatur schon eine pyrogene Zersetzung stattgefunden hat.

Boerlage und Broeze hingegen halten die Verdampfung und Zersetzung für das Einleiten der Zündung im Dieselmotor für erforderlich[2]. Die thermische Stabilität der Moleküle sei es, die den chemisch-physikalischen Grund des Zündungsproblems im Dieselmotor ergebe (Thermostabilitäts-theorie). Die Neigung der ursprünglichen Stoffe zum Sauerstoff der Verbrennungsluft sei bei der Hochtemperaturzündung im Motor belanglos gegenüber der Neigung zum Zerfall. Im Widerspruch hierzu steht ein Versuch, bei welchem Boerlage und Broeze in den mit Stickstoff gefüllten Verdichtungsraum eines durch Fremdkraft angetriebenen Motors Treiböl einspritzten; dabei konnten sie keine Zersetzung des Brennstoffes feststellen, selbst wenn der Verdichtungsdruck auf 40 kg/cm² und die Verdichtungstemperatur auf 600°C getrieben wurde, sofern nicht etwas Sauerstoff anwesend war[3]. Also selbst bei dieser hohen Temperatur und obwohl die Dauer ihrer Einwirkung auf die Kohlenwasserstoffmoleküle hier beträchtlich länger war als im arbeitenden Motor, zeigten diese keine Neigung zum Zerfall in der Wärme. Im Gegensatz zu Boerlage und Broeze muß hieraus geschlossen werden, daß nicht die Zersetzung, sondern die Reaktion zwischen dem Kohlen-wasserstoffmolekül und dem Sauerstoff das für das Zustandekommen der Zündung Wesentliche ist.

Theorie der Zündung. Peroxydtheorie von Tausz. Den Vorgang der Selbstzündung hatte Tausz so erklärt, daß die Stoffe vor der Entzündung Sauerstoff anlagern, wodurch sich Superoxyde (Peroxyde) bilden, d. h. übersättigte Sauerstoffverbindungen, die nur in einem engen, rasch durchlaufenen Druck- und Temperaturintervall beständig sind, oberhalb des Intervalls aber plötzlich zerfallen. Die Sauerstoffanlagerung vollzieht sich nur bei höherer Temperatur und in unmittelbarer Nähe des Zündpunktes mit der erforderlichen Schnelligkeit; bei gewöhnlicher Temperatur verläuft sie zu langsam, als daß sie sich bemerkbar machen könnte. Die Zündung besteht in dem plötzlichen Zerfall des durch die Sauerstoffanlagerung gebildeten labilen Peroxydes unter starker Wärmeabgabe. Die Sauerstoffanlagerung braucht nur bei einem kleinen Teil der den Brenn-stofftropfen bildenden Moleküle eingetreten zu sein, denn die bei dem Zerfall des Peroxydes frei-werdende Wärmemenge genügt, um auch die übrigen Moleküle des Brennstofftröpfchens zu ent-zünden.

Die Meinungen über die Peroxydtheorie sind geteilt. Manches spricht für sie, wenn sich auch nicht alle bei der Zündung auftretenden Erscheinungen erklären lassen. Pye[4] erwähnt die Versuche

---

[1] Vgl. L. Gurwitsch: Wissenschaftliche Grundlagen der Erdölverarbeitung, 2. Aufl., Berlin: Springer-Verlag 1924. und D. Sedlaczek: Die Krackverfahren unter Anwendung von Druck. Berlin: Springer-Verlag 1929.

[2] G. D. Boerlage und J. J. Broeze: Zündung und Verbrennung im Dieselmotor. VDI-Forschungsheft Nr. 366. Berlin: VDI-Verlag 1934.

[3] Der Versuch ist in den Aufsätzen "Combustion Research in Compression-Ignition Engines" (Oxford University Press, 1935) und "The Combustion Process in the Diesel Engine" (Chemical Reviews, 1938, S. 61) erwähnt.

[4] D. R. Pye: Die Brennkraftmaschinen. Deutsch von F. Wettstädt. Berlin: Springer-Verlag 1933.

von Egerton, auf Grund deren angenommen werden muß, daß überall da, wo zwei besonders aktive Brennstoff- und Sauerstoffmoleküle zufällig zusammentreffen und in Verbindung gehen, ein Sauerstoffmolekül in das Brennstoffmolekül aufgenommen und ein unbeständiges organisches Peroxyd gebildet wird. Lewis und von Elbe[1] weisen darauf hin, daß höhermolekulare Kohlenwasserstoffe schon bei 130° C durch Reaktion mit Sauerstoff neben anderen Produkten auch explosive Peroxyde bilden, fügen indessen hinzu, daß man nicht unterscheiden könne, ob es sich dabei um primäre Produkte oder die Ergebnisse von Kettenreaktionen handelt. Jost[2] hingegen sagt, man dürfe den Mechanismus der Peroxydierung von Kohlenwasserstoffen nicht so auffassen, daß ein intaktes Kohlenwasserstoffmolekül ein Sauerstoffmolekül unter Bildung eines Peroxydes aufnehme; dies sei äußerst unwahrscheinlich. Viel wahrscheinlicher sei, daß im Verlauf der Oxydation auftretende freie Radikale ein Sauerstoffmolekül aufnehmen, wobei Peroxydradikale entstehen, die unter Umständen zu Peroxyden weiterreagieren können.

Thermostabilitätstheorie von Boerlage und Broeze. Die beiden Forscher erklären (vgl. Fußnote 2, S. 109) eine Zersetzung (Kracken) des Brennstoffes für das Einleiten der Zündung im Dieselmotor für „besonders ausschlaggebend". Die Krackneigung sei eine Äußerung der thermischen Stabilität des Moleküles, die namentlich durch seine Struktur und durch die Kopplung der Schwingungssysteme im Molekül bestimmt sei. Da die für eine schnelle Krackung erforderlichen Temperaturen ziemlich hoch seien, so müßten im allgemeinen Dämpfe den Zündungsvorgang einleiten. Verdampfung und Zersetzung seien daher für das Zustandekommen der Zündung erforderlich. Demnach könne die Rieppelsche Theorie der Ölgasbildung „zum Teil" bestätigt werden.

Hierzu bemerkt Jost[3], es sei nicht ausgeschlossen, aber auch nicht bewiesen, daß unter Umständen ein primärer Zerfall des Kohlenwasserstoffmoleküls in instabile Bruchstücke (freie Radikale) die Oxydation einleitet, wofür manches angeführt werden könne. Förderlich für die Oxydation könne nur der primäre Zerfall eines Kohlenwasserstoffs in Radikalbruchstücke sein. Die als Endprodukte des Zerfalls auftretenden stabilen, niedermolekularen Bruchstücke würden dagegen im allgemeinen schwerer oxydiert als der Ausgangsstoff (was auch Wollers und Ehmcke gefunden hatten). „Wenn also", so fährt Jost fort, „etwa ein Dieselkraftstoff unter Bedingungen ungenügenden Sauerstoffzutritts verdampft und stärker gekrackt wird, ehe er mit Sauerstoff reagiert, so kann das für die Oxydation unter Umständen eher hinderlich als förderlich sein."

In Übereinstimmung hiermit sagt Holfelder[4]: „Ein Aufprallen des Strahles auf die Wand kann zu einem Kracken führen, falls die Wand übermäßig heiß ist." In demselben Sinn hat sich der Verfasser früher[5] geäußert: „Noch flüssige Treiböltropfen dürfen mit so heißen Stellen (d. h. 600° C und mehr) nicht in Berührung kommen, da sonst eine Art von Kracken auftritt; die Folge ist rußiger Auspuff", was an Glühkopfmaschinen häufig beobachtet worden ist.

Unter Bezugnahme auf diese Äußerung meinen Boerlage und Broeze[6], die Arbeiten des Verfassers seien geeignet, der Weiterentwicklung der Ölmaschine „ernstlich zu schaden"[7]. Dabei wird auf den Wirbelkammereinsatz von Ricardo (Bild 129) hingewiesen, der bei hoher Belastung und Drehzahl hellrotglühend wird. Es ist natürlich ein Unterschied, ob man den Brennstoff auf eine zu heiße Fläche spritzt, mit der er längere Zeit in Berührung bleibt, wie es für Glühkopfmaschinen zutrifft, oder ob ein Luftstrom sehr hoher Geschwindigkeit (in der Comet-Kammer hat nach Alcock die Luft während der Einspritzung bei 1000 U/min des Motors eine Umlaufgeschwindigkeit von rd. 14000/min) nur eine äußerst kurzzeitige Berührung zwischen Brennstoff und Wand zuläßt. Der Hinweis auf die nachteiligen Folgen des Krackens trifft vielmehr auch für die Comet-Wirbelkammer zu, deren Brennstoffstrahl ursprünglich auf

---

[1] B. Lewis and G. von Elbe: Combustion, Flames and Explosions of Gases. Cambridge University Press 1938.

[2] W. Jost: Die physikalisch-chemischen Grundlagen der Verbrennung im Motor. Motor und Kraftstoff (Wissenschaftliche Herbsttagung 1938 des VDI in Augsburg). Berlin: VDI-Verlag 1939.

[3] S Fußnote 2.

[4] S. Fußnote 4, S. 106.

[5] S. Fußnote 2, S. 105.

[6] S. Fußnote 2, S. 109; a. a. O. S. 11.

[7] Was wohl nicht nachweisbar ist. Wenn andererseits die von Boerlage und Broeze vertretene Meinung, daß Verdampfung und Zersetzung, also Vergasung, für das Einleiten der Zündung im Dieselmotor erforderlich seien, richtig wäre, so hätte das in jüngster Zeit entwickelte Dieselgasverfahren, bei welchem die schwer zündenden gasförmigen Brennstoffe durch den leicht zündenden flüssigen Brennstoff entzündet werden, mit einem Mißerfolg enden müssen. Das Gegenteil ist der Fall.

einen höherliegenden Punkt (Bild 135, nach einem Vortrag Ricardos[1]) der unteren Einsatzhälfte gerichtet war, später dagegen so nach unten geschwenkt wurde (Bild 129), daß der Brennstoff den Einsatz nur noch ganz kurze Zeit berühren konnte. So erklärt sich auch die Beobachtung v. Philippovichs[2], wonach sich bei einem Wirbelkammermotor eine Cetenzahl von 30 als günstiger erwies als eine solche von 60. Die hohe Temperatur hat bei dem zündwilligeren Brennstoff ein vorzeitiges Kracken des Brennstoffes bewirkt; bei dem Brennstoff mit der niedrigen Cetenzahl dagegen trat ein Kracken nicht ein, weil wegen des größeren Zündverzuges die Zündung erst erfolgte, nachdem die Wirbelung den Brennstoff von der heißen Wand des Einsatzes fortgeblasen hatte.

Heinze und Schneider[3] bezeichnen als Merkmal der Thermostabilitätstheorie die Zunahme der Zündwilligkeit von Kohlenwasserstoffen mit steigendem Molekulargewicht; je größer das Molekül, um so geringer sei seine Bindungsfestigkeit und um so größer seine Zerfallsneigung bei erhöhten Temperaturen. Das ist schon früher von Aufhäuser ausgesprochen und von Hetzel durch den Versuch bewiesen worden. Die Thermostabilitätstheorie nach der Definition Boerlages und Broezes behauptet etwas anderes: Verdampfung und Zersetzung seien für das Einleiten der Zündung im Dieselmotor erforderlich. Später haben Boerlage und Broeze ihre Aussage eingeschränkt und erklärt, daß „völlige Vergasung des Brennstoffes nicht nötig ist, und daß die Reaktion, welche die Zündung einleitet, entweder auf die Bildung primärer Spaltprodukte (initial stages of cracking) zurückzuführen ist, der infolge der Reaktion der entstandenen freien Radikale mit Sauerstoff eine Wärmeentwicklung folgt, oder

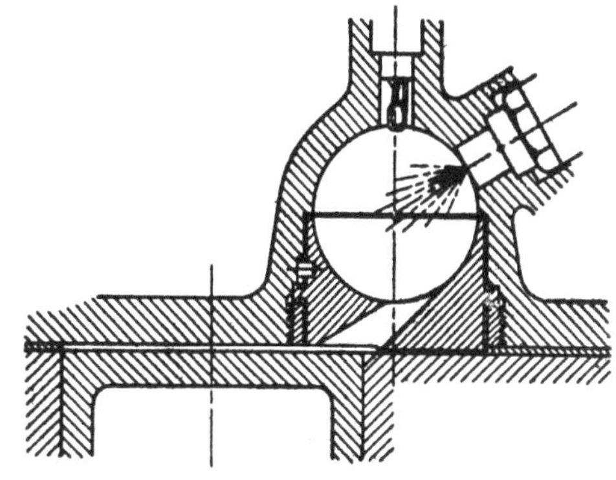

Bild 135. Richtung des Brennstoffstrahles in der Wirbelkammer von Ricardo (frühere Ausführung).

darauf, daß Sauerstoff mit den Brennstoffmolekülen reagiert, die sich unmittelbar vor dem Bruch im Zustand hoher Spannung (in a highly strained state) befinden und dadurch gegen Sauerstoff besonders empfindlich (abnormally sensitive to oxygen) geworden sind"[4]. Diese Alternative ist aber gerade die Frage, um die es sich hier handelt: ist eine Verdampfung und Vergasung des Brennstoffes vor der Zündung erforderlich oder nicht? Zu der Zeit, als man begann, die Druckeinspritzung auf große Zylinder anzuwenden, war es nicht nebensächlich, wie die Antwort ausfiel, denn wenn der Brennstoff vor der Zündung verdampfen und vergasen mußte, dann wurde es zweifelhaft, ob es gelingen würde, die Brennstoffdämpfe und Gase nur durch Einspritzung unter hohem Druck im Brennraum zu verteilen. Für den mit Druckluftzerstäubung arbeitenden Motor war dies belanglos; hier sorgte die Einblaseluft für gute Verteilung, gegebenenfalls auch der Dämpfe und Gase. Die Tatsache, daß die Druckzerstäubung auf die größten bisher

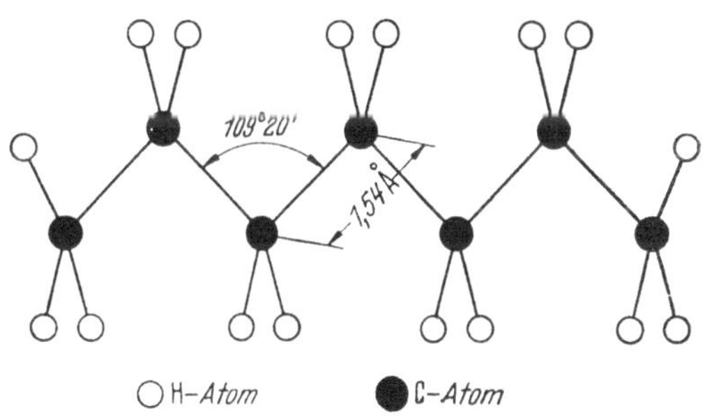

Bild 136. Modell des Heptan C_7H_{16} nach W. Bragg.

gebauten Dieselzylinder angewendet worden ist, spricht ebenfalls dafür, daß die Zündung schon an den noch flüssigen Brennstofftropfen eingeleitet wird, wenn sie sich auch in der Dampfhülle der später zündenden Tropfen fortsetzt.

Wie man sich die Vorgänge bei der Zündung vorstellen kann, mag die Wiedergabe der Gestalt eines paraffinischen Kohlenwasserstoffmoleküles erläutern, die Bragg[5] beschreibt. Bild 136 zeigt den durch Röntgenstrahlen erforschten Aufbau des Heptan-Moleküls mit sieben Kohlenstoff- und je zwei Wasserstoffatomen; die C-Atome an den Enden sind

---

[1] H. R. Ricardo: Some Notes and Observations on Petrol and Diesel Engines. Trans. Inst. Mar. Eng. Bd. 45 (1933), S. 173.

[2] S. Fußnote 1, S. 1; a. a. O. S. 45 und 49.

[3] S. Fußnote 1, S. 108.

[4] G. D. Boerlage und J. J. Broeze: Combustion Research in Compression-Ignition Engines. (Oxford University Press, Juni 1935).

[5] W. Bragg: The Molecular Basis of the Strength of Materials. Trans. North East Coast Institution of Engineers and Shipbuilders Bd. 55 (1938), S. 33.

mit je einem weiteren Wasserstoffatom verbunden. Die C-Atome haben dieselbe Anordnung wie im Diamanten; auch ihre Entfernung ist die gleiche (1,54 Å)[1], und der Winkel zwischen je zwei Verbindungslinien, die im Modell die elektromagnetischen Kräfte andeuten, beträgt 109°20'. Der Aufbau der höhermolekularen Paraffine $C_{11}H_{24}$ bis $C_{18}H_{38}$, die im Gasöl vorkommen, ist grundsätzlich der gleiche, nur sind die Ketten entsprechend länger. Die Anordnung der C- und H-Atome wird man sich dreidimensional vorzustellen haben. Die Moleküle als Ganzes sind in ständiger Bewegung, die aus Eigenbewegung (Translation), Drehung (Rotation) und Schwingungen, welche die Atome gegeneinander ausführen, zusammengesetzt sein kann[2]. Jede dieser Energiearten nimmt mit steigender Temperatur zu; die Gesamtenergie ist der absoluten Temperatur proportional. Bei den langgestreckten Molekülen der höhermolekularen Paraffine überwiegt vermutlich die Schwingungsenergie die beiden anderen Energiearten; auch ist anzunehmen, daß die Schwingungsausschläge und damit die Beanspruchung des Molekülverbandes um so größer werden, je länger das Molekül ist. So erklärt der Verfasser sich die Erscheinung, daß die hochmolekularen Paraffine die zündwilligsten sind. Die Verdichtungswärme allein vermag aber bei der kurzen Dauer der Einwirkung den Molekülverband nicht zu sprengen, wie der Versuch von Boerlage und Broeze mit Stickstoffüllung des Brennraumes gezeigt hat (weshalb die Bezeichnung „Thermostabilitätstheorie" nicht ganz zutreffend ist). Erst der Angriff der aktivierten O_2-Moleküle bringt das Molekül zum Bruch.

An welchen und wie vielen Stellen dieser eintritt, ob die Bildung labiler Peroxyde dabei eine Rolle spielt und welche Verbindungen vorübergehend auftreten, ist zwar wissenschaftlich von Interesse, hat aber auf die Maßnahmen des Konstrukteurs keinen Einfluß. Da die Reaktion schon bei 200° C stattfindet, können Verdampfung und Vergasung keine Vorbedingung sein; es ist vielmehr anzunehmen, daß sie unmittelbar in der durch die Wärme aufgelockerten Flüssigkeitsoberfläche beginnt. Damit dies an möglichst vielen Stellen gleichzeitig stattfindet, muß die Brennstoffoberfläche stark vergrößert werden, was durch die Zerstäubung bewirkt wird, und der Brennstoff muß möglichst gleichmäßig verteilt werden, damit der Sauerstoff überall zutreten kann. Die Mittel hierzu sind im ersten Teil dieses Abschnitts beschrieben.

b) Zündverzug

Das in den Brennraum des Dieselmotors eingespritzte Treiböl zündet nicht sofort, sondern es braucht hierzu eine gewisse Zeit, den Zündverzug, da es zunächst noch kalt ist und erst auf seinen Zündpunkt erwärmt werden muß. Diese Erscheinung ist von Hawkes[3] zuerst beobachtet worden, der durch ein federbelastetes Nadelventil und eine Düse von 0,33 mm Dmr. Brennstoff fein zerstäubt in eine mittels Gasbrenners heizbare Stahlbombe von 5 Zoll Dmr. und 10½ Zoll Länge spritzte. Die Einspritzung wurde durch ein fallendes Gewicht ausgelöst und der Hub der Brennstoffnadel und die Kurve der Zunahme des Druckes in der Bombe mit einsetzender Verbrennung auf einem Papierstreifen aufgezeichnet. Bei der großen Papiergeschwindigkeit, die Hawkes benutzte, zeigte sich eine Versetzung der Druckanstiegkurve gegen die Nadelhubkurve, woraus die Verzögerung der Zündung gegenüber dem Beginn der Einspritzung berechnet werden konnte. Die Verzögerung ergab sich um so kleiner, je höher die Temperatur in der Bombe war. Hawkes benutzte nur schottisches Schieferöl von 0,86 spez. Gew., womit er bei 200 lb./sq. in. (14 kg/cm²) Gegendruck in der Bombe und 3000 lb./sq. in. (210 kg/cm²) Einspritzdruck die in Bild 137 wiedergegebenen Werte für den Zündverzug erhielt.

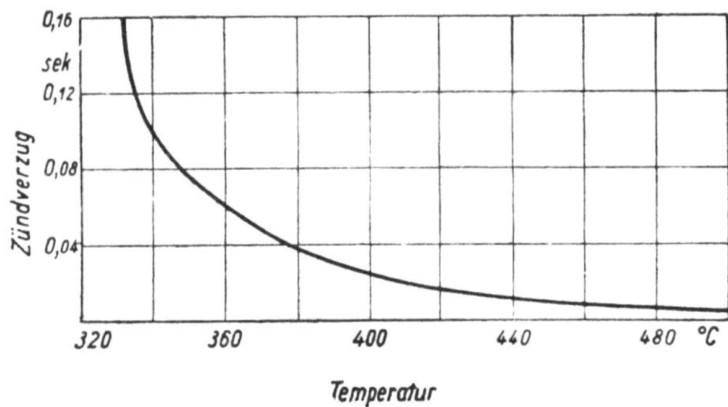

Bild 137. Zündverzug von Schieferöl in Druckluft von 14 kg/cm² nach Hawkes.

Der kleinste von Hawkes gemessene Zündverzug beträgt rd. $^1/_{150}$ sek bei 500° C. Hawkes konnte keine wesentliche Änderung des Zündverzuges feststellen, wenn er den Einspritzdruck zwischen 2000 und 4000 lb./sq. in. oder den Gegendruck in der Bombe zwischen 200 und 400 lb./sq. in. veränderte.

Die von Hawkes aufgenommene Kurve darf nicht verallgemeinert werden; sie gilt nur für die Versuchsanordnung, mit der Hawkes arbeitete, und für den angegebenen Brennstoff. Im Motor

---

[1] 1 Å = 1 Ångström = 1 zehnmilliontel mm.
[2] W. H. Westphal: Physik. 12. Aufl., S. 203. Springer-Verlag 1947.
[3] C. J. Hawkes: Fuel Oil in Diesel Engines. Engg. Bd. 110, II (1920), S. 749.

und bei Verwendung anderer Brennstoffe hat man viel kleinere Zündverzüge gemessen, bis herab zu etwa $^1/_{1000}$ sek. Der allgemeine Verlauf der über der Temperatur aufgetragenen Zündverzugskurven ist aber stets der gleiche.

Definition des Zündverzuges. Als Zündverzug wird die Zeit bezeichnet, die zwischen dem Eintritt der ersten Tröpfchen in den Brennraum und dem ersten im versetzten Indikatordiagramm erkennbaren Druckanstieg verstreicht. Streng genommen müßte als Ende des Zündverzuges der Augenblick der ersten sichtbaren Flammenbildung betrachtet werden; da aber der Druckanstieg das Wesentliche ist und er viel einfacher zu bestimmen ist als der Anfang der Flammenbildung, so hat man sich auf jene Definition geeinigt. In der sehr kurzen Zeit des Zündverzuges müssen sich somit alle Vorgänge physikalischer und chemischer Natur — Erwärmung auf den Zündpunkt, gegebenenfalls Verdampfung und chemische Reaktionen — abspielen, die im vorigen Abschnitt besprochen worden sind. Man hat versucht, den Zündverzug in einen physikalischen und einen chemischen Anteil zu zerlegen[1], bis jetzt jedoch ohne Erfolg, zumal da die einzelnen Vorgänge sich überlagern. Ein Bedürfnis nach einer Unterteilung besteht in der Praxis des Dieselmotorenbaues nicht.

Einfluß des Zündverzuges auf die Ruhe des Ganges. Der Übergang von der Verdichtungs- in die Verbrennungslinie, der das Ende des Zündverzuges und den Beginn der Verbrennung anzeigt, kann dem gewöhnlichen Indikatordiagramm nicht entnommen werden, da er in der Nähe des oberen Totpunktes liegt, wo die Verdichtungs- und Verbrennungslinie ohne Absatz ineinander übergehen. Dagegen ergibt das versetzte Indikatordiagramm, in welchem die Drücke gegen die Kolbenwege um 90° verschoben erscheinen, den gewünschten Aufschluß (Bild 138). Im Punkt A der Verdichtungslinie $a-a$ öffnet das Einspritzventil, jedoch steigt[2] auf der Strecke $A-B$ der Druck zunächst noch nicht oder jedenfalls nicht merklich über den Verdichtungsdruck, weil der Brennstoff noch nicht zündet. In B zündet der bis dahin eingespritzte Brennstoff fast plötzlich, und der Druck nimmt auf der Strecke B–C rasch zu, eine Phase, die Ricardo „ungesteuerte Verbrennung" genannt hat, weil ihr Verlauf sich der Beeinflussung entzieht. Im Punkt C biegt die Verbrennungslinie in die ruhiger verlaufende Kurve C–D um, deren ersten, bis zum Schluß des Brennstoffventiles reichenden Teil Ricardo als „gesteuerte Verbrennung" bezeichnet, da von C ab der Brennstoff nach Maßgabe der jeweils eingespritzten Teilmenge verbrennt. Im höchsten Punkt der Kurve C–D ist die Verbrennung noch nicht beendet; sie dauert noch über einen großen Teil des Ausdehnungshubes an.

An einer mit Brennstoffen verschiedener Zündeigenschaften betriebenen Maschine bemerkten Boerlage und Broeze[3], daß der Gang der Maschine verschieden war, je nachdem der benutzte Brennstoff leicht oder schwer zündete, und daß man mit den verschiedenen Brennstoffen bei sonst unveränderter Einstellung der Steuerzeiten des Brennstoffventiles stark voneinander abweichende (versetzte) Indikatordiagramme erhielt (Bild 139). Bei leicht zündendem Brennstoff ist der Zündverzug klein; der Übergang von der Verdichtungs- in die Verbrennungslinie verläuft sanft, und der Gang der Maschine ist weich (Form I). Wird schwerer zündender Brennstoff verwendet, so wird der Zündverzug länger; es sammelt sich mehr Brennstoff im Brennraum an, bevor die Zündung

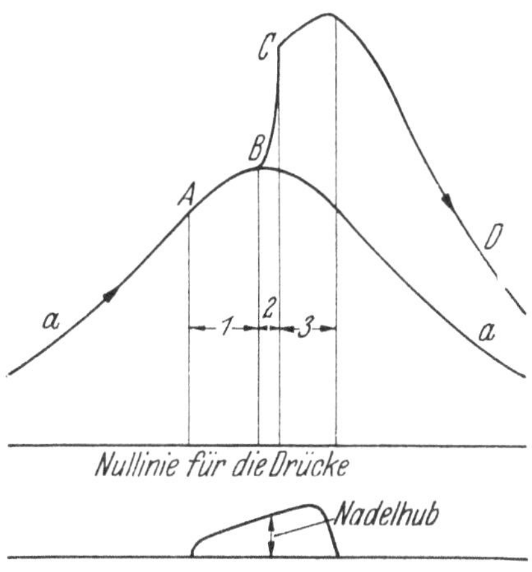

Bild 138. Phasen der Zündung und Verbrennung nach Ricardo.

a—a = Verdichtungslinie,
B—C—D = Verbrennungslinie,
Abschnitt 1 = Zündverzug,
Abschnitt 2 = „Ungesteuerte" Verbrennung,
Abschnitt 3 = „Gesteuerte" Verbrennung.

---

[1] F. A. F. Schmidt: Theoretische Untersuchungen und Versuche über Zündverzug und Klopfvorgang. VDI-Forschungsheft Nr. 392, 1938.

[2] Man kann auch eine Drucksenkung während des Zündverzuges beobachten — vgl. J. J. Broeze und Hinze: Probleme des Motorenbetriebs mit Schwerölen. Motor und Kraftstoff (Wissenschaftliche Herbsttagung 1938 des VDI in Augsburg). Berlin: VDI-Verlag 1939 —, die daher rührt, daß der Brennstoff der verdichteten Luft, gegebenenfalls auch durch Verdampfung des zuletzt zündenden Strahlkernes, Wärme entzieht.

[3] Boerlage und Broeze: Ignition Quality of Diesel Fuels as expressed in Cetene Numbers. SAE-Journal, Juli 1932.

einsetzt, und diese verläuft unter plötzlich eintretender starker Drucksteigerung; der Gang der Maschine wird hart und stoßend (Form II). Bei ganz schwer entzündlichen Brennstoffen kann schließlich die Eigenschaft der schweren Entzündbarkeit die Verbrennung so verlangsamen, daß auch der Druck nur allmählich zunimmt; die Maschine läuft dann zwar wieder ruhig, aber die Verbrennung hat sich verschlechtert und der Auspuff raucht (Form III). Am günstigsten würde ein unendlich kleiner Zündverzug sein (entsprechend der gestrichelten Linie in Bild 139), der sich

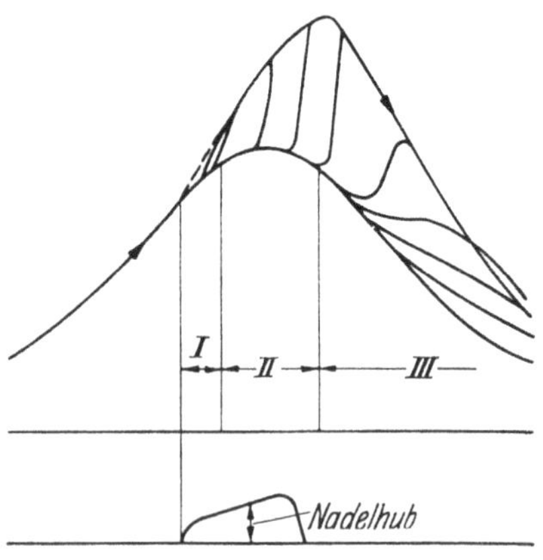

Bild 139.
Einfluß des Zündverzuges auf den Gang der Maschine.
Form   *I* = Ruhiger Gang,
Form *II* = Harter Gang,
Form *III* = Ruhiger Gang und schlechte Verbrennung.

aber nicht verwirklichen läßt; zwischen Einspritzbeginn und Zündung verstreicht immer eine meßbare Zeit, und selbst wenn sie nur $^1/_{1000}$ sek beträgt, so entspricht dies bei z. B. 2000 U/min dem großen Kurbelwinkel von 12°.

Mittel zur Abkürzung des Zündverzuges. Die konstruktiven Mittel, den Zündverzug abzukürzen, beschränken sich auf die Erhöhung von Druck und Temperatur im Brennraum. Beide wirken (nach Wolfer[1] unabhängig voneinander) auf Abkürzung des Zündverzuges: der größere Druck bewirkt eine größere Sauerstoffkonzentration, die erhöhte Temperatur eine raschere Erwärmung des Brennstofftröpfchens und eine schnellere Aktivierung der Brennstoff- und der Sauerstoffmoleküle. In der Praxis hat man den Verdichtungsdruck erhöht, bevor der Zusammenhang zwischen Erhöhung des Druckes und Verkürzung des Zündverzuges erkannt war; man steigerte ihn allmählich von dem klassischen Druck von 30 kg/cm² bei der Einblaseluftmaschine auf 40 kg/cm² und mehr bei der Druckeinspritzung, nachdem man bemerkt hatte, daß sich mit zunehmendem Verdichtungsdruck eine kleinere Drucksteigerung bei der Verbrennung und ein ruhigerer Gang der Maschine erzielen ließ, auch wenn der Verbrennungsdruck höher wurde. Der Grund für den ruhigeren Lauf ist die Verkürzung des Zündverzuges; die Zündung setzt früher ein, wenn die eingespritzte Menge noch klein ist, und der Übergang von der Verdichtungs- zur Verbrennungslinie wird sanfter.

Die Erhöhung des Verdichtungsdruckes bewirkt auch deshalb eine Verkürzung des Zündverzuges, weil mit steigendem Druck der Zündpunkt, wenn auch nicht mehr erheblich, sinkt

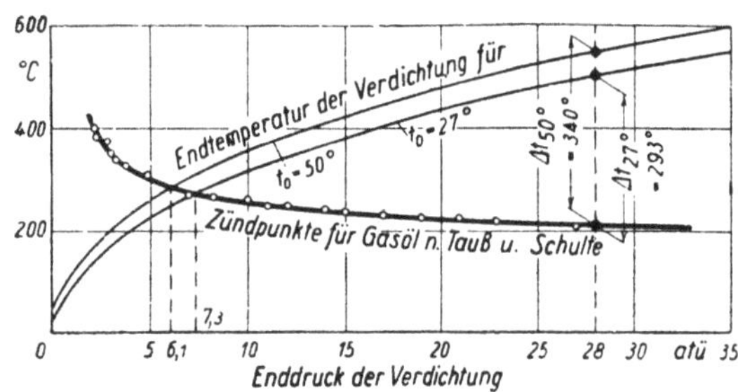

Bild 140. Endtemperaturen der Verdichtung und Zündpunkte für Gasöl.

(Bild 131). Der Unterschied zwischen Verdichtungstemperatur und Zündpunkt wächst daher mit steigendem Druck schneller, als die Verdichtungstemperatur zunimmt. Das erkennt man, wenn man die Verdichtungstemperaturen einmal für die kalte Maschine (Anfangstemperatur $t_0 = 27°$ C angenommen), ein zweites Mal für die betriebswarme Maschine ($t_0 = 50°$) berechnet und über dem Verdichtungsdruck aufträgt (Bild 140). Zeichnet man zu den beiden Kurven die von Tausz und Schulte gemessene Zündpunktkurve für Gasöl, so sieht man, daß bei einem Verdichtungsdruck von z. B. 28 kg/cm² ein Temperaturüberschuß von 293° bei kalter und 340° bei warmer Maschine vorhanden ist, der bei 35 kg/cm² auf 400° (bei warmer Maschine) anwächst. Ein Temperaturüberschuß von dieser Größe ist zwar für die Zündung nicht erforderlich, aber aus dem angegebenen Grund für die Ruhe des Ganges vorteilhaft.

Wenn man auf den Zündverzug keine Rücksicht zu nehmen brauchte, so würde, wie Bild 140 zeigt, der Zündpunkt schon bei 7,3 kg/cm² für die kalte und 6,1 kg/cm² für die warme Maschine erreicht sein. Der Zündverzug macht indessen die Anwendung so niedriger Verdichtungsdrücke unmöglich; er würde (unendlich ·große Luftmenge vorausgesetzt) theoretisch unendlich groß werden.

<hr>

[1] H. Wolfer: Der Zündverzug im Dieselmotor. VDI-Forschungsheft Nr. 392, 1938.

Unter Berücksichtigung dieser Zusammenhänge kann man das Wesen des Dieselverfahrens dahin kennzeichnen[1], daß sein Merkmal das Ansaugen reiner Luft und ihre Verdichtung auf einen so hohen Druck ist, daß die Selbstzündung des eingespritzten Brennstoffes unter möglichster Abkürzung des Zündverzuges sicher erreicht wird.

Wenig abhängig ist der Zündverzug vom Luftüberschuß, von der Luftwirbelung im Brennraum und vom Einspritzdruck, d. h. von der Feinheit der Zerstäubung. Daß der Luftüberschuß keinen Einfluß hat, ist verständlich, da der Luftüberschuß, den der Dieselmotor braucht, immer weit über eins liegt. Die Unempfindlichkeit des Zündverzuges gegenüber der Luftwirbelung ist von Small[2] nachgewiesen worden, der bei Bombenversuchen mit und ohne Wirbelung keinen Unterschied im Zündverzug feststellen konnte (Bild 141). Die Unempfindlichkeit des Zündverzuges gegenüber der Zerstäubungsfeinheit ist dadurch zu erklären, daß sich bei den gebräuchlichen Einspritzdrücken und der zugelassenen Viskosität des Brennstoffes (s. Zahlentafel 4, S. 11) immer eine genügend große Zahl feiner Tropfen am Strahlrand bildet, welche die Zündung einleiten. Bei zu großer Viskosität da-

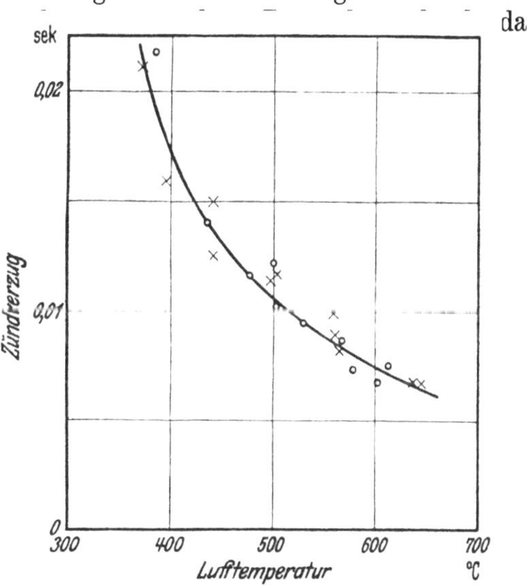

Bild 141. Unempfindlichkeit des Zündverzuges gegenüber der Luftwirbelung nach Small.

× Zündverzug mit Wirbelung,
○ Zündverzug ohne Wirbelung.

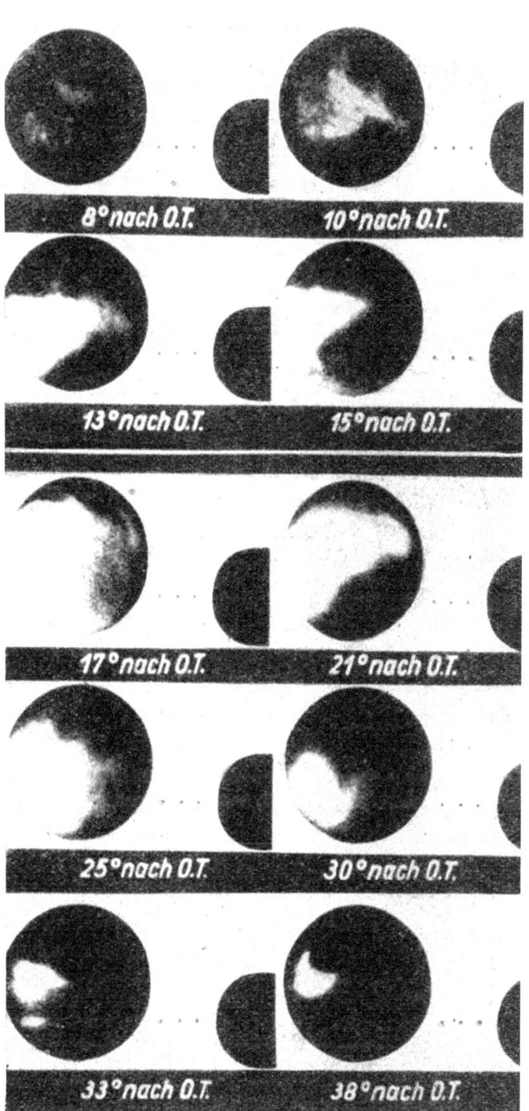

Bild 142. Flammenbilder im Brennraum eines 13 PSe-Dieselmotors nach Underwood.
1° Kurbelwinkel = $^1/_{1560}$ sek.

gegen kann man ein Anwachsen des Zündverzuges bemerken, der den Gang der Maschine verschlechtert.

---

[1] Im Gegensatz zu Diesel, der stets bestritten hat, daß die Selbstzündung zu den Wesensmerkmalen seines Verfahrens gehöre. Sie sei vielmehr in dem „Prozeß mit höchster Wärmeausnutzung", den er gesucht habe, „ganz von selbst enthalten". Die wirklichen Zusammenhänge zeigen, daß die Selbstzündung des in die verdichtete Luft eingespritzten Brennstoffes unter hinreichender Abkürzung des Zündverzuges das Wesentliche des Dieselverfahrens ist.

[2] J. Small: Vagaries of Internal Combustion. Trans. Inst. of Engineers and Shipbuilders in Scotland Bd. 81 (1937), S. 93.

8*

Als **chemisches** Mittel zur Abkürzung des Zündverzuges kommt die Beimischung von leicht entzündlichen Kohlenwasserstoffen, z. B. Kogasin II (S. 3), in Frage. Auf die Mischbarkeit derartig zusammengesetzter Brennstoffe muß dabei Rücksicht genommen werden (S. 15).

Ein **Nutzen** des Zündverzuges ist, daß die Flamme sich nicht in unmittelbarer Nähe der Brennstoffdüse bilden kann. Infolge des Zündverzuges zünden die Brennstofftropfen erst dann, wenn sie sich etwas von der Düse entfernt haben. Das bestätigen Aufnahmen von Underwood[1], der die Entwicklung der Flamme im Brennraum eines 13 PSe-Einzylindermotors (7,5 Zoll Dmr., 15 Zoll Hub, 260 U/min) durch Quarzfenster photographierte (Bild 142). Der größere schwarze Kreis stellt das Quarzfenster dar; hinter dem kleineren schwarzen Halbkreis ist die Brennstoffdüse zu denken (ihre genaue Lage ist nicht angegeben); die durch Punkte angedeutete Linie entspricht der Düsenachse. Gegen diese erscheint die Flamme, wahrscheinlich durch einen starken Luftwirbel, versetzt. Aus den ersten beiden Teilbildern (8 und 10° nach ob. Totpt.) ist zu erkennen, daß die Flamme sich zuerst am Strahlmantel bildet (vgl. S. 108) und erst später den Strahlkern erfaßt. Auf allen Bildern behält die Flamme einen beträchtlichen Abstand von der Brennstoffdüse; der Zündverzug verhindert, daß er null wird. Für die Kühlhaltung der Düse ist dies günstig.

Messung des Zündverzuges. Ein Dieselkraftstoff ist um so zündwilliger, je kürzer der Zündverzug ist, nach welchem er unter sonst gleichen Bedingungen im Brennraum zündet. Man hat daher im Zündverzug ein Maß für die Zündwilligkeit eines Treiböles, und seiner Messung[2] kommt besondere Bedeutung zu. Sie besteht im wesentlichen darin, daß der Beginn der Bewegung der Brennstoffnadel als Zeitpunkt des Eintritts der ersten Brennstofftröpfchen in den Brennraum durch eine Vorrichtung aufgezeichnet und ein möglichst genaues versetztes Indikatordiagramm aufgenommen wird, das den ersten Druckanstieg erkennen läßt.

Die **Verfahren** zur Messung des Zündverzuges sind in den letzten Jahren sehr verfeinert worden. Mechanische Indikatoren sind wegen ihrer Trägheit allenfalls bei langsam laufenden Maschinen oder Bombenversuchen zulässig; besser und bei Schnelläufern erforderlich sind trägheitsfrei arbeitende elektrische Indizierverfahren, von denen man verschiedene entwickelt hat[3]. Brauchbar ist der von **Schweitzer** und **Hetzel**[4] angegebene „Penn State Ignition Lag Indicator", der mit zwei elektromagnetischen Gebern arbeitet, von denen der eine mit der Nadel des Brennstoffventils, der andere mit einer Membran in der Wand des Brennraumes verbunden ist. Die Bewegung der Ventilnadel und die Durchbiegung der Membran bei dem Druckanstieg im Brennraum bringen über ein Glimmrelais einen Kondensator zur Entladung, wodurch eine am Schwungrad befestigte Glimmlampe vorübergehend zum Aufleuchten gebracht wird; der Beginn des Aufleuchtens wird an einer feststehenden Skala abgelesen. Wenn das Relais mit dem Geber der Ventilnadel verbunden ist, erhält man aus dem Aufleuchten der Glimmlampe am Schwungrad den Beginn der Einspritzung, bei Schaltung des Relais auf die Membran den Beginn des Druckanstieges, womit Anfang und Ende des Zündverzuges bestimmt sind.

c) Messung der Zündwilligkeit von Dieselkraftstoffen

α) Messung der Zündwilligkeit durch Laboratoriumsgeräte

Seit langem ist man bemüht gewesen, ein Verfahren zu finden, das die Zündwilligkeit eines Brennstoffes aus einfach meßbaren physikalischen und chemischen Kennwerten zu ermitteln gestattet. Zu diesen gehören:

I. Die **Wasserstoffzahl.** Unter der Wasserstoffzahl eines flüssigen Brennstoffes versteht man das Atomverhältnis von Wasserstoff zu Kohlenstoff. Es wird aus der Elementaranalyse er-

---

[1] Vortrag, gehalten vor der Institution of Mechanical Engineers, November 1931.

[2] Über die Messung des Zündverzuges s. Spausta (Fußnote 1, S. 1), a. a. O. S. 199 u. f.; ferner W. Lindner: Grundlagen der Prüfung und Bewertung der flüssigen Kraftstoffe, Z.V.d.I. Bd. 83 (1939), S. 25, und dort angegebene Literatur.

[3] Vgl. S. Meurer: Indikatoren für schnellaufende Verbrennungsmotoren. Z.V.d.I. Bd. 80 (1936), S. 1447.

[4] P. H. Schweitzer and T. B. Hetzel: Cetane Rating of Diesel Fuels. Vortrag, gehalten auf der Jahresversammlung der Soc. of Automotive Engineers in Detroit, Januar 1936. Ferner: T. B. Hetzel (s. Fußnote 1, S. 107).

mittelt; bei Brennstoffen, die einheitlich zusammengesetzt, nicht Mischungen sind, ergibt es sich aus der chemischen Formel. Benzol (C_6H_6) hat die Wasserstoffzahl 1, Anthrazen ($C_{14}H_{10}$) 0,71, Tetradekan ($C_{14}H_{30}$) 2,14, Methan, der wasserstoffreichste Kohlenwasserstoff, die höchste mögliche Wasserstoffzahl 4. Da indessen die in einem Dieselkraftstoff enthaltenen zahlreichen Kohlenwasserstoffe nicht einzeln nachweisbar sind, muß man zur Bestimmung seiner Wasserstoffzahl auf die Elementaranalyse zurückgreifen[1].

Nach Rieppel[2] sollte die Wasserstoffzahl von entscheidender Bedeutung für die Beurteilung eines Treiböles sein, weil es in erster Linie der Wasserstoff sei, der sich bei den brauchbaren Ölen schon nach verhältnismäßig geringer Wärmezufuhr abspalte und infolge seines niedrigen Zündpunktes (den Rieppel zu 500° C annahm) die Selbstzündung der übrigen Moleküle einleite. Schäfer[3] hat später diese Anschauung übernommen. Abgesehen davon, daß die primäre Abspaltung von Wasserstoffatomen bei den aliphatischen Kohlenwasserstoffen unwahrscheinlich ist, da die Bindung zwischen den C- und den H-Atomen stärker ist als die der C-Atome untereinander, kann auch die Wasserstoffzahl selbst nicht als ein allgemeingültiger Maßstab für die Zündwilligkeit eines Treiböles angesehen werden. Sie gibt einen Anhaltspunkt für die Beurteilung, ob der Gehalt an Paraffinen und Naphthenen zusammen den Gehalt an Aromaten, deren Wasserstoffgehalt kleiner ist, überwiegt, versagt aber, wenn die chemische Konstitution des Brennstoffes nicht genauer bekannt ist[4], was meistens der Fall ist. Nach den Versuchen von Hetzel, Heinze und Schneider (s. S. 107) nimmt die Zündwilligkeit der paraffinischen Kohlenwasserstoffe mit zunehmendem Molekulargewicht zu; die Wasserstoffzahl nimmt aber mit steigendem Molekulargewicht ab, so daß ein innerer Zusammenhang zwischen Zündwilligkeit und Wasserstoffzahl nicht bestehen kann.

II. Der Zündwert nach Jentzsch. Der Zündwertprüfer wurde S. 103 besprochen. Keßler[5] hat gefunden, daß die mit dem Gerät von Jentzsch ermittelten Zündwerte bis zu 29% vom Mittelwert der in Prüfmotoren gefundenen Cetenzahlen abwichen.

III. Spezifisches Gewicht und Siedekennziffer nach Heinze und Marder[6]. Das spez. Gewicht eines Dieselbrennstoffes nimmt in der Reihenfolge Paraffine–Naphthene–Aromaten zu, die Zündwilligkeit in der gleichen Reihenfolge ab. Das spez. Gewicht steigt aber andererseits mit der Molekülgröße, und mit dieser wächst die Zündwilligkeit. Das spez. Gewicht allein kann demnach kein Maßstab für die Zündwilligkeit sein. Heinze und Marder haben daher die Siedekennziffer[7] hinzugenommen, die den Zusammenhang zwischen Siedeverhalten und Molekülgröße kennzeichnet. Aus den von Heinze und Marder gefundenen Beziehungen zwischen spez. Gewicht, Siedekennziffer und Cetenzahl hat Schmitt[8] eine Netztafel (Bild 143) berechnet, aus der nach Bestimmung der Siedekennziffer für ein gegebenes spez. Gewicht die Cetenzahl abgelesen werden kann. Schmitt will eine befriedigende Übereinstimmung zwischen den hiernach ermittelten Cetenzahlen und den durch motorische Prüfung gefundenen beobachtet haben, während Keßler über teilweise erhebliche Abweichungen berichtet. Die Untersuchungen hierüber sind noch nicht abgeschlossen.

IV. Der Anilinpunkt. Das Verfahren der Anilinpunktbestimmung beruht auf der analytischen Ermittlung des Gehaltes an Naphthenen und Aromaten auf Grund ihrer Löslichkeit in trockenem

---

[1] Enthält die Gewichtseinheit des Brennstoffes H Gew.-% Wasserstoff und C Gew.-% Kohlenstoff, so ist das Verhältnis der Zahl der in der Gewichtseinheit enthaltenen Wasserstoffatome zu der Zahl der Kohlenstoffatome $H : \frac{C}{12}$, da ein Kohlenstoffatom (rd.) 12mal so schwer wie ein Wasserstoffatom ist. Hat man durch die Elementaranalyse z. B. 84,6 Gew.-% C und 12,5 Gew.-% H gefunden, so wird das Verhältnis der Atomzahlen, d. h. die Wasserstoffzahl, 12,5 : (84,6 : 12) = 1,77.

[2] Vgl. Fußnote 6, S. 103.

[3] Vgl. Fußnote 1, S. 103; a. a. O. S. 191.

[4] C. Zerbe und F. Eckert: Selbstentzündungseigenschaften und chemische Konstitution. Angewandte Chemie Bd. 45 (1932), S. 593.

[5] Keßler: Vergleichende Eignungsprüfungen von Kraftstoffen durch motorische und laboratoriumsmäßige Prüfverfahren. Öl und Kohle Bd. 14 (1938), S. 341.

[6] R. Heinze und M. Marder: Über die Beziehungen zwischen der Zündwilligkeit von Braunkohlendieselkraftstoffen und ihren physikalischen Eigenschaften. Öl und Kohle Bd. 11 (1935), S. 724.

[7] S. Fußnote 4, S. 108.

[8] J. Schmitt: Netztafel zur Bestimmung der Zündwilligkeit eines Dieselkraftstoffes. Z.V.d.I. Bd. 81 (1937), S. 1196.

Anilin[1]. Gleiche Raumteile (z. B. 10 cm³) von frisch destilliertem, wasserfreiem Anilin und dem zu untersuchenden Treiböl werden gemischt und in einem Wasserbad so lange erhitzt, bis das Anilin-Gasölgemisch vollständig klar geworden ist. Bei darauffolgender langsamer Abkühlung trübt sich die Lösung wieder; die Temperatur, bei der dies eintritt, nennt man den Anilinpunkt. Le Mesurier und Stansfield[2] haben den in Bild 144 dargestellten Zusammenhang zwischen Anilinpunkt und Cetenzahl gefunden. Die Versuchspunkte streuen ziemlich stark; der Anilinpunkt gibt daher nur einen Näherungswert für die Zündwilligkeit. Er versagt bei Treibölen, die aus der Steinkohle hergestellt sind.

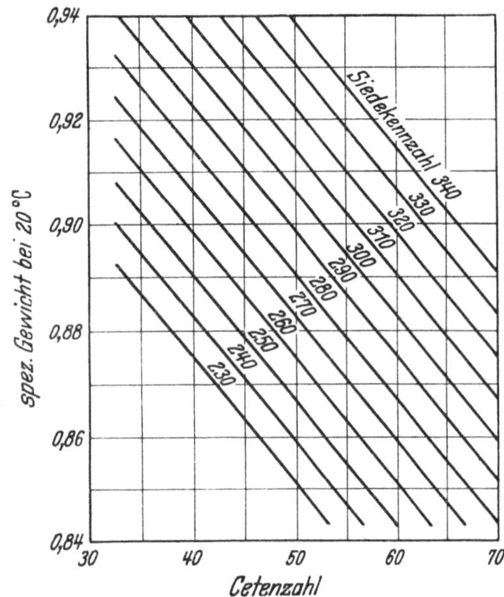

Bild 143. Netztafel zur Bestimmung der Cetenzahl nach Schmitt.

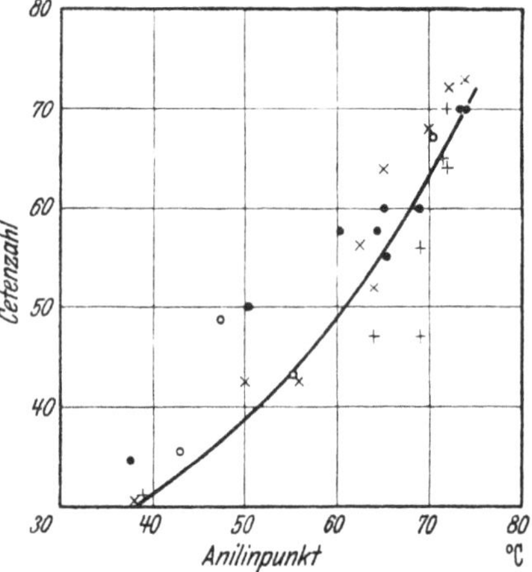

Bild 144. Zusammenhang zwischen Anilinpunkt und Cetenzahl nach Le Mesurier und Stansfield.

V. Der Dieselindex. Becker und Fischer[3] haben die Beziehung

$$\frac{\text{Anilinpunkt (in °F)} \times \text{A.P.I.-Dichte (in A.P.I.-Beaumégraden)}^4}{100}$$

als Kennzeichen der Zündwilligkeit eines Dieseltreiböles vorgeschlagen. Die Unsicherheit, mit der die Bestimmung der Zündwilligkeit aus dem Anilinpunkt verbunden ist, gilt auch für den Dieselindex, über dessen gelegentliches Versagen von verschiedenen Seiten berichtet wird.

β) Messung der Zündwilligkeit in Prüfmotoren. Ceten- (Cetan-) Zahl

Die Zündwilligkeit eines Dieselkraftstoffes kommt im Zündverzug zum Ausdruck. Wenn dieser ein eindeutiges Maß für die Zündwilligkeit sein soll, so müssen die Versuchsbedingungen gleichartig sein. Man ist daher übereingekommen, die Zündwilligkeit in Prüfmotoren zu ermitteln, kleinen raschlaufenden ortsfesten Motoren von bestimmten Abmessungen, Drehzahlen und Leistungen, von denen Spausta[5] sechs verschiedene Bauarten aufzählt, die z. T. nach verschiedenen Verfahren benutzt werden. Zu einer Normung des Motors und des Verfahrens ist man noch nicht gelangt. Der Prüfmotor wurde zuerst in den Vereinigten Staaten unter dem Namen CFR-Motor[6] verwendet, aus dem in Deutschland der I.G.-Prüfmotor der I.G.-Farbenindustrie[7] entstanden

---

[1] Nach Spausta (Fußnote 1, S. 1).

[2] L. J. Le Mesurier and R. Stansfield: Some Observations on Fuel for Heavy Oil Engines. Trans. Inst. Mar.) Eng. Bd. 46 (1934), S. 129.

[3] A. E. Becker und H. G. M. Fischer: A suggested Index of Diesel Fuel Performance. SAE-Journal Bd. 35 (1934, S. 376.

[4] Vgl. Zahlentafel 2, S. 6.

[5] S. Fußnote 1, S. 1; a. a. O. S. 203.

[6] CFR = Co-operative Fuel Research.

[7] W. Wilke: Prüfmotoren zur Klopfwertbestimmung von Kraftstoffen. Z.V.d.I. Bd. 82 (1938), S. 1135.

ist. Sein Zylinderdurchmesser beträgt 95 mm, der Hub 150 mm und die Leistung rd. 3 kW bei 1000 U/min. Das Verdichtungsverhältnis kann von etwa 8 : 1 bis 25 : 1 verändert werden. Der Motor wird von den Motoren-Werken Mannheim hergestellt.

Von den verschiedenen Verfahren zur Messung der Zündwilligkeit ist die Bestimmung des Zündverzuges durch Veränderung der Verdichtung am weitesten verbreitet; nach diesem Verfahren arbeiten u. a. der CFR- und der I.G.-Prüfmotor. Diese Motoren sind so eingerichtet, daß die Größe des Verdichtungsraumes während des Betriebes verändert werden kann, indem man die Laufbuchse mit dem Zylinderdeckel durch Schnecke und Schneckenrad hebt oder senkt. Beim I.G.-Prüfmotor beginnt die Einspritzung unveränderlich bei 20° vor O.T.; der Zündverzug ist auf 18° Kurbelwinkel festgesetzt. Der Motor wird mit dem zu untersuchenden Treiböl betrieben und das Verdichtungsverhältnis so lange geändert, bis der Zündverzug 18° beträgt. Als Vergleichsbrennstoff dient nach einem Vorschlag von Boerlage und Broeze[1] ein Gemisch aus dem sehr zündwilligen Ceten ($C_{16}H_{32}$) und dem sehr schlecht zündenden α-Methylnaphthalin ($C_{11}H_{10}$). Als Cetenzahl eines Brennstoffes bezeichnet man den Raumanteil von Ceten in einer Mischung von Ceten und α-Methylnaphthalin, welche dieselbe Zündwilligkeit wie der zu untersuchende Brennstoff hat.

Mit bekannten, verschiedenen Gemischen aus Ceten und α-Methylnaphthalin kann man für einen gleichbleibenden Zündverzug eine Eichkurve aufnehmen, welche die Cetenzahl in Abhängigkeit vom Verdichtungsverhältnis ε darstellt. Für verschiedene Werte des Zündverzuges erhält man ein Bündel von Kurven

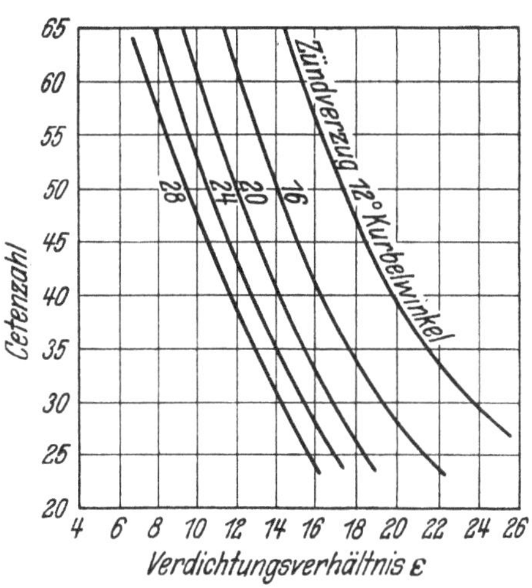

Bild 145. Zusammenhang zwischen Cetenzahl, Verdichtungsverhältnis und Zündverzug nach Wilke.

(Bild 145). Beim Betrieb des Prüfmotors mit dem zu untersuchenden Brennstoff ergibt die Messung des Zündverzuges und des zugehörigen Verdichtungsverhältnisses die gesuchte Cetenzahl.

Heute verwendet man statt des Ceten das noch zündwilligere Cetan ($C_{16}H_{34}$), das vor jenem den Vorzug größerer Beständigkeit hat, freilich auch den Nachteil, daß es schon bei Abkühlung auf + 20° C erstarrt. Wegen der größeren Zündwilligkeit des Cetans wird die Cetanzahl bei gleicher Zündwilligkeit des zu prüfenden Kraftstoffes kleiner als die Cetenzahl[2]. Das Mischungsverhältnis zwischen Ceten bzw. Cetan und α-Methylnaphthalin wird in Raum-% angegeben, doch empfiehlt der Deutsche Verband für die Materialprüfungen der Technik die Angabe in Gewichts-%, die leichter genau zu bestimmen sind. Bei der Angabe der Ceten- oder Cetanzahl eines Treiböles muß man wissen, ob sie sich auf Raum- oder Gewichtsanteile bezieht.

Als kleinste zulässige Cetanzahl kann für langsamlaufende Dieselmaschinen etwa 30, für Schnelläufer 35 angenommen werden; höhere Cetanzahlen (40 bis 50) verbessern die Ruhe des Ganges. Cetanzahlen über 50 verkürzen den Zündverzug nicht mehr nennenswert und bringen keinen weiteren Vorteil. Brennstoffe mit hohen Cetanzahlen werden vorteilhaft als Zusatz zu schwerzündenden Brennstoffen zur Verbesserung ihrer Zündeigenschaften benutzt.

3. Verbrennung

Da die Dieselkraftstoffe vorwiegend aus Kohlenstoff und Wasserstoff bestehen, so müssen die Verbrennungsprodukte Kohlendioxyd CO_2 und Wasserdampf H_2O sein, wenn die Verbrennung vollkommen ist. Von den geringen Schwefelbeimengungen, die zu SO_2 bzw. SO_3 verbrennen, kann dabei abgesehen werden. Es kommt somit darauf an, den Verbrennungsvorgang im Dieselmotor so zu leiten, daß er nur zu diesen beiden Endprodukten führt. Daß auch andere Verbrennungs-

---

[1] S. Fußnote 3, S. 113; ferner Engg. Bd. 132, II (1931), S. 603.
[2] Nach Spausta (s. Fußnote 1, S. 1) entspricht die Cetenzahl 100 einer Cetanzahl 76.

produkte in den Auspuffgasen auftreten können, ist bekannt; man braucht nur an den so häufig zu beobachtenden rauchenden Auspuff zu denken, der außer CO_2 und H_2O auch Rußbeimengungen (die nicht reiner Kohlenstoff, sondern hochmolekulare Kohlenwasserstoffe sind) sowie in geringen Mengen Kohlenoxyd enthält. Ein Verbrennungsvorgang, bei dem diese beiden brennbaren Stoffe in den Abgasen auftreten, muß unwirtschaftlich sein, abgesehen davon, daß er allmählich zu einer Verschmutzung des Brennraumes führt, die Betriebsstörungen zur Folge haben kann.

Der Verlauf der Verbrennung der im Treiböl vorkommenden Kohlenwasserstoffe ist trotz umfangreicher Forschungsarbeiten[1] nicht genau bekannt. Jedenfalls aber darf man sich die Verbrennung nicht so vorstellen, wie Löffler und Riedler[2] sie sich dachten, welche annahmen, daß die Kohlenwasserstoffe sich vor ihrer Zündung in C und H zersetzen, worauf diese zu CO_2 und H_2O verbrennen. Die Verbrennung verläuft vielmehr zwangsläufig über eine Reihe von Zwischenreaktionen, die bei den Gasölen andere sind als bei den aromatischen Treibölen. Bei der großen Zahl von Kohlenwasserstoffen verschiedener Zusammensetzung, die in den Treibölen vorkommen, wird es kaum gelingen, den Ablauf der Zwischenreaktionen vollständig zu beschreiben. Vorläufig können nur einige wenige Verbrennungsmechanismen als sicher nachgewiesen gelten.

Als Verbrennungsmechanismus des Kohlenoxyds haben von Wartenberg und Sieg[3] 1921 das folgende Schema gefunden:

$$CO + H_2O = HCOOH$$
$$HCOOH = CO_2 + H_2$$
$$H_2 + O_2 = H_2O_2$$
$$H_2O_2 = H_2O + {}^1/_2\,O_2.$$

Hiernach geht die Verbrennung des Kohlenoxyds so vor sich, daß das Kohlenoxyd sich zunächst mit dem in der Verbrennungsluft enthaltenen Wasserdampf zu Ameisensäure $HCOOH$ verbindet, die darauf in CO_2 und H_2 zerfällt. Der Wasserstoff tritt sodann mit dem Sauerstoff der Verbrennungsluft zu Wasserstoffsuperoxyd H_2O_2 zusammen, und dieses zerfällt in Wasserdampf und Sauerstoff. Hieraus erklärt sich die auffällige Wirkung der Wassereinspritzung, die früher bei Glühkopfmotoren benutzt wurde: überall wo CO im Verlauf der Verbrennung als Zwischenprodukt auftritt, wird der Ablauf des Verbrennungsmechanismus durch den zusätzlich gebotenen Wasserdampf erleichtert.

Für das Methan lauteten die 1902 von Bone und Wheeler[4] aufgestellten Verbrennungsgleichungen:

$$CH_4 + O_2 = CH_2O + H_2O,$$

wobei der gebildete Formaldehyd CH_2O gleichzeitig nach

$$CH_2O + O_2 = CO_2 + H_2O$$
und
$$2\,CH_2O + O_2 = 2\,CO + 2\,H_2O$$

zu CO_2 und CO oxydiert werden sollte; das CO würde dann weiter nach dem oben angegebenen Schema verbrennen. Die Gleichungen von Bone und Wheeler sind später angezweifelt worden; von Elbe und Lewis[5] haben sie neuerdings durch folgendes Kettenschema ersetzt:

$$\begin{aligned}
OH + CH_4 &= H_2O + CH_3 \\
CH_3 + O_2 &= HCHO + OH \\
OH + HCHO &= H_2O + HCO \\
HCO + O_2 &= CO + HO_2 \\
HO_2 + HCHO &= H_2O + CO + OH.
\end{aligned}$$

Auch nach diesem Schema treten Formaldehyd und Kohlenoxyd als Zwischenprodukte auf, während das Kohlenoxyd hier als Endprodukt erscheint.

---

[1] Vgl. z. B. W. Jost: Explosions- und Verbrennungsvorgänge in Gasen (Berlin: Springer-Verlag, 1939) und B. Lewis und G. von Elbe: Combustion, Flames and Explosions of Gases (Fußnote 1, S. 110) und die dort angegebene umfangreiche Literatur.

[2] Vgl. Fußnote 1, S. 104.

[3] von Wartenberg und Sieg: Über den Mechanismus einiger Verbrennungen. Ber. d. Deutsch. Chem. Gesellsch. Bd. 53 (1921), S. 2192.

[4] Journal Chem. Soc. Bd. 81 (1902), S. 535, und Proc. Chem. Soc. Bd. 19 (1903), S. 191.

[5] G. von Elbe und B. Lewis: Beitrag zum Reaktionsmechanismus der Kohlenwasserstoffoxydation durch die experimentelle Bestätigung der Reaktion $HCO + O_2 = CO + HO_2$. Tagung der Deutschen Akademie der Luftfahrtforschung. Berlin 1939.

Diese Zusammenhänge bieten für den Konstrukteur nicht nur theoretisches Interesse. Evans[1] fand in den Verbrennungsgasen des Äthan (C_2H_6) unter anderem Formaldehyd und Ameisensäure, und in einem Bericht über Versuche der Institution of Automobile Engineers wird erwähnt, daß in dem Kondenswasser der Abgase von Kraftwagenmotoren bei starker Kühlung der Zylinderwände 0,05% Ameisensäure und 0,04% Aldehyde nachgewiesen wurden[2]. Offenbar wurden die bei der Verbrennung auftretenden Zwischenprodukte, soweit sie sich in der Nähe der kalten Zylinderwand befanden, an dieser niedergeschlagen, bevor sie weiterreagieren konnten. Mit dem kondensierenden Wasserdampf, der immer als Verbrennungsprodukt auftritt, bilden sie Säuren, die einen raschen Zylinderverschleiß durch Korrosion zur Folge haben. So erklärt Ricardo die Beobachtung, daß die Zylinderabnutzung eines Kraftwagenmotors sprunghaft zunahm, wenn die Temperatur der Innenwand weniger als 90° C betrug (Bild 146). Der Verfasser konnte bei den gußeisernen Schutzrohren der Kolbenstangen doppeltwirkender Zweitaktmotoren einen raschen Verschleiß feststellen, wenn das Rohr zu stark gekühlt wurde (vgl. S. 305).

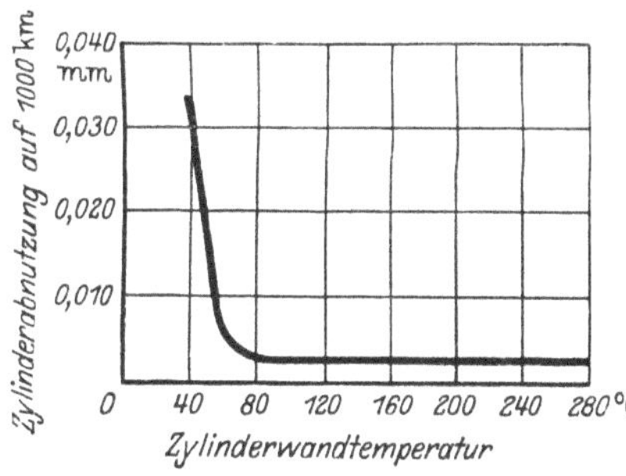

Bild 146. Einfluß der Zylinderwandtemperatur auf die Abnutzung nach Ricardo.

III. Brennstoffeinspritzorgane

1. Richtlinien für Entwurf und Herstellung

Die Aufgabe der Einspritzorgane — worunter hier die Brennstoffventile und ihre Düsen verstanden sind — ergibt sich aus den Betrachtungen des II. Abschnittes über die Gemischbildung: sie sollen den unter hohem Druck stehenden Brennstoff in den mit verdichteter heißer Luft gefüllten Brennraum so einführen, daß die Brennstoffstrahlen genau die im Entwurf vorgesehene Lage erhalten; sie sollen ferner am Ende der Einspritzung die Förderung plötzlich unterbrechen. Das durch die Form des Brennstoffnockens angestrebte Einspritzgesetz soll durch das Brennstoffventil möglichst wenig verzerrt werden; daher müssen Luftsäcke unbedingt vermieden werden. Am Schluß der Einspritzung soll das Ventil rasch und völlig dicht schließen, weil ein Nachtropfen des Brennstoffes durchaus unzulässig ist; es würde zum raschen Verkoken der Düsen und damit zu einer Beeinträchtigung der Zerstäubung und Ablenkung der Strahlen aus ihrer vorgeschriebenen Richtung führen. Das Ventilgehäuse muß stark genug sein, damit es die hohen Einspritzdrücke, die eine schwellende Dauerbeanspruchung des Werkstoffes verursachen, aushält; der unter sehr hohem Flächendruck stehende Ventilsitz darf sich unter der Hammerwirkung der Ventilnadel nicht merklich einschlagen. Der Verschleiß der Düsenbohrungen, der nicht ganz zu vermeiden ist, soll möglichst gering sein, weil eine allmähliche Erweiterung der Düsenbohrungen die Zerstäubung verschlechtert (Bild 41, S. 32). Das Ventil, dessen Stirnfläche unter dem Verbrennungsdruck steht, muß durch kräftige Schrauben auf seine Sitzfläche im Zylinderdeckel gepreßt werden, wobei das Ventilgehäuse sich nicht verziehen darf, damit die in ihre Führung eingeschliffene Ventilnadel nicht klemmt. Weichpackungen, die sich durch den Brennstoff auflösen können, sind zu vermeiden, metallische Beilagen (Kupfer, Blei) nicht an solchen Stellen zu verwenden, wo abgeriebene Späne zwischen die Ventilnadel und ihre Führung oder ihren Sitz gelangen könnten. Teile, die einem nicht vermeidbaren Verschleiß unterliegen, müssen leicht auswechselbar sein. Größte Genauigkeit in der Herstellung ist unerläßlich.

---

[1] E. V. Evans: The Chemistry of Combustion. Chem. Age Bd. 5 (1921), S. 36.
[2] Vgl. Automobiltechn. Zeitschr. 1934, S. 246.

2. Ausgeführte Brennstoffventile

a) Die offene Düse

Bei der offenen Düse ist zwischen dem Druckventil der Brennstoffpumpe und der Bohrung, aus welcher der Brennstoff in den Brennraum eintritt, kein Absperrorgan vorgesehen; die Düse ist „offen" und die Bohrung der Düse so bemessen, daß ihr Widerstand einen für die Zerstäubung des Brennstoffes ausreichenden Überdruck erzeugt. Ist γ das spez. Gew. des Brennstoffes in kg/m³, g die Erdbeschleunigung (9,81 m/sek²) und v_d die Geschwindigkeit des Brennstoffes in den Düsenbohrungen in m/sek, so wird der Überdruck

$$p = \frac{\gamma}{2\,g} \cdot v_d{}^2 \, \text{kg/m}^2 = \frac{\gamma}{2\,g} \cdot v_d{}^2 \cdot 10^{-4}\, \text{kg/cm}^2 \,.$$

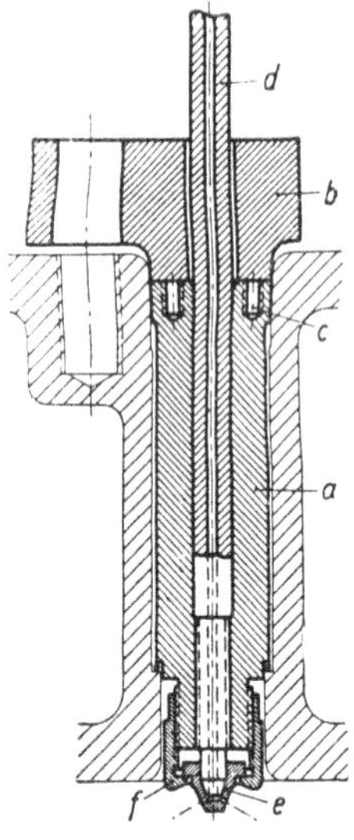

Bild 147. Offene Düse.

a = Rohrgehäuse,
b = Druckflansch,
c = Gewindelöcher zum Herausziehen,
d = Brennstoffdruckleitung,
e = Düse,
f = Kappenmutter.

Rechnungsmäßig, d. h. wenn man genaue Kontinuität der Strömung voraussetzen dürfte, würde die Strömungsgeschwindigkeit v_d in den Düsenbohrungen zur Geschwindigkeit v_p des Pumpenstempels in einem festen Verhältnis stehen, das sich aus dem Querschnitt des Stempels vom Durchmesser d_p und dem gesamten Querschnitt der Düsenbohrungen ergibt. Ist i die Zahl der Bohrungen, d_d ihr Durchmesser und μ ihre Einschnürungsziffer, so ergibt sich rechnungsmäßig der Überdruck, der zum Durchtreiben des Brennstoffes durch die Düsenbohrungen erforderlich ist, zu

$$p = \frac{\gamma}{2\,g} \left(\frac{\frac{\pi}{4} \cdot d_p{}^2 \cdot v_p}{\mu \cdot \frac{\pi}{4} \cdot d_d{}^2 \cdot i} \right)^2 \cdot 10^{-4}\, \text{kg/cm}^2 \,.$$

Hat der Pumpenstempel z. B. einen Durchmesser von 20 mm und im Augenblick des Unterbrechens der Förderung eine Geschwindigkeit von 0,55 m/sek, so wird bei 5 Düsenbohrungen von je 0,47 mm Dmr., einem spez. Gew. des Brennstoffes von 880 kg/m³ und $\mu = 0,8$ der Überdruck vor den Bohrungen am Ende der Einspritzung:

$$p = \frac{880}{2 \cdot 9,81} \cdot \left(\frac{20^2 \cdot 0,55}{0,8 \cdot 0,47^2 \cdot 5} \right)^2 \cdot 10^{-4} = 278 \, \text{kg/cm}^2 \,.$$

Hierzu kommt der im Brennraum herrschende Gegendruck, der, wenn die Verbrennung schon eingesetzt hat, zu 47 kg/cm² angenommen werden kann. Im ganzen hat somit die Brennstoffpumpe einen Überdruck von 325 kg/cm² zu erzeugen.

Der Zusammenhang zwischen Stempelgeschwindigkeit und Druck vor den Düsenbohrungen gilt aber mit genügender Genauigkeit nur für mäßige Einspritzdrücke (bis etwa 300 kg/cm²); bei höheren Drücken, die heute vielfach verwendet werden (bis 600 kg/cm² und mehr) kann man erhebliche Unterschiede zwischen gemessenen und aus der Stempelgeschwindigkeit berechneten Drücken beobachten. So wurden Einspritzdrücke von nur rd. 500 kg/cm² gemessen, während die Rechnung aus den Stempelgeschwindigkeiten und Querschnitten wesentlich höhere Drücke erwarten ließ. Das erklärt sich aus der Zusammendrückbarkeit des Treiböles (vgl. S. 209), welche die Kontinuität der Strömung zum Teil aufhebt; sie wirkt ähnlich wie ein Windkessel in einer Druckleitung, der die Schwankungen der Förderung durch Speicherwirkung ausgleicht.

Bild 147 zeigt die von der Maschinenfabrik Augsburg-Nürnberg früher ausgeführte offene Düse. Das Rohrgehäuse a wird durch einen kräftigen Flansch b in die Deckelbohrung gepreßt und in dieser durch eine Packung gegen den Verbrennungsdruck abgedichtet. Die Gewindelöcher c dienen zum Herausziehen des Rohrgehäuses. In dieses ist das starkwandige Messingrohr d eingeschraubt, das an seinem unteren Ende zugespitzt ist. Mit der Zuschärfung ragt d in die Düsenplatte e hinein, die von der auf das untere Ende des Rohrgehäuses geschraubten Kappenmutter f

mit starkem Druck gegen das konische Ende des Rohres d gepreßt wird. Der Anpressungsdruck der Kappenmutter bewirkt die Abdichtung gegen den Öldruck.

Die offene Düse mit ihrer geringen Zahl von Teilen ist außerordentlich einfach; hierin liegt ihr Vorteil. Ein einfacheres Einspritzorgan als eine oder mehrere Bohrungen ist in der Tat nicht denkbar. Die Einfachheit bedingt aber den Nachteil, daß infolge des Fehlens eines Abschlußorganes die zwischen dem Druckventil der Brennstoffpumpe und den Düsenbohrungen befindliche Ölsäule, die im Augenblick des Unterbrechens der Pumpenförderung unter dem höchsten Einspritzdruck steht, sofort aus den Düsenbohrungen herauszuexpandieren beginnt, wenn das Druckventil zuschlägt und kein Brennstoff nachgeschoben wird. Beträgt z. B. die Länge der Brennstoffleitung zwischen dem Druckventil und der Düse nur 1 m und ihr lichter Durchmesser 2 mm, so ist das eingeschlossene Ölvolumen

$$\frac{2^2 \cdot \pi}{4} \cdot 1000 = 3140 \text{ mm}^3 \,.$$

Die mittlere Zusammendrückbarkeit des Treiböles zwischen 0 und 300 kg/cm² beträgt rd. 0,00005[1] für je 1 kg/cm², d. h. das Öl dehnt sich bei der Druckabnahme um je 1 kg/cm² um rd. $^1/_{20\,000}$ seines Volumens aus. Die Druckabnahme beträgt bei z. B. 300 kg/cm² Öldruck und 47 kg/cm² Verbrennungsdruck 253 kg/cm²; somit wird die Volumenzunahme des Treiböles

$$\frac{3140}{20\,000} \cdot 253 = 39{,}8 \text{ mm}^3 \,,$$

und mit der Ausdehnung der Verbrennungsgase auf atmosphärischen Gegendruck quellen weitere

$$\frac{3140}{20\,000} \cdot 47 = 7{,}4 \text{ mm}^3$$

Treiböl aus den Düsenbohrungen hervor. Das ganze, durch die Entspannung der Druckleitung herausexpandierende Ölvolumen entspricht für die angegebenen Abmessungen bei jeder Zündung einer Kugel von etwa $4\tfrac{1}{2}$ mm Dmr. Dieses Öl nimmt an der Zerstäubung nicht mehr teil; es kann nur unvollkommen verbrennen und verschlechtert den Auspuff. Um die Menge klein zu halten, muß man die Brennstoffpumpe möglichst nahe der Düse anordnen und die Druckleitung mit engem Durchmesser ausführen. Bei langsamlaufenden großen und mittleren Maschinen macht dies Schwierigkeiten, so daß man bei diesen die offene Düse nicht mehr verwendet. Bei schnellaufenden Gegenkolbenmaschinen von Junkers und anderen Bauarten dagegen, wo jene Forderung ohne konstruktive Unbequemlichkeiten erfüllt werden kann, ist die offene Düse mit Erfolg im Gebrauch.

b) Hydraulisch gesteuerte Nadelventile

Eine vergleichende Betrachtung der Bilder 148 bis 150 und der folgenden zeigt die Entwicklung[2], die das Nadelventil seit der Mitte der 20er Jahre genommen hat, als man anfing, die Druckeinspritzung auf große Zylinderdurchmesser anzuwenden. Bild 148 stellt das Brennstoffventil eines doppeltwirkenden kompressorlosen Zweitakt-Versuchszylinders dar, der um jene Zeit von Burn[3] entworfen und von Richardsons, Westgarth & Co. gebaut worden ist. Die Brennstoffnadel hat dieselben Abmessungen wie die mechanisch gesteuerten Nadeln der Einblaseluftmaschine und ist viel zu schwer, die Ventilfeder im Verhältnis zur Nadel zur schwach. Ein rascher Ventilschluß ist aus beiden Gründen nicht zu erreichen. Der fest auf der Ventilnadel sitzende Federteller h kann, da eine Spiralfeder meist nicht genau zentrisch drückt, zu Klemmungen der Nadel führen. Die Führung der Nadel ist zu lang, eine Verbesserung der Abdichtung dadurch nicht zu erreichen; es wird nur die Möglichkeit des Klemmens vermehrt. Der Anschlag c, der den Nadelhub begrenzt, ist so ausgeführt, daß ein Luftsack (l) entstanden ist. Eine Düsenkühlung, auf die man heute bei größeren Zweitaktmaschinen nicht mehr verzichtet, hielt man damals nicht für erforderlich.

---

[1] Genauere Angaben über die Zusammendrückbarkeit des Treiböles s. S. 211.

[2] Nur diese zu zeigen ist hiermit beabsichtigt, nicht: an älteren Konstruktionen Kritik zu üben. Pionierarbeiten sind wesentlich schwieriger als das Aufbauen auf schon Vorhandenem.

[3] W. S. Burn: Double-Acting Oil Engines. Trans. Inst. Mar. Eng. Bd. 38 (1926), S. 281.

Das später entstandene Brennstoffventil der **Linke-Hofmann-Werke**[1] (Bild 149) zeigt schon nahezu alle Merkmale einer richtigen Durchbildung. Die Dichtungsfläche der Ventilnadel liegt unmittelbar vor den Düsenbohrungen, wodurch bei dichtem Ventilschluß ein Nachtropfen verhindert wird, und die Düse *e*, die mit der Düsenkappe ein Stück bildet, ist gut gekühlt. Beide Maßnahmen sind wirksame Gegenmittel gegen das Verkoken der Düse. Die Ventilnadel ist gegenüber der Konstruktion nach Bild 148 kleiner und leichter geworden, verträgt aber noch eine weitere Verkürzung. Die Absätze in den Kühlbohrungen *o* und *p* dürften durch Platzmangel (Verwendung vorhandener Zylinderdeckel) bedingt sein.

Brennstoffventile für Hochdruckeinspritzmaschinen. Die Weiterentwicklung hat zu Konstruktionen des Brennstoffventiles geführt, die, wenn auch in Einzelheiten verschieden, doch eine gewisse Gleichmäßigkeit aufweisen und alle oben angeführten Forderungen erfüllen. Bild 150 bis 156 zeigen Bei-

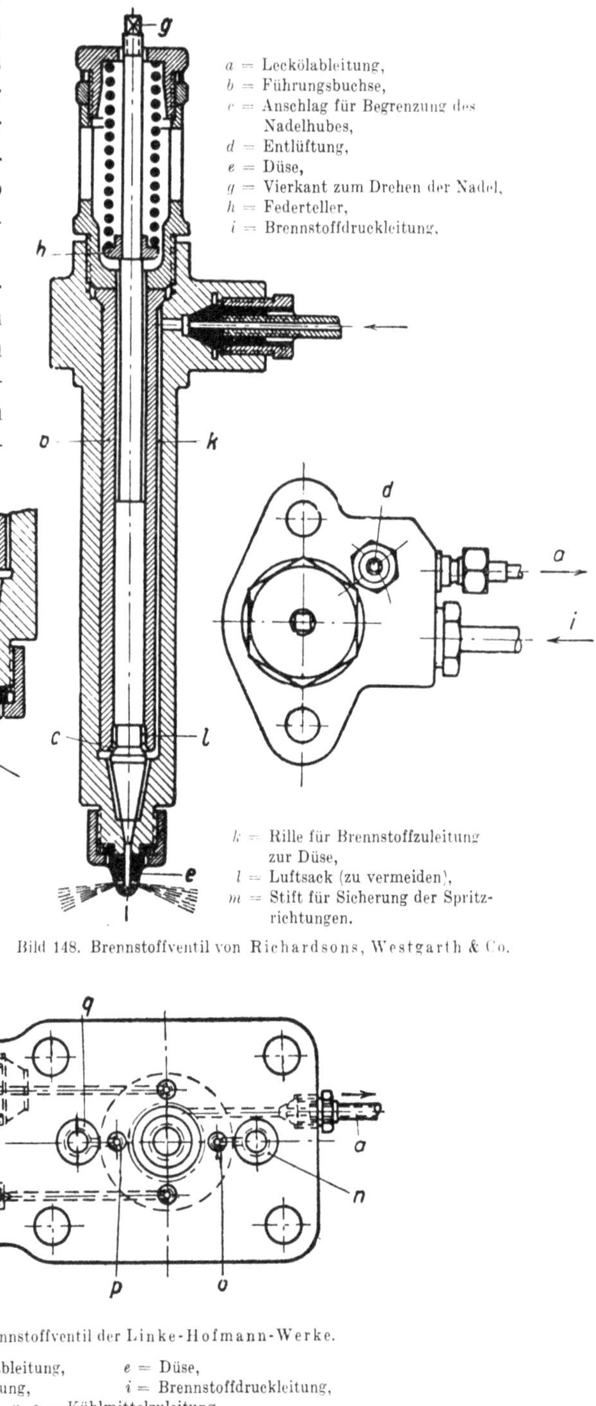

Bild 148. Brennstoffventil von **Richardsons, Westgarth & Co.**

Bild 149. Brennstoffventil der **Linke-Hofmann-Werke**.

spiele. Die Bezugsbuchstaben in diesen Abbildungen sind soweit wie möglich übereinstimmend gewählt, was den Vergleich erleichtert.

---

[1] R. Mayer: Kompressorlose Viertakt-Dieselmotoren mit Strahlzerstäubung. Z.V.d.I. Bd. 71 (1927), S. 1081.

Das starkwandige Ventilgehäuse *a* wird aus geschmiedetem Stahl hergestellt; die Wandstärken sind so zu bemessen und die z. T. sehr langen Bohrungen für Brennstoff und Kühlwasser so zu legen, daß das Gehäuse dem Prüfdruck, der wenigstens 100 kg/cm² über dem höchsten vorkommenden Einspritzdruck liegen soll, sicher standhält und zugleich so steif ist, daß es sich unter dem Druck der Befestigungsschrauben nicht verzieht. Diese wirken auf den kräftigen oberen Flansch *b* des Gehäuses, der entweder ein Stück mit dem Gehäuse bildet (Bild 150, 151, 157) oder getrennt hergestellt ist (Bild 152, 154, 156). Das Gehäuse wird im Zylinderdeckel durch Flachkupfer *c* (Bild 154), Rundkupfer (Bild 151 und 157) oder metallisch durch Konus (Bild 150) gedichtet. Die kleine und leichte Ventilnadel *d* ist in einer Buchse *e* geführt, die bei dem Brennstoffventil von Stork

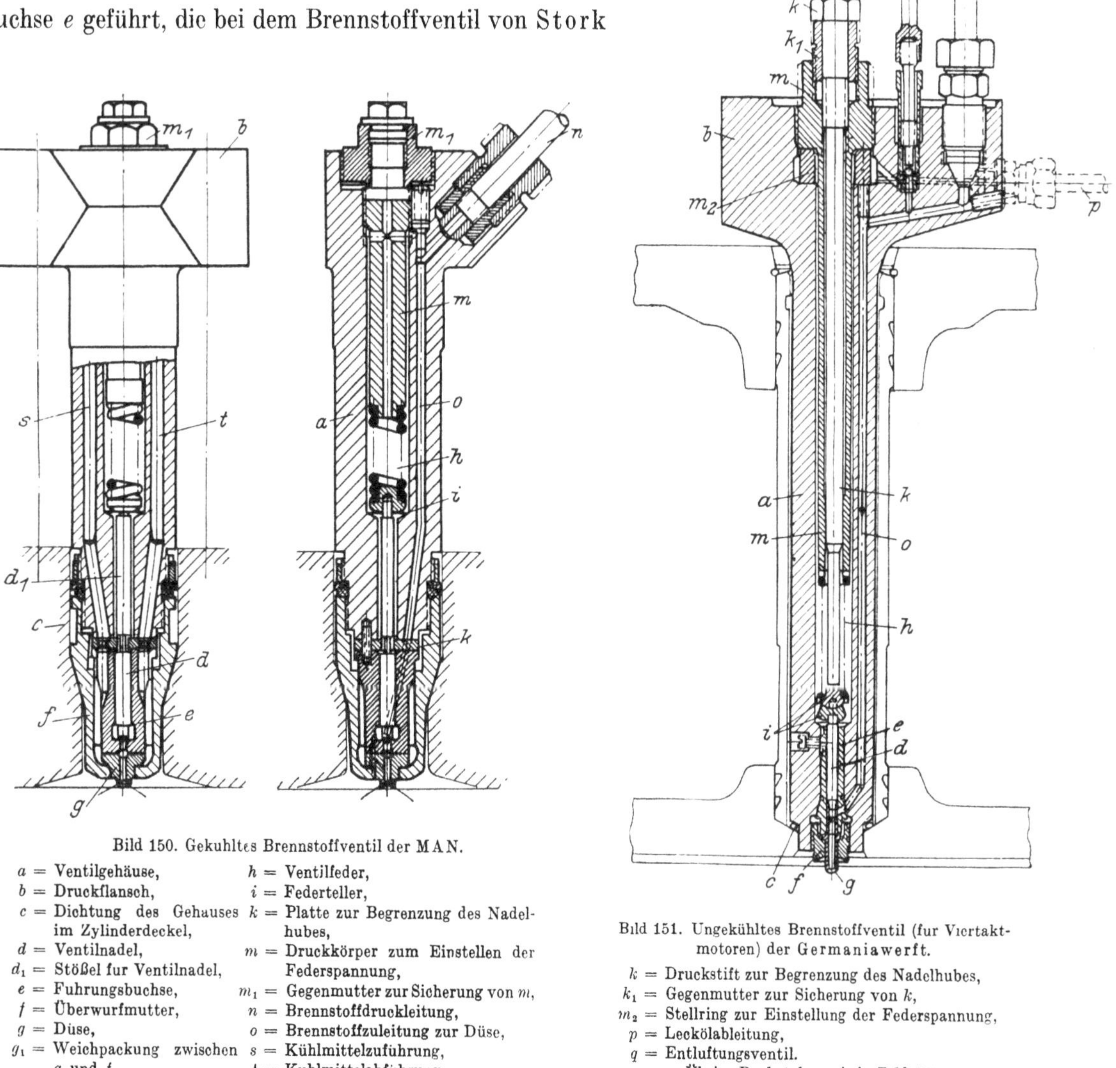

Bild 150. Gekuhltes Brennstoffventil der MAN.

a = Ventilgehäuse,	*h* = Ventilfeder,
b = Druckflansch,	*i* = Federteller,
c = Dichtung des Gehäuses im Zylinderdeckel,	*k* = Platte zur Begrenzung des Nadelhubes,
d = Ventilnadel,	*m* = Druckkörper zum Einstellen der Federspannung,
d_1 = Stößel fur Ventilnadel,	
e = Fuhrungsbuchse,	m_1 = Gegenmutter zur Sicherung von *m*,
f = Überwurfmutter,	*n* = Brennstoffdruckleitung,
g = Düse,	*o* = Brennstoffzuleitung zur Düse,
g_1 = Weichpackung zwischen *a* und *f*,	*s* = Kühlmittelzuführung,
	t = Kuhlmittelabführung.

Bild 151. Ungekühltes Brennstoffventil (fur Viertaktmotoren) der Germaniawerft.

k = Druckstift zur Begrenzung des Nadelhubes,
k_1 = Gegenmutter zur Sicherung von *k*,
m_2 = Stellring zur Einstellung der Federspannung,
p = Leckölableitung,
q = Entluftungsventil.
Übrige Buchstaben wie in Bild 150.

(Bild 154 bis 156) in das Ventilgehäuse gepreßt ist, während sie bei den anderen Konstruktionen durch eine Überwurfmutter *f* gegen das Ventilgehäuse gedrückt wird. Bei diesen — mit Ausnahme des Brennstoffventiles von Burmeister & Wain (Bild 152 und 153), bei welchem die Düse in einen die Kühlkanäle enthaltenden Körper eingesetzt und durch den Druck der Ventilnadel gesichert ist — drückt die Überwurfmutter zugleich die Düse *g* gegen ihre Dichtungsfläche, die sauber plangeschliffen sein muß. Bei der Konstruktion von Stork (Bild 154) ist die Überwurfmutter durch eine Kappe f_1 ersetzt, die durch zwei ringförmige Schweißnähte mit dem Ventilgehäuse verbunden ist, und die Düse g, die zugleich den Nadelsitz enthält, ist unmittelbar in das Ventilgehäuse geschraubt. Wo es der Platz erlaubt, wird die Ventilfeder h im Gehäuse untergebracht, doch verwendet man auch die außenliegende Feder (Bild 152), nur muß dann die Nadel durch einen Stößel d_1 verlängert werden. Dies gilt auch für die Konstruktion nach Bild 150, wo die Feder wegen Platzmangels weiter nach außen gelegt ist. Bei dem Krupp-Arçhaouloff-Ventil (Bild 157) ist die Feder in zwei Hälften (h, h') mit Zwischenring unterteilt, wodurch ein Ausknicken der Feder, das eine Reibung an der inneren Gehäusebohrung zur Folge haben würde, vermieden wird. Der Federdruck wird durch einen (zuweilen unterteilten) Teller i auf die Düsennadel übertragen; die Druckfläche ist ballig, so daß keine Querkräfte auf die Nadel ausgeübt werden können. Der Nadelhub muß auf ein durch Versuch zu ermittelndes kleines Maß begrenzt werden, das auch bei großen Zylindern 1 mm kaum überschreitet. Das kann auf verschiedene Weise geschehen. Bei dem MAN-Ventil (Bild 150) ist es eine gehärtete Platte k, die zwischen die Führungsbuchse der Ventilnadel und das Gehäuse gelegt ist und als Anschlag für die Nadel dient; bei dem Ventil von Burmeister & Wain (Bild 152) hat die Ventilnadel an ihrem oberen Ende einen breiten Bund, der sich bei angehobener Nadel gegen einen in das Gehäuse eingelassenen Anschlagring legt. Die Ventile von Krupp (Bild 151 und 157) und von Stork (Bild 154 bis 156) haben einen langen, zentrisch in das Ventilgehäuse eingesetzten Stift k, der mit Gewinde eingeschraubt ist und durch Drehen an seinem Sechskant gehoben und gesenkt werden kann, womit man den Nadelhub einstellt; die richtige Höhenlage des Stiftes wird durch die Gegenmutter k_1 gesichert. Einige Firmen versehen ihre Brennstoffventile mit einem Fühlerstift l zur Beobachtung des Nadelhubes während des Betriebes; bei dem Ventil nach Bild 152 ruht dieser auf dem Stößel d_1 und ist durch Bohrungen in den Federtellern und der Druckschraube m nach außen geführt, während er in Bild 154 und 155 in den Federteller i geschraubt ist. In diesem Fall wird der sehr lange Fühlerstift zweckmäßig aus Leichtmetall angefertigt, damit das Gewicht der Nadel nicht unnötig vergrößert wird. Auch die Spannung der Ventilfeder wird einstellbar gemacht, wozu der Druckkörper m, gegen dessen untere Stirnfläche sich das obere Federende legt, mehr oder weniger tief in das Ventilgehäuse geschraubt wird (Bild 150 bis 152, 154, 155). Die Gegenmutter m_1 dient zur Sicherung der Höhenlage von m und damit der Federspannung. In Bild 151 und 152 begrenzt ein Stellring m_2 das Maß, um welches m in das Gehäuse geschraubt und die Feder gespannt werden kann.

Der Brennstoff tritt bei n (Bild 150 bis 152, 154, 155 und 157, z in Bild 156) durch eine Rohrverschraubung in das Ventil ein und wird durch Bohrungen o unmittelbar an den Ventilsitz geführt. Diese fallen oft recht lang aus (z. B. Bild 151, 154, 156) und sollen, damit das eingeschlossene Ölvolumen, d. h. der Einspritzverzug, klein wird, einen kleinen Durchmesser erhalten; sie sind daher nicht immer bequem zu bohren. Wo sie am unteren Ende schräg verlaufen, ist beim Entwurf darauf

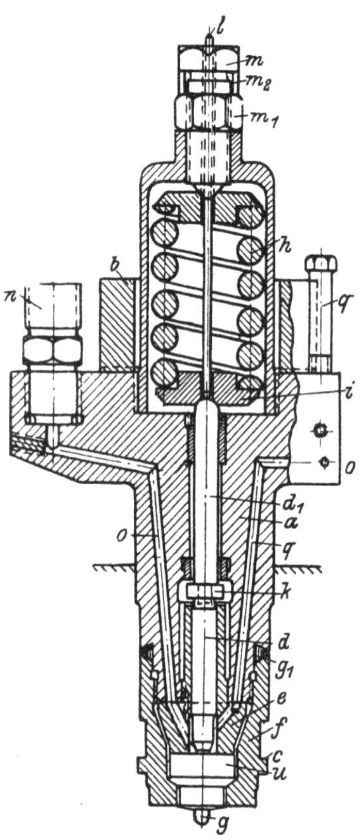

Bild 152.
Gekühltes Brennstoffventil (mit außenliegender Feder) von Burmeister & Wain.

g_1 = Weichpackung zwischen a und f,
k = Bund an d_1 zur Begrenzung des Nadelhubes,
l = Fühlerstift,
m_2 = Stellring zur Einstellung der Federspannung,
q = Entlüftung,
u = Düsenhalter mit Kühlkanälen.
Übrige Buchstaben wie in Bild 150.

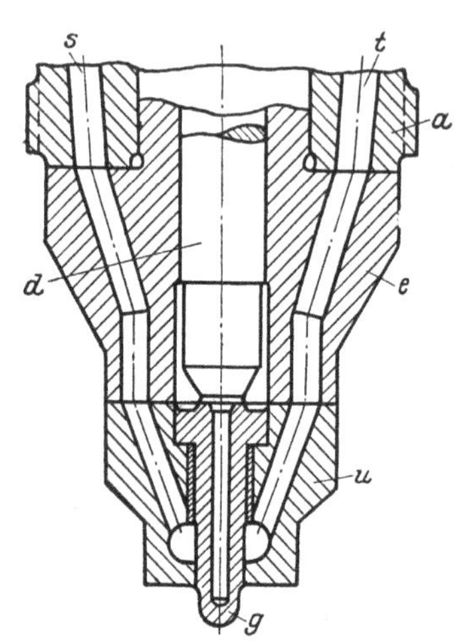

Bild 153. Schnitt durch Düse und Kühlkanäle.
Buchstaben wie in Bild 150 und 152.

zu achten, daß der Bohrer nach Herausschrauben der Düse (z. B. in Bild 154), evtl. auch nach Herausnehmen der Nadelführung (Bild 151 und 157), vom Ventilgehäuse frei geht. Tote Räume der Bohrungen werden durch stramm eingeschraubte und zwecks Abdichtung hart verlötete Gewindepfropfen verschlossen, wodurch zugleich Luftsäcke vermieden werden. Die Ventilnadeln sind zwar in ihre Führungsbuchsen öldicht eingeschliffen, doch läßt sich bei dem hohen Einspritzdruck nicht vermeiden, daß von Zeit zu Zeit etwas Brennstoff durchsickert; dieser muß frei abfließen können, wozu eine Leckölableitung (p in Bild 151 und 154) vorzusehen ist; das abtropfende Öl wird der Leckölsammelleitung (u in Bild 219, S. 193) zugeführt. Ein Entlüftungsventil q (Bild 151, 154, 155) dient dem Zweck, die Brennstoffleitung vor dem Anfahren von Luft zu befreien, damit der Brennstoff sogleich bei den ersten Einspritzungen gut zerstäubt wird und keine Aussetzer auftreten. Das Entlüftungsventil wird an den höchsten Stellen der Brennstoffzuleitung angebracht; vor dem Anfahren wird es geöffnet und die Leitung von Hand aufgepumpt (s. z. B. Hebel l in Bild 178, S. 154). Der dabei austretende Brennstoff wird ebenfalls in die Leckölsammelleitung geführt.

Die Brennstoffventile der Machinefabriek Gebr. Stork sind mit Stabfiltern r der Hesselman-Bauart (Bild 228, S. 201) versehen, welche etwa noch in der Druckleitung vorhandene Unreinigkeiten vom Nadelsitz fernhalten sollen.

Brennstoffventile kleiner und mittlerer Größe, insbesondere für Viertaktmotoren, bedürfen keiner Düsenkühlung (Bild 151); bei Ventilen für größere Zweitaktmaschinen (Bild 150, 152), aber auch bei großen Viertaktmotoren (Bild 154) ist sie unentbehrlich. Als Kühlmittel wird Wasser, Schmieröl oder der Brennstoff selbst verwendet; die Kühlung durch Öl genügt in der Regel trotz der geringeren spez. Wärme des Öles (0,4 bis 0,45 gegenüber 1,0 von Wasser). Für die

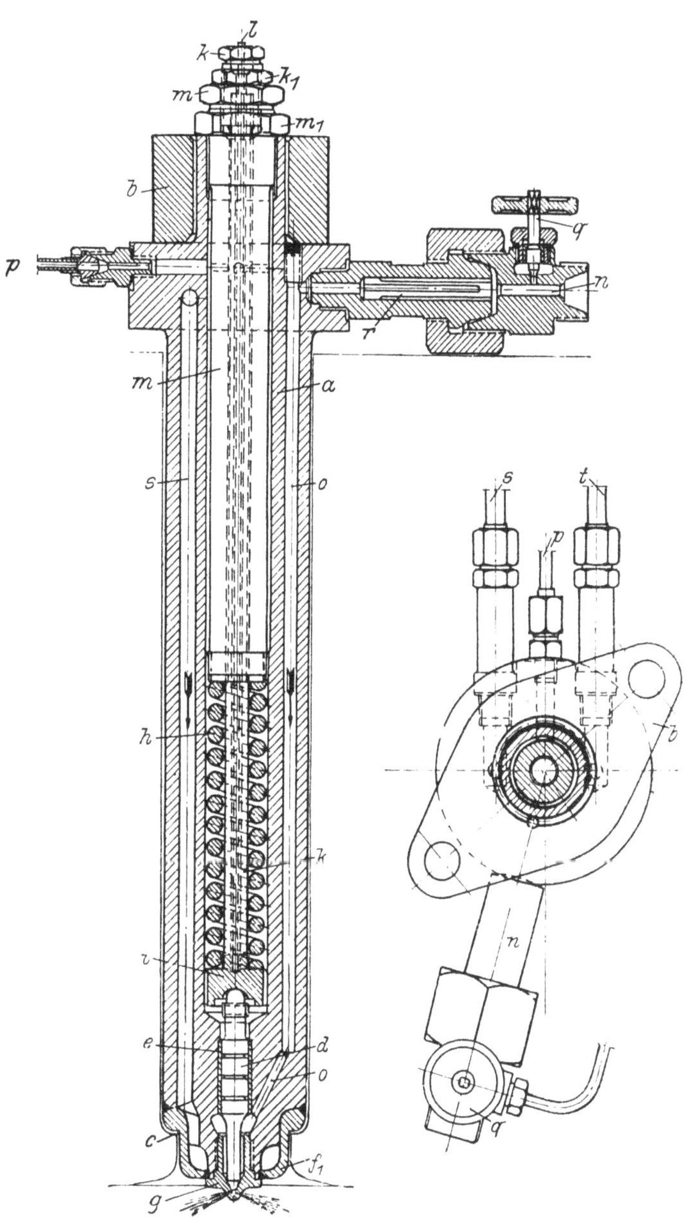

Bild 154. Gekühltes Brennstoffventil der Machinefabriek Gebr. Stork & Co.

f_1 = Angeschweißte Kappe,
k = Druckstift zur Begrenzung des Nadelhubes,
k_1 = Gegenmutter zur Sicherung von k,
l = Fühlerstift,
p = Leckölableitung,
q = Entlüftungsventil,
r = Stabfilter.

Übrige Buchstaben wie in Bild 150.

Zu- und Ableitung des Kühlmittels sind Anschlüsse s, t (Bild 150, 152, 154, 156) vorgesehen. Das Kühlmittel wird durch Bohrungen, die wegen des engen Raumes oft unbequem anzubringen sind, möglichst nahe an die Düse selbst geleitet; z. B. hat man in Bild 153 das Einsatzstück u, das die Düse enthält, von dem Führungsstück der Nadel getrennt, um die Kühlbohrungen einbringen und die Düse selbst kühlen zu können. Bei dem Ventil für die Archaouloff-Einspritzung (Bild 157) sind die Kühlräume nach Abziehen der durch Gummiringe abgedichteten Buchse v gut zugänglich; die Wärme wird hier indirekt, durch die Überwurfmutter f und den unteren Teil des Ventilgehäuses, abgeleitet. Bei dem Ventil von Stork (Bild 154 und 156) umschließt die ange-

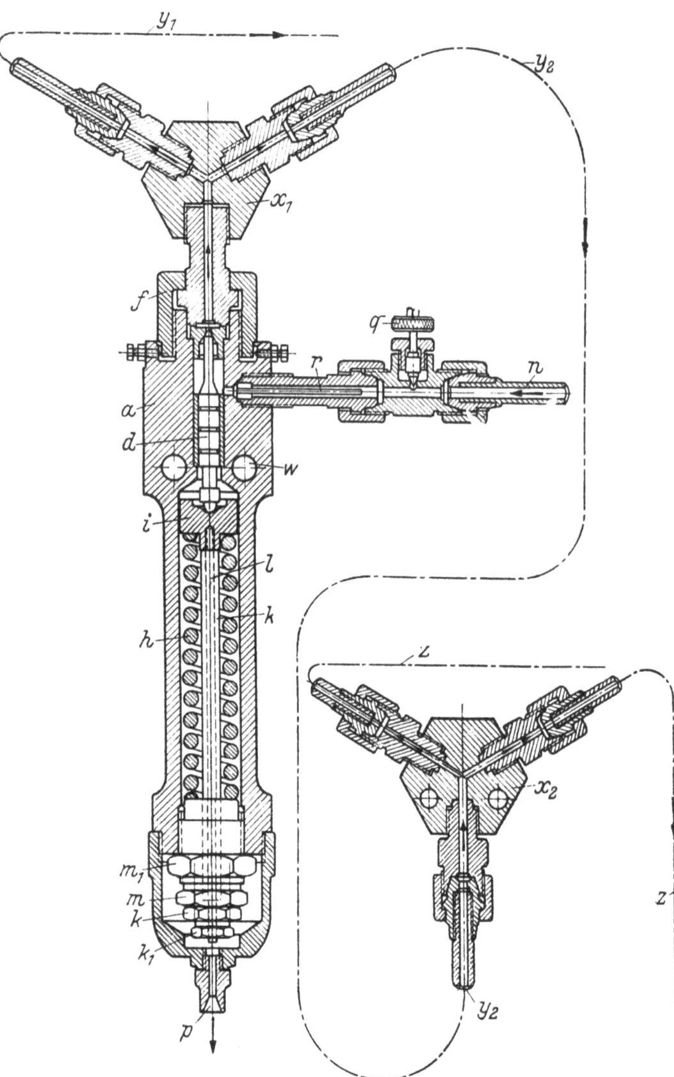

schweißte Kappe f_1 den Kühlraum; dieser ist für eine mechanische Reinigung nach Fertigstellung des Ventiles nicht mehr zugänglich, kann aber durch Ausspülen mit verdünnter Salzsäure gereinigt werden, was genügt, weil das Kühlmittel (hier Brennstoff) vorher gut gefiltert worden ist. Die unmittelbar vom Kühlmittel bespülte Fläche rückt dadurch näher an die Düse heran. Man erkennt aus einem Vergleich der Bauarten der Düsenkühlung, daß der Aufwand an konstruktiven Mitteln um so größer wird, je wirksamer man die Düse zu kühlen beabsichtigt. Hier das Richtige zu treffen ist Sache der Erfahrung, die gezeigt hat, daß zwar eine intensive Kühlung der Düse erwünscht bzw. bei schweren Ölen erforderlich ist, daß aber die indirekte Kühlung (Anlegung der Düse an gekühlte Flächen) häufig genügt.

Auf der Unterseite doppeltwirkender Zweitaktmaschinen, deren Brennraum wegen der durchgehenden Kolbenstange ringförmig wird, muß man wenigstens zwei Einspritzventile im Zylinderdeckel anordnen, um eine hinreichend gleichmäßige Verteilung des Brennstoffes zu erhalten. In diesem Fall können die Ventile für die obere und untere Seite austauschbar hergestellt sein, vorausgesetzt, daß das Ventil in der umgekehrten Stellung sich selbst entlüftet, was meistens leicht zu erreichen ist. Bei der Bauart von Stork liegt das Hauptbrennstoffventil der Unterseite (Bild 155) außerhalb des Zylinderdeckels; es wird durch zwei Stiftschrauben w am Ständer befestigt. Düsenkühlung ist in diesem Fall natürlich nicht erforderlich. Der den Ventilsitz durchfließende Brennstoff teilt sich in einem Gabelstück x_1 in zwei gleiche Ströme y_1 und y_2, deren jeder in einem zweiten Gabelstück x_2 noch einmal geteilt wird, so daß vier Teilströme z entstehen, die je einem in den unteren Zylinderdeckel eingesetzten Düsenschaft (Bild 156) zugeleitet werden. Die

Bild 155. Brennstoffventil für die Unterseite doppeltwirkender Zweitaktmotoren (Bauart Maschinefabriek Gebr. Stork & Co).

k = Druckstift zur Begrenzung des Nadelhubes,
k_1 = Gegenmutter zur Sicherung von k,
l = Fühlerstift,
p = Lecköllableitung,
q = Entlüftungsventil,
r = Stabfilter,
w = Befestigungsschrauben,
x_1, x_2 = Gabelstücke,
y_1, y_2 = Erste Gabelung der Brennstoffdruckleitung,
z, z = Zweite Gabelung der Brennstoffdruckleitung.
Übrige Buchstaben wie in Bild 150.

Düsenschäfte sind ähnlich wie das Hauptabsperrventil gebaut. Die Nadel dichtet in unmittelbarer Nähe der Düsenbohrungen, wodurch das Nachtropfen verhindert wird. Die Düse ist in den Körper des Düsenschaftes eingeschraubt; ihr Kühlraum wird (wie beim Ventil Bild 154) durch eine mit dem Düsenschaft verschweißte Kappe gebildet. Der Ventilhub ist begrenzt; die Spannung der Ventilfeder kann von außen eingestellt werden. Die Einzelteile, die diesen Zwecken dienen, sind in Bild 154, 155 und 156 gleichlautend bezeichnet.

Die Richtung des aus der Düse austretenden Brennstoffstrahles wird beim Entwurf des Brennraumes festgelegt (Bild 21, S. 22) und muß beim Einsetzen des Düsenschaftes eingehalten werden. Hierzu wird dieser durch ein Schloß a_1, das in eine am Gehäuse angebrachte Verzahnung greift (ähnlich wie o in Bild 72, S. 53), in seiner Stellung gesichert.

Die Düsenschäfte, die von der nicht allseitig gekühlten Kanone umgeben sind, dehnen sich in der Wärme aus. Zur Aufnahme der Dehnung genügen die Befestigungsschrauben nicht, wenn sie (wie in Bild 156) wegen des in der Höhe beschränkten Raumes nur kurz sein können. Darum legt man federnde Unterlegscheiben b_1 zwischen Mutter und Flansch, welche die Längenzunahme des Schaftes so aufnehmen, daß die Zugbeanspruchung der Befestigungsschrauben nicht unzulässig ansteigt.

Das von der Germaniawerft für die Archaouloff-Einspritzung gebaute Brennstoffventil (Bild 157) weist einige Besonderheiten auf. Das von V. Archaouloff angegebene Verfahren hatte ursprünglich den Zweck, den Umbau von Dieselmaschinen mit Druckluftzerstäubung in die kompressorlose Betriebsweise in konstruktiv einfacher Weise zu ermöglichen; sein Grundgedanke ist, die Brennstoffpumpe durch den im Arbeitszylinder erzeugten Verdichtungs- und Verbrennungsdruck anzutreiben. Dieser wirkt auf einen mit dem Pumpenstempel verbundenen Gaskolben (c in Bild 194, S. 169), der dann seinen Druckhub ausführt, wenn der Arbeitskolben sich seinem oberen Totpunkt nähert. Der Zeitpunkt des Einspritzbeginns hängt infolgedessen nur von der Spannung der Ventilfeder h, h' (Bild 157) ab; je stärker diese gespannt ist, um so später öffnet das Ventil. Das obere Federende legt sich gegen das Druckstück m, dieses gegen die Gabel c_1 (deren Schlitz

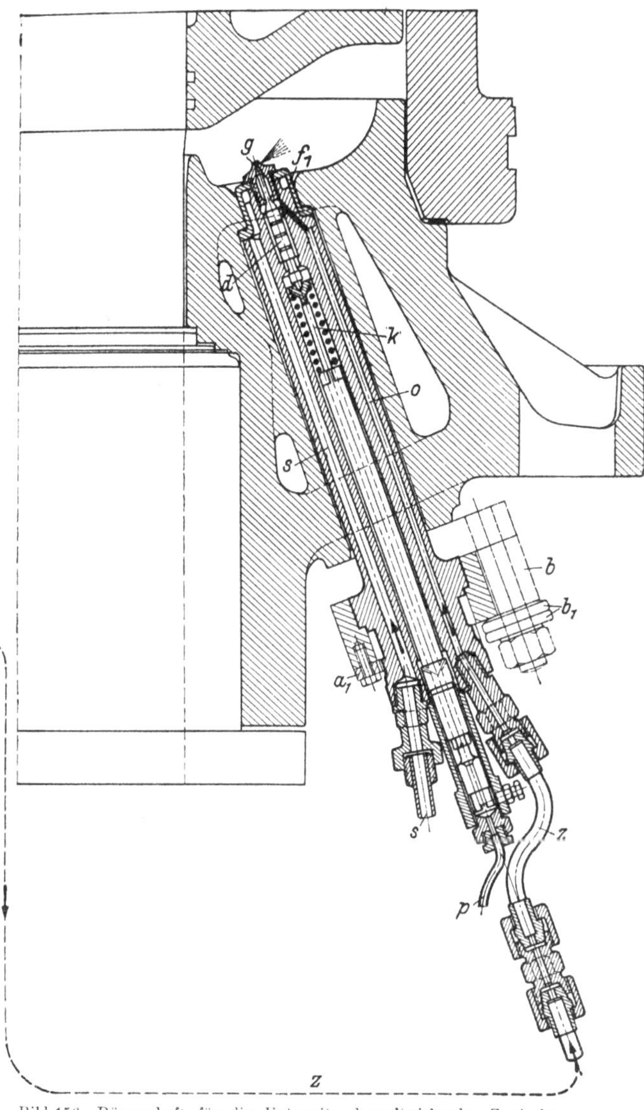

Bild 156. Düsenschaft für die Unterseite doppeltwirkender Zweitaktmotoren (Bauart Machinefabriek Gebr. Stork & Co.).

$p =$ Leckölableitung,
$z =$ Druckleitung vom zweiten Gabelstück x_2 (Bild 155),
$a_1 =$ Schloß zur Sicherung der Spritzrichtung,
$b_1 =$ Federnde Unterlegscheiben,
$f_1 =$ Angeschweißte Kappe.
Übrige Buchstaben wie in Bild 150.

dazu dient, die Verbindung zwischen der den Nadelhub regelnden Mutter k_1 und dem innenliegenden Stift k herzustellen) und c_1 wiederum gegen ein weiteres Druckstück d_1, das unter Zwischenschaltung des im Zylinder e_1 beweglichen Kolbens f_1 von einer Feder g_1 belastet wird. Deren Spannung überwiegt die der Federn h, h' um so viel, daß diese die Ventilnadel immer mit dem erforderlichen Druck belasten. Wenn bei Langsamfahrt der Verdichtungsenddruck im Arbeitszylinder sinkt, so wird Druckluft unter den Entlastungskolben e_1 gegeben, der sich unter Zusammendrückung der Feder f_1

um einige mm nach oben bewegt, bis er sich gegen den Anschlagstift g_1 legt. Dadurch werden die Federn h, h' entspannt, so daß die Ventilnadel trotz des sinkenden Verdichtungsdruckes rechtzeitig öffnet. Der den Kolben f_1 führende Zylinder e_1 kann durch die Stellmuttern i_1 (von denen drei Paar vorgesehen sind; nur eines ist in Bild 157 gezeichnet) gehoben oder gesenkt werden; dadurch wird die Spannung der Feder h, h' vermindert bzw. vermehrt. Die guten Erfahrungen, die mit der Archaouloff-Einspritzung gemacht worden sind, haben die Herstellerfirma veranlaßt, sie nicht nur bei Umbauten älterer Maschinen, sondern auch bei Neubauten zu verwenden.

Brennstoffventile für Vorkammermaschinen. Bei diesen kann das Brennstoffventil von einfacherer Bauart sein, weil der Einspritzdruck niedriger und eine Kühlung der Düse wegen der kleineren Abmessungen nicht in demselben Maß nötig ist wie bei großen Zylindern. (Sie würde bei den kleinen Ventilen auch schwer auszuführen sein.) Man begnügt sich hier mit der Kühlung, die der Brennstoff selbst bewirkt, wobei dieser gegebenenfalls so geleitet wird, daß er die Führungsbuchse der Düsennadel nach Möglichkeit vor der Wärme des Brennraumes schützt,

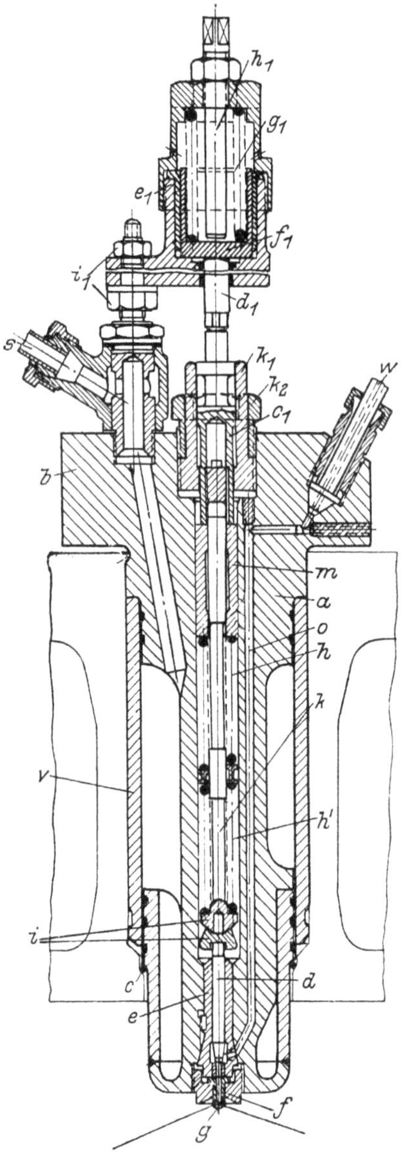

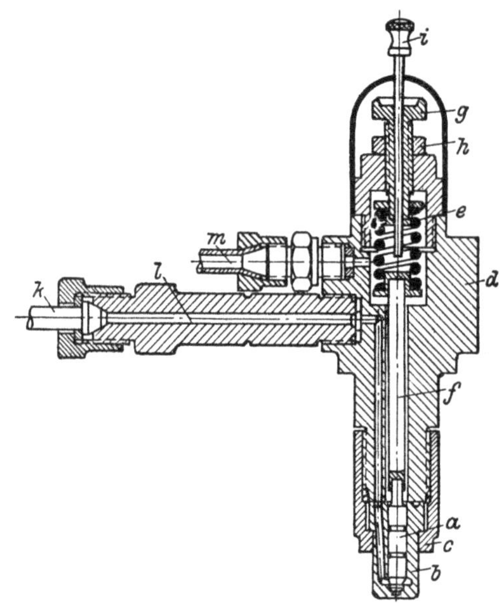

Bild 157. Brennstoffventil für Archaouloff-Einspritzung der Germaniawerft.

h, h' = Unterteilte Ventilfeder,
k = Druckstift zum Einstellen des Nadelhubes,
k_1 = Mutter zum Einstellen des Nadelhubes,
k_2 = Gegenmutter zur Sicherung von k,
c_1 = Gabel zum Einstellen der Federspannung,
d_1 = Druckstück,
e_1 = Entspannungszylinder,
f_1 = Kolben im Entspannungszylinder,
g_1 = Feder im Entspannungszylinder,
h_1 = Hubbegrenzung für f_1,
i_1 = Muttern zum Einstellen der Federspannung,
v = Buchse um Kuhlraum.
Übrige Buchstaben wie in Bild 150.

Bild 158. Brennstoffventil von Rob. Bosch.

a = Ventilnadel,
b = Fuhrungsbuchse und Duse,
c = Überwurfmutter,
d = Ventilgehäuse,
e = Ventilfeder,
f = Stoßel,
g = Druckschraube zum Einstellen der Federspannung,
h = Gegenmutter zur Sicherung von g,
i = Fuhlerstift,
k = Brennstoffdruckleitung,
l = Stabfilter,
m = Leckolableitung.

oder man legt das Ventilgehäuse möglichst dicht gegen die gekühlte Wand des Zylinderdeckels. Beispiele von Einspritzventilen für Vorkammermaschinen zeigen die Bilder 158 bis 161.

Bei dem Ventil von Rob. Bosch (Bild 158) bildet die Düse mit der Führungsbuchse für die Ventilnadel a einen einheitlichen Körper b, der durch die Überwurfmutter c an das Ventilgehäuse d gedrückt und gegen dieses metallisch abgedichtet ist. Der Druck der Ventilfeder e wird durch den Stößel f auf die Ventilnadel übertragen, ihre Spannung durch die Druckschraube g eingestellt. Die Gegenmutter h dient zur Sicherung der Einstellung von g. Ein Fühlerstift i ermöglicht das Nachprüfen des Arbeitens des Ventiles während des Betriebes. Der Brennstoff wird durch die Leitung k zugeführt und durch ein Stabfilter l (vgl. r in Bild 154, ferner Bild 228, S. 201) noch einmal vor dem Eintritt in das Ventil filtriert. Bei m fließt der Leckbrennstoff ab.

Die Firma Friedrich Deckel stellt Brennstoffventile her (Bild 159), bei denen ebenfalls der Sitz der Ventilnadel a in der Führungsbuchse b liegt, jedoch ist für die Aufnahme der Düsenbohrung

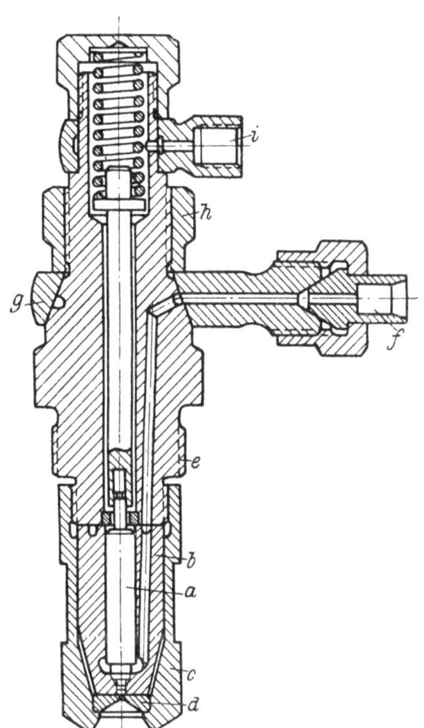

Bild 159. Brennstoffventil von F. Deckel.

a = Ventilnadel,
b = Führungsbuchse,
c = Überwurfmutter,
d = Düse,
e = Gewinde zum Einschrauben des Ventilgehäuses,
f = Brennstoffdruckleitung,
g = Ringnippel,
h = Mutter,
i = Lecköllableitung.

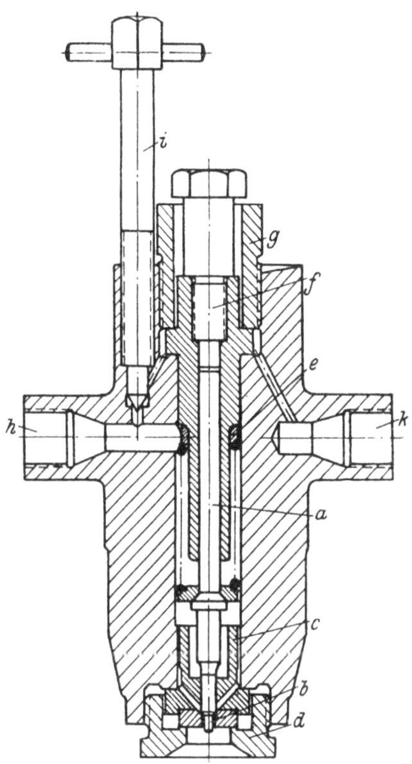

Bild 160. Brennstoffventil der Motoren-Werke Mannheim.

a = Ventilnadel,
b = Düsenplatte,
c = Zerstäuber,
d = Überwurfmutter,
e = Unterlegring,
f = Stellschraube zur Begrenzung des Nadelhubes,
g = Mutter,
h = Brennstoffdruckleitung,
i = Entluftungsschraube,
k = Lecköllableitung.

eine besondere Platte d vorgesehen, so daß die Düse leicht ausgewechselt werden kann. Führungsbuchse und Düsenplatte sind durch die Überwurfmutter c mit dem Ventilgehäuse verbunden. Der Nadelhub ist (ähnlich wie in Bild 150) dadurch begrenzt, daß die Nadel sich in ihrer oberen Stellung mit einem Absatz gegen einen in das Ventilgehäuse eingelassenen gehärteten Ring legt. Das Gehäuse wird in den Zylinderdeckel geschraubt (Gewinde e); damit unabhängig von der Stellung, die das Ventil hierbei erhält, die Brennstoffdruckleitung f in jede gewünschte Lage gebracht werden kann, ist der Zuleitungsstutzen g als Auge ausgebildet, über das Gehäuse gestreift und durch den Anpressungsdruck einer Mutter h konisch gedichtet. Auch die Leckölableitung i ist ähnlich befestigt und kann beliebig geschwenkt werden. Packungsbeilagen sind (wie in Bild 158) vermieden.

Die Motoren-Werke Mannheim verwenden Ventile dieser Bauarten für ihre raschlaufenden Maschinen, stellen daneben aber auch Brennstoffventile her, von denen Bild 160 ein Ausführungsbeispiel zeigt, das sich wegen der schwereren Ventilnadel besonders für langsamer laufende

Maschinen eignet. Die Nadel a ist an ihrem unteren Ende mit einem Zapfen versehen, der in die Düsenplatte b ragt. Dadurch entsteht ein Ringspalt von einigen zehntel mm radialer Breite, dem der Brennstoff durch acht Bohrungen von etwa 1 mm Dmr., die mit geringer Abweichung von der radialen Richtung in den Zerstäuber c gebohrt sind, zugeleitet wird. Der aus der Düse austretende Brennstoffstrahl erhält dadurch die Form eines spitzen Kegels, dessen Winkel so bemessen ist, daß seine Ränder nicht über die trichterförmige Erweiterung des Vorkammereinsatzes (Bild 121, S. 96) hinausfallen. Zerstäuber und Düsenplatte werden durch die Überwurfmutter d gegen das Ventilgehäuse gepreßt. Die Spannung der Ventilfeder wird durch den Unterlegring e so eingestellt, daß das Ventil bei 120 kg/cm² Brennstoffdruck öffnet. Der Nadelhub wird durch die Stellschraube f begrenzt. Die aus Werkzeugstahl hergestellte Führungsbuchse der Nadel wird durch die Mutter g gehalten. Die Brennstoffdruckleitung kann durch das Ventil i entlüftet werden; das hierbei austretende Treiböl und das aus der Führungsbuchse austretende Lecköl wird bei k abgeleitet.

Das Brennstoffventil von Ganz & Co. (Bild 161) kann als offene Düse bezeichnet werden, da es lediglich ein Rückschlagventil besitzt. In das Ventilgehäuse a, das durch die Überwurfmutter b im Zylinderdeckel gehalten wird, ist die Düse c mit metallischer Dichtung eingesetzt. Das Rückschlagventil d öffnet nach unten; sein Sitz e, eine genau plangeschliffene Platte, wird durch das Einsatzrohr f und die Verschraubung g gehalten. Der Brennstoff tritt durch die Druckleitung h ein. Die Ventilfeder i ist an ihrem unteren Ende in den Ventilkörper d, an ihrem oberen in ein Stützrohr k gehängt; dadurch wird erreicht, daß die Feder auch nach vollständiger Zerlegung des Brennstoffventiles (zwecks Reinigung) stets die gleiche Spannung behält. Das ist hier wichtig, denn die Federspannung und die Querschnitte von Druckleitung h und Düse c sind so zueinander abgestimmt, daß sich über den ganzen Fahrbereich praktisch keine störenden Schwingungen der Ölsäule in der Brennstoffleitung ergeben.

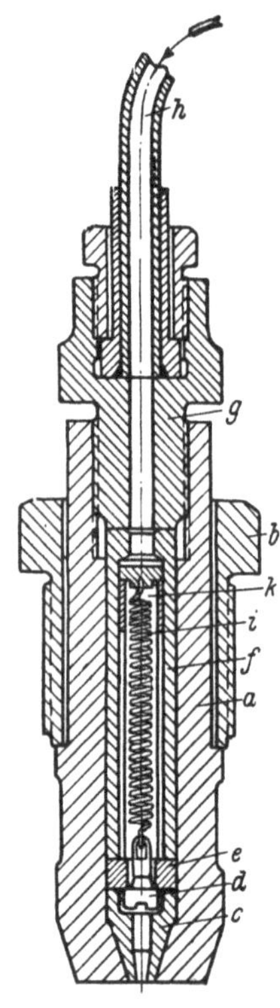

Bild 161. Brennstoffventil von Ganz & Co.

a = Ventilgehäuse,
b = Überwurfmutter,
c = Düse,
d = Rückschlagventil,
e = Ventilsitz,
f = Einsatzrohr,
g = Verschraubung,
h = Brennstoffdruckleitung,
i = Ventilfeder,
k = Stutzrohr für i.

c) Sonderbauarten

Abweichend von den unter b) beschriebenen hydraulisch gesteuerten Brennstoffventilen hat die Firma Wm. Doxford & Sons, die zuerst die Druckeinspritzung auf große einfachwirkende Zweitaktmaschinen der Gegenkolben-Bauart anwandte, von Anfang an mechanisch gesteuerte Nadelventile benutzt. Da bei dieser Bauart die Stirnflächen des Zylinders für die Einspritzung nicht zugänglich sind, so müssen die Brennstoffventile seitlich von der Zylinderachse angebracht werden, und damit die Brennstoffverteilung im Zylinder gleichmäßig wird, sind an jedem Zylinder zwei Ventile vorgesehen (vgl. Bild 24, S. 23). Die Brennstoffnadel (Bild 162) besteht aus drei Teilen, der Ventilnadel a, der Zwischenspindel b und dem öldruckbelasteten Stempel c, die im Betrieb einander berühren. Der je nach Belastung unter 300 bis 700 kg/cm² Druck bei d eintretende Brennstoff wird teils durch die Bohrung e dem Nadelsitz zugeführt, teils durch das Rohr f auf die rechte Seite des Druckstempels c geleitet. Der Durchmesser des Stempels c ist etwas größer als der von a, so daß der Treiböldruck immer auf Schließen der Nadel wirkt. Die kleine Feder g, die den Druckstempel c außerdem belastet, dient dazu, die Brennstoffnadel auf ihren Sitz zu drücken, wenn der Öldruck ausbleiben sollte. Geöffnet wird das Ventil durch den Hebel h mit dem festen Drehpunkt i und der Kurvenschiene k, gegen die ein vom Brennstoffnocken betätigter Hebel (z in Bild 163) drückt. Die Form der Kurvenschiene wird bei der Beschreibung von Bild 163 erläutert werden. Der Hebel h hebt die Zwischenspindel b mittels der auf ihr befestigten Muffe l an und schiebt dabei den Druckstempel c unter Überwindung des auf ihm lastenden Öldruckes nach rechts; die Brennstoffnadel a folgt unter der Einwirkung des Öldruckes, der auf die Ringfläche an ihrem linken Ende wirkt. Der Ventilschluß wird vom Druckstempel c bewirkt, sobald der Hebel h sich nach links bewegt und die Zwischenspindel b freigibt. Der Fühlerstift m dient zum Messen des Hubes der Zwischenspindel b und der Brennstoffnadel a. Bei Überschreitung der normalen Drehzahl dreht ein (in Bild 162 nicht gezeichneter) Sicherheitsregler, der am unteren Ende des Hebels n mit dem festen Drehpunkt o angreift, diesen nach rechts; dadurch drückt das Exzenter p den im festen Punkt q drehbar gelagerten Hebel r mittels der Rolle s nach links, und die Brennstoffnadel a wird durch die an r befestigte Muffe t auf ihren Sitz gepreßt, so daß sie nicht öffnet. Die Zwischenspindel b und der Druckstempel c folgen den Bewegungen des Hebels h weiter, nicht aber die Nadel a, die geschlossen bleibt, bis der Sicherheitsregler nach Ermäßigung der Drehzahl ausklinkt, worauf das Exzenter p den Hebel r wieder freigibt.

Den Antrieb des Doxford-Ventiles zeigt Bild 163. An der vorderen und hinteren Längsseite der Maschine ist etwa in halber Höhe der Arbeitszylinder und etwas unterhalb der beiden Brennstoffventile, von denen in Bild 163 die Laterne u des vorderen Brennstoffventiles zu sehen ist, je eine Nockenwelle v gelagert, die von der Kurbelwelle aus mit gleicher Drehzahl wie diese angetrieben wird. Die Nockenwellen tragen für jeden Arbeitszylinder je einen Vorwärts- (w) und einen Rückwärts-Brennstoffnocken (x), von denen je nach der Fahrtrichtung der eine oder andere durch Verschieben der Nockenwellen in axialer Richtung zum Eingriff mit der Hebelrolle y gebracht wird. Der zugehörige zweiarmige Hebel z hat seinen Drehpunkt A im Zapfen a_1, der in dem auf der vorderen Manövrierwelle b_1 aufgekeilten Hebel c_1 gelagert ist. Während der Voll-Voraus-Fahrt der Maschine behält die Manövrierwelle b_1 ihre Stellung bei; Punkt A bleibt in seiner Lage. Der Hebel z wird vom Brennstoffnocken w betätigt und drückt, wenn der Nocken die Rolle y berührt, mit einer an seinem oberen Ende angebrachten Rolle auf die Kurvenschiene k (Bild 162 und 163), wodurch

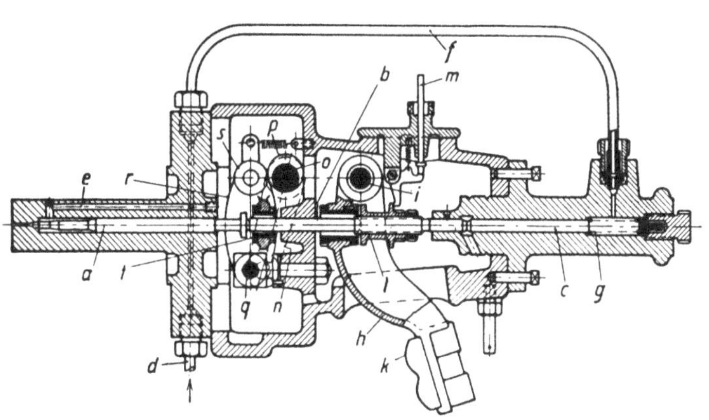

Bild 162. Mechanisch gesteuertes Brennstoffventil von Wm. Doxford & Sons.

a = Ventilnadel,
b = Zwischenspindel,
c = Druckstempel,
d = Brennstoffeintritt,
e = Brennstoffkanal,
f = Umführungsleitung,
g = Belastungsfeder bei Wegfall des Öldruckes,
h = Ventilantriebhebel,
i = Fester Drehpunkt für h,
k = Kurvenschiene,
l = Muffe auf der Zwischenspindel b,
m = Fühlerstift zum Messen des Nadelhubes,
n = Hebel für Sicherheitsregler,
o = Fester Drehpunkt von n,
p = Exzenter,
q = Fester Drehpunkt des Hebels r,
r = Schließhebel für Nadel a,
s = Rolle am Hebel r,
t = Muffe am Hebel r.

der Hebel h das Brennstoffventil öffnet und die Einspritzung erfolgt. Wird die Manövrierwelle b_1 mittels des Gestänges d_1–e_1–f_1 vom Maschinistenstand aus etwas nach links gedreht, so senkt sich der Zapfen a_1 und gelangt aus der Lage A über die Zwischenlagen B in die untere Endstellung C, die der Rückwärtsfahrt entspricht, nachdem die Nockenwelle v vorher axial verschoben wurde. Steht der Zapfen a_1 in der Mittellage B, so kann die am oberen Ende des Hebels z befestigte Rolle in den Sattel zwischen den beiden Höckern der Kurvenschiene k gleiten; dadurch wird das obere Ende des Hebels z nach rechts gezogen, und der Mittelpunkt der Rolle y gelangt in die Lage B_1, in welcher die Rolle y von dem Nocken w bzw. x nicht berührt wird. Diese Stellung des Gestänges d_1–e_1–f_1 entspricht der Stoppstellung. Bei weiterem Anheben des Gestänges gelangt Punkt A nach C, Punkt A_1 nach C_1; dabei wird der Hebel z vom Rückwärtsnocken x betätigt, wenn die Nockenwelle v vorher verschoben wurde, und die Maschine läuft rückwärts. Zwischenlagen des Mittelpunktes der Rolle y, wie sie in der Nähe des Punktes B_1 angedeutet sind, entsprechen Teilbelastungen der Maschine voraus oder zurück.

Da auch an der Rückseite der Maschine eine Manövrierwelle zur Betätigung der dort befindlichen Brennstoffventile entlang läuft, so muß diese gleichzeitig mit der vorderen Welle b_1 verstellt werden, wenn manövriert werden soll. Hierzu ist auf b_1 ein Hebel g_1 aufgekeilt, an dessen oberem Ende die

Stange h_1 angreift, welche die Verbindung mit der hinteren Manövrierwelle herstellt. Diese macht die gleichen Bewegungen wie die vordere, und sämtliche Brennstoffventile werden gleichzeitig verstellt.

Im ganzen ist das Brennstoffventil von Doxford sowohl im Aufbau wie im Antrieb nicht einfach, zumal da zu jedem Zylinder zwei Brennstoffventile gehören, die je einen vollständigen Antriebsmechanismus benötigen. Andererseits lassen sich bei der Gegenkolbenbauart in einem Zylinder große Leistungen unterbringen, was den durch die Ventilbauart bedingten konstruktiven Aufwand verringert. Vorteilhaft für den Betrieb sind die guten Reguliereigenschaften der Maschine, die mit auf die Genauigkeit, mit der die Ventilnadel gesteuert wird, zurückzuführen sind.

Eine weitere Sonderbauart ist das Membranventil von Hesselman, der als erster erkannt hat, daß bei der Druckeinspritzung rasches und völlig dichtes Schließen des Ventiles eine der Bedingungen für rauchfreie Verbrennung ist. Hesselman

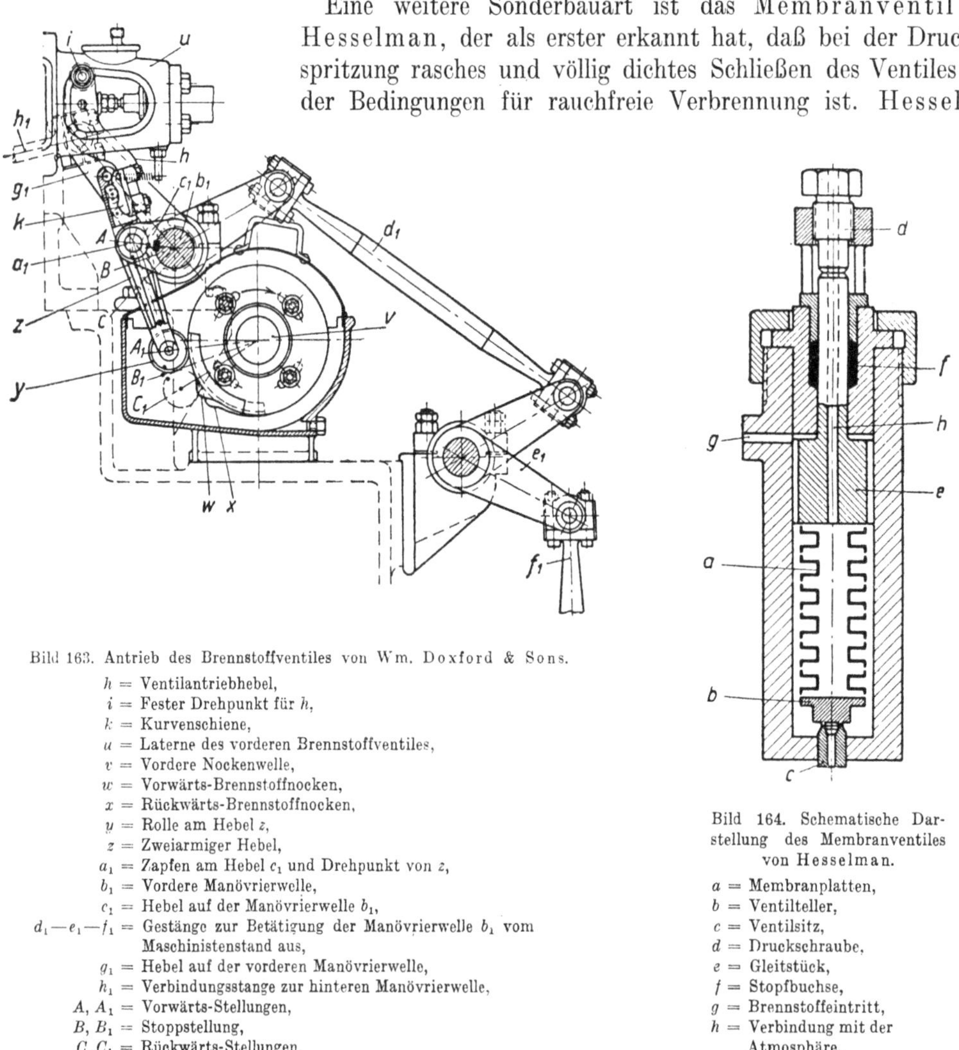

Bild 163. Antrieb des Brennstoffventiles von Wm. Doxford & Sons.

h = Ventilantriebhebel,
i = Fester Drehpunkt für h,
k = Kurvenschiene,
u = Laterne des vorderen Brennstoffventiles,
v = Vordere Nockenwelle,
w = Vorwärts-Brennstoffnocken,
x = Rückwärts-Brennstoffnocken,
y = Rolle am Hebel z,
z = Zweiarmiger Hebel,
a_1 = Zapfen am Hebel c_1 und Drehpunkt von z,
b_1 = Vordere Manövrierwelle,
c_1 = Hebel auf der Manövrierwelle b_1,
$d_1 - e_1 - f_1$ = Gestänge zur Betätigung der Manövrierwelle b_1 vom Maschinistenstand aus,
g_1 = Hebel auf der vorderen Manövrierwelle,
h_1 = Verbindungsstange zur hinteren Manövrierwelle,
A, A_1 = Vorwärts-Stellungen,
B, B_1 = Stoppstellung,
C, C_1 = Rückwärts-Stellungen.

Bild 164. Schematische Darstellung des Membranventiles von Hesselman.

a = Membranplatten,
b = Ventilteller,
c = Ventilsitz,
d = Druckschraube,
e = Gleitstück,
f = Stopfbuchse,
g = Brennstoffeintritt,
h = Verbindung mit der Atmosphäre.

strebte möglichst große Durchtrittsquerschnitte bei kleinem Ventilhub an und versah daher sein Ventil mit einem ebenen Ringsitz von verhältnismäßig großem Durchmesser mit einer gespannten Membransäule als Feder, mit der wesentlich größere Kräfte auf den Ventilteller ausgeübt werden können, als innerhalb des zur Verfügung stehenden Raumes mit einer Spiralfeder möglich ist. Die Bauart des Membranventiles ist in Bild 164 schematisch dargestellt.

Die Membransäule besteht aus einer Anzahl (14 bis 16) aufeinandergeschichteter loser oder durch Schrumpfung verbundener Membranplatten a, die den Ventilteller b auf den Ringsitz c drücken. Die Druckschraube d preßt die von den Membranplatten gebildete Säule unter Vermittlung des Gleitstückes e zusammen. Nur bei dem einmaligen Einstellen des Ventilöffnungsdruckes gleitet e

in der Stopfbuchse f um einige Millimeter, welche genügen, um einen Druck auf den Ventilsitz von mehreren 100 kg zu erzeugen. Im Betrieb dichtet die Stopfbuchse f nur ruhende Teile gegeneinander ab, so daß sie leicht dicht zu halten ist. Der Brennstoff tritt bei g ein und drückt die Membransäule, deren Innenraum durch die Bohrung h mit der Atmosphäre in Verbindung steht, in der Längsrichtung wie einen Balg zusammen, wobei ihre Länge so weit verkürzt wird, daß der Ventilteller sich von seinem Sitz abhebt und den Durchtritt für den Brennstoff freigibt. Der Hub beträgt auch bei großen Ventilen nur ein bis zwei zehntel Millimeter, und das Ventil kann wegen dieses kleinen Hubes und der geringen bewegten Masse bei Aufhören der Brennstoffpumpenförderung rasch schließen.

Hinsichtlich ihrer Federung verhält sich die Membransäule wie eine Spiralfeder; wie bei dieser sind die Federkräfte den Federungen proportional, nur daß die Federungen viel kleiner und die zugehörigen Federkräfte erheblich größer als bei einer Spiralfeder gleicher Abmessungen sind.

Bild 165 zeigt ein von der Machinefabriek Gebr. Stork gebautes Membranventil. Die gehärteten und geschliffenen Membranplatten a werden durch die das Ventil an seinem oberen Ende abschließende kräftige Kappenmutter b und das Druckstück c zusammengepreßt; die Membransäule drückt den Ventilkörper d auf den Sitz e. Dieser ist in ein Einsatzstück gepreßt, das durch eine im Kühlraum liegende Mutter f im unteren Ende des Ventilgehäuses gehalten ist. Die Düsenkappe g ist mit ihrem Gewindezapfen in das Einsatzstück geschraubt und auf einer schmalen, am Zapfen abgesetzten Ringfläche metallisch gegen dieses abgedichtet. Die Dichtungsfläche steht unter dem Einspritzdruck des Treiböles. Eine geringfügige Undichtigkeit würde nur ein Übertreten von Treiböltropfen in den Kühlraum der Düsenkappe zur Folge haben; da aber als Kühlmittel Treiböl benutzt wird, so hätte dies keine schädliche Wirkung. Der Kühlraum muß auch nach außen abgedichtet werden; dies bewirkt eine Packung h aus Weichmetall (Blei,

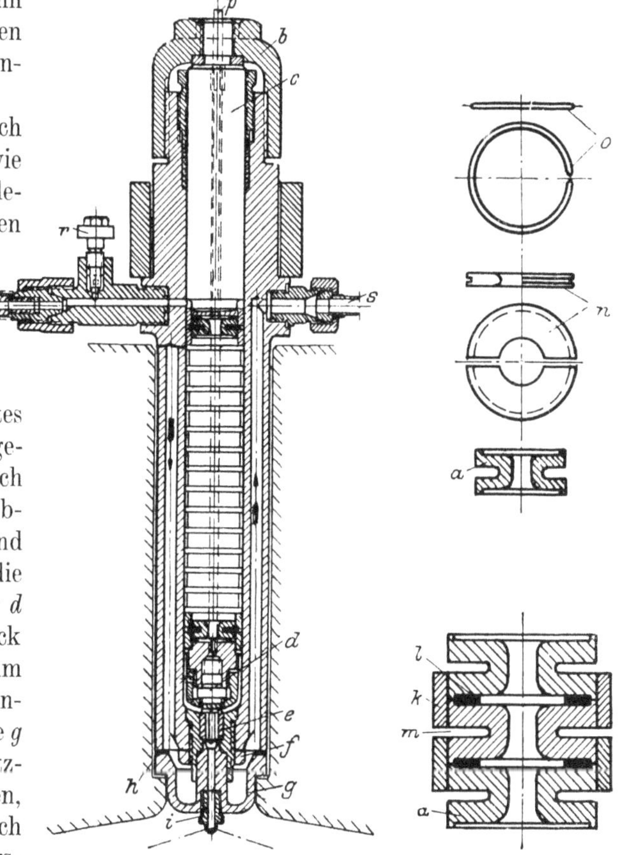

Bild 165. Membranventil der Machinefabriek Gebr. Stork & Co.

a = Membranplatten,
b = Kappenmutter,
c = Druckstück,
d = Ventilkörper,
e = Ventilsitz,
f = Mutter,
g = Düsenkappe,
h = Weichmetallpackung,
i = Düse,
k = Schrumpfringe,
l = Zentrierringe,
m = Äußerer Hohlraum einer Membranplatte,
n = Geteilte Füllringe,
o = Federringe,
p = Fühlerstift,
q = Brennstoffdruckleitung,
r = Entlüftungsventil,
s = Kühlwasserabführung.

Weichkupfer), die beim Anziehen der Kappe g so weit zusammengedrückt wird, daß sie den Kühlraum nach außen abdichtet, dabei aber nicht das feste metallische Anliegen der ringförmigen Schulterfläche am Gewindezapfen hindert, die den Kühlraum gegen den Einspritzdruck abdichten muß. Die Düse i ist, ebenfalls metallisch dichtend, in die Düsenkappe geschraubt und leicht auswechselbar; die Wärme wird indirekt abgeleitet, d. h. sie fließt durch den Werkstoff der gekühlten Kappe ab.

Von den Membranplatten (hier 16) sind je zwei durch Schrumpfringe k verbunden, so daß sie zusammen mit dem Druckstück c am oberen und dem den Ventilkörper d führenden Schlußstück am unteren Ende eine einzige Feder bilden, die bei Überholungen als Ganzes aus dem Ventilgehäuse gezogen werden kann. Vor dem Überstreifen der (auf 400° C erwärmten) Schrumpfringe werden

Zentrierringe l zwischen je zwei Membranplatten gelegt; sie sollen den genauen Aufbau der Säule sichern, dürfen aber im Betrieb das Durchfedern der Membranplatten nicht hindern und müssen daher in der Höhe ein bis zwei zehntel mm Spiel erhalten. Der Ringraum m jeder Membranplatte ist zwecks Verringerung der im Brennstoffventil enthaltenen Treibölmenge, die wegen der Zusammendrückbarkeit des Treiböles so klein wie möglich sein soll, durch Halbringe n ausgefüllt, die von Federringen o zusammengehalten werden. Die Membranplatten und das Druckstück c sind axial durchbohrt, und die Bohrung steht mit der Atmosphäre in Verbindung, damit sich im Innern der Membransäule kein Gegendruck ausbilden kann, der die Federung der Membranplatten beeinträchtigen würde. Die Bohrung von c und der axiale Hohlraum der Membranplatten ermöglichen die Einsetzung eines Fühlerstiftes p in das untere Schlußstück der Säule, so daß man den Ventilhub im Betrieb abfühlen kann.

Der Brennstoff tritt durch die Leitung q ein, die durch das Ventil r vor dem Anfahren entlüftet wird. Von den Kühlwasserleitungen ist in Bild 165 nur die Ableitung s gezeichnet.

Das Membranventil von Hesselman arbeitet bei dem durch den großen Durchmesser des Ringsitzes bedingten kleinen Ventilhub, der auch bei großen Ventilen kaum mehr als $^1/_{10}$ mm beträgt, und der starken Membranfeder sehr exakt; es hat alle Anforderungen, die bei der Druckeinspritzung an das Einspritzventil gestellt werden müssen, schon zu einer Zeit erfüllt, als das Nadelventil noch nicht zu der heutigen brauchbaren Form entwickelt worden war. Dem Verfasser hat es bei der Entwicklung der ersten doppeltwirkenden kompressorlosen Zweitaktmaschinen wesentliche Dienste geleistet. Da heute das Nadelventil gleichwertig, dabei aber einfacher in der Herstellung und unempfindlicher als das Membranventil ist, wird dieses nur noch ausnahmsweise ausgeführt.

3. Die Düse

Die Düse muß bei Druckeinspritzmotoren mit größter Sorgfalt hergestellt werden, weil von ihrer Ausführung Form und Richtung der Brennstoffstrahlen in erster Linie abhängen. Die Düsenbohrungen, die auch bei großen Zylindereinheiten selten mehr als 1,0 mm Dmr. haben, sollen möglichst genau rund sein; Ausführungen wie Bild 166[1]a und b sind zu verwerfen. Die Bohrungen dürfen nicht vorzeitig durch den mit großer Geschwindigkeit hindurchgepreßten Brennstoff erweitert werden, daher muß die Düse aus einem Werkstoff ausgeführt werden, der möglichst verschleißfest ist. Unlegierter Stahl mit einem Kohlenstoffgehalt von 1,1 bis 1,2 % ist geeignet.

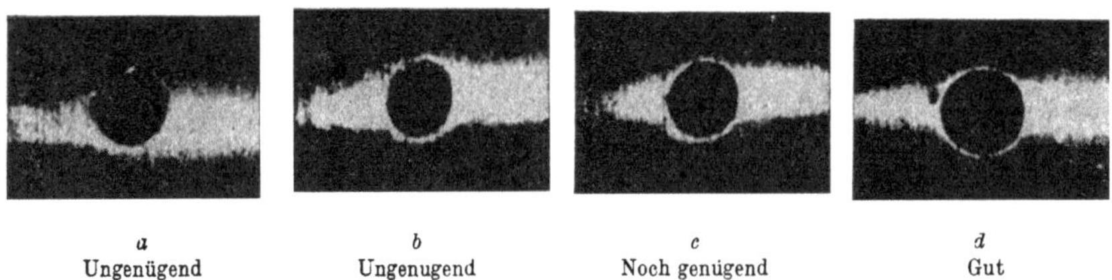

Bild 166. Verschieden ausgefuhrte Bohrungen von Brennstoffdusen (20fach vergroßert), nach Schweitzer.

Die Düse muß zur Erfüllung der Aufgabe beitragen, den Brennstoff im Brennraum gleichmäßig zu verteilen; das ist bei ihrer Konstruktion zu berücksichtigen. Bild 167 zeigt, wie dies verwirklicht werden kann. Die Zahl der Düsenbohrungen richtet sich nach der Anordnung der Brennstoffstrahlen im Brennraum; ist sie größer als 1, so muß dafür gesorgt werden, daß der Brennstoff sich gleichmäßig auf die einzelnen Bohrungen verteilt. Diese sollen daher untereinander einen möglichst gleichen Durchmesser d haben; es ist zweckmäßig, sie so anzuordnen, daß ihre Mittellinien sich auf der Düsenachse in einem Punkt M schneiden, der zugleich der Mittelpunkt des unteren halbkugeligen Teiles des Düsenkörpers ist. Die Rücksichtnahme auf gleichmäßige Verteilung des Brennstoffes bedingt ferner, daß die Bohrungen d sämtlich die gleiche Länge l haben; daher sollen

____
[1] Nach P. H. Schweitzer, Trans. Am. Soc. Mech. Eng. Bd. 52 (1930), Oil and Gas Power, S. 21.

die Kreisquerschnitte mit den Durchmessern d_i und d_a konzentrisch sein, d. h. die Längsbohrung der Düse darf gegen die äußere Düsenwand nicht versetzt sein. Die Düse wird mit dem Gewinde g in das Brennstoffventil eingeschraubt; die Ringfläche f dichtet gegen den Brennstoffdruck einerseits und den im Arbeitszylinder herrschenden Gasdruck andererseits. Die Fläche f muß daher genau senkrecht zur Achse des Gewindes g stehen, was unschwer zu erreichen ist, wenn beide in einer Aufspannung geschnitten werden. Die Winkel α, unter denen die Düsenbohrungen d zur Düsenachse stehen, richten sich nach der Form des Brennraumes; sie können auch verschieden sein, müssen aber genau eingehalten werden. Die Bohrungen werden daher in einer Vorrichtung hergestellt, welche die gewünschte Richtung der Bohrungen genau einzustellen gestattet.

Der Brennstoff tritt von innen in die Bohrungen d; diese müssen aber von außen gebohrt werden. Der sich hierbei an der Stelle k bildende Grat muß sorgfältig entfernt werden, da sonst die Einschnürungsziffern der einzelnen Bohrungen d verschieden ausfallen und die Bohrungen trotz gleichen Durchmessers verschieden große Brennstoffmengen durchtreten lassen würden. Außerdem ist es erforderlich, den Eintritt in die Düsenbohrungen an den Stellen k ganz leicht abzurunden, wodurch die Einschnürungsziffer auf einen Höchstwert gebracht werden kann, der erfahrungsgemäß bei 0,8 liegt, während er bei innen scharfkantigen Bohrungen nicht erheblich über 0,6 steigt. Unterläßt man das Abrunden an der Stelle k, so kann die Einschnürungsziffer sich allmählich im Betrieb verändern; das durchströmende Treiböl würde die Kanten abrunden und die Einschnürungsziffer von rd. 0,6 auf 0,8 steigen. Im gleichen Verhältnis nähme die Geschwindigkeit des Treiböles beim Austritt aus den Düsenbohrungen ab; der Druck vor den Düsenbohrungen würde gar im Verhältnis $0,6^2 : 0,8^2 = 0,56$ sinken, und eine langsame Verschlechterung der Zerstäubung und Verbrennung wäre die Folge, ohne daß man an den Düsenbohrungen eine sichtbare Veränderung wahrnehmen könnte. Der Radius der Abrundung k braucht nur in der Größenordnung von $^1/_{10}$ bis $^2/_{10}$ mm zu liegen: dieser genügt, um die Einschnürungsziffer auf 0,8 ansteigen zu lassen. Man kann die Abrundung k herstellen, indem man ein Messingkügelchen von 1 bis 1,5 mm Dmr. an einen Weicheisendraht lötet, das freie Drahtende von der Innenbohrung der Düse aus in eine der Düsenbohrungen einführt und es sodann in das Spannfutter einer kleinen Tischbohrmaschine klemmt. Läßt

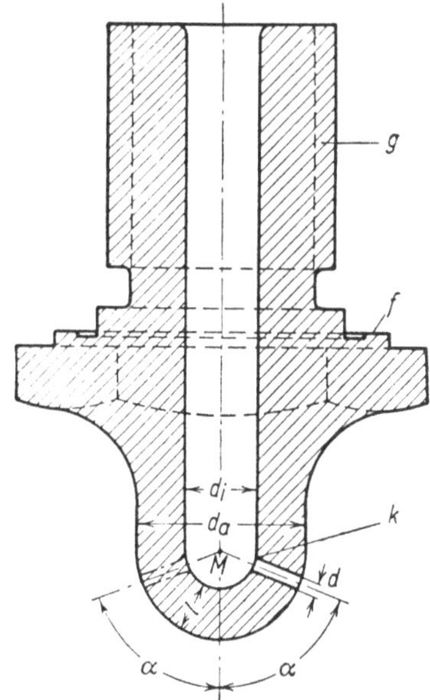

Bild 167. Brennstoffdüse nach Hesselman.

d = Durchmesser der Düsenbohrungen,
d_l = Innendurchmesser der Längsbohrung,
d_a = Außendurchmesser des Düsenkörpers,
f = Dichtungsfläche,
g = Einschraubgewinde,
k = Abrundung am Eintritt in die Düsenbohrungen,
l = Länge der Düsenbohrungen,
M = Mittelpunkt der Düse.
α = Neigungswinkel der Düsenbohrungen.

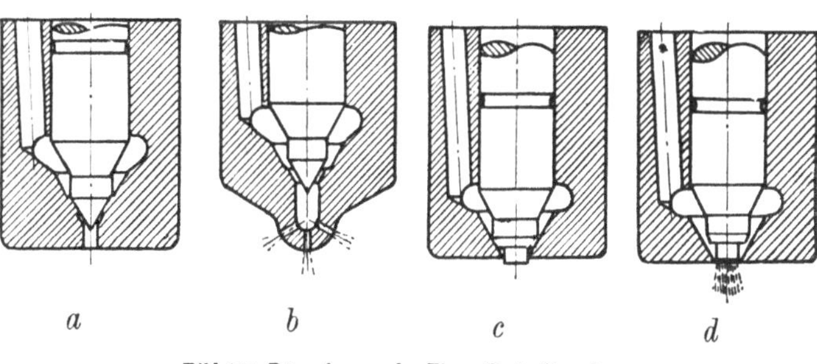

Bild 168. Düsenformen der Firma Rob. Bosch.

a = Einlochdüse (geschlossen), c = Zapfendüse (geschlossen),
b = Mehrlochdüse (geöffnet), d = Zapfendüse (geöffnet).

man alsdann die Bohrmaschine mit hoher Drehzahl laufen, indem man die Düse so hält, daß die Messingkugel sich mit leichtem Druck gegen die abzuschleifende Innenkante der Düsenbohrung legt, wobei der Draht in der Achse der Düsenbohrung liegt, so arbeitet die Messingkugel in wenigen Minuten eine leichte Abrundung aus, welche genügt, den Düsenkoeffizienten auf das gewünschte Maß zu bringen.

Die dem Brennraum zugekehrte Außenfläche der Düse soll glatt sein, möglichst poliert, gegebenenfalls verchromt, wodurch das Ansetzen von Ölkohle erschwert wird. Drehriefen auf der

Oberfläche und Rauhigkeiten irgendwelcher Art müssen vermieden werden. Die Verchromung bewährt sich allerdings nur an stark gekühlten Düsen; bei ungekühlten Düsen kann die verchromte Schicht allmählich abblättern.

Bild 168 zeigt verschiedene von Bosch hergestellte Nadeldüsen, die hauptsächlich für kleinere Maschinen (Fahrzeugmotoren) gebraucht werden. Die Zapfendüse (Bild 168 c und d) ist dort am Platz, wo der zeitliche Verlauf der Einspritzung kleinster Brennstoffmengen genau gesteuert werden soll, damit während des Zündverzuges nicht zuviel Brennstoff in den Zylinder gelangt, was unnötig große Drucksteigerungen zur Folge haben würde. Der das untere Nadelende bildende Zapfen, der bei der Eröffnung zunächst nur einen Ringspalt von geringer radialer Breite freigibt, drosselt den Öffnungsquerschnitt so lange ab, wie er nicht aus der Düsenbohrung austaucht, und gibt erst darauf den vollen Querschnitt frei. Eine Untersuchung der Querschnitts- und Bewegungsverhältnisse der Drosselzapfendüse bringen Pischinger und Cordier[1].

Die Dralldüse kommt vorzugsweise für kleine Zylinderdurchmesser in Frage, wo die Durchschlagskraft der Brennstoffstrahlen begrenzt und der Strahlkegel zwecks Verbesserung der Gemischbildung verbreitert werden soll. Eine von Hesselman angegebene Ausführungsform zeigt Bild 169. Der Brenn-

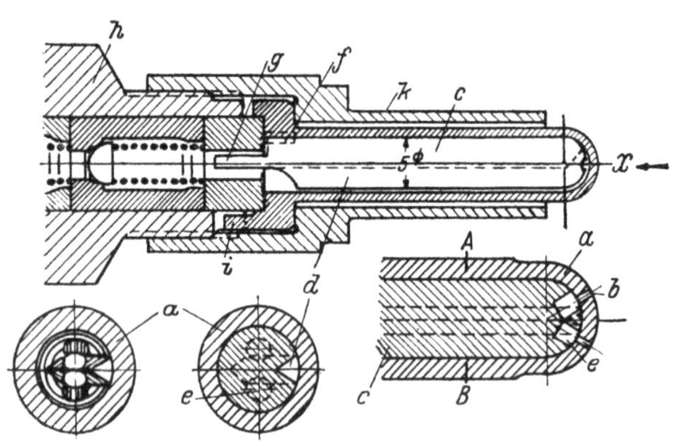

Ansicht gegen X   Schnitt A-B

Bild 169. Dralldüse nach Hesselman.

a = Dusenkörper.	f = Stift zur Sicherung von c gegen a,
b = Düsenbohrungen,	g = Zunge zum Herausziehen von c,
c = Drallstück,	h = Düsenhalter,
d = Brennstoffkanal,	i = Vorsprung zur Sicherung von a gegen h,
e = Drallräume,	k = Überwurfmutter mit Schutzrohr.

raumform entsprechend hat der Düsenkörper a zwei Bohrungen b. In den Düsenkörper ist, diesen ausfüllend, ein Drallstück c geschoben, in das ein Brennstoffkanal d von dreieckigem Querschnitt (in Bild 169 im Schnitt A-B und in der Ansicht gegen X sichtbar, im Aufriß durch eine gestrichelte Linie angedeutet) so eingefräst ist, daß er die zwei vor den beiden Düsenbohrungen b liegenden zylindrischen Räume e tangential anschneidet. Infolge dieser Kanalanordnung erhält der Brennstoff, wenn er in die Räume e tritt, einen Drall, der auf den Brennstoffstrahl die S. 40 beschriebene Wirkung ausübt. Damit das Drallstück seine Lage relativ zum Düsenkörper a behält, ist es gegen diesen durch einen Stift f gesichert. Die Zunge g dient zum Herausziehen des Drallstückes, wenn die Düse gereinigt werden soll. Die Lage der Düse a zum Düsenhalter h ist durch einen aus dem Flansch der Düse herausgearbeiteten Vorsprung i fixiert. Die Überwurfmutter k verbindet die Düse mit dem Düsenhalter; ihre rohrförmige Verlängerung schützt die Düse vor zu starker Erwärmung.

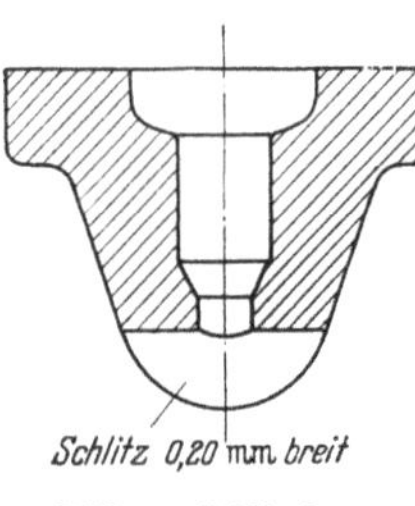

Schlitz 0,20 mm breit

Bild 170. Schlitzdüse.

Die Schlitzdüse (Bild 170) wird nur gelegentlich verwendet; sie hat statt einer oder mehrerer Düsenbohrungen einen schmalen Schlitz, aus dem der Brennstoff fächerförmig austritt. Die Herstellung völlig glatter Wände des Schlitzes ist schwierig; der Brennstoffschleier erhält daher leicht eine ungleichmäßige Dicke (vgl. Bild 14, S. 19). Er wirkt (nach Rothrock und Waldron[2]) stark bremsend auf die Luftbewegung im Brennraum und wird seinerseits nur wenig durch die Luftbewegung abgelenkt. Eine gute Gemischbildung kann in der Regel leichter durch Düsen mit runden Bohrungen erreicht werden.

Bevor eine Brennstoffdüse in das Ventil eingesetzt wird, muß untersucht werden, ob die Mengen, welche die einzelnen Strahlen führen, praktisch gleich groß sind, ob die Einschnürungsziffer jeder Bohrung die richtige Größe hat und ob die Richtung der Brennstoffstrahlen, bezogen auf die

---

[1] S. Unterschrift zu Bild 23, S. 23.
[2] S. Fußnote 1, S. 21.

Düsenachse, mit der vorgeschriebenen übereinstimmt. Die zuletzt genannte Prüfung kann unterbleiben, wenn die Bohrungen in einer Vorrichtung hergestellt sind, die ein Abweichen von der vorgeschriebenen Richtung verhindert. Die Brennstoffmengen, die aus den einzelnen Düsenbohrungen austreten, prüft man, indem man die Strahlen einzeln in Gefäßen auffängt, wobei verhindert werden muß, daß der sich bildende Brennstoffnebel entweicht, was das Meßergebnis fälschen würde. Um mehr als 5% sollen die aus den Bohrungen austretenden Mengen sich nicht unterscheiden.

Zur Kontrolle der Einschnürungsziffer der Düsenbohrungen wird die in der Zeiteinheit durch jede Bohrung strömende Brennstoffmenge einzeln aufgefangen und mit der berechneten Menge verglichen, die sich aus

$$Q = F \cdot v = F \cdot \sqrt{2\,g\,h} = F \cdot \sqrt{2\,g \cdot \frac{p}{\gamma}} \ \ \mathrm{m^3/sek}$$

ergibt, wenn F der Querschnitt der Düsenbohrung in m², p der Überdruck in kg/m² und γ das spezifische Gewicht des Brennstoffes in kg/m³ ist. Zur Abkürzung des Verfahrens kann man ein Diagramm (Bild 171) anfertigen, in welchem die nach dieser Formel berechneten sekundlichen Durchströmmengen in Abhängigkeit vom Düsendurchmesser aufgetragen werden. Man nimmt eine steigende Reihe von Einschnürungsziffern an, z. B. $\mu = 0{,}55$ bis $\mu = 0{,}85$ in Abständen von je 0,05 und berechnet für verschiedene Düsendurchmesser die zugehörigen sekundlichen

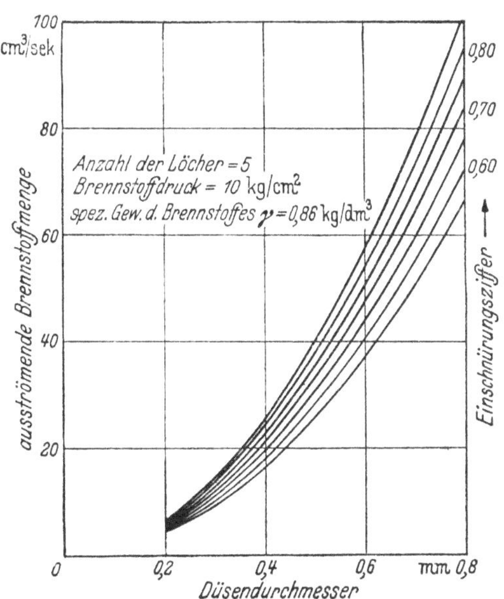

Bild 171. Diagramm zur Ermittlung der Strahleinschnürungsziffer von Düsen nach Hesselman.

Durchströmmengen. Kleinere Einschnürungsziffern als 0,55 kommen auch bei scharfkantigen, unbearbeiteten Düsenbohrungen nicht vor, und größer als 0,80 bis 0,82 wird der Düsenkoeffizient erfahrungsgemäß nicht. Bild 171 gilt für eine Düse mit 5 Bohrungen, für einen gleichbleibenden Brennstoffdruck von 10 kg/cm² und für Brennstoff vom spez. Gewicht 0,86 g/cm³. Nunmehr braucht man nur die in einer bestimmten Zeit, z. B. in 2 Minuten, ausströmende Brennstoffmenge zu messen, sie auf eine Sekunde umzurechnen und den Durchmesser der Düsenbohrungen mit Lehrdornen zu messen. Der Meßpunkt fällt dann stets in die Fläche des Kurvenbündels Bild 171, und man kann an der in dieser Abbildung rechts oben angegebenen Zahlenreihe die Einschnürungsziffer ablesen, welche die Düse in dem augenblicklichen Zustand hat. Ist sie kleiner als 0,8, so wird das oben geschilderte Ausschleifen mit dem Messingkügelchen wiederholt, bis der Koeffizient diesen Wert erreicht hat. Wesentlich größere Einschnürungsziffern als 0,8 sind erfahrungsgemäß nicht erreichbar (der größte gemessene Wert betrug 0,82), und andererseits ändert sich der Düsenkoeffizient auch nach längerer Betriebszeit nicht, wenn er in der Nähe von 0,8 liegt.

Die Anwendung der Formel $v = \sqrt{2\,g\,h}$ auf die Strömung in der Düsenbohrung setzt voraus, daß die Strömung in der Bohrung turbulent ist. Es bedarf noch einer Untersuchung, ob dies zutrifft oder ob man mit der für laminare Strömung geltenden Gleichung von Poiseuille

$$V = \frac{\pi\,p\,r^4\,t}{8 \cdot l \cdot \eta}$$

rechnen muß, worin V das in t sek ausfließende Flüssigkeitsvolumen in cm³, p der Druckunterschied an den Enden des Ausflußrohres in dyn/cm², l und r Länge und Halbmesser des Ausflußrohres und η die dynamische Zähigkeit in dyn · cm⁻² · sek ist. Wenn die Strömung laminar ist, dann wird der Überdruck vor den Düsenbohrungen um so größer, je zäher das Öl ist, denn bei gleichbleibender Belastung hält der Regler das durchströmende Volumen V konstant, und es muß daher nach der Poiseuilleschen Gleichung auch das Verhältnis $p : \eta$ konstant bleiben, mit zunehmendem η also auch p steigen.

Die Grenzgeschwindigkeit v_g, unterhalb deren die Strömung laminar verläuft, ist durch die Reynoldssche Zahl

$$Re = \frac{v_g \cdot r}{\nu}$$

gegeben, wo v_g die mittlere Geschwindigkeit des Treiböles in der Düsenbohrung in cm/sek, r der Halbmesser der Bohrung in cm und ν die kinematische Zähigkeit[1] des Treiböles in cm²/sek ist. Wie groß die Reynoldssche Zahl im vorliegenden Fall angesetzt werden muß, ist nicht ganz sicher; Reynolds selbst gibt sie zu 950 an[2], L. Schiller[3] zu 1160, beide Werte bezogen auf glatte Bohrungen, vorzugsweise Glas. Ganz so glatt werden die Düsenbohrungen unmittelbar nach der Herstellung nicht sein, aber nach einiger Betriebszeit wird der Brennstoff sie so glatt geschliffen haben, daß man $Re = 1000$ ansetzen darf. Nimmt man ferner als vorkommende Grenzwerte der Düsenbohrungen 0,2 und 1,0 mm Dmr. und für die kinematische Zähigkeit 1,18 und 0,08 cm²/sek (entsprechend 13,9 und 1,65 Englergraden) an, so ergeben sich als Grenzgeschwindigkeiten v_g, oberhalb deren die Strömung turbulent wird, die Werte nach Zahlentafel 11.

Zahlentafel 11. Grenzgeschwindigkeiten v_g bei verschiedenen Düsenbohrungen und Zähigkeiten.

		Düsen-Dmr. 0,2 mm		Dusen-Dmr. 1,0 mm	
Viskosität	° E	13,9	1,65	13,9	1,65
Kinematische Zähigkeit	cm²/sek	1,18	0,08	1,18	0,08
Grenzgeschwindigkeit v_g	m/sek	1180	80	236	16

Die Grenzgeschwindigkeiten sind somit sehr verschieden, je nachdem ob es sich um enge oder weite Düsenbohrungen und um dick- oder dünnflüssige Brennstoffe handelt. Da Viskositäten über vier bis fünf Englergrade bei der Druckeinspritzung kaum vorkommen (höherviskose Treiböle pflegt man vorzuwärmen), so wird man in der Regel damit rechnen können, daß die Strömung in der Düse turbulent verläuft. Die Zähigkeit des Treiböles hat also keinen merklichen Einfluß auf den Widerstand der Düse, was sich so erklärt, daß die bei einer bestimmten Wirbelbewegung der Flüssigkeitsteilchen zu leistende innere Arbeit zwar mit der Zähigkeit wächst, daß aber eben diese Wirbelbewegung bei gleicher Rauhigkeit der Rohrwand um so kleiner wird, je zäher die Flüssigkeit ist.

4. Die Berechnung der Schließdruckverhältnisse des Brennstoffventils[4]

In jedem hydraulisch gesteuerten Brennstoffventil mit Abschluß durch Ventilkopf und -sitz ergeben sich bestimmte Zusammenhänge zwischen der durchströmenden Brennstoffmenge, dem Ventilhub und dem Flüssigkeitsdruck vor und hinter dem Ventilsitz, deren nähere Betrachtung eine Beurteilung ermöglicht, ob das Ventil imstande ist, bei Unterbrechung der Brennstoffpumpenförderung rasch zu schließen. Dies ist für den Betrieb der Maschine wichtig, weil ein nicht rasch genug schließendes Ventil Nachtropfen des Brennstoffes verursacht, wodurch die Verbrennung nachteilig beeinflußt wird. Die zur Untersuchung der „Schließdruckverhältnisse" anzustellenden Betrachtungen sind grundsätzlich gleich bei Nadelventilen und Membranventilen; sie sind bei diesen wegen des Fehlens der Nadelreibung leichter zu übersehen, und daher beziehen sich die folgenden Untersuchungen zunächst auf das Membranventil. Sie gelten aber auch für das Nadelventil, nur daß dessen Koeffizienten k' und k'' (deren Bedeutung erklärt werden wird) wegen der Nadelreibung andere Zahlenwerte annehmen und wegen der unvermeidlichen Verschiedenheiten im Passen der Nadelführung nicht so gleichmäßig ausfallen wie beim Membranventil.

---

[1] Über dynamische und kinematische Zähigkeit s. S. 10.
[2] Ph. Forchheimer: Hydraulik, S. 128. Leipzig 1930.
[3] A. Naumann, Forschung a. d. Geb. des Ingenieurwes. Bd. 2 (1931), S. 85.
[4] Nach Hesselman.

Die Untersuchung gewährt einen Überblick über die Strömungsverhältnisse im Ventilsitz und in den Düsenbohrungen, besonders am Ende der Brennstoffpumpenförderung, aber auch während der ganzen Dauer der Einspritzung. Gleichzeitig erhält man den günstigsten Düsendurchmesser.

Die Untersuchung gliedert sich in drei Teile:

a) eine experimentelle Untersuchung des Brennstoffventiles außerhalb der Maschine, unter Öldruck, aber mit verschlossenen Düsenbohrungen, also ohne Strömung;

b) eine rechnerische Untersuchung des in der Maschine arbeitend gedachten Ventiles, mit geöffneten Düsenbohrungen, also während die Einspritzung erfolgt, wobei zunächst nur das Ende der Einspritzung betrachtet wird. Hierbei ergeben sich auch die auszuführenden Düsenbohrungen;

c) eine rechnerische Untersuchung des arbeitenden Ventiles, die sich auf die ganze Dauer der Einspritzung erstreckt.

Die Untersuchung a) dient zur Beantwortung der Frage, in welchem Verhältnis die an der Nadel oder Membransäule angreifenden Flüssigkeitsdrücke sich am Hub des Ventilkopfes beteiligen. Betrachtet man z. B. ein Nadelventil nach Bild 168 a, so erkennt man, daß, solange das Ventil geschlossen ist, der Flüssigkeitsdruck an einer Ringfläche angreift, deren Außendurchmesser gleich dem Durchmesser der Nadelführung in der Buchse ist, während der Innendurchmesser im Nadelsitz liegt. Beginnt das Ventil zu öffnen, so kommt eine zweite auf Öffnung der Nadel wirkende Kraft hinzu, weil nunmehr auch die Kreisfläche innerhalb des Nadelsitzes vom Flüssigkeitsdruck belastet wird. Wie groß diese beiden Kräfte sind bzw. mit welchem Anteil sich jede am Gesamthub der Nadel beteiligt, kann nur durch den Versuch ermittelt werden, schon deshalb, weil man nicht weiß, welcher Durchmesser der Sitzfläche dichtend wirkt.

Der Untersuchung b) wird die Vollast-Brennstoffmenge zugrunde gelegt, und es wird gezeigt, daß der Hub des Ventiles mit dem Flüssigkeitsdruck oberhalb des Ventilsitzes nach einer Gleichung zusammenhängt, die bezüglich des Ventilhubes vom dritten Grad ist. Das gleiche gilt für den Ventilhub und den Flüssigkeitsdruck unterhalb des Sitzes. Dabei zeigt sich, daß bei zunehmendem Flüssigkeitsdruck unterhalb des Ventilsitzes (d. h. bei enger werdenden Düsenbohrungen) der Druck oberhalb des Sitzes nicht ebenfalls zunimmt, sondern an einer Stelle ein Minimum hat, und daß die Einhaltung dieses Minimums (durch entsprechende Bemessung der Düsenbohrungen) für das rasche Schließen günstig ist, weil der Druck oberhalb des Ventilsitzes dann weniger stark im Sinn des Öffnens wirkt.

Bei der Untersuchung c) wird die gleiche Betrachtung wie bei b) auf den ganzen Einspritzvorgang ausgedehnt; sie erstreckt sich also nicht nur auf die Vollast-Brennstoffmenge, sondern auf eine von Null bis zur Überlast zunehmende Menge.

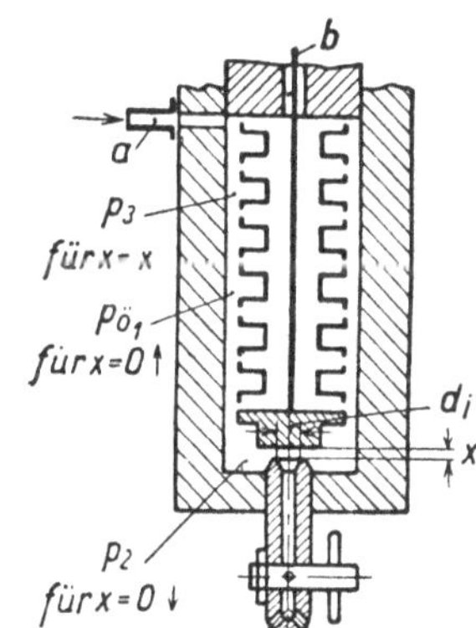

Bild 172. Experimentelle Bestimmung der Federungskoeffizienten k' und k''.

a = Anschluß an Handpumpe,
b = Nadel zum Messen des Ventilhubes,
d_i = Innerer Durchmesser des Ventilsitzes,
x = Ventilhub,
$p_{ö_1}$ = Öffnungsdruck bei langsamer Drucksteigerung,
p_z = Schließdruck,
p_3 = Beliebiger Druck ($> p_{ö_1}$).

a) Die experimentelle Ermittlung der Ventilkoeffizienten k' und k''

Es bezeichne (Bild 172):

x den Hub des Ventiles in hundertstel mm,

d_i den inneren Ventilsitzdurchmesser in mm,

k' einen experimentell zu bestimmenden Koeffizienten (dessen Dimension $^1/_{100}$ mm/1 kg/cm² ist), mit dem der auf die Kreisfläche $\dfrac{\pi\, d_i^2}{4}$ unterhalb des Ventilsitzes wirkende Flüssigkeitsdruck (in kg/cm²) zu multiplizieren ist, damit man denjenigen Anteil des Ventilhubes (in $^1/_{100}$ mm) erhält, der auf diesen Flüssigkeitsdruck entfällt,

k'' den entsprechenden Koeffizienten, dessen Multiplikation mit dem oberhalb des Ventilsitzes wirkenden Flüssigkeitsdruck (der an der Schulterringfläche der Nadel bzw. am Membranbalg angreift) denjenigen Anteil vom Ventilhub ergibt, der auf diesen Flüssigkeitsdruck zurückzuführen ist,

p_{o_1} den Öffnungsdruck in kg/cm², bei dem der Ventilkopf (bei langsamem Pumpen von Hand) gerade eben beginnt, sich zu heben,

p_2 den Schließdruck in kg/cm², bei dem (bei langsamem Senken) der Ventilkopf gerade wieder den Ventilsitz berührt,

p_3 einen beliebigen Druck ($> p_{o_1}$), bei dem der Ventilhub x hundertstel mm beträgt.

Das zu untersuchende Ventil wird bei a (Bild 172) an die Druckleitung einer Handpumpe angeschlossen, durch die Brennstoff in das Ventilgehäuse gepumpt wird. Die Membransäule (bzw. die Spiralfeder, welche die Nadel belastet) ist so gespannt, wie es den Betriebsverhältnissen entspricht. Der Druck im Ventilgehäuse wird langsam gesteigert, bis das Ventil sich gerade zu öffnen beginnt, was durch eine die Nadel b berührende Meßuhr festgestellt wird. Der Flüssigkeitsdruck im Gehäuse betrage in diesem Augenblick p_{o_1} kg/cm²; er wird notiert. Eine Strömung im Ventilgehäuse tritt nicht auf, weil die Düse geschlossen ist (in Bild 172 schematisch angedeutet). Der Druck wird allmählich weiter gesteigert und der Hub größer; er betrage x hundertstel mm beim beliebigen Druck p_3. Dann gilt die Gleichung:

$$k' \cdot p_3 + k'' (p_3 - p_{o_1}) = x. \tag{1}$$

Sie sagt aus, daß der Ventilhub x sich aus zwei Teilen zusammensetzt, nämlich einem Teil $k' \cdot p_3$, der von dem auf die innere Ventilsitzfläche $\dfrac{\pi\, d_i^2}{4}$ wirkenden Flüssigkeitsdruck p_3 herrührt, und einem zweiten Teil $k'' (p_3 - p_{o_1})$, welcher der Einwirkung des Drucküberschusses $p_3 - p_{o_1}$ über den Öffnungsdruck auf die Membran oder Nadel zuzuschreiben ist. Die Druckdifferenz $p_3 - p_{o_1}$ wirkt auf die Schulterfläche der Nadel oder den Membranbalg, soweit sie außerhalb der Ventilsitzfläche liegen, und trägt somit zum Ventilhub bei, aber eben nur mit der Differenz $p_3 - p_{o_1}$, denn solange der Druck im Gehäuse den Öffnungsdruck p_{o_1} nicht überschreitet, liefert er keinen Beitrag zum Ventilhub. Bei der inneren Ventilsitzfläche $\dfrac{\pi\, d_i^2}{4}$ dagegen muß der ganze Druck p_3 in die Rechnung eingesetzt werden, weil auf sie vor dem Öffnen des Ventiles kein Druck wirkte und somit unmittelbar nach dem Öffnen der Druck von Null auf p_3 ansteigt. Damit Gl. (1) auch den Dimensionen nach richtig ist, müssen die Koeffizienten k' und k'' die Dimension $^1/_{100}$ mm/1 kg/cm² erhalten; dann bezeichnen die Glieder $k'\, p_3$ und $k'' (p_3 - p_{o_1})$ Strecken, deren Länge in hundertstel mm ausgedrückt ist, und ihre Summe wird gleich dem Ventilhub x im gleichen Maß.

Von den Größen der Gl. (1) werden p_{o_1}, p_3 und x gemessen; dann erhält Gl. (1) noch die beiden Unbekannten k' und k''. Um diese finden zu können, muß man noch eine zweite Gleichung mit k' und k'' aufstellen. Hierzu mißt man durch langsames Senken des Öldruckes im Ventilgehäuse denjenigen Druck, der im Augenblick des S c h l i e ß e n s ($x = o$) auftritt. Er betrage p_2 kg/cm² (Bild 172), dann gilt aus der gleichen Überlegung wie vorhin

$$k' \cdot p_2 + k'' (p_2 - p_{o_1}) = 0, \tag{2}$$

und man hat nunmehr zwei lineare Gleichungen mit zwei Unbekannten k' und k'', die berechnet werden können.

Es sei noch hervorgehoben, daß der Öffnungsdruck p_{o_1} nur für l a n g s a m e Drucksteigerung gilt, wie man sie mit einer Handpumpe herstellt. Für das Spritzen in der laufenden Maschine steigt der Öffnungsdruck auf einen Wert p_o an, der um etwa 20 bis 40 kg/cm² h ö h e r liegt als p_{o_1}, was mit dem Trägheitswiderstand der plötzlich zu beschleunigenden bewegten Teile (Ventilteller, Membranplatten, Nadel) zusammenhängt.

B e i s p i e l: Für ein Brennstoffventil, das in der laufenden Maschine bei einem Öffnungsdruck p_o von 300 kg/cm² spritzt, sei bei geschlossener Düse mittels Handpumpe gemessen:

$$\text{Öffnungsdruck } p_{o_1} = 265 \text{ kg/cm}^2,$$
$$\text{Schließdruck } \quad p_2 = 225 \text{ kg/cm}^2,$$
$$\text{Ventilhub} \qquad x = 43/100 \text{ mm bei } p_3 = 305 \text{ kg/cm}^2.$$

Nach Gl. (1) und (2) ist dann:
$$\left.\begin{aligned} k' \cdot 305 + k'' (305 - 265) &= 43 \\ k' \cdot 225 + k'' (225 - 265) &= 0 \end{aligned}\right\}$$

hieraus $\qquad\qquad\qquad\qquad\qquad k' = 0{,}0811 \text{ und } k'' = 0{,}457.$

Man kann die Messung mit anderem x und p_3 wiederholen, findet aber (abgesehen von Meßungenauigkeiten) immer dieselben Werte k' und k'', weil diese nur von den Abmessungen des Ventiles abhängen. Damit sind dessen **Federungseigenschaften bekannt**, die unverändert auch für den Einspritzvorgang in der laufenden Maschine gelten, und dieser kann nunmehr auf dem Wege der Rechnung verfolgt werden, wobei zunächst nur das **Ende der Einspritzung**, d. h. der Augenblick der größten durchtretenden Brennstoffmenge, betrachtet wird.

b) Ableitung der Gleichungen $p_i = f(x)$, $p'_i = g(x)$ und $p_i = h(p')$ für den Strömungszustand am Ende der Einspritzung

Bei der Untersuchung a) war vorausgesetzt, daß die Düse verschlossen war; es fand keine Strömung statt, und der beliebige Druck p_3, der sich bei irgendeinem Ventilhub x einstellte, war daher **vor und hinter dem Ventilsitz gleich.** Nur durch diesen Kunstgriff war es möglich, die Gleichungen (1) und (2) aufzustellen, denn sobald Strömung auftritt, muß der Druck unterhalb des Ventilsitzes **kleiner** als oberhalb sein, weil der Brennstoff nur bei Vorhandensein einer Druckdifferenz durch den Ventilsitz strömt. Um die Änderung dieser Druckverhältnisse auch äußerlich zu kennzeichnen, sollen für die Untersuchung b) jetzt folgende Buchstabenbezeichnungen für die Drücke eingeführt werden sowie einige andere Größen, die im Lauf der Rechnung gebraucht werden.

Nunmehr bezeichnen (Bild 173):

p_o den für **plötzliches** Spritzen geltenden Öffnungsdruck in kg/cm² (der um 20 bis 40 kg/cm² größer ist als $p_{\ddot{o}1}$),

p_i den Flüssigkeitsdruck im Ventilgehäuse **oberhalb** des Ventilsitzes in kg/cm²,

p_i' den Flüssigkeitsdruck **unterhalb** des Ventilsitzes, zwischen diesem und der Düse, in kg/cm²,

p_i'' den Flüssigkeitsdruck, welcher der Strömungsgeschwindigkeit in den Düsenbohrungen entspricht, in kg/cm²,

p_v den Gegendruck im Verbrennungsraum (vor der Zündung = Verdichtungsdruck, nach Einsetzen der Verbrennung = Verbrennungsdruck, = rd. 40 kg/cm²) in kg/cm²,

$p_i' = p_i'' + p_v$,

γ das spez. Gew. des Brennstoffes in kg/lit,

$g = 9{,}81$ m/sek²,

μ den Drosselkoeffizienten der Düsenbohrungen,

μ' den Drosselkoeffizienten des Ventilsitzes.

Die Buchstaben x, d_i, k' und k'' haben die g   deutung wie bei der Untersuchung a). Insbesondere gelten die für die Federungskoeffizienten k' und k'' gefundenen Zahlenwerte unverändert auch für die Untersuchung mit Strömung, und es gilt somit hier entsprechend Gl. (1) die Beziehung

$$k' \cdot p_i' + k'' \,(p_i - p_{\ddot{o}}) = x. \qquad (3)$$

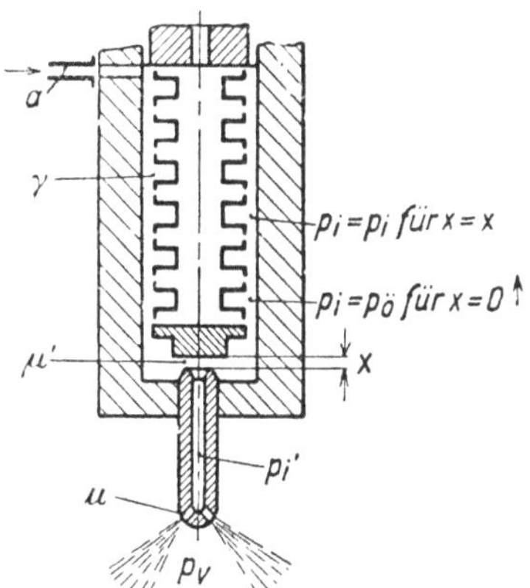

Bild 173. Zur Ableitung der Gleichungen $p_i = f(x)$, $p_i' = g(x)$ und $p_i = h(p_i')$.

a = Anschluß an Brennstoffpumpe,
x = Ventilhub,
p_i = Druck oberhalb des Ventilsitzes,
p_i' = Druck unterhalb des Ventilsitzes,
$p_{\ddot{o}}$ = Öffnungsdruck bei rascher Drucksteigerung,
p_v = Gegendruck im Verbrennungsraum,
γ = Spez. Gew. des Brennstoffes,
μ = Drosselkoeffizient der Düsenbohrungen,
μ' = Drosselkoeffizient des Ventilsitzes.

Zu beachten ist, daß im Gegensatz zu Gl. (1) als Folge der Strömung jetzt **drei** verschiedene Drücke auftreten, nämlich p_i', p_i und $p_{\ddot{o}}$, während in Gl. (1) wegen des Fehlens der Strömung der Druck oberhalb und unterhalb des Ventilsitzes den gleichen Wert p_3 hatte. Dafür sind jetzt aber die Koeffizienten k' und k'' zahlenmäßig bekannt, während sie in Gl. (1) unbekannt waren. In Gl. (3) ist ferner der Öffnungsdruck $p_{\ddot{o}}$ bekannt; er kann, wenn man das Brennstoffventil an eine mit der normalen Drehzahl betriebene Brennstoffpumpe anschließt, mittels Manometers gemessen werden und fällt, wie erwähnt, um 20 bis 40 kg/cm² höher aus als $p_{\ddot{o}1}$. Gl. (3) stellt somit **eine** Beziehung zwischen den drei Veränderlichen x, p_i und p_i' dar, die durch die Konstanten k', k'' und $p_{\ddot{o}}$ miteinander verbunden sind.

Eine **zweite** Beziehung ergibt sich aus der Betrachtung der Strömung durch den Ventilsitz im Augenblick der Unterbrechung der Förderung, wo nach S. 90 die Brennstoffmenge ihren Höchstwert erreicht haben soll. Der Pumpenstempel habe in diesem Augenblick die Geschwindigkeit v_p mm/sek, sein Durchmesser betrage d_p mm, und es werde angenommen, daß er die Geschwindigkeit v_p eine volle Sekunde lang beibehalte. In Wirklichkeit ist dies natürlich nicht der Fall, da die ganze Einspritzung einen kleinen Bruchteil einer Sekunde dauert; es wurde aber schon S. 91 gezeigt, daß sich unter dieser Annahme rechnungsmäßig eine bestimmte Brennstoffmenge je 1 PS ergibt, die unabhängig von der Zylinderleistung ist und erfahrungsgemäß für Viertaktmaschinen 1550 mm³/sek · PSe, für Zweitaktmaschinen 775 mm³/sek · PSe beträgt. Für eine gegebene Zylinderleistung der Viertakt- bzw. Zweitaktbauart steht Q somit fest; z. B. wird für einen Viertaktzylinder von 50 PSe Leistung

$Q = (1550 \ \text{mm}^3/\text{sek} \cdot \text{PSe}) \cdot 50 \ \text{PSe} = $ rd. 80 000 mm³/sek, wozu ein Pumpenstempel passen würde, der 16 mm Dmr. hat und dessen Geschwindigkeit im Augenblick der Unterbrechung der Förderung 400 mm/sek beträgt, da

$$\frac{\pi}{4} \cdot d_p^2 \cdot v_p = \frac{\pi}{4} \cdot 16^2 \cdot 400 = \text{rd. } 80\,000 \ \text{mm}^3/\text{sek}$$

ist. In jedem Fall ist somit Q bekannt, wenn die Zylinderleistung bestimmt ist und man sich für Viertakt oder Zweitakt entschieden hat.

Andererseits hängt Q mit dem Ventilhub x und der Differenz der Flüssigkeitsdrücke p_i und p_i' nach der Gleichung

$$Q = F \cdot \sqrt{2\,g\,h}$$

zusammen, wenn

$$F = \mu' \cdot \pi \cdot d_i \cdot \frac{x}{100}$$

der lichte Ventilquerschnitt in mm² beim Ventilhub x hundertstel mm mit μ' als Drosselkoeffizienten des Ventilsitzes ist, während

$$h = \frac{p_i - p_i'}{\gamma} \cdot 10$$

die zur Druckdifferenz $p_i - p_i'$ gehörende Geschwindigkeitshöhe in m Ölsäule ist. Sind p_i und p_i' in kg/cm² und γ in kg/lit gegeben, so ist, wie hier geschehen, die rechte Seite mit 10 zu multiplizieren. Somit wird

$$Q = \mu' \cdot \pi \cdot d_i \cdot \frac{x}{100} \cdot 1000 \cdot \sqrt{2\,g\,(p_i - p_i') \cdot \frac{10}{\gamma}} \qquad (4)$$

Der Faktor 1000 vor dem Wurzelzeichen muß hinzugefügt werden, weil man $v = \sqrt{2\,g\,h}$ in m/sek erhält, während hier mit mm/sek zu rechnen ist. In Gl. (4) ist Q durch die Zylindergröße gegeben; μ' kann in erster Annäherung zu 0,35 angenommen werden; d_i und γ sind bekannt, und g ist $=$ 9,81 m/sek². Somit stellt Gl. (4) die gesuchte **zweite Beziehung** zwischen den drei Größen x, p_i und p_i' dar. Mit Hilfe von Gl. (3) und (4) kann man nunmehr je eine Gleichung

$$p_i = f(x) \qquad (5)$$
$$p_i' = g(x) \qquad (6)$$
$$p_i = h(p_i') \qquad (7)$$

aufstellen, indem man Gl. (4) nach $p_i - p_i'$ auflöst und das hieraus gefundene p_i oder p_i' in Gl. (3) einsetzt. Gl. (5) und (6) bestimmen den Zusammenhang zwischen dem Ventilhub x und den Drücken vor bzw. hinter dem Ventilsitz; Gl. (7) läßt eine besonders bemerkenswerte Beziehung zwischen diesen beiden Drücken erkennen. Es zeigt sich nämlich, daß der Druck p_i vor dem Ventilsitz, als Abhängige vom Druck p_i' hinter dem Ventilsitz aufgetragen, an einer Stelle ein ausgeprägtes Minimum hat (Bild 174) und daß es für das rasche Schließen des Ventiles am Ende der Einspritzung vorteilhaft ist, die Abmessungen von Ventil und Düse so auszuführen, daß das Ventil in diesem Minimum arbeitet. Warum dies vorteilhaft ist und wie man es erreicht, das Minimum zu verwirklichen, wird zweckmäßig an einem Zahlenbeispiel erläutert.

Beispiel: Für einen Viertaktzylinder von 50 PSe Leistung die Schließdruckkurve $p_i = h(p_i')$ zu zeichnen und die Düsenbohrungen zu berechnen.

Nach Seite 91 wird

$$Q = (1550 \text{ mm}^3/\text{sek} \cdot \text{PSe}) \cdot 50 \text{ PSe} = 80\,000 \text{ mm}^3/\text{sek};$$

in Übereinstimmung hiermit wird der Durchmesser d_p des Brennstoffpumpenstempels zu 16 mm ausgeführt und der Brennstoffnocken so geformt, daß die Geschwindigkeit des Stempels am Ende der Förderung 400 mm/sek beträgt (s. S. 144). Das spez. Gewicht des Brennstoffes sei 0,88 kg/lit, der Drosselkoeffizient μ' im Ventilsitz werde zu 0,35 geschätzt. Die Abmessungen des Ventilsitzes müssen zunächst angenommen werden; sie seien 7,5 mm Innen- und 12 mm Außendurchmesser. Der zuletzt genannte Wert spielt in der Rechnung keine Rolle; er beeinflußt nur die Flächenpressung im Ventilsitz.

Mit dem gewählten Innendurchmesser muß die Rechnung zunächst durchgeführt werden. Der Verlauf der Schließdruckkurve $p_i = h\,(p_i')$ zeigt dann, ob die angenommenen Abmessungen beibehalten werden können oder abgeändert werden müssen. Nötigenfalls muß die Rechnung wiederholt werden.

Nach Gl. (4) wird (für das Ende der Einspritzung):

$$80\,000 = 0,35 \cdot 3,14 \cdot 7,5 \cdot \frac{x}{100} \cdot 1000 \cdot \sqrt{2 \cdot 9,81\,(p_i - p_i') \cdot \frac{10}{0,88}}$$

$$80\,000 = 82,5 \cdot x \cdot \sqrt{223\,(p_i - p_i')}$$

$$970 = x \cdot \sqrt{223\,(p_i - p_i')}$$

$$x^2\,(p_i - p_i') = 4220$$

$$p_i = \frac{4220}{x^2} + p_i'. \tag{8}$$

Die Koeffizienten k' und k'' seien durch den unter a) beschriebenen Versuch zu

$$k' = 0,0512 \quad \text{und} \quad k'' = 0,416$$

bestimmt. Der Öffnungsdruck sei zu 320 kg/cm² eingestellt. Nach Gl. (3) wird dann

$$x = 0,0512 \cdot p_i' + 0,416 \quad (p_i - 320).$$

Setzt man hierin für p_i den Wert aus Gl. (8) ein, so wird

$$x = 0,0512 \cdot p_i' + 0,416 \left(\frac{4220}{x^2} + p_i' - 320\right),$$

$$x = 0,4672 \cdot p_i' + \frac{1752}{x^2} - 133$$

oder

$$\left. \begin{aligned} p_i' &= \frac{x}{0,4672} - \frac{3760}{x^2} + 285 \\[2mm] p_i &= \frac{x}{0,4672} + \frac{460}{x^2} + 285. \end{aligned} \right\} \tag{9}$$

und mit Gl. (8)

Die Bedeutung der beiden Gleichungen (9), die den allgemeinen Gl. (6) und (5) entsprechen, wird klar, wenn man für x nacheinander verschiedene Zahlenwerte annimmt und p_i' bzw. p_i aus diesen Gleichungen berechnet. Man erhält:

für	$x =$	4	5	6	8	10	12	15	$^1/_{100}$ mm
	$p_i' =$	58,5	145,4	193,5	243,4	268,8	284,6	300,4	kg/cm²
und	$p_i =$	322	314,1	310,6	309,3	311	313,9	319,1	kg/cm².

Mit Hilfe der beiden letzten Zahlenreihen kann man p_i als Funktion von p_i', $p_i = h\,(p_i')$, graphisch darstellen. Man erkennt, daß, während der Druck p_i' unterhalb des Ventilsitzes ständig wächst, der Druck p_i oberhalb des Sitzes anfangs abnimmt, ein Minimum erreicht und dann wieder zunimmt. In Bild 174 ist p_i als Funktion von p_i' aufgetragen, und zwar gilt die ausgezogene Kurve für einen inneren Ventilsitzdurchmesser von 7,5 mm, die gestrichelte für 10 mm Dmr. Der Öffnungsdruck p_o, der den konstanten Wert von 320 kg/cm² hat, wird eine Gerade. Den senkrechten

Ordinaten zwischen der Öffnungsdruckgeraden und der p_i-Kurve, in Bild 174 durch Schraffur hervorgehoben, kommt eine besondere Bedeutung zu: da Bild 174 nur für das Ende der Einspritzung gilt, so bezeichnen die Schraffurlinien für irgendeinen Flüssigkeitsdruck p_i' unterhalb des Ventilsitzes diejenige Druckdifferenz (in kg/cm²), um welche im Augenblick des Schließens des Brennstoffventiles der im Ventilgehäuse oberhalb des Sitzes herrschende Druck p_i kleiner als der Öffnungsdruck p_o ist. Wird der Druck p_i' vor den Düsenbohrungen (durch richtige Wahl ihres Durchmessers) so gewählt, daß im Augenblick des Schließens diese Druckdifferenz möglichst groß ist — das würde dem Minimum der Kurve $p_i = h\,(p_i')$ und in Bild 174 einem p_i' von rd. 240 kg/cm² entsprechen —, so ist der Druck p_i um einen möglichst großen Betrag kleiner als der Öffnungsdruck p_o und hindert das rasche Schließen des Ventiles möglichst wenig.

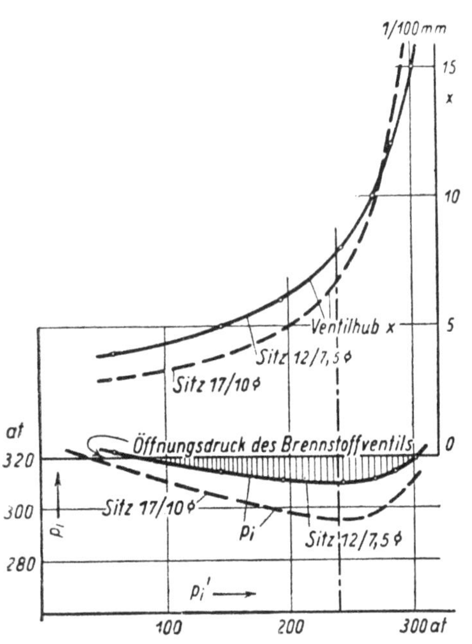

Bild 174. Graphische Darstellung der Funktionen $p_i = h\,(p_i')$ und $x = \varphi\,(p_i')$ für das Ende der Einspritzung.

Hätte man dagegen die Abmessungen des Ventilsitzes so gewählt, daß sich eine oberhalb der Öffnungsgeraden liegende p_i-Linie ergäbe, so könnte das Ventil bei Aufhören der Brennstoffpumpenförderung nicht plötzlich schließen, weil ein Flüssigkeitsdruck $> p_o$ immer auf Öffnen des Ventiles wirkt. Je größer der Unterschied zwischen p_o und p_i ist, je tiefer also die p_i-Linie unterhalb der p_o-Geraden verläuft, um so leichter schließt das Ventil, wenn die Brennstoffförderung aufhört. Eine oberhalb der Öffnungsdruck-Geraden verlaufende p_i-Linie dagegen ist stets mit langsamem Schließen des Ventiles, daraus entstehendem Nachtropfen und schlechter Verbrennung verbunden.

Die Gleichung (6) $p_i' = g\,(x)$, die für das Zahlenbeispiel die Form und Zahlenwerte der ersten Gleichung (9) annimmt, ermöglicht auch die Darstellung von x als Funktion von p_i',

$$x = \varphi\,(p_i')\,. \tag{10}$$

Hierzu braucht man aber nicht die erste Gleichung (9) nach x aufzulösen, was umständlich wäre, sondern man nimmt verschiedene Werte für den Hub x an, berechnet p_i' und trägt p_i' als Abszissen und x als Ordinaten auf. In der Zahlentafel S. 145 ist die Berechnung für $x = 4$ bis $x = 15$ hundertstel mm durchgeführt, und in Bild 174 ist der Hub x als Funktion von p_i' aufgetragen. Mit wachsendem p_i' (d. h. mit abnehmendem Durchmesser der Düsenbohrungen) nimmt der Hub x, der für das Ende der Einspritzung gilt, erst langsam, dann rasch zu. Der Hub, der zu dem Minimum der p_i-Linie gehört, ist dem Bild 174 zu entnehmen.

Das Zahlenbeispiel wurde noch für einen größeren Ventilsitzdurchmesser, $d_i = 10$ mm, durchgerechnet (Bild 174, gestrichelte Linien). Die p_i-Linie verläuft jetzt tiefer, die Druckdifferenz $p_o - p_i$ wird größer, das Ventil kann im Augenblick der Unterbrechung der Förderung schneller schließen, was vorteilhaft ist. Der Hub wird infolge des größeren Sitzdurchmessers kleiner, was ebenfalls das Schließen begünstigt, doch gilt dies nur für nicht zu hohe Drücke p_i'. Von p_i' = rd. 270 kg/cm² an wird der Hub dagegen größer als für $d_i = 7,5$ mm, doch wird man die Düsenbohrungen nicht so eng ausführen, sondern lieber etwas vor dem Minimum von p_i bleiben, um auch bei Überlast noch günstige Schließverhältnisse zu erhalten.

Berechnung der Düsenbohrungen. Um zu erreichen, daß das Ventil im Augenblick des Aufhörens der Brennstofförderung gerade in oder kurz vor dem Minimum der p_i-Linie arbeitet, braucht man nur dafür zu sorgen, daß der Druck p_i' unterhalb des Ventilsitzes den dem Minimum von p_i entsprechenden Wert hat. Im vorliegenden Beispiel müßte p_i' = rd. 240 kg/cm² sein. Allgemein ist

$$p_i' = p_i'' + p_v\,,$$

wenn p_i'' der Flüssigkeitsdruck ist, welcher der Strömungsgeschwindigkeit v_d in den Düsenbohrungen entspricht,

$$p_i'' = \frac{v_d{}^2}{2\,g} \cdot \gamma\,,$$

und p_v den Gegendruck im Verbrennungsraum bedeutet, der hier zu 40 kg/cm² angenommen werde. v_d hängt mit der Geschwindigkeit des Brennstoffpumpenstempels v_p durch den Querschnitt des Stempels und die Gesamtfläche der Düsenbohrungen zusammen:

$$v_d = v_p \cdot \frac{\dfrac{\pi}{4} \cdot d_p^2}{\mu \cdot \dfrac{\pi}{4} \cdot d_d^2 \cdot i} = \frac{v_p \cdot d_p^2}{\mu \cdot i \cdot d_d^2}\,, \tag{11}$$

wenn μ die Einschnürungsziffer der Düsenbohrungen, i ihre Zahl und d_d ihr Durchmesser ist. Somit wird

$$p_i'' = \frac{\gamma}{2\,g} \left(\frac{v_p \cdot d_p^2}{\mu \cdot i \cdot d_d^2} \right)^2 \; \text{kg/m}^2$$

oder

$$p_i'' = \frac{\gamma}{2\,g} \left(\frac{v_p \cdot d_p^2}{\mu \cdot i \cdot d_d^2} \right)^2 \cdot 10^{-4} \;\; \text{kg/cm}^2. \tag{12}$$

Für das Zahlenbeispiel werde die Zahl i der Düsenbohrungen zu 4 gewählt; γ sei $= 880$ kg/m³, während nach früherem $v_p = 0{,}4$ m/sek, $d_p = 16$ mm und $\mu = 0{,}8$ war. Somit wird in diesem Fall:

$$p_i'' = p_i' - p_v = 240 - 40 = 200 \;\text{kg/cm}^2;$$

$$200 = \frac{880}{19{,}62} \left(\frac{0{,}4 \cdot 16^2}{0{,}8 \cdot 4 \cdot d_d^2} \right)^2 \cdot \frac{1}{10\,000}$$

$$\sqrt{\frac{2\,000\,000 \cdot 19{,}62}{880}} = \frac{0{,}4 \cdot 256}{0{,}8 \cdot 4 \cdot d_d^2}$$

$$211 = \frac{32}{d_d^2};$$

$$d_d = 0{,}389 = \textbf{rd. 0,4 mm}\,.$$

Aus Gl. (12) erkennt man, daß der Druck p_i'' umgekehrt proportional der vierten Potenz des Düsendurchmessers d_d ist. Andererseits ist p_i'' (bzw. $p_i' = p_i'' + p_v$), wie oben gezeigt, von ausschlaggebendem Einfluß auf die Schließdruckverhältnisse des Ventiles, insbesondere auf das Nachtropfen von Brennstoff. Es zeigt dies, daß Druckeinspritzmaschinen hinsichtlich der Bemessung der Düsenbohrungen empfindlicher sind als Dieselmotoren mit Druckluftzerstäubung, bei denen ein Nachtropfen von Brennstoff nicht vorkommt, weil die Einblaseluft den Zerstäuber schon vor dem Schluß des Ventiles von Brennstoff leergeblasen hat.

c) Die Schließdruckverhältnisse von Beginn bis Ende der Einspritzung

Mit Hilfe der entwickelten Beziehungen kann man nunmehr die Werte von p_i, p_i' und x während des ganzen Verlaufes der Einspritzung berechnen und in Abhängigkeit von der Brennstoffmenge, die von Null bis zu einem Höchstwert am Ende der Einspritzung zunimmt, auftragen (Bild 175). Es empfiehlt sich wieder, mit der sekundlichen Brennstoffmenge Q zu rechnen, die der Stempel fördern würde, wenn seine augenblickliche Geschwindigkeit eine Sekunde dauerte. In Wirklichkeit tritt diese Brennstoffmenge nicht auf, weil der Stempel entsprechend der Brennstoffnockenform seine Geschwindigkeit in jedem Augenblick ändert; es ist aber trotzdem zweckmäßig, mit Q zu rechnen, weil man mit Hilfe der Gleichung

$$Q = \frac{\pi}{4} \cdot d_p^2 \cdot v_p$$

bei bekanntem d_p zu jedem Q das zugehörige v_p berechnen und mit dessen Hilfe den Punkt des Brennstoffnockens aufsuchen kann, welcher der Menge Q entspricht. Bei gegebener Nockenform und Nockenstellung weiß man also, wenn man irgendeinen Abszissenpunkt Q (Bild 175) herausgreift, auf welchem Punkt des Nockenprofiles man sich jeweils befindet.

Um p_i, $p_i{}'$ und x während des Verlaufes der Einspritzung, d. h. für allmählich zunehmende Mengen von Q zu finden, nimmt man Q in abgestuften Mengen von Null bis zur Überlastmenge an, berechnet v_p mit dem bekannten Stempeldurchmesser d_p und findet aus Gl. (11) v_d, da i und der Durchmesser d_d der Düsenbohrungen schon feststehen. Gl. (12) ergibt $p_i{}''$, und damit hat man auch $p_i{}' = p_i{}'' + 40$ kg/cm². Nunmehr wendet man wieder die beiden Hauptgleichungen (3) und (4), nämlich die **Federungsgleichung**

$$k' \cdot p_i{}' + k'' \, (p_i - p_o) = x \tag{3}$$

und die **Strömungsgleichung**

$$Q = \mu' \cdot \pi \cdot d_i \cdot \frac{x}{100} \cdot 1000 \cdot \sqrt{2g\,(p_i - p_i{}') \cdot \frac{10}{\gamma}} \, . \tag{4}$$

an, in denen alle Größen bis auf x und p_i bekannt sind, da $p_i{}'$ schon gefunden wurde. Man hat zwei Gleichungen mit zwei Unbekannten und kann diese berechnen, worauf man p_i, $p_i{}'$ und x als Abhängige von Q aufträgt. Das so erhaltene Diagramm gibt eine Übersicht über die Änderung dieser drei Größen während der Einspritzung.

Fortsetzung des Zahlenbeispiels:

Abmessungen des Ventilsitzes (wie früher) innen 7,5 mm, außen 12 mm Dmr. Es sind die Werte von p_i, $p_i{}'$ und x für die Brennstoffmengen

$$Q = 0, \quad 15\,000, \quad 30\,000, \quad 45\,000, \quad 60\,000, \quad 80\,000 \ \text{(normal)}$$
$$\text{und} \quad 90\,000 \ \text{mm}^3/\text{sek (maximal)}$$

zu berechnen.

1. $\boldsymbol{Q = 0}$: Hierfür wird $p_i{}'' = 0$, da keine Strömung vorhanden ist; der Hub x ist $= 0$. Der Druck $p_i{}'$ unterhalb des Ventilsitzes wird gleich dem Verdichtungsdruck (rd. 30 kg/cm²), da noch keine

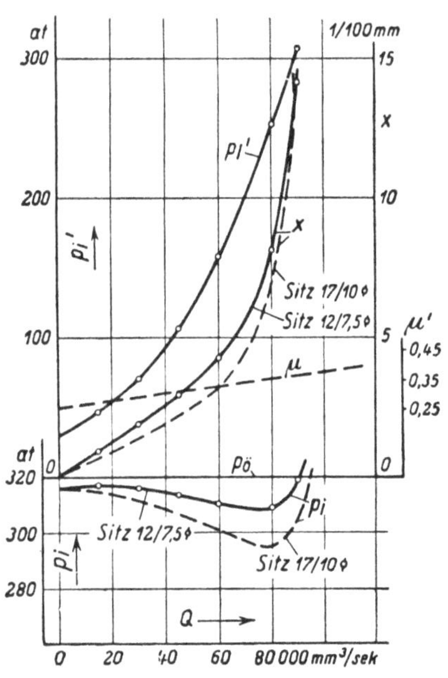

Bild 175. Verlauf von p_i, $p_i{}'$ und x während der ganzen Dauer der Einspritzung.

Zündung stattgefunden hat. Die Federungsgleichung (3) gilt auch für die Menge 0; die Federungskonstanten $k' = 0,0512$ und $k'' = 0,416$ sind dieselben wie früher; auch der Öffnungsdruck $p_o = 320$ kg/cm² werde beibehalten. Somit wird:

$$0,0512 \cdot 30 + 0,416\,(p_i - 320) = 0$$
$$p_i = \frac{320 \cdot 0,416 - 30 \cdot 0,0512}{0,416} = 316,3 \ \text{kg/cm}^2 \, .$$

2. Für die weitere Berechnung geht man zweckmäßig so vor, daß man zu den angenommenen Q mm³/sek die zugehörigen v_p in m/sek berechnet, hieraus $p_i{}''$ nach Gl. (12) bestimmt und $p_i{}' = p_i{}'' + 40$ setzt. Sodann wird die Strömungsgleichung (4) angewendet, aus der man den Faktor $x^2\,(p_i - p_i{}')$ berechnet; alle übrigen in Gl. (4) vorkommenden Größen sind bekannt. Die Größe des Drosselkoeffizienten μ' für den Ventilsitz ist allerdings unsicher; es ist hier angenommen worden, daß er linear mit zunehmendem Hub x wächst, und zwar wurde $\mu' = 0,25$ für $Q = 0$ und $\mu' = 0,35$ für $Q_{\text{norm}} = 80\,000$ mm³/sek gesetzt. Hiernach ist die Berechnung der in Zahlentafel 12 angegebenen Werte von $p_i{}''$, $p_i{}'$ und $x^2\,(p_i - p_i{}')$ verständlich.

Nunmehr wird die Federungsgleichung (3), die ja für jedes beliebige Q gilt, nacheinander auf die einzelnen Q und die lt. Zahlentafel 12 zugehörigen Werte von $x^2\,(p_i - p_i{}')$ angewandt. Wie man daraus die noch unbekannten Größen x und p_i erhält, wird aus der Fortführung des Zahlenbeispiels klar.

Zahlentafel 12.

Berechnung von p_i'', p_i' und $x^2\,(p_i - p_i')$ für veränderliche sekundliche Brennstoffmengen Q.

Q mm³/sek	v_p m/sek	p_i'' kg/cm²	$p_i' = p_i'' + 40$ kg/cm²	μ'	$x^2\,(p_i - p_i')$
15 000	0,075	6,3	46	0,27	249
30 000	0,150	25,2	65	0,29	862
45 000	0,225	56,6	97	0,31	1700
60 000	0,300	101	141	0,33	2660
80 000	0,400	179	219	0,35	4220
90 000	0,450	227	267	0,36	5030

3. $Q = 15\,000$ mm³/sek:

Allgemein gilt:
$$x = k' \cdot p_i' + k''\,(p_i - p_o)\,, \tag{3}$$

somit hier:
$$x = 0,0512 \cdot p_i' + 0,416\,(p_i - 320)\,. \tag{13}$$

Für $Q = 15\,000$ mm³/sek ist lt. Zahlentafel 12:

$$x^2\,(p_i - p_i') = 249 \qquad \text{oder} \qquad p_i = \frac{249}{x^2} + p_i'\,.$$

Dies in (Gl. 13) eingesetzt ergibt: $\quad x = 0,0512 \cdot p_i' + 0,416\left(\frac{249}{x^2} + p_i' - 320\right)$

$$= 0,4672 \cdot p_i' + \frac{103,5}{x^2} - 133$$

$$p_i' = \frac{x}{0,4672} + 285 - \frac{221}{x^2}\,. \tag{14}$$

Da

$$p_i = \frac{249}{x^2} + p_i'$$

war, so wird

$$p_i = \frac{249}{x^2} + \frac{x}{0,4672} + 285 - \frac{221}{x^2}$$

oder

$$p_i = \frac{x}{0,4672} + 285 + \frac{28}{x^2}\,. \tag{15}$$

In Gl. (14) und (15) ist p_i' bereits bekannt; es wird lt. Zahlentafel 12 für $Q = 15\,000$ mm³/sek gleich 46 kg/cm². Somit sind Gl. (14) und (15) zwei Gleichungen mit zwei Unbekannten p_i und x.

Man löst die Gleichungen graphisch auf, indem man verschiedene Werte von x annimmt, die zugehörigen p_i' nach Gl. (14) und p_i nach Gl. (15) berechnet und dann diejenigen Werte von p_i und x interpoliert, die zu dem schon festliegenden p_i' gehören:

Für $\quad x = \quad 0,8 \quad\;\; 0,9 \quad\;\; 1,0$ hundertstel mm
wird $p_i' = -59 \quad + 14 \quad + 66$ kg/cm²
und $\quad p_i = \quad 330,4 \quad 321 \quad\; 315$ kg/cm².

Für $x = 0,8$ ergibt sich ein negatives p_i', was physikalisch keinen Sinn hat und hier nur einen links von der Ordinatenachse (Bild 176) liegenden Punkt bedeutet, der zum Ziehen der Interpolationskurven für x und p_i dient. Man trägt x und p_i als Abhängige von p_i' auf (Bild 176) und erhält durch Interpolation für p_i', das nach Zahlentafel 12 für $Q = 15\,000$ mm³/sek den Wert 46 kg/cm² haben muß:

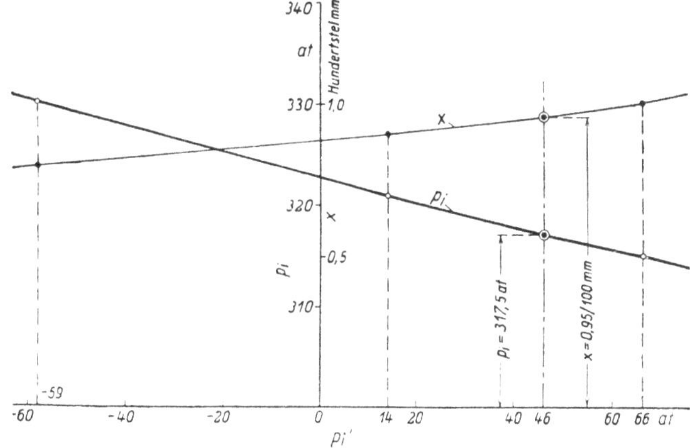

Bild 176. Graphische Interpolation von x und p_i für $Q = 15\,000$ mm³/sek.

$$x = 0,95 \text{ hundertstel mm} \quad \text{und} \quad p_i = 317,5 \text{ kg/cm}^2\,.$$

4. $Q = 30\,000$ mm³/sek:

$$x^2\,(p_i - p_i') = 862 \text{ nach Zahlentafel 12};$$

somit:

$$p_i = \frac{862}{x^2} + p_i';$$

$$p_i' = \frac{x}{0,4672} + 285 - \frac{0,416 \cdot 862}{0,4672 \cdot x^2}$$

$$= \frac{x}{0,4672} + 285 - \frac{768}{x^2};$$

$$p_i = \frac{x}{0,4672} + 285 - \frac{768}{x^2} + \frac{862}{x^2}$$

$$= \frac{x}{0,4672} + 285 + \frac{94}{x^2}.$$

Für $x =$ 1,5   2,0   2,5 hundertstel mm
wird $p_i' = -$ 52 $+$ 98   168,5 kg/cm²
und $p_i =$ 330   313   305,5 kg/cm².

Man trägt wieder x und p_i als Abhängige von p_i' auf und findet für $p_i' = 65$ kg/cm² (Zahlentafel 12) durch graphische Interpolation:

$$x = 1,9 \text{ hundertstel mm} \qquad \text{und} \qquad p_i = 317 \text{ kg/cm}^2.$$

5. Auf diese Weise fährt man fort und berechnet graphisch x und p_i zu den der Zahlentafel 12 zu entnehmenden Werten von p_i', indem man nacheinander

für $Q = 45\,000$ mm³/sek x zu 2,5   3,0   3,5 ¹/₁₀₀ mm
„ $Q = 60\,000$ „ x „ 3,5   4,0   4,5 ¹/₁₀₀ „
„ $Q = 80\,000$ „ x „ 6   8   10 ¹/₁₀₀ „
„ $Q = 90\,000$ „ x „ 11   13   15 ¹/₁₀₀ „

annimmt. Man findet

für $Q = 45\,000$ 60\,000   80\,000   90\,000 mm³/sek
        $x =$ 3,0   4,3   8,2   14,1 ¹/₁₀₀ mm
und $p_i =$ 313,6   310,3   309,5   318,7 kg/cm².

Nunmehr trägt man p_i', x und p_i als Abhängige von Q auf und erhält einen Überblick über den Verlauf dieser drei Größen während der ganzen Dauer der Einspritzung (Bild 175). Insbesondere erkennt man, daß der Druck p_i oberhalb des Ventilsitzes für jede vorkommende sekundliche Einspritzmenge unterhalb des Öffnungsdruckes p_o (hier 320 kg/cm²) bleibt, so daß das Ventil bei allen Belastungen gut schließen kann.

In Bild 174 sind die x- und p_i-Linien auch für den größeren Ventilsitzdurchmesser $d_i = 10$ mm gezeichnet. Wie früher verlaufen sie unterhalb der entsprechenden Kurven für $d_i = 7,5$ mm, und die Differenzdrücke $p_o - p_i$ werden größer, was die Schließdruckverhältnisse günstig beeinflußt. Dagegen wird der Druck p_i' unterhalb des Ventilsitzes von einer Änderung des Ventilsitzdurchmessers nicht beeinflußt, weil er nur von der durchströmenden Menge Q und der Fläche der Düsenbohrungen abhängt.

IV. Brennstoffpumpen und Regelung

1. Richtlinien für Entwurf und Herstellung

Die Aufgabe der Brennstoffpumpen ist, den Brennstoffventilen der Arbeitszylinder eine genau bemessene, der jeweiligen Belastung entsprechende Treibölmenge unter dem für die Zerstäubung erforderlichen Druck (300 bis 600, in Grenzfällen bis 700 kg/cm²) zuzuführen. Sie müssen so gebaut sein, daß sie diesem hohen Druck auch in jahrelangem Betrieb ohne nennenswerten Verschleiß — soweit dieser vermeidbar ist — standhalten, und müssen mit der Regelvorrichtung so in

Verbindung stehen, daß die Anpassung der geförderten Brennstoffmenge an die Belastung entweder selbsttätig geschieht (Maschinen mit gleichbleibender Drehzahl, z. B. für Generatorantrieb) oder durch einen einfachen Handgriff bewerkstelligt werden kann (veränderliche Drehzahl, z. B. bei Schiffsantrieb).

Beim Entwurf der Brennstoffpumpen ist auf diese Forderungen sorgfältig Rücksicht zu nehmen. Der hohe Einspritzdruck zwingt zur Ausführung aller druckölführenden Teile (mit Ausnahme der Stempelbuchse) aus Stahl, und häufig wird, insbesondere bei Großmaschinen, der Pumpenkörper mit seinen Ventilen in einem geschmiedeten Stahlblock untergebracht, wodurch am einfachsten die Forderung genügender Festigkeit und völliger Dichtigkeit des Baustoffes erfüllt wird. Aber auch Gußeisen ist verwendbar, wenn eingesetzte Stahlbuchsen verhindern, daß der Flüssigkeitsdruck das Gußeisen beansprucht. Für die Laufbuchse des Pumpenstempels ist feinkörniges Gußeisen wegen seiner guten Laufeigenschaften der geeignete Werkstoff; aber auch Stahl ist verwendbar. Aus besonders harten Baustoffen müssen die Ventile und ihre Sitze hergestellt werden, da sie sehr hohe Flächenpressungen auszuhalten haben. Alle dichtenden Flächen werden metallisch aufeinandergeschliffen, ohne Beilagen aus Kupfer, Blei oder dergl.; von diesen könnten sich beim Anziehen der Dichtung Späne lösen und zwischen die Ventilsitze oder zu den Düsenbohrungen gelangen, was Betriebsstörungen zur Folge hätte. Weichpackungen dürfen nicht verwendet werden.

Beim Entwurf der Brennstoffpumpe ist ferner zu beachten, daß das Treiböl bei dem hohen Einspritzdruck merklich kompressibel ist und daß seine Zusammendrückbarkeit den angestrebten zeitlichen Verlauf der Einspritzung unzulässig stark verwischen kann, wenn die im Druckraum der Brennstoffpumpe eingeschlossene Brennstoffmenge zu groß ist. Man muß daher diese so klein wie möglich halten und alle druckölführenden Bohrungen so eng ausführen, wie die Rücksichtnahme auf die Ölgeschwindigkeit gestattet. Luftsäcke sind sorgfältig zu vermeiden, da sie ebenfalls den Einspritzvorgang stören und das rasche Abreißen des Brennstoffstrahles am Ende der Einspritzung nachteilig beeinflussen würden. Das gleiche gilt für elastische Deformationen des Pumpengehäuses durch den Einspritzdruck, die indessen bei Ausführung in geschmiedetem Stahl und hinreichender Wandstärke der Druckleitungen in meßbarer Größe nicht auftreten.

Mehrzylindrige Dieselmaschinen werden immer mit gleichen Zylindern ausgeführt, die auch die gleiche Brennstoffmenge je Einspritzung erhalten müssen. Das ist wichtig, denn wenn ein Zylinder zuwenig Brennstoff erhält, so übernehmen die anderen Zylinder den Ausfall an Leistung und können dadurch überlastet werden; erhält ein Zylinder zuviel Brennstoff, so färbt sich sein Auspuff dunkel als Folge des Sauerstoffmangels. Beides muß vermieden werden: zu hohe Belastung eines Zylinders ist besonders bei Überlast schädlich, zu niedrige bei Leerlauf, da die Zündungen des betreffenden Zylinders ganz aussetzen können. Da es indessen kaum möglich ist, die einzelnen Pumpen so gleichmäßig herzustellen, daß sie von vornherein bei allen Belastungen genau gleiche Brennstoffmengen fördern, so sieht man Vorrichtungen vor, die eine Einstellung und Abgleichung der einzelnen Brennstoffmengen ermöglichen. Bei großen Langsamläufern ist es zweckmäßig, diese Vorrichtungen so auszuführen, daß die Einstellung während des Ganges der Maschine vorgenommen werden kann; dann ist es möglich, im Prüffeld oder auch an Bord die einzelnen Zylinder rasch auf gleiche Leistung einzuregeln, wobei das Indikatordiagramm oder die Temperatur der Abgase der einzelnen Zylinder als Vergleichsmaßstab dient. Bedingung ist dann, daß die Einstellvorrichtungen gut zugänglich und einfach zu handhaben sind. Bei kleinen Schnelläufern, deren Brennstoffpumpen kleine Abmessungen erhalten, verzichtet man auf die Einstellbarkeit während des Ganges, nicht aber auf die Einstellbarkeit selbst.

Die Forderung der guten Zugänglichkeit gilt auch für die Teile, die dem natürlichen Verschleiß unterworfen sind, wie Saug- und Druck- (bzw. Überström-) Ventile sowie Pumpenstempel mit Führungen. Es muß möglich sein, diese Teile mit wenigen Handgriffen rasch auszuwechseln, damit die damit verbundene Betriebsunterbrechung möglichst kurz wird. Daß die auszuwechselnden Teile austauschbar hergestellt sein müssen, versteht sich von selbst.

Die Ruhe des Ganges hängt außer von der Einhaltung der richtigen Spiele zwischen Kolben und Zylinderwand und den Gleitflächen der Triebwerkteile in erheblichem Maß von dem Augenblick des Eintrittes der Zündung ab. Zu frühe Zündung ergibt nach Bild 112 (S. 89) hohe Verbrennungsdrücke und harten Gang, zu späte vermehrten Brennstoffverbrauch und rauchenden Auspuff. Es ist daher wichtig, daß man durch einfache Maßnahmen den Einspritzbogen (und damit auch das Einspritzende) so verschieben kann, daß man günstige Verhältnisse — ruhigen Gang und niedrigen Brennstoffverbrauch — erhält. Von der Möglichkeit einer Verschiebung der Einspritzung muß zuweilen auch beim Übergang zu einer Brennstoffsorte mit anderen Zündeigenschaften Gebrauch gemacht werden, da der Eintritt und der Verlauf der Zündung, nicht der Einspritzbeginn, für die Ruhe des Ganges maßgebend ist. Am bequemsten ist es, wenn der Einspritzbogen der einzelnen Zylinder während des Ganges der Maschine verschoben werden kann, doch lohnt sich der hierfür erforderliche konstruktive Aufwand meistens nicht.

Die für die Herstellung der Brennstoffpumpen zu verwendenden Werkstoffe müssen sorgfältig ausgewählt werden. Der Pumpenstempel wird aus S. M.-Stahl angefertigt und im Einsatz gehärtet, damit er bei harter Oberfläche einen zähen Kern behält. Wenn die Stempelbuchse aus Stahl besteht, so wird auch diese gehärtet. Für die Teile des Pumpenkörpers, die vom Drucköl durchströmt werden, kommt nur geschmiedeter Stahl in Frage. Die Ventile und ihre Sitze, die während ihrer Lebensdauer viele Millionen Einzelbeanspruchungen aushalten müssen, werden aus legiertem Sonderstahl angefertigt und gehärtet.

Für die Anordnung der Brennstoffpumpen an der Maschine lassen sich allgemein gültige Regeln nicht aufstellen. Bei kleinen Schnelläufern (Fahrzeugmotoren) verwendet man in der Regel Fremdfabrikate, für deren Herstellung Spezialfirmen eingerichtet sind; dann sind die einzelnen Pumpen zu einem in sich geschlossenen Aggregat vereinigt, das auch die Nockenwelle einschließt und an geeigneter Stelle angebaut wird. Auch bei größeren Maschinen, insbesondere Zweitaktmaschinen, werden häufig die Brennstoffpumpen der einzelnen Zylinder zusammengefaßt und von einer kurzen Welle aus gemeinsam angetrieben. Bei Viertaktmaschinen dagegen findet man sowohl die Brennstoffpumpen am Maschinistenstand zusammengefaßt wie auch einzelne Pumpen an jedem Zylinder, da hier die durchlaufende Nockenwelle, die man für die Einsaug- und Auspuffventile ohnehin benötigt, den Einzelantrieb der Brennstoffpumpen bequem ermöglicht; im zweiten Fall ergeben sich kurze Brennstoffleitungen zwischen einer Pumpe und dem zugehörigen Zylinder. Die Brennstoffpumpen liegen dann freilich nicht mehr übersichtlich nebeneinander; da sie aber kaum irgendwelcher Wartung bedürfen, so ist dies kein Nachteil.

Als Antriebsmittel für den Brennstoffpumpenstempel ist vorwiegend der Nocken im Gebrauch, mit dem sich die zeitliche Gemischbildung (s. S. 88) am leichtesten beherrschen läßt, doch werden auch andere Antriebe verwendet. So hat die Firma Wm. Doxford & Sons von Anfang an das Exzenter benutzt (s. Bild 192, S. 167); Ganz & Co. verwenden die Kraft einer gespannten Feder (Bild 203, S. 180), und das von der Germaniawerft ausgeführte Archaouloff-Einspritzverfahren (Bild 194, S. 169) benutzt den Verdichtungsdruck des Arbeitszylinders. Diese Antriebe sind weiter unten bei den zugehörigen Brennstoffpumpen beschrieben.

2. Verschiedene Arten der Regelung

Aufgabe der Regelung ist die Anpassung der von der Brennstoffpumpe geförderten Brennstoffmenge an die jeweilige Belastung der Maschine, die zwischen Leerlauf und Überlast schwanken kann. Dabei soll die Drehzahl entweder gleichbleiben, wie es im allgemeinen bei Generatorantrieb der Fall ist, oder sie soll durch Einwirkung auf die Brennstoffpumpe verändert werden können (Propellerantrieb). Die Aufgabe wird gelöst durch die Einwirkung eines Reglers (im weiteren Sinn) auf ein Steuerorgan der Brennstoffpumpe. Handelt es sich um Gleichhaltung der Drehzahl, so ist der Regler meistens ein Fliehkraftregler gewöhnlicher Bauart; bei veränderlicher Drehzahl übernimmt ein vom Maschinisten zu betätigender Handhebel die Regelung, und der Fliehkraftregler dient nur als Sicherung gegen Überschreiten der zulässigen Höchstdrehzahl.

Das Steuerorgan der Brennstoffpumpe, das die Brennstoffmenge beeinflußt, kann verschieden ausgeführt werden. Häufig ist es das Saugventil, das zwecks Unterbrechung der Förderung aufgestoßen wird, so daß der vom Pumpenstempel etwa noch geförderte Brennstoff in die Saugleitung zurückfließt (Bild 178). Statt des Saugventiles kann auch ein besonderes Überströmventil vorgesehen werden, das den überschüssigen Brennstoff in die Saugleitung zurückführt; das Saugventil bleibt dann ungesteuert (Bild 195). Das Überströmventil kann ein gewöhnliches Ventil mit beweglichem Ventilkörper (mit ebenem oder kegeligem Sitz) sein; es kann aber auch als axial verschiebbare Nadel ausgebildet sein, die zusammen mit einer Bohrung einen Abfluß-querschnitt von passender Spaltbreite freigibt; in diesem Fall spricht man von „Drosselregelung" (Bild 200). Die Förderung der Brennstoffpumpe kann auch dadurch unterbrochen werden, daß eine in den Pumpenstempel eingearbeitete Aussparung mit spiralförmig verlaufender Kante eine Verbindung zwischen Druck- und Saugraum herstellt (Schräg-schlitzsteuerung), wobei die Brennstoffmenge durch Drehen des Pumpenstempels geregelt wird (Bild 201). Statt der spiralförmigen Kante kann auch eine ring-förmig verlaufende Nut zur Herstellung der Ver-bindung zwischen Druck- und Saugraum benutzt werden, wenn die Änderung der Fördermenge auf anderem Wege als durch Drehen des Pumpenstempels bewirkt wird (Bild 207). Schließlich kann die Brenn-stoffmenge auch nur durch Veränderung des Stempel-hubes geregelt werden (Bild 203).

Die hier angeführten, im nächsten Abschnitt genauer beschriebenen konstruktiven Mittel sind die gebräuchlichsten zur Veränderung des wirksamen Stempelhubes h (Bild 114, S. 90). Die Veränderung kann zur Folge haben, daß sich das Einspritzende B (Bild 177) verschiebt, während der Beginn A nicht geändert wird; dann erhält man eine Regelung, die schematisch in Bild 177a angedeutet ist. Hier stellt g den in eine Gerade gestreckten Rollengrundkreis, n die abgewickelte Nockenkurve dar (genauer: die abgewickelte Kurve, welche der Mittelpunkt der den Pumpenstempel antreibenden Rolle beschreibt). Die Strecken h_1, h_2, h_3 entsprechen den mit ab-nehmender Belastung kleiner werdenden, von der Pumpe geförderten Mengen. Der Pumpenstempel kann dabei einen durch das Nockenprofil gegebenen vollen Hub machen; das Saugventil (bzw. das Über-strömventil) wird in den Punkten $B_1 \ldots B_3$ geöff-net, oder der Schrägschlitz stellt mit abnehmender Belastung immer früher die Verbindung zwischen Druck- und Saugseite her. Die Regelung arbeitet mit konstantem Einspritzbeginn und veränderlichem Einspritzende.

Man kann aber auch die Steuerung so einrich-ten, daß das Einspritzende B (Bild 177b) un-verändert bleibt und der Beginn $A_1 \ldots A_3$ verlegt wird. Konstruktiv läßt sich dies dadurch verwirklichen, daß das Saugventil (oder das Über-strömventil) mit abnehmender Belastung immer

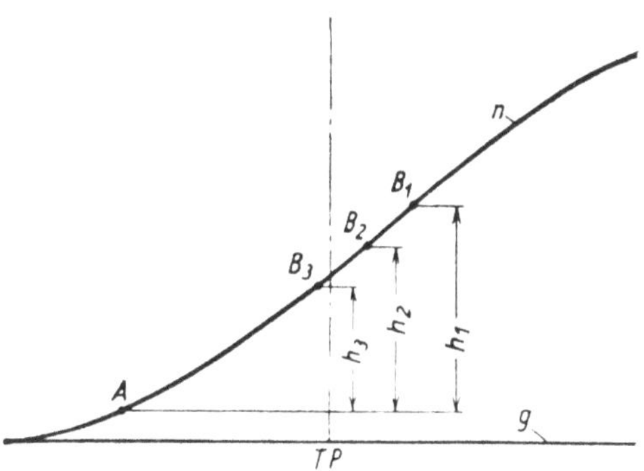

Bild 177a. Regelung durch Verlegung des Einspritzendes.

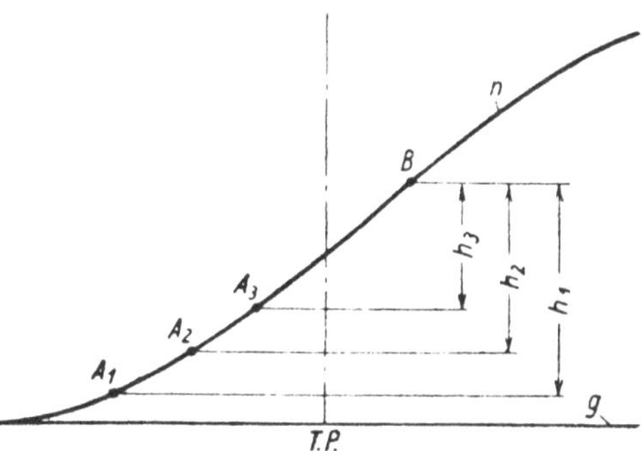

Bild 177b. Regelung durch Verlegung des Einspritzbeginnes.

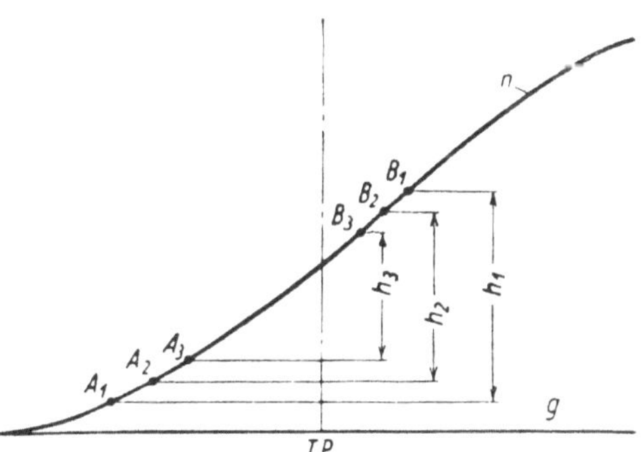

Bild 177c. Regelung durch Verlegung von Beginn und Ende der Einspritzung.

Bild 177. Regelungsarten von Brennstoffpumpen.
g = Abgewickelter Nockengrundkreis,
n = Abgewickelter Nockenanlauf,
h = Förderhub des Brennstoffpumpen-stempels,
A = Einspritzbeginn,
B = Einspritzende,
$T. P.$ = Totpunkt des Kolbens.

später zum Schließen freigegeben wird (Bild 192), wodurch der nutzbare Pumpenhub entsprechend verkürzt wird. Man kann durch die Regelvorrichtung auch den Pumpenstempel anheben, so daß die ihn betätigende Rolle einen Teil ihres Hubes zurücklegen muß, bevor sie auf den Stempel einwirken kann (Bild 205); dadurch ergibt sich ebenfalls eine Regelung nach Bild 177b: gleichbleibendes Einspritzende, veränderlicher Einspritzbeginn.

Die Vereinigung beider Regelarten Bild 177a und b ermöglicht, den Einspritzbogen so zu verschieben, wie es bei wechselnder Belastung und Drehzahl (Propellerantrieb) für die Verbrennung und die Ruhe des Ganges jeweils am günstigsten ist (Bild 177c). Der hierzu erforderliche konstruktive Mehraufwand fällt bei größeren Schiffsmaschinen nicht ins Gewicht. Eine solche Regelung mit veränderlichem Einspritzbeginn und -ende ist in Bild 195 bis 197 dargestellt.

Die konstruktive Durchbildung der Einwirkung des Reglers auf das jeweils benutzte Steuerorgan der Brennstoffpumpe (Saug- oder Überströmventil, drehbarer oder hubbegrenzter Pumpenstempel) ist bei den im folgenden Abschnitt besprochenen Brennstoffpumpen beschrieben.

3. Ausgeführte Brennstoffpumpen

a) Brennstoffpumpen mit Regelung durch Einwirkung auf das Saugventil

Bild 178 zeigt die Zusammenstellung, Bild 179 bis 187 Zeichnungen von Einzelteilen einer etwas weitläuftig gebauten, aber darum überall gut zugänglichen Brennstoffpumpe für einen Viertaktzylinder von 100 PSe Leistung bei 380 mm Bohrung, 540 mm Hub, 250 U/min.

Der im Einsatz gehärtete Pumpenstempel a gleitet in dem gußeisernen Gehäuse b, das durch eine kräftige Überwurfschraube c gegen den Pumpenblock d gepreßt wird; die Dichtungsflächen sind metallisch aufeinandergeschliffen. Angetrieben wird der Pumpenstempel vom Nocken e, der Rolle f und der Rollenführung g, die in einer Bronzebuchse gleitet und bei h an die Preßschmierung angeschlossen ist. Eine gute Schmierung der Rollenführung ist wichtig, weil sie während des Druckhubes des Pumpenstempels von der schrägen Anlauffläche des Pumpennockens nicht unerhebliche Seitenkräfte erhält. Mit dem Pumpenstempel ist die Rollenführung durch die bewegliche Kupplung i verbunden, die eine geringe seitliche Verschiebung der Achsen des Stempels und der Rollenführung gegeneinander ermöglicht, in der Höhe aber kein Spiel läßt, so daß der Stempel a sich zwanglos in seiner Buchse b führt und dabei die vom Brennstoffnocken e vorgeschriebenen Bewegungen der Rollenführung g genau mitmachen muß. Von der Rollenführung wird ferner der

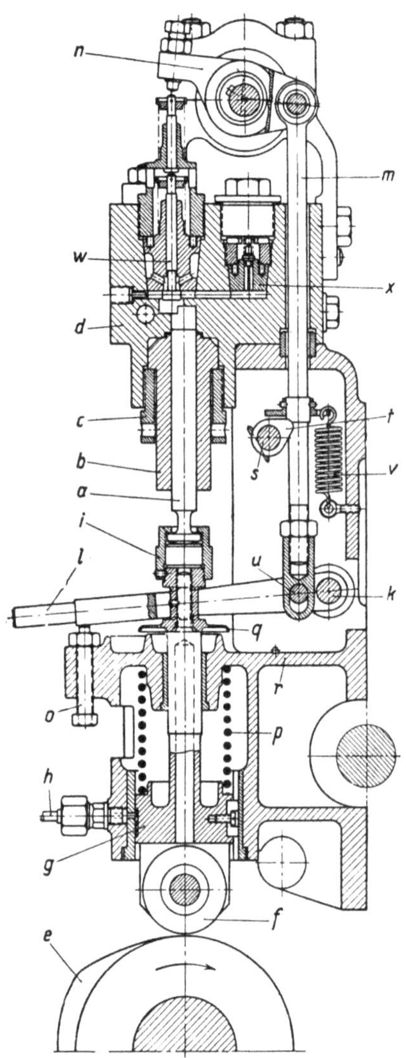

Bild 178. Brennstoffpumpe mit Regelung des Einspritzendes durch Öffnen des Saugventiles. Zusammenstellung.

a = Pumpenstempel,
b = Stempelbuchse,
c = Überwurfschraube,
d = Pumpenblock,
e = Brennstoffnocken,
f = Pumpenrolle,
g = Rollenführung,
h = Anschluß an Preßschmierung,
i = Bewegliche Kupplung,
k = Fester Drehpunkt für l,
l = Antriebshebel für m,
m = Antriebsstange des Schwinghebels,
n = Schwinghebel,
o = Schraube zur Einstellung des Rollenspieles,
p = Rückführungsfeder,
q = Schirm für abtropfenden Brennstoff,
r = Wand zur Trennung von Brennstoff u. Schmieröl,
s, t = Handabstellung,
u = Zapfen im Schwinghebel l,
v = Zugfeder,
w = Saugventil,
x = Druckventil.

im festen Drehpunkt k gelagerte Hebel l hin und her bewegt, der eine dreifache Aufgabe zu erfüllen hat: einmal erteilt er der Antriebsstange m eine hin und her gehende und damit dem Hebel n eine schwingende Bewegung; ferner dient er zur Einstellung des Spieles zwischen der Rolle f und dem Grundkreis des Nockens e, wozu sich sein linkes Ende gegen die in einer entsprechenden Höhenlage festgestellte Kopfschraube o legt, und endlich benutzt man ihn als Handhebel, wenn man die Brennstoffleitungen vor dem Anfahren der Maschine von Hand aufpumpen will. Um die hierbei aufzuwendende Kraft klein zu halten, verlängert man den Hebel durch ein Aufsteckrohr, wozu das linke Ende von l zylindrisch abgedreht ist. Die Rückführungsfeder p bewirkt den Saughub des Pumpenstempels. Ein Schirm q verhindert, daß vom Stempel a abtropfender Brennstoff an die Gleitflächen der Rollenführung g gelangt und sich mit dem Schmieröl mischt. Der Brennstoff sammelt sich auf der Trennwand r und wird von hier in einen Lecköltank abgeführt.

Durch eine Handabstellung kann die Pumpe während des Ganges der Maschine abgestellt und damit der betreffende Zylinder ausge-schaltet werden. Sie besteht aus einer durch den Pumpenrahmen geführten Achse s, die außerhalb des Rahmens einen (hier nicht sichtbaren) Handgriff (b in Bild 187) und im Innern des Rah-mens eine Nase t trägt, die unter eine auf der Stange m befestigte Scheibe greift und diese mit der Stange anhebt, wenn der Handgriff umgelegt wird. Das Anheben der Stange wird durch das in ihrem unteren Ende befindliche Lang-loch freigegeben, in das der in den He-bel l eingelassene Zapfen u greift. Wäh-rend des Betriebes hält die Zugfeder v die Stange m mit dem Hebel l in kraft-schlüssiger Verbindung.

Saugventil w und Druckventil x sind in Bild 181 bis 183 in größerem Maß-stab gezeichnet, der Schwinghebel n und seine exzentrische Lagerung in Bild 186 genauer dargestellt.

Der Pumpenrahmen (Bild 179) kann aus Gußeisen angefertigt werden, da seine Querschnitte mäßig beansprucht sind. Sie haben den Zug aufzunehmen, den der vom Pumpenstempel erzeugte Flüssigkeitsdruck in senkrechter Rich-tung ausübt. Bei 20 mm Stempel-Dmr. (Bild 184) und 300 kg/cm² Einspritzdruck

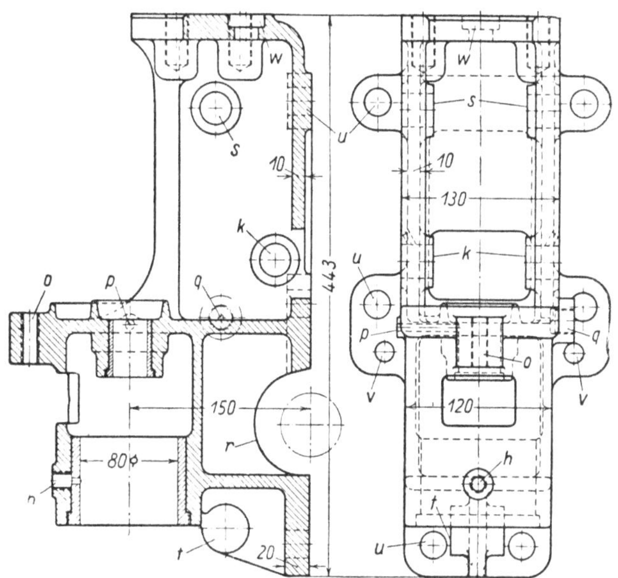

Bild 179. Pumpenrahmen.

h = Anschluß. der Preßschmierung für den unteren Teil der Rollenführung
k = Lagerung des unteren Schwinghebels (l in Bild 178).
o = Gewinde für Stellschraube zum Einstellen des Rollenspieles,
p = Anschluß der Preßschmierung für den oberen Teil der Rollenführung,
q = Lecköabfluß,
r = Aussparung für durchlaufende Lenkerwelle,
s = Lagerung des Drehzapfens für Handabstellung,
t = (Ungebohrte) Warze für Rollenabhebevorrichtung bei umsteuerbaren Maschinen,
u = Bohrungen für Befestigung des Rahmens,
v = Kegelstifte zum Fixieren des Rahmens,
w = Bohrung für Zentrierring zwischen Rahmen und Pumpenblock.

beträgt die auf die Rahmenquerschnitte kommende Kraft rd. 950 kg, die auch von den schwächsten Stellen leicht aufgenommen wird. Der Zweck der Bohrungen ist in der Unterschrift zu Bild 179 erklärt; die Bohrungen h, k, o und s entsprechen den Bezeichnungen in Bild 178. Bei p befindet sich ein zweiter Anschluß für die Schmierung der Rollenführung; bei q kann der vom Stempel ab-tropfende Brennstoff durch ein Rohr abfließen. Damit die an den Zylindern entlang laufende Lenker-welle Platz findet, durch deren Drehung beim Anfahren der Maschine die Anlaßventile in und außer Tätigkeit gesetzt werden, ist im Pumpenrahmen eine Aussparung r vorgesehen. Bei t ist eine Warze angegossen, die nur gebohrt wird, wenn die Pumpe für umsteuerbare Schiffsmaschinen ver-wendet wird; in diesem Fall wird in t ein Hebel gelagert, der die Rollenführungen von ihren Brennstoff-nocken abhebt, damit die Nockenwelle bei ihrer Längsverschiebung frei geht. Mit den sechs Bohrungen u wird der Pumpenrahmen am Zylinderblock befestigt; die beiden Kegelstifte v halten ihn in seiner ge-nauen Lage. Auch der Pumpenblock (Bild 180), der auf der oberen Arbeitsfläche des Rahmens ruht, muß gegen diesen fixiert sein; hierzu dient ein Paßring, der zur Hälfte in die Bohrung w, zur anderen Hälfte in den Pumpenblock greift und dessen Bohrung dem Durchgang der Stange m (Bild 178) dient.

Dem aus Stahl geschmiedeten **Pumpenblock** (Bild 180) gibt man eine möglichst einfache Form, um ihn bequem bearbeiten zu können. Die Seitenflächen sollen (zwecks Reihenherstellung) nach Möglichkeit durch Hobeln bearbeitet werden können; der angedrehte Zapfen *a*, in den die Überwurfmutter zur Befestigung des Pumpengehäuses eingeschraubt wird (*c* in Bild 178), ist, weil in der Herstellung teuer, besser zu vermeiden. Die Bohrung *b* dient zum Einsetzen des Saugventiles, *c* für das Druckventil; die Verbindung *d* zwischen beiden ist mit 8 mm Dmr. möglichst eng gehalten, damit der schädliche Raum klein wird. Aus dem gleichen Grund ist die Bohrung *e* von 20,2 mm

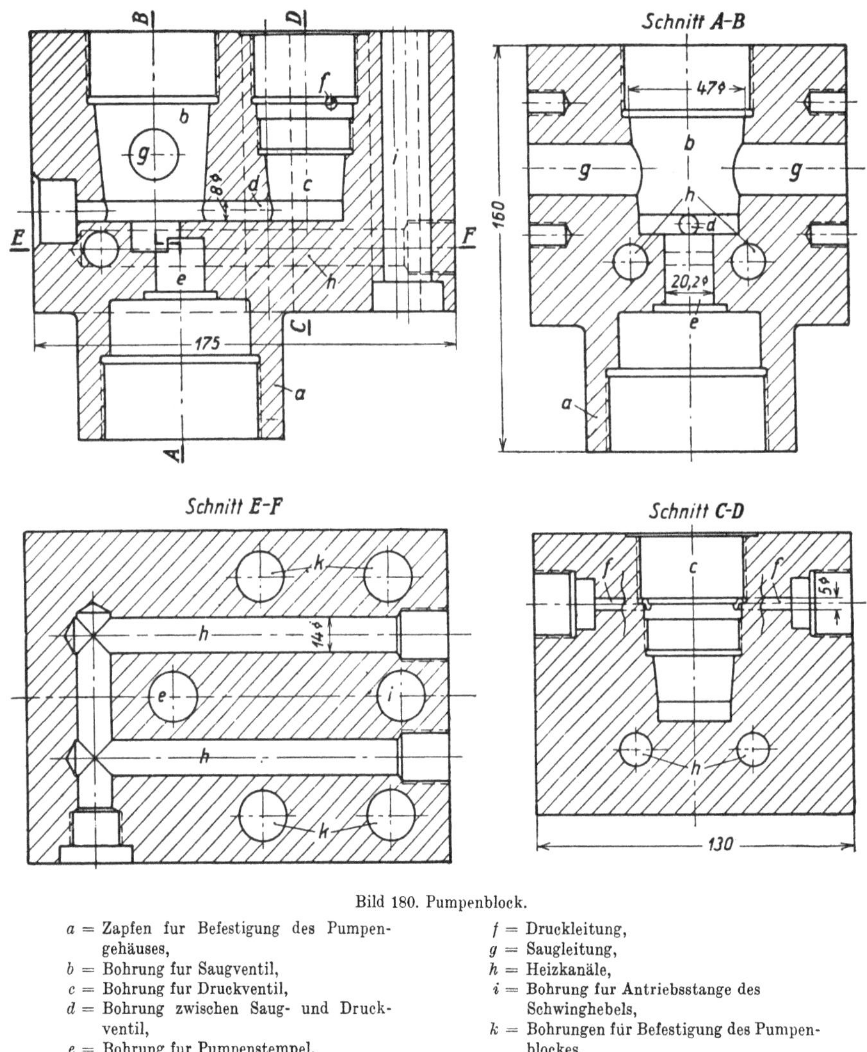

Bild 180. Pumpenblock.

<table>
<tr><td>

a = Zapfen für Befestigung des Pumpengehäuses,
b = Bohrung für Saugventil,
c = Bohrung für Druckventil,
d = Bohrung zwischen Saug- und Druckventil,
e = Bohrung für Pumpenstempel,

</td><td>

f = Druckleitung,
g = Saugleitung,
h = Heizkanäle,
i = Bohrung für Antriebsstange des
Schwinghebels,
k = Bohrungen für Befestigung des Pumpenblockes.

</td></tr>
</table>

Dmr., in welche das obere Ende des Pumpenstempels beim Druckhub hineinragt, nur gerade um so viel größer als der Pumpenstempel (20 mm Dmr.), daß dieser nicht anstreifen kann. Wegen der Zusammendrückbarkeit des Treiböles wird auch die Druckleitung *f* möglichst eng ausgeführt (5 mm Dmr.), während die Saugleitung *g* weit gehalten werden muß (20 mm Dmr.), damit die Zuflußgeschwindigkeit klein bleibt. Aus Schnitt *A–B* und *C–D* ist zu erkennen, daß je zwei Saug- und Druckleitungen vorgesehen sind, damit der Pumpenblock als Links- und Rechtsmodell verwendet werden kann; die jeweils nicht gebrauchten Bohrungen werden verschlossen. Für den Fall, daß die Maschine mit dickflüssigem Treiböl betrieben werden soll, das der Vorwärmung bedarf, sind Heizkanäle *h* in den Block gebohrt, die an die Kühlwasserabflußleitung angeschlossen werden können. Bohrung *i* dient zur Durchführung der Stange *m* (Bild 178); an ihrem unteren Ende ist sie für den Zentrierring erweitert, der den Pumpenkörper auf dem gußeisernen Pumpenrahmen fixiert. Die vier Bohrungen k dienen zur Befestigung des Blockes auf dem Rahmen.

Die Gewinde, die in die Bohrungen b und c geschnitten sind, müssen Feingewinde sein, da die Saug- und Druckventilsitze, die gegen den hohen Flüssigkeitsdruck dicht halten sollen, mit großer Kraft gegen die Konusflächen gepreßt werden. Der Einbau des Saugventiles in den Pumpenblock ist in Bild 181 gezeigt. Die mit Feingewinde in den Pumpenblock geschraubte Kappenmutter a drückt den Saugventilsitz b in den Block und dient zugleich als Führung für den Stößel c, der das Saugventil d aufdrückt, wenn er von der Druckschraube e des Schwinghebels f bewegt wird. Es ist zweckmäßig, die Saugventilspindel in die beiden Teile c und d zu unterteilen, damit die Spindel, die aus dem Pumpenblock herausgeführt werden muß, nicht zu lang wird und von den Seitenkräften entlastet wird, die dadurch entstehen, daß das Ende der Druckschraube e, das den Stößel c berührt, eine Kreisbogenbewegung macht. Stößel c und Ventilspindel d haben, wenn sie in ihrer oberen Endlage stehen, 1 mm Abstand voneinander, damit das Saugventil sicher schließen kann. Der Stößel c wird durch die kräftige Feder g nach oben gedrückt, wozu er an seinem oberen Ende den Federteller h trägt. Der Teller h ist auf dem Stößel c durch einen zylindrischen Stift i befestigt, der in den auf h angedrehten Kragen paßt und in die am oberen Ende von c befindliche Querbohrung geschoben werden kann, wenn man h so weit herunterdrückt, daß i vom Kragenrand frei geht. Dieser schützt gleichzeitig den Stift i vor dem Herausfallen während des Betriebes.

Die Feder g, deren ungespannte Länge l_u 54,4 mm beträgt, wird mit 5 kg Vorspannung (vorgespannte Länge l_v — 44 mm) eingesetzt. Ihre Spannung steigt auf 8,4 kg, wenn c ganz herabgedrückt ist. Genaues Einhalten der Federkräfte ist nicht erforderlich.

Das Saugventil ist in größerem Maßstab in Bild 182 dargestellt. Man verwendet ebene und konische Ventilsitze, die beide gleich gut dichten; hier ist der ebene Sitz gewählt. Die Sitzfläche darf aber nur schmal sein, damit das Ventil dauernd gut dicht halten kann; sie hat hier eine radiale Breite von 0,75 mm, was bei den in Bild 182 eingetragenen Maßen eine Ventilsitzbelastung von

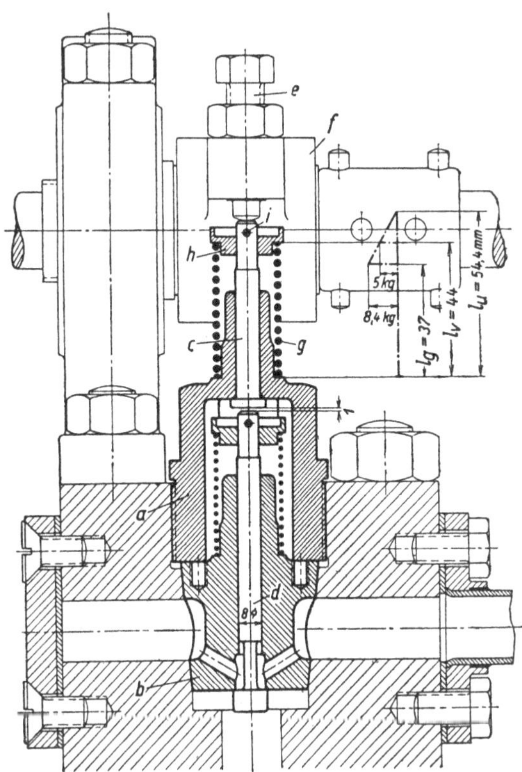

Bild 181. Einbau des Saugventiles in den Pumpenblock.

a = Kappenmutter,
b = Saugventilsitz,
c = Stößel,
d = Saugventilspindel,
$\quad\quad h$ = Federteller,
$\quad\quad i$ = Zylindrischer Stift.

e = Druckschraube im Schwinghebel,
f = Schwinghebel,
g = Feder für Stößel c,

l_u = Ungespannte Länge
l_v = Vorgespannte Länge $\Big\}$ der Feder g.
l_g = Gespannte Länge

1200 kg/cm² während des Druckhubes ergibt. Mit Rücksicht auf diese hohe Flächenpressung müssen Ventilsitz b und Ventilspindel d aus sehr hartem Werkstoff angefertigt werden, wozu sich ein Chrom-Wolfram-Stahl eignet, der bei 800° C in Öl abgeschreckt und nicht angelassen wird. Die Ventilquerschnitte (sechs Bohrungen k) werden so berechnet, daß die Geschwindigkeit des Treiböles während des Saughubes 0,3 bis 0,5 m/sek beträgt; höhere Geschwindigkeiten können den Liefergrad der Pumpe beeinträchtigen. Aus dem gleichen Grund darf die Saugventilfeder m nicht zu stark sein; eine Belastung von 1 kg/cm², bezogen auf den inneren Ventilsitzdurchmesser, sollte nicht überschritten werden. Hiernach sind die Abmessungen der Feder m berechnet, die für das Saugventil nach Bild 182 eine Drahtstärke von 1,5 mm und 13 wirksame Windungen erhält. Das Treiböl in der Saugleitung steht unter einem konstanten Überdruck von 0,6 bis 0,8 kg/cm², so daß die Feder m, wenn der Pumpenstempel keine Saugwirkung ausübt, einen kleinen auf Schließen des Saugventiles wirkenden Kraftüberschuß abgeben kann.

Die Beanspruchung der Saugventilfeder darf nicht zu hoch gewählt werden, damit Federbrüche möglichst ausgeschlossen werden. Man findet Beanspruchungen von 1500 bis 2500 kg/cm²; im vorliegenden Fall beträgt sie 1660 kg/cm².

Für das Druckventil (Bild 183) gelten ähnliche Regeln, nur darf man die Geschwindigkeit des Treiböles in den Druckventilquerschnitten erheblich höher wählen, da der Brennstoff zwangläufig vom Stempel durch das Ventil geschoben wird. Die Spannung der Belastungsfeder genau zu bemessen ist hier weniger wichtig, weil das Ventil durch den von der Pumpe erzeugten Druck geöffnet und nach Unterbrechung der Pumpenförderung durch den in der Druckleitung stehenbleibenden Flüssigkeitsdruck mit großer Kraft wieder geschlossen wird. Eine Ventilbelastung von 1 kg/cm², bezogen auf den vollen Kreisquerschnitt des Ventilschaftes, ist ausreichend. Der Hub des Druckventiles muß begrenzt werden, damit es beim Druckhub des Pumpenstempels nicht zu

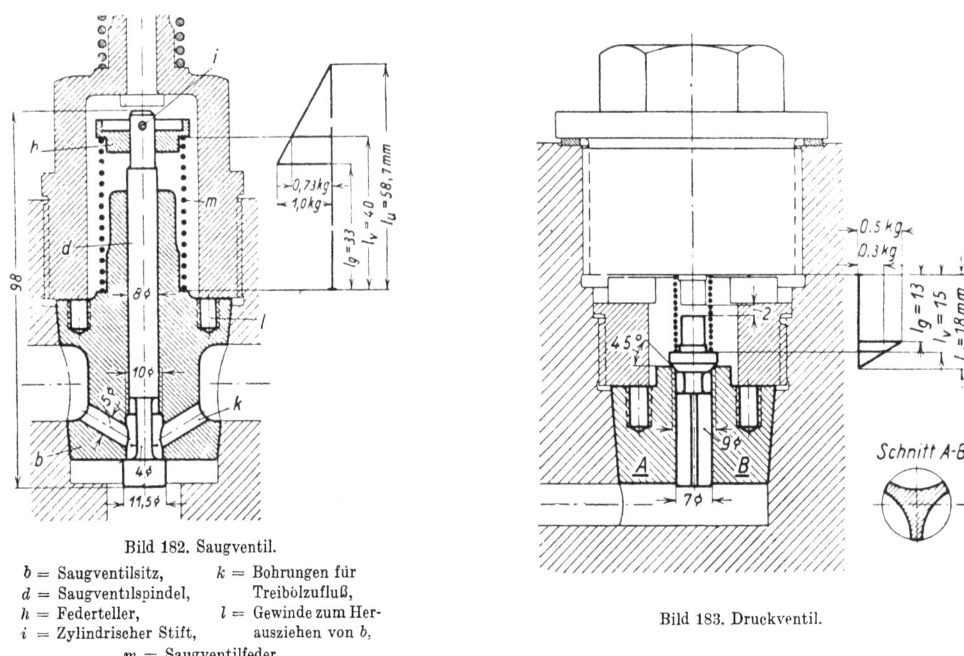

Bild 182. Saugventil.

b = Saugventilsitz, k = Bohrungen für
d = Saugventilspindel,   Treibölzufluß,
h = Federteller, l = Gewinde zum Herausziehen von b,
i = Zylindrischer Stift,
          m = Saugventilfeder.

Bild 183. Druckventil.

hoch geschleudert wird; die Hubbegrenzung ist hier mit 2 mm vorgesehen. Die Baustoffe sind die gleichen wie beim Saugventil.

Der Pumpenstempel (Bild 184) muß sorgfältig in die Pumpenbuchse eingeschliffen werden, damit er gegen den hohen Einspritzdruck dicht hält. Ein völliges Dichthalten ist kaum zu erreichen; von Zeit zu Zeit wird während des Betriebes ein Tropfen Brennstoff durchsickern, den man durch geeignete Mittel (Wand r in Bild 178) auffängt. Stopfbuchsen mit Weichpackung sind nicht zulässig, da sich die Packung durch das Treiböl auflöst, was ein Hängenbleiben des Stempels verursachen kann. Das Dichthalten des Stempels darf man nicht durch zu große Länge des Stempels zu erreichen suchen; eine tragende Stempellänge gleich dem 6fachen Stempeldurchmesser genügt, und eine größere Länge würde das Dichthalten nicht verbessern, weil es kaum möglich ist, längere Bohrungen der Pumpenbuchse genau gerade aufzureiben. Als Werkstoff für den Stempel wählt man im Einsatz gehärteten Stahl, während die Pumpenbuchse in der Regel aus Gußeisen, zuweilen auch aus Stahl angefertigt wird.

Den Antrieb des Pumpenstempels zeigt Bild 185 in größerem Maßstab. Die aus Stahl geschmiedete Rollenführung a ist zwecks Gewichtsverminderung hohl gebohrt und trägt an ihrem unteren Ende die Rolle b, die sich auf dem in die Rollenführung a eingepreßten, gehärteten und geschliffenen Bolzen c dreht; auch die Rolle selbst wird gehärtet und geschliffen. Zwischen Rolle und Bolzen treten Flächendrücke von 100 bis 150 kg/cm² auf; daher muß der Bolzen gut geschmiert werden. Das von der Preßschmierung geförderte Schmieröl tritt durch den Anschluß d in eine Ringnut e, die in der Rollenführung a in einer solchen Höhe angebracht ist, daß sie sich mit dem Anschluß d deckt, wenn sie in ihrer tiefsten Lage steht, in der sie infolge der Form des Brennstoffnockens kurze Zeit stehenbleibt. Der Inhalt der Ringnut e schmiert die Rollenführung innerhalb der in den Pumpenrahmen eingepreßten Bronzebuchse f; ein Teil des Schmieröles tritt durch die Bohrungen g in das Innere des Bolzens c, von wo aus es durch die Querbohrungen h in die beiden Räume i tritt, die durch seitliche Abflächungen des Rollenbolzens gebildet werden. Hierdurch wird die Bohrung der Rolle bei jeder Umdrehung reichlich geschmiert, wobei die zylindrischen Druckflächen zwischen Rolle und Bolzen nicht unterbrochen sind, so daß sich der Schmierölfilm zwischen beiden ausbilden kann. Damit der Bolzen c sich in der Rollenführung a nicht drehen kann, ist er durch die Spitzschraube k gesichert. Die Rolle b macht man zweckmäßig an ihrem Umfang nicht genau zylindrisch, sondern ganz wenig (ca. $^1/_{10}$ mm) ballig, damit minimale Ungenauigkeiten beim

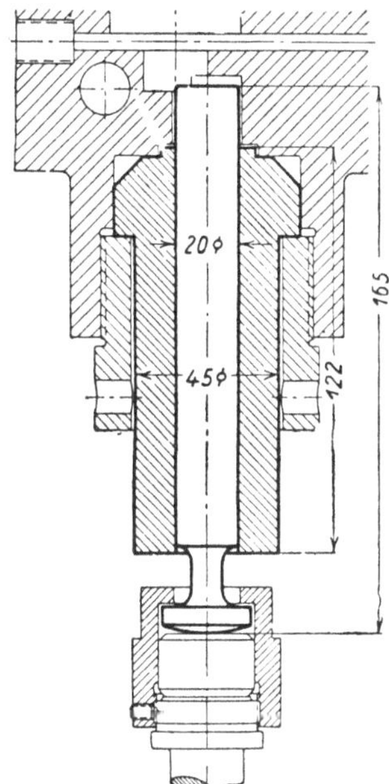

Bild 184. Pumpenstempel und -buchse.

Zusammenbau, die eine Kantenberührung zwischen Rolle und Nocken zur Folge haben würden, sich ausgleichen können.

Auf das obere Ende der Rollenführung a ist die stählerne Kappe l mit Gewinde aufgesetzt und durch eine Schraube m gesichert. An ihrem unteren Ende ist ein breiter Schirm angedreht, der den vom Stempel abtropfenden Brennstoff von den Gleitflächen der Rollenführung fernhält; die Aussparungen n im Schaft der Kappe l dienen als Mitnehmerflächen für den Handhebel (l in Bild 178). Auf das obere Ende von l ist die Kappenmutter o' geschraubt, die über einen am unteren Ende des Pumpenstempels angedrehten Bund greift und den Stempel mit der Rollenführung so kuppelt, daß eine geringe Seitenverschiebung zwischen Stempel und Rollenführung möglich ist. Das gehärtete Druckstück p dient zur Übertragung des Druckes zwischen Rollenführung und Stempel, der bei größeren Pumpen mehrere 1000 kg betragen

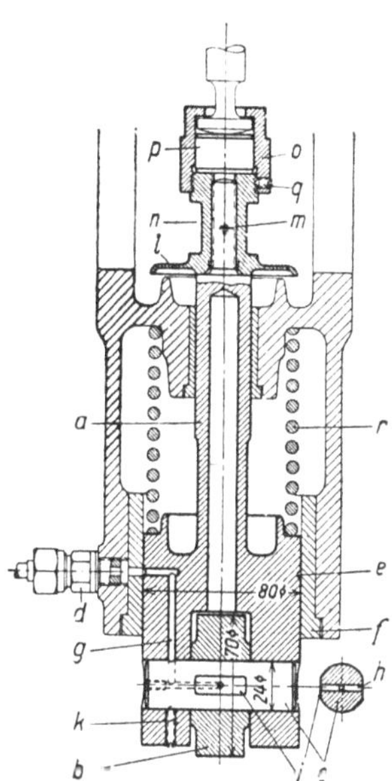

Bild 185. Antrieb des Pumpenstempels.

a = Rollenführung,
b = Rolle,
c = Rollenbolzen,
d = Schmierölanschluß,
e = Schmiernut,
f = Bronzebuchse,
g = Bohrungen für Schmieröl,
h = Querbohrungen im Bolzen,
i = Schmieröltaschen,
k = Sicherungsschraube,
l = Schutzkappe,
m = Sicherungsschraube,
n = Aussparungen für Handhebel,
o = Kappenmutter,
p = Druckstück,
q = Sicherungsschraube,
r = Rückführungsfeder.

kann. Die durch Körnerschlag gesicherte Spitzschraube q verhindert ein Losschrauben der Kappenmutter o im Betrieb.

Die großen Kräfte, welche die Rolle und den Bolzen während des Druckhubes des Pumpenstempels beanspruchen, erfordern genaue Nachrechnung der Beanspruchungen. Die Rollenbreite ergibt sich aus dem Liniendruck zwischen Rolle und Nocken, für den man bei sorgfältiger Härtung beider ziemlich weite Grenzen (250 bis 750 kg/cm) zulassen darf. Hierbei braucht man das oben erwähnte Balligdrehen des Rollenumfanges nicht zu berücksichtigen. Der Durchmesser des Rollenbolzens und die Breite der Rollenlagerung auf dem Bolzen ergeben sich aus der Flächenpressung zwischen Rolle und Bolzen und der Biegungsbeanspruchung, die man zulassen will. Für die Flächenpressung wurden oben als zulässige Grenzwerte 100 bis 150 kg/cm² angegeben; die Biegungsbeanspruchung des Bolzens ergibt sich rechnungsmäßig verschieden, je nachdem man die vom Pumpendruck herrührende Belastung als in der Mitte des Bolzens angreifend oder über die Rollennabe gleichmäßig verteilt annimmt. Beide Annahmen werden in Wirklichkeit nicht zutreffen, doch dürfte die Annahme des Kraftangriffes in der Mitte des Bolzens zu ungünstig sein und die wirkliche Belastung sich mehr der zweiten Annahme nähern. Im ersten Fall sollte man für die Biegungsbeanspruchung des Bolzens nicht mehr als 1200 kg/cm² zulassen, ein Grenzwert, der sich rechnungsmäßig auf 800 kg/cm² vermindert, wenn man eine über die Rollennabe gleichmäßig verteilte Belastung annimmt.

Einer besonderen Untersuchung bedarf die Rückführungsfeder r (Bild 185), welche die Kraft für den Saughub des Pumpenstempels zu liefern und außerdem ein Abspringen der Rolle und Rollenführung auf dem Teil BC des Brennstoffnockens (vgl. Bild 115, S. 92) zu verhindern hat. Dies wird dann mit Sicherheit erreicht, wenn man die Feder so stark macht, daß sie etwa eine doppelt so große Kraft auszuüben vermag, wie der Verzögerungsdruck der bewegten Massen von Rollenführung, Pumpenstempel, Schwinghebel usw. beträgt. Für die Berechnung der zu verzögernden Massen sind die Rollenführung mit Bolzen und Rolle, der Pumpenstempel und die Kupplung zwischen Stempel und Rollenführung mit ihrem ganzen Gewicht einzusetzen, die Rückführungsfeder, von der nur das eine Ende verzögert wird, während das andere Ende feststeht, mit ihrem halben, und der Handhebel (l in Bild 178) mit seinem auf die Rollenführungsachse reduzierten Gewicht, das man durch Multiplikation seines wirklichen Gewichtes mit dem Quadrat des Verhältnisses von Schwerpunktsabstand und Abstand der Bezugsachse von der Drehachse des Hebels erhält. Für das Beispiel der Brennstoffpumpe Bild 178 beträgt das Gewicht des Handhebels 0,85 kg; sein Schwerpunkt liegt 90 mm vom Drehpunkt (k in Bild 178) entfernt, und der Abstand der Rollenführungsachse von k ist 120 mm. Dann wird das reduzierte Gewicht des Handhebels

$$G_{red} = 0,85 \cdot \left(\frac{9}{12}\right)^2 = 0,48 \text{ kg} \; .$$

Das gesamte zu verzögernde Gewicht wird einschließlich des halben Gewichtes der Rückführungsfeder 5,55 kg, während das wirkliche Gewicht 6,0 beträgt. Aus der zweimaligen Differentiation der Rollenmittelpunktkurve habe sich ferner eine größte Verzögerung von $p = 36$ m/sek² ergeben; dann wird die von der Rückführungsfeder aufzubringende Verzögerungskraft

$$p = \text{m} \cdot p = \frac{8,55}{9,81} \cdot 36 = 20,4 \text{ kg} \; .$$

(Das Gewicht der zu verzögernden Teile, 6,0 kg, bleibt bei der Rechnung vorsichtshalber außer Ansatz, obwohl es bei der Anordnung nach Bild 178 die Wirkung der Rückführungsfeder unterstützt.) Die Feder wird mit einer Drahtstärke von 6,5 mm, einem mittleren Windungsdurchmesser von 70 mm und 9 wirksamen Windungen ausgeführt, so daß sie bei einer größten Federung von 77 mm (ungespannte Länge $l_u = 160$ mm, gespannte Länge $l_g = 83$ mm) mit

$$k_d = \frac{7,7 \cdot 850\,000 \cdot 0,65}{4 \cdot \pi \cdot 9 \cdot 3,5^2} = 3050 \text{ kg/cm}^2$$

beansprucht ist und eine Kraft

$$P_1 = 0,1963 \cdot 3050 \cdot \frac{0,65^3}{3,5} = \text{rd. } 48 \text{ kg}$$

abzugeben vermag. Die Verzögerungskraft P wird also mit Sicherheit erreicht, und es ist noch ein genügender Kraftüberschuß zur Überwindung der Reibung des Pumpenstempels in der Buchse und der Rollenführung vorhanden.

Der Antrieb des das Saugventil steuernden Schwinghebels ist in Bild 186 dargestellt; dort sind auch die Bewegungsverhältnisse untersucht. Der in der Achse der Rollenführung und des Pumpenstempels liegende Punkt B erhält vom Brennstoffnocken einen Hub $h = 16$ mm, der bei den hier gewählten Abmessungen des Hebels l im Verhältnis 25 : 120 verkleinert wird. Die auf dem Zapfen u des Hebels l ruhende Antriebsstange m macht somit einen Hub

$$a = 16 \cdot \frac{25}{120} = 3,33 \text{ mm} \; ,$$

der sich auf das rechte Ende des Exzenterhebels n überträgt. Der Drehpunkt dieses Hebels liegt im Exzentermittel E, das mit der kleinen Exzentrizität $e = EM = 2,5$ mm durch den Regler um die feste Achse M geschwenkt werden kann, so daß E nacheinander in die Lagen E_1, E_2, E_3 gelangen kann (Bild 186, Nebenabbildung). Der Winkel, um den die Verbindungslinie E–M gedreht werden kann, ist durch den Hub der Reglermuffe zu 65° begrenzt und symmetrisch zur Waagerechten gelegt (je 32,5° nach oben und unten), jedoch darf dieser Winkel nicht voll ausgenutzt werden, damit die Reglermuffe nie in ihren Endstellungen anschlägt, sondern immer frei spielen kann. Daher sind die Abmessungen so gewählt, daß die Stellung E_1M einer viel zu großen Überlast, die Stellung E_3M der Brennstofförderung Null entspricht. Während des Betriebes pendelt die Linie E–M nur wenig um die Mittelstellung E_2M, die etwa der Vollast entspricht, und es ist daher erlaubt, der Untersuchung der für die Öffnung des Saugventiles maßgebenden Bewegung des unteren Endpunktes der Druckschraube d die Hebellängen

$$60 - e = 60 - 2,5 = 57,5 \text{ mm}$$
$$\text{und } 45 + e = 45 + 2,5 = 47,5 \text{ „}$$

zugrunde zu legen.

Der Hub, den der untere Endpunkt der Druckschraube d macht, wird daher (praktisch unabhängig von der Höhenlage von E):

$$b = h \cdot \frac{25}{120} \cdot \frac{60 - e}{45 + e} = 4,03 \text{ mm},$$

und zwar kann b in verschiedene Höhenlagen (b_1, b_2, b_3) relativ zu dem das Saugventil aufdrückenden Stößel s gebracht werden, je nachdem der Regler das Exzentermittel E in verschiedene Höhenlagen (E_1, E_2, E_3) einstellt. Steht E in der Stellung E_1, so liegt b_1 so hoch, daß die Druckschraube d den Stößel s nicht berührt. In diesem Fall würde die Pumpenförderung während des ganzen Stempelhubes ($h = 16$ mm) andauern und viel zu groß sein, da die normale Fördermenge schon bei dem halben Stempelhub (vgl. Bild 114 und 115, S. 90 und 92) erreicht wird. (Der Regler sorgt dafür, daß diese Stellung nicht vorkommt, indem er das Exzentermittel E rechtzeitig senkt.) Nimmt E die Mittellage E_2 ein, so verteilt sich der Hub b_2 des Endpunktes der Druckschraube d gleichmäßig auf beide Seiten der Waagerechten S–S, und wenn man das obere Ende des Stößels s so einstellt, daß es gerade in der Waagerechten S–S liegt, wenn der Stößel mit seinem unteren Ende die Saugventilspindel berührt (vgl. Bild 181), so ist das Saugventil nur während der ersten Hälfte des Stempeldruckhubes h geschlossen; während der zweiten Hälfte wird es durch d und s

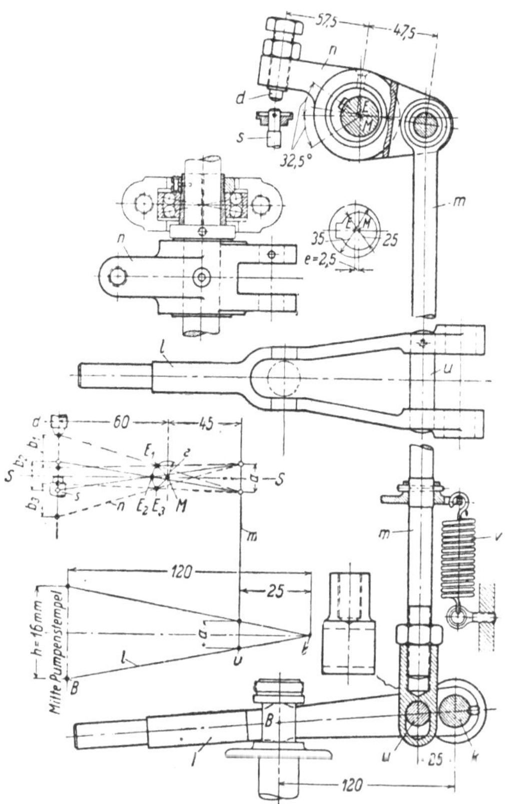

Bild 186. Steuerung des Saugventiles.

a = Hub der Exzenterstange m,
b_1, b_2, b_3 = Hub der Druckschraube d,
d = Druckschraube,
e = Exzentrizität,
E, E_1, E_2, E_3 = Exzentermittelpunkt,
h = Stempelhub,
k = Fester Drehpunkt von l,
l = Schwinghebel,
m = Exzenterstange,
M = Fester Drehpunkt für E,
n = Exzenterhebel,
s = Saugventilstößel,
u = Zapfen im Schwinghebel l,
v = Zugfeder.

(Bild 186), die dann in Berührung bleiben, aufgedrückt. Die Stellung E_2 entspricht der Vollast oder Überlast der Maschine, wobei die genaue Einstellung von E dem Regler überlassen wird. Ist E in seine tiefste Stellung E_3 gesenkt, so liegt auch b_3 so tief, daß d und s sich dauernd berühren, so daß das Saugventil während des ganzen Druckhubes des Pumpenstempels geöffnet bleibt und kein Brennstoff gefördert wird. Hierzu läßt es jedoch der Regler nicht kommen; er hebt vorher E so weit, daß es sich der Stellung E_2 nähert. Bei wechselnder Belastung bewegt sich E in der Nähe von E_2, so daß gerade immer so viel Brennstoff gefördert wird, wie der Belastung der Maschine entspricht.

Zu Bild 186, das auch die Lagerung der Exzenterwelle in Kugellagern erkennen läßt, ist zu bemerken, daß die Zugfeder v kräftig genug sein muß, um die Stange m und den Schwinghebel n beim Abwärtshub von m so zu beschleunigen, daß m immer den Zapfen u berührt, auf dem die Stange ruht. Eine Kraft P_v in vorgespanntem Zustand der Feder (m in tiefster Lage) von 4,25 kg und P_g von 7,0 kg in gespanntem Zustand (m in höchster Lage) ist ausreichend.

Zur Brennstoffpumpe Bild 178 (wie zu jeder Brennstoffpumpe) gehört eine Vorrichtung, mittels welcher die Pumpe von Hand abgestellt werden kann, wenn es während des Betriebes nötig wird, einen Zylinder abzuschalten, ohne die Maschine anzuhalten. Eine Handabstellung ist in Bild 187 dargestellt. Die in Bohrungen (s in Bild 179) des Pumpenrahmens gelagerte Welle a kann durch den Handgriff b um 60° umgelegt werden, wenn der Stift c durch Hochziehen des Knopfes d und der mit ihm verbundenen Stange e aus seiner Rast f_1 gehoben wird. Im umgelegten Zustand schnappt der Stift c unter der Wirkung der Feder g in die um 60° zu f_1 versetzte Rast f_2, wodurch der Handgriff in der neuen Lage

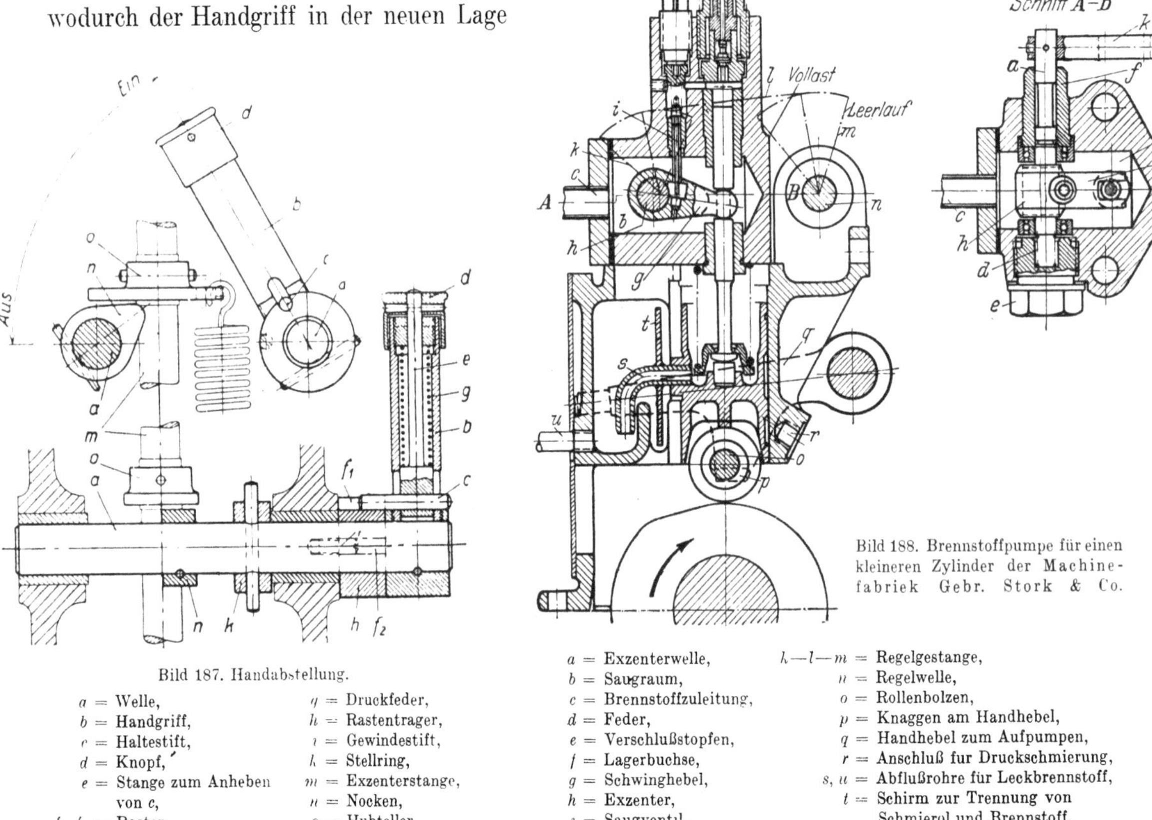

Bild 187. Handabstellung.

Bild 188. Brennstoffpumpe für einen kleineren Zylinder der Maschinefabriek Gebr. Stork & Co.

a = Welle,
b = Handgriff,
c = Haltestift,
d = Knopf,
e = Stange zum Anheben von c,
f_1, f_2 = Rasten,
g = Druckfeder,
h = Rastenträger,
i = Gewindestift,
k = Stellring,
m = Exzenterstange,
n = Nocken,
o = Hubteller.

a = Exzenterwelle,
b = Saugraum,
c = Brennstoffzuleitung,
d = Feder,
e = Verschlußstopfen,
f = Lagerbuchse,
g = Schwinghebel,
h = Exzenter,
i = Saugventil,
k—l—m = Regelgestange,
n = Regelwelle,
o = Rollenbolzen,
p = Knaggen am Handhebel,
q = Handhebel zum Aufpumpen,
r = Anschluß fur Druckschmierung,
s, u = Abflußrohre für Leckbrennstoff,
t = Schirm zur Trennung von Schmieröl und Brennstoff.

festgehalten wird. Der Rastenträger h ist durch einen Gewindestift i gegen Verdrehen gesichert. Gegen axiale Verschiebung ist die Welle a durch den Stellring k geschützt. Für die Druckfeder g genügt eine Spannung von etwa 0,8 kg.

Das Umlegen von a bewirkt ein Anheben der Stange m (Bild 178 und 186), indem der Nocken n den Teller o und damit die Stange m hochdrückt. Dadurch wird das Saugventil geöffnet und die Brennstoffpumpe abgeschaltet.

Einfacher läßt sich die Brennstoffpumpe bauen, wenn man den Schwinghebel (n in Bild 178) nicht über die Pumpe legt, was den Antrieb durch die Stange (m in Bild 178) bedingt, sondern in den Pumpenrahmen, so daß der Pumpenstempel ihn unmittelbar in schwingende Bewegung versetzen kann. Bild 188, das eine Ausführung der Machinefabrik Gebr. Stork & Co. für einen nicht umsteuerbaren Viertaktzylinder darstellt, zeigt ein Beispiel. Die Exzenterwelle a durchdringt hier den Saugraum b, dem das Treiböl durch die Rohrleitung c zuströmt. Die Exzenterwelle a ist, damit dem Regler die Verstellung erleichtert wird, in Kugellagern gelagert; sie wird zwecks Abdichtung im Gehäuse durch eine Feder d, die im Verschlußstopfen e untergebracht ist, mit einem an ihr angedrehten schmalen konischen Bund gegen eine Fläche von gleicher Konizität, die an der

Lagerbuchse f angedreht ist, gedrückt. Dadurch wird verhindert, daß aus dem Saugraum, der unter einem Überdruck von einigen m Ölsäule steht, Lecköl nach außen tritt. Der Schwinghebel g umfaßt gabelförmig eine Ausdrehung im Pumpenstempel, so daß er gezwungen ist, dessen Bewegungen zu folgen. Er schwingt um das Exzenter h, das aus einem Stück mit der Welle a besteht. Wird diese vom Regler verdreht, so senkt oder hebt sich der Exzentermittelpunkt mit zu- bzw. abnehmender Belastung; dadurch wird das Spiel zwischen dem unteren Ende des Saugventiles i und einem ihm

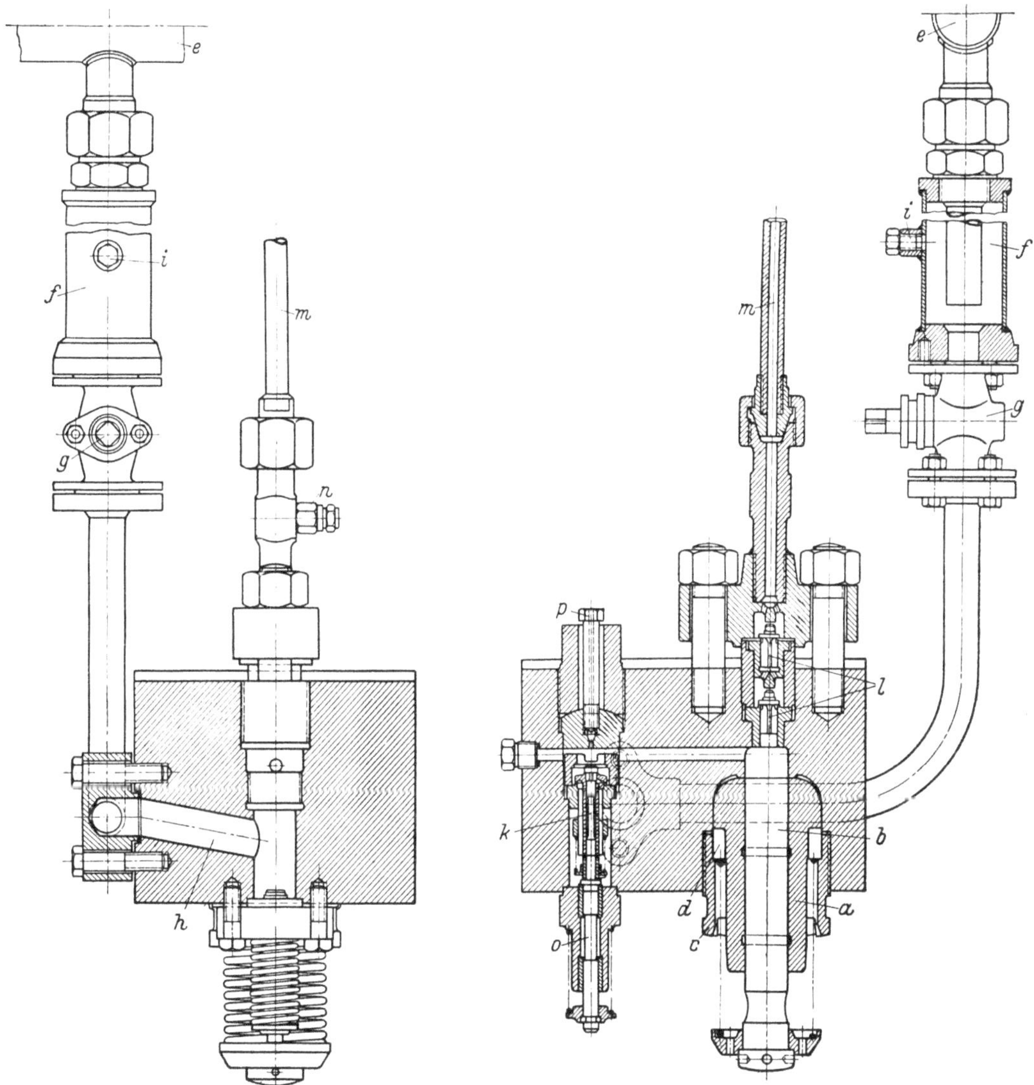

Bild 189. Brennstoffpumpe für einen großen Viertaktzylinder der Machinefabriek Gebr. Stork & Co.

a = Fuhrungsbuchse für Pumpenstempel,	f = Windkessel in der Saugleitung,	l = Druckventile,
b = Pumpenstempel,	g = Absperrhahn in der Saugleitung,	m = Druckleitung,
c = Überwurfschraube,	h = Saugraum,	n = Sicherheitsventil (Platzscheibe),
d = Geteilter Ring,	i = Beluftungsschraube am Windkessel,	o = Stößel für Saugventil,
e = Hauptzuflußleitung für Brennstoff,	k = Saugventil,	p = Entluftungsschraube.

gegenüberstehenden, in g eingelassenen gehärteten Druckstück vergrößert bzw. verkleinert, das Saugventil wird später bzw. früher geöffnet und der Förderhub des Pumpenstempels der Belastung angepaßt.

Bei Mehrzylindermotoren hat jeder Zylinder seine eigene Brennstoffpumpe, die möglichst nahe dem Einspritzventil angeordnet wird, wodurch Schwingungen der Ölsäule in der Druckleitung vermieden werden. Zwecks gemeinsamer Regelung aller Zylinder sind die Exzenterwellen a der einzelnen

11*

Pumpen durch ein Gestänge k–l–m mit der an der Maschine entlanglaufenden Regelwelle n verbunden, die alle Exzenter zugleich verdreht. Der Hebel k hat in seinem freien Ende ein Langloch, so daß das linke Ende der Verbindungsstange l in größerer oder kleinerer Entfernung von der Achse der Welle a festgeklemmt werden kann. Hierdurch können die Winkel, um welche bei einer Belastungsänderung von Leer auf Voll die Exzentermittel der einzelnen Pumpen geschwenkt werden, so abgestimmt werden, daß bei allen Belastungen die Pumpen praktisch gleichmäßig fördern.

Der Pumpenkörper ist entweder, wie in Bild 188 angenommen, im Gesenk geschmiedet, oder er wird aus einem geschmiedeten Block zu möglichst einfacher Form herausgearbeitet; der Saugraum b wird durch Bohren hergestellt. Auch sonst hat man beim Entwurf der Pumpe möglichste Einfachheit angestrebt. Auf ein Spiel zwischen Rolle und Nockengrundkreis ist verzichtet; auf das untere Ende des Saugventiles i kommen kleine Querkräfte, da das gegenüberstehende Druckstück im Hebel g einen Kreisbogen beschreibt; beides ist bei den kleinen Abmessungen der Pumpe (Stempel-Dmr. 15 mm) unbedenklich. Einfach ist auch die Vorrichtung zum Aufpumpen von Hand: der Rollenbolzen o ragt axial über die Rollenführung um ein Stück hinaus, dessen untere Hälfte weggearbeitet ist; unter dieses greift der Knaggen p am Handhebel q, dessen freies Ende durch Aufstecken eines Rohres verlängert wird, wenn von Hand gepumpt werden soll. Diese Vorrichtung kann auch zum Abschalten der Pumpe benutzt werden. Durch die Verschraubung r wird die Rollenführung unter Druck geschmiert. Damit das Schmieröl sich nicht mit dem vom Pumpenstempel abtropfenden Leckbrennstoff mischt, ist ein am Rohr s hart angelöteter Schirm t vorgesehen, der ausspritzendes Schmieröl in den Nockenwellentrog zurückleitet, während der Leckbrennstoff durch s und u in einen Sammelbehälter geführt wird.

Die beiden hier beschriebenen Pumpen (Bild 178 und 188) arbeiten nach dem Regelverfahren Bild 177a; die Brennstofförderung wird dadurch unterbrochen, daß das Saugventil am Ende des Einspritzbogens geöffnet wird. Dasselbe gilt für eine größere Brennstoffpumpe der Machinefabriek Gebr. Stork & Co., die für eine achtzylindrige einfachwirkende Viertaktmaschine von 3700 PSe bei 90 U/min ausgeführt worden ist. Bild 189 zeigt den Pumpenkörper mit dem Pumpenstempel, den Saug- und Druckventilen und den Saug- und Druckleitungen, Bild 190 den Antrieb und die Regelvorrichtung. Jeder Zylinder hat seine eigene Brennstoffpumpe, die auf dem an der Maschine entlanglaufenden gußeisernen Nockenwellentrog montiert ist (Bild 190); alle Pumpen werden gemeinsam von der mit der halben Maschinendrehzahl umlaufenden Nockenwelle, die auch die Einsaug- und Auspuffventile betätigt, angetrieben.

Der Pumpenblock (Bild 189) ist ein einfacher rechteckiger, aus Stahl geschmiedeter Körper, in den die kräftige gußeiserne Führungsbuchse a für den Pumpenstempel b durch eine Überwurfschraube c und einen geteilten Ring d gepreßt wird. (Der Zweck der Teilung des Ringes wird bei der Beschreibung von Bild 190 erläutert werden.) Der Brennstoff wird durch die Hauptzuflußleitung e den einzelnen Pumpen zugeführt und strömt aus dieser durch eine mit Windkessel f und Absperrhahn g versehene Zweigleitung zum Saugraum h einer Pumpe. Der mit einer Belüftungsschraube i versehene Windkessel soll Druckschwankungen in der Saugleitung ausgleichen; der Hahn g ist für den Fall vorgesehen, daß an einer Pumpe gearbeitet werden soll, ohne daß man die übrigen Brennstoffzuflußleitungen zu entleeren wünscht. Durch das Saugventil k, das wegen seines großen Durchmessers ein Vorhubventil (vgl. Bild 191) erhalten hat, und zwei hintereinandergeschaltete, in ihrem Hub begrenzte Druckventile l wird der Brennstoff in die starkwandige Druckleitung m gefördert, die zum Einspritzventil führt. Eine Platzscheibe n ist an der Druckleitung für den Fall vorgesehen, daß aus irgendeinem Grund ein zu hoher Druck auftritt. Der unterhalb des Saugventiles k vorgesehene Stößel o schützt das Ventil davor, daß es durch vom Exzenterhebel (m in Bild 190) herrührende seitliche Kräfte beansprucht wird. Durch die Schraube p kann der Raum zwischen Saug- und unterem Druckventil entlüftet werden.

Den Antrieb des Pumpenstempels und das Gestänge für die Regelung der Brennstoffmenge zeigt Bild 190. Wie bei der Pumpe Bild 178 wird der Stempel vom Brennstoffnocken a (von dem hier nur der Grundkreis gezeichnet ist) durch die mit einer gußeisernen Laufbuchse versehene Rolle b und die Rollenführung c unter Zwischenschaltung des gehärteten Druckstückes d bewegt. Die Rollenführung ist hier nicht zylindrisch, wie in Bild 178 (wo sie durch Federkeil und Nut verhindert ist, sich zu drehen), sondern mit **rechteckigem** Querschnitt ausgeführt und aus Stahlguß hergestellt. Dem oberen Ende der Rollenführung ist für den vom Pumpenstempel abtropfenden Brennstoff ein Tropfenfänger *e* angegossen, der so geformt ist, daß er in der Richtung senkrecht zur Nockenwellenachse die Aussparung in der Trennwand *f* überragt (Bild 190, Querschnitt), senkrecht dazu aber schmaler als die Aussparung ist. Die Rollenführung *c* wird durch einen Deckel *g* gehalten, der durch vier durchgehende Bolzen *h* mit dem Nockenwellentrog verschraubt ist. An *g* sind angegossen eine Warze, in die der durch eine Gegenmutter gesicherte Bolzen *i* (dessen gehärtetes

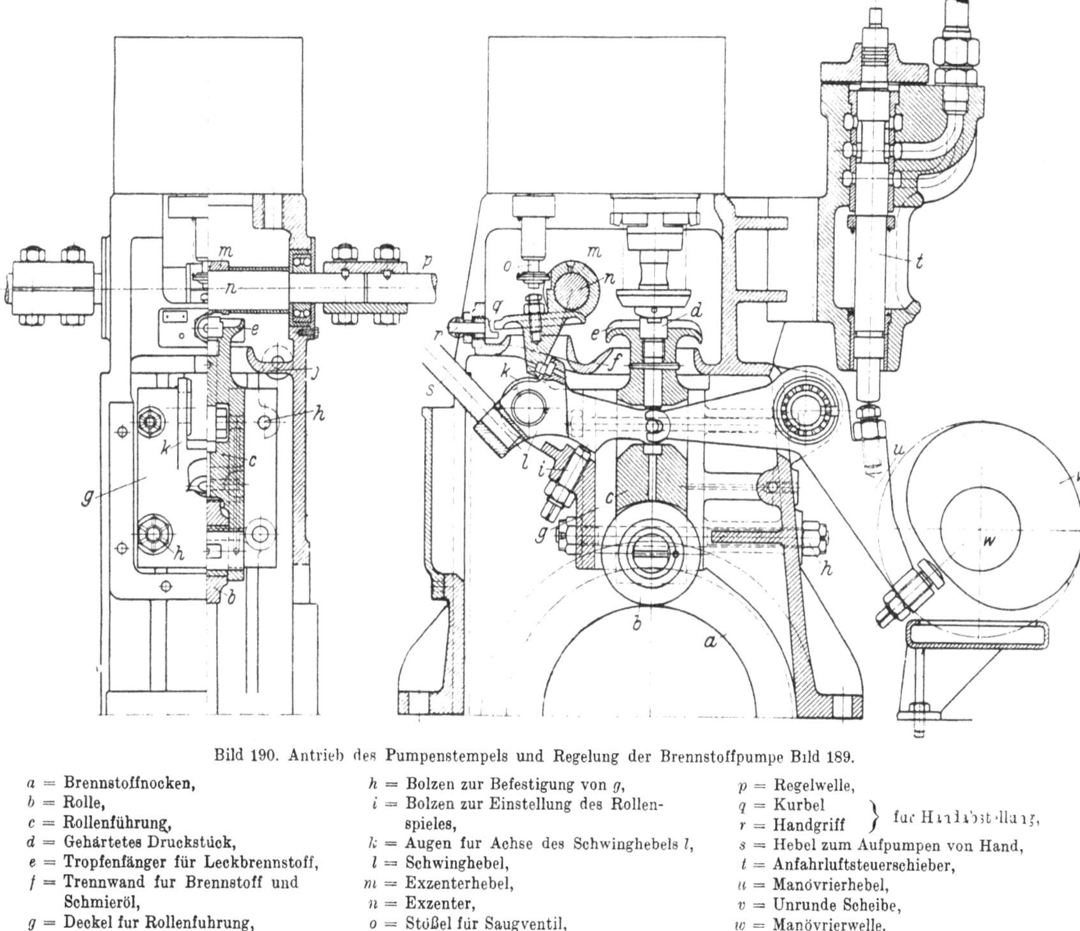

Bild 190. Antrieb des Pumpenstempels und Regelung der Brennstoffpumpe Bild 189.

a = Brennstoffnocken,	*h* = Bolzen zur Befestigung von *g*,	*p* = Regelwelle,
b = Rolle,	*i* = Bolzen zur Einstellung des Rollen-	*q* = Kurbel ⎫ für Handabstellung,
c = Rollenführung,	spieles,	*r* = Handgriff ⎭
d = Gehärtetes Druckstück,	*k* = Augen für Achse des Schwinghebels *l*,	*s* = Hebel zum Aufpumpen von Hand,
e = Tropfenfänger für Leckbrennstoff,	*l* = Schwinghebel,	*t* = Anfahrluftsteuerschieber,
f = Trennwand für Brennstoff und	*m* = Exzenterhebel,	*u* = Manövrierhebel,
Schmieröl,	*n* = Exzenter,	*v* = Unrunde Scheibe,
g = Deckel für Rollenführung,	*o* = Stößel für Saugventil,	*w* = Manövrierwelle.

Ende zur Einstellung des Spieles zwischen Rolle *b* und Nocken *a* dient) geschraubt ist, sowie zwei Augen *k*, die einen Bolzen tragen, der als Achse für den Schwinghebel *l* dient. Soll der Pumpenstempel mit seiner Buchse ausgebaut werden, so löst man die auf der Bedienungsseite liegenden Muttern der Bolzen *h* und kann dann den Deckel *g* abziehen; damit zieht man zugleich den Schwinghebel mit seinem rechten gegabelten Ende vom Mitnehmerstift der Rollenführung *c* ab. Diese liegt jetzt frei, und wenn man sie so kippt, daß zuerst nur ihr unteres Ende mit der Rolle eine Bewegung nach links macht, kann man den Tropfenfänger *e* durch die Aussparung in der Trennwand *f* schieben und die Rollenführung herausnehmen. Jetzt läßt sich auch der Pumpenstempel *b* mit seiner Buchse *a* (Bild 189) ausbauen: man schraubt die Überwurfmutter *c* so weit herunter, daß der geteilte Ring *d* nach den Seiten weggenommen werden kann; dann kann der Pumpenstempel mit der Buchse, dem Federteller und der Rückführungsfeder durch die Innenbohrung der Überwurfschraube *c* hindurch nach unten ausgebaut werden, da der Bund der Buchse im Durchmesser etwas kleiner als die Innenbohrung von *c* gehalten ist. Ebenso können die auszubauenden Teile durch die Öffnung in der Trennwand *f* geführt werden. Nur die Überwurfschraube *c* bleibt oberhalb der Trennwand.

Der Pumpenstempel dieser Pumpe läßt sich nicht so bequem ausbauen wie bei der Pumpe nach Bild 178; wollte man aber bei der wesentlich größeren Pumpe nach Bild 189 dieselben Anforderungen hinsichtlich Zugänglichkeit stellen wie dort, so würde die Bauhöhe erheblich vergrößert. Die gedrängte Bauart Bild 190 spart an Bauhöhe und entspricht doch hinsichtlich der Zugänglichkeit billigen Anforderungen.

Die Regelung ist grundsätzlich die gleiche wie bei den Pumpen Bild 178 und 188. Der Hebel l (Bild 190) erhält seine schwingende Bewegung von der Rollenführung und überträgt sie auf den Exzenterhebel m, der um das Exzenter n schwingt. An der Berührungsstelle von l und m liegen gehärtete Stahlplatten mit balligen Oberflächen; das Gewicht des freien Endes von m sorgt für dauernde Berührung (Federkraft ist entbehrlich, weil die Beschleunigungskräfte wegen der niedrigen Drehzahl von 90 U/min klein sind). Eine in m sitzende, durch Gegenmutter gesicherte Druckschraube mit gehärtetem Kopf drückt den Stößel o (Bild 189 und 190) des Saugventiles und damit auch dieses auf, wenn die Rolle b etwa auf der halben Höhe des Brennstoffnockens angelangt ist (Bild 115, S. 92). Die Pumpe arbeitet also nach dem Regelverfahren Bild 177a. Durch Verdrehen der allen Brennstoffpumpen der Maschine gemeinsamen Regelwelle p (Bild 190) kann das Exzentermittel gehoben und gesenkt und damit das Spiel zwischen Druckschraube und Stößel o verkleinert oder vergrößert werden, was die geförderte Brennstoffmenge im gleichen Sinn beeinflußt.

Der aus Stahlguß angefertigte Exzenterhebel m ist, wie aus Bild 190 ersichtlich, ähnlich wie das obere Ende der Rollenführung als Ableiter für den vom Saugventil abtropfenden Brennstoff ausgebildet. Dieser soll oberhalb der Trennwand f bleiben und sich nicht mit dem im unteren

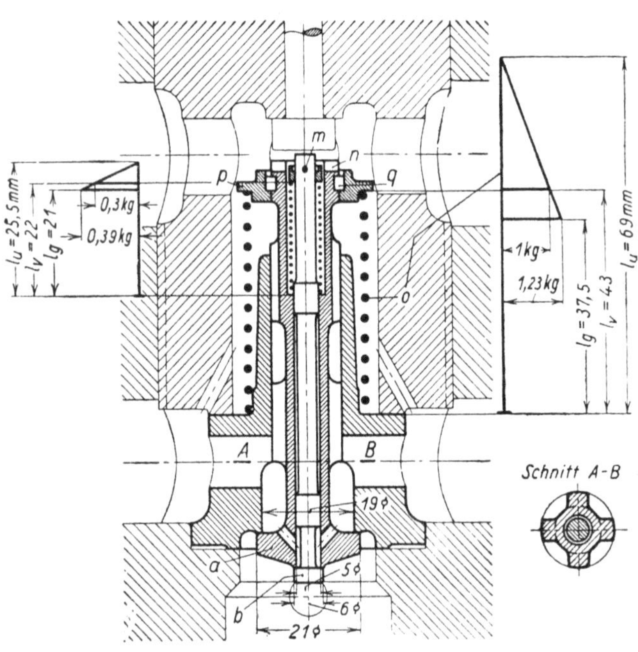

Bild 191. Saugventil mit Vorhubventil.

a = Haupt-Saugventil,
b = Vorhubventil,
m = Sicherungsstift,
n = Schlitz zum Einbringen von m.
o = Hauptventilfeder,
p = Federteller,
q = Geteilter Ring.

Teil umhergespritzten Schmieröl mischen, das dadurch an Schmierfähigkeit verlieren würde. Unter das linke Ende des Exzenterhebels m greift eine kleine Kurbel q, die durch einen Handgriff r (von dem in Bild 190 nur die Nabe sichtbar ist) um 180° umgelegt werden kann. Wenn dies geschieht, hebt q den Exzenterhebel m so hoch, daß das Saugventil nicht mehr schließen kann und die Pumpe nicht mehr fördert. Sollen die Brennstoffleitungen von Hand aufgepumpt werden (was nur nach Öffnen des Entlüftungsventiles am Brennstoffventil möglich ist), so führt man eine Stange s in die am kurzen Ende des Schwinghebels l befindliche Bohrung ein, wodurch man die Rollenführung mit dem Pumpenstempel anheben kann.

In Bild 190 ist auch der Anfahrluftsteuerschieber t gezeichnet, dessen Wirkungsweise später bei der Besprechung der Anfahrsteuerungen beschrieben werden wird. Hier sei nur erwähnt, daß der den Schieber t während des Anfahrens bewegende zweiarmige Hebel u ebenso wie der Hebel l von der Rollenführung eine ständige schwingende Bewegung erhält. Diese ist, solange Brennstoff gefördert wird, eine Leerbewegung: die beiden (gehärteten) Druckschrauben im rechten Arm von u berühren weder die unrunde Scheibe v auf der Manövrierwelle w noch das untere Ende von t. Der Hebel u tritt nur beim Anfahren und beim Umsteuern in Wirkung.

Das Saugventil einer so großen Pumpe steht während des Druckhubes des Pumpenstempels

unter einem Flüssigkeitsdruck beträchtlicher Größe, so daß der Regler im Augenblick der Ventil-
öffnung einen erheblichen Rückdruck erfährt. Diesen kann man vermindern, wenn man ein Ent-
lastungsventil (Vorhubventil) in den Ventilteller des Hauptventiles so einbaut, daß bei der
Unterbrechung der Brennstofförderung der Saugventilstößel (o in Bild 189 und 190) zuerst das
Vorhubventil, das seinen Sitz im Teller des Hauptventiles hat, um einen kleinen Betrag (0,5 mm)
öffnet und dann erst das Hauptventil aufdrückt. Durch das Öffnen des Vorhubventiles wird der
Druck auf der Druckseite des Saugventiles so weit erniedrigt, daß das Öffnen des Hauptventiles

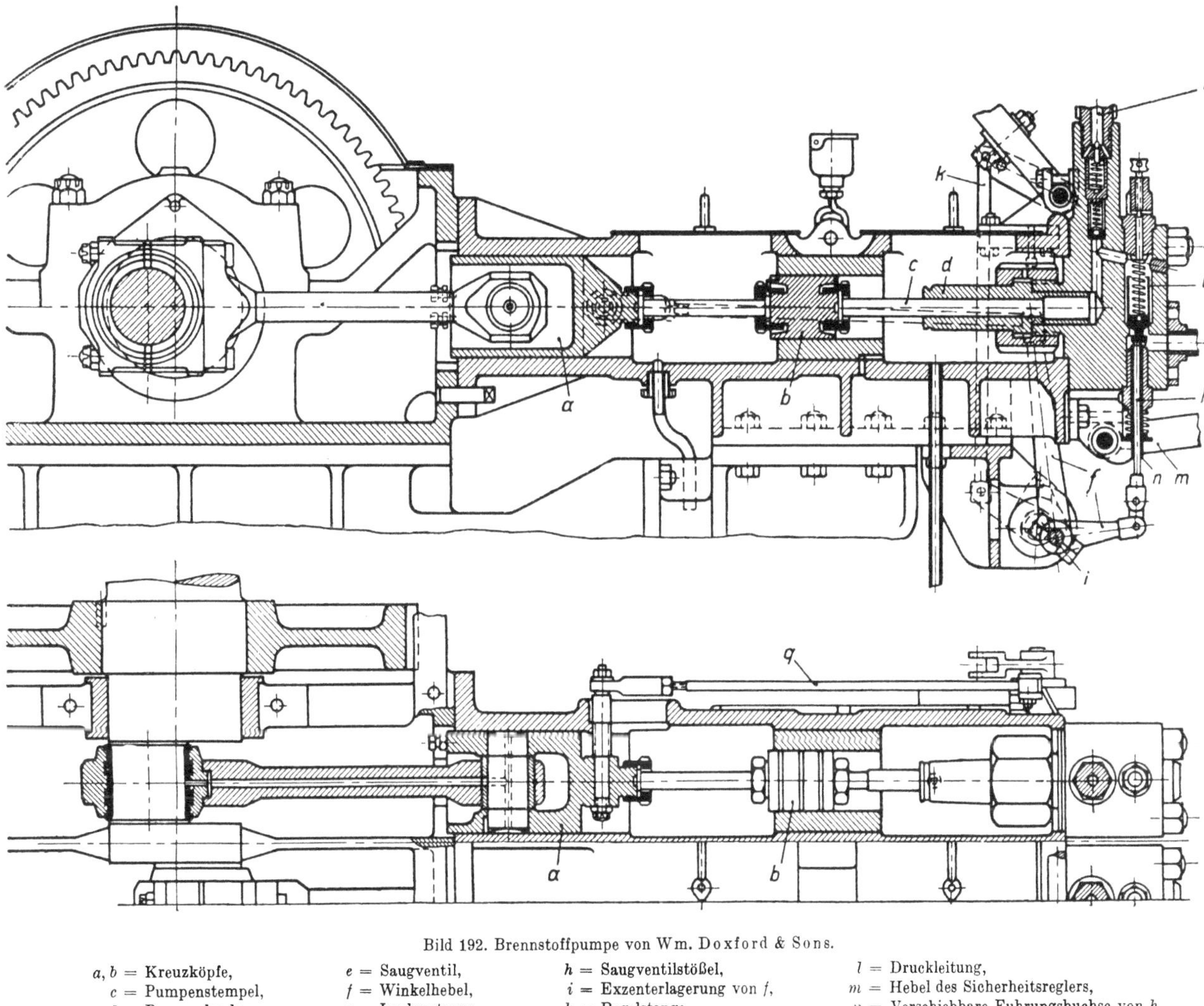

Bild 192. Brennstoffpumpe von Wm. Doxford & Sons.

a, b = Kreuzköpfe,	e = Saugventil,	h = Saugventilstößel,	l = Druckleitung,
c = Pumpenstempel,	f = Winkelhebel,	i = Exzenterlagerung von f,	m = Hebel des Sicherheitsreglers,
d = Pumpenbuchse,	g = Lenkerstange,	k = Regelstange,	n = Verschiebbare Fuhrungsbuchse von h.

keine große Kraft mehr erfordert. Bild 191 zeigt als Beispiel ein Saugventil mit Vorhubventil; die
Maße gelten für einen einfachwirkenden Zweitaktzylinder von 500 PSe Leistung. Die Spindel des
Vorhubventiles ist in einer Bohrung des Hauptventiles geführt; ihre Feder ist in der oberen erweiterten Schaftbohrung untergebracht. Sie kann herausgezogen werden, wenn man den sie haltenden kleinen Federteller ein wenig niederdrückt; dann läßt sich der Sicherungsstift m herausziehen, wenn man vorher die Ventilspindel so gedreht hat, daß die Bohrung von m in die Richtung
des in das obere Schaftende von a eingefrästen Schlitzes n fällt. Die Feder o des Hauptventiles
stützt sich gegen den Federteller p, der durch einen geteilten Ring q auf dem Ventilschaft a gehalten
wird. Die beiden Ringhälften greifen in eine Ringnut von a; sie können während des Betriebes
nicht herausfallen, da der durch die Feder o nach oben gedrückte Ventilteller sie davor schützt.
Will man die Hauptventilfeder o ausbauen, so drückt man p herunter und kann dann die Halb-

ringe q seitlich herausziehen, worauf der Teller p und die Feder o abgestreift werden können. Die Federdiagramme der großen Ventilfeder o und der kleineren Vorhubventilfeder sind in Bild 191 gezeichnet.

Abweichend von den bisher beschriebenen Pumpen arbeitet die Brennstoffpumpe von Wm. Doxford & Sons (Bild 192) nach dem Regelverfahren Bild 177b; auch ihr Antrieb durch Exzenter stellt eine Abweichung von der gewöhnlichen Bauart dar. Die Brennstoffpumpen aller Zylinder sind gemeinsam hinter der Hauptmaschine seitlich vom Drucklager der Wellenleitung angeordnet; sie werden von der Druckwelle durch ein Zahnradvorgelege mit der gleichen Drehzahl wie die Kurbelwelle angetrieben, da es sich um Zweitaktmaschinen handelt. Jede einzelne Pumpe hat einen eigenen Kreuzkopf a, der von einer gemeinsamen Kurbelwelle mit entsprechend der Zündfolge versetzten Kröpfungen durch eine Schubstange bewegt wird. Der Kreuzkopf a ist mit einem zweiten Kreuzkopf b verbunden; die Verbindungsstange ist querverschieblich, aber ohne Spiel in der Längsrichtung angeordnet, so daß keine Querkräfte auf den Kreuzkopf b und den Pumpenstempel c kommen können, der in die Stahlbuchse d öldicht eingeschliffen ist. Der Beginn der Brennstoffförderung wird durch früheres oder späteres Freigeben des Saugventiles e während des Druckhubes bestimmt. Hierzu wird das Saugventil durch den Winkelhebel f, der durch die Lenkerstange g vom Kreuzkopf a aus eine schwingende Bewegung erhält, und durch die Stange h im Takt der Pumpenhübe gehoben und gesenkt, und zwar so, daß es sich nur während des zweiten Teiles des Druckhubes auf seinen Sitz setzen kann, so daß nur während dieses Teiles eine Brennstofförderung möglich ist. Stehen die Kreuzköpfe a und b und der Stempel c in ihrer linken Totlage, so hat der Stößel h seine höchste Stellung und hebt das Saugventil e an, so daß kein

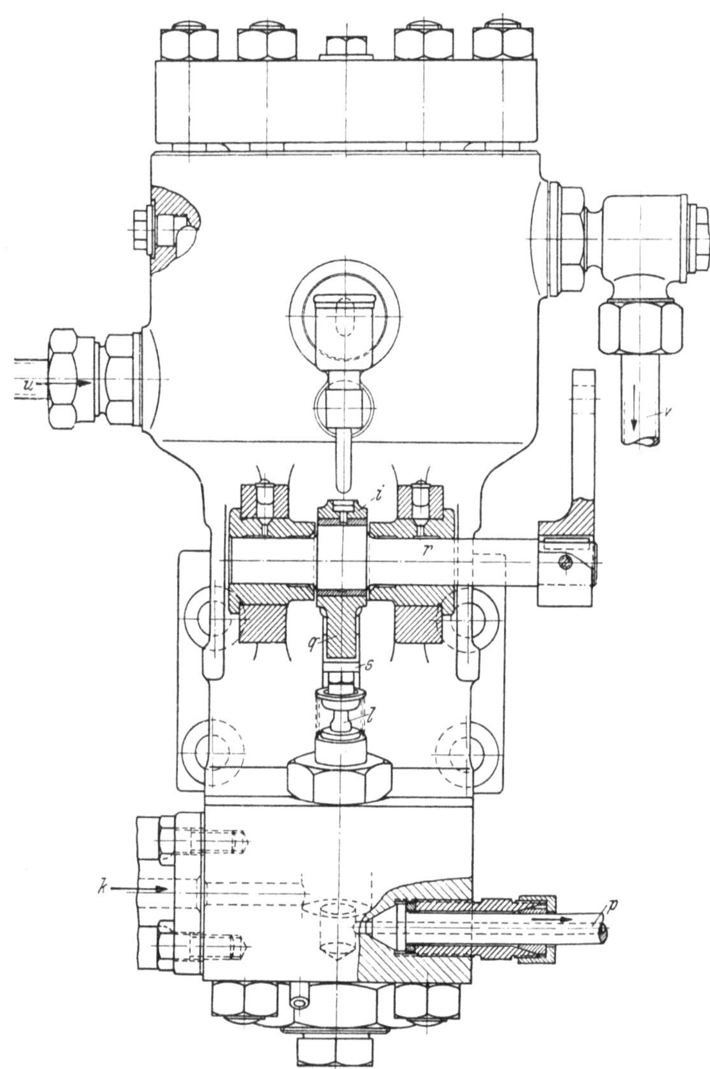

Bild 193. Ansicht gegen die Exzenterwelle.

Bild 193 und 194. Archaouloff-Brennstoffpumpe der Germaniawerft.

a = Pumpenbuchse,	m, m_1 = Saug- und Druckleitung,
b = Pumpenstempel,	n = Verdränger am Gaskolben,
c = Gaskolben,	o = Buchse,
d = Leitung zum Verdichtungsraum,	p = Brennstoffdruckleitung,
e_1, e_2 = Ruckführungsfeder,	q = Kurvenscheibe,
f = Druckstuck,	r = Regelwelle,
g = Federteller,	s = Blattfeder,
h = Gleitstein,	t = Anschluß an Preßschmierung,
i = Exzenterhebel,	u = Kuhlwassereintritt,
k = Brennstoffeintritt,	v = Kuhlwasseraustritt.
l = Saugventil,	

Brennstoff gefördert wird. Mit fortschreitender Bewegung von c nach rechts senkt sich h und gibt in irgendeinem Zeitpunkt das Saugventil e frei, so daß die Förderung beginnt. Der Augenblick, in welchem e freigegeben wird, kann durch zusätzliches Heben und Senken des Stößels h verändert werden, wozu der Drehpunkt i des Winkelhebels f exzentrisch gelagert ist. Durch das vom

Maschinistenstand aus betätigte Gestänge k kann i gehoben oder gesenkt werden, wodurch die Fördermenge in dem gewünschten Sinn beeinflußt wird. Bei l ist die zum Einspritzventil führende Druckleitung angeschlossen. Die Einspritzung erfolgt erst, wenn das Einspritzventil vom Brenn-

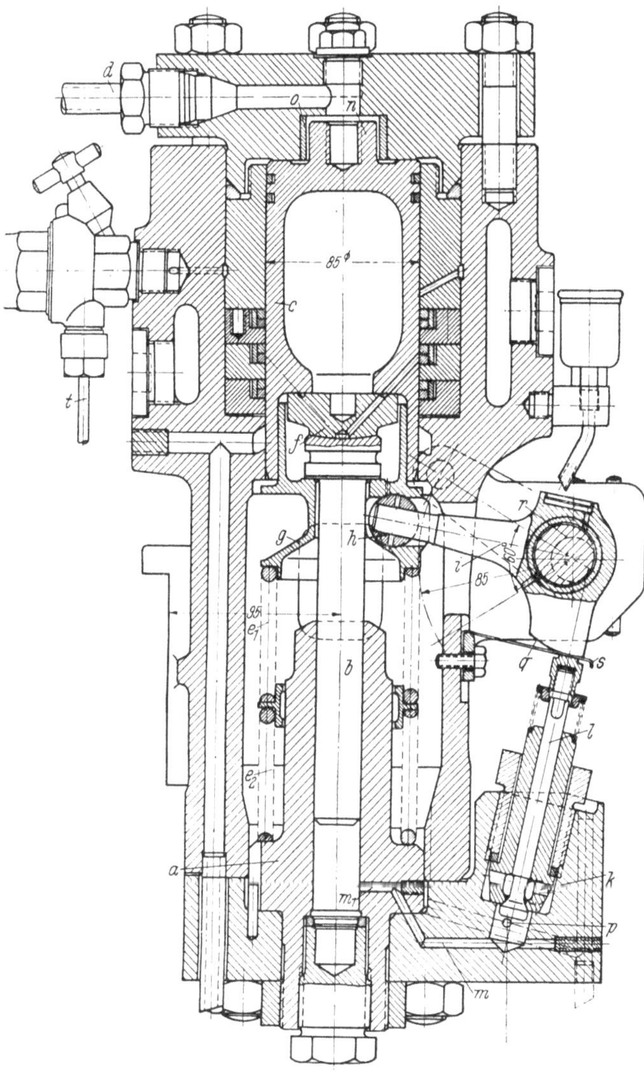

Bild 194. Querschnitt.

stoffnocken geöffnet wird, wie bei der Beschreibung von Bild 162 (S. 133) erwähnt wurde. Geringe zeitliche Unterschiede zwischen Beginn der Pumpenförderung und Öffnen des Einspritzventiles werden durch die als Aufnehmer wirkenden langen Druckleitungen ausgeglichen.

Um eine unzulässige Steigerung der Drehzahl zu verhindern, ist ein Sicherheitsregler vorgesehen, der am Hebel m angreift und bei Überschreiten einer bestimmten Drehzahl die verschiebbare Buchse n anhebt, in der h geführt ist. Dann bleibt das Saugventil e dauernd offen, und es wird kein Brennstoff gefördert. Derselbe Sicherheitsregler drückt zugleich die Nadel a des Brennstoffventiles (Bild 162) auf seinen Sitz, wie S. 133 beschrieben ist.

Zu den Brennstoffpumpen, bei denen die Fördermenge durch Einwirkung auf das Saugventil geregelt wird, gehört auch die von der Germaniawerft gebaute Archaouloff-Pumpe (Bild 193 und 194), deren Einspritzventil in Bild 157 beschrieben wurde. Ursprünglich zu dem Zweck entwickelt, ältere Einblaseluftmaschinen mit möglichst wenigen Änderungen in Druckeinspritzmaschinen umbauen zu können, hat sich das Archaouloff-Verfahren so gut bewährt, daß es seit einiger Zeit auch bei Neubauten angewendet wird. Der aus feinkörnigem Gußeisen hergestellte, in der stählernen Buchse a geführte Pumpenstempel b wird, abweichend von den in diesem Abschnitt beschriebenen Pumpen, nicht mechanisch, sondern durch einen Gaskolben c angetrieben, dessen obere Stirnseite durch das Rohr d mit dem Verdichtungsraum des Arbeitszylinders in Verbindung steht. Pumpenstempel und Gaskolben werden durch die Vorspannung der Rückführungsfeder e in ständiger Berührung miteinander gehalten; ein zwischen beide gelegtes, an der unteren Seite kugelig geformtes Druckstück f verhindert, daß Gaskolben und Stempel sich gegenseitig zwängen. Die Rückführungsfeder ist in zwei sonst gleiche, aber rechts- und linksgewundene Teile e_1, e_2 zerlegt; dadurch wird erreicht, daß der den Gaskolben tragende, mit dem Pumpenstempel verbundene Federteller g, der einen zylindrischen Gleitstein h zum Antrieb des Exzenterhebels i trägt, während des Hubes des Pumpenstempels keine Neigung zum Drehen zeigt und der Gleitstein nicht klemmen kann. Der Brennstoff tritt nach Durchströmen eines Windkessels und eines Filters unter geringem Überdruck bei k in den unteren Pumpendeckel und in den Raum oberhalb des Sitzes des Saugventiles l und, wenn der Pumpenstempel b seinen (aufwärts gerichteten) Saughub macht, durch das sich nach unten öffnende Saugventil und die Bohrungen m unter den Stempel. Dieser kann den

Saughub aber nur dann ausführen, wenn der Druck oberhalb des Gaskolbens c so niedrig ist, daß die Kraft der gespannten Federn e_1, e_2 ihn (und die Reibung des Gaskolbens in seiner Führung) überwindet. Das ist bei Viertaktmotoren während des Endes des Ausdehnungshubes, während des ganzen Auspuff- und Ansaughubes und zu Beginn des Verdichtungshubes der Fall, bei Zweitaktmaschinen nur während des Endes des Ausdehnungshubes und im ersten Teil des Verdichtungshubes. In dieser Zeit schiebt die Rückführungsfeder e den Gaskolben mit dem Pumpenstempel in seine obere Totlage, und zugleich füllt sich der Raum unter dem Pumpenstempel durch das sich öffnende Saugventil mit Brennstoff. Damit der Gaskolben am Ende seiner Aufwärtsbewegung nicht hart gegen den Deckel des Gaszylinders stößt, trägt er oben einen Verdrängeransatz n, der mit geringem Spiel von einer Buchse o umfaßt wird, wenn der Kolben sich seiner oberen Totlage nähert. Dadurch entsteht, sobald der Verdränger die Buchse erreicht hat, über der ringförmigen Stirnfläche des Kolbens ein abgeschnürter Raum, dessen verdichteter Inhalt nur langsam durch den Spalt zwischen Verdränger und Buchse entweichen kann und als Puffer wirkt. Ähnlich wird der Pumpenstempel beim Abwärtsgang abgefangen, der nur dann beginnen kann, wenn infolge der zunehmenden Verdichtung im Arbeitszylinder der Druck auf den Gaskolben so stark geworden ist, daß der Stempel c unter Überwindung der Spannung der Federn e_1, e_2 das Treiböl hinreichend weit zusammengedrückt hat, um das Einspritzventil (Bild 157, S. 130) öffnen zu können. Dann bewegt sich der Stempel rasch nach unten, jedoch nur so lange, bis seine Unterkante die Bohrung m_1 abgedeckt hat; von da ab stößt der Stempel auf ein Treibölpolster, das seine Bewegung bremst. Während seines Abwärtshubes hat der Stempel das beim Aufwärtshub angesaugte Treiböl durch die Bohrungen m_1 und m in die zum Einspritzventil führende Druckleitung p gefördert.

Die Regelung der geförderten Brennstoffmenge ist der in Bild 192 dargestellten ähnlich. Der Exzenterhebel i, der seine schwingende Bewegung vom Gleitstein h erhält, ist mit einer Kurvenscheibe q versehen, die so geformt ist, daß sie bei der oberen Totlage des Stempels und in der höchsten Stellung des Exzenters das mit einer gehärteten Kappe versehene obere Ende des Saugventiles nicht berührt, bei tiefster Lage des Exzentermittelpunktes das Saugventil ganz aufdrückt. Je nach der Höhenlage des Exzentermittels, die durch Verdrehen der Regelwelle r vom Maschinisten eingestellt wird, gibt die Kurvenscheibe q das Saugventil früher oder später frei; danach richtet sich die Menge des in die Druckleitung geförderten Brennstoffes. Es wird somit bei dem Archaouloff-Verfahren der Beginn der Förderung verändert (Bild 177b); das Ende ist durch das Abdecken der Bohrung m_1 durch den Stempel gegeben und somit konstant. Der Beginn der Einspritzung richtet sich nach der Spannung der Feder des Einspritzventiles.

Damit die Bewegung der Kurvenscheibe q keine seitlichen Kräfte auf die Spindel des Saugventiles ausüben kann, ist zwischen beide eine Blattfeder s gelegt, welche die Reibung der Kurvenscheibe von der Ventilspindel fernhält.

Der Gaskolben ist in einer gußeisernen Einsatzbuchse geführt und gegen diese in seinem oberen Teil durch zwei Kolbenringe, im unteren durch drei Paar in Kammerringen liegende, nach innen federnde Ringe abgedichtet und bei t an die Preßschmierung angeschlossen. Der äußere Zylinder ist wassergekühlt, da die Wärme, die durch die vom Verbrennungsraum kommende Leitung d in den Gaszylinder gelangt, abgeführt werden muß. Das Kühlwasser tritt bei u ein und bei v aus.

b) Brennstoffpumpen mit Regelung durch ein Überströmorgan

Statt das Saugventil für die Begrenzung der Förderung des Pumpenstempels zu benutzen, kann man auch ein besonderes Ventil, das Überströmventil, vorsehen, das vom Steuerungsgestänge betätigt wird, während das Saugventil ungesteuert bleibt. Grundsätzlich wird dadurch die gleiche Wirkung erzielt wie bei der Steuerung des Saugventiles, doch ergibt sich der Vorteil, daß der Pumpenstempel nicht sogleich das entspannte Treiböl wieder ansaugt und die Strömung des Treiböles nicht ihre Richtung wechselt. Schwingungen der Treibölsäule in der Saugleitung werden dadurch vermieden.

Bild 195 zeigt den Pumpenkörper mit Ventilen, Bild 196 den Antrieb des Pumpenstempels und die Regelung der Brennstoffpumpe für eine doppeltwirkende Zweitaktmaschine der Maschinenfabrik Augsburg-Nürnberg. Der Pumpenstempel a (Bild 195) saugt beim Abwärtsgang den durch die Leitung b zugeführten Brennstoff durch das ungesteuerte Saugventil c an und drückt ihn beim Aufwärtsgang durch die beiden hintereinandergeschalteten Druckventile d in die zum Einspritzventil führende Druckleitung e. An den Raum zwischen den beiden Druckventilen ist die zum Überströmventil f führende Bohrung g angeschlossen. Das Überströmventil ist durch die Feder h belastet, die kräftig genug ist, um das Ventil, dessen Kegel auf der Unterseite während der Einspritzung unter dem Einspritzdruck steht, entgegen diesem Druck geschlossen zu halten. Wird das Überströmventil am Ende des Förderhubes durch das Regelgestänge aufgestoßen, so schiebt der sich noch weiter aufwärts bewegende Pumpenstempel das Treiböl durch das untere

Druckventil d, die Bohrung g und den Sitz des geöffneten Überströmventils f in die Überströmleitung i, von der es in die Saugleitung b zurückgeführt wird. Das obere Druckventil schlägt, wenn das Überströmventil öffnet, unter der Wirkung des in der Einspritzleitung e stehenbleibenden Druckes zu, so daß kein Brennstoff mehr zum Einspritzventil gelangt. Wenn der Pumpenstempel seine Bewegungsrichtung umkehrt, also den Saughub beginnt, so kann er keinen Brennstoff aus der Überströmleitung zurücksaugen, auch wenn das Überströmventil noch eine kurze Zeit geöffnet bleibt (s. unt.), weil nunmehr auch das untere Druckventil schließt. Der Stempel kann den Brennstoff stets nur aus der Leitung b ansaugen.

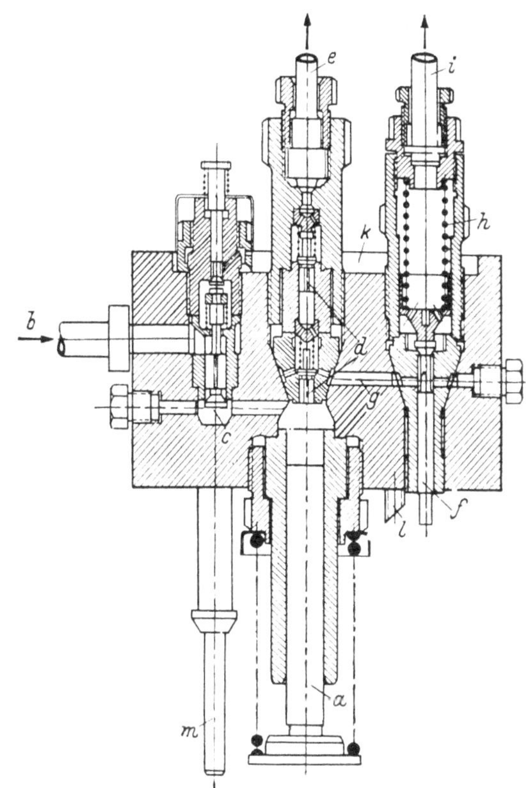

Bild 195. Brennstoffpumpe für eine doppeltwirkende Zweitaktmaschine der Maschinenfabrik Augsburg-Nürnberg A.-G.

Die Einfräsung k auf der oberen Stirnfläche des Pumpenblockes dient zum Auffangen von Leckbrennstoff, der durch eine Bohrung im Pumpenblock und ein Rohr l in den dafür bestimmten Raum unterhalb des Pumpenblockes abfließen kann. Mittels der mit einem Bund versehenen Spindel m und eines Handhebels kann die Rollenführung so weit angehoben werden, daß die Rolle außer Eingriff mit dem Nocken kommt, wenn die Pumpe stillgesetzt werden soll (Bild 196).

a = Pumpenstempel,	h = Feder für Überströmventil,
b = Brennstoffzuleitung,	i = Überströmleitung,
c = Saugventil,	k = Wanne für Lecköl,
d = Druckventile,	l = Leckbrennstoffleitung,
e = Druckleitung,	m = Spindel zur Hubbegrenzung
f = Überströmventil,	und zum Anheben der
g = Bohrung zwischen Druck-	Rollenführung.
raum und Überströmventil,	

Die Steuerung des Überströmventiles ist so durchgebildet, daß sowohl das Ende wie auch der Beginn der Brennstofförderung geregelt wird. Hierzu sind zwei Schwinghebel a_1, a_2 (Bild 196) vorgesehen, von denen der untere, a_1, durch einen mit ihm starr verbundenen Lenker b von der Rollenführung in schwingende Bewegung versetzt wird. Jeder der Hebel a_1, a_2 schwingt um ein Exzenter c_1, c_2, deren Wellen d_1, d_2, die unveränderlichen Abstand haben, durch Zahnsegmente e_1, e_2 miteinander gekuppelt sind, so daß, wenn e_1 eine Bewegung entgegen dem Uhrzeigersinn macht, e_2 sich im Uhrzeigersinn um den gleichen Winkel dreht. Der untere Schwinghebel a_1 hat die gleiche Funktion wie der Schwinghebel n in Bild 178: er stößt, wenn die Rollenführung einen Teil (etwa die Hälfte) ihres Aufwärtshubes zurückgelegt hat, das Überströmventil f (Bild 195 und 196) auf, nämlich dann, wenn das Spiel zwischen der in das freie Ende des Schwinghebels a_1 eingelassenen gehärteten Druckplatte g und dem unteren Ende des Stößels h (sowie etwa vorhandenes weiteres Spiel zwischen h und f) Null geworden ist. Dadurch wird die Förderung von Brennstoff in die Druckleitung unterbrochen, wie bei der Beschreibung von Bild 195 erläutert worden ist. Eine Drehung der Exzenterwelle d_1 entgegen dem Uhrzeiger senkt den Mittelpunkt des Exzenters c_1 und vergrößert das Spiel zwischen g und h, verschiebt also das Ende der Förderung auf einen höheren Punkt des Nockens (Bild 197). Insoweit ist diese Regelung die gleiche wie die in den Abbildungen 178, 188 und 189 beschriebene, nur daß dort das Saugventil zur Unterbrechung der Förderung benutzt wurde. Bei der Pumpe der MAN ist aber noch eine weitere Regelung vorgesehen, die auch den Beginn der Förderung steuert. Diesem Zweck dient der zweite, obere Schwinghebel a_2 (Bild 196), der sich mit seinem nach unten weisenden Ende gegen eine in den unteren Schwinghebel a_1 eingesetzte Druckschraube i legt, während das waagerechte Ende mit einer Gabel unter die Stößelführung k greift. Diese wird nach richtiger Einstellung mit dem Stößel h fest verschraubt. Die Druckfeder l hält das waagerechte Ende des oberen Schwinghebels in kraftschlüssiger Verbindung mit der Stößelführung und dadurch auch mit dem Stößel selbst.

Fast während des ganzen Aufwärts- und Abwärtshubes des Pumpenstempels tritt der obere Schwinghebel nicht in Wirkung. Solange Spiel zwischen g und h vorhanden ist, hält die starke Feder (h in Bild 195) das Überströmventil geschlossen; die schwache Feder l (Bild 196) ist nicht imstande, es zu öffnen, sie legt nur den Kopf des Ventilstößels h gegen die untere Stirnfläche der Spindel f des Überströmventiles. Die Druckschraube i im unteren Schwinghebel entfernt sich während des Förderhubes von dem ihr gegenüberstehenden Arm des oberen Schwinghebels und übt keine Kraft auf diesen aus. Wenn das Spiel zwischen g und h Null geworden ist, drückt g das Über-

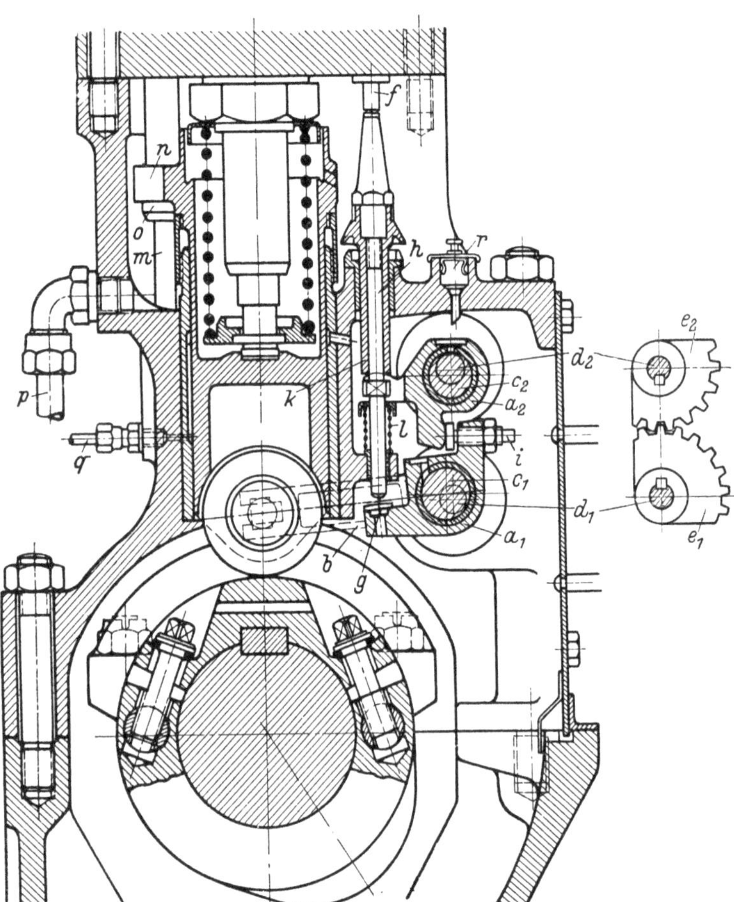

Bild 196. Antrieb des Pumpenstempels und Regelung der Brennstoffpumpe Bild 195.

a_1 = Unterer Schwinghebel,
a_2 = Oberer Schwinghebel,
b = Lenker zum Antrieb von a_1,
c_1, c_2 = Exzenter,
d_1, d_2 = Exzenterwellen,
e_1, e_2 = Zahnsegmente,
f = Überströmventil,
g = Druckplatte,
h = Stößel,
i = Druckschraube,
k = Stößelführung,
l = Druckfeder,
m = Spindel zur Hubbegrenzung und zum Anheben der Rollenführung,
n = Flansch an der Rollenführung,
o = Bund auf m,
p = Leckbrennstoffleitung,
q = Druckschmierung der Rollenführung,
r = Handschmierung der Schwinghebel.

strömventil auf, und die Förderung wird unterbrochen. Die Rollenführung hat jetzt erst etwa ihren halben Aufwärtshub zurückgelegt (vgl. Bild 197); sie bewegt sich weiter nach oben, wobei der Stößel h durch a_1 mitgenommen wird und der Schwinghebel a_2 unter der Einwirkung der Feder l folgt, unbehindert durch die sich weiter entfernende Druckschraube i. Im oberen Totpunkt des Pumpenstempels kehren sich die Bewegungen um: die Rollenführung geht abwärts, und mit ihr senkt sich der Stößel h, bis er etwa in der Mitte des Abwärtshubes das Überströmventil freigibt, das nunmehr schließt. Der Pumpenstempel macht währenddessen seinen Saughub, der, da das untere Druckventil d (Bild 195) geschlossen ist, von der Bewegung des Überströmventilkegels nicht beeinflußt wird. Von dem Zeitpunkt an, wo sich dieser auf seinen Sitz gesetzt hat, drückt die Feder l den Ventilstößel gegen das untere Ende der Spindel des Überströmventiles, so daß der Stößel stillsteht, wodurch auch der obere Schwinghebel a_2 eine Zeitlang festgehalten wird. Gegen das Ende des Abwärtshubes, einige mm vor dem unteren Totpunkt der Stempelbewegung, ist aber die Druckschraube i im unteren Schwinghebel dem ihr gegenüberstehenden Arm von a_2 so nahe gekommen, daß sie diesen berührt, und während der letzten mm des Abwärtshubes drückt i das Überströmventil wieder auf.

Der Beginn des nächsten Druckhubes des Stempels findet also ein geöffnetes Überströmventil vor; der Betrag, um den der Überströmventilkegel im unteren Totpunkt der Rollenführung angehoben ist, wird mit der Druckschraube i eingestellt. Er beträgt normal 2 bis 3 mm und verringert sich sofort, wenn der Stempel seinen Druckhub beginnt, denn alsbald beginnt i, sich nach rechts zu bewegen und den oberen Schwinghebel freizugeben. Dieser folgt unter der Wirkung der Feder h (Bild 195) der Druckschraube i noch ein kurzes Stück, bis das Überströmventil schließt, worauf der obere Schwinghebel stehenbleibt, da er von der Druckfeder l (Bild 196) gegen die untere Stirnfläche der Stößelführung k gedrückt wird. Das Schließen des Überströmventiles ist der Beginn der Pumpenförderung, die erst, wenn das Spiel zwischen g und h Null geworden ist, unterbrochen wird. Die weiteren Bewegungen der Steuerungsteile sind schon beschrieben.

Die während einer Aufwärtsbewegung des Pumpenstempels geförderte Brennstoffmenge entspricht dem Stempelhub, der zwischen dem vom oberen Schwinghebel beeinflußten Schließen und dem durch den unteren Schwinghebel bewirkten Öffnen des Überströmventiles zurückgelegt wird. Ein Drehen der unteren Exzenterwelle d_1 entgegen dem Uhrzeiger vergrößert das Spiel zwischen Druckplatte g und Stößel h, was ein späteres Öffnen des Überströmventiles und eine Vergrößerung der Fördermenge zur Folge hat. Mit der unteren Exzenterwelle dreht sich aber auch die obere d_2, die mit der unteren durch Zahnsegmente gekuppelt ist, und zwar im Uhrzeigersinn. Dabei bewegt sich der Mittelpunkt des Exzenters c_2 ein wenig nach

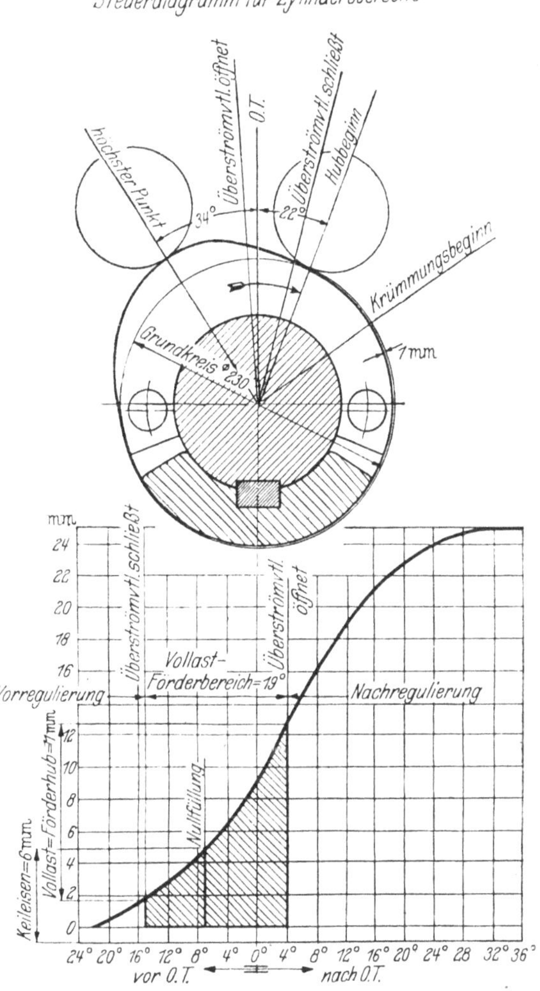

Bild 197. Steuerdiagramm für die Brennstoffpumpe der oberen Zylinderseite einer doppeltwirkenden Zweitaktmaschine der Maschinenfabrik Augsburg-Nürnberg A.-G. (9 Zylinder, 530 mm Dmr., 760 mm Hub, 5650 PSe bei 225 U/min).

links; das waagerechte gegabelte Ende von a_2 gleitet auf der unteren Stirnfläche von k ebenfalls um eine kleine Strecke nach links und damit auch der der Druckschraube i gegenüberliegende Berührungspunkt auf a_2. Die Druckschraube gibt daher bei Beginn der Aufwärtsbewegung der Rollenführung den Schwinghebel a_2 früher frei, und die Brennstofförderung beginnt ebenfalls früher. Es handelt sich hier also um eine Regelung durch Verlegung von Beginn und Ende der Förderung nach dem Schema Bild 177c.

Den Zusammenhang zwischen Beginn und Ende der Förderung, wirksamem Förderhub und Steuerungszeiten übersieht man, wenn man die Ordinaten der Rollenmittelpunktkurve (die für die Stempelhübe maßgebend sind) über den Kurbelgraden als Abszissen aufträgt (Bild 197). Die gesamte Höhe des Nockens, vom Grundkreis aus gerechnet, beträgt in diesem Fall 26 mm; da

1 mm Rollenspiel (zwischen Grundkreis und Rolle bei tiefster Stellung der Rollenführung) vorgesehen ist, so wird der Hub der Rollenführung 25 mm. Von diesem werden nur 11 mm für die Brennstofförderung bei Vollast ausgenutzt, denn das Überströmventil wird vom Schwinghebel a_2 zum Schließen freigegeben, wenn die Rollenführung sich um 1,7 mm aufwärts bewegt hat, und nach 12,7 mm Hub wird das Überströmventil vom Schwinghebel a_1 geöffnet. Der Beginn der Förderung liegt bei Vollast 15° vor dem oberen Totpunkt, das Ende 4° nach dem oberen Totpunkt. Der Förderbereich der Vollast beträgt somit 19 Kurbelgrade. Besondere Bedeutung kommt dem in Bild 197 mit „Nullfüllung" bezeichneten Punkt zu. Es ist dies der Punkt, von dem aus bei Verdrehen der Exzenterwellen d_1, d_2 (Bild 196) im Sinn der Vergrößerung der Füllung der Endpunkt der Förderung („Überströmventil öffnet") auf der Rollenmittelpunktkurve nach rechts oben, der Beginn der Förderung („Überströmventil schließt") nach links unten wandert. Der Nullfüllungspunkt wird bei stillstehender Maschine eingestellt, indem man die Rollenführung mit einer Vorrichtung anhebt und zwischen Rolle und Grundkreis des Nockens ein Stichmaß von genau abgemessener Stärke (hier 6 mm) schiebt. Das entspricht wegen des Rollenspieles von 1 mm einem Hub der Rollenführung von 5 mm. Darauf wird der Ventilstößel h (Bild 196), indem man seine mit Gewinde zusammengesetzten Teile gegeneinander verdreht, so verlängert, daß sein oberes Ende an der Überströmventilspindel, das untere an der Druckplatte g anliegt; sodann wird die Druckschraube i so weit nachgestellt, daß auch das gegabelte Ende des oberen Schwinghebels die Unterkante der Stößelführung k gerade berührt. Währenddessen müssen die beiden Exzenterwellen d_1, d_2 in ihrer einen Endstellung stehen, die der Nullführung entspricht. Entfernt man jetzt das Stichmaß und bewegt die Rollenführung von Hand, so wird kein Brennstoff gefördert, denn bei Hüben von 5 mm (= Stichmaß minus Rollenspiel) an abwärts drückt die nach links sich bewegende Druckschraube i das Überströmventil auf, und bei Hüben über 5 mm öffnet die Druckplatte g das Überströmventil. Dreht man aber die Exzenterwellen in irgendeine Füllungsstellung, so wächst der nutzbare Förderhub von der Nullfüllung aus nach beiden Seiten an (Bild 197): die Förderung beginnt früher und hört später auf, weil sowohl das Spiel zwischen g und h (Bild 196) wie auch zwischen i und a_2 endliche Werte annimmt. Der Einspritzbogen, d. i. der Teil des Kurbelkreises, den der Mittelpunkt des Kurbelzapfens während der Einspritzung zurücklegt, wächst von der Nullfüllung aus nach beiden Seiten.

Diese Regelung hat den Vorteil, daß bei kleinen Belastungen, die bei Schiffsmaschinen kleinen Drehzahlen entsprechen, nicht nur die Brennstofförderung früher aufhört, sondern auch später beginnt (Bild 177c). Dadurch wird verhindert, daß der Brennstoff bei langsamer Drehzahl zu früh in den Brennraum gelangt, und das Auftreten harter Zündungen bei langsamer Fahrt vermieden.

Das Spiel zwischen Grundkreis des Nockens und Rolle wird, wie bei der Beschreibung von Bild 195 erwähnt, dadurch hergestellt, daß die mit einem Flansch n (Bild 196) versehene Rollenführung sich gegen einen auf der Spindel m sitzenden Bund o legt, wenn die Rolle 1 mm über dem Grundkreis steht. Die Spindel m kann auch durch einen auf den Pumpenblock gesetzten Handhebel von Hand bewegt werden, wodurch die Druckleitung vor dem Anfahren (bei geöffnetem Einspritzventil) aufgepumpt wird.

Zu Bild 196 ist zu erwähnen, daß der Raum unterhalb des Pumpenblockes durch eine etwas geneigte Trennwand in zwei Teile zerlegt ist. In dem oberen kann sich aller Leckbrennstoff sammeln, der vom Pumpenstempel oder dem Überströmventil abtropft; Abschirmungen an den bewegten Teilen verhindern, daß er in den unteren Raum gelangt. Der Leckbrennstoff wird durch die Leitung p in einen Sammelbehälter geführt. In den unteren Raum kann nur das Schmieröl gelangen, das von der Druckschmierung q und von der Handschmierung r der Schwinghebel herrührt.

Für jede Zylinderseite sind zwei Brennstoffnocken (Bild 198) vorgesehen, von denen der eine bei Vorwärts-, der andere bei Rückwärtsfahrt mit der Nockenwelle unter die Brennstoffrolle geschoben wird. Ein Klemmbügel a ist auf der Nockenwelle aufgekeilt; an ihm greifen zwei auf kugeligen Unterlegscheiben b ruhende Klemmschrauben c an, die in Drehbolzen d geschraubt sind, wodurch die Nockensegmente mit der Welle verspannt werden. Diese Befestigung erlaubt eine Verdrehung der Nocken relativ zur Welle um $\pm 10°$ und damit die Festlegung der Rollenmittelpunktkurve gegenüber dem oberen Totpunkt (Bild 197). Die seitliche Abschrägung der Nocken von 35° ermöglicht ein Verschieben der Nockenwelle während des Umsteuervorganges.

Wenn die abgewickelte Rollenmittelpunktkurve bestimmt, ist, kann aus ihr die auszuführende Form des Brennstoffnockens ermittelt werden (vgl. S. 93). Man wickelt die Rollenmittel-punktkurve auf einem Kreis auf, der um den Mittelpunkt des Grundkreises mit einem Radius geschlagen wird, dessen Länge gleich dem Abstand des Rollenmittelpunktes von der Achse der Nockenwelle ist, wenn die Rolle in ihrer tiefsten Lage steht. Aus den Punkten der so entstandenen Kurve schlägt man mit dem Radius der Rolle Kreisbögen, deren Umhüllende die Form des Nockens ergibt. Hiernach wird eine Schablone angefertigt, die man härtet und zur Herstellung des Nockens in der Kopierfräsmaschine benutzt. In einer Kopierschleifmaschine (Bild 199) erhält der Nocken a seine endgültige Form. Er wird zwischen zwei auf einer langsam umlaufenden Welle befestigte Scheiben geklemmt; ihm gegenüber steht der rasch rotierende Schleifstein b, dessen Welle unverschieblich gelagert ist. Die den Nocken tragende Welle ist verschieblich; sie wird von einem Schlitten c getragen, der während des Schleifens eine hin und her gehende Bewegung senkrecht zur Achse des Schleifsteines ausführt. Diese entsteht dadurch, daß der Schlitten c durch ein (in Bild 199 nicht sichtbares) Gewicht ständig nach rechts gedrückt wird, bis der zu schleifende Nocken a sich gegen den Schleifstein b legt. Der Hub, den der Schlitten macht, ist gleich der Höhe des Nockens. Der Schleifstein nimmt so lange Material vom Nocken ab, bis der auf derselben Welle wie a sitzende, mit ihr umlaufende Kopiernocken d sich gegen die auf der Welle b lose sitzende Rolle e legt, die denselben Durchmesser wie der Schleifstein hat. Der Nocken a muß dann genau dasselbe Profil wie der Kopiernocken d angenommen haben.

Zur Steuerung der vom Pumpenstempel geförderten Brennstoffmenge hat man früher vielfach die sogenannte Drosselregelung benutzt, besonders bei kleineren Maschinen, bei denen sich ein großer konstruktiver Aufwand aus wirtschaftlichen Gründen verbietet.

Bild 200 zeigt eine früher von den Motoren-Werken Mannheim gebaute Brennstoffpumpe mit Drosselregelung. In den aus Stahl geschmiedeten Pumpenblock a ist die aus Werkzeugstahl hergestellte Stempelbuchse b mittels einer Überwurfschraube c eingesetzt, deren rohrförmige Verlängerung zugleich als Begrenzung für den Saughub des Stempels d dient. Der Antrieb des Stempels (durch Nocken, in einem Schwinghebel gelagerte Rolle und Stößel) ist hier nicht gezeichnet.

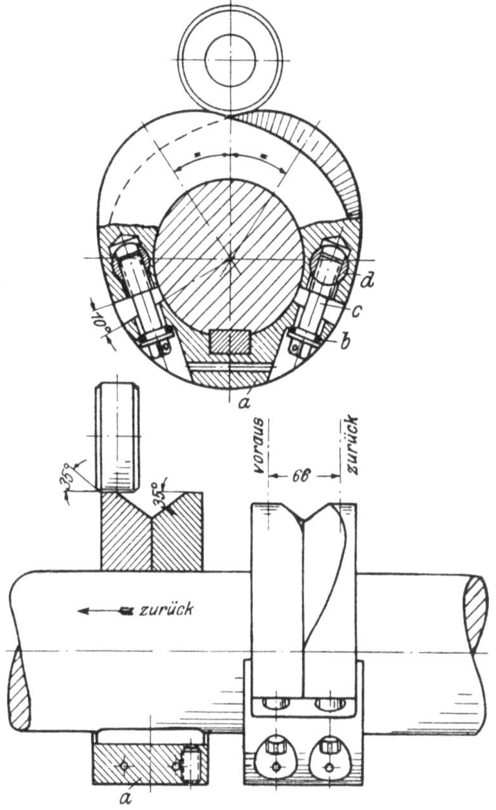

Bild 198. Nocken zur Brennstoffpumpe Bild 195 und 196.

a = Klemmbügel,　　　　　　c = Klemmschrauben,
b = Kugelige Unterlegscheiben,　d = Drehbolzen.

Bild 199. Kopierschleifmaschine für Brennstoffnocken.

a = Zu schleifender Nocken,　d = Kopiernocken,
b = Schleifstein,　　　　　　e = Lose Rolle auf der Welle
c = Schlitten,　　　　　　　　　 von b.

Der Brennstoff tritt durch die Zuleitung *e* in den Saugraum *f* und von dort durch das Saugventil *g* und
das Druckventil *h* (dessen Hub auf 1 mm begrenzt ist) in die zum Einspritzventil führende Druckleitung *i*. Den vom Stempel zuviel geförderten Brennstoff läßt das vom Regler gesteuerte Überströmventil *k* in den Saugraum zurücktreten. Das Ventil besteht aus einer Ventilnadel mit konischem Sitz, die in einer Buchse *l* aus Hartbronze geführt und mit Flachgewinde *m* versehen ist.
Dreht der Regler die Nadel, so gibt diese einen mehr oder weniger großen Querschnitt frei, und

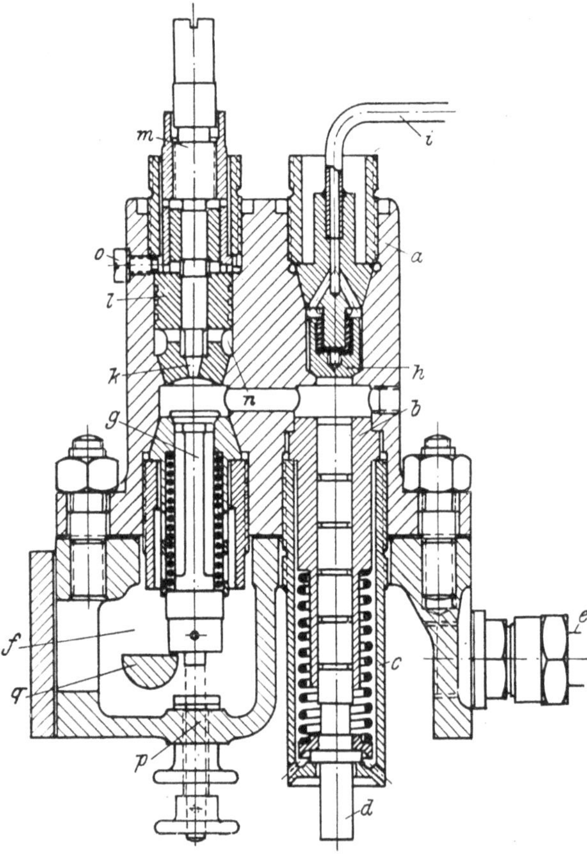

der überschüssige Brennstoff tritt in den
Raum *n*, von wo aus er durch eine waagerechte und eine senkrechte Bohrung im
Pumpenblock (im Bild nicht sichtbar) in
den Saugraum *f* zurückfließt. Die Führungsbuchse *l* ist durch eine Zapfenschraube *o* am
Drehen verhindert. Durch Hochschrauben
der Spindel *p* kann eine Brennstoffpumpe
von Hand abgeschaltet werden, während eine
Drehung der durchlaufenden ausgeklinkten
Welle *q* die Saugventile aller Pumpen anhebt,
womit der Motor abgestellt wird.

Die Drosselregelung ist früher vielfach ausgeführt wo den; sie hat dort genügt, wo, wie
bei Bootsmotoren, an die Gleichmäßigkeit
des Ganges keine hohen Forderungen gestellt
werden. Heute ist sie durch die exakter
arbeitende Regelung durch Überströmventil
mit Ventilkegel verdrängt, die ein besseres
Dichthalten des Ventiles während der Einspritzung und schärferes Abreißen der Brennstofförderung am Ende der Einspritzung
ermöglicht.

Zu den Brennstoffpumpen mit Regelung
durch ein Überströmorgan gehören die Pumpen mit Schrägschlitzsteuerung, die
besonders für kleinere Schnelläufer (Fahrzeugmotoren) viel in Gebrauch sind. Bild 201
erläutert die Wirkungsweise durch Wiedergabe verschiedener Stellungen des Stempels der Bosch-Pumpe. Bei *a* tritt der
Brennstoff in den über die Stirnfläche des
Kolbens liegenden Raum, in welchem der
Stempel beim Abwärtsgang ein Vakuum
erzeugt hat (Stellung *A*). Beim Aufwärtsgang fördert der Stempel, nachdem seine
obere steuernde Kante *c* die Saugöffnung *a*

Bild 200. Brennstoffpumpe mit Drosselregelung der Motoren-Werke
Mannheim A.-G.

a = Pumpenblock,
b = Stempelbuchse,
c = Überwurfschraube,
d = Pumpenstempel,
e = Brennstoffzuleitung,
f = Saugraum,
g = Saugventil,
h = Druckventil,
i = Druckleitung,
k = Überstromventil,

l = Führungsbuchse für die Ventil-
    nadel,
m = Flachgewinde der Ventilnadel,
n = Überströmraum,
o = Zapfenschraube zur Sicherung
    von *l*,
p = Abstellung einer Pumpe von
    Hand,
q = Gemeinsame Abstellung aller
    Pumpen.

und die Überströmöffnung *b* abgedeckt hat, durch das am oberen Ende des Pumpenzylinders
angeordnete (nicht gezeichnete) Druckventil in die Leitung zur Einspritzdüse. Der Stempel
ist mit einer Aussparung von der aus Bild 201 ersichtlichen Form versehen, die unten in einer
Ringnut endet, während ihre obere Begrenzungskante *d* in einer Spirale um das obere Ende des
Stempels verläuft. Eine senkrechte Nut *e* verbindet den Raum oberhalb der Stirnfläche mit der
unteren Ringnut. Der Stempel kann von Hand oder durch den Regler verdreht werden. Steht er
so, daß die Nut *e* sich mit der Überströmöffnung *b* deckt (Stellung *E*), dann fließt die ganze vom
Stempel geförderte Brennstoffmenge durch *e* und *b* ab: der Motor bleibt stehen. Wird der Stempel
so gedreht, daß die Nut *e* nicht mehr über der Bohrung *b* liegt, dann wird Brennstoff in die Druckleitung gefördert, und zwar so lange, wie (nach Abschluß der Öffnungen *a* und *b*) die oberhalb

der spiraligen Kante d liegende unverletzte Mantelfläche des Stempels die Überströmöffnung b abdeckt. Wenn die Kante d die Bohrung b anschneidet, beginnt das Überströmen, denn der Brennstoff kann nunmehr durch die Nut e in die Aussparung unterhalb der Spiralkante gelangen und durch b abfließen; die Förderung in die Einspritzleitung hört auf. In Bild 201 B und D ist der Stempel in Stellungen gezeichnet, in denen das Überströmen gerade beginnt, in Bild 201 B nach einem längeren, in 201 D nach kürzerem Nutzhub. Durch Verdrehen des Stempels relativ zu seiner Buchse können alle Belastungen eingestellt werden.

Diese Regelung hat den Vorzug großer Einfachheit, setzt aber voraus, daß Stempel und Buchse aus sehr verschleißfestem Werkstoff hergestellt werden, da andernfalls der mit großer Geschwindigkeit über die Steuerkante d abströmende Brennstoff die Kanten abnutzen würde, worunter die Genauigkeit der Regelung leiden muß.

Mit Schrägschlitzsteuerung ist auch die von Friedrich Deckel, München, gebaute Brennstoffpumpe (Bild 202) versehen. Wie bei der Bosch-Pumpe steuert die Schrägkante der Aussparung im Pumpenstempel die Fördermenge, indem sie je nach der Stellung des drehbaren Stempels später oder früher die Bohrung b (Bild 202, Nebenabbildung) in der Stempelbuchse freigibt, wodurch eine Verbindung zwischen dem Druckraum und dem die Buchse umgebenden Raum c hergestellt wird. Aus diesem kann der zuviel geförderte Brennstoff in den Saugraum d zurücktreten, der mit der Brennstoffzuleitung a in Verbindung steht. Der Zutritt des Brennstoffes in den Raum oberhalb des Pumpenstempels wird nicht, wie bei der Bosch-Pumpe, durch eine Bohrung in der Stempelbuchse, sondern durch ein federbelastetes, nach unten öffnendes Saugventil e gesteuert, dessen Feder

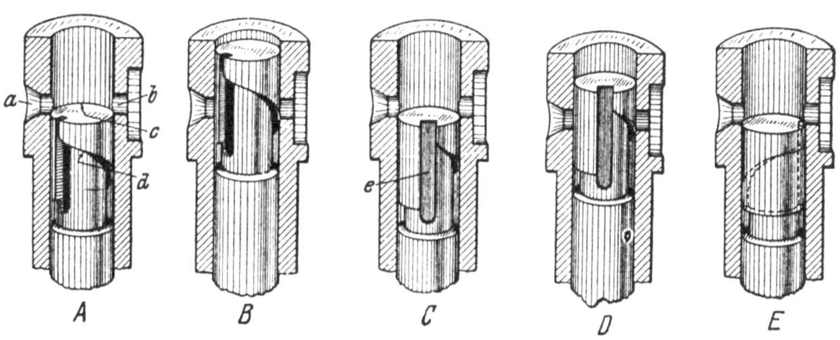

Bild 201. Verschiedene Stellungen des Stempels der Bosch-Pumpe.

a = Brennstoffzuleitung,
b = Überströmleitung,
c = Steuernde Kante der Stirnfläche,
d = Steuernde Kante des Schrägschlitzes,
e = Längsnut.

A = Untere Totpunktstellung bei Vollast.
B = Beginn des Überströmens bei Vollast.
C = Untere Totpunktstellung bei Teillast.
D = Beginn des Überströmens bei Teillast,
E = Nullförderung.

sich auf einen in den Saugventilkörper eingelassenen Stift stützt. Mehrere waagerechte und schräge Bohrungen führen den Brennstoff aus dem Saugraum d an den Sitz des Saugventiles, das sich beim Abwärtsgang des Stempels öffnet. Beim Aufwärtsgang gelangt der Brennstoff durch die Bohrung f und das Druckventil g in die Druckleitung h. Der Druckhub des Stempels wird in der früher beschriebenen Weise durch Nocken, Rolle und Rollenführung bewirkt, der Saughub durch eine die Stempelbuchse umfassende Rückführungsfeder.

Soll die Brennstoffmenge verändert werden, so muß der Stempel gedreht werden, so daß ein anderer Punkt der Schrägkante den Zeitpunkt des Überströmens steuert. Der Stempel ist hierzu an seinem unteren Kopf mit einem Vierkantstift versehen, der in einem Schlitz der drehbaren, axial unverschieblich gelagerten Buchse i gleitet. Diese trägt außen eine Verzahnung, die mit der Zahnstange k kämmt. Wird k verschoben, so dreht sich die Buchse i um einen der Verschiebung entsprechenden Winkel, und alle Pumpenstempel folgen gleichzeitig.

Die Verschiebung der Zahnstange kann durch den auf dem linken Ende der Nockenwelle aufgekeilten Regler l und von Hand bewirkt werden. Steigt z. B. bei Entlastung des Motors die Drehzahl, so ziehen die ausschlagenden Reglergewichte die auf einer Verlängerung der Nockenwelle gleitende Hülse m nach rechts, und ein zwischen zwei Bunden auf der Hülse gehaltener Gleitring nimmt den Exzenterhebel n mit, der eine Drehung entgegen dem Uhrzeiger macht. Das obere Ende von n zieht dabei die Zahnstange k nach links, was zur Folge hat, daß der Pumpenstempel eine Drehung in demselben Sinn macht, wie sie zwischen Bild 201 A und C oder B und D zu denken ist. Zunehmende Drehzahl hat somit einen früheren Beginn des Überströmens und eine

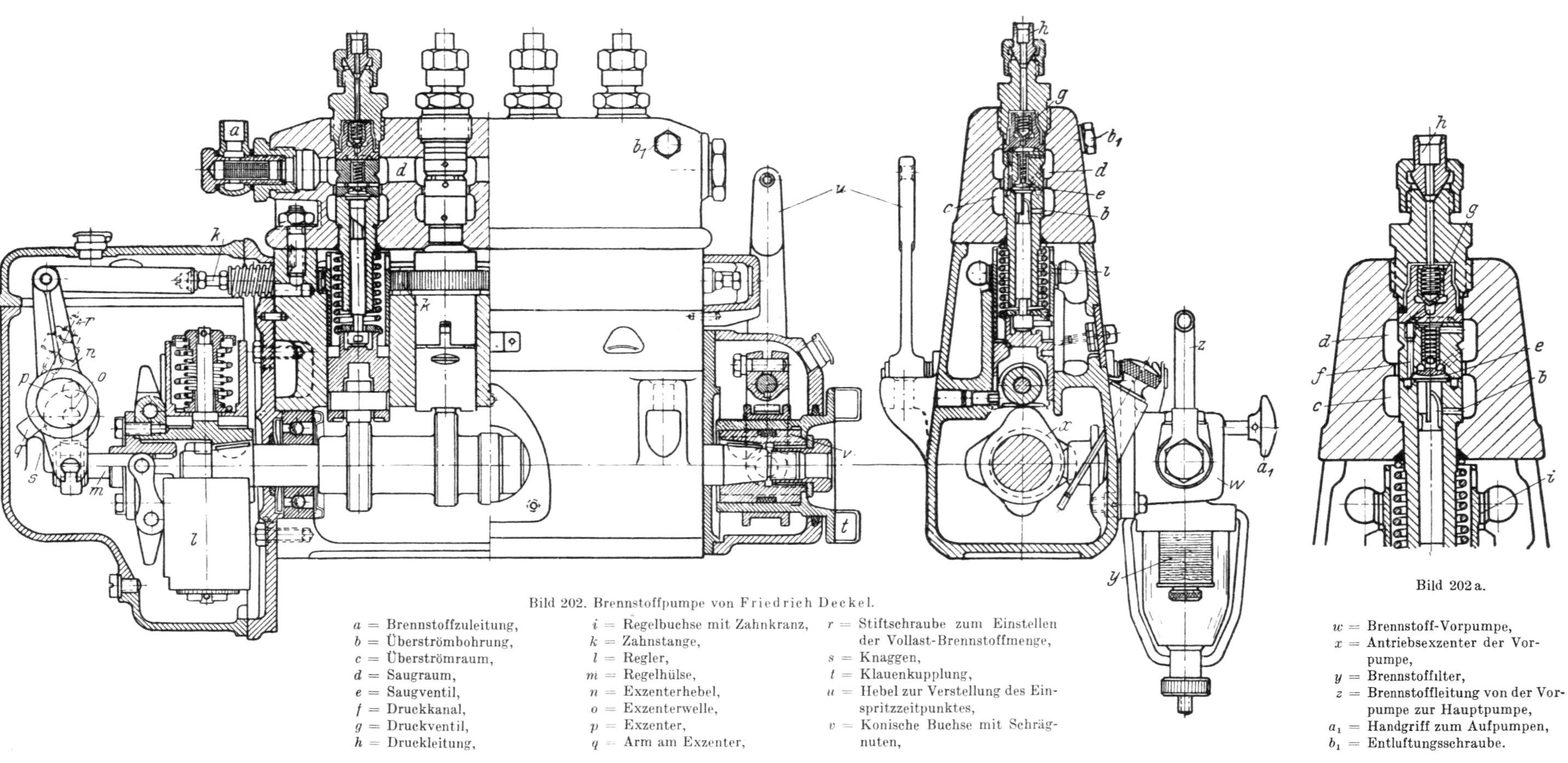

Bild 202. Brennstoffpumpe von Friedrich Deckel.

a = Brennstoffzuleitung,
b = Überströmbohrung,
c = Überströmraum,
d = Saugraum,
e = Saugventil,
f = Druckkanal,
g = Druckventil,
h = Druckleitung,

i = Regelbuchse mit Zahnkranz,
k = Zahnstange,
l = Regler,
m = Regelhülse,
n = Exzenterhebel,
o = Exzenterwelle,
p = Exzenter,
q = Arm am Exzenter,

r = Stiftschraube zum Einstellen der Vollast-Brennstoffmenge,
s = Knaggen,
t = Klauenkupplung,
u = Hebel zur Verstellung des Einspritzzeitpunktes,
v = Konische Buchse mit Schrägnuten,

Bild 202 a.

w = Brennstoff-Vorpumpe,
x = Antriebsexzenter der Vorpumpe,
y = Brennstoffilter,
z = Brennstoffleitung von der Vorpumpe zur Hauptpumpe,
a₁ = Handgriff zum Aufpumpen,
b₁ = Entluftungsschraube.

Verringerung der Brennstofförderung zur Folge, wie es die Regelung auf konstante Drehzahl erfordert.

Unabhängig vom Regler kann die Brennstofförderung durch Verdrehen des auf der Welle o befestigten Exzenters p von Hand verstellt werden. Den Einfluß einer Schwenkung des Exzenters um o auf die Stellung des Schrägschlitzes erkennt man, wenn man beachtet, daß für diese Regelbewegung (die bei Kraftwagenmotoren durch den Fußhebel ausgelöst wird) der Schnittpunkt der Nockenwelle mit der Mittellinie des Exzenterhebels n als „fester" Drehpunkt betrachtet werden kann. Man sieht, daß eine Drehung der Exzenterwelle o entgegen dem Uhrzeiger eine Verschiebung der Zahnstange nach links zur Folge hat, also ebenso wie ein Ausschlag der Schwunggewichte eine Verringerung der Brennstoffmenge bewirkt. Bei unveränderter Stellung von p sucht der Regler die dieser Stellung entsprechende Drehzahl gleichbleibend zu halten. Ein mit dem Exzenter verbundener Arm q, der sich in der Vollaststellung gegen das untere Ende der Stiftschraube r legt, begrenzt die Vollast-Brennstoffmenge; ein Knaggen s am Gehäuse verhindert, daß das Exzenter in der entgegengesetzten Richtung zu weit gedreht wird.

Bei Fahrzeugmotoren, deren Drehzahl im Betrieb stark schwankt, muß der Einspritzzeitpunkt während des Betriebes verlegt werden können, denn der Zündverzug erfordert bei zunehmender Drehzahl früheres Einspritzen des Brennstoffes. Dasselbe gilt sinngemäß für schwerer zündende Kraftstoffe. Diese Forderung wird bei der Deckel-Pumpe durch eine Vorrichtung zur Verstellung des Einspritzzeitpunktes erfüllt, die am rechten Ende der Nockenwelle (Bild 202) angreift. Die hier sitzende Klauenkupplung t, die den Antrieb von der Kurbelwelle vermittelt, ist mit der Nockenwelle so verbunden, daß sich durch eine Bewegung des Hebels u eine Verdrehung der Nockenwelle gegenüber der Klauenkupplung, d. h. der Kurbelwelle, ergibt. Hierzu greift ein von u bewegter Gleitring mit Zapfen in zwei Schrägnuten ein, die in einen auf der Nockenwelle aufgekeilten Konuskörper v gefräst sind, wobei die Ganghöhe der Nuten so bemessen ist, daß sich ein Verstellbereich von 8 bis 12° ergibt.

Die Brennstoff-Vorpumpe w wird von der Nockenwelle durch ein Exzenter x angetrieben. Sie pumpt den ihr durch das Filter y zufließenden Brennstoff durch die Leitung z zum Anschluß am Pumpenkörper. Der Handgriff a_1 dient zum Aufpumpen der Brennstoffpumpe von Hand. Durch die Schraube b_1 kann der Pumpenblock entlüftet werden.

c) Brennstoffpumpen mit Regelung durch Verändern des Stempelhubes

Während bei den in den Abschnitten a) und b) beschriebenen Brennstoffpumpen der Stempel stets den gleichen Hub macht und den zuviel geförderten Brennstoff durch das Saugventil oder eine Überströmleitung in den Saugraum zurückschiebt, werden die Pumpen der Firma Ganz & Co. und der Hesselman Motor Corporation dadurch geregelt, daß der Hub des Pumpenstempels mit der Belastung verändert wird. Die sich aus dieser Regelart ergebenden Konstruktionen zeigen bemerkenswerte Abweichungen gegenüber den Bauarten mit gleichbleibendem Stempelhub.

Die von G. Jendrassik konstruierte Pumpe von Ganz & Co. (Bild 203 und 204) weist interessante Einzelheiten auf. Der Pumpenstempel a wird nicht, wie bei den bisher beschriebenen Konstruktionen, durch einen Nocken (oder ein Exzenter, wie bei der Doxford-Pumpe), sondern durch die Kraft einer Feder b betätigt, die durch einen Federteller mit balliger Auflagefläche unmittelbar auf das untere Ende des Stempels wirkt. Ein Nocken c von der aus Bild 203 ersichtlichen Form spannt bei jeder Umdrehung der Nockenwelle (Drehrichtung entgegen dem Uhrzeiger) die Feder, indem er das rechte Ende des Hebels d, das mit einer gehärteten Schneide über den Nocken gleitet, nach unten drückt. Das linke Ende des Hebels d stützt sich dabei mittels einer Rolle auf den Stößel e, für den der Regelkeil f und die Keilrinne g ein festes Widerlager bilden (s. auch Bild 204). Der mittlere Teil des Spannhebels d ist gelenkig mit dem verstärkten unteren Teil des Stempels verbunden, der in einen Schlitz des Hebels d hineinragt. Wenn bei der Drehung der Nockenwelle die Schneide von d die höchste Kante des Nockens c überschleift, dann wird die Spannung der Feder ausgelöst und der Stempel a schlagartig nach oben gedrückt, bis sein Bund h

12*

gegen die Anschlagplatte *i* stößt: der Stempel macht seinen Druckhub. Der Spannhebel *d* sucht
bei dem plötzlichen Abbremsen seiner Bewegung mit dem linken, die Rolle tragenden Ende einen
Ausschlag nach unten zu machen; dies verhindert eine unterhalb der Rolle angebrachte Ölbremse *k*,
deren Stempel alsbald die Hebelrolle in die Nähe des Stößels *e* zurückführt. Beim Weiterdrehen
des Nockens *c* drückt die allmählich sich wieder spannende Feder *b* die Hebelrolle gegen den Stößel *e*,
und zugleich wird der Stempel, der jetzt seinen Saughub macht, nach unten gezogen, bis durch das
Ausklinken des Spannhebels ein neuer Einspritzhub ausgelöst wird.

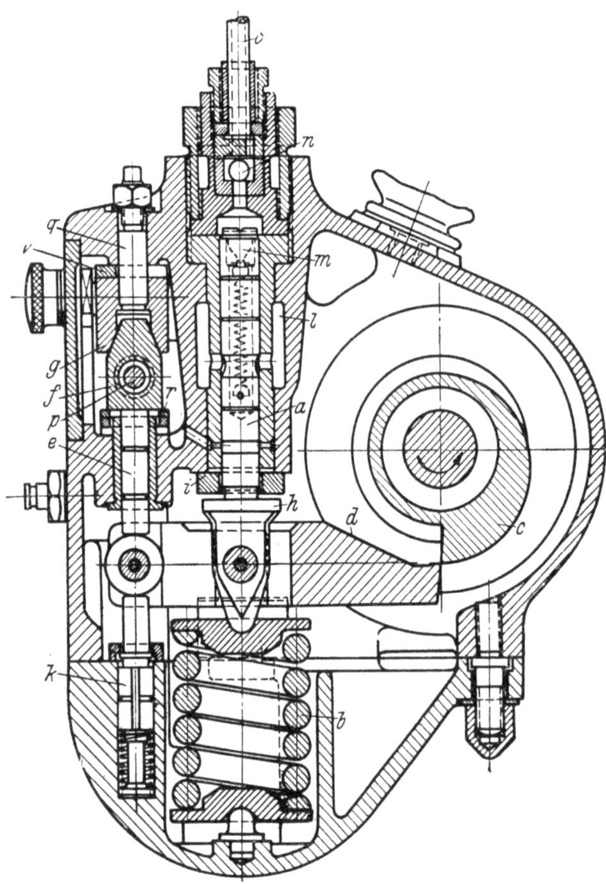

Bild 203. Brennstoffpumpe von Ganz & Co., Querschnitt.

a = Pumpenstempel,	*l* = Saugraum,
b = Druckfeder,	*m* = Saugventil,
c = Nocken,	*n* = Druckventil,
d = Spannhebel,	*o* = Druckleitung,
e = Stoßel,	*p* = Regelstange,
f = Regelkeil,	*q* = Schraubbolzen zur Befestigung
g = Keilrinne,	der Keilrinne,
h = Bund ⎫ zur Begrenzung	*r* = Federnde Platte,
i = Anschlag- ⎬ des Stempelhubes	*v* = Unterlegscheibe zur Einstel-
platte ⎭	lung der Brennstoffmenge.
k = Ölbremse,	

Der Brennstoff tritt aus dem Saugraum *l*
durch Querbohrungen in der Stempelbuchse
und im Stempel in dessen Hohlraum, in
dem die Saugventilfeder untergebracht ist.
Es ist eine Zugfeder, die mit ihrem unteren
Ende einen den Stempel quer durchdringenden Stift umfaßt, während sie oben in
den Saugventilkegel *m* eingehängt ist.
Dieser schließt den Hohlraum des Stempels
nach oben mit ebenem Sitz ab. Das darüber
angeordnete Druckventil *n* ist eine Kugel,
deren Hub durch eine durchbohrte Anschlagplatte begrenzt ist; diese wird durch die
Rohrverschraubung der Einspritzleitung *o*
gehalten.

Zwecks Regelung der eingespritzten
Brennstoffmenge wird der Pumpenhub
verändert. Hierzu kann der Stößel *e* in
der Höhe verschoben werden, was durch
eine Horizontalverschiebung des Regelkeils *f*
bewirkt wird. In Bild 204 sind vier solcher
Regelkeile (für ebenso viele Zylinder) gezeichnet, die gemeinsam mittels einer durch
ihre Hohlräume hindurchgeführten Stange *p*
vom Regler (oder von Hand) verschoben
werden können. Bei seiner Verschiebung
gleitet jeder Regelkeil in seiner Keilrinne *g*,
die mit dem Pumpengehäuse durch eine
Bundschraube *q* fest verbunden ist. Die
Keilform hat je nach der Verschiebungsrichtung ein Heben oder Senken der Regelkeile und damit auch der unteren, waagerechten Keilflächen zur Folge, gegen die sich
die Stößel *e* der einzelnen Pumpen stützen.
Die Stößel werden dadurch gehoben oder
gesenkt und damit auch die im linken
Ende der Spannhebel *d* gelagerten Rollen
(Bild 203). Verschiebt sich z. B. *e* nach oben,
so folgt unter der Einwirkung der Kraft der Druckfeder *b* der Mittelpunkt der Rolle, also der
linke Endpunkt des Hebels *d*; sein rechter Endpunkt, nämlich seine Schneide, muß aber zu
Beginn einer jeden Einspritzung dieselbe Höhenlage einnehmen, die durch die Nockenform bestimmt ist; daraus folgt, daß der Punkt, in dem der Stempel dem Hebel angelenkt ist, sich um
einen im Verhältnis der Hebelarme verkleinerten Betrag nach oben verschiebt. Um denselben
Betrag wird der Druckhub des Pumpenstempels verkürzt, da dessen Ende durch den Bund *h*
unveränderlich festgelegt ist.

Die Regelkeile gleiten mit ihren oberen, keilförmig angeordneten Flächen in ihren Keilrinnen;

gegen ihre unteren ebenen Flächen drückt eine durchlaufende, nachgiebige Platte r, die von zwei Federbügeln s (Bild 204) mit mäßigem Druck nach oben gedrückt wird. Dadurch wird erreicht, daß die Keile leicht in ihren Rinnen gleiten. Auch die Verbindung der Keile untereinander und mit der Regelstange (Distanzstücke t und Distanzfeder u) ist so nachgiebig, daß keine Zwängungen beim Verschieben eintreten können.

Die von den Pumpenstempeln der einzelnen Zylinder eingespritzten Mengen werden gegeneinander durch Unterlegscheiben v abgeglichen, die wegen ihrer Hufeisenform (Bild 203 und 204) nach Entfernung eines Gehäusedeckels zwischen die Keilrinnenstücke und das Gehäuse geschoben werden können, wobei sie den Bolzen q umfassen. Die nachgiebige Lagerung der Regelkeile ermöglicht, daß Unterschiede von zehntel mm in der Stärke der Unterlegscheiben v sich auf die Höhenlage der Stößel e auswirken und die eingespritzte Brennstoffmenge beeinflussen.

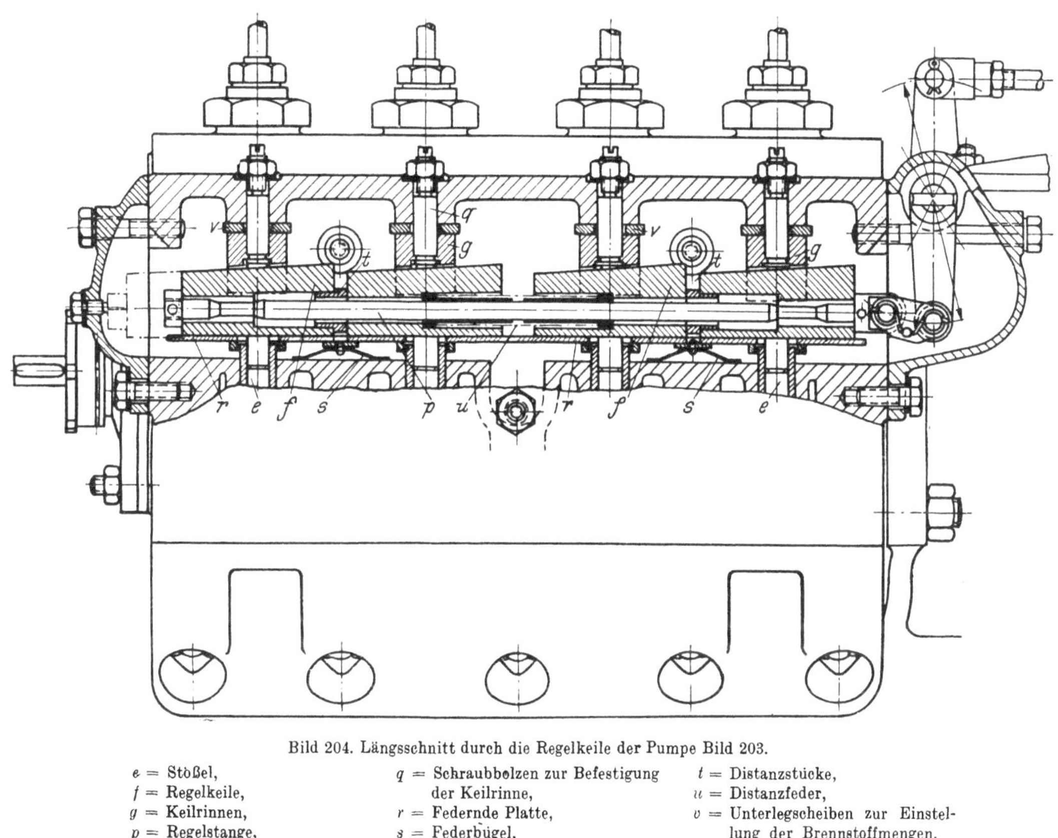

Bild 204. Längsschnitt durch die Regelkeile der Pumpe Bild 203.

e = Stößel,	q = Schraubbolzen zur Befestigung der Keilrinne,	t = Distanzstücke,
f = Regelkeile,		u = Distanzfeder,
g = Keilrinnen,	r = Federnde Platte,	v = Unterlegscheiben zur Einstellung der Brennstoffmengen.
p = Regelstange,	s = Federbügel,	

Bei umsteuerbaren Maschinen ist dem Antrieb der Nockenwelle ein Kegelrad-Wendegetriebe vorgeschaltet, das beim Umsteuern selbsttätig eingerückt wird, wodurch erreicht wird, daß die Nockenwelle, wie die Form des Nockens c und sein Zusammenarbeiten mit dem Spannhebel d erfordert, bei Vor- und Rückwärtsfahrt die gleiche Drehrichtung behält.

Da der Pumpenstempel seine Bewegung von der Feder b erhält, so ist die Einspritzgeschwindigkeit von der Drehzahl des Motors unabhängig. Wenn daher Druck und Geschwindigkeit des Treiböles in der Druckleitung bei einer Drehzahl so abgestimmt sind, daß keine die Einspritzung störenden Druckwellen auftreten, dann gilt dies auch für alle Drehzahlen.

Die Brennstoffpumpe der Hesselman Motor Corporation (Bild 205 bis 208), mit welcher der Hesselman-Niederdruckmotor ausgerüstet ist, arbeitet ebenfalls mit veränderlichem Stempelhub. Der Brennstoffnocken a, dessen Profile für den Druck- und Saughub symmetrisch geformt sind (so daß der Nocken in beiden Drehrichtungen verwendet werden kann), betätigt durch Rolle, Rollenführung und Stößel b den Pumpenstempel c, dessen unteres Ende zu einem Teller d erweitert ist. Der aufwärts gerichtete Druckhub wird durch den Nocken, der abwärts gerichtete Saughub durch die Rückführungsfeder e bewirkt. Der Saughub des Stempels ist beendet, wenn sein Teller d sich gegen eine aus der Regelwelle f herausgearbeitete Schneide legt. Der Stempel bleibt dann stehen; der Stößel b mit Rollenführung und Rolle bewegt sich unter der Einwirkung einer zweiten Rückführungsfeder g weiter abwärts, bis die Rolle den Tiefpunkt des Nockens erreicht hat. Zwischen b und d ist dadurch ein Spielraum entstanden, dessen Größe von der Stellung der Regelwelle abhängt. Beim Aufwärtsgang der Rollenführung muß dieser Spielraum zunächst vom Stößel b durchlaufen werden, ehe er den Teller d berührt und dem Stempel eine Aufwärtsbewegung erteilt, wobei er ihn von der Schneide der Regelwelle abhebt. Dies bedeutet, daß ein längerer Teil des Nockenanlaufes für die Einspritzung nicht benutzt wird; erst wenn der Rollenmittelpunkt in die Nähe des Wendepunktes (B in Bild 114) gelangt ist, der Stempel also eine fast gleichbleibende, und zwar seine Höchstgeschwindigkeit hat, beginnt der Druckhub. Es wird aber hierfür nur ein kleiner Teil der Nockenhöhe ausgenutzt, denn schon nach einem Druckhub von etwa 2 mm wird die Brennstofförderung wieder unterbrochen. Die Unterbrechung tritt ein, wenn die obere Kante h (Bild 207) einer in den Stempel eingedrehten Ringnut i die Überströmbohrung k anschneidet, denn dann ist durch die Längs- und Querbohrung l im Stempel eine Verbindung zwischen dem Druckraum oberhalb des Stempels und dem Saugraum m hergestellt. Der Stempel bewegt sich dann zwar noch weiter aufwärts, fördert aber keinen Brennstoff in die Druckleitung.

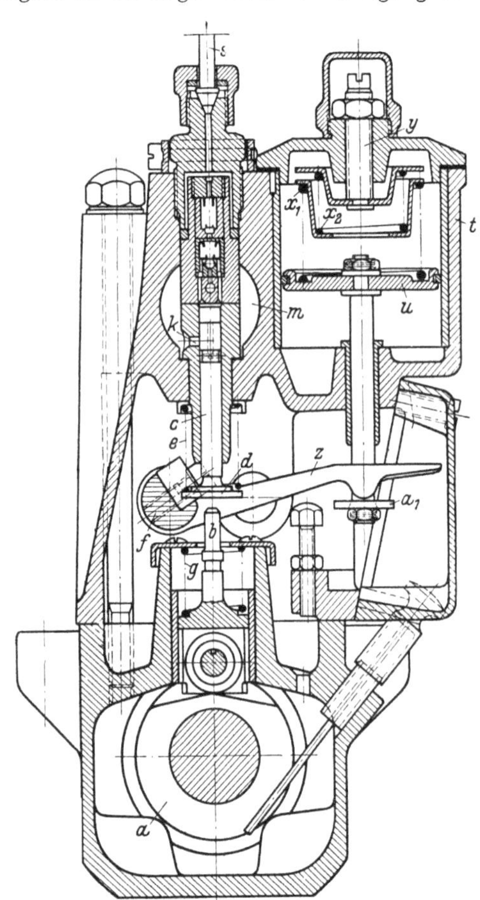

Bild 205. Brennstoffpumpe der Hesselman Motor Corporation, Querschnitt.

a = Brennstoffnocken,
b = Stößel,
c = Pumpenstempel,
d = Teller am Pumpenstempel,
e = Rückführungsfeder für den Stempel,
f = Regelwelle,
g = Rückführungsfeder für die Rollenführung,
k = Überströmbohrung,
m = Saugraum,
s = Druckleitung,
t = Zylinder } des Vakuumreglers,
u = Kolben
x_1 = Stärkere } Belastungsfeder
x_2 = Schwächere } des Vakuumkolbens,
y = Stellschraube,
z = Reglerhebel,
a_1 = Teller auf der Stange des Vakuumkolbens.

Beim Saughub hatte der Stempel den durch die Leitung n (Bild 206) dem Saugraum m (Bild 205 und 207) zugeführten Brennstoff durch die Querbohrung o (Bild 207) und die beiden Längsbohrungen p angesaugt, wobei sich das Saugventil q, eine federbelastete Kugel, nach oben öffnet. Solange beim Druckhub die Steuerkante h die Überströmbohrung k noch nicht angeschnitten hat, also während der Einspritzung, drückt der Stempel den Brennstoff durch die beiden Bohrungen p und das Druckventil r (eine durch Abschleifen hergestellte Halbkugel) in die Einspritzleitung s (s. auch Bild 205 und 206). Sobald die Steuerkante h die Unterkante der Überströmbohrung k anschneidet, entspannt sich der Druckraum, das Druckventil schließt (das Saugventil ist während des Druckhubes ohnehin geschlossen),

und der Stempel schickt den Brennstoff auf dem angegebenen Weg in den Saugraum m. Das Ende der Einspritzung liegt also unveränderlich auf dem gleichen Punkt der Nockenkurve; der Beginn ändert sich je nach dem Spiel zwischen Stößel b und Teller d (Bild 205), das von der Stellung der Regelwelle abhängt: die Regelung arbeitet nach dem Schema Bild 177b.

Die Verdrehung der Regelwelle bewirkt ein „Vakuumregler", der die eingespritzte Brennstoffmenge in Abhängigkeit von der vom Kolben angesaugten Luftmenge regelt. Zum Verständnis der Wirkungsweise dieses Reglers sei vorausgeschickt (was bis jetzt keinen Einfluß auf die Beschreibung der Hesselman-Pumpe hatte), daß der Hesselman-Niederdruckmotor mit niedrigem Verdichtungsverhältnis ($\varepsilon =$ etwa 6) arbeitet, so daß die zur raschen Zündung des eingespritzten Brennstoffes notwendige Verdichtungstemperatur nicht erreicht wird. Der Motor arbeitet daher wie ein Benzinmotor mit Kerzenzündung, was voraussetzt, daß das Gemisch aus Luft und Brennstoffnebel bei allen Belastungen zündfähig bleibt. Dies bedingt, daß bei abnehmender Belastung auch die angesaugte Luftmenge vermindert wird, da andernfalls bei kleiner Belastung das brennstoffarme Gemisch nicht mehr zünden würde. In der allen Zylindern gemeinsamen Luftansaugleitung ist daher eine Drosselklappe vorgesehen, die wie beim Kraftwagenmotor durch einen Fußhebel betätigt wird. Die Aufgabe des Vakuumreglers ist, die eingespritzte Brennstoff-

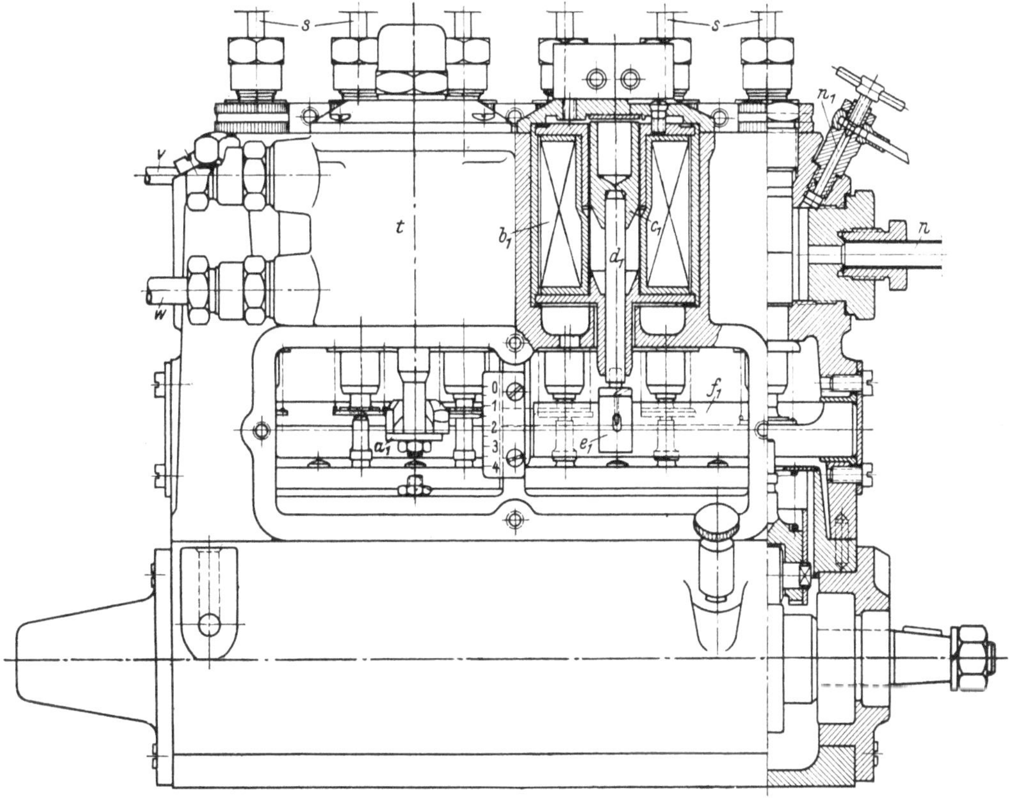

Bild 206. Brennstoffpumpe der Hesselman Motor Corporation, Längsansicht und Schnitt durch den Abschaltmagneten.

n = Brennstoffzuleitung,	v = Leitung zum Gehäuse der Drossel-	b_1 = Elektromagnet,
n_1 = Entlüftung des Saugraumes,	klappe,	c_1 = Eisenkern,
s = Druckleitungen,	w = Leitung zur Atmosphäre,	d_1 = Stößel,
t = Zylinder des Vakuumreglers,	a_1 = Teller auf der Stange des Vakuum-	e_1 = Hebel auf Welle f_1,
	kolbens,	f_1 = Abschaltwelle.

menge in Abhängigkeit von der Stellung der Drosselklappe zu regeln und damit Luft und Brennstoffmenge so aufeinander abzustimmen, daß das Gemisch zündfähig bleibt.

Bild 205 zeigt den Regler, der die Brennstofförderung aller Stempel gleichzeitig beeinflußt, im Schnitt, Bild 206 in Ansicht. An dem aus Leichtmetall hergestellten Pumpenblock ist seitlich ein mit einer Bronzebuchse ausgefütterter Zylinder t angegossen, in dem sich ein durch einen Kolbenring abgedichteter Kolben u bewegen kann. Die obere, federbelastete Seite des Kolbens ist durch die Leitung v (Bild 206) so mit dem Gehäuse der Drosselklappe verbunden, daß der durch die Drosselklappe erzeugte Unterdruck sich in den Raum oberhalb des Kolbens u fortpflanzt. Die untere Kolbenseite ist durch die Leitung w mit der Atmosphäre verbunden, und zwar ist w hinter dem Filter der Luftansaugleitung angeschlossen, damit Unreinigkeiten nicht in den Zylinder t gelangen können. Auf die obere Kolbenseite wirken zwei Belastungsfedern x_1 und x_2 (Bild 205), wobei die Anordnung so getroffen ist, daß der Federteller der stärkeren Feder x_1 sich auf die schwächere Feder x_2 stützt. Daher wird bei geringer Drosselung fast nur die schwächere Feder zusammengedrückt, wie es die Drosselcharakteristik erfordert; erst bei starker Drosselung, nachdem die schwächere Feder so weit zusammengedrückt ist, daß sich die Teller beider Federn aufeinandergelegt haben, wirkt die stärkere Feder allein. Dadurch wird erreicht, daß die Verschiebung des Kolbens u mit genügender Genauigkeit der durch die Drosselung bewirkten Abnahme der angesaugten Luftmenge entspricht. Durch die Stellschraube y, deren Stellung durch eine Gegenmutter gesichert ist, kann die Spannung der Federn eingestellt werden.

Die Bewegung, die der Kolben u bei Belastungsänderungen macht, wird durch den Hebel z auf die Regelwelle f übertragen, die mit z starr verbunden ist. Das gegabelte freie Ende des Hebels z stützt sich auf den am unteren Ende der Kolbenstange befestigten Teller a_1 (s. auch Bild 206), auf dem es gleiten kann; die Rückführungsfeder e (Bild 205) des Pumpenstempels sorgt für dauerndes Anliegen des Hebels auf dem Teller. Dadurch wird die Höhenlage der Schneide der Regelwelle f, die den Saughub des Pumpenstempels begrenzt, von der Stellung des Kolbens im Vakuumregler, d. h. von der angesaugten Luftmenge, abhängig. Eine Betätigung der Drosselklappe hat eine Abnahme der Luftmenge, eine Aufwärtsbewegung des Kolbens u und somit eine (kleine) Verschiebung der Schneide nach oben zur Folge; das Spiel zwischen dem Pumpenstempel und dem Stößel b vergrößert sich, und der nutzbare Pumpenhub, der durch die jeweils von der Regelwelle eingestellte Tieflage der Steuerkante h (Bild 207) bestimmt ist, wird entsprechend der Abnahme der Luftmenge verringert.

In Bild 206 ist rechts neben dem Vakuumregler t eine zweite, im Schnitt gezeichnete Regelvorrichtung sichtbar, welche die Aufgabe hat, bei Leerlauf die Hälfte der Zylinder abzuschalten. Sie wird nur bei Motoren mit sechs und mehr Zylindern vorgesehen; bei Vierzylindermotoren ist sie entbehrlich. Durch die Abschaltung der Hälfte der Zylinder wird erreicht, daß die Brennstoffmenge bei Leerlauf, die auf den einzelnen Zylinder entfällt, verdoppelt wird, was die Herstellung eines zündfähigen Gemisches erleichtert. Die Vorrichtung besteht aus einem Elektromagneten b_1, der an die Batterie angeschlossen ist und dann Strom erhält, wenn die Drosselklappe beim Legen in die Leerlaufstellung einen Kontakt betätigt. Wird der Elektromagnet erregt, so zieht er den Eisenkern c_1 nach unten, und ein mit c_1 verbundener Stößel d_1 (Bild 206 und 208) drückt auf den Hebel e_1, der die Welle f_1 um einen entsprechenden Winkel dreht. Die Welle f_1 ist ebenso wie die Regelwelle f so ausgespart, daß eine Schneide entsteht, die unter den Teller d des

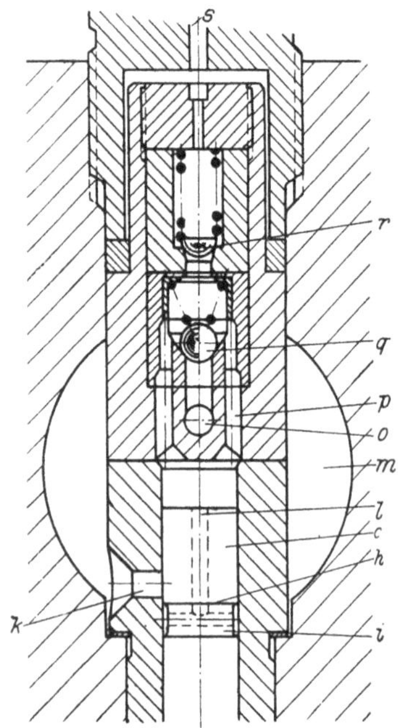

Bild 207. Stempeloberteil, Saug- und Druckventil der Pumpe Bild 206.

c = Pumpenstempel,	m = Saugraum,
h = Steuerkante für Beendigung des Druckhubes,	o = Saugkanal,
	p = Saug- und Druckbohrungen,
= Ringnut im Stempel,	q = Saugventil,
k = Überströmbohrung,	r = Druckventil,
l = Längs- und Querbohrung im Stempel,	s = Druckleitung.

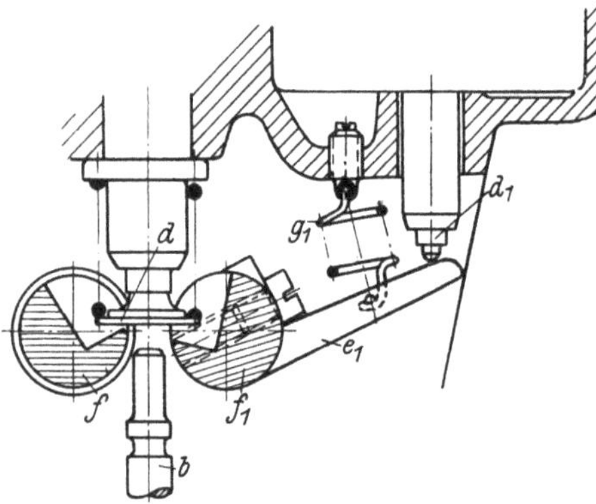

Bild 208.
Magnetelektrische Abschaltvorrichtung der Pumpe Bild 206.

b = Stößel der Rollenführung,	e_1 = Hebel auf Welle f_1,
d = Teller am Pumpenstempel,	f = Regelwelle,
d_1 = Stößel,	f_1 = Abschaltwelle,
	g_1 = Zugfeder.

Pumpenstempels greift. Wenn der Elektromagnet stromlos ist, so zieht die Feder g_1 den Hebel e_1 nach oben; der Eisenkern befindet sich in seiner Höchstlage. Schließt (bei Leerlauf) die Drosselklappe den Kontakt, so dreht der sich nach unten bewegende Eisenkern die Welle f_1 so, daß ihre Schneide drei der sechs Pumpenstempel anhebt und diese damit aus dem Bereich ihrer Stößel b (Bild 205) zieht, so daß die Pumpenstempel abgeschaltet werden. Der Motor läuft dann mit drei Zylindern leer.

4. Die Verbindung des Reglers mit der Brennstoffpumpe

Die konstruktiven Mittel, die zum Ändern der geförderten Brennstoffmenge an den Pumpen selbst vorgesehen sein müssen, sind bei der Beschreibung der einzelnen Pumpen besprochen worden. Es bleibt zu untersuchen, wie der Regler — sei es ein selbsttätiger Fliehkraftregler oder ein von Hand verstellbares Regelorgan — mit der Brennstoffpumpe verbunden sein muß, damit die Maschine die den verschiedenen Belastungen entsprechenden Drehzahlen einhält.

Je nachdem gleichbleibende oder veränderliche Drehzahl gewünscht wird, ist die Verbindung verschieden auszuführen. Bei Generatorantrieb wird es sich immer um Drehzahlen handeln, die innerhalb des Ungleichförmigkeitsgrades des Reglers konstant sein sollen; in einem solchen Fall muß der Regler die Maschine beherrschen, und eine Beeinflussung der Brennstoffzufuhr von Hand kommt nur bei der Inbetriebsetzung oder beim Abstellen der Maschine vor. In Fällen, wo zwei oder mehrere Normaldrehzahlen vorgesehen sind, wie es bei Dieselgeneratoren für Bordzwecke vorkommt, verwendet man einen Regler, der für die geforderte Drehzahlverstellung eingerichtet ist, und stellt die gewünschte Drehzahl von Hand ein, worauf der Regler die weitere Gleichhaltung der Drehzahl übernimmt.

Anders liegen die Verhältnisse bei Dieselmaschinen für Schiffsantrieb, bei denen die Drehzahl in weiten Grenzen von Hand einstellbar sein muß. Hat man hier entsprechend der jeweiligen Schiffsgeschwindigkeit die Brennstoffzufuhr mit einem Handhebel eingestellt, so hält die Maschine im allgemeinen ihre Drehzahl selbsttätig konstant, was eine Folge des mit etwa der dritten Potenz der Propellerdrehzahl wachsenden Schiffswiderstandes ist. Versucht die Maschine, ihre Drehzahl zu steigern, so wächst der Widerstand, den der Propeller erfährt, sogleich so beträchtlich, daß die Drehzahl alsbald wieder auf den normalen Betrag sinkt, und umgekehrt. Ein Nachregeln von Hand ist hier während des normalen Betriebes kaum erforderlich. Nur wenn der Propeller im Seegang austaucht, tritt eine plötzliche Zunahme der Drehzahl ein; für diesen Fall muß ein Sicherheitsregler vorgesehen sein, der die Brennstoffzufuhr ganz oder teilweise abstellt, wenn die Drehzahl eine bestimmte Grenze (gewöhnlich 10% über der normalen) überschreitet

Hiernach muß die Verbindung des Reglers mit der Brennstoffpumpe verschieden ausgeführt werden, je nachdem der Regler die Drehzahl konstant halten oder die Einstellung einer veränderlichen Drehzahl ermöglichen und nur als Sicherheitsregler wirken soll.

a) Regelung auf Gleichhaltung der Drehzahl

In Bild 209 ist eine Regelung auf Gleichhaltung der Drehzahl in schematisch-perspektivischer Skizze dargestellt. Die Nockenwelle a, auf der die Brennstoffnocken aufgekeilt sind (die Einsaug-, Auspuff- und Anlaßventilnocken sind der Deutlichkeit halber weggelassen), wird durch das mit Schrägverzahnung versehene Stirnrad b von der Kurbelwelle aus angetrieben und treibt zugleich durch ein Schraubenräderpaar c die senkrechte Welle d des Reglers e. Dieser hat hier eine Zusatzfeder, die durch Drehen des Handrades f gespannt oder entspannt wird, wodurch man die Drehzahl innerhalb eines größeren Bereiches verändern kann (was hier für die Beschreibung der Einwirkung des Reglers auf die Pumpe belanglos ist). Die Reglermuffe hebt und senkt die Achse g und damit auch den Endpunkt h des im festen Drehpunkt i gelagerten Hebels o, der durch die Stange p am Hebel q angreift und dadurch die Welle M–M verdreht. Auf dieser ist in der früher beschriebenen Weise unter jedem Exzenterhebel n (vgl. Bild 186) ein Exzenter aufgekeilt, das sich bei steigender Reglermuffe g mit M–M dreht und die Enden der Exzenterhebel, welche die Druckschrauben (d in Bild 186) tragen, den Ventilstößeln (s in Bild 186) näherbringt, so daß die Saug- oder Überströmventile früher öffnen und die Maschine langsamer läuft.

Nun soll zwar bei der Regelung auf gleichbleibende Drehzahl der Regler e während des Betriebes allein die Maschine beherrschen, daneben aber wünscht man durch einen Handhebel r auf die Brennstoffzufuhr unabhängig vom Regler einwirken zu können, z. B. um die Maschine abzustellen. Es muß daher möglich sein, auch mit dem Hebel r die Exzenterwelle M–M um einen gewissen Winkel zu verdrehen, und zwar muß die Welle, wenn man in Bild 209 von links nach rechts (auf

den Regler) blickt, für die Abstellbewegung eine Drehung entgegen dem Uhrzeigersinn machen.
d. i. dieselbe Drehbewegung, die bei zunehmender Drehzahl die steigende Reglermuffe g der
Welle M–M erteilt. Die Reglerstange p und der Handhebel r müssen unabhängig voneinander
auf M–M einwirken können, damit der in der Rast s festgehaltene Hebel r den Regelvorgang
und der Muffendruck des Reglers den Abstellvorgang nicht stört. Diese Unabhängigkeit ist hier
dadurch erreicht, daß die beiden Hebel q und r nicht starr mit der Welle M–M verbunden sind.
sondern lose auf ihr sitzen und daß ihre Naben als Klauenkupplungen ausgebildet sind, die mit
den auf der Welle M–M fest aufgekeilten Gegenklauen q_1 bzw. z zusammenarbeiten. Dies ist deut-

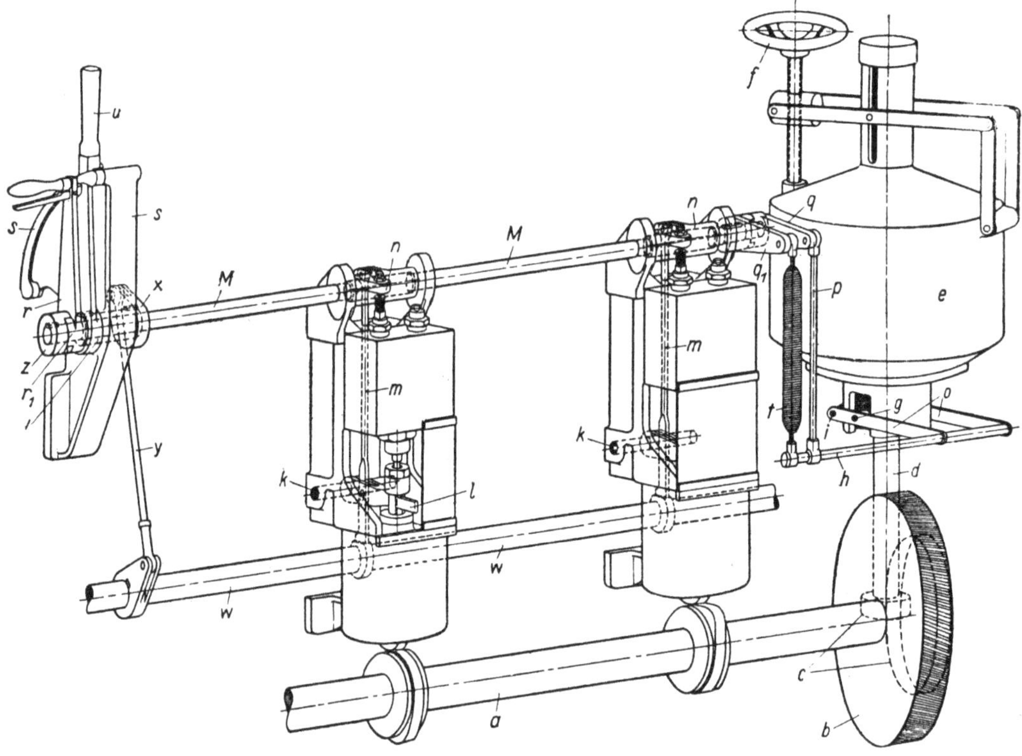

Bild 209. Schematische Darstellung einer Regelung auf Gleichhaltung der Drehzahl.

a = Nockenwelle,	l = Schwinghebel der Brennstoffpumpe,	r = Brennstoff-Stellhebel,
b = Antriebsstirnrad,		s = Rast für r und u,
c = Schraubenräderpaar,	m = Exzenterstangen,	t = Zugfeder,
d = Reglerwelle,	M—M = Exzenterwelle,	u = Anfahrhebel,
e = Regler,	n = Exzenterhebel,	v = Mit u und x verbundene Bronzebuchse,
f = Handrad für Drehzahlverstellung,	o = Reglerhebel,	
g = Achse der Reglermuffe,	p = Reglerstange,	w = Manövrierwelle,
h = Beweglicher Endpunkt des Reglerhebels o,	q = Loser Hebel auf M—M und Gegenklaue für q_1,	x, y = Gestänge zum Drehen von w,
i = Fester Drehpunkt von o,	q_1 = Fester Hebel auf M—M und Gegenklaue für q,	z = Mit M—M verbundene Kupplungsklaue.
k = Fester Drehpunkt von l,		

licher aus Bild 210 zu erkennen, welches das linke und rechte Ende der Exzenterwelle M–M im
Schnitt sowie die Klauenkupplungen in der Stirnansicht zeigt. Die mit M–M fest verbundene
Gegenklaue q_1 ist zugleich als Hebel ausgebildet, der an seinem Ende eine Zugfeder t trägt; diese
ist mit ihrem unteren Ende an der Stange h (Bild 209) aufgehängt, an der auch die Reglerstange p
angreift. Die Zugfeder t sucht die Exzenterwelle M–M stets im Uhrzeigersinn zu drehen.
d. h. sie in die Vollaststellung zu ziehen; sie kann dies aber immer nur so weit tun, bis die Klaue
von q_1 sich an die Gegenklaue von q legt (Bild 210), deren jeweilige Stellung durch die Reglermuffe g bestimmt ist. Die Klauenkupplung q–q_1 ist somit im Sinn der Leerlaufdrehung der
Welle M–M zwangläufig, im Sinn der Vollastdrehung kraftschlüssig. Bei Entlastung der
Maschine dreht die sich hebende Reglerstange p unter Mitnahme der Zugfeder t die Klaue q entgegen dem Uhrzeigersinn, und die Klaue q_1 und die mit ihr verbundene Reglerwelle M–M müssen

folgen, so daß die Saug- bzw. Überströmventile früher öffnen und die Brennstoffzufuhr verringert wird. Bei zunehmender Belastung senkt sich infolge der nunmehr langsamer laufenden Maschine die Reglermuffe und damit die Stange p; die Klaue q dreht sich im Uhrzeigersinn, und die Klaue q_1 folgt ihr unter der Einwirkung der Zugfeder t, hierbei $M–M$ im gleichen Sinn drehend, was eine Vermehrung der Brennstofförderung zur Folge hat. Diese steht somit bei allen Belastungen unter der Herrschaft des Reglers.

Der untere Endpunkt der Zugfeder t könnte statt an der Reglerstange h, die ja die Bewegungen der Reglermuffe g in vergrößertem Maßstab mitmacht, auch am Maschinengestell aufgehängt, also fest sein. Daß hier die Stange h als Aufhängepunkt gewählt ist, hat den Vorteil, daß die Spannung der Feder t bei allen Stellungen von h unverändert bleibt, weil ihre Länge gleich bleibt. Bei festem unterem Endpunkt von t dagegen würde bei den höheren Stellungen der Reglermuffe g die Spannung der Feder zunehmen und sich als eine veränderliche zusätzliche Muffenbelastung des Reglers auswirken, was den Ungleichförmigkeitsgrad des Reglers beeinflussen würde.

Die Wirkung einer Verstellung der am linken Endpunkt der Welle $M–M$ angeordneten Hebel r und u wird verständlich, wenn man beachtet, daß beide unabhängig voneinander sind und jeder für sich bewegt werden kann. Sie liegen nur deshalb nebeneinander und haben dieselbe Achse, damit für ihre Halterung derselbe Rastenbock $s–s$, der am Maschinengestell befestigt ist, benutzt werden kann, und weil es zweckmäßig ist, die für die Bedienung der Maschine erforderlichen Hebel möglichst nebeneinander zu legen. Der Handhebel u dient zur Betätigung der Anfahrventile der Maschine; er kann unabhängig vom Brennstoffhebel r und der Welle $M–M$ umgelegt werden, da er auf einer Bronzebuchse v (Bild 210) befestigt ist, die im Rastenbock s drehbar gelagert ist. Durch die Buchse v ist die Welle $M–M$ geführt und in ihr frei drehbar. Das Umlegen des Handhebels u auf einen tiefer gelegenen Punkt

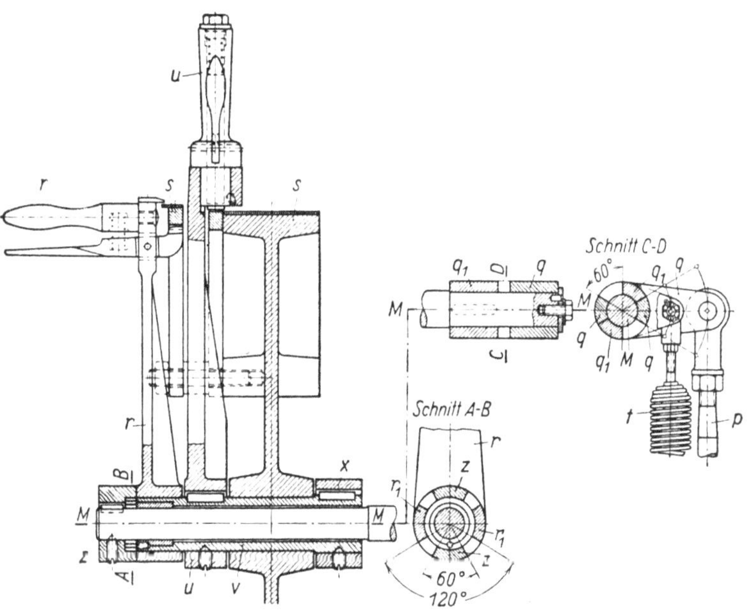

Bild 210. Anordnung der Regulierhebel auf der Exzenterwelle.

$M–M$ = Exzenterwelle,
p = Reglerstange,
q = Loser Hebel auf $M–M$ und Gegenklaue für q_1,
q_1 = Fester Hebel auf $M–M$ und Gegenklaue für q,
r = Brennstoff-Stellhebel,
r_1 = Klauen an der Nabe von r,
s = Rastenbock für Hebel r und u,

t = Zugfeder,
u = Anfahrhebel,
v = Mit u und x verbundene Bronzebuchse,
x = Hebel zum Drehen der Manövrierwelle w (Bild 209),
z = Mit $M–M$ verbundene Kupplungsklaue.

der Rast s beeinflußt die Stellung der Exzenterwelle $M–M$ nicht.

Beim Anfahren der Maschine wird hiervon Gebrauch gemacht. Man legt den Hebel u aus seiner senkrechten Stellung für einige Sekunden in die waagerechte Stellung; hierduch wird der auf der Bronzebuchse v fest aufgekeilte Hebel x, dessen Nabe in Bild 210 sichtbar ist, mitgenommen, und dieser dreht mittels der Stange y (Bild 209) die Manövrierwelle w um einen passenden Winkel. Hierduch werden die Exzenterstangen m mittels der auf w befestigten unrunden Scheiben angehoben und die Saug- oder Überströmventile aller Brennstoffpumpen aufgedrückt, so daß kein Brennstoff gefördert wird, solange der Anfahrhebel u in der waagerechten Stellung liegt. Durch die Drehung der Manövrierwelle w werden auch die (in Bild 209 nicht gezeichneten) Anlaßventile eingeschaltet, und wenn man vorher das Absperrventil der Anlaßluftflasche geöffnet hatte, so springt die Maschine mit Druckluft an, wobei die Zylinder keinen Brennstoff erhalten. Sobald die Drehzahl hoch genug ist, bringt man den Anfahrhebel u in seine senkrechte Stellung, wodurch die Manövrierwelle w so zurückgedreht wird, daß die Anlaßventile ausgeschaltet und die Exzenterstangen m von den unrunden Scheiben freigegeben werden, worauf die Brennstofförderung beginnt. Anlaßluft und Brennstoff sind also voneinander getrennt, und es können beim Anfahren keine heftigen Zündungen auftreten.

Während dieses Manövers konnte der Brennstoff-Stellhebel r (Bild 209 und 210) in seiner vertikalen, durch die Rast s gesicherten Lage stehenbleiben. Da er mit loser Nabe auf der Bronzebuchse v sitzt, so beeinflußt eine Bewegung des Anfahrhebels u den Stellhebel r nicht. Andererseits ist aber die Nabe von r mit zwei Klauen versehen (Bild 210, Nebenfigur), die mit den Klauen der auf $M\text{--}M$ aufgekeilten Kupplungshälfte z zusammenarbeiten. Die Nabe von r und die Klauen z haben, wie Bild 210 erkennen läßt, ein Spiel von 60° Drehwinkel gegeneinander, so daß der in der Rast s in senkrechter Lage festgehaltene Hebel r die Exzenterwelle $M\text{--}M$ frei spielen läßt, wenn sie durch die Hebel q, q_1 vom Regler verdreht wird. Nur wenn die Maschine abgestellt werden soll, legt man den Hebel r in die waagerechte Lage; dann nehmen die beiden aus seiner Nabe herausgearbeiteten Klauen r_1 die Kupplungshälfte z mit und drehen die Exzenterwelle $M\text{--}M$ unter Überwindung der Spannung der Zugfeder t so weit, daß die Saug- oder Überströmventile ganz aufgedrückt werden und kein Brennstoff gefördert wird. Bei der Abstellbewegung wird die Reglermuffe g nicht aus ihrer Lage gedrängt, weil die Klauenkupplung q, q_1 die entgegen dem Uhrzeiger erfolgende Drehbewegung von $M\text{--}M$ freigibt.

b) Regelung bei veränderlicher Drehzahl

Bei dieser Regelung hat der Regler nicht die Aufgabe, die Drehzahl gleichbleibend zu halten; er wirkt nur als Sicherheitsorgan gegen Durchgehen der Maschine. Die Drehzahl wird durch die von Hand eingestellte Brennstoffmenge bestimmt und bleibt unverändert, wenn die Maschine einen Propeller antreibt.

Auch hier liegt die Aufgabe vor, zwei voneinander unabhängige Regelorgane, einen Handhebel und einen Sicherheitsregler, gemeinsam (jedoch bei verschiedenen Drehzahlen) auf das Saug- oder Überströmventil der Brennstoffpumpe wirken zu lassen, ohne daß die eine Regelung die andere stört. Eine Lösung dieser Aufgabe ist in Bild 211 dargestellt, wobei von demselben konstruktiven Mittel, der Klauenkupplung, Gebrauch gemacht ist wie bei der Regelung auf gleichbleibende Drehzahl nach Bild 209.

Bei der Ausführung nach Bild 211 wird die Brennstoffmenge und damit die Leistung durch früheres oder späteres Öffnen des Saugventiles a beeinflußt. Die das Saugventil aufdrückende Schraube b ist im Exzenterhebel c angeordnet, der durch die Stoßstange d von der Rollenführung der Brennstoffpumpe in pendelnde Bewegung versetzt wird. Das Exzenter, um welches c schwingt, ist auf der Welle e befestigt, die durch die Stange f um einen in Bild 211 eingetragenen Winkel gedreht werden kann, wodurch das Spiel zwischen der Druckschraube b und der Spindel des Saugventiles a verändert wird. Da diese Regelung für eine Schiffsmaschine bestimmt ist, die zwei getrennte Pumpenblöcke mit je sechs Pumpenstempeln besitzt, so sind zwei oberhalb der Pumpenblöcke längs durchlaufende Exzenterwellen e vorgesehen, die durch je eine Stange f und einen Hebel g mit der Zwischenwelle h starr verbunden sind (Bild 211, Grundriß des Gestänges $f\text{-}g\text{-}h$). Der Welle h sucht die am Pumpengehäuse befestigte Zugfeder i ständig eine Drehung entgegen dem Uhrzeiger zu erteilen; i sucht also die beiden Stangen f in ihre linke, in Bild 211 durch die Mittellinie angedeutete Endlage zu ziehen, die der Vollast der Maschine entspricht. Dies kann die Feder i jedoch nur so weit, wie die auf der Welle h sitzende Klauenkupplung k_1, k_2 gestattet, deren eine (auf h lose sitzende) Klaue k_2 durch den Hebel l, die Stange m und den Handhebel n eingestellt werden kann. Bei der in Bild 211 gezeichneten Stellung des Gestänges $f\text{-}g\text{-}h\text{-}l\text{-}m\text{-}n$ hat der Hebel l mit der Klaue k_2 der Welle h mit den Hebeln g und den Stangen f eine Rechtsdrehung erteilt, was der kleinsten Belastung und Drehzahl der Maschine entspricht. Bringt man dagegen den Brennstoffhebel n in seine obere Endlage, so zieht das zwischen m und n angeordnete Zahnradvorgelege die Stange m nach rechts; die Klaue k_2 gibt eine Drehung der Klaue k_1 und der

Welle h frei, und die Hebel g mit den Stangen f bewegen sich unter der Einwirkung der Feder i in die Vollaststellung. Die Zugfeder i hält hierbei die Klaue k_1 ständig gegen die Klaue k_2 gedrückt, wie in Bild 211 angedeutet ist. Das Umlegen des Brennstoffhebels n aus der Leerlauf-(bzw. Stopp-) in die Vollaststellung wird durch die Zugfeder i unterstützt; bei der umgekehrten Bewegung ist die Spannung der Feder i zu überwinden.

Die Verstellung des Brennstoffhebels n und des angeschlossenen Gestänges hat auf den Regler o keinen Einfluß und umgekehrt. Die Federn des Reglers sind so berechnet, daß seine Muffe sich bei

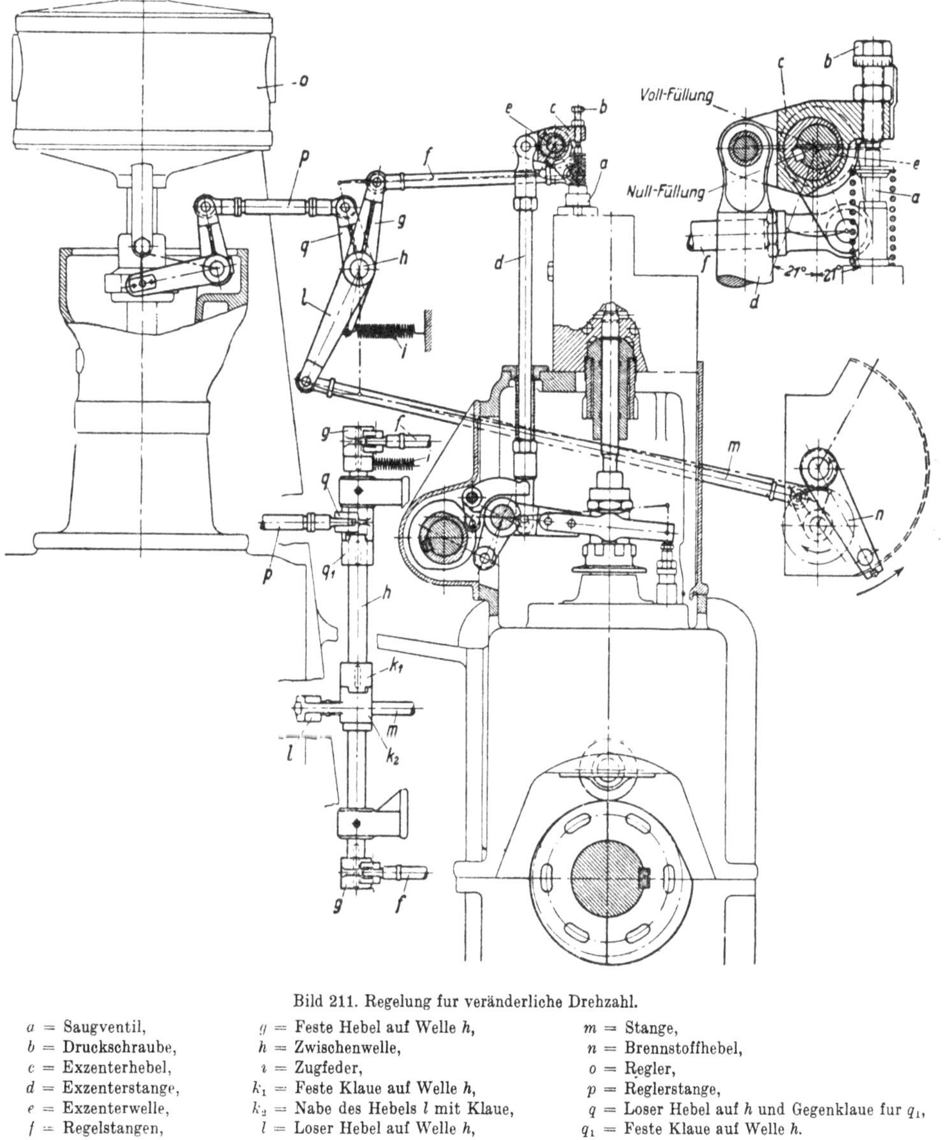

Bild 211. Regelung fur veränderliche Drehzahl.

a = Saugventil,	g = Feste Hebel auf Welle h,	m = Stange,
b = Druckschraube,	h = Zwischenwelle,	n = Brennstoffhebel,
c = Exzenterhebel,	i = Zugfeder,	o = Regler,
d = Exzenterstange,	k_1 = Feste Klaue auf Welle h,	p = Reglerstange,
e = Exzenterwelle,	k_2 = Nabe des Hebels l mit Klaue,	q = Loser Hebel auf h und Gegenklaue fur q_1,
f = Regelstangen,	l = Loser Hebel auf Welle h,	q_1 = Feste Klaue auf Welle h.

allen Betriebsdrehzahlen in der tiefsten Stellung befindet; hierbei steht das Reglergestänge p, q so, wie in Bild 211 gezeichnet ist. Die Nabe des Hebels q sitzt lose auf der Welle h und ist als Klaue ausgebildet, die mit der auf h befestigten Gegenklaue q_1 zusammenarbeitet. Beide Klauen haben, wie in Bild 211 erkennbar, soviel Spiel gegeneinander, daß das Reglergestänge p, q die Drehung der Welle h durch den Brennstoffhebel n nicht stört. Nur wenn die Drehzahl der Maschine (etwa infolge Austauchens des Propellers) einen bestimmten Betrag überschreitet, hebt sich die Reglermuffe, und das Gestänge p–q wird so weit gedreht, daß die Klauen q, q_1 zum Anliegen kommen und die Welle h mit den Hebeln g entgegen der Spannung der Feder i in die Nullfüllungslage gedrückt wird, so daß die Drehzahl der Maschine abnimmt, bis die Reglermuffe sich wieder gesenkt hat.

In Bild 212 ist der Brennstoffhandhebel n in größerem Maßstab gezeichnet. Er ist mit der Nabe des kleinen Zahnrades r_1 fest verbunden und mit diesem um den fest gelagerten Zapfen s schwenkbar. Zahnrad r_1 kämmt mit dem größeren Rad r_2, das sich mit dem Zapfen t dreht und den Hebel u mitnimmt, an den die zur Zwischenwelle h (vgl. Bild 211) führende Stange m angelenkt ist. Der Hebel n wird durch eine federnde, gezahnte Klinke v, die in die gezahnte Rast w eingreift, in seiner jeweiligen Stellung gehalten. Neben der Verzahnung ist eine Skala mit einer den Zähnezahlen entsprechenden, aber sonst beliebigen Teilung angebracht, damit der Maschinist sich die Stellungen des Brennstoffhebels n, die den vorkommenden Belastungen entsprechen, merken kann. Eine durch eine kräftige Feder belastete, auf dem Zapfen s axial verschiebbare, aber nicht drehbare Buchse x

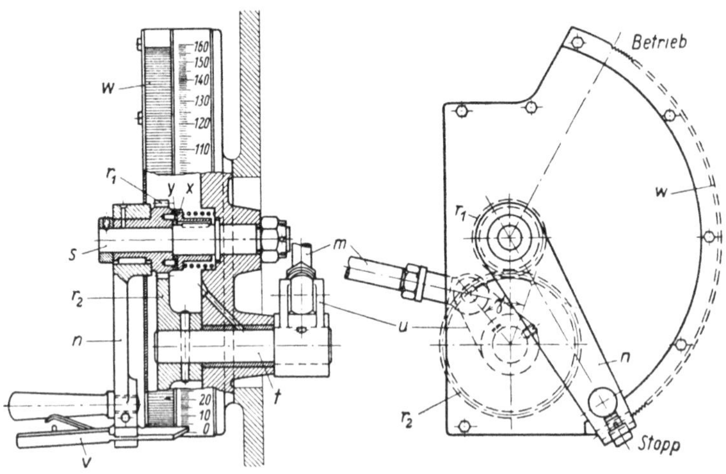

Bild 212. Brennstoffhandhebel.

m = Regelstange,	t = Drehbarer Zapfen für r_2.	x = Bremshülse,
n = Brennstoffhandhebel,	u = Hebel auf Zapfen t,	y = Bremsscheibe,
r_1, r_2 = Zahnräder,	v = Zahnklinke,	γ = Größter Verstellwinkel
s = Fester Drehzapfen für r_1,	w = Gezahnter Rastenbogen,	von Null bis Überlast.

drückt mit ihrem Bund gegen eine mit dem Zahnrad r_1 sich drehende Fiberscheibe y, wodurch eine gerade so große Reibung erzeugt wird, daß der Handhebel n nicht zu leicht geht, vielmehr vom Maschinisten mit einem gewissen Kraftaufwand verstellt werden muß, wodurch er daran erinnert wird, daß er bei der Verstellung des Brennstoffhebels vorsichtig sein soll.

Die Übersetzung r_1–r_2 und die Länge des Rastenbogens w sind so gewählt, daß das Zahnrad r_2 beim Umlegen des Hebels n aus seiner tiefsten in die höchste Stellung sich um einen Winkel γ dreht, der für die Drehung der Exzenterwelle e (Bild 211) aus der Stoppstellung, in der kein Brennstoff gefördert wird, in die Stellung der höchsten vorkommenden Last genügt. Beide Leistungsgrenzen müssen schon etwas früher erreicht werden, bevor der Hebel n an den Enden der Rast w liegt, damit man den ganzen Regelbereich sicher beherrscht und beim Einstellen des Steuerungsgestänges nicht beengt ist. Die Übersetzung r_1–r_2 ist hier eingeschaltet, damit die Bewegung des Brennstoffhebels n nicht eine zu plötzliche Drehzahländerung herbeiführt.

V. Brennstoffleitungen und -filter
Vorgänge in den Brennstoffdruckleitungen

1. Brennstoffleitungen

a) Allgemeines

Bei der Bemessung und Anordnung der Brennstoffdruckleitungen muß auf die Eigenart der Druckeinspritzung Rücksicht genommen werden. Bei dem hohen Einspritzdruck, der 300 bis 700 kg/cm² betragen kann, macht sich die Zusammendrückbarkeit des Treiböles sehr bemerkbar; sie beträgt nach Zahlentafel 13, S. 211, zwischen 0 und z. B. 300 kg/cm² rd. $^1/_{20\,000}$ für je 1 kg/cm², d. h. bei einem Druckanstieg von 0 auf 300 kg/cm² nimmt das Volumen des in der Druckleitung zwischen Brennstoffpumpe und Einspritzventil eingeschlossenen Treiböles um etwa 1,5% ab. Es muß möglichst klein gehalten werden, damit nicht ein unzulässig großer Teil des Druckhubes des Pumpenstempels für die Zusammendrückung des Treiböles statt für die Einspritzung verwendet wird. Die Druckleitungen müssen daher mit möglichst kleinem Innendurchmesser ausgeführt werden. Dieser ist nach unten begrenzt durch die zulässige Höchstgeschwindigkeit des Treiböles und durch die Rücksicht auf die Herstellbarkeit des Rohres. Ölgeschwindigkeiten von 6 bis 10 m/sek, bezogen auf die höchste Geschwindigkeit des Pumpenstempels, ergeben erfahrungsgemäß hinreichend enge Rohrleitungen und noch keinen zu großen Reibungswiderstand. Die Rohre dürfen während des Druckhubes nicht atmen; sie müssen daher beträchtliche Wandstärken erhalten (die bei großen Zylindern bis zu 5 mm betragen), was ihre Beschaffung im Handel erschwert, da nicht alle Durchmesser und Wandstärken erhältlich sind. Als Baustoff ist Stahl oder Chromnickelstahl geeignet; Kupfer und Messing haben sich nicht bewährt.

Die Rohrverschraubungen werden plan mit und ohne Kupferbeilage oder konisch ausgeführt (Bild 213 bis 216). Eine plane Verschraubung ohne Dichtungsbeilage, die nur durch aufeinander geschliffene Flächen dichtet, zeigt Bild 213. Auf das mit Gewinde versehene Rohrende wird der starke Rohrschuh a geschraubt und bei b hart verlötet. Damit die zu verbindenden Bohrungen sich nicht gegeneinander verschieben, ist der Rohrschuh durch den Versatz c zentriert. Diese Verschraubung hat den Vorteil, daß sie auch in Schräglagen verwendet werden kann, ohne daß ein schädlicher Luftsack zwischen den Rohrenden entsteht. Nachteilig ist, daß die beiden Dichtungsflächen

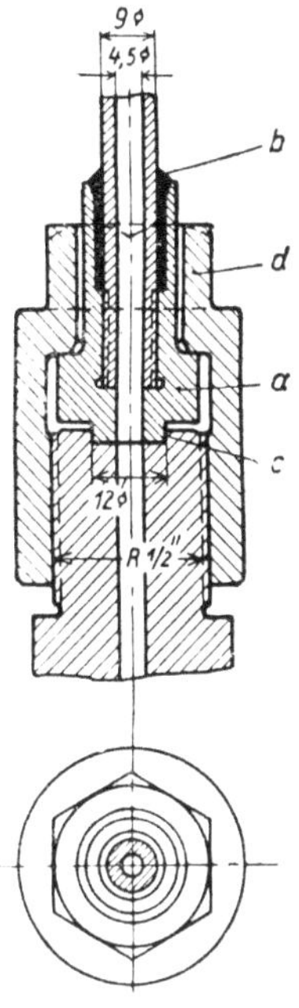

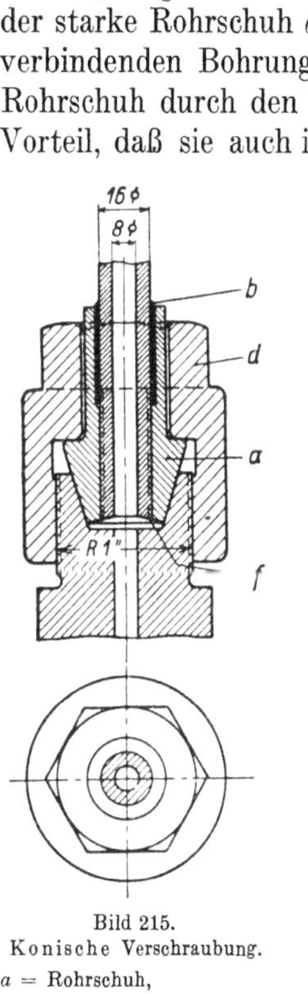

Bild 213.
Ebene Rohrverschraubung
mit metallischer Dichtung.

a = Rohrschuh,
b = Hartlot,
c = Zentrierung,
d = Überwurfmutter.

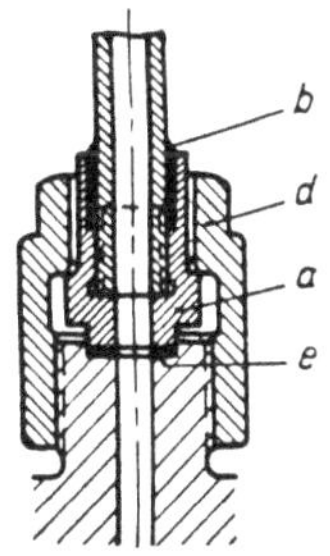

Bild 214. Ebene Rohr-
verschraubung
mit Kupferdichtung.

a = Rohrschuh,
b = Hartlot,
d = Überwurfmutter,
e = Kupferring.

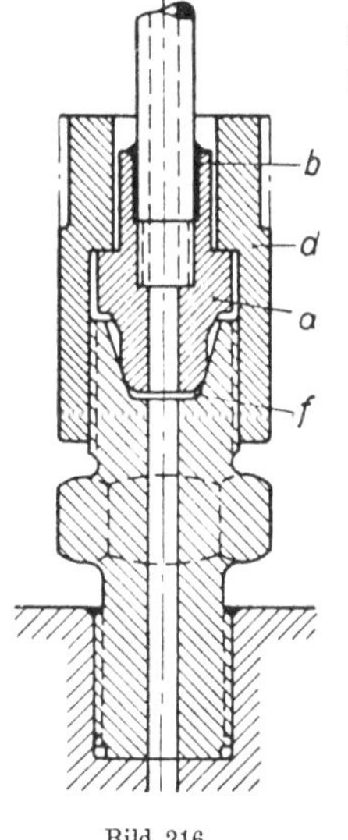

Bild 215.
Konische Verschraubung.

a = Rohrschuh,
b = Hartlot,
d = Überwurfmutter,
f = Ansenkung zur Vermei-
dung der Luftsackbildung.

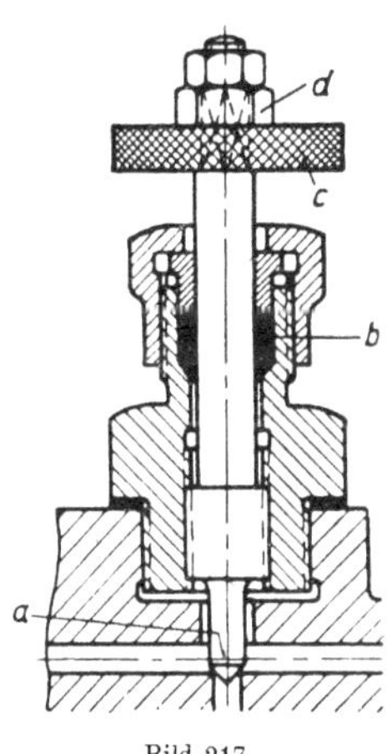

Bild 216.
Konisch - ballige
Rohrverschraubung.

a = Rohrschuh,
b = Hartlot,
d = Überwurfmutter,
f = Kleiner Luftsack.

Bild 217.
Überlauf- und Entluftungsventil.

a = Ventilnadel,
b = Bleidrahtpackung,
c = Randelmutter,
d = Sechskant zum Anziehen der
Ventilspindel.

genau senkrecht auf ihren Achsen und diese wieder genau in einer Geraden liegen müssen, sonst ist bei dem hohen Öldruck eine völlige Dichtung nicht zu erreichen. Hat man die Verschraubung gelöst und dabei das Rohr etwas verbogen, so muß man die Überwurfmutter d mit großem Kraftaufwand anziehen, um die Dichtung wiederherzustellen, worunter Verschraubung und Dichtungsflächen leiden. Von diesem Nachteil ist die Verbindung nach Bild 214 frei, bei der als Dichtung ein Kupferring e verwendet ist, der in der Zentrierung liegt, damit er sich nicht verschieben und nicht durch den Flüssigkeitsdruck herausgepreßt werden kann. Die Bohrung des

Kupferringes muß denselben Durchmesser wie die Rohrleitung haben, damit bei schräger Lage kein Luftsack entsteht. Die Stärke des Kupferringes darf nicht zu klein sein (2 bis 3 mm), damit er leichte Schiefstellungen der Rohrachsen aufnehmen kann. Mit dieser Verschraubung ist die Abdichtung leichter herzustellen als mit der vorigen; sie hat aber den Nachteil, daß sich bei unvorsichtigem Anziehen kleine Kupferteile ablösen können, die in das Brennstoffventil gelangen und den Ventilsitz beschädigen können. Die Kupferringe müssen daher sauber und ohne Grat hergestellt werden. Eine gut dichtende Rohrverschraubung zeigt Bild 215; der konische, bei b hart aufgelötete Rohrschuh a kann durch die Überwurfmutter d leicht mit großer Kraft in den Gegenkonus gepreßt werden. An der Stelle f ist das Ende von Rohrschuh und Rohr konisch angesenkt, damit bei leichter Schiefstellung sich keine Luftblasen in dem Ringraum festsetzen können. Stärkere Schiefstellungen oder waagerechte Anordnung verträgt diese Verschraubung nicht, weil der Luftsack bei f dann nicht zu entfernen wäre. Brauchbar ist auch die konisch-ballige Verschraubung nach Bild 216; sie dichtet ebensogut wie die nach Bild 215, erlaubt aber wegen der Kugelform des Rohrschuhes stärkere Schiefstellung der Rohrachsen.

Bei Anordnung dieser Verschraubung in nicht senkrechter Stellung entsteht bei f ein Luftsack, der durch geeignete Formgebung des Kugelteiles und des Hohlraumes hinreichend klein gehalten werden kann.

Es ist zweckmäßig, die Brennstoffdruckleitungen an der Maschine so anzuordnen, daß sie von der Brennstoffpumpe bis zum Einspritzventil ständig steigen, obwohl sich bei der großen Brennstoffgeschwindigkeit auch bei abwärts geneigter Leitung Luftblasen in dem glatten Rohr kaum festsetzen können. Am höchsten Punkt der Brennstoffleitung, also am Einspritzventil, wird ein Ventil (Bild 217) angebracht, das dazu dient, die Brennstoffleitung zu entlüften und mit Treiböl aufzufüllen, wenn die Maschine längere Zeit gestanden hat. Ohne diese Maßnahme ist keine

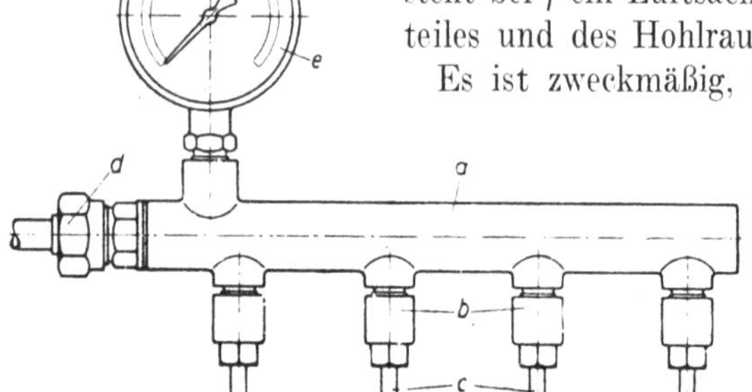

Bild 218. Vorrichtung zum Vergleichen des Widerstandes von Brennstoffdruckleitungen.

a = Gemeinsames Anschlußrohr, c = Zu prüfende Rohre,
b = Anschlußstutzen, d = Anschluß für Druckwasser,
e = Manometer.

Gewähr gegeben, daß beim Anfahren der zuerst eingespritzte Brennstoff sogleich gut zerstäubt wird und sicher zündet. Man pumpt die einzelnen Brennstoffleitungen so lange von Hand auf, bis der Brennstoff aus dem geöffneten Überlaufventil in vollem Strahl austritt und keine Luftblasen mehr erscheinen. Der abfließende Brennstoff wird in Trichtern (s in Bild 219) aufgefangen und in einen Lecköolsammelbehälter geleitet (Rohr p in Bild 222).

Die Spitze der Nadel a (Bild 217) wird gehärtet; die Ventilspindel ist in einer Stopfbuchse mit Bleidrahtpackung b gedichtet. Der Ventilsitz ist scharfkantig; die harte Nadelspitze drückt den Sitz leicht konisch ein. Die Rändelmutter c dient nur zum raschen Öffnen oder Schließen des Ventiles; zum Abdichten muß die Spindel mittels Schlüssels am Sechskant d angezogen werden, weil die Kraft, die man an der Rändelmutter ausüben kann, nicht genügt.

Vor der Inbetriebnahme der Maschine müssen alle Brennstoff führenden Leitungen sorgfältig gereinigt werden, damit kein Schmutz in das Einspritzventil gelangen kann. Die Innenwand eines neuen Stahlrohres ist meist nicht ganz frei von Zunder, der beim Biegen des Rohres absplittern kann. Um die Rohre von Zunder und sonstigen Verunreinigungen zu befreien, bläst man feinen, trockenen Sand mittels Druckluft hindurch. Darauf muß das Rohr gründlich mit Wasser durchgespült werden, damit alle Sandkörner sicher entfernt werden, worauf man es mit Druckluft trocknet und längere Zeit Treiböl hindurchpumpt.

Bei Mehrzylindermotoren kann es vorteilhaft sein, die Druckleitungen der einzelnen Zylinder gleich lang zu machen, damit sie gleichen Widerstand haben. Wenn dann auch alle Brennstoffventile auf einen genau gleichen Öffnungsdruck eingestellt werden, arbeiten alle Brennstoffpumpen gegen denselben Widerstand, was die Einstellung der Brennstoffpumpen auf gleiche Fördermengen erleichtert. Gleich lange Druckleitungen ergeben sich, wenn man einzelne Brennstoffpumpen vorsieht und jede Pumpe B in die gleiche Lage zum zugehörigen Arbeitszylinder bringt (Bild 219).

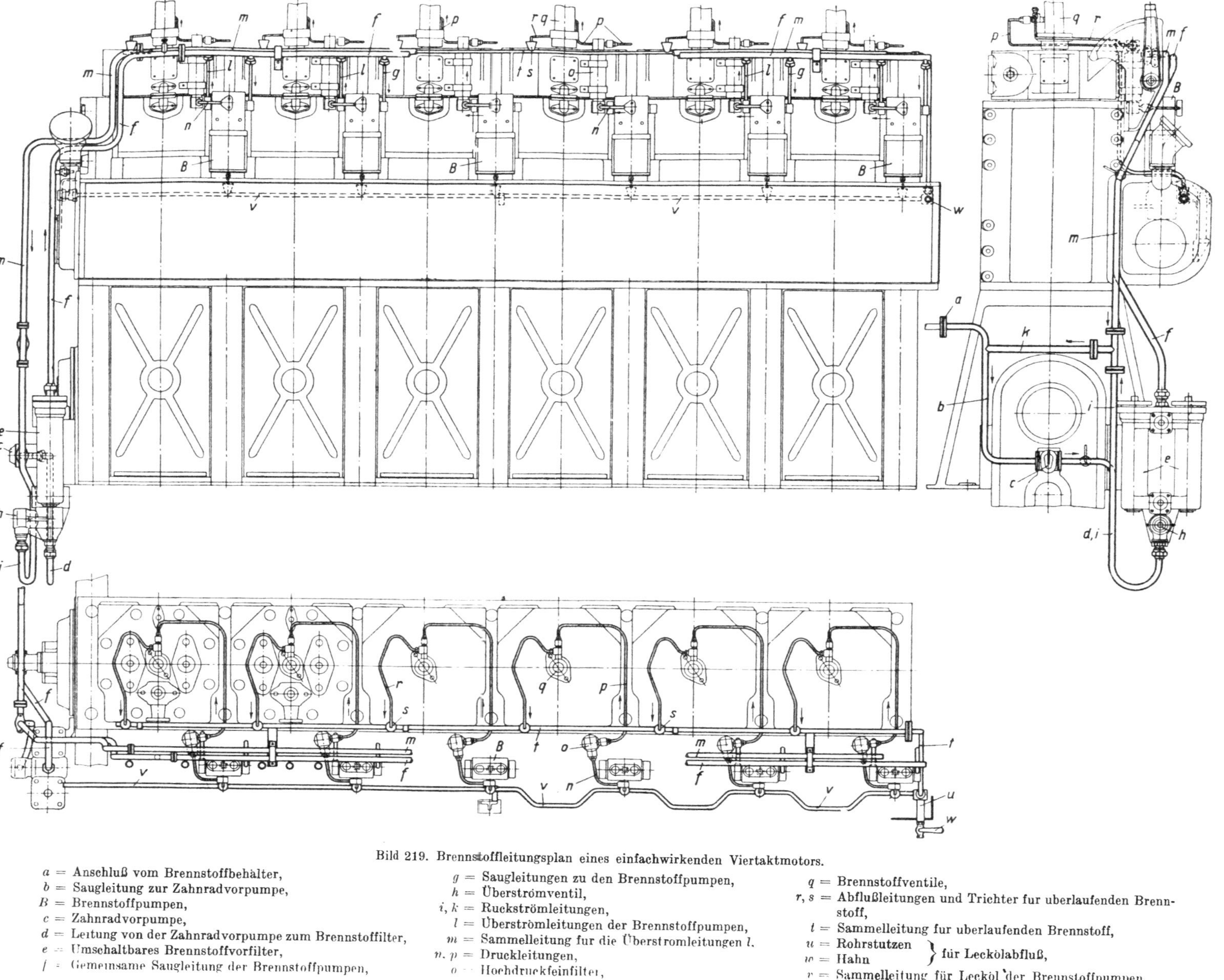

Bild 219. Brennstoffleitungsplan eines einfachwirkenden Viertaktmotors.

a = Anschluß vom Brennstoffbehälter,
b = Saugleitung zur Zahnradvorpumpe,
B = Brennstoffpumpen,
c = Zahnradvorpumpe,
d = Leitung von der Zahnradvorpumpe zum Brennstoffilter,
e = Umschaltbares Brennstoffvorfilter,
f = Gemeinsame Saugleitung der Brennstoffpumpen,

g = Saugleitungen zu den Brennstoffpumpen,
h = Überströmventil,
i, k = Rückströmleitungen,
l = Überströmleitungen der Brennstoffpumpen,
m = Sammelleitung für die Überstromleitungen l.
n, p = Druckleitungen,
o = Hochdruckfeinfilter,

q = Brennstoffventile,
r, s = Abflußleitungen und Trichter für überlaufenden Brennstoff,
t = Sammelleitung für überlaufenden Brennstoff,
u = Rohrstutzen ⎫ für Leckölabfluß,
w = Hahn ⎭
x = Sammelleitung für Lecköl der Brennstoffpumpen.

Die Brennstoffdruckleitungen (n–p im Grundriß von Bild 219) werden dann kongruent. Man kann sie außerdem auf gleichen Widerstand abstimmen, indem man sie an ein gemeinsames Rohr a (Bild 218) anschließt, das mit ebensoviel Anschlußstutzen b versehen ist, wie Rohre c zu prüfen sind. Bei d wird Druckwasser von einigen kg/cm² Üb. angeschlossen, dessen Druck am Manometer e abgelesen wird. Die Brennstoffleitungen haben gleichen Widerstand, wenn in einer bestimmten Zeit gleiche Wassermengen hindurchfließen. Hat ein Rohr einen zu großen Widerstand, so wird es noch einmal an die Sandstrahlvorrichtung angeschlossen. Nach der Prüfung mit Druckwasser werden die Rohre innen mit Druckluft getrocknet.

b) Brennstoffleitungspläne

Bild 219 zeigt den Brennstoffleitungsplan eines einfachwirkenden Viertaktmotors (6 Zyl., 265 mm Dmr., 450 mm Hub). Die vom Brennstoffbehälter kommende Treibölleitung ist am Flansch a angeschlossen; der Brennstoff fließt durch die Leitung b der Zahnradvorpumpe c zu, die von der Kurbelwelle angetrieben wird und die Aufgabe hat, den Druck des Treiböles in der gemeinsamen Saugleitung f der Brennstoffpumpen B konstant zu halten. Deren Liefergrad wird gleichmäßiger, wenn der Brennstoff dem Saugventil unter gleichbleibendem Überdruck (0,6 bis 1,0 kg/cm²) zugeführt wird. Dies wird dadurch erreicht, daß die Zahnradpumpe c mehr Brennstoff fördert, als die Maschine verbraucht; der Überschuß (50 bis 100%) fließt durch ein federbelastetes Überströmventil h (vgl. Bild 221), das sich bei dem gewünschten Überdruck öffnet, durch die Leitungen i und k in die Saugleitung b zurück. Der zu den Brennstoffpumpen geförderte Brennstoff, der nunmehr bis zu den Saugventilen unter gleichem Druck steht, fließt durch d und die eine Hälfte des umschaltbaren Doppelfilters e in die Leitung f, von der aus er sich durch die Abzweigungen g auf die sechs Brennstoffpumpen B verteilt.

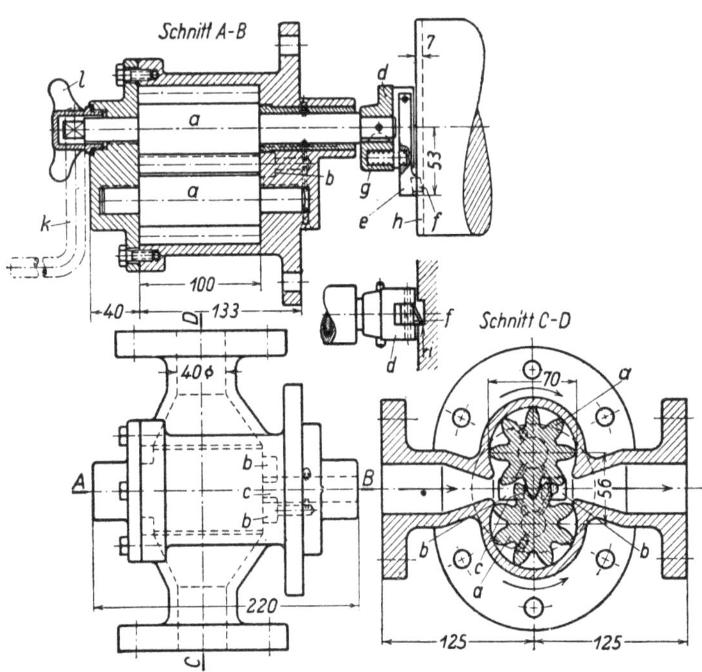

Bild 220. Zahnradvorpumpe fur Brennstoff.

a, a = Zahnrader,
b, b = Vertiefungen in der Stirnwand,
c = Steg zwischen Saug- und Druckraum,
d = Mitnehmerkupplung,
e = Mitnehmer,
f = Mitnehmernase,
g = Druckfeder,
h = Nut in der Kurbelwelle,
i = Druckrichtung bei Antrieb der Zahnradpumpe durch die Kurbelwelle,
k = Kurbel fur Handantrieb,
l = Flugelmutter.

stoffpumpen B verteilt. Diese arbeiten bei der hier beschriebenen Maschine mit Regelung durch ein Überströmorgan. Der von einem Pumpenstempel zuviel geförderte Brennstoff wird nach Aufdrücken des Überströmventiles durch die Leitungen l der in Höhe der Oberkante der Zylinderdeckel angeordneten Sammelleitung m zugeführt, die sich auf der Stirnseite der Maschine mit der vom Überströmventil h der Zahnradpumpe kommenden Leitung i vereinigt und in die Rückströmleitung k mündet. Der in die Arbeitszylinder zu fördernde Brennstoff wird durch die kurzen Druckleitungen n, ein Hochdruckfeinfilter o (vgl. Bild 228) und die Druckleitungen p den Brennstoffventilen q zugeführt. Für die Entlüftung der Brennstoffleitungen p und der Einspritzventile q ist am höchsten Punkt der Brennstoffleitung ein Ventil (Bild 217) vorgesehen, das vor dem Anfahren der Maschine beim Aufpumpen der Druckleitungen geöffnet wird; das überfließende Öl wird durch Rohre r und Trichter s in die Sammelleitung t abgeführt. Von hier fließt es in einen kurzen, weiten Rohrstutzen u, von wo es durch einen Hahn w in einen Behälter abgelassen wird. Von den Brennstoffpumpen B abtropfendes Lecköl wird durch eine mit Trichtern versehene Sammelleitung v ebenfalls in den Rohrstutzen u geleitet.

Alle Rohrleitungen sind aus Stahl hergestellt. Die Hochdruck führenden Leitungen werden mit einem Druck geprüft, der um 100 kg/cm² höher als der Einspritzdruck ist. Für die übrigen Rohre genügt ein Probedruck von 10 kg/cm².

Die Rohrleitungen in Bild 219 haben folgende Durchmesser:

	Innen	Außen
Rohre b, f, i, k, m	16	22 mm,
„ g, l	10	14 „ ,
„ n, p	4	9 „ .
„ t, v	14	17 „ .
Rohr r	4	7 „ ,
Rohrstutzen u	25	33 „ .

Die Saug- und Druckleitungen werden so bemessen, daß man in den Saugleitungen eine mittlere Geschwindigkeit von 0,05 bis 0,2 m/sek, in den Druckleitungen eine Höchstgeschwindigkeit von 6 bis 10 m/sek erhält, die letztere bezogen auf die größte Geschwindigkeit des Brennstoffpumpenstempels. In den Filtern muß jedoch die Geschwindigkeit erheblich kleiner sein (S. 201 und 202), damit etwa vorhandene Schmutzteile Zeit haben, sich abzusetzen.

Bild 220 zeigt die Zahnradvorpumpe (c in Bild 219). Bei dem durch Pfeile bezeichneten Drehsinn der beiden miteinander kämmenden Zahnräder a, a liegt der Saugstutzen links, der Druckstutzen rechts; das Treiböl durchströmt die Pumpe im Sinn der eingezeichneten Pfeile, wobei die an den Außenseiten sich jeweils bewegenden Zahnlücken den Brennstoff von der Saug- auf die Druckseite fördern. Die Ein- und Austrittsöffnungen haben Kreisquerschnitt, der an den Zahnrädern in ein längliches Rechteck übergeht, so daß das Öl sich gut auf die Zahnlücken verteilt. Die rechteckigen Vertiefungen b, b dienen teils zum Anschluß von Nuten zur Schmierung der Lagerzapfen, teils zur Aufnahme des aus den miteinander kämmenden Zähnen seitlich herausgequetschten Öles; der zwischen b, b stehenbleibende Steg c verhindert den Übertritt von der Druck- auf die Saugseite. Die Pumpe wird hier von der Kurbelwelle des Motors angetrieben; bei großen Anlagen findet man auch durch Elektromotor getrennt betriebene Vorpumpen. Das obere Zahnrad trägt auf seinem verlängerten Wellenzapfen eine Kupplungsscheibe d, die an ihrem freien Stirnende zur Aufnahme eines drehbar eingesetzten, hakenförmigen Mitnehmers e

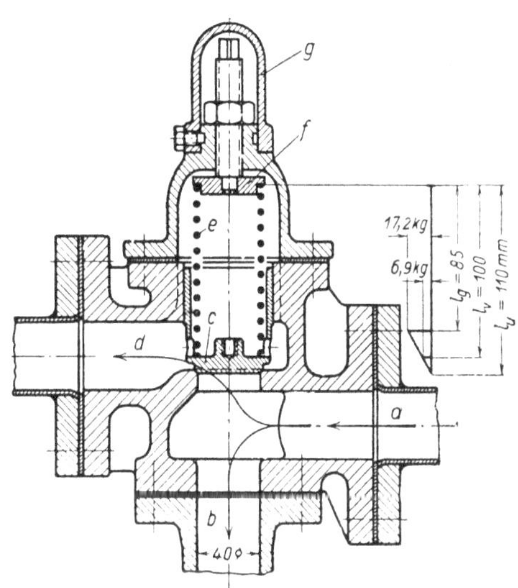

Bild 221. Überstromventil in der Brennstoffsaugleitung.

a = Brennstoffeintritt,
b = Brennstoffaustritt zu den Pumpen,
c = Ventilkegel,
d = Ruckfluß in die Saugleitung,
e = Feder zum Einstellen des Öldruckes,
f = Federteller,
g = Schutzkappe.

geschlitzt ist. Die gehärtete Nase f des Mitnehmers wird durch eine Feder g in eine in die Stirnfläche der Kurbelwelle gefräste Nut h gedrückt, wodurch die Zahnradwelle mitgenommen wird. Die Nase f des Mitnehmers e ist einseitig abgeschrägt; der Druck der treibenden Nutenwand wirkt auf die nicht abgeschrägte Seite des Mitnehmers in Richtung des Pfeiles i. Bei stillstehendem Motor kann man die Pumpe von Hand drehen; dann kuppelt sich die Mitnehmervorrichtung selbsttätig aus, weil der Druck der anderen Nutenwand auf die Schrägseite der Nase f den Mitnehmer e zurückdrückt, so daß er über die stillstehende Stirnfläche der Kurbelwelle gleitet. Für den Handantrieb setzt man eine Kurbel k auf den mit einem Vierkant versehenen freien Wellenzapfen des oberen Zahnrades, nachdem man die mit Flügeln versehene Kappenmutter l abgenommen hat. Vor Anfahren der Maschine wird die Handkurbel entfernt.

Zahnradschmierölpumpen können grundsätzlich ebenso gebaut werden; sie werden aber größer, weil die umlaufende Schmierölmenge erheblich größer als die Brennstoffmenge ist.

13*

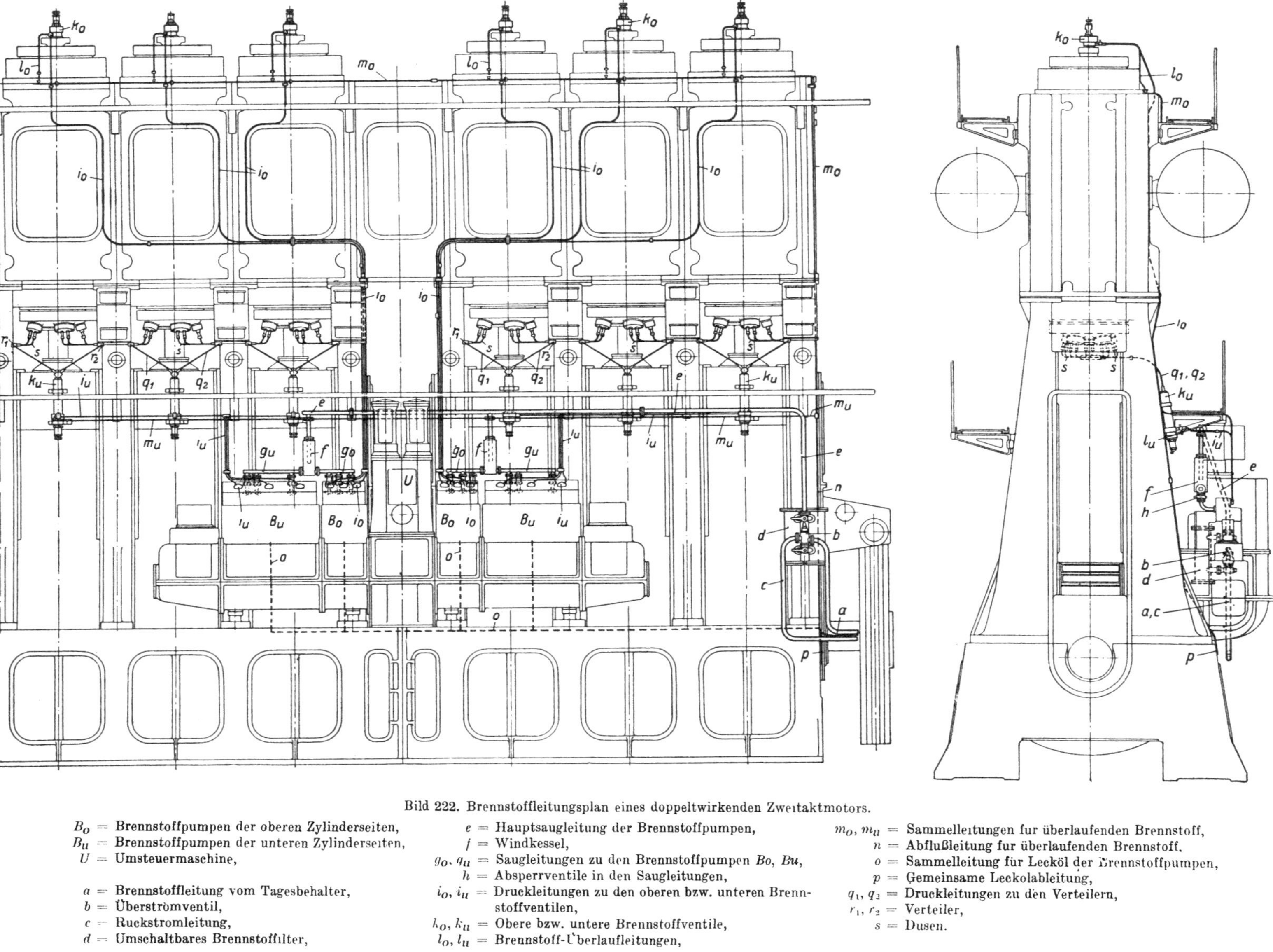

Bild 222. Brennstoffleitungsplan eines doppeltwirkenden Zweitaktmotors.

B_o = Brennstoffpumpen der oberen Zylinderseiten,
B_u = Brennstoffpumpen der unteren Zylinderseiten,
U = Umsteuermaschine,

a = Brennstoffleitung vom Tagesbehälter,
b = Überströmventil,
c = Rückstromleitung,
d = Umschaltbares Brennstoffilter,

e = Hauptsaugleitung der Brennstoffpumpen,
f = Windkessel,
g_o, g_u = Saugleitungen zu den Brennstoffpumpen B_o, B_u,
h = Absperrventile in den Saugleitungen,
i_o, i_u = Druckleitungen zu den oberen bzw. unteren Brenn-
stoffventilen,
k_o, k_u = Obere bzw. untere Brennstoffventile,
l_o, l_u = Brennstoff-Überlaufleitungen,

m_o, m_u = Sammelleitungen für überlaufenden Brennstoff,
n = Abflußleitung für überlaufenden Brennstoff,
o = Sammelleitung für Lecköl der Brennstoffpumpen,
p = Gemeinsame Leckölableitung,
q_1, q_2 = Druckleitungen zu den Verteilern,
r_1, r_2 = Verteiler,
s = Düsen.

Eine Ausführungsform des Überströmventiles, das den Überdruck des Treiböles in der Saugleitung der Brennstoffpumpen konstant zu halten hat, zeigt Bild 221. Der von der Zahnradvorpumpe kommende Brennstoff tritt bei a in das Ventil ein und bei b in das Brennstoffilter und zu den Brennstoffpumpen. Der von der Vorpumpe zuviel geförderte Brennstoff hebt den Kegel c an und fließt bei d ab und in die Saugleitung zurück. Die den Kegel belastende Feder e wird durch Verstellen des Tellers f so gespannt, daß der Kegel sich gerade bei dem gewünschten Druck (z. B. 1 kg/cm²) öffnet; dann bleibt der Druck des bei b zur Brennstoffpumpe abfließenden Treiböles gleich, sofern nur die Vorpumpe ständig einen Überschuß an Treiböl fördert, der unter Anheben des Ventilkegels abfließen kann. Eine über die Spindel von f gestülpte Kappe g soll ein unbeabsichtigtes Verstellen des Federtellers und damit des Treiböldruckes verhindern.

Der Brennstoffleitungsplan eines doppeltwirkenden Zweitaktmotors ist in Bild 222 wiedergegeben. Die von einem Elektromotor angetriebene Zahnradvorpumpe (im Bild nicht sichtbar) fördert den vom Treibölbehälter kommenden Brennstoff durch die Leitung a zum Überströmventil b, dessen Federspannung auf 0,8 kg/cm² eingestellt ist. Der zuviel geförderte Brennstoff fließt durch die Leitung c in die Saugleitung der Vorpumpe zurück. Der Brennstoff durchströmt das umschaltbare Filter d (vgl. Bild 229) und fließt durch das Rohr e, die Windkessel f und die Zweigleitungen g_o, g_u zu den am Bedienungsstand beiderseits der Umsteuermaschine U angeordneten Brennstoffpumpen B_o für die oberen und B_u für die unteren Zylinderseiten. Durch Ventile h kann die Saugleitung jeder Brennstoffpumpe abgesperrt werden, wenn während der Fahrt an einer Pumpe gearbeitet werden muß. Da hier die Brennstoffmenge durch Öffnen der Saugventile geregelt wird, so entfallen die Überströmventile mit ihren Leitungen; der von den Pumpenstempeln zuviel geförderte Brennstoff wird in die Saugleitungen zurückgeschoben. An die Druckventile sind die Druckleitungen i_o bzw. i_u angeschlossen, die den Brennstoff zu den oberen Brennstoffventilen k_o und den unteren k_u führen. Mit jedem Brennstoffventil ist eine Überlaufleitung l_o, l_u verbunden, durch welche der beim Aufpumpen der Druckleitungen überlaufende Brennstoff abgeführt wird; er sammelt sich in den Leitungen m_o und m_u, die sich in der Abflußleitung n vereinigen, die auch das von den Brennstoffpumpen abtropfende, in den Leitungen o gesammelte Lecköl aufnimmt. Eine gemeinsame Leitung p führt alles Lecköl in einen Sammelbehälter ab.

Auf den unteren Zylinderseiten gabelt sich jede Druckleitung i_u hinter den Brennstoffventilen k_u zunächst in zwei Stränge q_1 und q_2, die zu je einer Verteilerleiste r_1, r_2 führen, von wo aus der Brennstoff durch die Leitungen s den im unteren Zylinderdeckel angeordneten Düsen zugeführt wird.

Die Leitungen in Bild 222 haben folgende Durchmesser:

	Innen	Außen		Innen	Außen
Rohre a, c	43	47,5 mm,	Rohre m_o, m_u, o	13	21 mm,
Rohr e	40	44,5 ,, ,	,, n, p	20	27 ,, ,
Rohre g_o, g_u	33	35 ,, ,	,, q_1, q_2	5	10 ,, .
,, i_o, i_u	8	17 ,, ,	Rohr s	2	8 ,, .
,, l_o, l_u	4	7 ,, ,			

Die Geschwindigkeit des Treiböles in den Saug- und Druckleitungen liegt in den S. 195 angegebenen Grenzen.

2. Brennstoffilter

Die Druckzerstäubung erfordert in höherem Maß eine sorgfältige Reinigung des Brennstoffes vor seinem Eintritt in die Brennstoffpumpe als die Zerstäubung durch Druckluft, weil die Saug- und Druckventile der Brennstoffpumpe und die Einspritzventile gegen einen viel höheren Druck dicht halten müssen, was schon durch kleine Schmutzteilchen, die in die Ventilsitze geraten, beeinträchtigt werden kann. Man pflegt daher den Brennstoff auf seinem Weg vom Vorratsbehälter bis zum Einspritzventil zweimal zu filtern. Für die Vorfilterung wird Tuch, Filz, Messing- oder Kupfergaze verwendet, für die Feinfilterung häufig eine rein metallische Filterung, bei der sich der Brennstoff durch enge Spalten von genau bemessener Weite hindurchzwängen muß. Zweckmäßig ist, beide Filter in der Saugleitung zwischen dem Tagesbehälter und der Brennstoffpumpe anzuordnen; dann erhält die empfindliche Pumpe gut gereinigten Brennstoff, und Ventilsitze und

Stempelführung werden geschont. Eine Filterung zwischen Pumpe und Einspritzventil ist nicht
nötig, wenn die Druckleitung sauber gehalten wird.

Ein umschaltbares, mit Gaze- und Tuchfilterung versehenes Filter ist in Bild 223 dargestellt.
Von den beiden Filterhälften ist jeweils nur eine in Betrieb; die andere ist abgeschaltet und kann
nötigenfalls gereinigt werden. Das Treiböl tritt bei a ein und bei b aus; die Stellung der Winkelhähne c_1, c_2 bestimmt, welche von beiden Filterhälften benutzt wird. Das ungereinigte Treiböl
tritt durch die länglichen Öffnungen d in das Innere des von einer Spiralfeder e gegen das Gehäuse
gedrückten inneren Filterkorbes f, eines unten geschlossenen, gußeisernen Rippenkörpers, der mit
Messing- oder Kupfergaze g umwickelt ist. Der Korb f hängt in einem zweiten, größeren Filterkorb h,
der ebenfalls mit Gaze i umwickelt ist; darüber ist ein aus Filtertuch genähter Sack k gestreift,
der von einem aus Messingringen l und Streifen m zusammengelöteten Gerüst gestützt wird. Das
gereinigte Treiböl sammelt sich im Raum n, aus dem es durch den Hahn c_2 und das Rohr b abströmt. In n sich absetzender
Schlamm kann durch o abgelassen
werden. Eine Fangschale p fängt
das abtropfende Öl auf.

Die Filter sind oben durch Deckel
q verschlossen, die durch Bügel r
und Knebelschraube s gegen das
Filtergehäuse gedrückt werden, was
rasches Losnehmen der Deckel ermöglicht.

Das gußeiserne Filtergehäuse und
die übrigen Gußteile müssen vor
der Inbetriebnahme des Filters sorgfältig von anhaftendem Gußsand
gereinigt werden, damit keine Sandkörner in die Brennstoffpumpe
gelangen können. Man läßt das
Gehäuse längere Zeit in verdünnter
Salzsäure liegen, spült es mit Wasser
gründlich nach und trocknet es mit
Druckluft. Auch die Reinigung mit
Dampf- oder Druckwasserstrahlen
ist anwendbar. Zur Kontrolle der
Dichtigkeit wird das Gehäuse mit
5 kg/cm² Wasserdruck geprüft.

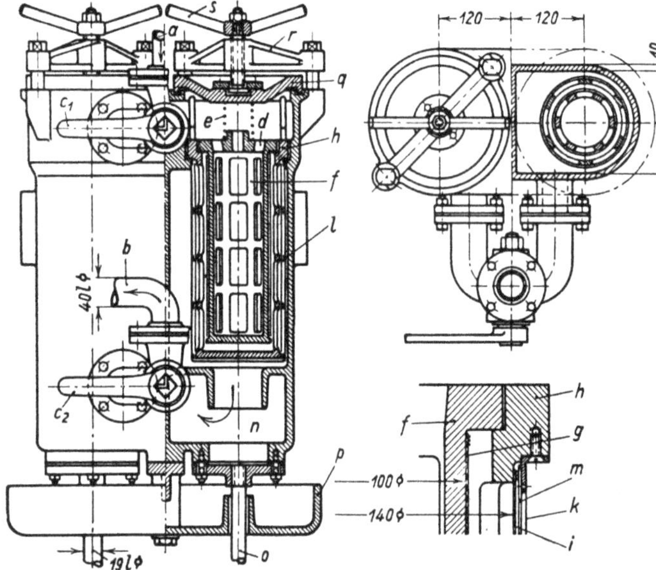

Bild 223. Umschaltbares Brennstoff-Vorfilter mit Gaze- und Tuchfilterung.

a = Brennstoffeintritt,	f = Innerer Filterkorb,	n = Sammelraum,
b = Brennstoffaustritt,	g = Filtergaze,	o = Schlammablaß,
c_1, c_2 = Winkelhähne,	h = Äußerer Filterkorb,	p = Ölfangschale,
d = Durchtrittsöffnungen	i = Filtergaze,	q = Verschlußdeckel,
im inneren Filterkorb,	k = Filtertuch,	r = Druckbugel,
e = Spiralfeder,	l = Messingringe,	s = Knebelschraube.
	m = Messingstreifen,	

Das „Turbulo"-Filter (Bild 224 bis 226) der Deutsche Werft A.-G. benutzt außer der
Tuchfilterung auch Prallwirkung und Erwärmung des Treiböles zur Reinigung. Durch Aufprallen
auf Wände und durch plötzliche Richtungsänderung werden die im Öl mitgeführten schwereren
Körper, wie ungelöster Asphalt, Sandkörnchen usw., abgeschieden; durch Anwärmen des Treiböles mittels Dampf- oder elektrischer Heizung wird seine Viskosität vermindert, so daß das Abscheiden der festen Körper erleichtert wird. Damit auch die im Brennstoff enthaltenen Wassertropfen entfernt werden, sind schräge Wände derart angeordnet, daß der aufsteigende Ölstrom
diese bestreicht; ihre Oberfläche ist so beschaffen, daß das Wasser daran zerfließt, so daß es in
den unteren Schlammraum sinkt. Es sind mehrere Kammern hintereinander geschaltet, in denen
sich der beschriebene Vorgang wiederholt.

Bild 224 zeigt das Turbulo-Filter im Schnitt, Bild 225 im Lichtbild. Das zu reinigende Treiböl
tritt bei a in die erste Kammer des „Kaskaden"-Filters, in der es in Richtung der eingezeichneten
Pfeile hochsteigt, wobei Prallbleche b_1 dafür sorgen, daß das Öl möglichst dicht an der geneigten
Wand c_1 geführt wird, an der das Wasser abgeschieden wird; gleichzeitig bewirken die Prallbleche b_1
ein Ausfällen der mechanischen Verunreinigungen. In der zweiten Kammer strömt das vorgereinigte
Öl zunächst durch mehrere Fallrohre d_1 abwärts und dann wieder aufwärts, worauf abermals an

der Wand c_2 Wasser abgeschieden wird; dann wird es wiederum durch Rohre d_2 abwärts geführt, um in den Heizraum e zu gelangen, wo es durch Heizkörper f angewärmt wird. Unter mehrfachem Richtungswechsel fließt das Öl um die Wand g und an den Prallblechen b_2, b_3 vorbei zum Stutzen h, durch den es zu den Tuchfiltern i übertritt. Von diesen ist entsprechend der Stellung der Dreiweghähne k (s. auch Bild 225) jeweils nur eines in Betrieb; das andere kann inzwischen gereinigt werden.

Das Tuchfilter hält etwa noch im Öl befindliche Schwebestoffe zurück. Das gereinigte Öl tritt bei l aus.

Es ist zweckmäßig, das Filtergehäuse immer ganz gefüllt zu halten, damit die Bewegungen des Schiffskörpers den Reinigungsvorgang nicht stören. Hierzu ist am Flansch m ein Rohr n angeschlossen, das mit dem Entlüftungsrohr der Brennstoff-Tagesbehälter verbunden wird (Bild 226). Das Gehäuse des Filters ist dann stets mit Brennstoff gefüllt.

Die Temperatur des angewärmten Treiböles kann am Thermometer o (Bild 225)

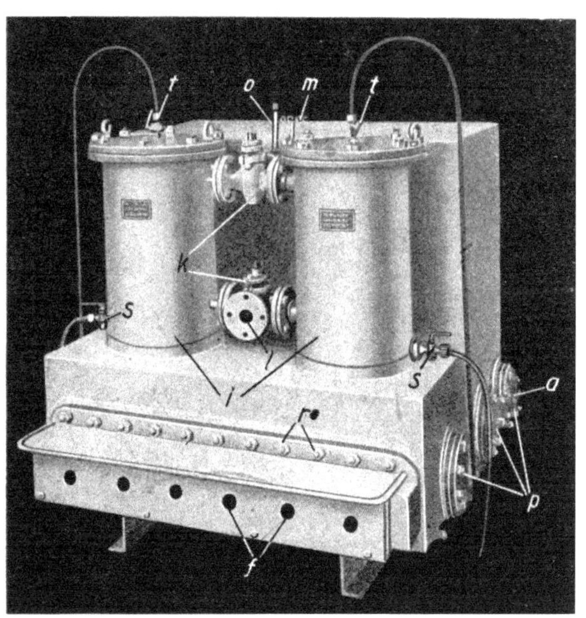

Bild 225. Turbulo-Filter.

a = Brennstoffeintritt,	o = Thermometer,
f = Schalter für Heizkörper,	p = Reinigungsöffnungen,
i = Gehäuse für Tuchfilter,	r = Muttern für Verschlußdeckel
k = Dreiweghähne,	vor dem Heizraum,
l = Brennstoffaustritt,	s = Entleerungshähne,
m = Flansch für Entlüftung,	t = Lufthähne.

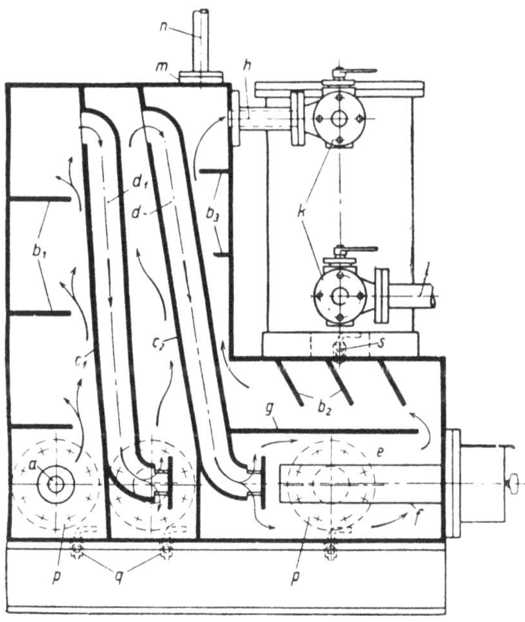

Bild 224. Turbulo-Filter. Bauart Deutsche Werft.

a = Brennstoffeintritt,	i = Gehäuse für Tuchfilter,
b_1, b_2, b_3 = Prallbleche,	k = Dreiweghähne,
c_1, c_2 = Schräge Wände,	l = Austritt des gereinigten Öles,
d_1, d_2 = Fallrohre,	m = Flansch für Entlüftung,
e = Heizraum,	n = Entlüftungsrohr,
f = Heizkörper,	p = Reinigungsöffnungen,
g = Trennwand,	q = Entwässerungshähne,
h = Übertritt zum Tuchfilter,	s = Entleerungshahn.

abgelesen werden. Zur Reinigung des Kaskadenfilters dienen seitlich angeordnete Hand- und Schlammlöcher p, zum Ablassen des abgeschiedenen Wassers die Hähne q (Bild 224). Nach Lösen der Muttern r (Bild 225) kann man die Heizkörper herausnehmen und die Heizfläche reinigen. Will man das Filtertuch zur Reinigung herausnehmen, so stellt man die beiden Dreiweghähne k so, daß die betreffende Filterseite abgeschaltet ist, öffnet den Entleerungshahn s und den Lufthahn t und läßt das zylindrische Filtergehäuse leerlaufen. Nach Entfernen des Deckels kann das Filtertuch herausgehoben und gereinigt werden.

Die Anordnung des Turbulo-Filters im Maschinenraum zeigt Bild 226. Unter dem Filter a ist eine Fangschale b für die Entleerungs- und Lufthähne und die Entwässerungshähne (q, s und t in Bild 224 und 225) vorgesehen. Das Filter wird möglichst tief unter den Tagesbehältern c eingebaut; das Maß d soll mindestens 1 m betragen, damit das Gefälle den Widerstand des Filters überwinden kann. Von den Tagesbehältern führt die Brennstoffleitung zu einem Dreiweghahn e, durch den man die Filteranlage abschalten kann, wenn sie im Hafen gereinigt werden soll. Das Treiböl läuft dann durch die Umgehungsleitung f

und das Reservefilter g zum Verteilerventilkasten h, von wo aus es durch die Leitung k den auch im Hafen in Betrieb gehaltenen Hilfsmaschinen zugeführt wird. Wenn die Hauptmaschine läuft, nimmt der Brennstoff seinen Weg durch die Leitungen l und m und durch das Filter a zum Verteilerventilkasten h und verzweigt sich von dort durch die Leitungen i und k. n ist das schon erwähnte Entlüftungsrohr, das mit der Entlüftung der Brennstoff-Tagesbehälter verbunden wird. Durch o kann der Inhalt der Fangschale b entweder durch Rohr p zum Lecköltank oder durch q zur Maschinenraumbilge abgeführt werden.

Eine Filterbauart, bei der Gaze, Tuch oder Filz vermieden ist und die auch in der Druckleitung zwischen Brennstoffpumpe und Einspritzventil verwendet werden kann, ist von Hesselman angegeben worden. Die Filterwirkung beruht hier darauf, daß das Öl sich durch eine größere Zahl schmaler Schlitze zwängen muß, die von der Innenbohrung des Filtergehäuses und einem Einsatzkörper, der „Filterpatrone" (Bild 227), gebildet werden. Diese ist an ihrer zylindrischen Oberfläche mit gefrästen Längsnuten versehen, die (in Bild 227) abwechselnd vom linken bis nicht ganz zum rechten Ende und vom rechten bis nicht ganz zum linken Ende reichen. Zwischen je zwei Schlitzen bleibt ein schmaler Steg stehen (in Bild 228 und 229 je 0,25 mm breit), der gegenüber dem Außendurchmesser der Patrone um einige hundertstel mm zurückgeschliffen wird. Das bei a (Bild 228) eintretende Treiböl verteilt sich auf alle Nuten b, die bis zum unteren Ende durchgefräst sind, und muß, um in die nach oben durchgefrästen Nuten c zu gelangen,

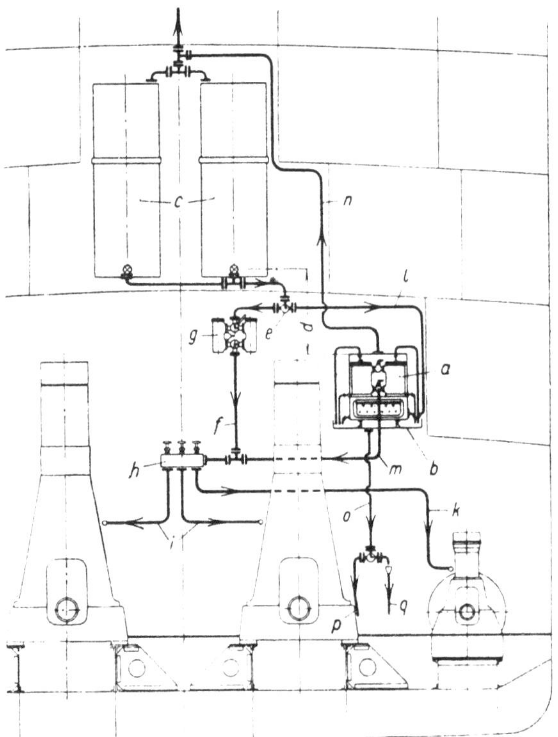

Bild 226. Anordnung des Turbulo-Filters im Maschinenraum eines Motorschiffes.

a = Turbulo-Filter,
b = Fangschale,
c = Brennstoff-Tagesbehälter,
d = Maß von Unterkante Tagesbehälter bis Oberkante Filter,
e = Dreiweghahn,
f = Umgehungsleitung,
g = Reservefilter,
h = Verteilerventilkasten,
i = Brennstoffleitungen zu den Hauptmotoren,

k = Brennstoffleitung zu den Hilfsmotoren,
l = Brennstoffleitung zum Filter,
m = Brennstoffleitung zum Verteilerventilkasten,
n = Entlüftungsleitung,
o = Entwässerung,
p = Abfluß zum Lecköltank,
q = Abfluß zur Maschinenraumbilge.

Bild 227. Filterpatrone nach Hesselman.

durch die Spalte strömen, die zwischen den Stegen der Innenwand des Filtergehäuses verbleiben. Die zylindrische Form ermöglicht genaue Herstellung. Bei den Filtern nach Bild 228 und 229 ist der Durchmesser der Filterpatronen im Bereich der Stege um 0,06 mm im Durchmesser kleiner geschliffen als die Gehäusebohrung, so daß die für die Filterwirkung maßgebende Spaltweite 0,03 mm beträgt. Alle gröberen Unreinigkeiten werden vom Filter zurückgehalten.

In Bild 228 führt das Rohr d den Brennstoff so in das Gehäuse ein, daß am Boden sich sammelnder Schlamm nicht aufgerührt wird. Nachdem das Öl den genuteten Teil des Filterkörpers durchströmt hat, wird es durch die Radialbohrungen e, die Innenbohrung f und die Druckleitung g, h abgeführt. Der Gewindezapfen i dient zum Herausziehen der Patrone zwecks Reinigung, die Schellen k zur Befestigung des Filters am Zylinderdeckel.

Das Filter, Bild 228, ist dem Einspritzventil vorgeschaltet, steht also unter dem von der Brennstoffpumpe erzeugten Einspritzdruck, und die Geschwindigkeit des Brennstoffes in den Filterspalten ist der des Brennstoffpumpenstempels (angenähert) proportional. Dieser hat 16 mm Dmr., eine Fläche von 2,01 cm² und eine größte Geschwindigkeit von 0,67 m/sek. Die Filterpatrone besitzt 57 Nuten von 92 mm Länge; bei einer Spaltbreite von 0,03 mm wird der Filterquerschnitt 1,573 cm². Damit ergibt sich die größte Geschwindigkeit des Treiböles im Filterspalt zu

$$c_{max} = \frac{0,67 \cdot 2,01}{1,573} = 0,86 \text{ m/sek,}$$

eine Geschwindigkeit, die bei den engen Filterspalten einen Druckabfall von mehreren kg/cm² verursacht, der von der Brennstoffpumpe mit aufgebracht werden muß.

Das Hesselman-Filter kann auch in die Saugleitung der Brennstoffpumpe eingebaut werden, nur muß man dann wesentlich kleinere Geschwindigkeiten in den Filterspalten vorsehen, also den Filterquerschnitt vergrößern. Um bei derselben Spaltweite nicht zu große Abmessungen zu erhalten, kann man die Filterpatrone unterteilen und die Teile ineinanderstecken. Das Doppelfilter, Bild 229, hat in jeder Abteilung vier parallel geschaltete Filterkörper; der innere ist massiv, die drei äußeren sind hohl. Der bei a eintretende Brennstoff wird durch die zwischen den Nuten b, c stehenbleibenden Stege (Breite 0,25 mm, Spaltweite 0,03 mm) filtriert und tritt bei d aus. Durch Umlegen der Winkelhähne e_1, e_2 kann die eine oder andere Filterhälfte während des Betriebes zwecks Reinigung abgeschaltet werden. Eine Fangschale f fängt abtropfendes Öl auf.

Da dieses Filter in der Saugleitung der Brennstoffpumpe liegt, in der die Geschwindigkeit des Brennstoffes durch Saugwindkessel (f in Bild 222, S. 196) nahezu konstant gehalten wird, so ist die

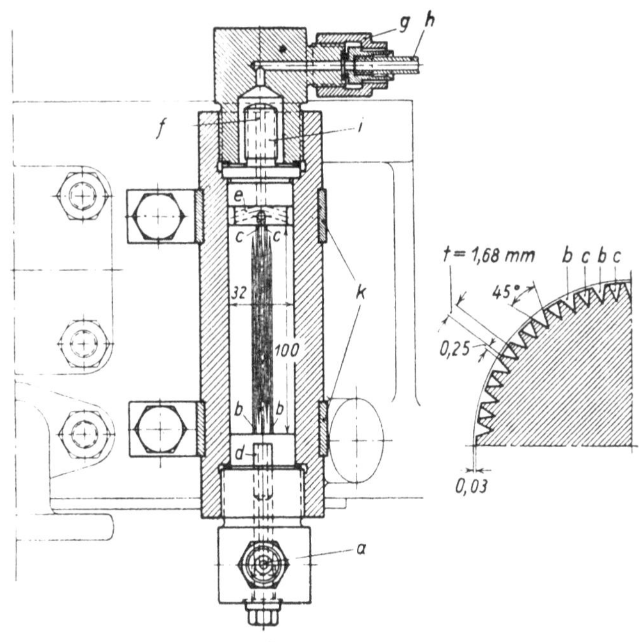

Bild 228. Einfaches Hochdruck-Feinfilter. Bauart Hesselman.

a = Brennstoffeintritt,
b, c = Gefräste Längsnuten,
d = Einführungsrohr für den Brennstoff,
e, f = Bohrungen für Brennstoffaustritt,
g = Verschraubung,
h = Druckleitung,
i = Gewindezapfen zum Herausziehen des Filterkörpers,
k = Schellen zur Befestigung des Filtergehäuses.

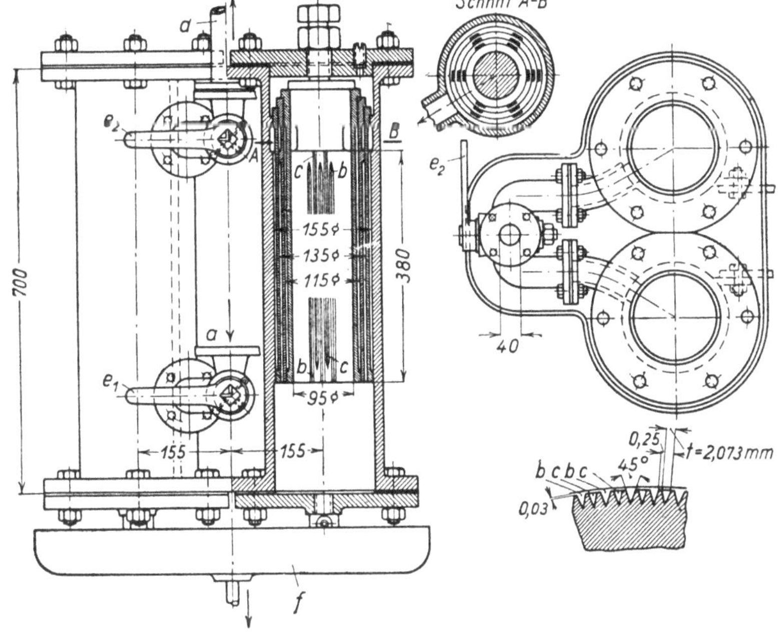

Bild 229. Umschaltbares Niederdruck-Feinfilter. Bauart Hesselman.

a = Brennstoffeintritt,
b, c = Gefräste Längsnuten,
d = Brennstoffaustritt,
e_1, e_2 = Winkelhähne,
f = Ölfangschale.

Geschwindigkeit des Brennstoffes in den Filterspalten aus dem sekundlichen Brennstoffverbrauch der Maschine und dem Gesamtquerschnitt der Spalte zu berechnen. Für das Filter Bild 229 wird:

Maschinenleistung 6000 PSe, Brennstoffverbrauch 170 g/PSeh,
Spez. Gew. des Brennstoffes 0,88 g/cm³,

somit die sekundlich durch das Filter strömende Brennstoffmenge

$$Q_{\text{sek}} = \frac{6000 \cdot 170}{0,88 \cdot 3600} = 322 \; \text{cm}^3/\text{sek}.$$

Bei im ganzen 768 Nuten und einer Nutenlänge von 350 mm wird der Durchtrittsquerschnitt 80,64 cm² und die mittlere Geschwindigkeit in den Filterspalten rd. 4 cm/sek, was keine merkliche Drosselung des Treiböles verursacht.

3. Vorgänge in den Brennstoffdruckleitungen

a) Fortpflanzung einer Störung in elastischen Medien

Wenn der Stempel der Brennstoffpumpe seinen Druckhub beginnt, ist die Druckleitung zwischen Pumpe und Einspritzventil ganz gefüllt; sie steht von der vorhergehenden Einspritzung unter einem Druck p_k, der niedriger als der Öffnungsdruck des Einspritzventiles ist und dessen Höhe von dem Maß der Entlastung der Druckleitung nach Beendigung der Einspritzung abhängt. Mit der beginnenden Bewegung des Stempels erteilt dieser dem unmittelbar vor seiner Stirnfläche liegenden Brennstoff die Geschwindigkeit v, die, wie noch gezeigt werden wird, einer Druckzunahme p entspricht, die v proportional ist. Die durch das Auftreten von v und p gekennzeichnete „Störung"

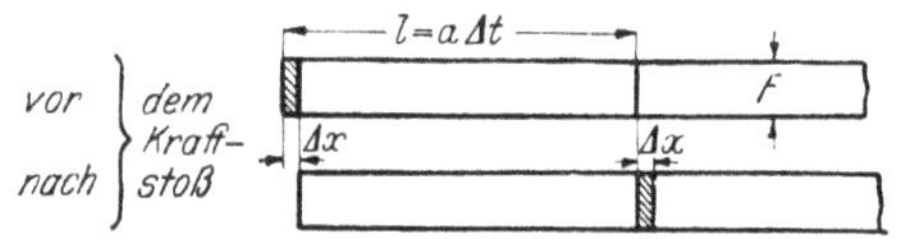

Bild 230. Zur Berechnung der Fortpflanzungsgeschwindigkeit einer Störung in einer Flussigkeitssäule nach R. W. Pohl.

pflanzt sich in der Druckleitung nicht momentan, sondern mit einer endlichen Geschwindigkeit a fort, die zunächst berechnet werden soll[1].

Wir betrachten eine Ölsäule von der Länge l und dem Querschnitt F (Bild 230). Der am linken Ende befindliche Kolben verschiebe sich um den Betrag Δx (oberer Teil des Bildes) nach rechts; um den gleichen Betrag wird l zusammengedrückt, da der rechte Endquerschnitt von l wegen der Elastizität des Treiböles von der Kolbenbewegung zunächst nicht beeinflußt wird. Seine Zusammendrückungszahl (vgl. S. 209) sei α. Dann ist die für das Zusammendrücken der Ölsäule von der Länge l und dem Querschnitt F erforderliche Kraft

$$K = \frac{\Delta x \cdot F}{\alpha \cdot l}.$$

Die Zusammendrückung um das Stück Δx erfolge in der Zeit Δt durch den Kraftstoß $K \cdot \Delta t$. Die elastische Störung, die anfangs auf die unmittelbare Nachbarschaft des Kolbens beschränkt blieb, rückt mit der zu berechnenden Geschwindigkeit a nach rechts vor und hat nach der Zeit Δt die Länge $l = a \cdot \Delta t$ erfaßt. Demnach wird der Kraftstoß

$$K \cdot \Delta t = \frac{\Delta x \cdot F}{\alpha \cdot a}.$$

Der Kraftstoß erteilt der Brennstoffsäule von der Länge l einen Impuls

$$m \cdot v = l \cdot F \cdot \varrho \, \frac{\Delta x}{\Delta t} = a \cdot F \cdot \varrho \cdot \Delta x$$

(ϱ = Dichte der Flüssigkeit), denn nach der Zeit Δt ist die Störung bis zum rechten Ende der Ölsäule gelangt und hat dieses um den Betrag Δx nach rechts verschoben; die Ölsäule von der Länge l ist also mit der Geschwindigkeit $v = \dfrac{\Delta x}{\Delta t}$ nach rechts gerückt. Kraftstoß und Impuls müssen gleich sein, folglich ist

$$\frac{\Delta x \cdot F}{\alpha \cdot a} = a \cdot F \cdot \varrho \cdot \Delta x$$

---

[1] Vgl. R. W. Pohl: Einführung in die Physik. 1. Bd.: Mechanik, Akustik und Wärmelehre, 4. Aufl. Berlin: Springer-Verlag 1941.

oder

$$a = \frac{1}{\sqrt{\alpha \rho}} \,.$$

Das ist die Geschwindigkeit, mit der sich eine Störung in einem elastischen Körper fortpflanzt. Sie hängt von der Dehnzahl bzw. Zusammendrückungszahl α und der Dichte ρ des Stoffes ab und wird, da ihre Frequenzen häufig in den Bereich der Hörbarkeit fallen, Schallgeschwindigkeit genannt. In einem völlig starren Stab ($\alpha = 0$) wäre $a = \infty$; für einen Stahlstab wird $a =$ rd. 5100 m/sek; in Luft von Zimmertemperatur ist die Schallgeschwindigkeit bekanntlich rd. 340 m/sek; in der Brennstoffdruckleitung des Dieselmotors wird sie (vgl. S. 212) etwa 1500 m/sek. Mit dieser Geschwindigkeit pflanzen sich die durch die Bewegung des Pumpenstempels hervorgerufene Geschwindigkeitswelle und die ihr proportionale Druckwelle in der Einspritzleitung fort. Sie wird, wie weiter unten noch gezeigt werden soll, durch die Elastizität der Rohrwandung etwas, aber unerheblich, verkleinert.

Bei den Vorgängen in der Brennstoffdruckleitung kann es sich nur um longitudinale Wellen handeln, weil die Massenteilchen der Brennstoffsäule sich nur in Richtung der Wellenfortpflanzung bewegen können. Transversale Wellen treten hier nicht auf.

Die von der Bewegung des Pumpenstempels ausgelöste Geschwindigkeitswelle und die ihr proportionale Druckwelle durchlaufen mit Schallgeschwindigkeit die Druckleitung vom Pumpenstempel bis zur Düse. Ist die Druckwelle stark genug, so öffnet sie das Brennstoffventil, und der Brennstoff wird eingespritzt; andernfalls werden beide Wellen reflektiert. Dabei — also bei geschlossener Leitung — wird die Druckwelle positiv[1] zurückgeworfen (wie man an jeder Wasserwelle beobachten kann, die von einer festen Wand zurückgeworfen wird); die Geschwindigkeit dagegen kehrt ihre Richtung um: die Geschwindigkeitswelle wird bei geschlossenem Ventil negativ[1] zurückgeworfen. Bild 231 stellt den Zurückwurf bei geschlossener Düse schematisch dar[2], wobei eine gleichförmig zunehmende Geschwindigkeit des Pumpenstempels angenommen

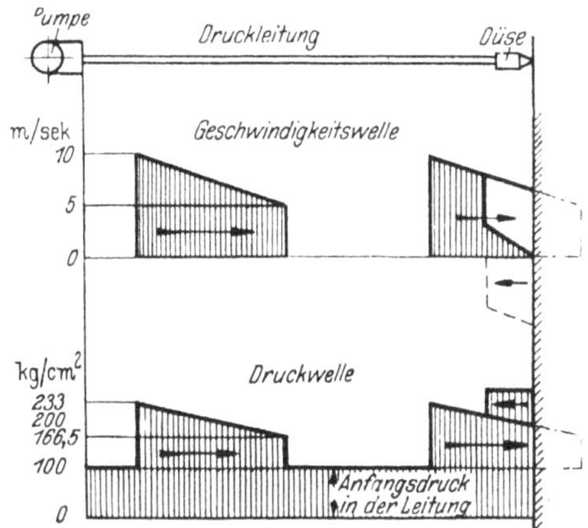

Bild 231. Schematische Darstellung des Verlaufes einer Geschwindigkeitswelle und einer Druckwelle nach Heinrich.

ist. Die Ordinaten der Druckwelle sind denen der Geschwindigkeitswelle proportional. Die senkrecht übereinander gezeichneten Wellen der linken Bildhälfte beziehen sich auf eine Strecke der Druckleitung, auf der noch keine Reflexion stattgefunden hat. Nach der Reflexion addieren sich die Druckwellen, während die Ordinaten der Geschwindigkeitswelle sich zum Teil aufheben. Für die zurückeilenden Wellen können sich die Erscheinungen am Pumpenkolben unter abermaliger Umkehr der Richtung wiederholen, bis die wieder voreilende Druckwelle stark genug geworden ist, um das Einspritzventil zu öffnen.

Eine Reflexion findet aber nicht nur an einem verschlossenen Rohrende, sondern auch an einem offenen Ende oder allgemein an jeder Stelle statt, an der sich der Rohrquerschnitt ändert, denn jede Änderung des Querschnittes bewirkt eine Strömungsänderung, die sich als Störung in der Rohrleitung fortpflanzt. Findet die Druckwelle ein völlig offenes Rohrende, so setzt sich ihr Druck ganz in Geschwindigkeit um, und die Geschwindigkeit des Brennstoffes am Austritt wird doppelt so groß wie die in der Rohrleitung[3]. Die am Rohrende hinzugekommene Geschwindigkeit

[1] Die Ausdrücke „positiv“ und „negativ“ bedeuten hier bei den Druckwellen einen Über- bzw. Unterdruck gegenüber dem mittleren Druck p_k in der Leitung; bei den Geschwindigkeitswellen soll die Richtung von der Brennstoffpumpe zur Düse als positiv, die umgekehrte Richtung als negativ bezeichnet werden.

[2] Heinrich: Die Einspritzverzögerung bei kompressorlosen Dieselmaschinen. VDI-Sonderheft „Dieselmaschinen V“. Berlin: VDI-Verlag 1932.

[3] Vgl. A. Pischinger: Bewegungsvorgänge in Gassäulen. Forschung a. d. Gebiete d. Ingenieurwesens Bd. 6 (1935) Heft 5; ferner: Pischinger und Cordier: Gemischbildung und Verbrennung im Dieselmotor, Sammlung List: Die Verbrennungskraftmaschine, Heft 7. Wien: Springer-Verlag 1939.

pflanzt sich, ihre positive Richtung beibehaltend, als Störung rückwärts zur Brennstoffpumpe hin fort: die Geschwindigkeitswelle wird am offenen Rohrende positiv reflektiert. Eine ihr proportionale Drucksenkung eilt als negative Druckwelle, auch „Verdünnungswelle" genannt, mit der positiven Geschwindigkeitswelle zurück, einen Unterdruck gegenüber dem mittleren Druck in der Leitung hervorrufend. So wird eine Druckwelle am offenen Rohrende negativ reflektiert.

Wenn nun das geschlossene Rohrende einen positiven, das offene einen negativen Rückwurf der Druckwelle bewirkt, dann muß es zwischen diesen beiden Grenzfällen ein Querschnittsverhältnis geben, bei dem die Reflexion zu null wird. Pischinger[1] und Blaum[2] haben gezeigt, daß dies dann der Fall ist, wenn die Höhe der Druckwelle gleich dem „kritischen" Wert

$$p_{kr} = 2\,a^2\varrho \cdot \frac{f^2}{F^2 - f^2}\ \text{kg/m}^2$$

ist, wobei a die Fortpflanzungsgeschwindigkeit der Wellen in der Rohrleitung in m/sek, ϱ die Dichte des Treiböles in kg sek^2/m^4, f den wirksamen Querschnitt der das Ende der Rohrleitung bildenden (offenen) Düse und F den Rohrquerschnitt in m^2 bedeutet. Da f^2 klein gegenüber F^2 ist, kann auch geschrieben werden

$$p_{kr} = 2\,a^2\,\varrho\left(\frac{f}{F}\right)^2.$$

Ist der Druck der beim Einspritzventil ankommenden Welle größer als p_{kr}, so wird die Druckwelle positiv, die Geschwindigkeitswelle negativ zurückgeworfen; dabei werden die Amplituden beider Wellen verkleinert. Ist der Druck der ankommenden Welle kleiner als p_{kr}, so wird die Druckwelle negativ zurückgeworfen; es entsteht gegenüber dem mittleren Druck in der Leitung eine Entlastung, die so stark werden kann, daß die Flüssigkeitssäule abreißt. Nur wenn der Druck der ankommenden Welle gerade gleich p_{kr} ist, findet keine Reflexion statt; die Bewegungsvorgänge in der Druckleitung beeinflussen den Einspritzvorgang dann nicht, und die Einspritzung verschiebt sich lediglich gegenüber der Bewegung des Pumpenstempels um die Zeit, welche die Druckwelle braucht, um den Weg von der Pumpe bis zur Düse zurückzulegen.

Die bisherigen Betrachtungen gelten für die offene Düse. Befindet sich am Ende der Druckleitung ein Brennstoffventil, so werden die Zusammenhänge verwickelter, weil der Austrittsquerschnitt wegen der Bewegung der Düsennadel veränderlich wird. Grundsätzlich treten aber dieselben Erscheinungen auf. Bei der Erklärung des Berechnungsganges (Abschn. e), S. 216) wird hierauf noch zurückzukommen sein.

Unter vereinfachenden Annahmen lassen sich die Vorgänge in der Brennstoffdruckleitung rechnerisch verfolgen. Hierzu sind in den Abschnitten b) und d) die Gleichungen der veränderlichen Strömung abgeleitet; Abschnitt c) enthält Untersuchungen über die Zusammendrückbarkeit des Treiböles. Im Abschnitt e) ist der Gang der Berechnung erklärt, während der letzte Abschnitt ein Zahlenbeispiel bringt.

b) Ableitung der Differentialgleichungen der veränderlichen Strömung[3]

Gegeben sei eine zylindrische, gerade Rohrleitung (Bild 232), die über die Länge L im inneren Durchmesser D und in der Wandstärke d gleichbleibend angenommen wird. An dem einen Ende befinde sich eine Energiequelle, die eine Strömung durch die Leitung erzeugt, z. B. ein Staubecken mit der Flüssigkeitshöhe y_o über der Leitungsachse, also dem Druck $p_o = y_o \cdot \gamma$ am Leitungseintritt ($\gamma =$ spez. Gew. der Flüssigkeit). Die Energie kann auch von einem Pumpenkolben vom Querschnitt F ausgehen, der mit der gleichmäßigen Geschwindigkeit v_o bewegt wird und mit der Kraft $P_o = p_o \cdot F$ auf die Flüssigkeit drückt. Am anderen Ende der Leitung befinde sich ein Aus-

---

[1] Vgl. Fußnote 3, S. 203.

[2] E. Blaum: Vorgänge in Einspritzsystemen schnellaufender Dieselmotoren. Forschung a. d. Gebiete d. Ingenieurwesens Bd. 7 (1936) Heft 2.

[3] Vgl. L. Alliévi: Allgemeine Theorie über die veränderliche Bewegung des Wassers in Leitungen. Deutsch von R. Dubs und V. Bataillard. Berlin: Springer-Verlag 1909.

flußorgan, etwa eine Düse oder ein Ventil von regelbarem Widerstand, z. B. das Brennstoffventil eines Dieselmotors.

Befindet sich die Strömung im Beharrungszustand, so sind, wenn man von den Reibungsverlusten in der Leitung absieht, der Druck p_i und die Geschwindigkeit v_i der Flüssigkeit an jeder Stelle des Rohres konstant. Die Summe aus Druck- und Geschwindigkeitshöhe $\dfrac{p_i}{\gamma} + \dfrac{v_i^2}{2\,g}$ ist durch die Anfangsenergie $\dfrac{p_o}{\gamma} + \dfrac{v_o^2}{2\,g}$, oder, wenn $v_o = 0$ ist, durch $\dfrac{p_o}{\gamma}$ bestimmt.

Tritt eine Störung des Beharrungszustandes ein, sei es durch eine Niveauänderung des Staubeckens, durch eine ungleichmäßige Kolbenbewegung oder durch Änderung des Ausflußwiderstandes der Düse, so sind Druck- und Geschwindigkeitsänderungen die Folge, die sich in der Leitung wellenförmig fortpflanzen. Der Druck p und die Geschwindigkeit v in der Leitung werden dann Funktionen des Weges x (Bild 232) und der Zeit t.

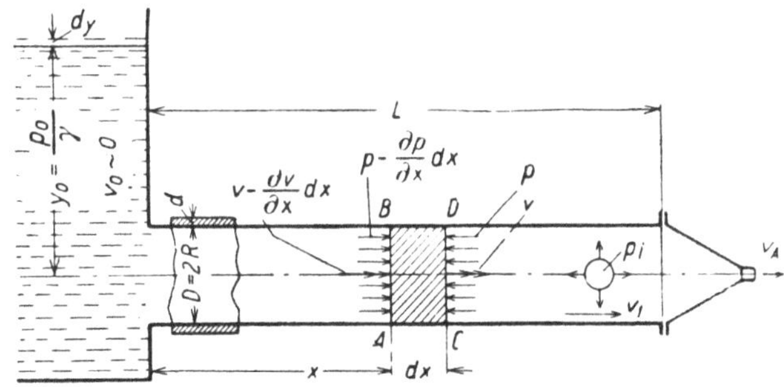

Bild 232. Zur Ableitung der Differentialgleichungen der veränderlichen Strömung.

Wir betrachten ein Flüssigkeitselement $ABCD$ (Bild 232) von der Länge dx und dem Querschnitt $\dfrac{\pi D^2}{4}$. Die Rohrachse sei die x-Achse; ihre positive Richtung soll gleich der Strömungsrichtung sein.

Im folgenden ist vorausgesetzt, daß in allen Punkten eines Flüssigkeitsquerschnittes der gleiche Druck p und die gleiche Geschwindigkeit v herrschen. Zu dieser Annahme ist man berechtigt, weil es sich hier um dünnflüssige Medien (Treiböle) handelt, die Schubkräften praktisch keinen Widerstand entgegensetzen. Ihr Schubmodul darf gleich Null gesetzt werden, während er bei zähen Flüssigkeiten, wie Schmierölen, nicht vernachlässigt werden darf.

Wenn der Gleichgewichtszustand gestört wird, wirken auf die Stirnflächen des Flüssigkeitselementes $ABCD$ zu einer gegebenen Zeit t verschieden große Drücke; die Druckdifferenz ist $\dfrac{\partial p}{\partial x}\,dx$. Es ist hier das nach x partielle Differential einzusetzen, weil in einem gegebenen Zeitpunkt t nur x als veränderlich anzusehen ist. Bei der Betrachtung wurde davon ausgegangen, daß die Störung des Beharrungszustandes durch eine Zunahme des Anfangsdruckes (oder eine Zunahme der ursprünglichen Stauhöhe y_o um dy, Bild 232) verursacht wird; dadurch entsteht eine Druckwelle, die in Bild 232 von links nach rechts, in der Richtung der positiven x-Achse, fortschreitet. In dem betrachteten Augenblick herrscht somit im Querschnitt AB ein höherer Druck als in CD; für die betrachteten Querschnitte nimmt der Druck längs der positiven x-Achse ab, und $\dfrac{\partial p}{\partial x}$ wird negativ. Der auf die Stirnfläche AB wirkende Druck wird $p - \dfrac{\partial p}{\partial x}\,dx$, der auf CD wirkende ist p, und es ist $p - \dfrac{\partial p}{\partial x}\,dx > p$. Das Flüssigkeitselement erfährt eine Beschleunigung im Sinne der positiven x-Richtung.

Um diese Beschleunigung zu ermitteln, betrachten wir die Geschwindigkeiten, die in dem betreffenden Augenblick in AB und CD auftreten. Der in AB herrschende höhere Druck treibt an dieser Stelle die Flüssigkeit mit vermehrter Geschwindigkeit durch die Leitung, während für den Querschnitt CD noch die kleinere Geschwindigkeit v gilt. Der Unterschied der Geschwindigkeiten wird $-\dfrac{\partial v}{\partial x}\,dx$; die Geschwindigkeit in AB ist $v - \dfrac{\partial v}{\partial x}\,dx$; in CD ist sie v, und die mittlere Geschwindigkeit des Flüssigkeitselementes $ABCD$ wird $v - \dfrac{1}{2}\dfrac{\partial v}{\partial x}\,dx$.

Wendet man auf das Flüssigkeitselement, dessen Masse $\dfrac{\pi}{4}\,D^2 \cdot dx \cdot \dfrac{\gamma}{g}$ ist, den Satz Masse $\times$ Beschleunigung = Differenz der auf das Element wirkenden Kräfte an, so erhält man:

$$\frac{\pi}{4}\,D^2 \cdot dx \cdot \frac{\gamma}{g} \cdot \frac{\partial\left(v - \frac{1}{2}\frac{\partial v}{\partial x} \cdot dx\right)}{\partial t} = \frac{\pi}{4}\,D^2\left[\left(p - \frac{\partial p}{\partial x}\,dx\right) - p\right]. \tag{1}$$

Mit Einführung der spezifischen Dichte $\varrho = \gamma/g$ ergibt sich nach einigen Vereinfachungen

$$\varrho \cdot \frac{\partial\left(v - \frac{1}{2}\frac{\partial v}{\partial x} \cdot dx\right)}{\partial t} = -\frac{\partial p}{\partial x}\,.$$

Da $v - \frac{1}{2}\frac{\partial v}{\partial x}\,dx$ von v nur wenig verschieden ist, so kann man ohne einen zu großen Fehler zu begehen, auch schreiben

$$\varrho \cdot \frac{\partial v}{\partial t} = -\frac{\partial p}{\partial x}$$

oder

$$\frac{\partial v}{\partial t} = -\frac{1}{\varrho} \cdot \frac{\partial p}{\partial x}\,. \tag{2}$$

Eine zweite Beziehung zwischen den Veränderlichen p, v, t und x ergibt sich aus der Betrachtung des zu einer bestimmten Zeit t zwischen den Querschnitten AB und CD bestehenden Geschwindigkeitsunterschiedes, der durch die Verformung des Flüssigkeitselementes $ABCD$ hervorgerufen wird, welche durch die in der Zeit dt erfolgende Druckänderung ∂p, d. h. durch $\frac{\partial p}{\partial t}\,dt$, bedingt ist. Diese Druckänderung verursacht:

1. eine Zusammendrückung des Flüssigkeitselementes,
2. eine Dehnung des Rohrelementes.

Beide Erscheinungen addieren sich in ihren Wirkungen und rufen (bei positivem ∂p) eine axiale Verkürzung des Flüssigkeitselementes hervor, die eine Geschwindigkeitsdifferenz zwischen seinen beiden Stirnflächen zur Folge hat.

1. Die axiale Längenänderung des Flüssigkeitselementes infolge seiner Zusammendrückung ist

$$\delta_1 = \frac{dx}{\varepsilon} \cdot \frac{\partial p}{\partial t}\,dt, \tag{3}$$

wobei angenommen ist, daß die Deformation der Flüssigkeit nach dem Hookeschen Gesetz[1] erfolgt. ε ist der Elastizitätsmodul der Flüssigkeit, sein reziproker Wert die „Zusammendrückungszahl" α.

2. Zur Berechnung der axialen Längenänderung des Flüssigkeitselementes infolge der Dehnung des Rohrelementes denken wir uns die Rohrleitung aus einer Anzahl von ringförmigen, voneinander unabhängigen Rohrelementen bestehend; es wird also die Versteifung jeweils höher beanspruchter Rohrelemente durch benachbarte, geringer beanspruchte vernachlässigt. Das Rohr sei hinreichend dünnwandig im Verhältnis zum Durchmesser angenommen, so daß gleichmäßige Beanspruchung des Rohrquerschnittes vorausgesetzt werden darf. Diese Annahme trifft zwar bei den Einspritzdruckleitungen nicht zu, deren Wandstärke größer als der lichte Durchmesser sein kann; sie ist aber hier zulässig, da, wie sich zeigen wird, der Einfluß der Rohrdehnung auf die Größe der Schallgeschwindigkeit gegenüber der Zusammendrückung der Flüssigkeit von geringer Bedeutung ist.

---

[1] Das Hookesche Gesetz sagt in seiner Form $\delta = \alpha \cdot \sigma$ aus, daß die Raumverminderung δ der Volumeneinheit proportional der Druckspannung σ ist. Für $\sigma = 1$ kg/cm² wird $\delta = \alpha$; die Zusammendrückungszahl α gibt somit die Abnahme der Volumeneinheit (in dem besonderen Fall des konstanten Flüssigkeitsquerschnittes auch die Abnahme der Längeneinheit der Flüssigkeitssäule) für 1 kg/cm² Druckspannung an. Das gilt aber nur, wenn α konstant ist. Soweit Flüssigkeiten bisher untersucht sind, trifft dies in keinem Fall zu; die Zusammendrückbarkeit von Wasser ändert sich z. B. sehr stark mit dem Druck (Bild 233, S. 209). Für Dieseltreiböle kann man aber nach den Untersuchungen von D. H. Alexander (Abschn. c) α zwischen den für die Einspritzung in Betracht kommenden Druckgrenzen als angenähert konstant annehmen (Bild 236, S. 211); es beträgt für diese Druckbereiche rd. $^1/_{20\,000}$ für je 1 kg/cm². Die oben gemachte Annahme, daß für die Verformung des Flüssigkeitselementes das Hookesche Gesetz gilt, trifft also mit guter Annäherung zu.

Unter diesen Annahmen wird mit den in Bild 232 angegebenen Bezeichnungen die Tangentialspannung im Rohrelement

$$\sigma = \frac{p \cdot R}{d}$$

und mit E als Elastizitätsmodul des Rohrwerkstoffes die Dehnung des Rohrhalbmessers R

$$\eta = \frac{p \cdot R^2}{E \cdot d} \, .$$

Bei einer Änderung des Druckes um ∂p in der Zeit dt wird:

$$\partial \eta = \frac{R^2}{E \cdot d} \cdot \frac{\partial p}{\partial t} \, dt \, . \tag{4}$$

Die räumliche Erweiterung des Rohrelementes infolge der Zunahme von η um $\partial \eta$ ist

$$\partial V = \pi \cdot D \cdot \partial \eta \cdot dx,$$

die auch ausgedrückt werden kann durch

$$\partial V = R^2 \cdot \pi \cdot \delta_2 \, ,$$

wo δ_2 den auf die radiale Dehnung des Rohrelementes entfallenden Teil der axialen Längenänderung des Flüssigkeitselementes bedeutet. Aus der Gleichsetzung der beiden letzten Gleichungen folgt

$$\delta_2 = \frac{D \cdot \partial \eta \cdot dx}{R^2} \, .$$

Hierin $\partial \eta$ aus Gl. (4) eingesetzt ergibt

$$\delta_2 = \frac{D \cdot \dfrac{R^2}{E \cdot d} \cdot \dfrac{\partial p}{\partial t} \, dt \cdot dx}{R^2}$$

oder

$$\delta_2 = \frac{dx}{E} \cdot \frac{D}{d} \cdot \frac{\partial p}{\partial t} \, dt \, . \tag{5}$$

Die gesamte axiale Längenänderung des Flüssigkeitselementes infolge der Zusammendrückung der Flüssigkeit und der Dehnung des Rohrelementes ist $\delta_1 + \delta_2$. Sie verursacht einen Geschwindigkeitsunterschied zwischen den Stirnflächen AB und CD des Flüssigkeitselementes, der sich ergibt aus

$$\left(v - \frac{\partial v}{\partial x} \, dx \right) dt - v \, dt = \delta_1 + \delta_2 \, .$$

Die Strecke $\delta_1 + \delta_2$ ist positiv einzuführen, weil die Verkürzung des Flüssigkeitselementes eine Bewegung der Stirnfläche AB in Richtung der positiven x-Achse hervorruft. Es wird also

$$- \frac{\partial v}{\partial x} \, dx \cdot dt = \delta_1 + \delta_2 \, .$$

Die Einsetzung der Werte für δ_1 und δ_2 aus Gl. (3) und (5) ergibt:

$$- \frac{\partial v}{\partial x} \, dx \cdot dt = \frac{dx}{\varepsilon} \cdot \frac{\partial p}{\partial t} \cdot dt + \frac{dx}{E} \cdot \frac{D}{d} \cdot \frac{\partial p}{\partial t} \cdot dt$$

oder:

$$\frac{\partial v}{\partial x} = - \left(\frac{1}{\varepsilon} + \frac{1}{E} \cdot \frac{D}{d} \right) \frac{\partial p}{\partial t} \, . \tag{6}$$

Wir führen die durch die Gleichung

$$\varrho \left(\frac{1}{\varepsilon} + \frac{1}{E} \cdot \frac{D}{d} \right) = \frac{1}{a^2} \tag{7}$$

definierte Größe a ein, wobei $\varrho = \dfrac{\gamma}{g}$ die spezifische Dichte der Flüssigkeit ist; die Bedeutung von a wird im Abschnitt c) erklärt werden. Gl. (6) nimmt dadurch die Form an:

$$\frac{\partial v}{\partial x} = - \frac{1}{a^2\,\varrho} \cdot \frac{\partial p}{\partial t}. \tag{8}$$

Die (vereinfachten) Differentialgleichungen der veränderlichen Strömung lauten somit:

$$\left. \begin{aligned} \frac{\partial v}{\partial t} &= - \frac{1}{\varrho} \cdot \frac{\partial p}{\partial x} &&\quad (2) \\[2mm] \frac{\partial v}{\partial x} &= - \frac{1}{\varrho\,a^2} \cdot \frac{\partial p}{\partial t} &&\quad (8) \end{aligned} \right\} \tag{9}$$

c) Die Bedeutung von a und die Zusammendrückbarkeit des Treiböles. Größe der Schallgeschwindigkeit in Brennstoffdruckleitungen

Bevor die Differentialgleichungen (9) der veränderlichen Strömung integriert werden (Abschn. d) soll die Bedeutung der durch Gl. (7) eingeführten Größe a untersucht und gezeigt werden, daß a die Schallgeschwindigkeit in der mit einer Flüssigkeit vom spez. Gew. γ gefüllten Rohrleitung darstellt.

Was zunächst die Dimension von a betrifft, so wird nach Gl. (7)

$$\frac{\dfrac{\mathrm{kg}}{\mathrm{m^3}}}{\dfrac{\mathrm{m}}{\mathrm{sek^2}}} \cdot \left(\frac{1}{\dfrac{\mathrm{kg}}{\mathrm{m^2}}} + \frac{1}{\dfrac{\mathrm{kg}}{\mathrm{m^2}}} \cdot \frac{\mathrm{m}}{\mathrm{m}} \right) = \frac{1}{a^2}$$

oder
$$\frac{\mathrm{sek^2}}{\mathrm{m^2}} = \frac{1}{a^2}\,;$$

a hat also die Dimension einer Geschwindigkeit. Wird das Rohr als starr angenommen, so wird $E = \infty$, also in Gl. (7) $\dfrac{1}{E} \cdot \dfrac{D}{d} = 0$, und Gl. (7) vereinfacht sich in

$$\varrho \cdot \frac{1}{\varepsilon} = \frac{1}{a^2}$$

oder
$$a = \sqrt{\frac{\varepsilon}{\varrho}} = \frac{1}{\sqrt{\alpha\,\varrho}}.$$

Dieser Wurzelwert stellt, wie S. 203 gezeigt wurde, die Fortpflanzungsgeschwindigkeit von Wellen (Schallgeschwindigkeit) in einem Stoff vom Elastizitätsmodul ε und der spezifischen Dichte ϱ dar. Wegen der Rohrelastizität tritt in der Klammer der Gl. (7) der Ausdruck $\dfrac{1}{E} \cdot \dfrac{D}{d}$ hinzu, der dieselbe Dimension wie $\dfrac{1}{\varepsilon}$ hat und einen Korrekturfaktor von $\dfrac{1}{\varepsilon}$ darstellt, der den Einfluß der Elastizität der Rohrwandungen berücksichtigt.

Aus Gl. (7) folgt:

$$a = \sqrt{\frac{1}{\varrho\left(\dfrac{1}{\varepsilon} + \dfrac{1}{E} \cdot \dfrac{D}{d}\right)}} \ \ \mathrm{m/sek}. \tag{7a}$$

In diesem Ausdruck sind die Rohrabmessungen (D = innerer Dmr., d = Wandstärke) gegeben; E ist als Elastizitätsmodul des Rohrwerkstoffes bekannt, und auch ϱ kann leicht bestimmt werden. Der Elastizitätsmodul ε des Treiböles ist weniger genau bekannt. Versuche, aus denen er berechnet werden kann, hat D. H. Alexander zuerst angestellt.

Die Zusammendrückbarkeit des Treiböles

Die Zusammendrückbarkeit einer Flüssigkeit wird durch die Zusammendrückungszahl α gemessen, welche die verhältnismäßige Raumverminderung für je 1 kg/cm² Druck angibt. Ihre Dimension ist cm²/kg, ihr reziproker Wert heißt wie bei festen Körpern Elastizitätsmodul und ist hier mit ε bezeichnet.

Über den Wert, den α für verschiedene Flüssigkeiten zwischen gegebenen Druckgrenzen und bei verschiedenen Temperaturen hat, finden sich Angaben in den Physikalisch-Chemischen Tabellen von Landolt-Börnstein[1]. Danach hat (nach Versuchen von Amagat) z. B. Wasser von 20° C die in Bild 233 angegebenen mittleren Zusammendrückungszahlen. Jede Ordinate der Kurve gibt die verhältnismäßige Raumverminderung für je 1 kg/cm² an, die das Wasser erfährt, wenn es vom Druck 0 auf denjenigen Druck verdichtet wird, der zu der jeweils betrachteten Ordinate gehört. Die Raumverminderung nimmt mit steigender Druckzunahme ab; bei einer Zunahme von 0 auf 500 kg/cm² beträgt sie z. B. $43,4 \cdot 10^{-6}$ je kg/cm²; bei einer Zunahme von 0 auf 1000 kg/cm² ist sie nur noch $40,5 \cdot 10^{-6}$ je kg/cm². Wird die Druckzunahme nicht von 0, sondern von einem höheren Anfangsdruck an gerechnet, so erscheint α kleiner; z. B. ist bei Wasser von 20° C α zwischen 400 und 500 kg/cm² nur $41,5 \cdot 10^{-6}$ je kg/cm² gegenüber $43,4 \cdot 10^{-6}$ zwischen 0 und 500 kg/cm². Bei der Angabe von α muß also stets auch die Druckdifferenz angegeben werden, auf welche α sich bezieht. Bild 233 gilt nur für Druckzunahmen, die von 0 an gerechnet sind.

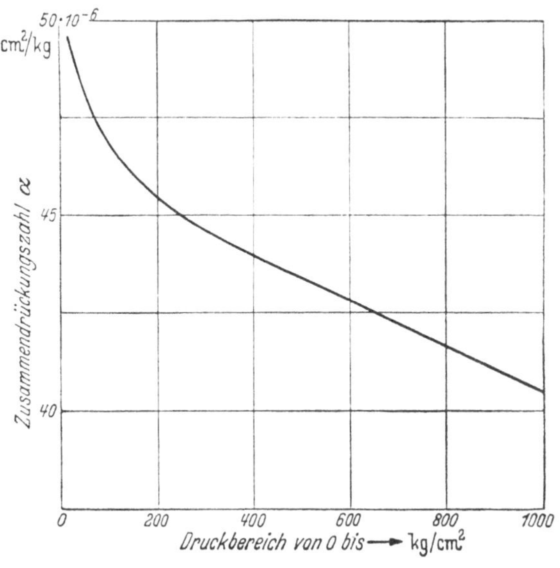

Bild 233.
Mittlere Zusammendrückungszahlen α für Wasser von 20° C nach Amagat.

Mit steigender Temperatur nimmt α bei allen Flüssigkeiten zu, z. T. erheblich. So wurde z. B. für Petroleum zwischen den Druckgrenzen 1 und 15 kg/cm² gemessen:

bei einer Temperatur von 1   16,1   35,1   52,2   72,1   94,0 ° C
$$\alpha = 67,9 \quad 76,8 \quad 82,8 \quad 92,2 \quad 100,2 \quad 108,8 \cdot 10^{-6} \text{ cm}^2/\text{kg.}$$

Von Treibölen haben Parsons, Cook und Howe[2] die Zusammendrückungszahl von Paraffinöl bei 34° C untersucht; nach ihren Messungen ist

bei einer Druckzunahme von   1   2000   4500 kg/cm²
$$\alpha = 87 \qquad 34 \qquad 17 \cdot 10^{-6} \text{ cm}^2/\text{kg.}$$

Diese Druckdifferenzen übersteigen indessen die in den Brennstoffdruckleitungen vorkommenden bei weitem, so daß man diese Werte zur Berechnung der Schallgeschwindigkeit in den Brennstoffleitungen nicht verwenden kann.

Wertvolle Aufschlüsse über die Zusammendrückbarkeit von Treibölen haben die

Versuche von D. H. Alexander[3] vom Trinity College der Universität Cambridge gebracht. Alexander benutzte einen starkwandigen Stahlzylinder a (Bild 234) von 1,187″ Dmr., in den oben ein Verschlußstück b eingeschraubt war, das mit konischem Sitz metallisch dichtete. Durch

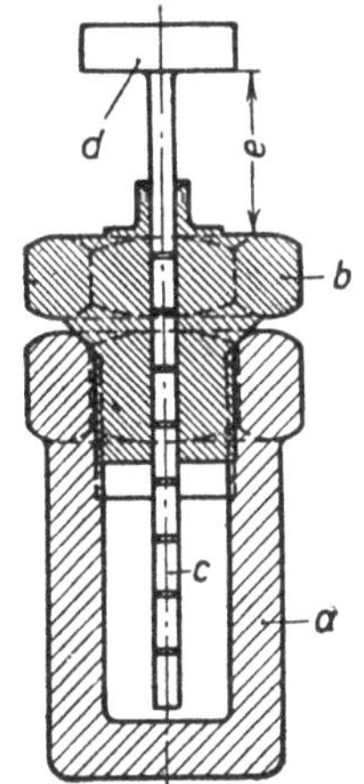

Bild 234.
Vorrichtung zur Messung der Zusammendrückungszahl von Treiböl nach Alexander.

a = Stahlzylinder,
b = Verschlußstück,
c = Kolben,
d = Kolbenteller,
e = Stichmaß für Senkung des Kolbens.

---

[1] 4. Aufl., S. 58 bis 62. Berlin: Springer-Verlag 1912.
[2] The Compression of Liquids at High Pressures. Engg. Bd. 92, II (1911), S. 101.
[3] Airless Injection and Combustion of Fuel in the High Compression Heavy Oil Engine. Trans. Inst. Mar. Eng., London, Bd. 39 (1927), S. 366.

die Mitte des Verschlußstückes war ein $^3/_{16}''$ Loch gebohrt, in das ein Stahlkolben c genau passend, aber leicht beweglich eingeschliffen war. Der Hohlraum des Zylinders wurde mit Gasöl angefüllt und dieses dadurch unter Druck gesetzt, daß Gewichte verschiedener Größe auf den Kolbenteller d gelegt wurden. Beim Auflegen der Belastungsgewichte wurde der Kolben in drehende Bewegung versetzt zu dem Zweck, die Reibung des Kolbens in seiner Führung auszuschalten. Unter der Wirkung der Gewichte sank der Kolben um ein Maß tiefer, das durch Bestimmung des Abstandes e zwischen Unterkante Teller und Oberkante Verschlußstück mittels Mikrometerschraube gemessen wurde. Für jede Belastung wurde eine neue Nullablesung gemacht, damit Fehler durch Leckverluste und Temperaturschwankungen sich nicht addieren konnten. Die Fehler infolge der Leckverluste wurden außerdem dadurch klein gehalten, daß die Ablesung jedesmal unmittelbar nach dem Auflegen der Gewichte vorgenommen wurde. Eine Vorrichtung sorgte dafür, daß die Belastungsgewichte genau zentrisch und senkrecht auf den Kolben drückten. Es konnten Drücke bis zu 5000 lb./sq.in. (350 kg/cm²) erzeugt werden.

Die Division des Belastungsgewichtes durch die Stirnfläche des Stahlkolbens ergab die jeweilige spezifische Flüssigkeitspressung. Das Maß e, multipliziert mit der gleichen Fläche, entspricht aber nicht der Volumenabnahme des Treiböles infolge dieser Pressung, sondern es muß hiervon die durch die Druckzunahme bewirkte Volumenvergrößerung des Stahlzylinders abgezogen werden. Diese wurde jedesmal unter der Annahme berechnet, daß der Hohlraum die zylindrische Form beibehält und sich nur im Durchmesser und in der Länge ausdehnt.

Ist d der Durchmesser des Stahlkolbens und h das Maß, um das der Stahlkolben unter der Einwirkung der Belastungsgewichte sinkt, so ist das verdrängte Ölvolumen

$$\Delta V = \frac{\pi\, d^2}{4} \cdot h\,.$$

Hiervon muß man die Volumenvergrößerung ΔR des Stahlzylinders abziehen, um die Volumenverminderung ΔO des Treiböles zu erhalten:

$$\Delta O = \Delta V - \Delta R\,.$$

Hatte das Öl das ursprüngliche Volumen V_1, so wird die verhältnismäßige Raumverminderung des Öles $\dfrac{\Delta V - \Delta R}{V_1}$. Tritt diese bei einer Druckdifferenz $p_2 - p_1$ auf, wobei p_2 der jeweilige Flüssigkeitsdruck und p_1 der Anfangsdruck ist, so wird die Zusammendrückungszahl des Öles, die der verhältnismäßigen Raumverminderung für 1 kg/cm² Druckdifferenz gleich ist,

$$\alpha = \frac{\dfrac{\Delta V - \Delta R}{V_1}}{p_2 - p_1}$$

und der Elastizitätsmodul des Treiböles

$$\varepsilon = \frac{1}{\alpha} = V_1 \cdot \frac{p_2 - p_1}{\Delta V - \Delta R}\,.$$

Der Faktor V_1 ist für alle Versuche konstant ($V_1 = 41{,}15$ cm³), der Anfangsdruck p_1 stets $= 0$, weil α für die Druckdifferenz zwischen Null und dem betreffenden Überdruck gemessen werden soll. Wegen $p_1 = 0$ wird

$$\alpha = \frac{1}{V_1} \cdot \frac{\Delta V - \Delta R}{p_2}\,,$$

und weil ΔR klein ist gegen ΔV (vgl. Zahlentafel 13), wird angenähert

$$\alpha \cong \frac{1}{V_1} \cdot \frac{\Delta V}{p_2} \cong \text{const.} \cdot \frac{\Delta V}{p_2}\,.$$

Wegen $\Delta V = \dfrac{\pi\, d^2}{4} \cdot h$ ist ΔV proportional h; ferner ist p_2 proportional dem jeweiligen Belastungsgewicht G. Also ist auch

$$\alpha \cong \text{const.} \cdot \frac{h}{G}\,.$$

Zahlentafel 13.

Berechnung der Zusammendrückungszahl α und des Elastizitätsmoduls ε von Treiböl aus den Versuchen von D. H. Alexander.

Druckbereich p_1 bis p_2	Kolbenweg h	Verdrängtes Volumen ΔV	Raumzunahme ΔR	$\Delta V - \Delta R$	$\alpha = \dfrac{\Delta V - \Delta R}{41{,}15 \cdot p_2}$	$\varepsilon = \dfrac{1}{\alpha}$
atü	mm	cm³	cm³	cm³	cm²/kg	kg/cm²
0—51	7,5	0,1325	0,0054	0,1271	$60{,}7 \cdot 10^{-6}$	16 500
0—102	13,3	0,235	0,011	0,224	$53{,}4 \cdot 10^{-6}$	18 700
0—153	19,0	0,336	0,016	0,320	$50{,}7 \cdot 10^{-6}$	19 800
0—205	24,3	0,430	0,0215	0,4085	$48{,}5 \cdot 10^{-6}$	20 600
0—256	31,05	0,550	0,027	0,523	$49{,}7 \cdot 10^{-6}$	20 100
0—306	37,0	0,654	0,0325	0,6215	$49{,}4 \cdot 10^{-6}$	20 300
0—352	41,5	0,734	0,037	0,697	$48{,}2 \cdot 10^{-6}$	20 750

Die Bedeutung der letzten Gleichung erkennt man, wenn man die Belastungsgewichte G als Abszissen und die Kolbenwege h als Ordinaten aufträgt (Bild 235). Die von Alexander gefundenen sieben Meßpunkte liegen dann ziemlich genau auf einer Geraden, die nicht durch den Nullpunkt geht. Wäre das letztere der Fall, so wäre $\dfrac{h}{G}$ für alle Belastungsgewichte G, d. h. für alle Flüssigkeitspressungen gleich, und α wäre eine Konstante. Das ist erfahrungsgemäß bei keiner Flüssigkeit der Fall; vielmehr nimmt α bei allen bisher untersuchten Flüssigkeiten mit zunehmenden Druck ab. Dies kommt in Bild 235 dadurch zum Ausdruck, daß die durch die Meßpunkte gelegte Gerade die Ordinatenachse oberhalb des Nullpunktes schneidet, denn nach der letzten Gleichung ist α proportional $\dfrac{h}{G}$, dessen Wert in Bild 235 mit steigendem G abnimmt, wie man aus der Abnahme der Neigung der Verbindungslinien der Meßpunkte mit dem Nullpunkt erkennt. Aus den Versuchen Alexanders hat der Verfasser die in Zahlentafel 13 angegebenen Werte von α und ε berechnet. Abgesehen von kleinen Unstetigkeiten, die auf Meßfehler zurückzuführen sein dürften, nimmt α mit steigendem Druck ab und dementsprechend ε zu.

Bild 236 zeigt die so ermittelten Zusammendrückungszahlen von Treiböl in Abhängigkeit vom Druckbereich, der für jeden Kurvenpunkt von 0 bis zu dem betreffenden Druck zu zählen ist. Die Temperatur, bei welcher die Versuche gemacht wurden, ist nicht angegeben; es ist anzunehmen, daß es Raumtemperatur (20° C) war. Wie α sich bei Treibölen mit steigender Temperatur ändert, ist noch nicht untersucht worden.

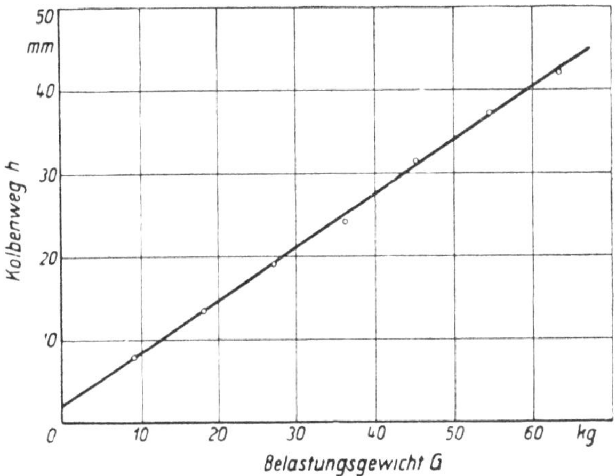

Bild 235. Messungen von Alexander zur Bestimmung der Zusammendrückungszahl α von Treibol.

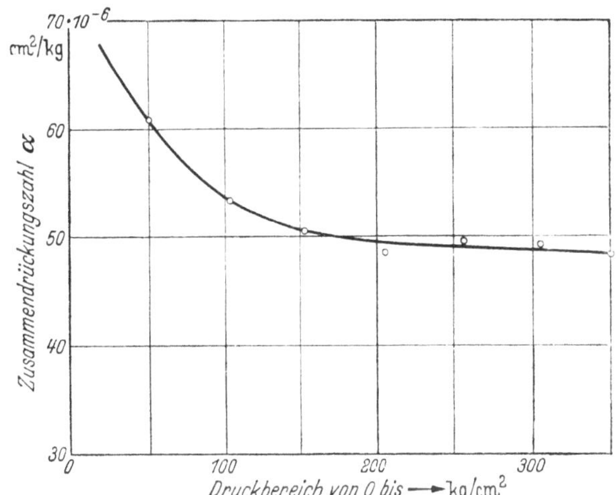

Bild 236. Zusammendrückungszahl α von Treibol bei Raumtemperatur.

Größe der Schallgeschwindigkeit in Brennstoffdruckleitungen. Für die Brennstoffdruckleitungen, in denen Drücke von 300 kg/cm² und mehr auftreten, kann man nach Bild 236 mit genügender Genauigkeit

$$\alpha = \frac{1}{\varepsilon} = \frac{48}{10^6} \ \text{cm}^2/\text{kg} = \frac{48}{10^{10}} \ \text{m}^2/\text{kg}$$

setzen. Für eine Rohrleitung von 8 mm Innendurchmesser und 4 mm Wandstärke, also $\dfrac{D}{d} = 2{,}0$, ergibt sich z. B., wenn der Werkstoff der Rohrleitung Chromnickelstahl mit $E = 2{,}15 \cdot 10^{10}$ kg/m² ist und das Treiböl ein spez. Gew. von 880 kg/m³ hat, nach Gl. (7a) S. 208 die

$$\textbf{Schallgeschwindigkeit} \ a = \sqrt{\frac{\dfrac{9{,}81}{880}}{\dfrac{48}{10^{10}} + \dfrac{2}{2{,}15 \cdot 10^{10}}}}$$

$$= \textbf{1510 m/sek} .$$

Man erkennt, daß die Rohrelastizität (zweiter Summand im Nenner unter dem Wurzelzeichen) gegenüber der Zusammendrückbarkeit des Treiböles (erster Summand) hier, wo es sich um starkwandige Rohre handelt, nur einen geringen Einfluß auf die Schallgeschwindigkeit hat. Wäre die Rohrleitung starr, so würde wegen $E = \infty$ der zeite Summand im Nenner verschwinden, und es würde

$$a = \sqrt{\frac{\dfrac{9{,}81}{880}}{\dfrac{48}{10^{10}}}} = 1524 \ \text{m/sek} .$$

Die Rohrelastizität vermindert also die Schallgeschwindigkeit um noch nicht 1%[1]. Das gilt aber nur für starkwandige Rohre, wie sie für Brennstoffdruckleitungen stets verwendet werden. Durch schwächere Rohre oder weiches Rohrmaterial (Blei, Kautschuk) wird die Schallgeschwindigkeit erheblich verkleinert.

d) Die Integration der Differentialgleichungen der veränderlichen Strömung

Die im Abschnitt b) abgeleiteten simultanen Differentialgleichungen der veränderlichen Strömung lauteten:

$$\left. \begin{aligned} \frac{\partial v}{\partial t} &= -\frac{1}{\varrho} \cdot \frac{\partial p}{\partial x} \qquad (2) \\[2mm] \frac{\partial v}{\partial x} &= -\frac{1}{\varrho a^2} \cdot \frac{\partial p}{\partial t} \qquad (8) \end{aligned} \right\} \tag{9}$$

Sie werden durch das (partikuläre) Integral

$$\left. \begin{aligned} p &= p_k + F\!\left(t - \frac{x}{a}\right) \\[2mm] v &= v_k + \frac{1}{\varrho a} F\!\left(t - \frac{x}{a}\right) \end{aligned} \right\} \tag{10}$$

befriedigt, wo p_k und v_k noch zu bestimmende Integrationskonstanten sind.

Beweis: Allgemein gilt

$$\frac{dx}{dy} = \frac{dx}{du} \cdot \frac{du}{dy} ,$$

wenn $x = f(u)$ und $u = \varphi(y)$, also $\mathrm{x} = f[\varphi(y)]$ ist. Dies gilt auch für partielle Differential-Quotienten, so daß hier geschrieben werden kann:

$$\frac{\partial v}{\partial t} = \frac{\partial v}{\partial\left(t - \dfrac{x}{a}\right)} \cdot \frac{\partial\left(t - \dfrac{x}{a}\right)}{\partial t} .$$

---

[1] Blaum (s. Fußnote 2, S. 204) hat mittels Quarzkammern die Schallgeschwindigkeit in Brennstoffdruckleitungen unmittelbar gemessen und bei z. B. 450 kg/cm² für Gasöl 1500 m/sek, für Steinkohlenteeröl 1560 m/sek gefunden. Bei seinen Versuchen ergab sich eine etwas größere Abhängigkeit der Schallgeschwindigkeit von dem Verhältnis Innendurchmesser : Wandstärke als 1%.

Differentiiert man die zweite Gl. (10) partiell nach t, so erhält man:

$$\frac{\partial v}{\partial t} = \frac{1}{\varrho a} \cdot \frac{\partial F\left(t - \frac{x}{a}\right)}{\partial t}$$

$$= \frac{1}{\varrho a} \cdot \frac{\partial F\left(t - \frac{x}{a}\right)}{\partial\left(t - \frac{x}{a}\right)} \cdot \frac{\partial\left(t - \frac{x}{a}\right)}{\partial t} .$$

$\dfrac{\partial\left(t - \frac{x}{a}\right)}{\partial t}$ ist hier $= 1$, da partiell nach t differentiiert werden sollte, $\frac{x}{a}$ also als konstant anzusehen und $\partial\left(t - \frac{x}{a}\right) = \partial t$ ist. Folglich ist:

$$\frac{\partial v}{\partial t} = \frac{1}{\varrho a} \cdot \frac{\partial F\left(t - \frac{x}{a}\right)}{\partial\left(t - \frac{x}{a}\right)} \tag{11}$$

Ferner differentiiert man die erste Gl. (10) partiell nach x und multipliziert beide Seiten mit $-\frac{1}{\varrho}$:

$$-\frac{1}{\varrho} \cdot \frac{\partial p}{\partial x} = -\frac{1}{\varrho} \cdot \frac{\partial F\left(t - \frac{x}{a}\right)}{\partial x}$$

$$= -\frac{1}{\varrho} \cdot \frac{\partial F\left(t - \frac{x}{a}\right)}{\partial\left(t - \frac{x}{a}\right)} \cdot \frac{\partial\left(t - \frac{x}{a}\right)}{\partial x}$$

Hier ist nur x variabel, t dagegen konstant, also $\partial\left(t - \frac{x}{a}\right) = -\frac{\partial x}{a}$ und $\dfrac{\partial\left(t - \frac{x}{a}\right)}{\partial x} = -\frac{1}{a}$, folglich:

$$-\frac{1}{\varrho} \cdot \frac{\partial p}{\partial x} = \frac{1}{\varrho a} \cdot \frac{\partial F\left(t - \frac{x}{a}\right)}{\partial\left(t - \frac{x}{a}\right)} . \tag{12}$$

Durch Gl. (11) und (12) wird die erste der beiden Gl. (9) bestätigt.

Ebenso wird die Richtigkeit der zweiten Gl. (9) bewiesen.

Man diffentiiert die zweite Gl. (10) partiell nach x und erhält:

$$\frac{\partial v}{\partial x} = \frac{1}{\varrho a} \cdot \frac{\partial F\left(t - \frac{x}{a}\right)}{\partial x}$$

$$= \frac{1}{\varrho a} \cdot \frac{\partial F\left(t - \frac{x}{a}\right)}{\partial\left(t - \frac{x}{a}\right)} \cdot \frac{\partial\left(t - \frac{x}{a}\right)}{\partial x} .$$

Hier ist wegen $t = \text{const.}$ wieder $\dfrac{\partial\left(t - \frac{x}{a}\right)}{\partial x} = -\frac{1}{a}$, so daß

$$\frac{\partial v}{\partial x} = -\frac{1}{\varrho a^2} \cdot \frac{\partial F\left(t - \frac{x}{a}\right)}{\partial\left(t - \frac{x}{a}\right)} . \tag{13}$$

Ferner differentiiert man die erste Gl. (10) partiell nach t und multipliziert beide Seiten mit $-\dfrac{1}{\varrho\,a^2}$:

$$-\frac{1}{\varrho\,a^2}\cdot\frac{\partial p}{\partial t}=-\frac{1}{\varrho\,a^2}\cdot\frac{\partial F\left(t-\dfrac{x}{a}\right)}{\partial t}$$

$$=-\frac{1}{\varrho\,a^2}\cdot\frac{\partial F\left(t-\dfrac{x}{a}\right)}{\partial\left(t-\dfrac{x}{a}\right)}\cdot\frac{\partial\left(t-\dfrac{x}{a}\right)}{\partial t}.$$

Da bei dieser Differentiation $x=$ const. ist, so wird $\dfrac{\partial\left(t-\dfrac{x}{a}\right)}{\partial t}=\dfrac{\partial t}{\partial t}=1$, und man erhält:

$$-\frac{1}{\varrho\,a^2}\cdot\frac{\partial p}{\partial t}=-\frac{1}{\varrho\,a^2}\cdot\frac{\partial F\left(t-\dfrac{x}{a}\right)}{\partial\left(t-\dfrac{x}{a}\right)}. \tag{14}$$

Durch Gl. (13) und (14) wird die zweite Gl. (9) bestätigt.

Die Gl. (10) stellen somit ein partikuläres Integral der Gleichungen (9) dar, wobei F eine durch die Grenzbedingungen zu bestimmende Funktion von der Dimension eines Druckes ist. Aber auch die Gleichungen

$$\left.\begin{aligned} p &= p_k - W\left(t+\frac{x}{a}\right)\\ v &= v_k + \frac{1}{\varrho\,a}\,W\left(t+\frac{x}{a}\right)\end{aligned}\right\} \tag{15}$$

befriedigen die Differentialgleichungen (9), wie durch dieselben Differentiationen wie oben bewiesen werden kann. Also muß das Gleichungssystem

$$\left.\begin{aligned} p &= p_k + F\left(t-\frac{x}{a}\right) - W\left(t+\frac{x}{a}\right)\\ v &= v_k + \frac{1}{a\,\varrho}\,F\left(t-\frac{x}{a}\right) + \frac{1}{a\,\varrho}\,W\left(t+\frac{x}{a}\right)\end{aligned}\right\} \tag{16}$$

ein allgemeines Integral der Differentialgleichungen (9) darstellen, wobei a den durch Gl. (7) bestimmten Wert hat.

In den Gl. (10), (15) und (16) erscheinen als Argumente der Funktionen F und W die Ausdrücke $t-\dfrac{x}{a}$ und $t+\dfrac{x}{a}$. Ihre Form sagt aus, daß die Amplitudenwerte der Funktionen sich mit der Schallgeschwindigkeit a in der positiven bzw. negativen x-Richtung fortpflanzen. Man erkennt dies, wenn man Gl. (2) durch Gl. (8) dividiert; dann wird nämlich

$$\frac{\partial x}{\partial t}=a^2\cdot\frac{\partial t}{\partial x} \tag{16a}$$

oder $a=\dfrac{\partial x}{\partial t}$ und $x=a\cdot t+C$. Für $t=0$ wird $x=0$, denn mit dem Ausgang der Störung vom Nullpunkt beginnen wir die Zeit zu zählen; also wird $C=0$ und $x=a\,t$, und es ist $t-\dfrac{x}{a}=0$. d. h. das Argument $t-\dfrac{x}{a}$ sagt aus, daß die Amplitudenwerte mit wachsendem t sich mit Schallgeschwindigkeit in der positiven x-Richtung bewegen. Wegen der quadratischen Form der Gl. (16a) ist aber zugleich $a=\dfrac{-\partial x}{\partial t}$ und $x=-a\,t+C$, d. h. es kann gleichzeitig in der negativen x-Richtung eine Welle laufen, die ihren Ausgang vom Brennstoffventil nimmt und für die zur Zeit $t=0$ $x=L$ ist. Für diese Welle gilt somit $x=L-a\,t$ oder $-\dfrac{L}{a}+\left(t+\dfrac{x}{a}\right)=0$; die Funktionen, deren Argument $t+\dfrac{x}{a}$ ist, bezeichnen also in negativer x-Richtung sich fortpflanzende Wellen. Daher sagen die Gl. (16) aus, daß Druck und Geschwindigkeit an jeder Stelle der Einspritzleitung sich aus den Anfangswerten p_k bzw. v_k und den Größen F und W, die sich den Anfangswerten überlagern, zusammensetzen. Dabei gelten die Funktionszeichen F für die von der Pumpe zum Brennstoffventil eilende („hineilende") Druck- bzw. Geschwindigkeitswelle, W für die am Ventil reflektierte („rückeilende") Welle. Ist (bei der offenen Düse) der Druck der ersten hineilenden Welle am Einspritzventil gerade gleich dem kritischen Druck p_{kr}, (S. 204), so findet keine Reflexion statt; die Glieder mit dem Funktionszeichen W in Gl. (16) verschwinden dann, und der Druck und die Geschwindigkeit in der Einspritzleitung werden in diesem Fall durch die Gl. (15) vollständig beschrieben. Entsprechendes gilt, wenn am Ende der Leitung ein Brennstoffventil angebracht ist; auch dann findet unter einer bestimmten Bedingung keine Reflexion statt, wie S. 221 gezeigt werden wird.

In der ersten Gl. (16) stellen die Funktionen F und W die Amplituden der hin- und der rückeilenden Druckwelle, also Drücke dar. Bezeichnet man $F\left(t - \dfrac{x}{a}\right)$ mit p_v, $-W\left(t + \dfrac{x}{a}\right)$ mit p_r, so wird

$$p = p_k + p_v + p_r \,.$$

Nach der zweiten Gl. (16) kann auch geschrieben werden

$$v = v_k + \frac{1}{a\,\varrho}\,p_v + \frac{1}{a\,\varrho}\,p_r$$

$$= v_k + v_v + v_r \,.$$

Die Amplituden der Geschwindigkeitswellen gehen somit aus denen der Druckwellen durch Multiplikation mit $\dfrac{1}{a\,\varrho}$ hervor; es gilt allgemein

$$p = a\,\varrho\,v \,.$$

Da a und v in m/sek, ϱ in kg sek²/m⁴ einzusetzen ist, so erhält man p in kg/m². Die Proportionalität zwischen p und v kann auch aus der Bedingung, daß das Flüssigkeitsgewicht im Rohr sich nicht ändern kann, und aus der Zusammendrückbarkeit des Treiböles bewiesen werden, wie Eichelberg[1] gezeigt hat.

Ist $a = 1510$ m/sek, das spez. Gew. des Treiböles $\gamma = 880$ kg/m³, so entspricht eine Geschwindigkeitsamplitude von z. B. 5 m/sek einer Druckamplitude von

$$1510 \cdot \frac{880}{9,81} \cdot 5 = 677000 \ \text{kg/m}^2 = 67,7 \ \text{kg/cm}^2 \,.$$

In der Regel wird mit der ersten rückeilenden Welle der Störungszustand noch nicht beendet sein, vielmehr wird durch abermalige Reflexion am Leitungseintritt eine neue, in der positiven x-Richtung laufende Welle, eine „Tertiärwelle", erzeugt werden, die sich, falls die Ursache der Störung noch andauert, der Primärwelle überlagert. Hat die Störungsursache inzwischen aufgehört, so ist nunmehr die Tertiärwelle die einzige positive Welle. Auch diese kann wieder an der Düse reflektiert werden. Da für die (positive) Tertiärwelle wie für die Primärwelle $x = at$, für die (negative) „Quartärwelle" wie für die Sekundärwelle $x = L - at$ ist, so wird das Argument für die Tertiärwelle wie für alle positiven Wellen $t - \dfrac{x}{a}$, für die Quartärwelle und alle negativen Wellen $t + \dfrac{x}{a}$. Daher lautet das Integral der Differentialgleichungen der veränderlichen Strömung in seiner allgemeinen Form:

$$\left.\begin{aligned} p &= p_k + F\left(t - \frac{x}{a}\right) - W\left(t + \frac{x}{a}\right) + U\left(t - \frac{x}{a}\right) - V\left(t + \frac{x}{a}\right) \\ &\qquad\qquad + X\left(t - \frac{x}{a}\right) - Y\left(t + \frac{x}{a}\right) + - \ldots \\ v &= v_k + \frac{1}{\varrho a}\left[F\left(t - \frac{x}{a}\right) + W\left(t + \frac{x}{a}\right) + U\left(t - \frac{x}{a}\right) + V\left(t + \frac{x}{a}\right) + \ldots\right] \end{aligned}\right\} \quad (17)$$

[1] VDI-Sonderheft „Dieselmaschinen III". S. 40. Berlin 1927.

Auch dies kann durch partielle Differentiation der zweiten Gl. (17) nach t und der ersten nach x sowie der zweiten Gl. (17) nach x und der ersten nach t bewiesen werden.

Die Gl. (17) sagen aus, daß der Druck und die Geschwindigkeit in der Einspritzleitung sich aus einem konstanten Glied p_k bzw. v_k und den Amplitudenwerten einer Reihe von Funktionen F, W, U usw. zusammensetzen, die sich abwechselnd in positiver bzw. negativer Richtung mit Schallgeschwindigkeit in der Leitung fortpflanzen. Der hydrodynamische Zustand an jeder Stelle der Leitung ist in jedem Augenblick durch die algebraische Summe der Amplituden der Druck- bzw. Geschwindigkeitswellen bestimmt.

Die Zahl der Wellen und die Größe ihrer Amplituden hängt von der Art und der Dauer der vom Pumpenstempel ausgehenden Störung sowie von den Ausflußverhältnissen des Brennstoffventils ab, die von Fall zu Fall untersucht werden müssen.

e) Anwendung auf die Einspritzleitung[1]

Bevor an einem Zahlenbeispiel erläutert wird, wie die Gleichungen der veränderlichen Strömung im praktischen Fall angewandt werden können, soll der Gang der Rechnung erklärt werden. Dabei wird insbesondere zu zeigen sein, wie die Amplituden der vom Pumpenstempel zur Düse eilenden Wellen F, U usw. und die der am Brennstoffventil reflektierten Wellen W, V usw. näherungsweise ermittelt werden können.

Der Brennstoffpumpenstempel K vom Querschnitt F_o (Bild 237) und der veränderlichen Ge-

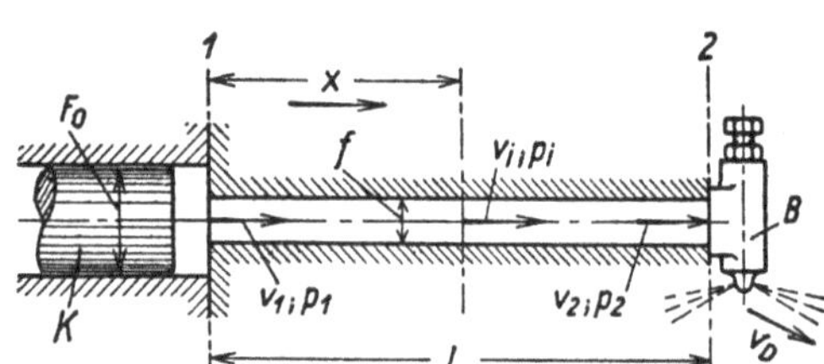

schwindigkeit v_o erzeugt die Strömung in der Druckleitung; er wird durch einen Nocken von bekannter Form angetrieben, so daß bei gegebener Maschinendrehzahl die veränderliche Stempelgeschwindigkeit bekannt ist. Der Leitungseintritt sei als Querschnitt 1, der Austritt als Querschnitt 2 bezeichnet; der zugehörige Flüssigkeitszustand sei p_1, v_1 bzw. p_2, v_2. Am Austritt befindet sich das Brennstoffventil B, dessen Feder so eingestellt ist, daß es bei dem Druck p_o öffnet; seine Durchflußziffer μ_v sei aus Versuchen bekannt.

Bild 237. Zur Berechnung der Druck- und Geschwindigkeitswellen in der Einspritzleitung.
B = Brennstoffventil, K = Kolben der Brennstoffpumpe.

Wir zerlegen den Fördervorgang vom Beginn der Stempelbewegung bis zur Unterbrechung der Förderung in eine Anzahl von Zeitabschnitten, von denen jeder die Dauer $t = \dfrac{L}{a}$ hat. Das ist die Zeit, in der eine mit der Schallgeschwingkeit a sich fortpflanzende Druck- bzw. Geschwindigkeitswelle die Rohrlänge L einmal durchläuft. Es werde also gerechnet

$$\text{die I. Phase von } t = 0 \text{ bis } t = \frac{L}{a}\,,$$

$$\text{die II. Phase von } t = \frac{L}{a} \text{ bis } t = \frac{2L}{a}\,,$$

$$\text{die III. Phase von } t = \frac{2L}{a} \text{ bis } t = \frac{3L}{a} \text{ usw.}$$

Die zu den Phasen gehörenden Drücke und Geschwindigkeiten seien durch römische Ziffern bezeichnet.

---

[1] Ein genaueres Verfahren, welches (was hier vernachlässigt ist) auch den schädlichen Raum der Brennstoffpumpe und die Schwingungsfähigkeit der bewegten Teile des Brennstoffventiles berücksichtigt, hat A. Pischinger angegeben (Beitrag zur Mechanik der Druckeinspritzung, ATZ-Beihefte I. Bd. 1935, Stuttgart, Franckh'sche Verlagshandlung. Vgl. auch Pischinger und Cordier, Gemischbildung und Verbrennung im Dieselmotor, in der Sammlung List, Die Verbrennungskraftmaschine, Wien, Springer-Verlag 1939). Pischinger hat auch nachgewiesen, daß sein Verfahren gute Übereinstimmung mit den wirklichen Vorgängen ergibt. Das hier angegebene Verfahren ist weniger genau, aber zur Einführung geeignet, da es die Vorgänge in der Brennstoffdruckleitung in elementarer Form darstellt.

Während der ersten Phase vom Beginn der Stempelbewegung bis zur Ankunft der ersten Welle am Einspritzventil ist die Störung durch die Gleichungen

$$\overset{I}{p} = p_k + F\left(t - \frac{x}{a}\right) \quad\Bigg\}$$
$$\overset{I}{v} = v_k + \frac{1}{\varrho a} F\left(t - \frac{x}{a}\right) \quad\Bigg\} \tag{10}$$

beschrieben. Der konstante Druck p_k ist vom vorhergehenden Einspritzvorgang vorhanden; er ist kleiner als der Öffnungsdruck des Brennstoffventiles, da die Druckleitung zwischen zwei Einspritzungen immer mehr oder weniger entspannt wird. v_k ist $= O$, da bei Beginn der Stempelbewegung keine Strömung in der Leitung herrscht. Unmittelbar am Pumpenstempel hat der Brennstoff die gleiche Geschwindigkeit wie der Stempel, und in dem dicht am Stempel liegenden Leitungseintritt ist seine Geschwindigkeit im Verhältnis des Stempelquerschnittes F_0 zum Leitungsquerschnitt f_L vergrößert (vgl. Fußnote [1], S. 216).

Für $x = O$ (Querschnitt 1) ist also:

$$v_1 = \frac{v_0 \cdot F_0}{f_L} \,,$$

Daher gilt für die erste Phase:

$$v_1 = \frac{1}{\varrho a} F(t) = \frac{v_0 \cdot F_0}{f_L} \quad\Bigg\}$$
$$F(t) = \varrho \cdot a \cdot v_1 = \varrho \cdot a \cdot \frac{v_0 \cdot F_0}{f_L} \quad\Bigg\} \tag{18}$$

Sind die Form des Brennstoffnockens, die Maschinendrehzahl und die Abmessungen F_0 und f_L gegeben, so kann man daraus v_0, v_1 und $F(t) = a \cdot \varrho \cdot v_1$ für alle Phasen, also für beliebige Vielfache von $\frac{L}{a}$ (etwa $0 \ldots 0{,}5 \frac{L}{a} \ldots 1 \frac{L}{a} \ldots 1{,}5 \frac{L}{a} \ldots$) berechnen (vgl. Zahlentafel 18, Sp. 2 und 3). Man setzt die Rechnung so lange fort, bis der Einspritzvorgang beendet ist.

Die am Leitungsende (Querschnitt 2) ankommende Welle ist durch die Gleichungen

$$\overset{I}{p_2} = p_k + F\left(t - \frac{L}{a}\right) \quad\Bigg\}$$
$$\overset{I}{v_2} = \frac{1}{\varrho a} F\left(t - \frac{L}{a}\right) \quad\Bigg\} \tag{10a}$$

bestimmt, da x in Gl. (10) hier zu L geworden ist.

$\overset{I}{p_2}$ und $\overset{I}{v_2}$ können aus den Gl. (10a) berechnet werden (für $\overset{I}{p_2}$ vgl. Zahlentafel 18, Sp. 5). Die Funktionswerte $F\left(t - \frac{L}{a}\right)$ sind identisch mit denjenigen Werten $F(t) = a \cdot \varrho \cdot v_1$, die um die Zeit $\frac{L}{a}$ gegenüber diesen zurückliegen (Zahlentafel 18, Sp. 3 und 4).

Genügt die Energie der Welle zum Öffnen des Brennstoffventiles nicht, so wird die Welle vollkommen reflektiert; im anderen Fall tritt eine partielle Reflexion ein, die ausnahmsweise auch zu Null werden kann (vgl. S. 221). Die reflektierte Welle (Sekundärwelle) tritt erst in der zweiten Phase $t = \frac{L}{a}$ bis $t = 2\frac{L}{a}$ in Erscheinung. Der Druck- und Geschwindigkeitszustand im Querschnitt 2 wird jetzt entsprechend dem allgemeinen Integral (Gl. 16) und nach Gl. (10a):

$$\overset{II}{p_2} = p_k + F\left(t - \frac{L}{a}\right) - W\left(t + \frac{L}{a}\right) = \overset{I}{p_2} - W\left(t + \frac{L}{a}\right) \quad\Bigg\}$$
$$\overset{II}{v_2} = \frac{1}{\varrho a} F\left(t - \frac{L}{a}\right) + \frac{1}{\varrho a} W\left(t + \frac{L}{a}\right) = \overset{I}{v_2} + \frac{1}{\varrho a} W\left(t + \frac{L}{a}\right). \quad\Bigg\} \tag{19}$$

In der ersten Gl. (19)

$$\overset{II}{p_2} = \overset{I}{p_2} - W\left(t + \frac{L}{a}\right)$$

ist $\overset{I}{p_2}$ der Druck am Brennstoffventil vor der Reflexion (Gl. 10a), W die Druckamplitude der am Brennstoffventil reflektierten Welle; die Differenz beider, $\overset{II}{p_2}$, ist somit der Druck, der zum Hindurchtreiben des Brennstoffes durch den Ventilsitz und die Düsenbohrungen sowie zur Überwindung des Gegendruckes im Zylinder verbraucht wird, $\overset{II}{v_2}$ nach der zweiten Gl. (19) die zugehörige Geschwindigkeit. Die gesuchte Funktion W ergibt sich aus

$$W\left(t + \frac{L}{a}\right) = \overset{I}{p_2} - \overset{II}{p_2} \tag{19a}$$

durch Berechnung von $\overset{II}{p_2}$, denn $\overset{I}{p_2}$ ist aus der ersten Gl. (10a) bereits bekannt. Man berechnet $\overset{II}{p_2}$ aus den Abmessungen des Brennstoffventiles und seinen Federungskonstanten, den Düsenbohrungen und den Durchflußziffern von Ventilsitz und Düsen.

Hierbei sind drei Fälle zu unterscheiden, je nachdem ob

I) der Druck der ankommenden Welle nicht genügt, um das Brennstoffventil zu öffnen,

II) die Welle das Brennstoffventil erstmalig öffnet (wobei die Fläche unterhalb des Ventilsitzes nur unter dem Verdichtungsdruck p_c steht),

III) die Welle ein bereits geöffnetes Ventil vorfindet (in welchem eine andere Druckverteilung im Ventil als im II. Fall gilt, weil auf die Fläche unterhalb des Ventilsitzes nunmehr der wesentlich höhere Druck p_D vor den Düsenbohrungen wirkt, Bild 238).

I. Fall: Man multipliziert die zweite Gl. (19) mit $a\varrho$, addiert sie zur ersten Gl. (19) und erhält:

$$\overset{II}{p_2} + a\,\varrho\,\overset{II}{v_2} = \overset{I}{p_2} + a\,\varrho\,\overset{I}{v_2}. \tag{20}$$

Ist $\overset{I}{p_2} + a\,\varrho\,\overset{I}{v_2}$ kleiner als der Öffnungsdruck des Brennstoffventiles, so öffnet dieses nicht; der Brennstoff fließt nicht ab, und $\overset{II}{v_2}$ wird Null. Folglich ist für diesen Fall der vollkommenen Reflexion:

$$\overset{II}{p_2} = \overset{I}{p_2} + a\,\varrho\,\overset{I}{v_2}.$$

Damit und nach Gl. (19a) wird die gesuchte Funktion:

$$W\left(t + \frac{L}{a}\right) = \overset{I}{p_2} - \overset{II}{p_2} = - a\,\varrho\,\overset{I}{v_2}.$$

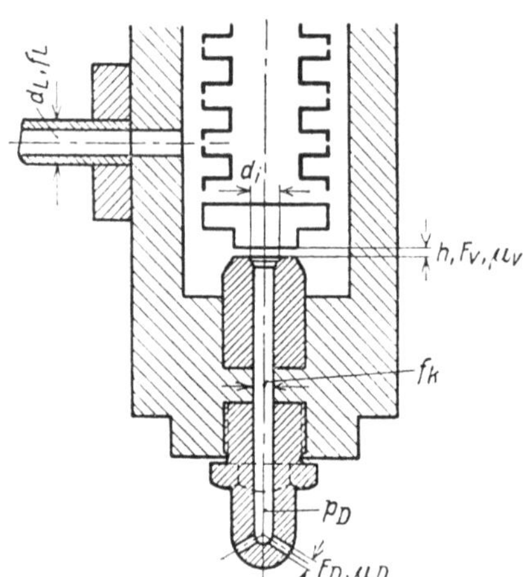

Bild 238. Querschnitte im Brennstoffventil

d_L = Durchmesser⎱ der Brennstoffleitung,
f_L = Querschnitt⎰
d_i = Innerer Ventilsitzdurchmesser,
h = Hub des Ventiltellers,
F_v = Querschnitt des Ventilspaltes,
μ_v = Durchflußziffer des Ventilsitzes,
f_k = Querschnitt des Düsenkanales,
p_D = Druck vor den Düsenbohrungen,
F_D = Gesamtquerschnitt der Düsenbohrungen,
μ_D = Durchflußziffer der Düsenbohrungen,
p_z = Gegendruck im Zylinder.

Die am Brennstoffventil ankommende Welle wird am geschlossenen Ventil mit negativer Geschwindigkeit reflektiert.

II. Fall: Gl. (20), die aus der allgemein gültigen Gl. (19) abgeleitet ist, gilt auch für diesen Fall. Ferner muß nach dem Energiesatz für die Strecke vom Leitungsende (Querschnitt 2) bis zum Austritt aus den Düsenbohrungen sein:

wo (Bild 238)

$$\overset{II}{p_2} + \frac{\varrho}{2}\,\overset{II}{v_2^2} = \frac{\varrho}{2}\left(\frac{\overset{II}{v_2}\cdot f_L}{\mu_v\cdot F_v}\right)^2 + \frac{\varrho}{2}\left(\frac{\overset{II}{v_2}\cdot f_L}{\mu_D\cdot F_D}\right)^2 + p_z, \tag{21}$$

F_v der lichte Querschnitt des Ventilsitzes,
μ_v seine Durchflußziffer,
F_D der Gesamtquerschnitt der Düsenbohrungen,
μ_D ihre Durchflußziffer und
p_z der Gegendruck im Zylinder

ist. Auf der linken Seite der Gl. (21) steht der Gesamtdruck der Flüssigkeit im Querschnitt 2, auf der rechten Seite die Summe aus dem Drosselverlust im Ventilsitz, dem Drosselverlust in den Düsenbohrungen und dem Gegendruck im Zylinder. Die Durchflußziffern μ_v und μ_D sind durch Versuch zu bestimmen. Gl. (20) und (21) sind zwei Gleichungen mit den Unbekannten $\overset{II}{p_2}$ und $\overset{II}{v_2}$, die aus den bekannten Werten $\overset{I}{p_2}$ und $\overset{I}{v_2}$ berechnet werden können, wenn neben a, ϱ, f_L und F_D auch F_v und p_z bekannt sind. Zu Beginn der Einspritzung ist P_z der Verdichtungsdruck (p_c), später der Verbrennungsdruck. Der Durchtrittsquerschnitt F_v des Brennstoffventiles, dessen Federdreieck und Öffnungsdruck als bekannt vorausgesetzt werden, ist für den Öffnungsvorgang leicht zu bestimmen, da hierbei die Ventilunterseite nur dem Verdichtungsdruck ausgesetzt ist.

Aus Gl. (21) können für angenommene Werte von $\overset{II}{p_2}$ (die größer als der Öffnungsdruck des Brennstoffventiles sein müssen) die zugehörigen Geschwindigkeiten $\overset{II}{v_2}$ berechnet werden, da auch F_v durch $\overset{II}{p_2}$ bestimmt ist. Damit erhält man $a\,\varrho\,\overset{II}{v_2}$ und die Summe $\overset{II}{p_2} + a\,\varrho\,\overset{II}{v_2}$ (Zahlentafeln 14 und 15, Sp. 10), die nach Gl. (20) gleich $\overset{I}{p_2} + a\,\varrho\,\overset{I}{v_2}$ ist. $\overset{II}{p_2} + a\,\varrho\,\overset{II}{v_2} = \overset{I}{p_2} + a\,\varrho\,\overset{I}{v_2}$ kann als Funktion von $\overset{II}{p_2}$ aufgezeichnet werden; man erhält eine Kurve ähnlich der in Bild 239 gezeichneten (vgl. Bild 241). Zu bekannten Ordinaten $(\overset{I}{p_2} + a\,\varrho\,\overset{I}{v_2})$ kann die Abszisse $\overset{II}{p_2}$ abgelesen werden, womit nach Gl. (19a) die erste zurückeilende Welle W gefunden ist.

III. Fall: Wenn die Welle ein schon geöffnetes Brennstoffventil trifft, so gilt eine andere Druckverteilung im Brennstoffventil als im II. Fall, weil der Druck unterhalb des Ventilsitzes jetzt den höheren Wert p_D hat (Bild 238), der infolge der Drosselung im Brennstoffventilsitz zwar kleiner als der Leitungsdruck p_2, aber erheblich höher als der Druck p_z im Zylinder ist und der von der Größe des Ventilhubes abhängt. In diesem Fall kann man $\overset{II}{p_2}$ und damit die zurückeilende Welle folgendermaßen berechnen:

Nach der Ausflußformel

$$v = \mu \sqrt{2gh}$$

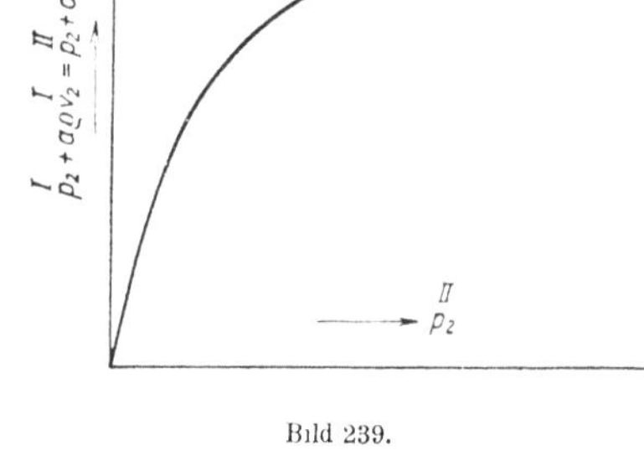

Bild 239.

wird, wenn man zunächst zur Vereinfachung der Schreibweise von der Phasenbezeichnung II für p_2 und v_2 absieht, die durch den Ventilsitz fließende Menge:

$$v_2 \cdot 1000 \cdot \frac{\pi}{4}\, d_L^2 = \pi\, d_i\, h \cdot 1000 \cdot \mu_v \sqrt{2\,g\,(p_2 - p_D)\,\frac{10}{\gamma}} \;\; \text{mm}^3/\text{sek} ,$$

wenn

v_2 die Geschwindigkeit des Treiböles im Querschnitt 2 in m/sek,

p_2 der Druck des Treiböles im Querschnitt 2 in kg/cm²,

P_D der Druck des Treiböles vor den Düsenbohrungen in kg/cm²,

g die Erdbeschleunigung in m/sek²,

γ das spez. Gew. des Treiböles in gr/cm³,

d_L der Leitungsdurchmesser in mm,

d_i der innere Ventilsitzdurchmesser in mm und

h der Ventilhub in mm

ist. Die letzte Gleichung kann auf die Form

$$h^2\,(p_2 - p_D) = c \cdot v_2^2$$

gebracht werden, wo

$$c = \frac{d_L^4}{4^2 \cdot d_i^2 \cdot \mu_v^2 \cdot \dfrac{20\,g}{\gamma}} = \frac{\gamma \cdot d_L^4}{3139\,\mu_v^2 \cdot d_i^2}\;.$$

ist. Beträgt der Anteil am Ventilhub, den der im Brennstoffventilgehäuse herrschende Druck p_2 bewirkt, δ_1 mm für je 1 kg/cm² und der vom Druck p_D herrührende Anteil δ_2 mm für je 1 kg/cm², und ist das Ventil auf dem Versuchsstand ($p_D = 0$) auf den Öffnungsdruck p_o eingestellt worden, so gilt für den gesamten Ventilhub

$$h = \delta_1(p_2 - p_o) + \delta_2 \cdot p_D \, . \tag{23}$$

Da ferner

$$p_D = \frac{\gamma}{20\,g}\left[v_D^2 - v_2^2\left(\frac{f_L}{f_k}\right)^2\right] + p_z$$

mit v_D als Geschwindigkeit in den Düsenbohrungen und f_k als Querschnitt des Zuströmkanales (Bild 238) ist, so wird wegen

$$v_D = \frac{f_L}{\mu_D \cdot F_D}\,v_2$$

$$p_D = \frac{\gamma}{20\,g}\,v_2^2\left[\left(\frac{f_L}{\mu_D \cdot F_D}\right)^2 - \left(\frac{f_L}{f_k}\right)^2\right] + p_z \, . \tag{24}$$

Schreibt man Gl. (22) in der Form

$$p_2 = \frac{c \cdot v_2^2}{h^2} + p_D \tag{22a}$$

und Gl. (23)

$$p_2 = \frac{h + \delta_1 \cdot p_o - \delta_2 \cdot p_D}{\delta_1} \tag{23a}$$

so ergibt sich durch Gleichsetzen von (22a) und (23a):

$$\frac{c \cdot v_2^2}{h^2} + p_D = \frac{h + \delta_1 \cdot p_o - \delta_2 \cdot p_D}{\delta_1} \, ,$$

ein Ausdruck, in dem p_2 nicht mehr vorkommt.

Löst man die letzte Gleichung nach p_D auf, so erhält man:

$$p_D = \frac{h}{\delta_1 + \delta_2} + \left(p_o - \frac{c \cdot v_2^2}{h^2}\right) \cdot \frac{\delta_1}{\delta_1 + \delta_2} \, . \tag{25}$$

Aus Gl. (24) und (25) können für jeden Wert von v_2 die zugehörigen Werte von p_D und h berechnet werden (vgl. S. 226).

Zur Berechnung von p_2 (d. i. $\overset{II}{p_2}$) aus Gl. (22) ermittelt man überschläglich aus der größten während der Einspritzdauer auftretenden Stempelgeschwindigkeit und dem Leitungsquerschnitt, welchen größten Wert v_2 etwa erhalten kann, nimmt verschiedene Werte von v_2 zwischen Null und diesem Höchstwert an und berechnet nach Gl. (24) das zu diesen v_2-Werten gehörende p_D (vgl. Zahlentafel 16, S. 226). p_D und v_2 hängen ferner durch Gl. (25) miteinander zusammen, in welcher auch der Ventilhub h auftritt; zu jedem Wertepaar v_2, p_D gehört somit ein bestimmtes h, das nach Gl. (25) berechnet werden kann. Die Gl. (25) ist 3. Grades nach h; wie man sie graphisch in einfacher Weise auflösen kann, ist S. 226 im Zahlenbeispiel gezeigt. Wenn zusammengehörige Werte von v_2, p_D und h gefunden sind, so ergibt sich aus Gl. (22a) der Druck p_2 (d. i. $\overset{II}{p_2}$) in Abhängigkeit von v_2 (d. i. $\overset{II}{v_2}$). Man bildet $a \varrho \overset{II}{v_2}$ und kann nunmehr über $a \varrho \overset{II}{v_2}$ als Abszisse p_D, $\overset{II}{p_2}$ und $p_2 + a \varrho v_2$ auftragen (Bild 243 und Zahlentafel 17).

Die hier wieder eingeführte Phasenbezeichnung II für p_2 und v_2 ergibt sich aus den Überlegungen S. 218. Für $p_2 + a \varrho v_2$ gilt Gl. (20):

$$\overset{II}{p_2} + a \varrho \overset{II}{v_2} = \overset{I}{p_2} + a \varrho \overset{I}{v_2}$$

oder allgemein

$$\overset{(n+I)}{p_2} + a \varrho \overset{(n+I)}{v_2} = \overset{(n)}{p_2} + a \varrho \overset{(n)}{v_2} \, ,$$

und es wird diese Summe eine Funktion von $a \varrho \overset{(n+I)}{v_2}$, wie in Bild 243 angegeben.

Bei der zahlenmäßigen Berechnung erhält man $\overset{(n)}{p_2} + a\,\varrho\,\overset{(n)}{v_2} = \overset{(n)}{p_2} + F\left(t - \dfrac{L}{a}\right)$ (vgl. Zahlentafel 18, Sp. 7) und liest aus den Kurven Bild 241 bzw. 243 den zugehörigen Abszissenwert $\overset{(n+I)}{p_2}$ bzw. $a\,\varrho\,\overset{(n+I)}{v_2}$ ab (Zahlentafel 18, Sp. 8 bzw. 9). Die Zerlegung der berechneten Summe $\overset{(n)}{p_2} + a\,\varrho\,\overset{(n)}{v_2} = \overset{(n+I)}{p_2} + a\,\varrho\,\overset{(n+I)}{v_2}$ in die Summanden $\overset{(n+I)}{p_2}$ (Zahlentafel 18, Sp. 8) und $a\,\varrho\,\overset{(n+I)}{v_2}$ (Sp. 9) wird im Fall II nach Bild 241, im Fall III nach Bild 243 vorgenommen. Damit ist $\overset{II}{p_2}$ bzw. allgemein $\overset{(n+I)}{p_2}$ gefunden, und es wird die am Brennstoffventil reflektierte Welle nach Gl. (19a):

$$W\left(t + \frac{L}{a}\right) = \overset{I}{p_2} - \overset{II}{p_2} \text{ bzw. allgemein} = \overset{(n)}{p_2} - \overset{(n+I)}{p_2},$$

wo n eine ungerade Zahl ist. Ihr Zahlenwert kann berechnet werden (Zahlentafel 18: Sp. 10 = Sp. 6 minus Sp. 8), doch ist bei der Eintragung in die Zahlentafel die zeitliche Verschiebung zu berücksichtigen, wie im Zahlenbeispiel gezeigt werden wird.

Ergibt sich bei der Berechnung von $\overset{II}{p_2}$, daß es zufällig gleich $\overset{I}{p_2}$ wird, so wird nach Gl. (19a) $W = 0$, d. h. es findet keine Reflexion am Brennstoffventil statt. Wegen $\overset{I}{p_2} + a\,\varrho\,\overset{I}{v_2} = \overset{II}{p_2} + a\,\varrho\,\overset{II}{v_2}$ wird dann auch $\overset{I}{v_2} = \overset{II}{v_2}$, d. h. es strömt gerade ebensoviel Brennstoff durch den Querschnitt 2 dem Ventil mit der Geschwindigkeit $\overset{I}{v_2}$ zu wie durch dieses mit der Geschwindigkeit $\overset{II}{v_2}$ ab. Eine rücklaufende Welle kann nicht entstehen.

Im allgemeinen wird sich $\overset{II}{p_2} \gtrless \overset{I}{p_2}$ ergeben. Ist $\overset{I}{p_2} > \overset{II}{p_2}$, so wird wegen

$$\overset{I}{p_2} - \overset{II}{p_2} = a\,\varrho\,\left(\overset{II}{v_2} - \overset{I}{v_2}\right) \tag{20}$$

$\overset{II}{v_2} > \overset{I}{v_2}$, d. h. es strömt mehr Brennstoff durch das Ventil ab als diesem durch Querschnitt 2 zugeführt wird. Die reflektierte Geschwindigkeitswelle W, die nach Gl. (19a) und (20)

$$\frac{1}{a\,\varrho} \cdot W\left(t + \frac{L}{a}\right) = \overset{II}{v_2} - \overset{I}{v_2}$$

ist, behält, da $\overset{II}{v_2} - \overset{I}{v_2}$ positiv ist, ihre positive Richtung bei; es tritt der S. 204 angeführte Fall ein, daß die Geschwindigkeitswelle am offenen Rohrende positiv reflektiert wird. Die reflektierte Druckwelle

$$W\left(t + \frac{L}{a}\right) = \overset{I}{p_2} - \overset{II}{p_2} \tag{19a}$$

erscheint für $\overset{I}{p_2} > \overset{II}{p_2}$ zwar zunächst mit einem positiven Zahlenwert (vgl. z. B. die Entstehung von $V(t) = +52,7$ kg/cm² in Zahlentafel 18, Sp. 11, Zeile $t = 4\dfrac{L}{a}$), sie ist aber gemäß dem allgemeinen Integral Gl. (16)

$$p = p_k + F\left(t - \frac{x}{a}\right) - W\left(t + \frac{x}{a}\right)$$

mit ihrem negativen Betrag in die Rechnung einzuführen (vgl. Zahlentafel 18, Sp. 6, dritte senkrechte Reihe, Zeile $t = 5\dfrac{L}{a}$. Die dort angegebene Verdoppelung der Druckamplitude folgt aus der weiter unten abgeleiteten Gl. 28). Für $\overset{I}{p_2} > \overset{II}{p_2}$ wird somit die Geschwindigkeitswelle positiv, die Druckwelle negativ am Brennstoffventil reflektiert, was schon S. 204 erwähnt wurde. Die reflektierte Druckwelle eilt als Verdünnungswelle zum Pumpenstempel zurück, was sich physikalisch dadurch erklärt, daß eine Entspannung des Leitungsinhaltes stattfinden muß, wenn die Geschwindigkeit von $\overset{I}{v_2}$ auf $\overset{II}{v_2}$ wächst.

Für $\overset{I}{p_2} < \overset{II}{p_2}$ liegen die Verhältnisse sinngemäß umgekehrt. $\overset{II}{v_2}$ wird $< \overset{I}{v_2}$, d. h. der Brennstoff staut sich vor dem Ventil. Der Zahlenwert $\overset{I}{p_2} - \overset{II}{p_2}$ erscheint negativ (z. B. in Zahlentafel 18, Sp. 10, $t = 2\dfrac{L}{a}$), ist aber in Sp. 6 (zweite senkrechte Reihe), um $t = \dfrac{L}{a}$ verschoben, positiv (und wegen Gl. 28 verdoppelt) einzutragen. Die Geschwindigkeitswelle wird in diesem Fall am Brennstoffventil negativ, die Druckwelle positiv zurückgeworfen.

Trifft die erste zurückeilende Welle im Querschnitt 1 ein, so gilt nach dem allgemeinen Integral (Gl. 16):

$$\left.\begin{aligned}
\overset{II}{p_1} &= p_k + F(t) - W(t) \\
\overset{II}{v_1} &= \frac{1}{\varrho\,a}\,[F(t) + W(t)]\,.
\end{aligned}\right\}$$

da in Gl. (16) $x = 0$ zu setzen ist. Der zeitlich mit dem Ende der zweiten Phase zusammenfallende Beginn der dritten Phase ändert diese Gleichungen gemäß Gl. (17) in:

$$\left.\begin{aligned}
\overset{III}{p_1} &= p_k + F(t) - W(t) + U(t) \\
\overset{III}{v_1} &= \frac{1}{\varrho\,a}\,[F(t) + W(t) + U(t)]\,.
\end{aligned}\right\} \tag{26}$$

$U(t)$ ist die Tertiärwelle, nämlich die Reflexion der rückeilenden Welle $W(t)$ am Pumpenstempel; eine Drosselung findet hier nicht statt. Die Glieder $F(t)$ und $W(t)$ treten so lange auf, wie die Störung infolge der Stempelbewegung fortdauert. Da nun $\overset{III}{v_1}$ der auf den Leitungsquerschnitt reduzierten Kolbengeschwindigkeit $\dfrac{v_0 \cdot F_0}{f_L}$ gleich ist und nach Gl. (18) auch

$$\frac{1}{\varrho\,a}\,F(t) = \frac{v_0 \cdot F_0}{f_L} \tag{18}$$

ist, so folgt durch Einsetzen von Gl. (18) in die zweite Gleichung (26):

$$U(t) = -\,W(t)\,, \tag{27}$$

d. h. die rückeilende Welle W wird mit umgekehrter Richtung am Pumpenstempel zurückgeworfen. Damit wird nach der ersten Gl. (26) die Amplitude der Tertiärwelle

$$\overset{III}{p_1} = p_k + F(t) - 2\,W(t)\,, \tag{28}$$

die nach $t = 3\dfrac{L}{a}$ am Brennstoffventil eintrifft (Zahlentafel 18, Sp. 6, zweite senkrechte Reihe). Sie wird ebenso behandelt wie die Primärwelle, d. h. es wird mit Hilfe von Bild 243 oder 241 (je nachdem ob das Brennstoffventil schon geöffnet hat oder durch die ankommende Welle erst geöffnet wird) die Summe $\overset{III}{p_2} + a\,\varrho\,\overset{III}{v_2} = \overset{III}{p_2} + F\left(t - \dfrac{L}{a}\right)$ (Zahlentafel 18, Sp. 7, zweite senkrechte Reihe) zerlegt in $\overset{IV}{p_2}$ und $a\,\varrho\,\overset{IV}{v_2}$ (Sp. 8 und 9, zweite senkrechte Reihen), worauf sich

$$V(t) = \overset{III}{p_2} - \overset{IV}{p_2}$$

ergibt, das in Sp. 11 mit einer Phasenverschiebung von $t = \dfrac{L}{a}$ eingetragen wird, da sich $V(t)$, ebenso wie $W(t)$ und die übrigen am Brennstoffventil reflektierten Wellen, auf den Querschnitt 1 bezieht, wo es um die Zeit $t = \dfrac{L}{a}$ später eintrifft usw. An Hand der Zahlentafel 18 kann der Rechnungsgang verfolgt werden.

Erstreckt sich der Förderhub des Pumpenstempels über eine größere Zahl von Phasen, so treten während der dritten Phase drei Wellen, während der fünften Phase fünf Wellen usw. auf, deren Amplituden algebraisch zu addieren sind, wie aus dem Zahlenbeispiel hervorgeht.

f) Zahlenbeispiel

Es sind die während der Einspritzung auftretenden Druck- und Geschwindigkeitswellen in der Brennstoffleitung zu berechnen, wenn gegeben sind:

Länge der Leitung 8,4 m,
lichter Dmr. der Leitung 8 mm; $f_L = 0{,}5027$ cm²,
Dmr. des Pumpenstempels 34 mm; $F_o = 9{,}08$ cm²,
$F_o : f_L = 9{,}08 : 0{,}5027 = 18{,}06$,
fünf Düsenbohrungen zu je 1,1 mm Dmr.; $F_D = 0{,}0475$ cm²,
$f_L : f_D = 0{,}5027 : 0{,}0475 = 10{,}58$,
innerer Dmr. des Brennstoffventilsitzes $d_i = 13$ mm,
Dmr. des Düsenkanales $d_K = 10$ mm; $f_K = 0{,}785$ cm²,
$f_L : f_K = 0{,}642$,
Verdichtungsdruck $p_c = 30$ kg/cm²,
Verbrennungsdruck $p_z = 44$ kg/cm²,
Maschinendrehzahl $n = 120$ U/min,
spez. Gew. des Treiböles $\gamma = 0{,}88$ gr/cm³.

Die Federung des Brennstoffventiles, das (für $p_D = 0$) auf einen Öffnungsdruck $p_ö = 300$ kg/cm² eingestellt ist, sei durch die Beiwerte

$$\delta_1 = \frac{2}{300} \text{ mm je kg/cm² unter dem Druck } p_i \text{ vor dem Ventilsitz,}$$

$$\delta_2 = \frac{0{,}5}{300} \text{ mm je kg/cm² unter dem Druck } p_D \text{ hinter dem Ventilsitz}$$

gegeben.

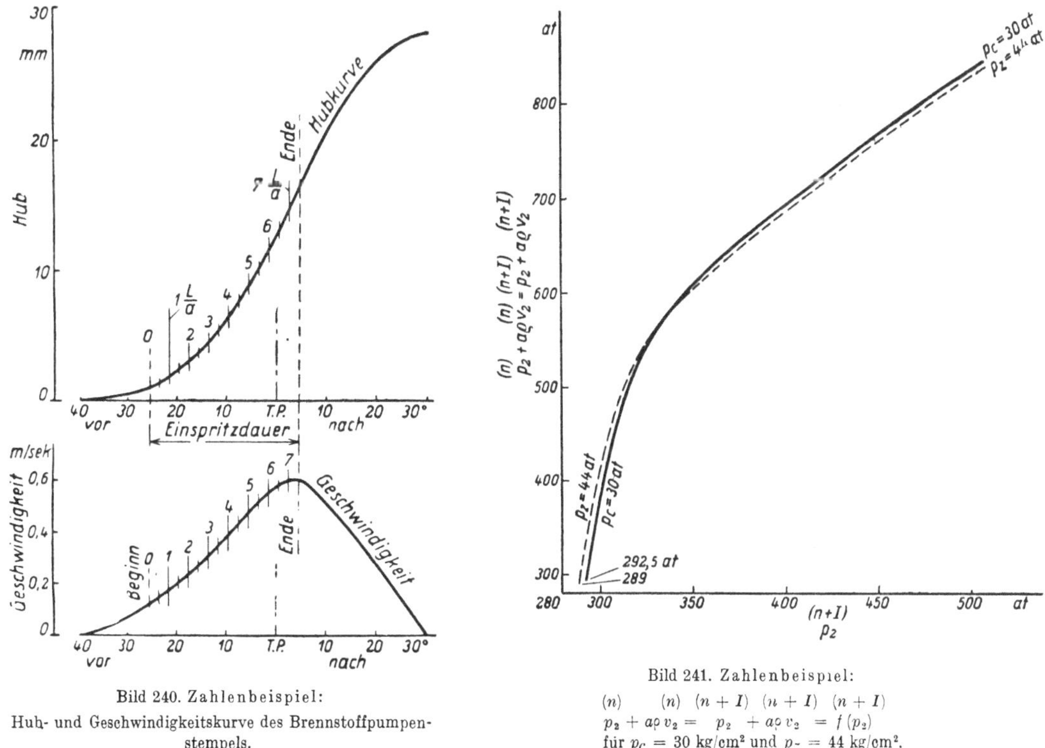

Bild 240. Zahlenbeispiel:
Hub- und Geschwindigkeitskurve des Brennstoffpumpenstempels.

Bild 241. Zahlenbeispiel:
$$p_2 \overset{(n)}{+} a\varrho\, v_2 \overset{(n)}{=} p_2 \overset{(n+I)}{+} a\varrho\, v_2 \overset{(n+I)}{=} f(p_2)$$
für $p_c = 30$ kg/cm² und $p_z = 44$ kg/cm².

Es wird angenommen, daß in der Leitung nach Unterbrechung der Brennstofförderung ein Druck $p_k = 250$ kg/cm² stehenbleibt.

Die Schallgeschwindigkeit in der Einspritzleitung ist $a = 1510$ m/sek.

Der Anlaufteil des Brennstoffnockens und die zugehörigen Stempelgeschwindigkeiten seien gemäß Bild 240 gegeben.

Zunächst wird die für die Bestimmung von $\overset{II}{p_2}$ bzw. $\overset{(n+I)}{p_2}$ erforderliche Kurve

$$\overset{(n)}{p_2} + a\,\varrho\,\overset{(n)}{v_2} = \overset{(n+I)}{p_2} + a\,\varrho\,\overset{(n+I)}{v_2} = \overset{(n+I)}{f(p_2)}$$

berechnet (Bild 241), die für den Fall gilt, daß die am Brennstoffventil ankommende Welle das Ventil erstmalig öffnet (II. Fall).

Die Durchflußziffern seien

$$\mu_v = 0{,}62 \text{ für das Brennstoffventil}$$
$$\text{und } \mu_D = 0{,}8 \text{ für die Düse;}$$

dann wird nach Gl. (21):

$$p_2 - p_z = \frac{\varrho}{2}\,v_2^2\left(2{,}6\,\frac{f_L^2}{F_v^2} + 1{,}5\,\frac{f_L^2}{F_D^2} - 1\right).$$

Bei Beginn der Strömung durch den Ventilsitz ist $p_z = p_c = 30$ kg/cm². Der mit dem Druck p_2 veränderliche Ventilquerschnitt ist (vgl. Gl. 23)

$$F_v = \underbrace{U}_{\substack{\text{innerer Umfang}\\\text{des Ventilsitzes}}} \times \underbrace{h_v}_{\text{Hub des Ventiles}}$$

$$= U\,[(p_2 - p_\delta)\,\delta_1 + p_c \cdot \delta_2)]$$

$$= \pi \cdot 1{,}3\left[(p_2 - 300)\,\frac{0{,}2}{300} + 30 \cdot \frac{0{,}05}{300}\right] \text{cm}^2$$

$$= 0{,}817\left(\frac{p_2}{300} - 1 + 0{,}025\right) \text{cm}^2$$

$$= \frac{p_2}{367} - 0{,}795 \text{ cm}^2,$$

somit wird:

$$\frac{\varrho}{2}\,v_2^2 = \frac{p_2 - 30}{2{,}6\left(\dfrac{f}{F_v}\right)^2 + 1{,}5\left(\dfrac{f}{F_D}\right)^2 - 1}$$

$$= \frac{p_2 - 30}{2{,}6 \cdot \dfrac{0{,}5027^2}{\left(\dfrac{p_2}{367} - 0{,}795\right)^2} + 1{,}5 \cdot \dfrac{0{,}5027^2}{0{,}0475^2} - 1}$$

$$= \frac{p_2 - 30}{2{,}6 \cdot \dfrac{184{,}5^2}{(p_2 - 292{,}5)^2} + 167}$$

$$= \frac{(p_2 - 30)\,(p_2 - 292{,}5)^2}{88\,500 + 167\,(p_2 - 292{,}5)^2};$$

$$v_2 = (p_2 - 292{,}5)\sqrt{\frac{p_2 - 30}{88\,500 + 167\,(p_2 - 292{,}5)^2} \cdot \frac{2}{\varrho}};$$

$$a\,\varrho\,v_2 = (p_2 - 292{,}5) \cdot a\sqrt{\frac{(p_2 - 30) \cdot 2\varrho}{88\,500 + 167\,(p_2 - 292{,}5)^2}}$$

$$= (p_2 - 292{,}5)\sqrt{\frac{p_2 - 30}{\dfrac{88\,500}{2\,a^2\varrho} + \dfrac{167}{2\,a^2\varrho}\,(p_2 - 292{,}5)^2}}$$

Nun ist:

$$2\,a^2\varrho = 2 \cdot 151\,000^2\,\frac{\text{cm}^2}{\text{sek}^2} \cdot \frac{0{,}00088 \text{ kg/cm}^3}{981\,\dfrac{\text{cm}}{\text{sek}^2}}$$

$$= 41\,000\,\frac{\text{kg}}{\text{cm}^2};$$

folglich:

$$a \varrho v_2 = (p_2 - 292{,}5) \sqrt{\frac{p_2 - 30}{2{,}159 + 0{,}00407\,(p_2 - 292{,}5)^2}}\,.$$

Für $p_z = 44$ kg/cm² wird ebenso:

$$a \varrho v_2 = (p_2 - 289) \sqrt{\frac{p_z - 44}{2{,}159 + 0{,}00407\,(p_2 - 289)^2}}\,.$$

Für $p_2 = 292{,}5$ bzw. 289 kg/cm² wird $a \varrho v_2 = 0$; dies ist der Druck, bei dem das Ventil öffnet. Er muß kleiner sein als p_b (das für $p_D = 0$ gilt), da der im Düsenkanal herrschende Verdichtungsdruck $p_c = 30$ kg/cm² zusätzlich auf Öffnen des Ventils wirkt.

In den Zahlentafeln 14 und 15 ist die Berechnung durchgeführt, indem für p_2 verschiedene Werte $> 292{,}5$ bzw. 289 kg/cm² angenommen wurden.

Zahlentafel 14. Berechnung der Kurve $\overset{(n)}{p_2} + \overset{(n)}{a \varrho v_2} = \overset{(n+I)}{p_2} + \overset{(n+I)}{a \varrho v_2} = f(\overset{(n+I)}{p_2})$ für geschlossenes Brennstoffventil und $p_D = p_c = \mathbf{30}$ kg/cm².

1	2	3	4	5	6	7	8	9	10
p_2	$p_2 - 292{,}5$	$(p_2 - 292{,}5)^2$	$0{,}00407 \cdot$ Sp. 3	$2{,}159 +$ Sp. 4	$p_2 - 30$	Sp. 6 : Sp. 5	$\sqrt{\text{Sp. 7}}$	Sp. 2 · Sp. 8 $= a \varrho v_2$	$p_2 + a \varrho v_2$
295	2,5	6,25	0,025	2,184	265	121,5	11,0	28	323
300	7,5	56,25	0,229	2,382	270	113	10,62	80	380
305	12,5	156,25	0,637	2,796	275	98,5	9,92	124	429
310	17,5	306	1,24	3,40	280	82,3	9,07	158	468
320	27,5	756	3,06	5,22	290	55,5	7,45	205	525
330	37,5	1406	5,72	7,88	300	38,2	6,18	231	561
350	57,5	3306	13,43	15,59	320	20,5	4,52	260	610
400	107,5	11556	47,0	49,16	370	7,53	2,74	294	694
450	157,5	24806	100,8	102,96	420	4,07	2,02	318	768
500	207,5	43056	175	177,16	470	2,65	1,63	338	838

Zahlentafel 15. Berechnung der Kurve $\overset{(n)}{p_2} + \overset{(n)}{a \varrho v_2} = \overset{(n+I)}{p_2} + \overset{(n+I)}{a \varrho v_2} = f(\overset{(n+I)}{p_2})$ für geschlossenes Brennstoffventil und $p_D = p_z = \mathbf{44}$ kg/cm².

1	2	3	4	5	6	7	8	9	10
p_2	$p_2 - 289$	$(p_2 - 289)^2$	$0{,}00407 \cdot$ Sp. 3	$2{,}159 +$ Sp. 4	$p_2 - 44$	Sp. 6 : Sp. 5	$\sqrt{\text{Sp. 7}}$	Sp. 2 · Sp. 8 $= a \varrho v_2$	$p_2 + a \varrho v_2$
293	4	16	0,065	2,224	249	111,6	10,52	42	335
300	11	121	0,493	2,652	256	96,7	9,81	108	408
320	31	961	3,9	6,06	276	45,8	6,76	209	529
350	61	3720	15,15	17,3	306	17,75	4,21	256	606
400	111	12320	50,1	52,25	356	6,81	2,61	290	690
450	161	25920	105,35	107,5	406	3,77	1,94	312	762
500	211	44520	181,15	183,3	456	2,49	1,575	333	833

Die gefundenen Werte $\overset{(n+I)}{p_2} + \overset{(n+I)}{a \varrho v_2}$ (Zahlentafeln 14 und 15, Sp. 10), als Funktion von $\overset{(n+I)}{p_2}$ (Sp. 1) aufgetragen, ergeben die Kurven Bild 241, denen die Werte für $\overset{(n+I)}{p_2}$ entnommen werden können, wenn $\overset{(n)}{p_2} + \overset{(n)}{a \varrho v_2} = \overset{(n+I)}{p_2} + \overset{(n+I)}{a \varrho v_2}$ bekannt ist. Die beiden Kurven unterscheiden sich so wenig, daß es auch genügt hätte, nur eine Kurve für einen mittleren Gegendruck im Zylinder, etwa 40 kg/cm², zu berechnen.

Die Kurven Bild 241 sind, wie erwähnt, für die Ermittlung der reflektierten Welle nur für den Fall zu verwenden, daß die auf das Brennstoffventil treffende Welle dieses erstmalig öffnet ($p_c = 30$ kg/cm²) oder daß eine spätere Welle das Ventil, das während der Einspritzung infolge Absinkens des Druckes vorübergehend schloß, von neuem öffnet ($p_z = 44$ kg/cm²). Wenn dagegen das Ventil bei Auftreffen der Welle schon geöffnet ist (III. Fall), so ist Gl. (24) zu verwenden, in welcher $p_z = 44\,\mathrm{kg/cm^2}$ (Verbrennungsdruck) zu setzen ist. Wie aus dieser Gleichung, der Gl. (25) und aus Gl. (22) die Kurve für die Ermittlung von $p_2^{(n+1)}$ (Bild 243) gefunden werden kann, wurde auf S. 220 u. f. erläutert. Für das Zahlenbeispiel ist die Rechnung hier angegeben:

Die größte während der Einspritzung vorkommende Stempelgeschwindigkeit $v_{o_{max}}$ betrage 0,6 m/sek. Wenn Kontinuität der Strömung vorhanden wäre, so würde die größte im Querschnitt 2 auftretende Geschwindigkeit

$$v_{2max} = v_{o_{max}} \cdot \frac{F_o}{f_L} = 0,6 \cdot 18,06 = 10,85\ \mathrm{m/sek}$$

sein. Setzt man also in Gl. (24) für v_2 nacheinander die Werte

$$2 \ldots 5 \ldots 7,5 \ldots 10 \ldots 13 \ldots 17 \ldots 22\ \mathrm{m/sek}$$

ein, so darf erwartet werden, daß der Umfang der Rechnung genügen wird.

Mit

$$\left(\frac{f_L}{\mu_D \cdot F_D}\right)^2 - \left(\frac{f_L}{f_k}\right)^2 = (13{,}23^2 - 0{,}642^2) = 174{,}6$$

wird

$$p_D = 0{,}783\,v_2{}^2 + 44\,.$$

Man erhält:

Zahlentafel 16. $p_D = f(v_2)$.

Für $v_2 =$	2	5	7,5	10	13	17	22 m/sek
wird $p_D =$	47	63,5	88	122	176	270	423 kg/cm².

Andererseits ist nach S. 220 auch

$$p_D = \frac{h}{\delta_1 + \delta_2} + \left(p_\delta - \frac{c \cdot v_2^2}{h^2}\right) \cdot \frac{\delta_1}{\delta_1 + \delta_2}\,, \tag{25}$$

wo

$$c = \frac{\gamma \cdot d_L^4}{3139\,\mu_v^2 \cdot d_i^2}$$

$$= \frac{0{,}88 \cdot 8^4}{3139 \cdot 0{,}392 \cdot 13^2} = 0{,}0173$$

ist. Also wird:

$$p_D = 120\,h + 0{,}8\,p_\delta - 0{,}0139\,\frac{v_2^2}{h^2}$$

und nach Gl. (22)

$$p_2 = \frac{c \cdot v_2^2}{h^2} + p_D = 0{,}0173\,\frac{v_2^2}{h^2} + p_D\,.$$

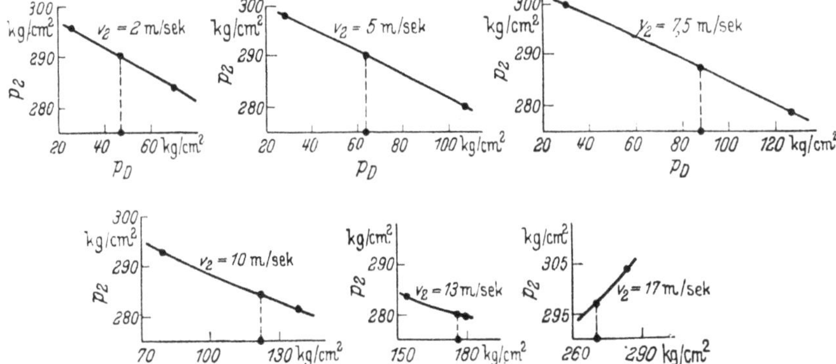

Bild 242. Zahlenbeispiel: $p_2 = f(p_D)$ für verschiedene v_2.

Der Zahlentafel 16 entnimmt man das zu jedem v_2 gehörende p_D, dem nach Gl. (25) ein bestimmter Wert h entspricht. Aus v_2, p_D und h kann dann nach Gl. (22) p_2 berechnet werden. Die folgenden Zahlentafeln und Bild 242 zeigen die graphische Lösung. Man erhält:

$$\text{für } v_2 = \textbf{2 m/sek:}$$

$$\text{bei Annahme von } h = \frac{1{,}6}{100} \qquad \frac{1{,}7}{100} \qquad \frac{1{,}8}{100} \text{ mm}$$

p_D	25,5	49,5	70 kg/cm²
p_2	295,5	289,5	284 ,,

$$\text{für } v_2 = \textbf{5 m/sek:}$$

$$\text{bei Annahme von } h = \frac{4}{100} \qquad \frac{4{,}5}{100} \qquad \frac{5}{100} \text{ mm}$$

p_D	28	74	107 kg/cm²
p_2	298	288	280 ,,

$$\text{für } v_2 = \textbf{7,5 m/sek:}$$

$$\text{bei Annahme von } h = \frac{6}{100} \qquad \frac{7}{100} \qquad \frac{8}{100} \text{ mm}$$

p_D	30	88,5	127 kg/cm²
p_2	300	287,5	279,0 ,,

$$\text{für } v_2 = \textbf{10 m/sek:}$$

$$\text{bei Annahme von } h = \frac{9}{100} \qquad \frac{10}{100} \qquad \frac{11}{100} \text{ mm}$$

p_D	79	113	138,5 kg/cm²
p_2	293	286	281,5 ,,

$$\text{für } v_2 = \textbf{13 m/sek:}$$

$$\text{bei Annahme von } h = \frac{15}{100} \qquad \frac{16}{100} \qquad \frac{17}{100} \text{ mm}$$

p_D	154	167,5	179 kg/cm²
p_2	284	281,5	280 ,,

$$\text{für } v_2 = \textbf{17 m/sek:}$$

$$\text{bei Annahme von } h = \frac{40}{100} \qquad \frac{45}{100} \qquad \frac{50}{100} \text{ mm}$$

p_D	263	274,2	284 kg/cm²
p_2	294,2	298,8	304 ,,

$$\text{für } v_2 = \textbf{22 m/sek:}$$

$$\text{bei Annahme von } h = \frac{150}{100} \qquad \frac{155}{100} \qquad \frac{160}{100} \text{ mm}$$

p_D	417	423	429,5 kg/cm²
p_2	420,7	426,5	432,7 ,,

Hiernach werden über p_D als Abszisse die zu den v_2-Werten gehörigen p_2-Kurven gezeichnet (Bild 242). Die nach Zahlentafel 16 ermittelten Werte von p_D als Abszissen ergeben die zugehörigen p_2 als Ordinaten. Man erhält:

Zahlentafel 17.
p_D, p_2, $a\varrho v_2$ und $(p_2 + a\varrho v_2)$ in Abhängigkeit von v_2.

v_2 m/sek	2	5	7,5	10	13	17	22
p_D kg/cm²	47	63,5	88	122	176	270	423
p_2 ,,	290,2	290,5	287,6	284,3	280,2	297	426,5
$a\varrho v_2$,,	27,1	67,75	101,6	135,5	176	230	298
$p_2 + a\varrho v_2$,,	317,3	358,25	389,2	419,8	456,2	527	724,5

Da

$$a\varrho = 1510 \cdot \frac{880}{9{,}81} = 135\,450 \text{ kg sek/m}^3$$

ist, so wird mit v_2 in m/sek

$$a\varrho v_2 = 135\,450 \cdot v_2 \text{ kg/m}^2 = 13{,}54 \cdot v_2 \text{ kg/cm}^2 \,.$$

Über $a\varrho v_2$ als Abszisse können jetzt p_D, p_2 und $(p_2 + a\varrho v_2)$ aufgezeichnet werden (Bild 243), womit für den Fall III die Kurve bestimmt ist, die zur Zerlegung der bekannten Summe $\overset{(n)}{p_2} + \overset{(n)}{a\varrho v_2}$ in die gesuchten Summanden $\overset{(n+1)}{p_2}$ und $\overset{(n+1)}{a\varrho v_2}$ dient.

15*

Jetzt können die einzelnen Druck- und Geschwindigkeitswellen berechnet werden (Zahlentafel 18).

Die Zeit, in der eine Welle den Weg L von der Brennstoffpumpe zum Ventil einmal zurücklegt, ist

$$\frac{L}{a} = \frac{8,4}{1510} = 0,00556 \text{ sek}.$$

Die Berechnung beginnt im Punkt $t = 0$, wo der Brennstoffnocken die den Pumpenstempel betätigende Rolle berührt; das Rollenspiel betrage 1 mm. Die Stempelgeschwindigkeit hat in diesem Punkt den Wert $v_0 = 0,11$ m/sek (Bild 240). Der Förderhub des Stempels erstrecke sich über einen Bogen von 30° Kurbelwinkel; bei n = 120 U/min ist seine Dauer

Zahlentafel 18. Berechnung der Druck

1	2	3	4	5	6				
t	v_0	$F(t)=a\varrho v_1$	$F\left(t-\dfrac{L}{a}\right)$	$p_k+F\left(t-\dfrac{L}{a}\right)$	(n) p_2				
	m/sek	kg/cm²	kg/cm²	kg/cm²	kg/cm²				
0	0,11	26,9	0	250	250				
$0,5\frac{L}{a}$	0,14	34,2	0	250	250				
1	0,17	41,5	0 26,9	250 276,9	250 276,9				
1,5	0,20	48,9	34,2	284,2	284,2				
2	0,235	57,3	41,5	291,5	291,5				
2,5	0,27	66,0	48,9	298,9	298,9				
3	0,305	74,6	57,3	307,3	307,3	307,3 + 2·16,6 = 340,5			
3,5	0,345	84,3	66,0	316,0	316,0	324,4			
4	0,385	94,0	74,6	324,6	324,6	322,2			
4,5	0,43	105,0	84,3	334,3	334,3	318,1			
5	0,475	116,0	94,0	344,0	344,0	310,6	310,6 − 2·52,7 = 205,2		
5,5	0,515	126,0	105,0	355,0	355,0	302,0	230,0		
6	0,55	134,5	116,0	366,0	366,0	290,6	220,8		
6,5	0,58	141,8	126,0	376,0	376,0	276,6	213,2		
7	0,595	145,5	134,5	384,5	384,5	260,5	211,5	211,5 + 2·82,3 = 376,1	
7,5	0,60 0	146,8 0	141,8	391,8	391,8	244,8	212,8	333,8	
8	0	0	145,5	395,5	395,5	231,5	221,5	361,3	
8,5	0	0	146,8 0	396,8 250	396,8 250	222,8 76,0	242,8 96,0	398,4 251,6	
9	0	0	0	250	250	69,4	124,4	283,4	283,4 − 2·85,0 = 113,4
9,5	0	0	0	250	250	66,4	154,0	309,6	209,2
10	0	0	0	250	250	65,0	181,6	320,2	178,2
10,5	0	0	0	250	250	64,4 250	200,0 250	291,6 250	104,8 250
11	0	0	0	250	250	250	250	250	250
11,5	0	0	0	250	250	250	250	250	212,0
12	0	0	0	250	250	250	250	250	188,0
$12,5\frac{L}{a}$	0	0	0	250	250	250	250	250	244,0 250

$$\frac{30}{6\cdot120}=0{,}0417\ \text{sek}.$$

Teilt man den Förderbogen in 15 Teile zu je 2°, so ist die Dauer jedes Intervalles

$$\frac{0{,}0417}{15}=0{,}00278\ \text{sek}=0{,}5\,\frac{L}{a}.$$

Man entnimmt der gegebenen Geschwindigkeitskurve des Stempels (Bild 240) die zu jedem t als Vielfachem von $\frac{L}{a}$ gehörigen Werte v_0 und trägt sie in eine Tabelle ein (Zahlentafel 18, Sp. 1 und 2).

und Geschwindigkeitswellen.

7: $p_2^{(n)}+a\varrho v_2^{(n)}=p_2^{(n)}+F\!\left(t-\frac{L}{a}\right)$ kg/cm²					8: $p_2^{(n+1)}$ kg/cm²					9: $a\varrho v_2^{(n+1)}$ kg/cm³					10 $W(t)$ kg/cm²	11 $V(t)$ kg/cm²	12 $Y(t)$ kg/cm²	13 $P(t)$ kg/cm²
250					250					0								
303,8					293,5					10,3								
318,4					288,4					30,0					0			
333,0					290,3					42,7					−16,6			
347,8					290,8					57,0					−4,2			
364,6	397,8				290,6	287,8				74,0	110,0				+1,2			
382,0	390,4				289,5	288,4				92,5	102,0				+8,1			
399,2	396,8				286,9	287,3				112,3	109,5				16,7	+52,7		
418,6	402,4				284,6	286,4				134,0	116,0				26,5	36,0		
438,0	404,6	299,2			282,0	286,1	287,5			156,0	118,5	11,7			37,7	34,9		
460,0	407,0	335,0			281,5	286,0	290,5			178,5	121	44,5			49,7	31,7		
482,0	406,6	336,8			284,0	285,6	290,7			198,0	121	46,1			62,0	24,5	−82,3	
502,0	402,6	339,2			289,0	286,6	291,0			213,0	116	48,2			73,5	16,0	−60,5	
519,0	395,0	346,0	510,6		294,2	287,5	291,0	291,1		224,8	107,5	55,0	219,5		82,0	5,0	−69,9	
533,6	386,6	354,6	475,6		300,0	288,6	290,6	283,6		233,6	98	64,0	192,0		87,0	−10,0	−77,8	
541,0	377,0	367,0	506,8		303,0	289,8	290,8	290,3		238,0	87,2	76,2	216,5		90,3	−27,5	−79,5	85,0
543,6	369,6	389,6	545,2		304,0	290,6	288,6	305,0		239,6	79,0	101,0	240,2		91,8	−43,8	−77,8	50,2
250	76,0	96,0	251,6		250	76,0	96,0	251,5		0	0	0	0					
250	69,4	124,4	283,4	113,4	250	69,4	124,4	283,4	113,4	0	0	0	0	0	92,5	−58,3	−69,3	71,0
250	66,4	154,0	309,6	209,2	250	66,4	154,0	290,6	209,2	0	0	0	19,0	0	92,8	−67,8	−45,8	93,4
250	65,4	181,6	320,2	178,2	250	65,4	181,6	289,2	178,2	0	0	0	31,0	0	0	0	0	0
250	64,8	200,0	291,6	104,8	250	64,8	200	288,6	104,8	0	0	0	3,0	0	0	0	0	19,0
	250	250	250	250		250	250	250	250				0	0				
250	250	250	250	250	250	250	250	250	250	0	0	0	0	0	0	0	0	31,0
250	250	250	250	212,0	250	250	250	250	212,0	0	0	0	0	0	0	0	0	3,0
250	250	250	250	188,0	250	250	250	250	188,0	0	0	0	0	0	0	0	0	0
250	250	250	250	244,0 250	250	250	250	250	244,0 250	0	0	0	0	0	0	0	0	0

Aus den v_o-Werten ergeben sich die auf den Leitungsdurchmesser reduzierten Brennstoffgeschwindigkeiten

$$v_1 = \frac{v_o \cdot F_o}{f_L} = 18{,}06\,v_o$$

und nach Gl. (18)

$$F\,(t) = a\,\varrho\,v_1 = 1510 \cdot \frac{880}{9{,}81} \cdot 18{,}06\,v_o$$

$$= 2\,446\,000\,v_o\ \mathrm{kg/m^2}$$

$$\text{oder} = 244{,}6 \cdot v_o\ \mathrm{kg/cm^2}\ (\text{Sp. 3})\,.$$

Die Zahlen der Sp. 4, nämlich $F\left(t - \dfrac{L}{a}\right)$, das nach der zweiten Gleichung (10a) gleich $a\,\varrho\,v_2$ ist, ergeben sich aus Sp. 3 durch Verschiebung um die Zeit $\dfrac{L}{a}$; z. B. wird für $t = 1{,}5\,\dfrac{L}{a}$:

$$F\left(t - \frac{L}{a}\right) = F\left(1{,}5\,\frac{L}{a} - \frac{L}{a}\right) = F\left(0{,}5\,\frac{L}{a}\right) = 34{,}2\ \mathrm{kg/cm^2}\,.$$

In Sp. 5 erhält man durch Zuzählen des bei Beginn der Stempelbewegung vorhandenen Leitungsdruckes, der zu $p_k = 250\ \mathrm{kg/cm^2}$ angenommen werde, den Wert $p_k + F\left(t - \dfrac{L}{a}\right)$, der nach Gl. (10a) mit $\overset{I}{p_2}$ identisch ist. Dieser Betrag ist in der ersten senkrechten Reihe der Sp. 6, die den Druck $\overset{(n)}{p_2}$ am Ventil vor der Reflexion angibt, wiederholt. n ist stets eine ungerade Zahl.

Durch Addition der Sp. 4 und 6 erhält man in Sp. 7 die Summe $\overset{(n)}{p_2} + a\,\varrho\,v_2 = \overset{(n)}{p_2} + F\left(t - \dfrac{L}{a}\right)$.

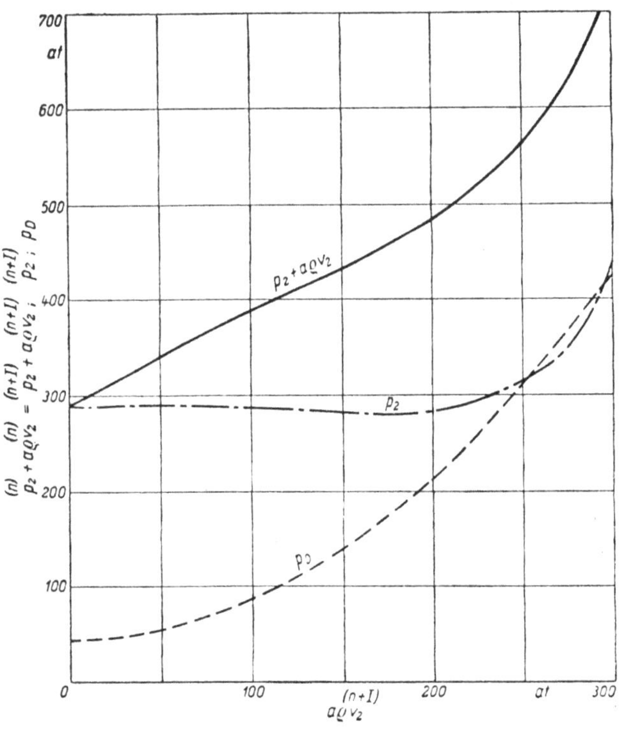

Bild 243.
Zahlenbeispiel: p_D, p_2 und $(p_2 + a\,\varrho\,v_2)$ in Abhängigkeit von $a\,\varrho\,v_2$.

Sie wird nach den Kurven Bild 241, sofern es sich um ein erstes Öffnen (bzw. um ein Wiederöffnen) des Brennstoffventils handelt, oder nach Bild 243, wenn das Ventil bei Auftreffen der Welle schon geöffnet ist, in die Einzelbeträge $\overset{(n+I)}{p_2}$ und $\overset{(n+I)}{a\,\varrho\,v_2}$ zerlegt, indem man zu den Werten der Sp. 7 als Ordinaten aus den Diagrammen die zugehörigen Abszissen abliest. Sie werden in Sp. 8 und 9 eingetragen, so daß die Summe der in gleichen Zeilen stehenden Werte in Sp. 8 und 9 gleich den in Sp. 7 aufgeführten ist. Zunächst sind nur die in Sp. 6 bis 9 links stehenden senkrechten Reihen zu berechnen; die nach rechts folgenden entstehen später durch das Hinzuzählen der reflektierten Wellen.

Die zur Zeit $t = \dfrac{L}{a}$ erstmalig erfolgende Reflexion erzeugt die erste rückeilende Welle W. Ihr Wert ergibt sich aus der ersten Gl. (19) nämlich aus

$$W\left(t + \frac{L}{a}\right) = \overset{I}{p_2} - \overset{II}{p_2}\,.$$

Die Zahlenwerte von W folgen also aus Sp. 6 minus Sp. 8. Sie stehen in Sp. 10, sind hier aber gegenüber $\overset{I}{p_2}$ und $\overset{II}{p_2}$ um die Phasendauer $\dfrac{L}{a}$ nach unten verschoben eingetragen, weil die aus $\overset{I}{p_2} - \overset{II}{p_2}$

ermittelte Amplitude der ersten rückeilenden Welle W um die Zeit $\dfrac{L}{a}$ verspätet, nämlich nach der Zeit $t = 2\,\dfrac{L}{a}$, im Querschnitt 1 eintrifft, auf den sich Sp. 10 bezieht.

Trifft die rückeilende Welle W auf den Pumpenstempel, so wird sie an diesem abermals reflektiert, wobei ihre Amplitude wegen Gl. (28)

$$\overset{III}{p_1} = p_k + F\,(t) - 2\,W\,(t)$$

sich verdoppelt. Der Zuwachs $-\,2\cdot W\,(t)$ macht sich am Brennstoffventil um die Zeit $\dfrac{L}{a}$ später, erstmalig für $t = 3\,\dfrac{L}{a}$ bemerkbar; er ist daher in der zweiten senkrechten Spalte der Spaltengruppe 6 in der Zeile $3\,\dfrac{L}{a}$ einzutragen. Entsprechendes gilt für die übrigen Zahlenwerte der zweiten senkrechten Spalte; sie ergeben sich nach Gl. (28) aus der ersten Spalte der Spaltengruppe 6, indem man den doppelten Betrag der um $\dfrac{L}{a}$ zurückliegenden Werte $W\,(t)$, Sp. 10, abzieht, wobei das Vorzeichen in Sp. 10 zu beachten ist. Die so entstandene zweite Vertikalreihe in Sp. 6 wird ebenso behandelt wie die erste, d. h. $F\left(t - \dfrac{L}{a}\right)$ wird addiert (zweite Vertikalreihe in Sp. 7), und die gefundenen Werte werden mit Hilfe von Bild 243 in $\overset{(n+I)}{p_2}$ und $\overset{(n+I)}{a\,\varrho\,v_2}$ zerlegt (Sp. 8 und 9). Die Amplituden der zweiten am Brennstoffventil reflektierten Welle $V\,(t)$ ermitteln sich ebenso wie früher aus der Differenz der zweiten Vertikalreihen der Sp. 6 und 8; sie werden um $\dfrac{L}{a}$ nach unten verschoben in Sp. 11 eingetragen. Nach einem weiteren Zeitintervall $\dfrac{L}{a}$ trifft die am Brennstoffventil reflektierte Welle $V\,(t)$ den Pumpenstempel, von dem sie unter Druckverdopplung zurückgeworfen wird (dritte Vertikalreihe in Sp. 6). Wieder wird $F\left(t - \dfrac{L}{a}\right)$ hinzugezählt, die sich ergebende Summe in $\overset{(n+I)}{p_2}$ und $\overset{(n+I)}{a\,\varrho\,v_2}$ zerlegt (dritte Vertikalreihen in Sp. 8 und 9) und die Welle $Y\,(t)$ als Differenz der dritten Vertikalreihen der Sp. 6 und 8 berechnet; worauf sich, immer mit einer weiteren zeitlichen Verschiebung um eine Phase, die vierte Vertikalreihe in Sp. 6 ergibt usw. In dieser Weise führt man die Rechnung bis zum Ende des Einspritzvorganges und noch um mehrere Phasen darüber hinaus fort (Bild 244), um festzustellen, ob durch noch auftretende Wellen das Brennstoffventil von neuem geöffnet werden kann.

Die während der Einspritzung auftretenden Drücke $\overset{(n+I)}{p_2}$ und Geschwindigkeiten $\overset{(n+I)}{v_2}$, die den Druck p_D vor den Düsenbohrungen (Bild 238) und die Geschwindigkeit v_D in den Düsenbohrungen bestimmen, erscheinen in Sp. 8 und 9 in treppenförmiger Anordnung. Für $t = 3 \ldots 5 \ldots 7\,\dfrac{L}{a}$ ändern sich ihre Zahlenwerte sprungweise, weil zu diesen Zeitpunkten die verdoppelten Wellen $W\,(t)$, $V\,(t)$ usw. am Brennstoffventil eintreffen.

In Bild 243 ist p_D als Abhängige von $\overset{(n+I)}{a\,\varrho\,v_2}$ aufgetragen; p_D kann also zu den in Zahlentafel 18, Sp. 9, rechts von der treppenförmigen Linie stehenden Zahlenwerten von $\overset{(n+I)}{a\,\varrho\,v_2}$ aus Bild 243 abgegriffen werden. Auch v_2 kann berechnet werden, denn es ist

$$v_2 = \frac{a\,\varrho\,v_2\ (\text{in kg/cm}^2)}{a\,\varrho} = \frac{a\,\varrho\,v_2 \cdot 10000}{1510 \cdot \dfrac{880}{9,81}} = \frac{a\,\varrho\,v_2}{13,54}\ \text{m/sek}\,,$$

woraus sich auch v_D ergibt:

$$v_D = \frac{f_L}{\mu_D \cdot F_D}\cdot v_2 = \frac{10,58}{0,8}\cdot \frac{a\,\varrho\,v_2}{13,54} = 0,976\,a\,\varrho\,v_2\,.$$

Zahlentafel 19. Verlauf von v_2, v_D, p_2 und p_D während der Einspritzung.

t	$a\varrho v_2$ kg/cm²	v_2 m/sek	v_D m/sek	p_2 kg/cm²	p_D kg/cm²
$1\,\dfrac{L}{a}$	0	0	0	250	30
	10,3	0,76	10,0	293,5	
1,5	30,0	2,21	29,2	288,4	48
2	42,7	3,15	41,5	290,3	52
2,5	57	4,20	55,5	290,8	58
3	74	5,47	72	290,6	67,5
	110	8,12	107,5	287,8	96
3,5	102	7,53	99,5	288,4	88
4	109,5	8,08	107	287,3	95,5
4,5	116	8,58	113	286,4	101,5
5	118,5	8,78	115,5	286,1	104
	11,7	0,87	11,4	287,5	44;5
5,5	44,5	3,29	43,4	290,5	52,5
6	46,1	3,40	45	290,7	53
6,5	48,2	3,55	47	291	54
7	55	4,05	53,5	291	57
	219,5	16,2	214,5	291,1	248
7,5	192	14,2	187	283,6	200
8	216,5	16,0	211	290,3	244
8,5	240,2	17,75	234,5	305	290
	0			251,6	
9				283,4	
				113,4	
9,5				209,2	
10				178,2	
10,5				104,8	
				2 50	
11				250	
11,5				212	
12				188	
$12,5\,\dfrac{L}{a}$				244	
				250	

Es können also v_2, v_D, p_2 und p_D berechnet und über dem Vielfachen von $\dfrac{L}{a}$ aufgetragen werden (Zahlentafel 19 und Bild 244), wodurch man einen Überblick über den Verlauf der Druck- und Geschwindigkeitswellen während des Einspritzvorganges erhält.

Der nach Beendigung der Einspritzung in der Leitung stehenbleibende Druck p_L (Bild 244) wird, wenn der Anfangsdruck p_k nicht aus Versuchen bekannt ist, sondern geschätzt werden muß (wie es in dem Zahlenbeispiel angenommen wurde), mit p_k im allgemeinen nicht übereinstimmen; es wird sich eine Differenz $p_k - p_L$ ergeben, die auf folgende Weise ermittelt werden kann.

Die mittlere Geschwindigkeit im Querschnitt 1 während der Förderzeit t_f sei $(v_1)_m$, die mittlere Geschwindigkeit im Querschnitt 2 während der Einspritzzeit t_s sei $(v_2)_m$, dann ist mit f_L als Leitungsquerschnitt die bei einer Einspritzung eintretende Ölmenge:

$$q_1 = 100\,(v_1)_m \cdot t_f \cdot f_L \ \mathrm{cm^3}\,,$$

die austretende Menge

$$q_2 = 100\,(v_2)_m \cdot t_s \cdot f_L \ \mathrm{cm^3}\,,$$

und der Unterschied zwischen ein- und austretender Menge muß (nach dem Hookeschen Gesetz) der Druckdifferenz $p_k - p_L$ proportional sein:

$$p_k - p_L = \frac{q_2 - q_1}{J} \cdot \varepsilon\,,$$

wenn J der Inhalt der Leitung zwischen den Querschnitten 1 und 2 und ε der Elastizitätsmodul des Treiböles ist.

Hier wird:

$$J = 840 \cdot 0{,}5027 = 422 \ \mathrm{cm^3}\,;$$
$$\varepsilon = 20\,850 \ \mathrm{kg/cm^2}\,;$$
$$t_f = t_s = 7{,}5\,\frac{L}{a} = 0{,}0416 \ \mathrm{sek}\,;$$
$$(v_1)_m = 6{,}69 \ \mathrm{m/sek}\,,$$
$$(v_2)_m = 7{,}02 \ \mathrm{m/sek}\,,$$

Somit:

$$q_1 = 669 \cdot 0{,}0416 \cdot 0{,}5027 = 14{,}0 \ \mathrm{cm^3}\,,$$
$$q_2 = 702 \cdot 0{,}0416 \cdot 0{,}5027 = 14{,}7 \quad \text{,,}$$

und

$$p_k - p_L = \frac{0{,}7}{422} \cdot 20\,850 = \mathrm{rd.}\ 35 \ \mathrm{kg/cm^2}\,.$$

Es ergibt sich p_L zu 250 — rd. 35 = rd. 215 kg/cm². Der konstante Druck p_k war also, da im Beharrungszustand $p_k = p_L$ sein muß, mit 250 kg/cm² nicht richtig geschätzt, und die Rechnung müßte, wenn man ein genaueres Ergebnis zu erhalten wünscht, mit einem etwas kleiner angenommenen p_k, etwa $p_k = 230$ kg/cm², wiederholt werden. Darauf kann hier verzichtet werden, da es nur darauf ankam zu zeigen, wie die Gleichungen der veränderlichen Strömung auf die Vorgänge in Brennstoffdruckleitungen angewandt werden können.

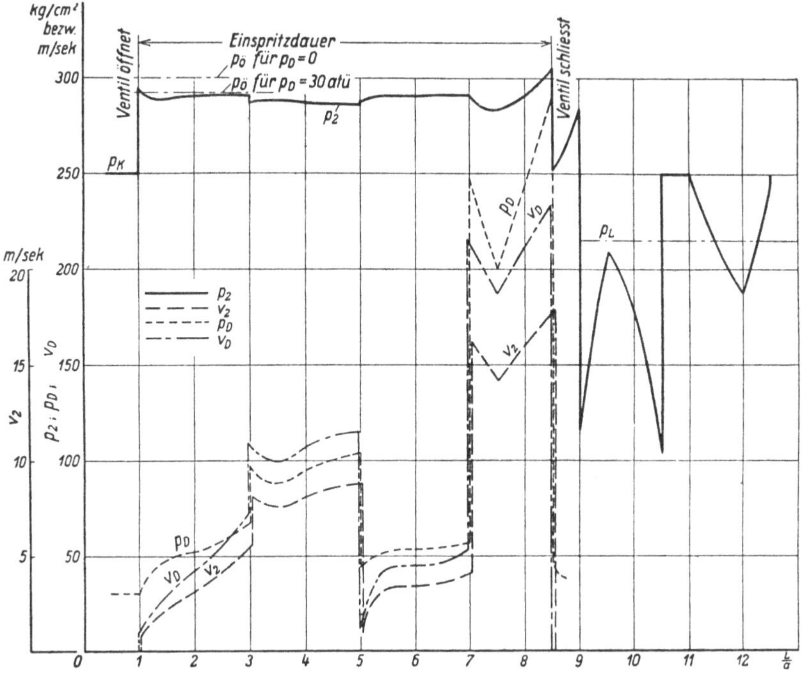

Bild 244. Zahlenbeispiel: Verlauf von v_2, v_D, p_2 und p_D während der Einspritzung.

Aus Bild 244 geht hervor, daß v_2 und damit auch der für die Zerstäubung maßgebende Druck p_D vor den Düsenbohrungen in dem Intervall $t = 5\,\dfrac{L}{a}$ bis $7\,\dfrac{L}{a}$ stark absinkt, um bei $t = 7\,\dfrac{L}{a}$ wieder plötzlich anzusteigen; die Gemischbildung und Verbrennung in der ausgeführten Maschine ist jedoch dadurch nicht in erkennbarem Maß beeinträchtigt worden. Nach Schluß des Brennstoffventiles (bei $t = 8{,}5\,\dfrac{L}{a}$) treten noch Schwingungen in der Leitung auf (bis $t = 12{,}5\,\dfrac{L}{a}$), die aber nicht stark genug sind, um das Ventil wieder zu öffnen.

VI. Ausgewählte Bauteile

1. Grundlagen des Konstruierens

Die für den Dieselmotorenbauer erforderliche Gewandtheit im Konstruieren[1] kann nur durch Übung erworben werden; gründliches Studium der Theorie der Maschinenelemente[2] ist Voraussetzung. Dem konstruktiv Begabten wird es rascher gelingen, sich diese Übung anzueignen; aber auch der für konstruktive Arbeit weniger gut Veranlagte kann das Ziel erreichen, wenn er das

---

[1] Die Worte „Konstruieren" und „Konstrukteur" haben sich so in den Sprachgebrauch eingebürgert, daß es wenig Zweck hat, sie durch Verdeutschungen wie „Gestalten" und „Gestalter", die ihren Sinn doch nicht treffend wiedergeben, zu ersetzen. „Konstruieren" bezeichnet eine umfassendere Tätigkeit als „gestalten".

[2] Hierzu können u. a. die Lehrbücher von F. Rötscher: Die Maschinenelemente, 2 Bde., Berlin: Springer-Verlag 1927, M. ten Bosch: Vorlesungen über Maschinenelemente, 2. Aufl., Berlin: Springer-Verlag 1940, und C. Volk: Einzelkonstruktionen aus dem Maschinenbau, 11 Hefte, Berlin: Springer-Verlag 1927—1939, dienen. Lehrreich ist ferner das Studium der von C. Volk herausgegebenen Sammlungen von Konstruktionsskizzen: Die maschinentechnischen Bauformen und das Skizzieren in Perspektive, 6. Aufl., Berlin: Springer-Verlag 1939, und: Der konstruktive Fortschritt, Berlin: Springer-Verlag 1941.

Fehlende durch Fleiß und Ausdauer ersetzt. Theoretische Konstruktionslehren, die mit abstrakten Begriffen arbeiten, können hierbei nicht helfen; sie sagen dem Anfänger wenig, weil es ihm an Erfahrung fehlt, um die Begriffe mit Leben zu erfüllen. Konstruktionsregeln, die man nur zu befolgen braucht, um in jedem Fall die beste Form für die einzelnen Teile eines Dieselmotors oder gar für die ganze Maschine zu finden, gibt es nicht. Aber wir besitzen wertvolle Lehren von allgemeiner Gültigkeit, die der Konstrukteur beim Entwurf der Maschine und ihrer Teile wohl zu beachten hat. Sie beruhen auf den Erfahrungen mehrerer Generationen von Konstrukteuren, nicht nur aus dem Gebiet des Dieselmotorenbaues; es sind die Lehren, die man im Lauf der Zeit aus vielen Erfolgen, zahllosen Fehlschlägen und kostspieligen Versuchen gezogen hat. Für den Konstrukteur sind sie ein wertvolles Kapital; ihr Besitz ermöglicht ihm, aus den Arbeiten seiner Vorgänger großen Nutzen zu ziehen. Ohne sich der Erfahrungen anderer zu bedienen, vermag heute niemand mehr auch nur die bescheidenste Maschine zu bauen; ihre Gestehungskosten würden unerschwinglich werden. Allen Konstruktionen liegen von anderen geleistete Arbeiten zugrunde, die darum so schwierig waren, weil Erfahrungen ganz oder teilweise fehlten und erst in mühevoller Einzelarbeit gesammelt werden mußten. Der Wert eigener Erfahrungen bleibt hiervon unberührt.

Eine lückenlose Aufzählung aller Regeln, die der Konstrukteur zu beachten hat, ist hier weder beabsichtigt noch möglich. Bei den in diesem Abschnitt zusammengestellten Beispielen von Bauteilen wird sich Gelegenheit geben, auf allgemein gültige Regeln hinzuweisen. Hier können nur kurz die wichtigsten Gesichtspunkte hervorgehoben werden, die der Konstrukteur beim Entwurf der Maschine und bei der Formgebung der Einzelteile zu beachten hat.

Der Zweck einer Kraftmaschine ist die Umwandlung einer Energieform in eine andere; im Dieselmotor handelt es sich um die Umformung der im Brennstoff enthaltenen chemischen Energie in mechanische. Dieses Ziel mit den einfachsten Mitteln zu erreichen, ist Aufgabe des Konstrukteurs. Eine komplizierte Maschine zu entwerfen bietet viel weniger Schwierigkeiten, als die gleiche Leistung mit einfachen baulichen Mitteln zu erzielen. Die einfache Maschine ist der komplizierten immer überlegen, wenn sie gleiches leistet. Der doppeltwirkende Viertaktmotor — als Bauwerk eine bedeutende technische Tat — wurde vom Zweitaktmotor verdrängt, weil dieser im Aufbau einfacher ist.

Die einfache Maschine, wenn sie richtig durchgebildet und frei von verborgenen Werkstoffehlern ist, hat die beste Aussicht, dem Ziel völliger Betriebssicherheit am nächsten zu kommen. Diese Forderung steht über allen anderen, denn eine nicht betriebssichere Maschine kann die zweite wichtige Forderung, die der Wirtschaftlichkeit, niemals erfüllen. Eine Maschine muß in doppelter Hinsicht wirtschaftlich sein, für den Fabrikanten und für den Käufer. Dem Fabrikanten muß ihr Verkauf einen angemessenen Nutzen übriglassen, ohne den er seinen Betrieb nicht aufrechterhalten kann, denn dauernde Verluste richten jedes Unternehmen schließlich zugrunde. Dem Käufer soll die Maschine möglichst störungsfrei die Dienste leisten, die er von ihr erwartet. Beide Forderungen werden um so besser erfüllt, je einfacher die Maschine in Aufbau, Herstellung und Betrieb ist. Hat ein Motor sich den Ruf der Betriebssicherheit erworben, so sieht man ihm auch einen etwas höheren Preis und größeren Brennstoffverbrauch nach. Preis und Brennstoffverbrauch beeinflussen zwar die Berechnung der Wirtschaftlichkeit, die der Käufer anstellt, bevor er einen Motor erwirbt, aber jede größere Betriebsstörung wirft unvermeidlich auch die vorsichtigste Wirtschaftlichkeitsrechnung um. Das gilt insbesondere für Schiffsmaschinen, um die es sich hier in erster Linie handelt. Hier sind die Reparaturkosten, auch wenn sie eine beträchtliche Höhe erreichen, oft nicht das Entscheidende; viel wichtiger ist in der Regel das Stilliegen des Schiffes und der damit verbundene Verdienstausfall des Reeders. Der Konstrukteur sollte dies stets beachten und jeden Teil seiner Maschine mit der gleichen Sorgfalt durcharbeiten, damit Betriebsstörungen zu seltenen Ausnahmen werden. In diesem Zusammenhang gibt es keine Unterscheidung in wichtige und unwichtige Maschinenteile. Selbst ein so nebensächlich erscheinendes Zubehör, wie Treppen und die um die Maschine laufenden Bedienungsbühnen und Geländer, kann Anlaß zu Störungen werden, wenn diese Teile so angeordnet sind, daß sie die notwendigen Überholungsarbeiten im Hafen (Absetzen abgenommener Zylinderdeckel, Arbeiten an ausgebauten Triebwerkteilen) behindern, oder zum Verhängnis, wenn sie im Fall der Gefahr nicht das rasche Erreichen des Bedienungsstandes oder, wenn nötig, das schnelle Verlassen des Maschinenraumes ermöglichen. So können gute Zugänglichkeit und bequeme Bedienbarkeit die Betriebssicherheit einer Maschine wesentlich beeinflussen.

Nicht zu hohes Gewicht und mäßiger Raumbedarf sind weitere Forderungen, die auch im Handelsschiffbau von zunehmender Wichtigkeit sind. Niedriges Gewicht und geringer Raumbedarf der Maschinenanlage vermehren die Tragfähigkeit des Schiffes und steigern dadurch die Wirtschaftlichkeit. Eine gute Manövrierfähigkeit ist unerläßlich, möglichst wenig geräuschvoller Gang erleichtert dem Personal seine ohnehin schwere Arbeit und ist besonders auf Fahrgastschiffen erwünscht. Sonderfälle können noch andere Forderungen bedingen.

Bei der Durchbildung der Einzelteile einer Maschine hat der Konstrukteur zu beachten, daß die Forderung der Betriebssicherheit eine möglichst genaue Kenntnis der in der arbeitenden Maschine auftretenden Kräfte und der durch sie hervorgerufenen Beanspruchungen bedingt. Hier steht man vor der Schwierigkeit, daß Kräfte unsichtbar sind; was wir sehen, sind stets nur Kraftwirkungen, und dies nicht selten in unerwünschter Form, wenn es zu spät ist. Nur in einem einzigen Fall können wir Kräfte unmittelbar wahrnehmen: im Gefühl der gespannten Muskel, mit der wir einen Widerstand überwinden. In der Maschine dagegen ist der Kraftfluß mit unseren Sinnen direkt nicht wahrnehmbar. Wir müssen trotzdem lernen, ihn mit unserem geistigen Auge zu sehen, damit wir den Werkstoff dort in genügender Stärke anbringen, wo die Kräfte ihn verlangen, und an den Stellen sparen, wo er überflüssig ist. Daher setzt die formgerechte Konstruktion eine möglichst genaue Kenntnis der Kräfte, eine richtige Auswahl der Werkstoffe unter Berücksichtigung ihrer Eigenschaften und eine Formgebung voraus, die unzulässige Spannungsanhäufungen an einzelnen Stellen (Hohlkehlen, Übergängen, Kerben, Bohrungen) vermeidet.

Die Kräfte, welche die Triebwerkteile des Motors beanspruchen, ergeben sich aus der Kolbenfläche und dem mit der Kurbelstellung veränderlichen Gasdruck, der dem Indikatordiagramm entnommen wird. Die Dynamik des Kurbeltriebes lehrt, wie die von den Triebwerkteilen herrührenden Massenkräfte hierbei zu berücksichtigen sind. Zylinderdeckel und Laufbuchsen werden nur durch den Gasdruck, nicht durch die Massenkräfte beansprucht, erfahren aber eine zusätzliche Beanspruchung dadurch, daß ihre dem Verbrennungsraum zugekehrten Oberflächen sich stärker erwärmen als die vom Kühlmittel berührten Seiten. Ähnlich wie der Zylinderdeckel ist der Kolbenboden beansprucht. Im ganzen sind die in der Maschine im Betrieb auftretenden mechanischen Kräfte der Rechnung ziemlich gut zugänglich, jedoch muß mit ihrem gelegentlichen plötzlichen Anwachsen durch scharfe Zündungen, besonders beim Anfahren, gerechnet werden.

Bei der Auswahl der Werkstoffe sind verschiedene Gesichtspunkte maßgebend: der Verwendungszweck der Maschine, ihre Größe und Drehzahl, die Frage, wie weit die Forderung nach geringem Gewicht dringlich ist, der Preis der Werkstoffe, die Möglichkeit ihrer Beschaffung und ihrer Bearbeitung auf vorhandenen Werkzeugmaschinen und andere Rücksichten. So kann z. B. je nach dem Zweck, für den die Maschine bestimmt ist, als Werkstoff für den Kolben Gußeisen, Stahlguß, Leichtmetall oder geschmiedeter Stahl am besten geeignet sein. Oft auch kann der Konstrukteur zwischen verschiedenen Werkstoffen wählen. Wie er aber auch sich entscheidet, auf jeden Fall muß er die Eigenschaften seiner Werkstoffe genau kennen, ihre Bearbeitbarkeit, ihr Verhalten in der Wärme und vor allem ihre Festigkeitseigenschaften, d. h. ihr Verhalten gegenüber den verschiedenen Arten von Beanspruchungen, die in der Verbrennungskraftmaschine auftreten. Diese können ruhend, schwellend oder wechselnd[1] sein.

Rein ruhende Belastung tritt im laufenden Dieselmotor nur an wenigen Stellen auf; die Belastung schwankt fast immer um irgendeinen Mittelwert um einen größeren oder kleineren Betrag. Als angenähert ruhend kann man z. B. die Belastung ansehen, welche die Ankerbolzen erfahren, die zur Verbindung der Hälften eines geteilt ausgeführten Schwungrades (Bild 324. S. 310) dienen, weil Umfangsgeschwindigkeit und Fliehkraft während einer Umdrehung nur wenig schwanken. Auch die Verbindungsschrauben zwischen Grundplatte und Fundament eines schweren Motors können als ruhend belastet gelten. Schwellende Beanspruchung liegt dann vor, wenn die Beanspruchung dauernd von Null zu einem Höchstwert anschwillt und wieder auf Null abnimmt. Bei den während des Verdichtungs- und Verbrennungshubes auf Druck beanspruchten Kolbenstangen einfachwirkender Zweitakt-Kreuzkopf-Motoren trifft dieser Belastungsfall annähernd zu. Die

---

[1] Wegen der Bezeichnungen und Grundbegriffe der schwingenden Beanspruchung vgl. DIN-Normblatt DVM 4001.

Kolbenstangen doppeltwirkender Zweitaktmotoren unterliegen (ebenfalls annähernd) wechselnder Beanspruchung (die Zug- und Druckspannungen sind wegen der Verschiedenheit der unteren und oberen Kolbenfläche nicht gleich, die mittlere Spannung ist also nicht Null). Am häufigsten tritt der Fall auf, daß sich einer „Mittelspannung" σ_m, die als ruhend gedacht werden kann, wechselnde Spannungsausschläge $\pm \sigma_a$ überlagern, so daß die Beanspruchung zwischen einer „Oberspannung" $\sigma_o = \sigma_m + \sigma_a$ und einer „Unterspannung" $\sigma_u = \sigma_m - \sigma_a$ schwankt, wobei

$$\sigma_m = \frac{\sigma_o + \sigma_u}{2} \text{ und } \sigma_a = \frac{\sigma_o - \sigma_u}{2}$$

ist. Ein Beispiel hierfür sind die Zuganker, welche die Zylinderdeckel mit der Grundplatte verbinden (vgl. Bild 252, S. 243). Es fragt sich, in welcher Höhe der Werkstoff und das aus ihm hergestellte Werkstück solche wechselnden Beanspruchungen auf die Dauer vertragen.

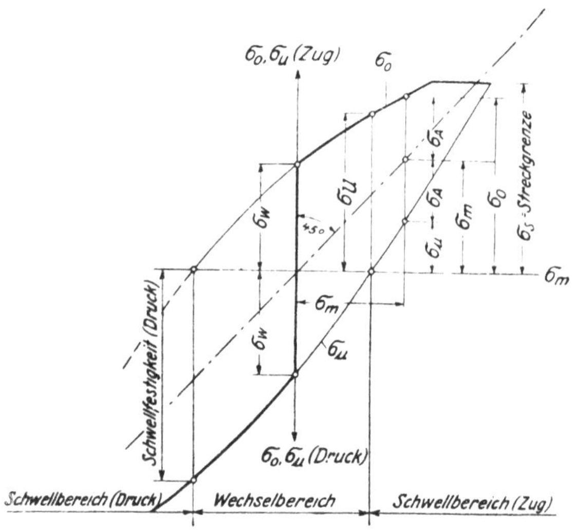

Bild 245. Zur Entstehung des Festigkeitsschaubildes.

Soweit der Werkstoff in Frage kommt, gibt das Dauerfestigkeitsschaubild hierüber Auskunft, das auf J. H. Smith[1] zurückzuführen ist, der es in einer etwas anderen Form zuerst angegeben hat. Übersichtlicher ist die Darstellung des Fachausschusses für Maschinenelemente beim VDI, der Dauerfestigkeitsschaubilder für verschiedene Stähle herausgegeben hat[2]. Bild 245 zeigt die Entstehung des Dauerfestigkeitsschaubildes[3]. In einem Achsenkreuz werden als Abszissen die Mittelspannungen σ_m, als Ordinaten die Oberspannungen $\sigma_o = \sigma_m + \sigma_A$ der Dauerfestigkeit und die zugehörigen Unterspannungen $\sigma_u = \sigma_m - \sigma_A$ aufgetragen; Zugspannungen sind nach oben, Druckspannungen nach unten gerichtet. Die unter 45° gezogene Gerade schneidet auf den Ordinaten Strecken ab, die gleich den zugehörigen Abszissen sind, also ebenfalls die Mittelspannungen darstellen; sie teilt den senkrechten Abstand zwischen der σ_o- und der σ_u-Linie (die „Schwingbreite" $2\sigma_A$) in den Spannungsausschlag $\pm \sigma_A$. Die im Nullpunkt des Achsenkreuzes liegende Ordinate ($\sigma_m = 0$) stellt die Wechselfestigkeit σ_W dar, die Ordinate im Schnittpunkt der σ_u-Linie mit der Abszissenachse ($\sigma_u = 0$) die Schwellfestigkeit σ_U (auch Ursprungsfestigkeit genannt). Die im Schaubild noch weiter rechts liegenden Ordinaten ($\sigma_u > 0$) entsprechen Belastungen, bei welchen σ_o und σ_u während des ganzen Lastspieles gleiches Vorzeichen behalten, was für die meisten Beanspruchungen im Dieselmotor zutrifft. Man spricht dann von „Dauerbeanspruchung im Schwellbereich" oder kurz von „Schwellbeanspruchung". Für diese Art Beanspruchung ist die sich drehende, die Leistung der Schiffsmaschine auf den Propeller übertragende Welle ein Beispiel: der Mittelspannung σ_m, die sich aus Leistung, Drehzahl und Widerstandsmoment des Wellenquerschnittes ergibt, überlagern sich die von der Ungleichförmigkeit der Drehkraftlinie und von Drehschwingungen herrührenden Spannungsausschläge; ein Wechsel im Drehsinn der resultierenden Beanspruchung tritt nicht ein.

Der Verlauf der σ_o- und der σ_u-Linie im Dauerfestigkeitsschaubild kann nur durch den Versuch bestimmt werden. Man nimmt hierzu die Wöhlerlinie auf, das bekannte Schaubild, das (im halblogarithmischen Maßstab) die bei verschiedenen Lastspielzahlen ertragenen Oberspannungen σ_o angibt. Diejenige Spannung σ_o, welche die Probe „unendlich" oft erträgt, heißt Dauerfestigkeit σ_D; es ist $\sigma_D = \sigma_m \pm \sigma_A$. Um σ_D zu finden, genügt es in der Regel, die Wöhlerlinie bis zu $10 \cdot 10^6$

[1] Ein kurzer Bericht über die Arbeiten von J. H. Smith findet sich in Stahl und Eisen Bd. 35 (1915), S. 837.

[2] Vgl. die Arbeitsblätter des Fachausschusses für Maschinenelemente beim VDI. VDI-Verlag, Berlin. S. auch Z.V.d.I. Bd. 77 (1933), S. 1146. Zur Zeit sind fünf Arbeitsblätter erschienen.

[3] Vgl. A. Thum: Festigkeitsprüfung bei schwingender Beanspruchung, im Handbuch der Werkstoffprüfung, Bd. II, herausgegeben von E. Siebel, Berlin: Springer-Verlag 1939, sowie das DIN-Normblatt DVM 4001.

Lastspielen[1] aufzunehmen, da, wenigstens bei Stahl, σ_D oberhalb dieser Lastspielzahl nicht mehr nennenswert sinkt. Nach oben wird das Dauerfestigkeitsschaubild durch die Streckgrenze abge-schnitten, die im Betrieb nicht überschritten werden darf. Die σ_o- und die σ_u-Linie, die nur schwach gekrümmt sind, dürfen im Bereich zwischen σ_W und σ_U durch gerade Linien ersetzt werden (Bild 246).

Für Beanspruchungen aus Biegung, Zug-Druck und Verdrehung erhält man verschiedene Dauer-festigkeiten; am größten sind sie für Biegung, am kleinsten für Verdrehung (Bild 246). Mit zunehmender Festigkeit (legierte Stähle) nimmt die Dauerfestigkeit zu (vgl. die Arbeitsblätter Nr. 3 und 4 des VDI), zugleich aber auch die Oberflächenempfindlichkeit, was dadurch zum Ausdruck kommt, daß mit zunehmender statischer Festigkeit je nach dem Oberflächen-zustand ein immer größerer Abzug von der an der polierten Probe aufgenommenen Dauer-festigkeit gemacht werden muß. Bild 247 gibt die Zahlenwerte für den Abzug: je nach der Zugfestigkeit des Stahles und der Bearbeitung bzw. Beschaffenheit der Oberfläche des Werk-stückes ist der dem Dauerfestigkeitsschaubild zu entnehmende Wert, der für die polierte, glatte Werkstoffprobe gilt, mit einem Faktor $\varkappa$ zu multiplizieren, der mit zunehmender Festigkeit und Oberflächenrauhigkeit immer kleiner wird.

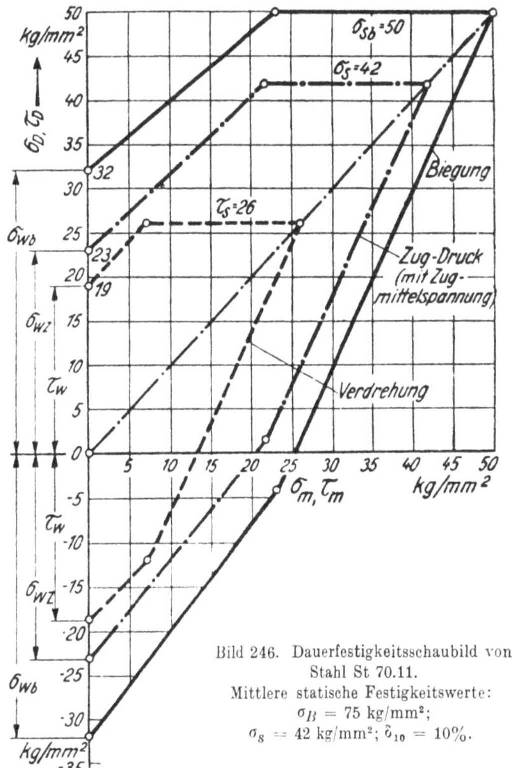

Bild 246. Dauerfestigkeitsschaubild von Stahl St 70.11.
Mittlere statische Festigkeitswerte:
$\sigma_B = 75$ kg/mm²;
$\sigma_S = 42$ kg/mm²; $\delta_{10} = 10\%$.

Daher muß die Oberfläche eines Werkstückes um so sorgfältiger bearbeitet werden, je härter der Stahl ist, aus dem es besteht, damit die höhere Dauerfestigkeit ausgenutzt werden kann. Aus hochwertigem Stahl hergestellte Kurbelwellen müssen z. B. vor zufälligen Verletzungen der Oberfläche, durch die Reißnadel verursachten Schrammen u. dgl. sorgfältig geschützt werden. Im allgemeinen kann man die der schwingen-den Beanspruchung unterliegenden Teile eines Diesel-motors nicht mit polierter Oberfläche herstellen und muß daher von den Angaben des Dauerfestigkeits-schaubildes immer einen Abzug machen, der nach Bild 247 vorsichtig zu wählen ist. Am stärksten ver-mindert die Korrosion durch Wasser, besonders durch Seewasser, die Dauerfestigkeit; das war eine der unliebsamen Erfahrungen, die man mit den gekühlten Kolbenstangen der ersten doppeltwirkenden Zwei-taktmaschinen machte (S. 302).

Der Konstrukteur muß dafür sorgen, daß an keiner Stelle eines Konstruktionsteiles, der schwingender

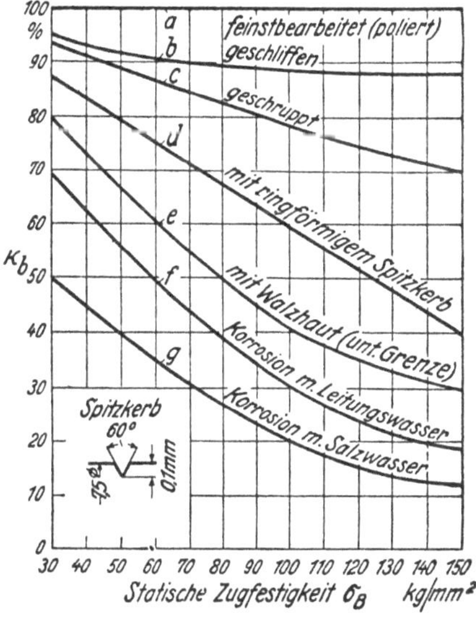

Bild 247. Einfluß der Oberflächenbeschaffenheit auf die Dauerfestigkeit verschieden harter Stähle (nach Arbeitsblatt Nr. 1 des Fachausschusses für Maschinenelemente beim VDI).

---

[1] Die Bedeutung von 10 Millionen Lastspielen wird anschaulicher, wenn man sich vergegenwärtigt, daß ein lang-samlaufender Dieselmotor (z. B. 100 U/min) als Schiffsantriebsmaschine auf einer Reise Rotterdam—Yokohama und zurück rd. 10^7 Umdrehungen macht. Für die wichtigen Triebwerkteile kann 1 Umdrehung = 1 Lastspiel gesetzt werden. Während der Lebensdauer des Motors beträgt also die Summe der Lastspiele mehrere hundert Millionen, und die Forderung, daß das Werkstück imstande sein muß, „unendlich" viele Lastspiele zu ertragen, ist sehr berechtigt.

Beanspruchung ausgesetzt ist, die Dauerfestigkeit σ_D überschritten wird. Dabei hat er zu beachten, daß die Spannungen fast immer ungleichmäßig verteilt sind und daß nicht ohne weiteres zu erkennen ist, von welcher Größenordnung die Spannungsspitzen sind, die an Querschnittsübergängen, in Hohlkehlen, Keilnuten, am Rand von Schmierölbohrungen, an mit Gewinde versehenen Stellen usw. auftreten. Solche Querschnittsübergänge können die nach den elementaren Formeln ermittelten „Nennspannungen" σ_n auf einen mehrfachen Betrag ansteigen lassen, wofür Bild 248[1] ein Beispiel zeigt: für den am Ende mit $P = 1000$ kg belasteten abgesetzten Wellenzapfen ergibt die Formel $\sigma_b = M_b : W$ eine Nennspannung $\sigma_n = 735$ kg/cm² am Absatz, während Feindehnungsmessungen eine Höchstspannung σ_{max} in der Hohlkehle von 1580 kg/cm², also mehr als das Doppelte, anzeigen. Man nennt das Verhältnis $\sigma_{max} : \sigma_n$, weil es von der geometrischen Form des Konstruktionsteils abhängt, nach A. Thum die „Formziffer" α_k; sie ist die Zahl, mit der man die Nennspannung zu multiplizieren hat, um die Spannungsspitze zu erhalten. Solange die Beanspruchung im elastischen Bereich bleibt, solange also das

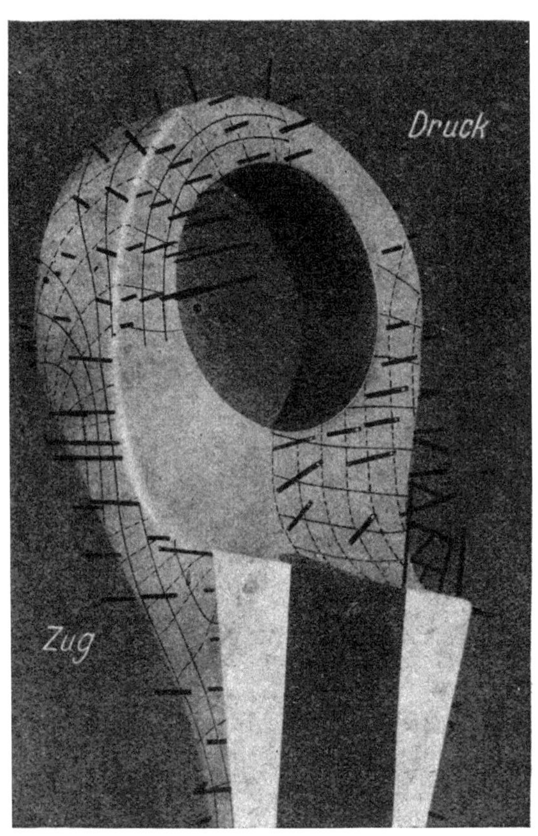

Bild 249. Modell zur Veranschaulichung der Spannungsverteilung im Treibstangenkopf einer doppeltwirkenden Zweitaktmaschine der MAN (nach E. Lehr).

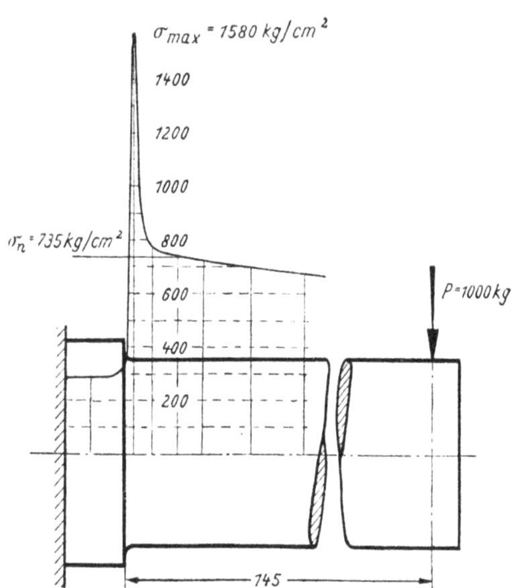

Bild 248. Spannungen in der Hohlkehle einer abgesetzten, am Ende durch eine Einzellast beanspruchten Welle (nach E. Lehr).

Hookesche Gesetz gilt, hängt α_k nur von der Belastungsart und der äußeren Form des Teiles, nicht vom Werkstoff ab. Außerhalb des elastischen Bereiches hat die Formziffer keine Gültigkeit.

Man bestimmt die Formziffer durch statische Feindehnungsmessungen[2] am fertigen Konstruktionsteil, wozu Dehnungsmesser verwendet werden, deren Meßstrecke möglichst klein ist, damit die Spannungszustände auch in scharfen Hohlkehlen hinreichend genau abgetastet werden können.

Vielfach benutzt wird das von E. Lehr[3] entwickelte Gerät, das für Meßlängen bis herab zu 0,5 mm hergestellt wird und mit starker Vergrößerung (V = 100000 bis 500000) arbeitet. Auch andere Dehnungsmesser sind im Gebrauch. An einer größeren Zahl von Punkten der Oberfläche des

---

[1] Nach E. Lehr: Elastische Formänderungen als Normalfall, Bleibende Formänderungen als Grenzfall, in: Leitgedanken einer neuzeitlichen Werkstoff-Forschung, herausgegeben vom Staatlichen Materialprüfungsamt Berlin-Dahlem. Berlin: Springer-Verlag 1937.

[2] E. Lehr: Spannungsverteilung in Konstruktionselementen. Berlin: VDI-Verlag 1934.

[3] Vgl. E. Lehr: Statische Dehnungsmeßgeräte, in dem in Fußnote 3, S. 236, genannten Handbuch der Werkstoffprüfung, Bd. I.

Konstruktionsteils wird der Dehnungszustand ausgemessen, der sich beim Ansteigen der (statischen) Belastung von der unteren Grenze bis zu einem Höchstwert, der innerhalb des Elastizitätsbereiches liegen muß, ergibt. Aus dem Dehnungszustand kann der zugehörige Spannungszustand berechnet werden; insbesondere ergeben sich die Spannungsspitzen in Hohlkehlen und anderen Querschnittsübergängen. Auf Grund dieser Messungen kann man die Form so abändern, daß die Spannungsspitzen verschwinden oder wenigstens so weit abgebaut werden, daß sie nicht mehr gefährlich sind. Das Ziel ist die Herstellung möglichst gleichmäßiger Beanspruchungen im ganzen Konstruktionsteil.

Die Ergebnisse der statischen Dehnungsmessungen können sehr übersichtlich durch Holzmodelle veranschaulicht werden, bei denen in den Meßpunkten Drahtstifte eingesetzt sind, deren Länge ein Maß für die dort herrschende zusammengesetzte Beanspruchung ist. Bild 249 zeigt als Beispiel die Spannungsverteilung im oberen Pleuelstangenkopf eines doppeltwirkenden Zweitaktmotors der MAN[1], auf der linken Seite bei Zug-, auf der rechten bei Druckbelastung. Die auf dem Modell aufgetragenen Linien sind die Hauptspannungslinien.

Die Ermittlung von α_k durch statische Dehnungsmessungen hat, wie erwähnt, zur Voraussetzung, daß die Beanspruchung überall im elastischen Bereich bleibt; wenn aber ein Dauerbruch eintritt, dann ist die Elastizitätsgrenze überschritten worden, und es sind plastische Formänderungen eingetreten. Wäre das nicht der Fall, dann würde der mit Hohlkehlen, Kerben, Bohrungen usw. versehene Konstruktionsteil, dessen Werkstoff (an einer glatten, polierten Probe in der Dauerprüfmaschine gemessen) eine Dauerfestigkeit σ_D hat, bei einer „Nenndauerfestigkeit"

$$\sigma_{nD} = \frac{\sigma_D}{\alpha_k}$$

brechen. Das tritt erfahrungsgemäß nicht ein; die Nenndauerfestigkeit des gekerbten Konstruktionsteils sinkt, wie viele Versuche gezeigt haben, nicht auf den α_k-ten, sondern nur auf den β_k-ten Teil, wobei β_k stets $<\alpha_k$ ist. Es gilt also für die Nenndauerfestigkeit des gekerbten Teiles

$$\sigma_{nD} = \frac{\sigma_D}{\beta_k}, \tag{1}$$

· wobei σ_D die Dauerfestigkeit der glatten, polierten Probe ist. β_k wird die „Kerbwirkungszahl" genannt, die Nenndauerfestigkeit auch „Dauerhaltbarkeit" oder „Gestaltfestigkeit". β_k kann nur durch Dauerversuche ermittelt werden, indem man σ_D und σ_{nD} auf Dauerfestigkeitsmaschinen bestimmt.

Daß $\beta_k < \alpha_k$ ist, wird dadurch erklärt, daß der Dauerbruchvorgang sich an der Grenze zwischen dem Gebiet der elastischen und der plastischen Formänderung abspielt, wodurch die Spannungsspitzen, die im elastischen Gebiet erscheinen, abgebaut werden. Das Maß der Verminderung hängt vom Werkstoff ab, ist aber auch bei ein und demselben Werkstoff verschieden und scheint auch mit der Herstellung des Werkstoffes in Zusammenhang zu stehen.

Für die Beziehung zwischen α_k und β_k hat man die Gleichung[2]

$$\eta_k = \frac{\beta_k - 1}{\alpha_k - 1} \tag{2}$$

aufgestellt; η_k wird die „Kerbempfindlichkeitszahl" genannt. Sie gibt einen Anhalt für die Beurteilung der Kerbempfindlichkeit eines Werkstoffes, denn bei völlig kerbunempfindlichem Werkstoff wird $\eta_k = 0$, $\beta_k = 1$ und $\sigma_{nD} = \sigma_D$, d. h. die Dauerfestigkeit der glatten Probe und die Dauerhaltbarkeit des (gekerbten) Werkstückes sind gleich. Bei völlig kerbempfindlichem Werkstoff wird $\eta_k = 1$ und $\beta_k = \alpha_k$; die Spannungsspitze kommt voll zur Auswirkung.

η_k liegt stets zwischen 0 und 1, streut aber bei verschiedenen Werkstoffen teilweise beträchtlich, z. B. geben Thum und Holdt für geglühten Stahl 50.11 ein η_k von 0,5 bis 0,85 an. Die Streuung von η_k macht es vorläufig unmöglich, bei bekanntem α_k aus Gl. (2) β_k und aus Gl. (1) σ_{nD} zu berechnen. Weiteren Forschungsarbeiten, die freilich sehr zeitraubend und kostspielig sind, muß es vorbehalten bleiben, den Zusammenhang zwischen den die Sicherheit eines Maschinenteiles bestim

---

[1] E. Lehr: Formgebung und Werkstoffausnutzung. Stahl und Eisen, Bd. 61 (1941), S. 965.

[2] Vgl. A. Thum und H. Holdt: Werkstoffkunde, in H. Dubbel: Taschenbuch für den Maschinenbau, I. Bd., 8. Aufl., Berlin: Springer-Verlag 1941.

menden Kenngrößen allmählich aufzuklären. Hierzu gehört auch die Messung der in einem Konstruktionsteil im Betrieb wirklich auftretenden Kräfte, wofür E. Lehr einen dynamischen Dehnungsmesser geschaffen hat, der die Spannungen an rasch bewegten Maschinenteilen zu messen gestattet[1]. Aus den Spannungen im Meßquerschnitt kann auf die Kräfte geschlossen werden, die im Betrieb auf den Konstruktionsteil wirken; ihr Vergleich mit der durch den Dauerversuch festgestellten Grenzbelastung, die der Konstruktionsteil gerade noch beliebig lange erträgt, gibt den wirklichen Sicherheitsgrad des Teiles an.

Vorläufig hat man nur eine begrenzte Zahl von Maschinenteilen in dieser Weise untersucht; die Hauptarbeit bleibt noch zu leisten, und da sie sehr langwierige, mühsame und kostspielige Messungen erfordert, so werden noch Jahre vergehen, ehe das Ziel erreicht ist: die Dauerfestigkeit eines beliebigen Maschinenteiles im voraus zu bestimmen und jeden Teil so zu gestalten, daß er völlige Sicherheit mit geringstem Werkstoffaufwand verbindet. Aber auch die auf diesem Gebiet schon geleisteten Arbeiten[2] sind aufschlußreich und wertvoll, und ihr Studium ist für den Konstrukteur zu einer unentbehrlichen Grundlage seiner Arbeiten geworden.

2. Grundplatten

Die Grundplatte ist das Rückgrat der Maschine. Sie trägt die Lagerschalen, in denen die Kurbelwelle läuft, und muß daher so steif sein, daß sie sich unter der Einwirkung der Verbrennungsdrücke und Massenkräfte nicht nennenswert verbiegt, damit alle Lager gleichmäßig tragen. Genügende Steifigkeit ist auch deshalb erforderlich, weil nur dadurch erreicht werden kann, daß die Massenkräfte und -momente, soweit dies bei der gegebenen Zylinderzahl und Kurbelanordnung überhaupt möglich ist, sich innerhalb der Maschine aufheben, ohne sie merklich zu deformieren. Bei zu geringer Längs- und Quersteifigkeit der Grundplatte würden die Massenkräfte auf das Fundament übertragen werden und Erschütterungen hervorrufen, so daß auch ein theoretisch vollkommener Massenausgleich unwirksam würde. Man führt daher den Querschnitt der Grundplatte mit einem so großen Widerstandsmoment aus, wie die Rücksichtnahme auf das Gewicht zuläßt, zieht aber nach Möglichkeit auch das Fundament (Betonfundament an Land, verstärkter Doppelboden im Schiff) zur Versteifung heran. Je starrer das Fundament und die Grundplatte sind, um so genauer läßt sich die Maschine montieren.

Als Werkstoff kommt für die Grundplatte überall dort, wo nicht geringes Gewicht gefordert wird, Gußeisen in Betracht (Bild 250 und 254), bei leichten Ausführungen Stahlguß, wobei man entweder die Platte ganz aus Stahlguß herstellen kann oder nur die Lagerbrücken aus Stahl gießt und durch angeschweißte Stahlbleche verbindet. Am leichtesten sind ganz aus Stahlblechen zusammengeschweißte Grundplatten (Bild 257 und 258), doch setzt diese Ausführung sorgfältige Auswahl von Werkstoff und Elektroden und große Erfahrung im Schweißen voraus.

Die Grundplatte Bild 250 ist für einen Sechszylindermotor bestimmt, der bei 345 U/min 340 PSe leistet. Ihre Höhe (620 mm) ist so gewählt, daß zwischen dem unteren Kopf der Pleuelstange in seiner tiefsten Lage und dem Innenboden der Grundplatte genügend Platz bleibt, damit der Pleuelkopf nicht in das im Kurbelgehäuse stehende Schmieröl schlägt; dabei erhält der Querschnitt der Grundplatte ein hinreichend großes Widerstandsmoment. Die Mitte der Kurbelwelle liegt etwas (20 mm) unterhalb der oberen Ebene der Platte, auf welche die Ständer (Bild 264) gesetzt werden, die den Zylinderrahmen tragen. Die Platte stützt sich mit nur zwei Fußleisten auf das Maschinenfundament; die Fußleisten sind nur in der Längsrichtung angebracht (Schnitt *E—F*), nicht an den Stirnseiten, wodurch an Hobelarbeit erheblich gespart wird. Der Grundriß zeigt, daß diese Grundplatte acht Lagerbrücken hat, von denen sieben mit Durchgängen *a* für die geschrumpften Zuganker versehen sind (Bild 250, Grundriß und Schnitt *A—B*), während die achte, auf der Schwung-

---

[1] E. Lehr: Dynamische Dehnungsmessungen an einer Lokomotiv-Pleuelstange. Z. V. d. I. Bd. 82 (1938), S. 541.

[2] Ausführliche Verzeichnisse in dem in Fußnote 2, S. 238, genannten Werk von E. Lehr, Spannungsverteilung in Konstruktionselementen, sowie in dem Aufsatz von Erker: Werkstoffausnutzung durch festigkeitsgerechtes Konstruieren, Z.V.d.I. Bd. 86 (1942), S. 385.

radseite liegende das eine Lager für den Generatoranker trägt und daher keine Zuganker erhält. Zwischen den beiden auf der rechten Seite liegenden Lagerbrücken ist das zum Antrieb der Nockenwelle dienende Zahnrad angeordnet.

Der Querschnitt der Lagerbrücken ist als Doppel-T-Profil ausgebildet, eine Konstruktion, die ein einfacheres Gußstück ergibt, als wenn man für den Querschnitt das (früher häufig ausgeführte) Kastenprofil wählen würde, das für jede Lagerbrücke einen besonderen Kern bedingt. Die großen, einfachen Kerne zwischen den Lagerbrücken (Bild 250) lassen sich beim Gießen leicht in ihrer Lage halten, wenn man die Grundplatte umgekehrt, mit dem Boden nach oben, gießt. Die Profile der an den Enden liegenden Lagerbrücken erhalten U-Form, wodurch sich glatte Stirnwände ergeben.

Die Rippen b der unteren Gurtung des Doppel-T-Profiles läßt man breit an die Wände der Grundplatten anlaufen, um die Quersteifigkeit zu erhöhen. Auch die Ausrundungen c in der oberen Grundplattenebene werden so groß gemacht, wie es die durchschlagenden Kurbelwangen gestatten. Bei abgerundeten oder abgeschrägten Ecken der Wangen könnte man sie mit noch größerem Radius ausführen, als in Bild 250 (Grundriß) gezeichnet.

Die Maschine, zu der diese Grundplatte gehört, ist als Hilfsdiesel zur Aufstellung auf einem Motorschiff und für Kupplung mit einem Generator bestimmt. Hierzu erhält die Grundplatte auf der Schwungradseite zwei Flanschen d, gegen welche die Generatorgrundplatte geschraubt wird; zwei der Verbindungsschrauben sind Paßschrauben (e). Ohne Unterstützung durch das Fundament würden die Flanschen d nicht ausreichen, um eine starre Verbindung zwischen den beiden Grundplatten herzu-

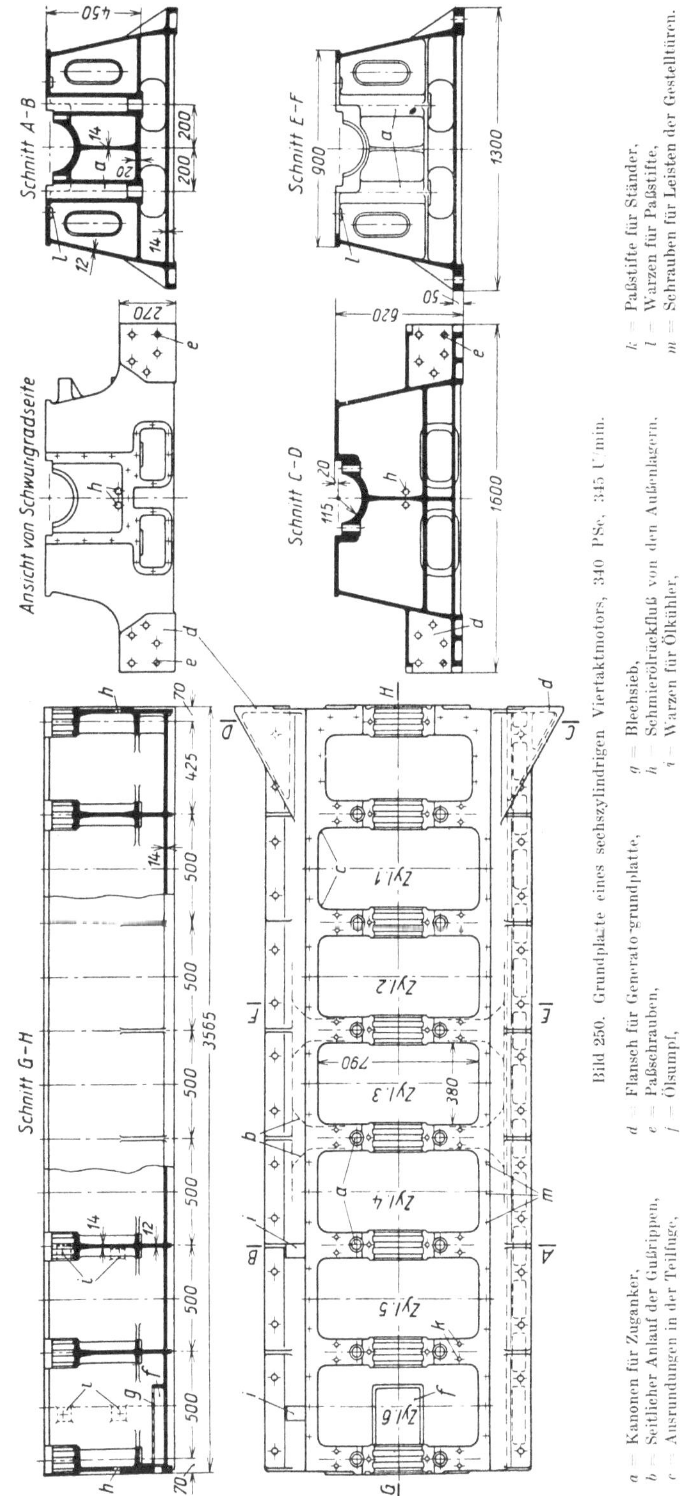

Bild 250. Grundplatte eines sechszylindrigen Viertaktmotors, 340 PSe, 345 U/min.

a = Kanonen für Zuganker,
b = Seitlicher Anlauf der Gußrippen,
c = Ausrundungen in der Teilfuge,
d = Flansch für Generatorgrundplatte,
e = Paßschrauben,
f = Ölsumpf,
g = Blechsieb,
h = Schmierölrückfluß von den Außenlagern,
i = Warzen für Ölkühler,
k = Paßstifte für Ständer,
l = Warzen für Paßstifte,
m = Schrauben für Leisten der Gestelltüren.

stellen; wenn aber das genietete Schiffsfundament unter beiden Grundplatten durchgezogen wird, genügt die Flanschverbindung zwischen Motor- und Generatorgrundplatte. Von den Schrauben, welche die Grundplatten mit dem Fundament verbinden, müssen einige als Paßschrauben ausgeführt werden; hierüber wird jedoch erst entschieden, wenn die Zeichnung des Fundamentes vorliegt, und die Paßschrauben sind daher im Grundriß (Bild 250) nicht eingetragen.

Am linken Ende der Grundplatte ist ein Ölsumpf f (Schnitt G—H und Grundriß) angeordnet, aus dem das Schmieröl abläuft. Damit keine gröberen Teile, herabgefallene Putzlappen u. dgl., in den Ölkreislauf gelangen können, ist der Sumpf mit einem gelochten Blech g bedeckt. Die Löcher h (Ansicht von Schwungradseite und Schnitte C—D und G—H) ermöglichen den Ölablauf von den Außenkanten der Außenlager.

An den vier Warzen i (Schnitt G—H und Grundriß) wird der Ölkühler festgeschraubt, der liegend an der Seite der Grundplatte angeordnet ist. Die vier Bohrungen k in jeder Lagerbrücke (Bild 250, Grundriß) nehmen Paßstifte für das Fixieren der auf die Grundplatte gesetzten Ständer (Bild 264) auf. Unter den Bohrungen k sind Warzen (Schnitte A—B und E—F) vorgesehen, damit die Paßstifte gut geführt sind. Die kleinen, im Grundriß durch ihre Mittellinien angedeuteten Gewindelöcher m dienen zur Befestigung schmiedeiserner Winkel (c in Bild 272), auf die sich die Gestelltüren stützen.

Für die Bemessung der Wandstärken der Grundplatten sind neben der Rücksichtnahme auf genügende Steifigkeit die auftretenden Kräfte maßgebend. Bei der Grundplatte Bild 250 werden die auf die Zylinderdeckel wirkenden Verbrennungsdrücke durch die in den Kanonen a (Schnitt A-B) liegenden Zuganker auf die Grundplatte übertragen; dazwischen wirken die von der Lagerschale aufgenommenen Drücke nach unten. Die zwischen den Kanonen a liegenden Gußteile der Lagerbrücke haben die auftretenden Kräfte in erster Linie aufzunehmen; sie sind daher mit größerer Wandstärke (14 und i. M. 20 mm) als die übrigen Wände (12 mm) ausgeführt (Schnitt A—B). Ob die Wanddicken genügen, ist durch Nachrechnung des Doppel-T-Profiles der Lagerbrücken zu prüfen.

Hierzu ist der Querschnitt der zur Grundplatte Bild 250 gehörenden Lagerbrücke in Bild 251 in größerem Maßstab gezeichnet. Für die Ermittlung des Widerstandsmomentes ist nur das eigentliche Doppel-T-Profil berücksichtigt; die

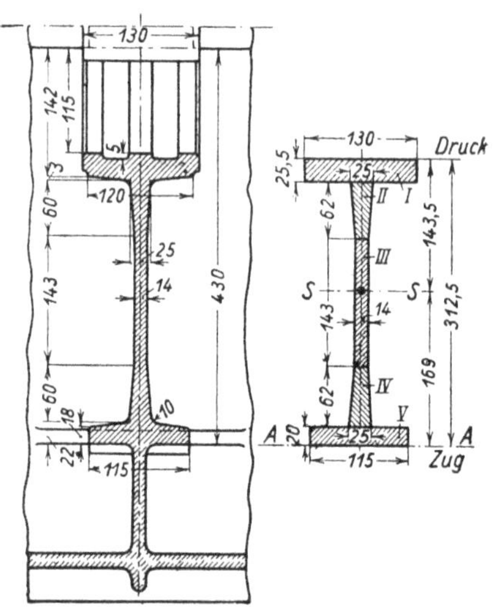

Bild 251. Zur Festigkeitsrechnung der Lagerbrücke.

unteren, durch gestrichelte Schraffur hervorgehobenen Gußteile sind außer acht gelassen, da unsicher ist, wie weit sie sich an der Kräfteaufnahme beteiligen; damit wird auch den Gußspannungen Rechnung getragen. Der verbleibende Teil ist in Bild 251 rechts besonders gezeichnet, wobei das Gußprofil in schätzungsweise angenommene Rechtecke und Trapeze umgeformt ist; die Abrundungen werden nicht mitgerechnet. Man ermittelt zuerst die Lage der Schwerachse S-S, am einfachsten durch Aufstellung einer Momentengleichung der Teilflächen I bis V, bezogen auf die Achse A-A. Man findet, daß S-S in 169 mm Entfernung von A-A liegt. Das Trägheitsmoment ist auf S-S zu beziehen; man bestimmt es in bekannter Weise, indem man das Trägheitsmoment jeder Teilfläche,·bezogen auf die eigenen Schwerachsen, berechnet und das Produkt aus Teilfläche und Quadrat ihres Schwerpunktabstandes von S-S hinzufügt. Man findet ein Gesamtträgheitsmoment des tragenden Profiles, bezogen auf S-S, von 14 730 cm⁴. Die oberste Faser der Teilfläche I ist auf Druck, die unterste der Fläche V auf Zug beansprucht. Man erhält für die Zugbeanspruchung ein Widerstandsmoment von

$$W_z = 14\,730 : 16{,}9 = 872 \ \text{cm}^3 \, ,$$

für die Druckbeanspruchung

$$W_d = 14\,730 : 14{,}35 = 1027 \ \text{cm}^3 \, .$$

Das Biegungsmoment ergibt sich aus dem höchsten Verbrennungsdruck p_z, der hier zu 45 kg/cm² angenommen ist, und dem Abstand der Zuganker von der Lagermitte, der 200 mm beträgt (Bild 252). Der Zünddruck p_z wird bei 265 mm Zyl.-Dmr. 24 800 kg: er verteilt sich auf vier Anker, von denen jeder 6200 kg aufnimmt (die Wirkung der Massenkräfte, die den Zünddruck vermindern, bleibt außer acht). Das Biegungsmoment wird

$$M_b = 6200 \text{ kg} \cdot 20 \text{ cm} = 124000 \text{ kgcm};$$

es ruft in der gezogenen Faser eine Höchstbeanspruchung

$$k_z = 124000 : 872 = 142 \text{ kg/cm}^2,$$

in der gedrückten Faser eine Höchstbeanspruchung

$$k_d = 124000 : 1027 = 121 \text{ kg/cm}^2$$

hervor. Zulässig sind Beanspruchungen bis 200 kg/cm².

Der nach unten gerichtete Verbrennungsdruck greift nicht, wie hier angenommen wurde, in der Mitte der Lagerbrücke an, sondern verteilt sich einigermaßen gleichmäßig über die Projektion des Wellenzapfens. Dadurch verringert sich die wirkliche Beanspruchung. Hiervon ist bei der Berechnung von k_z und k_d kein Gebrauch gemacht, was die Sicherheit der Rechnung erhöht.

Die Anker, welche die Verbrennungsdrücke von den Zylinderdeckeln auf die Grundplatte übertragen, werden mit Schrumpfspannung eingesetzt, die so groß gewählt wird, daß auch während der Wirksamkeit der Gaskräfte nur Druckspannungen in den gußeisernen Ständern auftreten, die Ständer also von Zugkräften ganz entlastet sind. Die Berechnung der Zuganker zeigt Bild 252, das für die Grundplatte Bild 250 gilt. Der Kräfteplan in Bild 252 ist bezüglich der Dehnungen λ_1 und λ_2 stark verzerrt gezeichnet, da die durch die Schrumpfung und die Gaskräfte bewirkten Längenänderungen für die maßstäbliche Darstellung zu klein sind.

Die Länge L_1 der Anker in kaltem Zustand, gemessen zwischen den Auflageflächen der Ankermuttern, sei AB, die Länge L_2 der die Anker umgebenden Gußteile in ungeschrumpftem Zustand AC. Beim Zusammenbau werden die Anker mit der Lötlampe an den der Flamme zugänglichen Stellen a so weit erwärmt, daß sie sich um

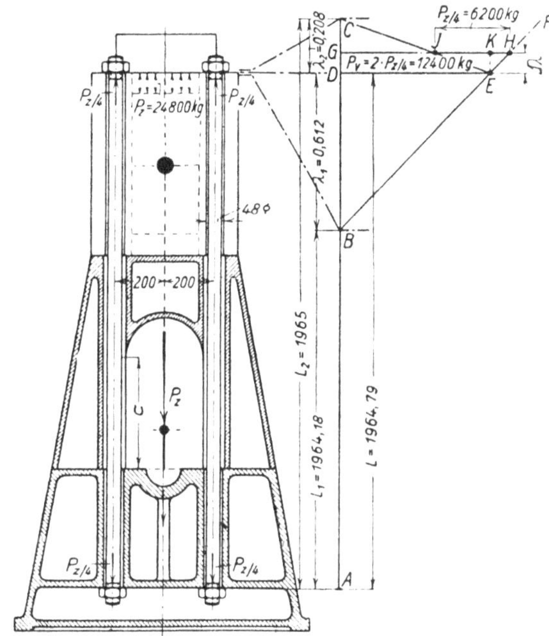

Bild 252. Berechnung der Zuganker.

das zu berechnende Maß $\lambda_1 + \lambda_2$ ausdehnen. Dabei sollen die oberen Ankermuttern gerade lose auf dem Zylinderrahmen liegen. Man läßt die Anker erkalten und sich zusammenziehen, wobei sie um das Maß $\lambda_2 = CD$ schrumpfen; um den gleichen Betrag wird das die Anker umgebende Gußeisen zusammengedrückt. Die Schrumpfung hört auf, wenn die Kraft $P_v = DE$, die nötig ist, um das Gußeisen um λ_2 zusammenzudrücken, ebenso groß geworden ist wie die Kraft, welche die Anker um λ_1 dehnt. Anker und Gußeisen haben dann die gleiche Länge $L = AD$, und die Anker stehen unter Zug-, das Gußeisen steht unter Druckspannung.

Da die Formänderungen der Anker und des Gußeisens innerhalb der Elastizitätsgrenze beider Baustoffe liegen müssen, so werden die Spannungsdiagramme Dreiecke. Dreieck BDE mit der Grundlinie λ_1 gilt für die Anker, Dreieck CDE mit der Grundlinie λ_2 für das Gußeisen. Die gemeinsame Höhe DE gibt die Schrumpfspannung an, deren Größe gewählt werden darf, woraus sich λ_1 und λ_2 ergeben. Im vorliegenden Fall soll eine Vorspannung P_v von dem doppelten Betrag

des auf einen Anker entfallenden höchsten Verbrennungsdruckes $\dfrac{P_z}{4} = 6200$ kg, also $P_v = 12400$ kg

hergestellt werden. Mit E_a als Elastizitätsmodul des Ankerwerkstoffes $(2{,}2 \cdot 10^6 \text{ kg/cm}^2)$ und E_g als Elastizitätsmodul des Gußeisens $(0{,}9 \cdot 10^6 \text{ kg/cm}^2)$ wird

$$\lambda_1 = \frac{P_v}{E_a \cdot F_a} \cdot L_1 = \sim \frac{P_v}{E_a \cdot F_a} \cdot \mathrm{L}_2$$

und

$$\lambda_2 = \frac{P_v}{E_g \cdot F_g} \cdot L_2 \,,$$

wenn F_a der Querschnitt eines Ankerschaftes und F_g der (mittlere) Querschnitt der die Anker umgebenden Gußteile ist. Beide Querschnitte sind bekannt, desgleichen die Länge L_2, die man statt L_1 in die Gleichung für λ_1 einsetzen darf, ohne einen merklichen Fehler ($< 0{,}04\%$) zu begehen. λ_1 und λ_2 können hiernach berechnet werden; sie erhalten im vorliegenden Fall die in Bild 252 eingetragenen Werte, werden also recht klein; trotzdem ergeben sich große Schrumpfkräfte. Bei großen Maschinen kann die Summe $\lambda_1 + \lambda_2$ mehrere mm betragen.

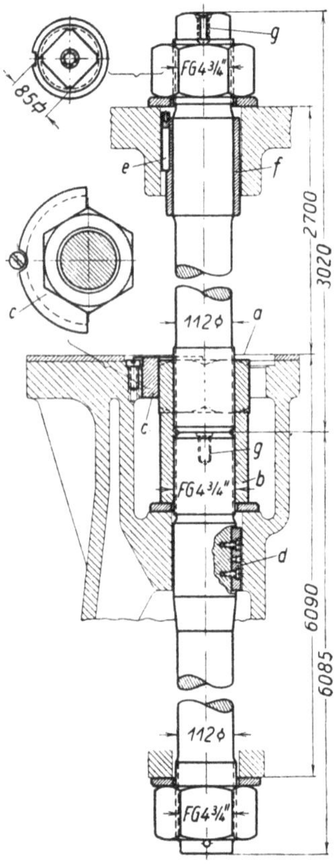

Die zur Herstellung der Gesamtdehnung $\lambda_1 + \lambda_2$ der Anker notwendige Erwärmung wird

$$\Delta t = \frac{\lambda_1 + \lambda_2}{\beta \cdot a} \,,$$

wenn β die Wärmedehnzahl (für Eisen 0,000011) und a die Länge ist, auf welche die Anker erwärmt werden. Für $a = $ rd. 400 mm wird

$$\Delta t = \frac{0{,}82}{0{,}000\,011 \cdot 400} = 186^\circ \,,$$

eine Temperaturzunahme, die mit der Lötlampe leicht hergestellt werden kann. Statt durch Schrumpfung können die Anker auch durch eine hydraulische Vorrichtung vorgespannt werden.

So weit gelten die Betrachtungen für die stillstehende Maschine. Treten zu P_v die Gasdrücke P_g, von denen auf jeden Anker $\frac{1}{4}$ des Verbrennungsdruckes P_z entfällt, so wächst die Länge L der Anker um den zunächst unbekannten Betrag $\Delta\lambda$ (Bild 252), und die Zugspannung in den Ankern nimmt zu. Die Zunahme kann, da Proportionalität zwischen den Spannungen und Dehnungen vorausgesetzt ist, nur der Linie BEF folgen, und die Spannung in den Ankern hat jetzt den größeren Wert GH. Wenn sich die Anker um $\Delta\lambda$ dehnen, nimmt die Spannung im Gußeisen nach CE ab und hat, während der Gasdruck andauert, nur den Wert GJ. Jetzt halten sich drei Kräfte das Gleichgewicht: in der einen Richtung die Zugkraft GH in den Ankern, in der anderen die Druckkraft GJ im Gußeisen und der Gasdruck. Die Strecke JH muß also dem Gasdruckanteil entsprechen, der auf einen Anker entfällt, d. h. $\Delta\lambda$ ermittelt sich aus der Bedingung, daß die in den Winkel CEF parallel zu DE gelegte Gerade JH gleich dem Gasdruckteil, hier gleich $\frac{P_z}{4} = 6200$ kg, wird. Man übersieht nunmehr das Kräftespiel während des Arbeitens der Maschine: solange keine Gasdrücke auftreten, preßt jeder Anker mit der Kraft P_v den Zylinderrahmen, die Ständer und die Grundplatte zusammen; während der Verbrennung dehnen sich die Anker um $\Delta\lambda$, ihre Zugkraft wächst auf den Wert GH, und die Druckkraft im Gußeisen nimmt auf den Wert GJ ab. Solange GJ positiv ist, ist ein Klaffen zwischen Zylinderrahmen, Ständern und Grundplatte vermieden; dies kann man immer erreichen, indem man P_v hinreichend groß wählt. Hier hätte auch ein etwas kleineres P_v genügt, da GJ reichlich groß bleibt.

Die Zugkräfte in den Ankern schwanken also nicht etwa um den ganzen Betrag des Gasdruckes, sondern um den viel kleineren Teil KH, und die Druckkräfte im Gußeisen um den Wert JK,

Bild 253. Zuganker fur große Motoren.

$a = $ Gestelloberkante,
$b = $ Gewindemuffe,
$c = $ Sicherung fur b,
$d = $ Federkeil fur unteren Anker,
$e = $ Federkeil für oberen Anker,
$f = $ Aufgeschrumpfte Stahlbuchse,
$g = $ Gewinde fur Transportaugen.

und es ist $KH + JK$ gleich dem auf einen Anker entfallenden Gasdruckanteil. Für die Berechnung der Anker ist die größte auftretende Kraft GH maßgebend; man kann dabei Spannungen von 600 bis 700 kg/cm² zulassen.

Bei den langen Ankern großer Maschinen kann die Schrumpfung beträchtliche Werte annehmen; sie beträgt z. B. bei dem in Bild 253 dargestellten Anker einer doppeltwirkenden Zweitaktmaschine, dessen Gesamtlänge über 9 m ist, im ganzen 3,1 mm. Diesen großen Anker hat der Konstrukteur in zwei (ungleich lange) Teile zerlegt, um den für die Montage erforderlichen·Höhenraum zu ver-

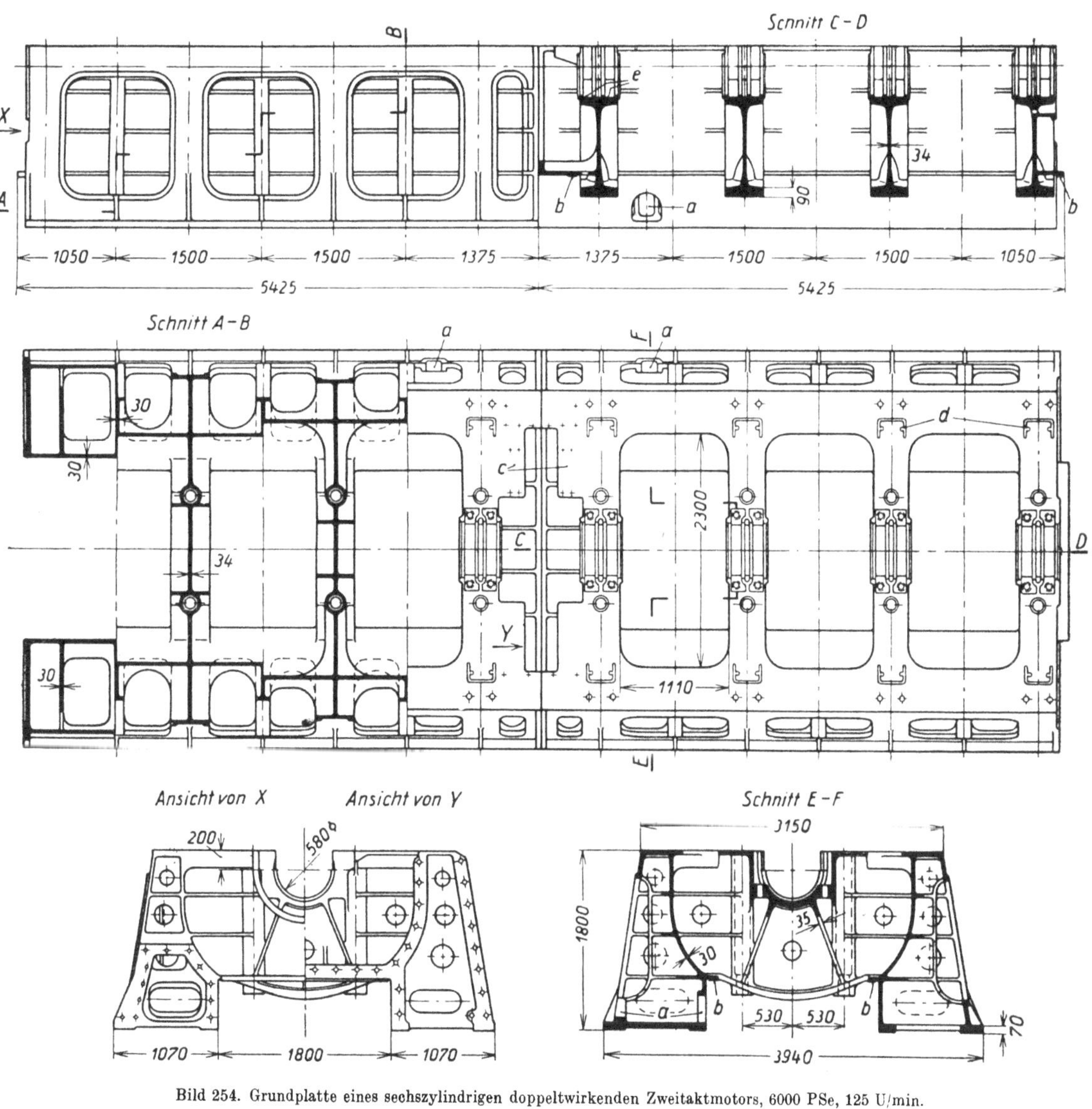

Bild 254. Grundplatte eines sechszylindrigen doppeltwirkenden Zweitaktmotors, 6000 PSe, 125 U/min.

a = Aussparungen fur Ölabflußrohre, c = Flächen für Lagerböcke der Zahnrad- d = Ölabflußrillen,
b = Leisten für Ölwannen,   zwischenwelle, e = Aussparungen in den Lagerstuhlen.

ringern, da die Anker von oben eingesetzt werden müssen. Die Teilfuge der Anker liegt etwas unterhalb der Oberkante a des Gestelles; hier sind die Ankerhälften durch eine starke, mit Sechskant versehene Gewindemuffe b zusammengehalten. Nach dem Schrumpfen des unteren Ankerteiles wird die Gewindemuffe durch den Schlüssel c, der drei Sechskantseiten umfaßt, gesichert. Auch der Anker muß gegen Drehen gesichert sein, wozu in den unteren Ankerteil der Federkeil d eingelassen ist, der in eine Nut im Gestell greift. Im Bereich des Federkeiles ist der Durchmesser des Ankers verstärkt. Im oberen Ankerteil wird die Verstärkung des Schaftes für den Federkeil e

durch Aufschrumpfen einer Stahlbuchse *f* hergestellt, in welche die Nut für den Federkeil *e* gestoßen ist. Zu beachten ist, daß der Federkeil *e* erst eingeschoben werden kann, wenn der obere Anker in die Muffe *b* geschraubt ist; ebenso muß man *e* zuerst herausziehen, wenn man den oberen Anker herausschrauben will. Der Federkeil *e* ist daher an seiner oberen Stirnseite mit Gewinde

Bild 255. Ausbohren der Lagerstuhle.

a = Elektromotor, b = Bohrstange, c = Hilfslager.

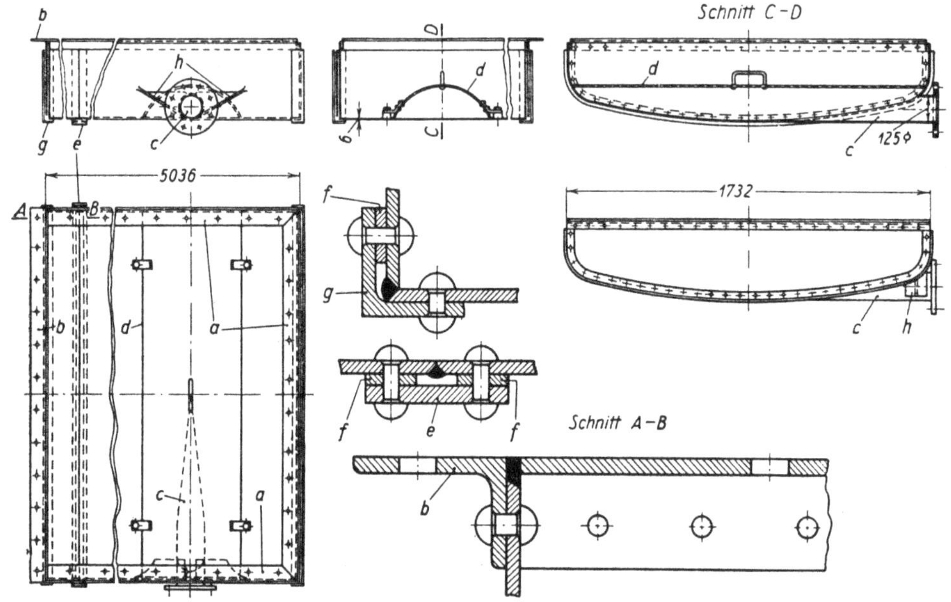

Bild 256. Ölwanne.

a, b = Winkel zum Anschrauben c = Ölabflußrohr, e = Angenieteter Blechstreifen, g = Versteifungswinkel,
der Wanne, d = Blechsieb, f = Distanzstreifen, h = Stutzbleche.

versehen. Auch die Ankerteile haben an ihren oberen Enden Gewinde *g* zum Einschrauben von Transportaugen.

Da das Abdrehen der Anker auf ihre ganze oft beträchtliche Länge kostspielig ist, verzichtet man häufig auf ihre Bearbeitung und begnügt sich mit einer sauber geschmiedeten Oberfläche. Der Anker erhält dann überall gleichen Außendurchmesser, der so gewählt wird, daß die durch das Gewinde und die Nut für den Federkeil hervorgerufenen Kerbwirkungen keine zu hohen Spannungsspitzen verursachen können. Die Sicherheit wird vermehrt, wenn die schweren Ankermuttern als sogenannte Schultermuttern ausgeführt werden (vgl. Bild 310, S. 301), die eine Überlastung einzelner Gewindegänge verhindern.

Als Werkstoff wird für Anker und Muttern Flußstahl verwendet, doch sollten die Muttern aus weicherem Stahl als die Anker hergestellt werden, damit sie auf diesen nicht fressen.

Die zweiteilige schwere Grundplatte nach Bild 254 ist für einen doppeltwirkenden Zweitaktmotor ausgeführt worden. Die Lagerbrücken haben ein Doppel-T-Profil; die Formen sind überall so gewählt, daß die Grundplatte ohne Modell, nur mit der Streichschablone, eingeformt werden kann. Die beiden Plattenhälften sind bis auf die Lage der Aussparungen a, durch welche die Ölabflußrohre der beiden Kurbelwannen hindurchgeführt sind, völlig gleich. Die obere Fläche ist eben; die unteren vier Längsleisten, mit denen die Grundplatte sich auf das Fundament stützt, liegen gleichfalls in einer Ebene. Mit 1,8 m Höhe wird die Platte sehr steif. Sie ist unten offen gegossen; jede Hälfte ist durch eine aus Blech geschweißte Ölwanne (Bild 256) verschlossen, die an den Leisten b (Bild 254) festgeschraubt ist und nicht nach unten über die Füße der Grundplatte hinausragt. Das hintere Ende der Grundplatte ist mit Flanschen zum Anschrauben der Grundplatte des Propellerdrucklagers versehen; auch am vorderen Ende werden die Flanschen angegossen (aber nicht bearbeitet), damit die beiden Grundplattenhälften in gleicher Form gegossen werden können.

Zwischen den beiden mittleren Lagerbrücken laufen die Kupplungsflanschen der (geteilten) Kurbelwelle (Bild 281, S. 268); hier wird auch der Zahnradantrieb der Nockenwelle der Brennstoffpumpe von der Kurbelwelle abgeleitet. Auf den beiden bearbeiteten Flächen c stehen die Lagerböcke für die Welle eines Zwischenzahnrades. Die U-förmigen, mit senkrecht nach unten durchgebohrten Löchern versehenen Rillen d ermöglichen den Ölrücklauf von dem Ständerinnern in das Kurbelgehäuse.

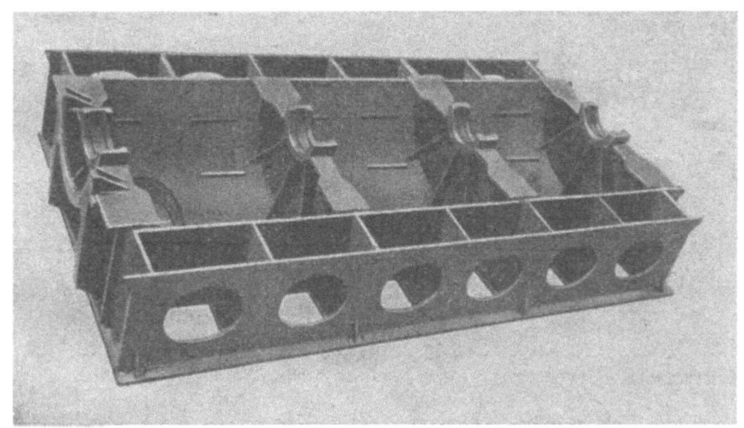

Bild 257. Geschweißte Grundplatte eines dreizylindrigen Zweitaktmotors von Wm. Doxford & Sons, 2500 PSe, 108 U/min. Die Deckplatten der Langsträger sind abgenommen.

Die Lagerschalen liegen in den Lagerstühlen nicht in ganzer Länge auf, sondern auf einzelnen Leisten, zwischen denen Aussparungen e im Guß vorgesehen sind, was die Dreharbeit beim Ausbohren der Lagerstühle vermindert. Für das Ausbohren dient die Vorrichtung nach Bild 255, die auf die fertiggehobelte obere Fläche der Grundplatte gesetzt wird, nachdem die Stiftschrauben für die Lagerdeckel eingezogen und diese aufgesetzt sind. Der Elektromotor a treibt durch ein Vorgelege die Bohrstange b an, die außer in der Antriebsvorrichtung auch in den Hilfslagern c gestützt ist. Es werden nicht nur die Flächen für die Lagerschalen ausgebohrt, sondern sogleich auch die ebenen Kreisringflächen für die Bunde der Schalen, so daß man die Gewähr hat, daß diese genau senkrecht zur Wellenachse stehen.

Bei schweren Grundplatten kann man die Ölwannen der Kurbelgehäuse, wenn man sie nicht mit der Platte aus einem Stück gießen will, aus Blech herstellen; man schraubt sie dann von unten gegen die Grundplatte. Bild 256 zeigt eine der beiden zu der Grundplatte Bild 254 gehörenden Ölwannen. Die Wannen werden aus Blech gebogen und die Stirnwände eingeschweißt; die vier Winkel, die zum Anschrauben der Wanne dienen, werden mit dieser vernietet und öldicht verschweißt. Daß drei dieser Winkel (a) auf der Innenseite der Wanne liegen und einer (b) auf der Außenseite der Wanne, ist durch die Lage der Gegenleisten an der Grundplatte bedingt. Für den

Ölabfluß ist der Rohrstutzen *c* eingeschweißt, dessen Durchdringung mit der Wanne von dem gelochten, mit Handgriff versehenen Blech *d* bedeckt ist, damit gröbere Fremdkörper vom Ölkreislauf ferngehalten werden.

Wenn die Abmessungen der Wanne so groß werden, daß die Bleche die im Handel üblichen Abmessungen überschreiten, so schweißt man mehrere Bleche zu der gewünschten Größe zusammen. Zur Entlastung der Schweißnaht, deren Reißen infolge von Vibrationen den Verlust des Schmieröles und Havarien des Triebwerkes zur Folge haben könnte, wird sie durch einen aufgenieteten Blechstreifen *e* verstärkt; unter diesen werden Distanzstreifen *f* gelegt, damit die Streifen *e* nicht auf der Schweißnaht liegen. Die geschweißten Ecken werden durch aufgenietete Winkel *g* verstärkt. Das eingeschweißte Ölabflußrohr *c* sichert man durch angeschweißte Stützbleche *h* gegen Schwingungen.

Wenn es auf Gewichtsersparnis ankommt, führt man die Grundplatten in Stahlguß aus, wobei häufig die die Grundlager tragenden Querwände einzeln gegossen und in der Längsrichtung durch Leisten aus Stahlguß oder geschmiedetem Stahl verbunden werden. Am leichtesten wird die Platte, wenn man sie ganz aus Stahlblechen zusammenschweißt (Bild 257 und 258). Die Anwendung der Schweißung setzt außer gründlicher Erfahrung eine sehr sorgfältige Durcharbeitung der Konstruktion voraus, genaue Beachtung des Kräfteflusses, geschickte Anordnung der Schweißnähte, die nicht nur gut zugänglich sein, sondern auch möglichst nicht an Stellen dichteren Kraftlinienflusses liegen sollen, richtige Form der Schweißfugen und Vermeidung aller Bindefehler. Wichtig ist ferner die Wahl des Werkstoffes, der nicht zu hohen C-Gehalt haben soll, und geeigneter Elektroden, von Bedeutung die Reihenfolge, in welcher die einzelnen Stücke zusammengeschweißt werden, da hiervon abhängt, wie weit Schrumpfspannungen im fertigen Stück vermieden sind. Alle diese Rücksichtnahmen sind notwendig, denn die Dauerfestigkeit der Schweißnaht erreicht im allgemeinen nicht die des vollen Bleches[1].

Bild 258. Grundplatte nach Bild 257. Ansicht von unten.

Die Firma Wm. Doxford & Sons hat als erste die Grundplatten großer Schiffsmaschinen in der ganz geschweißten Bauweise erfolgreich hergestellt. Die von dieser Firma entwickelte Bauart mit gegenläufigen Kolben eignet sich für die Anwendung der Schweißung besonders gut, da die auf die beiden Kolben wirkenden Verbrennungsdrücke sich im Triebwerk ausgleichen, so daß die Lagerbrücken der Grundplatte von den Gasdrücken entlastet sind. Auch die Massenkräfte I. Ordnung können nahezu völlig zum Verschwinden gebracht werden; nur die Massenmomente II. Ordnung und die Normaldrücke auf die Gleitbahnen verursachen eine mäßige Beanspruchung des Maschinengestelles. Daher sind auch die Schweißnähte der Grundplatte nur wenig beansprucht, und die Platte kann verhältnismäßig leicht gebaut werden. Bild 257[2] zeigt die Platte von oben gesehen; es fehlen noch die beiden die obere Abdeckung bildenden Längsplatten, die zuletzt angeschweißt werden, während die Platte umgekehrt liegt. Die großen viereckigen Öffnungen der Unterseite (Bild 258) und die ovalen Aussparungen in den Längsträgern (Bild 257) ermöglichen eine gute Zugänglichkeit zu den zuletzt auszuführenden Schweißnähten.

---

[1] Vgl. A. Thum und A. Erker: Dauerbiegefestigkeit von Kehl- und Stumpfnahtverbindungen. Z.V.d.I. Bd. 82 (1938), S. 1101.

[2] Nach The Motor Ship, Januar 1936, und Shipbuilding and Shipping Record, April 1939.

Während der Montage einer Maschine und für den Probelauf im Prüffeld genügt es, wenn ihre Grundplatte nur festgeklemmt wird; im Schiff dagegen muß sie erheblich solider befestigt werden. Im Schiff wird die Grundplatte nach der Wellenleitung ausgerichtet, deren hinteres Ende, die Propellerwelle, schon vor dem Stapellauf in das Stevenrohr eingesetzt wird. Deren Lage, liegt somit fest; nach ihr wird die Laufwelle ausgerichtet, sodann die Druckwelle mit dem Drucklager, das den Propellerschub auf das Schiff überträgt, und schließlich die Kurbelwelle, die das vordere Ende der Wellenleitung bildet. Die genaue Lage der Grundplatte kann also erst ermittelt werden, wenn die ganze Wellenleitung ausgerichtet ist, und man muß daher zwischen den Fußleisten *a* der Grundplatte (Bild 259) und der oberen Platte des Motorfundamentes *b* genügenden Spielraum lassen, der bei der Montage zunächst durch Keile und nach endgültiger Bestimmung der Grundplattenlage durch gußeiserne Paßstücke *c* ausgefüllt wird. Die Paßstücke werden genau auf das erforderliche Höhenmaß gehobelt; zwecks Vereinfachung der Paßarbeit sind sie an ihrer Unterseite ausgespart. Die Fundamentbolzen *d* werden von unten durch die Topplatte des Fundamentes, das Paßstück und die Fußleiste der Grundplatte gesteckt und durch Mutter und Gegenmutter befestigt. Damit der Fundamentbolzen sich beim Anziehen (oder Lösen) der Muttern nicht dreht, führt man einen Dorn in das in den Schraubenkopf gebohrte Loch *e* ein, wozu das Fundament von unten zugänglich sein muß. Damit die Grundplatte sich auch in der Längs- und Querrichtung nicht verschieben kann, werden seitlich neben den Fußleisten Stopper *f* auf dem Fundament angeschweißt und zwischen diese und die Grundplatte Keile *g* (Anzug 1 : 100) getrieben. Die Schwalbenschwanzform des Keilprofiles verhindert eine Verschiebung des Keiles nach oben; eine auf die Teilfuge gebohrte Kopfschraube *h* sichert den Keil in der Längsrichtung.

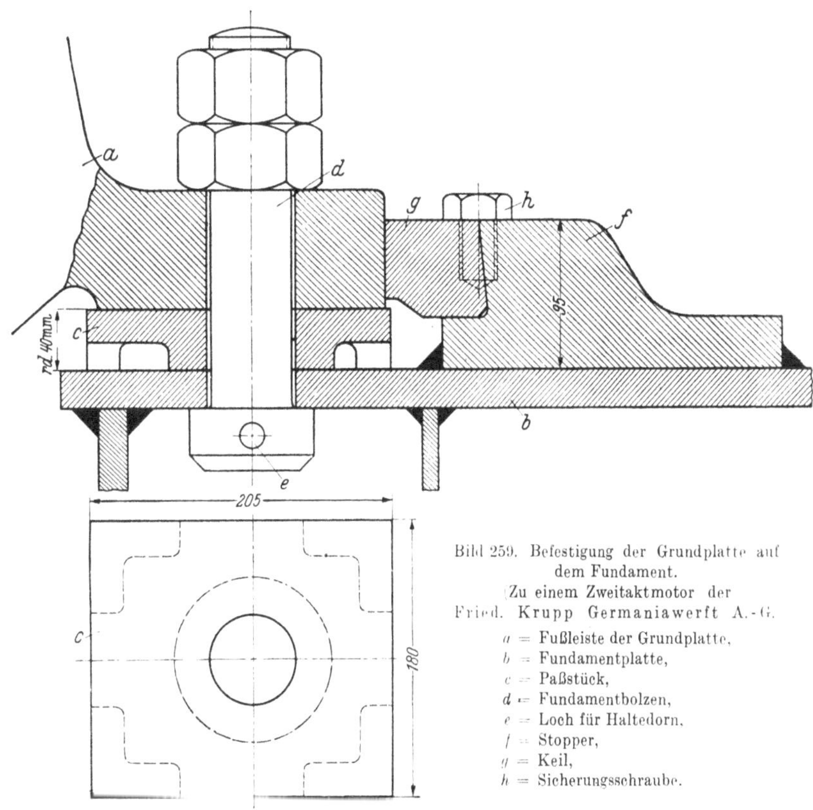

Bild 259. Befestigung der Grundplatte auf dem Fundament.
(Zu einem Zweitaktmotor der Fried. Krupp Germaniawerft A.-G.
a = Fußleiste der Grundplatte,
b = Fundamentplatte,
c = Paßstück,
d = Fundamentbolzen,
e = Loch für Haltedorn,
f = Stopper,
g = Keil,
h = Sicherungsschraube.

3. Grundlager

Die Hauptabmessungen der Grundlager, Durchmesser und Länge, richten sich nach den Maßen der Kurbelwelle, die beim Entwurf der Lager festliegen müssen. Man geht von der Kurbelwelle aus, deren Abmessungen in der Längsrichtung zum Mittenabstand der Zylinder passen müssen; diesen sucht man möglichst klein zu machen, um eine kurze und steife Maschine zu erhalten. Der Zylinderabstand ist gleich dem Mittenabstand der beiden Grundlager einer Kurbelkröpfung; also müssen innerhalb eines Zylinderabstandes eine Grundlagerlänge, die Länge eines Kurbelzapfenlagers und zwei Kurbelwangenbreiten untergebracht werden. Das bedingt um so

kürzere Lagerlängen und als weitere Folge um so höhere Flächendrücke in den Lagern, je näher
die Zylindermitten zusammengerückt werden, denn auch die Größe des Wellendurchmessers ist
begrenzt. Man läßt heute wesentlich höhere Flächendrücke als früher zu in der richtigen Erkenntnis,
daß die Zapfen einer kurzen und steifen Kurbelwelle weit besser laufen als die früher üblichen langen
Wellenzapfen, die ohnehin nicht auf ihrer ganzen Länge anliegen und leicht zu Kantenpressungen

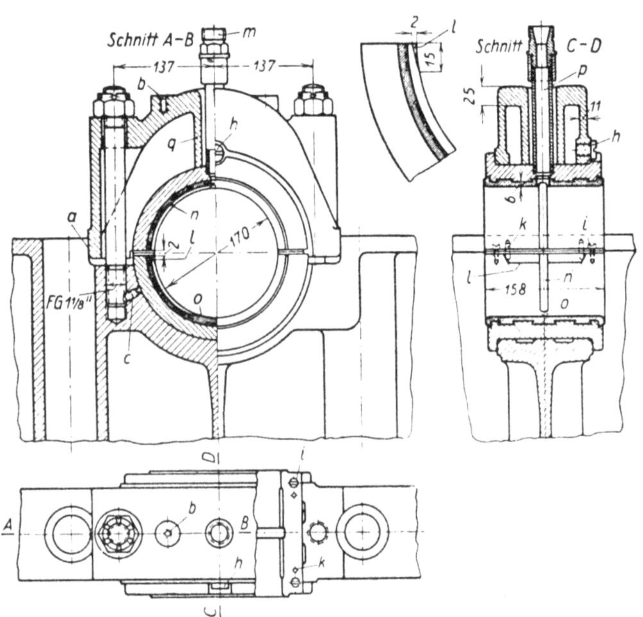

Bild 260. Grundlager für kleinere Maschinen mit ungeteiltem Lagerdeckel
und zwei Deckelschrauben.

a = Außenliegende Deckelführung,
b = Gewinde für Transportaugen,
c = Sicherungsstift,
h = Sicherung der Oberschale gegen Drehen,
i = Kopfschrauben $\big\}$ für Beilagebleche,
k = Fixierstifte
l = Aussparungen für Schmieröl,
m = Schmierölzuleitung,
n = Ringnut,
o = Unterbrechung der Ringnut n.
p = Stahlrohr,
q = Durchführung von p.

Anlaß geben. Als Anhalt für die Bemessung der Grundlager können die
Angaben der Zahlentafel 20 dienen,
die neueren Viertakt- und Zweitaktmaschinen entnommen sind. Je näher
die Zylinder zusammengerückt werden,
um so kürzer werden die Wellenzapfen
im Verhältnis zum Wellendurchmesser
und um so höher die Flächenpressungen. Dasselbe gilt für die Kurbelzapfen
und ihre Lager. In Zahlentafel 20 beziehen sich die größeren Verhältnis-
werte Zyl.-Abstand : Zyl.-Durchmesser
auf Langsamläufer, die kleineren auf
Schnelläufer, die man möglichst kurz
zu bauen sucht. Die Zylinder von Zweitaktmaschinen können nicht so dicht
zusammengerückt werden wie bei Viertaktmaschinen, weil die Spül- und
Auspuffkanäle Platz beanspruchen.
Die Flächenpressungen dürfen in den
Kurbelzapfenlagern höher gewählt
werden als in den Grundlagern,
weil das umlaufende Kurbelzapfenlager außer durch das Schmieröl auch
durch den Luftzug gekühlt wird.

Zahlentafel 20. Verhältnis Zapfenlänge : Zapfendurchmesser und Flächenpressungen von
Grundlagern und Kurbelzapfenlagern.

		Viertakt	Einfachwirkender Zweitakt	Doppeltwirkender Zweitakt
Zyl.-Abstand : Zyl.-Durchm.		1,70 … 1,35	1,90 … 1,65	1,95 … 1,88
Grund-lager	Länge : Durchm.	0,90 … 0,45	0,85 … 0,50	0,75 … 0,60
	Flächendruck * kg/cm²	55 … 130	55 … 130	50 … 90
Kurbel-zapfen-lager	Länge : Durchm.	0,80 … 0,50	0,70 … 0,45	0,60 … 0,55
	Flächendruck * kg/cm²	125 … 250	100 … 200	100 … 150

* Berechnet aus der projizierten Zapfenlänge und dem höchsten auftretenden Verbrennungsdruck, ohne Berücksichtigung der Massenkräfte.

Für die Konstruktion der Grundlager sind verschiedene Gesichtspunkte maßgebend. Die Lagerdeckelschrauben werden so dicht, wie die Lagerschalen es zulassen, an diese herangerückt,
damit die Hebelarme klein werden (Bild 260 bis 262); die Schrauben dürfen nicht zu kurz sein,
damit die Schwankungen der Beanspruchung klein bleiben, welche die vorgespannten Schrauben
im Betrieb durch die Massendrücke, bei doppeltwirkenden Maschinen auch durch die Verbrennungsdrücke der Unterseite erfahren. Beim Durchgang durch einen kritischen Drehzahlbereich haben die

Wellenzapfen das Bestreben, sich senkrecht zur Ebene der Kurbelwangen aus ihrer Mittellinie zu verschieben; auch hierdurch entstehen Beanspruchungen der Lagerdeckelschrauben. Für deren Berechnung[1] gilt sinngemäß der Kräfteplan Bild 252; die Vorspannung wird durch die Strecke DE dargestellt, die im Betrieb hinzutretende Zugbeanspruchung durch HJ, und die gesamte Beanspruchung der Schrauben im Betrieb wird GH. Je länger der Schraubenschaft ist, um so flacher ist die Spannungslinie AC geneigt und um so weniger ist die höchste Betriebsbeanspruchung GH von der Vorspannung DE verschieden. Zulässig ist eine Zugbeanspruchung der Schrauben von 300 bis 350 kg/cm² einschließlich der Vorspannung.

Bei kleinen Lagern genügen zwei Lagerdeckelschrauben (Bild 260), wenn nicht etwa die Platzverhältnisse vier Schrauben erfordern. Bei mittelgroßen Lagern kann man vier Schrauben auch bei ungeteilten Deckeln ausführen, doch müssen die Schrauben dann sorgfältig gleichmäßig angezogen werden. Bei großen Lagern, die vier Deckelschrauben benötigen, pflegt man geteilte Lagerdeckel auszuführen (Bild 261 und 262), da hier die Schrauben mit Vorschlaghammer angezogen werden müssen und ein gleichmäßiges Anziehen durch die Teilung des Deckels erleichtert wird. Auch lassen sich die geteilten Lagerdeckel beim Nachsehen des Lagers leichter abheben.

Die Lagerdeckelschrauben und ihre Muttern müssen gegen Losdrehen sorgfältig gesichert werden. Bei den Deckelschrauben Bild 260 bis 262 ist das Gewinde für den Stift c durch den Lagerstuhl und auf eine geringe Tiefe in die Deckelschraube hinein gebohrt. Hierdurch wird das Gewinde verletzt; der Stift c soll daher nur die untersten, nicht mehr hoch beanspruchten Gewindegänge der Deckelschraube treffen. Die Muttern der Deckelschrauben werden bei kleinen und mittleren Maschinen als Kronenmuttern mit Splint ausgeführt; bei großen findet man häufig die Pennsche Sicherung (Bild 261 und 262), die entweder in der Form mit aufgesetztem Ring d (Bild 261) oder mit Eindrehung in den Lagerdeckel ausgeführt wird (Bild 262). Die Druckschraube e der Pennschen Sicherung wird durch einen Draht gesichert, der durch ihren Kopf und den einer zweiten, in den Lagerdeckel gebohrten Schraube f gezogen wird.

Die Lagerdeckel dürfen sich nicht auf dem Wellenzapfen führen, sondern müssen in der Grundplatte geführt sein, wozu ein Versatz (a in Bild 260 bis 262) in diese gehobelt wird. Man erkennt aus einem Vergleich zwischen Bild 260 und 261, daß man den Versatz außerhalb oder innerhalb der Lagerdeckelschrauben anbringen kann. Der außenliegende Versatz (Bild 260) führt den Lagerdeckel besser und ermöglicht ein Umfassen der oberen Lagerschale durch den Deckel auf dem

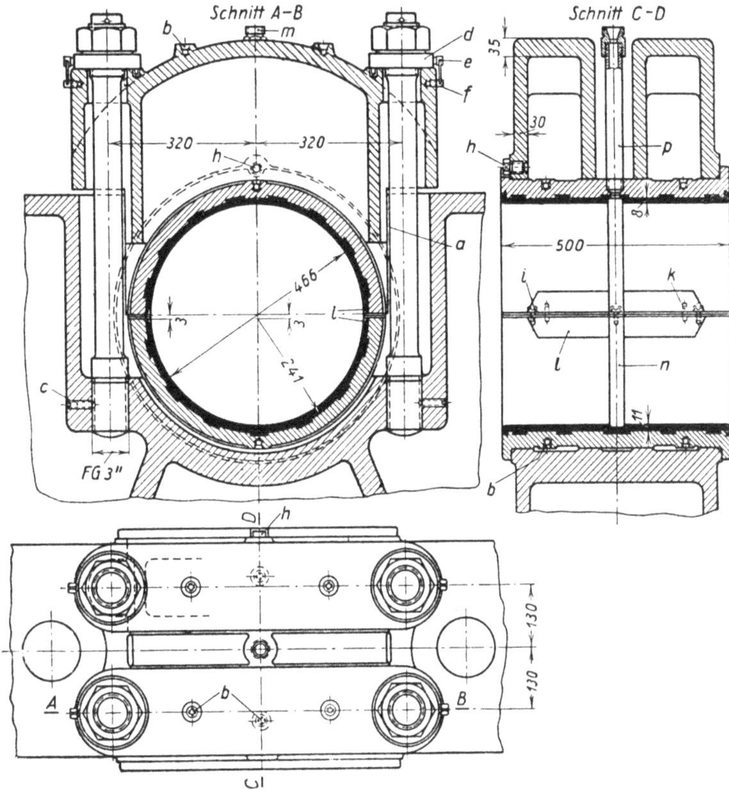

Bild 261. Grundlager für große einfach wirkende Maschinen.

a = Innenliegende Deckelführung,
b = Gewinde für Transportaugen,
c = Sicherungsstift,
d = Ring   } der Pennschen
e = Druckschraube } Sicherung,
f = Sicherung für e,
h = Sicherung der Oberschale gegen Drehen,
i = Kopfschrauben } für Beilagebleche,
k = Fixierstifte
l = Aussparungen für Schmieröl,
m = Schmierölzuleitung,
n = Ringnut,
p = Stahlrohr.

[1] Vgl. hierzu K. v. Hanffstengel: Einfluß des Kraftangriffes auf die Beanspruchung vorgespannter Schraubenverbindungen. Z.V.d.I. Bd. 86 (1942), S. 508.

halben Umfang, bedingt aber einen etwas größeren Abstand der Zuganker von der Wellenmitte. Bei großen Maschinen legt man deshalb den Versatz meistens nach innen (Bild 261 und 262), kann dann aber die obere Lagerschale nur auf einem Teil ihres Umfanges mit dem Deckel andrücken. Das Gewinde b (Bild 260 bis 262) dient zum Einschrauben von Transportaugen.

Die Lagerdeckel sind auf Biegung nachzurechnen, wobei man bei gußeisernen Deckeln Beanspruchungen in der gezogenen Faser bis 150 kg/cm², in der gedrückten bis 300 kg/cm² zulassen darf.

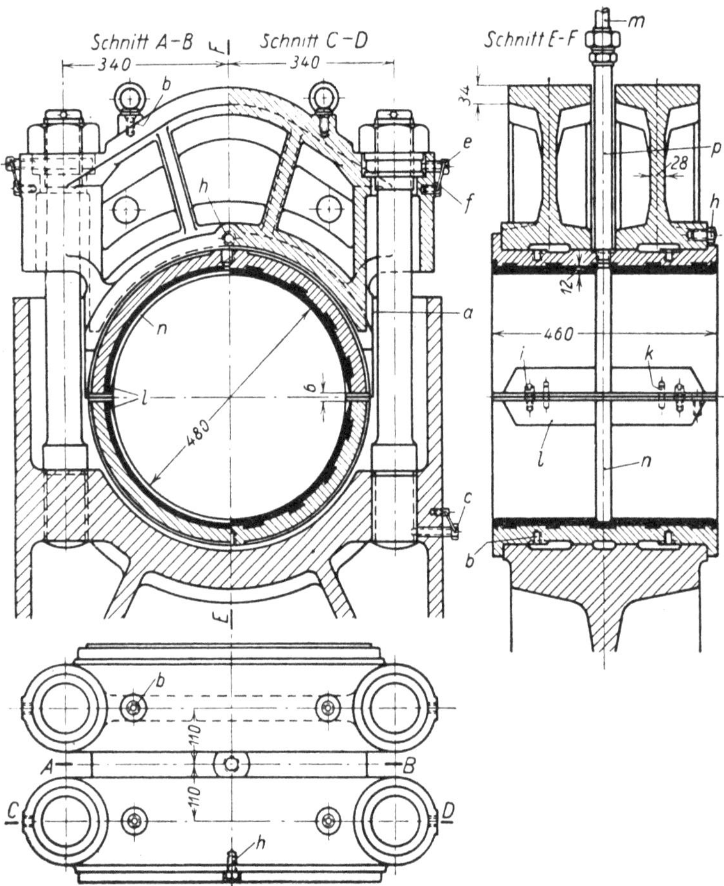

Bild 262. Grundlager für große doppeltwirkende Maschinen.

a = Innenliegende Deckelführung,
b = Gewinde für Transportaugen,
c = Sicherungsschraube,
e = Druckschraube der Pennschen Sicherung,
f = Sicherung für e,
h = Sicherung der Oberschale gegen Drehen
i = Kopfschrauben ⎫ für Beilagebleche,
k = Fixierstifte ⎭
l = Aussparungen für Schmieröl,
m = Schmierölzuleitung,
n = Ringnut,
p = Stahlrohr.

Bei Stahlgußdeckeln kann man die Zugbeanspruchung höher — bis 250 kg/cm² — wählen.

Für einfachwirkende Maschinen mit nicht zu hoch beanspruchten Lagern genügt Gußeisen als Baustoff für die Deckel (Bild 261); für doppeltwirkende Maschinen ist Stahlguß (Bild 262) vorzuziehen, weil hier die Deckel stärker auf Biegung beansprucht sind. Die Deckel können entweder in Kastenform (Bild 260 und 261) gegossen oder mit Doppel-T-Profil (Bild 262) ausgeführt werden, was bei Stahlguß wegen des Wegfalls der Kerne vorteilhafter ist.

Für die Lagerschalen ist Gußeisen als Baustoff weniger geeignet, da die Schalen durch gelegentliche scharfe Zündungen kräftige Stöße erfahren können. Man stellt die Lagerschalen aus Stahlguß oder geschmiedetem Stahl her, der aus einer ebenen Platte gebogen wird, worauf die Schale ihre genaue Form durch Drehen erhält. Die Schalen werden mit Weißmetall ausgegossen, einer Legierung, die zu etwa 83% aus Zinn besteht, während der Rest zu gleichen Teilen Kupfer und Antimon enthält. Zuweilen wird mit Rücksicht auf die Abnutzung der Weißmetallausguß der Unterschale in der Mitte verstärkt (Bild 261), wozu die auszugießende Innenfläche exzentrisch ausgedreht wird; dies verteuert freilich die Herstellung, und die Unter- und Oberschale sind nicht mehr austauschbar. Vor dem Ausgießen werden die Schalen durch Abbrennen mit verdünnter Salzsäure von anhaftendem Fett und Unreinigkeiten sorgfältig gereinigt und sodann verzinnt; unmittelbar vor dem Ausgießen werden sie so weit erwärmt, daß die Verzinnung eben anfängt, flüssig zu werden. Schwalbenschwanznuten, die im Umfang und in der Längsrichtung anzuordnen sind, tragen zur Verbindung des Weißmetalles mit der Schale bei.

Die Bauart mit eckigen Lagerschalen, die früher häufig anzutreffen war, wird heute nicht mehr ausgeführt. Sie ist teuer, weil sie Paßarbeit erfordert, und hat den Nachteil, daß das Ausbauen der Schale umständlich wird, während die runde Schale sich in einfacher Weise herausdrehen läßt.

Runde Schalen müssen gegen Drehen gesichert werden; hierzu dient die Kopfschraube h (Bild 260 bis 262), die in den oberen Lagerdeckel geschraubt und durch Körnerschlag am Herausdrehen verhindert wird. Dies sichert zunächst die Oberschale; da aber diese durch den Lagerdeckel fest gegen die Teilfuge der Unterschale gepreßt wird, so ist auch die Unterschale gesichert.

Zum Einstellen des Lagerspieles, das je nach dem Durchmesser des Wellenzapfens 0,1 bis 0,25 mm beträgt, dienen Messingbleche in den Teilfugen der Lagerschalen, womit man auch der Abnutzung der Schalen Rechnung tragen kann. Die Stärke der Beilagebleche wird abgestuft (z. B. 0,1, 0,2, 0,5, 1,0 und 2,0 mm), damit man das Lagerspiel möglichst fein einstellen kann. Die Bleche werden mit Kopfschrauben i (Bild 260 bis 262) an der Unterschale festgeschraubt; Aussparungen in der Oberschale lassen dem Schraubenkopf den nötigen Platz. Paßstifte k halten die Messingbleche genau in ihrer Lage, damit nicht durch Verschieben der Bleche Kanäle entstehen, durch die das Schmieröl seitlich abfließen kann.

Die Schmierung der Grundlager muß sehr sorgfältig durchgebildet werden, da hiervon die Betriebssicherheit der Maschine in hohem Maß abhängt. Das Schmieröl muß dem Zapfen an der Stelle des niedrigsten Druckes zugeführt werden; diese liegt bei einfach- und doppeltwirkenden Maschinen an beiden Seiten des Zapfens in der waagerechten Teilfuge. Hier ordnet man daher breite Taschen l (Bild 260 bis 262) an, die von der Schmierölzuleitung m mit Öl gefüllt werden. Die Taschen l müssen ganz schlank keilförmig zulaufen, ohne scharfe Kanten an den Enden (Bild 260, Nebenabbildung), damit das Öl nicht vom Zapfen abgestreift, sondern durch die Adhäsion in den Zwischenraum zwischen Zapfen und Schale hineingezogen wird. Die Theorie der Lagerschmierung lehrt, daß der sich zwischen Zapfen und Schale bildende Ölfilm, auf dem der Zapfen schwimmt,

Bild 263. Bearbeitung der Lagerdeckel.

durch in der Umfangsrichtung verlaufende Schmiernuten zerstört wird; solche Nuten sind daher nach Möglichkeit zu vermeiden. In diesem Sinn ist auch die in Umfangsrichtung verlaufende Nut n (Bild 260 bis 262) schädlich; sie teilt das Lager in der Längsrichtung in zwei Teile, in denen sich je ein schmalerer Ölfilm ausbilden muß, was nur durch Verkleinerung des engsten Spaltes zwischen Zapfen und Schale möglich ist. Man nimmt aber die Ringnut n in Kauf, weil sie ein einfaches konstruktives Mittel ist, das Schmieröl durch die hohlgebohrte Kurbelwelle den Pleuellagern zuzuführen. Ein in den Wellenzapfen radial gebohrtes Loch (k in Bild 279) steht während der Drehung der Welle beständig mit der Nut n in Verbindung, so daß das dem Lager unter Druck zugeführte Schmieröl außer in die Taschen l auch in die Radialbohrung fließt, von wo aus es durch das Innere der Kurbelwelle den Pleuellagern zugeleitet wird.

Zuweilen wird die Nut n an einer Stelle (o in Bild 260) unterbrochen und das Weißmetall hier voll durchgeführt. Man erreicht dadurch, daß sich durch die Kanten der Nut n weniger leicht ein Grat auf der Kurbelwelle bildet, weil der ausgefüllte Teil o diesen abschleift. Die Bearbeitung ist aber weniger einfach, weil die Nut n in die Unterschale exzentrisch, in die Oberschale zentrisch eingedreht werden muß.

Das Schmieröl wird von der an die Umlauf-Preßschmierung angeschlossenen Leitung m durch ein Stahlrohr p (Bild 260 bis 262) zugeführt, das in die Oberschale geschraubt wird, wodurch die Zuführung des Öles unmittelbar an den Zapfen gesichert ist. Bei einteiligen Lagerdeckeln ist für den Durchtritt von p eine Pfeife q (Bild 260) in den Deckel eingegossen, die unbearbeitet bleibt, während bei mehrteiligen Deckeln das Stahlrohr p seinen Platz zwischen den beiden Deckelhälften findet (Bild 261 und 262). Zuweilen wird das Schmieröl auch durch eine Aussparung im Lagerstuhl der unteren Lagerschale zugeführt; dann braucht man beim Abnehmen eines Lagerdeckels die Schmierölleitung nicht abzuschrauben. Die Konstruktion wird dadurch aber weniger einfach.

Bei der Formgebung der Grundlager — wie bei allen Maschinenteilen — muß man auf die Bearbeitung sorgfältig Rücksicht nehmen. Für einen Mehrzylindermotor ist immer eine größere Zahl gleicher Lagerdeckel erforderlich, die durch Hobeln einfach bearbeitet werden können (Bild 263). Man wird z. B. die Auflageflächen für den Pennschen Sicherungsring d (Bild 261) an den Lagerdeckeln nicht durch Drehen, sondern durch Querhobeln der nebeneinander gestellten Deckel bearbeiten. Die Auflageflächen für die Ringe müssen daher außerhalb der Begrenzungslinie des Deckels liegen.

4. Gestelle

Die Aufgabe der Gestelle ist, die Arbeitszylinder zu tragen, das Triebwerk zu verkleiden, das bei Umlauf-Preßschmierung öldicht eingekapselt sein muß, und bei Kreuzkopfmaschinen die Gleitbahnen zu halten, die den Normaldruck des Triebwerkes aufzunehmen haben.

Häufig wird das Gestell aus einzelnen Ständern (Bild 264) zusammengesetzt, die über die Mitten der Kurbelwellenlager auf die Grundplatte gesetzt werden. Bei der Herstellung können diese Ständer in größerer Zahl auf dem Tisch der Hobelmaschine aufgespannt und gleichzeitig an den oberen und unteren Grundflächen gehobelt werden. Außer dieser Bearbeitung ist fast nur Bohrarbeit zu verrichten, die durch eine geeignete Vorrichtung vereinfacht werden kann. Der Flansch a ist für das Indiziergestänge vorgesehen (d in Bild 351, S. 339), die Warze b für den Durchtritt der Schmierölleitung zum Kurbelwellenlager, und die Angüsse c dienen zur Befestigung der die Bedienungsbühne tragenden Konsolen. Schrauben zur Verbindung des Ständerfußes mit der Grundplatte sind hier nicht erforderlich, weil die Ständer durch die geschrumpften Zuganker gegen die Grundplatte gepreßt werden. Vier Kegelstifte d sichern den Ständer gegen Verschieben. Gegen die beiden viereckigen, mit Gewinde versehenen Flächen e wird, wenn ein Kolben ausgebaut werden soll, ein Winkeleisen geschraubt, ebenso auf die Flächen des benachbarten

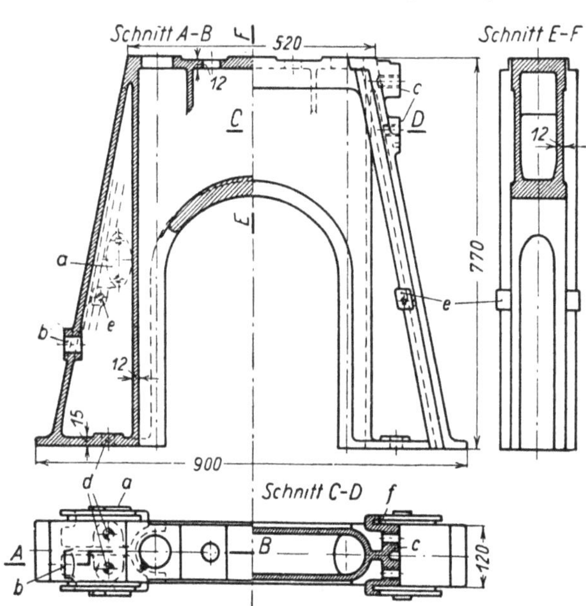

Bild 264. Gestell für einen Tauchkolbenmotor.

a = Flansch für Indiziergestänge, d = Kegelstifte,
b = Durchtritt für Lagerschmieröl, e = Flächen für Kolbenausbauvorrichtung,
c = Angüsse für Konsolen, f = Nuten für Gestelltüren.

Ständers; dadurch wird ein Gleis für einen Schlitten hergestellt, auf den der Kolben, der hier wegen des Pleuelfußes (der größer als der Zylinderdurchmesser ist) nach unten ausgebaut werden muß, seitlich herausgefahren werden kann. Die Nuten f in den schrägen Wänden des Ständers werden mit einem Baumwollzopf von quadratischem Querschnitt ausgelegt; in sie greifen die umgebördelten Kanten der leichten Gestelltüren (Bild 272).

Die Ständer für Kreuzkopfmaschinen (Bild 265) erhalten Arbeitsleisten für die Befestigung der Gleitbahnen. Die Kreuzkopfführung kann ein- oder viergleisig sein. Zu dem Gestell Bild 265 gehören eingleisige Kreuzköpfe; die Gleitbahnen werden zwischen je zwei Ständer gehängt und mit den Schrauben a befestigt. (Die beiden vertikalen Schraubenreihen gehören zu zwei verschiedenen Gleitbahnen.) Da die Schraubenwarzen sich zuweilen beim Gießen in der Höhenrichtung versetzen, sind sie mit länglicher Form gegossen, damit in jedem Fall genügend Werkstoff um das Schraubenloch stehenbleibt. Die obersten und untersten Schrauben sind als Paßschrauben ausgeführt.

Die Gleitbahnen werden gegen die Arbeitsflächen b geschraubt; da der Normaldruck des Triebwerkes in der Richtung des Pfeiles c wirkt, so sind die Schrauben a auf Zug beansprucht. Die hohen Schraubenwarzen vergrößern die Schraubenlänge, was für die Beanspruchung der vorgespannten Schrauben günstig ist.

Der Ständer Bild 265 ist als Kastenguß ausgeführt, daher sind reichliche Kernlöcher d angebracht; ihr Rand ist durch Wulste versteift. Kurze Rippen e verbinden die Warzen der Schrauben a mit den Wänden des Kastens und verstärken diese. Auf den beiden Strecken f sind die Zuganker, deren Mittellinien g angedeutet sind, zwecks Schrumpfung der Erwärmung zugänglich.

An weiteren Arbeitsflächen sind am Ständer die Fläche h zum Anschrauben des Verbindungsstückes zum benachbarten Ständer angegossen, ferner die Warzen i für die Konsolen der Bedienungsbühne, ein Flansch k für den Durchtritt der Gleitbahnkühlrohre, die hier durch die Öffnung l geführt sind, und die Warze m für den Eintritt der Lagerschmierölleitung in das Kurbelgehäuse. Seitlich sind eine lange und eine kurze Arbeitsleiste n angegossen, die bearbeitet werden und gleich lange Leisten aus Stahl tragen, die mit Schrauben o befestigt werden. Hierdurch werden (ähnlich wie bei Bild 264, wo die Nuten f angegossen sind) Längsnuten gebildet, die mit einem Baumwollzopf zur Abdichtung der Gestelltüren (Bild 273) ausgelegt werden. In das Gewinde p werden Knebel geschraubt, welche die Gestelltüren gegen die Ständer drücken.

Die Ständer einer Maschine müssen, damit sie die Arbeitszylinder gleichmäßig tragen, untereinander genau gleich lang sein. Wo dies nicht durch die Bearbeitung erreicht werden

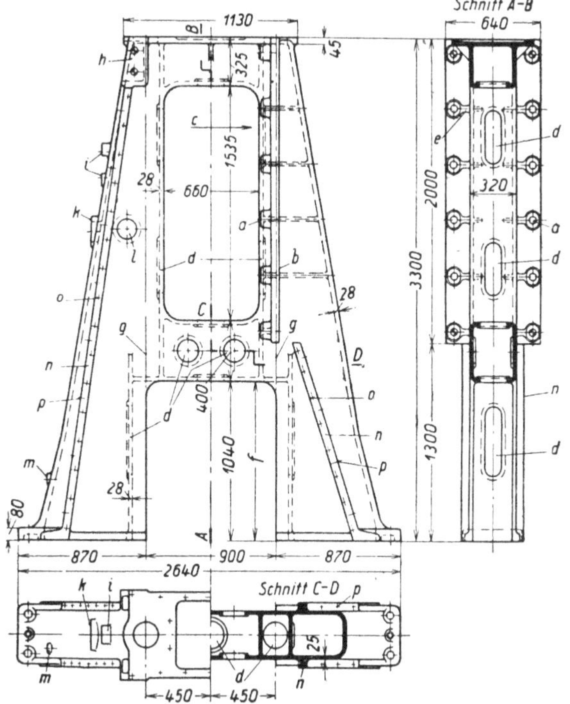

Bild 265. Gestell für eine einfach wirkende Kreuzkopfmaschine.

a = Schrauben für Gleitbahnen,
b = Arbeitsflächen für Gleitbahnen,
c = Richtung des Normaldruckes,
d = Kernlöcher,
e = Versteifungsrippen,
f = Freie Strecke für Schrumpfung,
g = Mittellinien der Zuganker,
h = Arbeitsfläche f. Verbindungsstück,
i = Angüsse für Konsolen,
k = Austritt der Gleitbahnkühlleitung,
l = Durchtritt der Gleitbahnkühlleitung,
m = Durchtritt für Lagerschmieröl,
n = Arbeitsflächen } für Stahlleisten der
o = Schrauben } Gestelltüren,
p = Gewinde für Knebelschrauben der Gestelltüren.

Bild 266. Bearbeitung der Gestelle auf der Karuselldrehbank.

kann (Bild 266), ist es zweckmäßig, die Gestelle 10 mm kürzer zu machen und gehobelte Paßbleche zwischen Ständer und Zylinderrahmen zu legen, womit die Gesamtlängen genau abgestimmt werden können. Bei den Ständern nach Bild 267 ist dies vorgesehen, weil ihre Größe die Einhaltung des genauen Höhenmaßes erschwert.

Bei doppeltwirkenden Maschinen sichert der viergleisige Kreuzkopf eine gute Führung der Kolbenstange, die mit Rücksicht auf ihre Abdichtung in der Stopfbuchse sehr genau laufen muß. Dadurch kommen die Arbeitsflächen a der Gleitbahnen (Bild 267) auf die Innenseite der Ständer zu liegen, und diese sind zwecks leichterer Bearbeitung in mehreren Teilen gegossen. Das Gestell (Bild 267) besteht aus zwei einzelnen Ständern, die durch zwei Querstücke b verbunden sind. Acht Paßbolzen in jedem Querstück sorgen für eine steife Verbindung. Die Arbeitsflächen a der Gleitbahnen und die der Querstücke b liegen zur Vereinfachung der Bearbeitung in derselben Ebene. Auf den Seitenflächen der Ständer und des oberen Querstückes b ist die U-förmige Arbeitsleiste c angegossen, die zum Anschrauben des Kurbelgehäusedeckels (Bild 269) bestimmt ist; die Aussparung d ist für den Ausbau des Zylinderrahmens erforderlich. Nach unten geht die Arbeitsleiste c in schmalere Flächen e über, auf die wie bei dem Gestell nach Bild 265 Leisten geschraubt werden (s. auch Bild 273), wodurch die Nuten zur Abdichtung der Gestelltüren entstehen. Im Innern der Ständer liegen die durchgehenden Zuganker, die in Bild 253 dargestellt sind; ihre Mittellinien f sind in Bild 267 eingetragen. Die Hohlräume g an den oberen Enden der Ständer nehmen die Gewindemuffen (b in Bild 253) auf, welche die Ankerhälften verbinden. Für die Schrumpfung sind die Anker auf den etwa 600 mm langen Strecken h vom Kurbelgehäuse aus zugänglich; außerdem ist in größerer Höhe noch eine Öffnung i vorgesehen für den Fall, daß die Anwärmung bei h nicht genügt.

Keiner der für Herstellung und Montage erforderlichen Angüsse darf fehlen; das gilt für die Kernlöcher k, die durch Blechdeckel verschlossen werden, den Anguß l für die Zylinderschmierpresse, die Warzen m für die Konsolen der Bedienungsbühnen, n für die Kühlwasserzuleitung zu den Gleitbahnen, n_1 für die Kühlwasserableitung von den Gleitbahnen und o für die Schmierölleitung der Kurbelwellenlager. Gegen die Fläche p wird das Lager für das Indiziergestänge geschraubt. An einigen Ständern ist der Bock q angegossen, der den Brennstoffpumpenblock trägt. Die Ansicht von oben (Bild 267, Grundriß) zeigt die obere Arbeitsfläche eines Ständers, auf der das schon erwähnte, zur genauen Abstimmung der Ständerlängen erforderliche 10 mm starke Paßblech durch Versenkschrauben r befestigt wird. Paßstifte s sichern das Blech, das auch durch die Schrumpfspannung der Zuganker gehalten wird, gegen Verschieben. Die Paßbolzen t halten den Zylinder-

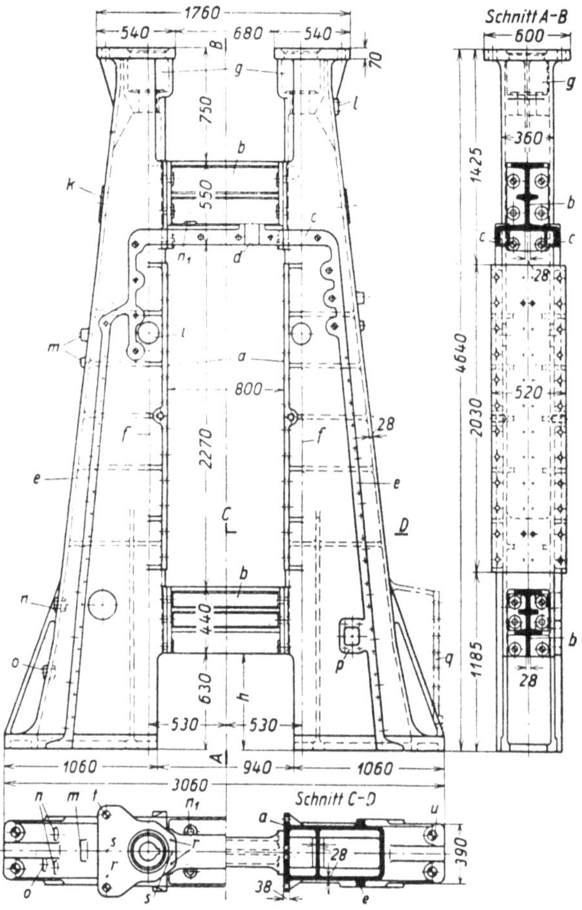

Bild 267. Gestell für eine doppeltwirkende Maschine.

a = Arbeitsflächen für Gleitbahnen,
b = Querverbindungsstücke,
c = Arbeitsleiste für Längsverbindungsstück,
d = Aussparung in c für Ausbau des Zylinderrahmens,
e = Arbeitsleisten für Abdichtung der Gestelltüren,
f = Mittellinien der Zuganker,
$h\,g$ = Hohlräume für Ankermuffen,
$,i$ = Öffnungen für Anwärmung der Anker,
k = Kernlöcher,
l = Anguß für Schmierpresse,
m = Angüsse für Konsolen der Bedienungsbühne,
n = Warzen für Kühlwasserzuleitung,
n_1 = Warzen für Kühlwasserableitung,
o = Warze für Schmierölleitung,
p = Fläche für Indiziergestänge,
q = Bock für Brennstoffpumpe,
r = Versenkschrauben,
s = Paßstifte,
t, u = Paßbolzen.

rahmen gegen den Ständer, die Paßbolzen u den Ständerfuß gegen die Grundplatte in der richtigen Lage.

Die am Gestell angreifenden Kräfte und die durch sie hervorgerufenen Beanspruchungen müssen nachgerechnet werden. Eine Näherungsrechnung genügt, da man ohnehin mit den rechnungsmäßigen Beanspruchungen nie an die Festigkeitsgrenzen der Baustoffe gehen darf. Die Erfahrung entscheidet, wie zwischen den widerstrebenden Forderungen einer möglichst großen Sicherheit und einer guten Ausnutzung des Werkstoffes zu vermitteln ist.

Für die Berechnung der Ständer auf Biegung werde ein senkrechter Ständerteil als Balken von kastenförmigem Querschnitt aufgefaßt, der in zwei Punkten A und B (Bild 268) für den linken bzw. C und D für den rechten Ständerteil unterstützt ist. Die Unterstützung wird jeweils von dem gegenüberliegenden, als starr aufgefaßten Ständerteil ausgeübt, eine Annahme, die nur näherungsweise zutrifft. Aus dem Indikatordiagramm wird der Normaldruck auf die Gleitbahn, $N = P \cdot tg\,\beta$, mit β als Winkel zwischen Pleuelstange und Zylinderachse, ermittelt, und zwar habe sich für die obere Kolbenseite

$N_{ob_{max}} = 13\,500$ kg bei einem Kurbelwinkel $\alpha_{ob} = 25°$,

für die untere Seite

$N_{unt_{max}} = 15\,000$ kg bei einem Kurbelwinkel $\alpha_{unt} = 30°$

als größter Normaldruck ergeben. Durch diese Winkel ist die Höhenlage der Querschnitte III—III und IV—IV, in denen die Ständer durch $N_{ob_{max}}$ bzw. $N_{unt_{max}}$ auf Biegung beansprucht werden, relativ zu den Mittellinien A–C und B–D der Verbindungsstücke bestimmt. Man erhält die in Bild 268 eingetragenen Maße.

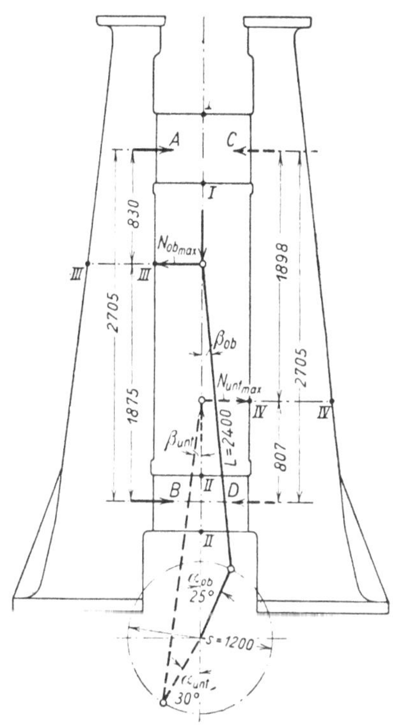

Bild 268. Zur Festigkeitsberechnung eines Gestelles.

Die Biegungsmomente werden:

für Querschnitt III–III:

$$M_{III} = A \cdot 83\ \mathrm{cm} = N_{ob_{max}} \cdot \frac{1875}{2705} \cdot 83 = 775\,000\ \mathrm{kgcm}\,,$$

für Querschnitt IV–IV:

$$M_{IV} = D \cdot 80{,}7\ \mathrm{cm} = N_{unt_{max}} \cdot \frac{1898}{2705} \cdot 80{,}7 = 847\,000\ \mathrm{kgcm}\,.$$

Das Biegungsmoment M_{III} ist zwar kleiner als M_{IV}, aber wegen des wesentlich kleineren Widerstandsmomentes ergibt sich im Querschnitt III–III die größere Beanspruchung; sie wird mit 7130 cm³ als Widerstandsmoment eines Ständers:

$$\sigma_b = \frac{775\,000}{2 \cdot 7130} = 54\ \mathrm{kg/cm^2}\,,$$

da der auf die Gleitbahn ausgeübte Normaldruck von zwei Ständern aufgenommen wird.

Hierzu tritt die von der Schrumpfung der Zuganker herrührende Druckspannung von 83 kg/cm², so daß die größte Druckbeanspruchung im Querschnitt III–III

$$\sigma_d = 54 + 83 = 137\ \mathrm{kg/cm^2}$$

wird. Hierbei ist angenommen, daß sich die Schrumpfspannung gleichmäßig über den Ständerquerschnitt verteilt, obwohl dies wegen der exzentrischen Lage der Anker in den Ständern nicht genau zutrifft.

Auch die Schrauben, welche die Querstücke mit den Ständern verbinden, sind nachzurechnen. Der größte auftretende Zug liegt in der Aehse B–D und beträgt 10500 kg; auf jeder Seite sind sechs Schrauben von $1^5/_8''$ Feingewinde (Kernquerschnitt 10,96 cm²) vorgesehen. Der Zug verteilt sich auf zwei Verbindungsstücke; es wird die Zugbeanspruchung einer Schraube

$$\sigma_z = \frac{10\,500}{2 \cdot 6 \cdot 10{,}96} = 80 \text{ kg/cm}^2 \,,$$

ist also gering. Sie wurde hier so niedrig gewählt, weil die Ständerteile möglichst starr miteinander verbunden werden sollten.

In der Längsrichtung werden die auf die Grundplatte gesetzten Ständer unterhalb ihres oberen Endes durch Gußstücke (Bild 269) verbunden, die eine mehrfache Aufgabe zu erfüllen haben. Sie sollen das Gestell als Ganzes versteifen und das Kurbelgehäuse, das nach allen Seiten öldicht sein muß, nach oben abschließen, so daß nur den Kolbenstangen und dem Indiziergestänge der Durchtritt bleibt. Sie können ferner dazu benutzt werden, die Stopfbuchsen zu tragen, welche die beweglichen Zu- und Abflußrohre für die Kolbenkühlung gegen den Kurbelraum und die Kühlwasserleitung abdichten. Die obere Fläche des Gußstückes pflegt man als Sumpf auszubilden, in dem von

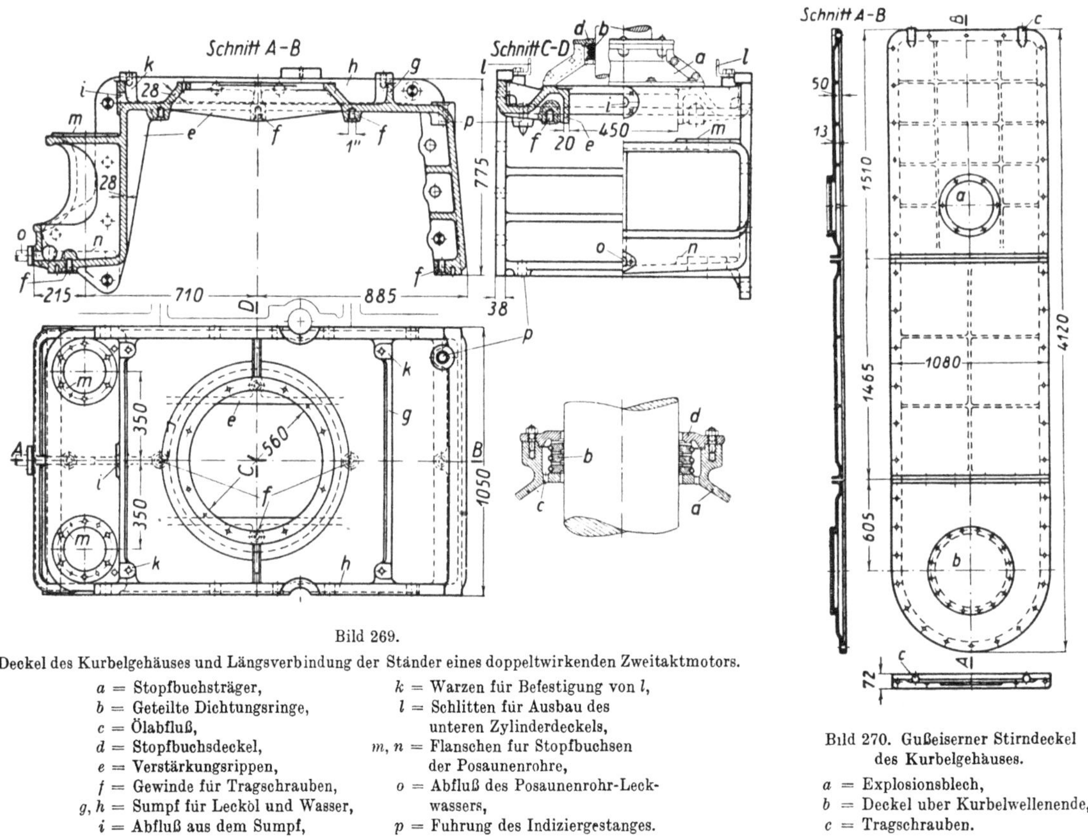

Bild 269.

Deckel des Kurbelgehäuses und Längsverbindung der Ständer eines doppeltwirkenden Zweitaktmotors.

a = Stopfbuchsträger,	k = Warzen für Befestigung von l,
b = Geteilte Dichtungsringe,	l = Schlitten für Ausbau des
c = Ölabfluß,	unteren Zylinderdeckels,
d = Stopfbuchsdeckel,	m, n = Flanschen für Stopfbuchsen
e = Verstärkungsrippen,	der Posaunenrohre,
f = Gewinde für Tragschrauben,	o = Abfluß des Posaunenrohr-Leck-
g, h = Sumpf für Lecköl und Wasser,	wassers,
i = Abfluß aus dem Sumpf,	p = Führung des Indiziergestänges.

Bild 270. Gußeiserner Stirndeckel
des Kurbelgehäuses.

a = Explosionsblech,
b = Deckel über Kurbelwellenende,
c = Tragschrauben.

der Kolbenstange abgestreiftes Schmieröl und etwaiges Leckwasser von der Kühlung des unteren Zylinderdeckels sowie abtropfender Brennstoff sich sammeln können. Diese Aufgaben bedingen die unregelmäßige Form des Gußstückes Bild 269.

Sein mittlerer Teil hat eine runde Öffnung, auf welche das durch eine senkrechte Teilfuge in zwei Hälften zerlegte Stopfbuchsgehäuse a gesetzt wird. Dieses trägt die aus mehreren übereinanderliegenden gußeisernen Ringen b bestehende Stopfbuchse, welche die Kolbenstange gegen das Kurbelgehäuse abdichtet. Die Ringe b sind dreiteilig; die Ringsegmente werden durch Schlauchfedern mit leichtem Druck gegen die Kolbenstange gepreßt. Der Innenumfang der Ringsegmente ist konisch so ausgedreht, daß an der unteren Seite eine scharfe Kante von 2 mm Breite entsteht, die das von der Kolbenstange aus dem Kurbelgehäuse nach oben gezogene Schmieröl abstreift, wenn die Kolbenstange ihre Aufwärtsbewegung macht. Bei der Abwärtsbewegung tritt infolge der konischen Abschrägung ·der Ringe die Abstreifwirkung nicht ein. Durch Bohrungen c kann das abgestreifte Schmieröl in das Kurbelgehäuse zurückfließen. Da auch der Deckel d der Stopfbuchse zweiteilig ist, so kann diese auseinandergenommen werden, ohne daß weitere Teile des Triebwerkes abgebaut werden müssen.

Durch die Öffnung für die Stopfbuchse wird das Verbindungsstück geschwächt; es wird daher durch Rippen *e* versteift. Bei deren Formgebung ist darauf zu achten, daß die Gleitschuhe des Kreuzkopfes in ihrer oberen Totlage nicht anstoßen. In die Rippen sind an mehreren Stellen Warzen eingegossen, in welche Gewinde *f* zur Aufnahme von Tragschrauben geschnitten wird, die zum Aufhängen der Pleuellagerschalen dienen, wenn am Triebwerk gearbeitet werden soll. Auf der Oberseite sind Rippen *g* angeordnet, die zusammen mit den seitlichen Flanschen *h* einen viereckigen Sumpf bilden, in dem sich Lecköl und Wasser sammeln können. Bei *i* liegt der Abfluß. Durch eine geringe Neigung des Sumpfbodens nach *i* wird das Abfließen erleichtert. In den vier Ecken des Sumpfes sind Warzen *k* angegossen, auf denen Winkeleisen *l* festgeschraubt werden können, die den Ausbau des unteren Zylinderdeckels erleichtern.

Auf der einen Seite des Verbindungsstückes sind übereinanderliegende Flanschen *m, n* angeordnet, welche die Stopfbuchsen zur Abdichtung der Posaunenrohre tragen, mittels deren das Kühlwasser den Kolben zugeleitet wird (vgl. Bild 304, S. 296). Das Leckwasser, das hierbei auftritt, wird bei *o* abgeleitet. Durch die mit einer Bronzebuchse versehene Bohrung *p* wird das Indiziergestänge geführt.

Das Verbindungsstück wird mit den benachbarten Ständern durch je 12 kräftige Bolzen verschraubt, von denen vier (in Bild 269 durch Quadrantschraffur bezeichnete) als Paßschrauben ausgeführt sind.

Das vordere Stirnende des Kurbelgehäuses wird, wenn dort keine Hilfsmaschinen angehängt sind, durch einen Stirndeckel verschlossen, der aus Stahlblech oder Gußeisen, nötigenfalls mehrteilig, hergestellt wird (Bild 270). Größere Deckel werden durch Längs- und Querrippen versteift. Für den Fall, daß eine Schmierölexplosion im Kurbelgehäuse auftritt, ist bei *a*

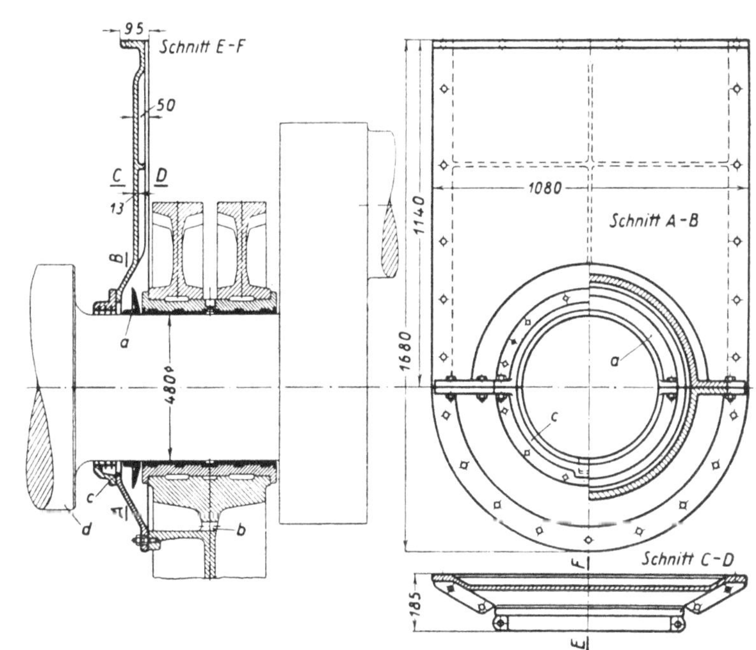

Bild 271. Austritt der Welle aus dem Kurbelgehäuse.

a = Geteilter Spritzring,   c = Geteilter Dichtungsring mit Messingblechen,
b = Schmierölrücklauf,   d = Flansch für Schwungrad.

ein Explosionsblech (Bild 274) vorgesehen. Der Flansch *b* (Bild 270) liegt vor dem Stirnende der Kurbelwelle; die Öffnung wird durch einen abnehmbaren Deckel verschlossen, damit das Kurbelwellenende für Meßzwecke (Messung der Drehschwingungen) zugänglich bleibt. Die Warzen *c* dienen zum Einsetzen von Tragschrauben.

Die am hinteren Stirnende des Kurbelgehäuses herausgeführte Welle muß sorgfältig abgedichtet werden, damit kein Schmieröl verlorengeht. Hierzu ist auf der Kurbelwelle neben dem Außenlager ein zweiteiliger, gußeiserner Spritzring *a* (Bild 271) befestigt, der an seinem Umfang in eine scharfe Schneide ausgezogen ist und das aus dem Lager seitlich austretende Schmieröl gegen die schräge Wand des Stirndeckels wirft, von wo es durch die Bohrung *b* in die Kurbelbilge zurückläuft. Drei in den geteilten, gußeisernen Ring *c* eingesetzte, ebenfalls geteilte Messingringe, die an ihrem inneren Umfang genau auf den Wellendurchmesser gedreht und scharf ausgezogen sind, unterstützen die Abdichtung.

Die Teilung der Wellenstopfbuchse in der Waagerechten ermöglicht ihren Ausbau und die Überholung. Hierfür ist weiter notwendig, daß der Flansch *d*, auf dem das Schwungrad sitzt, nicht zu nahe an die Stirnwand des Kurbelgehäuses gerückt wird. Zwischen beiden muß so viel Platz vorgesehen werden, daß ein Mann an der Stopfbuchse arbeiten kann, wenn sie undicht wird.

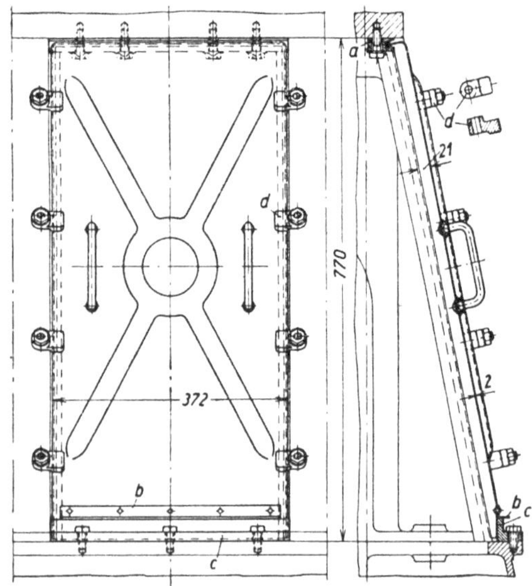

Bild 272. Gepreßte Gestelltur fur kleinere Maschinen.

a = Nutenleiste,   c = Winkel an der Grundplatte,
b = Stützwinkel an der Gestelltur, d = Knebelschrauben.

Die Öffnungen in den Längsseiten des Kurbelgehäuses werden durch Gestelltüren verschlossen, die man bei kleineren Maschinen als gepreßte Blechdeckel (Bild 272) ausführen kann, die einfach und leicht werden; 2 mm Blechstärke genügen. Der obere und die beiden seitlichen Ränder des Deckels sind umgebördelt und greifen in Nuten, die seitlich an den Ständern angegossen sind (f in Bild 264), während die obere Nut in einer Leiste a liegt, die mit Kopfschrauben am Zylinderrahmen befestigt ist. Die untere Kante der Gestelltür ist leicht in die Senkrechte umgebogen; hier ist ein Winkel b angenietet, mit dem sich die Tür auf den Winkel c stützt, der mit einer Zwischenlage von Kartonpapier mit der Grundplatte verschraubt ist. Die Nuten, in welche die umgebördelten Ränder der Gestelltür greifen, werden mit Baumwollschnur von quadratischem Querschnitt ausgelegt. Knebel d, die nach Lösen der Muttern leicht zur Seite gedreht werden können, drücken die Ränder gegen die Baumwollschnur, wodurch die Abdichtung hergestellt wird.

Die in die Gestelltür gepreßten diagonalen Wulste vergrößern das Widerstandsmoment der flachen Blechwand und verhindern ein Vibrieren der Tür während des Betriebes.

Die Gestelltüren großer Maschinen werden zweckmäßig nicht aus einem Stück hergestellt, sondern aus Blechen und Winkeln zusammengenietet. Die für einen großen Zweitaktmotor bestimmte Gestelltür Bild 273 ist in eine obere und untere Hälfte unterteilt, die einzeln ohne Benutzung von Hebezeugen abgenommen werden können, wie es die Zugänglichkeit zum Triebwerk verlangt. Für die Tür genügt 2 mm Eisenblech, das an den Außenkanten durch einen umlaufenden Winkel a (30×30×6 mm)

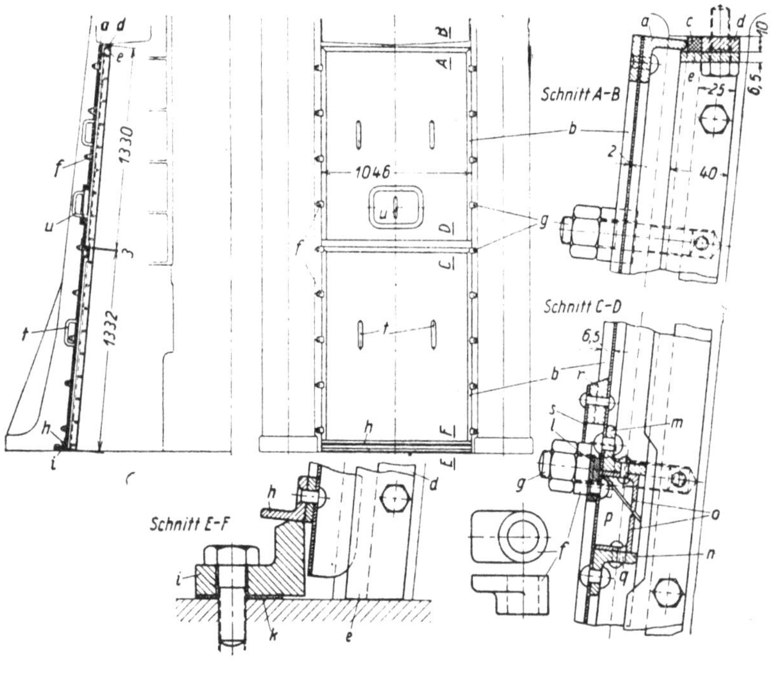

Bild 273. Genietete Gestelltur fur große Maschinen.

a = Versteifungswinkel,   h = Fußwinkel,   o = Spritzölschutz,
b = Flacheisen,   i = Fußleiste,   p = Ölkammer,
c = Baumwollschnur,   k = Bleidichtung,   q = Ölabfluß,
d, e = Flacheisen fur Dichtungsnut, l = Obere Abschlußleiste der   r, s = Schutz vor Leckwasser,
f = Knebel,   unteren Tür,   t = Handgriffe,
g = Knebelschrauben,   m, n = Versteifungswinkel,   u = Schaudeckel.

und ein mit diesem und dem Blech vernietetes Flacheisen b (30×6,5 mm) versteift wird. An den Ecken sind die Winkel und Flacheisen unter 45° abgeschnitten und öldicht miteinander verschweißt.

Der freie Schenkel des Winkels *a* drückt auf die Baumwollschnur *c* von quadratischem Querschnitt, die in eine Nut gelegt wird, welche von den gegen das Gestell geschraubten, ungleich breiten Flacheisen *d* und *e* gebildet wird. Die Baumwollschnur ist etwas breiter als die Nut, so daß sie stramm in diese paßt. Die am Umfang gleichmäßig verteilten Knebel *f* drücken mittels Stiftschrauben *g* und Sechskantmuttern die Gestelltüren gleichmäßig und öldicht gegen die Schnur.

Die obere Gestelltür hängt mit ihrem Winkel *a* an der Leiste *e*; die untere stützt sich mit dem angenieteten Winkel *h* auf die Fußleiste *i*, die unter Beilegung eines gegen Lecköl dichtenden Bleistreifens *k* von 2 mm Stärke auf die Grundplatte geschraubt ist. In der waagerechten Mittellinie stoßen die beiden Gestelltüren zusammen, jedoch so, daß die obere Tür sich nicht auf die untere stützt; diese lehnt sich vielmehr mit ihrer Leiste *l* nur von außen gegen die obere, und zwischen den Blechen bleibt ein Spalt von einigen mm, der besonders abgedichtet werden muß.

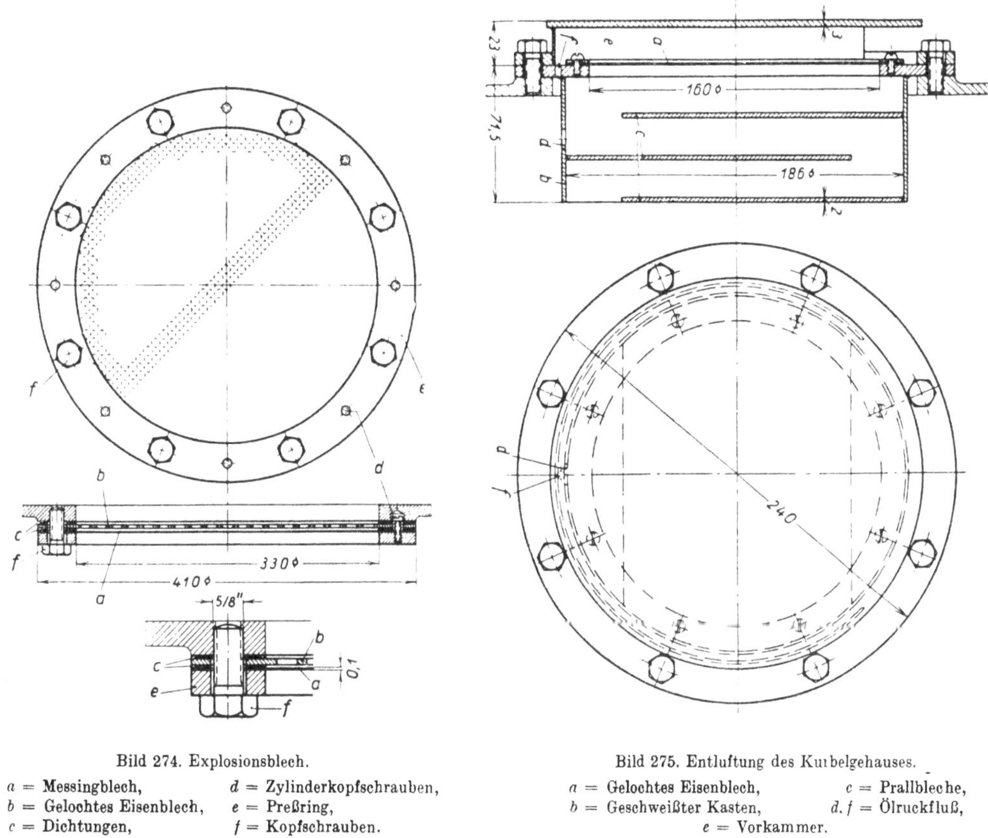

<table>
<tr><td>

Bild 274. Explosionsblech.

a = Messingblech,   *d* = Zylinderkopfschrauben,
b = Gelochtes Eisenblech,   *e* = Preßring,
c = Dichtungen,   *f* = Kopfschrauben.

</td><td>

Bild 275. Entlüftung des Kurbelgehäuses.

a = Gelochtes Eisenblech,   *c* = Prallbleche,
b = Geschweißter Kasten,   *d.f* = Ölrückfluß,
         e = Vorkammer.

</td></tr>
</table>

Hierzu ist an den unteren Versteifungswinkel *m* der oberen Tür und den oberen Winkel *n* der unteren Tür je ein leichter Winkel *o* so genietet, daß die einander zugekehrten Schenkel der Winkel *o* eine kleine Kammer *p* bilden, in die durch den Spalt, den die Schenkel der Winkel *o* lassen, nur wenig Spritzöl treten kann, das durch die Bohrungen *q* in das Kurbelgehäuse zurückfließt und nicht nach außen gelangen kann. Damit von den Zylindern abtropfendes Wasser nicht durch die Teilfuge der Gestelltüren in das Kurbelgehäuse dringen kann, ist die Unterkante der oberen Tür mit einem Überfall versehen, der aus einer abgeschrägten Leiste *r* und einem nach unten überragenden Blechstreifen *s* besteht, die beide mit der oberen Gestelltür vernietet sind. Von oben herabrinnendes Wasser tropft von *s* ab und fließt über die untere Tür, aber nicht in das Kurbelgehäuse.

An jeder Gestelltürhälfte sind Handgriffe *t* zum Abheben der Tür angebracht. Sie werden durch Muttern mit dem Türblech verschraubt, und das herausragende Gewindeende wird vernietet, da der Handgriff nicht lösbar zu sein braucht. Die Durchdringungen des Handgriffes mit der Tür werden durch Kupferbeilagen abgedichtet, damit kein Öl durchsickern kann.

Um rasch wenigstens einen Teil des Triebwerkes nachfühlen zu können, bringt man zuweilen an den großen Gestelltüren kleinere Deckel u an, die leicht losnehmbar sind.

Die bei der Besprechung von Bild 270 erwähnten Explosionsbleche können nach Bild 274 ausgeführt werden. An einer oder an mehreren Stellen wird ein rundes Loch in die Wand des Kurbelgehäuses geschnitten und durch ein dünnes Messingblech a (etwa 0,1 mm) verschlossen. Entsteht im Kurbelgehäuse durch die Aufwärtsbewegung ein leichter Unterdruck, so legt sich das Messingblech gegen ein stärkeres, grob gelochtes Eisenblech b, und andererseits ist es stark genug, um einem mäßigen Überdruck im Kurbelgehäuse standzuhalten. Bei stärkerem Überdruck reißt es und ermöglicht den Druckausgleich mit der Atmosphäre.

Zwischen den Blechen a und b und zwischen b und der Wand des Kurbelgehäuses liegt je eine aus in Firnis getränkter Pappe bestehende Dichtung c. Die Dichtungen und die Bleche werden durch Zylinderkopfschrauben d mit dem Flanschring e verschraubt; die Köpfe der Schrauben d finden in Aussparungen im Flansch des Kurbelgehäuses Platz. Das fertig montierte Explosionsblech wird mit den Kopfschrauben f am Kurbelgehäuse befestigt.

Bei Tauchkolbenmaschinen ist es vorteilhaft, das Kurbelgehäuse an einer Stelle mit der Atmosphäre zu verbinden, da beim Durchschlagen von Zündungen der ganz geschlossene Kurbelraum unter Überdruck stehen würde. Die Entlüftung des Kurbelgehäuses muß so ausgeführt werden, daß kein Spritzöl aus dem Kurbelraum nach außen dringen kann. Bild 275 zeigt eine Lösung dieser Aufgabe: vor das gelochte Blech a, das die Verbindung mit der Atmosphäre herstellt, ist innen ein aus Stahlblech geschweißter Kasten b gesetzt, in den die Prallbleche c eingeschweißt sind, durch welche die entweichenden Ölnebel zu mehrfachem Richtungswechsel gezwungen werden. Das sich niederschlagende Öl kann durch die Bohrung d in das Kurbelgehäuse zurückfließen. Ölnebel, die durch das gelochte Blech a dringen, können sich in der Vorkammer e niederschlagen, von wo aus das Öl durch die Bohrung f in den Kurbelraum zurückgelangt. Einen geringfügigen Schmierölverlust durch die Entlüftungsvorrichtung nimmt man in Kauf.

5. Gleitbahnen

Maschinen mit kleinen und mittleren Zylinderdurchmessern werden als Tauchkolbenmaschinen gebaut, bei welchen der von der Schrägstellung der Pleuelstange herrührende Normaldruck von der Zylinderlaufbuchse aufgenommen wird. Man hat früher öfter darauf hingewiesen, daß die mechanisch und thermisch viel höher als bei der Kolbendampfmaschine beanspruchte Laufbuchse eines Dieselmotors hierdurch überanstrengt werde und daß dem Dieselmotor eine gute Kreuzkopfführung viel nötiger sei als der Dampfmaschine, aber die Entwicklung des Dieselmotorenbaues hat diese Überlegung nicht beachtet, und der Erfolg hat sie widerlegt. Nur bei Zylindern von großem Durchmesser wird es notwendig, den Tauchkolben zu verlassen und Kreuzkopf mit Gleitbahn vorzusehen, weil bei großen Tauchkolbenmaschinen die Beherrschung des Flächendruckes des Kolbenbolzens und seiner Temperatur Schwierigkeiten macht. Doppeltwirkende Maschinen müssen mit Kreuzkopf gebaut werden.

Bei Viertakt-Kreuzkopfmaschinen genügt meistens die eingleisige ungekühlte Gleitbahn (Bild 276). Die Gleitbahn a ist eine ebene, gußeiserne, auf der Rückseite durch Längs- und Querrippen versteifte Platte, die keine Schmiernuten erhält; diese werden im Gleitschuh des Kreuzkopfes angebracht (Bild 290 und 291). Die Gleitbahn wird an je zwei Ständern b des Maschinengestelles durch Schraubenbolzen c befestigt; die Bolzen liegen zwecks Vergrößerung ihrer Länge in hohen Warzen, die an den Ständern und am Gleitbahnkörper angegossen sind. Dadurch wird der Unterschied zwischen der Beanspruchung der Schrauben durch die Vorspannung und der um die Belastung durch den Gleitbahndruck vermehrten Beanspruchung verringert. Die in den oberen und unteren Ecken liegenden Schrauben c sind als Paßbolzen ausgebildet.

Die Gleitbahn a nimmt den Normaldruck des Triebwerkes bei Vorwärtsgang der Maschine auf; der Drehsinn der Maschine bestimmt, auf welcher Ständerseite die Gleitbahnen anzubringen sind. Bei umsteuerbaren Maschinen kehrt sich die Richtung des Normaldruckes bei Rückwärtsfahrt um;

hierfür muß eine zweite Gleitbahn vorgesehen werden, wozu zwei Leisten d gegen die Gleitbahn a geschraubt sind. Deren Gleitfläche fällt um etwa $^1/_3$ kleiner als die Vorwärtsgleitfläche aus, und der Normaldruck auf die Rückwärtsgleitbahn nimmt dementsprechend zu. Da man aber den Normaldruck der Vorwärtsfahrt ohnehin nur klein zu wählen pflegt (meistens nicht höher als 3 bis 4 kg/cm²), und da die Rückwärtsfahrt immer nur kurze Zeit dauert, so ist ein höherer Gleitbahndruck auf die Rückwärtsleisten zulässig.

Um der Abnutzung der Weißmetallgeiltflächen am Kreuzkopf Rechnung zu tragen, sind zwischen die Rückwärtsleisten d und die Gleitbahn a Messingbleche von einigen mm Gesamtstärke gelegt. Wenn eine Abnutzung festgestellt ist, nimmt man von den Messingblechen so viele heraus, daß das ursprüngliche Spiel zwischen dem Gleitschuh und der Gleitbahn, z. B. 0,2 mm, wiederhergestellt wird. Von den Befestigungsschrauben der Rückwärtsleisten sind vier als Paßschrauben ausgebildet.

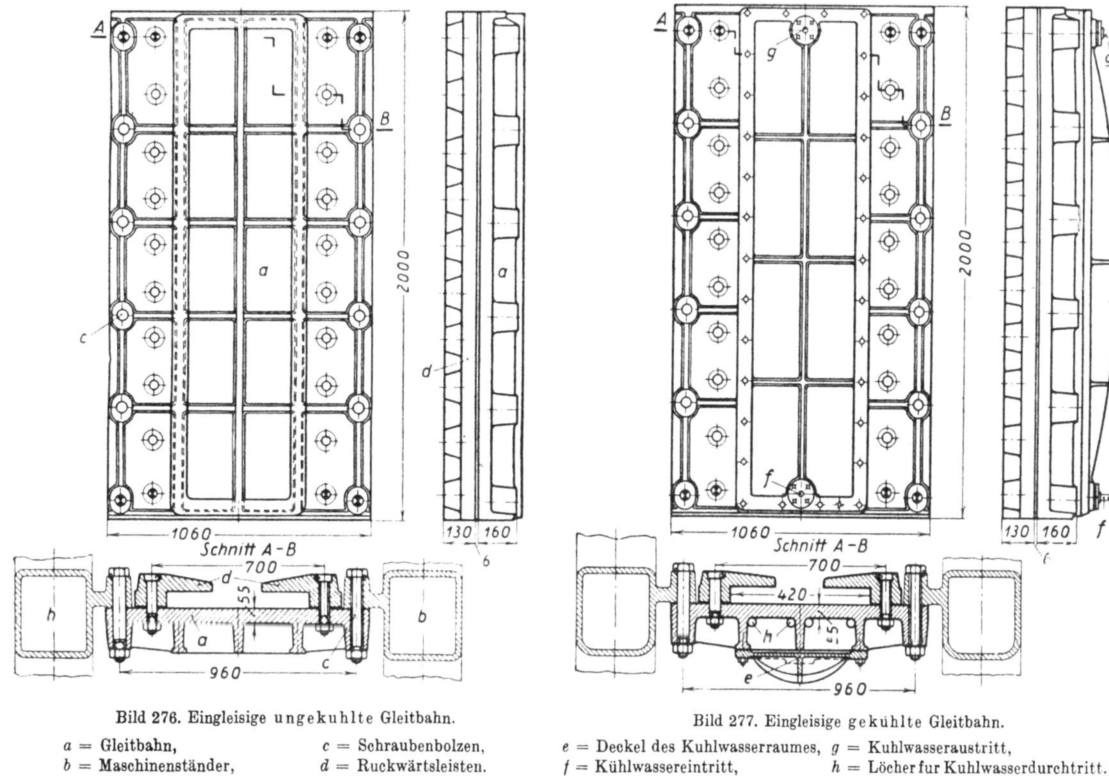

<table>
<tr><td>

Bild 276. Eingleisige ungekuhlte Gleitbahn.

a = Gleitbahn,
b = Maschinenständer,
c = Schraubenbolzen,
d = Ruckwärtsleisten.

</td><td>

Bild 277. Eingleisige gekühlte Gleitbahn.

e = Deckel des Kuhlwasserraumes,
f = Kühlwassereintritt,
g = Kuhlwasseraustritt,
h = Löcher fur Kuhlwasserdurchtritt.

</td></tr>
</table>

Die Augen für die Schraubenbolzen c sind in vertikaler Richtung oval gegossen, da sie sich beim Gießen (die Gleitbahn wird stehend gegossen) etwas nach oben oder unten versetzen können. Man läuft dann nicht Gefahr, eine Gleitbahn verwerfen zu müssen, nur weil eine Warze am Gußstück zu stark versetzt ist.

Für einfachwirkende Viertaktmaschinen genügt in der Regel die ungekühlte Gleitbahn auch bei größeren Abmessungen, zumal da der Gleitbahnkörper mit seiner Rückseite offen im Maschinenraum liegt und durch Strahlung einen Teil der durch die Reibung erzeugten Wärme abgibt; der Rest wird durch das Schmieröl abgeführt. Wenn aber die Maschine auch für die Fahrt in den Tropen bestimmt ist, so empfiehlt es sich, die Vorwärtsgleitbahn zu kühlen (Bild 277), während man die Rückwärtsleisten ungekühlt läßt. Die Konstruktion nach Bild 276 kann für die Kühlung leicht eingerichtet werden: die umlaufende Rippe auf der Rückseite der Vorwärtsgleitbahn wird an ihrer Oberkante bearbeitet, und der von ihr umschriebene Raum wird durch einen Deckel e (Bild 277) verschlossen. Das Kühlwasser wird bei f zu- und bei g abgeführt. In den waagerechten Querrippen sind Löcher h so eingegossen, daß das Kühlwasser gezwungen wird, an der Rückwand der Gleitflächen aufwärts zu strömen, damit diese Wand gut gekühlt wird.

Bei doppeltwirkenden Maschinen bedarf die Kolbenstange einer besonders genauen Führung, damit sie ohne seitliches Wandern in ihrer Stopfbuchse arbeiten kann. Hier ist der viergleisige Kreuzkopf mit vier Gleitbahnen am Platz, der die Kolbenstange in beiden Drehrichtungen besser als die eingleisige Gleitbahn führt. Die Gleitbahnen werden im Innern des Kurbelgehäuses angeordnet (Bild 278); sie werden gegen die Innenseite der Ständer geschraubt und sind daher der Kühlung durch die Außenluft entzogen. Infolgedessen wird es nötig, sie durch Wasser zu kühlen; man gießt sie als lange, schmale Hohlkästen und führt das Kühlwasser unten bei a ein und oben bei b ab. Die Öffnungen für den Kühlwasserzu- und -abfluß dienen zugleich als Kernlöcher; außerdem sind zwei weitere Kernverschraubungen c vorgesehen. Die Gleitbahnen werden durch je eine Reihe Stiftschrauben d und Kopfschrauben e an den Ständern befestigt, wodurch es möglich wird, die zwischen den Gleitbahnen und den Ständern liegenden Messingbleche, mittels deren man das Spiel zwischen den Gleitschuhen des Kreuzkopfes und den Gleitbahnen einstellen kann, herauszuziehen (bzw. ihre Zahl zu vermehren), ohne die Gleitbahnen abzubauen, da man nur die Kopfschrauben herauszudrehen braucht. Die Messingbleche, die um die Stiftschrauben herum ausgeklinkt sind, können dann leicht herausgezogen werden. Da bei wiederholtem Herausdrehen das Gewinde für die Kopfschrauben leiden würde, wenn es unmittelbar in die gußeiserne Gleitbahn geschnitten wird, so sind Stahlbuchsen f mit Gewinde in die Gleitbahn eingesetzt, und die Kopfschrauben sitzen in diesen Buchsen, wodurch das Gewinde geschont wird. Jede Gleitbahn wird durch zwei mit Draht gesicherte Kegelstifte g in ihrer genauen Lage gehalten. Bei den Kegelstiften ist der Flansch der Gleitbahn verstärkt, damit die Stifte eine gute Führung erhalten. Das Gewinde h dient zum Einschrauben von Tragaugen.

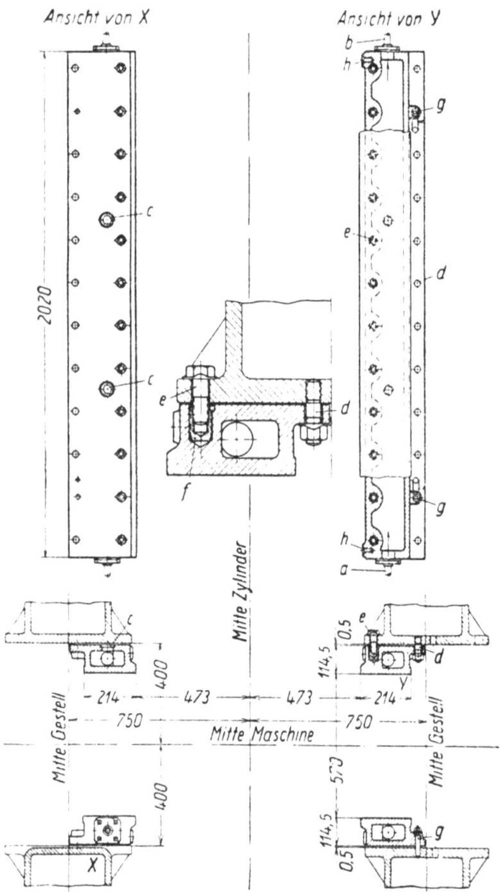

Bild 278. Viergleisige gekuhlte Gleitbahn.

a = Kuhlwasserzufluß, e = Kopfschrauben,
b = Kuhlwasserabfluß, f = Gewindebuchsen,
c = Kernschrauben, g = Kegelstifte,
d = Stiftschrauben, h = Gewinde fur Tragschrauben.

6. Der Kurbeltrieb

a) Kurbelwellen

Die Hauptabmessungen mehrfach gekröpfter Kurbelwellen nur durch Rechnung zu ermitteln, ist nicht möglich[1]. Auch wenn die Kräfte, welche die Kurbelwelle im Betrieb beanspruchen, genau bekannt sind, ist doch die Verteilung der Spannungen, die sich aus Biege- und Drehbeanspruchungen zusammensetzen, so verwickelt und in so hohem Maß von den Auflagerbedingungen, der Steifigkeit der Grundplatte, dem Lagerspiel und der Lagerabnutzung abhängig, daß die Berechnung keine zuverlässigen Werte ergeben kann. Nur durch statische und dynamische Dehnungsmessungen

---

[1] Das Studium der Sonderabhandlungen von Enßlin: Mehrmals gelagerte Kurbelwellen mit einfacher und doppelter Kröpfung, Stuttgart: A. Bergsträsser 1902, und von Geßner: Mehrfach gelagerte abgesetzte und gekröpfte Kurbelwellen, Berlin: Springer-Verlag 1926, ist gleichwohl empfehlenswert.

(vgl. S. 238) kann ein Einblick in die Verteilung der Spannungen gewonnen werden. Solche Versuche sind von der Maschinenfabrik Augsburg-Nürnberg und E. Lehr ausgeführt worden.

Man hilft sich in der Praxis, indem man die Hauptabmessungen der Wellen nach den Vorschriften der Schiffsklassifikations-Gesellschaften (Germanischer Lloyd, Lloyd's Register of Shipping u. a.) berechnet, die in der Hauptsache auf der Erfahrung beruhen und für alle vorkommenden Zylinderzahlen und Kurbelanordnungen brauchbare Werte ergeben. Die Formeln liefern den Durchmesser der Kurbel- und Wellenzapfen und die Hauptmaße der Kurbelwangen, womit die Kurbelwelle nach Festlegung des Abstandes der Zylindermitten aufgezeichnet werden kann. Die Nachrechnung der spezifischen Flächendrücke in den Lagerzapfen (Zahlentafel 20, S. 250) ergibt, ob die Abmessungen beibehalten werden können. In freilich nur engen Grenzen können die Flächendrücke herabgesetzt werden, indem man die in Richtung der Kurbelwellenachse gemessene Wangenstärke verkleinert und die Breite der Wange senkrecht zur Achse vergrößert.

Spannungsspitzen treten erfahrunsgemäß in den Übergängen von den Kurbel- und Wellenzapfen in die Wangen auf. Diese Stellen führt man daher mit so großen Abrundungshalbmessern aus, wie es die Rücksichtnahme auf die Flächendrücke in den Lagern erlaubt. Wo an den Wangen Anlaufbunde für das untere Pleuellager vorgesehen sind, dürfen die Bunde keinesfalls scharf gegen die Wange abgesetzt werden, sondern müssen mit einem möglichst großen Radius in die Wange einlaufen.

Wenn die Kurbelwelle und die Wellenleitung aufgezeichnet und die Triebwerkteile und die mit der Wellenleitung verbundenen Massen bestimmt sind, muß die Anlage auf kritische Drehschwingungen nachgerechnet werden[1]. Da es nicht immer möglich ist, die reduzierten Längen und Massen genau zu ermitteln — insbesondere ist die Schätzung der mit dem Propeller schwingenden Wassermasse unsicher —, so muß damit gerechnet werden, daß nach Fertigstellung der Anlage die gemessenen kritischen Drehzahlen mit der Rechnung nicht genau übereinstimmen. Es empfiehlt sich daher, an geeigneten Stellen der Wellenleitung oder an der Kurbelwelle selbst (vgl. f und g in Bild 279) die Möglichkeit vorzusehen, Zusatzmassen anzubringen, durch die man die kritischen Drehzahlen wenigstens nach unten verschieben kann. Ihre Höherlegung ist nur durch Verkleinerung der schwingenden Massen möglich, die meistens nicht ausführbar ist, oder durch Verstärkung der Wellenleitung, die stets erhebliche Kosten verursacht.

Als Werkstoff für die Kurbelwellen eignet sich Siemens-Martin-Stahl von 50 bis 60 kg/mm² Festigkeit und 22% Dehnung oder auch mit Rücksicht auf die hohen Flächenpressungen ein härterer Stahl von 60 bis 70 kg/mm² Festigkeit und 17% Dehnung, diese bezogen auf die fünffache Meßlänge des Probestabes. Für hochbeanspruchte Kurbelwellen nimmt man legierte und vergütete Stähle von 80 bis 95 kg/mm² Festigkeit.

Was die Herstellung der Kurbelwellen betrifft, so werden kleinere und mittlere Wellen aus einem Stück geschmiedet (Bild 279), große in zwei (Bild 280 und 281) oder nötigenfalls in drei Teilen hergestellt, die durch angeschmiedete Flanschen verbunden werden. Große Wellen von 400 bis 450 mm Zapfendurchmesser an sind einfacher herstellbar, wenn die Kröpfungen und Wellenzapfen aus einzelnen Teilen angefertigt und durch Schrumpfung verbunden werden. Man spricht dann von „gebauten" Wellen. Ist der Kurbelradius groß genug im Verhältnis zu den Durchmessern der Wellen- und Kurbelzapfen (die meistens gleich ausgeführt werden), so kann man auch die Kurbelwangen und den Kurbelzapfen für sich herstellen und mit den Wellenzapfen zusammenschrumpfen; die Herstellung der Wangen wird dann besonders einfach, da sie sämtlich das gleiche Profil erhalten. Man bezeichnet in diesem Fall die Kurbelwelle als „ganz gebaut". Diese Herstellungsart ist aber nur möglich, wenn der Kurbelradius so groß ist, daß zwischen dem Kurbel- und dem Wellenzapfen innerhalb der Wange soviel Werkstoff stehenbleibt, daß dieser an der schwächsten Stelle nicht wesentlich schmaler als $d/3$ wird, wenn d der Zapfendurchmesser ist (vgl. Bild 280). Andernfalls muß man die ganze Kröpfung aus einem geschmiedeten Block herstellen und nur die Wellenzapfen einschrumpfen („halb gebaute" Kurbelwelle, Bild 281).

Zuweilen werden auch die Kurbelwangen aus Stahlguß angefertigt und die Kurbel- und Wellenzapfen eingeschrumpft. Man hat dann die Möglichkeit, die zum Ausgleich des umlaufenden

---

[1] Vgl. Wydler: Drehschwingungen in Kolbenmaschinenanlagen und das Gesetz ihres Ausgleichs. Berlin: Springer-Verlag 1922. Dort auch ein Hinweis auf grundlegende Arbeiten über Drehschwingungen.

Anteils der Triebwerkmassen erforderlichen Gegengewichte mit den Wangen aus einem Stück
zu gießen.

Eine gute Schrumpfverbindung ergibt sich erfahrungsgemäß, wenn der einzuschrumpfende
Zapfen $^1/_{1000}$ bis $^1/_{1200}$ seines Durchmessers größer gedreht wird als die Bohrung, in die er eingeschrumpft werden soll. Bei sorgfältiger Ausführung der Schrumpfung wird die Verbindung ebenso
fest wie eine aus einem Stück geschmiedete Kröpfung. Dübel (a in Bild 280), die man früher in
die Schrumpffuge zwischen Kurbelwange und Wellenzapfen zu treiben pflegte, damit sie das

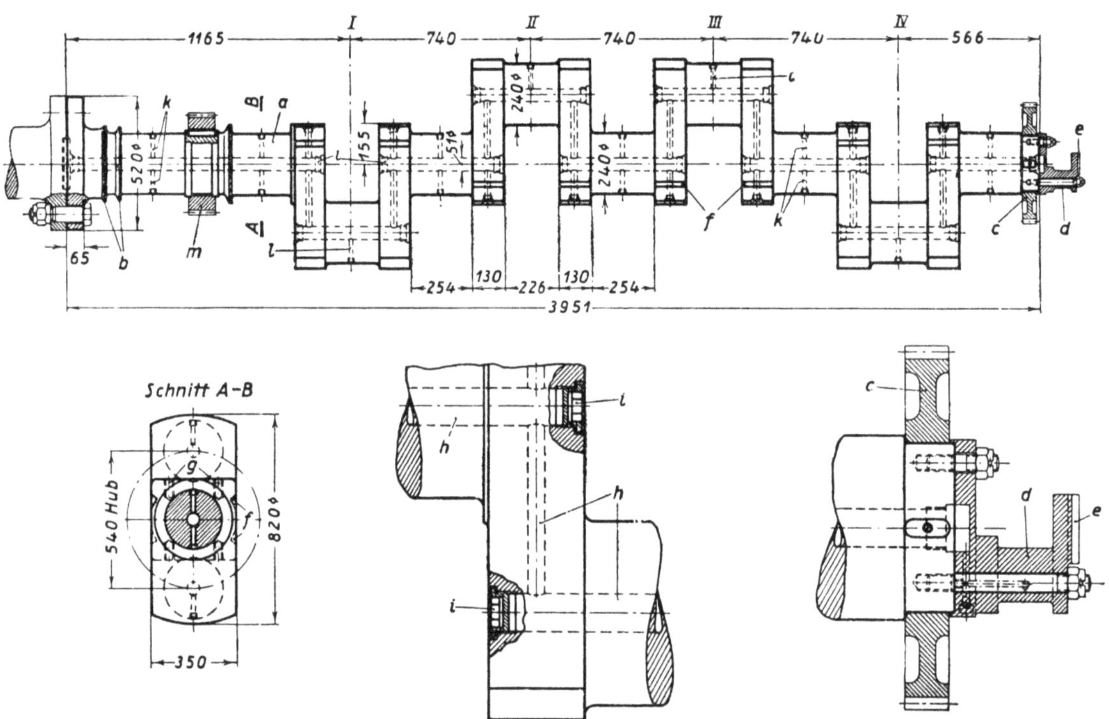

Bild 279. Kurbelwelle eines Vierzylinder-Viertaktmotors 400 PSe, 250 U/min.

a = Wellenzapfen für Paßlager,	g = Gewinde zur Befestigung von Gegengewichten,
b = Spritzringe,	h = Längs- und Querbohrungen für Schmieröl,
c = Zahnrad für Anfahrluftverdichter,	i = Verschlußdeckel der Schmierölbohrungen,
d = Stirnkurbel für Kühlwasserpumpe,	k = Bohrungen für Schmierölzufuhr zu den Grundlagern,
e = Schlitz für Mitnehmernase der Schmierölpumpe,	l = Bohrungen für Schmierölzufuhr zu den unteren Pleuellagern,
f = Einschnitt für Tangentialkeile zur Befestigung von Gegengewichten,	m = Schraubenrad für Steuerwellenantrieb.

Drehmoment übertragen sollten, sind schädlich, da sie die geschrumpfte Faser durchschneiden
und die Schrumpfverbindung schwächen.

Die Anordnung der Kurbeln ergibt sich aus der Zylinderzahl, dem Arbeitsverfahren (ob
Vier- oder Zweitakt), aus der Forderung, daß bei zwei nebeneinanderliegenden Kurbeln möglichst
nicht zwei Zündungen aufeinanderfolgen sollen, damit das dazwischenliegende Grundlager geschont wird, ferner aus der Rücksichtnahme auf die Gleichmäßigkeit der Drehkraftlinie und
schließlich aus der Berücksichtigung des Massenausgleiches. Bei den aus zwei zusammengeflanschten
Teilen bestehenden Kurbelwellen wird zuweilen die weitere Forderung erhoben, daß die beiden
Teile austauschbar sein sollen, damit eine Wellenhälfte als Reserve für die ganze Kurbelwelle
dienen kann. Oft wird es nicht möglich sein, alle Forderungen zu erfüllen; man muß die eine oder
andere Rücksichtnahme opfern. Bei der Kurbelwelle nach Bild 279 ist eine Kurbelfolge ausgeführt,
die einen gleichmäßigen Zündabstand und damit die vorteilhafteste Drehkraftlinie ergibt. Es
bleiben aber unausgeglichene Massenkräfte II. Ordnung übrig, welche Erschütterungen des Fundamentes hervorrufen können.

Bei Sechszylinder-Viertaktmaschinen wählt man immer eine Kurbelfolge nach Bild 280, bei
welcher der Massenausgleich vollkommen und die Drehkraftlinie so gleichmäßig ist, wie es bei

dieser Kurbelzahl erreicht werden kann. Die Kurbeln stehen symmetrisch zur Mitte der Kurbelwelle. Die beiden Kurbelwellenteile werden dann, auch abgesehen von dem Flansch am hinteren Ende der Welle, nicht austauschbar; sie sind symmetrisch, aber nicht kongruent, und wenn man eine Reservewelle vorrätig halten will, so muß man beide Teile beschaffen. Austauschbar werden die Teile nur unter Verzicht auf den Massenausgleich; da hierdurch aber die Ruhe des Ganges gefährdet werden würde, so pflegt man bei Sechszylinder-Viertaktmaschinen auf die Austauschbarkeit der Wellenhälften zu verzichten. Das gleiche gilt für Achtzylinder-Viertaktmotoren.

Bei der Kurbelwelle Bild 281 dagegen, die zu einem sechszylindrigen doppeltwirkenden Zweitaktmotor gehört, sind beide Hälften bezüglich der Kurbelanordnung austauschbar, und wenn

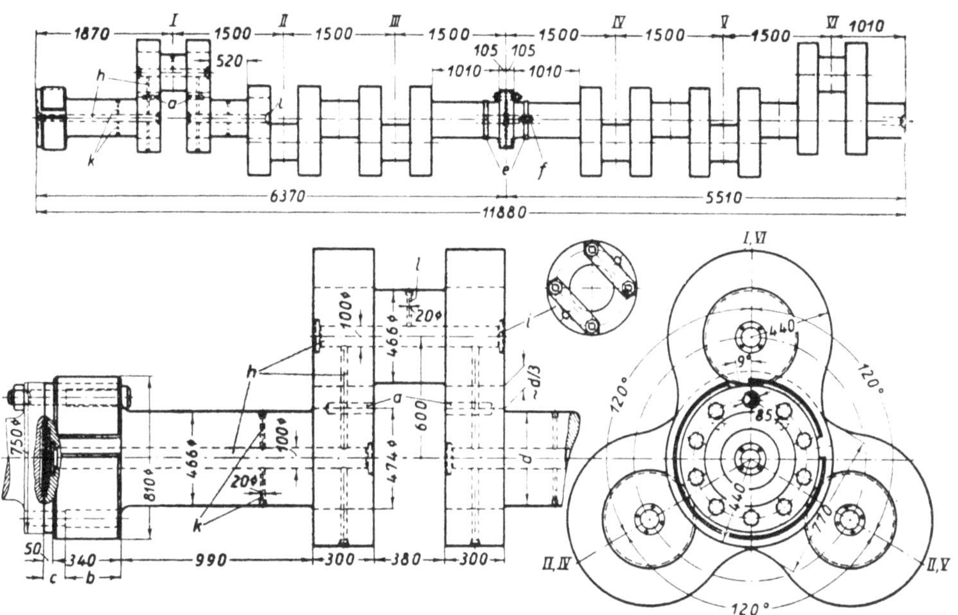

Bild 280. Kurbelwelle eines Sechszylinder-Viertaktmotors, 2400 PSe, 120 U/min.

a = Dübel zwischen Wellenzapfen und Kurbelwangen (zu vermeiden),
b = Aussparung zur Verminderung der Aufreibarbeit,
c = Länge des Paßsitzes der Kupplungsbolzen,
d = Zapfendurchmesser,
e = Bunde für Antriebszahnrad der Nockenwelle,
f = Federkeil für Antriebszahnrad der Nockenwelle,
h = Längs- und Querbohrungen für Schmieröl,
i = Verschlußdeckel der Schmierölbohrungen,
k = Bohrungen für Schmierölzufuhr zu den Grundlagern,
l = Bohrungen für Schmierölzufuhr zu den unteren Pleuellagern.

man die halbe Reservewelle mit dem verstärkten Flansch versieht, der am hinteren Ende der Welle für das Schwungrad angeschmiedet ist, dann paßt die Reservewelle für beide Hälften. Bei Auswechslung der vorderen Hälfte bleibt der Flansch unbenutzt. Das Drehmoment ist bei dieser Kurbelfolge ebenfalls recht gleichmäßig und der Massenausgleich so günstig, wie er bei Sechszylinder-Zweitaktmaschinen mit gleichmäßigem Kurbelabstand sein kann.

Der Endflansch, der die Leistung des Motors auf die Arbeitsmaschine (Propeller, Generator usw). zu übertragen hat, wird aus einem Stück mit der Welle geschmiedet; der Flansch muß in den Schaft durch große Abrundungen übergeführt werden. Wo ein Schwungrad vorhanden ist, macht man den Flansch so breit (Bild 280 und 281), daß die Schwungradnabe darauf Platz findet (vgl. Bild 323 und 324); dadurch kommen die Keile, die das Schwungrad mit der Welle verbinden, in größere Entfernung von der Wellenachse, und der Flankendruck, den sie infolge des Voreilens und Zurückbleibens der Welle gegenüber dem Schwungradkranz erfahren, wird geringer. Bei der Kurbelwelle nach Bild 279 ist kein Schwungrad vorgesehen, weil der Motor zur Kupplung mit einem Außenpolgenerator bestimmt ist, bei dem der schwere Polkranz als Schwungmasse wirkt, und der Endflansch kann daher schmal gemacht werden. Die in schmalen Flanschen sitzenden Paßbolzen lassen sich leichter als in breiten Flanschen aufreiben. Bei diesen führt man die Bohrung für die Paßbolzen auf die Länge b (Bild 280) um einige mm im Durchmesser größer aus als den Bolzenschaft und läßt den Bolzen nur auf der Länge c anliegen; dadurch wird an Aufreibarbeit gespart.

Auch die mittleren Flanschen, die bei großen Kurbelwellen die Wellenhälften miteinander verbinden, werden angeschmiedet. Um den Raum, den sie in Anspruch nehmen, auszunutzen, setzt man häufig das Antriebszahnrad der Steuernockenwelle (vgl. Bild 344, S. 332) auf die Verbindungsflanschen. Die an die Welle angedrehten Bunde e und der Federkeil f (Bild 280 und 281) dienen zur Befestigung des Zahnrades; die Bunde e sind an beiden Wellenhälften vorgesehen, damit das Zahnrad auf der einen oder anderen Hälfte aufgekeilt werden kann, je nachdem ob ein Links- oder ein Rechtsmodell gebaut werden soll. Die Zahl der Verbindungsbolzen wählt man möglichst groß, damit der Flanschdurchmesser und die Zahnradnabe klein werden. Bei zwölf Bolzen in den Mittelflanschen ergibt sich der Vorteil, daß man die Kurbelstellungen der einen Wellenhälfte relativ zu denen der anderen nachträglich um 30° ändern kann; man hat damit die Möglichkeit, in der ausgeführten Maschine ohne größere Änderungen verschiedene Kurbelstellungen hinsicht-

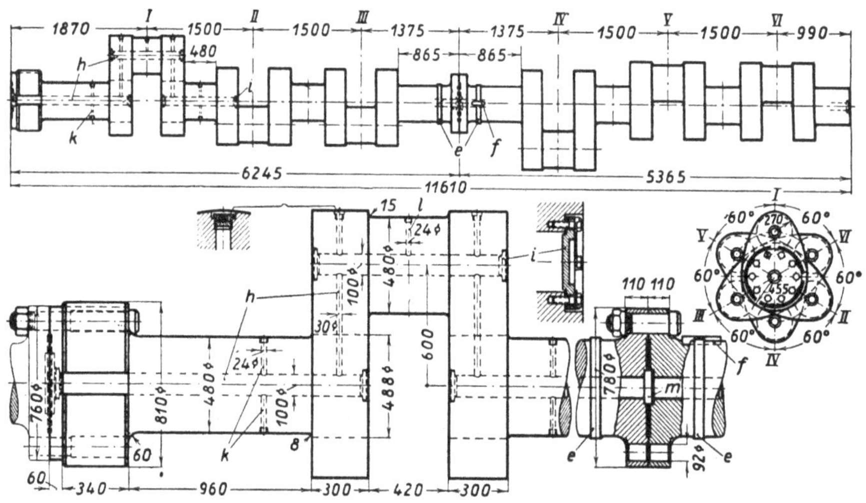

Bild 281. Kurbelwelle eines Sechszylinder-Zweitaktmotors, 6000 PSe, 125 U/min.

e, f, h, i, k, l wie in Bild 280, m = Lose Zentrierscheibe.

lich Ruhe des Ganges, Sicherheit des Anfahrens usw. zu erproben. Bei Zweitakt-Schiffsmaschinen, bei denen der Einfluß der Massenwirkungen auf das Schiff sich nicht immer mit Sicherheit voraussehen läßt, wird hiervon zuweilen Gebrauch gemacht.

Bei der Kurbelwelle nach Bild 279 wird das zum Antrieb der Steuernockenwelle dienende Schraubenrad m am hinteren Wellenende zwischen dem Paßlager und dem Flansch befestigt. Damit das Schraubenrad auf die Welle aufgebracht werden kann, wird es geteilt; seine Hälften werden durch Keilbolzen verbunden.

Die beiden Wellenhälften müssen gegeneinander und die Endhälfte muß mit der anzutreibenden Welle genau zentriert sein. Der Zentrierversatz wird nicht aus dem Flansch herausgearbeitet, sondern als herausnehmbare Scheibe (m in Bild 281) ausgeführt, die man nur während der Bearbeitung zwischen den Flanschen sitzen läßt, bis die Bohrungen für die Paßbolzen aufgerieben und diese eingepaßt sind. Dann entfernt man die Scheibe, und nunmehr übernehmen die Paßbolzen die Zentrierung. Muß dann später gelegentlich eine Wellenhälfte ausgebaut werden, so braucht man nur die Paßbolzen herauszuschlagen und kann die Wellenhälfte anheben, ohne sie axial verschieben zu müssen.

Bei der Kurbelwelle Bild 279 sind neben dem Flansch zwei Spritzringe b angedreht, die zur Abdichtung des Wellendurchtrittes durch das Kurbelgehäuse dienen. Bei großen Wellen ist es einfacher und billiger, die Spritzringe getrennt anzufertigen und auf die Welle zu setzen (vgl. a in Bild 271).

Vom vorderen Stirnende der Kurbelwelle wird zuweilen der Antrieb einer oder mehrerer Hilfsmaschinen abgeleitet, wenn diese nicht getrennt aufgestellt sind. Bei der Kurbelwelle nach Bild 279 ist am vorderen Ende das Zahnrad *c* aufgekeilt, das zum Antrieb des an die Hauptmaschine angehängten Anfahrluftverdichters dient. Das Zahnrad wird von der mit sechs Stiftschrauben und zwei zylindrischen Stiften am Stirnende der Welle befestigten geschmiedeten Stirnkurbel *d* gehalten, von der die angehängte Kühlwasserpumpe (vgl. Bild 362, S. 359) angetrieben wird. Die Kurbel *d* hat an ihrem rechten Ende einen symmetrisch zur Wellenachse liegenden Schlitz *e*, in den die Mitnehmernase der Zahnradschmierölpumpe (vgl. auch Bild 220, S. 194) greift.

Bei der Kurbelwelle Bild 279 sind an allen Wangen Einschnitte *f* für Tangentialkeile und Gewinde *g* vorgesehen, deren Zweck auf S. 265 angegeben wurde.

Die Schmierung der Kurbelwellen- und Pleuellager wird als Umlauf-Preßschmierung ausgebildet. Die Kurbelwelle wird ihrer ganzen Länge nach axial durchbohrt; die Bohrungen werden auch durch die Kurbelzapfen und in radialer oder schräger Richtung durch die Kurbelwangen geführt, so daß ein fortlaufender Schmierölkanal entsteht, dessen Bohröffnungen durch versenkte Stahldeckel *i* mit Kupferdichtungen verschlossen werden. Damit sich kein Gewindestopfen herausschrauben kann, was ein Abströmen des Schmieröles in das Kurbelgehäuse und Zerstörung der Lager zur Folge haben würde, wird der Stahl der Kurbelwangen über die Stopfen gestemmt, so

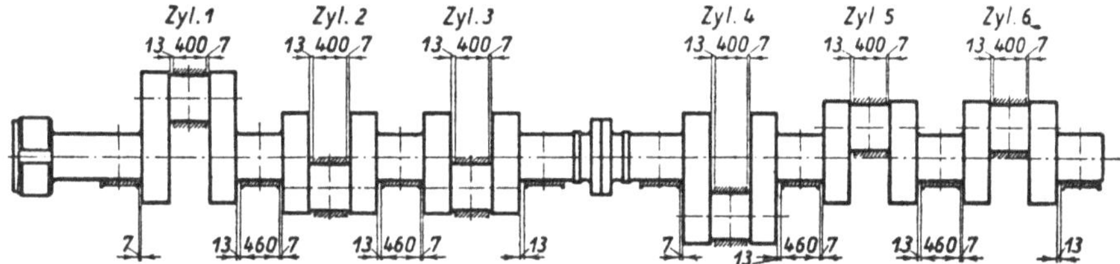

Bild 282. Einstellung der axialen Lagerspiele einer Kurbelwelle in kaltem Zustand.

daß sie sich nicht lockern können. Das vom Filter und Kühler kommende Schmieröl tritt zuerst in die Grundlager, in denen ein Teil des Öles seitlich abströmt, und darauf in die radialen Bohrungen *k*, die in jedem Grundlager mit der mittleren Ringnut (vgl. *n* in Bild 260 bis 262) in Verbindung stehen. Das unter Überdruck stehende Schmieröl gelangt während der Drehung der Welle in die Hohlräume *h* und die Bohrungen *l* der Kurbelzapfen, von denen es ebenso wie in den Grundlagern in die Lagerschalen der unteren Pleuelköpfe tritt. Von diesen fließt es in den hohlgebohrten Schäften der Pleuelstangen (vgl. Bild 284 bis 286) aufwärts zu den Kolbenbolzen bzw. Kreuzköpfen und deren Gleitschuhen; seine Menge verringert sich dabei allmählich, da an jeder Schmierstelle etwas Öl seitlich abströmt.

Bei der Einlagerung einer Kurbelwelle in die Grundplatte muß um so mehr Rücksicht auf die Wärmedehnung der Welle genommen werden, je länger diese ist. Die Welle erwärmt sich im Betrieb stärker als die Grundplatte; dadurch entstehen Verschiebungen zwischen den Lagerzapfen und den Grund- und Pleuellagern, die mehrere mm betragen können und ein Anstreifen der Kurbelwelle an den Bunden der Lagerschalen verursachen würden, wenn dies nicht bei der Einstellung der Kurbelwelle berücksichtigt wird. Stets wird die Welle in axialer Richtung an einem Punkt festgehalten, damit sie im Betrieb nicht wandert; bei Schiffsmaschinen ist es das den Propellerschub aufnehmende Drucklager, während man bei ortsfesten Maschinen gewöhnlich ein Lager in der Nähe des Schwungrades als Paßlager ausbildet (*a* in Bild 279). Von diesem Punkt aus verschiebt sich die Welle bei ihrer Erwärmung relativ zu den Grundlagern, so daß, wenn man die Kurbelwelle bei kalter Maschine mit ihren Lagerzapfen symmetrisch zu allen Lagerstellen eingestellt hat, die Verschiebung um so stärker wird, je weiter das Lager vom Festpunkt entfernt liegt. Man stellt der Einfachheit halber die Kurbelwelle in kaltem Zustand so ein, daß alle axialen Lagerspiele gleichmäßig unsymmetrisch sind (Bild 282), so daß nach Erwärmung der Welle der am stärksten verschobene Zapfen noch genügend axiales Spiel in seinem Lager hat. Dann steht zwar die Mehrzahl der Lagerzapfen etwas unsymmetrisch zu den Lagerschalen, aber da ohnehin axiales Spiel zwischen den Kurbelwangen und den Grundlagern vorhanden sein muß, so ist dies nicht nachteilig. Man hat nur darauf zu achten, daß die Schalen der unteren Pleuelstangenlager ebenfalls so viel Spiel gegen die Kurbelzapfen haben, daß die Pleuelstangen durch die Wärmedehnungen der Kurbelwelle nicht zum Zwängen gebracht werden. Andererseits dürfen aber die Pleuelstangen in axialer Richtung nicht wandern, was dadurch verhindert wird, daß man dem oberen Pleuelstangenlager am Kolbenbolzen bzw. Kreuzkopf nur einige zehntel mm axiales Spiel gibt, so daß die Stange oben gegen axiale Verschiebungen gehalten ist, während der Kurbelzapfen sich im unteren Pleuellager frei verschieben kann, wenn die Kurbelwelle durch Erwärmung ihre Länge ändert. Bild 282 zeigt die axialen Spiele in den Grundlagern und den unteren Pleuellagern der Kurbelwelle (Bild 281) in kaltem Zustand; sie sind so bemessen, daß in der warmen Maschine etwa die Grundlager zwischen den Kurbeln 3 und 4 symmetrisch zu den benachbarten Wangen stehen und das auf den mittleren Kupplungsflanschen aufgekeilte Stirnrad richtig mit seinem Gegenrad kämmt, während alle übrigen Lager ungleiche axiale Spiele haben.

Bild 283. Einlagerung einer Kurbelwelle.

Bild 283 zeigt die Kurbelwelle Bild 281 im Kran hängend; sie soll in die Lager der darunterliegenden Grundplatte eingeschabt werden, wozu man die Lagerzapfen mit Tuschierfarbe bestreicht, die Welle in die Grundlager legt und mit einem um die mittleren Kupplungsflanschen geschlungenen Seil mit Hilfe des Kranes einige Male dreht. Die zu hoch liegenden Stellen zeichnen sich auf dem Weißmetall der Lager durch schwarze Flecke ab, die mit dem Schaber entfernt werden. Man wiederholt dies so lange, bis alle Lager ein gleichmäßig schwarz gesprenkeltes Aussehen zeigen.

b) Pleuelstangen

Die Form der Pleuelstangen hängt davon ab, ob sie für Tauchkolben- oder Kreuzkopfmaschinen bestimmt sind und ob die Maschinen einfach- oder doppeltwirkend sind. Bei Tauchkolbenmaschinen muß der obere Pleuelstangenkopf in dem engen Hohlraum des Kolbens untergebracht werden und wird daher als geschlossenes Auge ausgeführt (Bild 284 und 285), wenn man nicht eine Konstruktion nach Bild 297, S. 287, wählt, bei welcher der Stangenkopf als Flansch ausgebildet ist. Kreuzkopfmaschinen bedingen eine Gabelung des oberen Kopfes (Bild 286). Die Doppelwirkung verlangt eine erheblich kräftigere Ausbildung des unteren Kopfes (Bild 286 und 287) als bei einfachwirkenden Maschinen, weil die untere Lagerschale durch die Zündungen der Unterseite beansprucht wird.

Bild 284 zeigt die Pleuelstange einer Viertakt-Tauchkolbenmaschine. Der Schaft ist aus Siemens-Martin-Stahl geschmiedet, der eine Festigkeit von 42 bis 50 km/mm², eine Streckgrenze von 23 kg/mm² und eine Dehnung von 25% (bei fünffacher Meßlänge) hat. Das Auge a für das Kolbenbolzenlager ist ungeteilt; das Kurbelzapfenlager b, c dagegen muß geteilt sein, damit es auf den Zapfen aufgebracht werden kann. Bei kleinen Maschinen wird zuweilen die Oberschale b mit dem Stangenschaft aus einem Stück geschmiedet, was die Herstellung verbilligt; dann kann man aber den Verdichtungsraum und damit den Verdichtungsdruck nicht mehr mit einfachen Mitteln verändern. Bei mittleren und größeren Maschinen muß der Stangenschaft vom Kurbelzapfenlager getrennt werden, damit Beilagebleche d in die Teilfuge gelegt werden können, wodurch der Verdichtungsraum verändert werden kann. Die Stahlbleche d haben je nach der Größe der Maschine eine Gesamtstärke von 5 bis etwa 15 mm; ihre Dicke ist so gewählt, daß man die Höhe des Verdichtungsraumes in Stufen von je 0,5 bis 1 mm vergrößern oder verkleinern kann. Hat man im Prüffeld bei allen Zylindern einer Maschine einen gleichmäßigen Verdichtungsdruck eingestellt, so ist es vorteilhaft, die Bleche durch eine einzige sauber gehobelte Platte von der erforderlichen Gesamtstärke zu ersetzen, deren Flächen genau parallel sind; dadurch erreicht man sicherer, daß die Achse des Stangenschaftes auf den waagerechten Mittellinien des oberen und unteren Pleuelstangenkopfes genau senkrecht steht, als wenn einzelne Bleche zusammengeschichtet werden, die zuweilen nicht ganz eben sind.

Zwischen den Lagerhälften b und c des unteren Stangenkopfes müssen ebenfalls Beilagebleche e vorgesehen werden, damit man das Spiel zwischen Kurbelzapfen und Lagerschalen, das je nach dem Durchmesser des Zapfens 0,1 bis 0,25 mm beträgt, einstellen und etwa auftretendem Verschleiß durch Herausnehmen von Blechen Rechnung tragen kann. Die Bleche müssen an den Rändern der Lagerschalen eng am Zapfen anliegen, damit nicht zuviel Schmieröl seitlich abströmt; sie werden daher aus Messing hergestellt, das keine Riefen auf dem Kurbelzapfen verursacht. Die Bleche müssen eine solche Dicke haben, daß das Lagerspiel in feinen Stufen eingestellt werden kann. Bei dem unteren Pleuelstangenlager Bild 286 sind Messingbleche e von folgenden Stärken vorgesehen:

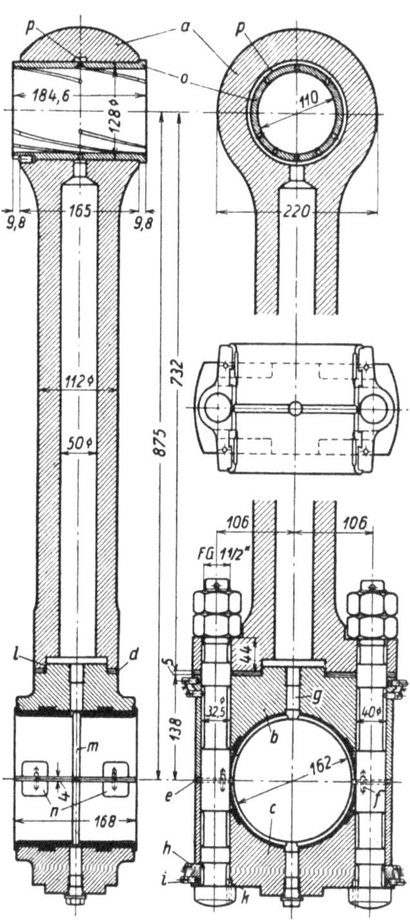

Bild 284.

Pleuelstange einer Viertakt-Tauchkolbenmaschine mit nicht nachstellbarem oberem Stangenkopf.

a = Oberer Stangenkopf,
b, c = Unterer Stangenkopf,
d = Beilagebleche zur Einstellung des Verdichtungsdruckes,
e = Beilagebleche zur Einstellung des Lagerspieles,
f = Zylindrische Stifte zur Sicherung von e,
g = Bohrung für Schmieröldurchtritt,
h = Sicherungsschraube für Stangenbolzen,
i = Sicherung von h,
k = Sicherung des Bolzens gegen Drehen,
l = Zentrierung des Stangenfußes,
m = Ringnut für Schmieröl,
n = Taschen für Schmieröl,
o = Bronzebuchse,
p = Ringnut für Schmierölzuführung.

1 Blech von		0,1 mm	= 0,1 mm	
2 Bleche „	je	0,2 „	= 0,4 „	
1 Blech „		0,5 „	= 0,5 „	
1 Blech „		1 „	= 1,0 „	
2 Bleche „	je	2 „	= 4,0 „	
		zusammen	6,0 mm	

Die Bleche umfassen die Lagerbolzen und werden durch zylindrische Stifte f in ihrer Lage gesichert.

Es ist zweckmäßig, die Lagerhälften b und c des unteren Stangenlagers einfachwirkender Maschinen austauschbar zu machen (Bild 284 und 285), damit eine Lagerhälfte als Reserve für beide Lagerschalen dienen kann. Dann müssen alle Bohrungen, die in der einen Lagerhälfte nötig sind, in der anderen ebenfalls vorgesehen werden, auch wenn sie dort zunächst nicht gebraucht werden. Dies gilt z. B. für die Bohrungen g (Bild 284 und 285), von denen nur die in der oberen Lagerhälfte liegende für die Schmierölzufuhr zum oberen Stangenkopf benötigt wird, während die untere durch einen gut gesicherten Stopfen verschlossen wird. Auch die kleinen Bohrungen h, i, von denen die Bohrung h eine Spitzschraube zur Sicherung der Lagerbolzen gegen Herausfallen (beim Auseinandernehmen des Lagers) aufnimmt, während i zur Sicherung von h dient, wiederholen sich in beiden Lagerhälften, ebenso einige andere Bohrungen (Bild 285).

Bei doppeltwirkenden Maschinen wird die untere Lagerhälfte durch die Verbrennungsdrücke der unteren Kolbenseite auf Biegung beansprucht und muß ein genügend großes Widerstandsmoment erhalten (Bild 286). Hier können die beiden Lagerhälften nicht austauschbar gemacht werden.

Bei einfachwirkenden Viertaktmaschinen beansprucht der Trägheitswiderstand der Triebwerkteile die untere Lagerhälfte auf Biegung, doch sind die Kräfte meist nicht groß; bei einfachwirkenden Zweitaktmaschinen fallen sie fort, solange der Zylinder zündet. Bei aussetzender Zündung hebt

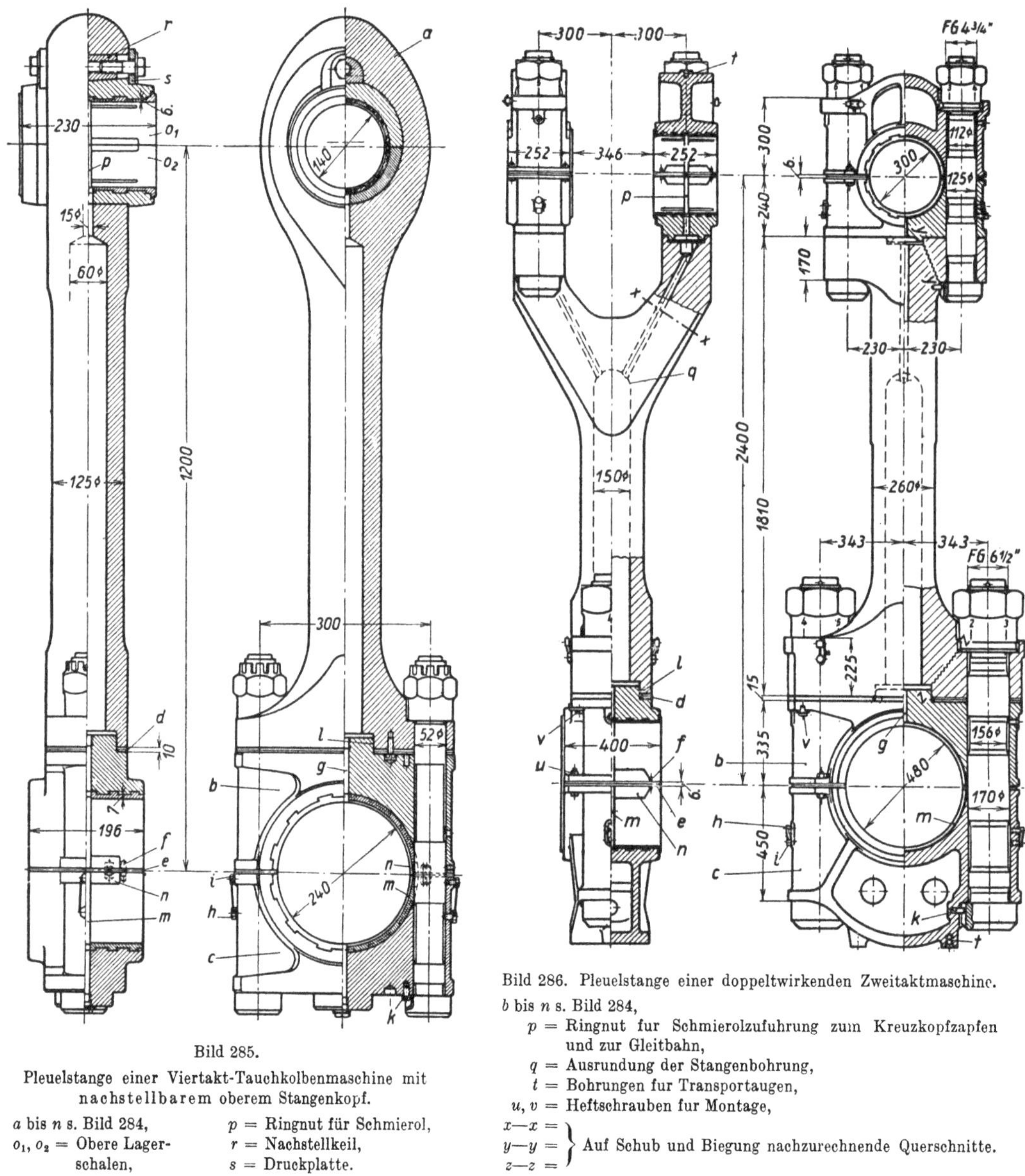

Bild 285.
Pleuelstange einer Viertakt-Tauchkolbenmaschine mit nachstellbarem oberem Stangenkopf.

a bis n s. Bild 284,	p = Ringnut für Schmierol,
o_1, o_2 = Obere Lager-	r = Nachstellkeil,
schalen,	s = Druckplatte.

Bild 286. Pleuelstange einer doppeltwirkenden Zweitaktmaschine.

b bis n s. Bild 284,

p = Ringnut für Schmierölzufuhrung zum Kreuzkopfzapfen und zur Gleitbahn,
q = Ausrundung der Stangenbohrung,
t = Bohrungen fur Transportaugen,
u, v = Heftschrauben fur Montage,

$x—x$ =
$y—y$ = } Auf Schub und Biegung nachzurechnende Querschnitte.
$z—z$ =

der Druck der im Zylinder eingeschlossenen, sich ausdehnenden Luft den Beschleunigungsdruck ganz oder zum größten Teil auf, je nach der Lage der Verdichtungs- bzw. Ausdehnungslinie zur Massendrucklinie. Es ist aber zu beachten, daß bei gelegentlichem Fressen eines Kolbens in seiner Laufbuchse stärkere Biegungsbeanspruchungen in der unteren Lagerschale entstehen können, denen diese gewachsen sein muß.

Als Baustoff für die unteren Stangenköpfe eignet sich Stahlguß; auch geschmiedeter Stahl ist bei einfachen Formen anwendbar. Die Lagerhälften werden mit Weißmetall von derselben Legierung ausgegossen, wie sie bei den Grundlagern (s. S. 252) benutzt wird.

Die Bolzen des unteren Stangenkopfes werden so dicht wie möglich an den Kurbelzapfen gerückt, damit die Hebelarme der den Stangenfuß und die Lagerschalen beanspruchenden Momente möglichst klein werden. Die Bolzen müssen in ihren Bohrungen gut passen, daher werden diese nach dem Bolzendurchmesser aufgerieben. Um hierbei an Arbeit zu sparen, läßt man den Bolzen nicht in seiner ganzen Länge, sondern nur an den Enden und in der Mitte in seiner Bohrung anliegen, so daß der Stangenfuß gegen die obere Lagerschale und diese gegen die untere unverschieblich gesichert ist (Bild 284 bis 286). Zwischen den Auflagestellen wird der Bolzen auf den Kerndurchmesser des Bolzengewindes abgesetzt, wobei die Absätze zur Verminderung der Kerbwirkung mit großen Abrundungshalbmessern hergestellt werden. Als Werkstoff für die Stangenbolzen ist ein Siemens-Martin-Stahl von 52 bis 60 kg/mm² Festigkeit, 35 bis 40 kg/mm² Streckgrenze und 24 bis 22% Dehnung (bei fünffacher Meßlänge) geeignet.

Die Bolzenmuttern müssen gegen die Bolzen und diese gegen das Lager sorgfältig gesichert werden. Die Pleuelstangen Bild 284, 285 und 286 zeigen drei verschiedene Sicherungen, die nicht gleichwertig sind. Bei der Pleuelstange nach Bild 284 ist die Gegenmutter mit Splint gewählt, die zwar billig, aber nicht ganz zuverlässig ist, da es nicht möglich ist, den Splint so genau über der Gegenmutter einzupassen, daß diese sich nicht mehr drehen kann. Auch die Sicherung des Bolzens gegen Drehen ist nicht einwandfrei, weil die Bohrung für den Sicherungsstift k den Bolzen schwächt; auch kann der Stift k nach unten herausfallen. Beide Sicherungen, die der Mutter und des Bolzens, sind bei der Ausführung nach Bild 285 zweckmäßiger: die Kronenmutter mit Splint ist zuverlässig, doch muß die Krone der Mutter möglichst viel Schlitze und der Bolzen zwei zueinander senkrechte Splintlöcher erhalten, damit schon nach einem kleinen Drehwinkel ein Splintloch sich wieder mit zwei Schlitzen der Krone deckt. Der Bolzenkopf ist angefräst; der Kopf der Zylinderschraube k greift in die Einfräsung, deren Form ein Herausfallen von k verhindert. Noch besser ist die Bolzensicherung nach Bild 286, weil der zylindrische Stift k die Einfräsung in den Bolzenkopf schmal zu halten gestattet. Für die Bolzenmuttern ist in Bild 286 die Pennsche Sicherung gewählt, die den Vorzug hat, daß die Mutter in jeder Stellung gesichert werden kann und nicht wie die Kronenmutter in eine bestimmte Stellung gedreht werden muß, wenn man den Splint einführen will. Wie bei der Pennschen Sicherung nach Bild 262 ist ein aufgesetzter Sicherungsring vermieden und die Druckschraube, welche die Mutter sichert, unmittelbar in den Stangenkopf geschraubt. Die Druckschraube wird durch einen Draht gesichert, der durch den Kopf einer zweiten kleinen Schraube gezogen ist.

Die schweren Bolzenmuttern der Pleuelstange Bild 286 tragen an ihrem Umfang in gleichem Abstand eingeschlagene, mit Ziffern bezeichnete Marken, und die obere Fläche des Stangenkopfes erhält einen Teilstrich, so daß man sich die Stellung der Muttern im angezogenen Zustand merken kann. Der richtige Zusammenbau des unteren Stangenlagers nach Überholungsarbeiten wird hierdurch erleichtert.

Ein Splint ist auch bei den Pennschen Muttern in Bild 286 vorgesehen, damit sich die Muttern keinesfalls ganz herausdrehen können. Er ist indessen nicht erforderlich, da schon ein geringes Lockerwerden einer Bolzenmutter sich im Betrieb durch starkes Klopfen im Triebwerk ankündigt, so daß der Maschinist aufmerksam wird und rechtzeitig die Mutter nachziehen kann[1].

Der Versatz l (Bild 284 bis 286), der die obere Lagerhälfte im Pleuelstangenfuß zentriert, muß hoch genug gemacht werden, damit die Zentrierung auch dann noch erhalten bleibt, wenn die Stärke der Beilagebleche d erheblich vergrößert wird. Die Bohrung g im Versatz l ermöglicht dem Schmieröl den Durchtritt durch den hohlgebohrten Schaft zum oberen Stangenlager.

Die Schmierung des unteren und oberen Stangenlagers muß mit großer Sorgfalt durchgebildet werden, weil hiervon die Betriebssicherheit der Maschine in hohem Maß abhängt. Das Schmieröl tritt aus dem hohlen Kurbelzapfen durch eine Radialbohrung (vgl. l in Bild 279) in eine im Weißmetall des unteren Stangenlagers ausgesparte Ringnut m (Bild 284 bis 286), von der aus es zum Teil in die in der waagerechten Teilfuge der Lagerschalen liegenden Taschen n strömt, so daß der Kurbelzapfen bei jeder Umdrehung reichlich mit Schmieröl benetzt wird. Weitere Schmiernuten in der Unterschale sind nicht nur überflüssig, sondern schädlich, weil sie (wie bei den Grundlagern) den

---

[1] Weitere nützliche Hinweise enthält der Vortrag von O. Kraemer: Über Pleuelstangenbolzen, ihre zweckmäßige Gestaltung und Behandlung im Betrieb. Sonderdruck der 2. Betriebsleitertagung 1937 der Allianz und Stuttgarter Verein Vers. A.-G.

Schmierölfilm unterbrechen und seine Tragfähigkeit vermindern. Der sich nicht in das untere Pleuellager abzweigende Teil des Schmieröles tritt in den hohlgebohrten Schaft der Pleuelstange und gelangt zu der oberen Lagerschale (Bild 284 und 285) bzw. zu den oberen Lagerschalen, wenn der obere Stangenkopf gegabelt ist (Bild 286). Hier wird das Schmieröl möglichst gleichmäßig um den Kolbenbolzen bzw. die Kreuzkopfzapfen verteilt. Bei dem oberen Stangenkopf nach Bild 284 ist eine einteilige, nicht nachstellbare Bronzebuchse o verwendet; um diese nicht zu schwächen, ist die Ringnut p nicht in die Buchse, sondern in den Stangenkopf gedreht; sie steht durch mehrere Radialbohrungen mit der Gleitfläche des Kolbenbolzens in Verbindung. Bei der zweiteiligen, mit Weißmetall ausgegossenen Lagerschale o_1, o_2 (Bild 285) liegt die Nut p im Weißmetall; das Schmieröl gelangt durch mehrere in die Nut mündende, parallel der Bolzenachse angeordnete Schmiernuten an den Zapfen. Beim oberen Stangenlager (im Gegensatz zum unteren) ist zu beachten, daß das Lager nur kleine pendelnde Bewegungen macht; die Adhäsion, die beim umlaufenden Zapfen das Schmieröl zwischen Zapfen und Schale zieht, bewirkt hier nur ein Hin- und Herschieben des Öles um einen kleinen Winkel, und es muß daher die Verteilung des Schmieröles durch Schmiernuten unterstützt werden. Diese dürfen aber nicht in der ganzen Breite der Lagerschale durchgeführt werden, sondern müssen in einiger Entfernung vom Rand der Schale enden, damit das Öl nicht,

Bild 287. Pleuelstange nach Bild 286.
u = Heftschrauben für Montage.

ohne sich um den Zapfen verteilt zu haben, aus der Schale seitlich austreten kann. In Bild 284 sind die (etwas schräg gezogenen) Nuten zwar bis an den linken und rechten Schalenrand geführt, jedoch haben sie an ihrem äußeren Ende nur eine geringe Tiefe (0,5 mm). Das bezweckt, in den Nuten eine leichte Strömung des Schmieröles zu unterhalten, welche kleine Schmutzteile fortspült, ohne daß das seitliche Abströmen zu stark wird. Auch in den Kreuzkopfzapfenlagern des gegabelten Stangenkopfes (Bild 286) ist die Schmierung nach ähnlichen Grundsätzen durchgebildet. Hier dienen die beiden Ringnuten p auch zur Weiterführung des Schmieröles in die hohlgebohrten Kreuzkopfzapfen und an die Gleitschuhe des Kreuzkopfes (vgl. Bild 290 und 291).

Die Längsbohrung im Stangenschaft soll, wie erwähnt, das Schmieröl zum oberen Stangenlager führen; sie vermindert ferner das Gewicht des Stangenschaftes, ohne sein Widerstandsmoment zu sehr zu schwächen. Zuweilen wird in die Stangenbohrung ein Stahlrohr eingesetzt zu dem Zweck, das Schmieröl unmittelbar dem Kolbenbolzen zuzuführen, so daß beim Anfahren der Hohlraum der Stange nicht erst aufgefüllt zu werden braucht; dann muß das Rohr sorgfältig abgestützt werden, damit es nicht infolge von Schwingungen bricht. Die Längsbohrung wird an ihrem oberen Ende bis auf einen kleineren Durchmesser abgesetzt, da sonst die Unterstützungsfläche der oberen Lagerschale zu stark verkleinert wird. Der Absatz am oberen Ende der Stangenbohrung ist bei den Pleuelstangen Bild 284 und 285 scharf gezeichnet, wie er sich beim Bohren mit einem normalen Bohrer ergibt, doch ist es besser, ihn auszurunden (q in Bild 286), damit Kerbwirkungen vermieden werden. Die vermehrten Kosten der Herstellung (Anfertigung eines besonderen Bohrwerkzeuges) machen sich durch die Gewähr bezahlt, daß Kerbrisse an dieser Stelle nicht auftreten können.

Der obere Pleuelstangenkopf nach Bild 284 mit ungeteilter Bronzebuchse ist einfach und betriebssicher, kann aber bei Abnutzung der Schale oder des Bolzens nicht nachgestellt werden. Er wird trotzdem häufig ausgeführt, weil es in der Regel billiger wird, eine abgenutzte Bronzebuchse durch eine neue zu ersetzen, als die teurere Bauart nach Bild 285 mit geteilten und nachstellbaren oberen

Lagerschalen. Hier dient der halbrunde Stahlkeil r der Nachstellbarkeit; er kann nach Lockern der einen und durch Anziehen der anderen Kopfschraube in Richtung der Kolbenbolzenachse verschoben werden. Bemerkt man eine Vergrößerung des Kolbenbolzenspieles, so nimmt man von den Teilfugen der Lagerschalen o_1, o_2 durch Hobeln oder Feilen eine dünne Schicht ab und schiebt den Keil r nach. Bei der Montage wird zuerst die Unterschale o_2 in das Pleuelstangenauge gelegt, in welchem sie durch ihre Bunde unverschieblich gehalten wird. Dann schiebt man die Oberschale o_1 hinein, die keine Bunde hat und durch den Keil r und die Platte s, die sich gegen eine Schulter der Schale o_1 stützt, gehalten wird. Damit sich die Oberschale o_1 unter dem Druck des Keiles r nicht durchbiegt, ist die Bohrung im Stangenauge exzentrisch ausgeführt; dadurch wird die Oberschale steifer. Die den Keil r haltenden Kopfschrauben werden durch Umschlagbleche gesichert.

Über die Berechnung der Pleuelstangen finden sich genügende Angaben in der Literatur[1], die hier nur durch einige Hinweise ergänzt werden mögen. Der zulässige Flächendruck im unteren Stangenlager ist in Zahlentafel 20, S. 250, angegeben; im oberen Lager kann er, wenn das obere Stangenende als Auge ausgebildet ist, kaum kleiner als 125 bis 150 kg/cm² gehalten werden. Die Konstruktion nach Bild 297, S. 287, ermöglicht eine wesentliche Verminderung des Flächendruckes. Der Stangenschaft ist auf Druck, bei doppeltwirkenden Maschinen auch auf Zug nachzurechnen; als Beanspruchungen ergeben sich bei dem Stangenschaft nach Bild 286 470 kg/cm² Druck und 415 kg/cm² Zug. Gegen Knickung genügt eine sechs- bis achtfache Sicherheit nach den Tetmajerschen Formeln[2]. In der Stangengabel (Bild 286) sind mehrere Querschnitte x—x auf die kombinierte Beanspruchung durch Schub und Biegung nachzurechnen; hier können Beanspruchungen von rd. 500 kg/cm² zugelassen werden. Ebenso sind die Querschnitte y—y und z—z auf Schub- und Biegungsbeanspruchung (die bei der Zündung auf der Kolbenunterseite auftreten) nachzuprüfen; da hier mit Kerbwirkungen zu rechnen ist, wird man etwas niedrigere Beanspruchungen (350 bis 375 kg/cm²) zulassen. Für die Stahlgußlagerschalen darf die Biegungsbeanspruchung 300 bis 350 kg/cm² betragen.

Die rechnerische Zugbeanspruchung der Lagerbolzen im Gewinde sollte den Wert von 400 kg/cm² nicht überschreiten; das Gewinde muß Feingewinde sein. Bei den für einfachwirkende Viertaktmaschinen bestimmten Pleuelstangen Bild 284

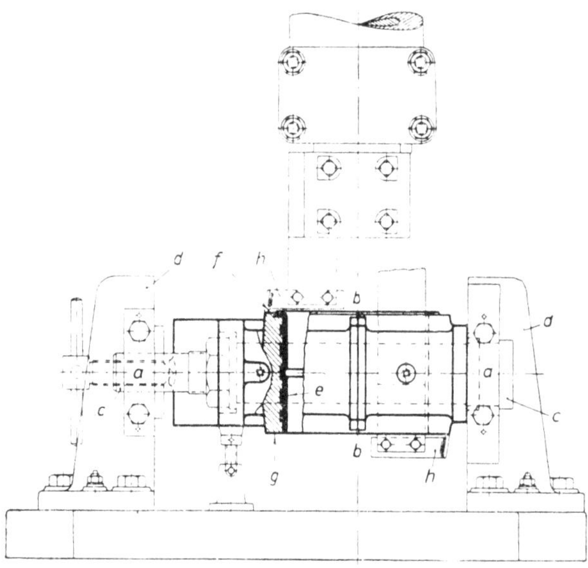

Bild 288. Bearbeiten eines Pleuelstangenkopfes.

a—a = Senkrechte Mittelachse des Kopfes,
b—b = Achse der Lauffläche,
c = Hilfsbolzen,
d = Aufspannvorrichtung,
e = Zu bearbeitende Lauffläche,
f, g = Zu bearbeitende Stirnflächen,
h = Drehstahl.

Bild 289. Pleuelstangenkopf auf der Karusselldrehbank.

---

[1] Vgl. z. B. Dubbel: Öl- und Gasmaschinen, S. 321 u. f. Berlin: Springer-Verlag 1926.
[2] Vgl. Hütte, 25. Aufl., Bd. I, S. 572.

18*

und 285 werden die Lagerbolzen (außer wenn ein Kolben frißt) nur durch die Beschleunigungsdrücke auf Zug beansprucht und können schwächer gehalten werden.

Bild 287 zeigt die Pleuelstange Bild 286 im Lichtbild. Die an den Teilfugen der Ober- und Unterschalen sichtbaren kleinen Kopfschrauben u sind Heftschrauben, welche die Montage der Stange und das Einführen der Lagerbolzen erleichtern; sie sind stark genug, um die Schalenhälften beim Transport zusammenzuhalten. Demselben Zweck dienen die Kopfschrauben v (Bild 286). In Bild 287 sind unterhalb der Bolzenmuttern auch die Pennschen Druckschrauben und ihre Sicherungsschrauben zu erkennen.

Die Bearbeitung der Stangenlager kann durch geeignete Vorrichtungen vereinfacht und verbilligt werden. Für die Laufeigenschaften der Maschine ist wichtig, daß die Mittelachse a—a (Bild 288) des Stangenlagers genau senkrecht zur Achse b—b der Lauffläche steht. Dies läßt sich dadurch erreichen, daß der Stangenkopf, nachdem man die Löcher für die Stangenbolzen gebohrt und aufgerieben und die Bolzen (bzw. Hilfsbolzen c) eingepaßt hat, in eine Vorrichtung d—d gespannt wird, die auf dem Tisch einer Karuselldrehbank steht (Bild 289). Richtet man den Stangenkopf nach der Wasserwaage so aus, daß seine Achse a—a genau waagerecht liegt, so muß beim Drehen der Lauffläche e deren Achse b—b genau senkrecht zu a—a werden. Die Stirnflächen f, g können in derselben Aufspannung gedreht werden und müssen ebenfalls winkelrecht zu b—b werden. Da der Stangenkopf in einiger Höhe über dem Drehtisch aufgespannt ist, so braucht man zum Drehen der Stirnfläche g den Kopf nicht umzuspannen, sondern kann mit dem Stahl h sogleich auch die untere Stirnfläche bearbeiten.

c) Kreuzköpfe

Die Grenze, bis zu der die Tauchkolbenbauart ausführbar ist, liegt bei 600 bis 650 mm Zyl.-Dmr. Darüber hinaus wird es notwendig, das Gelenk zwischen Kolben und Pleuelstange aus dem Kolben herauszunehmen und den Kolbenbolzen durch den Kreuzkopf zu ersetzen, wodurch es leichter möglich wird, Flächendrücke und Wärmeabführung zu beherrschen. Der Kreuzkopf kann eingleisig gebaut werden (Bild 290); dann nimmt die außenliegende Gleitfläche a den Normaldruck bei Vorwärtsgang auf, während für die Rückwärtsfahrt zwei auf der Innenseite liegende, schmalere Gleitflächen b vorgesehen sind. Der Normaldruck auf diese wird höher als der Vorwärts-Normaldruck, was mit Rücksicht auf die meist nur kurze Zeit dauernde Rückwärtsfahrt zulässig ist. Die viergleisige Bauart (Bild 291), bei welcher der Kreuzkopf mit vier Gleitschuhen versehen ist, von denen je zwei für die Vorwärts- und Rückwärtsfahrt bestimmt sind, ist zwar teurer, sichert aber eine gute Führung für die Kolbenstange und wird daher bei doppeltwirkenden Maschinen häufig ausgeführt, da es hier darauf ankommt, die Kolbenstange in ihrer Stopfbuchse mit möglichst geringem seitlichem Wandern zu führen. Aber auch der eingleisige Kreuzkopf wird bei doppeltwirkenden Maschinen ausgeführt. Beim viergleisigen Kreuzkopf wird der Normaldruck auf die Gleitbahnen bei Vorwärts- und Rückwärtsfahrt gleich.

Der Kreuzkopfkörper wird aus geschmiedetem Stahl von hoher Festigkeit hergestellt, da die Verbrennungsdrücke ihn stark auf Biegung beanspruchen. Ein Stahl von 70 bis 85 kg/mm² Festigkeit, 35 kg/mm² Streckgrenze und 12% Dehnung (bei fünffacher Meßlänge) ist geeignet; er hat zugleich eine so große Verschleißfestigkeit, daß er dem Verschleiß trotz des hohen spezifischen Flächendruckes auf die Kreuzkopfzapfen, der 120 bis 150 kg/cm² und mehr betragen kann, genügend widersteht. Der Kreuzkopfkörper ist ein prismatischer Block (Bild 290 und 291), der mit den Zapfen für die oberen Pleuelstangenlager aus einem Stück geschmiedet und für die Einführung des unteren Endes der Kolbenstange durchbohrt ist. In die Bohrung greift die Kolbenstange mit einem Zapfen ein, der bei einfachwirkenden Viertakt- und Zweitaktmaschinen verhältnismäßig schwach sein kann (Bild 290), weil er (bei Viertaktmaschinen) nur durch den Trägheitswiderstand von Kolben und Kolbenstange, der zu Beginn des Saughubes auftritt, auf Zug beansprucht wird, während er bei doppeltwirkenden Maschinen durch die Zündungen der Zylinderunterseite starke Zugbeanspruchungen erfährt und daher mit möglichst derselben Stärke wie die Kolbenstange durch den Kreuzkopf hindurchgeführt werden muß (Bild 291). Bei einfachwirkenden Maschinen überträgt die

Schulter, die durch das Absetzen des Stangendurchmessers auf den kleineren Durchmesser des im Kreuzkopfkörper liegenden Teiles entsteht, den Verbrennungsdruck auf den Kreuzkopf. Bei doppeltwirkenden Maschinen ist die gleiche Konstruktion ausführbar, doch wird die Schulterfläche kleiner, weil der Zapfendurchmesser nicht zu stark verkleinert werden darf; man läßt daher in die obere Fläche des Kreuzkopfkörpers, wenn sein Werkstoff nicht hart genug ist, einen gehärteten Zwischenring ein, der den Druck auf den Kreuzkopf überträgt. Eine andere Verbindung zeigt Bild 291: die Kolbenstange ist durch zwei Muttern a, b mit dem Kreuzkopfkörper verschraubt, und der Stangendurchmesser braucht im Gewinde nur unerheblich vermindert zu werden. Das Gewinde b muß um so viel kleiner im Durchmesser als das Gewinde a sein, daß der Durchmesser des

glatten, zylindrischen Stangenteiles im Kreuzkopfkörper kleiner als der Kerndurchmesser des oberen und größer als der Außendurchmesser des unteren Gewindes ist. Dann kann das untere Stangenende, nachdem man die Mutter a aufgeschraubt hat, durch die Kreuzkopfbohrung geschoben werden, worauf die untere Mutter b aufgesetzt wird. Die Feingewinde a und b müssen sehr sorgfältig geschnitten sein, damit alle Gewindegänge möglichst gleichmäßig tragen. Ein anderes Beispiel einer Verbindung zwischen Kreuzkopf und Kolbenstange zeigt Bild 299, S. 289.

Da die Kolbenstange sich nicht aus dem Gewinde herausdrehen darf, muß sie im Kreuzkopf gegen Drehen gesichert werden. Bei der Stange nach Bild 290 wird dies dadurch erreicht, daß ein runder Dübel c je zur Hälfte in den Kreuzkopfkörper und das untere Ende der Kolbenstange gebohrt ist. Der Dübel wird gegen Herausfallen durch eine Kopfschraube d gesichert, die durch den herausragenden, oben abgeflachten Teil von c in den Kreuzkopf geschraubt wird. Die Kopfschraube d wird durch ein Umschlagblech gesichert. Diese Sicherung ist gut, aber umständlich, da man für das Bohren des Loches für c eine besondere Vorrichtung anfertigen muß, die den Bohrer führt, damit er sich nicht verläuft. Beim Kreuzkopf nach Bild 291

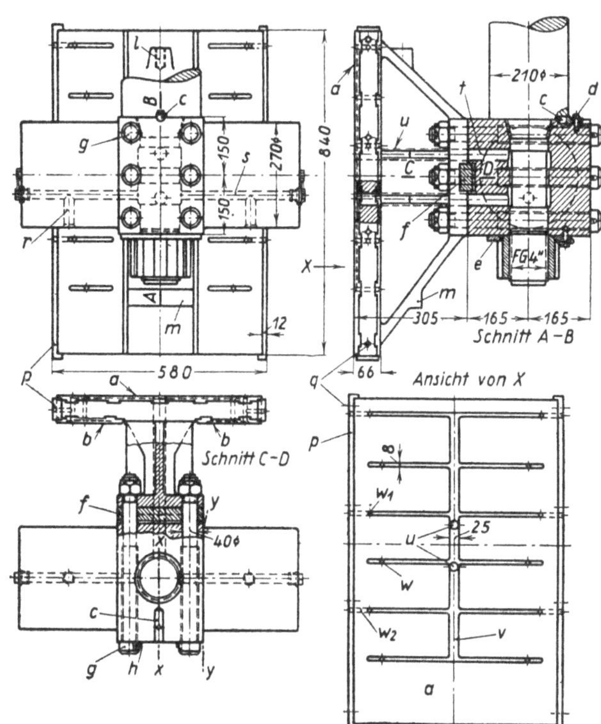

Bild 290. Eingleisiger Kreuzkopf für einfachwirkende Viertaktmaschinen.

a = Vorwärtsgleitfläche,
b = Rückwärtsgleitflächen,
c, d = Sicherung der Kolbenstange gegen Drehen,
e = Legeschlüssel zur Sicherung der Stangenmutter,
f = Federkeil,
g = Verbindungsschrauben,
h = Sicherungsschrauben für g,
l = Gewinde für Transportauge,
m = Nase zum Abfangen des Kreuzkopfes,

p = Bronzeleisten,
q = Versenkschrauben zur Befestigung von p,
r = Radialbohrungen
s, t, u = Bohrungen } für Schmierölzufuhr zur Gleitbahn,
v = Senkrechte Schmiernut,
w, w_1 = Querbohrungen im Gleitschuh,
w_2 = Bohrungen für Schmierölzufuhr zu den Bronzeleisten p,
$x—x$ = } Auf Biegung nachzurechnende
$y—y$ = } Querschnitte.

ist die Kolbenstange gegen den Kreuzkopf durch den Federkeil c gesichert; die Schwächung der Stange an dieser Stelle nimmt man in Kauf.

Die Stangenmuttern in Bild 290 und 291 müssen ebenfalls sorgfältig gesichert werden. Hier sind bei beiden Kreuzkopfbauarten Rundmuttern mit Schlitzen verwendet, die mit einem besonderen Schlüssel angezogen werden. Die Muttern werden durch Legeschlüssel e gesichert, die mit einem Vorsprung genau passend in einen Schlitz der Stangenmuttern greifen. Die Legeschlüssel werden mit zwei gesicherten Kopfschrauben am Kreuzkopf befestigt (Bild 291, Grundriß). Damit die Muttern in jeder Stellung gesichert werden können, haben die Legeschlüssel Langlöcher von solcher Länge, daß der Vorsprung des Schlüssels bei jeder Stellung der Muttern ohne Zwang in einen Schlitz greifen kann. Zweckmäßig ist, nach dem Festschrauben des Schlüssels die leerbleibenden

Teile der Langlöcher mit Füllstücken zu versehen (die durch Unterlegscheiben von den Kopfschrauben gehalten werden), damit sie sich nicht verschieben können. Eine Lockerung der Stangenmuttern im Betrieb wird dadurch ausgeschlossen.

Der Zapfen, mit welchem die Kolbenstange in den Kreuzkopf greift, braucht nicht in seiner ganzen Länge in der Bohrung anzuliegen, was überflüssig und teuer in der Herstellung wäre. Es genügt, wenn er an zwei schmalen zylindrischen Flächen anliegt (Bild 290 und 291); dazwischen wird er im Durchmesser abgesetzt. Auch ein einziger Anlagebund (e in Bild 299) ist ausreichend. Beim

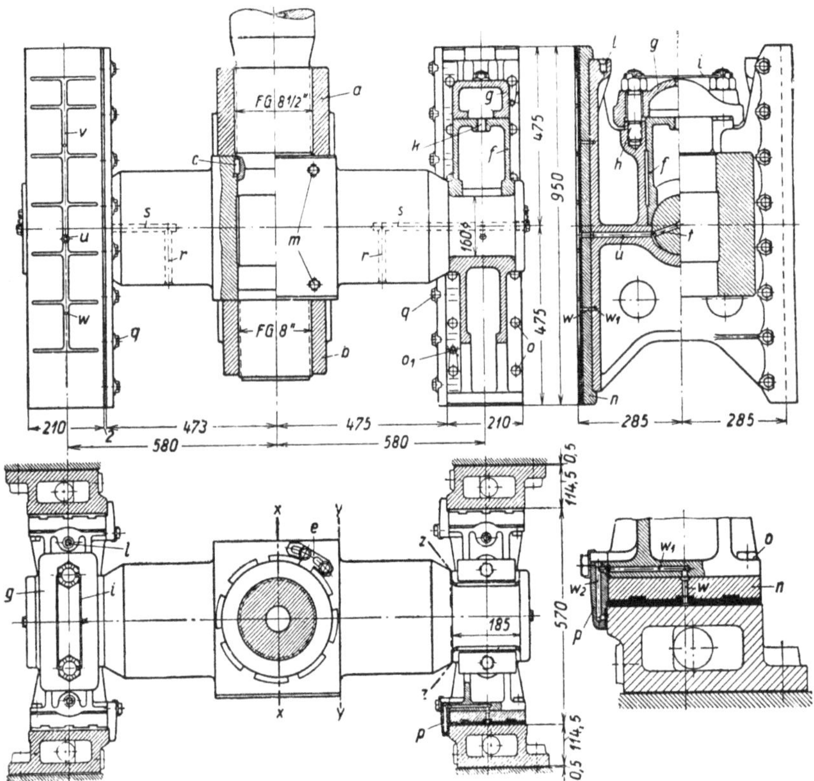

Bild 291. Viergleisiger Kreuzkopf für doppeltwirkende Maschinen.

a = Obere Stangenmutter,	n = Stahlschienen mit Weißmetallausguß,
b = Untere Stangenmutter,	o = Kopfschrauben zur Befestigung von n,
c = Sicherung der Kolbenstange gegen Drehen,	o_1 = Konische Stifte zur Befestigung von n,
e = Legeschlussel zur Sicherung der Stangenmuttern,	p = Bronzeleisten,
f = Druckstück,	q = Kopfschrauben zur Befestigung von p,
g = Bügel,	r = Radialbohrungen $\big\rbrace$ fur Schmierölzufuhr
h = Stiftschrauben,	s, t, u = Bohrungen $\big\rbrace$ zur Gleitbahn,
i = Sicherungsdraht,	v = Senkrechte Schmiernut,
k = Gewinde zum Herausziehen von f,	w, w_1, w_2 = Bohrungen fur Schmierölzufuhr zu den
l = Gewinde für Transportaugen,	Bronzeleisten p,
m = Gewinde zur Befestigung des Kolbenkuhlrohrträgers,	x—x = $\big\rbrace$
	y—y = $\big\rbrace$ Auf Biegung nachzurechnende
	z—z = $\big\rbrace$ Querschnitte.

Kreuzkopf nach Bild 290 wird der durch die beiden Bunde gebildete ringförmige Hohlraum zur Zuführung des Schmieröles an die Gleitflächen der Gleitschuhe benutzt.

Der Gleitschuhkörper wird aus Stahlguß angefertigt und mit dem Kreuzkopf verschraubt. In Bild 290 ist eine s t a r r e Verbindung gezeichnet. In der Teilfuge liegt ein genau passend gehobelter Federkeil f zur Aufnahme der Schubkräfte, und sechs mit Kronenmutter und Splint versehene, nur auf einem Teil ihrer Länge tragende Paßschrauben g verbinden den Gleitschuhkörper mit dem Kreuzkopf. Die Paßschrauben werden durch kleine Vierkantschrauben h gegen Drehen gesichert. Bei dem viergleisigen Kreuzkopf nach Bild 291 können die Gleitschuhkörper auf den Kreuzkopfzapfen eine kleine D r e h u n g ausführen, soweit es das Spiel zwischen Gleitschuhen und Gleitbahnen gestattet. Die Beweglichkeit wird dadurch hergestellt, daß die beiden Gleitschuhkörper auf angeschmiedeten kleineren Zapfen reiten, gegen die sie durch ein aus Stahlguß hergestelltes Druckstück f und einen Bügel g aus dem gleichen Werkstoff gedrückt werden. Dieser umfaßt die beiden Wände, deren oberer Zusammenhang dadurch hergestellt wird, und gibt dem Gleitschuhkörper eine genügende Steifigkeit. Die den Bügel g haltenden Stiftschrauben h sind mit Kronenmuttern versehen; ein durch die Schlitze beider Muttern und durch die Stiftschrauben gezogener Draht i sichert zugleich Muttern und Schrauben. Das Gewinde k dient zum Herausziehen von f.

Diese Konstruktion bewirkt, daß die von dem einseitigen Angriff der am Kreuzkopf befestigten Kolbenkühlrohre (vgl. Bild 304, S. 296) herrührenden Kippkräfte kein Ecken der Gleitschuhe hervorrufen können. Diese sind nicht behindert, sich in jeder Richtung mit ihrer ganzen Länge gegen die Gleitbahnen zu legen.

Bei dem viergleisigen Kreuzkopf nach Bild 291 ist an den vier Stellen l Gewinde zum Einschrauben von Transportaugen angebracht, während bei dem kleineren Kreuzkopf Bild 290 ein solches Gewinde genügt. Die in Bild 290 sichtbare Nase m dient zum Abstützen des Kreuzkopfes bei Ausbau der Pleuelstange; der Gleitschuhkörper wird mit m auf eine waagerechte Schiene gelegt, die gegen die Rückwärtsleisten der Gleitbahn (d in Bild 276) geschraubt wird.

Die vier Gewindelöcher m (Bild 291) nehmen Kopfschrauben auf, mittels deren ein aus Stahlguß angefertigter Arm, der die Posaunenrohre für die Kolbenkühlung trägt (vgl. Bild 304), gegen den Kreuzkopf geschraubt wird.

Die Gleitschuhe werden mit Weißmetall von derselben Legierung ausgegossen, wie sie für die Grundlager verwendet wird. Das Weißmetall kann entweder unmittelbar auf den Gleitbahnkörper gegossen werden (Bild 290) oder auf besondere Stahlschienen (n in Bild 291), die mit durch Umschlagblech zu sichernden Kopfschrauben o am Gleitschuhkörper befestigt und durch zwei Kegelstifte o_1 gegen Verschieben gesichert werden. Diese Ausführungsart ist teurer, hat aber den Vorzug, daß eine Gleitfläche leicht ausgewechselt werden kann, wenn dies nötig wird.

Auch gegen waagerechte Querbewegungen in Richtung der längeren Kreuzkopfachse muß der Kreuzkopf gesichert werden. Dies übernehmen die Bronzeleisten p, die gegen die schmalen Stirnflächen der Gleitschuhkörper geschraubt werden. Bei dem eingleisigen Kreuzkopf Bild 290 sind zwei, bei dem viergleisigen (Bild 291) vier Leisten erforderlich. Bei einem Kreuzkopf nach Bild 290 könnte man zwar auch den Gleitbahnkörper an den schmalen Stirnseiten mit Weißmetall umgießen und würde dadurch die Bronzeleisten sparen; man sieht jedoch meistens hiervon ab, weil bei dem ganz umgossenen Gleitbahnkörper das Weißmetall leicht porös wird, da die Gase beim Gießen weniger leicht entweichen können. Beim Kreuzkopf Bild 290 müssen die Kopfschrauben q, welche die Bronzeleisten halten, versenkt werden, damit sie nicht aus der Gleitfläche herausragen (vgl. Bild 276, Grundriß). Bei der Konstruktion nach Bild 291 ist dies nicht erforderlich.

Auch die Schmierung der Gleitflächen bedarf einer sorgfältigen Durchbildung. Das in den Kreuzkopflagern nicht verbrauchte Schmieröl tritt aus den Ringnuten der oberen Pleuelstangenlager (p in Bild 286) in die Radialbohrungen r der Kreuzkopfzapfen (Bild 290 und 291) und von dort durch die Bohrungen s, t, u in eine breite, senkrechte Mittelnut v in der Gleitfläche. Von dieser zweigen mehrere Quernuten ab, die das Schmieröl gleichmäßig über die Gleitfläche verteilen. Bei dem eingleisigen Kreuzkopf Bild 290 muß das Schmieröl auch an die Rückwärtsgleitflächen b gebracht werden; dazu dienen die Bohrungen w, die in Quernuten in den Rückwärtsgleitflächen münden. Die an den äußeren Enden der Quernuten befindlichen Löcher w_1 stehen mit Bohrungen w_2 in Verbindung, die das Schmieröl den Bronzeleisten p zuführen. In Bild 291 haben die rechtwinklig zueinander stehenden Bohrungen w, w_1, w_2 dieselbe Aufgabe.

Für die Kreuzkopfzapfen einfachwirkender Zweitaktmaschinen genügt die Umlaufpreßschmierung des Triebwerkes im allgemeinen nicht. Bei einfachwirkenden Zweitaktmaschinen belasten die Gasdrücke einseitig die unteren Lagerschalen des Kreuzkopfes, solange die Massendrücke kleiner als die Gasdrücke sind, was für nicht zu rasch laufende Kreuzkopfmaschinen zutrifft. Es tritt dann kein Wechsel in der Richtung des Belastungsdruckes ein, und außerdem vollführen die Kreuzkopfzapfen relativ zu ihren Lagerschalen nur eine pendelnde, keine drehende Bewegung. Beides erschwert die Zuführung des Schmieröles zu den belasteten Unterschalen. Bei diesen Maschinen sieht man daher eine besondere Drucköl pumpe vor, die am Kreuzkopf angebracht wird und das Schmieröl in die unteren Lagerschalen preßt.

Bild 292 zeigt eine Ausführung der Machinefabriek Gebr. Stork & Co. Die Relativbewegung,
die ein Punkt a des schwingenden Kreuzkopflagers gegenüber dem Kreuzkopfzapfen b vollführt,
wird dazu benutzt, eine zweistempelige Schmierölpumpe c anzutreiben, die mit drei Kopfschrauben d
an der Stirnfläche des Kreuzkopfzapfens befestigt ist. Den Antrieb der Stempel e vermitteln der
dreiarmige Hebel f und zwei kurze Stangen g. Das Schmieröl gelangt durch die hohlgebohrte
Pleuelstange in den durch den oberen Pleuelstangenflansch abgeschlossenen Raum h und von diesem
durch die Bohrungen i und k in zwei zu beiden Seiten des Kreuzkopfzapfens liegende Taschen im
Weißmetall, aus denen es durch die waagerechten Bohrungen l in den Hohlraum m tritt. Aus diesem
saugt ein Stempel e das Schmieröl durch die kurze Bohrung n an, wenn er seinen Aufwärtshub
macht und dabei die Bohrung n freigibt. Der Abwärtshub ist der Druckhub; die Förderung beginnt,

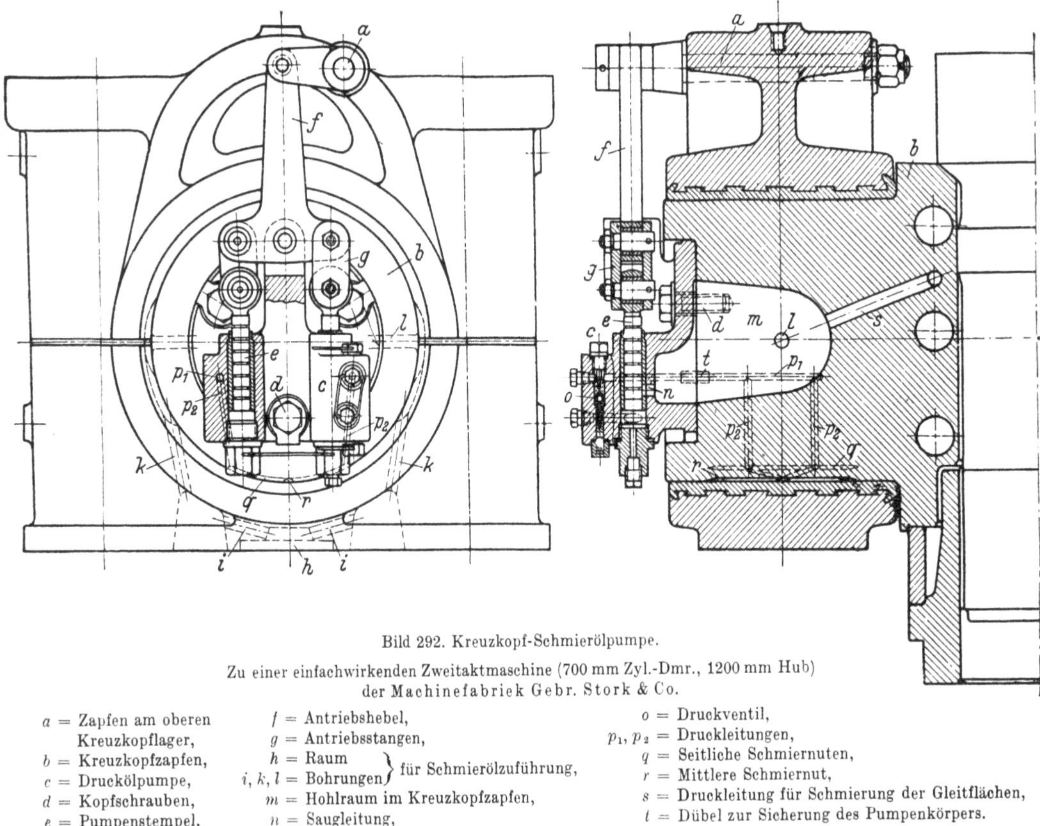

Bild 292. Kreuzkopf-Schmierölpumpe.
Zu einer einfachwirkenden Zweitaktmaschine (700 mm Zyl.-Dmr., 1200 mm Hub)
der Machinefabriek Gebr. Stork & Co.

a = Zapfen am oberen Kreuzkopflager,	f = Antriebshebel,	o = Druckventil,
b = Kreuzkopfzapfen,	g = Antriebsstangen,	p_1, p_2 = Druckleitungen,
c = Drucköpumpe,	h = Raum $\}$ für Schmierölzuführung,	q = Seitliche Schmiernuten,
d = Kopfschrauben,	i, k, l = Bohrungen	r = Mittlere Schmiernut,
e = Pumpenstempel,	m = Hohlraum im Kreuzkopfzapfen,	s = Druckleitung für Schmierung der Gleitflächen,
	n = Saugleitung,	t = Dübel zur Sicherung des Pumpenkörpers.

sobald die Bohrung n überdeckt ist. Das Schmieröl tritt durch das Druckventil o in eine der Bohrungen p_1, p_2, von denen die eine vor, die andere hinter der Bildebene liegt. Von dort gelangt es in
je eine der im Kreuzkopfzapfen angebrachten seitlichen Schmiernuten q, während die mittlere
Schmiernut r von den seitlichen Nuten mit Öl versehen wird. Durch die Bohrung s wird Schmieröl
aus dem Hohlraum m an den Gleitschuh des Kreuzkopfes geführt. Der zylindrische Stift t sichert
die genaue Lage des Pumpenkörpers gegenüber dem Kreuzkopf.

Die Bewegung der Pumpenstempel ist so zu der schwingenden Bewegung des oberen Pleuelstangenkopfes abgestimmt, daß jeder Stempel dann seinen Druckhub macht, wenn die Relativbewegung zwischen Zapfen und Schale das Öl aus der Schmiernut zwischen die zu schmierenden
Flächen zieht. Die Relativbewegung unterstützt somit die Heranführung des Öles an die Gleitflächen und wirkt ihr nicht entgegen.

Bei der Berechnung der Biegungsbeanspruchungen des Kreuzkopfes sind die Querschnitte x—x und y—y (Bild 290 und 291) sowie z—z (Bild 291) nachzuprüfen. Bei dem Kreuzkopf
nach Bild 291 tritt im Querschnitt x—x eine Beanspruchung von 600 kg/cm² auf, die für den S. 276

angegebenen Werkstoff zugelassen werden kann. Der Querschnitt $y—y$ ist mit 470 kg/cm² auf Biegung beansprucht, wenn man annimmt (was auch für die Nachrechnung von $x—x$ gilt), daß die Kraft in der Mitte des Kreuzkopfzapfens angreift. Der Querschnitt $z—z$ wird durch den Normaldruck der Gleitbahn und den Trägheitswiderstand des Gleitschuhkörpers auf Biegung beansprucht; beide zusammen rufen eine Biegungsspannung von 210 kg/cm² hervor. Der Trägheitswiderstand des Gleitschuhkörpers darf nicht vernachlässigt werden, da er beträchtliche Werte annehmen kann. Im vorliegenden Fall beträgt er bei 90 U/min 2400 kg, bei 120 U/min 4300 kg.

d) Kolben und Kolbenstangen

Kolben. Die Kolben der Dieselmotoren gehören zu den am höchsten beanspruchten Bauteilen. Ihre dem Brennraum zugekehrten Flächen sind hohen Drücken und Temperaturen ausgesetzt, und daher überlagert sich der nicht geringen mechanischen Anstrengung die meist noch höhere thermische Beanspruchung. Sofern es sich um Tauchkolben handelt, müssen die Kolben mit einer Zylinderfläche zusammenarbeiten, die in ihrem oberen Teil ebenfalls hohe Temperaturen annimmt, wodurch die Schmierung erschwert wird. Trotzdem soll der Verschleiß gering sein. Bei den großen Temperaturunterschieden zwischen warmem und kaltem Zustand sind die Wärmedehnungen beträchtlich und verlangen große Kolbenspiele; gleichwohl wird gefordert, daß der Kolben nicht nur in der Betriebswärme, sondern schon beim Anfahren den Verbrennungsraum gasdicht abschließt. Die erwünschte Kleinhaltung der Massenkräfte bedingt ein möglichst geringes Gewicht. Es hat jahrzehntelanger Bemühungen bedurft, ehe es gelang, die Kolben so zu bauen, daß sie alle billigen Forderungen erfüllen.

Die Bauart der Kolben hängt davon ab, ob sie im Viertakt oder Zweitakt arbeiten, ob sie als Tauchkolben ausgeführt oder mit einem Kreuzkopf verbunden sind, ob sie zu einfach- oder zu doppeltwirkenden Maschinen gehören und ob ihre Größe eine zusätzliche Kühlung durch Wasser oder Öl erforderlich macht. An sich erfährt jeder Kolben im Betrieb eine Kühlung, denn die von seiner Stirnfläche aufgenommene Wärme wird zum größten Teil durch die Kolbenringe an die Zylinderwand geleitet und aus dieser durch die Zylinderkühlung abgeführt; auch die vom Viertaktkolben eingesaugte Frischluft oder die Spülluft des Zweitaktmotors wirkt kühlend. Diese Art der Kühlung genügt indessen nur bei kleinen und mittleren Zylinderleistungen, die man beim Zweitaktmotor zu etwa 100 PSe, beim unaufgeladenen Viertaktmotor zu 150 PSe und beim aufgeladenen Viertaktmotor (wegen der wirksamen Kühlung durch die vorverdichtete Luft) zu 300 PSe ansetzen kann. Bei größeren Zylinderleistungen muß der Kolben gekühlt werden. Als Kühlflüssigkeit kommen Seewasser, Süßwasser und Schmieröl in Frage. Tauchkolben verlangen stets Ölkühlung, weil bei Wasserkühlung die Gefahr besteht, daß durch Undichtigkeiten der Zuführungsteile Wasser in das Kurbelgehäuse gelangt und das Schmieröl verseift. Bei Kreuzkopfmaschinen entfällt diese Rücksicht, weil man stets eine Trennwand zwischen Kurbelgehäuse und Verbrennungsraum anordnet (vgl. Bild 269, S. 258); daher können die Kolben von Kreuzkopfmaschinen auch durch Wasser gekühlt werden. Selbst Seewasser ist für die Kühlung von Viertakt-Kreuzkopfkolben mit Erfolg benutzt worden; bei reichlicher Kühlung konnte die Austrittstemperatur des Kühlwassers niedrig gehalten und hierdurch sowie durch die hin und her gehende Bewegung des Kolbens der Ansatz von Salz in den Kühlräumen verhindert werden. Bei den Kolben doppeltwirkender Zweitaktmaschinen darf Seewasser nicht verwendet werden, weil gelegentlich eine der Teilfugen des Kolbens undicht werden kann, so daß das Seewasser an die Zylinderwand gelangen würde. Hier ist Süßwasser das gegebene Kühlmittel, aber auch Schmieröl ist verwendbar, jedoch ist dabei die spezifische Wärme des Öles zu berücksichtigen, die mit 0,45 kcal/kg° C weniger als halb so groß ist wie die von Wasser. Es muß daher ein etwa doppelt so großer Rückkühler für das Kolbenkühlöl vorgesehen werden wie bei Wasser. Als Zu- und Abführungsorgane für das Kühlmittel werden für Tauchkolben vorzugsweise Gelenkrohre, für Kreuzkopfkolben Posaunen-(Teleskop-)rohre verwendet.

Einen ungekühlten Viertakt-Tauchkolben gewöhnlicher Bauart zeigt Bild 293. Der gußeiserne Kolbenkörper ist an seiner Innenwand so weit verrippt, daß der Druck der Verbrennungsgase gut auf die Kolbenbolzenaugen und den Kolbenbolzen übertragen wird, ohne daß dadurch der

Kolbenkörper merklich deformiert wird. Der Kolbenboden ist nicht verrippt, weil Rippen seine Ausdehnung behindern und Spannungen hervorrufen. Die Sitzflächen des Kolbenbolzens werden in einer Aufspannung mit der abgesetzten Reibahle aufgerieben; der Durchmesser auf der Einführungsseite ist größer als der gegenüberliegende, und der Durchmesser des mittleren Bolzenteiles liegt zwischen beiden, damit der Bolzen leicht eingeführt werden kann und jede der beiden Sitzflächen nur in ihrem Auge zum Tragen kommt. Die Bolzenaugen müssen sehr genau aufgerieben werden, damit der Bolzen stramm passend eingetrieben werden kann, was mit der hydraulischen Presse oder durch Einschrumpfen geschieht; ein zu leicht eingepaßter Bolzen würde sich im Betrieb bald lose schlagen. Der Bolzen wird in dem einen Auge durch einen Federkeil a gegen Drehen, in dem anderen durch einen Paßbolzen b gegen Verschieben gesichert. Die Feder a muß in dem Ende des Kolbenbolzens sitzen, das den größeren Durchmesser hat, sonst könnte man den Bolzen nicht in den Kolben einführen. Damit man die Nut für die Feder a in das Auge stoßen kann, ohne sie ganz durchzustoßen, ist eine Bogennut c in das Auge gefräst, in welcher der Hobelstahl auslaufen kann. Würde man die Nut nach der ganzen Länge durch das Auge stoßen, so entstünde hierdurch, weil die Feder a nur an den Seiten anliegt, ein Kanal für das Schmieröl, das vom oberen Pleuelstangenlager unmittelbar an die Zylinderwand gelangen würde; vermehrter Schmierölverbrauch wäre die Folge. Der Bolzen b erhält eine Kronenmutter mit Splint und, damit er sich nicht drehen kann, in seinem Kopf eine Nase, die in eine Nut d im Bolzen greift. Die Sicherungen a, b des Kolbenbolzens tragen auch den durch die Wärme verursachten Verformungen von Kolben und Bolzen Rechnung, denn der durch b an dem einen Ende festgehaltene Bolzen kann sich im gegenüberliegenden Auge verschieben, woran die Feder a ihn nicht hindert.

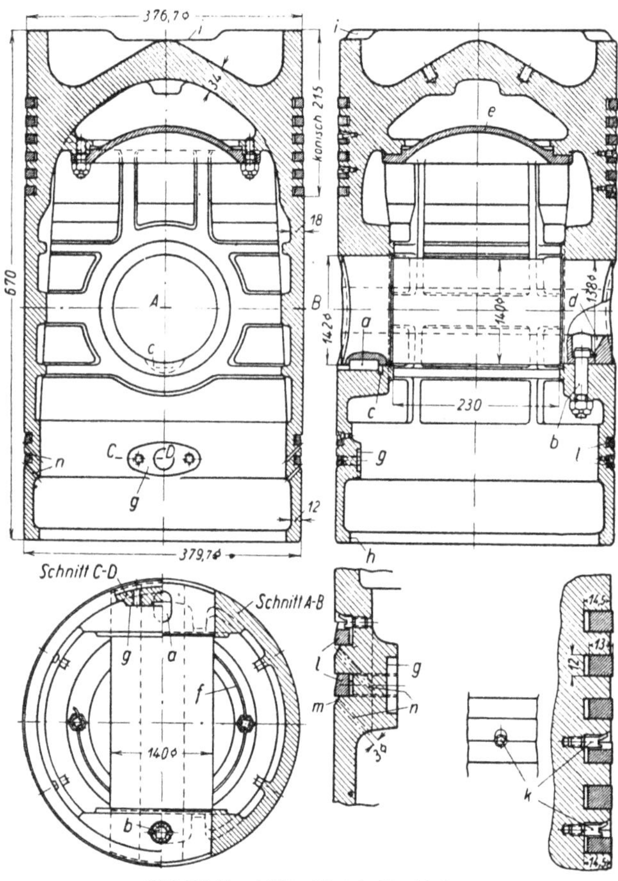

Bild 293. Ungekühlter Viertakt-Tauchkolben.

a = Feder $\big\}$ für Sicherung des
b = Bolzen $\big\}$ Kolbenbolzens,
c = Nut für Auslaufen des Hobelstahles,
d = Nut für Sicherung von b,
e = Schutz gegen Spritzöl,
f = Sicherungsdraht,
g = Flansch für Indiziergestänge,

h = Rand für Zentrierscheibe,
i = Aussparungen für Einsaug- und Auspuffventilteller,
k = Kolbenringsicherung,
l = Ölabstreifringe,
m = Ringnuten,
n = Ölablauflöcher.

Im oberen Teil des Kolbeninnenraums schützt ein Deckel e die Unterseite des Kolbenbodens vor dem vom Kolbenbolzenlager abgespritzten Schmieröl, das an dem heißen Kolbenboden verkoken, abfallen und den Schmierölkreislauf verunreinigen würde. Der Deckel wird durch Stiftschrauben mit vier Kronenmuttern am Kolbenboden befestigt. Durch die Kronenmuttern und Stiftschrauben ist ein gemeinsamer Draht f gezogen, der die Schrauben und Muttern gleichzeitig sichert. Der Flansch g dient zur Befestigung des Indiziergestänges. Die Leiste h am unteren Ende des Kolbens ermöglicht das Einsetzen einer Zentrierscheibe, mittels deren man den Kolben so auf der Drehbank aufspannen kann, daß der Kolbenmantel zum Abdrehen freiliegt. Die Aussparungen i im Kolbenkragen schaffen für den Hub der Einsaug- und Auspuffventile den erforderlichen Platz.

Der Kolbenkörper wird aus hochwertigem Grauguß hergestellt, der unter der Bezeichnung Ge 26.91 genormt ist, der Kolbenbolzen aus Einsatzstahl, einem Stahl mit i. M. etwa 0,15% C-

Gehalt, der in Härtepulver (Holz-, Leder- oder Hornkohle) eingesetzt und je nach der Größe 20 bis 30 Stunden oder länger bei 900 bis 950° C geglüht wird. Hierbei nimmt die Oberfläche des Bolzens Kohlenstoff auf, der etwa 1 mm tief in den Stahl eindringt. Wenn man den Bolzen nach dem Glühen und Erkalten von neuem auf 820° C erwärmt und in Wasser abschreckt, so wird die kohlenstoffreiche Außenschicht glashart, während der Kern weich und zäh bleibt. Das zweite Glühen hat zur Folge, daß die Härteschicht allmählich in den weichen Kern übergeht, wodurch ein Abblättern der harten Schicht verhindert wird. Schließlich wird der Bolzen auf genaues Maß fertiggeschliffen. Die Sitzflächen des Bolzens im Kolben bleiben ungehärtet, damit sie in den Kolbenbolzenaugen besser haften. Wegen der Kolbenringe s. S. 288.

Der Tauchkolben verliert in der Betriebswärme seine ursprünglich runde Form; er zieht sich in Richtung der Kolbenbolzenachse oval, was zum Fressen des Kolbens in der Laufbuchse führen kann. Auch dehnt sich die obere Kolbenkappe, der wärmste Teil des Kolbens, im Durchmesser aus; sie bleibt zwar rund, doch verringert sich das Spiel in der Laufbuchse. Beidem muß durch die Formgebung des kalten Kolbens Rechnung getragen werden, doch darf dadurch der Kolben seine Führung in der Laufbuchse nicht verlieren.

Die Erwärmung der Kolbenkappe wird dadurch berücksichtigt, daß man ihr eine leicht konische Gestalt gibt, so daß der obere Rand den kleinsten Durchmesser erhält. Die Konizität beginnt an der Kante a und reicht bis zur Oberkante b (Bild 294). Bei a hat der Kolben denselben Durchmesser wie im zylindrischen Teil; hier hat man mit dem Wert D minus 0,08% bis D minus 0,12% (D = Zylinderdurchmesser) gute Erfahrungen gemacht. An der Oberkante b, die sich am stärksten ausdehnt, darf der Durchmesser nur noch etwa D minus 0,75% sein. Zwischen a und b ist die Mantellinie des konischen Teiles eine Gerade.

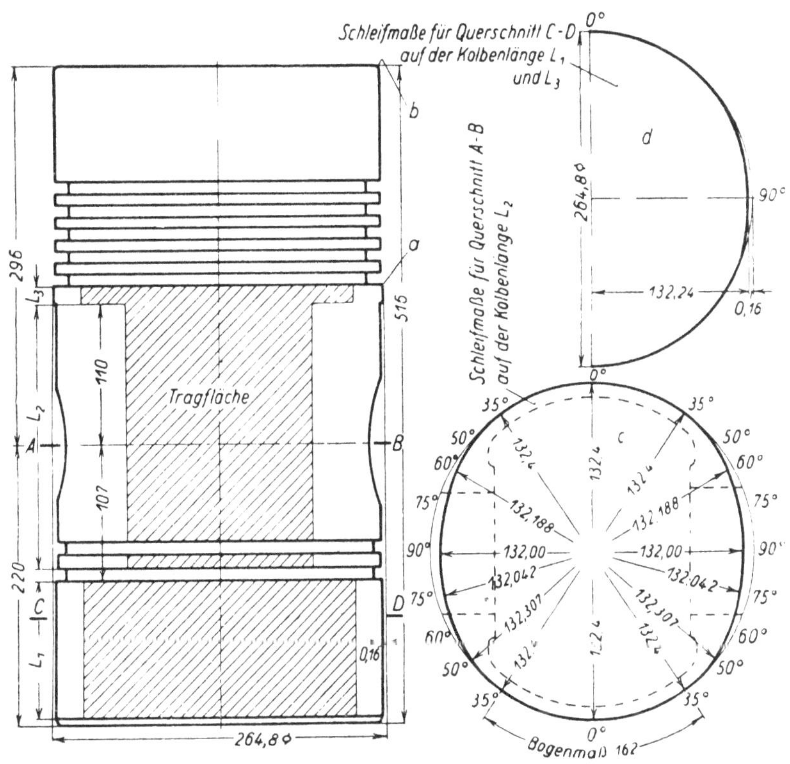

Bild 294. Form des Tauchkolbenmantels.
a—b = Konischer Teil,
c = Schablone zum Schleifen des zylindrischen Teiles L_2,
d = Schablone zum Schleifen der zylindrischen Teile L_1 und L_3.

Im zylindrischen Teil, der den Normaldruck der Pleuelstange aufnimmt, genügt das Spiel 0,08% · D allein nicht; die Kolben müssen außerdem um die Kolbenbolzenaugen herum freigeschliffen werden, damit der Kolben an diesen Stellen nicht frißt. Wieviel man wegnehmen muß, lehrt die Erfahrung. Hat man an mehreren Kolben der gleichen Größe eine brauchbare Form gefunden, so kann man eine Schablone c anfertigen, nach welcher der mittlere Kolbenteil auf der Kopierschleifmaschine auf Maß geschliffen wird. Die Schablone hat eine solche Gestalt, daß der Kolben im kalten Zustand elliptischen Querschnitt mit der kleinen Achse der Ellipse in Richtung der Kolbenbolzenachse hat, im warmen Zustand jedoch, wenn er sich in Richtung dieser Achse gedehnt hat, praktisch genau rund wird. Dadurch entsteht eine Tragfläche von genügender Breite, mit welcher der Kolben gut an der Lauffläche des Zylinders liegt.

Das Freischleifen um die Kolbenbolzenaugen braucht sich nur auf die Länge L_2 (Bild 294) zu erstrecken; im unteren Teil L_1 und in dem schmalen Teil L_3 unterhalb des untersten der oberen Kolbenringe kann man die Tragfläche etwas breiter halten und sie nach der Schablone d schleifen. Es entsteht eine Tragfläche von Doppel-T-Form, die den Kolben gut in der Buchse führt.

Für mittlere Kolbengeschwindigkeiten von etwa 6 m/sek an werden gußeiserne Kolben zu schwer und die Trägheitskräfte zu groß; man nimmt dann zweckmäßig Leichtmetall als Werkstoff für den Kolbenkörper. Reines Aluminium ist trotz seiner guten Wärmeleitfähigkeit nicht geeignet, da seine Festigkeit, besonders in der Wärme, zu gering ist. Brauchbar sind Aluminiumlegierungen, von denen man eine große Zahl entwickelt hat. Ein Zusatz von etwa 20% Silizium neben anderen Bestandteilen (Fe, Cu, Ni, Mg, Mn) gibt der Legierung eine ausreichende Festigkeit, auch in der Wärme, verleiht ihr einen guten Verschleißwiderstand und vermindert die unerwünscht hohe Wärmedehnzahl des Reinaluminiums von $24 \cdot 10^{-6}$ auf $18 \cdot 10^{-6}/°$ C. Die Wärmeleitfähigkeit wird durch den Zusatz von Silizium zwar verschlechtert, doch kann dies durch größere Querschnitte ausgeglichen werden.

Einen Kolbenkörper aus Leichtmetall zeigt Bild 295. Der Kolbenboden geht mit reichlichem Querschnitt in den die Kolbenringe tragenden Teil über, wodurch eine gute Wärmeabführung erreicht wird. Je eine breite Rippe stützt die Kolbenbolzenaugen gegen den Kolbenboden ab; eine weitere Verrippung ist vermieden. Von den fünf oberen Kolbenringen ist der unterste a als Abstreifring (s. S. 289) ausgebildet; ein weiterer Abstreifring ist unterhalb der Kolbenbolzenaugen angeordnet. In den unter den Abstreifringen liegenden Nuten b sammelt sich das

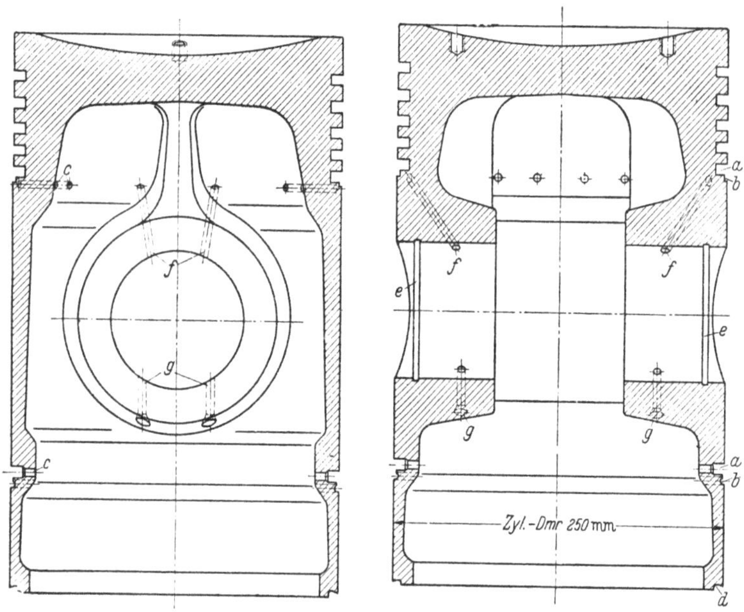

Bild 295. Kolbenkörper aus Leichtmetall. Ausführung der Motoren-Werke Mannheim A.-G.

a = Ölabstreifringe,
b = Staunuten für Schmieröl,
c = Ölablaufbohrungen,
d = Abstreifkante,

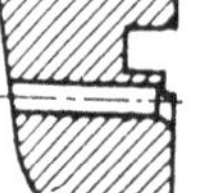

e = Nuten für Seegerringe,
f, g = Schmierölbohrungen für Sitzflächen des Kolbenbolzens.

abgestreifte Schmieröl, um durch je 24 Bohrungen c (6 mm Dmr.) in den Kolbenhohlraum und das Kurbelgehäuse zurückzufließen. Auch die unterste Kante d des Kolbenmantels ist so geformt, daß sie das Schmieröl abstreift. Der Kolbenbolzen ist in die Augen leicht eingeschrumpft, wozu der Kolbenkörper durch Eintauchen in heißes Öl auf etwa 100° C erwärmt wird. Nachdem das obere Pleuelstangenlager in seine richtige Lage gebracht worden ist, wird der kalte Kolbenbolzen eingeschoben, und die Bolzenaugen legen sich mit mäßiger Schrumpfspannung um die Sitzflächen des Bolzens. In axialer Richtung wird der Bolzen durch zwei Seegerringe gesichert, selbstspannende Spreizringe, die in die Nuten e gelegt werden. Beim Einlegen werden die beiden Enden des Spreizringes durch eine Vorrichtung zusammengeholt, so daß der Außendurchmesser des Ringes kleiner als der Innendurchmesser der Bohrung wird. Im eingelegten Zustand federt der Ring in die Nut e, und sein nach innen vorstehender Rand sichert den Kolbenbolzen in axialer Richtung. Beim Einschieben des Kolbenbolzens ist der eine Seegerring bereits eingelegt und dient als Anschlag. Soll der Bolzen herausgenommen werden, so wird der Kolben mit dem Bolzen und der Pleuelstange in ein Gefäß mit Öl gestellt und auf etwa 100° C erwärmt. Wenn nach dem Herausnehmen kaltes Öl durch den hohlen Bolzen gegossen wird, kann dieser durch leichte Schläge herausgetrieben werden. Durch die Bohrungen f kann etwas Schmieröl aus der Staunut b des oberen Abstreifringes, durch die Bohrungen g

etwas Spritzöl zwischen die Sitzflächen des Kolbenbolzens gelangen, der bei betriebswarmem Kolben sich in den Augen dreht, wenn diese sich etwas ausgeschlagen haben.

Übersteigt die Zylinderleistung die S. 281 angegebenen Grenzen, so muß ·der Kolben gekühlt werden, wofür bei Tauchkolben aus dem angeführten Grund nur Schmieröl in Frage kommt. Als Zu- und Abführungsorgane für das Kühlöl sind (besonders bei raschlaufenden Maschinen) Gelenkrohre geeigneter als Posaunenrohre, weil bei Gelenkrohren das Volumen der Leitung sich in den

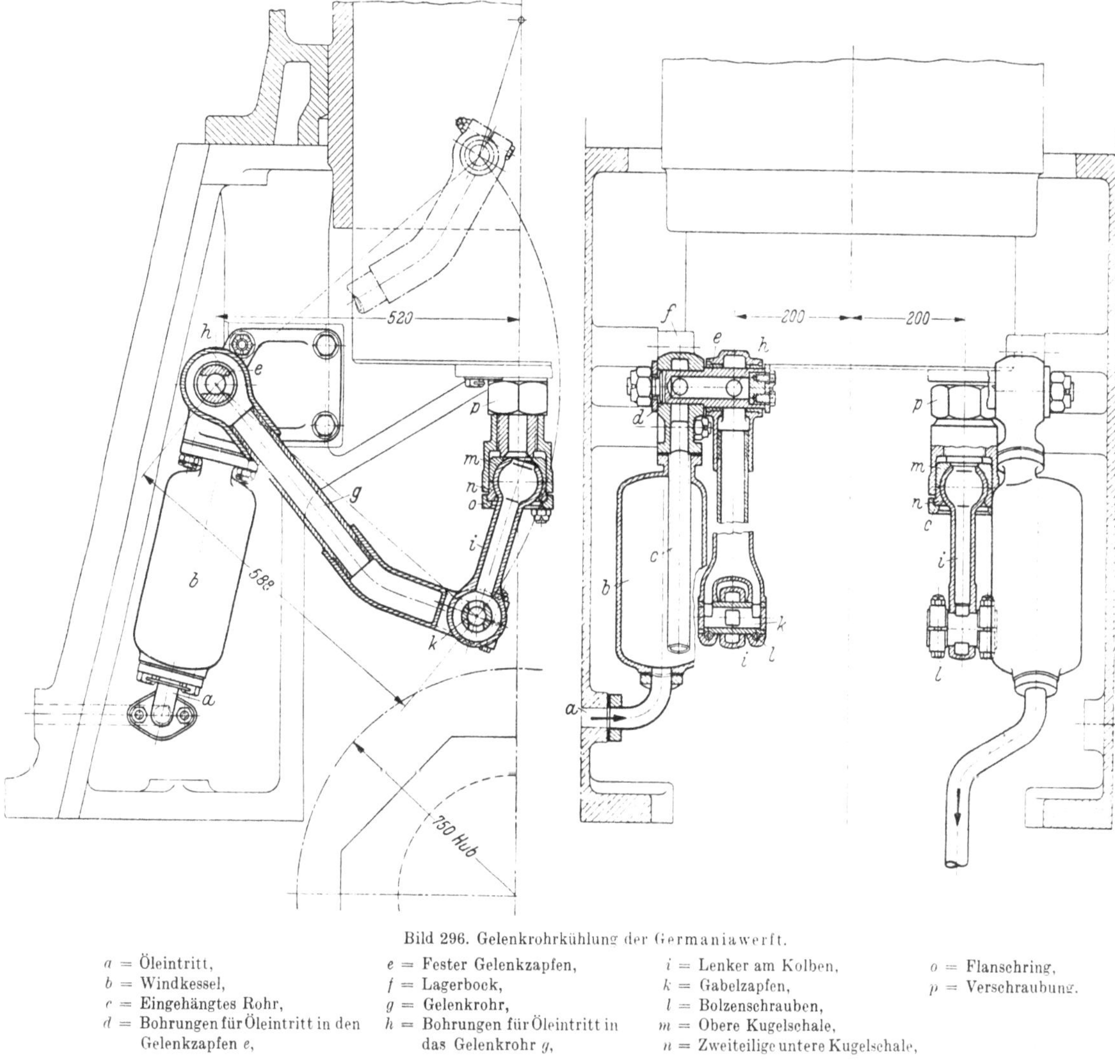

Bild 296. Gelenkrohrkühlung der Germaniawerft.

a = Öleintritt,	e = Fester Gelenkzapfen,	i = Lenker am Kolben,	o = Flanschring,
b = Windkessel,	f = Lagerbock,	k = Gabelzapfen,	p = Verschraubung.
c = Eingehängtes Rohr,	g = Gelenkrohr,	l = Bolzenschrauben,	
d = Bohrungen für Öleintritt in den Gelenkzapfen e,	h = Bohrungen für Öleintritt in das Gelenkrohr g,	m = Obere Kugelschale, n = Zweiteilige untere Kugelschale,	

verschiedenen Stellungen der Gelenke praktisch nicht ändert, so daß Schläge der Kühlflüssigkeit weniger leicht auftreten als bei Posaunenrohren, die eine periodische Änderung des Leitungsvolumens bedingen. Trotzdem sieht man auch bei Gelenkrohren Windkessel vor, damit das Öl, das mit dem Kolben beschleunigt und verzögert wird, mit möglichst gleichbleibender Geschwindigkeit die Rohre durchströmt. Alle Teile der Gelenkrohrkühlung müssen kräftig konstruiert sein, damit sie den Massenkräften standhalten können; die Gelenke müssen aus möglichst verschleißfestem Werkstoff hergestellt und so hart sein, daß sie sich nicht vorzeitig ausschlagen. Die Rohrteile sind so zu formen, daß in den Gelenken in axialer Richtung keine einseitig wirkenden Drücke auftreten können. Geringe Undichtigkeiten, die sich nicht vermeiden lassen, schaden nicht; das abtropfende Öl fällt in das Kurbelgehäuse zurück. Die Querschnitte sind so reichlich zu wählen, wie es der enge Raum gestattet; auch in der Beugestellung der Gelenke darf der Querschnitt nicht verengt sein. Für ihre Bemessung kann als Anhalt dienen, daß der Kolben etwa 10 l Kühlöl je PSe und Stunde braucht und das Öl die Gelenkrohre mit einer mittleren Geschwindigkeit von nicht mehr als 2 bis 2,5 m/sek durchströmen soll.

Eine Ausführung der Germaniawerft zeigt Bild 296. Die Kühlung gehört zu einem neunzylindrigen Viertakt-Tauchkolbenmotor, der mit Aufladung 3600 PSe leistet. Das Kühlöl tritt bei a ein und durch das in den Windkessel b eingehängte Rohr c und zwei Bohrungen d in den hohlen Gelenkzapfen e, der in einem am Ständer befestigten Bock f gelagert ist. Um den Zapfen schwingt das Gelenkrohr g, das aus drei durch Gewinde und Hartlot verbundenen Teilen besteht. Der um e schwingende Gelenkkopf ist aus Stahlguß hergestellt und mit zwei durch Gewindestifte gesicherten Buchsen aus gehärtetem Vergütungsstahl ausgefüttert. Durch zwei weitere im Gelenkzapfen e angeordnete Bohrungen h gelangt das Kühlöl in das Gelenkrohr g, dessen freies Ende gegabelt ist, so daß das Öl symmetrisch in den Lenker i eintreten kann und kein Axialschub auftritt. Das Gelenk zwischen den Rohren g und i bildet ein aus Vergütungsstahl angefertigter Hohlzapfen k, der an den Stirnenden verschlossen und so mit je zwei seitlichen und mittleren Öffnungen versehen ist, daß das Öl aus der Gabel in den Lenker i übertreten kann. Zwei Bolzenschrauben l, die den Gabelzapfen k tangential anschneiden, klemmen die geschlitzten Enden der Gabel zusammen und sichern zugleich den Gabelzapfen in seiner axialen Lage. Das obere als Hohlkugel ausgebildete Ende des Lenkers i ist in einer dreiteiligen Kugelschale m, n beweglich; die Dreiteilung (die untere Schalenhälfte n ist zweiteilig) ist notwendig, damit die Hohlkugel in die Kugelschale eingeführt werden kann. Der mit Stiftschrauben und Kronenmuttern befestigte Flanschring o hingegen, der die Kugelschale zusammenhält, kann einteilig sein, weil seine Öffnung so groß ist, daß er vor der Einführung von i in die Kugelschale über die Hohlkugel gestreift werden kann. Aus dieser tritt das Kühlöl in die am Kolben befestigte Verschraubung p, von der es durch eingegossene Kanäle zum Kolbenboden gelangt. Durch ein gleiches Gelenkrohrsystem, das symmetrisch zur Eintrittsleitung liegt, wird das Öl abgeführt.

Durch die kugelige Lagerung des Lenkers am Kolben wird erreicht, daß die geringen seitlichen Bewegungen, die der Kolben infolge seines Spieles in der Laufbuchse machen kann, von den Kühl-, gelenken aufgenommen werden, ohne daß Zwängungen auf den Gabelzapfen k und den Gelenkzapfen e kommen. Aus demselben Grund hat der Lenker i auf dem Gabelzapfen und das Gelenkrohr g auf dem festen Zapfen e etwas seitliches Spiel. Die Krümmung des Gelenkrohres g ist hier notwendig, damit die darunterliegende Kurbelwange das Gelenk nicht berührt, eine Folge der Kurzhübigkeit der raschlaufenden Maschine. Bei Maschinen mit längerem Hub gelingt es in der Regel, das Gelenkrohr g mit gerader Achse auszuführen.

Stahlguß und Vergütungsstahl sind die Werkstoffe der durch Trägheitskräfte hoch beanspruchten Teile der Gelenkrohrkühlung; auch der Lenker i ist aus vergütetem Stahl angefertigt. Die beiden aus Stahlguß hergestellten Endstücke des Gelenkrohres g sind durch ein Stahlrohr verbunden. Auch der Windkessel besteht aus Stahlguß. Durch einen Probedruck von 6 kg/cm² werden die Stahlgußteile auf Dichtigkeit geprüft.

Die Tauchkolben von Zweitaktmotoren können grundsätzlich ebenso gebaut werden wie für Viertaktmotoren, doch ist wegen der beim Zweitakt ungünstigeren Belastung des Kolbenbolzens, der in der Regel keinen Druckwechsel erfährt, eine andere Konstruktion vorzuziehen, bei welcher der Kreuzkopfbolzen fest mit der Pleuelstange verbunden ist und deren schwingende Bewegung mitmacht. Der bewegliche Kreuzkopfbolzen hat den Vorteil, daß seine durch den Verbrennungsdruck belastete Fläche wesentlich größer gemacht werden kann, als es beim festen Kolbenbolzen möglich ist; dadurch gelingt es, den Flächendruck auf den Bolzen auf etwa 100 kg/cm² zu vermindern. Bild 297 zeigt eine Ausführung der Busch-Sulzer Brothers-Diesel Engine Co. Die Kolbenkappe a, der Mantel b und der das Lager für den Kolbenbolzen tragende Körper c sind getrennt hergestellt; sie werden durch sechs lange, durch Kronenmutter, Splint und Umschlagblech gesicherte Stiftschrauben d zusammengehalten. Der Kolbenmantel, der nur an zwei schmalen Ringflächen am Kolbenkörper anliegt, nimmt an dessen Verformungen nicht teil; er bildet einen außen völlig glatten Zylinder ohne die sonst erforderlichen Augen für den Kolbenbolzen und bleibt auch in der Betriebswärme rund, was gute Laufeigenschaften sichert. Der Kolbenbolzen ist an seiner Unterseite auf etwa zwei Drittel seiner Länge auf eine Tiefe von einem Viertel seines Durchmessers ausgespart; gegen die dadurch hergestellte Fläche legt sich der rechteckige Flansch der Pleuelstange, die mit einem Zapfen in eine zylindrische Ausnehmung des Bolzens greift. Vier Kopfschrauben e, von denen je zwei durch einen 3 mm starken Sicherungsdraht verbunden sind, halten Bolzen und Pleuelstange zusammen; ihre Länge, durch Distanzrohre f vermehrt, ist so gewählt, daß ihr Sechskant von dem der in gleicher Höhe liegenden Kopfschrauben m freigeht. Der zylindrische Stift g, der je zur Hälfte in den Flansch der Pleuelstange

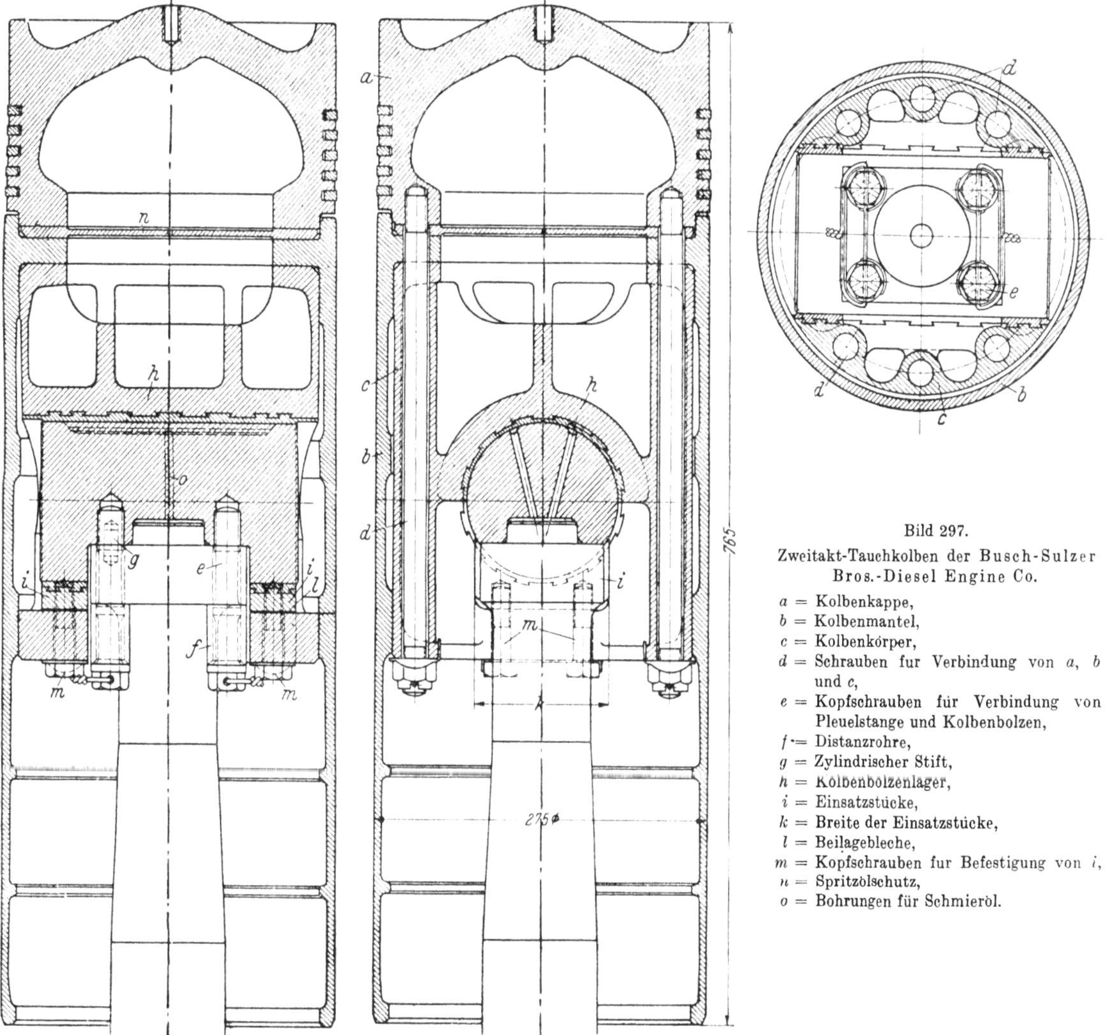

Bild 297.
Zweitakt-Tauchkolben der Busch-Sulzer
Bros.-Diesel Engine Co.

a = Kolbenkappe,
b = Kolbenmantel,
c = Kolbenkörper,
d = Schrauben für Verbindung von a, b
    und c,
e = Kopfschrauben für Verbindung von
    Pleuelstange und Kolbenbolzen,
f = Distanzrohre,
g = Zylindrischer Stift,
h = Kolbenbolzenlager,
i = Einsatzstücke,
k = Breite der Einsatzstücke,
l = Beilagebleche,
m = Kopfschrauben für Befestigung von i,
n = Spritzölschutz,
o = Bohrungen für Schmieröl.

und den Kolbenbolzen greift, sorgt dafür, daß die Achsen des Kolbenbolzens und des Kurbelzapfens genau parallel bleiben.

Die Grundform des Kolbenkörpers c ist ein Zylinder, in den eine nach unten offene Halbschale h eingegossen ist, die in ihrer Ausfütterung mit Weißmetall die obere Hälfte des Kolbenbolzenlagers bildet. Auf ihrer oberen Seite ist die Schale gegen den Kolbenkörper c durch Rippen gut abgesteift. Zu beiden Seiten des Pleuelstangenflansches ist die Schale als kräftige Wand nach unten durchgezogen, bis sie in den unteren Flansch des Kolbenkörpers übergeht. Diese Wände, die ebenfalls mit Weißmetall ausgegossen sind, berührt der Kolbenbolzen so weit, wie er nicht für den Pleuelstangenschaft ausgespart ist. Die beiden unteren Auflageflächen des Kolbenbolzens sind daher nur schmal, doch genügt dies, weil sie entweder nicht oder bei höheren Drehzahlen und größeren Trägheitskräften nur durch den Unterschied zwischen Gasdruck und Trägheitskraft belastet sind.

Die Seitenwände, welche die untere Weißmetallausfütterung enthalten, sind zweiteilig: die Stücke i (aus Stahl mit Weißmetallausguß) werden von der Seite eingesetzt, nachdem der Kolbenbolzen eingeschoben und mit der Pleuelstange verschraubt ist. Unter den Einsatzstücken i liegen Beilagebleche l, durch welche bei Abnutzung der Weißmetallflächen das Kolbenbolzenspiel neu eingestellt werden kann. Die Einsatzstücke passen stramm in ihre Aussparung und werden durch je zwei durch Umschlagbleche gesicherte Kopfschrauben m gehalten.

Zwischen der Kolbenkappe a und dem oberen Flansch des Mantels b liegt ein Stahlblech n, welches verhindert, daß Spritzöl an die untere Fläche des Kolbenbodens gelangt. Die in der Mitte von n befindliche Bohrung dient dem Druckausgleich bei Erwärmung der in der Kolbenkappe eingeschlossenen Luft.

Der Druckfläche des Kolbenbolzens wird das Schmieröl durch die hohle Pleuelstange und zwei Bohrungen o zugeführt; diese münden in zwei in den Kolbenbolzen gefräste, gut ausgerundete Schmiernuten, die bei der Pendelbewegung der Pleuelstange die Druckfläche bestreichen. Die Schmiernuten enden in einiger Entfernung von den Stirnflächen des Kolbenbolzens, damit das Schmieröl nicht seitlich abströmt (vgl. S. 274).

Der mit der Pleuelstange fest verbundene schwingende Kolbenbolzen ist auch bei Tauchkolben anwendbar, bei denen der lose Kolbenmantel b fehlt und die Lagerschale h mit der Lauffläche aus einem Stück gegossen ist. Dann trägt man der Verformung der Lauffläche in der oben beschriebenen Weise durch Freischleifen der um die Kolbenbolzenaugen liegenden Flächenteile Rechnung. Führungsringe aus Bleibronze oder Weißmetall, die unterhalb der Kolbenringe sowie am unteren Ende des Kolbenmantels angeordnet werden, verbessern die Laufeigenschaften und verhindern ein Fressen des Kolbens in der Laufbuchse.

Die Kolbenringe haben die wichtige Aufgabe, den Brennraum gegen das Kurbelgehäuse möglichst gasdicht abzuschließen; außerdem dienen sie, wie S. 281 erwähnt wurde, der Ableitung der Wärme aus dem Kolbenboden an die Zylinderwand. In der Sonderausführung mit schmaler anliegender Lauf-

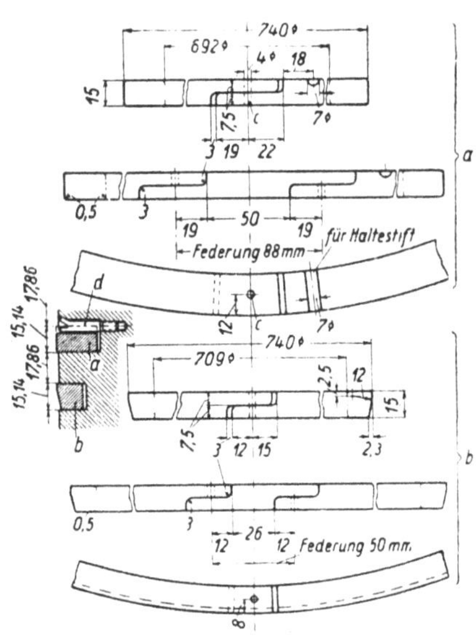

Bild 298. Kolbenringe.

a = Gewöhnlicher Kolbenring, c = Stift für Bearbeitung,
b = Schmierölmitnehmerring, d = Sicherung gegen Drehen.

fläche und abgeschrägtem Profil wirken sie als Schmierölabstreifer (bei Tauchkolben) oder -mitnehmer (bei Kreuzkopfmaschinen). Ihre Herstellung erfordert große Erfahrung, sorgfältige Auswahl des Werkstoffes und sehr genaue Bearbeitung. Die Ringe sollen sich federnd gegen die Zylinderwand legen; der Anpressungsdruck hängt von der Stärke des Ringes in radialer Richtung, der Öffnungsweite des Stoßes im ungespannten Zustand und der Bearbeitung ab. Ein allmähliches Verschleißen des Ringes ist nicht zu vermeiden, doch wird eine möglichst lange Lebensdauer gefordert. Der Verschleiß hängt zwar auch von der Härte der Laufbuchse und der des Ringes sowie von dem Gefüge des Ringwerkstoffes ab, das möglichst feinkörnig sein und keine harten Einschlüsse aufweisen soll, doch haben eine saubere Verbrennung, die keinen Ölkoks hinterläßt, und eine gute Schmierung den größeren Einfluß auf die Lebensdauer des Ringes. Der Werkstoff ist in der Regel Gußeisen; nur für Sonderkonstruktionen nimmt man Stahl. Zuweilen erhält der Ring Einlagen aus Bronze, Graphit oder Zink (sog. Bimetallringe), was die Laufeigenschaften verbessern soll.

Die Ansichten darüber, welche Härte der Kolbenringe und der Zylinderlauffläche den geringsten Verschleiß ergibt, sind verschieden. Gute Erfahrungen hat man mit Kolbenringen gemacht, deren Brinellhärte[1] mit 175 bis 185 kg/mm² kleiner als die der Lauffläche (200 bis 220 kg/mm²) war.

---

[1] Wegen der Brinellhärte s. Fußnote S. 318.

Andere[1] sind der Meinung, daß man den geringsten Verschleiß erhält, wenn Ring und Lauffläche die gleiche Härte haben. Wichtiger als die Frage des Härteunterschiedes sind gute Schmierung und saubere Verbrennung.

Die Kolbenringe müssen an ihren Stirnflächen genau eben und rechtwinklig zur Achse geschliffen sein und in gespanntem Zustand zylindrisch an der Lauffläche liegen. Mit ebenso großer Genauigkeit müssen die Kolbenringnuten in den Kolbenmantel geschnitten sein; ihre axiale Höhe muß etwas größer als die Ringhöhe sein, damit der Ring im Kolben nicht festbrennt. Ein Spiel von 1% der Ringhöhe hat sich bewährt. Den Grund der Ringnut führt man mit abgerundeten Ecken aus, um Kerbrisse im Kolben zu vermeiden. Die Ringnut erhält je nach dem Kolbendurchmesser eine um 1 bis 2 mm größere Tiefe, als die radiale Ringstärke beträgt, damit der Ring nicht im Grund der Nut klemmt. Die Kanten des Kolbenringes werden gebrochen.

Bild 298 zeigt eine Kolbenringausführung mit überlapptem Stoß. a ist ein gewöhnlicher Kolbenring, b ein Schmierölmitnehmerring. Dieser wird bei Kreuzkopfmotoren verwendet, deren Kolben sparsamer geschmiert werden kann, als es bei Tauchkolben möglich ist, deren Lauffläche von dem im Kurbelgehäuse umherspritzenden Schmieröl reichlich benetzt wird. Beim Abwärtsgang des Kolbens gleitet die konische Fläche des Ringes b über das an der Zylinderwand haftende Schmieröl hinweg, ohne es abzuschaben; beim Aufwärtsgang nimmt der Ring das Schmieröl mit und verteilt es der Höhe nach über die Lauffläche. Dreht man den Ring b um, so daß seine 2,5 mm breite zylindrische Fläche unten liegt, so wird er zu einem Abstreifring; das Schmieröl wird nach unten abgestreift. Bei dem Tauchkolben Bild 293 sind der unterste der oberen sechs Kolbenringe

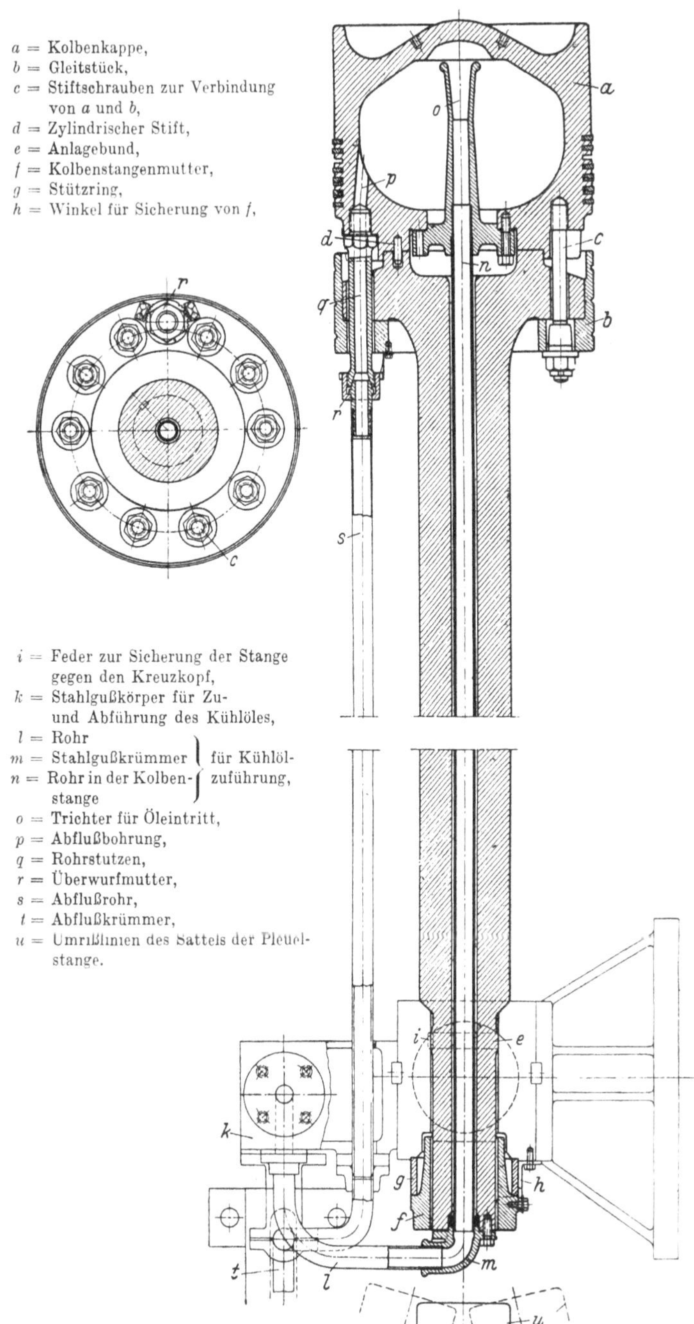

Bild 299. Kolben und Kolbenstange einer Viertakt-Kreuzkopfmaschine der Machinefabriek Gebr. Stork & Co.

730 mm Zyl.-Dmr., 1600 mm Hub, Zyl.-Leistung 465 PSe bei 90 U/min und Aufladung.

---

[1] So G. J. Lugt im Vortrag „Diesel Varia", Trans. North-East Coast Inst. of Engineers and Shipbuilders, Newcastle, Bd. 54 (1938), S. 137. Lugt hat durch Versuche mit ungeschmierten Gleitflächen gefunden, daß man den geringsten Verschleiß erhält, wenn Ring und Lauffläche die gleiche Härte haben. Sind die Härten verschieden, so nutzt sich derjenige Teil am stärksten ab, der die größere Härte hat. Allgemein ergibt die größere Härte den geringeren Verschleiß. Wie eine Schmierung die Ergebnisse dieser Versuche beeinflußt, ist unsicher.

und die beiden Ringe unterhalb des Kolbenbolzens als Abstreifringe ausgebildet. In Bild 299 ist der unterste Kolbenring ein Mitnehmerring.

Da der Ring b nur in einer schmalen Fläche an der Laufbuchsenwand liegt, ist er mit kleinerem Querschnitt und schwächerer Federung (50 mm gegenüber 88 mm) ausgeführt als der Ring a, damit der spezifische Anpressungsdruck nicht zu groß wird. Im entspannten Zustand klaffen die Ringenden um dieses Maß auseinander; sie werden, nachdem das Schloß bearbeitet ist, durch den Stift c zusammengespannt, worauf der Ring fertig gedreht wird.

Den Ringstoß findet man in vielen verschiedenen Formen ausgeführt mit mannigfach abgesetzten Vorsprüngen und Vertiefungen, die einen gasdichten Abschluß des Ringstoßes bezwecken; doch ist der Wert solcher Konstruktionen zweifelhaft. Die Überlappung der Ringenden nach Bild 298 oder der Schrägstoß, auch die einfache senkrechte Stoßfläche genügen in der Regel. Wichtiger als die Ausbildung des Ringstoßes ist die Weite des Spaltes, den die Ringenden zwischen sich lassen, wenn der Ring im Zylinder läuft. Er soll möglichst klein sein, jedoch so, daß der Ring im warmen Zustand nicht zwängt.

Im Betrieb wandert der Kolbenring in seiner Nut; nach Versuchen[1] der Mahle Komm.-Ges. tritt das Wandern bei Ringen mit Schlitzen jeder Art auf; Größe und Richtung der Geschwindigkeit des Wanderns sind unberechenbar. Bei Zweitaktmaschinen hat das Wandern zur Folge, daß ein Ringstoß an die Spül- oder Auspuffschlitze gelangen kann, an deren Kanten er beschädigt werden könnte. Man pflegt daher die Kolbenringe von Zweitaktmotoren gegen Drehen zu sichern. Hierzu versieht man den Kolbenring an der dem Verbrennungsraum zugekehrten Seite in der Nähe des Schlosses mit einer halbkreisförmigen Nut (Bild 298), in die ein Gewindestift k (Bild 293) greift, der in den Grund der Kolbenringnut geschraubt wird und sich mit seinem Rücken gegen eine Aussparung in dem Steg zwischen zwei Ringnuten stützt. Der Stift wird gegen Herausdrehen gesichert, indem man eine Kopfhälfte in eine in den Steg gemeißelte schräge Nut umstemmt (Bild 293, Neben-Abbildungen). Die Nut für den Sicherungsstift soll in der dem Brennraum zugekehrten Stirnfläche des Ringes liegen, damit sie die andere Stirnfläche, mit welcher der Ring durch den Gasdruck gegen den Kolben gepreßt wird und die dichtend wirken soll, nicht unterbricht. Bei den Kolben doppeltwirkender Maschinen sollen also die Sicherungsstifte auf der oberen Seite oben, auf der unteren Seite unten liegen. Bei Viertaktmaschinen ist die Sicherung der Kolbenringe überflüssig, aber auch bei Zweitaktmaschinen unterläßt man die Sicherung zuweilen, wenn die Schlitze so schmal sind, daß die Ringenden beim Überschleifen der Schlitze nicht aus den Nuten hervortreten können.

Bei kleineren Kolben führt man vier bis sechs, bei großen sechs bis sieben Kolbenringe aus. Darüber hinaus bringt eine Vergrößerung der Ringzahl keinen Vorteil. Der oberste Kolbenring darf dem Brennraum nicht zu nahe liegen, damit er nicht festbrennt, und soll bei gekühlten Kolben an einer Stelle angeordnet werden, die von der Rückseite wirksam gekühlt wird (vgl. Bild 299).

Der Viertakt-Kreuzkopfkolben besteht im wesentlichen aus der Kolbenkappe a (Bild 299), die mit Einrichtungen zur Zu- und Abführung des Kühlmittels versehen ist, und einem gußeisernen Gleitstück b, das die Führung im Zylinder übernimmt, da die aus Stahlguß angefertigte Kappe a die Zylinderwand nicht berühren darf. Kappe und Gleitstück werden durch zehn Stiftschrauben c gegen den Flansch der Kolbenstange geklemmt. Die Kolbenkappe ist ein einfacher Hohlkörper ohne Rippen, der sich in der Wärme frei ausdehnen kann. Von den sieben Kolbenringen sind der zweite und dritte von unten als sog. Duplexringe ausgeführt: der Ring ist durch eine waagerechte Ebene in zwei Hälften geteilt, die mit einem Versatz ineinandergreifen; ihre Stöße sind um 180° versetzt. Die Lage der Kolbenkappe zur Kolbenstange ist durch den zylindrischen Stift d gesichert. Das Gleitstück b ist an seinem Umfang mit drei Ringnuten versehen, die der Verteilung des Schmieröles dienen. Seine Unterkante ist durch Einstechen einer Nut als Abstreifkante ausgebildet.

Die Kolbenstange wird aus SM-Stahl von 50 bis 60 kg/mm² Festigkeit, 27 kg/mm² Streckgrenze und 22% Dehnung (bei 5facher Meßlänge) geschmiedet. Sie ist im Betrieb auf Druck und Knickung beansprucht; eine Druckbeanspruchung von 600 bis 700 kg/cm² ist zulässig, eine 6- bis

---

[1] H. Mundorff: Technisches über Kolbenringe. Untersuchungen vom Prüffeld der Mahle Komm.-Ges., Stuttgart-Bad Cannstatt, 1939.

7fache Sicherheit nach den Tetmajerschen Formeln ausreichend. Die Zugbeanspruchung, die nur während des Saughubes auftritt, ist unbedeutend.

Die Kolbenstange ist mit dem Kreuzkopf in der in Bild 299 dargestellten Weise verbunden. In der Bohrung des Kreuzkopfkörpers liegt sie nur mit dem schmalen Bund e an, der möglichst hoch, d. h. in möglichst großer Entfernung von der Kolbenstangenmutter f, liegt. Das freie untere Ende der Kolbenstange wird dadurch etwas nachgiebiger, als wenn es auch im unteren Teil der Bohrung geführt wäre, und nimmt geringfügige Zwängungen, die von der Mutter herrühren könnten, leichter auf. Die Mutter f ist „aufgehängt"; sie stützt sich auf den Ring g, wodurch erreicht wird, daß ihre Gewindegänge gleichmäßig tragen (vgl. S. 300). Dasselbe gilt für die Muttern der Stiftschrauben c. Der Winkel h, der durch Kopfschrauben mit dem Kreuzkopf und der Mutter f verbunden ist, sichert diese gegen Losdrehen. Gegen den Kreuzkopf ist die Kolbenstange durch die im Bund e liegende Feder i gesichert, die je zur Hälfte in den Kreuzkopf und die Stange eingelassen ist.

Der Kolben Bild 299 wird durch Öl gekühlt, das dem am Kreuzkopf befestigten Stahlgußkörper k durch ein im Kurbelgehäuse schwingendes Gelenkrohr zugeführt wird (ähnlich Bild 296, jedoch ermöglicht der größere Hub — 1600 mm — die Ausführung gerader Gelenkrohrteile). Von k fließt das Kühlöl durch das Rohr l und den Stahlgußkrümmer n, der gegen die untere Stirnfläche der Kolbenstange geschraubt ist, sowie durch das in die Bohrung der Kolbenstange gehängte Rohr n dem Kolbenkühlraum zu, an dessen höchster Stelle es durch den Trichter o

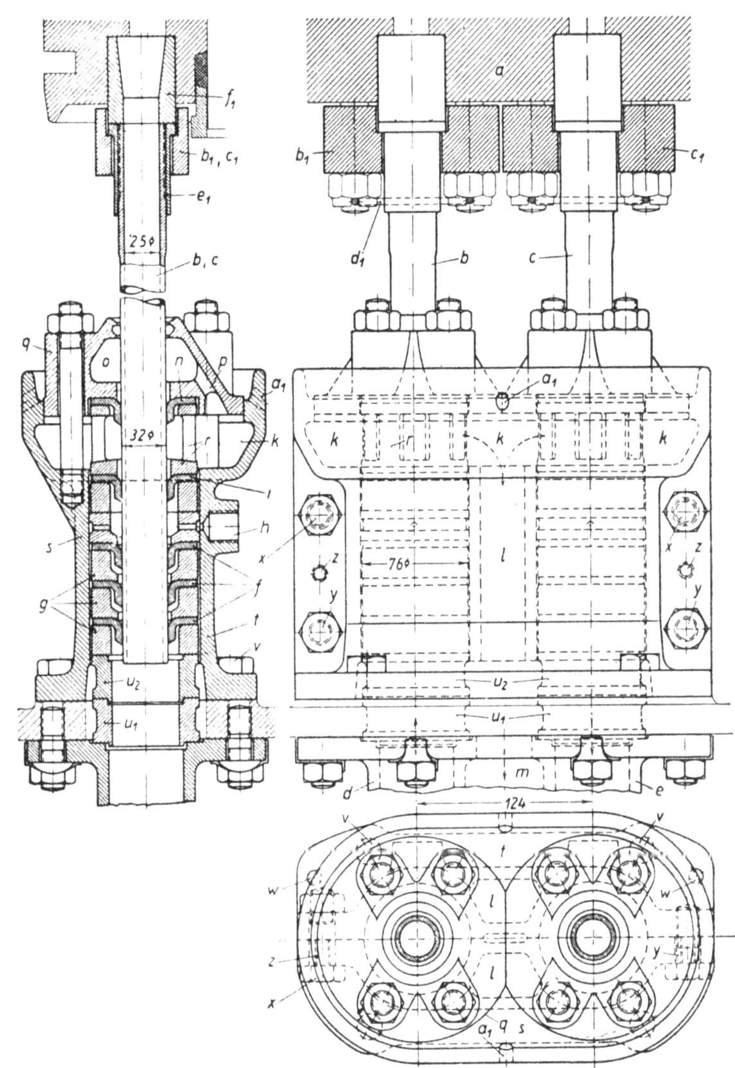

Bild 300. Posaunenrohrstopfbuchse für Wasserkühlung.

a = Kolben,	r = Druckkorb,
b = Zuflußposaune,	s, t = Geteiltes Stopfbuchsgehäuse,
c = Abflußposaune,	u_1, u_2 = Distanzringe,
d = Tauchrohr für b,	v = Kopfschrauben,
e = Tauchrohr für c,	w = Kegelstifte,
f, i, n = Ledermanschetten,	x = Paßschrauben,
g = Druckringe,	y = Kopfschrauben,
h = Anschluß für Dochtöler,	z = Gewinde für Abdrückschrauben,
k = Sammelraum für Leckwasser,	a_1 = Tropfölabfluß,
l, m = Leckwasserabführung,	b_1, c_1 = Überwurfflanschen,
o = Spritzwasserschutz,	d_1 = Sicherungsdraht,
p = Rückflußlöcher,	e_1 = Rohrschuh,
q = Stopfbuchsdeckel,	f_1 = Einsatzstück.

austritt. Das Stahlrohr n ist in den Flansch des Trichters o, der den Kolbenkühlraum nach unten abschließt, mit Gewinde eingeschraubt und mit dem Flansch hart verlötet. Nach unten kann sich das Rohr frei ausdehnen, da es am unteren Ende in einer Stopfbuchse geführt ist, deren Brille der Krümmer m bildet. Durch die Bohrung p fließt das erwärmte Kühlöl ab; es durchfließt den Rohrstutzen q

und das mit diesem durch eine gut gesicherte Überwurfmutter r verbundene Rohr s und strömt schließlich durch einen am Kreuzkopf befestigten kurzen Krümmer (von dem nur der senkrechte Teil in Bild 299 gezeichnet ist) in ein im Kurbelgehäuse angeordnetes, feststehendes, geschlitztes Rohr (da es auf völlige Dichtigkeit bei Ölkühlung nicht ankommt), aus dem es in einen Abflußtank im Doppelboden gelangt. Von diesem wird es durch eine Pumpe angesaugt und durch ein Filter in den Ölkühler gedrückt. Der Druck des Kühlöles vor Eintritt in die Maschine beträgt etwa 2,5 kg/cm².

Durch Einzeichnen der Umrißlinien u des Sattels der Pleuelstange überzeugt man sich, daß diese in keiner Stellung gegen die Rohrleitung l, m schlägt.

Wenn der Kolben durch Wasser gekühlt wird, sind Gelenkrohre, da sie nicht genügend dicht halten, nicht zulässig; dann verwendet man Posaunenrohre (Teleskoprohre) für die Zu- und Abführung des Kühlmittels (Süßwasser, bei Viertakt-Kreuzkopfmotoren auch Seewasser), die leichter abgedichtet und so gebaut werden können, daß das Leckwasser nicht in das Schmieröl des Kurbelgehäuses gelangen kann. Bild 300 zeigt eine Posaunenrohrstopfbuchse für Wasserkühlung. Am Kolben a sind zwei Posaunenrohre b, c befestigt, von denen das eine dem Zufluß, das andere dem Abfluß des Kühlmittels dient. Jedes Posaunenrohr taucht in ein feststehendes Rohr d bzw. e von entsprechender Länge (in Bild 300 abgebrochen gezeichnet), das am Maschinenständer befestigt und an die Zu- bzw. Ableitung des Kühlwassers angeschlossen wird. Die beweglichen Posaunenrohre werden gegen die Standrohre durch mehrere übereinandergeschichtete Ledermanschetten f abgedichtet, deren Stulp nach unten weist und die das Posaunenrohr eng umschließen. Sie müssen aus bestem, chromgarem Kernleder gepreßt werden; der Innendurchmesser des Stulpes wird um 1 mm im Durchmesser kleiner als das Posaunenrohr ausgeführt, damit die Manschette sich stramm um das Rohr legt. Die Manschetten ruhen auf bronzenen Druckringen g, deren Form den Manschetten so weit angepaßt ist, daß diese gut gehalten sind, dabei aber doch mit ihrem Stulp dem unvermeidlichen, wenn auch geringen seitlichen Wandern des Rohres folgen können. In Bild 300 dichten drei untere Manschetten f den Wasserraum ab, der auf der Zuflußseite unter einem Überdruck von 1 bis 2 kg/cm² steht. Daran schließt sich nach oben ein etwas größerer Raum, in den durch die Verschraubung h von einem höher liegenden Dochtöler ständig etwas Schmieröl tropft. Es folgt (von unten nach oben) eine vierte Manschette i und hierauf ein größerer Raum k, aus dem das Leckwasser durch die in das Stopfbuchsgehäuse eingegossenen Kanäle l in den Raum m gelangt, von dem es in die Maschinenraumbilge abgeführt wird. Eine letzte Ledermanschette n dichtet gegen Spritzwasser, das nicht an die Innenfläche der in geringer Höhe über dem Stopfbuchsgehäuse liegenden Zylinderlaufbuchse gelangen darf. Auch der Raum o, aus dem etwa noch durchsickerndes Wasser durch mehrere Langlöcher p nach k zurückfließen kann, dient dem gleichen Zweck.

Die Ledermanschetten und Druckringe werden von dem Deckel q, der mit seinem äußeren Rand im Stopfbuchsgehäuse verschiebbar geführt ist, zusammengedrückt; hierbei wird der Deckeldruck durch die oberste Manschette n und den bronzenen, mit Aussparungen für den Wasserdurchtritt versehenen Korb r auf die übrigen Ledermanschetten übertragen. Da die Stärke der Manschetten zuweilen nicht gleichmäßig ausfällt, sind die den Deckel q haltenden Stiftschrauben etwas länger als üblich ausgeführt.

Das aus Bronze gegossene Stopfbuchsgehäuse ist in der Vertikalebene geteilt, damit die Stopfbuchse leicht überholt werden kann; auch ein Auswechseln der Posaunenrohre ohne den Abbau größerer Teile wird dadurch möglich. Will man z. B. die Ledermanschetten erneuern, so braucht man nur die vordere Gehäusehälfte s zu entfernen; die hintere t kann stehenbleiben. Man dreht die Kurbelwelle so, daß der Kolben mit den Posaunenrohren in seinem oberen Totpunkt steht; dann löst man zunächst die Muttern, welche die beiden Deckel q halten, und schiebt die Deckel auf den Posaunenrohren nach oben. Nunmehr kann man die Gehäusehälfte s nach vorn wegziehen, die Druckringe g, r mit den Ledermanschetten f, i, n anheben und zuerst den unteren Distanzring u_1, dann den oberen u_2 herausziehen, was durch die Unterteilung in u_1, u_2 erleichtert wird; darauf kann man alle Druckringe und Ledermanschetten einzeln über die Rohre b, c nach unten streifen und herausnehmen. Auch der Korb r und die oberste Ledermanschette n können entfernt werden; nur die ungeteilten Deckel q bleiben auf den Rohren b, c hängen. Für den Zusammenbau gilt die umgekehrte Reihenfolge.

Die hintere Gehäusehälfte t bleibt während dieser Arbeiten stehen; sie ist mit zwei Kopfschrauben v und zwei Kegelstiften w am Maschinenständer befestigt. Die vordere Gehäusehälfte s darf keine Kegelstifte erhalten, damit sie in der Waagerechten nach vorn herausgezogen werden kann. Im zusammengebauten Zustand wird sie gegenüber der Hälfte t durch zwei Paßschrauben x in ihrer genauen Lage gehalten; außerdem sind zwei Kopfschrauben y vorgesehen. In die Gewindelöcher z, die nur in den Flansch des Vorderteiles s gebohrt sind, werden Abdrückschrauben gesetzt, wenn das Gehäuse auseinandergebaut werden soll.

Der Dochtöler, dessen Rohr bei h angeschlossen ist, wird zwei bis drei Meter oberhalb von h angeordnet, weil in dem Raum über der dritten Ledermanschette f noch ein geringer Wasserüberdruck herrscht, der das Schmieröl zurückdrücken würde, wenn der Dochtöler zu niedrig angebracht wird.

Durch die Bohrungen a_1 kann Tropföl ablaufen, das von der Wand der Laufbuchse auf den Deckel q fällt.

Wenn man die vordere Gehäusehälfte mit den Ledermanschetten und Druckringen abgebaut hat, lassen sich auch die Posaunenrohre b, c leicht entfernen; man löst die Überwurfflanschen b_1, c_1 und kann die Posaunenrohre mit den Flanschen und den auf den Rohren reitenden Deckeln q seitlich herausziehen. Die Stiftschrauben und Kronenmuttern, welche die Flanschen b_1, c_1 halten, sind durch einen gemeinsamen Draht d_1 gesichert, der auch ein Herausdrehen der Stiftschrauben verhütet. Die Überwurfflanschen pressen die Rohre durch einen mit Feingewinde aufgesetzten und verlöteten Rohrschuh e_1 gegen ein geschmiedetes Einsatzstück f_1 im Kolben, dessen konische Ausdrehung den Übergang zum Kühlwasserkanal im Kolben vermittelt, da dessen Achse aus Platzgründen etwas gegen die Rohrachse versetzt ist.

Die Posaunenrohre mitsamt der Stopfbuchse müssen genau ausgerichtet werden; sie sollen möglichst keinen seitlichen Schlag haben. Da dies schwer zu erreichen ist, gibt man allen Ledermanschetten und Druckringen (r, g, u_1, u_2) die Möglichkeit, seitlich etwas auszuweichen. Genaues Ausrichten verlängert die Lebensdauer der Stopfbuchse.

Als Baustoff für die Posaunenrohrstopfbuchse wird, wenn mit Seewasser gekühlt werden soll,

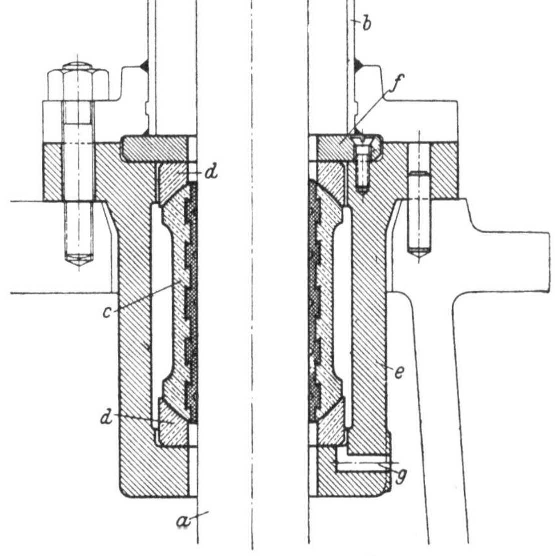

Bild 301. Posaunenrohrstopfbuchse für Ölkühlung.

a = Posaunenrohr,
b = Standrohr,
c = Dichtungsbuchse mit Weißmetallausguß,
d = Kugelringe,
e = Stopfbuchsgehäuse,
f = Gehäusedeckel,
g = Ölablauf.

Bronze verwendet; alle Schrauben werden aus Rübelbronze angefertigt. Für die Posaunenrohre eignet sich gezogenes Messing oder rostfreier Stahl.

Der lichte Durchmesser der Posaunenrohre wird aus der Kühlwassermenge, die man für den Kolben braucht, und aus der mittleren Geschwindigkeit berechnet, die 2 bis 2,5 m/sek nicht übersteigen soll. Für die Kolbenkühlwassermenge kann man 40% der gesamten für die Maschine benötigten Wassermenge (s. S. 358) rechnen. Infolge der Pumpwirkung der Posaunenrohre strömt das Wasser nicht gleichmäßig, sondern ruckweise durch die Rohre und den Kolben, was durch die Anbringung reichlich bemessener Windkessel (vgl. k in Bild 304, S. 296) gemildert wird.

Wenn der Kolben durch Öl gekühlt wird, kann die Posaunenrohrstopfbuchse einfacher gebaut werden. Bild 301 zeigt ein Beispiel (Ausführung der Machinefabriek Gebr. Stork & Co.). Das Posaunenrohr a, das sich in dem feststehenden Rohr b bewegt, wird gegen das Kurbelgehäuse durch das Weißmetallfutter der Buchse c abgedichtet, die an beiden Stirnseiten in den Kugelringen d gelagert ist. Das gußeiserne Gehäuse e umschließt die Stopfbuchse. Der durch Versenkschrauben befestigte Deckel f läßt den Kugelringen d so viel Spiel, daß sie und die Buchse c geringen seitlichen Bewegungen des Posaunenrohres folgen können, ohne zu klemmen. Die Außenseite der Buchse c steht durch die Bohrung g mit dem Kurbelgehäuse in Verbindung.

Ähnlich einfach im Aufbau wie ein Viertakt-Kreuzkopfkolben wird der Kolben einer einfach-wirkenden Zweitakt-Kreuzkopfmaschine (Bild 302); er unterscheidet sich von jenem im wesentlichen durch den langen Kolbenmantel a, der in den höheren Kolbenstellungen die Spül- und Auspuffschlitze abzudecken hat. Seine Länge ist hier dadurch bestimmt, daß in der oberen Totlage des Kolbens Fenster verschlossen bleiben müssen, die in der Laufbuchsenwand unterhalb der Schlitze angeordnet sind und in denen Abstreifringe für das Schmieröl untergebracht sind. Der Mantel ist ein glattes, zylindrisches, durch wenige Ringrippen versteiftes Rohr. Mit der stärkeren Rippe legt er sich gegen einen Flansch, in den die Kolbenstange mit parabelförmigem Profil übergeht (vgl. S. 301). Die aus Stahl geschmiedete Kolbenkappe b stützt sich auf die Stirnfläche der Kolbenstange; zehn Stiftschrauben c verbinden den Mantel und die Kappe mit der Stange. Ihre Kronenmuttern d sind „aufgehängt" (vgl. S. 300). Die nahe dem Einschraubgewinde liegenden Vierkante e auf den Stiftschrauben verteuern zwar die Herstellung, ermöglichen aber ein festeres Einschrauben; der lange Scha t würde bei einem Kraftangriff am freien Ende als Drehfeder wirken.

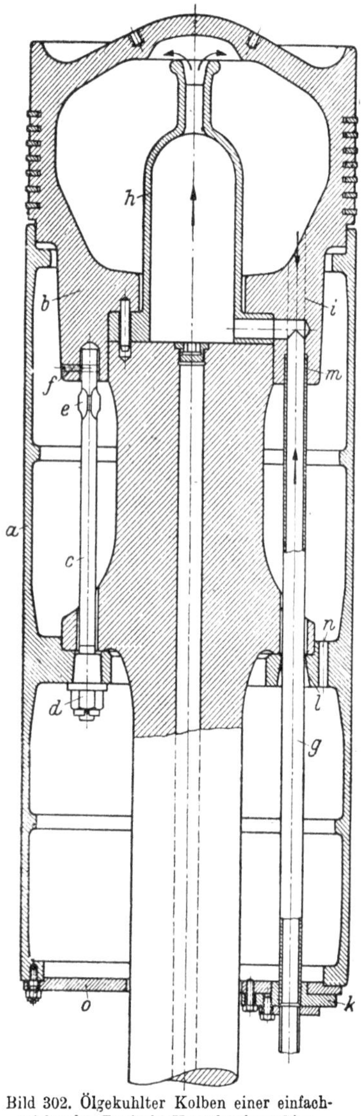

Bild 302. Ölgekühlter Kolben einer einfachwirkenden Zweitakt-Kreuzkopfmaschine.

a = Kolbenmantel,
b = Kolbenkappe,
c = Stiftschrauben,
d = Aufgehängte Kronenmuttern,
e = Vierkant zum Einschrauben von c,
f = Spitzschraube zur Sicherung von c,
g = Ölzuführungsrohr,
h = Einsatzstück,
i = Ölabflußbohrung,
k = Flansch des Zuflußrohres g,
l = Konische Bohrung zur Einführung
　　von g,
m = Führung von g in der Kolbenkappe,
n = Bohrung für Ölabfluß,
o = Abschlußdeckel.

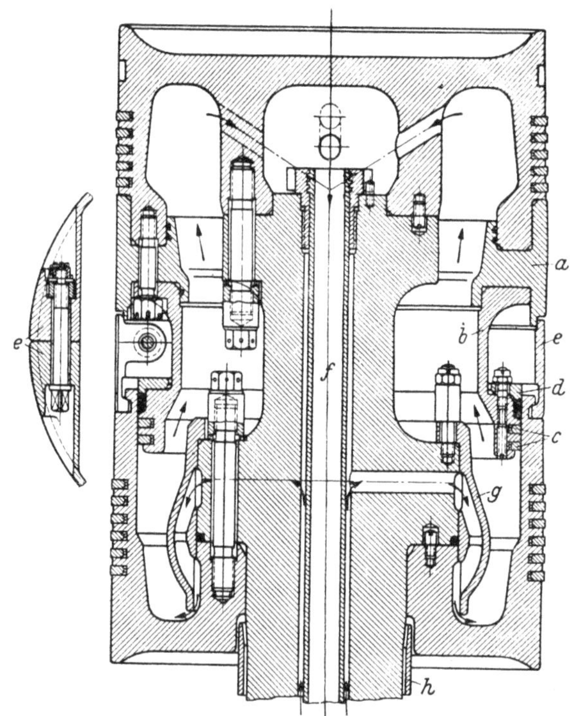

Bild 303. Kolben einer doppeltwirkenden Zweitaktmaschine der
Maschinenfabrik Augsburg-Nürnberg A.-G.

a = Gußeiserner Gleitring,
b = Zwischenring,
c = Kolbenringe für Abdichtung
　　des Kühlraumes,
d = Geteilte Stopfbuchsbrille,
e = Zweiteiliger Deckring,
f = Rohr für Kühlmittelführung,
g = Führungsstück für Kühlöl,
h = Schutzrohr für die Kolben-
　　stange.

Spitzschrauben f sichern die Stiftschrauben gegen Herausdrehen. Der Kolben ist ölgekühlt; das Öl wird durch Posaunenrohre zu- und abgeführt. Innerhalb des Kolbenmantels leitet das Stahlrohr g das Kühlöl durch eine Winkelbohrung im Flansch der Kolbenkappe dem aus Stahlguß angefertigten

Einsatzstück h zu, aus dessen Mündung es in den Kühlraum austritt. Das Einsatzstück drängt das Kühlöl an die die Kolbenringe enthaltende Wand, was die Kühlwirkung verbessert. Hinter dem Rohr g, in Bild 302 durch dieses verdeckt, liegt ein zweites Rohr, welches das erwärmte Kühlöl, das durch die Bohrung i den Kolbenkühlraum verläßt, der Abflußposaune zuleitet.

Wenn der Kolben mit der Kolbenstange zusammengebaut werden soll, wird die Kolbenkappe mit eingesetzten Stiftschrauben zusammen mit dem Einsatzstück h auf die Stirnfläche der Kolbenstange gesetzt und der Mantel a übergestreift und mit den Kronenmuttern d befestigt. Dann wird das Zuflußrohr g, das mit seinem Flansch k durch Gewinde und Hartlot verbunden ist, von unten eingeführt; die Einführung wird durch die konische Bohrung l im Flansch des Mantels erleichtert. Eine leichte Ansenkung der Bohrung m im Rand der Kolbenkappe dient dem gleichen Zweck. In der Bohrung m kann das Rohr g sich verschieben, wenn die Länge des Mantels a in der Wärme wächst. Läßt die Bohrung m etwas Öl durch, so fließt dieses durch das Loch n ab und durch den Ringspalt, den der den Flansch k tragende Deckel o mit der Kolbenstange bildet, in den Sumpf, der das Kurbelgehäuse nach oben abschließt (vgl. Bild 269, S. 258). Ebenso wird das Ölabflußrohr eingesetzt, das hinter g liegt.

Von den sieben Kolbenringen ist der unterste als Mitnehmerring ausgebildet (Bild 298).

Die Kolben doppeltwirkender Zweitaktmaschinen erhalten zwei Kolbenkappen; die obere stützt sich auf die Stirnfläche der Kolbenstange, die bei der Ausführung der Maschinenfabrik Augsburg-Nürnberg (Bild 303) zu einem Flansch ausgeschmiedet ist, die untere wird von unten über die Kolbenstange gestreift und legt sich gegen einen zweiten Flansch von größerem Durchmesser. Stiftschrauben mit balligen Unterlegscheiben und Kappenmuttern verbinden die Kolbenkappen mit der Stange; Drähte, die durch die Sechskante von je zwei Muttern gezogen werden, sichern die Stiftschrauben. Die Kolbenkappen sind aus Stahl gegossen, dem zur Erhöhung der Warmfestigkeit Chrom und Molybdän zugesetzt sind; ihre Form ermöglicht auch die Herstellung aus geschmiedetem Stahl. Da der Stahl die Zylinderlauffläche nicht berühren darf, ist ein gußeiserner Gleitring a vorgesehen, der den Kolben in der Zylinderbuchse führt. Der zwischen der unteren Kante von a und der oberen Kante der unteren Kolbenkappe verbleibende Ringspalt ist durch einen einspringenden Ring b ausgefüllt, der mit der oberen Kolbenkappe verschraubt ist und zugleich den Gleitring hält. Der untere Teil von b kann sich gegen die Innenwand der unteren Kolbenkappe verschieben, wodurch den Wärmedehnungen des Kolbens Rechnung getragen wird; der Ring b soll aber auch den Hohlraum des Kolbens, der ganz mit dem Kühlmittel angefüllt ist, nach außen abdichten; daher trägt der verstärkte untere Teil von b zwei nach außen federnde Kolbenringe c und eine Stopfbuchse mit Weichpackung, deren Brille d geteilt sein muß; die Kolbenringe entlasten die Packung vom Druck des Kühlmittels. Der Ringraum, in dem die Muttern der Stopfbuchsbrille und die Muttern der Schrauben liegen, welche die Teile a und b mit der oberen Kolbenkappe verbinden, wird durch einen zweiteiligen Deckring e verschlossen, dessen in Nischen liegende Verbindungsschrauben von außen zugänglich sind. Die Trägheitskräfte der Ringhälften werden von einem Versatz aufgenommen, der in eine Ringnut der unteren Kolbenkappe greift.

Den Kolben doppeltwirkender Maschinen kann das Kühlmittel nur mit Hilfe der Kolbenstange zugeführt werden, da man Posaunenrohre nicht durch den unteren Brennraum führen kann. Entweder hängt man in die Bohrung der Kolbenstange ein Einsatzrohr (f in Bild 303) und schafft dadurch die Wege für den Zu- und Abfluß, oder man benutzt, wenn die Kolbenstange von einem Schutzrohr umgeben ist (vgl. Bild 319, S. 305), den Raum zwischen diesem und der Stange als Rückweg, die Kolbenstangenbohrung als Hinweg für das Kühlmittel. Wenn Wasser (nur Süßwasser kommt hier in Frage) zur Kühlung verwendet wird, wird die Wand der Kolbenstangenbohrung zum Schutz vor Korrosion mit einem Rohr aus Kupfernickel oder nichtrostendem Stahl ausgefüttert. Bei dem ölgekühlten Kolben nach Bild 303 tritt das Kühlöl durch den Ringraum zwischen Kolbenstangenbohrung und Einsatzrohr und durch Querbohrungen im Flansch der Kolbenstange in ein an diesem befestigtes Formstück g, welches das Öl an die heißeste Stelle des unteren Kolbenbodens leitet. Das Öl durchströmt darauf den Kolben von unten nach oben und wird in der aus Bild 303 ersichtlichen Weise durch das Einsatzrohr der Kolbenstange abgeführt.

Das aus wärmebeständigem Stahl angefertigte Rohr h ist in den unteren Zylinderdeckel eingesetzt. In der unteren Totlage des Kolbens hat es relativ zu diesem die in Bild 303 gezeichnete Lage; es schützt dann die Kolbenstange vor der Flamme des Brennraumes, die nach dem Totpunkt ihre höchste Temperatur erreicht hat. Wenn das Schutzrohr bei der Aufwärtsbewegung des Kolbens die Kolbenstange freigibt, ist die Temperatur so weit gesunken, daß die Kolbenstange durch sie nicht mehr gefährdet ist.

Eine Anordnung der Posaunenrohre und ihre Verbindung mit der Kolbenstange zeigt Bild 304. Der Posaunenrohrträger a ist mit dem Kreuzkopf verschraubt; er trägt die Zuflußposaune b und die Abflußposaune c. Die Verbindung mit der Kolbenstange wird durch das Stahlgußstück d

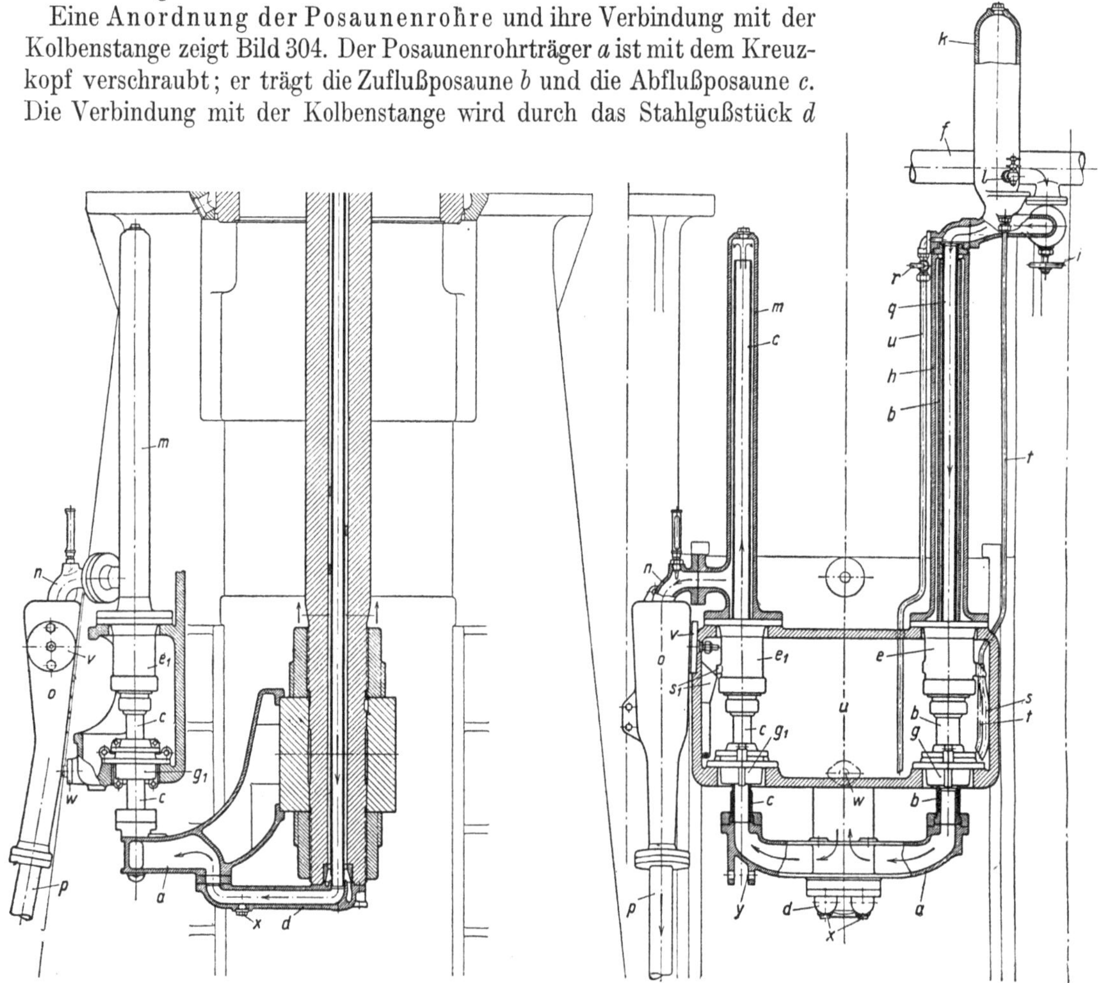

Bild 304. Anordnung der Posaunenrohre.

a = Posaunenrohrträger,
b = Zuflußposaune,
c = Abflußposaune,
d = Verbindungsstück zwischen Posaunenrohrträger und Kolbenstange,
e, e_1 = Stopfbuchsen für Abdichtung der Posaunenrohre gegen Wasser,
f = Zuflußleitung für Kolbenkühlwasser,
g, g_1 = Stopfbuchsen für Abdichtung der Posaunenrohre gegen Öl,
h = Standrohr der Zuflußposaune,
i = Regelventil,
k = Windkessel,
l = Schnüffelventil,
m = Standrohr der Abflußposaune,

n = Abflußkrümmer,
o = Abflußtrichter,
p = Abfluß in die Sammelleitung für Kolbenkühlwasser
q = Feststehendes Innenrohr der Zuflußposaune,
r = Hahn für Kolbenentwässerung,
s = Abfluß des Leckwassers der Stopfbuchse e,
s_1 = Abfluß des Leckwassers der Stopfbuchse e_1,
t = Abfluß des Leckwassers des Schnüffelventiles l,
u = Rohr für Kolbenentwässerung,
v = Flansch für Druckluftanschluß für Kolbenentwässerung,
w = Abfluß des Leckwassers aus dem Stopfbuchsensumpf,
x = Entwässerungsschrauben am Stahlgußstück d,
y = Augen für Antrieb des Indiziergestänges.

hergestellt, das je einen Kanal für den Zu- und den Abfluß enthält. Die Anordnung Bild 304 gilt für Wasserkühlung des Kolbens; die Posaunenrohre b, c müssen durch Stopfbuchsen e, e_1 gegen das in ihren Standrohren befindliche Wasser, das durch die Leitung f dem Standrohr der Zuflußposaune zugeführt wird, abgedichtet werden. Beim Aufwärtshub des Kolbens tauchen die Posaunenrohre in das mit Ölnebeln erfüllte Kurbelgehäuse; das erfordert eine Abdichtung gegen das Kurbelgehäuse durch die Stopfbuchsen g, g_1. Bei jedem Abwärtshub überziehen sich die Posaunenrohre mit einer dünnen Schicht Schmieröl, das, wenn keine Maßnahmen dagegen getroffen werden, in die Hohlräume des Kolbens gelangen und den Wärmeübergang allmählich verschlechtern würde. Das gilt besonders für die Zuflußseite h, weil von ihr das Kühlwasser unmittelbar durch den Posaunenrohrträger a, das Verbindungsstück d und die Kolbenstangenbohrung in den Kolben fließt, während die Verhältnisse auf der Abflußseite günstiger liegen, weil das abfließende Kolbenkühlwasser in einen Ölabscheider geleitet wird.

Bei der Anordnung nach Bild 304 wird das zufließende Kolbenkühlwasser vor Berührung mit dem Schmieröl des Kurbelgehäuses dadurch geschützt, daß in dem feststehenden Tauchrohr h ein zweites feststehendes Innenrohr q angeordnet ist, so daß die Posaune b sich in dem von den beiden Standrohren gebildeten Ringraum bewegt. Das untere Ende von q trägt eine einfache, aus einem aufgelöteten, mit Rillen versehenen Bronzering bestehende Stopfbuchse, die nicht völlig dicht zu halten braucht; die geringe Menge Leckwasser, die sie durchläßt, geht zwar dem Kolbenkühlkreislauf verloren, schützt aber das durch das Standrohr q und das Posaunenrohr b fließende Wasser vor Berührung mit der ölbezogenen Außenseite von b. Das Leckwasser wird durch das Rohr s in den Stopfbuchsensumpf (oder, wie in Bild 374, S. 374, gezeichnet, durch die dort mit s bezeichneten Rohre in die Abflußsammelleitung) geführt, aus dem es bei w abgeleitet wird.

Das Kolbenkühlwasser tritt aus der an die Kühlwasserpumpe angeschlossenen Verteilleitung f durch das Regelventil i, das zur Einstellung der Menge und damit der Abflußtemperatur dient, in das innere Standrohr q und aus diesem durch die Posaune b, die eine Hälfte des Posaunenrohrträgers a und den einen Kanal des Verbindungsstückes d in die hohle Kolbenstange. Ein in die Leitung zwischen i und q geschalteter Windkessel k wirkt ausgleichend, ein Schnüffelventil l, durch das etwas Luft in den Wasserkreislauf gesaugt wird, erneuert das Luftpolster. Den Rückweg nimmt das Wasser durch das Innenrohr der Kolbenstange, den zweiten Kanal des Verbindungsstückes d, die andere Hälfte des Posaunenrohrträgers a und die Abflußposaune c, aus der es in das Standrohr m übertritt. Von dort fließt es durch den mit Thermometer versehenen Krümmer n sichtbar in den Abflußtrichter o und aus diesem durch das Rohr p in die zum Süßwasserrückkühler führende Sammelleitung (vgl. q, r in Bild 374, S. 374).

Das aus dem Schnüffelventil l abtropfende Wasser wird in einer am Windkessel k angegossenen Schale aufgefangen und durch das Rohr t in den Stopfbuchsensumpf geleitet, aus dem es bei w abfließen kann. Ebenso wird das Leckwasser der Stopfbuchsen e und e_1 abgeführt. An e ist ein Rohr s angeschlossen, weil hier das Sperrwasser des inneren Standrohres q in etwas größerer Menge austritt; es würde ohne das Rohr s gegen die Wand des Verbindungsstückes der Ständer (vgl. Bild 269, S. 258) spritzen, in welchem die Stopfbuchsen untergebracht sind. Bei der Stopfbuchse e_1 genügt der offene Abfluß s_1, aus dem das Leckwasser in einen Trichter mit anschließendem kurzen Rohr tropft.

Soll der Kolben bei längerem Stillstand der Maschine entwässert werden, so entfernt man den Abflußkrümmer n, schraubt statt seiner den Flansch v (der, solange er nicht gebraucht wird, mit zwei Schrauben am Trichter o befestigt ist, damit er jederzeit zur Hand ist) gegen das Abflußstandrohr m und schließt an v eine Druckluftleitung an. Das im Kolben befindliche Wasser wird dann in umgekehrter Strömungsrichtung in die Zuflußposaune gedrückt und fließt aus dieser nach Öffnen des Hahnes r durch das Rohr u in den Stopfbuchsensumpf ab. Die Zuflußleitung f ist dabei durch das Ventil i abgesperrt. Der in der Leitung verbleibende Wasserrest kann durch die an den beiden Kanälen des Verbindungsstückes d angebrachten Entwässerungsschrauben x abgelassen werden.

Die an den Posaunenrohrträger a angegossenen Augen y dienen dem Antrieb des Indiziergestänges (vgl. Bild 353, S. 340).

Bild 305 zeigt eine Ausführung der Stopfbuchsen e, e_1 und g, g_1 (Bild 304). Die Bezugsbuchstaben in Bild 305 bezeichnen, soweit sie nicht den Index 2 tragen, dieselben Teile wie in Bild 304. Man erkennt aus Bild 305, daß das feststehende Innenrohr q der Zuflußposaune und die bewegliche Abflußposaune c den gleichen Durchmesser haben; die Zuflußposaune b muß also einen größeren Durchmesser erhalten, damit das Rohr q mit seinem dichtenden Bronzering darin Platz findet. Die Stopfbuchsen sind ähnlich gebaut wie die in Bild 300 gezeigte; auf der Ölseite (g, g_1) sind durch Schlauchfedern angedrückte Lederstulpe verwendet, auf der Wasserseite (e, e_1) ein Lederstulp, der durch einen Gummiring a_1 und einen Bronzering b_2 gegen das Posaunenrohr gedrückt wird.

Die übrigen Dichtungsringe c_2 bestehen aus Weichpackung von geeigneter Zusammensetzung. Die Stopfbuchsen g, g_1 sind in bronzenen Gehäusen untergebracht, die in einer senkrechten Ebene geteilt sind; das ist für den Ein- und Ausbau der Dichtungsringe notwendig. Für die Stopfbuchsen e, e_1 gilt dies nicht, da sie nach Entfernung der Standrohre h, m nach oben ausgebaut werden können. Die Dichtungsringe der Stopfbuchsen e, e_1 sind in zwei ineinandergesteckten Bronzebuchsen untergebracht, wodurch das Herausnehmen erleichtert wird. Ein Distanzring d_2 ermöglicht die Abführung des durchsickernden Wassers bei s_1; an das Gewinde e_2 ist ein Tropföler angeschlossen. Die Grundringe f_2 sind aus Pockholz hergestellt.

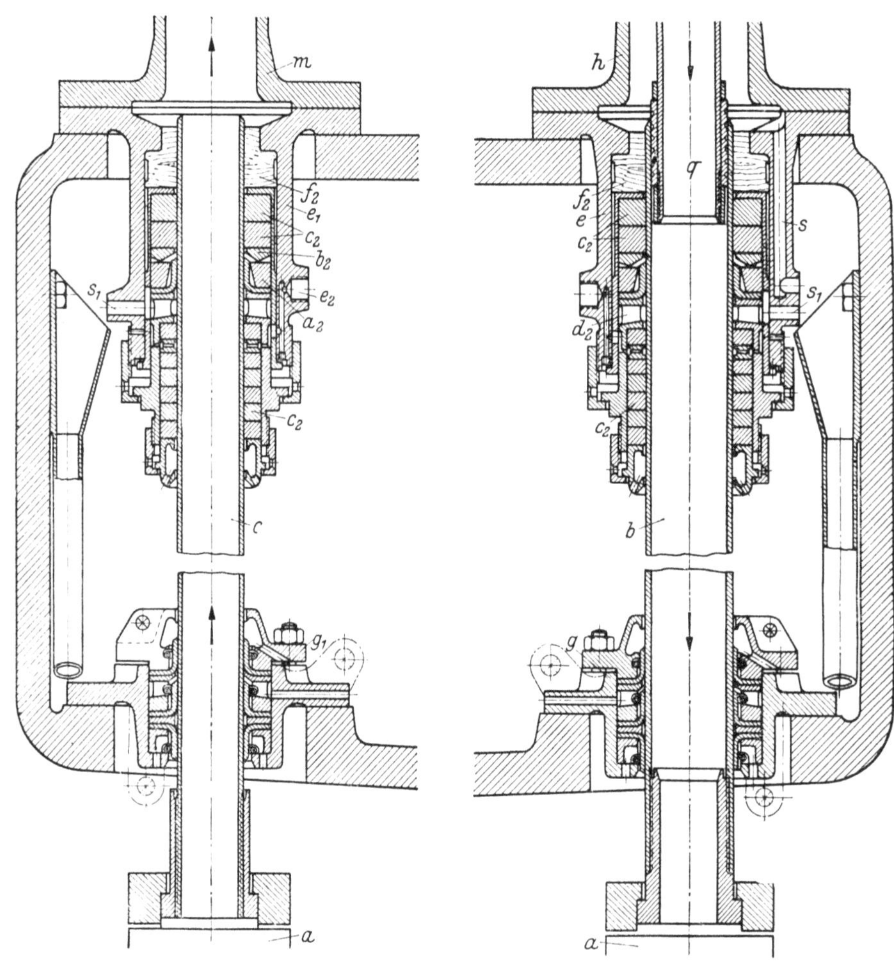

Bild 305. Posaunenrohrstopfbuchsen für eine doppeltwirkende Zweitaktmaschine mit wassergekühltem Kolben. Bezugsbuchstaben a bis s_1 wie in Bild 304.

a_2 = Gummiring,	c_2 = Ringe aus Weichpackung,	e_2 = Anschluß für Tropföler,
b_2 = Bronzering,	d_2 = Distanzring,	f_2 = Pockholzringe.

Kolbenstangen. Für die Kolbenstangen **einfachwirkender** Zweitaktmotoren gilt dasselbe wie für Viertaktmotoren (S. 290). Sie sind im Betrieb schwellend auf Druck beansprucht, und da sie nicht durch einen Brennraum hindurchgeführt zu werden brauchen, so macht die Beherrschung der Beanspruchungen keine Schwierigkeiten. Erheblich ungünstiger liegen die Verhältnisse bei **doppeltwirkenden Zweitaktmaschinen.** Hier sind die Kolbenstangen **wechselnd, auf Zug** und Druck und, da die Stange den unteren Brennraum durchdringen muß, außerdem thermisch hoch beansprucht. Manche Kolbenstangenbrüche haben sich bei der Einführung der doppeltwirkenden Zweitaktmaschine ereignet, und es hat jahrelanger angestrengter Arbeit bedurft, ehe es gelang, die Kolbenstangen betriebssicher auszuführen. Während man anfänglich vorwiegend nach einem geeigneten Werkstoff suchte, der imstande sein würde, die hohen Beanspruchungen aufzunehmen, ist später die Lösung in erster Linie durch konstruktive Maßnahmen gelungen, wenn auch die Anforderungen an den Werkstoff der Kolbenstangen nicht herabgesetzt werden durften.

Bild 306 zeigt eine Kolbenstange älterer Bauart. Die Stange (235 mm Dmr.) ist von der oberen Stirnseite bis zur oberen Kreuzkopfmutter durchbohrt; in die Bohrung ist ein Rohr (50 mm l. Dmr.) aus nichtrostendem Stahl eingesetzt. Durch das Rohr fließt das Kühlwasser zum Kolben, durch den Ringraum zwischen dem Rohr und der Bohrung der Stange zurück. Die oberhalb der oberen Kreuzkopfmutter liegenden Querbohrungen a und b (die mit Buchsen aus nichtrostendem Stahl ausgefüttert sind) dienen dem Ein- und Austritt des Kühlwassers; sie stehen durch ein Stahlgußstück geeigneter Form mit den am Kreuzkopf befestigten Posaunenrohren in Verbindung. Durch die beiden parallelgeschalteten Querbohrungen c strömt das Kühlwasser aus dem Kolbenkühlraum ab. Stangenbrüche sind aufgetreten in den Querbohrungen a und b, die in dem wechselnd beanspruchten Teil der Stange liegen, in den Querbohrungen c oberhalb des Bundes d, also an einer Stelle, die schwellend auf Zug beansprucht ist, ferner im Querschnitt x–x etwa 500 mm unterhalb des Bundes d an einer Stelle des steilsten Temperaturabfalles und endlich im Querschnitt y–y, der in der Auflagefläche der unteren Stangenmutter liegt. Kolbenstangen, die für die Befestigung des Kolbens statt der oberen Stangenmutter einen angeschmiedeten Flansch hatten (vgl. Bild 319), sind gelegentlich auch am Übergang zwischen dem Stangenschaft und dem Flansch eingerissen, obwohl der Übergang gut abgerundet war.

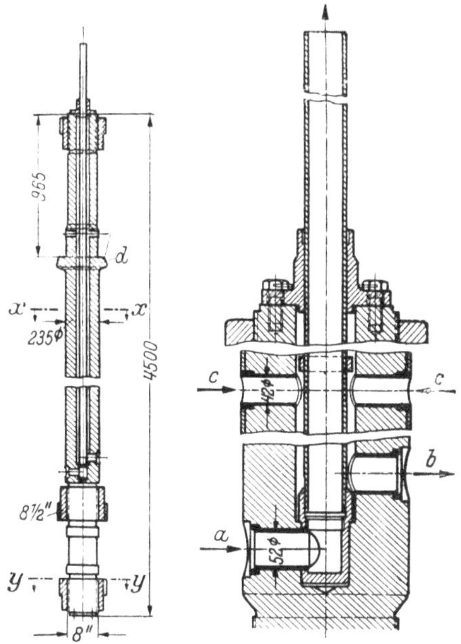

Bild 306. Kolbenstange eines doppeltwirkenden Zweitaktmotors (ältere Ausführung).

a = Eintritt des Kühlwassers in die Stange,
b = Austritt des Kühlwassers aus der Stange,
c = Abfluß des Kühlwassers aus dem Kolben,
d = Bund auf der Kolbenstange.

Die Brüche hatten verschiedene Ursachen; sie waren durch Einflüsse mechanischer, chemischer und thermischer Art bedingt. Bei manchen Brüchen haben auch zwei oder alle drei Arten der Einflüsse zusammengewirkt, so bei dem in Bild 307 dargestellten Bruch, der an der Stelle x–x der Stange Bild 306 lag. Hier trafen die mechanische Beanspruchung durch die Verbrennungsdrücke, die Korrosion der Innenwand und die durch den Temperaturabfall von außen nach innen

Bild 307. Gebrochene Kolbenstange.

und von oben nach unten verursachten Spannungen zusammen. Die Bruchfläche zeigt das typische Bild des Dauerbruches: der dunkle Teil der Fläche ist von Ringen ähnlich den Jahresringen eines Baumes durchzogen, deren Mittelpunkte hier an zwei Stellen der Innenwand lagen, die stärkere Korrosionsnarben aufwiesen. Bild 308 läßt eine der beiden senkrechten Zeilen tiefer Anfressungen erkennen, die sich an der Innenwand gebildet hatten; von ihr ausgehend sind die Begrenzungslinien der Bruchfläche allmählich konzentrisch nach außen vorgerückt. Schließlich ist der die Kräfte übertragende unversehrte Teil so klein geworden, daß der Gewaltbruch eintrat (weiße Bruchflächen in Bild 307).

Die Stangenbrüche, die nur auf mechanische Ursachen, d. h. auf örtliche Überschreitung der Festigkeit des Werkstoffes, zurückzuführen waren, sind hauptsächlich im Gewinde der Stangenmuttern aufgetreten. Im allgemeinen erfährt jede auf ihren Bolzen geschraubte Mutter durch eine Zugbelastung des Bolzens oder auch nur durch das Anziehen mittels Schraubenschlüssels eine Verformung, die der des Bolzens entgegengesetzt ist, denn der Bolzen mit seinem Gewindeteil wird durch die Zugbelastung verlängert, die Mutter dagegen durch den Auflagedruck verkürzt. Auf diese Zusammenhänge hat C. Bach schon früher hingewiesen[1]. Da der Bolzen sich reckt und die Mutter sich verkürzt, so werden die der Auflagefläche am nächsten liegenden Gewindegänge am stärksten ineinandergepreßt, während die weiter entfernt liegenden weniger hart tragen und die äußeren Gänge unter Umständen überhaupt nicht mehr aufeinanderliegen. Dies gilt um so mehr, je höher die Mutter und je stärker das Gewinde belastet ist; bei kleinen Gewindebolzen macht es sich bei den praktisch vorkommenden Belastungen nicht bemerkbar. E. Heidebroek[2] veranschaulicht die ungleichmäßige Spannungsverteilung im Gewinde eines hochbeanspruchten Schraubenbolzens durch eine schematische Darstellung nach Bild 309. Dem der Auflagefläche zunächst liegenden Gewindegang sind zehn, dem nächsten vier, dem dritten drei Kraftlinien zugeordnet. Mag auch der Kraftfluß in Wirklichkeit anders verteilt sein, so ist doch sicher, daß der erste Gewindegang am stärksten belastet ist. Wenn daher Kolbenstangenbrüche im Gewinde aufgetreten sind, so lagen sie immer in der Ebene, in welcher die Mutter den Kreuzkopf berührte.

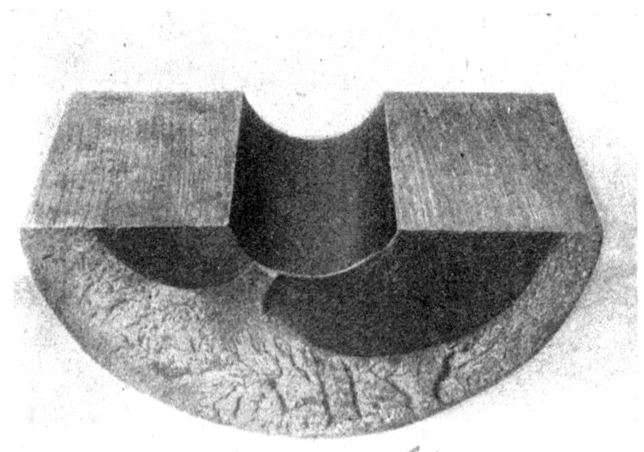

Bild 308. Korrosionsnarben als Ausgangsstellen eines Dauerbruches.

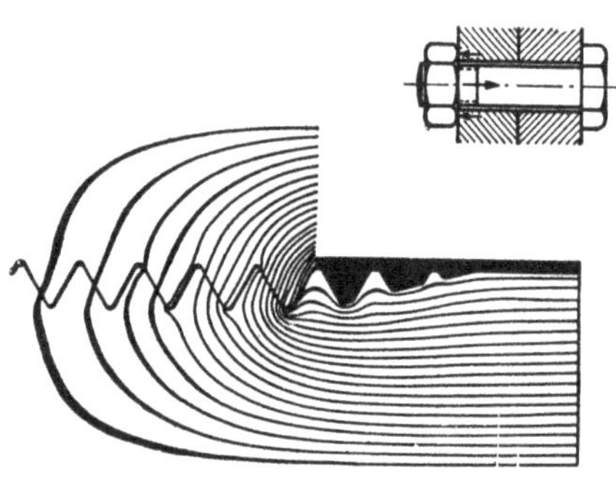

Bild 309. Spannungsverteilung in einem Schraubenbolzen nach E. Heidebroek.

Eine Abhilfe wurde durch die Konstruktion nach Bild 310 geschaffen. Die untere Kreuzkopfmutter legt sich mit ihrer Stirnfläche nicht gegen den Kreuzkopf, sondern stützt sich mit einer Schulter *a* gegen den Ring *b*, der den Zug der Kolbenstange auf den Kreuzkopf überträgt. Der Ring ist gegen den Kreuzkopf durch einen zylindrischen Stift, die Mutter gegen den Ring durch eine Kopfschraube gesichert. Wird das Gewinde durch die Vorspannung und den Verbrennungsdruck der unteren Kolbenseite belastet, so werden Bolzen und Mutter gleichsinnig, nämlich beide auf Zug, beansprucht, und die Gewindegänge legen sich gleichmäßig ineinander. Vorteilhaft ist, die Querschnitte der Stange und der Mutter im Bereich des Gewindes ungefähr inhaltsgleich zu machen, damit die Verformungen bei Belastung gleich groß werden und die Gewindegänge um so genauer aufeinander liegenbleiben. Wo diese Konstruktion angewandt wurde (vgl. Bild 299, S. 289), die als „Schultermutter" oder „aufgehängte Mutter" bezeichnet wird, sind Stangenbrüche im Bereich des Gewindes nicht mehr aufgetreten.

Die Schultermutter ist überall dort angebracht, wo hochbelastete Gewindegänge großen Durchmessers vorkommen, z. B. bei den Pleuelstangenbolzen und den Zugankern, die den Zylinderrahmen mit der Grundplatte verbinden.

[1] C. Bach: Die Maschinen-Elemente. 13. Aufl. (1922), Bd. I, S. 150. Berlin: Springer-Verlag.
[2] E. Heidebroek: Maschinenteile und Werkstoffkunde. Z.V.d.I. Bd. 74 (1930), S. 1259.

Bei der Besprechung der Kolbenstange nach Bild 302 war auf den parabelförmigen Übergang zwischen Stangenschaft und angeschmiedetem Flansch hingewiesen (S. 294). Bei einer einfachen Ausrundung der Hohlkehle zwischen Schaft und Flansch waren selbst bei der niedrigen Wechselbeanspruchung von rechnungsmäßig $\pm 3\ \text{kg/mm}^2$ (Zug-Druck) Brüche in der Hohlkehle aufgetreten,

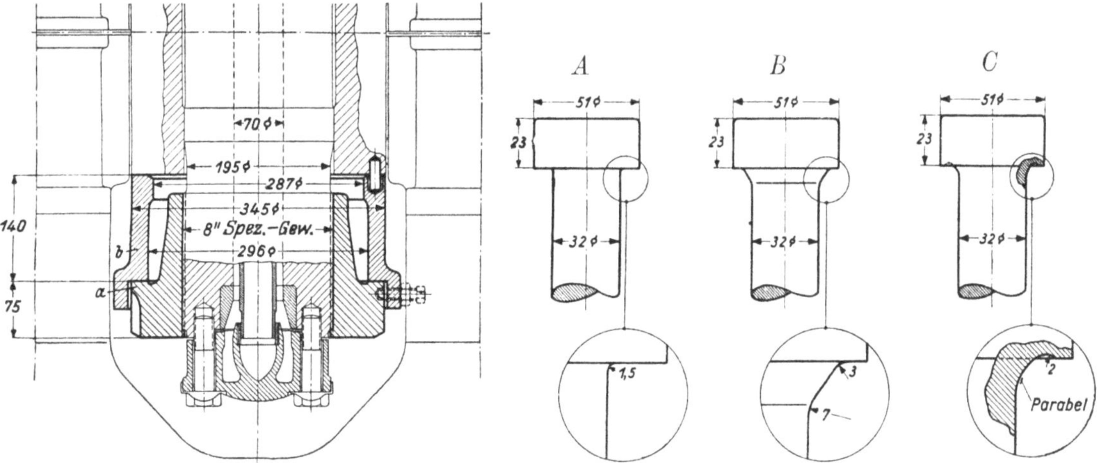

Bild 310. Aufgehängte Kolbenstangenmutter.
a = Schulter, b = Stützring.

Bild 311. Probestäbe mit verschiedenem Übergang zwischen Schaft und Kopf (für Zerreißversuche).

die zunächst nicht erklärt werden konnten. Versuche an 20 mm starken, ebenen Gummiplatten, die durch eine geeignete Belastungsvorrichtung verformt wurden, ergaben für die drei verschiedenen Übergangsformen nach Bild 311, daß die Spannung in der Hohlkehle

bei einfacher Abrundung (A) auf das 3,8fache,

bei konisch-abgerundetem Übergang (B) auf das 2,75fache,

bei parabelförmigem Übergang (C) dagegen nur auf das 2,1fache

der mittleren Spannung im Schaft anwächst. Zerreißversuche in der Pulsatormaschine mit zwischen 2,0 und 40,3 kg/mm² schwellender Belastung bestätigten das Ergebnis. Es wurden erreicht

bei einer Übergangsform
nach Bild 311 A   35 100 und   34 800,
   „   „   311 B 383 000 und 369 900,
   „   „   311 C 600 000, 950 000
            und 544 700

Lastperioden bis zum Bruch. Die Überlegenheit des parabelförmigen Überganges zwischen Schaft und Kopf kommt in diesen Zahlen klar zum Ausdruck.

Eine zweite Gruppe von Schwierigkeiten, welche die Entwicklung der Kolbenstangen-Bauarten beeinflußt

Bild 312. Korrodierte Innenbohrung einer Kolbenstange.

haben, lag auf chemischem Gebiet; sie waren durch die Korrosion des Werkstoffes verursacht. Bei doppeltwirkenden Maschinen muß die Stangenbohrung für die Zu- und Abführung des Kühlmittels benutzt werden. Um die erforderlichen zwei Wege für das Kühlmittel zu schaffen, führt man ein Stahlrohr in die Stangenbohrung ein (Bild 303 und 316) und benutzt den Ringraum zwischen Bohrung und Rohr als Hinweg, das Rohr als Rückweg des Kühlmittels oder umgekehrt. Anfänglich bevorzugte man wegen seiner größeren spezifischen Wärme Wasser (Süßwasser) als Kühlmittel, unterließ es aber, die Wand der Stangenbohrung gegen Korrosionen zu schützen. Die Folge waren Korrosionsnarben in der Bohrung, die z. B. in Bild 312 an einigen Stellen eine Tiefe von 12 mm erreichen. In Bild 313 haben die Narben mehrere Anrisse verursacht, die rechtzeitig entdeckt wurden. Die in Bild 314 sichtbaren Einschnitte in das korrodierte Gefüge zeigen deutlich die Gefährlichkeit der Korrosion. Sie bewirkt ein rasches Absinken der Dauerfestigkeit, die nach Versuchen von Mac Adam z. B. bei einem Chrom-Nickel-Stahl die Dauerfestigkeit von 49 kg/mm² auf den vierten Teil vermindert (Bild 315; vgl. auch Bild 247, S. 237). Wenn dann zu den aus den Verbrennungsdrücken berechneten Beanspruchungen noch Spannungsanhäufungen durch unzweckmäßig angeordnete Querbohrungen (Bild 306) oder gar thermische Beanspruchungen treten, so sind Stangenbrüche die unausbleibliche Folge.

Das wirksamste Mittel gegen das Auftreten von Korrosionen ist die Verwendung von Schmieröl als Kühlmittel. Das Öl greift weder die Stangenbohrung noch das eingehängte Stahlrohr an, hat

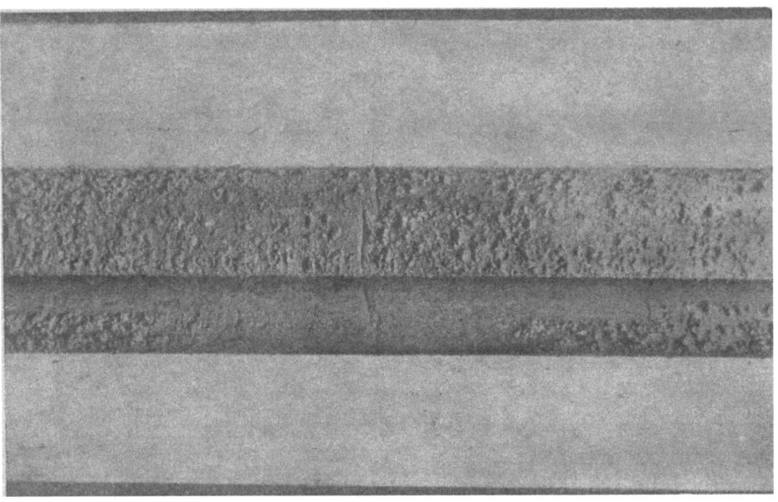

Bild 313. Durch Korrosion verursachte Anrisse.

aber den Nachteil der niedrigen spezifischen Wärme, die eine rd. doppelt so große Menge bedingt wie bei Wasser und einen dementsprechend großen Rückkühler erfordert (s. S. 281), ein Nachteil, der durch die größere Betriebssicherheit aufgewogen wird. Will man Süßwasser als Kühlmittel verwenden, so muß die Stangenbohrung durch ein eingewalztes Rohr aus Kupfer oder nichtrostendem Stahl vor Berührung mit dem Wasser geschützt werden. Das Rohr muß eng an der Wand der Bohrung liegen, damit der Wärmeübergang nicht beeinträchtigt wird. Das eingehängte Rohr wird aus nichtrostendem Stahl angefertigt. Auch der Zusatz eines Korrosionsschutzöles zum Süßwasser, das mit dem Wasser eine Emulsion bildet und die Wand mit einer schützenden Ölschicht bedeckt, ist mit Erfolg versucht worden.

Durch Maßnahmen der beschriebenen Art ist es gelungen, die durch die Korrosion der Kolbenstangen verursachten Schwierigkeiten zu überwinden.

Eine dritte Ursache von Stangenbrüchen war auf die ungleichmäßige Erwärmung der Kolbenstangen doppeltwirkender Zweitaktmaschinen zurückzuführen. Bei der Doppelwirkung muß die Kolbenstange durch den unteren Brennraum geführt werden, und da ihre Innenbohrung gekühlt ist, so ist nicht zu vermeiden, daß die Stange außen wärmer wird als innen. Es tritt somit in radialer Richtung ein Temperaturabfall ein, der in dem unmittelbar unterhalb des Kolbens liegenden Stangenteil stärker sein wird als in den weiter unten befindlichen Querschnitten, die erst dann in den unteren Brennraum gelangen, wenn die Temperatur der Gase schon merklich gesunken ist. Infolge der verschiedenen Tauchtiefe der Stangenquerschnitte (I, II usw. in Bild 316) muß sich auch in Richtung der Stangenachse ein Temperaturabfall einstellen. Beide Arten von Temperaturunterschieden sind die Ursache für das Auftreten von Spannungen. Der Temperaturabfall in radialer Richtung hat zur Folge, daß die äußeren, wärmeren Stangenteile sich in der Richtung der Stangenachse auszudehnen suchen. Sie werden hieran durch die kälteren, inneren Fasern gehindert und beanspruchen diese auf Zug, während die inneren Fasern in den äußeren Druckspannungen hervorrufen. Wie der Temperaturabfall in axialer Richtung wirkt, erkennt man,

wenn man sich die Stange durch eine Anzahl waagerecht geführter Schnitte in Scheiben (beliebiger Dicke) zerlegt denkt. Die Temperatur fällt von einem höher gelegenen Querschnitt ausgehend in Richtung des darunterliegenden. Der höher liegende sucht den benachbarten unteren Querschnitt, mit dem er zusammengewachsen ist, auseinanderzuzerren und ruft in ihm Tangential- und Radialspannungen hervor. Der untere Querschnitt sucht diese Verformungen zu hindern und ruft in dem oberen Querschnitt entsprechende Spannungen mit entgegengesetztem Vorzeichen hervor. Die Spannungen sind offenbar um so größer, je steiler der Temperaturabfall ist.

Bild 314. Beginnende Rißbildung im Gefüge einer korrodierten Kolbenstange.

Damit die Größe der Spannungen ermittelt werden kann, müssen die Temperaturen bekannt sein, welche die Stange in verschieden hoch liegenden Querschnitten und an Stellen verschiedener radialer Tiefe annimmt. Die Lage der Meßstellen bei den Versuchen des Verfassers ist in Bild 316 angegeben. Eine Kolbenstange wurde in den Ebenen *I* bis *V* radial angebohrt; in die Bohrungen wurden genau passende konische Zapfen eingesetzt, so daß der Wärmeübergang zwischen Zapfen und Stange praktisch nicht beeinträchtigt wurde. Die Zapfen dienten zur Einführung der Lötstellen von je drei Thermoelementen, mittels deren die Temperaturen am Außenumfang (*a*), in einer mittleren Schicht (*m*) und nahe der Innenbohrung (*i*) gemessen wurden. Die Kabel der Thermoelemente wurden durch die Stangenbohrung zum Kreuzkopf geleitet und von dort am Indiziergestänge (Bild 353, S. 340) entlang aus dem Kurbelgehäuse geführt. Die Maschine war voll belastet.

Es wurde ein Temperaturverlauf nach Bild 316 gemessen. Der Querschnitt *I*, der auch bei

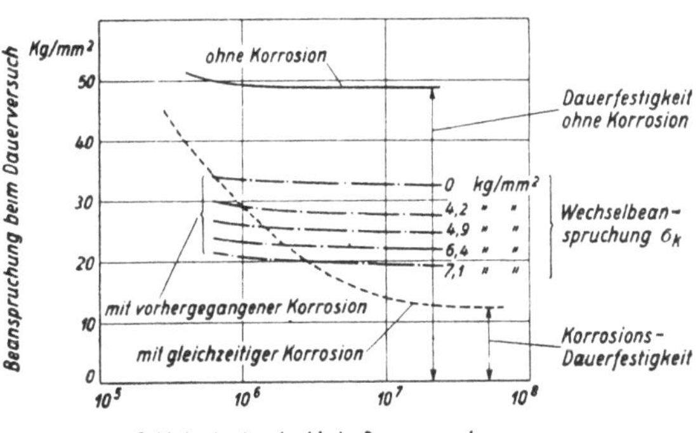

Bild 315. Dauerfestigkeit eines Chrom-Nickel-Stahles ohne und mit Korrosion nach Mac Adam.

tiefster Stellung der Kolbenstange nicht aus dem Brennraum herausragt, wird am heißesten. Die Temperaturen des 130 mm tiefer liegenden Querschnittes *II*, der auch in seiner tiefsten Stellung die Dichtungsringe der Kolbenstangenstopfbuchse noch nicht berührt, sind niedriger, weil der Querschnitt *II* durch den engen Hals des Zylinderdeckels während eines Teiles seiner Bewegung vor der Berührung mit der Flamme geschützt wird. Am steilsten ist der Temperaturabfall zwischen den Querschnitten *II* und *III*, nicht nur weil der Querschnitt *III* erst dann in den Brennraum taucht, wenn die Gastemperatur schon merklich abgenommen hat, sondern auch weil die Dichtungsringe der Kolbenstangenstopfbuchse Wärme aus der Stange nach außen (nämlich an den wassergekühlten

Zylinderdeckel) ableiten. Querschnitt *IV*, der (bei 1200 mm Hub der Kolbenstange) erst gegen das
Ende des Ausdehnungshubes in den Brennraum tritt, hat nur noch Temperaturen von 50 bis 65°
und ist nur unwesentlich wärmer als Querschnitt *V*.

Bei den Versuchen wurde auch der Einfluß einer besonderen Kühlung der Stopfbuchse unter-

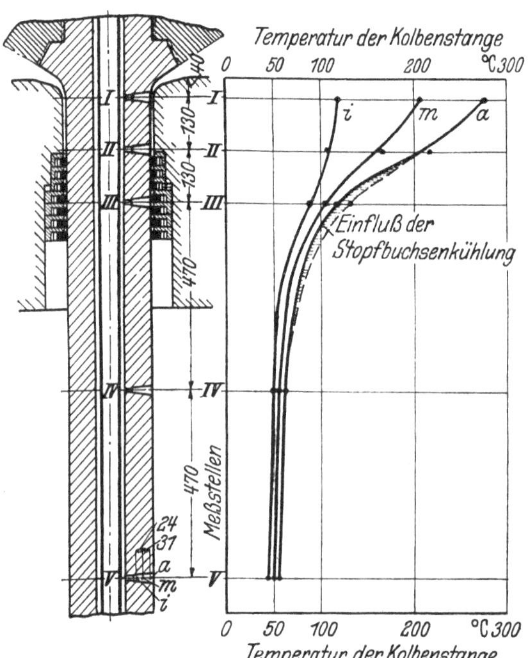

Bild 316. Temperaturverteilung in einer Kolbenstange.

a = Temperaturverlauf am Außenumfang,
i = Temperaturverlauf nahe der Innenbohrung,
m = Temperaturverlauf in einer mittleren Schicht.

sucht. Die Stopfbuchse war nach Bild 320 ausgeführt; die Dichtungsringe und Kammerringe
legten sich unmittelbar gegen die Wand des
wassergekühlten Zylinderdeckels. Dabei ergab
sich eine Temperaturverteilung nach der gestrichelten Linie in Bild 316. Sodann wurde
die Stopfbuchse in einem stark gekühlten Gehäuse mit getrenntem Kühlwasserzu- und
-abfluß angeordnet, wozu ein neuer Zylinderdeckel angefertigt wurde. Der Temperaturabfall zwischen den Meßebenen *II* und *III* war
jetzt schroffer geworden (ausgezogene Linie in
Bild 316). Die waagerechte Schraffur deutet
den Einfluß der stärkeren Stopfbuchsenkühlung
an. Sie ist nachteilig, weil der steilere Temperaturabfall eine Vermehrung der Spannungen
verursacht. Andererseits ist aber die indirekte
Kühlung der Stopfbuchse nach Bild 320 nicht
etwa entbehrlich — die Dichtungsringe würden
bei gänzlichem Wegfall der Kühlung fressen —,
und man muß daher einen gewissen Temperaturabfall in den verschieden hoch liegenden
Stangenquerschnitten zulassen.

Die Rechnung zeigt, daß die gemessenen
Temperaturunterschiede Spannungen in der
Größenordnung von 2000 kg/cm² verursachen,
die sich zu den mechanischen Anstrengungen addieren. Wird dann noch die Stangenbohrung durch
Korrosion angegriffen, so werden die Beanspruchungen weit höher, als die Korrosionsdauerfestig-

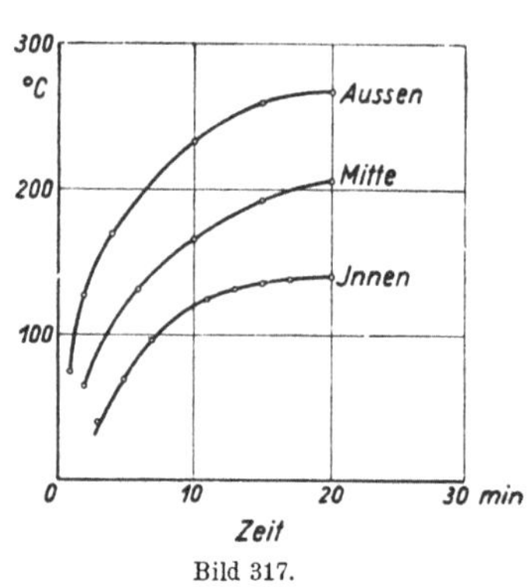

Bild 317.

Temperaturen einer Kolbenstange beim
Anfahren.

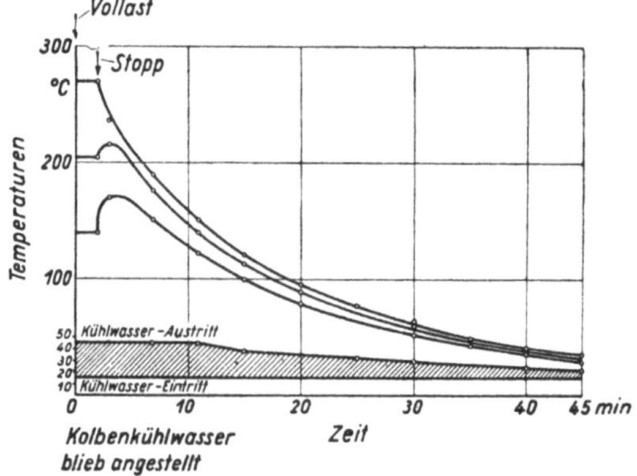

Bild 318. Temperaturen einer Kolbenstange beim Abstellen.

keit beträgt (Bild 315), und es muß nach einer größeren Zahl von Lastwechseln ein Bruch der
Stange eintreten.

Die Versuche des Verfassers erstreckten sich auch auf die Ermittlung der Stangentemperaturen
beim Anfahren und Abstellen der Maschine, da zu prüfen war, ob die dabei auftretenden Tem-
peraturänderungen zusätzliche thermische Beanspruchungen hervorrufen. Die im Querschnitt *I*
herrschenden Temperaturen am Außenumfang, in der Mitte der Wandung und nahe der Innen-

bohrung wurden während der ersten zwanzig Minuten nach dem Anfahren aus kaltem Zustand gemessen und in Abhängigkeit von der Zeit aufgetragen (Bild 317). Man sieht, daß während des Anfahrens bis zur Erreichung des Beharrungszustandes keine größeren Temperaturunterschiede zwischen außen und innen auftreten als im Beharrungszustand; demnach können beim Anfahren keine höheren thermischen Spannungen vorkommen als im Betrieb. Noch günstiger liegen die Verhältnisse beim Abstellen (Bild 318). Hierbei tritt sogleich eine wesentliche Erniedrigung der thermischen Beanspruchungen ein, weil die Temperatur am Außenumfang wegen des Wegfalls der Zündungen schnell sinkt, während sie in der Mitte und noch mehr an der Innenbohrung infolge der Durchwärmung der Stange zunächst steigt, so daß die Temperaturunterschiede zwischen außen und innen rasch ·abnehmen.

Temperaturunterschiede, wie sie in den Querschnitten *I* und *II* (Bild 316) auftreten, müssen von der Kolbenstange ferngehalten werden. Bei der Ausführung der Maschinenfabrik Augsburg-Nürnberg wird dies dadurch erreicht, daß in den unteren Zylinderdeckel ein aus wärmebeständigem Stahl hergestelltes Rohr (*h* in Bild 303) eingesetzt ist, das die Kolbenstange umgibt, solange der Kolben durch seinen unteren Totpunkt geht und die Temperaturen im unteren Brennraum ihren Höchstwert haben (vgl. S. 296). Sehr wirksam können alle größeren Temperaturunterschiede dadurch von der Stange ferngehalten werden, daß man sie auf ihrer ganzen Länge mit einem (gußeisernen) Rohr umgibt (Bild 319), das von der unteren Kolbenhälfte gegen den oberen Bund der Kolbenstange gepreßt wird und sich nach unten frei ausdehnen kann. Das untere Rohrende kann sich in einer Stopfbuchse verschieben, die mit dem Kreuzkopf verschraubt ist. Das Kühlmittel wird dem Kolben durch die Stangenbohrung zugeführt, durchströmt den oberen und unteren Kolbenkühlraum und fließt durch den Ringraum zwischen Schutzrohr und Stange ab. Diese Führung des Kühlmittels ist dann richtig, wenn Wasser zur Kühlung benutzt wird, denn bei umgekehrter Strömungsrichtung würde das dünnwandige Schutzrohr (18 bis 20 mm Wandstärke)

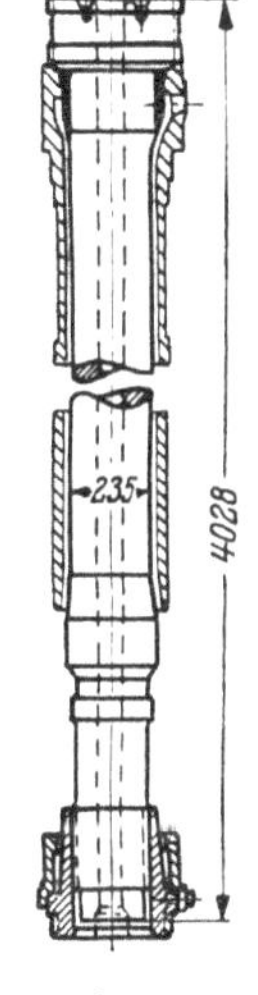

Bild 319.
Kolbenstange
mit Schutzrohr.

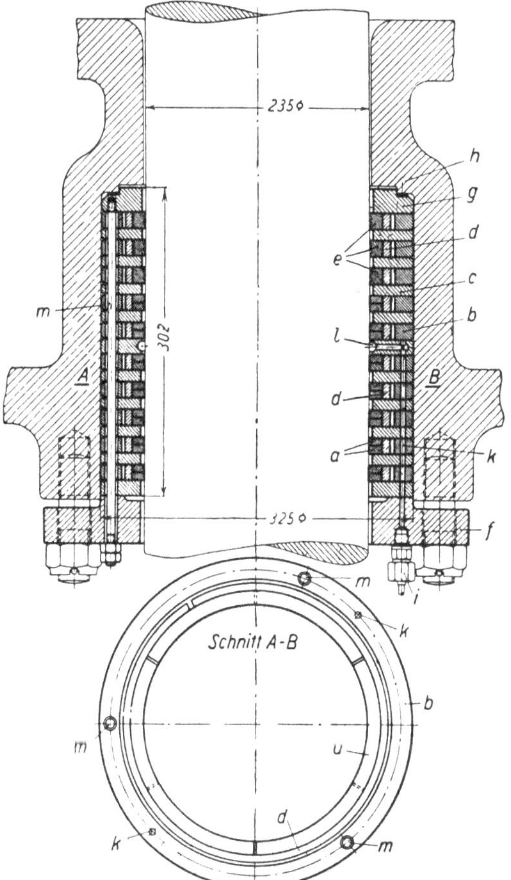

Bild 320. Kolbenstangenstopfbuchse.

a = Dreiteilige Dichtungsringe,	*e* = Feuerringe,
b, c = Kammerringe,	*f* = Stopfbuchsbrille,
d = Nach innen federnde Ringe,	*g* = Grundring,
	h = Kupferdichtung,

i = Verschraubungen
k = Bohrungen } für Schmierung,
l = Ringnut
m = Anker.

durch das kalt eintretende Wasser zu stark gekühlt werden; seine in den unteren Brennraum tauchende Oberfläche würde, wie die Erfahrung gezeigt hat, eine Temperatur unter 100° annehmen, und Korrosionen durch den Angriff des kondensierenden Wasserdampfes der Verbrennungsgase in Verbindung mit dem sich bildenden SO_2 bzw. SO_3 wären die Folge (vgl. S. 121). Bei Ölkühlung des Kolbens ist der Strömungssinn weniger wichtig, weil die Temperaturen so hoch gehalten werden können, daß keine Kondensation an der äußeren Oberfläche des Schutzrohres eintritt.

Kolbenstangenstopfbuchsen. Die bei doppeltwirkenden Motoren erforderliche Kolbenstangenstopfbuchse ist ein sehr empfindliches Maschinenelement. Sie erfordert genaue Herstellung und Montage, richtige Wahl des Werkstoffes und eine sorgfältig durchgebildete Schmierung.

Bei der Ausführung nach Bild 320 liegen die dreiteiligen gußeisernen Dichtungsringe a, welche die Abdichtung bewirken, paarweise in Kammern, die von den aufeinandergeschichteten, abwechselnd schmalen und breiten Ringen b, c gebildet werden. Gußeiserne, nach innen federnde Ringe d pressen die Dichtungsringe mit mäßigem Druck gegen die Kolbenstange. Die Teilfugen der Segmente a sind zwecks besserer Abdichtung gegeneinander versetzt (Schnitt A–B); die oberen und unteren Segmente sind durch Stifte gegen Verschieben in der Umfangsrichtung gesichert, damit die Teilfugen sich nicht übereinander legen. Die Ringe a sind in der Höhe schmal gehalten, weil schmale Ringe sich besser an die Stange legen als breite. Die Kammerringe b, c sind sorgfältig plan- und aufeinandergeschliffen, weil auch ihre Teilfugen dicht halten müssen, damit nicht Gase durchschlagen und auf der Rückseite der Stopfbuchse nach außen gelangen. Die Unterteilung der Kammern in einzelne Ringe b, c hat den Vorteil, daß ihre ebenen Flächen genau plangeschliffen werden können, so daß die Dichtungsringe a genau zylindrisch an der Stange liegen. Sie ermöglicht ferner, das Höhenspiel der Dichtungsringe in den Kammern auf wenige hundertstel Millimeter genau zu bemessen, so daß die Dichtungsringe sich leicht in den Kammern verschieben und dem Wandern der Kolbenstange, das sich nicht immer vermeiden läßt, folgen können, ohne in der Höhe zuviel Spiel zu haben. Die drei oberen Dichtungsringe e sind zweiteilig als sog. Feuerringe ausgeführt. Ihre Aufgabe ist, die darunterliegenden Dichtungsringe a vor der unmittelbaren Einwirkung der Flamme zu schützen. Die Feuerringe e können sich wie die Dichtungsringe a in ihrer Kammer verschieben, werden aber, da ihre Teilfugen zusammenstoßen, nicht von den hinter ihnen liegenden Spannringen d gegen die Stange gedrückt, sondern haben einige hundertstel Millimeter radiales Spiel gegen diese. Das Höhenspiel der Feuerringe in ihren Kammern ist etwas größer als das der Dichtungsringe, weil sie sich im Betrieb stärker ausdehnen.

Alle Kammerringe b, c werden durch die aus Stahl geschmiedete Brille f und kräftige Stiftschrauben gegen den ungeteilten gußeisernen Grundring g gepreßt; dadurch wird zugleich die Weichkupferpackung h zusammengedrückt. Die Packung ist durch einen am Zylinderdeckel und am Grundring g angedrehten Versatz vor der Flamme geschützt. Der Anpressungsdruck der Brille f wird genau senkrecht durch die Kammerringe b, c auf die Packung h übertragen. Wenn diese mit gleichmäßiger Stärke ausgeführt wird, ist eine Schiefstellung der Dichtungsringe und der Feuerringe, die mit Rücksicht auf das Dichthalten der Stopfbuchse durchaus unzulässig ist, vermieden.

Das Schmieröl wird durch zwei um 180° versetzte, an die Stempel einer Schmierpresse angeschlossene Verschraubungen i und durch Bohrungen k zu einer Ringnut l geführt. Diese darf nicht zu nahe an den Grundring g gelegt werden, damit das Schmieröl nicht zu heiß wird, darf aber auch nicht zu tief liegen, damit auch die oberen Dichtungsringe Schmieröl erhalten. Da die Bohrungen k übereinanderliegen (s. auch den Grundriß) und beim Auseinandernehmen und Zusammensetzen der Stopfbuchse stets in ihre frühere Lage kommen müssen, sind die drei Anker m, die von der Brille bis zum Grundring g reichen und die Stopfbuchse zusammenhalten, unter ungleichen Winkeln zueinander angeordnet, so daß die Ringe b, c nicht in eine Lage kommen können, in welcher die Bohrungen k nicht übereinanderliegen.

Die Dichtungsringe a werden aus Gußeisen hergestellt, das etwas weicher als der Werkstoff der Kolbenstange ist. Wenn diese eine Brinellhärte von z. B. 215 kg/mm² hat, so sollte die Härte der Dichtungsringe 175 bis 185 Brinellgrade nicht überschreiten. Es nutzen sich dann die Dichtungsringe und nicht die Kolbenstange ab (vgl. hierzu jedoch S. 289).

e) Schwungräder

Berechnung des Schwungmomentes. Um das Schwungrad entwerfen zu können, muß man wissen, welcher Ungleichförmigkeitsgrad δ_s der umlaufenden Massen gefordert wird. Aus δ_s muß sodann zunächst das „Schwungmoment" GD_s^2 berechnet werden. Leistung, Zylinderzahl und Drehzahl der Maschine seien gegeben. Gesucht wird der Zusammenhang dieser Werte mit δ_s und GD_s^2.

Der Ungleichförmiggkeitsrad δ_s der Schwungmassen (nicht zu verwechseln mit dem Ungleichförmigkeitsgrad des Reglers) ist das Verhältnis des größten während einer Umdrehung auftretenden Geschwindigkeitsunterschiedes $v_{max} - v_{min}$ zur mittleren Geschwindigkeit v_m (bezogen auf irgendeinen Punkt des Schwungrades):

$$\delta_s = \frac{v_{max} - v_{min}}{v_m} \tag{1}$$

oder in Winkelgeschwindigkeiten:

$$\omega_s = \frac{\omega_{max} - \omega_{min}}{\omega_m}.$$

(Die Winkelgeschwindigkeiten werden bei den folgenden einfachen Rechnungen nicht benötigt.) Weil δ_s stets klein ist, kann v_m mit genügender Genauigkeit gleich dem arithmetischen Mittel von v_{max} und v_{min} gesetzt werden:

$$v_m = \frac{v_{max} + v_{min}}{2}. \tag{2}$$

Aus Gl. (1) und (2) folgt:

$$v_{max} = v_m + \frac{\delta_s \cdot v_m}{2} \quad \text{und} \quad v_{min} = v_m - \frac{\delta_s \cdot v_m}{2}.$$

Bei einem Ungleichförmigkeitsgrad δ_s überlagert sich somit eine Geschwindigkeitsschwankung $\pm \dfrac{\delta_s \cdot v_m}{2}$ der mittleren Geschwindigkeit v_m (Bild 321). Unter der Voraussetzung, daß v_m durch den Regler konstant gehalten wird, bestimmt δ_s die Größe der Schwankung der Umlaufgeschwindigkeit während einer Umdrehung.

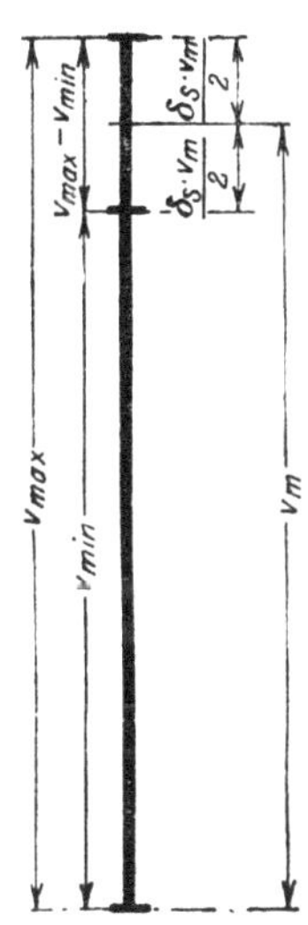

Die Schwankungen $\pm \dfrac{\delta_s \cdot v_m}{2}$ rühren von der wellenförmigen Gestalt der Drehkraftlinie her, die oberhalb und unterhalb der Linie des mittleren Widerstandes verläuft (Bild 322), so daß das Schwungrad abwechselnd beschleunigt und verzögert wird. Aus der Form der Drehkraftlinie ergibt sich nach Wahl von δ_s das auszuführende GD_s^2 des Schwungrades.

Man zeichnet in bekannter Weise[1] die Drehkraftlinie, die z. B. durch Bild 322 gegeben sei. Die oberhalb der Linie des mittleren Widerstandes liegenden, senkrecht schraffierten Flächen stellen die dem Schwungrad zugeführte, die unterhalb liegenden (waagerechte Schraffur) die entzogene Arbeit dar. Die größte während eines Arbeitsspieles der Schwungmasse

Bild 321.
Umfangsgeschwindigkeiten
eines Schwungrades beim
Ungleichförmigkeitsgrad δ_s.

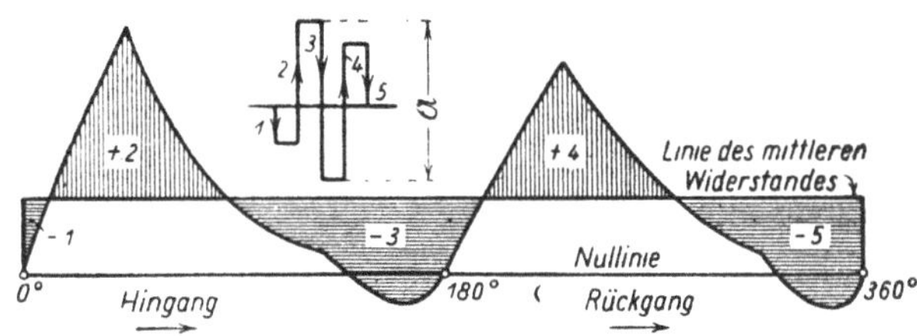

Bild 322. Ermittlung des Arbeitsüberschusses $\mathfrak{A}$ aus der Drehkraftlinie.

zugeführte oder von ihr abzugebende Arbeit $\mathfrak{A}$ ergibt sich durch Aneinanderreihen von gleich- oder entgegengerichteten Strecken, deren Länge dem Inhalt der einzelnen Flächen und deren Richtung dem Vorzeichen der Flächen entspricht (Bild 322). Die der Schwungmasse M_s zugeführte Arbeit $\mathfrak{A}$ erhöht ihre Umfangsgeschwindigkeit von v_{min} auf v_{max}, und da die zugeführte Arbeit gleich dem Zuwachs an lebendiger Kraft ist, so wird

$$\mathfrak{A} = \frac{M_s \cdot v^2_{max}}{2} - \frac{M_s \cdot v^2_{min}}{2}$$

$$= M_s \frac{v_{max} + v_{min}}{2} (v_{max} - v_{min})$$

---

[1] Hierzu und zum folgenden vgl. Tolle: Regelung der Kraftmaschinen, 3. Aufl. Berlin: Springer-Verlag 1921.

20*

oder nach Gl. (2) und (1):

$$\mathfrak{A} = M_s \cdot v_m \,(\delta_s \cdot v_m)$$
$$= M_s \cdot v_m^2 \cdot \delta_s \,.$$

Drückt man M_s durch das Gewicht G des Schwungkranzes und v_m durch die Drehzahl n und den Durchmesser D_s aus, auf dem die Schwerpunkte der einzelnen Kranzquerschnitte liegen, so wird

$$\mathfrak{A} = \frac{G}{g} \left(\frac{\pi D_s n}{60}\right)^2 \cdot \delta_s$$

oder mit $\dfrac{\pi^2}{g} \cong 1$

$$\mathfrak{A} = \frac{GD_s^2 \cdot n^2 \cdot \delta_s}{3600}$$

und

$$GD_s^2 = \frac{3600\,\mathfrak{A}}{n^2 \cdot \delta_s} \,.$$

Bei ähnlich gebauten Kolbenkraftmaschinen mit gleicher Zylinderzahl dürfen die Drehkraftlinien als ähnlich angenommen werden; der Arbeitsüberschuß $\mathfrak{A}$ ist dann immer ungefähr der gleiche Bruchteil der ganzen Drehkraftfläche. Folglich darf A der von den Kolbenkräften geleisteten Arbeit proportional gesetzt werden:

$$\mathfrak{A} = k \cdot F \cdot p_i \cdot H \,,$$

wo k der Proportionalitätsfaktor, F die Kolbenfläche (bzw. die Summe aller Kolbenflächen), p_i der mittlere indizierte Druck und H der Hub ist. Da die indizierte Leistung der Maschine

$$N_i = k_1 \cdot F \cdot p_i \cdot H \cdot n$$

ist, so wird

$$\mathfrak{A} = k \cdot \frac{N_i}{k_1 \cdot n}$$

und

$$GD_s^2 = \frac{3600}{n^2 \cdot \delta_s} \cdot k \cdot \frac{N_i}{k_1 \cdot n} \,,$$

$$GD_s^2 = \frac{K \cdot N_i}{\delta_s \cdot n^3} \,, \tag{3}$$

wenn k, k_1 und der Zahlenwert zu einer neuen Konstanten K zusammengefaßt werden.

Angaben über K für die verschiedenen Kraftmaschinen findet man in den Taschenbüchern für den Maschinenbau. Für Dieselmotoren mit Druckeinspritzung gibt die Zahlentafel 21 brauchbare Werte. Bei ihrer Aufstellung ist mit N_e statt N_i gerechnet, der mechanische Wirkungsgrad also in K einbezogen.

Bei der Berechnung der K-Werte der letzten Spalte ist gleichmäßiger Kurbelabstand angenommen. Daß K mit zunehmender Zylinderzahl nicht überall stetig abnimmt, hängt mit der Gestalt der Drehkraftlinie zusammen, die in einigen der in Zahlentafel 21 untersuchten Fälle bei der größeren Zylinderzahl einen größeren Arbeitsüberschuß ergibt.

Aus Gl. (3) geht hervor, daß man bei gegebener Leistung, Zylinderzahl und Drehzahl nur δ_s zu wählen braucht und damit das Schwungmoment GD_s^2 berechnen kann. G ist in kg, D_s in m

Zahlentafel 21. Näherungswerte von K für die Berechnung der Schwungräder von Viertakt- und Zweitaktmotoren.

Zylinderzahl	Einfachwirkender Viertakt	Einfachwirkender Zweitakt	Doppeltwirkender Zweitakt
1	51 000 000	21 000 000	6 000 000
2	21 000 000	9 600 000	—
3	12 500 000	4 000 000	1 100 000
4	2 700 000	1 800 000	1 000 000
5	4 800 000	700 000	230 000
6	1 600 000	410 000	280 000
7	2 140 000	—	65 000
8	1 450 000	—	110 000

einzusetzen; die Dimension des Schwungmomentes ist somit kg/m². Der Name „Schwungmoment" hat sich eingebürgert, obwohl es sich nicht um ein Trägheitsmoment (Dimension m/kg/sek²) handelt. Das Schwungmoment GD_s^2 und das polare Trägheitsmoment J_0 eines Drehkörpers stehen in einer einfachen Beziehung zueinander, denn J_0 ist gleich der Summe der Produkte aus den Massenteilchen dm und den Quadraten ihrer Abstände r von der Bezugsachse:

$$J_0 = \int r^2 dm \,.$$

Bei homogenen Körpern kann man schreiben:

$$J_0 = m \cdot k^2 \, ,$$

wenn m die Gesamtmasse des Körpers und $k = \dfrac{D_s}{2}$ der Trägheitshalbmesser ist, in dessen Abstand von der Drehachse man sich die Gesamtmasse des Körpers punktförmig angebracht denkt, um das gleiche Trägheitsmoment zu erhalten. Es ist:

$$J_0 = m \cdot \frac{D_s{}^2}{4} = \frac{G}{g} \cdot \frac{D_s{}^2}{4}$$

und

$$GD_s{}^2 = 4\,g \cdot J_0 \, .$$

Das Schwungmoment eines ausgeführten Schwungrades kann man durch einen Pendelversuch[1] oder schneller und hinreichend genau durch Rechnung ermitteln. Man denkt sich das Schwungrad in mehrere Ringkörper von einfacher Gestalt zerlegt und berechnet deren einzelne Trägheitsmomente nach der Gleichung

$$J_{0_1} = \frac{G_1}{g} \cdot \frac{R^2 + r^2}{2}$$

oder ihre einzelnen $GD_s{}^2$ nach

$$G_1 D_{1_s}^2 = 2\,G_1\,(R^2 + r^2),$$

wobei G_1 das Gewicht eines Ringkörpers, R sein Außen- und r sein Innenradius ist. Die Summe der einzelnen Schwungmomente ergibt das Schwungmoment des Schwungrades.

Beim Entwurf des Schwungrades wird der Schwungradkranz so geformt, daß er etwa 90% des nach Gl. (3) und Zahlentafel 21 berechneten $GD_s{}^2$ enthält. Die restlichen 10% entfallen auf die Scheibe (oder Speichen) und die Nabe. Bei der Wahl des Außendurchmessers ist auf den vorhandenen Platz sowie darauf Rücksicht

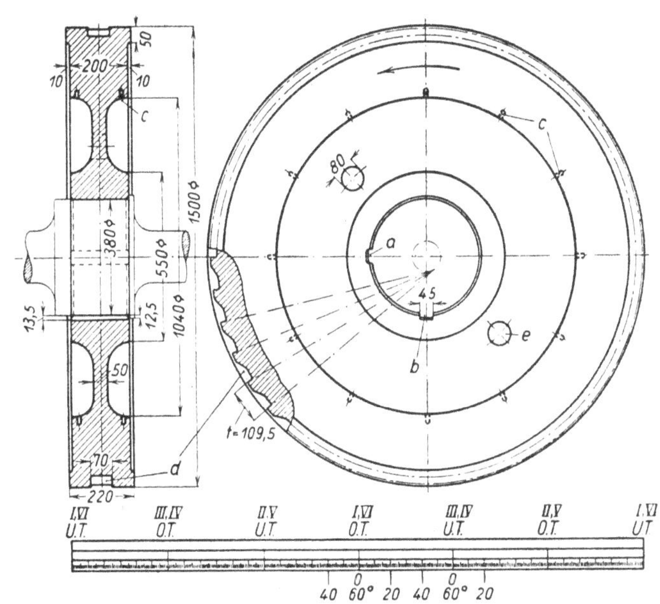

Bild 323. Ungeteiltes Schwungrad.

a, b = Nuten für Anzugkeile, d = Verzahnung für Drehvorrichtung,
c = Gewindelöcher für Ausgleichgewichte, e = Transportlöcher.

zu nehmen, daß die Umfangsgeschwindigkeit gußeiserner Schwungräder nicht über 30 m/sek betragen soll.

Ausführung der Schwungräder. Das Scheibenschwungrad (Bild 323 und 324) ist dem Speichenrad vorzuziehen, weil es einfacher herzustellen und leichter spannungsfrei zu gießen ist; auch lassen sich die durch die Fliehkraft hervorgerufenen Spannungen genauer übersehen. Für das Einformen genügt eine Streichschablone; nur für die am Umfang eingegossene Verzahnung wird ein kleiner Kernkasten angefertigt.

Für kleinere und mittlere Motoren genügt ein ungeteiltes Scheibenschwungrad. Das Schwungrad nach Bild 323 hat ein Gewicht von 1800 kg und ein $GD_s{}^2$ von 2370 kg/m², womit der zugehörige sechszylindrige einfachwirkende Viertaktmotor (340 PSe, 345 U/min) ein δ_s von $^1/_{120}$ erhält, das für den Antrieb von Gleichstromgeneratoren hinreichend klein ist. Die Umfangsgeschwindigkeit ist 27,1 m/sek.

Das Schwungrad wird auf den Flansch der Kurbelwelle gesetzt (Bild 323), nicht auf die Welle selbst, damit der Flankendruck auf die Keile möglichst klein wird (vgl. S. 267). Man kann auch das

---

[1] Gramberg: Maschinentechnisches Versuchswesen. Bd. I: Technische Messungen bei Maschinenuntersuchungen und zur Betriebskontrolle. 5. Aufl. Berlin: Springer-Verlag 1923.

Schwungrad als volle Scheibe ausführen und mit Hilfe der Kupplungsbolzen zwischen die Flanschen
klemmen, doch werden hierbei die ohnehin durch ihre Vorspannung hoch beanspruchten Kupplungsbolzen zusätzlich auf Abscheren beansprucht. Die unter 90° zueinander angeordneten Keile a, b
erhalten im Boden der Nuten ½% Anzug. Beim Eintreiben der Keile wird die 270° umfassende
Innenfläche der Schwungradbohrung kräftig auf ihren Sitz gepreßt, so daß die Reibung genügt,
um das Rad auf dem Flansch zu sichern. Die Keilnuten a, b können auch unter 120° zueinander
stehen, doch wird der Reibungsbogen dann kleiner.

Die radialen Gewindelöcher c, die mittels der Winkelbohrmaschine von innen in den Schwungradkranz gebohrt sind, dienen zur Befestigung von Ausgleichgewichten, die am Kranz angebracht
werden, wenn sich beim statischen Auswuchten eine Unbalanz zeigt. Das Gegengewicht muß in
zwei gleich schweren Hälften auf jeder Seite der Radscheibe angebracht werden, damit die Haupt-
trägheitsachse des Schwungrades keine Schiefstellung erfährt. Da die Ausgleichgewichte auf der

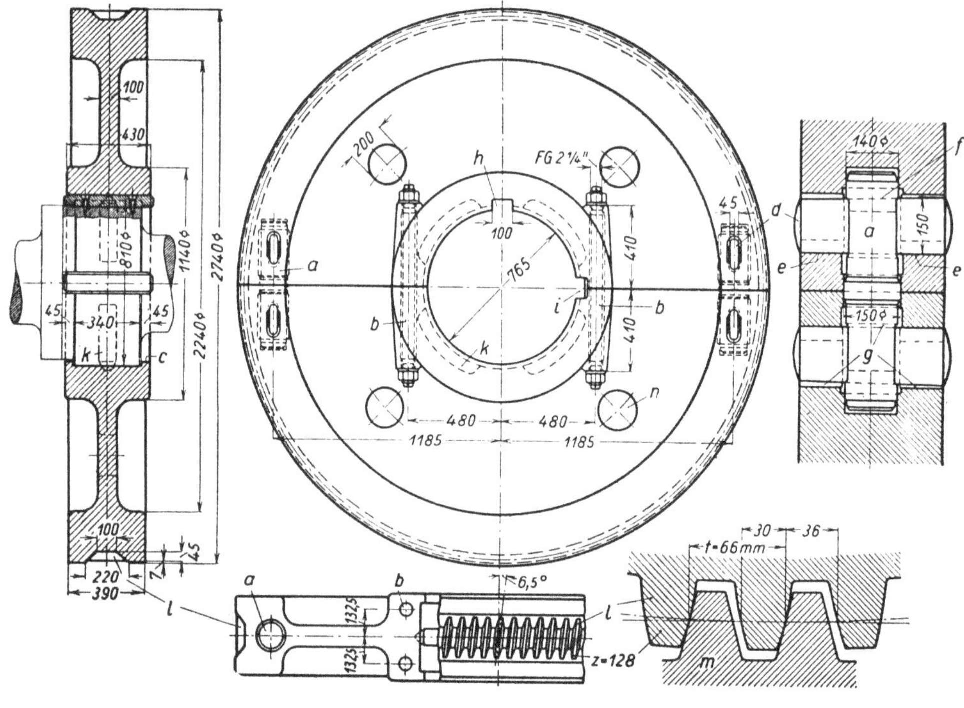

Bild 324. Geteiltes Schwungrad für größere Maschinen.

a = Ankerbolzen,	e = Tragende Flächen im Schwungrad-	i = Nut für Anzugkeil,
b = Gewindebolzen,	kranz,	k = Aussparungen in der Schwungradnabe,
c = Leisten für Sicherung gegen	f = Tragende Fläche im Ankerbolzen,	l = Verzahnung für Drehvorrichtung,
axiale Verschiebung,	g = Spielräume an den Querkeilen,	m = Schnecke für Drehvorrichtung,
d = Querkeile,	h = Nut für Federkeil,	n = Transportlöcher.

Innenseite des Kranzes liegen, nimmt dieser ihre Fliehkraft auf, und die Schrauben c werden entlastet. Diese werden auch auf Abscheren beansprucht, da das Schwungrad gegenüber den Ausgleichgewichten abwechselnd vorzueilen und zurückzubleiben sucht. Die Schrauben c müssen daher sorgfältig befestigt und gesichert werden.

Am Außenumfang des Schwungradkranzes wird eine Verzahnung d eingegossen, in welche die
Klinke einer von Hand betätigten Drehvorrichtung greift. Ferner wird am Umfang eine Skala eingeschlagen (in Bild 323 abgewickelt gezeichnet), die bei der Einstellung der Ventilsteuerung und
der Brennstoffpumpen gebraucht wird. Die beiden um 180° gegeneinander versetzten Löcher e
dienen zum Transport.

Bild 324 zeigt ein schweres Schwungrad für größere Maschinen. Auch hier ist die Scheibenbauart
gewählt, doch ist das Schwungrad in zwei Teilen gegossen, damit das einzelne Gußstück nicht zu
schwer wird; auch werden die Gußspannungen vermindert. Die Teilung erlaubt ferner, die Teilfugen

der Schwungradnabe mit etwas Spiel auszuführen, so daß das Rad mit Vorspannung, die von den zwei Ankern a und den vier Gewindebolzen b erzeugt wird, auf den Flanschen befestigt werden kann. Schließlich ermöglicht die Teilung, die Nabe mit zwei Versatzleisten c zu versehen, die das Rad gegen axiale Verschiebung sichern.

Das Schwungrad nach Bild 324 wiegt 9200 kg; sein GD_s^2 beträgt 42 600 kg/m². Es ist für eine große Schiffsmaschine bestimmt, für die der Ungleichförmigkeitsgrad δ_s bei Vollast und normaler Drehzahl $^1/_{15}$, also verhältnismäßig groß wird. Für direkten Antrieb des Propellers genügt dieser Ungleichförmigkeitsgrad. Das Schwungrad braucht hier nur so schwer zu sein, daß die Kurbelwelle in Bewegung bleibt, wenn beim Anfahren von Anlaßluft auf Brennstoff geschaltet wird.

Bei normaler Drehzahl entwickelt jede Schwungradhälfte eine Fliehkraft von rd. 23 000 kg, die von den Ankern a und den Bolzen b aufgenommen werden muß. Zur größeren Sicherheit berechnet man die Anker und Bolzen so, daß beide für sich imstande sind, die Fliehkraft aufzunehmen, da man damit rechnen muß, daß nicht alle Teile gleichmäßig tragen. Wenn die vier Bolzen b allein die Fliehkraft aufnehmen, werden sie mit 320 kg/cm² beansprucht. Unter der gleichen Voraussetzung beträgt die Zugbeanspruchung der beiden Anker a an ihrer schwächsten Stelle 155 kg/cm².

Wie die Querkeile d den Anpressungsdruck zwischen den beiden Schwungradhälften erzeugen, geht aus der in größerem Maßstab gezeichneten Nebenabbildung zu Bild 324 hervor. Die Querkeile sind mit 2,5% Steigung in entsprechend geformte ovale Aussparungen im Schwungrad so eingepaßt, daß sie nur an den halbrunden Flächen e im Schwungradkranz und an der Fläche f im Bolzen tragen. An den drei Stellen g hat der Querkeil im Schwungrad bzw. im Bolzen Spiel. Die Schwungradhälften werden durch den Druck des Querkeiles auf die Flächen e zusammengepreßt, während der Bolzen durch den Druck auf f auf Zug beansprucht wird. Die Vorspannung, die der Bolzen hierdurch erfährt, erhöht die durch die Fliehkraft hervorgerufene Beanspruchung der Bolzen auf etwa 600 kg/cm², einen ziemlich hohen Wert, der die Anfertigung aus Stahl von 52 bis 60 kg/mm² Festigkeit erfordert.

Die Querkeile d brauchen gegen seitliches Verschieben nicht gesichert zu werden, da die starke Reibung sie genügend sichert.

Das Schwungrad wird, wie erwähnt, mit Vorspannung der Nabenhälften auf die Kupplungsflanschen gesetzt und außerdem durch einen Federkeil h und einen Anzugkeil i befestigt. Der Federkeil ist prismatisch und liegt nur an seinen schmalen Seiten in der Schwungradnabe an; in der Höhe hat er etwas Spiel. Der Anzugkeil hat ½% Steigung und liegt mit der Keilfläche an; seitlich darf er etwas Spiel haben. Man setzt den Anzugkeil an die Stelle i und nicht an die Stelle h, da er hier die Zugbeanspruchung der Bolzen b vermehren würde.

Die Nabe wird an den vier Stellen k ausgespart, wodurch die Gußanhäufung vermieden wird. Dazwischen wird die Nabe voll durchgeführt, damit die Keile h und i ganz im Werkstoff liegen. Aber auch an den h und i diametral gegenüberliegenden Stellen fehlt die Aussparung, weil andernfalls durch die unsymmetrische Aussparung eine Unbalanz entstehen würde.

In die am Umfang eingegossene Verzahnung l greift das Schneckenrad der Drehvorrichtung, mit der die Kurbelwelle zum Einstellen der Steuerung oder bei Überholungsarbeiten langsam gedreht werden kann. Bei großen Maschinen wird die Drehvorrichtung durch einen Elektromotor mit starker Untersetzung (doppeltes Schneckengetriebe) angetrieben. Die Schnecke m erhält Evolventenverzahnung. Die Gegenverzahnung im Schwungradkranz bleibt unbearbeitet oder wird nur mit der Schmirgelscheibe überschliffen, da eine genaue Bearbeitung der Zähne bei der langsamen Drehung der Welle (Dauer einer Umdrehung mehrere Minuten) sich nicht lohnt. Zwischen der Schnecke und den Gußzähnen läßt man genügendes Spiel (hier 6 mm). Die Leistung des Antriebmotors beträgt je nach der Größe der Maschine 4 bis 12 PSe.

Jede Schwungradhälfte erhält zwei Transportlöcher n, deren Kanten gut abgerundet werden. Dies gilt besonders auch für die mit großen Radien auszuführenden Übergänge von der Nabe in die Scheibe und von dieser in den Kranz.

7. Arbeitszylinder

a) Zylinderrahmen

Die Zylinderrahmen haben die Aufgabe, die Laufbuchsen und Zylinderdeckel zu tragen. Sie sollen ferner das Kühlwasser so um die Laufbuchsen führen, daß deren heißeste Teile wirksam gekühlt werden. Weiter müssen sie mit den Stützflächen versehen sein, die für die Lager der Nockenwelle und gegebenenfalls der Manövrierwelle sowie für die Brennstoffpumpen, Gestelltüren usw. benötigt werden. Bei Zweitaktmotoren müssen die Zylinderrahmen für die Aufnahme eines Teiles der Kanäle für die Spülluft und die Abgase eingerichtet sein. Schließlich sind die Rahmen so zu gestalten, daß sie neben der Grundplatte einen möglichst großen Beitrag zur Versteifung der Maschine liefern.

Diese Aufgaben bestimmen zusammen mit der Rücksicht auf die auftretenden Kräfte die Formgebung der Zylinderrahmen. Die Kräfte werden in erster Linie durch die Verbrennungsdrücke hervorgerufen, die bei Langsamläufern wesentlich größer als die (ebenfalls zu berücksichtigenden) Massenkräfte sind. Der durch die Verbrennung entstehende Druck wird von den Zylinderdeckeln durch die Deckelschrauben (Gewinde a in Bild 325) auf den Rahmen übertragen. Dieser soll von Zug- und Biegungsbeanspruchungen möglichst entlastet werden, daher werden die Zugkräfte zunächst durch kurze unter den Augen für die Deckelschrauben angegossene Rippen b auf den oberen Teil des zylindrischen Mantels verteilt und aus diesem durch lange Rippen c und durch die obere waagerechte Begrenzungswand des Rahmens auf die eingegossenen Pfeifen d übergeleitet, in denen die bis zur Unterkante der Grundplatte durchgehenden Zuganker liegen (vgl. Bild 252, S. 243). Werden diese mit Schrumpfspannung eingesetzt, so nehmen sie in der S. 244 beschriebenen Weise die Verbrennungsdrücke auf und übertragen sie auf die Grundplatte. Dadurch bleibt die Beanspruchung auf Zug und Biegung auf den oberen Teil des Zylinderrahmens beschränkt, während in dem die Anker umgebenden Material Druckbeanspruchungen auftreten. Sache der Erfahrung ist es, den Werkstoff richtig anzuordnen und die Wandstärken ausreichend zu bemessen, wobei auch das Auftreten von Gußspannungen zu berücksichtigen ist.

Der Zylinderrahmen, Bild 325, gehört zu einem sechszylindrigen Viertakt-Tauchkolbenmotor. Je drei Rahmen sind in einem Stück gegossen; die beiden Hälften werden durch zwölf kräftige Paßbolzen e miteinander verschraubt. Das ergibt eine so starre Verbindung, daß zwei der Zuganker auf die mittlere Teilfuge gelegt werden dürfen (Bild 325, Grundriß). Auch die vier Zuganker an den beiden Enden des vollständigen Rahmens liegen auf Teilfugen, in denen die Stirnflächen der Rahmen mit den flachen Deckeln f zusammenstoßen. Wenn keine gießereitechnischen Bedenken entgegenstehen, kann man auch die sechs Zylinderrahmen mit den Stirndeckeln aus einem Stück gießen, doch verursacht dann ein Fehlguß entsprechend höhere Kosten.

An den zwischen je zwei Zylindermänteln liegenden, schlecht zugänglichen Kernen sind reichlich bemessene Kernlöcher g vorgesehen, die durch Verschraubungen aus Stahl verschlossen werden. Bei den übrigen Kernen kann der Sand am fertigen Gußstück von außen entfernt werden.

Die in den Pfeifen d liegenden Anker bilden die einzige auf Zug beanspruchte Verbindung zwischen dem Rahmen, den Ständern (Bild 264, S. 254) und der Grundplatte (Bild 250, S. 241). Nach der Schrumpfung genügt die Reibung zur Verhinderung einer Verschiebung des Rahmens gegenüber den Ständern. Während der Montage wird der Rahmen gegen die Ständer durch Zentrierringe h gesichert, die in Ausdrehungen im Block stramm eingeschlagen sind und in passende Bohrungen der Ständer hineinragen. Die Zentrierringe sind zwecks leichterer Einführung in die Ständer an ihrem unteren Ende zugeschärft; sie umfassen die später eingesetzten Anker.

Die zylindrischen Teile des Rahmenblockes bilden die Mäntel für die Zylinderkühlung. Das Kühlwasser tritt an jedem Zylinder am Flansch i unten ein und bei k oben aus, von wo aus es durch einen gußeisernen, mit Reinigungsschraube versehenen Krümmer l zum Zylinderdeckel geleitet wird. Im unteren Teil des Zylindermantels ist keine besondere Wasserführung vorgesehen; im oberen Teil dagegen, wo große Wärmemengen abzuführen sind, wird das Wasser durch Rippen m, die mit versetzt liegenden Aussparungen versehen sind, gezwungen, mit erhöhter Geschwindigkeit die Wand der Laufbuchse zu umströmen, wodurch der Wärmeübergang verbessert wird. Aus den in den Zylinderrahmen eingegossenen Kammern n (s. auch Bild 325, Grundriß) tritt das Kühlwasser aus.

Die Laufbuchse muß den Wärmedehnungen frei folgen können. Sie wird an ihrem oberen Ende durch den Zylinderdeckel und die Deckelschrauben unter Beilegung eines Weichkupferringes in die Ausdrehung des Zylinderrahmens gepreßt und kann nach unten wachsen. Hier dichtet eine Stopfbuchse mit Gummipackung und stählerner Brille o den Kühlwasserraum ab. Die Verteilung der Stopfbuchsschrauben p ist in der Ansicht von unten zu erkennen. Als Packungsmaterial ist Gummi an dieser Stelle zulässig, weil die Laufbuchse sich an ihrem unteren Ende nur wenig erwärmt.

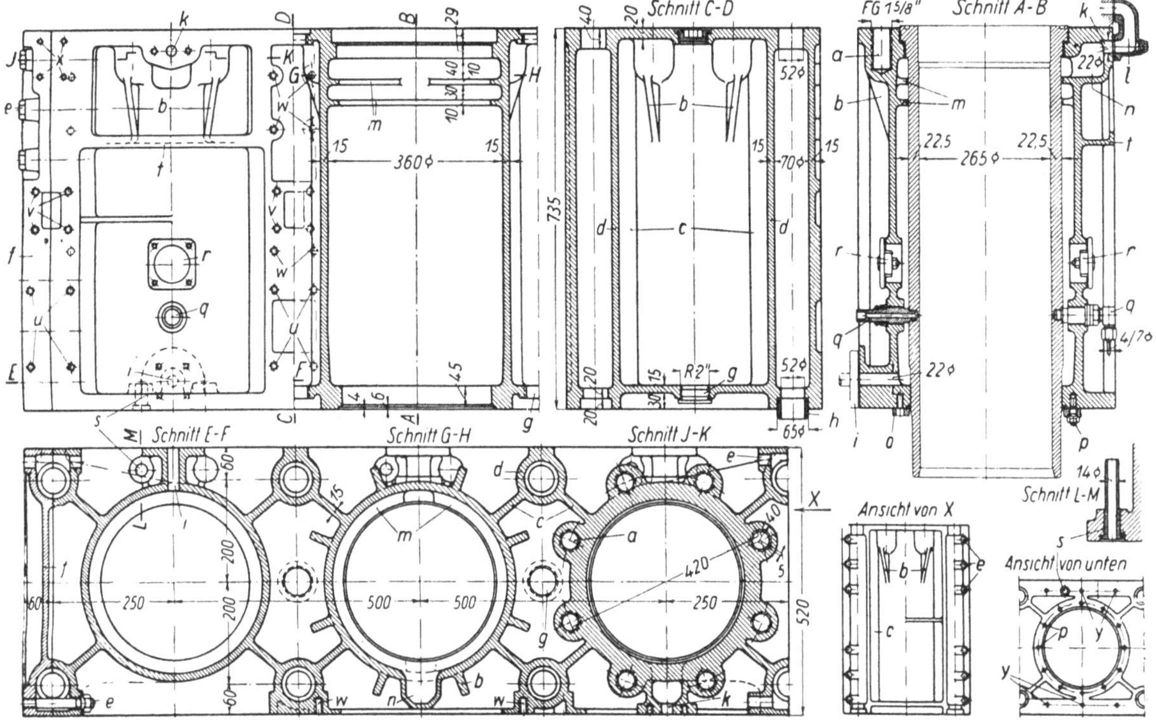

Bild 325. Zusammengegossener Zylinderrahmen eines Viertakt-Tauchkolbenmotors.

a = Gewinde für Zylinderdeckelschrauben,	l = Wasserübertritt zum Zylinderdeckel,	u = Gewinde für Lagerung der Nockenwelle,
b, c = Rippen für Übertragung der Zugkrafte,	m = Führungsrippen für Kühlwasser,	v = Gewinde für Lagerung der Manövrierwelle,
d = Pfeifen für Zuganker,	n = Austrittskammer für Kühlwasser,	
e = Verbindungsbolzen,	o = Stopfbuchsbrille,	w = Gewinde für Befestigung der Brennstoffpumpen,
f = Stirndeckel,	p = Stiftschrauben für o,	
g = Kernverschraubungen,	q = Schmierstutzen,	x = Gewinde für Befestigung des Anfahrsteuerbockes,
h = Zentrierringe,	r = Zinkschutz,	
i = Kühlwassereintritt,	s = Führung für Indiziergestänge,	y = Gewinde für Dichtungsleisten der Gestelltüren.
k = Kühlwasseraustritt,	t = Leiste für Blechverschalung,	

Auch bei der Anordnung der Schmierstutzen muß auf die Wärmedehnung der Laufbuchse Rücksicht genommen werden. Die aus Stahl angefertigten Stutzen q sind mit Feingewinde (und Kupferdichtung) in die Laufbuchse geschraubt und wandern mit dieser nach unten, wenn die Maschine sich erwärmt. Die Stutzen q haben in der Bohrung des Zylinderrahmens 2 mm radiales Spiel, so daß sie sich mit der Laufbuchse verschieben können. Der Spalt wird durch einen mittels Überwurfmutter angedrückten Gummiring verschlossen. Damit dieser beim Anziehen der Mutter nicht beschädigt wird, ist zwischen Überwurfmutter und Gummi ein Ring aus Stahl gelegt.

Zum Schutz gegen elektrolytische Anfressungen ist der Kühlwasserraum jeder Laufbuchse mit zwei Zinkplatten r versehen, die durch eine Stiftschraube aus Rübelbronze und Kronenmutter aus Messing an einem Gußdeckel befestigt sind.

Durch den unteren Flansch des Zylinderrahmens ist das Indiziergestänge geführt, das in einer in den Flansch eingelassenen Bronzebuchse s gleitet (vgl. auch Bild 351, S. 339). Die Buchse s wird in den Flansch des Rahmens gepreßt und durch eine Madenschraube gesichert.

Die Leiste t dient zum Anbringen einer Blechverschalung für den oberen Teil des Zylinderrahmens. Der untere Teil wird durch den Nockenwellentrog verdeckt und braucht nicht besonders verschalt zu werden.

Bei der Ausarbeitung der Werkzeichnungen des Zylinderrahmens muß der Entwurf der ganzen Maschine vorliegen, damit alle für die Halterung der Steuerungsteile erforderlichen Arbeitsleisten am Rahmen angebracht und die Bohrungen dafür vorgesehen werden können. Hierzu gehören die Gewinde u zum Anschrauben der Lagerböcke der Nockenwelle sowie die Gewinde v für die Lagerung der Manövrierwelle, die das Ein- und Ausschwenken der Anlaßventilstoßstangen beim Anfahren der Maschine bewirkt. Mit je sechs Stiftschrauben w werden die Brennstoffpumpenrahmen am

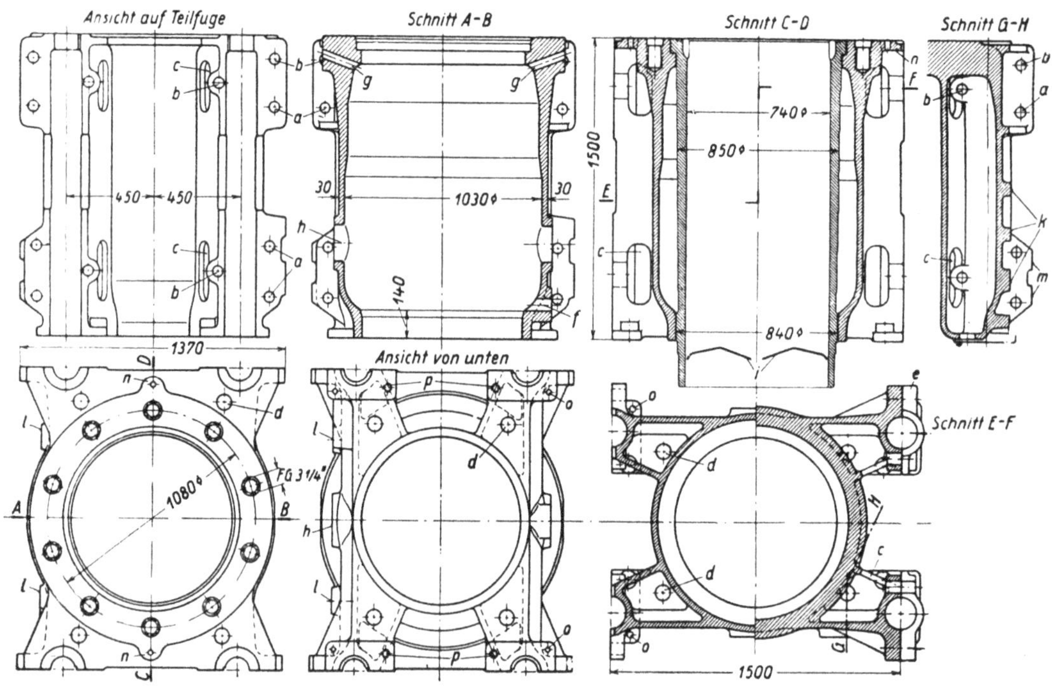

Bild 326. Zusammengeschraubter Zylinderrahmen eines Viertakt-Kreuzkopfmotors.

a, b = Verbindungsschrauben,	f = Kühlwassereintritt,	k = Warzen für Befestigung der Brennstoffpumpen,	m = Arbeitsleisten für Schmierpressen,
c = Fenster für b,	g = Kühlwasseraustritt,		n = Angüsse fur Paßstifte für Zylinderdeckel,
d = Kernlöcher,	h = Zinkschutz,	l = Flanschen für Konsolen der Bedienungsbühnen,	o = Paßstifte für die Gestelle,
e = Stirndeckel,	i = Schmiernuten,		p = Heftschrauben für Montage.

Zylinderblock befestigt, mit den vier Schrauben x der Bock, der den Anfahrsteuerhebel und den Brennstoffhebel trägt (vgl. s in Bild 210, S. 187). Mit den Gewinden y werden die Nutenleisten (a in Bild 272, S. 260) zum Abdichten der Gestelltüren an die Unterseite des Zylinderrahmens geschraubt.

Bei großen Viertaktmotoren gießt man die Zylinderrahmen einzeln oder zwei Rahmen zusammen, um nicht zu schwere Gußstücke zu erhalten. Die Rahmen werden miteinander verschraubt (Bild 326 und 327). Die Verbindungsflanschen müssen kräftig gehalten und gut mit dem zylindrischen Teil des Rahmens verrippt werden (Bild 326). Jeder Rahmen wird mit dem benachbarten durch zwölf kräftige Schrauben a, b verbunden, von denen acht außen und vier innen liegen (s. Ansicht auf die Teilfuge). Von`den außenliegenden Schrauben sind sechs als Paßbolzen (a) ausgeführt; ihre Mittellinien sind so weit nach außen gerückt, daß beim Aufreiben der Bolzenlöcher die Bohrstange vom zylindrischen Teil des Rahmens freigeht. Die Bolzenlöcher b sind zum Aufreiben nicht zugänglich, weil sie innen liegen oder vom oberen Flansch des Rahmens nicht freigehen; sie werden daher als Durchgangsschrauben ausgeführt. Die Muttern der innenliegenden Schrauben können durch die Fenster c angezogen werden, die zugleich als Öffnungen für die Kerne zwischen den halben Ankerpfeifen und dem Kühlwassermantel dienen. Den gleichen Zweck haben die Kernlöcher *d*.

Die Zuganker liegen hier sämtlich (wie in Bild 325 teilweise) auf den Teilfugen der Rahmen; an deren Endflächen bilden schmale Deckel *e* das halbe Widerlager für die Anker. Die Deckel *e* bedecken der Gewichtsersparnis wegen nicht die ganze Stirnseite eines Rahmens; sie sind nur so breit, wie der Durchmesser eines Ankers und der Platz für die Muttern der Bolzen *a*, *b* erfordert.

Das Kühlwasser tritt bei *f* ein und durch die am höchsten Punkt des Kühlmantels angeordneten schrägen Löcher *g* aus. Diese sind in den für die Zylinderdeckelschrauben verstärkten Flansch des Mantels eingegossen, was billiger ist, als wenn man sie bohren würde. Führungsrippen für das Kühlwasser sind nicht vorgesehen; der Kühlmantel verengt sich nach oben (Schnitt *C—D*), so daß die Wassergeschwindigkeit am heißesten Teil der Laufbuchse zunimmt. Die Öffnungen *h* dienen

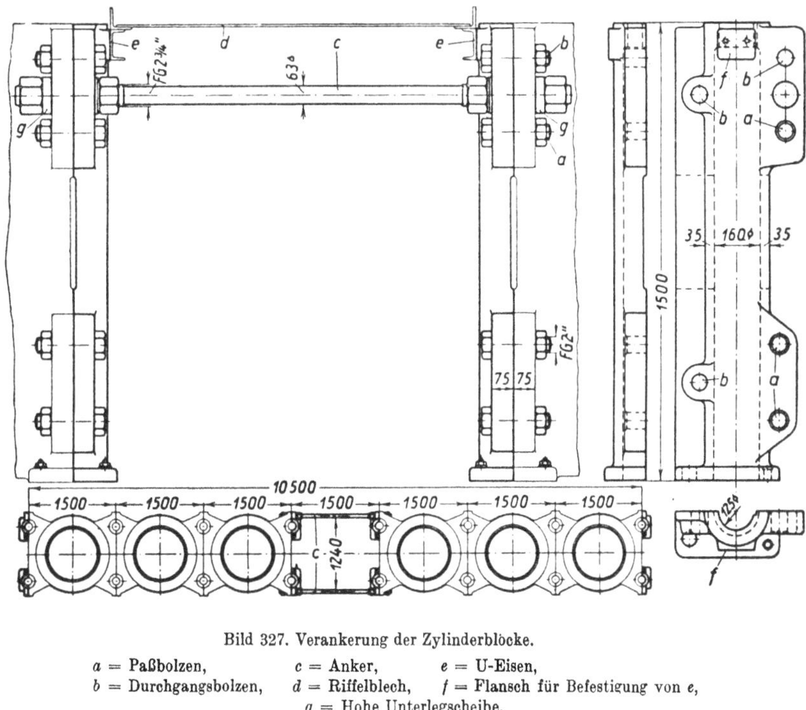

Bild 327. Verankerung der Zylinderblöcke.

a = Paßbolzen, *c* = Anker, *e* = U-Eisen,
b = Durchgangsbolzen, *d* = Riffelblech, *f* = Flansch für Befestigung von *e*,
g = Hohe Unterlegscheibe.

zum Anbringen von Zinkschutzplatten und als Reinigungslöcher. Die Schmierstutzen (Schmiernuten *i*) liegen hier in dem aus dem Mantel herausragenden untersten Teil der Laufbuchse (s. auch Bild 330), so daß sie nicht durch den Zylinderrahmen geführt zu werden brauchen.

An Angüssen sind vorgesehen die Warzen *k* zur Befestigung der Brennstoffpumpen, *l* für die Konsolen, welche die Bedienungsbühnen tragen, und die an den Schmalseiten der Verbindungsflanschen angegossenen Arbeitsleisten *m*, gegen welche die Gehäuse der Zylinderschmierpressen geschraubt werden. Die beiden Angüsse *n* an der oberen Arbeitsfläche des Rahmens dienen zur Aufnahme von Paßstiften, die den Zylinderdeckel gegen den Rahmen sichern; sie verhindern die kleine Drehung, welche der Deckel machen könnte, weil die Deckelschrauben mit Spiel durch den Zylinderdeckel geführt sind. Gegen das Gestell werden die Rahmen durch Paßstifte *o* gesichert, während die Gewinde *p* zur Aufnahme von Heftschrauben bestimmt sind, die während der Montage gebraucht werden.

Bei großen Motoren, deren Kurbelwelle in zwei Teilen angefertigt wird (vgl. Bild 280, S. 267), setzt man häufig die Zahnräder zum Antrieb der Nockenwelle und der Brennstoffpumpen auf den Kupplungsflansch der Kurbelwellenhälften, um den Raum, den dieser beansprucht, auszunutzen. Dies bedingt ein Auseinanderrücken der beiden mittleren Zylinder (Bild 327), so daß man zwei Zylinderblöcke erhält, die durch Anker *c* miteinander verbunden werden. Die von den Triebwerkteilen der beiden Zylindergruppen hervorgerufenen Massenmomente beanspruchen die Anker abwechselnd auf Zug und auf Knickung; die Anker müssen daher so stark gemacht werden, daß sie der Knickbeanspruchung gewachsen sind und die beiden Zylinderblöcke genügend starr miteinander verbinden. Die Anker werden an jedem Ende mit den Stirndeckeln und den Zylinderrahmen verschraubt. Der Zwischenraum zwischen den Zylinderblöcken wird durch ein Riffelblech d überdeckt, das auf Winkeln ruht. Diese stützen sich gegen U-Eisen e, die gegen die an den Stirndeckeln angegossenen Flanschen f geschraubt werden. Damit die äußeren Ankermuttern mit dem Schlüssel angezogen werden können, sind hohe Unterlegscheiben g unter die Muttern gelegt; der Schlüssel geht dann von den Muttern der Verbindungsschrauben a und b (s. auch Bild 326) frei. Auf der Innenseite ist diese Maßnahme nicht nötig, weil die Köpfe der Bolzen a und b niedriger sind.

Bei der Konstruktion der Zylinderrahmen von Zweitaktmotoren ist auf die Unterbringung der Spül- und Auspuffkanäle Rücksicht zu nehmen. Bild 328 zeigt als Beispiel den Zylinderrahmen eines einfachwirkenden Zweitakt-Kreuzkopfmotors der Germaniawerft (740 mm Zyl.-Dmr., 1300 mm Hub) in verschiedenen Schnitten, Bild 329 die Ansichten auf die Spülpumpen- und die Auspuffseite. Die Spülform ist die durch Bild 91, S. 71, gekennzeichnete Querspülung mit Aufrichtung des Spülstromes durch Absaugeschlitze. Die Spülkanäle a liegen den Auspuffkanälen b gegenüber; über den Spül-

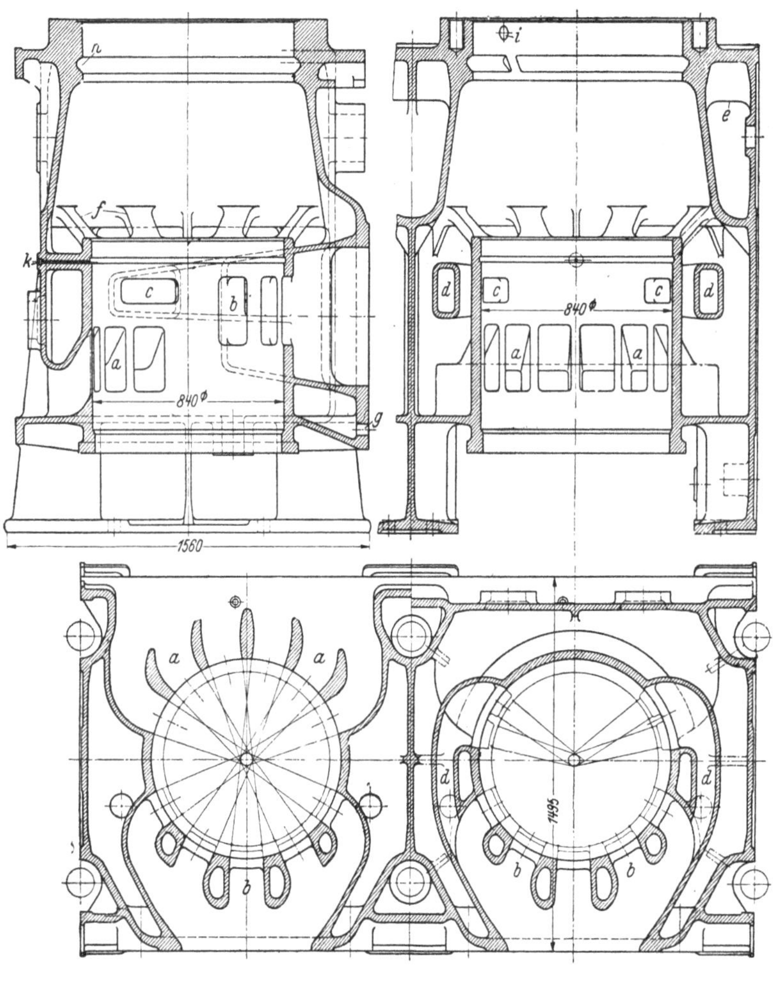

Bild 328.

Zylinderrahmen eines Zweitakt-Kreuzkopfmotors der Fried. Krupp Germaniawerft A.-G.

a = Spülkanäle,	d = Absaugekanäle,	g = Kühlwassereintritt,
b = Auspuffkanäle,	e = Versteifungsrippen,	h = Kühlwasserkanal,
c = Absaugeschlitze,	f = Rippen,	i = Kühlwasseraustritt,
		k = Kontrollbohrung.

kanälen sind die Absaugeschlitze c angeordnet, die durch die Kanäle d mit der Auspuffseite in Verbindung stehen. Alle Kanäle sind im unteren, kastenförmigen Teil des Rahmens untergebracht, der etwa in halber Höhe in einen Kegelstumpf übergeht; dieser endet in einem kräftigen Ringwulst, der den oberen Teil der Laufbuchse führt (s. auch Bild 332) und die Gewindelöcher für die Zylinderdeckelschrauben enthält. Oben ist der Rahmen durch eine starke horizontale Wand abgeschlossen, die auch die Arbeitsflächen für die Muttern der durchgehenden Zuganker trägt und durch zahlreiche kräftige Rippen e so mit dem kegelstumpfförmigen Teil des Rahmens verbunden ist, daß der Verbrennungsdruck auf einem möglichst kurzen Weg zu den Ankern geleitet wird. Diese liegen in durchgehenden Pfeifen von etwa dreieckförmigem Querschnitt, die unten in die Füße übergehen, mit denen der Rahmen auf den Gestellen ruht.

In dem unteren, kastenförmigen Teil des Rahmens hängt ein zylindrischer Einsatz, der den unteren Teil der Laufbuchse führt (s. auch Bild 332). Er ist mit dem kastenförmigen Teil des Rahmens durch den Spülluft- und den Auspuffkanal und an seinem oberen Ende durch acht unter 45° angeordnete Rippen f verbunden und durchdringt an seinem unteren Ende die untere waagerechte Begrenzungswand des Rahmens, die den Kühlwasserraum nach unten abschließt. So entsteht ein Gußstück, das starr genug ist, um die Laufbuchse in ihrer genauen Lage zu halten, und das nur in seinem oberen Teil durch den Verbrennungsdruck beansprucht wird.

Die an zwei verschiedenen Stellen durch den Rahmen gelegten Horizontalschnitte (Bild 328) zeigen die Form der Spül-, Auspuff- und Absaugekanäle im Grundriß. Die Spülluft tritt aus dem an der einen Längsseite des Rahmens angeordneten Spülluftaufnehmer durch einen breiten Schlitz (a in Bild 329) in den Rahmen und wird durch sechs unter etwa 60° zur Waagerechten geneigte Kanäle schräg aufwärts in den Zylinder geleitet. Die Mittelebenen der Kanäle, deren Wände leicht konvergieren, schneiden sich in der Zylinderachse, daher vereinigen sich die einzelnen Spülströme zu einem geschlossenen Strom, der infolge der Absaugung der Wandreibschicht an der Eintrittsseite im Zylinder hochsteigt (vgl. S. 71). Die Spülkanäle sind ungekühlt; ihre Wände werden mit der Handschleifmaschine geglättet. Ebenso werden die Auspuffkanäle bearbeitet, doch sind die zwischen ihnen liegenden Stege hohl ausgeführt, da sie gekühlt werden müssen; wegen der breiteren Stege haben nur fünf Auspuffkanäle Platz. Die die einzelnen Auspuffkanäle umgebende Wandung geht aus einem rechteckigen Querschnitt am Zylindereinsatz in einen Kreisquerschnitt an der Längswand (b in Bild 329) über. Die Wandung ist ganz vom Kühlwasser umgeben, ebenso die der Absaugekanäle d (Bild 328) und die den Spülstrom einschließende Wand.

Das Kühlwasser tritt an der tiefsten Stelle des Wasserraumes durch eine unterhalb des Auspuffflansches liegende Bohrung g (Bild 328 und 329) ein und verteilt sich auf dem untersten Boden des Rahmens. Bei seinem Weg nach oben umspült es

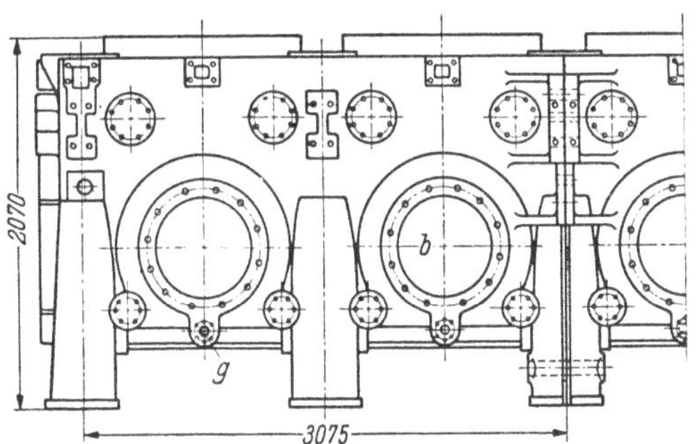

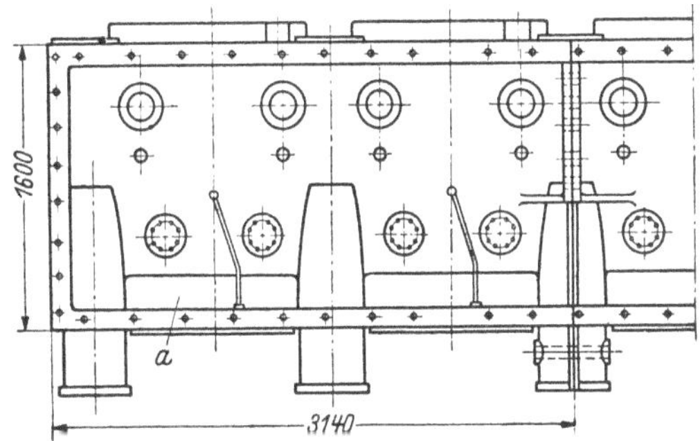

Bild 329. Ansicht auf Spülpumpen- und Auspuffseite des Zylinderrahmens Bild 328.

a = Spüllufteintritt, $\qquad$ b = Auspuffaustritt,
g = Kühlwassereintritt.

den Auspuffkanal und strömt zum Teil durch die Auspuffstege aufwärts. Der zylindrische Teil des Rahmens, der die untere Hälfte der Laufbuchse führt, nimmt an der Kühlung teil, soweit er nicht durch die Spül- und Auspuffkanäle in Anspruch genommen wird. Besonders sein oberes Ende, an dem die Gummidichtungen der Laufbuchse liegen (a in Bild 332), bedarf der Kühlung, damit das Gummi nicht verbrennt. Weiter nach oben verengt sich der Kühlwasserraum infolge der Kegelstumpfform des Rahmens; die Wassergeschwindigkeit nimmt zu, und die Wärmeübergangszahl steigt, wie es die höheren Temperaturen des oberen Teiles der Laufbuchse erfordern. Ganz oben bewirken Rippen an der Laufbuchse ein besonders rasches Strömen des Wassers; hier bildet eine Aussparung h die eine Wand des verengten Kanales. Bei i tritt das Wasser aus dem Rahmen und in den Zylinderdeckel über. Der Zweck der Bohrung k wird bei der Besprechung von Bild 332 erläutert werden.

Die Kühlwasserräume werden mit einem Wasserdruck von 4 kg/cm² auf Dichtigkeit geprüft.

Je zwei Rahmen sind zu einem Gußstück vereinigt. Wenn ungerade Zylinderzahlen ausgeführt werden sollen, wird ein einzelner Rahmen eingeschaltet. Vierzehn Verbindungsbolzen, von denen acht als Paßschrauben ausgeführt sind, halten je zwei Rahmen zusammen. Die Ansichten auf die Abgas- und die Spülpumpenseite zeigen die Anordnung der Verbindungsschrauben: auf jeder Rahmenseite liegen fünf Schrauben in Flanschen, die oberhalb der geteilten Zylinderfüße angeordnet sind, während je zwei besonders kräftig gehaltene Paßbolzen die Fußhälften zusammenhalten.

b) Laufbuchsen

Als Werkstoff für die Laufbuchsen wählt man ein Gußeisen von perlitischem Gefüge und einer Brinellhärte[1] von etwa 200 bis 220 kg/mm², da die Erfahrung gezeigt hat, daß ein Gußeisen dieser Härte dem nicht völlig zu vermeidenden Verschleiß durch die Reibung der Kolbenringe am besten standhält. Die gewünschte Brinellhärte wird durch den Gehalt an Silizium hergestellt, der je nach der Wandstärke etwa 1,0 bis 1,3 % betragen soll, wobei die größere Zahl für kleinere Wandstärken gilt.

Bild 330 zeigt die Laufbuchse eines Viertakt-Kreuzkopfmotors. Der Flansch, mit dem sich die Laufbuchse auf den Zylinderrahmen stützt, wird so geformt, daß die Gußanhäufung möglichst klein wird. An der Stelle a kann die Laufbuchse mit einem Ring aus Flachkupfer gegen den Kühlmantel abgedichtet oder, was vorzuziehen ist, ohne Dichtungsring metallisch aufgeschliffen werden. Bei metallischer Dichtung werden leichte Schiefstellungen der Laufbuchse, die durch einen Kupferring von nicht ganz gleichmäßiger Stärke verursacht werden können, sicherer vermieden. Die Abdichtung der Laufbuchse gegen den Kühlwasserraum des Zylinderrahmens kann durch einen Gummiring b zwischen dem Laufbuchsenflansch und dem Zylinderrahmen unterstützt werden. Die Nut für den Gummiring erhält die aus Bild 333 ersichtliche Form. Die Eindrehung in den Zylindermantel wird an der Stelle c schwach konisch gemacht, damit der Gummiring sich leichter einführt. Ebenso wird der Gummiring d, der das untere Ende der Laufbuchse im Zylinderrahmen abdichtet, mit Hilfe der Schräge e eingebracht.

Die Laufbuchse, die durch den Zylinderdeckel unter Beilegung eines Kupferringes f in den Zylinderrahmen gepreßt wird, kann sich nach unten frei ausdehnen. Am oberen Ende hat der Flansch der Laufbuchse auf dem größten Teil seiner Höhe radiales Spiel im Zylinderrahmen, damit er sich auch in radialer Richtung frei ausdehnen kann. Die Dehnungen sind an dieser Stelle am größten, weil hier die höchsten Temperaturen auftreten. Nur an der Stelle g ist die Laufbuchse im Zylinderrahmen leicht zentriert, doch ist die Berührungsfläche bei g so schmal gehalten, daß die Laufbuchse bei der Ausdehnung sich in das weichere Material des Zylinderrahmens etwas eindrücken kann, ohne diesen zu sprengen. An allen übrigen Stellen hat die Laufbuchse radiales Spiel im Mantel; unten ist sie in diesem mit Gleitsitz geführt, der genügendes Spiel für die dort nur noch kleinen Dehnungen läßt.

---

[1] Bei der Härteprüfung mittels der Kugeldruckprobe nach Brinell wird eine Stahlkugel vom Durchmesser D mm mit der Kraft P kg in das zu prüfende Werkstück gedrückt; die Kugel erzeuge einen Eindruck vom Durchmesser d mm. Dann ist die „Brinellhärte"

$$H = \frac{2\,P}{\pi\,D\left(D - \sqrt{D^2 - d^2}\right)} \ \text{kg/mm}^2 .$$

Diese Formel leitet sich folgendermaßen ab (Bild 331):

K sei die Kugel vom Radius $D/2$, W das zu prüfende Werkstück, in das die Kugel bis zur Tiefe h eindringt, wobei sie einen Eindruck vom Halbmesser $d/2$ erzeugt. Der Mantel des Kugelabschnittes von der Höhe h, d. h. die Eindruckoberfläche, ist dann

$$M = 2\,\pi\,r\,h$$

mit $r = D/2$ als Kugelradius. Ferner ist:

$$h = D/2 - g = D/2 - \sqrt{\frac{D^2}{4} - \frac{d^2}{4}} ,$$

somit:

$$M = \frac{1}{2}\,\pi\,D\left(D - \sqrt{D^2 - d^2}\right) .$$

Brinell bezeichnete als „Härte" die auf 1 mm² der Eindruckoberfläche M bezogene Druckkraft, also

$$H = \frac{P}{M} = \frac{2\,P}{\pi\,D\left(D - \sqrt{D^2 - d^2}\right)} \ \text{kg/mm}^2 ,$$

wie oben. Die Brinellhärte ist also nicht gleich dem mittleren Druck, der sich aus der Kraft P und dem Eindruckdurchmesser d errechnet, sondern gleich der (kleineren) Druckkraft auf je 1 mm² der Oberfläche des Kugelabschnittes.

Nach den DIN-Normen verwendet man für Stahl und Gußeisen eine Kugel von 10 mm Durchmesser und eine Kraft $P = 3000$ kg, allgemein $P = 30 \cdot D^2$, für Kupfer, Messing, Bronze usw. $P = 10 \cdot D^2$. Für kleine Probendicken werden kleinere Kugeln von 5 und 2,5 mm Durchmesser benutzt.

Die Taschen *h* für die Teller der Einsaug- und Auspuffventile werden in die Laufbuchse gefräst, die Kanten der Einfräsung gut abgerundet.

Die vier Stutzen *i* für die Kolbenschmierung liegen auf dem aus dem Zylinderrahmen nach unten herausragenden Teil der Laufbuchse. Sie liegen so tief, daß Vorkehrungen getroffen werden müssen, damit das Schmieröl auch an den oberen Teil der Lauffläche gelangt. Der unterste Kolbenring wird daher als **Mitnehmerring** ausgebildet (vgl. Bild 298, S. 288). Dies ist indessen nur bei **Kreuzkopfmaschinen** nötig; bei **Tauchkolbenmaschinen** wird das untere Ende der Laufbuchse so reichlich mit Schmieröl bespritzt, daß **Ölabstreifringe** (vgl. S. 289) nötig werden.

Die Laufbuchsen von **Zweitaktmotoren** müssen an den oberhalb und unterhalb der Schlitze

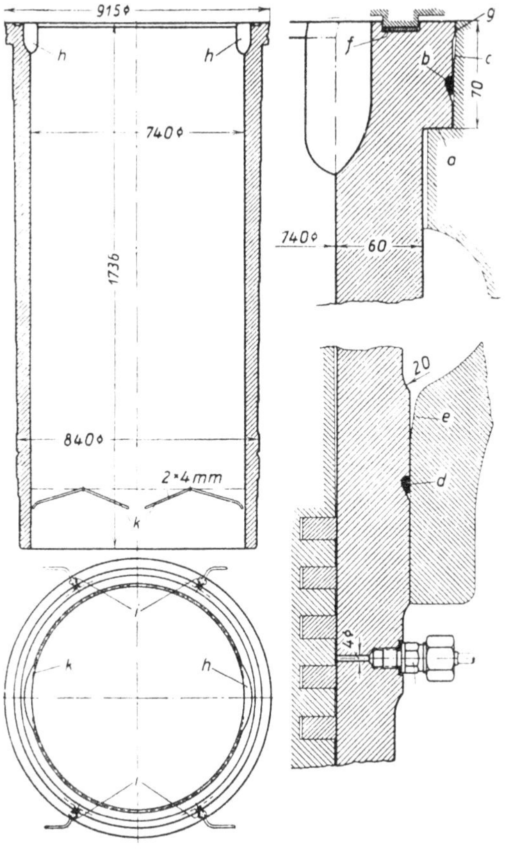

Bild 330. Zylinderlaufbuchse.

a = Metallische Dichtung,
b, d = Gummiringe,
c, e = Schrägen zur Einführung von *b, d*,
= Kupferring,
g = Zentrierrand,
h = Taschen für Einsaug- und Auspuffventilteller,
i = Schmierstutzen,
k = Schmiernuten.

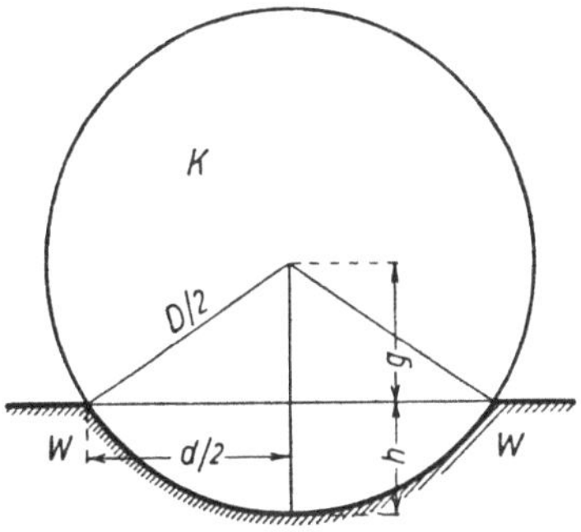

Bild 331. Zur Ableitung der Formel für die Brinellhärte.

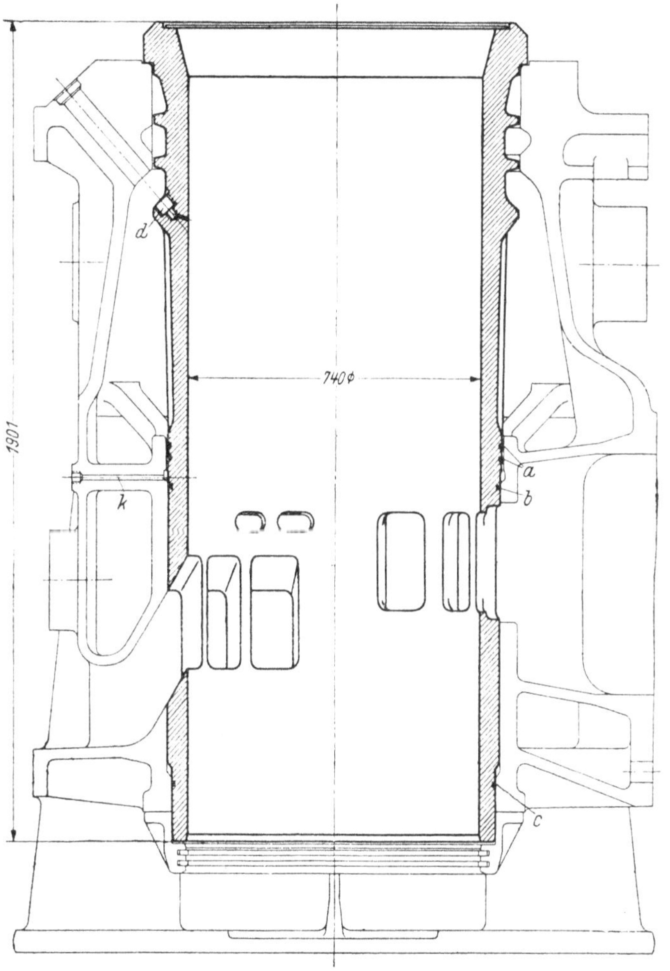

Bild 332. Laufbuchse eines Zweitakt-Kreuzkopfmotors.

a = Gummiringe,
b, c = Ringe aus Kupfer oder Weicheisen,
d = Bohrung für Schmierstutzen,
k = Bohrung zur Prüfung der Dichtigkeit.

liegenden Stellen besonders sorgfältig abgedichtet werden, damit nicht Kühlwasser in die Spülkanäle und Abgas in den Kühlwasserraum gelangen kann. Bild 332 zeigt die zu dem Zylinderrahmen, Bild 328, gehörige Laufbuchse. Die Wandstärke, die vom oberen Flansch bis etwa zur Mitte gleichmäßig abnimmt, ist in dem die Schlitze enthaltenden Teil vergrößert. In zwei in den verstärkten Teil eingedrehte Rillen *a* (s. auch Bild 333) werden Gummiringe eingelegt, die beim Einsetzen der Buchse in die gezeichnete keilförmige Gestalt gequetscht werden. Etwas weiter darunter liegt ein Kupfer- oder Weicheisenring *b* in einer schwalbenschwanzförmigen Nut; sein Durchmesser ist so bemessen, daß der Ring, der etwas aus der Buchse hervorsteht, beim Einsetzen der Buchse sich fest gegen die Rahmenbohrung legt. So entsteht eine Dichtung, die auf der Gasseite metallisch, auf der Wasserseite durch Gummi abdichtet. Daß die Gummiringe an einer gut gekühlten Stelle liegen müssen, wurde schon S. 317 erwähnt.

In größerem Maßstab ist die Abdichtung einer Laufbuchse gegen den Zylinderrahmen in der Nebenabbildung zu Bild 333 dargestellt, das zu einer Zweitaktmaschine der Machinefabriek Gebr. Stork & Co. gehört. Die Spülung ist die S. 70 beschriebene Schleifenspülung (Bild 89). Oberhalb der Auspuffschlitze liegen zwei Kupferringe *b* in leicht hinterdrehten Nuten, darüber, möglichst nahe dem Kühlraum, zwei Gummiringe *a*. Gummi ist zwar verformbar, aber (bei den hier in Betracht kommenden Drücken) nicht kompressibel, daher muß die Nut für den Gummiring

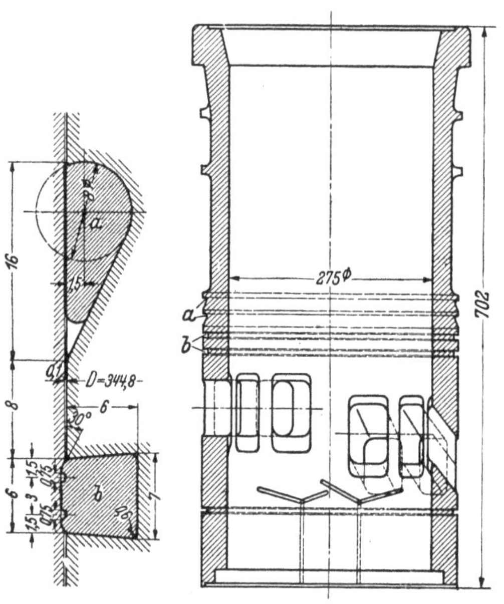

Bild 333. Abdichtung der Laufbuchse eines Zweitakt-Tauchkolbenmotors im Zylinderrahmen.

a = Gummiringe,   *b* = Kupferringe.

diesem im gequetschten Zustand (schraffierte Fläche) noch etwas zusätzlichen Platz bieten; das Gummi darf die Nut nicht ganz ausfüllen. Sehr sorgfältig müssen der Durchmesser der Bohrung des Zylinderrahmens, der Außendurchmesser der Laufbuchse und der Außendurchmesser der Kupferringe gegeneinander abgestimmt werden. Die Laufbuchse wird um 0,2 mm im Durchmesser kleiner gedreht als die Bohrung; der Spalt von 0,1 mm nimmt die Wärmedehnung auf (die an dieser Stelle nicht mehr groß ist). Die Gummiringe dichten den Spalt ab. Der Außendurchmesser der Kupferringe wird um einige hundertstel Millimeter größer als der Durchmesser der Bohrung gemacht, so daß der aus der Laufbuchse hervortretende Teil des Kupfers beim Einsetzen der Buchse etwas beiseite gedrückt werden muß; dazu schaffen die beiden halbkreisförmigen, je 0,75 mm breiten Nuten den erforderlichen Platz. Schrägen an den Kupferringen und am Zylinderrahmen erleichtern die Einführung der Buchse in den Rahmen.

Die in der Nebenabbildung zu Bild 333 angegebenen Maße gelten nur für die Laufbuchsen von etwa der gleichen Größe. Wie sie sich mit dem Durchmesser der Laufbuchse ändern, muß durch die Erfahrung festgestellt werden.

Zwischen den Gummiringen *a* und dem Weicheisenring *b* (Bild 332) ist eine kleine Kammer vorgesehen, die durch eine im Zylinderrahmen liegende Bohrung *k* (s. auch Bild 328) mit dem Außenraum in Verbindung steht. An *k* ist ein Rohr angeschlossen, das durch den Spülluftaufnehmer hindurchgeführt ist. Aus dem Rohr dürfen weder Wassertropfen noch Gase austreten, die darauf hindeuten würden, daß Undichtigkeiten auftreten. An ihrem unteren Ende ist die Laufbuchse durch einen Kupfer- oder Weicheisenring (*c*) abgedichtet.

Die Schmierung (*d*) des Kolbens ist bei dieser Laufbuchse in solcher Höhe angebracht, daß das Schmieröl in den Ringraum zwischen dem untersten und zweituntersten Kolbenring treten kann, wenn der Kolben in seinem oberen Totpunkt steht. Dadurch ist die Gewähr gegeben, daß das Schmieröl an den Teil der Laufwand gelangt, der dem Verschleiß am stärksten unterworfen ist. Der Antrieb der Zylinderschmierpresse sollte dann aber so mit der Kolbenbewegung zusammenstimmen, daß das Schmieröl nur während des Durchganges des Kolbens durch den oberen Totpunkt gefördert wird. Bei der Laufbuchse Bild 333 liegen die Schmiernuten unterhalb der Spül- und Auspuffschlitze.

c) Zylinderdeckel

Die Zylinderdeckel von Viertaktmotoren sind komplizierte und schwierig herzustellende Gußstücke, deren Werkstoff sorgfältig der Wandstärke angepaßt werden muß. Wegen ihrer verwickelten Bauart können die Deckel nicht spannungsfrei gegossen werden, und auch durch eine Glühbehandlung werden kaum alle Gußspannungen beseitigt. Im Betrieb kommen die Spannungen hinzu, die durch den Verbrennungsdruck und durch die ungleiche Erwärmung auf der Gas- und Wasserseite entstehen.

Eine wirksame Kühlung der Zylinderdeckel ist unerläßlich. Der stärksten Kühlung bedarf der dem Verbrennungsraum ausgesetzte Deckelboden; daher soll das Kühlwasser an diesem mit möglichst großer Geschwindigkeit entlanggeführt werden. Auch der die Auspuffgase abführende Kanal muß kräftig gekühlt werden, ebenso wie der zwischen den Ventilkanonen für das Einsaug- und das Auspuffventil liegende Teil.

Bild 334 zeigt in Schnitten und Ansichten den Zylinderdeckel eines Viertakt-Tauchkolbenmotors von 275 mm Zyl.-Dmr. Die Führung des Kühlwassers ist mit den Ziffern 1 bis 10 bezeichnet. Das bei 1 eintretende Wasser wird durch einen am Eintrittsflansch angegossenen (in Bild 334 nicht gezeichneten) kurzen Krümmer zunächst schräg gegen den Boden geleitet und fließt dann, sich in zwei Ströme teilend, am Boden entlang um die an die Anlaßventilkanone a angegossenen Rippen im Sinn der Pfeile 2 weiter. Da die Rippen b zwischen den Einsaug- und Auspuffventilkanonen c, d und den benachbarten Deckelschraubenpfeifen bis auf kleine, oben liegende Entlüftungslöcher e (Schnitte $G—H$ und $S—T$) voll gegossen sind, so muß das Wasser sich mit vermehrter Geschwindigkeit durch die beiden schmalen Spalte 3 (Schnitte $E—F$ und $Q—R$) hindurchzwängen, die von den Einsaug- und Auspuffventilkanonen c, d und dem eingewalzten Messingrohr f gebildet werden, welches das Brennstoffventil umgibt. (Das eingewalzte Rohr ist ein Hilfsmittel, um Platz zu schaffen, da es weniger Raum beansprucht als eine eingegossene Kanone.) Nunmehr versperrt eine bogenförmige Rippe g (Schnitte $C—D$, $O—P$ und $Q—R$), die sich zu beiden Seiten an die Kanone h des Sicherheitsventiles anschließt und nur an ihrer unteren Kante mit zwei kleinen Entwässerungslöchern i (Schnitte $C—D$ und $O—P$) versehen ist, dem Hauptteil des Kühlwassers den Weg, so daß es an den Stellen 4 unterhalb der waagerechten Kanäle des Einsaug- und Auspuffventiles weiterströmen muß, wodurch der Boden an diesen Stellen wirksam gekühlt wird. Das Wasser gelangt in die mit Zinkschutz k versehenen Räume 5 (Schnitte $O—P$ und $Q—R$), steigt in diesen nach oben und fließt sodann an der Oberseite der waagerechten Kanäle des Einsaug- und Auspuffventiles in Richtung der Pfeile 6 entlang. Die oben voll gegossenen und nur mit kleinen Entlüftungslöchern l (Schnitt $S—T$) versehenen Rippen m (Schnitte $Q—R$ und $S—T$) zwingen das Wasser zum Abstieg in den Räumen 7 (Schnitt $Q—R$), es strömt abermals am Boden entlang (Pfeile 8—9) und gelangt schließlich in den Raum 10, in dem es aufsteigt, um durch die Öffnung n auf der Oberseite des Deckels auszutreten (Schnitte $A—B$, $J—K$ und Ansicht von oben).

Die Ventilkanonen, die Pfeifen für die Deckelschrauben und die Führungsrippen für das Kühlwasser unterteilen den Hohlraum des Deckels in eine größere Zahl von Kernen, die durch reichliche Verschraubungen o (Schnitte $A—B$, $M—N$, $O—P$, $Q—R$ und Ansicht von oben) zugänglich gemacht sind. Dem gleichen Zweck dienen beim Gießen die Öffnungen für den Kühlwassereintritt und für die beiden Zinkschutzplatten k sowie das Reinigungsloch p (Schnitt $Q—R$ und Ansicht von der Auspuffseite).

Im Betrieb muß der Zylinderdeckel stets ganz mit Wasser gefüllt sein; er muß daher dauernd entlüftet werden. Die Entlüftungslöcher e in den Rippen b, l in den Rippen m und q in der Mittelrippe (Schnitt $S—T$) sorgen dafür, daß die Luft aus allen Kammern des Deckels in den Raum 10 gelangen kann, wo sie mit dem austretenden Wasser entfernt wird.

Beim Stillsetzen der Maschine muß der Deckel bei niedriger Außentemperatur sorgfältig entwässert werden. Hierzu sind die Verschraubungen r bestimmt (Schnitte $O—P$, $Q—R$ und Seitenansichten), deren Bohrungen in die Räume 2 und den Raum 10 münden. Öffnet man die Verschraubungen, so entleert sich der Deckel, da die in der Bogenrippe g eingegossenen Löcher i (Schnitte $C—D$ und $O—P$) alle Kammern miteinander verbinden.

Für die Indizierbohrung s sind zwei Wülste eingegossen (Schnitte G—H, L—M, O—P und Seitenansichten), von denen jeweils nur einer gebohrt wird, je nachdem ob ein Rechts- oder ein Linksmodell vorliegt. Die Angüsse t (Schnitt S—T und Ansichten) dienen zur Befestigung der Steuerhebelböcke.

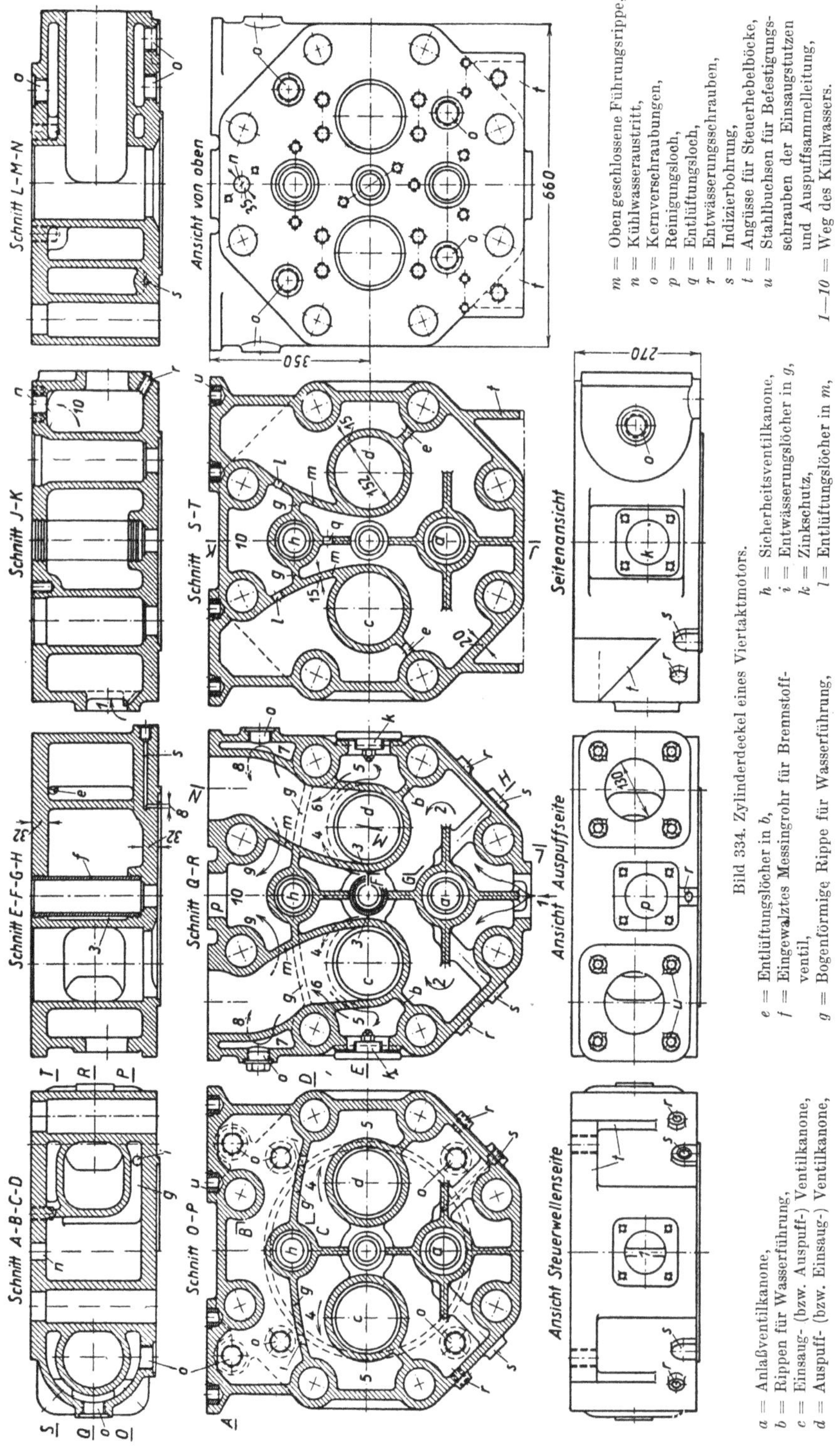

Bild 334. Zylinderdeckel eines Viertaktmotors.

Die Einsaugstutzen und die Auspuffkrümmer werden gegen die rechteckigen Flanschen geschraubt, die in Bild 334 (Ansicht von der Auspuffseite) sichtbar sind. Zur bequemeren Montage werden sie mit Kopfschrauben am Zylinderdeckel befestigt. Damit bei wiederholtem Losnehmen das Gewinde im Gußeisen nicht leidet, ist das Gewinde in stählerne Buchsen u geschnitten, und die Buchsen u sind mit Feingewinde in den Deckel geschraubt (Schnitte $O—P$, $S—T$ und Ansicht von der Auspuffseite).

Die Zylinderdeckel von Zweitaktmotoren sind baulich einfacher als die der Viertaktmotoren, weil das Einsaug- und das Auspuffventil wegfallen; sie sind aber durch den Zweitakt thermisch höher beansprucht, und man muß dafür sorgen, daß die von den Verbrennungsdrücken und -temperaturen herrührenden Beanspruchungen innerhalb zulässiger Grenzen bleiben. Der in Bild 335 dargestellte Zylinderdeckel der Maschinenfabrik Augsburg-Nürnberg ist zu diesem Zweck geteilt: der untere, den Verbrennungsraum begrenzende, stark gekühlte Teil dient im wesentlichen der Aufnahme der hohen Temperatur, der obere, ungekühlte Teil nimmt die mechanischen Beanspruchungen auf. Das Widerstandsmoment des unteren Deckelteiles kann klein gehalten werden, da er sich auf den oberen stützt; die Kühlwasserräume werden schmal, und das bei a vom Zylinderrahmen übertretende Wasser durchströmt den Deckelhohlraum mit vermehrter Geschwindigkeit, was für den Wärmeübergang günstig ist. Die im Kühlwasserraum angeordneten Rippen leiten das Wasser im Labyrinth zuerst auf den heißesten inneren Teil, in welchem das Wasser gezwungen wird, alle Wandteile gut zu bespülen. Der den Übertritt des Wassers vom Zylinderrahmen zum Deckel vermittelnde Krümmer b kann der Wärmedehnung des Zylinders folgen, da sein unterer Flansch verschiebbar mit ihm verbunden ist; zwei Gummiringe dichten den Flansch gegen den Krümmer. Bei c liegt der Kühlwasseraustritt. Der obere Deckelteil hat ein

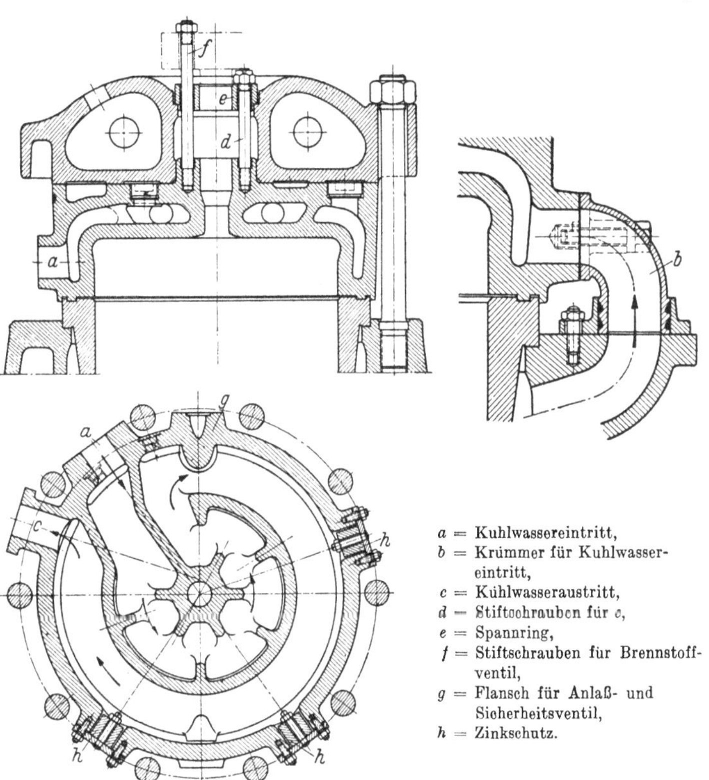

a = Kuhlwassereintritt,
b = Krümmer für Kuhlwassereintritt,
c = Kühlwasseraustritt,
d = Stiftschrauben für c,
e = Spannring,
f = Stiftschrauben für Brennstoffventil,
g = Flansch für Anlaß- und Sicherheitsventil,
h = Zinkschutz.

Bild 335. Zylinderdeckel eines einfachwirkenden Zweitaktmotors der Maschinenfabrik Augsburg-Nürnberg.

großes Widerstandsmoment, da er den Verbrennungsdruck aufzunehmen hat. Zehn lange Deckelschrauben verbinden ihn mit dem Zylinderrahmen, wodurch zugleich der untere Deckelteil und die Laufbuchse in ihrer Lage gehalten werden. Die Augen für die Muttern der Deckelschrauben sind nur am oberen Deckelteil angegossen; von dem unteren Deckelteil gehen die Schrauben frei, was diesen im Guß vereinfacht.

Bei Überholungsarbeiten an der Maschine, die ein Abnehmen des Zylinderdeckels erfordern, werden die Deckelteile nicht einzeln abgebaut; die Teile bleiben miteinander verbunden, da sie durch vier Stiftschrauben d mit Hilfe des Spannringes e zusammengehalten werden. Zwischen den Stiftschrauben d ist Platz für zwei weitere längere Stiftschrauben f vorhanden, mittels deren das Brennstoffventil im Zylinderdeckel befestigt wird.

Das Anlaßventil ist seitlich am unteren Deckelteil am Flansch g angebracht; dort liegt auch das Sicherheitsventil. Drei an den Flanschen h in den Kühlwasserraum eingeführte Zinkringe sollen den Kühlwasserraum vor Anfressungen schützen.

Während der Zylinderdeckel der MAN aus Spezialgußeisen angefertigt ist, stellt die Machine-fabriek Gebr. Stork & Co. ihre Zweitaktdeckel aus Stahlguß her, dem zur Erhöhung der Warmfestigkeit Molybdän zugesetzt ist. Den unteren Zylinderdeckel einer doppeltwirkenden Zweitakt-maschine Bauart Stork zeigt Bild 336. Seine große Höhe, der kegelstumpf-förmige Mantel und der die Kolben-stangenstopfbuchse umschließende zylindrische Teil verleihen ihm ein großes Widerstandsmoment. Die Anordnung der Brennstoffstrahlen bei dieser Maschine ist in Bild 21, S. 22, dargestellt; ihr entsprechend sind vier schräge Pfeifen a einge-gossen, in welche die die Brenn-stoffdüsen tragenden Schäfte (vgl. Bild 156, S. 129) geschoben werden. Für das Anlaßventil b und das Sicherheitsventil c ist eine gemein-same Tasche vorgesehen, in die auch die Indizierbohrung d mündet. Bei e tritt das Kühlwasser ein, bei f zum Zylinderrahmen über. Die den Deckel stützenden Rippen sind so ausge-spart, daß das Wasser gezwungen ist, die feuerberührte Wand in erster Linie zu bespülen. Die in zwei ein-ander gegenüberliegenden Rippen liegenden Bohrungen g dienen der Entlüftung des Wasserraumes. Acht Kernverschraubungen h machen die Hohlräume von außen zugänglich. Durch die Bohrung i kann der Deckel entwässert werden. In die Gewinde k werden Abdrückschrauben eingeführt, wenn der Deckel ausgebaut werden soll.

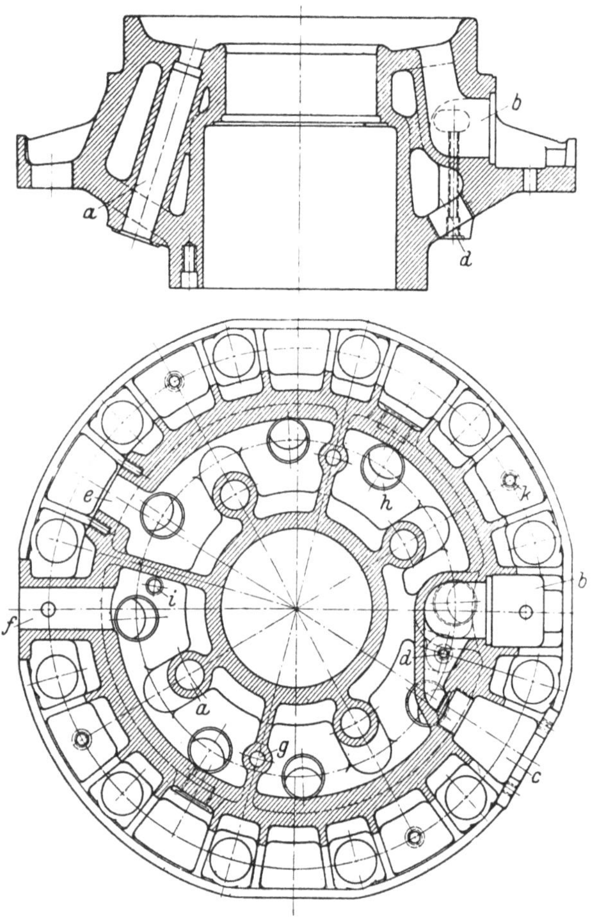

Bild 336. Unterer Zylinderdeckel eines doppeltwirkenden Zweitaktmotors der Machinefabriek Gebr. Stork & Co.

a = Pfeifen für Düsenschäfte,	f = Kühlwasseraustritt,
b = Flansch für Anlaßventil,	g = Bohrungen für Entlüftung,
c = Flansch für Sicherheitsventil.	h = Kernverschraubungen,
d = Indizierbohrung,	i = Entwässerung,
e = Kühlwassereintritt,	k = Gewinde für Abdrückschrauben.

8. Ventile im Zylinderdeckel und ihre Steuerung

a) Ventile im Zylinderdeckel

Das Viertaktverfahren erfordert in der Regel die Anordnung von fünf Ventilen im Zylinder-deckel: es müssen außer dem Brennstoffventil je ein Einsaug- und Auspuffventil, ein Anlaßventil, und ein Sicherheitsventil im Deckel untergebracht werden. Bei Schnelläufern kann es notwendig werden, je zwei Einsaug- und Auspuffventile vorzusehen, wenn die Luftgeschwindigkeit im Ventil-spalt beim Einsaugen und die Gasgeschwindigkeit beim Auspuffen bei nur einem Ventil zu groß werden würden. Die Zahl der Ventile im Zylinderdeckel steigt dann auf sieben, und es ist nicht zu vermeiden, daß der Zylinderdeckel eine ziemlich verwickelte Form erhält.

Bei kleineren Motoren kann man das Sicherheitsventil fehlen lassen; als Ersatz dienen die Zylinderdeckelschrauben, die sich beim Auftreten zu starker Zündungen dehnen und Verbrennungsgase durch die Dichtungsfuge austreten lassen. Man kommt dann mit vier Ventilen je Zylinder aus.

Bei Zweitaktmotoren mit Schlitzsteuerung fallen die Einsaug- und Auspuffventile fort, so daß der Zylinderdeckel baulich einfacher wird. Bei einfachwirkenden Zweitaktmotoren mit Steuerung des Auspuffes durch ein Ventil (vgl. Bild 106, S. 79) entfällt dieser Vorteil. Bei doppeltwirkenden Zweitaktmaschinen wird gewöhnlich nur auf der unteren Zylinderseite ein Anlaßventil angeordnet (vgl. Bild 375, S. 376); in diesem Fall werden die oberen Zylinderdeckel besonders einfach, da sie nur je ein Brennstoffventil und ein Sicherheitsventil zu erhalten brauchen.

Die Brennstoffventile sind im III. Abschnitt eingehend behandelt. Ein Einsaugventil (mit Hesselman-Schirm) wurde in Bild 72, S. 53, gezeigt. Wo der Lufteinsaugkanal so gestaltet

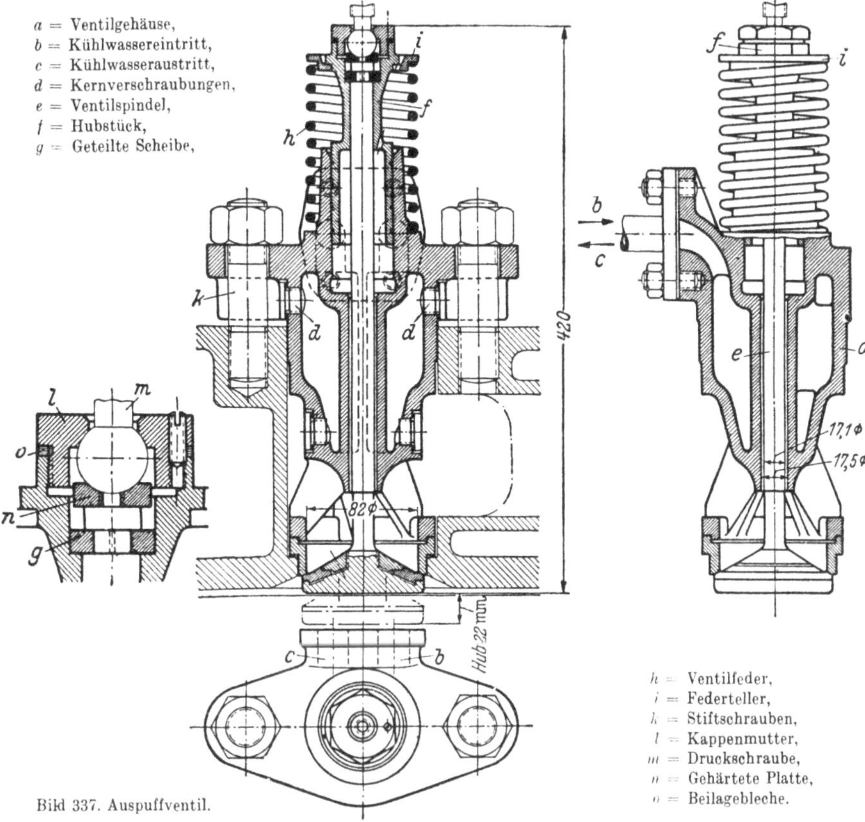

Bild 337. Auspuffventil.

ist, daß schon durch seine Richtung eine Luftdrehung hervorgerufen wird (vgl. Bild 31, S. 25), oder wo andere Mittel zur Durchwirbelung des Brennraumes vorgesehen sind, ist der Schirm entbehrlich.

Das Auspuffventil erhält in der Regel dieselben Abmessungen wie das Einsaugventil, wenn dieses nicht, wie es bei Schnelläufern erforderlich werden kann, mit größerem Durchmesser ausgeführt werden muß, damit die eingesaugte Luft nicht zu stark gedrosselt wird. Wenn das Einsaug- und das Auspuffventil mit gleichem Durchmesser gebaut werden können, macht man stets die beiden Ventile in ihren äußeren Abmessungen austauschbar, damit nur eine Art von Ventilen als Reserve vorrätig gehalten zu werden braucht. Das Auspuffventil unterscheidet sich zwar von dem Einsaugventil dadurch, daß es gekühlt werden muß, doch kann trotzdem ein Auspuffventil als Reserve für ein Einsaugventil dienen; man braucht nur die Flanschen für den Ein- und Austritt des Kühlwassers zu verschließen.

Bild 337 zeigt ein Auspuffventil, das zu einem Viertaktzylinder von 275 mm Dmr. und 450 mm Hub gehört. Der mittlere Teil des Ventilgehäuses a ist gekühlt; das Kühlwasser tritt bei *b* ein und bei *c* aus. Außer durch die beiden Öffnungen für das Kühlwasser ist der Kern durch die Verschraubungen *d* zugänglich. Die Ventilspindel *e* ist mit dem aus Bronze angefertigten Hubstück *f*, das die Spindel im Gehäuse führt, fest verbunden, jedoch so, daß die Verbindung zwischen Spindel und Hubstück bei Bedarf gelöst werden kann. Hierzu ist eine geteilte Scheibe *g* so in eine in das obere Ende der Spindel gedrehte Nut gelegt, daß die Ventilfeder *h* das Hubstück mittels des Federtellers *i* gegen die geteilte Scheibe drückt. Im Betrieb kann diese nicht herausfallen, da sie in einer Eindrehung des Hubstückes liegt. Soll die Ventilspindel ausgebaut werden, so löst man die Muttern der Stiftschrauben *k* und zieht das Ventilgehäuse aus dem Zylinderdeckel. Sodann wird mit Hilfe einer Vorrichtung die Ventilfeder *h* so weit zusammengedrückt, daß das Hubstück die geteilte Scheibe *g* freigibt, deren Hälften nunmehr aus ihrer Nut herausgenommen werden können. Die Kappenmutter *l*, die zur Verbindung der Druckschraube *m* (vgl. *b* in Bild 350, S. 338) mit der Ventilspindel dient, wird vorher abgeschraubt.

Die Ventilspindel *e* wird nur durch das Hubstück *f* geführt; in der Bohrung des Ventilgehäuses darf sie nicht geführt werden, da sie heißer wird als das gekühlte Gehäuse, so daß ihr Durchmesser im Betrieb gegenüber dem der Gehäusebohrung wächst. In Bild 337 sind hierfür 0,2 mm radiales Spiel vorgesehen. Der hierdurch entstehende lange und schmale Ringspalt hat eine genügende Drosselwirkung, so daß nur wenig Gas unter das Hubstück *f* gelangen kann. Damit hier (auch durch die Kolbenbewegung des Hubstückes) kein Überdruck entstehen kann, ist der unter dem Hubstück liegende Raum durch eine Bohrung mit der Atmosphäre verbunden.

Die im Steuerhebel sitzende, mit Kugelkopf versehene Druckschraube *m* (s. auch Bild 350) drückt unter Vermittlung der gehärteten Platte *n* auf das obere Ende der Ventilspindel *e*. Zum leichteren Herausnehmen ist die Platte *n* mit einer Gewindebohrung versehen. Die an ihrer Berührungsfläche mit der Kugel ebenfalls gehärtete Kappenmutter *l* verbindet die Druckschraube *m* so mit dem Hubstück *f* der Ventilspindel, daß die im Kugelgelenk verbundenen Teile sich ohne Spiel gegeneinander bewegen können. Beilagebleche *o* ermöglichen die genaue Einstellung der Höhenlage der Kappenmutter. Eine durch Körnerschlag gesicherte Schraube verhindert das Losdrehen der Mutter.

In den Federteller *i* ist an einer Stelle (in Bild 337 erkennbar) eine schräge Nut gestoßen, durch die etwas Schmieröl auf die darunter liegende Gleitfläche des Hubstückes gegeben werden kann.

Die Ventilfeder *h* ist so zu berechnen, daß sie das Abspringen der Stoßstangenrolle (vgl. Bild 349, S. 337) von ihrem Nocken sicher verhindert und die für das Schließen erforderliche Kraft zur Beschleunigung aller am Öffnungs- und Schließvorgang beteiligten Massen (Ventilspindel, Steuerhebel, Stoßstange) aufbringt. Die Feder des Auspuffventiles, Bild 337, erhält einen Windungsdurchmesser von 75 mm, eine Drahtstärke von 7,5 mm und acht Windungen. Bei 125 mm Vorspannung ist die vorgespannte Kraft 40 kg.

Der den Ventilsitz enthaltende Teller des Auspuffventiles wird durch die beim Öffnungsvorgang entweichenden heißen Auspuffgase stark beansprucht; insbesondere während des ersten Teiles des Auspuffes strömen die Gase nahezu mit Schallgeschwindigkeit durch den Ventilsitz. Um den Verschleiß zu verzögern, pflegte man früher größere Auspuffventilkegel zu kühlen, doch hat sich

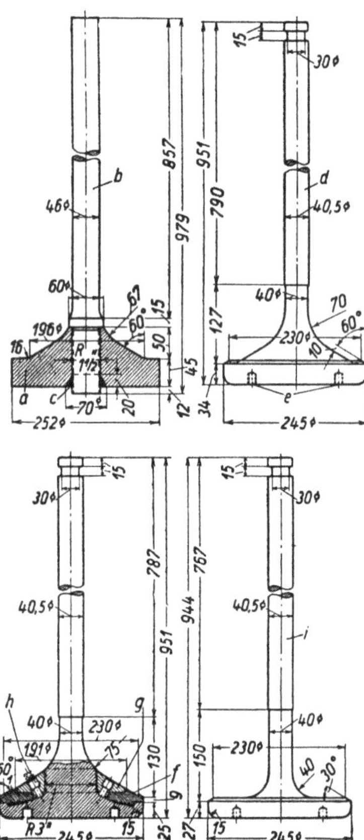

Bild 338. Auspuff- und Einsaugventilspindeln.

a = Ventilteller } vorgedreht,
b = Ventilspindel }
c = Schweißnaht,
d = Ventilspindel fertiggedreht,
e = Gewindelöcher zum Einschleifen,
f = Gußeiserner Ventilsitz,
g = Ringmutter,
h = Wurgekopfschrauben,
i = Aus einem Stuck geschmiedetes Einsaugventil.

dies bei Dieselmotoren als nicht nötig herausgestellt. Einfacher ist es, den Auspuffventilkegel aus hitzebeständigem Stahl auszuführen (a in Bild 338). Er wird auf die aus demselben Werkstoff angefertigte Spindel b mit Feingewinde gesetzt und an der Stelle c verschweißt. Sodann werden Teller und Spindel bei einer Temperatur von 850° geglüht und schließlich auf die Maße, Bild 338, d fertig gedreht. Die Bohrungen e werden beim Einschleifen des Ventilsitzes gebraucht.

Die Trennung von Teller a und Spindel b hat den Vorteil, daß man einfachere Schmiedeteile erhält, als wenn Ventil und Teller aus einem Stück bestehen. Die Ausführung in zwei Teilen wird bei dem hochwertigen Material billiger.

Man kann auch die Spindel mit dem Teller aus gewöhnlichem Stahl aus einem Stück schmieden und den aus feinkörnigem Gußeisen hergestellten Ventilsitz (f in Bild 338) getrennt aufsetzen. In diesem Fall wird der Ventilsitz durch eine der Kegelform angepaßte Ringmutter g gehalten. Nachdem diese fest angezogen ist, wird sie durch zwei Würgekopfschrauben h gesichert, deren Kopf abgeschlagen wird. Die Schrauben h werden sorgfältig vernietet.

Diese Konstruktion hat sich ebenfalls bewährt, ist aber trotz der billigeren Werkstoffe wegen der vermehrten Dreharbeit, die sie erfordert, teurer als die Ausführung a bis d.

Die Einsaugventile brauchen nicht aus hitzebeständigem Werkstoff angefertigt zu werden, da die eintretende Frischluft sie hinreichend kühlt. Man kann sie aus gewöhnlichem Stahl aus einem Stück schmieden (i in Bild 338) oder wie die Auspuffventilspindel (a, b) zusammensetzen. Beide Ausführungen sind etwa gleich teuer, doch wird die zusammengesetzte Ventilspindel schwerer.

Ein ausgeführtes Anlaßventil zeigt Bild 339. Es ist für denselben Zylinder wie das vorher beschriebene Auspuffventil bestimmt. Mit Rücksicht auf den hohen Druck der Anlaßluft ist das Ventilgehäuse in Stahlguß ausgeführt; die aus Bild 339 ersichtliche Teilung des Gehäuses erleichtert die Herstellung. Die

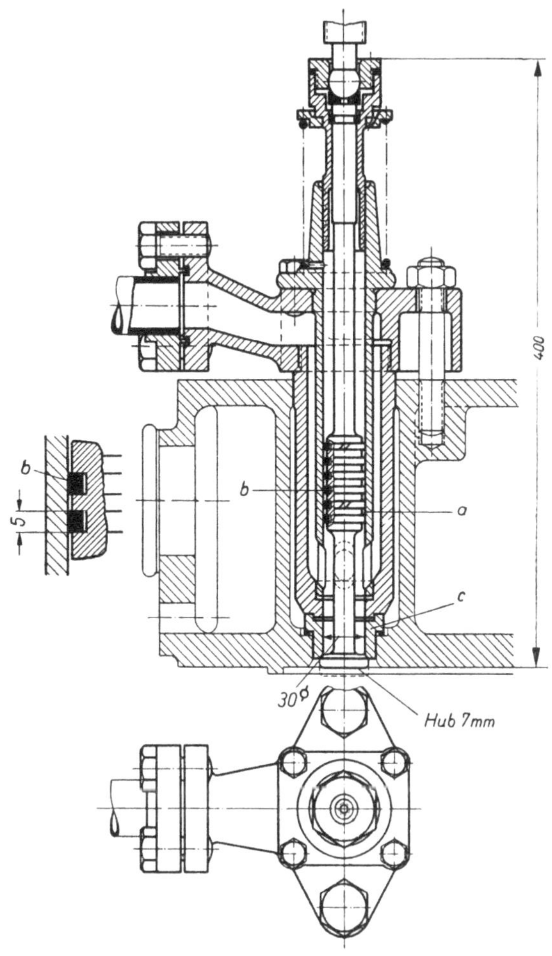

Bild 339. Anlaßventil.

a = Führungsbuchse, b = Kolbenringe, c = Ventilsitz.

Ventilspindel ist in der in das Gehäuse eingesetzten Buchse a geführt; die Führung des oberen Spindelendes ist die gleiche wie in Bild 337; auch für die Verbindung der Spindel mit dem Steuerhebel gilt die zu Bild 337 gegebene Erklärung. In ihrem unteren Teil muß die Spindel des Anlaßventiles gegen die Atmosphäre abgedichtet werden, da sie während des Anfahrens unter dem Druck der Anlaßluft steht. Die Abdichtung geschieht durch sechs selbstspannende Kolbenringe b von 5 mm Höhe. Der die Kolbenringe tragende verdickte Teil der Spindel hat denselben Durchmesser wie der Ventilteller, so daß der Druck in axialer Richtung ausgeglichen ist und die ganze Kraft der vorgespannten Ventilfeder für das Schließen zur Verfügung steht. Der Druck im Brennraum wirkt ebenfalls auf Schließen des Ventiltellers.

Der Ventilsitz c ist vom Gehäuse getrennt und aus Gußeisen hergestellt. Die Ventilfeder hat einen Wndungsdurchmesser von 60 mm, eine Drahtstärke von 8 mm und acht Windungen. Bei 100 mm vorgespannter Länge wird die Federkraft rd. 70 kg.

Größere Zylinder pflegt man mit Sicherheitsventilen auszurüsten, von denen Bild 340 eine

Ausführung zeigt. Der aus wärmebeständigem Stahl hergestellte Ventilkegel a wird von einer kräftigen Spiralfeder auf seinen Sitz gedrückt, der in der Verschraubung b liegt; vier Rippen c führen den Kegel. Die vorgespannte Länge der Spiralfeder wird so berechnet, daß das Ventil bei einem Druck öffnet, der um etwa 10 kg/cm² über dem höchsten Verbrennungsdruck liegt. Das innerhalb der Spiralfeder liegende Rohr d dient zur Hubbegrenzung. Am Vierkant e kann der Ventilkegel auf seinem Sitz gedreht werden, wodurch man sich von seiner Gängigkeit überzeugt.

b) Steuernockenwellen und -antrieb

Die Nockenwellen der Viertaktmotoren steuern die Bewegungen der Einsaug-, Auspuff- und Anlaßventile und treiben die Brennstoffpumpen an. In der Regel wird die Nockenwelle etwa in halber Höhe der Maschine an der Unterkante des Zylinderrahmens angeordnet, dann braucht man Stoßstangen zur Betätigung der Ventile, doch hat man auch die aus den Anfängen des Dieselmotorenbaues stammende Bauweise beibehalten, bei der die Nockenwelle in Höhe der Zylinderdeckel liegt und die Ventile unmittelbar von den Nocken bewegt werden. Im ersten Fall wird der Antrieb der Steuernockenwelle einfacher (vgl. Bild 343), weil die Entfernung von der Kurbelwelle kleiner ist, als wenn die Nockenwelle höher liegt. Die tief gelagerte Nockenwelle wird häufiger ausgeführt als die in Höhe der Zylinderdeckel angeordnete.

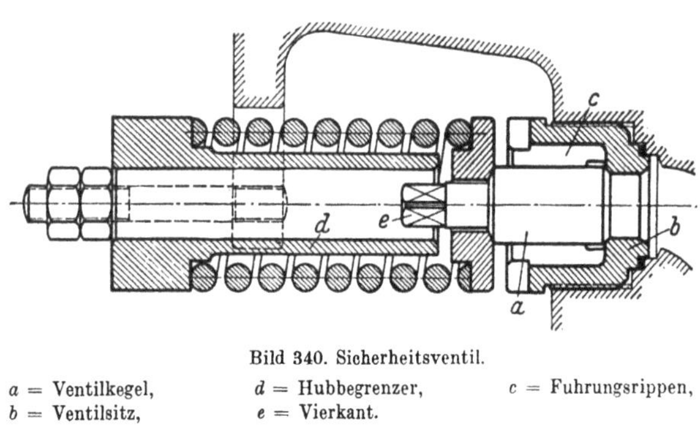

Bild 340. Sicherheitsventil.

a = Ventilkegel, d = Hubbegrenzer, c = Fuhrungsrippen,
b = Ventilsitz, e = Vierkant.

Die für einen nicht umsteuerbaren sechszylindrigen Viertaktmotor bestimmte Nockenwelle, Bild 341, wird von dem am Schwungradende der Kurbelwelle befestigten gußeisernen Stirnrad a (vgl. c in Bild 343) angetrieben. Die Übersetzung ist so gewählt, daß die Nockenwelle die halbe Drehzahl der Kurbelwelle erhält, wie es der Viertakt erfordert. Gegen axiale Verschiebung auf der Welle wird das Rad a durch die Zapfenschraube b gehalten, die durch eine Gegenmutter gesichert wird. Das Endlager c ist als Paßlager ausgebildet; es nimmt den (geringen) axialen Schub auf, der durch die Schrägstellung der Zähne des Rades a (vgl. Bild 343) entsteht, und hält zugleich die Nockenwelle in axialer Richtung fest. An a ist mit vier Bolzen ein kleineres, aus Stahl angefertigtes Schraubenrad d befestigt, das die senkrecht angeordnete Reglerwelle antreibt (vgl. Bild 209, S. 186). Der freie Platz auf der Welle neben der Nabe von a und die Länge dieser Nabe sind so bemessen, daß der Motor auch als umsteuerbare Schiffsmaschine verwendet werden kann; dann bleiben die Räder a und d unverschieblich gelagert, und es wird die Nockenwelle so ausgeführt, daß sie in der Nabe von a gleiten kann. Das freie Wellenstück neben a wird in diesem Fall für den Verschiebeweg der Welle benötigt.

Da der Motor für Generatorantrieb bestimmt ist und nicht wie eine Schiffsmaschine bei jeder Kurbelstellung anzuspringen braucht, so sind nur drei Zylinder mit Anlaßventilen versehen, wodurch an Kosten gespart wird. Für das Anfahren wird die Kurbelwelle mit einer Drehvorrichtung in die Anlaßstellung gedreht, wenn die Welle nicht schon in dieser steht. Von den sechs Zylindern erhalten nur die drei dem Antriebsrad a zunächst gelegenen Zylinder Anlaßnocken e. In der (in Bild 341 oben gezeichneten) Ansicht der Nockenwelle kommt dies dadurch zum Ausdruck, daß die drei um 120° gegeneinander versetzten Federn f_1, f_2 und f_3, deren Nuten auch in den Wellenquerschnitten gezeichnet sind, sich jeweils über die ganze Länge eines Wellenabsatzes erstrecken, weil sie je drei Nocken der Zylinder 1 bis 3 (Einsaugnocken g, Auspuffnocken h und Anlaßnocken e) halten. Bei den Zylindern 4 bis 6 sind nur je zwei kurze Federn f_4, f_5 und f_6 vorgesehen, weil hier nur je ein Einsaug- und Auspuffventil aufgekeilt ist.

Neben dem Nockenbündel eines jeden Zylinders liegt der Brennstoffnocken i. Da er durch den auf den Brennstoffpumpenstempel wirkenden Druck hoch belastet wird, so ist die Welle unmittel-

bar links und rechts neben jedem Brennstoffnocken in einem Doppellager k (Bild
342) unterstützt, damit sie sich während
des Druckhubes der Brennstoffpumpe
möglichst wenig durchbiegt. Im ganzen
ist die Nockenwelle einschließlich des
Paßlagers c siebenmal gelagert.

Die Zündfolge des Motors ist die bei
Sechszylinder-Viertaktmotoren übliche,
nämlich 1—4—2—6—3—5. Dem entspricht das am linken Ende von Bild 341
eingetragene Schema für die Anordnung
der Federkeile, welche die Nocken befestigen, und der den Drehsinn der
Nockenwelle angebende Pfeil. Man
könnte auch die Federn aller Nocken in
derselben Mantellinie der Welle anordnen,
was für das Nuten der Welle einfacher
wäre; dann wären die Nocken aber nicht
austauschbar, weil die Nuten in den
Bohrungen der Nocken verschieden
liegen müßten. Man zieht es vor, die
Nocken austauschbar zu machen und die
Welle entsprechend zu nuten.

Die zylindrischen Wellenteile, welche
die Nocken tragen, haben sämtlich den
gleichen Durchmesser von 70 mm. Zuweilen wird auch der Wellendurchmesser
so abgestuft, daß er von der Mitte nach
den Enden allmählich abnimmt. Dadurch
wird das Aufbringen der Nocken auf die
Welle vereinfacht, aber die Austauschbarkeit zum Teil preisgegeben. Bei
gleichbleibendem Wellendurchmesser
kann das Aufziehen der Nocken dadurch
erleichtert werden, daß man sie auf
100 bis 120° erwärmt; sie lassen sich
dann leicht auf die Welle schieben.
Nach dem Erkalten befestigt die
Schrumpfung sie wirksam.

Am linken Ende der Nockenwelle ist
ein kleines gußeisernes Kegelrad l zum
Antrieb des Tachometers mit drei durch
Umschlagblech gesicherten Kopfschrauben befestigt.

Die Nockenwelle genau auf Festigkeit
zu berechnen ist wegen der vielen verschiedenen Kräfte, die an ihr angreifen
und die sowohl auf Verbiegen wie auf
Verdrehen wirken, nicht möglich. Für die
Berechnung auf Verdrehung kann überschläglich angenommen werden, daß 5
bis 6% der Nutzleistung des Motors für

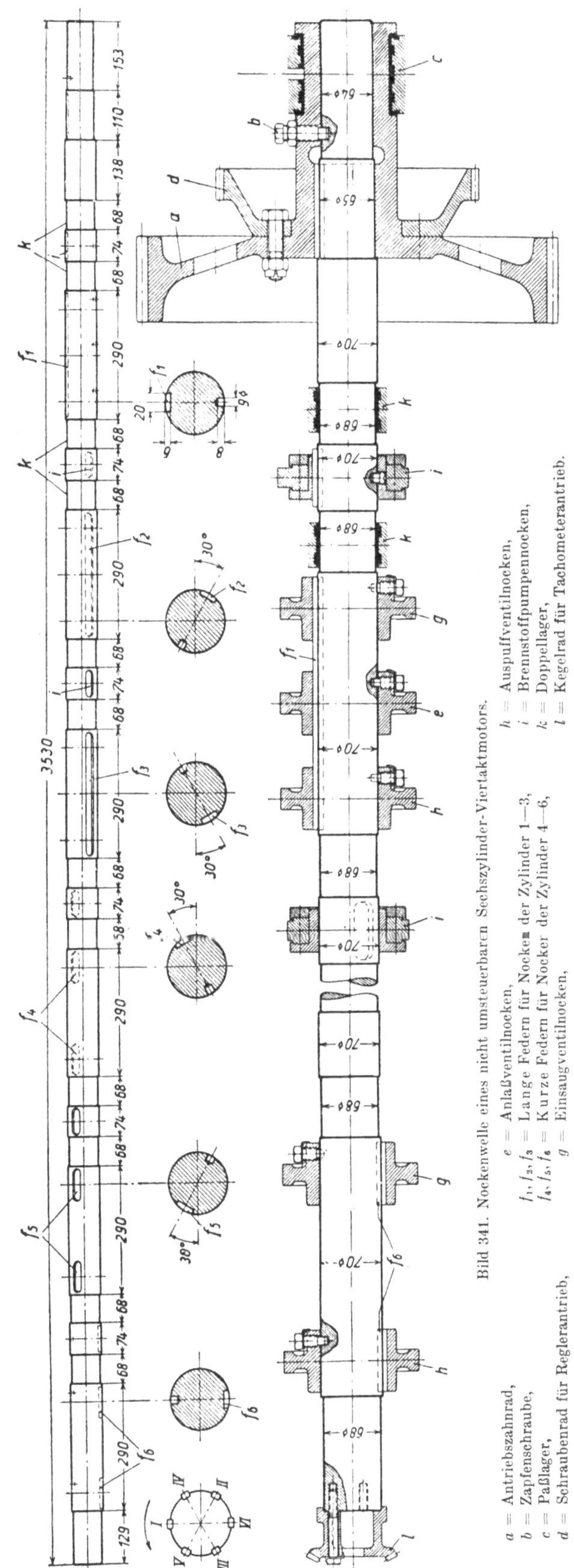

Bild 341. Nockenwelle eines nicht umsteuerbaren Sechszylinder-Viertaktmotors.

a = Antriebszahnrad,
b = Zapfenschraube,
c = Paßlager,
d = Schraubenrad für Reglerantrieb,

e = Anlaßventilnocken,
f_1, f_2, f_3 = Lange Federn für Nocken der Zylinder 1—3,
f_4, f_5, f_6 = Kurze Federn für Nocken der Zylinder 4—6,
g = Einsaugventilnocken,

h = Auspuffventilnocken,
i = Brennstoffpumpennocken,
k = Doppellager,
l = Kegelrad für Tachometerantrieb.

den Antrieb der Nockenwelle benötigt werden. Ferner wird die Welle so bemessen, daß ihre Durchbiegung durch den vom Brennstoffpumpenstempel herrührenden Druck 1 bis 1½ zehntel mm nicht überschreitet, damit die Bewegung des Brennstoffpumpenstempels möglichst wenig von der durch den Nocken vorgeschriebenen Form abweicht.

Als Werkstoff für die Nockenwelle wird derselbe Stahl wie für Kurbelwellen (52 bis 60 kg/mm², 22% Dehnung bei fünffacher Meßlänge) verwendet.

Das neben jedem Brennstoffnocken angeordnete Nockenwellenlager zeigt Bild 342. Der gußeiserne Lagerbock wird durch vier Stiftschrauben *a* am Zylinderrahmen befestigt; zwei Kegelstifte *b* sichern die Unverschieblichkeit. Auch die Lagerdeckel und die mit Weißmetall ausgegossenen Lagerschalen sind aus Gußeisen hergestellt. Die Lagerschalen sind durch einen je zur Hälfte in die obere Schale und den Lagerdeckel ragenden Stift *c* gegen Drehen gesichert. Die angegossene Arbeitsfläche *d* dient zur Befestigung des Nockenwellentroges, der die Nockenwelle spritzöldicht

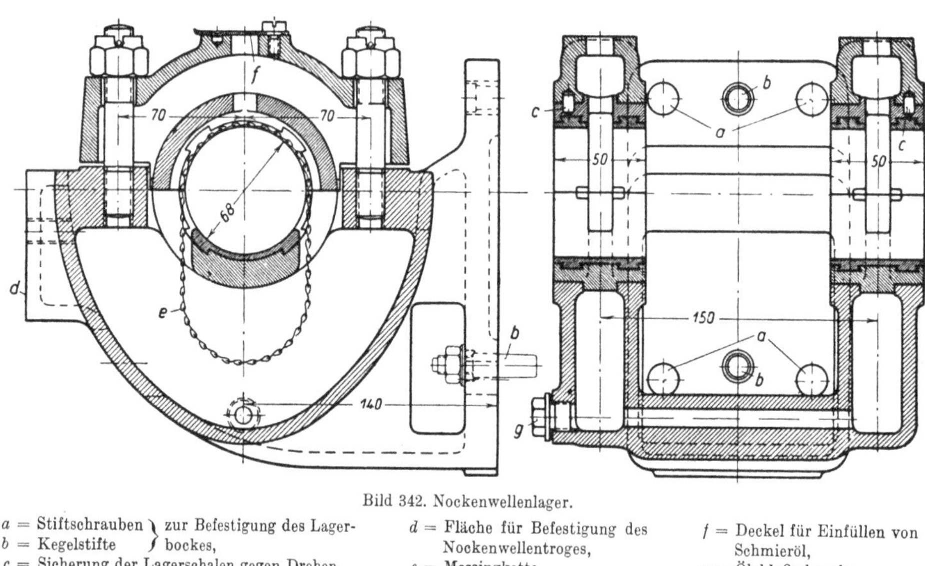

Bild 342. Nockenwellenlager.

a = Stiftschrauben ⎱ zur Befestigung des Lager-	*d* = Fläche für Befestigung des	*f* = Deckel für Einfüllen von
b = Kegelstifte ⎰ bockes,	Nockenwellentroges,	Schmieröl,
c = Sicherung der Lagerschalen gegen Drehen,	*e* = Messingkette,	*g* = Ölablaßschraube.

verschalt. Die Lager werden durch eine Kette *e* aus Messingdraht geschmiert, die auf Mitte Lager um die Welle gelegt und durch Aussparungen der Unterschale geführt wird. Durch eine Öffnung im Lagerdeckel, die von dem seitlich ausschwenkbaren Deckel *f* verschlossen ist, wird so viel Schmieröl in die Lagermulde gefüllt, daß die Kette *e*, die von der Welle mitgenommen wird, dauernd eintaucht. Die Mulden der beiden Lager stehen durch eine Bohrung in Verbindung, so daß eine Ölablaßschraube *g* für beide Lagermulden genügt.

Für den Antrieb der Nockenwelle sind Stirnräder (Bild 343) geeigneter als Schraubenräder, da sie weniger leicht verschleißen und gegen kleine Ungenauigkeiten im Achsenabstand weniger empfindlich sind als diese. Eine geringe Schrägstellung der Zähne ist vorteilhaft, weil die Räder ruhiger laufen und weniger leicht wandern. Bei der Verzahnung nach Bild 343 ist eine Steigung von 5° gewählt; dabei ist es noch möglich, die Teilfuge des Antriebsrades *a* durch eine Zahnlücke zu führen und keinen Zahn anzuschneiden. Die Teilung ist notwendig, damit das Rad *a*, das zwischen dem Flansch der Kurbelwelle und der ersten Kurbelwange sitzt, auf die Kurbelwelle aufgebracht werden kann. Da das Rad durch die Teilung geschwächt wird, stellt man es aus Stahlguß her, während für die ungeteilten Räder *b* und *c* Gußeisen genügt. Die Verzahnung von *a* wird gefräst, nachdem die Teilfugen des Rades sauber gehobelt und die Radhälften mit den vier Paßbolzen *d* zusammengeschraubt sind. Die Augen *e* für die Paßbolzen liegen in einem solchen Abstand von der Mittellinie des Rades, daß der Fräser *f* die Augen *e* nicht mehr anschneidet (Bild 343, Nebenabbildung rechts oben). In die Aussparung *g* greift ein Bund an der Kurbelwelle, wodurch das Rad *a* axial gesichert ist.

Die Zähnezahlen der Räder a und c müssen im Verhältnis 1 : 2 stehen, während die Zähnezahl des Zwischenrades b beliebig gewählt werden kann. Der Durchmesser und damit die Zähnezahl des Zwischenrades richten sich nach dem zu überbrückenden Abstand zwischen der Kurbelwellen- und Nockenwellenachse. Das Rad b erfährt durch die Schrägstellung der Zähne keinen Axialschub, da die axial gerichteten Komponenten der Zahndrücke sich an den Berührungsstellen zwischen a und b und zwischen b und c aufheben. Der Axialschub auf a wird vom Paßlager der

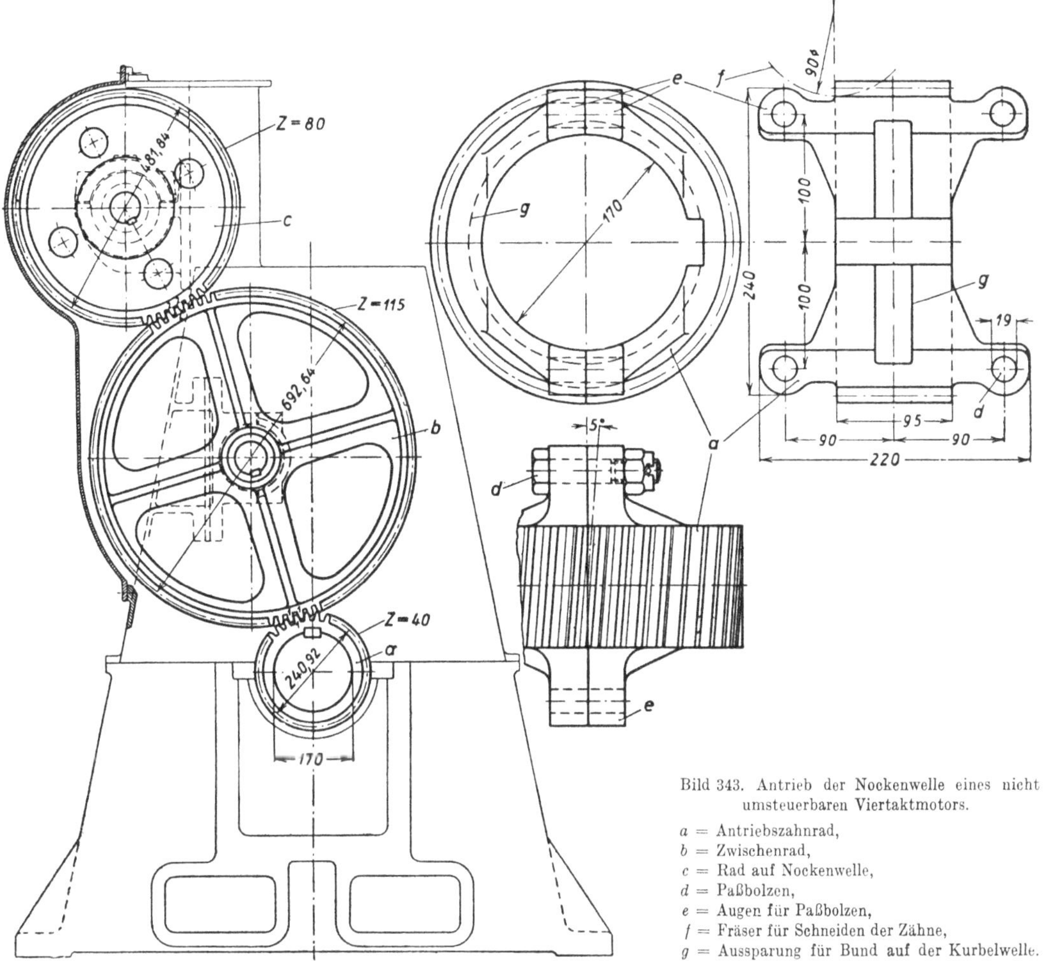

Bild 343. Antrieb der Nockenwelle eines nicht umsteuerbaren Viertaktmotors.

a = Antriebszahnrad,
b = Zwischenrad,
c = Rad auf Nockenwelle,
d = Paßbolzen,
e = Augen für Paßbolzen,
f = Fräser für Schneiden der Zähne,
g = Aussparung für Bund auf der Kurbelwelle.

Kurbelwelle, der auf das Rad c wirkende Schub vom Paßlager (c in Bild 341) der Nockenwelle aufgenommen.

Die Zähne der Räder a bis c kann man überschläglich auf Festigkeit nachrechnen, indem man die auf die Nockenwelle übertragene Leistung zu 5 bis 6% der Maschinenleistung annimmt (s. S. 329). Aus der sich hiermit ergebenden Leistung und der Drehzahl der Nockenwelle kann der Zahndruck geschätzt und die Verzahnung in der üblichen Weise berechnet werden.

Bei Zweitaktmaschinen, deren Spül- und Auspuffschlitze vom Kolben gesteuert werden, braucht die Steuerwelle nur die Nocken für den Antrieb der Brennstoffpumpen und für die Bewegung der Schieber zu tragen, welche die Anlaßventile steuern. Die Lage der Nockenwelle kann beliebig gewählt werden, weil keine mechanische Verbindung zwischen der Nockenwelle und den Ventilen im Zylinderdeckel besteht.

Bei der Anordnung nach Bild 344 treibt das auf der Kurbelwelle befestigte Zahnrad a das Zwischenrad b und dieses das auf der Nockenwelle sitzende Zahnrad c an. Die Zähnezahlen von a und c

sind gleich, wie es der Zweitakt erfordert; die Zahl der Zähne des Zwischenrades b richtet sich nach dem Durchmesser des Zwischenrades, der sich aus der Anordnung ergibt. Das Antriebsrad a ist geteilt, damit es auf die Kurbelwelle aufgebracht werden kann; seine Hälften sind durch sechs Paßbolzen verbunden. Es stützt sich auf den Flansch d der Kurbelwelle; seine Nabe umfaßt einen

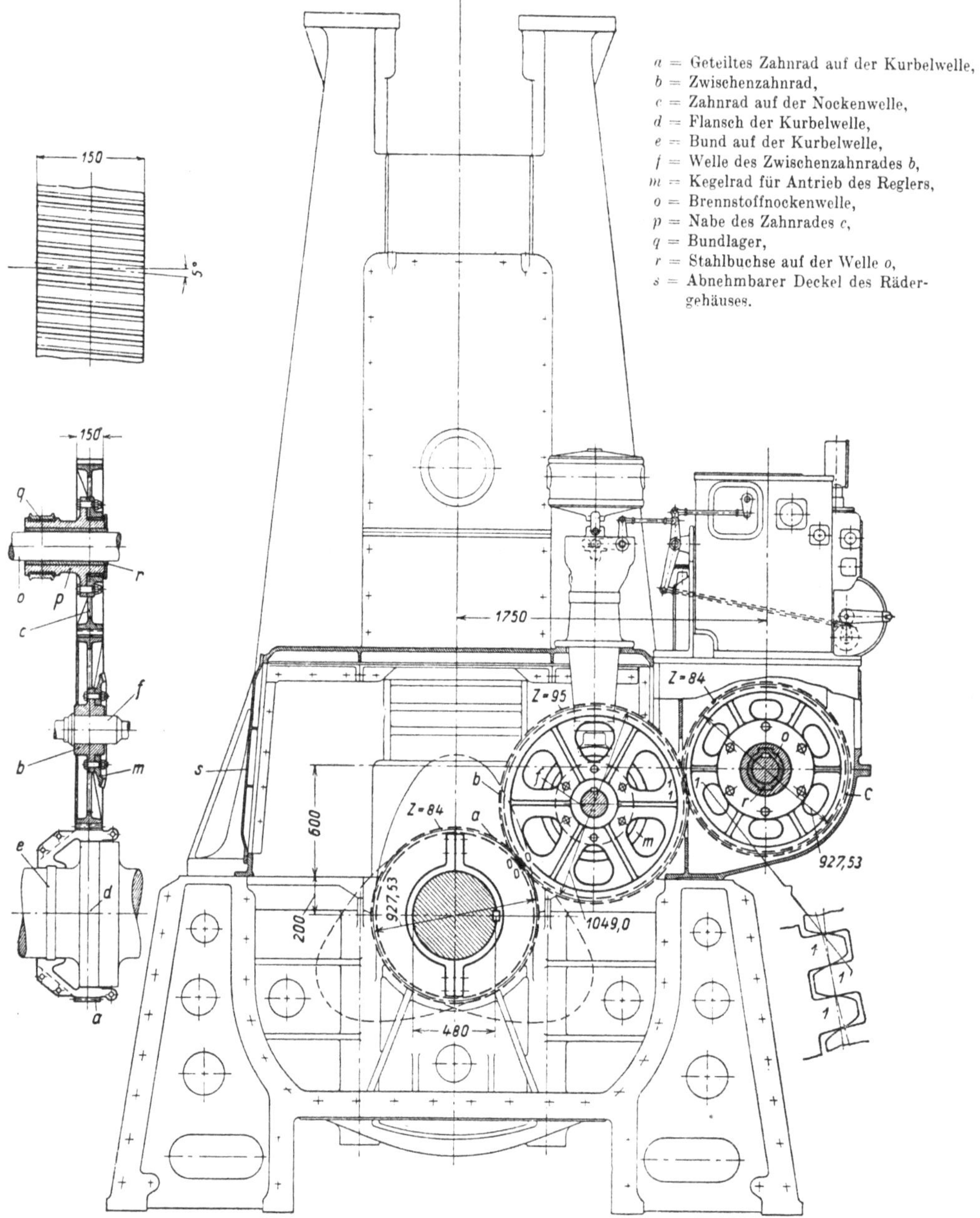

Bild 344. Antrieb der Brennstoffpumpenwelle eines umsteuerbaren Zweitaktmotors.

an der Kurbelwelle angedrehten Bund e (vgl. e in Bild 281, S. 268), so daß es gegen axiale Verschiebung gesichert ist. Die Zähne sind (aus demselben Grund wie in Bild 343) um 5° gegen die Achse geneigt (obere Nebenabbildung in Bild 344); dabei kann die Teilfuge auf eine Zahnlücke gelegt werden, ohne daß ein Zahn angeschnitten wird.

Das Zwischenzahnrad b (Bild 344 und 345) ist auf einer kurzen Zwischenwelle f befestigt, die in zwei gußeisernen Lagerböcken g (Bild 345) ruht. Diese stehen unmittelbar auf der Grundplatte

(s. die Flächen c in Bild 254, S. 245), auf der sie mit je vier Stiftschrauben und zwei Kegelstiften befestigt sind. Das auf Zehntelmillimeter genau angegebene Höhenmaß von Mitte der Welle f bis Unterkante der Böcke g ergibt sich aus der Lage des Zwischenzahnrades b, dessen Zähne mit a und c richtig kämmen müssen. Die Lagerschalen h, h_1 sind nach dem gleichen Modell aus Gußeisen hergestellt, aber für den Weißmetallausguß verschieden bearbeitet, da das Lager h_1 mit Bunden versehen ist, welche die Welle f gegen axiale Verschiebung sichern. Beide Lager sind geteilt und können durch Paßbleche nachgestellt werden; ihre Oberschalen werden durch Gewindestifte i gegen Drehung im Lagerbock gesichert und sichern ihrerseits die Unterschalen. Die Verschraubungen k sind an die Umlaufpreßschmierung angeschlossen. Das Schmieröl tritt durch eine Halbringnut in der Oberschale in die seitlichen Taschen l und benetzt die Wellenzapfen.

Die Sicherung der Welle f gegen axiale Verschiebung ist auch deshalb nötig, weil das Rad b ein Kegelrad m trägt, das durch ein zweites Kegelrad n die Reglerwelle antreibt (vgl. Bild 344). Der Abstand beider Kegelräder muß, damit die Zähne richtig kämmen, genau eingehalten werden. Das größere Kegelrad m ist mit sechs Bolzen, von denen zwei Paßbolzen sind, mit dem Stirnrad b verschraubt. Die Stirnräder a, b und c und das Kegelrad m sind aus Stahlguß, das Kegelrad n ist aus Stahl angefertigt.

Die Abbildungen 344 und 345 beziehen sich auf eine umsteuerbare Schiffsmaschine. Beim Umsteuern wird die Steuerwelle o verschoben; dabei soll das auf ihr sitzende Zahnrad c seine axiale Lage beibehalten. Zu diesem Zweck wird die aus Stahl geschmiedete Nabe p (Bild 344) des Rades c durch ein Bundlager q in axialer Richtung festgehalten, wodurch zugleich der von der Schrägverzahnung herrührende Axialschub aufgenommen wird. Auf der Nockenwelle o ist eine stählerne Buchse r aufgekeilt, die sich mit der Welle o verschiebt und zwei breite Leisten trägt, die das zum Antrieb der Nockenwelle erforderliche Drehmoment übertragen. Die aus der Nebenabbildung zu Bild 344 erkennbare Teilung des Zahnrades c dient dem Zweck, die Verbindung der Nockenwelle mit der Kurbelwelle unterbrechen zu können: nach Herausziehen der Bolzen zwischen c und p kann die Brennstoffpumpe unabhängig von der Kurbelwelle betrieben werden. Hiervon wird Gebrauch gemacht, wenn die Brennstoffpumpe auf richtiges Arbeiten untersucht werden soll, während die Ma-

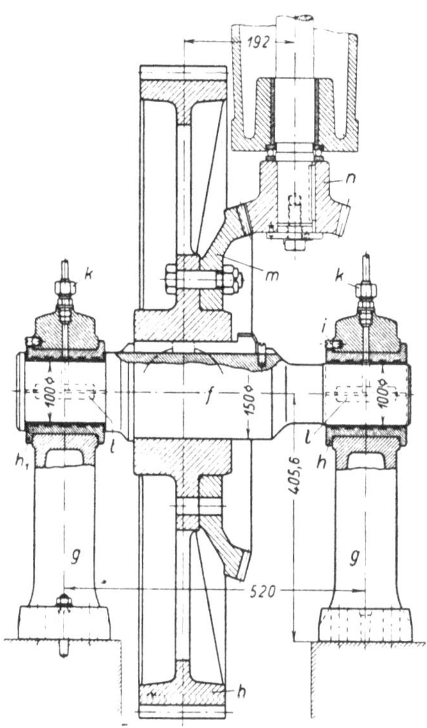

Bild 345. Lagerung des Zwischenzahnrades b (Bild 344).

b = Zwischenzahnrad, i = Sicherung von h, h_1
f = Zwischenwelle,   gegen Drehen,
g = Lagerböcke, k = Anschlüsse an Preß-
h = Lager,   schmierung,
h_1 = Bundlager, l = Taschen für Schmieröl,
       m, n = Kegelräder für Antrieb des Reglers.

schine steht. Die Brennstoffpumpe wird dabei durch einen Elektromotor betrieben, wobei die Nabe p sich mit der Nockenwelle o in der stehenbleibenden Radscheibe c dreht. Hierzu ist die Bohrung des Rades c mit einer Bronzebuchse gefüttert.

Bei der Montage müssen die Räder a, b, c so zusammengebaut werden, daß ihre Zähne in bestimmter Weise miteinander kämmen, damit die Brennstoff- und Anlaßsteuernocken auf der Welle o in die richtige Lage zur Kurbelwelle kommen. Um die Stellung der Zahnräder jederzeit wiederfinden zu können, bringt man auf den Räderpaaren a-b und b-c Marken 0-0-0 bzw. 1-1-1 (Bild 344 unten rechts) an, die in der aus der Abbildung erkennbaren Lage zueinander stehen, wenn die Nocken ihre richtige Stellung einnehmen.

Das Rädergetriebe wird in einem gußeisernen Gehäuse öldicht verschalt. Der Deckel s (Bild 344) kann zur Besichtigung der Räder abgenommen werden.

Beim Umsteuern wird die Nockenwelle axial verschoben, bei kleineren Motoren von Hand, bei großen mit Hilfe eines Verschiebelagers durch eine Umsteuermaschine. Das Verschiebelager, Bild 346, ist für eine große Viertaktschiffsmaschine bestimmt. Das in Ober- und Unterschale a, b

geteilte, aus Bronze mit Weißmetallausguß hergestellte Lager hat außen rechteckigen Querschnitt und kann in axialer Richtung in dem am Maschinengestell befestigten und durch zwei Kegelstifte *c* gesicherten Lagerbock *d* gleiten. Die Lagerhälften *a*, *b* werden durch vier Paßbolzen *e* mit Kronenmutter und Splint zusammengehalten. An der Oberschale *b* sind zwei rechteckige Augen *f* angegossen, in die je eine gehärtete Rolle *g* mit einem durch Spitzschraube gesicherten Bolzen eingesetzt ist. Die senkrecht angeordnete Umsteuermaschine (vgl. Bild 358, S. 349) verschiebt eine zwischen den Rollen *g* geführte Kurvenstange (*s* in Bild 358) in vertikaler Richtung. Das Schrägstück der Kurvenstange drückt dabei auf die eine der beiden Rollen; das Lager *a*, *b* wird mitgenommen, wodurch die Nockenwelle, auf der die Bunde *h* angeordnet sind, in dem einen oder anderen Sinn verschoben wird. Die mit Stiftschrauben am Lagerbock *d* befestigten Stahlleisten *i* führen das Verschiebelager.

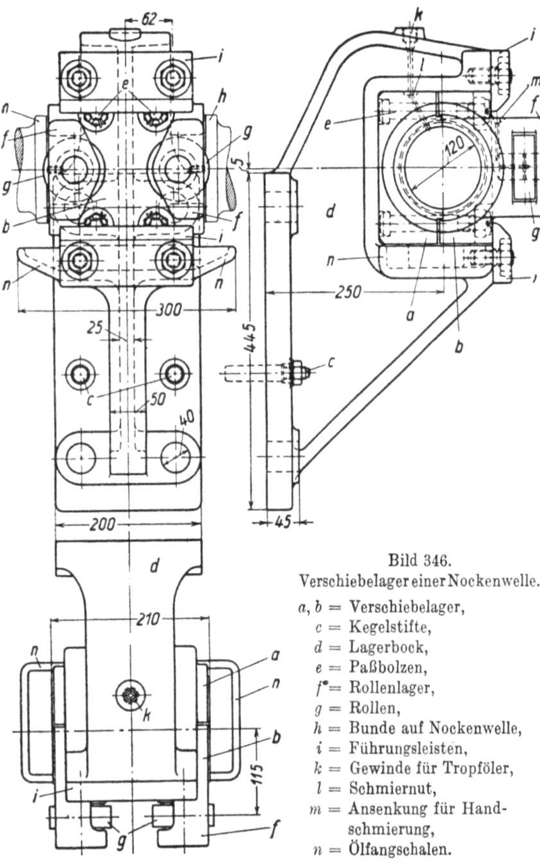

Bild 346.
Verschiebelager einer Nockenwelle.

a, b = Verschiebelager,
c = Kegelstifte,
d = Lagerbock,
e = Paßbolzen,
f = Rollenlager,
g = Rollen,
h = Bunde auf Nockenwelle,
i = Führungsleisten,
k = Gewinde für Tropföler,
l = Schmiernut,
m = Ansenkung für Handschmierung,
n = Ölfangschalen.

Das Verschiebelager soll die Nockenwelle nicht tragen, daher genügt für die Schmierung ein Tropföler, der in das Gewinde *k* geschraubt wird. Damit das Schmieröl in beiden Endstellungen des Verschiebelagers an den Wellenzapfen gelangen kann, ist in die Außenseite der Unterschale *a* eine Schmiernut *l* von solcher Länge gefräst, daß die Nut immer in Verbindung mit der Schmierölleitung bleibt. Für die Schmierung der Rollen *g* auf ihren Zapfen genügen die Ansenkungen *m*, in die von Zeit zu Zeit etwas Schmieröl gegossen wird, das durch mehrere Bohrungen an die Laufflächen der Rollen gelangt. Dies ist ausreichend, weil die Rollen sich nur während des Umsteuermanövers drehen. Das vom Verschiebelager abtropfende Schmieröl wird in den Fangschalen *n* gesammelt.

c) Steuernocken

Die Brennstoffnocken sind im IV. Abschnitt (S. 175) besprochen worden; Angaben über die Formgebung des Nockenanlaufes finden sich im II. Abschnitt (S. 90 u. f.). Die Einsaug-, Auspuff- und Anlaßventilnocken unterscheiden sich bei der Druckeinspritzung in der Form nicht von den Nocken des mit Einblaseluft arbeitenden Dieselmotors[1].

Die Formgebung der drei zuletztgenannten Nocken hängt außer von dem Übersetzungsverhältnis des Ventilhebels von den Steuerzeiten (Zahlentafel 22) und den zulässigen Beschleunigungen (vgl. Bild 348) ab. Das Einsaugventil muß schon vor dem oberen Totpunkt geöffnet werden, damit ein genügender Ventilquerschnitt offen steht, wenn der Kolben den Saughub beginnt. Es darf erst nach dem unteren Totpunkt schließen, damit die Beschleunigung, welche die Luftsäule in der Zuführungsleitung während des Saughubes erfährt, ausgenutzt und die Füllung des Zylinders verbessert wird. Hiernach richten sich die Zeitpunkte für das Öffnen und Schließen, die in Zahlentafel 22 in Kurbelgraden angegeben sind. Für das Aufzeichnen des Nockens (Bild 347) müssen die Winkel halbiert werden, da ein Grad der mit halber Drehzahl umlaufenden Nockenwelle zwei Kurbelgraden entspricht. Ähnliche Überlegungen gelten für die Steuerzeiten des

---

[1] Vgl. Magg: Die Steuerungen der Verbrennungskraftmaschinen. Berlin: Springer-Verlag 1914.

Auspuffventiles. Auch das Anlaßventil, das bei dieser Maschine nur an drei Zylindern vorgesehen ist, läßt man etwas vor dem oberen Totpunkt öffnen. In Zahlentafel 22 ist auch der Beginn des Hubes der Brennstoffpumpe angegeben.

Die Steuerzeiten der Zahlentafel sind an einer ausgeführten Maschine aufgenommen. Die Zeitpunkte des Öffnens und Schließens der einzelnen Ventile stimmen nicht genau überein, weil es kaum möglich ist, die Nockenwelle und die Nocken so genau zu nuten, daß die Steuerdaten aller Zylinder genau gleich werden.

Zahlentafel 22. Steuerzeiten eines sechszylindrigen Viertaktmotors
(330 PSe, 340 U/min) bei kalter Maschine.

	Zylinder		1	2	3	4	5	6
Einsaugventil	öffnet	^{0}vor ob. Totpt.	10	9	11	9	10	11
	schließt	^{0}nach unt. Totpt.	34	32	35	34	32	35
	Rollenspiel	mm	0,8	0,8	0,75	0,8	0,8	0,75
Auspuffventil	öffnet	^{0}vor unt. Totpt.	45	44	45	46	43	45
	schließt	^{0}nach ob. Totpt.	13	11	14	13	10	13
	Rollenspiel	mm	0,8	0,8	0,8	0,75	0,85	0,8
Anlaßventil	öffnet	^{0}vor ob. Totpt.	7	9	8			
	schließt	^{0}vor unt. Totpt.	42	40	43			
	Rollenspiel	mm	0,8	0,75	0,85			
Brennstoff-pumpe	Hubbeginn	^{0}vor ob. Totpt.	28	27	27	30	29	29
	Rollenspiel	mm	0,5	0,45	0,45	0,55	0,40	0,50

Die Steuerpunkte der Zahlentafel 22 und die eingetragenen Rollenspiele gelten für die kalte Maschine. Im betriebswarmen Zustand ändern sich die Rollenspiele; sie werden kleiner, weil die Spindeln der im Zylinderdeckel sitzenden Ventile sich ausdehnen, was zur Folge hat, daß die Rollen der Stoßstangen sich den Nocken nähern. Da die Nockenform flach in den Grundkreis übergeht,

kann die Verkleinerung des Rollenspieles zur Folge haben, daß die Ventile im Betriebszustand mehrere Kurbelgrade früher öffnen und später schließen. Will man die Steuerpunkte mehrerer Maschinen der gleichen Type miteinander vergleichen, so müssen die Steuerpunkte bei gleicher Maschinentemperatur aufgenommen werden.

Bei kleinen und mittelgroßen Maschinen werden die Einsaug- und Auspuffnocken (Bild 347) aus Gußeisen und aus einem Stück angefertigt und warm auf die Nockenwelle aufgezogen. Gegen axiale Verschiebung sichert sie eine Zapfenschraube (vgl. Bild 341), für die an der Nabe des Nockens eine Verstärkung a angegossen ist. Auch im Bereich der Nut für den Federkeil wird die Nabe verstärkt. Den An- und Ablauf

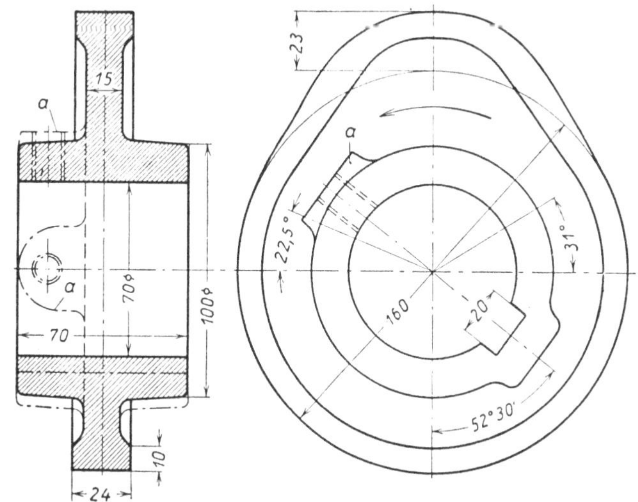

Bild 347. Einsaug- und Auspuffnocken.
a = Verstärkung für Zapfenschraube.

des Nockens wird man nach Möglichkeit mit geradlinigem Profil ausführen, wenn sich dabei nicht zu große Beschleunigungen ergeben. Ist dies der Fall, so formt man die Nockenflanken nach einer probeweise angenommenen Kurve und rechnet die Geschwindigkeiten und Beschleunigungen nach (Bild 348). Wenn die Nockenform festliegt, wird eine Kopierschablone angefertigt, nach welcher der Nocken auf der Kopierfräsmaschine bearbeitet wird.

Die Geschwindigkeiten und Beschleunigungen der Rolle und damit die des zugehörigen Ventilgestänges ergeben sich aus ein- bzw. zweimaliger graphischer Differentiation der Rollenmittelpunktkurve (Bild 348) ebenso wie bei den Brennstoffnocken (vgl. Bild 116, S. 93). Aus den Beschleunigungen erhält man die Massendrücke und kann hiernach die Ventilfedern so bemessen,

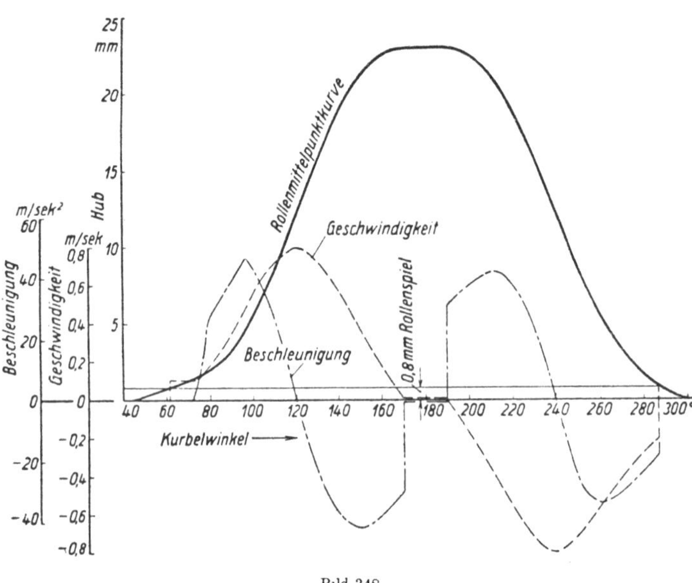

Bild 348.

Rollenmittelpunktkurve, Geschwindigkeiten und Beschleunigungen des Nockens Bild 347

daß die Rolle beim Übergang aus dem Anlauf in die obere Nockenkuppe oder aus dieser in den Ablauf nicht vom Nocken abspringt. Beschleunigungen von 40 bis 50 m/sek² sind zulässig.

Die Nockenbreite ergibt sich aus der Bedingung, daß der Liniendruck zwischen Nocken und Rolle nicht zu groß wird. Der Auspuffnocken erfährt den höchsten Liniendruck, weil er das Auspuffventil in einem Augenblick aufzudrücken hat, wo der Ventilteller noch mit einem Gasdruck von 4 bis 5 kg/cm² belastet ist. Beim Anfahren kann die Füllung des Arbeitszylinders mit Druckluft einen noch höheren Druck auf den Ventilteller ausüben. Für eine Überschlagsrechnung genügt die Festsetzung, daß der Liniendruck zwischen Rolle und Nocken bei einer Belastung des Auspuffventiltellers mit 5 kg/cm² den Wert von 100 kg/cm nicht übersteigen soll. Bei diesem schon ziemlich hohen Liniendruck ist als Werkstoff für den Nocken Stahlguß vorzuziehen. Die Nockenscheiben großer Maschinen werden zweckmäßig geteilt und an einem auf der Nockenwelle sitzenden ungeteilten Nockenkörper befestigt. Hierbei kann man, um an Kosten zu sparen, die eine Nockenscheibenhälfte, die nur den Grundkreis enthält, also von der Rolle nicht berührt wird, aus Gußeisen anfertigen, während für den Nocken selbst Stahlguß verwendet wird. Die erheblich höheren Liniendrücke der Brennstoffnocken (vgl. S. 159) sind nur mit sorgfältig gehärtetem Stahl zu beherrschen.

d) Stoßstangen und Ventilhebel

Die durch die Steuernocken vorgeschriebenen Bewegungen werden auf die im Zylinderdeckel sitzenden Ventile durch Stoßstangen und Hebel übertragen.

Die Stoßstangen (Bild 349) werden aus nahtlos gezogenen Stahlrohren hergestellt. Sie werden durch dieselben Kräfte, die der Berechnung des Liniendruckes auf die Rollen zugrunde zu legen sind, auf Knickung beansprucht, wobei als ungünstigster Fall anzunehmen ist, daß das Auspuffventil während des Anfahrvorganges gegen einen Druck von 8 bis 10 kg/cm² aufgestoßen werden muß.

Die Stoßstangen für das Einsaug- und Anlaßventil sind zwar niedriger beansprucht, werden aber mit denselben Abmessungen wie die Stoßstangen für das Auspuffventil ausgeführt. Bei Schnelläufern kann die Nachrechnung der Stoßstangen auf Schwingungen erforderlich werden. Meistens liegt freilich die Eigenschwingungszahl der Stange so hoch, daß eine Resonanz mit der Hubzahl der Stange nicht eintreten kann.

Das obere Ende der Stoßstange wird als Auge a (Bild 349) ausgebildet, mit dem die Stange am Ventilhebel angreift; es ist mit einer durch Spitzschraube gesicherten Bronzebuchse und einer angesenkten Bohrung für Handschmierung versehen. In das untere Ende wird die Gabel *b* eingesetzt, welche unten die Nockenrolle und darüber einen Zapfen *c* trägt. An diesem greifen die Lenker *d*, *e* an, durch welche die Stoßstangen an ihren unteren Enden geführt werden. Bei einer nichtumsteuerbaren Maschine, die hier angenommen ist, nehmen die Stoßstangen für die Einsaug- und Auspuffventile während des Anfahrens und im Betrieb die gleiche Lage ein und können an kurzen Lenkern *d* geführt werden, deren fester Drehpunkt mit der Achse der Manövrierwelle *w* zusammenfällt. Die Stoßstangen der Anlaßventile dagegen müssen während des Betriebes so weit

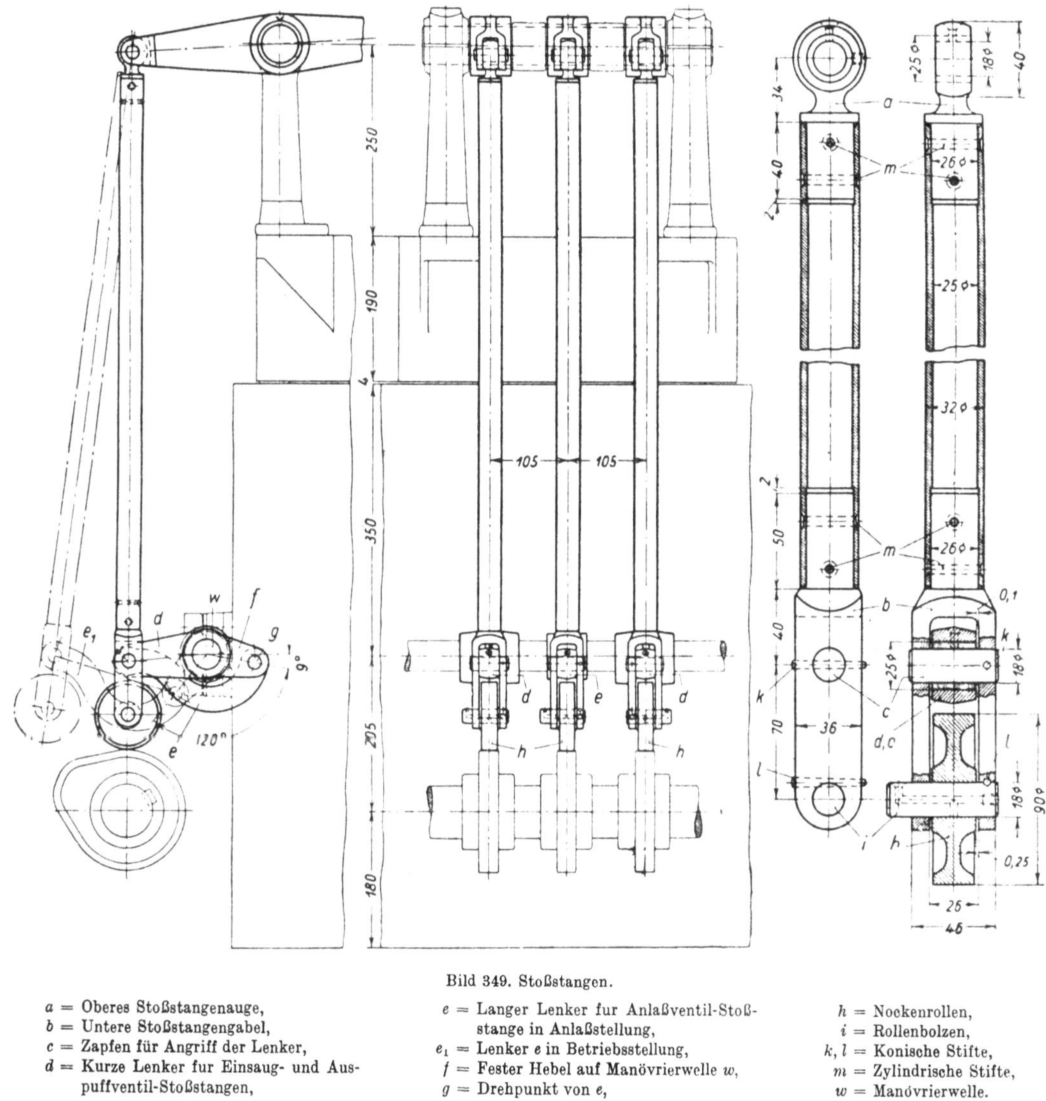

Bild 349. Stoßstangen.

a = Oberes Stoßstangenauge,	*e* = Langer Lenker für Anlaßventil-Stoßstange in Anlaßstellung,	*h* = Nockenrollen,
b = Untere Stoßstangengabel,		*i* = Rollenbolzen,
c = Zapfen für Angriff der Lenker,	e_1 = Lenker *e* in Betriebsstellung,	*k, l* = Konische Stifte,
d = Kurze Lenker für Einsaug- und Auspuffventil-Stoßstangen,	*f* = Fester Hebel auf Manövrierwelle *w*,	*m* = Zylindrische Stifte,
	g = Drehpunkt von *e*,	*w* = Manövrierwelle.

ausgeschwenkt sein, daß die Rolle nicht vom Anlaßnocken berührt wird; sie werden nur während der kurzen Zeit des Anfahrens eingerückt. Ihr unteres Ende ist daher an Lenkern *e* geführt, deren Drehpunkt *g* am Ende eines auf der Manövrierwelle *w* aufgekeilten Hebels *f* liegt, der mit der Manövrierwelle *w* um 120° geschwenkt werden kann. Wird *w* mittels des Anlaßhebels (vgl. *u* und *w* in Bild 209, S. 186) gedreht, so werden die Lenker *d*, deren Drehpunkt mit der Achse von *w* zusammenfällt, hierdurch nicht beeinflußt; der Lenker *e* aber gelangt in die Lage e_1, und die Stoßstange des Anlaßventils wird ausgeschwenkt.

Wegen der ungleichen Länge der Lenker *d* und *e* werden die Rollenmittelpunkte der Einsaug- und Auspuffventil-Stoßstangen auf anderen Kurven geführt als der Mittelpunkt der Anlaßventilrolle, was bei der Ableitung des Nockenprofiles aus der Rollenmittelpunktkurve zu berücksichtigen ist.

Die Augen der Lenker d und e werden an beiden Enden mit Bronzebuchsen versehen und durch angesenkte Schmierbohrungen von Hand geschmiert. Bei den gußeisernen Nockenrollen h ist eine Bronzebuchse nicht erforderlich, da Gußeisen auf Stahl gut läuft. Für die Schmierung der Rollen h sind die Bolzen i zur Aufnahme einer Bohrung für Hand- oder Tropfenschmierung verlängert und axial und radial durchbohrt, wie aus Bild 349 ersichtlich ist; die axiale Bohrung ist durch einen Gewindepfropfen verschlossen, der vernietet wird. Die Bolzen c und i sind gegen Herausfallen durch konische Stahlstifte k, l gesichert, die an ihrem verjüngten Ende aufgespalten und umgebogen oder vernietet werden. Der Stift k ist radial durch den Bolzen geführt, während der Stift l seinen Bolzen tangential anschneidet, damit die Gabel b an ihrem unteren Ende nicht zu sehr geschwächt wird. Die Bolzen c und i werden gehärtet und geschliffen. Die Löcher für die Stahlstifte k, l müssen v o r dem Härten in die Bolzen gebohrt werden.

Da die Stoßstangen nur Druckkräfte zu übertragen haben, so genügt es, die Augen a und die Gabeln b mit zylindrischen Zapfen ohne Gewinde in die an den Enden passend ausgebohrten Stangen einzusetzen und durch je zwei vernietete Stifte m zu befestigen. Dabei ist zu beachten, daß das Stahlrohr an den Bunden von a und b anlegt, damit die Stifte m nicht auf Abscheren beansprucht werden.

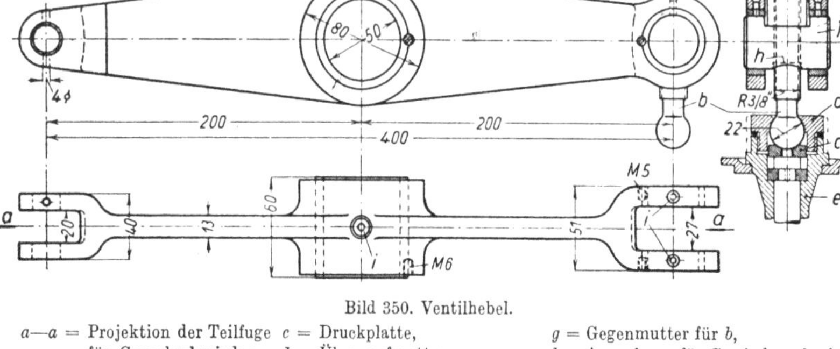

Bild 350. Ventilhebel.

a—a = Projektion der Teilfuge für Gesenkschmieden,
b = Druckschraube,
c = Druckplatte,
d = Überwurfmutter,
e = Hubstück der Ventilspindel,
f = Drehbarer Bolzen,
g = Gegenmutter für b,
h = Ansenkung für Gewindeauslauf,
i = Bohrungen für Handschmierung.

Die Ventilhebel (Bild 350) werden nach Möglichkeit für das Einsaug- und Auspuffventil gleich ausgeführt. Wenn größere Stückzahlen anzufertigen sind, werden sie im Gesenk geschmiedet. Bei dem in Bild 350 dargestellten Hebel ist hierauf Rücksicht genommen. Die Teilfuge des Gesenkes projiziert sich im Grundriß als Linie a—a. Auch die Mittelbohrung des Hebels und die beiden Gabelbohrungen am rechten Ende können im Gesenk hergestellt werden, wodurch das Ausbohren vereinfacht wird. Diese beiden Bohrungen erhalten durch Madenschrauben gesicherte Bronzebuchsen, während in das linke Ende des Hebels ein durch einen konischen Stift gesicherter Zapfen eingesetzt wird, an welchem das obere Auge der Stoßstange angreift. Der konische Stift wird an seinem verjüngten Ende vernietet.

Der Ventilhebel überträgt die von der Stoßstange auf ihn ausgeübte Kraft durch die mit einer gehärteten Kugel versehene Druckschraube b auf die Ventilspindel. Zwischen der Kugel und dem oberen Ende der Ventilspindel liegt eine gehärtete Platte c, die zum Herausnehmen mit einer Gewindebohrung versehen ist. Die Überwurfmutter d verbindet die Druckschraube b mit dem Hubstück e ebenso wie bei der Konstruktion nach Bild 337 (S. 325). Durch Höher- bzw. Tieferschrauben von b kann das Spiel zwischen der Stoßstangenrolle und ihrem Nocken verändert werden. Die Druckschraube b ist durch den im Hebel drehbar gelagerten Bolzen f mit Gewinde geführt und wird durch die Gegenmutter g gesichert, die zugleich den Bolzen f in axialer Richtung hält. Der Bolzen f ist auf seiner Unterseite an der Stelle h angesenkt, damit nicht bei der Durchdringung des Gewindes mit der Zylinderfläche scharf auslaufende Kanten entstehen. Die Bohrungen i dienen zur Handschmierung.

Die Ventilhebel werden durch dieselben Kräfte, welche die Nocken, Rollen und Stoßstangen erfahren, auf Biegung beansprucht. Der Berechnung legt man den besonders ungünstig angenommenen Fall zugrunde, daß der Auspuffventilteller beim Anfahren der Maschine mit einem spezifischen Flächendruck von 8 bis 10 kg/cm² belastet ist. Hierbei soll die Biegungsbeanspruchung 400 kg/cm² nicht überschreiten.

e) Indiziervorrichtungen

Das Indikatordiagramm zeigt dem Maschinisten, ob der Verdichtungsdruck in jedem Zylinder den vorgeschriebenen Wert hat und ob die Verbrennungsdrücke nicht zu hoch oder zu niedrig sind. Das Indizieren einer Maschine ist ferner das beste Mittel, um bei Mehrzylindermaschinen zu erkennen, ob die Gesamtlast gleichmäßig auf die einzelnen Zylinder verteilt ist, was für eine gute Verbrennung bei Vollast Voraussetzung ist. Die an die Arbeitskolben abgegebene Leistung erhält man durch Planimetrieren der Indikatordiagramme. Die Indiziervorrichtung ist somit ein wichtiges Hilfsmittel für die Bedienung und bei größeren Maschinen nicht entbehrlich. Bei kleinen Maschinen wird sie häufig weggelassen, da der konstruktive Aufwand sich oft nicht lohnt, doch sieht man in solchem Fall eine Bohrung im Zylinderdeckel für das Einschrauben eines Indikators vor. Man kann dann von Hand gezogene Diagramme aufnehmen, denen der geübte Maschinist entnimmt, ob der Beginn der Einspritzung zeitlich richtig liegt. Ob die Leistung sich auf die einzelnen Zylinder einigermaßen gleichmäßig verteilt, kann er auch aus den Auspufftemperaturen erkennen, die bei den einzelnen Zylindern möglichst gleich hoch sein sollen.

In Bild 351 und 353 sind Indiziergestänge beschrieben, die für mechanischen Antrieb des Indikators ausgeführt worden sind. Bei Schnelläufern vermag der gewöhnliche Indikator wegen seiner Trägheit dem raschen Druckwechsel nicht zu folgen; man verwendet dann trägheitsfreie Indikatoren, für die man verschiedene Bauarten entwickelt hat.

Bild 351 zeigt das Indiziergestänge eines Viertakt-Tauchkolbenmotors. Die Fläche des Indikatordiagrammes soll der von den Verbrennungsgasen auf den Kolben übertragenen Arbeit proportional sein; das ist nur dann der Fall, wenn ein Punkt der Indikatorschnur h in jedem Zeitpunkt eine der Bewegung des Arbeitskolbens proportionale Bewegung macht. Das ist aus

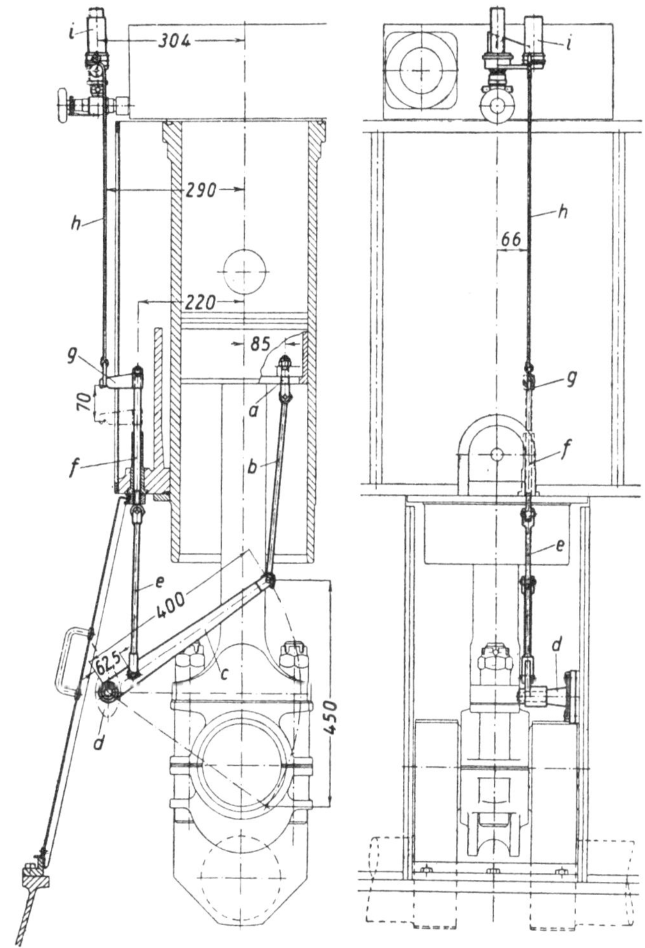

Bild 351. Indiziergestänge einer Viertakt-Tauchkolbenmaschine.

a = Augbolzen,	d = Bock (Drehpunkt für c),	g = Mitnehmer,
b = Lenkerstange,	e = Lenkerstange,	h = Indikatorschnur,
c = Lenker,	f = Mitnehmerstange,	i = Indikator.

räumlichen Gründen nicht immer zu erreichen. Bei dem Gestänge nach Bild 351 wird der Hub des Arbeitskolbens durch den Lenker c von 450 mm auf etwa 70 mm verkleinert. In demselben Verhältnis müßte die den Mitnehmer g antreibende Lenkerstange e kürzer als die Stange b sein, wenn die Bewegungen des Arbeitskolbens den Bewegungen des Mitnehmers g genau proportional sein sollen. Die Lenkerstange e würde dann sehr kurz ausfallen; die Mitnehmerstange f müßte weit nach unten verlängert werden, und da das Gelenk zwischen e und f nicht ohne Führung sein kann, so würde die im Flansch des Zylinderrahmens sitzende Führungsbuchse f so weit in das Kurbelgehäuse hineinragen müssen, daß die Zugänglichkeit zum Triebwerk gestört werden würde. Auf genaue Proportionalität der Wege ist daher hier verzichtet, doch ist die daraus entstehende

Ungenauigkeit in der Bestimmung der indizierten Leistung gering, wie man erkennt, wenn man
die genauen Wege nach den Formeln für den geschränkten Kurbeltrieb berechnet[1]. Hier beträgt
die Ungenauigkeit 0,4%.

In Bild 352 sind die Einzelteile dargestellt. Der Augbolzen a wird in einen am unteren Ende
des Kolbens angegossenen Flansch (g in
Bild 293, S. 282) stramm eingepaßt und
durch eine Kronenmutter mit Splint befestigt; sein Querbolzen wird ebenfalls durch
einen Splint gesichert. An a greift die Lenkerstange b an, deren Augen mit Bronzebuchsen

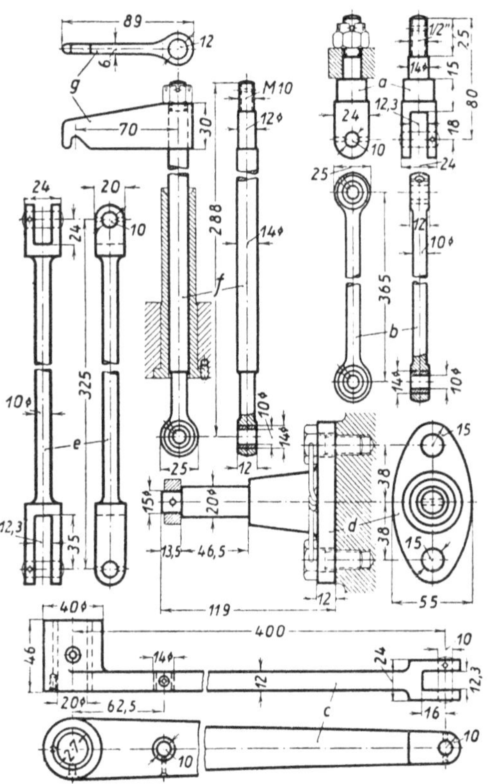

Bild 352. Einzelteile zum Indiziergestänge Bild 351.
a bis g s. Bild 351.

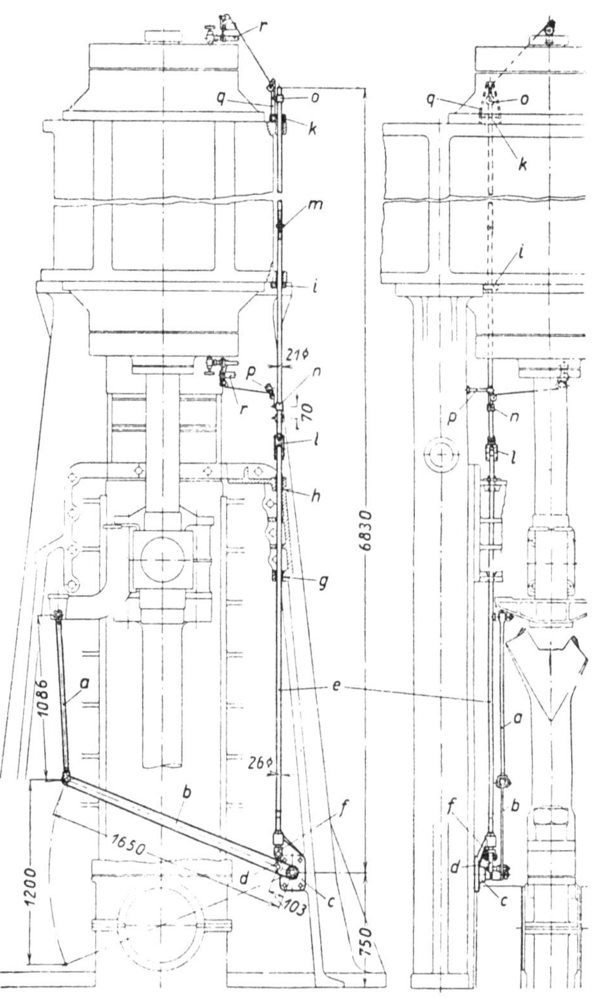

Bild 353. Indiziergestänge einer doppeltwirkenden Zweitaktmaschine.

a = Lenkerstange,
b = Lenker,
c = Bock mit Drehzapfen,
d = Kurze Lenkerstange,
e = Mitnehmerstange,
f = Gabel am unteren Ende der
Mitnehmerstange,
g, h = Führungsbuchsen im oberen
Abschlußdeckel des Kurbel-
gehäuses,
i, k = Führungsstücke für e,

l = Kupplung und Antrieb der
Zylinderschmierpressen,
m = Obere Stangenkupplung,
n, o = Mitnehmer für Indikator-
schnur,
p = Rollenhalter für Indikator-
schnur auf unterer
Zylinderseite,
q = Rollenhalter für Indikator-
schnur auf oberer
Zylinderseite,
r = Indikatoren.

versehen sind. Die in b angebrachten Schmier-
löcher liegen so, daß sie von dem Schmieröl
getroffen werden, das vom Kolben ab-
spritzt. Der Querschnitt des Lenkers c muß
ein hinreichend großes Widerstandsmoment
erhalten, da er durch den Trägheitswiderstand auf Biegung beansprucht wird. An
seinem unteren Ende ist er zu einem Auge ausgeschmiedet, das mit einer Bronzebuchse ausgefüttert und mit einem Schmierloch versehen ist. Auch das Auge, in welchem das untere Ende
der Lenkerstange e angreift, erhält eine Bronzebuchse. Der Lenker c schwingt um einen am Bock d
angedrehten Zapfen, der mit seinem ovalen Fuß aus einem Stück geschmiedet und kräftig gehalten ist, da er größere Biegungsbeanspruchungen erfährt. Ein am Ende von d durch einen Splint
gesicherter Stellring verhindert das Abgleiten des Hebels c. Die Lenkerstange e ist an ihrem

---

[1] Vgl. Kölsch: Gleichgang und Massenkräfte bei Fahrzeugmaschinen, S. 110 u. f. Berlin: Springer-Verlag 1911.

unteren und oberen Ende gegabelt; in den Gabeln ist je ein Bolzen mit Splint befestigt. Das obere Gabelende greift an der Mitnehmerstange f an, deren unteres Ende ausgebuchst und mit einem Schmierloch versehen ist, während auf dem oberen, abgesetzten Ende der Mitnehmer g, in den der Haken der Indikatorschnur gehängt wird, durch eine Kronenmutter mit Splint befestigt wird. Alle Teile sind aus Stahl geschmiedet.

Bei **Kreuzkopfmaschinen** wird der Antrieb des Indiziergestänges vom Kreuzkopf abgeleitet. Entsprechend den größeren Abmessungen der Maschine wird der Antrieb etwas weniger einfach als bei Tauchkolbenmaschinen. Bei einfach- und doppeltwirkenden Zweitaktmaschinen fallen in der Regel alle außerhalb des Kurbelgehäuses liegenden bewegten Gestängeteile fort, und da die Entfernung von dem im Kurbelgehäuse schwingenden Lenker bis zum oberen Zylinderdeckel nicht durch eine Schnur (die sich zu stark dehnen und die Bewegungen verzerren würde) überbrückt werden kann, so muß man den mechanischen Antrieb der Indikatortrommel bis in die Nähe des oberen Zylinderdeckels führen. Wie diese Aufgabe bei einer doppeltwirkenden Zweitaktmaschine gelöst werden kann, zeigt Bild 353.

Die Abmessungen konnten hier so gewählt werden, daß Proportionalität zwischen der Bewegung des Arbeitskolbens und der Mitnehmerstange e besteht. Die Lenkerstange a, die am Posaunenrohrhalter angelenkt ist (Augen y in Bild 304, S. 296), hat eine Länge von 1086 mm; die kurze Lenkerstange d ist 68 mm lang. Die Angriffspunkte der beiden Lenkerstangen am Lenker b sind 1650 bzw. 103 mm vom Drehzapfen c entfernt, und es ist fast genau 1086 : 68 = 1650 : 103. Die Mitnehmerstange e macht die Bewegungen des Kolbens in kleinerem Maßstab mit, und die zurückgelegten Wege sind in jedem Augenblick einander proportional.

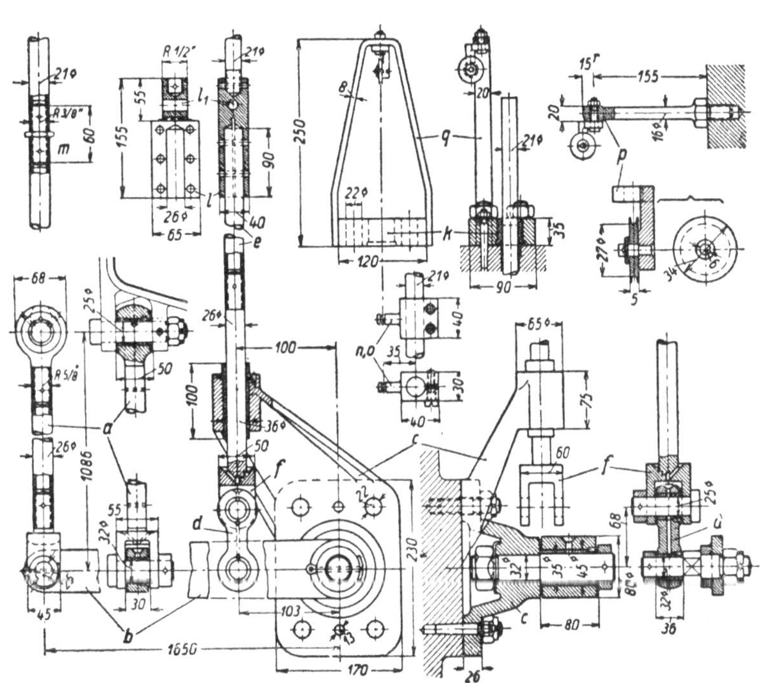

Bild 354. Einzelteile zum Indiziergestänge Bild 353.

a bis q s. Bild 353. l_1 = Bolzen für Antrieb der Zylinderschmierpressen.

Bei dem Indiziergestänge, Bild 353, wird die Mitnehmerstange e etwa 6,5 m lang, so daß es zweckmäßig ist, sie zu unterteilen. Sie ist als nahtlos gezogenes Rohr von 21 mm Dmr. und 3 mm Wandstärke ausgeführt. In das untere Ende ist eine Gabel f eingeschraubt und mit der Mitnehmerstange durch einen Stift vernietet. Unmittelbar über der Gabel ist die Stange durch ein mit Bronzebuchse versehenes Halslager geführt, das am Bock c angegossen ist (s. auch Bild 354). Auch an den Stellen g und h, wo die Stange den oberen Abschlußdeckel des Kurbelgehäuses durchdringt (vgl. p in Bild 269, S. 258), ist sie in Bronzebuchsen geführt. An den Stellen i und k liegt ebenfalls je eine Führung; hier gleitet die Stange in Bronzebuchsen, die in je einen am Zylinderrahmen angeschraubten Flansch gepreßt sind. Die Flanschen i und k haben einen Abstand von 2,7 m (in Bild 353 abgebrochen gezeichnet).

Die Mitnehmerstange e ist dreiteilig; die Kupplungen l und m verbinden die Stangenteile. Die untere Kupplung l ist kräftiger ausgeführt, da sie nicht nur die beiden unteren Stangenteile zu verbinden, sondern auch die Zylinderschmierpressen anzutreiben hat. Sie besteht aus einem prismatischen Stahlstück, das auf zwei Drittel seiner Länge geschlitzt ist und mit sechs Kopfschrauben auf das obere Ende des unteren Rohrteiles e geklemmt wird; außerdem wird es durch zwei Stifte mit der Mitnehmerstange vernietet. In die Bohrung l_1 (Bild 354) greift der Bolzen, von dem der Antrieb der Zylinderschmierpressen abgeleitet wird. Die obere Bohrung von l ist mit Rohrgewinde versehen; hier wird der mittlere Teil der Mitnehmerstange eingeschraubt und durch einen Stift vernietet. Die gleiche Befestigung der Stangenenden genügt für die obere Stangenkupplung m, da oberhalb von l keine größeren Kräfte zu übertragen sind. Für die Kupplung m genügt daher ein Gewindestück, das mit einem Sechskant versehen ist und durch zwei Stifte mit den Rohrenden vernietet wird.

Auf der Mitnehmerstange e werden in passender Höhe die Klemmstücke n und o befestigt. Diese tragen je einen mit Rille versehenen Stift, in den die Indikatorschnur gehängt wird.

Auf der unteren Zylinderseite wird in den neben der Mitnehmerstange liegenden Maschinenständer der Rollenhalter p (Bild 353 und 354) geschraubt. Die Rolle zur Führung der Indikatorschnur läuft auf einem in ein Winkelstück genieteten Zapfen. Das Winkelstück wird schwenkbar gegen p geklemmt, so daß die Mittelebene der Rolle in die Richtung der Schnur gedreht werden kann. Auf der oberen Zylinderseite besteht der Rollenhalter aus einem aus Flacheisen gebogenen Bügel q, der mit dem Führungsstück k verschweißt ist. Auf dem Bügel wird ein gleiches Winkelstück mit Rolle wie bei p so festgeklemmt, daß die Schnur nicht von der Rolle abgleiten kann.

9. Anlaß- und Umsteuerungen

Jeder Dieselmotor bedarf zum Anfahren eines von außen kommenden Impulses, weil die Bedingung für das Zustandekommen der ersten Zündung ein Verdichtungshub ist, für den die Energie einer fremden Quelle entnommen werden muß. Diese ist gewöhnlich gespeicherte Druckluft, die in Behältern ausreichender Größe aufbewahrt wird, gelegentlich auch der elektrische Strom, wenn der Motor mit einem Stromerzeuger gekuppelt ist, der als Motor anlaufen kann; dann ist Voraussetzung, daß jederzeit der Strom zum Anfahren dem Netz entnommen werden kann. Nur kleinste Dieselmotoren können von Hand angeworfen werden; dabei braucht man in der Regel eine Vorrichtung, durch welche die Verdichtung während des Anwerfens aufgehoben wird. Dieselmotoren für Kraftwagen werden wie Benzinmotoren angelassen.

Die im folgenden beschriebenen Anlaß- und Umsteuervorrichtungen gelten für das Anlassen mittels Druckluft. Der Motor springt mit Druckluft an und wird, wenn seine Drehzahl hoch genug ist, um die zum Zünden erforderliche Verdichtungswärme zu liefern, auf Brennstoff geschaltet. Unverbrannter Brennstoff und Anlaßdruckluft dürfen im Zylinder nicht zusammentreffen, weil die Zünddrücke sonst das zulässige Maß überschreiten würden, daher muß die Steuerung so eingerichtet sein, daß das Zusammentreffen vermieden wird. Aus dem gleichen Grund darf die Anlaßsteuerung während des Betriebes nicht betätigt werden. Man baut sie meistens so, daß der Maschinist gezwungen ist, den Anlaßhebel oder das Anlaßhandrad zuerst in die Stoppstellung zu legen, bevor er auf Anlaßluft schalten kann; jedenfalls muß die Steuerung so eingerichtet sein, daß das unbeabsichtigte Legen des Anlaßhebels aus der Betriebs- in die Anfahrstellung keine nachteiligen Folgen haben kann. Während des Betriebes soll die Maschine unter der Herrschaft des Reglers oder des Brennstoffhandhebels stehen, je nachdem ob die Regelung für gleichbleibende oder veränderliche Drehzahl gebaut ist (s. S. 185 u. f.). Bei umsteuerbaren Maschinen muß die Steuerung so beschaffen sein, daß beide Drehrichtungen möglich sind, wobei die Umsteuervorrichtung nur bei Stillstand der Maschine einrückbar sein darf. Ebenso soll die Anlaßsteuerung nur dann betätigt werden können, wenn die Umsteuervorrichtung entweder die „Voraus"- oder die „Zurück"stellung, nicht aber eine Zwischenstellung einnimmt. Schließlich muß die Maschine stets, auch während eines Manövers, unter der Herrschaft eines Reglers stehen, der eine unzulässige Drehzahlsteigerung verhindert.

Bei kleinen und mittleren Motoren kann die Umsteuereinrichtung von Hand betätigt werden; große Maschinen erfordern die Einschaltung einer Kraft („Servomotor"). Für beide Bauarten folgen Beispiele.

Bild 355 zeigt in perspektivischer Darstellung eine von der Maschinenfabrik Augsburg-Nürnberg für ihre Viertakt-Tauchkolbenmotoren gebaute Anlaß- und Umsteuerung von Hand. Das Zusammenarbeiten der Getriebeteile ist klar zu erkennen, wenn man beachtet, daß die Teile a bis l zur Steuerung der Anlaßluft gehören, die Teile m bis t die Brennstoffzufuhr regeln und der Motor mittels der Teile u bis y umgesteuert wird. Die Anlaß- und die Umsteuerung sind durch die Vorrichtung z gegeneinander verriegelt.

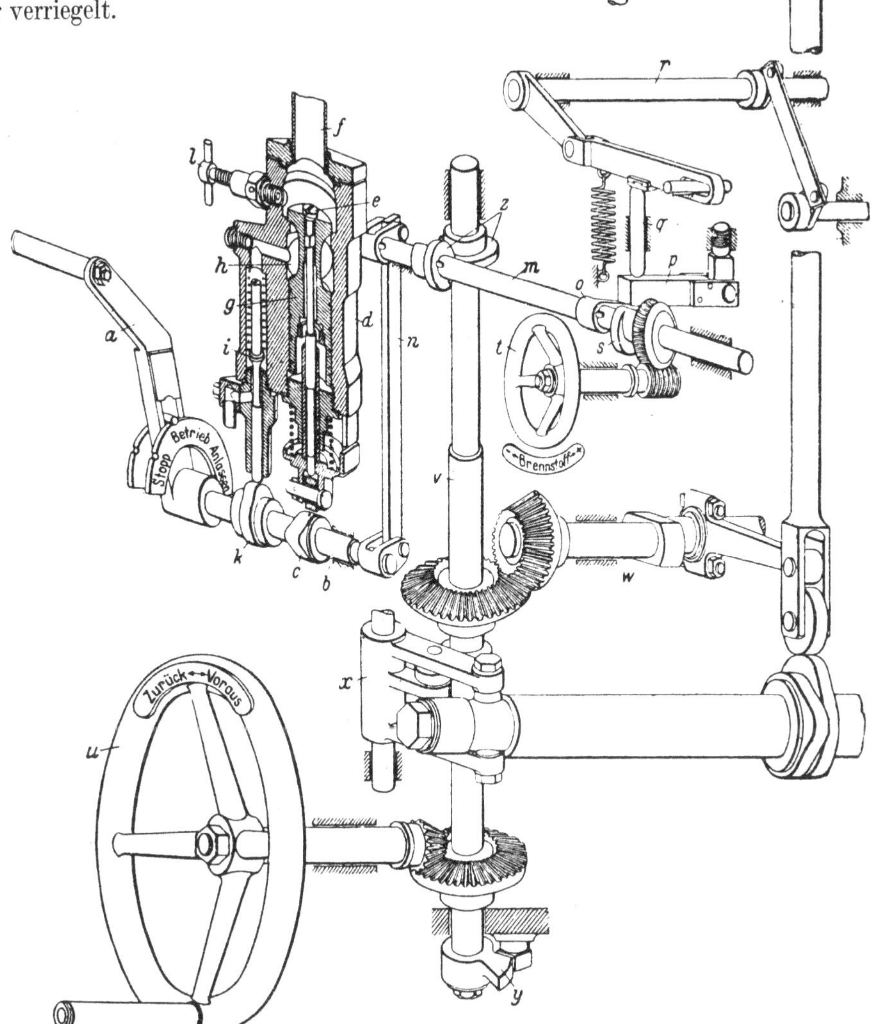

Bild 355. Anlaß- und Umsteuervorrichtung eines Viertakt-Tauchkolbenmotors der Maschinenfabrik Augsburg-Nürnberg.

a = Anlaßhebel,	k = Steuernocken für i,	t = Handrad für Brennstoffregelung,
b = Hebelwelle,	l = Entlüftungsventil für f,	u = Handrad für Umsteuerung,
c = Steuernocken für d,	m = Zwischenwelle,	v = Senkrechte Welle,
d = Hauptanlaßventil,	n = Kupplungsstange zwischen b und m,	w = Manövrierwelle,
e = Hilfsventil,	o = Steuernocken,	x = Winkelhebel,
f = Leitung vom Anlaßluftbehälter,	p = Zwischenhebel,	y = Anschlag,
g = Ventilkolben,	q = Stößel,	z = Verriegelung.
h = Leitung zu den Anlaßventilen,	r = Brennstoffregelwelle,	
i = Entlüftungsventil für h,	s = Loser Nocken auf m,	

Zum Anlassen wird der Hebel a aus der Stopp- in die Anlaßstellung gelegt. Der auf der Hebelwelle b aufgekeilte Nocken c gelangt dadurch unter die Rolle des Hauptanlaßventiles d und hebt das Hilfsventil e an, so daß die von den Anlaßluftbehältern durch das Rohr f dem Hauptanlaßventil zugeführte Druckluft unter den Kolben g gelangen kann und diesen anhebt. Nunmehr kann die Luft durch die Leitung h zu den Anlaßventilen der einzelnen Zylinder strömen, und die Maschine springt an. Das im Gehäuse des Hauptventiles d untergebrachte Entlüftungsventil i, das durch den Nocken k gesteuert wird, bleibt während dieses Vorganges geschlossen.

Nach wenigen Sekunden ist die Drehzahl so hoch gestiegen, daß die Brennstofförderung eingeschaltet werden kann. Jetzt wird der Hebel a aus der Anlaß- in die Betriebsstellung gelegt, wodurch sich das Hilfsventil e schließt, so daß die oberhalb des Kolbens g befindliche Anlaßluft diesen auf seinen Sitz drückt. Unmittelbar darauf öffnet der Nocken k das Ventil i, das die zu den Anlaßventilen der Zylinder führende Leitung h entlüftet, so daß die Anlaßventile sich durch Federdruck schließen. Die Leitung f zwischen dem Anlaßluftbehälter und dem Hauptventil wird, wenn nach Beendigung der Manöver der Behälter abgesperrt ist, durch das Ventil l entlüftet.

Solange der Hebel a in der Stoppstellung steht, wird kein Brennstoff gefördert. Um dies zu bewirken, ist eine Zwischenwelle m vorgesehen, die parallel zur Hebelwelle b liegt und mit dieser durch die Stange n verbunden ist. Eine Bewegung des Hebels a in die Stoppstellung hat eine Drehung der Welle m (von ihrem rechten Ende gesehen) entgegen dem Uhrzeigersinn zur Folge; damit gelangt ein auf m aufgekeilter Nocken o unter das linke Ende des Zwischenhebels p, wodurch dieser angehoben wird. Der Hebel p dreht unter Vermittlung des Stößels q und des in Bild 355 gezeichneten Hebelwerkes die Brennstoffregelwelle r so, daß alle Brennstoffpumpen auf Nullfüllung gestellt werden. Wird der Hebel a aus der Stopp- in die Anlaß- und darauf in die Betriebsstellung gelegt, so wird der Nocken o so gedreht, daß er die Lage des Zwischenhebels p nicht mehr beeinflußt. Dessen linkes Ende legt sich jetzt auf einen l o s e auf der Welle m sitzenden Nocken s, der unabhängig von der Stellung der Welle m durch Schnecke und Schneckenrad vom Handrad t verstellt werden kann. Mit diesem Rad regelt der Maschinist die Brennstoffzufuhr.

Wenn umgesteuert werden soll, so wird der Hebel a zunächst in die Stoppstellung gelegt, wodurch in der beschriebenen Weise der Brennstoff abgestellt und die zu den Anlaßventilen führende Leitung h entlüftet wird. Nunmehr dreht der Maschinist das Handrad u, das über zwei Kegelradpaare und eine senkrechte Welle v die Manövrierwelle w antreibt, an welche sämtliche Stoßstangen der Ventile angelenkt sind (vgl. Bild 349, S. 337; dort ist die Manövrierwelle ebenfalls mit dem Buchstaben w bezeichnet). Während einer halben Umdrehung der Welle w werden die Stoßstangen so weit ausgeschwenkt, daß die auf der Nockenwelle aufgekeilten Nocken von den Rollen der Stoßstangen frei gehen. Auf der Nockenwelle sind für jedes gesteuerte Ventil z w e i Nocken vorgesehen, von denen der eine den Vorwärts-, der andere den Rückwärtsgang steuert. Während die Stoßstangen ihre Schwenkbewegung vollführen, verschiebt ein Winkelhebel x, der von zwei auf der Welle v aufgekeilten Nocken bewegt wird, die Nockenwelle um den Mittenabstand der Vor- und Rückwärtsnocken, so daß, wenn die Steuerung vorher auf Vorausfahrt gestellt war, nunmehr die Rückwärtsnocken unter den Rollen der Stoßstangen liegen. Der letzte Teil der Drehung der Welle v senkt die Stoßstangen auf die Nocken. Ein Anschlag y begrenzt die Drehung der Welle v und damit die des Handrades u.

Am Kreuzungspunkt der Wellen m und v sind zwei Scheiben z aufgekeilt. Die Aussparungen in den Scheiben sind so gewählt, daß das Umsteuerhandrad u nur dann bewegt werden kann, wenn der Anlaßhebel a in der Stoppstellung steht. Liegt er in der Anlaß- oder der Betriebsstellung, so verhindert die Verriegelung z eine Bewegung der Welle v. Während der Bewegung des Umsteuerhandrades u dreht sich die auf der Welle v aufgekeilte Verriegelungsscheibe in einem Ausschnitt der auf m befestigten zweiten Verriegelungsscheibe, so daß während des Umsteuerns die Welle m und damit der Anlaßhebel a nicht bewegt werden kann. Nur in den Endstellungen von u gibt ein Ausschnitt in der ersten Scheibe die Welle m und den Hebel a frei.

Beim Anlassen wird das Brennstoff-Handrad t zunächst auf etwa halbe Füllung gestellt und sodann der Anlaßhebel aus der Stopp- über die Betriebs- in die Anlaßstellung gelegt. Sobald die ersten Zündungen auftreten, wird der Hebel auf „Betrieb" gelegt und die gewünschte Drehzahl am Handrad t eingestellt. Eine mechanische Verblockung von Anlaßluft und Brennstoff ist hier nicht vorgesehen; dafür sind aber die Anlaßventile so gebaut, daß sie sich nur (und zwar nach dem Zylinderinnern) öffnen können, wenn der Druck im Zylinder n i e d r i g e r als der Druck der Anlaßluft ist. So kann diese beim Anlaßvorgang niemals gleichzeitig mit dem Brennstoff in den Zylinder gelangen, sondern immer erst dann, wenn der Druck so weit gesunken ist, daß der Zutritt der Luft keine nachteilige Drucksteigerung mehr bewirken kann.

Das Hauptanlaßventil hat die Aufgabe, den Zutritt der Anlaßluft zu den Anlaßventilen nur während des Anlaßvorganges (bei umsteuerbaren Maschinen in beiden Drehrichtungen) freizugeben, während des Betriebes und in der Stoppstellung dagegen die Leitung zwischen dem Anlaßgefäß und der Maschine abzusperren und die zu den Anlaßventilen der Zylinder führenden Leitungen zu entlüften, damit die Anlaßluft nicht unbeabsichtigt in die Zylinder gelangen kann. Ein für eine sechszylindrige doppeltwirkende Zweitaktmaschine gebautes Hauptanlaßventil zeigt Bild 356. Während bei dem Hauptanlaßventil nach Bild 355 nur das Hilfsventil e mechanisch, der Hauptventilkegel g pneumatisch gesteuert ist, werden bei der Ausführung nach Bild 356 beide Ventile

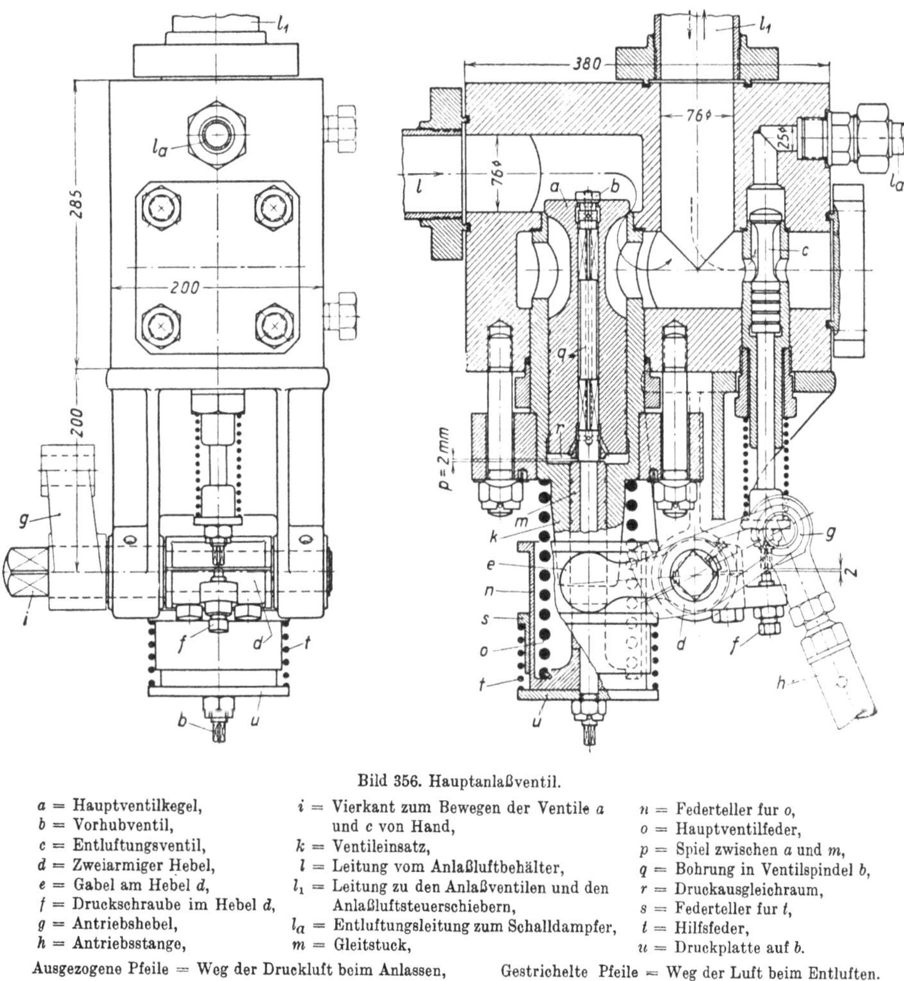

Bild 356. Hauptanlaßventil.

a = Hauptventilkegel,	i = Vierkant zum Bewegen der Ventile a und c von Hand,	n = Federteller für o,
b = Vorhubventil,		o = Hauptventilfeder,
c = Entlüftungsventil,	k = Ventileinsatz,	p = Spiel zwischen a und m,
d = Zweiarmiger Hebel,	l = Leitung vom Anlaßluftbehälter,	q = Bohrung in Ventilspindel b,
e = Gabel am Hebel d,	l_1 = Leitung zu den Anlaßventilen und den Anlaßluftsteuerschiebern,	r = Druckausgleichraum,
f = Druckschraube im Hebel d,		s = Federteller für t,
g = Antriebshebel,	l_a = Entlüftungsleitung zum Schalldämpfer,	t = Hilfsfeder,
h = Antriebsstange,	m = Gleitstück,	u = Druckplatte auf b.

Ausgezogene Pfeile = Weg der Druckluft beim Anlassen,   Gestrichelte Pfeile = Weg der Luft beim Entlüften.

mechanisch betätigt. Die vom Anlaßgefäß kommende Druckluft tritt durch das Rohr l in das Ventilgehäuse und strömt, wenn das von der Anlaß- und Umsteuermaschine betätigte Gestänge g—h den Hauptventilkegel a mit dem Vorhubventil b angehoben hat, im Sinn der ausgezogenen Pfeile in die zu den Anlaßventilen der Zylinder und den Anlaßluftsteuerschiebern führende Leitung l_1 (wegen der Anlaßluftsteuerschieber s. Bild 361). Die Spindel des Vorhubventiles ist mit dem im Ventileinsatz k geführten Gleitstück und dem Federteller n starr verbunden. Der Hauptventilkegel a sitzt mit einem Spiel $p = 2$ mm lose auf der Spindel des Vorhubventiles. An n greift die Gabel e des Hebels d an. Wird die Stange h durch die Steuermaschine gesenkt, so öffnet sich zunächst das Vorhubventil um 2 mm und stellt durch die Bohrung q in der Spindel b eine Verbindung zwischen dem Raum oberhalb des Hauptventilkegels und dem Raum r her, so daß der Druck auf beiden Stirnseiten des Hauptventilkegels ausgeglichen ist. Dieser kann nunmehr leicht angehoben werden.

Der zweiarmige Hebel d betätigt mit seinem rechten Ende das Entlüftungsventil c. Da die beiden Ventile. auf verschiedenen Seiten des Hebels liegen, ist c geschlossen, wenn a geöffnet ist, und umgekehrt.

Ist das Anlaß- (oder Umsteuer-) Manöver beendet, so gibt die sich wieder senkende Gabel e den Bund des Federtellers n frei, so daß die Ventilkegel a und b sich unter der Wirkung der Hauptfeder o schließen. Damit der Hauptventilkegel unbedingt sicher schließt, ist auf dem zylindrischen Teil des Federtellers n ein zweiter Federteller s mit Gleitsitz angeordnet; dieser wird durch eine Feder t gegen die unteren Kanten der Gabel e gedrückt. Die Feder t stützt sich auf die mit n und der Ventilspindel b verbundene Platte u. Sollte der Hauptventilkegel der Schließbewegung des Hebels d nicht sogleich folgen, so wird er durch die Ventilspindel b mitgenommen, sobald die Unterkante des Federtellers s gegen die Platte u stößt. Die Hilfsfeder t verhindert, daß die nach dem Schließen des Haupt- und des Vorhubventiles sich noch etwas weiter senkende Gabel e eine zu große Kraft auf die Ventilspindel b ausübt.

Bei geschlossenem Hauptventil ist das Entlüftungsventil c geöffnet. Die zwischen dem Hauptanlaßventil und den einzelnen Anlaßventilen befindliche Druckluft entweicht im Sinn der gestrichelten Pfeile durch die Leitung l_a und einen Schalldämpfer ins Freie.

Damit die genaue Einstellung der Ventilhübe erleichtert wird, ist der Gabelhebel d—e mit geschlitzter Nabe auf seiner Welle festgeklemmt, und zur Betätigung des Entlüftungsventiles c ist am rechten Ende des Hebels d eine Druckschraube f vorgesehen. Zwischen der Druckschraube und der Ventilspindel c liegt ein Spiel von 2 mm, wenn der Hauptventilkegel beim Schließen seinen Sitz berührt. Das Entlüftungsventil öffnet also erst dann, wenn das Hauptventil die vom Anlaßgefäß kommende Leitung schon geschlossen hat.

Das Hauptanlaßventil muß kräftig gebaut sein, da der Druck der Anlaßluft 25 bis 30 kg/cm² beträgt. Bei der Auswahl der Werkstoffe ist darauf Rücksicht zu nehmen, daß die Ventilkegel in ihren Führungen auch dann nicht festrosten dürfen, wenn das Hauptventil während einer längeren Vorausfahrt nicht bewegt worden ist. Der Maschinist kann die Ventile mit Hilfe eines auf den Vierkant i gesetzten Handhebels auf leichte Beweglichkeit prüfen. Das Ventilgehäuse wird aus Stahl geschmiedet, die Kanäle für die Luft werden gebohrt. Für die Ventilkegel eignet sich Chromnickelstahl oder nichtrostender Stahl, für die Führungsbuchse k des Hauptventilkegels und die des Entlüftungsventiles Bronze.

Große Maschinen, bei denen die Nockenwelle nicht mehr von Hand verschoben werden kann, erhalten eine Umsteuermaschine, die so mit der Anlaßsteuerung verbunden wird, daß diese nur betätigt werden kann, wenn die Umsteuerung entweder auf „Voraus“ oder auf „Zurück“, nicht aber in einer Zwischenstellung steht. Bild 357 zeigt in der Ansicht auf den Bedienungsstand und in einer Seitenansicht die Anlaßsteuerung einer Viertakt-Schiffsmaschine von 3000 PSe Leistung, die mit einer Umsteuermaschine Bauart Burmeister & Wain verbunden ist, Bild 358 die Umsteuermaschine im Schnitt. In dem zweiten Bild sind die Einzelteile der Deutlichkeit halber nebeneinander gezeichnet.

Die Hauptteile dieser Anlaß- und Umsteuervorrichtung sind in Bild 357 mit A bis E bezeichnet, wobei

A den Anlaßsteuerkasten,

B die Zu- oder Abschaltung der Brennstoffpumpen
   in Verbindung mit der Anlaßsteuerung,

C die Brennstoffhandregelung,

D den Sicherheitsregler und

E die Umsteuermaschine

bedeuten.

Erläuterungen zu Bild 357 auf Seite 347

A = Anlaßsteuerkasten,
B_1, B_2 = Hebel für Umschalten von Anlaßluft auf Brennstoff,
C = Brennstoffhandregelung,
D = Sicherheitsregler,
E = Umsteuermaschine,
a = Hauptsteuerrad,
b_1, b_2, b_3 = Bewegliche Handgriffe,
c = Rastenbogen für a,
d = Leitung vom Anlaßluftbehälter zum Anlaßsteuerkasten,
e_1, e_2 = Leitungen vom Anlaßsteuerkasten zu den Anlaßventilen,

f = Brennstoffpumpenregelwelle,
g, h, i = Gestänge zur Verstellung von f,
k = Zugfedern,
l = Gestänge des Reglers D,
m, n = Klauenkupplungen,
o = Tachometer,
p = Kette für Tachometerantrieb,
q = Nockenwelle,
r = Umdrehungszähler,
t = Druckluftzylinder,
u = Verschiebelager,
x = Manövrierwelle,

a_1 = Umsteuerhebel,
o_1 = Bremszylinder,
r_1 = Bremshahn,
u_1 = Wendehahn für Handumsteuerung,
z_1, a_2 = Gestänge für Verriegelung der Umsteuermaschine E,
c_2 = Hakenhebel für Verriegelung des Anlaßsteuerrades a.
Pfeil α = Vollast-Drehsinn der Regelwelle f,
Pfeil β = Leerlauf-Drehsinn der Regelwelle f.

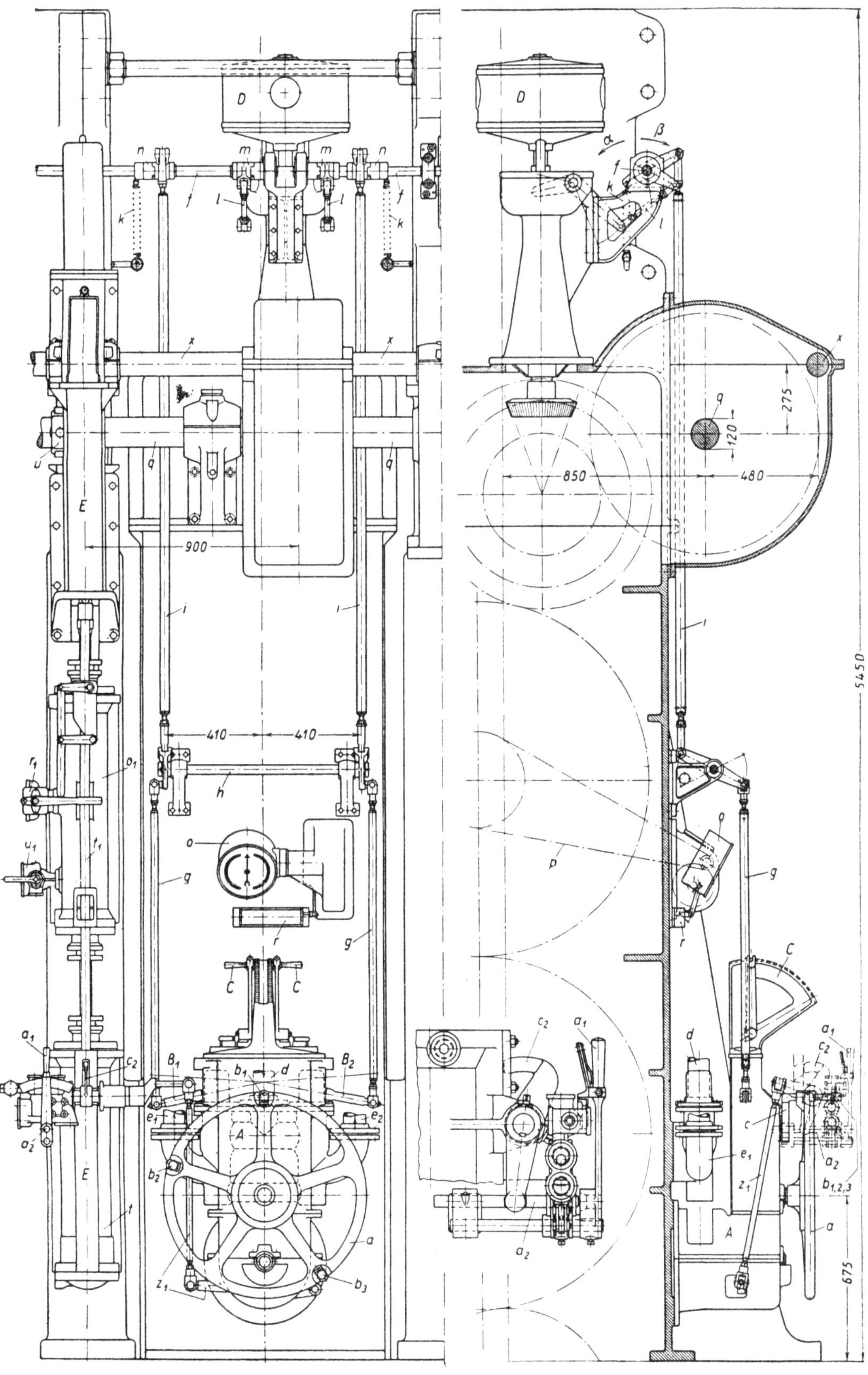

Bild 357. Anlaß- und Umsteuervorrichtung einer Viertakt-Kreuzkopfmaschine.

Der Anlaßsteuerkasten A trägt an seiner Vorderseite das Hauptsteuerrad a, welches fünf Speichen besitzt, von denen drei mit beweglichen Handgriffen b_1, b_2, b_3 versehen sind. Die Verlängerung der Handgriffe greift in einen h nter dem Handrad angeordneten Rastenbogen c, der das Rad in seiner jeweiligen Stellung festhält. Ein Sperrad mit Klinke bewirkt, daß a nur im Uhrzeigersinn gedreht werden kann. In der Stoppstellung steht der Handgriff b_1 oben; Anfahrluft und Brennstoff sind abgestellt. Wird das Handrad so gedreht, daß der Griff b_2 oben liegt, so werden durch diese Bewegung zwei im Innern des Anfahrsteuerkastens angeordnete Ventile geöffnet, welche der durch das Rohr d von den Druckluftbehältern dem Anlaßsteuerkasten A zugeleiteten Preßluft den Weg in die Rohrleitungen e_1, e_2 freigeben, die zu den Anlaßventilen der Zylinder führen. Jede der beiden Leitungen e_1, e_2 beaufschlagt eine Hälfte der Arbeitszylinder mit Druckluft, und da die Ventile im Anlaßsteuerkasten gleichzeitig öffnen, so erhalten alle Arbeitszylinder gleichzeitig Anlaßluft. Die Anlaßventile werden durch den Luftdruck eingerückt, und die Maschine springt an. Während dieses Vorganges sind die Brennstoffpumpen aller Zylinder abgeschaltet, denn eine durch die Bewegung des Handrades a gedrehte Nockenscheibe schwenkt die Hebel B_1, B_2 so, daß sie die Regelwelle f der Brennstoffpumpen mittels des Gestänges g, h, i in die Nullstellung drehen. Die Drehung von f beeinflußt in der früher beschriebenen Weise (vgl. die Wellen M in Bild 209, S. 186, e in Bild 211, S. 189) durch Verlegung des Exzentermittels der Schwinghebel die von den Brennstoffpumpen geförderte Brennstoffmenge.

Durch die Unterteilung des Gestänges in die Stangen g und i wird vermieden, daß diese zu lang werden, was Schwingungen zur Folge haben könnte. Die Welle h ist am Maschinenständer gelagert; mit ihr drehen sich die zweiarmigen Hebel, an denen die Stangenpaare g und i angreifen. Bei den Stangen g ist zu beachten, daß die Bewegungsebenen ihrer oberen und unteren Endpunkte senkrecht aufeinander stehen, weshalb sie mit den Hebeln B_1, B_2 und mit den auf h gelagerten Hebeln durch Kugelgelenke verbunden sind.

Nach einigen Sekunden ist die Drehzahl des Motors so hoch geworden, daß die Anlaßluft abgestellt und die Brennstofförderung eingeschaltet werden kann. Dies geschieht durch Weiterdrehen des Handrades a im Sinn des Uhrzeigers um zwei Fünftel einer vollen Umdrehung, so daß der Handgriff b_3 in die obere Stellung gelangt. Während der ersten Hälfte dieser Bewegung wird die Anlaßluft nur der einen Zylindergruppe abgestellt und die Brennstofförderung eingeschaltet, so daß die Maschine zur Hälfte mit Brennstoff, zur anderen mit Druckluft läuft. Nachdem die Zylinder der einen Hälfte gezündet haben, erhalten auch die übrigen Zylinder Brennstoff. Durch diese Einrichtung wird ein sicherer Übergang von Anlaßluft auf Brennstoff erreicht. Man findet sie jedoch nur bei großen Maschinen ausgeführt; bei kleinen und mittelgroßen Motoren pflegt man alle Zylinder gleichzeitig von Anlaßluft auf Brennstoff zu schalten.

Die Unterteilung der Umstellung auf Brennstoff in zwei Zylindergruppen wird von dem das Handrad a bedienenden Maschinisten nicht bemerkt; er dreht das Rad, das auf der zwischen den Handgriffen b_2 und b_3 liegenden Speiche keinen Rastenhebel hat, gleichmäßig weiter und soll hierbei nicht unnötig lange verweilen, damit Anlaßluft gespart wird. Die zeitlich aufeinanderfolgende Umschaltung der Zylindergruppen von Anlaßluft auf Brennstoff wird dadurch erreicht, daß die Nocken im Anfahrsteuerkasten A, welche die beiden Hauptanlaßventile und das Gestänge B_1, B_2 betätigen, um einen entsprechenden Winkel gegeneinander versetzt sind.

Mit der Drehung des Handrades a, die den Handgriff b_3 in seine obere Totlage brachte, ist das Öffnen von zwei kleineren im Anlaßsteuerkasten A untergebrachten Ventilen verbunden, wodurch die zu den Anlaßventilen führenden Leitungen entlüftet werden. Die Anlaßventile schließen sich durch Federdruck.

Der Brennstoff wird dadurch eingeschaltet, daß bei der Drehung des Handrades a ein Nocken im Anlaßsteuerkasten die Hebel B_1, B_2 so schwenkt, daß die mit den Stangen g verbundenen Endpunkte der Hebel sich senken. Dadurch wird die Regelwelle f im Sinn des Pfeiles α (Bild 357, Seitenansicht) gedreht, was eine Einschaltung der Brennstofförderung zur Folge hat.

Der Motor muß als Schiffsmaschine, die hier vorausgesetzt ist, mit veränderlicher Drehzahl fahren können. Der Handregelung dienen die beiden Hebel C, von denen jeder eine Zylindergruppe versorgt. Außerdem muß der Motor jederzeit unter der Herrschaft des Sicherheitsreglers D stehen, damit bei plötzlicher Entlastung, z. B. beim Austauchen des Propellers, keine unzulässige Drehzahlsteigerung eintritt. Die Aufgabe, die Steuerung so zu bauen, daß beide Regelungen unabhängig voneinander auf die Regelwelle f einwirken, ist hier ebenso gelöst wie in Bild 211, S. 189. Die beiden Zugfedern k (Bild 357) suchen die Regelwelle beständig in die Vollaststellung zu ziehen (Pfeil α); sie können dies jedoch nur soweit tun, wie die Stellung der Handhebel C es gestattet. Die Federn des Sicherheitsreglers D sind so gespannt, daß seine Muffe sich bei allen vorkommenden Betriebsdrehzahlen in ihrer tiefsten Lage befindet und sich nur dann hebt, wenn die zulässige Drehzahl überschritten wird. Dann greift das Reglergestänge l an der Regelwelle f an und dreht sie, wie aus Bild 357 (Seitenansicht) erkennbar, im Sinn des Pfeiles β in die Leerlaufstellung, wobei die Verstellkraft des Reglers die im entgegengesetzten Sinn wirkende Spannung der Zugfedern k überwindet. Damit das Reglergestänge die Drehung der Regelwelle f durch den Maschinisten freigibt, sind wie in Bild 210, S. 187, Klauenkupplungen m, n vorgesehen, mittels deren das Reglergestänge l und die Stangen i an der Regelwelle f angreifen. Die Regelbewegungen C und D stören sich infolgedessen nicht. Auch die Drehung des Steuerrades a, durch welche beim Anlassen die Regelwelle f zuerst in die Nullstellung, dann in die Betriebsstellung gebracht wurde, ist unabhängig von den Regelbewegungen C und D, weil die Hebel B_1, B_2 mit den an ihrem Ende angebrachten Rollen durch Federkraft gegen die bei der Drehung von a bewegten Nocken gedrückt werden. Die Hebel C sind durch Federwaagen elastisch mit den Hebeln B_1, B_2 verbunden, so daß auch die Steuerbewegungen B und C unabhängig voneinander sind.

Die Umsteuermaschine (Bild 358) ist neben der Anlaß- und Brennstoffsteuerung am Bedienungsstand angeordnet,

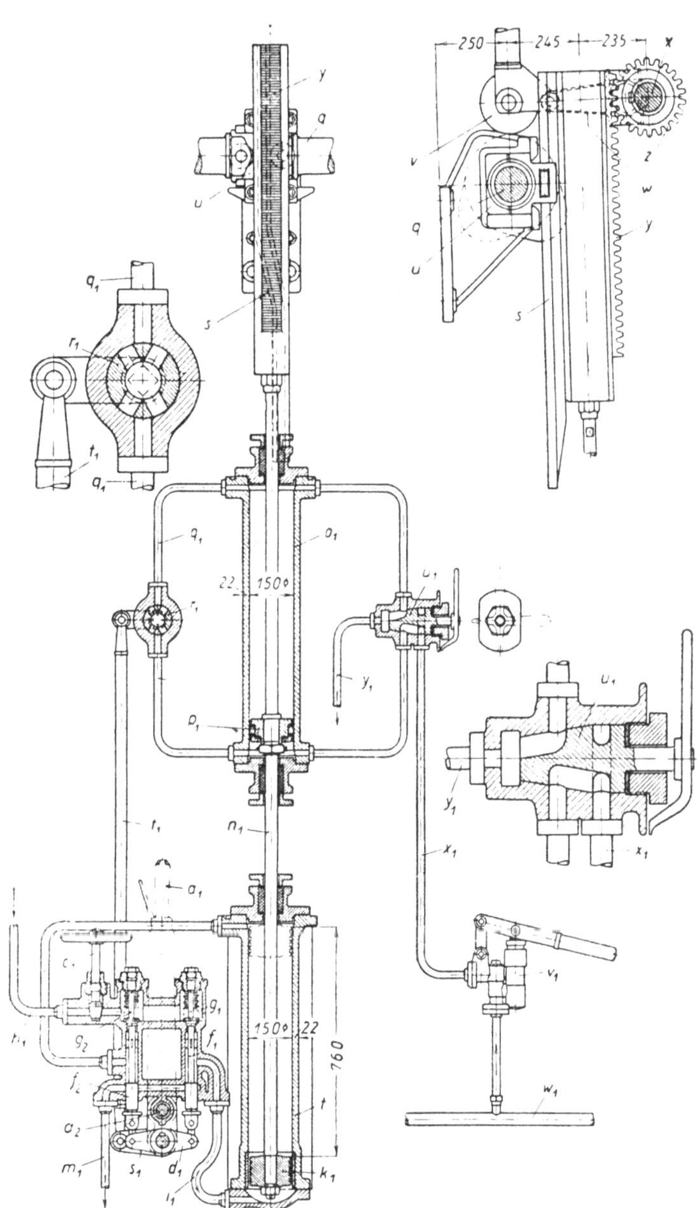

Bild 358. Umsteuermaschine, Bauart Burmeister & Wain.

q = Nockenwelle,
s = Kurvenschiene,
t = Druckluftzylinder,
u = Verschiebelager,
v = Stoßstangenrolle,
w = Stoßstangenlenker,
x = Manövrierwelle,
y = Zahnstange,
z = Zahnrad auf Welle x,
a_1 = Umsteuerhebel,
c_1 = Druckluftabsperrventil,
d_1 = Querhaupt auf Drehzapfen von a_1,
f_1, f_2 = Kolbenschieber,
g_1, g_2 = Federbelastete Kegelventile,
h_1 = Leitung vom Anlaßluftbehälter,
i_1 = Leitung zur Unterseite des Druckluftkolbens,

k_1 = Druckluftkolben,
l_1 = Leitung zur Oberseite des Druckluftkolbens,
m_1 = Leitung zum Schalldämpfer,
n_1 = Kolbenstange,
o_1 = Bremszylinder,
p_1 = Bremskolben,
q_1 = Ölumlaufleitung,
r_1 = Bremshahn,
s_1 = Hebel auf Drehzapfen von a_1,
t_1 = Antrieb des Bremshahnes r_1,
u_1 = Wendehahn für Handumsteuerung,
v_1 = Handölpumpe,
w_1 = Hauptschmierölleitung,
x_1 = Druckleitung der Handölpumpe,
y_1 = Ölabfluß zum Kurbelgehäuse,
a_2 = Stift für Verriegelung der Umsteuermaschine bei Betrieb.

damit der Maschinist alle Handgriffe, die er zur Bedienung der Anlage braucht, nebeneinander findet. Auch die zur Überwachung nötigen Instrumente, die Manometer, das mit je einer Skala für Vor- und Rückwärtsgang versehene Tachometer o, das durch eine leichte Gelenkkette p von einem der Zwischenzahnräder angetrieben wird, sowie der Umdrehungszähler r sind übersichtlich am Bedienungsstand angebracht.

Bei der Umsteuerung wird die Nockenwelle q (Bild 357), die für den Vor- und Rückwärtsgang je einen vollständigen Satz Nocken für die Brennstoffpumpen und alle Ventile trägt, in ihrer Achsenrichtung so verschoben, daß entweder die Vorwärts- oder die Rückwärtsnocken zum Eingriff mit den Stoßstangen kommen. Die Verschiebung wird durch die Kurvenschiene s (Bild 358) bewirkt, die vom Druckluftzylinder t gehoben und gesenkt werden kann. Das obere und untere Drittel der Kurvenschiene verläuft gerade; die beiden Drittel sind um den Hub der Nockenwelle q gegeneinander versetzt. Der mittlere, schräg verlaufende Teil von s drückt bei der Verschiebung auf die eine oder andere Rolle des Verschiebelagers u (s. Bild 346, S. 334), wodurch dieses in seiner Achsenrichtung verschoben wird; dabei nimmt es die Nockenwelle mit.

Damit die Rollen v der Stoßstangen die Nockenwelle während der Verschiebung freigeben, sind die Stoßstangen (wie in Bild 349) mit ihren unteren Enden an Lenkern w aufgehängt, deren Drehpunkte in den Kröpfungen der parallel zur Nockenwelle angeordneten Manövrierwelle x liegen. Die Kurvenschiene s trägt an ihrer Rückseite eine Zahnstange y, die mit dem auf der Manövrierwelle x aufgekeilten Zahnrad z kämmt. Die Zähnezahlen von y und z sind so bemessen, daß die Welle x genau eine volle Umdrehung macht, wenn die Kurvenschiene s mit der Zahnstange y um ihren vollen Hub verschoben wird. Während der ersten 120° Drehung des Rades z wird die Nockenwelle q noch nicht verschoben, weil das obere Drittel der Kurvenschiene s gerade verläuft; nur die an den Kröpfungen der Manövrierwelle x hängenden Lenker w schwenken die Stoßstangen mit den Rollen v seitlich aus, wodurch die Nockenwelle zur Verschiebung freigegeben wird. Während des zweiten Drittels des Hubes von s wird die Nockenwelle durch den schrägen Teil verschoben; gleichzeitig dreht sich die Manövrierwelle um weitere 120°, was aber nur eine Leerbewegung der Lenker w mit den Stoßstangen zur Folge hat. Die Nockenwelle ist damit in ihre neue Endstellung gelangt. Der dritte Teil der Bewegung setzt die Rollen wieder auf die Nocken, womit die Maschine zum Anfahren in der neuen Drehrichtung klar ist.

Der Kolben k_1 der Umsteuermaschine wird durch Druckluft bewegt. Soll umgesteuert werden, so öffnet der Maschinist das Absperrventil c_1 und legt den Umsteuerhebel a_1 (bei der in Bild 358 gezeichneten Stellung des Kolbens k_1) nach links um. Diese Bewegung hebt mittels des Querhauptes d_1 durch den Kolbenschieber f_1 das federbelastete Kegelventil g_1 an und gibt der durch die Leitung h_1 vom Anlaßgefäß kommenden Druckluft den Weg durch das Rohr i_1 unter den Kolben k_1 frei. Gleichzeitig senkt sich, von dem anderen Ende des Querhauptes d_1 bewegt, der Kolbenschieber f_2 und stellt durch die Leitungen l_1 und m_1 eine Verbindung der oberen Seite von k_1 mit dem Schalldämpfer her, so daß auf der oberen Kolbenseite atmosphärischer Druck herrscht. Die Kolbenstange n_1 überträgt die Bewegung auf die Zahnstange und die Kurvenschiene.

Die untere Totlage des Kolbens k_1 entspricht dem Vorwärtsgang; während der Rückwärtsfahrt steht der Kolben k_1 im Zylinder t oben. Soll von Zurück auf Voraus umgesteuert werden, so wird der Hebel a_1 nach rechts bewegt, so daß die Druckluft durch das Ventil g_2 und die Leitung l_1 auf die obere Kolbenseite tritt. Jetzt steuert der Schieber f_1 die Entlüftung der unteren Seite.

Oberhalb des Druckluftzylinders ist der Bremszylinder o_1 angeordnet, der mit Schmieröl gefüllt ist. Während die Umsteuermaschine arbeitet, muß der mit Lederstulpdichtung versehene Kolben p_1 das Öl von der einen auf die andere Kolbenseite schieben, wozu die beiden Kolbenseiten durch die Umlaufleitung q_1 verbunden sind. In diese ist der Bremshahn r_1 eingeschaltet, der mit vier Bohrungen versehen ist und durch den Hebel s_1 und die Stange t_1 verstellt wird, wenn der Maschinist den Hebel a_1 auf die eine oder andere Seite legt. Durch diese Bewegung wird der Bremshahn r_1 so gedreht, daß die Leitungszweige q_1 durch das eine oder andere Bohrungspaar verbunden werden. Durch die Weite der Bohrungen des Hahnes r_1, der den Umlauf des Schmieröles in der Leitung q_1 drosselt, wird die Geschwindigkeit der Kolbenstange so eingestellt, daß die Umsteuerung stoßfrei arbeitet.

Nach Beendigung der Umsteuerbewegung legt der Maschinist den Hebel a_1 wieder in seine Mittelstellung; dann sind die Ventile g_1, g_2 geschlossen und die Druckluftleitung h_1 ist vom Zylinder t

abgesperrt. Der Bremshahn r_1 nimmt die Mittelstellung ein, in der die Umlaufleitung q_1 geschlossen ist; das Bremsöl hält den Kolben p_1 in der einen oder anderen Endlage.

Damit der Handhebel a_1, mit dem die Umsteuermaschine eingerückt wird, nur dann bewegt werden kann, wenn die Maschine in der Stoppstellung steht, schiebt das durch Nocken vom Handrad a betätigte Gestänge z_1 (Bild 357) einen Stift a_2 (s. auch Bild 358) so in den Handhebel a_1 der Umsteuermaschine, daß dieser nicht bewegt werden kann, solange die Maschine läuft. Erst wenn das Handrad a in die Stoppstellung gelegt ist und die Speiche b_1 in der oberen Totlage steht, zieht das Gestänge z_1 den Stift a_2 zurück und gibt den Hebel a_1 frei. Dasselbe Gestänge bewirkt durch einen Hakenhebel c_2, der nur in den Endlagen des Umsteuergestänges in dieses greift, daß das Handrad a nur bewegt, d. h. die Maschine nur angelassen werden kann, wenn die Umsteuermaschine entweder in der einen oder der anderen Endlage steht.

Im Notfall muß man die Maschine auch von Hand umsteuern können; daher ist an den Bremszylinder o_1 ein Wendehahn u_1 (s. auch Bild 357) angeschlossen, der dies ermöglicht. In diesem Fall dient zum Umsteuern eine Handpumpe v_1 (Bild 358), die aus der Hauptschmierölleitung w_1 saugt und in die zum Wendehahn u_1 führende Leitung x_1 drückt. Von dort kann das Öl je nach der Stellung des Wendehahnes auf die obere oder untere Seite des Kolbens p_1 gedrückt werden, während das auf der entgegengesetzten Kolbenseite befindliche Öl durch die Leitung y_1 in das Kurbelgehäuse abfließt. Wird der Griff des Wendehahnes u_1 in die Waagerechte gelegt, so ist die Handpumpe v_1 abgeschaltet, und es besteht keine Verbindung mit dem Bremszylinder. Dies entspricht der Betriebsstellung der Maschine.

Bei Zweitaktmaschinen beschränkt sich die Anlaßsteuerung auf das Einschalten der Anlaßventile und die Umstellung von Anlaßluft auf Brennstoff, die Umsteuerung auf das Verschieben der Brennstoffnockenwelle, die auch die Steuernocken für die Anlaßventile trägt. Bild 359 zeigt als Beispiel die von der Machinefabriek Gebr. Stork & Co. gebaute Vorrichtung, die für eine fünfzylindrige Zweitakt-Tauchkolbenmaschine (540 mm Zyl.-Dmr., 900 mm Hub) bestimmt ist.

Die in zwei Gleitlagern laufende, kurze und steife Nockenwelle a wird durch das Zahnrad b von der Kurbelwelle mit gleicher Drehzahl angetrieben. Sie trägt für jeden Zylinder zwei Brennstoffnocken, c für die Vorwärts-, d für die Rückwärtsfahrt. Die (geteilten) Nocken werden durch Zentrierringe zusammengehalten, im übrigen aber nur durch Kopfschrauben gegen die an der Welle angedrehten Bunde gedrückt, so daß sie in der Umfangsrichtung allein durch Reibung mitgenommen werden. Will man den Einspritzzeitpunkt verstellen, so lockert man die Kopfschrauben und kann den Nocken in der Umfangsrichtung verschieben.

Beim Umsteuervorgang wird die Nockenwelle um 85 mm verschoben. Die Rollen e der Brennstoffpumpen brauchen hierbei nicht abgehoben zu werden; durch Schrägen an den Rollenführungen und den Nocken schiebt sich der neu zum Eingriff kommende Nocken unter die Rolle.

Zum Verschieben der Nockenwelle trägt diese an ihrem linken Ende einen verjüngten Zapfen, der mit radialem Spiel durch das Bundlager f geführt ist. Die am linken Ende des Zapfens befestigte Platte und der Absatz der Welle bilden die Druckflächen für das Bundlager, das in der Gehäusebohrung axial verschiebbar ist. Die Bohrung g, die bei jeder axialen Stellung des Lagers in Verbindung mit den Druckflächen bleibt, führt diesen das Schmieröl zu. Das aus Bronze hergestellte einteilige Lager f trägt die Zahnstange h, die mit dem Zahnrad i kämmt. Auf der Welle von i ist das große Zahnrad k aufgekeilt, das mit dem kleinen Zahnrad l zusammenarbeitet. Die doppelte Untersetzung i–k und k–l ermöglicht das Verschieben der Nockenwelle a durch Handkraft (Handrad m).

Der Maschinist kann das Handrad m jedoch nur dann bewegen, wenn er zuvor den Riegel n mit dem Handgriff o aus dem Rad k herausgezogen hat. Durch dieselbe Bewegung schiebt sich das spitze Ende des Riegels in die Aussparung q der Brennstoffregelwelle p. Die Aussparung q steht nur dann dem Riegel n gegenüber, wenn die Welle p die Brennstoffpumpen auf Nullfüllung gestellt hat, d. h. wenn der Handhebel r auf „Stopp" steht. Der Motor kann also nur bei Stillstand umgesteuert werden. Der Anlaßvorgang und der Betrieb einerseits und der Umsteuervorgang andererseits sind dadurch gegeneinander verblockt. Die Länge des Riegels n ist so bemessen, daß er immer entweder die Regelwelle p oder das Zahnrad k (und damit das Umsteuerrad m) festhält.

An der in vier Nadellagern und einem Gleitlager geführten Regelwelle p greifen der Handhebel r und am Auge s der Sicherheitsregler an, beide nicht direkt, sondern durch zwei Klauenkupplungen

t, t_1. Die Feder u, die an dem fest mit der Welle p verbundenen Auge v angreift, sucht die Welle p stets in die Vollaststellung zu ziehen; sie kann dies jedoch nur soweit tun, wie die an der Nabe des Handhebels r sitzende Klaue t es gestattet. Die zweite Klauenkupplung t_1 läßt dieser Handregelung genügendes Spiel. Erst bei Überschreiten der zulässigen Höchstdrehzahl zieht der bei s angreifende Sicherheitsregler die Welle p entgegen der Spannung der Feder u in die Leerlaufstellung, wobei die Klauen t_1 sich aneinanderlegen. Die Regelung arbeitet ebenso, wie auf S. 189 (Bild 211) beschrieben.

Beim Anlassen wird der in der Rast w gehaltene Hebel r in seine höchste Stellung gelegt. Seine Nabe ist mit einer Kurvenscheibe verbunden, die aus zwei Bögen x, y besteht. Gegen die Kurvenscheibe wird von einer Feder der Steuerschieber z mit seinem halbkugelförmigen Ende gedrückt. Der Teil y der Kurvenscheibe ist konzentrisch zur Drehachse des Hebels r, so daß die Lage des Steuerschiebers z sich nicht ändert, wenn der Hebel r aus der Stopp- in die Vollaststellung gelegt wird. Legt man aber den Hebel aus der Stopp- in die Anlaßstellung, dann drückt der ansteigende Teil x der Kurvenscheibe den Schieber z nach unten und der Ventilkegel a_1 stellt die Verbindung zwischen den Anschlüssen b_1 und c_1, d. h. zwischen dem Anlaßluftbehälter und dem Hauptanlaßventil her. Der mit Kolbenringen versehene Teil des Schiebers z versperrt dabei die durch einen Schalldämpfer ins Freie führende Leitung d_1. Das Hauptanlaßventil wird durch den Luftdruck geöffnet (wie das Ventil g in Bild 355); die Anlaßluft gelangt vor die Anlaßventile der Zylinder, von denen immer wenigstens eines geöffnet ist, und die Maschine springt an. Der Handhebel r wird sodann über die Stopp- in die Betriebsstellung gelegt; dabei gelangt der Nockenteil y zur Wirkung, das Ventil a_1 schließt, und die Verbindung b_1-c_1 zwischen dem Anlaßbehälter und dem Hauptanlaßventil ist unterbrochen. Der Schieber z steht jetzt so, daß c_1 und d_1 verbunden sind; dadurch wird die zum Hauptanlaßventil führende Leitung entlüftet, und dieses Ventil schließt ebenfalls. Aber auch die bei e_1 angeschlossene Leitung steht (durch mehrere Bohrungen) jetzt in Verbindung mit d_1; dadurch werden auch die zu den Zylindern führenden Anlaßluftleitungen entlüftet.

Wenn beim Umsteuern das Handrad m gedreht wird, verschiebt das Zahnrad k, das mit einer Kurvennut f_1 versehen ist, einen Steuerschieber g_1, der mit einer Rolle in die Kurvennut greift. Das mit einer Bronzebuchse versehene Schiebergehäuse hat vier Anschlüsse: h_1 ist die Leitung vom Hauptanlaßventil, i_1 leitet die Steuerluft zu den Anlaßsteuerschiebern, wenn die Umsteuerung auf „Voraus" gestellt ist, k_1, wenn sie auf „Zurück" steht, und l_1 führt durch einen Schalldämpfer in die Atmosphäre. Bei der in Bild 359 gezeichneten Stellung des Schiebers g_1 sind die Steuerluftleitungen k_1 entlüftet; in die Leitung i_1 kann die Steuerluft von h_1 durch die Schiebermuschel übertreten, jedoch nur dann, wenn der Hebel r in Anlaßstellung steht. Bei allen Stellungen des Hebels r zwischen Stopp und Vollast sind auch die Steuerluftleitungen für die Vorausfahrt durch die Leitung l_1 entlüftet. Steht das Handrad m auf Rückwärtsfahrt und der Hebel r in Anlaßstellung, so erhalten die Anlaßventile ihre Steuerluft durch h_1 und k_1, und die Leitung i_1 steht durch die Bohrungen im Schieber g_1 mit dem Schalldämpfer in Verbindung.

Bei großen Zweitaktmaschinen wird die Nockenwelle so schwer, daß sie nicht mehr von Hand verschoben werden kann; dann sieht man eine Umsteuermaschine (ähnlich Bild 358) vor. Bild 360 zeigt eine für eine sechszylindrige doppeltwirkende Zweitaktmaschine (600 mm Zyl.-Dmr., 1100 mm Hub) ausgeführte Anlaß- und Umsteuervorrichtung. Die Umsteuermaschine ist in der Längsmitte des Motors über dem Kuppelflansch der Kurbelwellenhälften und dem Zahnradantrieb der Nockenwelle angeordnet, wo ohnehin Platz vorhanden ist; daneben steht der Sicherheitsregler mit senkrechter Welle und Kegelradantrieb vom Zwischenzahnrad. Die Wirkungsweise der Vorrichtung ist leicht verständlich, wenn die Bedeutung von vier (im Schnitt gezeichneten) Wellen beachtet wird: a ist die verschiebbare Nockenwelle, die für jede Brennstoffpumpe und jeden Anlaßluftsteuerschieber einen Vorwärts- und einen Rückwärtsnocken trägt, b ein kurzer Wellenstummel, auf dem die Kurvenscheibe e aufgekeilt ist, c die Manövrierwelle (vgl. m in Bild 361), die zum Abheben der Rollenführungen während des Verschiebens der Nockenwelle a dient, und d die Regelwelle der Brennstoffpumpen. Der schraffiert gezeichnete Querschnitt f bezeichnet nicht eine Welle, sondern einen kurzen Versteifungsanker, der durch eine bohnenförmige, durch einen Wulst versteifte Aussparung der Kurvenscheibe e geführt ist. (Die Länge der Aussparung ist durch die Schwenkbewegung der Kurvenscheibe bedingt.) Der Rand g der Kurvenscheibe entspricht der

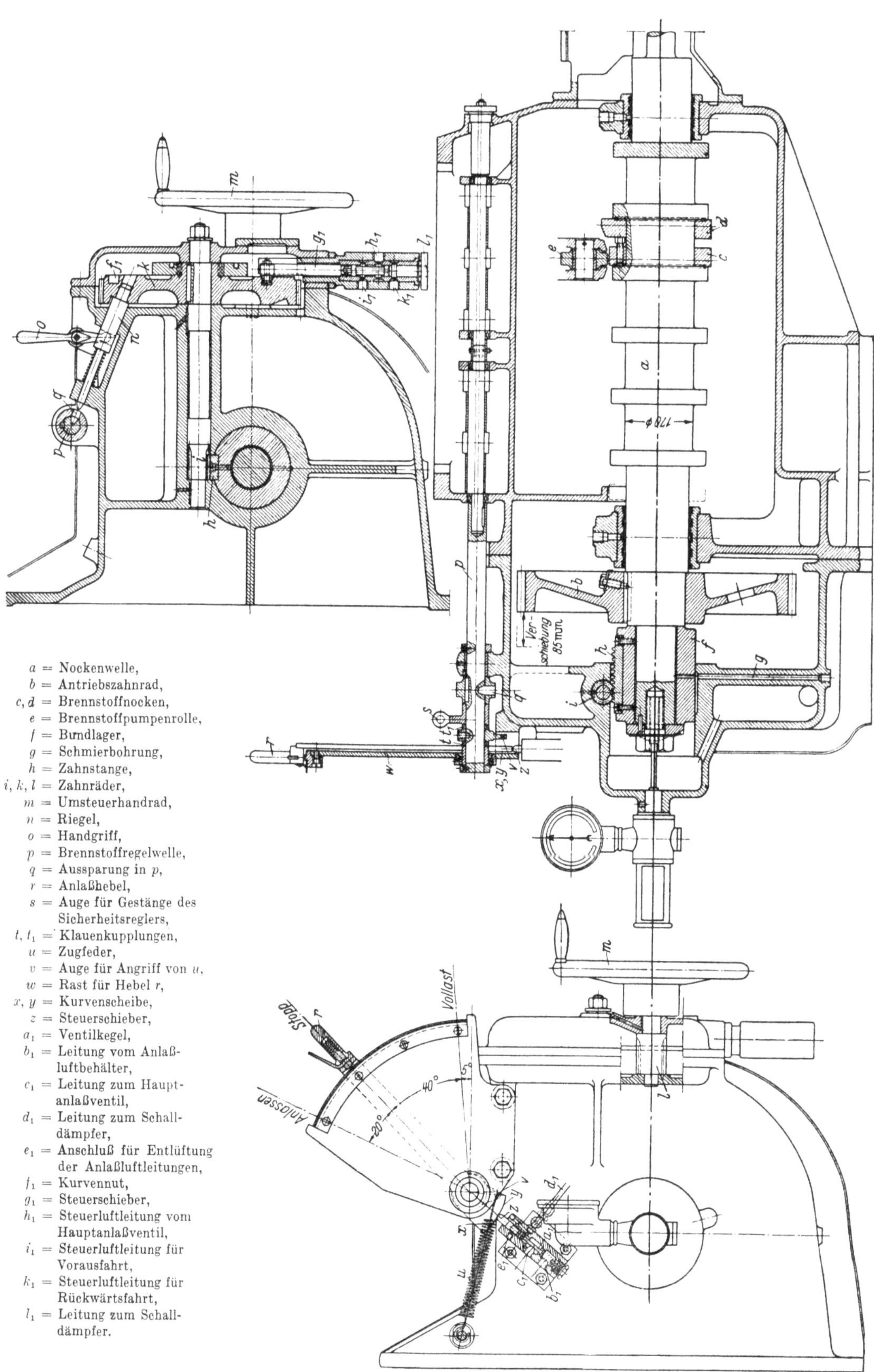

a = Nockenwelle,
b = Antriebszahnrad,
c, d = Brennstoffnocken,
e = Brennstoffpumpenrolle,
f = Bundlager,
g = Schmierbohrung,
h = Zahnstange,
i, k, l = Zahnräder,
m = Umsteuerhandrad,
n = Riegel,
o = Handgriff,
p = Brennstoffregelwelle,
q = Aussparung in p,
r = Anlaßhebel,
s = Auge für Gestänge des
    Sicherheitsreglers,
t, t_1 = Klauenkupplungen,
u = Zugfeder,
v = Auge für Angriff von u,
w = Rast für Hebel r,
x, y = Kurvenscheibe,
z = Steuerschieber,
a_1 = Ventilkegel,
b_1 = Leitung vom Anlaß-
    luftbehälter,
c_1 = Leitung zum Haupt-
    anlaßventil,
d_1 = Leitung zum Schall-
    dämpfer,
e_1 = Anschluß für Entlüftung
    der Anlaßluftleitungen,
f_1 = Kurvennut,
g_1 = Steuerschieber,
h_1 = Steuerluftleitung vom
    Hauptanlaßventil,
i_1 = Steuerluftleitung für
    Vorausfahrt,
k_1 = Steuerluftleitung für
    Rückwärtsfahrt,
l_1 = Leitung zum Schall-
    dämpfer.

Bild 359. Anlaß- und Umsteuervorrichtung eines Zweitakt-Tauchkolbenmotors der Machinefabriek Gebr. Stork & Co.

Kurvenschiene s in Bild 358; er liegt auf der Vorder- und der Rückseite der Kurvenscheibe, und sein oberer Teil ist gegen den unteren senkrecht zur Bildebene um den Hub der Nockenwelle versetzt. Die Kurvenleiste g wird von den beiden Rollen des Verschiebelagers (vgl. auch Bild 346, S. 334) umfaßt, das die Nockenwelle verschiebt, wenn die Kurvenscheibe e um ihren Hub geschwenkt wird. Die obere, unregelmäßig gestaltete Kante der Kurvenscheibe berühren zwei an einem Winkelhebel gelagerte Rollen; der Winkelhebel ist auf der Manövrierwelle c aufgekeilt. Die Berührungsfläche zwischen Rollen und Kurvenscheibe ist so geformt, daß die Manövrierwelle zwangläufig

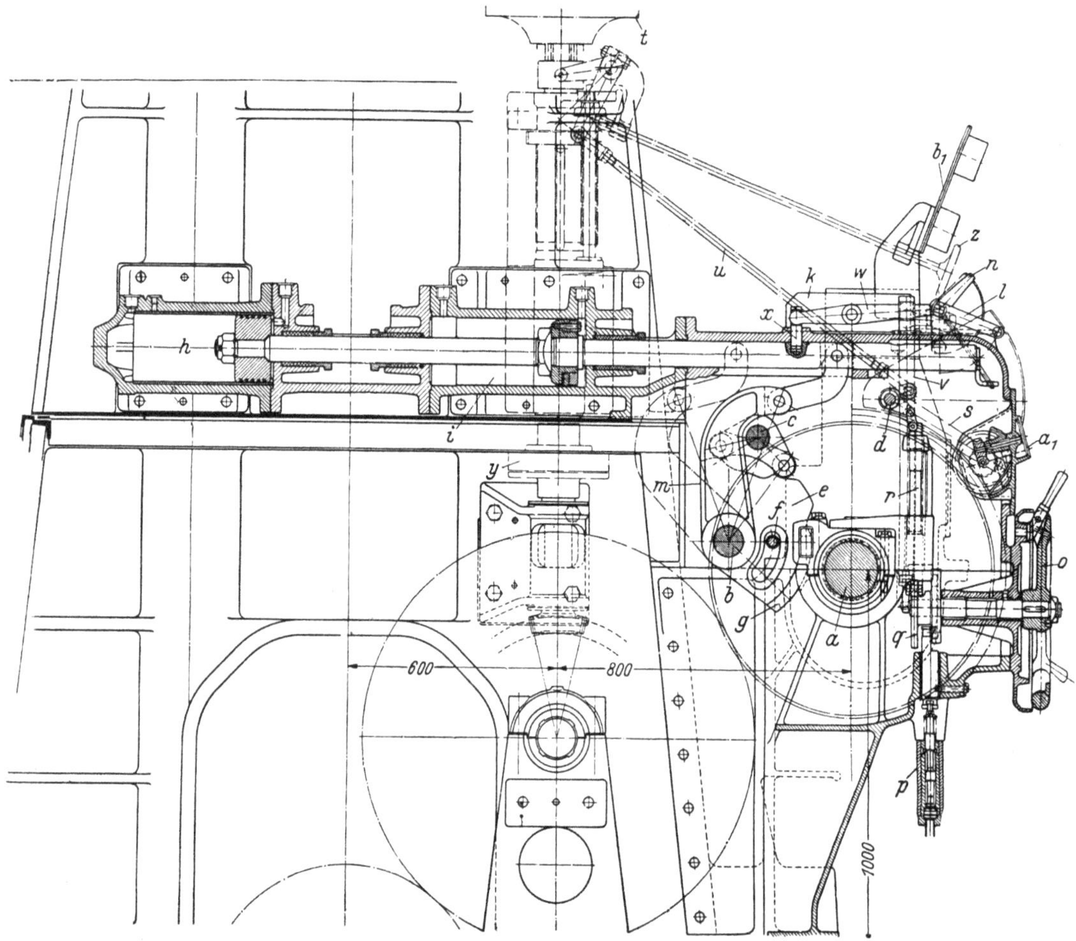

Bild 360. Anlaß- und Umsteuervorrichtung einer doppeltwirkenden Zweitaktmaschine.

a = Nockenwelle,	k = Schiebergehäuse,	t = Sicherheitsregler,
b = Welle für e,	l = Umsteuerhandhebel,	u = Stange für Kupplung von t mit d,
c = Manövrierwelle,	m = Hebel zum Schwenken von e,	v = Stange ⎫
d = Brennstoffregelwelle,	n = Zeiger,	w = Hebel ⎬ für Verriegelung,
e = Kurvenscheibe,	o = Anlaßhandrad,	x = Stift ⎭
f = Anker,	p = Schiebergehäuse,	y = Lederringkupplung,
g = Führungsleiste,	q = Nockenscheibe,	z = Handrad zur Einstellung von t,
h = Druckluftzylinder,	r = Stange für Kupplung von o mit d,	a_1 = Fahrtrichtungszeiger,
i = Bremszylinder,	s = Hebel für Brennstoffregelung,	b_1 = Manometertafel.

eine Schwenkbewegung macht, wenn die Kurvenscheibe ihren Winkelhub zurücklegt. Auf c sind Nocken aufgekeilt (vgl. z. B. a, b in Bild 361), welche mit Hebeln die Rollenführungen der Brennstoffpumpen und der Anlaßluftsteuerschieber von den Nocken der Welle a abheben und diese zur Verschiebung freigeben.

Die Umsteuermaschine hat (wie in Bild 358) einen Druckluftzylinder h und einen mit Schmieröl gefüllten Bremszylinder i. Durch die beiden am Zylinder h angebrachten Verschraubungen kann Druckluft auf die rechte oder linke Seite des Kolbens **geg**eben werden, wodurch sich dieser in seine

linke oder rechte Endstellung bewegt. Der Bremszylinder dämpft in der früher beschriebenen
Weise die Bewegung der Kolbenstange. An seine Verschraubungen ist wie in Bild 358 ein Wendehahn angeschlossen, der mit einer Handpumpe in Verbindung steht. Mit dieser Einrichtung kann
die Umsteuermaschine auch von Hand betätigt werden.

Der Maschinist gibt beim Umsteuern die Druckluft auf die rechte oder linke Seite des Zylinders h
mit Hilfe eines einfachen kleinen Steuerschiebers, der in einer Bohrung des Stahlkörpers k untergebracht ist und den er mit dem Handhebel l in die eine oder andere Endlage bewegt. An das
Schiebergehäuse k ist eine vom Anlaßluftbehälter kommende, absperrbare Leitung angeschlossen;
je ein weiteres Rohr führt zu den Verschraubungen am Druckluftzylinder. Kolben und Kolbenstange der Umsteuermaschine stehen immer nur in der einen oder anderen Endstellung, je nachdem
wie der Maschinist den Hebel l legt.

Der Druckluftzylinder h ist mit einer Bronzebuchse gefüttert, damit der gußeiserne Kolben nicht
festrostet, wenn er längere Zeit nicht verschoben wird. Der Kolben trägt fünf Kolbenringe, während
der Kolben des Bremszylinders i durch zwei Lederstulpe abgedichtet ist.

Der Kolbenstange ist der gekrümmte Hebel m angelenkt. Daher hat eine Bewegung der Kolbenstange aus der einen in die andere Endlage eine Schwenkung der Kurvenscheibe e, eine Pendel-
drehung der Manövrierwelle c (und damit das Abheben und Wiederaufsetzen aller Rollen) und ein
Verschieben der Nockenwelle a zur Folge. Damit ist der Umsteuervorgang, der nur wenige Sekunden
dauert, beendet. Ein Zeiger n, der von der Kolbenstange bewegt wird, zeigt dem Maschinisten die
Stellung der Umsteuermaschine an.

Das Handrad o dient nur zum Anlassen und Stillsetzen der Maschine. Von dem linken Ende seiner
Welle sind drei Bewegungen abgeleitet, die zum Zu- oder Abschalten der Druckluft für die Anlaßluftsteuerschieber, zum Abstellen bzw. Einschalten der Brennstofförderung und zum Verriegeln
der Anlaß- gegen die Umsteuervorrichtung dienen. Dem linken Lager der Handradwelle am nächsten
sitzt auf der Welle eine Scheibe mit einer Kurvennut, die (ähnlich wie in Bild 359) einen Kolbenschieber im Gehäuse p verschiebt. Dem Gehäuse wird durch den an seinem unteren Ende sichtbaren
Anschluß Druckluft vom Anlaßgefäß zugeführt. Wenn das Handrad o in die Anfahrstellung
gedreht wird, gibt der Schieber zwei (im Bild hinter dem Schiebergehäuse liegende) Öffnungen frei,
von denen je eine Leitung zu den Anfahrluftsteuerschiebern (vgl. l_s in Bild 361) führt. Legt der
Maschinist das Handrad o aus der Anlaß- in die Betriebsstellung, so wird die Steuerluft abgestellt.
Neben der Kurvennutscheibe sitzt auf der Handradwelle eine Nockenscheibe q, welche die Aufgabe
hat, die Brennstofförderung so lange auszuschalten, wie das Handrad in der Anlaßstellung steht.
Die Scheibe q muß also mit der Regelwelle d der Brennstoffpumpen in Verbindung stehen. Diese
wird dadurch hergestellt, daß eine an ihrem unteren Ende mit einer Rolle versehene Stange r,
die an ihrem oberen Ende durch ein kurzes Gelenk an der Welle d angreift, von der Nockenscheibe q
nach oben verschoben wird, wenn das Handrad o in die Anlaßstellung gelegt wird. Die Regelwelle d
macht dadurch eine Drehung entgegen dem Uhrzeigersinn, die ein Abstellen der Brennstoffpumpen
zur Folge hat. Wird das Handrad in die Betriebsstellung gelegt, so beeinflußt der Nocken die Bewegung der Regelwelle nicht; diese wird jetzt nur vom Handhebel s, mit dem der Maschinist die
Drehzahl regelt, oder beim Überschreiten der zulässigen Drehzahl durch den Sicherheitsregler t
der mit der Stange u an d angreift, verstellt. Der Hebel s und die Stange u sind durch Klauenkupplungen mit der Welle d verbunden, wie in Bild 210, S. 187, dargestellt.

Eine dritte Bewegung, die von der Welle o abgeleitet wird, verriegelt die Anlaß- gegen die Umsteuervorrichtung. Zu diesem Zweck trägt die Welle o an ihrem linken Ende eine kleine Stirnkurbel, die mit einer kurzen Pleuelstange eine Stange v verschiebt, wenn o gedreht wird. Die
Stange v hat an ihrem oberen Ende ein Auge, in welches das rechte Ende des zweiarmigen Hebels w
greift. In der Stoppstellung des Handrades o steht die Stirnkurbel in ihrer tiefsten Stellung, und
die Stange v hat den Hebel w so gedreht, daß dessen linkes Ende den Stift x aus einer Querbohrung
der Kolbenstange der Umsteuermaschine herausgezogen hat. Der Motor kann jetzt umgesteuert
werden, wozu nur der Hebel l umgelegt zu werden braucht. Nach Beendigung des Umsteuervorganges steht der Stift x über einer zweiten Querbohrung der Kolbenstange, die um den Stangen-
hub von der ersten Bohrung entfernt liegt; er greift aber noch nicht in diese Bohrung ein. Das
geschieht erst, wenn der Maschinist das Handrad o dreht und den Motor anläßt. Während des An-

23*

fahrens und im Betrieb greift der Stift x ständig in die Kolbenstange und hält diese in der einen
oder anderen Endstellung fest. Ein Verschieben der Kolbenstange der Umsteuermaschine beim
Anfahren und im Betrieb ist damit ausgeschlossen. Der Maschinist kann bei laufender Maschine
den Handhebel l der Umsteuermaschine nicht bewegen, denn solange die Maschine läuft, nimmt
die Stange v ihre höchste Stellung ein, so daß das rechte Stirnende des Hebels w der abgeflachten
Nabe des Umsteuerhebels l gegenüberliegt. Beide Flächen sind in dieser Stellung parallel und
liegen so dicht nebeneinander, daß l nicht bewegt werden kann. Nur wenn das Handrad o in die
Stoppstellung gelegt wird, die Stange v sich also nach unten schiebt, senkt sich das rechte Ende
des Hebels w unter die Nabe des Hebels l und gibt dessen Bewegung frei. Der Motor kann daher
nur bei Stoppstellung umgesteuert werden.

Der Sicherheitsregler t wird durch Kegelräder vom Zwischenzahnrad angetrieben (vgl. Bild 345,
S. 333); eine Lederringkupplung y dämpft etwa auftretende Drehschwingungen. Die Drehzahl
des Reglers, bei der die Reglermuffe sich zu heben beginnt, kann durch Drehen am Handrad z
verstellt werden, wodurch die Spannung einer Zusatzfeder verändert wird. Mit dem die Nockenwelle antreibenden Zahnrad arbeitet ein kleines Zahnrad zusammen, welches das Tachometer und
durch Schnecke und Schneckenrad den Fahrtrichtungszeiger a_1 antreibt. An der Manometer-
tafel b_1 sind die erforderlichen Kontrollinstrumente angebracht.

Ein Beispiel für die Ausführung der Anlaßluftsteuerschieber zeigt Bild 361. Das Schiebergehäuse ist dem Brennstoffpumpentrog angeflanscht; es trägt das Endlager der Nockenwelle n.
Für jeden Zylinder ist ein Steuerschieber s vorgesehen, für jeden Schieber ein Nockenpaar n_a
für den Vorwärts- und den Rückwärtsgang. Der Nocken n_a ist hier ein Negativnocken; läuft
die Rolle auf dem äußeren Grundkreis g_a, so schließt der Schieber die Steuerluftleitung l_u zu
den Anlaßventilen ab; läuft sie auf dem inneren Kreis g_i, so stellt s die Verbindung zwischen der
vom Hauptanlaßventil und dem Anlaßluftbehälter kommenden Leitung l_s und der Leitung l_u
her, so daß Druckluft in die Steuerzylinder der Anlaßventile strömt und diese öffnet. In Bild 361
ist der Schieber in dieser Stellung gezeichnet. Die untere Schiebermuschel u verbindet die Leitungen
l_s und l_u miteinander. Läuft die Rolle auf dem äußeren Grundkreis g_a, so ist die Leitung l_u durch
die obere Schiebermuschel o mit der zum Schalldämpfer führenden Leitung l_d verbunden; die
Leitung l_u ist entlüftet und die Anlaßventile schließen sich unter der Wirkung ihrer Federn. Das
Öffnen und Schließen der Anlaßventile geht also gerade so vor sich, als ob sie von den Nocken n_a
mechanisch betätigt würden.

Daß das Nockenprofil vom Grundkreis g_a nach innen aufgetragen ist, hat den Vorteil, daß
der Schieber s, wenn er einmal hängenbleiben sollte, stets nur in seiner oberen Totlage hängenbleiben kann, in welcher er die Leitung l_u entlüftet. Dies kann nur die Folge haben, daß die Maschine
nicht anspringt, nicht aber die unangenehmere, daß dauernd Anlaßluft in den schon zündenden
Zylinder nachströmt.

Die Rollenführungen sind bei p an die Umlaufpreßschmierung angeschlossen. Das Rollenspiel
wird durch die Druckschraube d eingestellt, gegen die sich der im Punkt e gelagerte Hebel h legt,
der in eine Aussparung der Schieberstange greift. Durch ein aufgestecktes Rohr r kann h so verlängert werden, daß man die Schieber s von Hand bewegen kann, um sich von ihrer Beweglichkeit
zu überzeugen. Dies kann auch während des Betriebes geschehen, da die Leitungen entlüftet sind
und der Nocken a dem Hebel h etwas Bewegungsmöglichkeit nach oben läßt.

Der zweiarmige Hebel h trägt an seinem kürzeren Ende eine Rolle f, die auf einem im Hebel
exzentrisch gelagerten Bolzen läuft. Die Exzentrizität ermöglicht ein Einstellen des Spieles (0,5 mm)
zwischen der Rolle und dem inneren Grundkreis der auf der Manövrierwelle m aufgekeilten Nocken a
und b. Die in Bild 361 gezeichnete Stellung der Manövrierwelle entspricht der Anlaßstellung;
die Nocken a und b geben den Hebel h so weit frei, daß die Rolle des Schiebers s auch auf dem
inneren Grundkreis g_i laufen kann, so daß die Schiebermuschel u die Leitungen l_s und l_u verbindet.
Während des Anlaßvorganges dreht sich die Manövrierwelle weiter, bis der lange Nocken a unter
die Rolle f gelangt; dann hebt der Winkelhebel h den Steuerschieber s so hoch, daß seine Rolle
den Grundkreis g_a nicht mehr berührt; die Leitung l_s ist durch den Schieber verschlossen und die
Leitung l_u mit l_d verbunden. Die sich noch etwas weiter drehende Manövrierwelle schaltet nunmehr,
nachdem die Anlaßluft abgestellt ist, die Brennstoffpumpen auch der unteren Zylinderseiten ein,

worauf sie zum Stillstand kommt. Die Mitte des langen Nockens a steht dann unter der Rolle f; die Maschine ist im Betrieb.

Beim Übergang von der Betriebsstellung in die Stoppstellung dreht sich die Manövrierwelle m um 180° zurück; dabei läuft die Rolle f (als Relativbewegung aufgefaßt) vom Nocken a herunter, durchläuft die Aussparung zwischen den Nocken a und b, hierbei vorübergehend den Schieber s

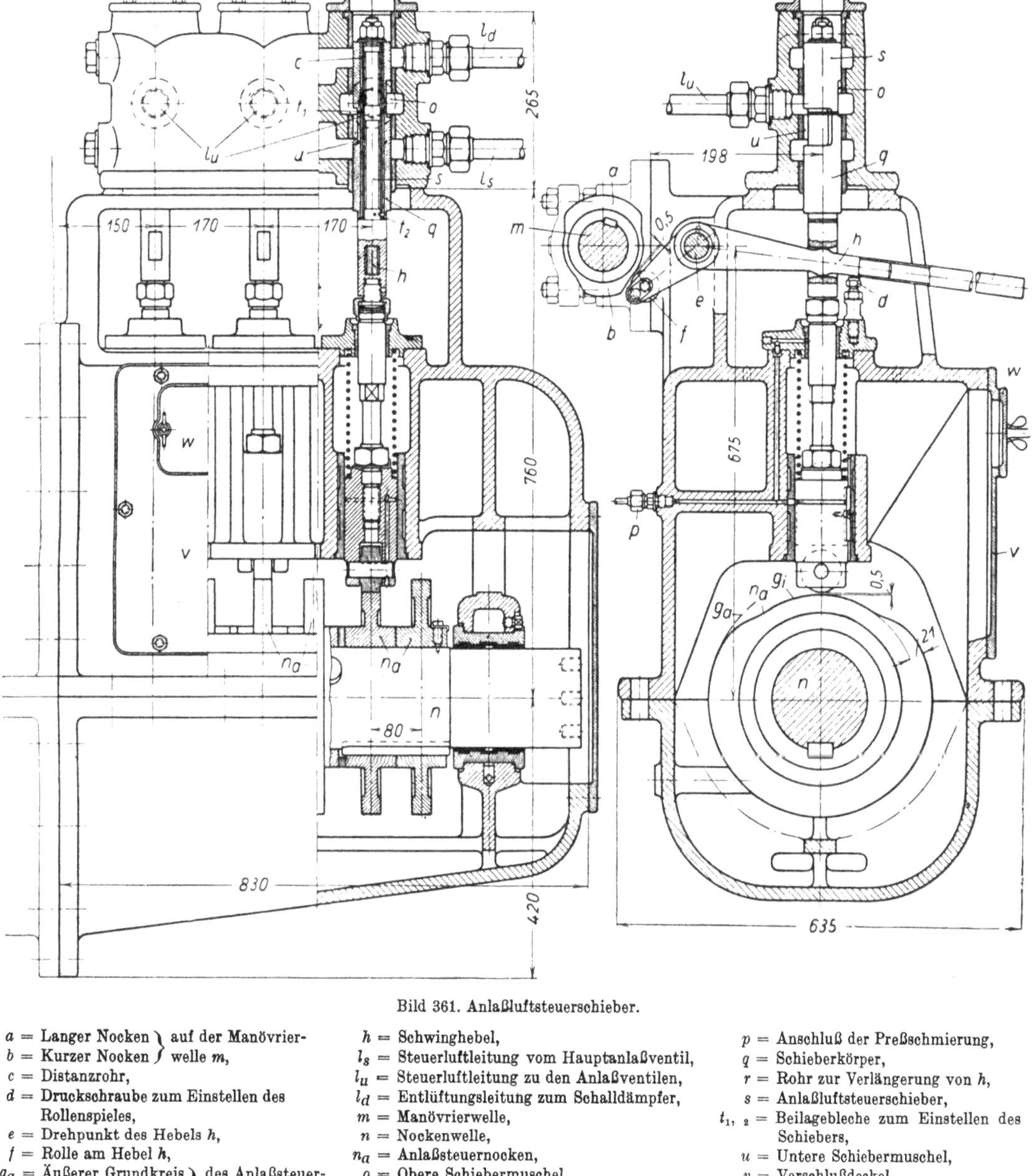

Bild 361. Anlaßluftsteuerschieber.

a = Langer Nocken ⎫ auf der Manövrier-
b = Kurzer Nocken ⎰ welle m,
c = Distanzrohr,
d = Druckschraube zum Einstellen des Rollenspieles,
e = Drehpunkt des Hebels h,
f = Rolle am Hebel h,
g_a = Äußerer Grundkreis ⎫ des Anlaßsteuer-
g_i = Innerer Grundkreis ⎰ nockens n_a,

h = Schwinghebel,
l_s = Steuerluftleitung vom Hauptanlaßventil,
l_u = Steuerluftleitung zu den Anlaßventilen,
l_d = Entlüftungsleitung zum Schalldämpfer,
m = Manövrierwelle,
n = Nockenwelle,
n_a = Anlaßsteuernocken,
o = Obere Schiebermuschel,

p = Anschluß der Preßschmierung,
q = Schieberkörper,
r = Rohr zur Verlängerung von h,
s = Anlaßluftsteuerschieber,
$t_{1,2}$ = Beilagebleche zum Einstellen des Schiebers,
u = Untere Schiebermuschel,
v = Verschlußdeckel,
w = Schaulochdeckel.

wieder in Bewegung versetzend (die aber, weil das Hauptanlaßventil geschlossen ist, keine Druckluftzufuhr zu den Anlaßventilen zur Folge hat), und läuft schließlich auf den Nocken b auf, in dessen Mitte sie stehenbleibt. Die Maschine befindet sich nunmehr in der Stoppstellung, und der Schieber s ist so hoch gehoben, daß er durch die Muschel o die Leitung l_u durch l_d entlüftet, während seine Rolle die Nockenwelle n für ein Verschieben (falls umgesteuert werden soll) freigibt.

Damit der Schieber sich frei in seinem Gehäuse einstellen kann, hat er auf seiner Spindel in seitlicher Richtung etwas Bewegungsfreiheit, ohne Spiel in der Höhe zu haben. Zu diesem Zweck ist ein Distanzrohr c vorgesehen, und der Schieberkörper q ist leichtgängig zwischen die Unterlegscheibe der Kronenmutter und einen Absatz auf der Schieberspindel eingepaßt, so daß er nicht klemmen kann. Der Schieberkörper ist in der Höhe geteilt; an den Stellen t_1, t_2 liegen Beilagebleche, wodurch man unabhängig vom Rollenspiel des Schiebers die Lage der Kanten der Muscheln o und u zwischen den Steuerkanten der Schieberbuchse einstellen kann. Der Schieberkörper und die Buchse, in der er gleitet, sind aus Bronze angefertigt, damit der Schieber nicht festrosten kann, doch ist die Buchse aus Phosphorbronze gegossen, der Schieberkörper aus Aluminiumbronze geschmiedet, weil die Verschiedenheit der Werkstoffe die Gleiteigenschaften verbessert.

Die Vorderseite des Gehäuses ist durch den gußeisernen Deckel v verschlossen. Ein kleinerer, mit zwei Flügelmuttern leicht abnehmbar befestigter Schaulochdeckel w ermöglicht eine rasche Besichtigung der Rollenführungen.

10. Zubehörteile

a) Kühlwasserpumpen

Während die Kolben nur bei größeren Zylinderleistungen gekühlt werden müssen, bedürfen die Zylinderdeckel und Laufbuchsen bei jedem Dieselmotor der Kühlung, weil sie sich ohne Kühlung auf eine Temperatur erwärmen würden, bei der die Festigkeit des Gußeisens unzulässig vermindert und die Schmierung zerstört werden würde. Auch die Gehäuse der Auspuffventile werden gekühlt, oft auch die Brennstoffventile, insbesondere deren Düsen. Bei großen Maschinen ist eine Kühlung der Gleitbahnen der Kreuzköpfe erforderlich. Die Auspuffleitungen der Viertaktmaschinen, deren Abgase heißer als beim Zweitaktmotor sind, pflegt man ebenfalls zu kühlen, während für die Auspuffleitungen der Zweitaktmotoren eine gute Isolation genügt.

Über die für die Kolben in Frage kommenden Kühlmittel Wasser und Öl s. S. 281. Für die Kühlung der Zylinderdeckel und Laufbuchsen wird stets Wasser benutzt, und zwar sowohl Süßwasser, das im Kreislauf rückgekühlt wird, wie auch Seewasser. Bei Verwendung von Seewasser sollte die Wassermenge so groß gewählt werden, daß die Austrittstemperatur 50° nicht wesentlich überschreitet, damit sich in den Kühlräumen keine harten Salzablagerungen bilden. An den Stellen, wo Schlammablagerungen vorkommen können, sind Reinigungsöffnungen erforderlich.

Die für eine PSeh aufzuwendende Kühlwassermenge kann man genügend genau aus der Erfahrungstatsache ermitteln, daß rd. ein Drittel des verbrauchten Brennstoffes als Wärme im Kühlwasser abzuführen ist. Bei einem Brennstoffverbrauch von 170 gr/PSeh und einem unteren Heizwert von 10 000 kcal/kg entfallen von den 1700 verbrauchten kcal/PSeh rd. 600 auf die Erwärmung des Wassers. Somit wird

$$\Delta t \cdot Q \cong 600,$$

wenn Q die Zahl der Liter Kühlwasser, die man für eine PSeh aufwenden will, und Δt die Zunahme der Kühlwassertemperatur ist. Δt darf zwar gewählt werden, unterliegt aber Beschränkungen, die sich aus der mit Rücksicht auf die Ablagerungen höchstzulässigen Austrittstemperatur und der vorgeschriebenen Eintrittstemperatur ergeben. Wenn sicher ist, daß diese 20° nicht übersteigen kann, und wenn man eine Austrittstemperatur von 50° nicht zu überschreiten wünscht, so wird $\Delta t = 30°$, und es genügt eine Kühlwassermenge von 20 lit/PSeh. Will man aber bei einer Schiffsmaschine, die mit rückgekühltem Süßwasser gekühlt wird, eine Höchsttemperatur von z. B. 52° auch in den Tropen einhalten, so muß man beachten, daß die Temperatur des Seewassers bei Eintritt in den Süßwasserrückkühler bis zu 33° betragen kann. Dann kann die Temperatur des Süßwassers bei Eintritt in die Maschine kaum niedriger als 42° gehalten werden, und es werden 60 lit/PSeh benötigt. Diese Zusammenhänge müssen bei der Berechnung der Querschnitte beachtet werden.

Die Förderhöhe, für welche die Kühlwasserpumpen auszulegen sind, ergibt sich aus dem Höhenunterschied zwischen Ein- und Austritt zuzüglich des durch Reibung und Richtungsänderungen verursachten Widerstandes. Der Gesamtwiderstand wird geschätzt; er beträgt in der Regel 1 bis 2 kg/cm², wobei die obere Grenze für große Maschinen gilt.

Der Kraftverbrauch der Kühlpumpen ist gering gegenüber der Leistung des Motors; er beträgt z. B. bei 50 lit/PSeh und 2 kg/cm² Gegendruck bei einem Wirkungsgrad der Pumpe von 0,62

$$\frac{50\,\text{kg} \cdot 20\,\text{m}}{3600\,\text{sek} \cdot 75 \cdot 0,62} = 0,006\ \text{PSe}$$

oder 0,6% der Nutzleistung des Motors.

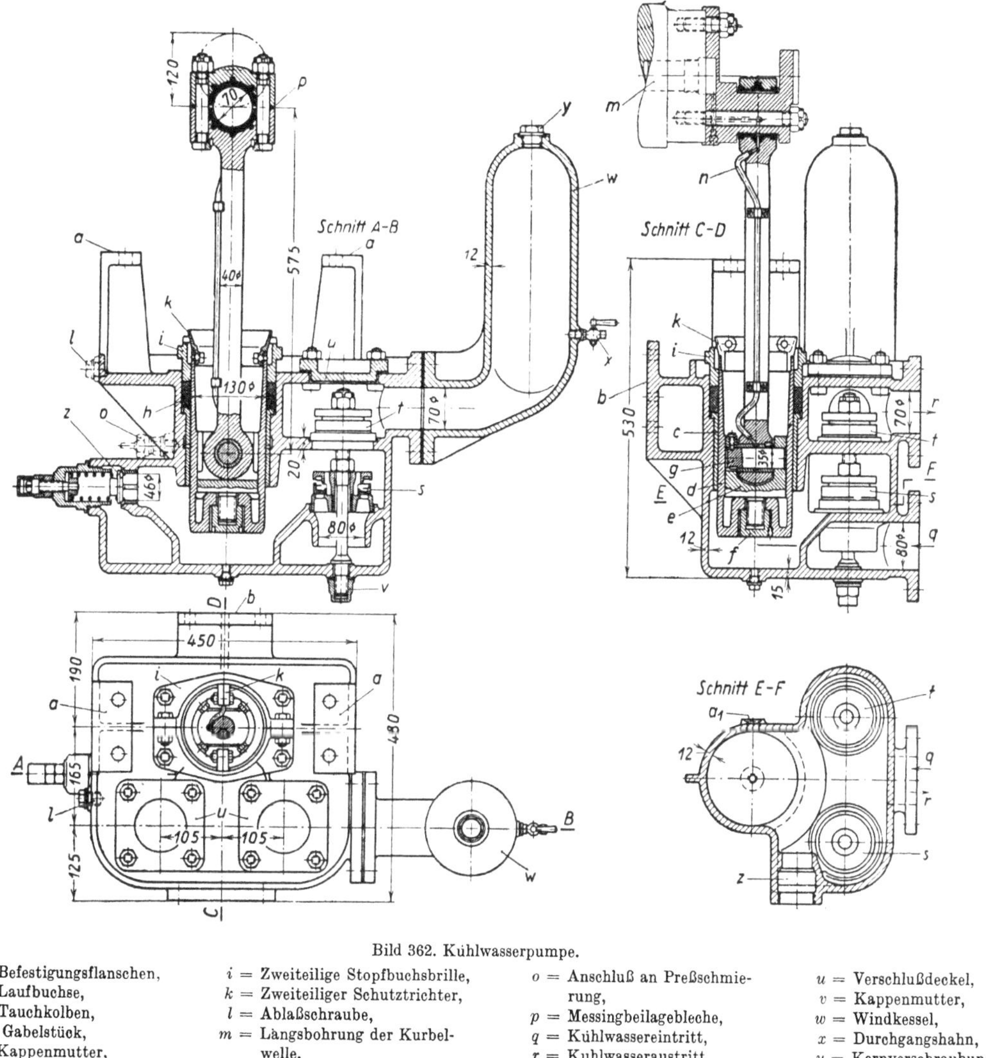

Bild 362. Kühlwasserpumpe.

a, b = Befestigungsflanschen,	i = Zweiteilige Stopfbuchsbrille,	o = Anschluß an Preßschmierung,	u = Verschlußdeckel,
c = Laufbuchse,	k = Zweiteiliger Schutztrichter,		v = Kappenmutter,
d = Tauchkolben,	l = Ablaßschraube,	p = Messingbeilagebleche,	w = Windkessel,
e = Gabelstück,	m = Längsbohrung der Kurbelwelle,	q = Kühlwassereintritt,	x = Durchgangshahn,
f = Kappenmutter,		r = Kühlwasseraustritt,	y = Kernverschraubung,
g = Kolbenbolzen,	n = Schmierrohr für Kolbenbolzen,	s = Saugventile,	z = Sicherheitsventil,
h = Packung,		t = Druckventile,	a_1 = Schnüffelventil.

Die Pumpen können als Kolben- oder Kreiselpumpen gebaut werden. Bei größeren Maschinen sind Kreiselpumpen vorteilhaft; sie werden entweder unter Zwischenschaltung eines Zahnradvorgeleges angehängt oder erhalten besonderen Antrieb durch Elektromotor. In beiden Fällen kann die Drehzahl hoch gewählt werden, daher erhalten die Pumpen kleine Abmessungen. Für Motoren kleiner Leistungen, die keine großen Kühlwassermengen brauchen, wird die Kühlpumpe meist als Kolbenpumpe ausgeführt, doch kommen auch hier Kreiselpumpen in Frage, besonders wenn der Motor nicht umgesteuert zu werden braucht (Umsteuerung durch Wendegetriebe). Die angehängte Kolbenkühlpumpe braucht häufig eine Untersetzung ins Langsame und wird daher bei Viertaktmotoren gelegentlich auch von der mit halber Drehzahl umlaufenden Steuernockenwelle angetrieben.

Eine unmittelbar an die Kurbelwelle gehängte Kolbenpumpe zeigt Bild 362. Sie gehört zu einem vierzylindrigen Motor (400 PSe, 250 U/min) und fördert bei 130 mm Dmr. und 120 mm Hub stündlich

$$Q = \frac{\pi \cdot 1{,}3^2}{4} \cdot 1{,}2 \cdot 250 \cdot 60 \cdot 0{,}9 = 21\,500 \text{ lit/h,}$$

wenn der Liefergrad 0,9 ist. Die auf die Leistungseinheit bezogene Kühlwassermenge wird 53,7 lit/PSeh. Die Pumpe ist als einfachwirkende Tauchkolbenpumpe mit je zwei Saug- und Druckventilen gebaut. Die mittlere Kolbengeschwindigkeit ist 1 m/sek.

Das gußeiserne Pumpengehäuse hängt an zwei waagerechten Flanschen a am Kurbelgehäuse des Motors und ist an diesem außerdem mit dem senkrechten Flansch b durch vier Schrauben und zwei Kegelstifte befestigt. In das Pumpengehäuse ist die aus Phosphorbronze angefertigte Laufbuchse c gepreßt, in welcher der aus dem gleichen Werkstoff bestehende Tauchkolben d gleitet. In diesem ist das mit Gewindezapfen versehene stählerne Gabelstück e durch die versenkte Kappenmutter f aus Messing befestigt; eine Madenschraube sichert die Kappenmutter. Der Kolbenbolzen g ist in das Gabelstück gepreßt und in diesem durch Federkeil und Zapfenschraube gegen Drehen und Verschieben gesichert. Die Pleuelstange umgreift mit ihrem unteren, mit einer phosphorbronzenen Buchse ausgefütterten Auge den Kolbenbolzen, der nach Lösen der Kappenmutter f gemeinsam mit dem Gabelstück e an der Pleuelstange herausgezogen werden kann.

Der Tauchkolben d wird durch in Öl getränkte Baumwolle h abgedichtet. Die Packung wird durch die Brille i zusammengedrückt, die zweiteilig ist, damit die Packung leicht erneuert werden kann. Auf den oberen Rand des Tauchkolbens ist ein ebenfalls zweiteiliger Schutztrichter k gesetzt, der etwa herausspritzendes Wasser so ablenken soll, daß es weder gegen das obere Pleuelstangenlager spritzen noch in den Tauchkolben fallen kann und die Schmierung der Pleuellager nicht beeinträchtigt. Bevor die Brille i herausgezogen wird, muß der Trichter k abgenommen werden. Das auf der oberen Fläche des Pumpengehäuses sich ansammelnde Leckwasser kann nach Lösen der Verschlußschraube l abgelassen werden.

Die Schmierung des Triebwerkes der Pumpe ist an die Umlaufpreßschmierung des Motors angeschlossen. Aus der mit Schmieröl gefüllten Bohrung m der Hauptkurbelwelle gelangt das Öl durch zwei radiale Kanäle und eine axiale Bohrung an das mit Weißmetall ausgegossene obere Pleuelstangenlager, das wie bei den Pleuelstangen des Motors mit einer Ringnut (vgl. m in Bild 284, S. 271) versehen ist, die den Übertritt des Schmieröles in das Kupferrohr n (4×7 mm Dmr.) vermittelt. Das mit zwei Schellen an der Pleuelstange befestigte Rohr n führt das Schmieröl dem Kolbenbolzenlager zu.

Der Tauchkolben d wird durch eine bei o an die Umlaufpreßschmierung angeschlossene Leitung geschmiert. Das Öl verteilt sich in einer in das gußeiserne Pumpengehäuse eingedrehten Ringnut und gelangt durch acht in die Laufbuchse c gebohrte Löcher (4 mm Dmr.) an den Tauchkolben.

Das obere Pleuelstangenlager ist geteilt; zwischen den Teilfugen liegen Paßbleche p aus Messing von zusammen 3 mm Stärke. Die Blechdicken sind so abgestimmt, daß das Lager in Stufen von je 0,1 mm nachgepaßt werden kann.

Das Kühlwasser tritt bei q ein und bei r aus; der Austrittsstutzen liegt über dem Eintrittsstutzen (Schnitte C—D und E—F). Es sind je zwei Saugventile s und Druckventile t vorgesehen, wodurch die Wassergeschwindigkeit im Ventilsitz klein gehalten werden kann. Nach Lösen eines Verschlußdeckels u und der unteren Kappenmutter v kann man je ein Saug- und Druckventil zusammen ausbauen. Beim Entwurf der Pumpe ist darauf zu achten, daß die Durchmesser von s, t und u stufenweise nach oben zunehmen, damit der Ein- und Ausbau nicht behindert wird.

An den Druckraum ist der Windkessel w angeschlossen; sein Inhalt beträgt von oben bis zum Durchgangshahn x (4 mm l. Dmr.) gerechnet 4,1 lit. Sinkt der Wasserspiegel infolge des Mitreißens von Luft unter die Höhe x, so öffnet man den Hahn, so daß das Wasser wieder bis zur Höhe x steigt. Die Verschlußschraube y auf dem Windkessel dient nur zum Verschließen des dort angebrachten Kernloches; sie darf während des Betriebes nicht geöffnet werden, damit das

Luftpolster nicht entweicht. Sie wird mit Mennige und einer Kupferbeilage stramm eingeschraubt und ihr Sechskant abgedreht.

Das gußeiserne Pumpengehäuse wird einem Probedruck von 5 kg/cm² unterworfen. Damit im Betrieb (etwa durch Verstopfen der Wasserquerschnitte) keine höheren Drücke auftreten können, ist an den Raum zwischen den Saug- und den Druckventilen ein Sicherheitsventil z (Schnitte $A—B$ und $E—F$) angeschlossen, dessen aus Phosphorbronze hergestellter Kegel durch eine Spiralfeder von einstellbarer Spannung belastet ist. Der Raum oberhalb des Ventilkegels steht mit dem Saugraum in Verbindung. Öffnet das Ventil bei Überschreiten des zulässigen Druckes, so fließt das Wasser in den Saugraum zurück. Damit die Vorrichtung zum Verstellen der Federspannung nicht festrosten kann, ist sie aus Rübelbronze angefertigt; die Spiralfeder ist verkupfert.

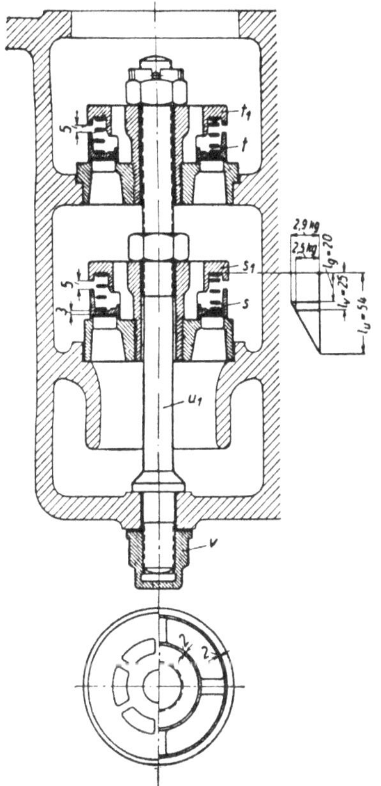

Bild 363. Saug- und Druckventil zur Kühlwasserpumpe Bild 362.

s = Saugventilteller, t_1 = Druckventilfänger,
s_1 = Saugventilfänger, u_1 = Ventilspindel,
t = Druckventilteller, v = Kappenmutter.

Ein Schnüffelventil a_1 (Bild 362, Schnitt $E—F$; s. a. Bild 364) gehört zur Ausrüstung der Pumpe.

Bild 363 zeigt das Saug- und das Druckventil in größerem Maßstab. Die aus Phosphorbronze angefertigten Ventilteller s und t werden durch ihren inneren Kragen mit 0,5 mm Spiel im Dmr. auf den sechs Radialrippen der Ventilfänger s_1 und t_1 geführt, die aus demselben Werkstoff bestehen. Flachfedern aus verkupfertem Stahl, deren Federdiagramm in Bild 363 gezeichnet ist, belasten die Ventilteller so, daß das Saugventil sich schon bei weniger als 0,1 kg/cm² öffnet. Die radiale Breite der Ventilsitze am Innen- und Außenrand beträgt je 2 mm; ihr Hub wird durch die Ventilfänger zu 5 mm begrenzt. Die aus Rübelbronze geschmiedete Spindel u_1 befestigt beide Ventile in der aus Bild 363 ersichtlichen Weise im Pumpengehäuse. Der untere Bund der Spindel wird auf einer bearbeiteten Fläche im Gehäuse aufgeschliffen und durch die Kappenmutter v gegen das Gehäuse gepreßt. Eine 1 mm starke Klingeritscheibe dichtet die Spindel ab. Die obere der beiden Muttern, die das Druckventil

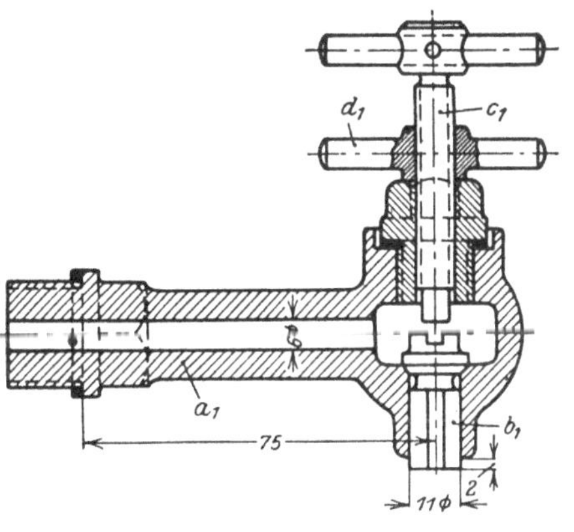

Bild 364. Schnüffelventil.

a_1 = Ventilgehäuse, d_1 = Knebel zum Feststellen von c_1.
b_1 = Ventilkegel,
c_1 = Hubbegrenzung,

hält, ist als Kronenmutter mit (Messing-) Splint ausgeführt; die untere wird nur durch Vorspannung gesichert. Beide Muttern sind aus Rübelbronze hergestellt, damit sie nicht auf der Spindel festrosten.

Das Schnüffelventil (Bild 364), das zwischen den Saug- und Druckventilen an der Stelle a_1 (Bild 362, Schnitt $E—F$) angebracht ist, soll bei jedem Saughub dem Kühlwasser etwas Luft zuführen, damit der Gang weich wird. Daß es diesen Zweck erfüllt, kann man bei arbeitender Pumpe hören, wenn man den Ventilkegel b_1 durch die Knebelschraube c_1 auf seinen Sitz drückt: sogleich treten harte Wasserschläge auf. Der Hub des Kegels b_1 wird durch die Spindel c_1 so begrenzt, daß die Pumpe ruhig arbeitet; darauf wird c_1 durch den Knebel d_1 gesichert. Das Ventilgehäuse a_1 hat einen langen Hals, damit die Hand des Maschinisten beim Anziehen des Knebels d_1 Platz hat.

Der Ventilkegel b_1 ragt unten um einige Millimeter aus dem Ventilgehäuse heraus, damit das Arbeiten des Ventiles im Betrieb beobachtet werden kann.

Das Schnüffelventil muß aus nichtrostendem Werkstoff — Bronze oder gezogenem Messing —
hergestellt werden.

Die Wassergeschwindigkeiten in der Pumpe hält man niedrig, um Wasserschläge zu vermeiden; sie liegen, bezogen auf die mittlere Geschwindigkeit des Pumpenkolbens, etwa zwischen
1,5 und 3,5 m/sek. Bei der Pumpe nach Bild 362 treten folgende mittleren Geschwindigkeiten auf:

in der Saugleitung (80 mm l. Dmr.) .... 2,64 m/sek

„ „ Druckleitung (70 mm l. Dmr.) .... 3,45 m/sek

in den Ventilsitzen (l. Querschnitt je 32,5 cm²) .... 2,04 m/sek

„ „ Ventilspalten (l. Querschnitt je 23,7 cm²) .... 2,81 m/sek.

b) Schmierölpumpen

Bei der Umlaufpreßschmierung läuft das zum Schmieren der Triebwerkteile erforderliche Öl
durch den Motor in dauerndem Kreislauf. Dieser darf nicht unterbrochen werden, sonst sind schwere
Betriebsstörungen die Folge. Die Schmierölpumpen, deren Aufgabe ist, den Kreislauf zu unterhalten, müssen daher so einfach und betriebssicher gebaut sein wie möglich. Dieser Bedingung
genügen am besten Zahnradpumpen. Sie bestehen nur
aus einem Gehäuse mit zwei miteinander kämmenden
Zahnrädern und sind bei dieser einfachen Bauart praktisch völlig betriebssicher; auch nehmen sie wenig Raum
ein und erfordern keine Wartung. Ihre Charakteristik
(Druck-Volumen-Kurve) ist dieselbe wie die einer Kolbenpumpe, d. h. Zahnradpumpen können auch höhere
Gegendrücke überwinden.

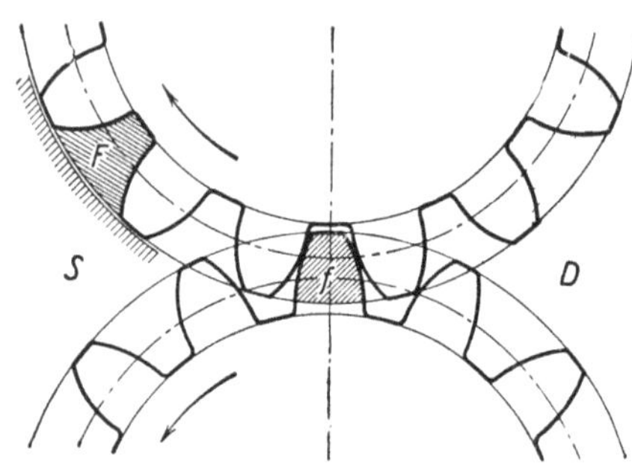

Bild 365. Zur Berechnung der Fördermenge
einer Zahnradpumpe.

S = Saugseite, F = Querschnitt einer Zahnlücke,
D = Druckseite, f = Tauchtiefe eines Gegenzahnes.

Gewöhnlich wird die Schmierölpumpe an den Hauptmotor gehängt und unter Zwischenschaltung eines Vor-
geleges von der Kurbelwelle angetrieben. Ist der Motor
umsteuerbar, so versieht man das Pumpengehäuse mit
selbsttätig wirkenden Ventilen, die das Schmieröl unabhängig von der Drehrichtung stets auf die Saugseite
(S in Bild 365) leiten. Bei großen Maschinen werden die
Schmierölpumpen auch getrennt aufgestellt und durch Elektromotor angetrieben; dann ist man bezüglich Drehzahl und Drehsinn unabhängig. Stets wird die Anordnung der Pumpe so getroffen, daß
das aus dem Kurbelgehäuse abfließende Schmieröl der Pumpe zuströmt und von dieser zuerst durch
ein Filter (vgl. Bild 366) und erst dann durch einen Kühler (Bild 367) gedrückt wird, worauf es
sich auf die einzelnen Schmierstellen verzweigt. Wollte man das Öl zuerst kühlen und dann reinigen,
so würden sich die Schmutzteilchen aus dem zäherflüssigen Öl schwerer abscheiden, und der Widerstand des Filters und der Leistungsbedarf der Pumpe würden zunehmen.

Die Zahnradschmierölpumpen können ebenso wie die Brennstoffvorpumpen (vgl. Bild 220,
S. 194) gebaut sein. Wenn sie von der Kurbelwelle angetrieben werden, so richtet man den Antrieb
zweckmäßig so ein, daß man die Schmierölpumpe vor Inbetriebsetzung des Motors von Hand durch-
drehen und die Schmierölleitungen auffüllen kann (s. den Mitnehmer e, f in Bild 220). Bei getrennt
angetriebenen Schmierölpumpen stellt man diese einige Zeit vor dem Anfahren der Hauptmaschine
an, damit deren Lagerstellen gut geschmiert sind, wenn die Maschine anspringt.

In der Druckleitung der Schmierölpumpe wird ein federbelastetes Überdruckventil (ähnlich
Bild 221, S. 195) vorgesehen, mit dem der Schmieröldruck eingestellt werden kann. Bei Überschreitung des eingestellten Druckes öffnet sich das Ventil und läßt das überschüssige Öl in den
Kreislauf zurücktreten. Das Überdruckventil kann auch an das Gehäuse der Schmierölpumpe
gesetzt oder am Schmierölfilter (f in Bild 366) angebracht werden.

Der Druck des Schmieröles bei Eintritt in die Hauptverteilleitung hängt nicht nur von der Länge
der einzelnen Leitungen, sondern auch von den Lagerspielen und der Viskosität des Öles ab und
kann beträchtlich schwanken (0,8 bis 2 kg/cm² und mehr). Am Druckstutzen der Schmierölpumpe

kommt der Widerstand des Filters und der des Kühlers hinzu. Der Widerstand des Filters kann bei größerer Zähigkeit des Öles mehrere kg/cm² betragen. Eine Verschmutzung des Filters steigert den Öldruck ebenfalls.

Zur Ermittlung der umlaufenden Schmierölmenge kann man annehmen, daß 8 bis 10 lit/PSeh erforderlich sind, wenn die Arbeitskolben nicht mit Öl gekühlt werden. Bei Ölkühlung der Kolben steigt die umlaufende Ölmenge auf 20 bis 25 lit/PSeh.

Bei der Berechnung der Zahnabmessungen beachte man, daß die jeweils am Außenumfang des Gehäuses vorbeiwandernden Zahnlücken es sind, die das Öl von der Saugseite S (Bild 365) auf die Druckseite D befördern. Ist F der Querschnitt einer Zahnlücke und l die axiale Länge der Zähne, so ist das Volumen einer Zahnlücke $F \cdot l$. Von diesem Volumen tritt nur soviel Öl auf die Druckseite über, wie der jeweils kämmende Zahn aus der ihm gegenüberstehenden Lücke verdrängt. Taucht der Zahn bei tiefstem Kämmen mit dem Querschnitt f in die Zahnlücke, so wird das Volumen $f \cdot l$ in die Druckleitung gefördert. Hat ein Zahnrad z Zähne, so fördert es bei einer Umdrehung ein Ölvolumen $z \cdot f \cdot l$, weil bei einer Umdrehung z-Kämmungen mit dem Gegenrad stattfinden. Das zweite Zahnrad erfährt bei einer Umdrehung ebenfalls z-Kämmungen mit dem ersten Rad, so daß die von dem Zahnradpaar bei einer Umdrehung geförderte Ölmenge $2\,zfl$ wird. Durch die Spalten zwischen den Zahnrädern und dem Gehäuse geht ein Teil hiervon verloren; der Liefergrad η_l liegt in der Regel zwischen 90 und 95%. Bei n U/min wird die stündlich geförderte Ölmenge

$$Q = 120\,\eta_l \cdot z \cdot f \cdot l \cdot n \,.$$

Hiernach wird die Verzahnung entworfen und die Länge l der Zähne bestimmt.

Die Menge des in die Maschine einzufüllenden Schmieröles hängt von der Größe des Motors, dem ölgefüllten Volumen des Filters und des Kühlers und der Weite der Rohrleitungen ab; zuweilen sind auch unterhalb der Maschine besondere Setztanks angeordnet, in denen Schmutz sich absetzen soll. Im Mittel kann man 1 lit Schmieröl je PSe rechnen. Wenn die umlaufende Schmierölmenge z. B. 10 lit/PSeh beträgt (s. ob.), so durchströmt das Schmieröl stündlich etwa zehnmal die zu schmierenden Stellen.

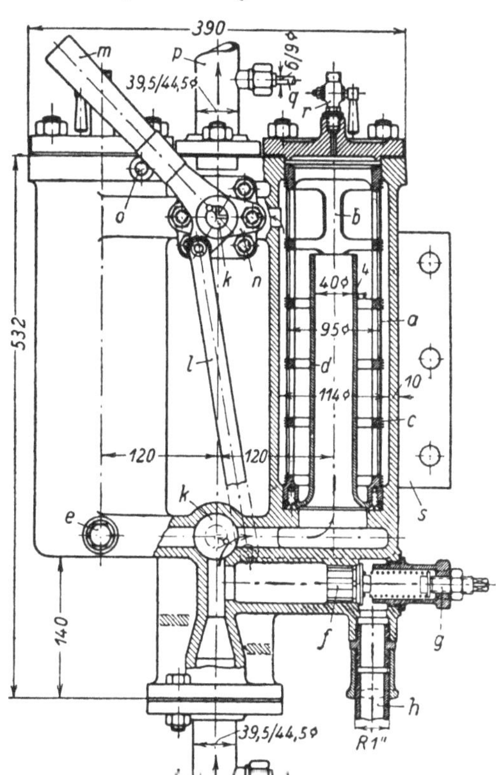

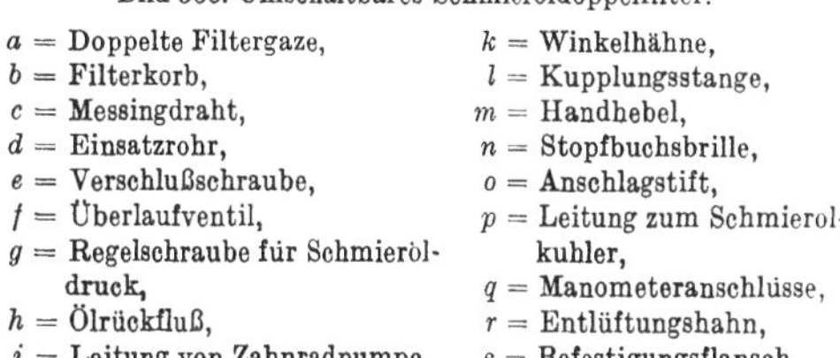

Bild 366. Umschaltbares Schmieröldoppelfilter.

a = Doppelte Filtergaze,	k = Winkelhähne,
b = Filterkorb,	l = Kupplungsstange,
c = Messingdraht,	m = Handhebel,
d = Einsatzrohr,	n = Stopfbuchsbrille,
e = Verschlußschraube,	o = Anschlagstift,
f = Überlaufventil,	p = Leitung zum Schmierölkühler,
g = Regelschraube für Schmieröldruck,	q = Manometeranschlüsse,
h = Ölrückfluß,	r = Entlüftungshahn,
i = Leitung von Zahnradpumpe	s = Befestigungsflansch.

c) Schmierölfilter

Die Schmierölfilter können ähnlich wie die Brennstoffilter gebaut werden (vgl. S. 197). Auch das Schmierölfilter führt man als umschaltbares Doppelfilter aus (Bild 366), damit eine Hälfte während des Betriebes gereinigt werden kann. Zur Filterung werden engmaschige Eisen- oder Messingdrahtsiebe a verwendet (z. B. 40×40 Maschen auf 1 cm²), die in doppelter Lage auf einen gußeisernen, zylindrischen Rippenkörper b gewickelt und mit 0,5 mm starkem Messingdraht c auf diesem befestigt sind. Die Drahtenden werden nur zusammengedreht, nicht verlötet, damit das Sieb leicht erneuert werden kann. Zweckmäßig ist, das Filter so zu bauen, daß beim Herausnehmen eines Filterkorbes der angesammelte Schmutz mit herausgehoben wird. Bei dem Filter nach Bild 366 ist daher ein zylindrisches Rohr d so von unten in den Rippenkörper b eingesetzt, daß das eintretende Schmieröl zunächst dieses Rohr durchströmt, bevor es die Filtergaze von innen nach außen durchdringt. Der Schmutz setzt sich in dem Raum zwischen der Gaze und dem Rohr d ab, so daß er beim Ausbau des Filterkorbes mit entfernt wird. Nach Öffnen der Verschlußschraube e kann man den auf dem Gehäuseboden abgesetzten Schmutz beseitigen.

Das federbelastete Überlaufventil f regelt den Druck in der Schmierölleitung. Sein Bronzekegel wird von einer Spiralfeder belastet, deren Spannung durch Verstellen der Schraube g verändert werden kann. Die Feder wird so eingestellt, daß das Ventil sich öffnet, sobald der gewünschte Schmieröldruck überschritten wird. Das überschüssige Öl fließt durch das Rohr h in das Kurbelgehäuse zurück.

Das von der Zahnradpumpe kommende Rohr i führt das zu reinigende Schmieröl dem Filter zu. Die Stellung der beiden Winkelhähne k bestimmt, welches von beiden Filtern eingeschaltet ist. Ihre Küken sind mit kurzen Hebeln versehen und durch die Stange l gekuppelt, so daß sie durch den Handhebel m gleichzeitig umgelegt werden. Die Hahnküken sind zylindrisch ausgeführt und durch eine Stopfbuchse mit Brille n im Gehäuse abgedichtet. Das ist billiger, als wenn konische Hahnküken verwendet werden, deren Herstellung und Einschleifen teurer ist und die den Nachteil haben, daß sie bei zu starker Anpressung klemmen, bei zu schwacher lecken. Als Packungsmaterial dient in Talg getränkte Baumwolle. Die in das Filtergehäuse geschraubten Anschlagstifte o begrenzen den Ausschlag des Hebels m so, daß die Hahnküken bei jedem Umlegen in die richtige Stellung kommen.

Das gereinigte Schmieröl tritt durch das Rohr p vom Filter zum Kühler über. An den Ein- und Austrittsstutzen i und p ist je ein Manometeranschluß q vorgesehen. Die Differenz der Manometeranzeigen läßt das Maß der Verschmutzung des Filters erkennen. Durch die Hähne r kann das Filtergehäuse entlüftet werden; mit dem Flansch s wird es am Kurbelgehäuse befestigt.

Das gußeiserne Gehäuse muß vor der Inbetriebnahme sorgfältig von anhaftendem Kernsand gereinigt werden. Nach der Bearbeitung wird es einem Probedruck von 5 kg/cm² unterworfen.

d) Schmierölkühler

Die Reibungswärme, die das Schmieröl an den Gleitflächen aufnimmt, muß ihm ständig entzogen werden, damit es sich nicht unzulässig erwärmt und seine Schmierfähigkeit verliert. Diesem Zweck dient der Schmierölkühler, der aus dem oben angegebenen Grund in der Druckleitung der Zahnradpumpe hinter dem Schmierölfilter angeordnet wird.

Im Kühler umspült das Öl ein von kaltem Wasser durchströmtes Rohrbündel (Bild 367) und gibt dabei die an den Gleitflächen aufgenommene Wärme an das Kühlwasser ab. Da man die in der Zeiteinheit den Kühler durchströmende Wassermenge um ein Mehrfaches größer als die in der gleichen Zeit den Kühler verlassende Schmierölmenge machen kann und da die spez. Wärme des Wassers etwa 2,5mal so groß wie die des Öles ist, so läßt sich leicht erreichen, daß einer Rückkühlung des Öles um 15 bis 20° eine Erwärmung des Wassers um nur 3 bis 4° entspricht.

Man läßt stets das Kühlwasser durch die Rohre, das Öl um die Rohre strömen. Im Wasser enthaltene Verunreinigungen, die sich in den Rohren absetzen, lassen sich dann mechanisch oder durch Ausblasen mit Dampf leicht beseitigen, während der auf den Außenflächen der Kühlrohre sich niederschlagende Ölschlamm ohne Schwierigkeit durch heiße Sodalösung entfernt werden kann. Bei der umgekehrten Anordnung wäre die Reinigung weniger bequem. Wenn es die Anordnung der Rohrleitungen zuläßt, wählt man das Gegenstromprinzip, legt also den Wassereintritt mit dem Ölaustritt zusammen (vgl. Bild 367); dann kommt das austretende Öl mit dem kalten Wasser in Berührung, und die Kühlung wird wirksamer. Da aber, wie erwähnt, der Temperaturunterschied zwischen ein- und austretendem Kühlwasser nur wenige Grade beträgt, so kann man auch das Gleichstromprinzip bei Ölkühlern anwenden, wenn sich dadurch Vorteile bei der Verlegung der Rohrleitungen ergeben.

Bei dem Kühler nach Bild 367 tritt das Kühlwasser bei a ein und verteilt sich in der Wasserkammer b auf 78 Kühlrohre c, die es durchströmt, worauf es sich in der Kammer d sammelt und bei e austritt. Das warme Öl tritt bei f ein, das rückgekühlte bei g aus. Die Kühlrohre c sind in die

Rohrböden h, i eingewalzt und bilden mit diesen ein Bündel, das durch drei stählerne Anker k versteift wird. Die Anker sind in den Rohrboden h mit Gewinde eingesetzt und vernietet (s. Bild 367, unteres Teilbild); im Rohrboden i werden sie durch Kappenmuttern l gehalten, die aus Rübelbronze hergestellt und durch Kupferscheiben abgedichtet sind, damit sie nicht auf dem Gewinde des Ankers festrosten.

Für die Kühlrohre, die 19 mm Außen- und 16 mm Innen-Dmr. haben, eignet sich eine aus 80% Cu und 20% Ni bestehende Legierung, die hinreichend seewasserbeständig ist. Das Muntzmetall der Rohrböden ist ein Messing mit 60% Cu und 40% Zn.

Bedingung für eine gute Kühlwirkung ist eine ausreichende Geschwindigkeit des Öles innerhalb des Rohrbündels. Das Öl wird daher auf seinem Weg durch das Rohrbündel durch Bleche m geführt, die abwechselnd oben und unten so ausgespart sind, daß das Öl im Zickzack und in der Hauptsache

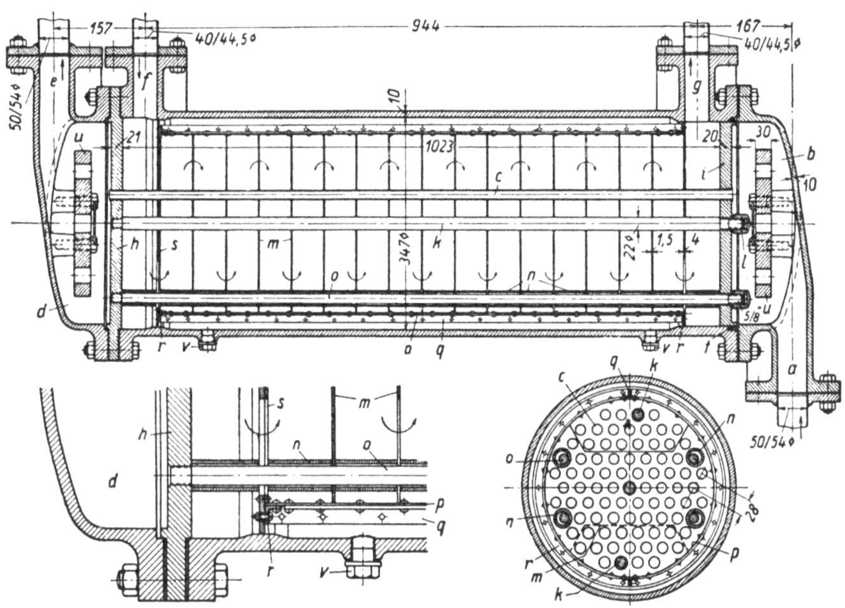

Bild 367. Schmierölkühler.

a = Kühlwassereintritt,	g = Schmierölaustritt,	o = Distanzbolzen,	s = Zentrierscheibe für p,
b = Vordere Wasserkammer,	h, i = Rohrböden,	p = Mantel aus Messingblech,	t = Stopfbuchspackung,
c = Kühlrohre,	k = Anker,	q = Winkel zur Verbindung der	u = Zinkschutzplatten,
d = Hintere Wasserkammer,	l = Kappenmuttern,	Hälften von p,	v = Ölablaßschrauben.
e = Kühlwasseraustritt,	m = Führungsbleche für Öl,	r = Winkel zum Verschrauben des	
f = Schmieröleintritt,	n = Distanzrohre,	Mantels p mit den Endblechen,	

quer zu den Rohren das Bündel durchströmt. Die Entfernung der Bleche m voneinander ist so gewählt, daß die mittlere Geschwindigkeit des Öles im Rohrbündel etwa 0,3 m/sek beträgt. Dabei wird die Wärmeübergangszahl hinreichend hoch (vgl. Bild 368), ohne daß der Durchflußwiderstand zu groß wird.

Die Bleche m werden durch kurze Distanzrohre n festgeklemmt. Die aus Stahl angefertigten Distanzrohre (26,5/19 mm Dmr.) sind auf vier Distanzbolzen o aufgefädelt, die ebenso wie die Anker k in den Rohrböden h, i befestigt sind, aber etwas schwächer gehalten sind als die Anker. Die Zwischenbleche sind 1,5 mm, die Endbleche 4 mm stark.

Damit das Öl nicht den bequemen Weg zwischen den äußeren Kühlrohren und der Innenwand des Kühlergehäuses nimmt, ist das Rohrbündel von einem zylindrischen Mantel p aus 1 mm starkem Messingblech umgeben. Der Mantel besteht aus zwei Hälften, die mit Winkeln q (15×15×3 mm) zusammengenietet sind. Mit den Endblechen des Rohrbündels wird der Messingmantel durch zwei zu einem Kreis gebogene Winkel r verschraubt. Auf dem linken Endblech ist der Messingmantel durch ein rundes Blech s zentriert, das durch kleine Nieten mit dem Endblech verbunden ist. Auf diese Weise wird das Öl gezwungen, nur durch das Rohrbündel zu strömen, und findet keine Nebenwege.

Das Rohrbündel erwärmt sich im Betrieb, wodurch seine Länge wächst. Man darf es daher nur an einem Ende mit dem Kühlergehäuse fest verbinden; das andere muß sich frei verschieben können. Bei dem Kühler nach Bild 367 ist der Rohrboden h (unter Beilegung von Preßspanpackungen) mit dem Kühlergehäuse und der Wasserkammer d verschraubt; der Rohrboden i ist mit Gleitsitz in das Gehäuse eingesetzt und kann sich in diesem frei verschieben, wenn die Rohre und Anker sich ausdehnen. Eine Stopfbuchse t dichtet den Wasserraum gegen den Ölraum ab; als Packung dient in Graphit getränkte Asbestschnur.

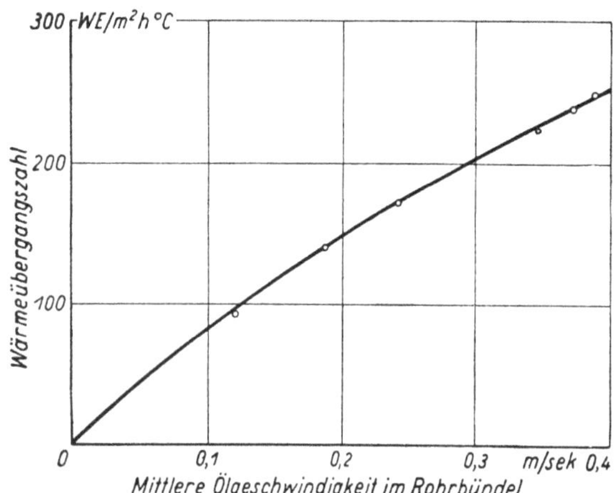

Bild 368. Wärmeübergangszahlen eines Ölkühlers in Abhängigkeit von der mittleren Ölgeschwindigkeit.

Eine in jeder Wasserkammer angebrachte Zinkplatte u soll die Kühlrohre vor elektrolytischen Anfressungen schützen. Die Oberfläche der Zinkplatten ist durch Löcher vergrößert. Die Zinkplatten werden durch je zwei mit Kupferdraht gesicherte Kopfschrauben aus Rübelbronze gehalten. Die an den Enden des Kühlers angebrachten Verschraubungen v dienen zum Ablassen des Öles.

Das gußeiserne Kühlergehäuse wird mit einem Probedruck von 5 kg/cm² geprüft; Wasser- und Ölräume werden getrennt abgedrückt.

Der Kühler, Bild 367, ist für einen Motor von 330 PSe bestimmt und hat eine Kühlfläche von 4,9 m². Da der Motor keine Kolbenkühlung hat, kann die umlaufende Schmierölmenge zu 10 lit/PSeh angesetzt werden; durch den Kühler fließen somit stündlich 3300 lit Öl. Es entspricht den erfahrungsgemäß erreichbaren Wärmeübergangszahlen (Bild 368) und der abzuführenden Wärmemenge, wenn für je 1 m³/h umlaufender Ölmenge 1,5 m² Kühlfläche vorgesehen werden. Mit der ölberührten Kühlfläche von 4,9 m² erfüllt der Kühler diese Bedingung.

An einem Ölkühler von 16,5 m² ölberührter Kühlfläche hat der Verfasser die in Bild 368 angegebenen Wärmeübergangszahlen gemessen. Sie erreichen bei 0,4 m/sek mittlerer Ölgeschwindigkeit den Wert von 250 kcal/m²h°. Die Übergangszahlen wachsen mit zunehmender Ölgeschwindigkeit, weil die verstärkte Wirbelung den Wärmeübergang verbessert. Die mittlere Ölgeschwindigkeit im Rohrbündel darf aber nicht zu hoch gewählt werden, damit der Widerstand des Ölkühlers bei kalter Maschine, solange das Öl noch dickflüssig ist, nicht zu groß wird.

11. Rohrleitungen

a) Luftleitungen

Viertaktmaschinen entnehmen die Verbrennungsluft in der Regel dem Maschinenraum, wodurch dieser zugleich belüftet wird. Bei großen Anlagen oder wo die atmosphärischen Verhältnisse es zweckmäßig erscheinen lassen, wird die Luft zuweilen durch einen Kanal aus der Atmosphäre angesaugt. Dagegen sollte vermieden werden, die Luftansaugeleitung an das Kurbelgehäuse anzuschließen, das stets mit Ölnebeln angefüllt ist; diese können, mit der Verbrennungsluft gemischt, gerade bei geringer Konzentration ein explosives Gemisch bilden, dessen Zündpunkt (250 bis 300°) weit unterhalb der Verdichtungstemperatur liegt, wodurch die Möglichkeit gegeben ist, daß während des Verdichtungshubes starke Frühzündungen auftreten.

Die Rohrstutzen, durch welche die Luft angesaugt wird, bestehen gewöhnlich aus einfachen gußeisernen Krümmern, die an die Einsaugkanäle des Zylinderdeckels geschraubt werden und geschlitzte Blechrohre tragen. Die Schlitze dienen zur Verminderung des Ansaugegeräusches. Die mittlere Geschwindigkeit der Luft beim Durchtritt durch die Schlitze darf nicht zu hoch gewählt werden, damit die Füllung des Zylinders nicht durch Drosselung vermindert wird. Es empfiehlt sich, die Luftgeschwindigkeit in den Schlitzen nicht über 50 bis 60 m/sek zu wählen, so daß durch die Schlitze kein stärkerer Unterdruck als 150 bis 200 mm Wassersäule entsteht.

Bei großen Viertaktmaschinen kann man die Saugstutzen mehrerer nebeneinanderliegenden Zylinder zu einem Rohr vereinigen, an dessen Enden die Schlitze angebracht sind. Das Einsaugrohr (Bild 369) gehört zu einem achtzylindrigen Viertaktmotor (740 mm Dmr., 1200 mm Hub); ein Rohr versorgt je vier Zylinder. Der Mantel ist aus 3 mm starkem Stahlblech geschweißt, an dessen beiden Enden die gußeisernen Trichter a befestigt sind; sie werden mittels der Linsenkopfschrauben b mit dem Mantel verschraubt. Um die Einsaugtrichter legt sich ein 2 mm starkes gelochtes Eisenblech c. Die Bleche c brauchen nur festgeklemmt zu werden, was mittels der angenieteten Winkel d

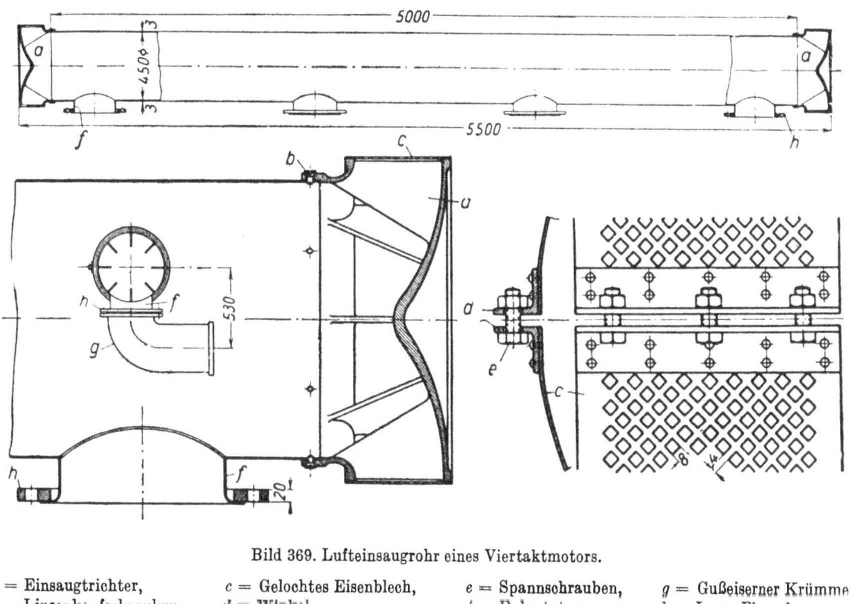

Bild 369. Lufteinsaugrohr eines Viertaktmotors.

a = Einsaugtrichter,	c = Gelochtes Eisenblech,	e = Spannschrauben,	g = Gußeiserner Krümmer,
b = Linsenkopfschrauben,	d = Winkel,	f = Rohrstutzen,	h = Loser Flansch.

durch Spannschrauben e geschieht. Die kurzen Rohrstutzen f, welche die Luft durch die gußeisernen Krümmer g zu den Saugventilen der Arbeitszylinder führen, sind an das Hauptrohr angeschweißt. Der aus Stahl angefertigte Flansch h wird vor dem Anschweißen über die Stutzen f geschoben, da er nachträglich nicht mehr aufgebracht werden kann. Eine Packung zwischen f und g ist entbehrlich, da es auf völliges Dichthalten nicht ankommt.

Das Einsaugrohr, dessen Gewicht gering ist, wird von den vier gußeisernen Krümmern g ohne weitere Abstützung getragen.

Bei der Berechnung der Luftgeschwindigkeit in den Schlitzen ist die Kurbelfolge zu beachten, die für die Reihenfolge der Saughübe der einzelnen Zylinder maßgebend ist. Das Steuerschema der hier gewählten Kurbelfolge ergibt, daß von den vier an ein Saugrohr angeschlossenen Zylindern im ungünstigsten Fall die zweite Hälfte des Saughubes eines Kolbens mit der ersten Hälfte des Saughubes eines anderen Kolbens zusammenfällt. Die mittlere Luftgeschwindigkeit in den Schlitzen ist daher aus der Füllung von zwei Zylindern zu berechnen.

Bei Zweitaktmaschinen tritt an die Stelle des Saugrohres die Spülluftleitung, welche die Spülluft vom (Kreisel- oder Kolben-) Gebläse den Arbeitszylindern zuführt. Sie läuft vor den Spülschlitzen an den Arbeitszylindern entlang und wird so groß gemacht, wie es der Raum gestattet. Die Geschwindigkeit der Luft in der Leitung wird möglichst $<$ 20 m/sek gehalten, da eine niedrige Geschwindigkeit die gleichmäßige Verteilung der Spülluft auf die Zylinder erleichtert. Die Spülluftleitung nach Bild 370 ist ganz aus Blech geschweißt, nur der das eine Ende verschließende Stirndeckel a, der eine Explosionsklappe b trägt, ist aus Gußeisen hergestellt. Das 10,5 m lange Rohr besteht aus vier einzelnen Schüssen, die aus 5 mm starkem Blech geschweißt und durch angeschweißte Flanschen unter Beilegung von 2 mm starken Klingerit-Dichtungen miteinander verbunden sind. Die zu den Spülschlitzen führenden rechteckigen Rohrstutzen sind ebenfalls angeschweißt und mit angeschweißten Flanschen versehen. Der Innendurchmesser der Spülluftleitung ist mit 1050 mm größer als der Durchmesser der vom Gebläse kommenden Zuleitung (800 mm), da man in dieser höhere Luftgeschwindigkeiten zulassen kann (25 bis 30 m/sek); den Übergang

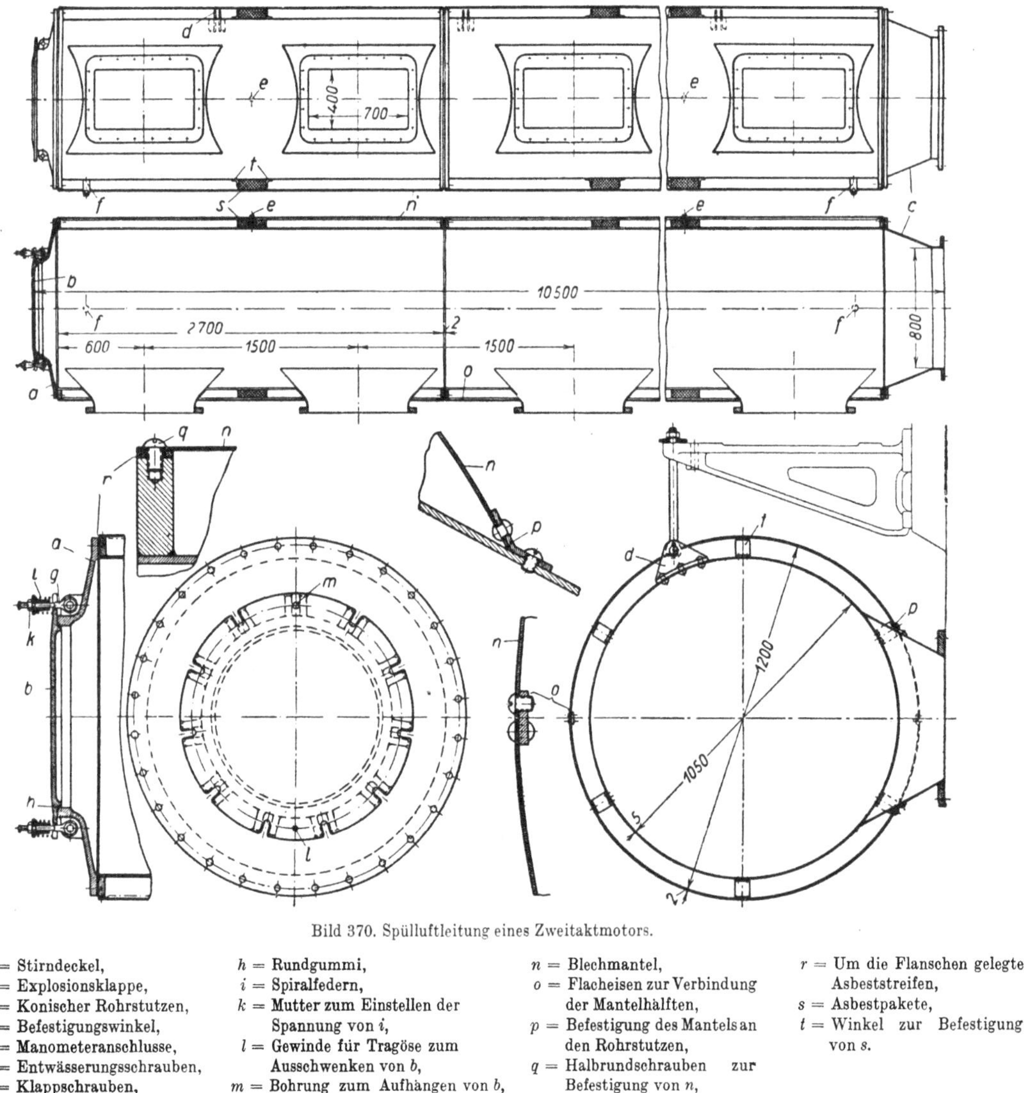

Bild 370. Spülluftleitung eines Zweitaktmotors.

a = Stirndeckel,	h = Rundgummi,	n = Blechmantel,	r = Um die Flanschen gelegte
b = Explosionsklappe,	i = Spiralfedern,	o = Flacheisen zur Verbindung	Asbeststreifen,
c = Konischer Rohrstutzen,	k = Mutter zum Einstellen der	der Mantelhälften,	s = Asbestpakete,
d = Befestigungswinkel,	Spannung von i,	p = Befestigung des Mantels an	t = Winkel zur Befestigung
e = Manometeranschlusse,	l = Gewinde für Tragöse zum	den Rohrstutzen,	von s.
f = Entwässerungsschrauben,	Ausschwenken von b,	q = Halbrundschrauben zur	
g = Klappschrauben,	m = Bohrung zum Aufhängen von b,	Befestigung von n,	

vom kleineren zum größeren Durchmesser vermittelt ein geschweißter konischer Rohrstutzen c. An vier Stellen der Spülluftleitung sind je zwei Befestigungswinkel d angenietet, an denen die Spülluftleitung mittels Rundeisen an den die Bedienungsbühne tragenden Konsolen aufgehängt ist.

An Armaturen sind außer der Explosionsklappe b nur zwei Manometeranschlüsse erforderlich, wozu mit Rohrgewinde versehene Stutzen e angeschweißt sind, sowie zwei Ablaßschrauben f, die an die beiden Enden der Spülleitung gesetzt werden, damit eingedrungenes Wasser auch bei geneigter Lage des Rohres entfernt werden kann. Die Manometeranschlüsse e werden ebenfalls in die Nähe der Rohrenden gesetzt und ermöglichen eine Kontrolle des Druckabfalles im Spülluftrohr.

Die Explosionsklappe b ist ein runder gußeiserner Deckel, der durch federbelastete Klappschrauben g im Stirndeckel a gehalten und durch Rundgummi h abgedichtet wird. Die Spiralfedern i werden so bemessen, daß die Klappe b sich bei einem Überdruck im Spülrohr von etwa 0,4 kg/cm² nach außen öffnet. Bei diesem Überdruck sind wegen des großen Durchmessers der Klappe kräftige Federn erforderlich (9 mm Drahtstärke, $P = 120$ kg). Die Federspannung kann durch die Muttern k verändert werden. Die Klappschrauben g sind so lang gemacht, daß die Federn i ganz entspannt sind, wenn die Muttern k noch nicht völlig herausgeschraubt sind; dann kann man die Klappschrauben umlegen und den Deckel b an einem fest eingeschraubten und von innen vernieteten Tragauge (Gewinde l) ausschwenken. Er bleibt hierbei an der obersten Klappschraube hängen, für die in der Klappe b nicht ein Schlitz, sondern eine Bohrung m vorgesehen ist. Ein Herunterfallen der Klappe b wird dadurch verhindert.

Diese Befestigung der Explosionsklappe hat den Vorteil, daß bei kurzen Stoppzeiten der Maschine rasch eine Einsteigöffnung der Spülluftleitung freigelegt werden kann, die eine Besichtigung von innen ermöglicht. Damit beim Öffnen der Klappe die Muttern k nicht verlorengehen, sind die Enden der Klappschrauben g mit angenieteten Stahlscheiben versehen, so daß man die Muttern nicht ganz herausschrauben kann.

Eine Wärmeisolation der Spülluftleitung ist bei den niedrigen Spüldrücken der Zweitaktmotoren nicht nötig. Dagegen kann es vorteilhaft sein, zur Geräuschisolation einen Mantel n um das Spülrohr zu legen, wofür 2 mm starkes Eisenblech genügt. Damit der Mantel um das Rohr und seine Stutzen gelegt werden kann, wird das Blech in der Waagerechten geteilt und an den Stutzen ausgeschnitten. Die Mantelhälften werden durch Flacheisen o, die an der einen Hälfte angenietet sind und mit der anderen verschraubt werden, zusammengehalten. Flache Winkel p dienen zur Befestigung des Mantels an den Rohrstutzen. Die Mantelschüsse sind ebenso lang wie die Rohrschüsse. Sie werden auf deren Flanschen mit Halbrundschrauben q befestigt; zur Geräuschverminderung werden 5 mm starke Asbeststreifen r zwischengelegt. Auch zwischen den Flanschen der Rohrschüsse ist der Mantel durch je sechs am Umfang gleichmäßig verteilte Asbestpakete s von solcher Dicke abgestützt, daß er an diesen Stellen auf dem Asbest liegt. Angenietete kurze Winkel t halten die Asbestpakete in ihrer Lage.

b) Auspuffleitungen

Die hohen Auspufftemperaturen der Viertaktmotoren (400 bis 450°) erfordern Wasserkühlung der Auspuffleitung schon bei kleinen Motoren[1]; nur bei kleinsten Anlagen genügt eine Umwicklung des Auspuffsammelrohres durch Asbest oder andere Wärmeschutzmittel. Die Auspuffleitung, Bild 371, eines großen sechszylindrigen Viertaktmotors ist aus Gußeisen hergestellt und in vier Teile zerlegt, damit die einzelnen Stücke nicht zu lang werden. Die Teile sind unter Beilegung von Asbestdichtungen a durch Kopfschrauben miteinander verbunden. Der Kühlmantel ist in ebenso viele Teile zerlegt, wie Auspuffstutzen b vorhanden sind; diese sind mit dem zugehörigen Mantelteil zusammengegossen, nicht aber mit dem Auspuffrohr selbst. Da das Rohr und der Mantel im Betrieb sich verschieden stark erwärmen, so muß dafür gesorgt werden, daß sie sich gegeneinander verschieben können; dies ist dadurch erreicht, daß ein Mantelteil jeweils nur an einer Stelle durch (zwölf) Kopfschrauben c mit seinem Rohrteil verbunden ist und von dieser Stelle aus sich nach beiden Enden relativ zum Rohr verschieben kann. Gummipackungen d, die durch Stahlbrillen e angedrückt werden, dichten die schiebenden Teile gegeneinander ab. Da die Packungen d durch den Wassermantel von den heißen Teilen getrennt sind, so ist Gummi hier zulässig.

Beim Zusammenbau werden die Mantelteile einzeln über das Innenrohr geschoben, nachdem mit Graphit bestrichene Klingerit-Packungen f auf die Durchdringungen für die Auspuffstutzen gelegt sind. Das Überschieben der Mäntel wird durch Knaggen g erleichtert, auf die sich das Innenrohr stützt, bis die Schrauben c, die auch die Packung f zusammendrücken, fest angezogen sind; dann hängt das Innenrohr an den Schrauben c, und die Knaggen g lassen 1 mm Spiel zwischen

---

[1] Für Viertaktmotoren mit Aufladung nach Büchi gilt dies natürlich nicht.

ihrem Außenumfang und den gegenüberstehenden Arbeitsleisten auf der Innenseite des Mantels. So kann der Mantel, ohne daß die Packung f beschädigt wird, über das Innenrohr geschoben werden.

Das Kühlwasser tritt, nachdem es die Zylindermäntel und -deckel gekühlt hat, am Flansch h ein und wird dort, wo zwei Innenrohre aneinanderstoßen und der Kühlmantel unterbrochen ist, durch kupferne Rohrkrümmer i zum benachbarten Mantelraum übergeleitet, um am entgegengesetzten Ende auszutreten. Die Krümmer liegen teils in der vertikalen Mittelebene (i), teils in der horizontalen (i_1), je nachdem die über dem Auspuffrohr liegende Bedienungsbühne Platz für die Krümmer läßt. Da die aus dem Auspuffrohr abzuführende Wärmemenge nicht groß ist, kann auf eine besondere Wasserführung verzichtet werden.

Bei der Befestigung des Auspuffsammelrohres an der Maschine muß auf die Verformungen, die das Rohr durch die Wärme erfährt, Rücksicht genommen werden. Unter die angegossenen Füße k sind daher federnde Doppelscheiben l aus je 3 mm starkem Stahlblech von 100 mm Dmr. gelegt, die eine begrenzte Bewegung des Rohres gegenüber der tragenden Konsole m zulassen.

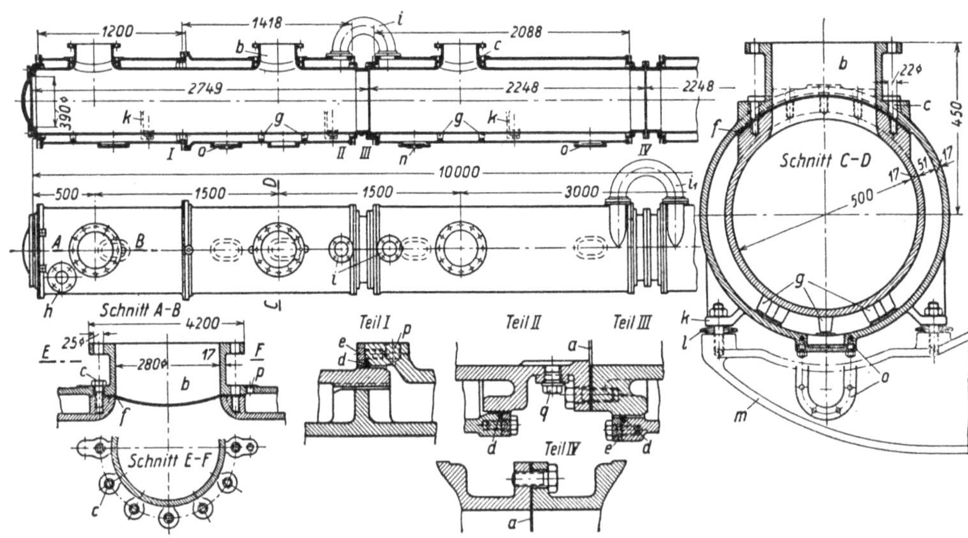

Bild 371. Gekuhlte Auspuffleitung eines Viertaktmotors.

a = Asbestpackungen,	f = Klingeritpackungen,	l = Federnde Scheiben,	p = Anschlusse fur Entluftungsleitung,
b = Auspuffstutzen,	g = Angegossene Knaggen,	m = Konsole,	q = Ablaßschrauben fur Auspuffraum.
c = Kopfschrauben,	h = Kühlwassereintritt,	n = Entwasserungsschrauben,	
d = Gummipackungen,	i, i_1 = Kuhlwasserumfuhrungen,	o = Reinigungsdeckel fur Wasserraume,	
e = Stopfbuchsbrillen,	k = Rohrfuße,		

Zu der Ausrüstung des Auspuffsammelrohres gehören die mit Entwässerungsschrauben n versehenen Reinigungsdeckel o für die Kühlwasserräume, ferner die Anschlüsse p für die Entlüftungsleitung, die an den höchsten Stellen der Wasserräume angeschlossen wird, sowie die Reinigungsschrauben q, die in den Auspuffraum münden und zum Ablassen von Schmieröl dienen, das sich im Auspuffrohr etwa ansammelt.

Die Stutzen für die Anbringung von Thermometern werden an den von den Zylinderdeckeln zum Auspuffsammelrohr führenden Krümmern angegossen, damit man die Abgastemperaturen der Zylinder einzeln messen kann, wodurch man einen Überblick erhält, ob die Belastung gleichmäßig auf die Zylinder verteilt ist. Die Weite der Auspuffleitungen wird nach der zulässigen Geschwindigkeit der Abgase bemessen, die bei Viertaktmaschinen etwas höher gewählt werden darf als bei Zweitaktmotoren, bei denen Rücksicht auf das Spülluftgebläse genommen werden muß. In den Auspuffleitungen von Viertaktmotoren können mittlere Gasgeschwindigkeiten von 40 bis 45 m/sek zugelassen werden; beim Zweitakt pflegt man nicht über 30 m/sek zu gehen, um die Arbeit der Spülpumpe nicht nutzlos zu steigern.

Die Auspuffleitungen von Zweitaktmotoren brauchen in der Regel nicht gekühlt zu werden, da die beigemengte Spülluft die Abgastemperaturen so weit erniedrigt, daß eine Luft- oder Asbestisolation genügt. Das Auspuffsammelrohr a (Bild 372), das zu einer sechszylindrigen doppeltwirkenden Zweitaktmaschine gehört, ist nur von einem 2 mm starken Mantel b aus Stahlblech umgeben, der auf den Flanschen des mehrteiligen gußeisernen Rohres a und auf in passenden Abständen angebrachten Ringrippen c unter Beilegung von 5 mm starken Asbeststreifen d liegt. Ähnlich wie bei der Spülluftleitung, Bild 370, sind die Mantelhälften durch Flacheisen e und Nieten bzw. Schrauben zusammengehalten. Nur wo die Flanschen des Gußrohres a oder die Ringrippen c den Flacheisen e keinen Platz lassen, sind diese durch von außen angenietete Spannwinkel f ersetzt, die durch Kopf-

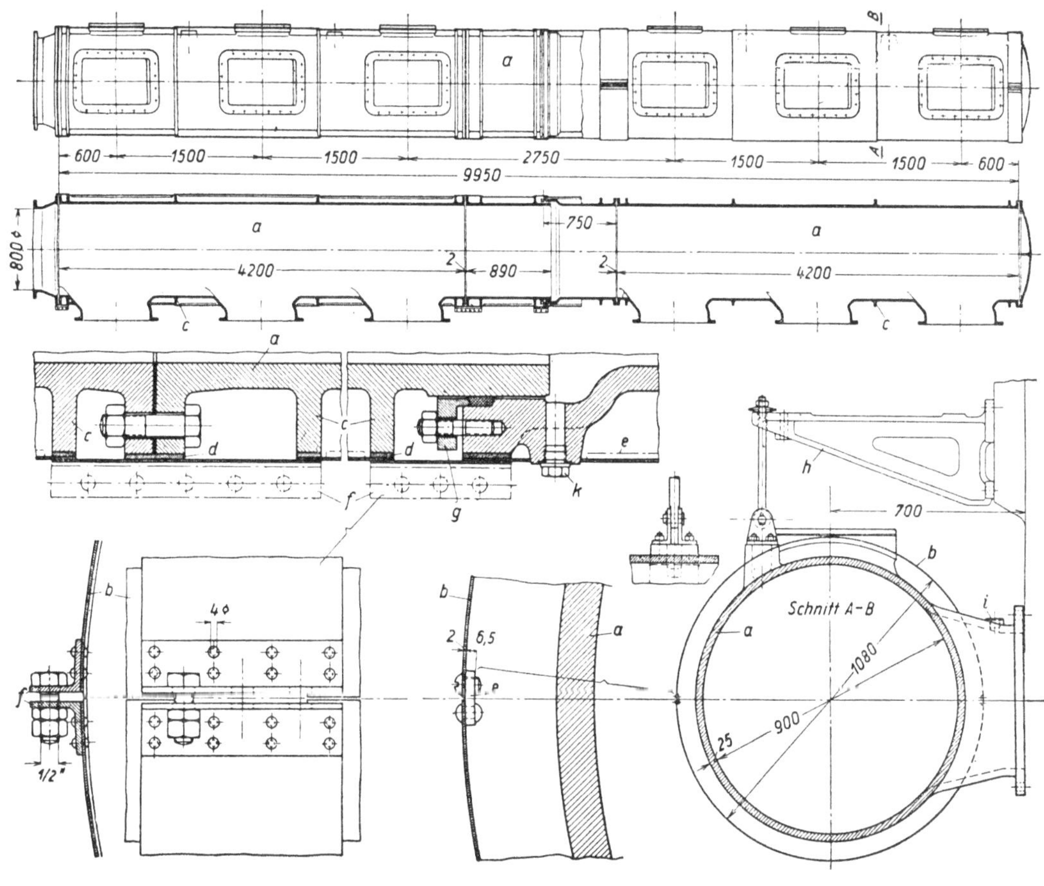

Bild 372. Ungekühlte Auspuffleitung eines doppeltwirkenden Zweitaktmotors.

a = Auspuffsammelrohr,	d = Asbeststreifen,	f = Spannwinkel,	i = Anschluß für Pyrometer,
b = Blechmantel,	e = Flacheisen zur Verbindung der	g = Stopfbuchsbrille,	k = Ablaßschraube.
c = Ringrippen,	Mantelhälften,	h = Konsole für Bedienungsbühne,	

schrauben mit Mutter und Gegenmutter zusammengezogen werden. Eine mit Asbestschnur abgedichtete Stopfbuchse g nimmt die durch die Wärme verursachten Längenänderungen der Rohrhälften auf.

Das Gewicht des Auspuffsammelrohres verteilt sich auf die angegossenen Stutzen, die (mit 2 mm starker Asbestzwischenlage) mit den Arbeitszylindern verschraubt werden, und auf eine federnde Aufhängung an den vier Konsolen h, welche die Bedienungsbühne tragen. Bei i wird ein Fernthermometer angeschlossen, das für jeden Zylinder vorgesehen ist. k ist eine Reinigungsschraube für den Gasraum.

Die Auspuffleitung kann auch aus Stahlblech ausgeführt werden, doch dämpft Gußeisen das Auspuffgeräusch besser als Stahl.

24*

c) Kühlwasserleitungen

Bild 373 zeigt die Führung der Kühlwasserleitungen einer sechszylindrigen doppeltwirkenden Zweitaktschiffsmaschine, die, da sie für Fahrten in den Tropen bestimmt ist, mit Gleitbahnkühlung versehen ist. Das Kühlmittel ist Süßwasser. Die Rohrleitungen für die Zylinder und die Gleitbahnen sind getrennt verlegt. Das von der durch Elektromotor angetriebenen Kühlwasserpumpe geförderte Wasser tritt am Flansch a ein und wird durch das gußeiserne Rohr b von 210 mm l. Dmr. zu dem auf der gegenüberliegenden Seite angeordneten Verteilstutzen c geführt, von dem aus es sich durch die Leitungen d_1 und d_2 (140 mm l. Dmr.) nach beiden Seiten verzweigt. An den am Verteilstutzen c unten liegenden Flansch e ist die Kolbenkühlleitung angeschlossen (vgl. Bild 374). Die gegabelten Rohre f (80 mm Dmr.) führen das Wasser den einzelnen Zylindermänteln zu, und zwar ist die Anordnung hier so getroffen, daß jeweils der eine der beiden Teilströme den Kühlmantel des oberen Zylinderteiles in Richtung nach oben, der andere den unteren Mantel in Richtung nach unten durchfließt. Aus den Mänteln tritt das Kühlwasser durch die Rohrkrümmer g_1, g_2 (66 mm Dmr.) in die oberen bzw. unteren Zylinderdeckel über. Durch diese Wasserführung wird erreicht, daß die Wandungen der oberen und unteren Verbrennungsräume gleich stark gekühlt werden.

Das in den Zylinderdeckeln erwärmte Wasser fließt durch die kurzen Rohre h_1, h_2 (66 mm Dmr.) unter Zwischenschaltung von Regelventilen i_1, i_2 in die untere bzw. obere Abflußsammelleitung k_1 bzw. k_2 (100 mm Dmr.). Die linke und rechte Abflußsammelleitung k_1 vereinigen sich in dem senkrechten Rohr l (140 mm Dmr.), das im Kugelstutzen m auch die von links und rechts kommenden Abflußleitungen k_2 der oberen Zylinderdeckel aufnimmt. Am Flansch n, der eine l. Weite von 200 mm hat, wird das gesamte Zylinderkühlwasser abgeführt. Von dort strömt es einem Süßwasserrückkühler zu, in welchem es auf seine Anfangstemperatur rückgekühlt wird.

Die an n angeschlossene Austrittsleitung hat einen um 10 mm kleineren Durchmesser als die Hauptzuleitung b, weil ein Teil des zugeführten Kühlwassers für die Kühlung der oberen und unteren Brennstoffventile verwendet und getrennt abgeleitet wird. Das Kühlwasser für die unteren Brennstoffventile wird den Zuführungsleitungen d_1, d_2 durch die Anschlüsse o entnommen und nach Kühlung der Ventile durch (in Bild 373 nicht gezeichnete) Kupferrohre in die an den Maschinenständern befestigten Trichter p mit sichtbarem Abfluß abgeführt. Ebenso werden die oberen Brennstoffventile gekühlt.

Mit den Ventilen i_1, i_2, die im Abfluß eines jeden unteren bzw. oberen Zylinderdeckels angebracht sind, regelt der Maschinist die Kühlwassermengen der einzelnen Zylinder so, daß alle Austrittstemperaturen praktisch gleich sind.

Drei Stopfbuchsen q in den Leitungen d_1, k_1 und k_2 nehmen die Längenänderungen der waagerechten Zu- und Ableitungsrohre auf, die durch die Erwärmung der Maschine verursacht werden.

Das Kühlwasser für die Gleitbahnen tritt, von der Kühlwasserpumpe kommend, beim Flansch r ein und verteilt sich durch die 70 mm weite gußeiserne Leitung s auf die Leitungen t von 20 mm l. Dmr., die durch die Maschinenständer hindurchgeführt sind und das Wasser den Vorwärtsgleitbahnen v zuleiten (vgl. Bild 278, S. 264). Die Rückwärtsgleitbahnen bleiben ungekühlt. Durch Regelventile u kann die Wassermenge eingestellt werden. Das Wasser durchströmt die Gleitbahnkörper von unten nach oben und tritt durch die Rohre w aus, die durch das Maschinengestell hindurchgeführt sind (vgl. n_1 in Bild 267, S. 256). Die Rohre w sind paarweise zu je einem der Trichter p geführt, in die auch das Kühlwasser der unteren Brennstoffventile abfließt. Der sichtbare Abfluß des Gleitbahnkühlwassers bei p ermöglicht eine Kontrolle der Kühlung der im Betrieb unzugänglichen Gleitbahnkörper.

Das am äußersten rechten Ständer liegende Abflußrohr w wird im Bogen am unteren Zylinderdeckel entlang zu dem am zweiten Ständer liegenden Trichter geführt, in den auch das aus dem zweiten Ständer kommende Rohr mündet. Entsprechendes gilt für das am äußersten linken Ständer liegende Abflußrohr des Gleitbahnkühlwassers. Bei dieser Rohrführung braucht man nur sechs Trichter p; andernfalls müßte man zwei weitere Trichter vorsehen.

Die unter der mittleren Bedienungsbühne verlegte Leitung y sammelt das aus den Trichtern durch die Rohre x abfließende Gleitbahn- und Brennstoffventil-Kühlwasser, das durch eine am Flansch z angeschlossene Leitung dem Süßwasserrückkühler zufließt.

Am linken Endständer ist ein Rohr a_1 verlegt, das durch ein Ventil b_1 an die Zylinderabfluß-
leitung k_1 angeschlossen ist und in die Abflußleitung y neben dem Flansch z mündet. Nach Öffnen
von b_1 können alle Zylinder durch a_1 entwässert werden. Zu demselben Zweck ist auch die Kolben-
kühlwasserleitung am Flansch c_1 angeschlossen.

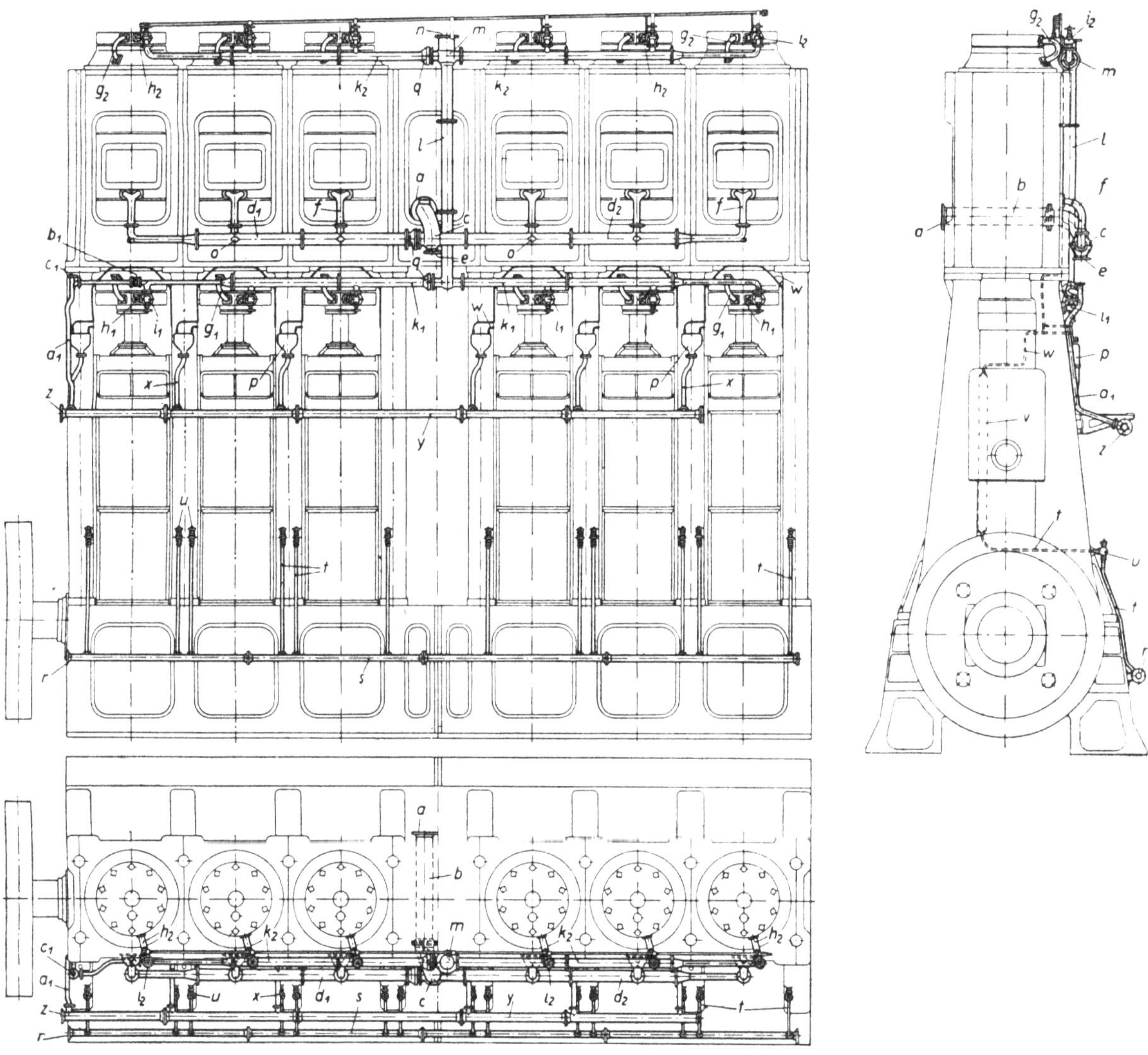

Bild 373. Kühlwasserleitungen für Zylinder- und Gleitbahnkühlung eines doppeltwirkenden Zweitaktmotors.

a = Flansch für Eintritt des Zylinderkühlwassers,	p = Abflußtrichter für Brennstoffventil- und Gleitbahnkühlung,
b = Hauptzuleitungsrohr,	q = Stopfbuchsen,
c = Verteilstutzen,	r = Flansch für Eintritt des Gleitbahnkühlwassers,
d_1, d_2 = Zweigleitungen zu den Zylindern,	s = Verteilleitung für Gleitbahnkühlwasser,
e = Anschluß der Kolbenkühlleitung,	t = Zuleitungen zu den Vorwärtsgleitbahnen,
f = Zuflußrohre zu den Zylindern,	u = Regelventile,
g_1, g_2 = Übertrittsleitungen zu den Zylinderdeckeln,	v = Vorwärtsgleitbahn,
h_1, h_2 = Abfluß aus den Zylinderdeckeln,	w = Abfluß des Gleitbahnkühlwassers,
i_1, i_2 = Regelventile,	x = Abfluß aus den Trichtern p,
k_1, k_2 = Abflußsammelleitungen,	y = Sammelleitung für Gleitbahnkühlwasser,
l = Abfluß der unteren Zylinderdeckel,	z = Austrittsflansch für Gleitbahnkühlwasser,
m = Kugelstutzen,	a_1 = Entwässerungsleitung,
n = Austrittsflansch für Zylinderkühlwasser,	b_1 = Absperrventil für Zylinderentwässerung,
o = Anschlüsse für Kühlung der unteren Brennstoffventile,	c_1 = Flansch für Entwässerung der Kolbenkühlleitung.

Das Wasser für die Kolbenkühlung wird ebenfalls dem Hauptzuleitungsrohr b (Bild 373)
entnommen und aus dem Verteilstutzen c am Flansch e (Bild 373 und 374) der in Höhe der unteren
Zylinderdeckel angeordneten Verteilleitung f (90 mm l. Dmr.) zugeführt. Eine Stopfbuchse g

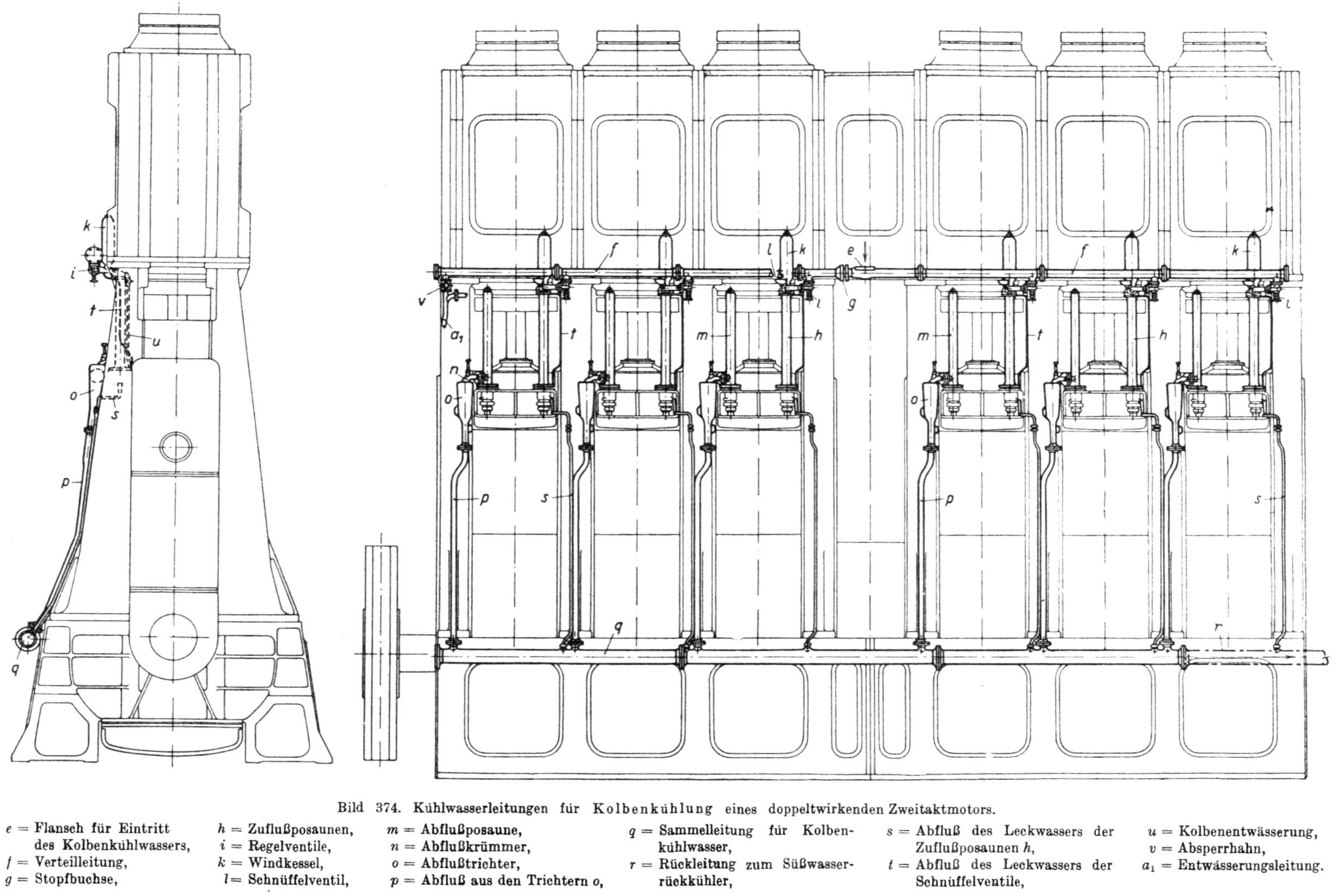

Bild 374. Kühlwasserleitungen für Kolbenkühlung eines doppeltwirkenden Zweitaktmotors.

e = Flansch für Eintritt des Kolbenkühlwassers,
f = Verteilleitung,
g = Stopfbuchse,
h = Zuflußposaunen,
i = Regelventile,
k = Windkessel,
l = Schnüffelventil,
m = Abflußposaune,
n = Abflußkrümmer,
o = Abflußtrichter,
p = Abfluß aus den Trichtern o,
q = Sammelleitung für Kolbenkühlwasser,
r = Rückleitung zum Süßwasserrückkühler,
s = Abfluß des Leckwassers der Zuflußposaunen h,
t = Abfluß des Leckwassers der Schnüffelventile,
u = Kolbenentwässerung,
v = Absperrhahn,
a_1 = Entwässerungsleitung.

nimmt die Längenänderung der Leitung f bei Erwärmung der Maschine auf. Von f zweigt an jedem Zylinder eine Leitung ab, die das Wasser in die Zuflußposaune h leitet; dabei wird die Menge durch die Eckventile i eingestellt. Die von der Pumpwirkung der Posaunenrohre herrührenden Druckschwankungen werden durch den Windkessel k mit Schnüffelventil l gemildert (wegen h, i, k, l s. auch Bild 304, S. 296). Das Wasser durchströmt die hohlen Kolbenstangen und Kolben und tritt durch Abflußposaunen m aus. Das abfließende Wasser wird durch kurze, mit Thermometern versehene Krümmer n offen in die Trichter o geleitet, so daß der Maschinist überwachen kann, daß jeder Kolben sein Kühlwasser erhält. Die Temperatur des abfließenden Wassers kann er mit der Hand prüfen. Aus den Trichtern wird das Wasser durch die Leitungen p (70 mm l. Dmr.) in die Sammelleitung q abgeführt, aus der es durch das Rohr r zum Süßwasserrückkühler geleitet wird.

Das Leckwasser der Zuflußposaunen wird durch die Leitungen s (25 mm l. Dmr.) ebenfalls in die Sammelleitung q geführt.

In Bild 374 sind Rohre t (8 mm l. Dmr.) gezeichnet, die das Leckwasser der Schnüffelventile l ableiten, sowie mit Absperrhähnen versehene Rohre u (Bild 374, Seitenriß), die zum Entwässern der Kolben mittels Druckluft dienen. Beide Leitungen sind in Bild 304, S. 296, deutlicher zu erkennen. Um die Kolben und Kolbenkühlleitung zu entwässern, läßt man Druckluft in die Abflußposaunen m treten; diese bläst das Wasser entgegen der Strömungsrichtung durch die Zuflußposaunen h in die Leitung f zurück, von der es nach Öffnen des Absperrhahnes v (der mit dem Flansch c_1 in Bild 373 verschraubt ist) in die Leitung a_1 (Bild 373 und 374) abfließen kann.

Alle Kühlwasserleitungen für Zylinder-, Gleitbahn- und Kolbenkühlung sind auf derselben Seite der Maschine verlegt; hierzu ist die der Bedienungsseite abgewandte Seite gewählt, wodurch die Zugänglichkeit der Maschine auf der Bedienungsseite verbessert wird. Auf der gegenüberliegenden Seite können alle Wassertemperaturen bequem überwacht werden.

Die Rohrleitungen werden so bemessen, daß die Wassergeschwindigkeit 2 m/sek nicht überschreitet. Die Kühlwassermenge wird nach den S. 358 angestellten Überlegungen bestimmt. In diesem Fall, wo es sich um Kühlung durch rückgekühltes Wasser und Tropenfahrt handelte, hat man die Kühlwassermenge besonders reichlich gewählt (50 bis 60 lit/PSeh), um die Austrittstemperaturen niedrig zu halten.

d) Anlaßluftleitungen

Für das Anlassen der Dieselmotoren wird, wenn es sich nicht um Kleinmotoren handelt, die von Hand angeworfen werden können, Druckluft benötigt, die in Behältern aufgespeichert wird. Die Behälter werden durch Luftverdichter aufgefüllt, deren Antrieb vom Hauptmotor unabhängig sein muß, damit der Druckluftbehälter jederzeit und auch dann aufgefüllt werden kann, wenn der Hauptmotor steht. Oft wird an den Hauptmotor ein zweiter Luftverdichter gehängt, der ständig mitläuft und die Druckluftbehälter auffüllt, wenn beim Manövrieren Anlaßluft in größerer Menge verbraucht wird. Wenn die Behälter bis zu dem höchsten Druck, für den sie gebaut sind, gefüllt sind, werden die Saugventile des angehängten Verdichters offen gehalten, so daß er leer mitläuft.

Die Anlaßluftbehälter werden in der Regel für einen höchsten Betriebsdruck von 25 bis 30 kg/cm² gebaut. Wo aus Platzgründen erwünscht ist, die Anlaßluftbehälter klein zu halten, kann man sie auch für einen höheren Druck, z. B. 75 kg/cm², bemessen, muß aber dann ein Druckminderventil zwischen den Druckluftbehälter und den Motor schalten, damit die hochgespannte Druckluft nicht in die Arbeitszylinder gelangen kann. Der niedrigste Druck, bei dem der Motor noch sicher anspringt, beträgt etwa 8 bis 10 kg/cm², doch läßt man es im Betrieb nie dahin kommen, daß der Druck auf den niedrigstzulässigen Betrag sinkt, damit zu jeder Zeit die Anfahrbereitschaft gesichert ist.

Die Anlaßsteuerung muß so eingerichtet sein, daß sie die Druckluft den einzelnen Zylindern dann zuzuführen beginnt, wenn der betreffende Kolben in seinem Totpunkt steht. Ferner wird gefordert, daß die Anlaßluft nur dann den Arbeitszylindern zuströmen kann, wenn der Hauptmanövrierhebel in die Anfahrstellung gelegt wird. Wenn nach dem Anspringen des Motors die Brennstoffpumpen eingeschaltet werden, muß die Anfahrluft schon abgeschaltet sein. Die Anfahrleitungen müssen dann mit der Atmosphäre in Verbindung stehen, da bei in Betrieb befindlicher Maschine die Druckluft nicht in den Anlaßluftleitungen stehenbleiben darf.

Der Leitungsplan, Bild 375, erfüllt diese (auf S. 342 u. f. schon erwähnten) Forderungen. Die Gehäuse a der Anlaßluftsteuerschieber (vgl. Bild 361, S. 357) sind zu beiden Seiten der Brennstoffpumpen b angebracht; sie steuern den Zutritt der Druckluft zu den in den unteren Zylinderdeckeln sitzenden Anlaßventilen c. Da es sich hier um eine doppeltwirkende Zweitaktmaschine handelt, sind die Anlaßventile nur auf den unteren Zylinderseiten vorgesehen. Die oberen Zylinderseiten erhalten sogleich beim Anfahren Brennstoff. Die vom Druckluftbehälter kommende Luft passiert ein von Hand betätigtes Absperrventil d (das geschlossen wird, wenn längere Zeit vorausgefahren

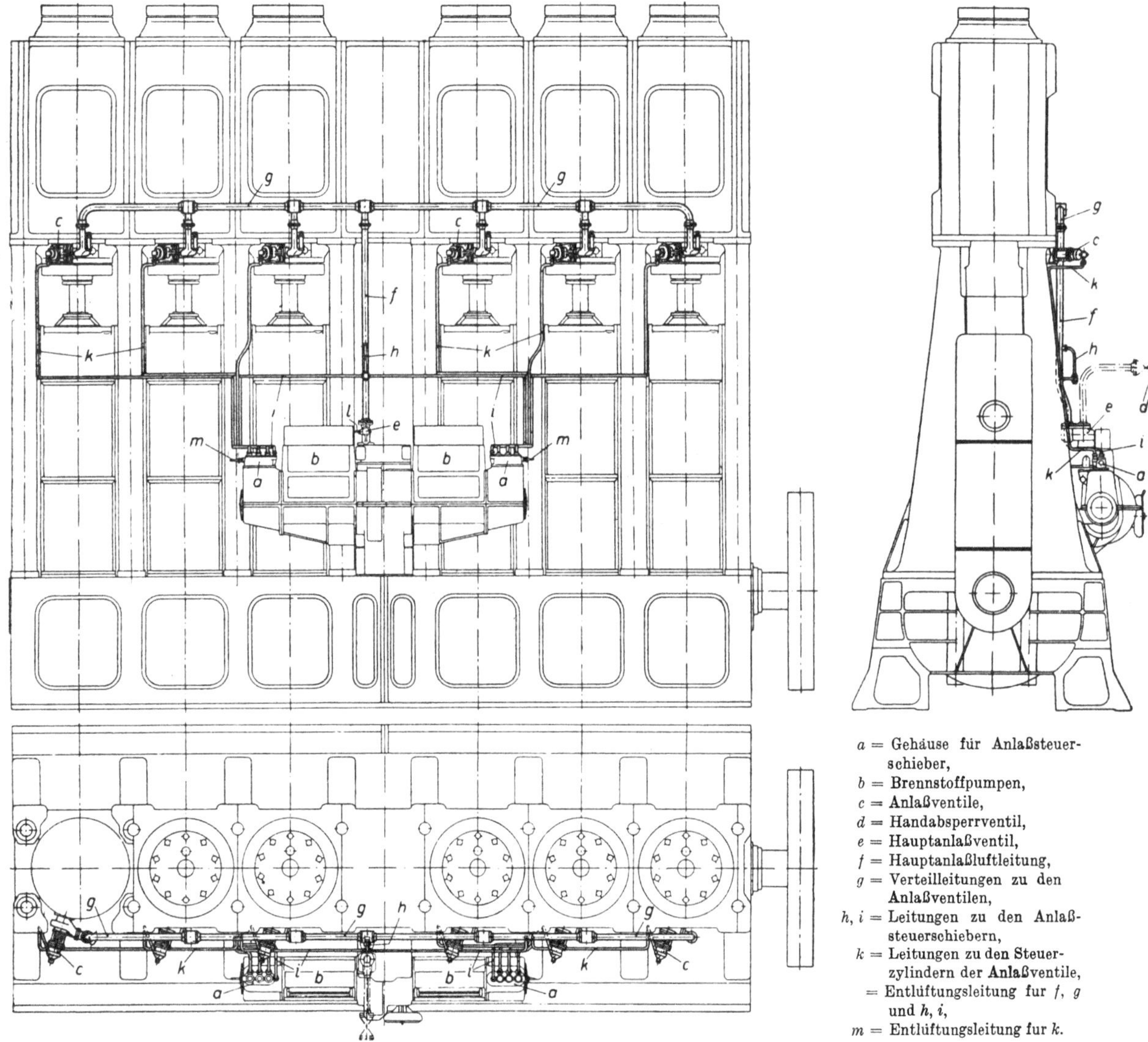

Bild 375. Anlaßluftleitung eines doppeltwirkenden Zweitaktmotors.

werden soll, während des Manövrierens jedoch geöffnet bleibt) und gelangt zum Hauptanlaßventil e (vgl. Bild 356, S. 345). Dieses Ventil wird von der zwischen den Brennstoffpumpen b angeordneten Anlaß- und Umsteuervorrichtung zwangläufig geöffnet, wenn der Hauptmanövrierhebel in die Anlaßstellung gelegt wird; dann strömt die von d kommende Druckluft durch die Hauptleitung f und die Zweigleitungen g zu den Anlaßventilen c. Von der Leitung f, einem Stahlrohr von 3″ l. Dmr. und 6 mm Wandstärke, zweigt das Stahlrohr h (25/30 mm Dmr.) ab, das sich in die Leitungen i gabelt, welche die Druckluft zu den Anlaßsteuerschiebern a führen (vgl. Rohr l_s in Bild 361, S. 357). Diese erhalten somit gleichzeitig mit den Anlaßventilen c Druckluft; die Anlaßventile aber öffnen erst, wenn sie durch die Druckluft aufgedrückt werden, die ihnen von den Steuerschiebern a durch die Leitungen k (vgl. Rohr l_u in Bild 361) zugeführt wird. Die Steuerschieber werden durch Nocken so bewegt, daß die Druckluft nur dann zu den Anlaßventilen gelangen kann, wenn die Kolben in Anlaßstellung stehen. Die Maschine springt nunmehr an und kann schon nach wenigen Umdrehungen auf Brennstoff geschaltet werden.

Jetzt muß die Anlaßluft abgestellt werden, und die Hauptleitungen f, g sowie die Steuerluftleitungen h, i, k, die vorher Druckluft führten, sind mit der Atmosphäre zu verbinden; dann können die Anlaßventile c nicht mehr öffnen, und selbst wenn ein Anlaßventil beim Schließen hängenbleiben sollte, kann keine Druckluft in den Zylinder strömen. Die Anlaßluft wird dadurch abgestellt, daß die Manövriervorrichtung den Ventilkegel des Hauptanlaßventiles freigibt (vgl. Bild 356). Der Ventilkegel schließt sich unter der Wirkung einer Feder und der auf ihm lastenden Druckluft und sperrt die Leitung f ab. Gleichzeitig öffnet sich das im Gehäuse des Hauptanlaßventiles untergebrachte Entlüftungsventil, das die Leitungen f und h mit dem Rohr l verbindet. Das Rohr l führt durch einen Schalldämpfer ins Freie. Damit sind die Hauptluftleitungen f, g und die zu den Steuerzylindern a führenden Leitungen h, i entlüftet, aber noch nicht die Steuerluftleitungen k zu den Anlaßventilen c, weil die Anlaßsteuerschieber in der Stellung, in der sie sich nunmehr befinden, die beiden Leitungen i an ihrer Einmündung in das Anlaßsteuerschiebergehäuse a absperren (vgl. Bild 361). Es bewirken aber die Anlaßsteuerschieber selbst die Entlüftung der Leitungen k, indem sie in der Betriebsstellung die Verbindung mit den beiden Leitungen m (Bild 375 und Rohr l_d in Bild 361) herstellen, die ebenfalls durch einen Schalldämpfer zur Atmosphäre führen. Hiermit sind alle Leitungen entlüftet.

Die Anlaßluftleitungen sind auf der Bedienungsseite der Maschine verlegt; sie stören die Zugänglichkeit nicht, da sie wenig Platz beanspruchen.

Der höchste Betriebsdruck beträgt 30 kg/cm². Alle Anlaßluft führenden Teile werden einer Wasserdruckprobe von 40 kg/cm² unterworfen.

e) Schmierölleitungen

Wichtig ist eine sorgfältige Schmierung aller Gleitflächen des Motors. Ein Versagen der Schmierung kann schwere Betriebsstörungen zur Folge haben.

Bild 376 zeigt den Schmierölleitungsplan eines sechszylindrigen Viertaktmotors. Das Schmieröl wird aus dem Sumpf des Kurbelgehäuses (f in Bild 250, S. 241) durch das Rohr a von der an die Kurbelwelle gehängten Zahnradpumpe b gesaugt und durch das Doppelfilter c (vgl. Bild 366, S. 363) und den Kühler d (vgl. Bild 367, S. 365) gedrückt. Daß das Filter in der Strömungsrichtung v o r dem Kühler liegen muß, war schon auf S. 362 erwähnt. Bei e liegt der Wasserzufluß zum Ölkühler. Aus diesem tritt das gereinigte und gekühlte Schmieröl durch das Rohr f in die Verteilleitung g, von der es sich durch die Rohre h zu den Grundlagern abzweigt; nur das Rohr h_1 ist wegen Platzmangels unmittelbar an die Leitung f angeschlossen. Die Rohre h, h_1 sind durch die Maschinenständer geführt (vgl. b in Bild 264, S. 254). Am rechten Ende der Verteilleitung g zweigt ein Rohr i ab, das auf die andere Seite der Maschine geführt ist und dort die Rollenführungen der Brennstoffpumpen schmiert (vgl. d in Bild 185, S. 159); die kurzen an i angeschlossenen Zweigleitungen k leiten das Schmieröl jeder Rollenführung zu. Die im Grundriß von Bild 376 erkennbaren Kröpfungen des Rohres i an den drei auf der linken Seite liegenden Arbeitszylindern schaffen den Platz für das Ausschwenken der Stoßstangen der Anlaßventile (vgl. Bild 349, S. 337).

Am linken Ende der Verteilleitung g sind außer den Leitungen h, welche die beiden am linken Ende liegenden Kurbelwellenlager schmieren, drei weitere Leitungen angeschlossen. Eine Leitung l führt zu einem Manometer, das hier, d. h. in der größten Entfernung von der Zahnradpumpe b angeschlossen ist, damit der Maschinist sich jederzeit überzeugen kann, daß auch an dieser Stelle noch ein genügender Schmieröldruck vorhanden ist. Links und rechts von l sind ferner die Leitungen m und n angeschlossen, die zum Schmieren der Zahnräder für den Antrieb der Steuernockenwelle und des Reglers dienen. Das Rohr m leitet einen geschlossenen Ölstrahl unmittelbar zwischen die Zähne des auf der Kurbelwelle aufgekeilten Zahnrades. Das Rohr n ist nach oben geführt und

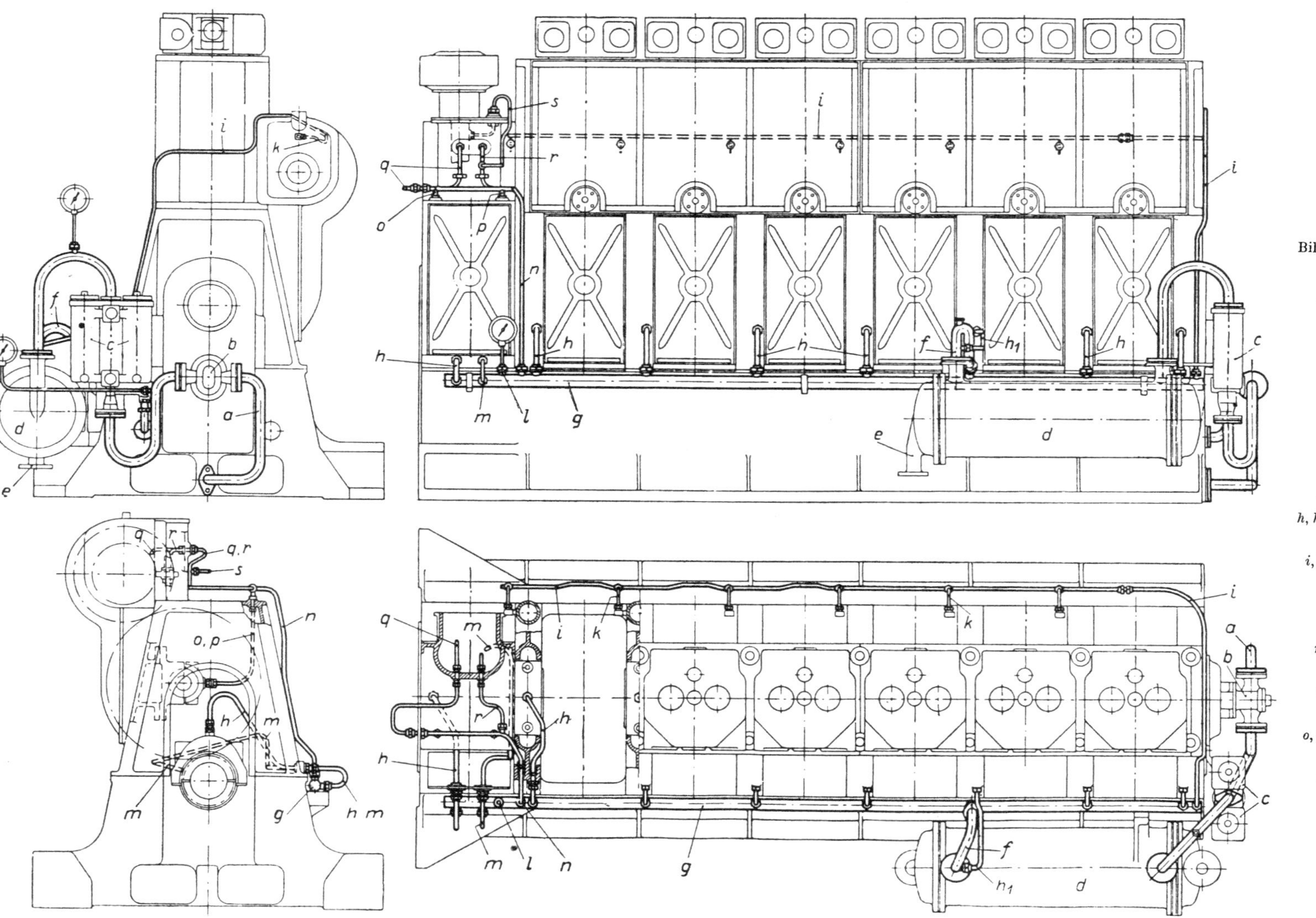

Bild 376. Schmierölleitungen eines Viertakt-Tauchkolbenmotors.

a = Saugleitung der Zahnradpumpe,
b = Zahnradpumpe,
c = Schmierölfilter,
d = Schmierölkühler,
e = Wassereintritt zum Kühler,
f = Schmierölaustritt aus dem Kuhler,
g = Verteilleitung,
h, h_1 = Schmierölleitungen zu den Grundlagern,
i, k = Schmierölleitungen zu den Rollenführungen der Brennstoffpumpen,
l = Öldruckmanometer,
m = Schmierung des Zahnrades auf der Kurbelwelle,
n = Verteilleitung zum Steuerwellenantrieb,
o, p = Schmierung der Lager des Zwischenzahnrades,
q = Schmierung der Schraubenräder fur den Regler,
r = Schmierung der Verzahnung des Antriebsrades der Nockenwelle,
s = Schmierung des Halslagers der Reglerwelle.

verzweigt sich dort in fünf Stränge (*o* bis *s*), von denen die Rohre *o* und *p* je ein Lager des Zwischenzahnrades schmieren, das den Antrieb der Nockenwelle vermittelt (vgl. Bild 343, S. 331). Die Rohre *q* und *r* leiten Schmieröl zwischen die Zähne der oberen Steuerräder, und zwar schmiert das längere Rohr *q* die Schraubenräder, die den Regler antreiben, das kürzere *r* die Verzahnung des auf der Nockenwelle aufgekeilten Zahnrades. Das von *r* abzweigende Rohr *s* leitet Schmieröl in das Halslager der senkrechten Reglerwelle.

Die Querschnitte der Schmierölleitungen werden so bemessen, daß die Ölgeschwindigkeiten etwa 0,5 bis 1,5 m/sek betragen, damit der Durchflußwiderstand nicht zu groß wird, wenn bei niedriger Außentemperatur die Viskosität des Schmieröles hoch ist. In Bild 376 hat die Hauptverteilleitung ebenso wie die Leitungen zwischen *a* und *f* einen l. Dmr. von 39,5 mm (bei 2,5 mm Wandstärke), so daß sich bei einer umlaufenden Schmierölmenge von 10 lit/PSeh und 330 PSe eine Ölgeschwindigkeit von 0,75 m/sek ergibt. Die übrigen Rohrleitungen werden entsprechend der fortschreitenden Verteilung des Schmieröles allmählich enger. Die zu den Grundlagern führenden Rohre *h*, h_1 haben 13 mm l. Dmr., ebenso das Rohr *n*, dessen Verzweigungen *o* bis *s* auf 6 mm Innendurchmesser abgesetzt sind. Das Rohr *i* ist mit 8 mm l. Dmr. ausgeführt, während seine Verzweigungen *k* nur noch 4 mm Dmr. haben, weil die Rollenführungen der Brennstoffpumpen wenig Schmieröl benötigen.

Namenverzeichnis

Sachverzeichnis